Steven S. Zumdahl
Susan A. Zumdahl
*Université d'Illinois*

# Chimie des solutions

3e ÉDITION

*Traduction*
Jean-Luc Riendeau
Maurice Rouleau

*Adaptation*
Ghislin Chabot
Jean-Luc Riendeau

8101, boul. Métropolitain Est, Anjou (Québec) Canada H1J 1J9
Téléphone : 514-351-6010 • Télécopieur : 514-351-3534

**3e édition**
**Direction de l'édition**
Services d'édition Danielle Guy

**Direction de la production**
Services d'édition In Extenso

**Charge de projet**
Sébastien Grandmont

**Révision linguistique**
Louise Blouin

**Correction d'épreuves**
Viviane Deraspe

**Conception de la couverture**
Éric Théoret

**2e édition**
**Traduction**
Maurice Rouleau

**Adaptation**
Jean-Marie Gagnon

Bien que le masculin soit utilisé dans le texte, les mots relatifs aux personnes désignent aussi bien les femmes que les hommes.

Gouvernement du Québec – Programme de crédit d'impôt pour l'édition de livres
Gestion SODEC.

Les Éditions CEC remercient le gouvernement du Québec pour l'aide financière accordée à l'édition de cet ouvrage par l'entremise du Programme de crédit d'impôt pour l'édition de livres, administré par la SODEC.

**Chimie des solutions, 3e édition**

8101, boul. Métropolitain Est
Anjou (Québec) H1J 1J9

Traduction de *Chemistry 7th edition*, Steven S. Zumdahl et Susan A. Zumdahl


Dépôt légal: 2007
Bibliothèque et Archives nationales du Québec
Bibliothèque et Archives Canada

ISBN 978-2-7617-2533-0

Imprimé au Canada
1 2 3 4 5 11 10 09 08 07

# Table des matières

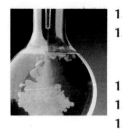

## CHAPITRE 3 Cinétique chimique 94



## CHAPITRE 4 Équilibre chimique 144

## CHAPITRE 5 Acides et bases 186

# Préface

## Au professeur

Cette nouvelle édition de *Chimie des solutions* propose aux étudiants et aux enseignants une démarche d'apprentissage intégrée. C'est pourquoi, tout au long du livre, l'accent est mis sur l'acquisition de concepts et sur la résolution de problèmes. Notre mission a donc consisté à créer un contenu qui incarne l'esprit de ce manuel, en ayant largement recours aux théories, aux applications de la chimie à la vie quotidienne, et à de nombreuses figures et illustrations.

Nous avons révisé attentivement chaque page, adaptant certaines parties et en remaniant d'autres.

## Caractéristiques importantes de *Chimie des solutions*

- *Chimie des solutions* contient de nombreux exposés, des illustrations et des exercices visant à *contrer des idées fausses couramment répandues.* Il est devenu de plus en plus clair, à la lumière de notre propre expérience de l'enseignement, que les étudiants éprouvent des difficultés dans leur étude de la chimie parce qu'ils interprètent mal un grand nombre de notions fondamentales. Dans ce manuel, nous nous sommes donc efforcés de présenter des illustrations et des explications qui visent à donner une représentation plus exacte des idées fondamentales de la chimie. Nous avons notamment tenté d'exposer le monde microscopique de la chimie pour que les étudiants puissent imaginer ce que « font les atomes et les molécules » ; les illustrations insérées tendent donc vers ce but. Nous avons également mis l'accent sur la compréhension qualitative des notions avant d'aborder les problèmes quantitatifs. Comme l'utilisation d'un algorithme pour résoudre correctement un problème masque souvent une fausse interprétation (les étudiants supposent qu'ils comprennent un sujet parce qu'ils ont obtenu la « bonne réponse »), il nous est apparu important de remettre en question la compréhension par d'autres moyens. Dans cet esprit, le manuel inclut à la fin de chaque chapitre un certain nombre de questions à discuter en classe qui sont conçues pour être abordées en groupes. Selon notre expérience, les étudiants apprennent souvent mieux quand ils ont la possibilité de s'enseigner mutuellement. En effet, ils sont obligés de reconnaître leur propre manque de compréhension conceptuelle lorsqu'ils essaient, sans succès, d'expliquer une notion à quelqu'un d'autre.
- Grâce à son orientation délibérément axée sur la *résolution de problèmes*, ce volume permet d'expliquer à l'étudiant comment aborder et résoudre efficacement les problèmes chimiques. On lui montre comment utiliser une approche réfléchie et logique au lieu de mémoriser des méthodes de résolution.
- Ce manuel contient plus d'une centaine d'*Exemples,* sans compter les nombreux autres qui sont inclus dans les exposés et donnent lieu à des exercices résolus, ou servent simplement à illustrer les stratégies générales. Lorsqu'une stratégie particulière est présentée, elle est résumée, et l'exemple qui suit vient renforcer la façon d'aborder le problème, étape par étape. En général, en exposant la résolution d'un problème, nous mettons l'accent sur la compréhension plutôt que sur une approche basée sur un algorithme.
- Ce manuel propose en outre une intégration de la *chimie descriptive* et des principes chimiques. Les théories chimiques sont en effet stériles et sources de confusion si l'on ne présente pas en même temps les observations qui leur ont donné naissance. L'énumération des faits sans aucune mention des principes qui les expliquent devient lassante pour le lecteur novice. Les observations et les théories doivent, par conséquent, être intégrées pour que la chimie devienne intéressante et intelligible. Par ailleurs, dans les chapitres qui traitent systématiquement de la chimie des éléments, on insiste sans relâche sur les correspondances qui existent entre les propriétés et les théories. La chimie descriptive est présentée de diverses façons, que ce soit sous forme d'applications des principes dans des sections distinctes, d'exemples et de séries d'exercices, de photographies, ou encore dans les rubriques *Impact.*
- L'ouvrage est ponctué d'*applications* de la chimie à la vie quotidienne, ce qui la rend plus intéressante pour les étudiants. Par exemple, la rubrique *Impact* intitulée « Blanc nacré » illustre les procédés de blanchiment des dents, alors que la rubrique *Impact* intitulée « Encre électronique » explique les nouvelles technologies qui permettent de fabriquer du papier auto-imprimant. De nombreuses applications industrielles ont également été intégrées au texte.
- Tout au long du livre, on met l'*accent sur les théories* ; comment on les élabore, comment on les met à l'épreuve, quels enseignements on en tire lorsqu'elles ne résistent pas aux épreuves. Les théories sont développées naturellement, c'est-à-dire à partir d'observations pertinentes qui sont d'abord présentées afin de montrer la raison pour laquelle une théorie donnée a été créée.
- Par ailleurs, un langage accessible, clair et précis continue de prévaloir et reste une force de ce manuel. Bien que de nombreuses parties du livre aient été améliorées, nous nous sommes appliqués afin de mettre à profit les descriptions fondamentales, les stratégies, les analogies et les explications qui ont fait le succès des éditions précédentes.

## Nouveautés de la 3^e^ édition

La troisième édition de *Chimie des solutions* intègre de nombreuses améliorations importantes.

- Au chapitre 6, une méthode novatrice permet d'aborder les équilibres acide-base, une partie de la matière que l'étudiant trouve généralement difficile et frustrante. La clé de cette approche consiste à déterminer, au départ, les espèces présentes en solution, puis à réfléchir sur les propriétés chimiques de ces espèces. Cette méthode fournit un cadre général permettant de traiter tous les types d'équilibres en solution.

- La mise à jour des illustrations et des figures avec un graphisme plus dynamique facilite la démonstration et la compréhension des concepts et des phénomènes expliqués.
- Un grand nombre de rubriques intitulées *Impact* ont été ajoutées dans la troisième édition, afin de continuer d'insister sur les applications les plus récentes de la chimie dans la « vraie vie ».
- La section *Synthèse*, placée au début des exercices de fin de chapitre, a été réorganisée pour aider les étudiants à déterminer plus facilement les concepts clés, puis à s'auto-évaluer sur ces notions à l'aide des *Questions de révision.*
- Les exercices et les problèmes de fin de chapitre ont été révisés ; ils comptent maintenant environ 50 % de nouveaux problèmes, dont quelques-uns se caractérisent par des illustrations de molécules. Les problèmes de fin de chapitre comprennent : les *Questions à discuter en classe*, conçues pour vérifier si l'étudiant saisit bien les notions de la matière exposée ; les *Questions*, qui aident à récapituler les faits importants ; les *Exercices* regroupés par sujet ; les *Exercices supplémentaires*, qui ne sont pas classés par sujet ; les *Problèmes défis*, qui obligent les étudiants à combiner habiletés et problèmes ; puis les *Problèmes de synthèse*, qui exposent un type de problèmes plus complets et plus difficiles à résoudre. Enfin, une nouveauté dans la troisième édition : les *Problèmes d'intégration* qui font appel à plusieurs concepts répartis dans tous les chapitres.

## À l'étudiant

Le but principal de ce livre est, bien sûr, de vous aider à apprendre la chimie. Toutefois, ce but principal est étroitement associé à deux autres : vous révéler l'importance et l'intérêt du sujet ; vous enseigner à réfléchir « à la manière d'un chimiste ». Pour résoudre des problèmes complexes, le chimiste recourt à la logique, à la méthode par essais et erreurs, à l'intuition et, par-dessus tout, à la patience. Le chimiste est habitué à commettre des erreurs ; l'important, c'est qu'il tire des leçons de ses erreurs, qu'il revérifie et corrige les prémisses, et qu'il essaie de nouveau. Le chimiste se passionne pour les énigmes qui semblent échapper à toute solution.

Bon nombre d'entre vous qui étudiez la chimie dans ce manuel ne désirent pas devenir des chimistes. Toutefois, le non-chimiste peut tirer profit de cette attitude du chimiste, puisque le fait de résoudre des problèmes est important dans toutes les professions et dans tous les domaines. Peu importe la carrière que vous aurez choisie, vous pourrez transposer dans votre vie les techniques utilisées pour résoudre des problèmes de chimie. Voilà pourquoi nous croyons que l'étude de la chimie peut apporter beaucoup, même à quelqu'un qui ne se spécialisera pas en chimie, parce qu'elle permet de comprendre de nombreux phénomènes fascinants et importants, et qu'elle constitue un remarquable entraînement pour exercer ses habiletés à résoudre des problèmes.

Ce manuel tente de présenter la chimie au novice de façon sensée. En effet, la chimie ne découle pas d'une « vision inspirée » : elle est née de nombreuses observations et de plusieurs tentatives, basées sur le raisonnement logique – et sur les essais et erreurs –, pour expliquer ces observations. Dans ce livre, on aborde les concepts « naturellement » : on y présente d'abord les observations, puis on construit les théories qui permettent d'expliquer ces observations.

Les théories y occupent une place très importante, et on en montre à la fois les avantages et les limites. La science y étant présentée comme une activité humaine et, par conséquent, sujette aux faiblesses humaines normales, on traite aussi bien de ses revers que de ses succès.

L'approche systématique de la résolution des problèmes constitue un autre axe important de ce manuel. Effectivement, apprendre ce n'est pas simplement mémoriser des faits. C'est pourquoi les personnes qui bénéficient d'une bonne formation savent que les connaissances factuelles ne constituent qu'un point de départ, une base permettant de résoudre les problèmes de façon créative.

Faites une lecture attentive du texte. Pour la plupart des concepts, des illustrations et des photos vous aideront à vous représenter ce qui se passe.

On donne souvent dans le texte la marche à suivre d'un problème avant de présenter l'exemple correspondant à ce type de problème. Vous trouverez dans tout le volume des stratégies de solution de problèmes. Examinez-les attentivement. Les stratégies résument l'approche mise de l'avant dans le manuel ; les exemples suivent les stratégies, étape par étape.

Dans tout le volume, nous avons placé des notes dans la marge pour mettre les points clés en évidence, commenter une application de la matière exposée dans le texte ou référer à d'autres parties du livre. Les rubriques *Impact* permettent d'aborder des applications particulièrement intéressantes de la chimie à la vie de tous les jours.

Chaque chapitre comporte une synthèse et une liste de mots clés pour faciliter la révision ; quant au glossaire, il constitue une référence rapide pour trouver des définitions.

L'apprentissage de la chimie exige, entre autres, la résolution d'exercices et de problèmes. Chaque chapitre vous en propose une grande variété. Les réponses aux exercices numérotés en bleu figurent à la fin du manuel.

Il est très important que vous tentiez de tirer le meilleur parti possible de ces exercices. Pour ce faire, vous ne devriez pas vous contenter d'obtenir simplement la bonne réponse, mais tenter de *comprendre le processus* qui vous a permis d'en arriver à ce résultat. Le fait de mémoriser la résolution de problèmes particuliers n'est certes pas une bonne façon de vous préparer à un examen : il y a trop de petites variations d'un problème à l'autre pour arriver à mémoriser chaque type possible de problèmes. Examinez les données, puis recourez aux concepts que vous avez appris, ainsi qu'à une approche systématique et logique pour chercher la solution. Développez votre confiance en vos capacités de raisonnement. Bien sûr, vous ferez des erreurs en tentant de résoudre ces exercices, mais l'important c'est d'apprendre de ses erreurs. La seule façon d'accroître votre confiance en vous, c'est d'effectuer un grand nombre d'exercices et, à partir de vos difficultés, de diagnostiquer vos faiblesses.

Soyez patient, soyez réfléchi et faites porter vos efforts sur la compréhension plutôt que sur la mémorisation. Nous vous souhaitons une session à la fois satisfaisante et intéressante.

# La compréhension de concepts et la résolution de problèmes

## 3.7 Un modèle de cinétique chimique

Comment se produit une réaction chimique ? On a déjà obtenu quelques éléments de réponse à cette question. Par exemple, on a vu que la vitesse d'une réaction chimique dépendait de la concentration des réactifs. La vitesse initiale de la réaction

$$aA + bB \longrightarrow \text{produits}$$

peut être exprimée à l'aide de l'équation

$$\text{Vitesse} = k[A]^n[B]^m$$

où l'ordre par rapport à chaque réactif dépend du mécanisme réactionnel. C'est pourquoi la vitesse d'une réaction dépend des concentrations. Mais qu'en est-il des autres facteurs qui influencent la vitesse d'une réaction ? Par exemple, quelle est l'influence de la température sur cette vitesse ?

L'expérience personnelle de chacun peut permettre de donner une réponse qualitative à cette question. Ainsi, on utilise des réfrigérateurs parce que la nourriture se détériore moins vite à basse température. La combustion du bois a lieu à une vitesse mesurable uniquement à de hautes températures. Un œuf cuit plus rapidement dans l'eau bouillante au niveau de la mer qu'à Leadville, au Colorado (altitude : 3000 m), où l'eau bout à environ 90 °C. Selon ces observations et bien d'autres, on peut conclure que *les réactions chimiques sont accélérées quand la température augmente*. Expérimentalement, on peut montrer que presque toutes les constantes de vitesse augmentent de façon exponentielle en fonction de la température absolue (*voir la figure 3.10*).

Dans cette section, on présente une théorie qui tient compte des caractéristiques observées des vitesses de réaction. Cette théorie, appelée **théorie des collisions**, repose sur l'hypothèse que *les molécules doivent entrer en collision pour réagir*. On a déjà vu comment cette
la vitesse d'une
expliquer l'influ

**Dans tout le manuel, l'importance accordée par les auteurs aux modèles (ou théories chimiques) vise à contrer le problème de l'apprentissage par mémorisation en aidant les étudiants à mieux comprendre le processus de la pensée scientifique et à en tirer profit.**

Chapitre Six Liaisons chimiques : concepts généraux

**Propriétés fondamentales des théories**

- Les théories sont des créations humaines toujours basées sur une compréhension incomplète du fonctionnement de la nature. *Une théorie n'est pas synonyme de réalité.*
- Les théories sont souvent erronées : cette propriété découle de la première. Les théories, basées sur des spéculations, sont toujours des simplifications outrancières.
- Les théories tendent à devenir plus complexes avec le temps. Au fur et à mesure qu'on y découvre des failles, on y remédie en ajoutant de nouvelles suppositions.
- Il est important de comprendre les hypothèses sur lesquelles repose une théorie donnée avant de l'utiliser pour interpréter des observations ou pour effectuer des prédictions. Les théories simples, basées en général sur des suppositions très restrictives, ne fournissent le plus souvent que des informations qualitatives. Vouloir fournir une explication précise à partir d'une théorie simple, c'est comme vouloir déterminer la masse précise d'un diamant à l'aide d'un pèse-personne.

  Pour bien utiliser une théorie, il faut en connaître les points forts et les points faibles, et ne poser que les questions appropriées. Pour illustrer ce point, prenons le principe simple du *aufbau* utilisé pour expliquer la configuration électronique des éléments. Même si, à l'aide de ce principe, on peut adéquatement prédire la configuration électronique de la plupart des éléments, il ne s'applique pas au chrome ni au cuivre. Des études détaillées ont en effet montré que les configurations électroniques du chrome et du cuivre résultaient d'interactions électroniques complexes dont la théorie ne tient pas compte. Cela ne veut pas dire pour autant qu'il faille rejeter ce principe simple si utile pour la plupart des éléments. Il faut plutôt l'utiliser avec discernement et ne pas s'attendre à ce qu'il soit applicable à chaque cas.
- Quand on découvre qu'une théorie est erronée, on en apprend souvent beaucoup plus que lorsqu'elle est exacte ; si, en utilisant une théorie, on effectue une prédiction qui se révèle fausse, cela signifie en général qu'il existe certaines caractéristiques fondamentales de la nature qu'on ne comprend toujours pas. On apprend souvent de ses erreurs. (Gardez cela à l'esprit quand vous recevrez le résultat de votre prochain contrôle de chimie.)

**En insistant sur les limites et les avantages des théories scientifiques, les auteurs présentent aux étudiants la façon de penser et de travailler des chimistes.**

Exemple 1.11

### Détermination de la masse du produit formé II

Quand on mélange une solution aqueuse de $Na_2SO_4$ à une solution aqueuse de $Pb(NO_3)_2$, il y a précipitation de $PbSO_4$. Calculez la quantité de $PbSO_4$ formée quand on mélange 1,25 L d'une solution de $Pb(NO_3)_2$ 0,0500 mol/L à 2,00 L d'une solution de $Na_2SO_4$ 0,0250 mol/L.

$Na^+$ $SO_4^{2-}$ $Pb^{2+}$ $NO_3^-$
Écrire la réaction
$Pb^{2+}(aq) + SO_4^{2-}(aq) \longrightarrow PbSO_4(s)$
Déterminer le nombre de moles de réactifs
$SO_4^{2-}$ est limitant.
Déterminer le nombre de moles de produits
Nombre de grammes nécessaires
Convertir en grammes
15,2 g de $PbSO_4$

***Solution***

➡ 1 *Identifier les espèces en solution et déterminer la réaction qui a lieu.* Quand on mélange une solution aqueuse de $Na_2SO_4$, qui contient des ions $Na^+$ et $SO_4^{2-}$ avec celle de $Pb(NO_3)_2$, qui contient des ions $Pb^{2+}$ et $NO_3^-$, la solution qui en résulte contient les ions $Na^+$, $SO_4^{2-}$, $Pb^{2+}$ et $NO_3^-$. Puisque $NaNO_3$ est soluble et $PbSO_4$ est insoluble (*voir la règle 4 du tableau 1.1*), il y a précipitation de $PbSO_4$.

➡ 2 *Écrire l'équation ionique nette équilibrée de la réaction.* L'équation est la suivante :

$$Pb^{2+}(aq) + SO_4^{2-}(aq) \longrightarrow PbSO_4(s)$$

➡ 3 *Calculer le nombre de moles des réactifs.* Puisque la solution de $Pb(NO_3)_2$ 0,0500 mol/L contient 0,0500 mol/L d'ions $Pb^{2+}$, on peut calculer le nombre de moles d'ions $Pb^{2+}$ contenus dans 1,25 L de cette solution.

$$1{,}25\,\cancel{L} \times \frac{0{,}0500\ \text{mol}\ Pb^{2+}}{\cancel{L}} = 0{,}0625\ \text{mol}\ Pb^{2+}$$

La solution de $Na_2SO_4$ 0,0250 mol/L contient 0,0250 mol/L d'ions $SO_4^{2-}$, et le nombre de moles d'ions $SO_4^{2-}$ dans 2,00 L de cette solution est :

$$2{,}00\,\cancel{L} \times \frac{0{,}0250\ \text{mol}\ SO_4^{2-}}{\cancel{L}} = 0{,}0500\ \text{mol}\ SO_4^{2-}$$

➡ 4 *Identifier le réactif dont la quantité est limitante.* Puisque les ions $Pb^{2+}$ réagissent avec les ions $SO_4^{2-}$ dans un rapport de 1:1, ce sont les ions $SO_4^{2-}$ qui sont limitants. (0,0500 mol de $SO_4^{2-}$ est une quantité inférieure à 0,0625 mol de $Pb^{2+}$).

➡ 5 *Calculer le nombre de moles du ou des produits.* Puisqu'il y a un excès d'ions $Pb^{2+}$, il n'y aura formation que de 0,0500 mol de $PbSO_4$ solide.

➡ 6 *Convertir la quantité de produit en grammes.* Pour connaître la quantité de $PbSO_4$ formée, on recourt à la masse molaire du $PbSO_4$ (303,3 g/mol).

$$0{,}0500\,\cancel{\text{mol}\ PbSO_4} \times \frac{303{,}3\ \text{g}\ PbSO_4}{1\,\cancel{\text{mol}\ PbSO_4}} = 15{,}2\ \text{g}\ PbSO_4$$

*Voir l'exercice 1.29*

**Les Exemples s'appuient sur un modèle d'approche par étapes dans la résolution de problèmes. Après chaque exemple de problème, des exercices semblables sont suggérés ; ils font partie des problèmes de fin de chapitre. Dans certains exemples, des Vérifications permettent aux étudiants de juger leurs réponses et de s'assurer qu'elles sont sensées.**

# Liens et applications au quotidien

**Chaque chapitre s'ouvre sur une introduction attrayante qui illustre l'influence de la chimie sur la vie quotidienne.**

De nombreuses réactions chimiques importantes, y compris la quasi-totalité de celles qui ont lieu dans la nature, se produisent en milieu aqueux. Nous avons déjà traité une des très importantes classes d'équilibres en milieu aqueux, les réactions acide-base. Dans ce chapitre, nous allons étudier de nombreux autres aspects de la chimie acide-base, et présenter deux nouveaux types d'équilibres en milieu aqueux, ceux qui concernent la solubilité des sels et la formation des ions complexes.

Les interactions des équilibres acide-base, des équilibres ioniques et des équilibres de formation d'ions complexes jouent souvent un rôle important dans les phénomènes naturels tels l'effritement des minéraux, l'adsorption des nutriments par les plantes et la carie dentaire. Ainsi, la pierre calcaire ($CaCO_3$) est dissoute par une eau rendue acide par dissolution de dioxyde de carbone :

$$CO_2(aq) + H_2O(l) \rightleftharpoons H^+(aq) + HCO_3^-(aq)$$
$$H^+(aq) + CaCO_3(s) \rightleftharpoons Ca^{2+}(aq) + HCO_3^-(aq)$$

Ce phénomène de dissolution et le phénomène inverse, la recristallisation, sont à l'origine de la formation des grottes en sol calcaire et des stalactites et stalagmites qu'on y trouve. Les eaux acides (qui contiennent du dioxyde de carbone) dissolvent les dépôts de calcaire souterrains, ce qui crée une grotte. Au fur et à mesure que l'eau tombe goutte à goutte de la voûte, le gaz carbonique s'évapore, et le carbonate de calcium se solidifie (par le procédé inverse de celui décrit ci-dessus). C'est ainsi que sont formées les stalactites suspendues à la voûte des grottes et les stalagmites qui s'élèvent là où les gouttes tombent sur le sol. Mais avant d'étudier ces nouveaux types d'équilibres, nous allons considérer plus en détail les équilibres acide-base.

## Équilibres acide-base

### 6.1 Solutions d'acides ou de bases contenant un ion commun

Au chapitre 5, on a effectué les calculs des concentrations à l'équilibre des espèces (particulièrement les ions $H^+$) présentes dans les solutions contenant un acide ou une base. Dans cette section, on traite de solutions qui contiennent non seulement l'acide faible HA, mais aussi son sel, NaA. Cela semble donner naissance à un nouveau type de problème, qu'on peut toutefois résoudre assez facilement en utilisant les méthodes présentées dans le chapitre 5.

Supposons qu'une solution contienne un acide faible, l'acide fluorhydrique, HF ($K_a = 7,2 \times 10^{-4}$), et son sel, le fluorure de sodium, NaF. En solution dans l'eau, ce sel est totalement dissocié (c'est un électrolyte fort) :

$$NaF(s) \xrightarrow{H_2O(l)} Na^+(aq) + F^-(aq)$$

Puisque l'acide fluorhydrique est un acide faible et, par conséquent, peu dissocié, les principales espèces présentes en solution sont HF, $Na^+$, $F^-$ et $H_2O$. **L'ion commun** est $F^-$, puisqu'il provient à la fois de l'acide fluorhydrique et du fluorure de sodium. Quelle influence exercera donc la présence du fluorure de sodium sur la réaction de dissociation de l'acide fluorhydrique ?

Pour répondre à cette question, il faut comparer l'importance de la dissociation de l'acide fluorhydrique dans les deux solutions : d'abord, dans la solution de HF 1,0 mol/L,

## IMPACT

### Piles imprimées

Dans un proche avenir, quand vous irez choisir un disque compact chez votre disquaire, il se peut qu'en le touchant, l'emballage se mette à jouer une des chansons du disque. Ou encore, votre regard pourrait être attiré par un produit dans un magasin parce que l'emballage se met à briller lorsque vous passez devant l'étalage. Bientôt, ces effets pourront être réalité grâce à l'invention d'une pile ultramince, flexible, imprimée sur l'emballage. Cette pile a été mise au point par Power Paper Ltd., une compagnie fondée par Baruch Levanon et plusieurs collègues.

La pile développée par Power Paper consiste en cinq couches de zinc (anode) et de dioxyde de manganèse (cathode), dont l'épaisseur est seulement de 0,5 millimètre. Elle peut être imprimée sur du papier au moyen d'une presse à imprimer normale et ne semble pas présenter de risque pour l'environnement.

La nouvelle pile a été brevetée par International Paper Company, qui a l'intention de l'utiliser pour intégrer de la lumière, du son et d'autres effets spéciaux aux emballages, afin d'attirer l'attention de clients potentiels. Dans un an ou deux, on verra peut-être sur les tablettes des emballages qui parlent, chantent ou deviennent lumineux.

Boîtier de CD comportant une pile ultramince qui peut être « imprimée » comme de l'encre sur les emballages.

**De nombreuses rubriques Impact ont été ajoutées à cette nouvelle édition. Ces rubriques, qui décrivent des applications courantes de la chimie, traitent de sujets aussi divers que la conservation des œuvres d'art, les molécules comme moyens de communication ou la saveur piquante des piments chilis.**

# Représentation visuelle

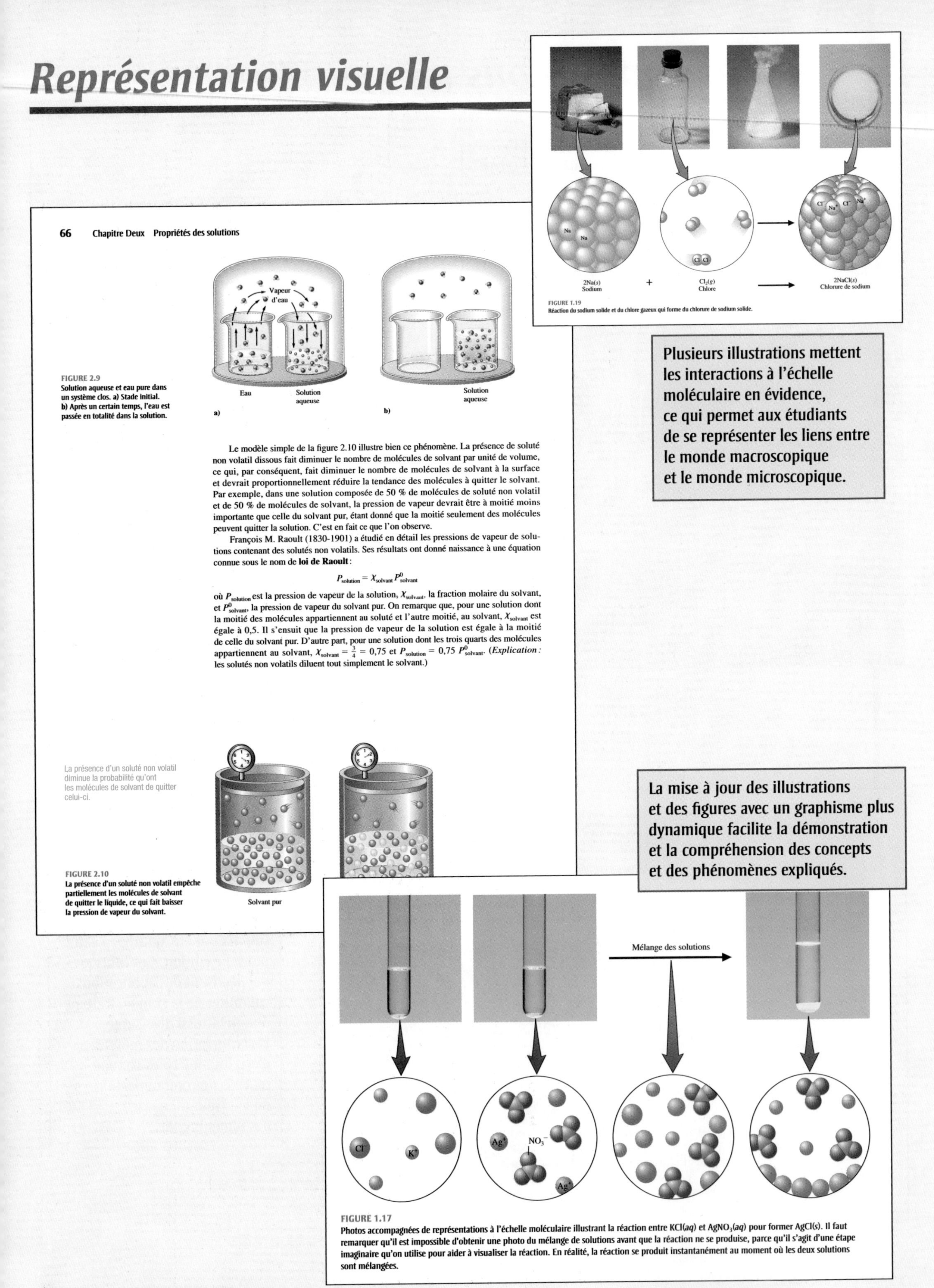

66 Chapitre Deux Propriétés des solutions



FIGURE 2.9
Solution aqueuse et eau pure dans un système clos. a) Stade initial. b) Après un certain temps, l'eau est passée en totalité dans la solution.

Le modèle simple de la figure 2.10 illustre bien ce phénomène. La présence de soluté non volatil dissous fait diminuer le nombre de molécules de solvant par unité de volume, ce qui, par conséquent, fait diminuer le nombre de molécules de solvant à la surface et devrait proportionnellement réduire la tendance des molécules à quitter le solvant. Par exemple, dans une solution composée de 50 % de molécules de soluté non volatil et de 50 % de molécules de solvant, la pression de vapeur devrait être à moitié moins importante que celle du solvant pur, étant donné que la moitié seulement des molécules peuvent quitter la solution. C'est en fait ce que l'on observe.

François M. Raoult (1830-1901) a étudié en détail les pressions de vapeur de solutions contenant des solutés non volatils. Ses résultats ont donné naissance à une équation connue sous le nom de **loi de Raoult** :

$$P_{solution} = \chi_{solvant} P^0_{solvant}$$

où $P_{solution}$ est la pression de vapeur de la solution, $\chi_{solvant}$, la fraction molaire du solvant, et $P^0_{solvant}$, la pression de vapeur du solvant pur. On remarque que, pour une solution dont la moitié des molécules appartiennent au soluté et l'autre moitié, au solvant, $\chi_{solvant}$ est égale à 0,5. Il s'ensuit que la pression de vapeur de la solution est égale à la moitié de celle du solvant pur. D'autre part, pour une solution dont les trois quarts des molécules appartiennent au solvant, $\chi_{solvant} = \frac{3}{4} = 0,75$ et $P_{solution} = 0,75\ P^0_{solvant}$. (*Explication :* les solutés non volatils diluent tout simplement le solvant.)

La présence d'un soluté non volatil diminue la probabilité qu'ont les molécules de solvant de quitter celui-ci.



FIGURE 2.10
La présence d'un soluté non volatil empêche partiellement les molécules de solvant de quitter le liquide, ce qui fait baisser la pression de vapeur du solvant.



FIGURE 1.19
Réaction du sodium solide et du chlore gazeux qui forme du chlorure de sodium solide.

Plusieurs illustrations mettent les interactions à l'échelle moléculaire en évidence, ce qui permet aux étudiants de se représenter les liens entre le monde macroscopique et le monde microscopique.

La mise à jour des illustrations et des figures avec un graphisme plus dynamique facilite la démonstration et la compréhension des concepts et des phénomènes expliqués.



FIGURE 1.17
Photos accompagnées de représentations à l'échelle moléculaire illustrant la réaction entre $KCl(aq)$ et $AgNO_3(aq)$ pour former $AgCl(s)$. Il faut remarquer qu'il est impossible d'obtenir une photo du mélange de solutions avant que la réaction ne se produise, parce qu'il s'agit d'une étape imaginaire qu'on utilise pour aider à visualiser la réaction. En réalité, la réaction se produit instantanément au moment où les deux solutions sont mélangées.

# Mise en pratique

Les **Questions à discuter en classe** sont conçues pour être abordées en classe par des petits groupes d'étudiants.

La section **Synthèse** a été réorganisée pour aider les étudiants à réviser plus facilement les concepts clés. Une série de **Questions de révision** leur permet de s'autoévaluer. Les **Mots clés** sont imprimés en caractères gras et sont définis à l'endroit de leur première mention. Ils sont également regroupés à la fin du chapitre et dans le **Glossaire**, à la fin du volume.

---

46 Chapitre Un Types de réactions chimiques et stœchiométrie en solution

## Questions et exercices

### Questions à discuter en classe

Ces questions sont conçues pour être abordées en petits groupes. Par des discussions et des enseignements mutuels, elles permettent d'exprimer la compréhension des concepts.

1. En supposant qu'on ait une vue grossissante qui permet de « voir » les particules de HCl dans une solution, dessinez ce que l'on y verrait. Si l'on y laissait tomber un morceau de magnésium, celui-ci disparaîtrait et il y aurait formation d'hydrogène gazeux. Représentez cette transformation en utilisant les symboles des éléments, puis écrivez l'équation équilibrée.
2. On fait bouillir une solution aqueuse de sel de table. Qu'arrive-t-il à la concentration de sel (elle augmente, diminue ou reste la même) durant l'ébullition? Expliquez votre réponse à l'aide d'illustrations.
3. Soit une solution de sucre (solution *A*) dont la concentration est *x*. On verse la moitié de cette solution dans un bécher, puis on y ajoute un volume équivalent d'eau (solution *B*).
   a) Indiquez le rapport des moles de sucre entre les solutions *A* et *B*.
   b) Comparez les volumes des solutions *A* et *B*.
   c) Indiquez le rapport des concentrations de sucre entre les solutions *A* et *B*.
4. On verse une solution aqueuse de nitrate de plomb dans une solution aqueuse d'iodure de potassium. Illustrez au niveau microscopique chacune des solutions initiales et la solution finale, et indiquez tous les produits formés. Écrivez l'équation équilibrée de cette réaction.
5. Placez les molécules suivantes par ordre croissant de degré d'oxydation de l'atome d'azote: $HNO_3$, $NH_4Cl$, $N_2O$, $NO_2$, $NaNO_2$.

Une question ou un exercice précédés d'un numéro en bleu indiquent que la réponse se trouve à la fin de ce livre.

### Questions

6. Une étudiante veut préparer 1,00 L d'une solution de NaOH 1,00 mol/L (masse molaire = 40,00 g/mol). Si elle dispose de NaOH solide, comment pourrait-elle préparer cette solution? Si elle dispose de NaOH 2,00 mol/L, comment pourrait-elle préparer cette solution? Afin de s'assurer que la concentration molaire volumique du NaOH soit précise à trois chiffres significatifs, combien de chiffres significatifs devraient comporter les volumes et la masse déterminés?
7. Dressez la liste de trois bromures solubles et de trois bromures insolubles. Faites le même exercice pour les sulfates, les hydroxydes et les phosphates (trois sels solubles et trois sels insolubles). Dressez la liste des formules de six sels insolubles de $Pb^{2+}$ et d'un sel soluble de $Pb^{2+}$.
8. Qu'est-ce qu'un acide et qu'est-ce qu'une base? On appelle parfois une réaction acide-base, un transfert de protons. Expliquez.
9. Faites la distinction entre les termes suivants:
   a) *espèce réduite* et *agent réducteur*;
   b) *espèce oxydée* et *agent oxydant*;
   c) *degré d'oxydation* et *charge réelle*.

### Exercices

Dans la présente section, les exercices similair

#### Solutions aqueuses: électrolytes forts

10. Montrez comment chacun des électr dissocié une fois dissous dans l'eau.
    a) NaBr f) $FeSO_4$
    b) $MgCl_2$ g) $KMnO_4$
    c) $Al(NO_3)_3$ h) $HClO_4$
    d) $(NH_4)_2SO_4$ i) $NH_4CH_3$
    e) HI
11. Les coussins chauffants ou refroid ment des blessures que subissent les coussins contiennent une poche d'eau sèche. Si l'on tord le sac, la poche d'e chimique se dissout. La solution devi On utilise, dans beaucoup de couss de magnésium, et dans les coussins d'ammonium. Écrivez les équations électrolytes forts se comportent quand

#### Concentration molaire volumique

12. Calculez la concentration molaire v solutions ci-dessous.
    a) 250,0 mL d'une solution aqueu $NaHCO_3$.
    b) 500,0 mL d'une solution aqueus $K_2Cr_2O_7$.
    c) 200,0 mL (volume final) d'une solvant 0,1025 g de cuivre métall concentré pour former des ions avec de l'eau. Calculez la concen du $Cu^{2+}$.
13. Calculez la concentration de tous les ions présents dans chacune des solutions d'électrolytes forts ci-dessous.
    a) $CaCl_2$ 0,15 mol/L
    b) $Al(NO_3)_3$ 0,26 mol/L
    c) $K_2Cr_2O_7$ 0,25 mol/L
    d) $Al_2(SO_4)_3$ $2,0 \times 10^{-3}$ mol/L
14. Laquelle des solutions d'électrolytes forts suivantes contient le plus grand nombre de moles d'ions chlorure: 100,0 mL de $AlCl_3$ 0,30 mol/L; 50,0 mL de $MgCl_2$ 0,60 mol/L; 200,0 mL de NaCl 0,40 mol/L?
15. Quelle masse de NaOH y a-t-il dans 250,0 mL d'une solution d'hydroxyde de sodium 0,400 mol/L?
16. Si l'on dispose de 10 g de $AgNO_3$, quel volume d'une solution de $AgNO_3$ 0,25 mol/L peut-on préparer?
17. Décrivez comment préparer 2,00 L de chacune des solutions suivantes:
    a) NaOH 0,250 mol/L à partir de NaOH solide;
    b) NaOH 0,250 mol/L à partir d'une solution mère de NaOH 1,00 mol/L;
    c) $K_2CrO_4$ 0,100 mol/L à partir de $K_2CrO_4$ solide;
    d) $K_2CrO_4$ 0,100 mol/L à partir d'une solution mère de $K_2CrO_4$ 1,75 mol/L.

---

Synthèse 43

### Mots clés

solution aqueuse

*Section 1.1*
molécule polaire
hydratation
solubilité

*Section 1.2*
soluté
solvant
conductibilité électrique
électrolyte fort
électrolyte faible
non-électrolyte
acide
acide fort
base forte
acide faible
base faible

*Section 1.3*
concentration molaire volumique
solution étalon
dilution

*Section 1.5*
réaction de précipitation
précipité

*Section 1.6*
équation moléculaire
équation ionique complète
ions inertes
équation ionique nette

*Section 1.8*
acide
base
réaction de neutralisation
analyse volumétrique
titrage
point d'équivalence
ou point stœchiométrique
indicateur
point de virage

*Section 1.9*
réaction d'oxydoréduction
degré d'oxydation
oxydation
réduction
oxydant
réducteur

*Section 1.10*
demi-réactions

## Synthèse

**Les réactions chimiques en solution sont importantes dans la vie quotidienne.**

**L'eau est un solvant polaire qui dissout de nombreuses substances ioniques et polaires.**

**Électrolytes**
- Électrolytes forts: sont dissociés à 100 % pour produire des ions séparés; conduisent facilement un courant électrique
- Électrolytes faibles: seulement un faible po produisent des ions; conduisent faiblement
- Non-électrolytes: les substances dissoutes pas le passage d'un courant électrique.

**Acides et bases**
- Modèle d'Arrhenius
  - Acide: produit des ions $H^+$.
  - Base: produit des ions $OH^-$.
- Modèle de Brønsted-Lowry
  - Acide: donneur de protons.
  - Base: accepteur de protons.
- Acide fort: se dissocie complètement en io
- Acide faible: se dissocie faiblement.

**Concentration molaire volumique**
- Une façon de décrire la composition d'une

Concentration molaire volumique ($c$) = $\frac{n}{mol}$

- Nombre de moles de soluté = volume de la volumique.
- Solution étalon: sa concentration molaire e

**Dilution**
- Un solvant est ajouté afin de diminuer la co
- Nombre de moles de soluté après la dilutio la dilution:

$c_1V_1 = c_2V_2$

**Types d'équations qui décrivent des réaction**
- Équation moléculaire: montre tous les réac moléculaires.
- Équation ionique complète: tous les réactif forts sont représentés sous forme d'ions.
- Équation ionique nette: seuls les composants qui subissent un changement apparaissent: les ions inertes n'apparaissent pas.

**Règles de solubilité**
- Basées sur l'observation expérimentale.
- Permettent de prédire le résultat des réactions de précipitation.

**Types importants de réactions en solution**
- Réactions acide-base: mettent en jeu le transfert d'ions $H^+$.
- Réactions de précipitation: la formation d'un solide se produit.
- Réactions d'oxydoréduction: mettent en jeu un transfert d'électrons.

**Titrages**
- Mesure d'un volume d'une solution étalon (titrant) nécessaire pour réagir avec une substance en solution.

---

184 Chapitre Quatre Équilibre chimique

c) Quelle est la pression totale dans le ballon à l'équilibre?
d) Quel est le degré de dissociation du $PCl_5$ à l'équilibre?

62. À 25 °C, $SO_2Cl_2$ gazeux se décompose en $SO_2(g)$ et en $Cl_2(g)$, jusqu'à ce que 12,5 % du $SO_2Cl_2$ original (en moles) se soit décomposé pour atteindre l'équilibre. La pression totale (à l'équilibre) est de 0,900 atm. Calculez la valeur de $K_p$ pour ce système.
63. À une certaine température, on trouve pour la réaction suivante
    $$H_2(g) + F_2(g) \rightleftharpoons 2HF(g)$$
    que les concentrations à l'équilibre dans un contenant rigide de 5,00 L sont $[H_2]$ = 0,0500 mol/L, $[F_2]$ = 0,0100 mol/L et $[HF]$ = 0,400 mol/L. Si l'on ajoute 0,200 mol de $F_2$ à ce mélange à l'équilibre, calculez les concentrations de tous les gaz une fois que l'équilibre a été rétabli.
64. Le chrome(VI) forme deux oxanions différents, l'ion dichromate orange ($Cr_2O_7^{2-}$) et l'ion chromate jaune ($CrO_4^{2-}$). La réaction entre les deux ions est la suivante:
    $$Cr_2O_7^{2-}(aq) + H_2O(l) \rightleftharpoons 2CrO_4^{2-}(aq) + 2H^+(aq)$$
    Dites pourquoi les solutions de dichromate virent au jaune quand on y ajoute de l'hydroxyde de sodium.

65. La synthèse de l'ammoniac à partir de l'azote et de l'hydrogène gazeux est un cas classique de l'exploration des notions de cinétique et d'équilibre pour rendre une réaction chimique économiquement rentable. Dites pourquoi chacune des conditions suivantes favorise le rendement maximal de cette réaction.
    a) La réaction se produit à une température élevée.
    b) L'ammoniac est retiré du système au fur et à mesure qu'il se forme.
    c) On utilise un catalyseur.
    d) La réaction se produit à une pression élevée.
66. Pour la réaction ci-dessous, $K_p$ = 1,16 à 800 °C.
    $$CaCO_3(s) \rightleftharpoons CaO(s) + CO_2(g)$$
    Si l'on place 20,0 g de $CaCO_3$ dans un contenant de 10,0 L et qu'on le chauffe à 800 °C, quel pourcentage en masse de $CaCO_3$ réagit pour que l'équilibre soit atteint?
67. Soit la décomposition de $C_3H_6O_3$, selon la réaction suivante:

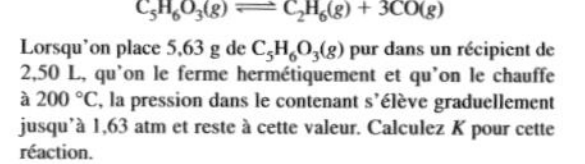

    $$C_3H_6O_3(g) \rightleftharpoons C_2H_6(g) + 3CO(g)$$
    Lorsqu'on place 5,63 g de $C_3H_6O_3(g)$ pur dans un récipient de 2,50 L, qu'on le ferme hermétiquement et qu'on le chauffe à 200 °C, la pression dans le contenant s'élève graduellement jusqu'à 1,63 atm et reste à cette valeur. Calculez *K* pour cette réaction.

### Problèmes défis

68. À 35 °C, $K = 1,6 \times 10^{-5}$ pour la réaction
    $$2NOCl(g) \rightleftharpoons 2NO(g) + Cl_2(g)$$
    Si l'on place 2,0 mol de NO et 1,0 mol de $Cl_2$ dans un ballon de 1,0 L, calculez la concentration à l'équilibre de chaque espèce.
69. On fait réagir, à 300 K, de l'oxyde d'azote et du brome dont les pressions partielles initiales sont respectivement de 13,1 kPa et 5,51 kPa. À l'équilibre, la pression totale est de 14,7 kPa. La réaction est la suivante
    $$2NO(g) + Br_2(g) \rightleftharpoons 2NOBr(g)$$
    a) Quelle est la valeur de $K_p$?
    b) Quelle serait la pression partielle de chaque espèce si NO et $Br_2$, tous deux à une pression partielle initiale de 30,4 kPa, atteignaient l'équilibre à cette température?
70. À 25 °C, $K_p = 5,3 \times 10^5$ pour la réaction
    $$N_2(g) + 3H_2(g) \rightleftharpoons 2NH_3(g)$$
    Quand on introduit du $NH_3(g)$, à une certaine pression partielle, dans un contenant rigide vide, à 25 °C, l'équilibre est atteint quand 50,0 % de l'ammoniac initial s'est décomposé. Quelle était la pression partielle initiale de l'ammoniac avant toute décomposition?
71. Soit la réaction suivante
    $$P_4(g) \longrightarrow 2P_2(g)$$
    où $K_p = 1,00 \times 10^{-1}$, à 1325 K. Après avoir introduit du $P_4(g)$ dans un contenant à 1325 K, la pression totale du mélange de $P_4(g)$ et de $P_2(g)$ à l'équilibre est de 1,00 atm. Calculez les pressions à l'équilibre de $P_4(g)$ et de $P_2(g)$. Calculez la fraction (molaire) de $P_4(g)$ qui s'est dissociée pour atteindre l'équilibre.
72. À une température donnée, les pressions partielles d'un mélange à l'équilibre de $N_2O_4(g)$ et de $NO_2(g)$ sont respectivement de 0,33 atm et 1,2 atm. On double le volume du contenant. Déterminez les pressions partielles des deux gaz une fois l'équilibre rétabli.
73. À 125 °C, $K_p$ = 0,25 pour la réaction suivante
    $$2NaHCO_3(s) \rightleftharpoons Na_2CO_3(s) + CO_2(g) + H_2O(g)$$
    Un ballon de 1,00 L vide est rempli de 10,0 g de $NaHCO_3$ et chauffé à 125 °C.
    a) Calculez les pressions partielles de $CO_2$ et de $H_2O$, une fois l'équilibre atteint.
    b) Calculez les masses de $NaHCO_3$ et de $NaCO_3$ présentes à l'équilibre.
    c) Calculez le volume minimal que doit avoir le contenant pour que tout le $NaHCO_3$ se décompose.
74. On place un échantillon de $SO_3$ pesant 8,00 g dans un contenant par ailleurs vide, dans lequel il se décompose à 600 °C selon la réaction suivante:
    $$SO_3(g) \rightleftharpoons SO_2(g) + \frac{1}{2}O_2(g)$$
    À l'équilibre, la pression totale et la masse volumique du mélange gazeux sont de 1,80 atm et de 1,60 g/L, respectivement. Calculez $K_p$ pour cette réaction.
75. On chauffe à 920 K un échantillon de sulfate de fer(II) dans un contenant placé sous vide, dans lequel les réactions suivantes se produisent:

---

La section **Questions et exercices** a été révisée, elle compte environ 50 % de nouveaux problèmes:
- les **Questions** permettent aux étudiants de vérifier la maîtrise conceptuelle de la matière;
- les **Exercices** (groupés par sujet) permettent d'accroître leur compréhension de chaque section;
- les **Exercices supplémentaires** exigent des étudiants qu'ils reconnaissent et appliquent eux-mêmes les concepts appropriés;
- les **Problèmes défis** les invitent à se dépasser et leur posent des défis plus rigoureux que les exercices supplémentaires;
- les **Problèmes d'intégration** combinent des concepts tirés de nombreux chapitres;
- les **Problèmes de synthèse** font également appel à des concepts tirés de plusieurs chapitres et à des techniques de résolution de problèmes. Ce sont les problèmes les plus difficiles à résoudre de tous les exercices de fin de chapitre.

# 1 Types de réactions chimiques et stœchiométrie en solution

## Contenu

*L'iodure de plomb(II) jaune résulte du mélange du nitrate de plomb(II) et de l'iodure de potassium.*

La plupart des phénomènes chimiques auxquels on s'intéresse se produisent lorsqu'on dissout des substances dans l'eau. Par exemple, pratiquement toutes les réactions chimiques qui rendent la vie possible se produisent en milieu aqueux. Ainsi, les différentes analyses médicales, qui reposent en grande partie sur les analyses de sang et d'autres liquides de l'organisme, mettent en jeu des réactions aqueuses. En plus des épreuves courantes destinées à déterminer la teneur en sucre, en cholestérol et en fer, la recherche de « marqueurs » chimiques spécifiques permet de détecter de nombreuses maladies avant même l'apparition de leurs symptômes.

Les réactions en milieu aqueux prennent également une place importante dans la nature. Au cours des dernières années, on a beaucoup parlé de la contamination de l'eau par des substances comme le chloroforme et les nitrates. L'eau est essentielle à la vie ; il faut donc éviter de la contaminer.

Pour bien comprendre les réactions chimiques qui se produisent dans les divers milieux comme le corps humain, l'atmosphère, les nappes phréatiques, les océans, les usines de traitement des eaux, les cheveux lors d'un shampooing, etc., il faut savoir comment les substances dissoutes dans l'eau réagissent entre elles.

Avant d'aborder l'étude des techniques analytiques de base, il nous faut traiter de la nature des solutions, particulièrement de celles où l'eau est le milieu de dissolution, ou *solvant*, c'est-à-dire des **solutions aqueuses**. Dans ce chapitre, nous étudierons donc la nature des matériaux après leur dissolution dans l'eau, ainsi que les différents types de réactions dans lesquelles interviennent ces substances. Nous verrons que les méthodes déjà préconisées pour aborder les réactions chimiques (*voir le chapitre 3 de* Chimie générale) s'appliquent fort bien aux réactions qui ont lieu en milieu aqueux. Pour bien comprendre les types de réactions qui ont lieu en milieu aqueux, nous devons d'abord étudier les types d'espèces chimiques en présence, ce qui exige une connaissance préalable de la nature de la molécule d'eau.

## 1.1 L'eau, un solvant familier

L'eau constitue, sur la Terre, l'une des substances les plus importantes. Elle est importante non seulement parce qu'elle permet aux réactions qui nous maintiennent en vie d'avoir lieu, mais également parce qu'elle influence indirectement notre vie de nombreuses façons. Ainsi, l'eau permet : de modérer la température à la surface de la Terre ; de refroidir le moteur d'un véhicule, d'un générateur nucléaire et de nombreux processus industriels ; de transporter des produits et de faire croître des myriades de créatures que nous mangeons ; etc.

C'est sa capacité de dissoudre de nombreuses substances différentes qui constitue l'une des fonctions les plus importantes de l'eau. Par exemple, quand on met du sel dans l'eau pour faire cuire les légumes, celui-ci disparaît. Quand on ajoute du sucre à un thé glacé, le sucre disparaît également. Mais, dans chaque cas, la substance qui « disparaît » est en fait toujours présente, puisqu'on peut la goûter. Que se produit-il quand un solide est dissous ? Pour comprendre ce processus, il faut étudier la nature de l'eau. L'eau liquide est composée d'un ensemble de molécules $H_2O$. Chaque molécule $H_2O$ a la forme d'un V, l'angle qui sépare les deux H étant d'environ 105°.

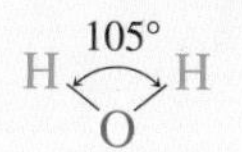


Les liaisons O—H de la molécule d'eau sont des liaisons covalentes formées par le partage d'électrons entre les atomes d'oxygène et d'hydrogène. Cependant, les électrons de ces liaisons ne sont pas répartis également entre les atomes. Pour des raisons bien connues (*voir la section 6.3 de* Chimie générale), l'oxygène est doté d'une plus grande

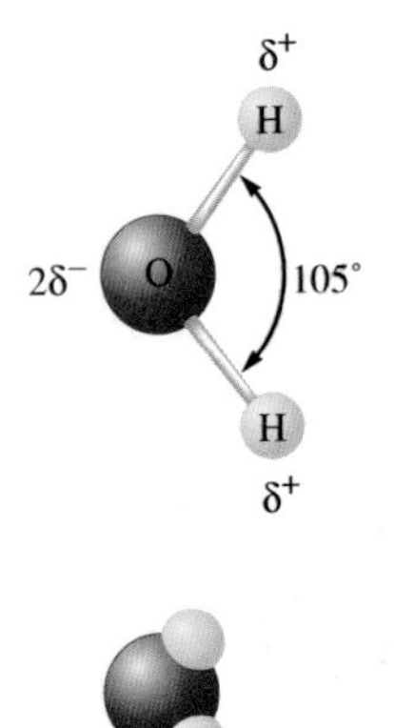


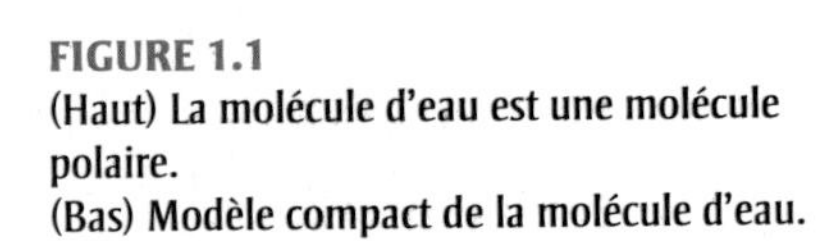

**FIGURE 1.1**
(Haut) La molécule d'eau est une molécule polaire.
(Bas) Modèle compact de la molécule d'eau.

affinité que l'hydrogène pour les électrons. Si les électrons étaient partagés également entre les deux atomes, ceux-ci seraient électriquement neutres, puisque le nombre moyen d'électrons qui gravitent autour de chaque atome serait égal au nombre de protons de chaque noyau. Cependant, étant donné que l'atome d'oxygène a une plus grande électronégativité, les doublets de liaison ont tendance à demeurer plus longtemps à proximité de l'atome d'oxygène qu'à proximité des atomes d'hydrogène. C'est ainsi que l'atome d'oxygène acquiert une légère charge négative et que les atomes d'hydrogène deviennent légèrement positifs. Pour représenter une charge *partielle* (*moins d'une unité de charge*), on utilise le symbole $\delta$ (delta) (*voir la figure 1.1*). À cause de cette distribution inégale de la charge, on dit que la molécule d'eau est une **molécule polaire**. Cette polarité permet à l'eau de dissoudre certains types de composés.

La figure 1.2 illustre de façon schématique un solide ionique en train de se dissoudre dans l'eau. On remarque que les anions chargés négativement attirent les « zones positives » des molécules d'eau, alors que les cations chargés positivement en attirent les « zones négatives ». Ce processus porte le nom d'**hydratation**. C'est parce que les ions qui constituent un sel s'hydratent que les sels se dissocient, se dissolvent. Les fortes interactions qui existaient entre les ions négatifs et positifs dans le solide sont remplacées par de fortes interactions eau-ion.

Il est important de se rappeler que, en se dissolvant, les substances ioniques (les sels) se décomposent en leurs anions et cations *individuels*. Par exemple, quand le nitrate d'ammonium, $NH_4NO_3$, se dissout dans l'eau, la solution qui en résulte contient des ions $NH_4^+$ et $NO_3^-$ qui se déplacent indépendamment les uns des autres. On peut représenter ce processus de la façon suivante :

$$NH_4NO_3(s) \xrightarrow{H_2O(l)} NH_4^+(aq) + NO_3^-(aq)$$

où (*aq*) désigne des ions hydratés par un nombre indéterminé de molécules d'eau.

La **solubilité** des substances ioniques varie considérablement de l'une à l'autre. Par exemple, le chlorure de sodium est très soluble dans l'eau ; le chlorure d'argent (formé des ions $Ag^+$ et $Cl^-$) ne l'est que très légèrement. Cette différence de solubilité dépend de l'importance relative des attractions entre les ions (ces forces tendent à maintenir le solide ensemble) et des attractions entre les ions et les molécules d'eau (ces forces tendant à disperser le solide dans l'eau). La solubilité est un sujet complexe que nous

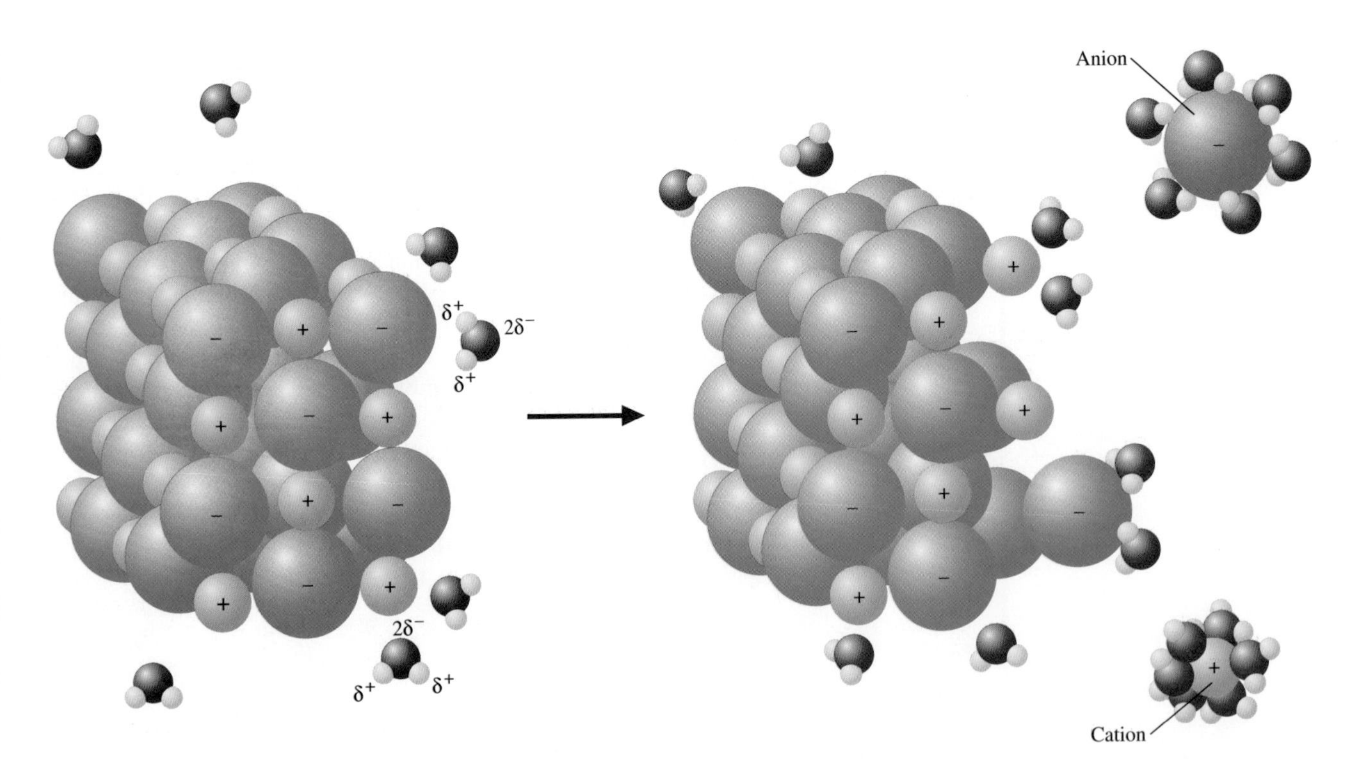


**FIGURE 1.2**
Les molécules d'eau polaires interagissent avec les ions négatifs et les ions positifs d'un sel, ce qui favorise le processus de dissolution.

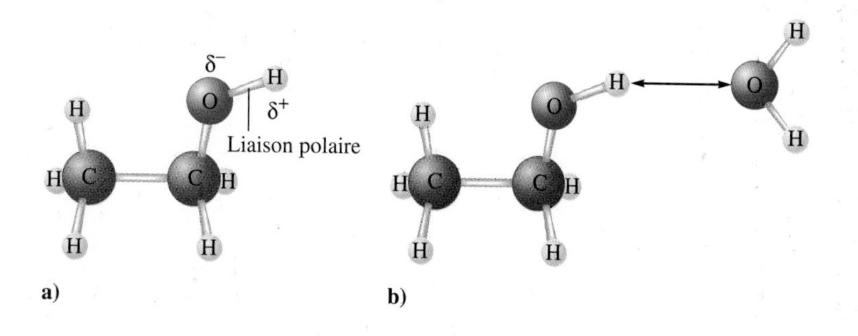


**FIGURE 1.3**
**a)** La molécule d'éthanol contient une liaison O—H polaire semblable à celles d'une molécule d'eau. **b)** La molécule d'eau polaire fait une liaison hydrogène avec la liaison O—H polaire de l'éthanol. C'est là une illustration du principe « des substances semblables se dissolvent mutuellement ».

aborderons plus en détail au chapitre 2. Pour l'instant, il faut se souvenir que, lorsqu'un solide ionique se dissout dans l'eau, ses ions s'hydratent et se dispersent (se déplacent de façon indépendante).

L'eau peut également dissoudre de nombreuses substances non ioniques. L'éthanol, $C_2H_5OH$, par exemple, est très soluble dans l'eau. Le vin, la bière et les cocktails sont des solutions aqueuses qui contiennent de l'alcool et d'autres substances. Pourquoi l'éthanol est-il si soluble dans l'eau ? La réponse réside dans la structure même de la molécule d'alcool (*voir la figure 1.3* ***a***). Cette molécule contient en effet une liaison O—H polaire semblable à celle rencontrée dans la molécule d'eau, ce qui la rend très compatible avec l'eau. La figure 1.3 **b)** illustre l'interaction de l'eau avec l'éthanol par liaison hydrogène.

Il existe de nombreuses substances qui ne sont pas dissoutes par l'eau. L'eau pure, par exemple, ne dissout pas la graisse animale, étant donné que les molécules de gras, non polaires, n'interagissent pas efficacement avec les molécules d'eau, polaires. En général, ce sont les substances ioniques et les substances aptes à faire des liaisons hydrogène qui sont solubles dans l'eau. « Des substances semblables se dissolvent mutuellement » est une règle empirique qui nous aide à prédire la solubilité d'une substance. Nous allons examiner le fondement de cette généralisation lorsque nous traiterons en détail de la formation des solutions au chapitre 2.

# 1.2 Nature des solutions aqueuses – électrolytes forts et électrolytes faibles

On sait qu'une solution est un mélange homogène (*voir le chapitre 1 de* Chimie générale) : toutes ses parties sont identiques (la première gorgée d'une tasse de café ne diffère pas de la dernière), mais sa composition peut être différente si l'on change la quantité de substance dissoute (un café peut être fort ou faible). Dans cette section, nous allons étudier ce qui a lieu quand on dissout une substance, le **soluté**, dans l'eau liquide, le **solvant**.

La **conductibilité électrique**, c'est-à-dire la capacité de conduire le courant électrique, constitue une propriété très utile pour caractériser une solution. Pour déterminer si cette propriété existe, on peut utiliser un appareil semblable à celui présenté dans les trois photographies de la page suivante : si la solution conduit l'électricité, l'ampoule s'allume. L'eau pure n'est pas un conducteur électrique. Cependant, certaines solutions conduisent le courant de façon très efficace ; l'ampoule brille alors fortement ; ce sont des solutions d'**électrolytes forts**. D'autres conduisent peu le courant ; l'ampoule brille, mais faiblement ; ce sont des solutions d'**électrolytes faibles**. D'autres solutions, par contre, ne permettent pas le passage du courant ; l'ampoule reste éteinte ; ce sont des solutions de **non-électrolytes**.

Un électrolyte est une substance qui, une fois dissoute dans l'eau, permet le passage de l'électricité.

C'est un Suédois, Svante Arrhenius (1859-1927), qui préparait un doctorat en physique à l'Université d'Uppsala, au début des années 1880, et qui s'intéressait particulièrement à la nature des solutions, qui, le premier, expliqua correctement la conductibilité des solutions. Selon lui, la conductibilité des solutions s'expliquait par la présence d'ions. L'ensemble de la communauté scientifique rejeta d'abord cette idée. Cependant, à la fin des années 1890, quand on découvrit que les atomes contenaient des particules chargées, la théorie ionique prit tout son sens, et on en reconnut la valeur.

Comme Arrhenius l'avait supposé, plus une solution contient d'ions, plus elle permet le passage du courant. Certaines substances, comme le chlorure de sodium, forment

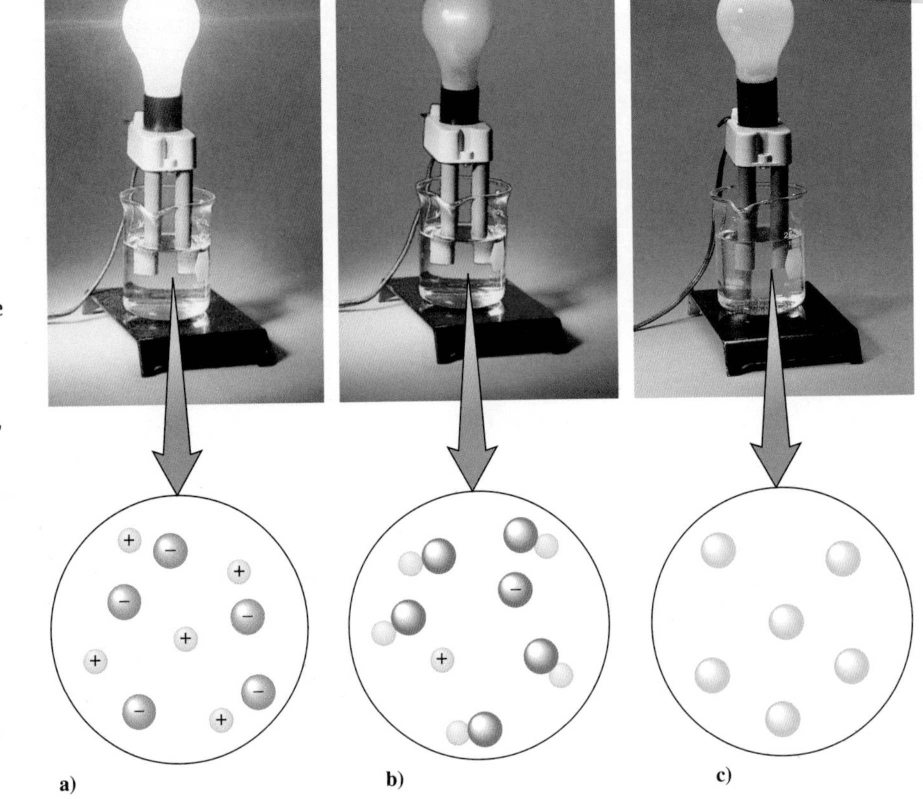


**FIGURE 1.4**
Conductibilité électrique des solutions aqueuses. Pour compléter le circuit et permettre au courant de passer, on doit retrouver en solution des porteurs de charge (ions). *Note:* Des molécules d'eau sont présentes, mais elles ne sont pas représentées dans ces figures.
**a)** Dans une solution d'acide chlorhydrique, qui est un électrolyte fort contenant des ions, le courant peut passer facilement, d'où une lumière vive.
**b)** Dans une solution d'acide acétique, qui est un électrolyte faible ne contenant que peu d'ions, l'électricité n'y circule pas aussi facilement que dans une solution d'électrolytes forts. L'ampoule ne s'allume donc que faiblement.
**c)** Dans une solution de saccharose, qui est un non-électrolyte ne contenant aucun ion, le courant ne peut pas passer. Donc, l'ampoule reste éteinte.

facilement des ions en milieu aqueux : ce sont des électrolytes forts. D'autres, comme l'acide acétique, produisent très peu d'ions une fois dissoutes dans l'eau : ce sont des électrolytes faibles. Il existe une troisième classe de substances, comme le sucre, qui ne forment aucun ion quand on les dissout dans l'eau : ce sont des non-électrolytes.

## Électrolytes forts

Les électrolytes forts sont des substances qui s'ionisent complètement dans l'eau comme le représente la figure 1.4 **a)**. Nous étudierons trois catégories d'électrolytes forts : 1. les sels ; 2. les acides forts ; 3. les bases fortes.

Nous avons vu à la figure 1.2 qu'un sel consistait en un agencement de cations et d'anions qui se séparaient et s'hydrataient lorsque le sel était dissous. Par exemple, quand NaCl est dissous dans l'eau, il y a production d'ions hydratés, $Na^+$ et $Cl^-$ (*voir la figure 1.5*). Il ne reste plus de NaCl, lequel est donc un électrolyte fort. Il est important

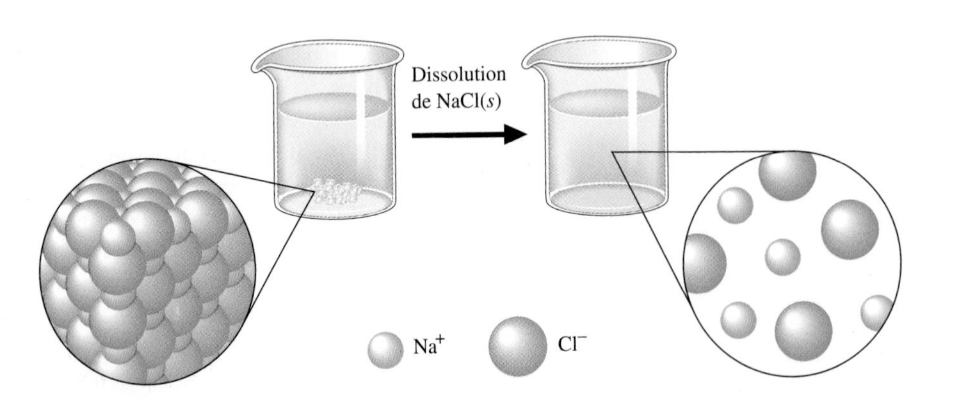


**FIGURE 1.5**
Quand NaCl solide se dissout dans l'eau, les ions $Na^+$ et $Cl^-$ se dispersent de façon aléatoire.

de noter que ces solutions aqueuses contiennent des millions de molécules d'eau qui n'apparaissent pas dans nos représentations à l'échelle moléculaire.

L'une des plus importantes découvertes d'Arrhenius concerne la nature des acides. Avant Arrhenius, on associait la caractéristique « acide » à la saveur sure des fruits de la famille du citron (le mot « acide » découle en effet du mot latin *acidus*, qui signifie « sur »). Les *acides minéraux*, acide sulfurique, $H_2SO_4$, et acide nitrique, $HNO_3$, ainsi désignés parce qu'on les avait obtenus initialement en traitant des minéraux, étaient connus depuis le XIVe siècle.

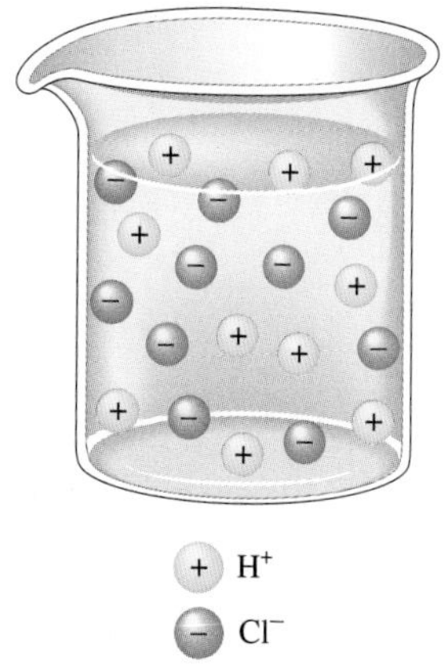

On connaissait donc les acides depuis des centaines d'années avant Arrhenius, mais personne n'avait jusqu'alors précisé leur caractéristique fondamentale. Dans ses études sur les solutions, Arrhenius découvrit que, une fois dissoutes dans l'eau, des substances telles que HCl, $HNO_3$ et $H_2SO_4$ se comportaient comme des électrolytes forts. Il émit donc l'hypothèse que, dans l'eau, des réactions d'ionisation avaient lieu, par exemple :

$+$ $H^+$

$-$ $Cl^-$

**FIGURE 1.6**
HCl(*aq*) est complètement ionisé.

$$HCl \xrightarrow{H_2O} H^+(aq) + Cl^-(aq)$$
$$HNO_3 \xrightarrow{H_2O} H^+(aq) + NO_3^-(aq)$$
$$H_2SO_4 \xrightarrow{H_2O} H^+(aq) + HSO_4^-(aq)$$

Selon Arrhenius, un acide est une substance qui produit des ions $H^+$ en solution.

Arrhenius définit alors l'**acide** comme *une substance qui, une fois dissoute dans l'eau, produit des ions $H^+$ (protons).*

Un électrolyte fort est totalement dissocié (ionisé) en milieu aqueux.

L'acide perchlorique, $HClO_4(aq)$, est aussi un acide fort.

Des études sur la conductibilité révèlent que, après dissolution dans l'eau de HCl, $HNO_3$ ou $H_2SO_4$, *pratiquement chaque molécule* est dissociée pour former des ions. Les **acides forts** sont donc des électrolytes forts. Ces trois produits chimiques sont très importants. Pour le moment, cependant, seuls importent les points suivants :

Les acides sulfurique, nitrique et chlorhydrique étant des solutions aqueuses, on devrait, dans les équations chimiques, les représenter respectivement par $H_2SO_4(aq)$, $HNO_3(aq)$ et HCl(*aq*) ; en pratique, toutefois, le symbole (*aq*) n'apparaît presque jamais.

On appelle « acide fort » un acide qui est complètement dissocié. Ainsi, lorsqu'on dissocie 100 molécules de HCl dans l'eau, il y a formation de 100 ions $H^+$ et de 100 ions $Cl^-$. Il n'existe presque jamais de molécules de HCl en milieu aqueux (*voir la figure 1.6*).

L'acide sulfurique est un cas à part. La formule $H_2SO_4$ révèle bien que, une fois dissous dans l'eau, cet acide peut produire deux ions $H^+$ par molécule. Cependant, seul le premier ion $H^+$ est complètement dissocié. Le second ion $H^+$ peut être dissocié dans certaines conditions que nous étudierons ultérieurement. Par conséquent, une solution aqueuse de $H_2SO_4$ contient surtout des ions $H^+$ et des ions $HSO_4^-$.

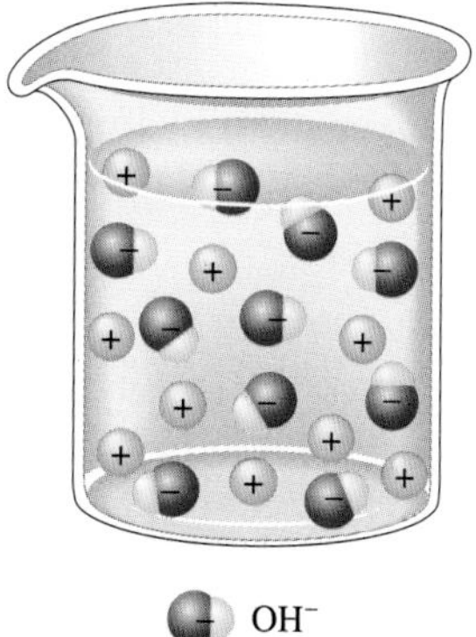

$OH^-$

$+$ $Na^+$

**FIGURE 1.7**
Solution aqueuse d'hydroxyde de sodium.

Il existe une autre classe importante d'électrolytes forts, les **bases fortes**, qui contiennent l'*ion hydroxyde* $OH^-$, et qui sont complètement dissociées dans l'eau. Au goût, les solutions qui contiennent des bases sont amères ; au toucher, elles présentent une consistance onctueuse. On prépare les solutions basiques les plus couramment utilisées en dissolvant les solides ioniques hydroxyde de sodium, NaOH, ou hydroxyde de potassium, KOH, dans de l'eau pour produire des ions conformément aux réactions suivantes (*voir la figure 1.7*) :

$$NaOH(s) \xrightarrow{H_2O} Na^+(aq) + OH^-(aq)$$
$$KOH(s) \xrightarrow{H_2O} K^+(aq) + OH^-(aq)$$

## Électrolytes faibles

Un électrolyte faible n'est dissocié (ionisé) que partiellement en milieu aqueux.

On appelle « électrolyte faible » toute substance qui produit relativement peu d'ions quand on la dissout dans l'eau (*voir la figure 1.4 **b***). Les électrolytes faibles les plus courants sont les acides faibles et les bases faibles.

## IMPACT

## Arrhenius, l'homme aux solutions

La science étant une activité humaine, elle est, à ce titre, sujette aux caprices de la nature humaine et aux aléas des politiques et des préjugés des personnes en poste. L'histoire du chimiste suédois Svante Arrhenius illustre de façon éloquente le chemin tortueux que doit souvent emprunter l'évolution des connaissances scientifiques.

Quand Arrhenius commença ses études de doctorat à l'Université d'Uppsala, vers les années 1880, il opta pour l'étude du passage du courant dans les solutions, problème qui avait déjoué les scientifiques pendant plus d'un siècle. Cavendish effectua les premières expériences dans ce domaine au cours des années 1770, lorsqu'il tenta de comparer la conductibilité des solutions salines à celle de l'eau de pluie. Pour ce faire, il utilisa ses propres réactions physiologiques aux chocs électriques qu'il s'administrait. Arrhenius, quant à lui, possédait un assortiment d'instruments destinés à mesurer l'intensité du courant électrique ; mais le fait de peser, de mesurer et d'enregistrer les données d'une série d'expériences était un travail plutôt fastidieux.

Svante August Arrhenius.

Après une longue série d'expériences, Arrhenius quitta son laboratoire et retourna à sa maison de campagne pour tenter d'élaborer un modèle qui pourrait expliquer ses résultats. Il écrivit alors : « L'idée m'est venue dans la nuit du 17 mai 1883 ; il m'a alors été impossible de dormir avant d'avoir complè-

Le principal composant acide du vinaigre est l'acide acétique, $CH_3COOH$. Cette formule indique clairement que l'acide acétique possède deux types chimiquement distincts d'atomes d'hydrogène. L'hydrogène situé à la fin de la formule est le seul hydrogène acide, c'est-à-dire apte à devenir un ion $H^+$ en solution. Les autres hydrogènes ne sont pas acides. Donc, la formule $CH_3COOH$ indique la présence d'un atome d'hydrogène acide et de trois atomes non acides. On écrit la réaction de dissociation de l'acide acétique dans l'eau de la façon suivante :

$$CH_3COOH(aq) \xrightleftharpoons{H_2O} H^+(aq) + CH_3COO^-(aq)$$

L'acide acétique diffère beaucoup des acides forts, puisqu'il y a dissociation d'environ 1 % seulement de ses molécules en milieu aqueux. Ainsi, dans une solution de $CH_3COOH$ 0,1 mol/L, 99 molécules de $CH_3COOH$ sur 100 demeurent inchangées, et une seule donne naissance à un ion $H^+$ et à un ion $CH_3COO^-$ (*voir la figure 1.8*).

Puisque l'acide acétique est un électrolyte faible, on dit que c'est un **acide faible**. Tout acide, comme l'acide acétique, qui *n'est que faiblement dissocié en milieu aqueux est un acide faible*. Au chapitre 5, nous étudierons les acides faibles en détail.

La base faible la plus couramment utilisée est l'ammoniac, $NH_3$. Quand on dissout de l'ammoniac dans l'eau, la réaction suivante a lieu :

$$NH_3(aq) + H_2O(l) \longrightarrow NH_4^+(aq) + OH^-(aq)$$

La solution est *basique*, puisqu'il y a formation d'ions $OH^-$. L'ammoniac est une **base faible**, étant donné que, en solution, il se comporte comme un *électrolyte faible*, c'est-à-dire qu'il forme peu d'ions. En fait, dans une solution de $NH_3$ 0,1 mol/L, pour 100 molécules de $NH_3$, une seule produit un ion $NH_4^+$ et un ion $OH^-$ ; les 99 autres molécules de $NH_3$ demeurent inchangées (*voir la figure 1.9*).

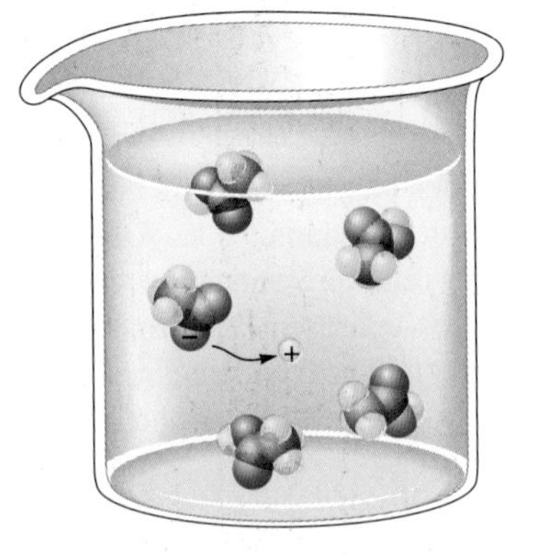


**FIGURE 1.8**
L'acide acétique ($CH_3COOH$) existe dans l'eau principalement sous forme de molécules non dissociées. Seul un faible pourcentage de ses molécules s'ionise.

tement résolu le problème. » Il pensait que les ions étaient responsables du passage du courant dans une solution.

De retour à Uppsala, Arrhenius présenta sa thèse de doctorat, dans laquelle il développait sa nouvelle théorie, à son directeur de thèse, le professeur Cleve, éminent chimiste et découvreur des éléments holmium et thulium. La réaction du professeur Cleve fut exactement celle à laquelle Arrhenius s'attendait : un désintérêt total. Cette réaction était d'ailleurs tout à fait conforme à l'attitude de Cleve, qui était réfractaire à toute nouveauté (il n'avait pas encore admis le bien-fondé du tableau périodique de Mendeleïev, qui avait été publié 10 ans auparavant !).

Avant qu'on accorde un diplôme de doctorat, il est de coutume, et ce depuis fort longtemps, que le postulant soutienne sa thèse devant un groupe de professeurs. Bien que cette procédure soit encore en vigueur dans la plupart des universités, il y a de nos jours, avant la soutenance publique, une soutenance privée devant les seuls membres du comité d'évaluation. Cependant, à l'époque d'Arrhenius, la soutenance de thèse était un débat public au cours duquel la rancune et l'humiliation pouvaient occuper une place importante. Sachant qu'il valait mieux pour lui ne pas se mettre les professeurs à dos, Arrhenius ne se montra pas trop convaincu de ses idées lors de sa soutenance. Sa diplomatie porta ses fruits : étant donné qu'on le considérait comme un scientifique marginal, on lui accorda son diplôme, avec une certaine réticence toutefois, car les professeurs ne croyaient toujours pas à sa théorie.

Une telle rebuffade aurait pu mettre fin à sa carrière scientifique, mais Arrhenius était un battant déterminé à faire triompher ses idées. Il chercha donc rapidement à s'assurer l'appui de nombreux scientifiques renommés, pour faire accepter sa théorie.

Finalement, la théorie ionique triompha. La renommée d'Arrhenius se répandit, et celui-ci fut couvert d'honneurs. Il fut même lauréat du prix Nobel de chimie en 1903. N'étant pas de nature à se reposer sur ses lauriers, Arrhenius se tourna vers de nouveaux horizons, y compris l'astronomie. Il formula ainsi une nouvelle théorie selon laquelle le système solaire avait pris naissance à la suite d'une collision d'étoiles. Sa curiosité sans borne l'amena à étudier l'utilisation de sérums dans la lutte contre la maladie, les ressources énergétiques et leur conservation, ainsi que l'origine de la vie.

---

Le lecteur trouvera davantage de renseignements sur la carrière scientifique d'Arrhenius en lisant son allocution à la réception de la médaille Willard Gibbs dans *Journal of the American Chemical Society,* 36 (1912), p. 353.

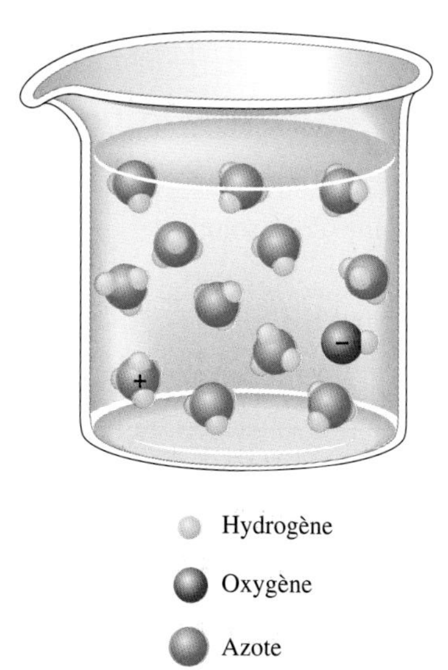


**FIGURE 1.9**
Réaction de $NH_3$ dans l'eau.

## Non-électrolytes

Les non-électrolytes sont des substances qui se dissolvent dans l'eau sans y produire des ions, tel que l'illustre la figure 1.4 **c**). L'éthanol en est un exemple (*voir la figure 1.3*). Quand il se dissout dans l'eau, ce sont des molécules entières, non dissociées, qui se dispersent. Puisque les molécules d'éthanol ne forment aucun ion, la solution résultante ne conduit pas l'électricité. Le sucre de table (saccharose, $C_{12}H_{22}O_{11}$) constitue un autre exemple de non-électrolyte très soluble dans l'eau, mais qui ne produit aucun ion en se dissolvant. Les molécules de saccharose demeurent inchangées.

# 1.3 Composition des solutions

Quand on mélange deux solutions, des réactions chimiques ont souvent lieu. Pour effectuer des calculs stœchiométriques dans de tels cas, il faut connaître deux choses : 1. la *nature de la réaction*, qui dépend de la nature exacte des espèces chimiques produites par la dissolution ; 2. la *quantité de produits chimiques* en solution, c'est-à-dire la composition de chaque solution.

Il existe de nombreuses façons de décrire la composition d'une solution. Pour le moment, nous ne considérerons que la façon la plus courante d'exprimer la concentration, la **concentration molaire volumique**, *c*, qui est le rapport entre le *nombre de moles de soluté,* n, *et le volume de la solution,* V(*L*), soit :

$$\text{Concentration molaire volumique} = c = \frac{n}{V} = \frac{\text{moles de soluté}}{\text{litres de solution}}$$

Une solution de concentration 1,0 mol/L contient 1,0 mole de soluté par litre de solution.

Exemple 1.1

### Calcul de la concentration molaire volumique I

Calculez la concentration molaire volumique d'une solution préparée en dissolvant 11,5 g de NaOH solide dans de l'eau, le volume final étant de 1,50 L.

***Solution***

Pour connaître la concentration molaire volumique de la solution, il faut d'abord calculer le nombre de moles de soluté, $n$, en utilisant la masse molaire du NaOH (40,0 g/mol).

$$n = 11{,}5\ \cancel{\text{g NaOH}} \times \frac{1 \text{ mol NaOH}}{40{,}0\ \cancel{\text{g NaOH}}} = 0{,}288 \text{ mol NaOH}$$

On divise ensuite ce nombre par le volume de la solution $V$ (L).

$$\text{Concentration molaire volumique} = c = \frac{n}{V} = \frac{0{,}288 \text{ mol NaOH}}{1{,}50 \text{ L solution}} = 0{,}192 \text{ mol NaOH/L}$$

***Voir l'exercice 1.12***

Exemple 1.2

### Calcul de la concentration molaire volumique II

Calculez la concentration molaire volumique d'une solution préparée en faisant barboter 1,56 g de chlorure d'hydrogène gazeux dans de l'eau, le volume final de la solution étant de 26,8 mL.

***Solution***

Il faut d'abord calculer le nombre de moles de HCl (masse molaire = 36,46 g/mol).

$$n = 1{,}56\ \cancel{\text{g HCl}} \times \frac{1 \text{ mol HCl}}{36{,}46\ \cancel{\text{g HCl}}} = 4{,}28 \times 10^{-2} \text{ mol HCl}$$

On exprime ensuite le volume de la solution en litres.

$$V = 26{,}8\ \cancel{\text{mL}} \times \frac{1 \text{ L}}{1000\ \cancel{\text{mL}}} = 2{,}68 \times 10^{-2} \text{ L}$$

On divise finalement le nombre de moles de soluté par le volume de la solution.

$$c = \frac{n}{V} = \frac{4{,}28 \times 10^{-2} \text{ mol HCl}}{2{,}68 \times 10^{-2} \text{ L solution}} = 1{,}60 \text{ mol HCl/L}$$

***Voir l'exercice 1.12***

Il faut toutefois savoir que la description de la composition d'une solution ne reflète pas toujours exactement la vraie nature chimique de cette solution. En effet, on exprime toujours la concentration d'une solution en fonction de la forme du soluté *avant* qu'il ne soit dissous. Par exemple, quand on parle d'une solution de NaCl 1,0 mol/L, cela veut dire que, pour préparer cette solution, on a dissous 1,0 mol de NaCl solide dans suffisamment d'eau pour obtenir 1,0 L de solution. Cela ne signifie donc pas que la solution contient 1,0 mol de NaCl sous forme de molécules : elle contient en fait 1,0 mol d'ions $Na^+$ et 1,0 mol d'ions $Cl^-$, ce que l'exemple 1.3 illustre bien.

Exemple 1.3

### Concentration des ions I

Indiquez les concentrations de tous les ions présents dans chacune des solutions suivantes :

**a)** $Co(NO_3)_2$ 0,50 mol/L
**b)** $Fe(ClO_4)_3$ 1 mol/L

Solution aqueuse de $Co(NO_3)_2$.

### *Solution*

**a)** Quand on dissout du $Co(NO_3)_2$ solide, le cation cobalt(II) et les anions nitrate se séparent :

$$Co(NO_3)_2(s) \xrightarrow{H_2O} Co^{2+}(aq) + 2NO_3^-(aq)$$

Pour chaque mole de $Co(NO_3)_2$ dissoute, il y a formation d'une mole d'ions $Co^{2+}$ et de deux moles d'ions $NO_3^-$. Par conséquent, une solution de $Co(NO_3)_2$ 0,50 mol/L contient 0,50 mol/L d'ions $Co^{2+}$ et (2 × 0,50) mol/L d'ions $NO_3^-$, soit 1,0 mol/L d'ions $NO_3^-$.

**b)** Quand on dissout du $Fe(ClO_4)_3$ solide, le cation fer(III) et les anions perchlorate se séparent :

$$Fe(ClO_4)_3(s) \xrightarrow{H_2O} Fe^{3+}(aq) + 3ClO_4^-(aq)$$

Par conséquent, une solution de $Fe(ClO_4)_3$ 1 mol/L contient en réalité 1 mol/L d'ions $Fe^{3+}$ et 3 mol/L d'ions $ClO_4^-$.

**Voir l'exercice 1.13**

Il arrive souvent qu'on doive déterminer le nombre de moles de soluté présentes dans un volume donné d'une solution de concentration connue. Pour résoudre ce problème, on recourt à la définition de la concentration molaire volumique : en multipliant la concentration, $c$, d'une solution par le volume, $V$ (L), d'un échantillon de la solution, on obtient le nombre de moles, $n$, présentes dans cet échantillon. Ainsi

$$Vc = \cancel{\text{litres de solution}} \times \frac{\text{moles de soluté}}{\cancel{\text{litres de solution}}} = \text{moles de soluté} = n$$

$$c = \frac{\text{moles de soluté}}{\text{litres de solution}}$$

La résolution de problèmes de cette nature est illustrée dans les exemples 1.4 et 1.5.

## *Exemple 1.4* Concentration des ions II

Calculez le nombre de moles d'ions $Cl^-$ présents dans 1,75 L d'une solution de $ZnCl_2$ $1{,}0 \times 10^{-3}$ mol/L.

### *Solution*

Quand du $ZnCl_2$ se dissout, il y a formation d'ions :

$$ZnCl_2(s) \xrightarrow{H_2O} Zn^{2+}(aq) + 2Cl^-(aq)$$

Par conséquent, une solution de $ZnCl_2$ $1{,}0 \times 10^{-3}$ mol/L contient $1{,}0 \times 10^{-3}$ mol/L d'ions $Zn^{2+}$ et $2{,}0 \times 10^{-3}$ mol/L d'ions $Cl^-$.

Pour déterminer le nombre de moles d'ions $Cl^-$ présents dans 1,75 L d'une solution de $ZnCl_2$ $1{,}0 \times 10^{-3}$ mol/L, il faut multiplier le volume par la concentration molaire volumique :

$$1{,}75\ \text{L}\ \cancel{\text{solution}} \times \frac{2{,}0 \times 10^{-3}\ \text{mol Cl}^-}{\text{L}\ \cancel{\text{solution}}} = 3{,}5 \times 10^{-3}\ \text{mol Cl}^-$$

**Voir l'exercice 1.14**

## *Exemple 1.5* Concentration et volume I

Le sang contient environ 0,14 mol/L de NaCl. Dans quel volume de sang trouve-t-on 1,0 mg de NaCl ?

### *Solution*

Il faut d'abord déterminer le nombre de moles que représente 1,0 mg de NaCl (masse molaire = 58,45 g/mol).

$$1{,}0\ \cancel{\text{mg NaCl}} \times \frac{1\ \text{g}\ \cancel{\text{NaCl}}}{1000\ \cancel{\text{mg NaCl}}} \times \frac{1\ \text{mol NaCl}}{58{,}45\ \cancel{\text{g NaCl}}} = 1{,}7 \times 10^{-5}\ \text{mol NaCl}$$

On détermine ensuite le volume de la solution de NaCl 0,14 mol/L qui contient $1{,}7 \times 10^{-5}$ mol de NaCl. Il existe un volume, $V$, qui, une fois multiplié par la concentration molaire volumique de cette solution, donne $1{,}7 \times 10^{-5}$ mol de NaCl; autrement dit :

$$V \times \frac{0{,}14 \text{ mol NaCl}}{\text{L solution}} = 1{,}7 \times 10^{-5} \text{ mol NaCl}$$

En résolvant cette équation, on obtient :

$$V = \frac{1{,}7 \times 10^{-5} \cancel{\text{mol NaCl}}}{\frac{0{,}14 \cancel{\text{mol NaCl}}}{\text{L solution}}} = 1{,}2 \times 10^{-4} \text{ L solution}$$

Ainsi, $1{,}2 \times 10^{-4}$ L d'une solution de NaCl 0,14 mol/L contient $1{,}7 \times 10^{-5}$ mol de NaCl, soit 1,0 mg de NaCl.

***Voir les exercices 1.15 et 1.16***

On appelle **solution étalon** une solution *dont la concentration est connue avec précision.* On a souvent recours à des solutions étalons en analyse chimique. Cette façon de procéder est illustrée à la figure 1.10 et mise en pratique dans l'exemple 1.6.

*Exemple 1.6*

## Solutions de concentration connue

Pour déterminer le contenu en alcool de certains vins, un chimiste a besoin de 1,0 L d'une solution aqueuse de $K_2Cr_2O_7$ 0,200 mol/L (dichromate de potassium). Quelle masse de $K_2Cr_2O_7$ doit-il peser pour préparer cette solution ?

***Solution***

On doit d'abord déterminer le nombre de moles de $K_2Cr_2O_7$ nécessaires.

$$1{,}00 \cancel{\text{L solution}} \times \frac{0{,}200 \text{ mol } K_2Cr_2O_7}{\cancel{\text{L solution}}} = 0{,}200 \text{ mol } K_2Cr_2O_7$$

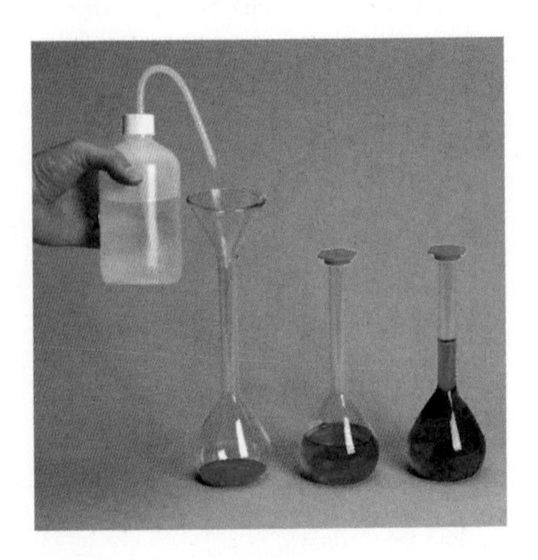

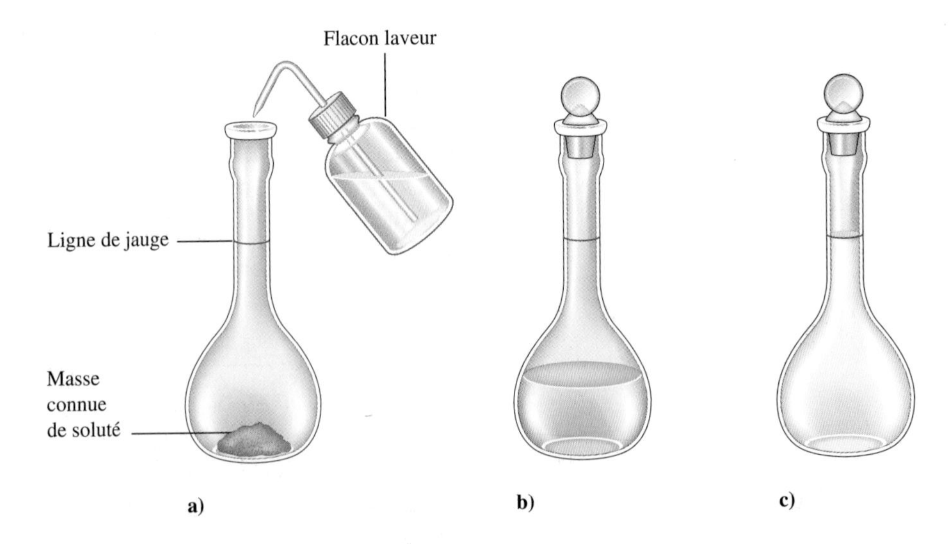


**FIGURE 1.10**
Étapes de la préparation d'une solution étalon.
**a)** On dépose dans une fiole jaugée une quantité connue d'une substance (le soluté), puis une petite quantité d'eau. **b)** On dissout le solide dans de l'eau en agitant délicatement la fiole, *qu'on a pris soin de bien boucher.* **c)** On ajoute de l'eau (en agitant délicatement) jusqu'à ce que le niveau de la solution atteigne la ligne de jauge gravée dans le col de la fiole. Puis, on mélange bien la solution en renversant la fiole plusieurs fois.

La quantité obtenue peut être convertie en grammes à l'aide de la masse molaire du $K_2Cr_2O_7$ (294,2 g/mol).

$$0{,}200\ \cancel{\text{mol } K_2Cr_2O_7} \times \frac{294{,}2 \text{ g } K_2Cr_2O_7}{\cancel{\text{mol } K_2Cr_2O_7}} = 58{,}8 \text{ g } K_2Cr_2O_7$$

Ainsi, pour préparer 1,0 L d'une solution de $K_2Cr_2O_7$ 0,200 mol/L, le chimiste doit peser 58,8 g de $K_2Cr_2O_7$, les placer dans une fiole jaugée de 1,0 L et ajouter de l'eau distillée en les dissolvant jusqu'à ce que le niveau de la solution atteigne la ligne de jauge.

*Voir les exercices 1.17 a) et c), et 1.18 c) et e)*

## Dilution

La dilution dans l'eau ne change pas le nombre de moles présentes dans le soluté.

Pour gagner du temps et de l'espace, on préfère souvent, en laboratoire, acheter sous une forme concentrée les solutions couramment utilisées, qu'on appelle *solutions mères*. Pour préparer une solution donnée, il suffit d'ajouter à la solution mère la quantité d'eau nécessaire pour obtenir la concentration molaire volumique désirée. On appelle ce procédé **dilution**. Par exemple, on achète les acides courants sous forme concentrée et on les dilue selon les besoins. En ce qui concerne les calculs relatifs à la dilution, il suffit de déterminer la quantité de solution mère qu'il faut prélever et diluer avec de l'eau pour obtenir une solution de concentration désirée. Pour ce faire, il faut se rappeler que, l'eau étant la seule substance ajoutée au cours de la dilution, la totalité du soluté présent dans la solution diluée doit être présente dans la solution mère concentrée, c'est-à-dire que :

$$\underset{\text{(solution diluée)}}{\text{Nombre de moles de soluté}} = \underset{\text{(solution concentrée)}}{\text{nombre de moles de soluté}}$$

$$n_{\text{dil}} = n_{\text{conc}}$$

Supposons que l'on veuille préparer 500 mL d'une solution d'acide acétique, $CH_3COOH$, 1,00 mol/L à partir d'une solution mère 17,4 mol/L. Quel volume de solution mère faut-il utiliser ? La première étape consiste à déterminer le nombre de moles d'acide acétique qui doivent être présentes dans la solution finale diluée. Pour ce faire, on multiplie le volume par la concentration molaire volumique (*ne pas oublier de convertir le volume en litres*) ; ainsi

$$V_{\text{dil}}c_{\text{dil}} = n_{\text{dil}}$$

$$500\ \cancel{\text{mL solution}} \times \frac{1\ \cancel{\text{L solution}}}{1000\ \cancel{\text{mL solution}}} \times \frac{1{,}00 \text{ mol } CH_3COOH}{\cancel{\text{L solution}}} = 0{,}500 \text{ mol } CH_3COOH$$

Il faut donc utiliser un volume d'acide acétique 17,4 mol/L qui contient 0,500 mol de $CH_3COOH$. On calcule ce volume à l'aide de la formule suivante :

$$V_{\text{conc}}\ c_{\text{conc}} = n_{\text{conc}}$$

$$V_{\text{conc}} \times \frac{17{,}4 \text{ mol } CH_3COOH}{\text{L solution}} = 0{,}500 \text{ mol } CH_3COOH$$

soit

$$V_{\text{conc}} = \frac{0{,}500\ \cancel{\text{mol } CH_3COOH}}{\frac{17{,}4\ \cancel{\text{mol } CH_3COOH}}{\text{L solution}}} = 0{,}0287 \text{ L ou } 28{,}7 \text{ mL solution}$$

Ainsi, pour préparer 500 mL d'une solution d'acide acétique 1,00 mol/L, on doit prélever 28,7 mL d'acide acétique 17,4 mol/L et les diluer à un volume final de 500 mL.

Pour effectuer une telle dilution, on doit utiliser deux articles en verre : une pipette et une fiole jaugée. La pipette sert à mesurer de façon précise un volume donné de solution et à le transférer. Il en existe deux types courants : les *pipettes volumétriques* et les *pipettes graduées* (*voir la figure 1.11*). Les pipettes volumétriques viennent dans des volumes précis, comme 5 mL, 10 mL, 25 mL, etc. De leur côté, les pipettes graduées servent à mesurer des volumes pour lesquels il n'existe aucune pipette volumétrique. Par exemple, pour effectuer la dilution décrite ci-dessus, on utiliserait une pipette graduée, comme celle qui est illustrée à la figure 1.12, pour transférer 28,7 mL d'acide acétique 17,4 mol/L dans une fiole jaugée de 500 mL, puis on y ajouterait de l'eau jusqu'à la ligne de jauge.

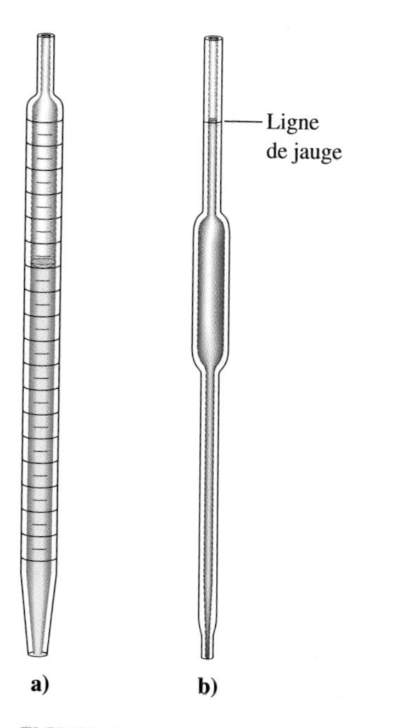


**FIGURE 1.11**
**a) Comme son nom l'indique, la pipette graduée porte des graduations ; par conséquent, on peut l'utiliser pour mesurer avec précision divers volumes d'un liquide. b) Une pipette volumétrique est conçue pour mesurer un volume avec précision. Une fois remplie jusqu'à la ligne de jauge, elle contient le volume indiqué.**

## IMPACT

### Mini-laboratoires

La miniaturisation constitue un des impacts majeurs de la technologie moderne. L'ordinateur en est le meilleur exemple. Des calculs qui, il y a 30 ans, exigeaient une machine dont la taille équivalait à une pièce d'un appartement peuvent être effectués aujourd'hui à l'aide d'une calculatrice de poche. Cette tendance à donner à un objet les plus petites dimensions possible exerce également un impact sur la science de l'analyse chimique. À partir de techniques de fabrication développées dans l'industrie des puces d'ordinateur, les chercheurs construisent maintenant des laboratoires miniatures à la surface de minuscules puces de silicium, de verre ou de plastique (*voir la photographie ci-dessous*). À la place des électrons, c'est $10^{-6}$ à $10^{-9}$ L de liquide qui circule dans des canaux microscopiques entre des puits de réaction sur la puce. En général, les puces ne comportent aucune partie mobile. Dans un laboratoire sur puce, les liquides contenant des ions se déplacent d'un puits à l'autre, grâce à des différences de tension plutôt qu'à l'aide de pompes classiques.

Les laboratoires sur puces possèdent de nombreux avantages. Il est notamment avantageux qu'ils ne requièrent que de très petites quantités d'échantillons, par exemple pour des matériaux, soit dispendieux, soit difficiles à préparer ou dans le cas d'enquêtes criminelles, lorsque les quantités d'éléments de preuve sont minimes. Les laboratoires sur puces limitent la contamination parce qu'ils représentent un « système fermé », une fois le matériau introduit dans le circuit. En outre, les puces peuvent être jetables afin de prévenir la contamination croisée de différents échantillons.

Les laboratoires sur puces présentent cependant certaines difficultés qu'on ne retrouve pas dans les laboratoires macroscopiques. Le principal problème concerne la grande surface des canaux et des puits de réaction par rapport au volume de l'échantillon. Les molécules ou les cellules biologiques dans la solution de l'échantillon viennent en contact avec tant de « parois » qu'elles peuvent subir des réactions indésirables avec les matériaux qui les composent. Dans le cas du verre, cependant, ces problèmes ne se présenteraient qu'à une échelle moindre, et les parois des laboratoires sur puces de silicium peuvent être protégées par la formation de dioxyde de silicium relativement inerte. Comme le plastique est bon marché, il semble un bon choix pour les puces jetables, mais il est également plus réactif avec les échantillons et le moins résistant des matériaux disponibles.

Caliper Technologies Corporation, à Palo Alto en Californie, travaille à la création d'un mini-laboratoire de chimie à peu près de la taille d'un grille-pain pouvant être utilisé avec des laboratoires sur puces de type plugiciel. Diverses puces qui seraient appropriées pour différents types d'analyses seraient fournies avec l'unité, et cette unité serait branchée sur un ordinateur afin de recueillir et d'analyser les données. Il est même possible que ces « laboratoires » soient utilisés à la maison pour effectuer des analyses telles que la détermination de la glycémie et de la cholestérolémie, et pour vérifier la présence, entre autres, de bactéries telle la bactérie *E. coli*. Ce serait une révolution dans l'industrie des soins de santé.

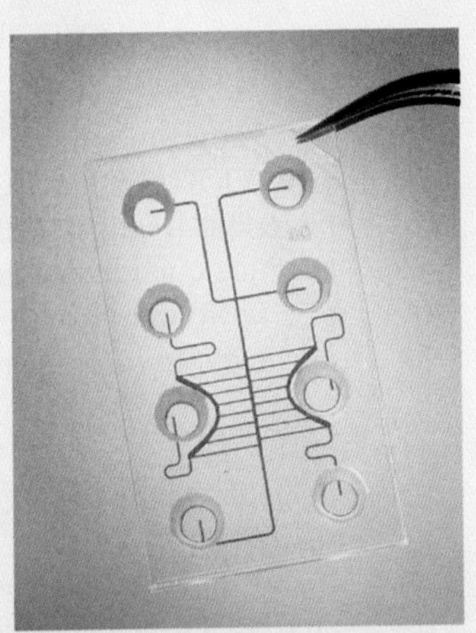

**Des méthodes de laboratoire qui, par tradition, s'effectuent dans des éprouvettes peuvent être réalisées sur des puces en plastique comme celles-ci, fabriquées par Caliper Technologies.**

Adapté de « The Incredible Shrinking Laboratory », par Corinna Wu, qui a paru dans *Science News*, vol. 154, 15 août 1998, p. 104.

### Exemple 1.7 Concentration et volume

Combien d'acide sulfurique 16 mol/L faut-il utiliser pour préparer 1,5 L d'une solution de $H_2SO_4$ 0,10 mol/L ?

**Solution**

Il faut d'abord déterminer le nombre de moles de $H_2SO_4$ contenues dans 1,5 L d'une solution de $H_2SO_4$ 0,10 mol/L.

$$V_{dil}c_{dil} = n_{dil}$$

$$1{,}5\ \cancel{\text{L solution}} \times \frac{0{,}10\ \text{mol}\ H_2SO_4}{\cancel{\text{L solution}}} = 0{,}15\ \text{mol}\ H_2SO_4$$

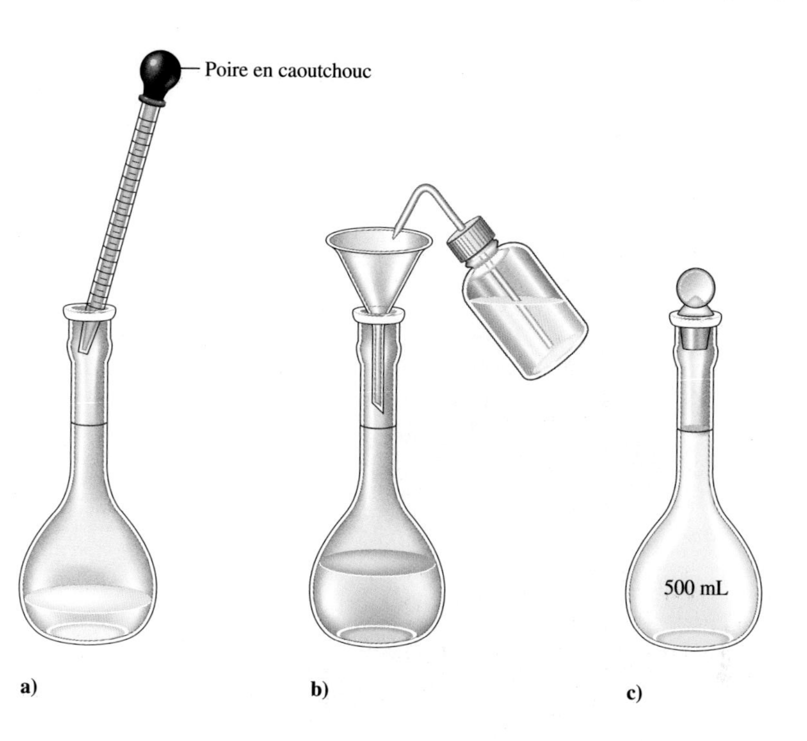


**FIGURE 1.12**
**a)** On utilise une pipette graduée pour transférer 28,7 mL d'une solution d'acide acétique 17,4 mol/L dans une fiole jaugée.
**b)** On y ajoute ensuite de l'eau jusqu'à la ligne de jauge.
**c)** La solution finale contient 1,00 mol/L d'acide acétique.

Il faut ensuite déterminer le volume de la solution de $H_2SO_4$ 16 mol/L qui contient 0,15 mol de $H_2SO_4$.

$$V \times \frac{16 \text{ mol } H_2SO_4}{\text{L solution}} = 0{,}15 \text{ mol } H_2SO_4$$

en résolvant cette équation, on obtient :

$$V = \frac{0{,}15 \cancel{\text{mol } H_2SO_4}}{\dfrac{16 \cancel{\text{mol } H_2SO_4}}{\text{L solution}}} = 9{,}4 \times 10^{-3} \text{ L ou } 9{,}4 \text{ mL de la solution}$$

Pour diluer un acide : « L'eau dans l'acide : suicide. L'acide dans l'eau : bravo. »

Ainsi, pour préparer 1,5 L d'une solution de $H_2SO_4$ 0,10 mol/L à partir d'une solution de $H_2SO_4$ 16 mol/L, il faut prélever 9,4 mL de la solution concentrée et la diluer dans de l'eau jusqu'à ce qu'on obtienne 1,5 L de solution diluée. La bonne façon de procéder consiste à ajouter 9,4 mL de $H_2SO_4$ à environ 1 L d'eau, puis à compléter jusqu'à 1,5 L en rajoutant de l'eau.

***Voir les exercices 1.17 b) et d), et 1.18 a), b) et d)***

Nous avons vu plus haut que, dans les calculs associés aux dilutions, le nombre de moles de soluté ne change pas au cours d'une dilution. Autrement dit :

$$c_1V_1 = c_2V_2$$

où $c_1$ et $V_1$ représentent la concentration molaire volumique et le volume de la solution originale (avant dilution), et $c_2$ et $V_2$, la concentration molaire volumique et le volume de la solution diluée. Cette équation est logique parce que :

$$\begin{aligned} c_1 \times V_1 &= \text{moles de soluté avant dilution} \\ &= \text{moles de soluté après dilution} = c_2 \times V_2 \end{aligned}$$

Faites à nouveau l'exemple 1.7 en utilisant l'équation $c_1V_1 = c_2V_2$. À noter que $c_1 = 16$ mol/L ; $c_2 = 0{,}10$ mol/L ; $V_2 = 1{,}5$ L et que $V_1$ est la mesure inconnue. L'équation $c_1V_1 = c_2V_2$ est toujours valide dans le cas de dilutions. Cette équation est facile à retenir quand on sait d'où elle vient.

## 1.4 Types de réactions chimiques

Bien que nous ayons déjà discuté de nombreuses réactions, nous n'avons vu qu'une infime partie des millions de réactions chimiques possibles. Pour bien comprendre toutes ces réactions, on a établi un système qui les regroupe par classes. Parmi les différents systèmes possibles, nous utiliserons celui dont les chimistes se servent le plus couramment.

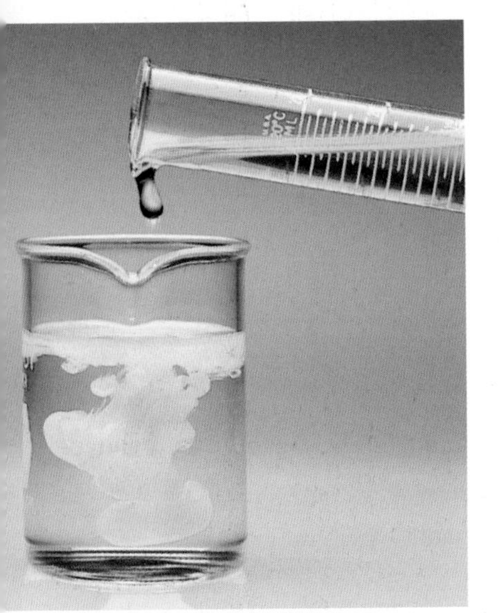

**FIGURE 1.13**
**Quand on ajoute une solution jaune de chromate de potassium à une solution incolore de nitrate de baryum, le chromate de baryum jaune précipite.**

Types de réactions chimiques

- **Réactions de précipitation**
- **Réactions acide-base**
- **Réactions d'oxydoréduction**

Pratiquement toutes les réactions peuvent faire partie d'une de ces classes. Dans les prochaines sections, nous définirons et illustrerons chacune d'elles.

## 1.5 Réactions de précipitation

Quand on mélange deux solutions, il arrive qu'il y ait formation d'une substance insoluble, c'est-à-dire d'un solide distinct de la solution. Une telle réaction est appelée **réaction de précipitation** et le solide formé est appelé **précipité**. Par exemple, il y a réaction de précipitation quand on verse une solution aqueuse de chromate de potassium $K_2CrO_4(aq)$, qui est jaune, dans une solution incolore de nitrate de baryum, $Ba(NO_3)_2(aq)$. (*Voir la figure 1.13*) Quelle est l'équation qui décrit cette réaction ? Pour l'écrire, il faut connaître la nature des réactifs et des produits.

Quand on dissout des composés ioniques dans de l'eau, la solution résultante contient leurs ions séparés.

Nous connaissons déjà les réactifs : $K_2CrO_4(aq)$ et $Ba(NO_3)_2(aq)$. Y a-t-il une façon de prédire la nature des produits, notamment, celle du solide jaune ?

La meilleure façon de prédire la nature de ce solide est d'imaginer les produits possibles. Il faut alors connaître les espèces présentes dans la solution après le mélange des deux solutions de départ. La formulation $Ba(NO_3)_2(aq)$ signifie que du nitrate de baryum (un solide blanc) a été dissous dans l'eau. Mentionnons que le nitrate de baryum contient les ions $Ba^{2+}$ et $NO_3^-$. *De plus, dans pratiquement tous les cas, quand un solide formé d'ions se dissout dans l'eau, les ions se séparent* et se déplacent de manière indépendante. C'est dire que, dans la solution de $Ba(NO_3)_2(aq)$, il n'y a pas d'unités $Ba(NO_3)_2$ ; il n'y a que des ions $Ba^{2+}$ et $NO_3^-$ séparés. (*Voir la figure 1.14* ***a***)

Les aspects quantitatifs des réactions de précipitation seront abordés au chapitre 6.

De même, le chromate de potassium solide étant formé des ions $K^+$ et $CrO_4^{2-}$, une solution aqueuse de cette substance (préparée par dissolution de $K_2CrO_4$ solide dans l'eau) contient donc ces ions séparés, tels qu'ils sont illustrés dans la figure 1.14 **b)**.

On peut représenter de deux manières le mélange de $K_2CrO_4(aq)$ et $Ba(NO_3)_2(aq)$. Premièrement, on peut écrire :

$$K_2CrO_4(aq) + Ba(NO_3)_2(aq) \longrightarrow \text{produits}$$

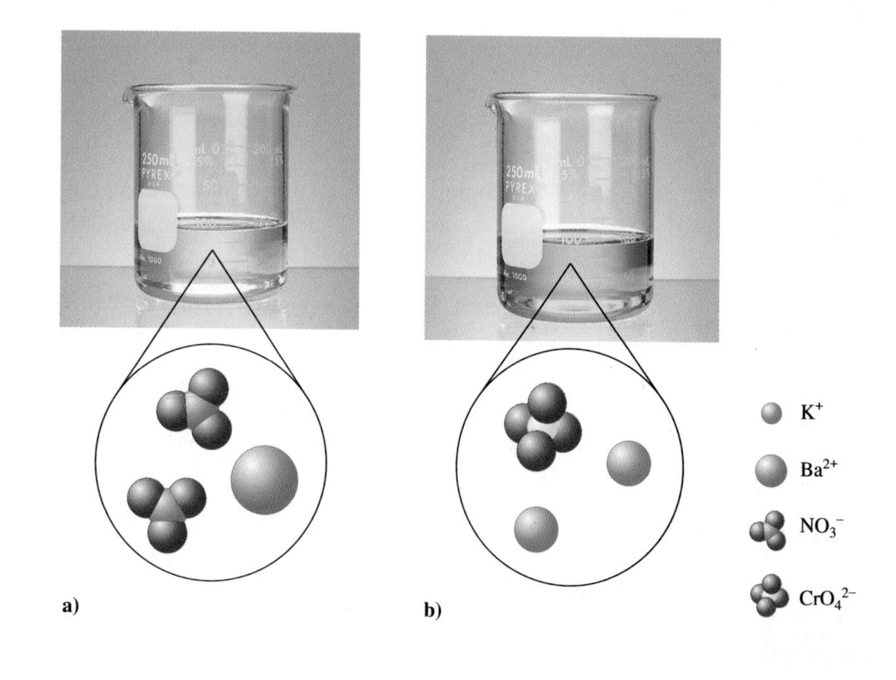


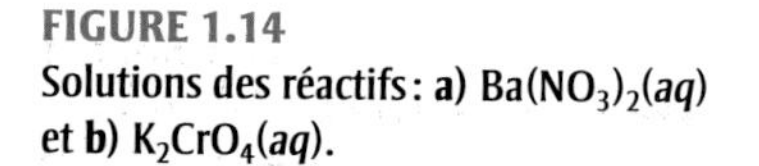

**FIGURE 1.14**
Solutions des réactifs: **a)** $Ba(NO_3)_2(aq)$ et **b)** $K_2CrO_4(aq)$.

Cependant, il existe une manière plus précise de le représenter:

$$\underbrace{2K^+(aq) + CrO_4^{2-}(aq)}_{\text{Les ions contenus dans } K_2CrO_4(aq)} + \underbrace{Ba^{2+}(aq) + 2NO_3^-(aq)}_{\text{Les ions contenus dans } Ba(NO_3)_2(aq)} \longrightarrow \text{Produits}$$

Par conséquent, la solution finale contient les ions $K^+$, $CrO_4^{2-}$, $Ba^{2+}$ et $NO_3^-$, tels qu'ils sont illustrés dans la figure 1.15 **a)**.

Comment ces ions, ou certains d'entre eux, peuvent-ils se combiner pour former un solide jaune ? Voilà une question difficile. En fait, prédire les produits d'une réaction chimique est une des tâches les plus difficiles que l'on demande à un étudiant débutant en chimie. Même un chimiste d'expérience, confronté à une nouvelle réaction, n'est pas toujours sûr du résultat. Il essaie d'imaginer les différentes possibilités, évalue la vraisemblance de chacune d'elles et fait une prédiction (une supposition éclairée). Le chimiste n'est sûr de la réaction qu'une fois chaque produit identifié *expérimentalement*. Cependant, une supposition éclairée lui est très utile, car elle fournit un point de départ. Elle indique quels types de produits sont plus susceptibles de se former. Par exemple, pour prédire les produits de la réaction nommée plus haut, nous avons certaines données.

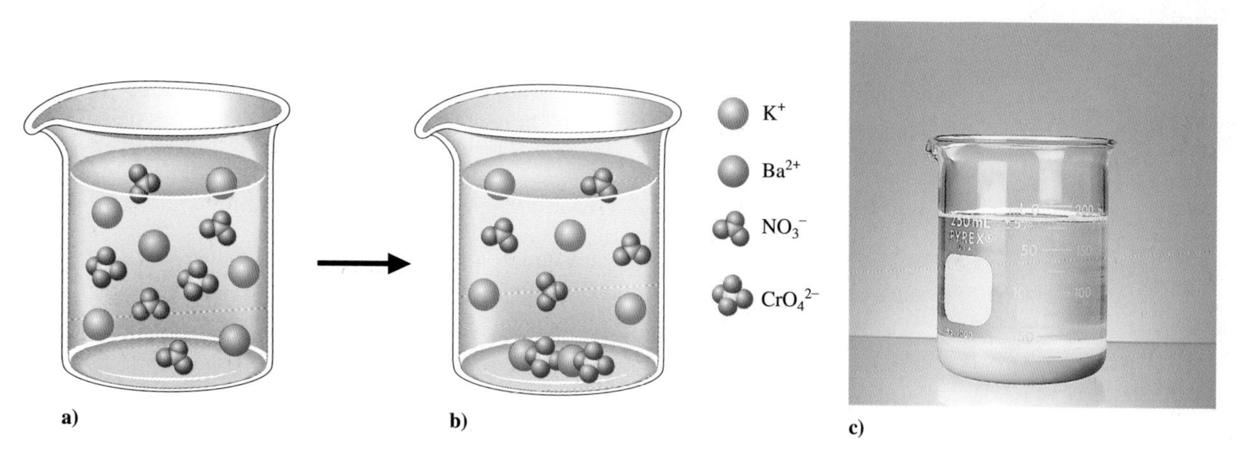


**FIGURE 1.15**
Réaction entre $K_2CrO_4(aq)$ et $Ba(NO_3)_2(aq)$. **a)** Représentation à l'échelle moléculaire des solutions mélangées avant que la réaction ne se produise. **b)** Représentation à l'échelle moléculaire après que la réaction se soit produite pour donner $BaCrO_4(s)$. *Note:* $BaCrO_4(s)$ n'est pas moléculaire. Il contient en fait des ions $Ba^{2+}$ et $CrO_4^-$ empilés dans un réseau. **c)** Photo de la solution après la réaction, montrant le $BaCrO_4$ solide au fond du bécher.

1. Quand les ions forment un composé solide ou précipité, la charge nette de celui-ci doit être de zéro. Donc, les produits d'une telle réaction doivent comprendre à la fois *des anions et des cations*. Par exemple, $K^+$ et $Ba^{2-}$ ne pourraient pas se combiner pour former un solide, non plus que $CrO_4^{2-}$ et $NO_3^-$.

2. La plupart des substances ioniques ne contiennent que deux types d'ions : un type de cation et un type d'anion, par exemple, NaCl, KOH, $Na_2SO_4$, $K_2CrO_4$, $Co(NO_3)_2$, $NH_4Cl$, $Na_2CO_3$.

Les combinaisons possibles entre un cation donné et un anion donné parmi les ions $K^+$, $CrO_4^{2-}$, $Ba^{2+}$ et $NO_3^-$ sont les suivantes :

$$K_2CrO_4 \qquad KNO_3 \qquad BaCrO_4 \qquad Ba(NO_3)_2$$

Laquelle de ces possibilités est la plus susceptible de représenter le solide jaune ? Nous savons que ce n'est pas $K_2CrO_4$ ni $Ba(NO_3)_2$, puisque ce sont les réactifs ; ils étaient présents (dissous) dans les solutions initiales.

Les seules formules possibles pour le solide formé sont donc les suivantes :

$$KNO_3 \quad \text{et} \quad BaCrO_4$$

Il faut plus de données pour déterminer laquelle de ces formules est plus susceptible de représenter le solide jaune. Un chimiste d'expérience sait que l'ion $K^+$ et l'ion $NO_3^-$ sont tous deux incolores. Donc, si le solide était $KNO_3$, il serait blanc, non pas jaune. Par contre, l'ion $CrO_4^{2-}$ est jaune (soulignons que, à la figure 1.14, $K_2CrO_4(aq)$ est jaune). Par conséquent, la formule du solide jaune est, de façon presque sûre, $BaCrO_4$. Des analyses ultérieures le confirmeraient.

Jusqu'à maintenant, nous avons déterminé que l'un des produits de la réaction entre $K_2CrO_4(aq)$ et $Ba(NO_3)_2(aq)$ est $BaCrO_4(s)$, mais qu'est-il arrivé aux ions $K^+$ et $NO_3^-$ ? Ces ions restent en solution : il n'y a pas de formation de $KNO_3$ solide quand les ions $K^+$ et $NO_3^-$ se retrouvent dans une telle quantité d'eau. Autrement dit, si l'on mettait du $KNO_3$ solide dans une quantité d'eau équivalant à celle de la solution finale, le $KNO_3$ se dissoudrait. Donc, quand on mélange du $K_2CrO_4(aq)$ et du $Ba(NO_3)_2(aq)$, il y a formation de $BaCrO_4(s)$ et de $KNO_3$, qui, lui, reste en solution et s'exprime ainsi : $KNO_3(aq)$. Par conséquent, l'équation de cette réaction de précipitation est la suivante :

$$K_2CrO_4(aq) + Ba(NO_3)_2\,(aq) \longrightarrow BaCrO_4(s) + 2KNO_3(aq)$$

Tant qu'il y a de l'eau, le $KNO_3$ reste dissous sous la forme d'ions séparés. *(Pour bien comprendre ce qui arrive au cours de cette réaction, voir la figure 1.15. Le solide $BaCrO_4$ se retrouve au fond du contenant, et les ions $K^+$ et $NO_3^-$ sont dispersés dans la solution.)* Si l'on retire le $BaCrO_4$ solide et que l'on fait évaporer l'eau, on obtiendra un solide blanc : $KNO_3$ ; les ions $K^+$ et $NO_3^-$ se seront rassemblés pour former du $KNO_3$ solide une fois l'eau retirée.

Voyons maintenant un autre exemple. Quand on ajoute une solution aqueuse de nitrate d'argent à une solution aqueuse de chlorure de potassium, il y a formation d'un précipité blanc comme l'illustre la figure 1.16. On peut alors représenter les données de la façon suivante :

$$AgNO_3(aq) + KCl(aq) \longrightarrow \text{solide blanc inconnu}$$

N'oublions pas que, lorsque des substances ioniques se dissolvent dans l'eau, leurs ions se séparent ; on peut alors écrire :

$$Ag^+, NO_3^- + K^+, Cl^- \longrightarrow Ag^+, NO_3^-, K^+, Cl^- \longrightarrow \text{précipité blanc}$$

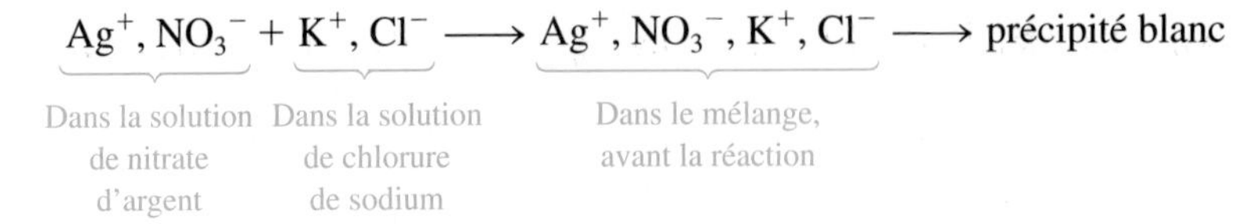


Nous savons que le solide blanc doit contenir des ions positifs et des ions négatifs ; les composés pouvant alors se former à partir de cet ensemble d'ions sont :

$$AgNO_3 \qquad KCl \qquad AgCl \qquad KNO_3$$

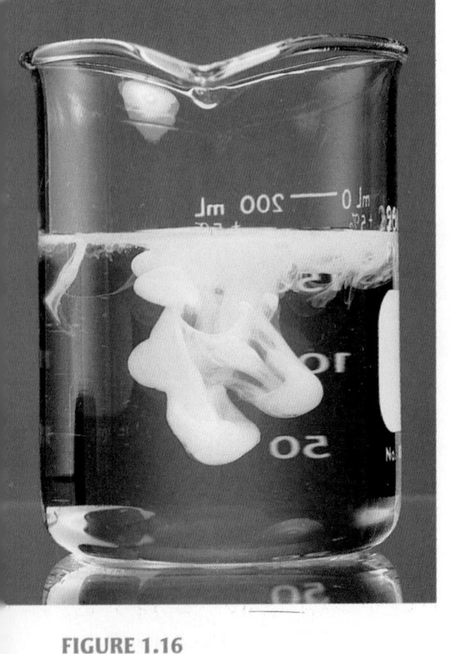

**FIGURE 1.16**
**Précipitation du chlorure d'argent obtenue par mélange d'une solution de nitrate d'argent et d'une solution de chlorure de potassium. Les ions $K^+$ et $NO_3^-$ sont des ions inertes.**

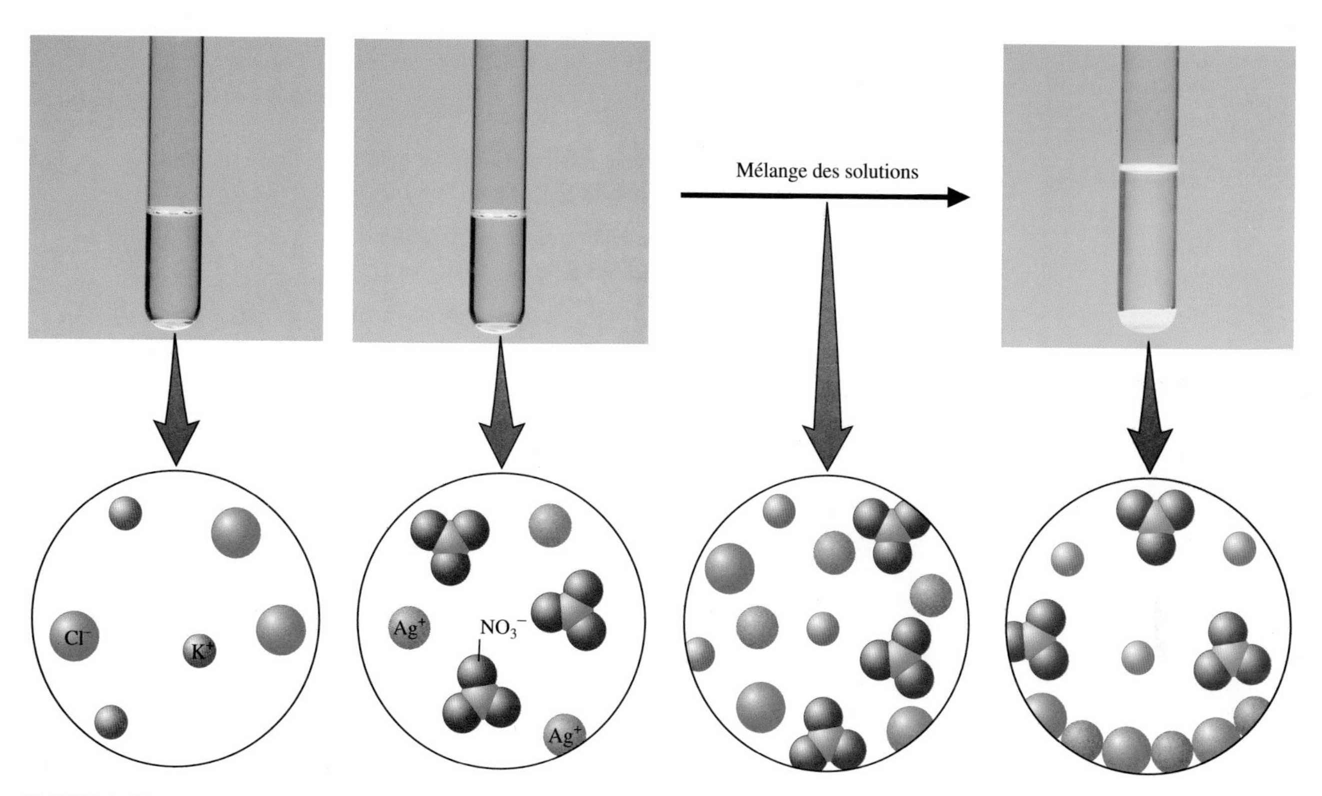


**FIGURE 1.17**
**Photos accompagnées de représentations à l'échelle moléculaire illustrant la réaction entre KCl($aq$) et $AgNO_3$($aq$) pour former AgCl($s$). Il faut remarquer qu'il est impossible d'obtenir une photo du mélange de solutions avant que la réaction ne se produise, parce qu'il s'agit d'une étape imaginaire qu'on utilise pour aider à visualiser la réaction. En réalité, la réaction se produit instantanément au moment où les deux solutions sont mélangées.**

Les substances $AgNO_3$ et KCl étant dissoutes dans les deux solutions initiales, elles ne peuvent pas représenter le solide blanc. Par conséquent, les seules possibilités réelles sont les suivantes :

$$AgCl \quad \text{et} \quad KNO_3$$

Selon l'exemple précédent, $KNO_3$ est très soluble dans l'eau ; il n'y aura donc pas formation de $KNO_3$ solide. Le produit blanc doit alors être AgCl($s$) (ce que l'on peut prouver expérimentalement). On peut finalement écrire l'équation de la réaction :

$$AgNO_3(aq) + KCl(aq) \longrightarrow AgCl(s) + KNO_3(aq)$$

La figure 1.17 illustre le mélange des solutions aqueuses de $AgNO_3$ et de KCl, incluant le déroulement de la réaction à l'échelle microscopique.

Les deux exemples précédents mettent en jeu des concepts (les solides doivent avoir une charge nette de zéro) et des faits (le $KNO_3$ est très soluble dans l'eau, le $CrO_4^{2-}$ est jaune, etc.). Pour faire de la chimie, il faut de la compréhension et de la mémoire. Prédire la nature du produit solide dans une réaction de précipitation exige de connaître la solubilité des substances ioniques courantes. Pour faciliter ce genre de prédiction, on présente au tableau 1.1 quelques règles qu'il serait bon de mémoriser.

L'expression « partiellement soluble » utilisée dans les règles relatives à la solubilité (*voir le tableau 1.1*) signifie que seule une petite quantité de solide se dissout. Le solide apparaît donc insoluble à l'œil nu. Par conséquent, on utilise souvent indifféremment les termes *insoluble* et *partiellement soluble*.

Les règles du tableau 1.1 permettent de prédire qu'à la suite du mélange des solutions de $AgNO_3$ et de KCl, le solide blanc formé est AgCl. En effet, selon les règles 1 et 2, $KNO_3$ est soluble, et la règle 3 indique que AgCl est insoluble.

**TABLEAU 1.1 Règles relatives à la solubilité des sels dans l'eau**

1. La plupart des nitrates ($NO_3^-$) sont solubles.
2. La plupart des sels qui contiennent des ions de métaux alcalins ($Li^+$, $Na^+$, $K^+$, $Cs^+$, $Rb^+$) et l'ion ammonium ($NH_4^+$) sont solubles.
3. La plupart des chlorures, des bromures et des iodures sont solubles. Exceptions notables : les sels contenant les ions $Ag^+$, $Pb^{2+}$ et $Hg_2^{2+}$.
4. La plupart des sulfates sont solubles. Exceptions notables : $BaSO_4$, $PbSO_4$, $Hg_2SO_4$ et $CaSO_4$.
5. La plupart des hydroxydes ne sont que partiellement solubles. Les hydroxydes solubles importants sont NaOH et KOH. Les composés $Ba(OH)_2$, $Sr(OH)_2$ et $Ca(OH)_2$ sont à peine solubles.
6. La plupart des sulfures ($S^{2-}$), des carbonates ($CO_3^{2-}$) et des phosphates ($PO_4^{3-}$) ne sont que partiellement solubles.

Quand on mélange des solutions contenant des substances ioniques, il peut être utile de déterminer les produits en se référant à l'*échange d'ions*. Prenons, par exemple, le mélange déjà nommé de $AgNO_3(aq)$ et de $KCl(aq)$ ; pour en déterminer les produits, nous avons utilisé le cation d'un réactif, que nous avons combiné avec l'anion de l'autre réactif :

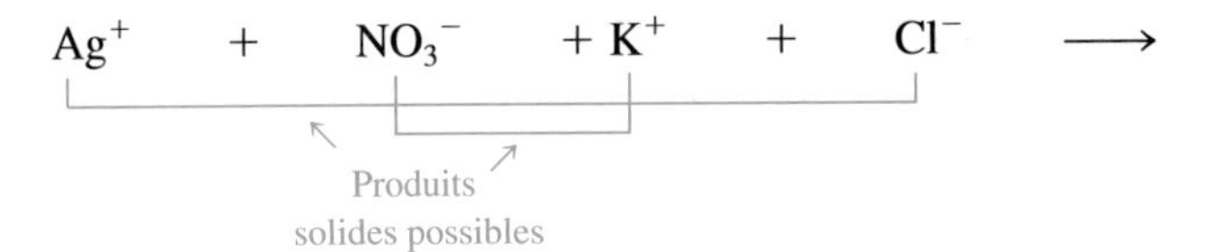


Les règles relatives à la solubilité, présentées au tableau 1.1, permettent de prédire si l'un des produits se retrouve sous forme solide.

En commençant, il faut prêter attention aux ions en solution avant la réaction.

Pour résoudre des problèmes de réactions chimiques en milieu aqueux, il faut *prêter attention aux composants de la solution, avant la réaction*, et tenter de prévoir comment ces composants vont réagir les uns avec les autres. L'exemple 1.8 illustre cette façon de procéder à l'aide de trois réactions différentes.

## *Exemple 1.8* Prédiction des produits de la réaction

En utilisant les règles relatives à la solubilité présentées au tableau 1.1, prédisez ce qui se passe quand on mélange les différentes solutions ci-dessous.

**a)** $KNO_3(aq)$ et $BaCl_2(aq)$
**b)** $Na_2SO_4(aq)$ et $Pb(NO_3)_2(aq)$
**c)** $KOH(aq)$ et $Fe(NO_3)_3(aq)$

***Solution***

**Le sulfate de plomb est un solide blanc.**

**a)** $KNO_3(aq)$ représente une solution aqueuse obtenue par dissolution de $KNO_3$ solide dans l'eau, ce qui forme une solution contenant les ions $K^+(aq)$ et $NO_3^-(aq)$ hydratés. De même, $BaCl_2(aq)$ est une solution formée en dissolvant du $BaCl_2$ solide dans l'eau, ce qui permet d'obtenir des ions $Ba^{2+}(aq)$ et des ions $Cl^-(aq)$. Quand on mélange ces deux solutions, la solution résultante contient alors des ions $K^+$, $NO_3^-$, $Ba^{2+}$ et $Cl^-$. Tous sont des ions hydratés, mais, pour plus de commodité, on omet d'écrire (*aq*).

Pour chercher les produits solides possibles, il faut combiner le cation d'un réactif avec l'anion de l'autre réactif :

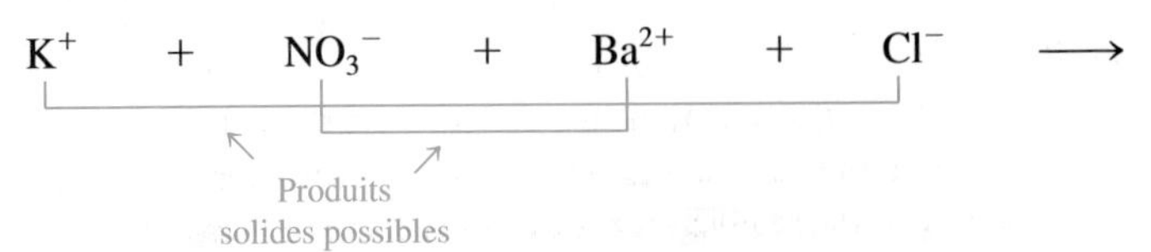

Du $Fe(OH)_3$ solide se forme au mélange de KOH aqueux et de $Fe(NO_3)_3$ aqueux.

Selon les règles du tableau 1.1, chacun de ces sels est soluble dans l'eau. Ainsi, il n'y a formation d'aucun précipité quand on mélange $KNO_3(aq)$ et $BaCl_2(aq)$. Tous les ions demeurent en solution, aucune réaction chimique ne survient.

**b)** En procédant de la même façon qu'en **a)**, on constate que les ions présents dans le mélange, avant toute réaction, sont $Na^+$, $SO_4^{2-}$, $Pb^{2+}$ et $NO_3^-$. Les sels qui pourraient précipiter sont

$$Na^+ \quad + \quad SO_4^{2-} \quad + \quad Pb^{2+} \quad + \quad NO_3^- \longrightarrow$$

Le composé $NaNO_3$ est soluble, mais le $PbSO_4$ est insoluble (règle 4 du tableau 1.1). En mélangeant ces solutions, il y a donc formation d'un précipité de $PbSO_4$. L'équation équilibrée est la suivante :

$$Na_2SO_4(aq) + Pb(NO_3)_2(aq) \longrightarrow PbSO_4(s) + 2NaNO_3(aq)$$

**c)** Le mélange, avant toute réaction, contient les ions $K^+$, $OH^-$, $Fe^{3+}$ et $NO_3^-$. Les sels qui pourraient précipiter sont $KNO_3$ et $Fe(OH)_3$. Selon les règles du tableau 1.1, les sels de $K^+$ et de $NO_3^-$ sont solubles. Cependant, $Fe(OH)_3$ n'est que faiblement soluble (règle 5) ; par conséquent, il précipite.

L'équation équilibrée est la suivante :

$$3KOH(aq) + Fe(NO_3)_3(aq) \longrightarrow Fe(OH)_3(s) + 3KNO_3(aq)$$

*Voir l'exercice 1.22*

# 1.6 Description des réactions en solution

Dans la présente section, nous abordons les différents types d'équations utilisées pour représenter les réactions en solution. Par exemple, quand on mélange du chromate de potassium aqueux et du nitrate de baryum aqueux, il se produit une réaction qui forme un précipité ($BaCrO_4$) et du nitrate de potassium soluble. Au point où nous sommes rendus, nous savons écrire l'**équation moléculaire** de cette réaction :

$$K_2CrO_4(aq) + Ba(NO_3)_2(aq) \longrightarrow BaCrO_4(s) + 2KNO_3(aq)$$

Bien que cette équation montre les réactifs et les produits de la réaction, elle ne décrit pas très bien ce qui se passe vraiment dans la solution. Comme nous le savons, les solutions aqueuses de chromate de potassium, de nitrate de baryum et de nitrate de potassium contiennent des ions séparés, non pas des molécules comme l'indique l'équation moléculaire. Pour mieux représenter la forme réelle des réactifs et des produits en solution, on utilise donc l'**équation ionique complète** :

Un électrolyte fort est une substance qui se dissocie totalement en ions dans l'eau.

$$2K^+(aq) + CrO_4^{2-}(aq) + Ba^{2+}(aq) + 2NO_3^-(aq) \longrightarrow BaCrO_4(s) + 2K^+(aq) + 2NO_3^-(aq)$$

*Dans une réaction ionique complète, toutes les substances qui sont des électrolytes forts sont représentées sous forme d'ions.*

Par l'équation ionique complète, on constate que seuls certains des ions participent à la réaction. Remarquez que les ions $K^+$ et $NO_3^-$ sont présents en solution avant et après la réaction. On les appelle **ions inertes**, car ils ne participent pas directement à la réaction. Les ions qui participent à cette réaction sont $Ba^{2+}$ et $CrO_4^{2-}$ ; ils se combinent pour former le $BaCrO_4$ solide :

Dans une équation ionique nette ne figurent que les espèces qui participent à la réaction.

$$Ba^{2+}(aq) + CrO_4^{2-}(aq) \longrightarrow BaCrO_4(s)$$

Cette équation, appelée **équation ionique nette**, ne comprend que les composantes de la solution qui participent directement à la réaction. Les chimistes préfèrent habituellement utiliser l'équation ionique nette pour représenter les réactions en solution parce qu'elle montre la forme réelle des réactifs et des produits, et qu'elle ne comprend que les espèces qui subissent une transformation.

**On utilise trois types d'équations pour décrire les réactions en solution**

- **L'équation moléculaire** représente la stœchiométrie de la réaction globale, mais pas nécessairement la forme réelle des réactifs et des produits en solution.
- **L'équation ionique complète** présente sous forme d'ions tous les réactifs et les produits qui sont des électrolytes forts.
- **L'équation ionique nette** ne comprend que les composantes de la solution qui subissent une transformation. Les ions inertes ne sont pas indiqués.

*Exemple 1.9*

## Écriture des équations

Écrivez l'équation moléculaire, l'équation ionique complète et l'équation ionique nette de chacune des réactions suivantes.

**a)** On ajoute du chlorure de potassium aqueux à du nitrate d'argent aqueux pour former un précipité de chlorure d'argent et du nitrate de potassium aqueux.

**b)** On mélange de l'hydroxyde de potassium aqueux et du nitrate de fer(III) aqueux pour former un précipité d'hydroxyde de fer(III) et du nitrate de potassium aqueux.

***Solution***

**a) Équation moléculaire**

$$KCl(aq) + AgNO_3(aq) \longrightarrow AgCl(s) + KNO_3(aq)$$

**Équation ionique complète**

(*Ne pas oublier :* Tout composé ionique dissous dans l'eau existe sous forme d'ions séparés.)

$$\underset{\substack{\uparrow \\ \text{Ion} \\ \text{inerte}}}{K^+(aq)} + Cl^-(aq) + Ag^+(aq) + \underset{\substack{\uparrow \\ \text{Ion} \\ \text{inerte}}}{NO_3^-(aq)} \longrightarrow \underset{\substack{\uparrow \\ \text{Solide,} \\ \text{non inscrit} \\ \text{d'ions séparés}}}{AgCl(s)} + \underset{\substack{\uparrow \\ \text{Ion} \\ \text{inerte}}}{K^+(aq)} + \underset{\substack{\uparrow \\ \text{Ion} \\ \text{inerte}}}{NO_3^-(aq)}$$

Les ions inertes s'annulent

$$\cancel{K^+}(aq) + Cl^-(aq) + Ag^+(aq) + \cancel{NO_3^-}(aq) \longrightarrow AgCl(s) + \cancel{K^+}(aq) + \cancel{NO_3^-}(aq)$$

ce qui donne l'équation ionique nette suivante.

**Équation ionique nette**

$$Cl^-(aq) + Ag^+(aq) \longrightarrow AgCl(s)$$

**b) Équation moléculaire**

$$3KOH(aq) + Fe(NO_3)_3(aq) \longrightarrow Fe(OH)_3(s) + 3KNO_3(aq)$$

**Équation ionique complète**

$$3K^+(aq) + 3OH^-(aq) + Fe^{3+}(aq) + 3NO_3^-(aq) \longrightarrow Fe(OH)_3(s) + 3K^+(aq) + 3NO_3^-(aq)$$

**Équation ionique nette**

$$3OH^-(aq) + Fe^{3+}(aq) \longrightarrow Fe(OH)_3(s)$$

***Voir les exercices 1.23 à 1.26***

# 1.7 Stœchiométrie des réactions de précipitation

Au chapitre 3 du volume *Chimie générale*, nous avons vu les principes de la stœchiométrie chimique : les méthodes pour calculer les quantités de réactifs et de produits participant à une réaction chimique. Souvenez-vous que, pour faire ces calculs, il faut d'abord convertir toutes les quantités en nombre de moles, puis utiliser les coefficients de l'équation équilibrée pour établir les rapports molaires appropriés. Dans le cas où les réactifs sont mélangés, il faut déterminer lequel d'entre eux est limitant, puisque le réactif qui est épuisé le premier limite la quantité de produits formés. *Ces principes s'appliquent également aux réactions qui se produisent en solution.* Cependant, ce type de réactions présente deux aspects qui requièrent une attention particulière. Premièrement, il est quelquefois difficile de déterminer immédiatement la réaction qui se produira quand on mélange deux solutions. Habituellement, il faut envisager toutes les possibilités et décider laquelle est la plus probable. Cette méthode doit *toujours* commencer par l'écriture des espèces qui sont réellement présentes dans la solution, comme nous l'avons fait à la section 1.5. Deuxièmement, pour obtenir le nombre de moles des réactifs, il faut connaître le volume de la solution et sa concentration molaire volumique. Il en a été question à la section 1.3.

L'exemple 1.10 nous apprend à effectuer des calculs stœchiométriques pour des réactions en solution.

## Exemple 1.10 Détermination de la masse du produit formé I

Calculez la quantité de NaCl solide qu'il faut ajouter à 1,50 L d'une solution de $AgNO_3$ 0,100 mol/L pour faire précipiter tous les ions $Ag^+$ sous forme de AgCl.

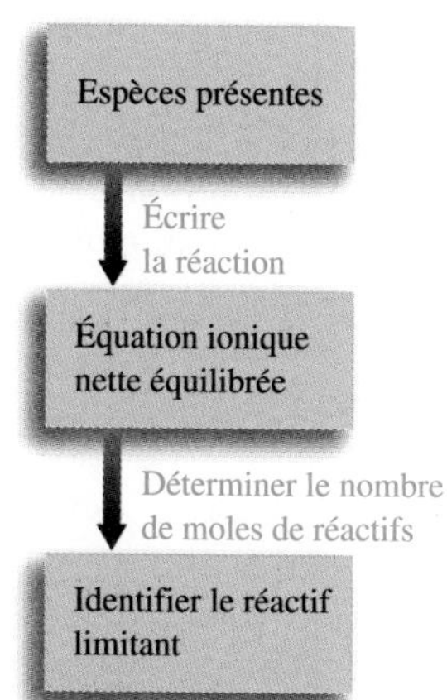


### *Solution*

Une fois ajouté à la solution de $AgNO_3$, qui contient des ions $Ag^+$ et $NO_3^-$, le NaCl solide est dissous et il y a formation des ions $Na^+$ et $Cl^-$. Par conséquent, la solution finale contient les ions suivants :

$$Ag^+ \quad NO_3^- \quad Na^+ \quad Cl^-$$

Selon le tableau 1.1, le $NaNO_3$ est soluble et le AgCl est insoluble. Donc, il y a formation de AgCl solide, conformément à la réaction ionique nette suivante :

$$Ag^+(aq) + Cl^-(aq) \longrightarrow AgCl(s)$$

Ici, il faut ajouter suffisamment d'ions $Cl^-$ pour que tous les ions $Ag^+$ en présence réagissent. Il faut d'abord calculer le nombre de moles d'ions $Ag^+$ présents dans 1,50 L d'une solution de $AgNO_3$ 0,100 mol/L (rappelons qu'une solution de $AgNO_3$ 0,100 mol/L contient 0,100 mol/L d'ions $Ag^+$ et 0,100 mol/L d'ions $NO_3^-$).

$$1{,}50\,\cancel{L} \times \frac{0{,}100 \text{ mol } Ag^+}{\cancel{L}} = 0{,}150 \text{ mol } Ag^+$$

Les ions $Ag^+$ réagissant avec les ions $Cl^-$ dans un rapport de 1:1, il faut donc ajouter 0,150 mol d'ions $Cl^-$ ou 0,150 mol de NaCl. À partir de cela, on peut calculer la quantité de NaCl requise de la façon suivante :

$$0{,}150 \,\cancel{\text{mol NaCl}} \times \frac{58{,}45 \text{ g NaCl}}{\cancel{\text{mol NaCl}}} = 8{,}77 \text{ g NaCl}$$

**Voir l'exercice 1.28**

L'exemple 1.10 montre que la procédure pour faire des calculs stœchiométriques pour les réactions en solution est très similaire à celle des autres types de réactions. Les étapes suivantes permettent de travailler avec les réactions en solution.

**Stœchiométrie des réactions en solution**

➡ 1 **Identifier les espèces présentes en solution et déterminer la réaction qui a lieu.**

➡ 2 **Écrire l'équation ionique nette équilibrée de la réaction.**

➡ 3 **Calculer le nombre de moles des réactifs.**

➡ 4 **Identifier le réactif limitant.**

➡ 5 **Calculer le nombre de moles du ou des produits.**

➡ 6 **Convertir la réponse en grammes ou en toute autre unité requise.**

*Exemple 1.11*

## Détermination de la masse du produit formé II

Quand on mélange une solution aqueuse de $Na_2SO_4$ à une solution aqueuse de $Pb(NO_3)_2$, il y a précipitation de $PbSO_4$. Calculez la quantité de $PbSO_4$ formée quand on mélange 1,25 L d'une solution de $Pb(NO_3)_2$ 0,0500 mol/L à 2,00 L d'une solution de $Na_2SO_4$ 0,0250 mol/L.

$Na^+$ $SO_4^{2-}$
$Pb^{2+}$ $NO_3^-$

↓ Écrire la réaction

$Pb^{2+}(aq) + SO_4^{2-}(aq) \longrightarrow PbSO_4(s)$

↓ Déterminer le nombre de moles de réactifs

$SO_4^{2-}$ est limitant.

↓ Déterminer le nombre de moles de produits

Nombre de grammes nécessaires

↓ Convertir en grammes

15,2 g de $PbSO_4$

### *Solution*

➡ 1 *Identifier les espèces en solution et déterminer la réaction qui a lieu.* Quand on mélange une solution aqueuse de $Na_2SO_4$, qui contient des ions $Na^+$ et $SO_4^{2-}$ avec celle de $Pb(NO_3)_2$, qui contient des ions $Pb^{2+}$ et $NO_3^-$, la solution qui en résulte contient les ions $Na^+$, $SO_4^{2-}$, $Pb^{2+}$ et $NO_3^-$. Puisque $NaNO_3$ est soluble et $PbSO_4$ est insoluble (*voir la règle 4 du tableau 1.1*), il y a précipitation de $PbSO_4$.

➡ 2 *Écrire l'équation ionique nette équilibrée de la réaction.* L'équation est la suivante :

$$Pb^{2+}(aq) + SO_4^{2-}(aq) \longrightarrow PbSO_4(s)$$

➡ 3 *Calculer le nombre de moles des réactifs.* Puisque la solution de $Pb(NO_3)_2$ 0,0500 mol/L contient 0,0500 mol/L d'ions $Pb^{2+}$, on peut calculer le nombre de moles d'ions $Pb^{2+}$ contenus dans 1,25 L de cette solution.

$$1{,}25\ \cancel{L} \times \frac{0{,}0500\ \text{mol}\ Pb^{2+}}{\cancel{L}} = 0{,}0625\ \text{mol}\ Pb^{2+}$$

La solution de $Na_2SO_4$ 0,0250 mol/L contient 0,0250 mol/L d'ions $SO_4^{2-}$, et le nombre de moles d'ions $SO_4^{2-}$ dans 2,00 L de cette solution est :

$$2{,}00\ \cancel{L} \times \frac{0{,}0250\ \text{mol}\ SO_4^{2-}}{\cancel{L}} = 0{,}0500\ \text{mol}\ SO_4^{2-}$$

➡ 4 *Identifier le réactif dont la quantité est limitante.* Puisque les ions $Pb^{2+}$ réagissent avec les ions $SO_4^{2-}$ dans un rapport de 1:1, ce sont les ions $SO_4^{2-}$ qui sont limitants. (0,0500 mol de $SO_4^{2-}$ est une quantité inférieure à 0,0625 mol de $Pb^{2+}$).

➡ 5 *Calculer le nombre de moles du ou des produits.* Puisqu'il y a un excès d'ions $Pb^{2+}$, il n'y aura formation que de 0,0500 mol de $PbSO_4$ solide.

➡ 6 *Convertir la quantité de produit en grammes.* Pour connaître la quantité de $PbSO_4$ formée, on recourt à la masse molaire du $PbSO_4$ (303,3 g/mol).

$$0{,}0500\ \cancel{\text{mol}\ PbSO_4} \times \frac{303{,}3\ \text{g}\ PbSO_4}{1\ \cancel{\text{mol}\ PbSO_4}} = 15{,}2\ \text{g}\ PbSO_4$$

*Voir l'exercice 1.29*

## 1.8 Réactions acide-base

Au début de ce chapitre, nous avons présenté le concept d'acide ou de base ainsi que l'avait énoncé Arrhenius. Selon lui, un acide est une substance qui, une fois dissoute dans l'eau, libère des ions $H^+$ et une base, une substance qui libère des ions $OH^-$. Bien que ces notions s'avèrent correctes dans les cas simples, il peut être pratique d'avoir recours à une définition plus générale d'une base, définition qui puisse concerner également des substances qui ne libèrent aucun ion $OH^-$. Les définitions suivantes, proposées par Johannes N. Brønsted (1879-1947) et Thomas M. Lowry (1874-1936), satisfont à cette exigence.

On présentera plus en détail le concept de Brønsted–Lowry relatif aux acides et aux bases, au chapitre 5.

Un **acide** est un donneur de protons.

Une **base** est un accepteur de protons.

Comment peut-on reconnaître une réaction acide-base ? L'une des principales difficultés réside dans le fait de prédire quelle réaction a lieu quand on mélange deux solutions. Dans le cas de réactions de précipitation, on sait que la meilleure façon de procéder consiste à s'intéresser particulièrement aux espèces en solution, ce qui est également vrai pour les réactions acide-base. Ainsi, quand on mélange une solution aqueuse de chlorure d'hydrogène, HCl, à une solution aqueuse d'hydroxyde de sodium, NaOH, la solution résultante contient des ions $H^+$, $Cl^-$, $Na^+$ et $OH^-$. La présence des ions séparés s'explique par le fait que HCl est un acide fort et NaOH, une base forte. Comment peut-on prédire les réactions qui auront lieu, si réactions il y a ? Y aura-t-il précipitation de NaCl ? Selon les données du tableau 1.1, on sait que NaCl est soluble dans l'eau et que, par conséquent, il ne précipite pas. Les ions $Na^+$ et $Cl^-$ sont des ions inertes. D'autre part, l'eau étant un électrolyte faible, de grandes quantités d'ions $H^+$ et $OH^-$ ne peuvent pas coexister en solution ; ces quantités réagissent donc pour former des molécules d'eau.

$$H^+(aq) + OH^-(aq) \longrightarrow H_2O(l)$$

C'est là l'équation ionique nette de la réaction qui a lieu quand on mélange une solution aqueuse de HCl à une solution aqueuse de NaOH.

Considérons maintenant le mélange d'une solution aqueuse d'acide acétique, $CH_3COOH$, à une solution aqueuse d'hydroxyde de potassium, KOH. Quand il était question du problème de la conductibilité, nous avons vu qu'une solution aqueuse d'acide acétique était un électrolyte faible, ce qui signifie que l'acide acétique n'est pas dissocié en ions de façon très importante. En fait, dans une solution aqueuse contenant 0,1 mol/L de $CH_3COOH$, 99 % des molécules de $CH_3COOH$ ne sont pas dissociées. Cependant, quand on dissout du KOH solide dans de l'eau, il y a dissociation complète du sel et formation des ions $K^+$ et $OH^-$. Ainsi, dans la solution qui résulte du mélange des solutions aqueuses de $CH_3COOH$ et de KOH, *avant toute réaction*, les principales espèces chimiques sont : $H_2O$, $CH_3COOH$, $K^+$ et $OH^-$. Quelle réaction a effectivement lieu ? Une réaction de précipitation possible ferait intervenir $K^+$ et $OH^-$, mais on sait que KOH est soluble. L'autre possibilité serait une réaction faisant intervenir l'ion hydroxyde et un donneur de protons. Y a-t-il, dans la solution, une source de protons ? Oui, les molécules $CH_3COOH$. L'ion $OH^-$, un accepteur de protons, a en effet une telle affinité pour les protons qu'il peut les arracher des molécules $CH_3COOH$. Par conséquent, l'équation ionique nette pour la réaction est :

$$OH^-(aq) + CH_3COOH\,(aq) \longrightarrow H_2O(l) + CH_3COO^-(aq)$$

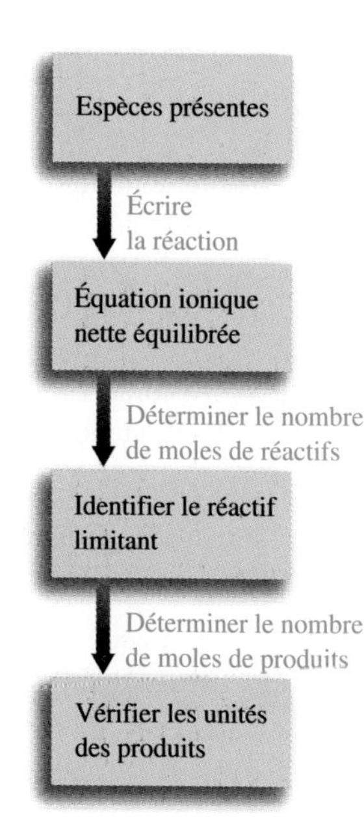


Cette réaction illustre un principe général très important : *l'ion hydroxyde est une base tellement forte que, pour les besoins des calculs stœchiométriques, on peut supposer qu'il réagit totalement avec tout acide faible dissous dans l'eau.* Évidemment, les ions $OH^-$ réagissent aussi complètement avec les ions $H^+$ d'une solution d'acide fort.

Abordons maintenant les caractéristiques stœchiométriques des réactions acide-base en milieu aqueux. La méthode est fondamentalement la même que celle qui a été utilisée dans les exercices précédents.

### Méthode de calcul dans le cas de réactions acide-base

1. **Dresser la liste des espèces en solution, *avant toute réaction*, et identifier la réaction qui a lieu.**

2. **Écrire l'équation ionique nette équilibrée pour cette réaction.**

➡ 3 **Calculer le nombre de moles de réactifs. Dans le cas des réactions en solution, utiliser les volumes des solutions originales et leurs concentrations molaires volumiques.**

➡ 4 **Identifier, le cas échéant, le réactif dont la quantité est limitante.**

➡ 5 **Calculer le nombre de moles du réactif ou du produit spécifié.**

➡ 6 **Convertir le nombre de moles calculé en grammes ou en volume de solution, selon les exigences du problème.**

Une réaction acide-base est souvent appelée une **réaction de neutralisation**. Quand on a ajouté la quantité suffisante de base qui réagit exactement avec la quantité d'acide présent en solution, on dit que l'acide a été *neutralisé*.

*Exemple 1.12*

## Réactions de neutralisation I

Quel volume d'une solution de HCl 0,100 mol/L est nécessaire pour neutraliser 25,0 mL d'une solution de NaOH 0,350 mol/L ?

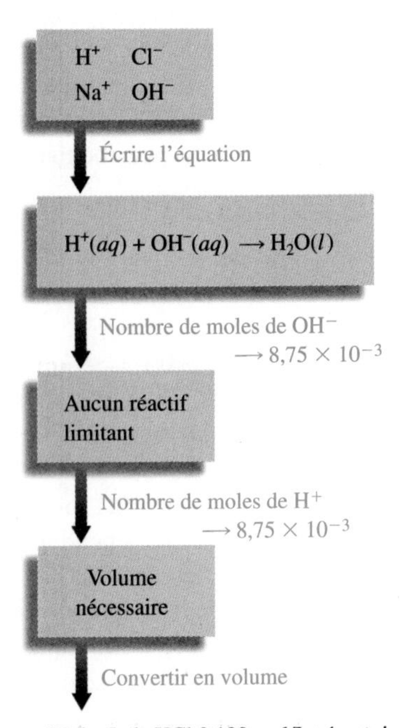


***Solution***

➡ **1** *Dresser la liste des espèces en solution, avant toute réaction, et identifier la réaction qui a lieu.*

Les espèces en présence dans le mélange, avant toute réaction, sont :

$$\underbrace{H^+ \quad Cl^-}_{\text{Provenant de HCl}(aq)} \qquad \underbrace{Na^+ \quad OH^-}_{\text{Provenant de NaOH}(aq)}$$

Il y a deux réactions possibles.

$$Na^+(aq) + Cl^-(aq) \longrightarrow NaCl(s)$$
$$H^+(aq) + OH^-(aq) \longrightarrow H_2O(l)$$

NaCl étant soluble, la première réaction n'a pas lieu ($Na^+$ et $Cl^-$ sont donc des ions inertes). Cependant, comme nous l'avons déjà vu, les ions $H^+$ réagissent avec les ions $OH^-$ pour former de l'eau.

➡ **2** *Écrire l'équation ionique nette équilibrée.* L'équation ionique nette équilibrée de la réaction est

$$H^+(aq) + OH^-(aq) \longrightarrow H_2O(l)$$

➡ **3** *Calculer le nombre de moles de réactifs.* On calcule ensuite le nombre de moles d'ions $OH^-$ présents dans un échantillon de 25,0 mL de NaOH 0,350 mol/L.

$$25{,}0\ \cancel{\text{mL NaOH}} \times \frac{1\ \cancel{\text{L}}}{1000\ \cancel{\text{mL}}} \times \frac{0{,}350\ \text{mol OH}^-}{\cancel{\text{L NaOH}}} = 8{,}75 \times 10^{-3}\ \text{mol OH}^-$$

➡ **4** *Identifier le réactif limitant.* Il faut ajouter la quantité suffisante d'ions $H^+$ qui réagissent exactement avec le nombre d'ions $OH^-$ présents. Il n'est donc pas utile d'identifier le réactif limitant.

➡ **5** *Calculer le nombre de moles de réactifs nécessaires.* Puisque les ions $H^+$ et les ions $OH^-$ réagissent dans un rapport de 1:1, il faut $8{,}75 \times 10^{-3}$ mol d'ions $H^+$ pour neutraliser la totalité des ions $OH^-$.

➡ **6** *Trouver le volume nécessaire.* On peut calculer le volume, *V*, de HCl 0,100 mol/L qui contient cette quantité d'ions $H^+$ de la façon suivante :

$$V \times \frac{0{,}100\ \text{mol H}^+}{\text{L}} = 8{,}75 \times 10^{-3}\ \text{mol H}^+$$

En regroupant les calculs, on obtient :

$$V = \frac{8{,}75 \times 10^{-3}\ \cancel{\text{mol H}^+}}{\dfrac{0{,}100\ \cancel{\text{mol H}^+}}{\text{L}}} = 8{,}75 \times 10^{-2}\ \text{L}$$

Il faut donc $8{,}75 \times 10^{-2}$ L (87,5 mL) d'une solution de HCl 0,100 mol/L pour neutraliser 25,0 mL d'une solution de NaOH 0,350 mol/L.

*Voir l'exercice 1.34*

Exemple 1.13

## Réactions de neutralisation II

Si, à 28,0 mL de $HNO_3$ 0,250 mol/L, on ajoute 53,0 mL de KOH 0,320 mol/L, quel nombre de moles d'eau sont formées par la réaction qui a lieu ? Quelle est la concentration d'ions $H^+$ ou d'ions $OH^-$ en excès à la fin de la réaction ?

### Solution

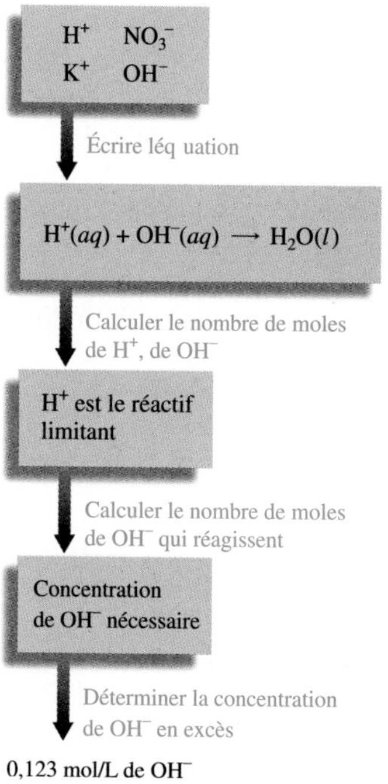

$H^+$ $NO_3^-$
$K^+$ $OH^-$

Écrire léq uation

$H^+(aq) + OH^-(aq) \longrightarrow H_2O(l)$

Calculer le nombre de moles de $H^+$, de $OH^-$

$H^+$ est le réactif limitant

Calculer le nombre de moles de $OH^-$ qui réagissent

Concentration de $OH^-$ nécessaire

Déterminer la concentration de $OH^-$ en excès

0,123 mol/L de $OH^-$

Les ions en présence, avant toute réaction, sont

$$\underbrace{H^+ \quad NO_3^-}_{\text{Provenant de la solution } HNO_3} \qquad \underbrace{K^+ \quad OH^-}_{\text{Provenant de la solution KOH}}$$

Puisque $KNO_3$ est soluble, $K^+$ et $NO_3^-$ sont des ions inertes, et l'équation ionique nette est :

$$H^+(aq) + OH^-(aq) \longrightarrow H_2O(l)$$

On calcule ensuite la quantité d'ions $H^+$ et d'ions $OH^-$ en présence.

$$28{,}0 \, \cancel{\text{mL HNO}_3} \times \frac{1 \, \cancel{\text{L}}}{1000 \, \cancel{\text{mL}}} \times \frac{0{,}250 \text{ mol H}^+}{\cancel{\text{L HNO}_3}} = 7{,}00 \times 10^{-3} \text{ mol H}^+$$

$$53{,}0 \, \cancel{\text{mL KOH}} \times \frac{1 \, \cancel{\text{L}}}{1000 \, \cancel{\text{mL}}} \times \frac{0{,}320 \text{ mol OH}^-}{\cancel{\text{L KOH}}} = 1{,}70 \times 10^{-2} \text{ mol OH}^-$$

Les ions $H^+$ réagissant avec les ions $OH^-$ dans un rapport de 1:1, le réactif limitant est donc $H^+$, ce qui signifie que $7{,}00 \times 10^{-3}$ mol d'ions $H^+$ réagissent avec $7{,}00 \times 10^{-3}$ mol d'ions $OH^-$ pour former $7{,}00 \times 10^{-3}$ mol de $H_2O$.

On calcule la quantité d'ions $OH^-$ en excès en effectuant la soustraction suivante :

$$\text{quantité initiale} - \text{quantité utilisée} = \text{quantité en excès}$$
$$1{,}70 \times 10^{-2} \text{ mol OH}^- - 7{,}00 \times 10^{-3} \text{ mol OH}^- = 1{,}00 \times 10^{-2} \text{ mol OH}^- = n_{\text{OH}^-}$$

Le volume du mélange est la somme des volumes individuels :

$$\text{volume initial de HNO}_3 + \text{volume initial de KOH} = \text{volume total}$$
$$28{,}0 \text{ mL} + 53{,}0 \text{ mL} = 81{,}0 \text{ mL} = 8{,}10 \times 10^{-2} \text{ L}$$

La concentration molaire volumique des ions $OH^-$ en excès est donc :

$$c = \frac{n_{\text{OH}^-}}{V_{\text{solution}}} = \frac{1{,}00 \times 10^{-2} \text{ mol OH}^-}{8{,}10 \times 10^{-2} \text{ L}} = 0{,}123 \text{ mol OH}^-/\text{L}$$

*Voir les exercices 1.35 et 1.36*

## Titrages acide-base

L'**analyse volumétrique** est une technique qui permet de déterminer, à l'aide d'un titrage, la quantité d'une certaine substance. Le **titrage** consiste à verser (à partir d'une burette) un volume précis d'une solution dont la concentration est connue (le *titrant*) dans une solution contenant la substance à analyser. La substance contenue dans le titrant réagit de façon connue avec la substance à analyser. Le point atteint quand on a ajouté suffisamment de titrant pour que la totalité de la substance à analyser réagisse est appelé **point d'équivalence** ou **point stœchiométrique**. On identifie souvent ce point à l'aide du changement de couleur d'un produit chimique appelé **indicateur**. Le point où l'indicateur change réellement de couleur est appelé **point de virage**. Il faut choisir un indicateur tel que son point de virage (celui où il change de couleur) coïncide avec le point d'équivalence (celui où la quantité de titrant ajoutée neutralise exactement celle de la substance analysée).

En théorie, le point de virage devrait coïncider avec le point d'équivalence.

Pour qu'un titrage soit réussi, il faut satisfaire aux exigences suivantes.

1. On doit connaître la réaction exacte (et rapide) qui a lieu entre le titrant et la substance à analyser.
2. Le point stœchiométrique, ou point d'équivalence, doit être aisément observable.
3. Le volume du titrant requis pour atteindre le point d'équivalence doit être mesuré précisément.

Quand la substance analysée est une base ou un acide, le titrant requis est respectivement un acide fort ou une base forte. On appelle alors ce procédé *titrage acide-base*. Un des indicateurs les plus utilisés pour des titrages acide-base est la *phénolphtaléine*, qui est incolore en milieu acide et qui vire au rose quand le point de virage est atteint par addition de la base. Par conséquent, quand on titre un acide à l'aide d'une base, la phénolphtaléine reste incolore jusqu'à ce que l'acide ait complètement réagi et que la base devienne en excès. Dans ce cas, le point de virage, où la solution vire d'incolore à rose, se situe à environ une goutte de base au-dessus du point d'équivalence. Ce type de titrage est illustré à la figure 1.18.

Nous n'abordons ici que sommairement le titrage acide-base, mais nous en reparlerons plus en détail au chapitre 6. Le titrage d'un acide à l'aide d'une solution étalon d'ions hydroxyde est illustré à l'exemple 1.15. À l'exemple 1.14, nous indiquons comment déterminer de façon exacte la concentration d'une solution d'hydroxyde de sodium. On appelle ce procédé l'*étalonnage d'une solution*.

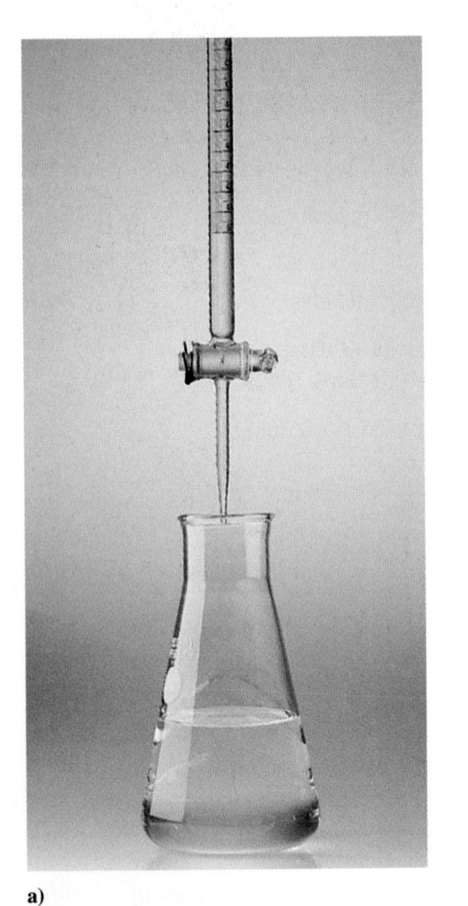

a)

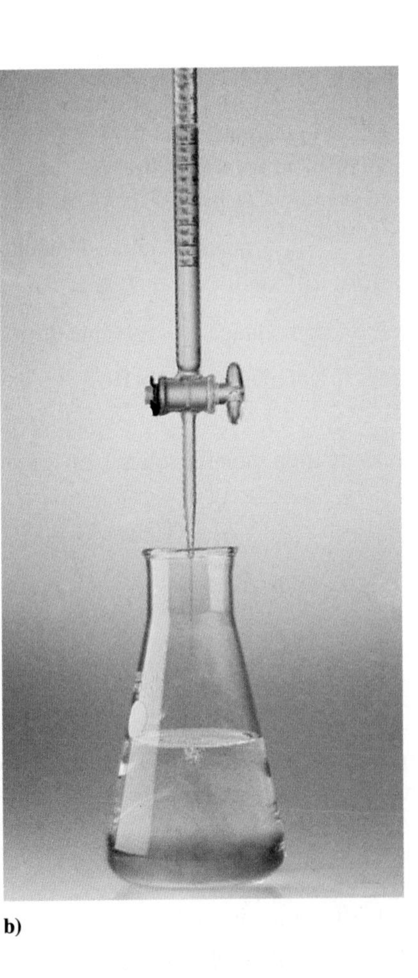

b)

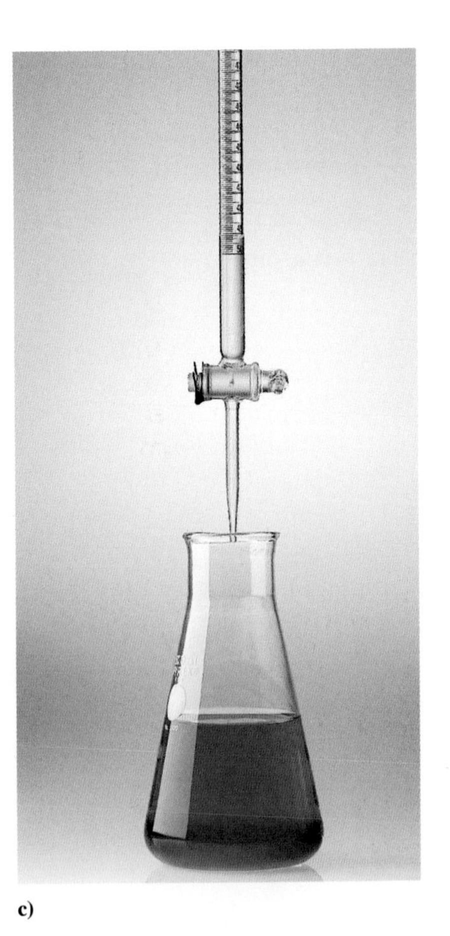

c)

**FIGURE 1.18**
Titrage d'un acide par une base. **a)** Dans la burette, on place le titrant (la base) et dans la fiole, on verse la solution acide et une faible quantité d'indicateur. **b)** Au moment où une goutte de base atteint la solution acide, l'indicateur change de couleur, mais celle-ci disparaît quand on mélange la solution. **c)** Le changement permanent de la couleur de l'indicateur indique que le point stœchiométrique, ou point d'équivalence, est atteint. Pour connaître le volume de base utilisé, on calcule la différence entre le volume final et le volume initial du titrant dans la burette.

## Exemple 1.14 Titrage par neutralisation

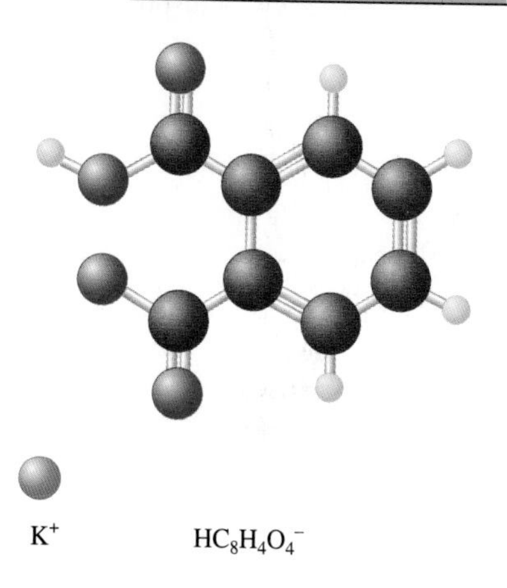


Un étudiant effectue une expérience qui consiste à titrer (déterminer la concentration exacte de) une solution d'hydroxyde de sodium. Pour ce faire, il pèse un échantillon de 1,3009 g d'hydrogénophtalate de potassium ($KHC_8H_4O_4$, souvent abrégé en KHP). Le KHP (masse molaire = 204,22 g/mol) a un atome d'hydrogène acide. L'étudiant dissout le KHP dans de l'eau distillée, y ajoute de la phénolphtaléine comme indicateur et titre la solution qui en résulte en y versant une solution d'hydroxyde de sodium jusqu'au point de virage de la phénolphtaléine. La différence entre les lectures des volumes final et initial sur la burette indique qu'il a fallu 41,20 mL de la solution d'hydroxyde de sodium pour réagir avec exactement 1,3009 g de KHP. Calculez la concentration de la solution d'hydroxyde de sodium.

### Solution

La solution aqueuse d'hydroxyde de sodium contient des ions $Na^+$ et $OH^-$, et le $KHC_8H_4O_4$ se dissout dans l'eau pour former des ions $K^+$ et $HC_8H_4O_4^-$. À mesure que se déroule le titrage, le mélange des solutions contient les ions suivants : $K^+$, $HC_8H_4O_4^-$, $Na^+$ et $OH^-$. L'ion $OH^-$ enlève un $H^+$ à $HC_8H_4O_4^-$ pour donner la réaction ionique nette suivante :

$$HC_8H_4O_4^-(aq) + OH^-(aq) \longrightarrow H_2O(l) + C_8H_4O_4^{-2}(aq)$$

Le rapport stœchiométrique de la réaction étant 1:1, on sait que 41,20 mL de solution d'hydroxyde de sodium doit contenir exactement la même quantité de moles de $OH^-$ qu'il y a de moles de $HC_8H_4O_4^-$ dans 1,3009 g de $KCH_8H_4O_4$.

Nous calculons alors le nombre de moles de $KHC_8H_4O_4$ de la manière habituelle :

$$1{,}3009 \text{ g } KHC_8H_4O_4 \times \frac{1 \text{ mol } KHC_8H_4O_4}{204{,}22 \text{ g } KHC_8H_4O_4} = 6{,}3701 \times 10^{-3} \text{ mol } KHC_8H_4O_4$$

Cela signifie qu'il faut $6{,}3701 \times 10^{-3}$ mole de $OH^-$ pour réagir avec $6{,}3701 \times 10^{-3}$ mole de $HC_8H_4O_4^-$. Donc, 41,20 mL ($4{,}120 \times 10^{-2}$ L) de solution d'hydroxyde de sodium doit contenir $6{,}3701 \times 10^{-3}$ mole de $OH^-$ (et de $Na^+$). La concentration de la solution d'hydroxyde de sodium est donc la suivante :

$$\text{concentration molaire volumique de NaOH} = \frac{n_{OH^-}}{V_{solution}} = \frac{6{,}3701 \times 10^{-3} \text{ mol NaOH}}{4{,}120 \times 10^{-2} \text{ L}} = 0{,}1546 \text{ mol/L}$$

Cette solution étalon d'hydroxyde de sodium peut maintenant servir à d'autres expériences (*voir l'exemple 1.15*).

**Voir l'exercice 1.37**

## Exemple 1.15 Analyse par neutralisation

Un chimiste de l'environnement analyse l'effluent (les déchets évacués dans l'environnement) qui résulte d'un procédé industriel. Cet effluent contient du tétrachlorure de carbone, $CCl_4$, et de l'acide benzoïque, $C_6H_5CO_2H$, un acide faible qui possède un atome d'hydrogène acide par molécule. On prélève un échantillon (0,3518 g) de cet effluent, on le met dans l'eau et on agite vigoureusement pour dissoudre l'acide benzoïque. La solution aqueuse résultante nécessite 10,59 mL de NaOH 0,1546 mol/L pour être neutralisée. Calculez le pourcentage massique de $C_6H_5CO_2H$ présent dans l'échantillon initial.

### Solution

L'échantillon qui contient un mélange de $CCl_4$ et de $C_6H_5COOH$ est titré par des ions $OH^-$. $CCl_4$ n'est évidemment pas un acide (il ne contient aucun atome d'hydrogène) ; on peut donc supposer qu'il ne réagit pas avec les ions $OH^-$. $C_6H_5COOH$, cependant, est un acide ; par molécule, il y a contribution d'un ion $H^+$ qui réagit avec un ion $OH^-$.

$$C_6H_5COOH(aq) + OH^-(aq) \longrightarrow H_2O(l) + C_6H_5COO^-(aq)$$

Même si $C_6H_5COOH$ est un acide faible, l'ion $OH^-$ est une base tellement forte qu'on peut supposer que chaque ion $OH^-$ ajouté réagira avec une molécule $C_6H_5COOH$ jusqu'à ce que la totalité de l'acide benzoïque soit transformée.

Il faut d'abord déterminer le nombre de moles d'ions $OH^-$.

$$10{,}59\ \cancel{\text{mL NaOH}} \times \frac{1\ \cancel{\text{L}}}{1000\ \cancel{\text{mL}}} \times \frac{0{,}1546\ \text{mol OH}^-}{\cancel{\text{L NaOH}}} = 1{,}637 \times 10^{-3}\ \text{mol OH}^-$$

Ce nombre correspond au nombre de moles de $C_6H_5CO_2H$ présentes. Pour calculer la masse d'acide, on utilise sa masse molaire (122,12 g/mol) :

$$1{,}637 \times 10^{-3}\ \cancel{\text{mol C}_6\text{H}_5\text{COOH}} \times \frac{122{,}12\ \text{g C}_6\text{H}_5\text{COOH}}{1\ \cancel{\text{mol C}_6\text{H}_5\text{COOH}}} = 0{,}1999\ \text{g C}_6\text{H}_5\text{COOH}$$

Le pourcentage massique de $C_6H_5COOH$ dans l'échantillon initial est donc

$$\frac{0{,}1999\ \cancel{\text{g}}}{0{,}3518\ \cancel{\text{g}}} \times 100 = 56{,}82\ \%$$

***Voir l'exercice 1.38***

---

Quand on analyse une solution complexe, la première étape consiste à dresser la liste des composants et à prêter attention aux propriétés chimiques de chacun.

Quand on résout un problème mettant en jeu des titrages, il faut d'abord déterminer la réaction qui se produit. Cela peut quelquefois être difficile, car le titrant contient plusieurs composantes. *La clé du succès, c'est d'écrire la formule de chaque composant de la solution et d'en examiner les propriétés chimiques.* Nous avons déjà insisté sur cette approche en traitant des réactions entre les ions en solution. Prenez l'habitude de toujours identifier les propriétés de chaque composant présent avant d'essayer de déterminer la ou les réactions qui pourraient se produire dans les problèmes de titrage à la fin du chapitre.

## 1.9 Réactions d'oxydoréduction

Nous avons vu que de nombreuses substances importantes sont ioniques. Par exemple, le chlorure de sodium peut être formé par réaction entre le sodium et le chlore élémentaires :

$$2\text{Na}(s) + \text{Cl}_2(g) \longrightarrow 2\text{NaCl}(s)$$

Dans cette réaction, le sodium solide, qui contient des atomes de sodium neutres, réagit avec le chlore gazeux, qui contient des molécules $Cl_2$ diatomiques, pour former le solide ionique NaCl, qui contient les ions $Na^+$ et $Cl^-$. Ce processus est représenté à la figure 1.19. *Ce type de réaction, dans laquelle il y a transfert de un ou de plusieurs électrons, est appelé* **réaction d'oxydoréduction**.

De nombreuses réactions chimiques importantes mettent en jeu une oxydation et une réduction. La photosynthèse, qui permet aux plantes de stocker l'énergie solaire en convertissant le dioxyde de carbone et l'eau en sucre, en est un exemple important. En fait, la plupart des réactions servant à la production d'énergie sont des réactions d'oxydoréduction. Chez l'être humain, l'oxydation des sucres, des lipides et des protéines fournit l'énergie nécessaire à la vie. Les réactions de combustion, principales sources de l'énergie nécessaire à la civilisation moderne, mettent également en jeu l'oxydation et la réduction. Prenons, par exemple, la réaction entre le méthane et l'oxygène :

$$\text{CH}_4(g) + 2\text{O}_2(g) \longrightarrow \text{CO}_2(g) + 2\text{H}_2\text{O}(g) + \text{énergie}$$

Bien qu'aucun des réactifs ou produits ne soit ionique, on considère que la réaction met en jeu un transfert d'électrons du carbone à l'oxygène. Pour comprendre ce fait, il faut d'abord connaître la notion de degré d'oxydation.

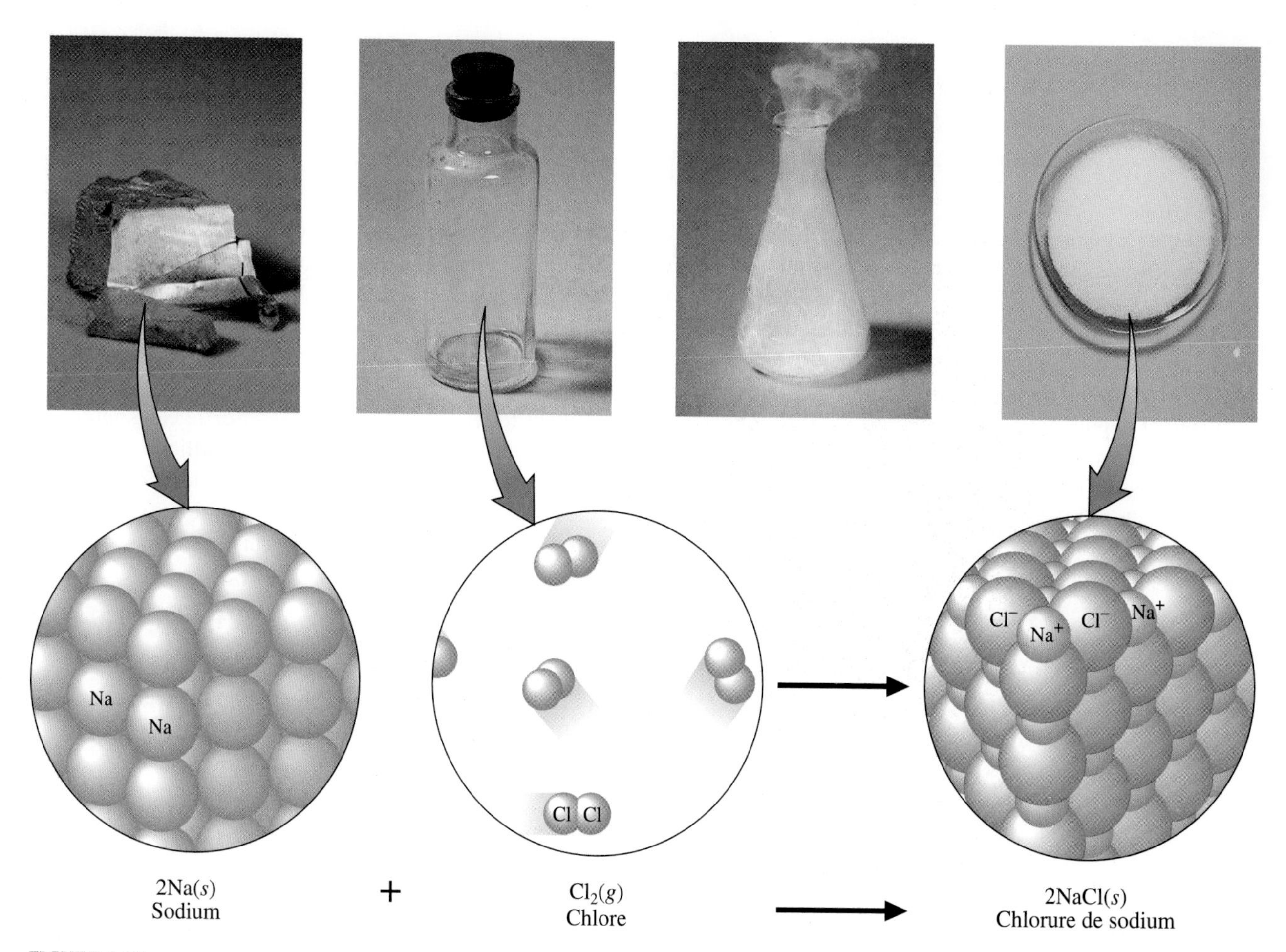

**FIGURE 1.19**
Réaction du sodium solide et du chlore gazeux qui forme du chlorure de sodium solide.

## Degrés d'oxydation

Le **degré d'oxydation**, aussi appelé le *nombre d'oxydation*, permet de suivre les électrons dans les réactions d'oxydoréduction, notamment dans les réactions qui mettent en jeu des composés covalents. Souvenez-vous que, dans les liaisons covalentes, les atomes partagent les électrons. Dans ce genre de composés, on obtient les degrés d'oxydation des atomes en attribuant arbitrairement les électrons (qui, en réalité, sont partagés) à des atomes particuliers. Voici comment on procède. Dans le cas d'une liaison covalente entre deux atomes identiques, les électrons sont partagés également entre les atomes. Dans le cas où les deux atomes sont différents (les électrons sont partagés de manière inégale), les électrons partagés sont attribués en totalité à l'atome qui exerce la plus forte attraction sur eux. Par exemple, rappelez-vous ce que nous avons dit sur la molécule d'eau à la section 1.1 : l'oxygène exerce une plus forte attraction sur les électrons que ne le fait l'hydrogène. Ainsi, en attribuant les degrés d'oxydation à l'oxygène et à l'hydrogène dans $H_2O$, on considère que l'atome d'oxygène possède tous les électrons, puisque l'atome d'hydrogène n'a qu'un électron à l'origine. Donc, dans la molécule d'eau, l'oxygène a bel et bien « pris » les électrons des deux atomes d'hydrogène.

Cela donne à l'oxygène un *excès* de deux électrons (son degré d'oxydation est de $-2$) et laisse chaque atome d'hydrogène sans électron (le degré d'oxydation de chacun d'eux est de $+1$).

On considère les *degrés d'oxydation* (ou *nombres d'oxydation*) des atomes formant un composé covalent comme les charges imaginaires que ces atomes auraient si, dans le cas d'atomes identiques, les électrons partagés étaient divisés également entre eux ou, dans le cas d'atomes différents, les électrons étaient complètement attribués à l'atome de la liaison

## IMPACT

### Le fer s'en prend à la pollution

Le traitement des eaux souterraines contaminées est très compliqué et très coûteux. Cependant, les chimistes ont découvert une nouvelle méthode simple et économique pour traiter l'eau souterraine contaminée par une ancienne usine de semi-conducteurs à Sunnyvale, en Californie. Ils ont remplacé les installations de décontamination compliquées qu'ils utilisaient depuis plus d'une décennie par 220 tonnes de limaille de fer enterrées dans un trou géant. Comme ce système ne nécessite ni pompe ni électricité, il permet une économie de 360 000 $ par année. La propriété, que l'on croyait ne pas pouvoir utiliser pendant les 30 années que durerait le traitement avec l'ancien système, à cause des besoins de surveillance et d'accès, est maintenant disponible.

La figure ci-contre montre le schéma d'un tel traitement. À Sunnyvale, le filtre de fer mesure environ 12 m de long, 1 m de large et 6 m de profondeur. Durant les quatre jours qu'il faut à l'eau contaminée pour traverser ce mur de fer, les molécules organiques chlorées sont dégradées en produits qui sont eux-mêmes décomposés en substances plus simples. Selon les ingénieurs qui s'occupent du site, l'eau polluée qui aura traversé ce filtre respecte les standards établis par l'Environmental Protection Agency (Agence de protection de l'environnement).

Comment le fer peut-il décontaminer cette eau souterraine ? Cela tient à la capacité du fer métallique (degré d'oxydation = 0) d'agir comme un réducteur des molécules organiques polluantes, qui contiennent du chlore. On peut représenter cette réaction de la manière suivante :

$$Fe(s) + RCl(aq) + H^+(aq) \longrightarrow Fe^{2+}(aq) + RH(aq) + Cl^-(aq)$$

où RCl représente une molécule organique chlorée. Cette réaction met en jeu une réaction directe entre le métal et une molécule RCl adsorbée à sa surface.

qui exerce la plus forte attraction sur eux. Bien sûr, dans le cas des composés ioniques formés d'ions monoatomiques, le degré d'oxydation des ions est égal à leur charge.

Ces considérations ont conduit à la formulation d'un ensemble de règles résumées dans le tableau 1.2 ; ces règles simples permettent d'attribuer des degrés d'oxydation aux atomes formant la plupart des composés. Pour appliquer ces règles, il faut considérer que dans le cas d'un composé électriquement neutre, la somme des degrés d'oxydation de ses composantes doit être zéro. Dans le cas d'un ion, la somme de ses degrés d'oxydation doit être égale à la charge de l'ion. Les principes sont illustrés dans l'exemple 1.16.

Oxydation du cuivre par l'acide nitrique. Les atomes de cuivre perdent deux électrons pour former des ions $Cu^{2+}$, ce qui donne une couleur vert foncé qui vire au turquoise quand on dilue la solution.

**TABLEAU 1.2 Règles d'attribution des degrés d'oxydation**

| Le degré d'oxydation | Résumé | Exemples |
|---|---|---|
| • d'un atome contenu dans un élément est 0. | Élément : 0 | $Na(s)$, $O_2(g)$, $O_3(g)$ et $Hg(l)$ |
| • d'un ion monoatomique est égal à sa charge. | Ion monoatomique : charge de l'ion | $Na^+$, $Cl^-$ |
| • du fluor dans ses composés est −1. | Fluor : −1 | HF, $PF_3$ |
| • de l'oxygène dans ses composés est habituellement −2. Exception : Les peroxydes (contenant $O_2^{2-}$) dans lesquels l'oxygène est −1. | Oxygène : −2 | $H_2O$, $CO_2$ |
| • de l'hydrogène est de +1 dans ces composés covalents. | Hydrogène : +1 | $H_2O$, HCl, $NH_3$ |

En plus de décomposer les contaminants organiques chlorés, le fer est également utile contre d'autres polluants. Il peut dégrader des déchets de teinture provenant des usines de textile et il peut réduire les composés de Cr(VI) solubles en composés de Cr(III) insolubles, qui sont moins dangereux. Le pouvoir de réduction du fer est également utile dans l'élimination du technétium radioactif, agent polluant courant dans les installations nucléaires. Finalement, le fer peut s'avérer efficace pour extraire les nitrates du sol.

D'autres métaux, tels le zinc, l'étain et le palladium, peuvent également servir à l'assainissement des eaux souterraines. Ces métaux réagissent plus rapidement que le fer, mais ils sont plus chers et constituent eux-mêmes un danger pour l'environnement.

Peu coûteux et sans danger pour l'environnement, le fer semble le métal de choix pour le traitement des eaux souterraines. Économique, efficace, un vrai miracle !

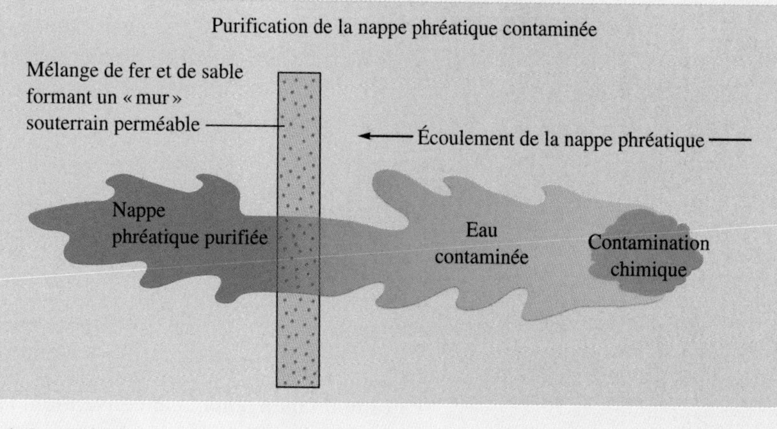


Diagramme provenant de *Chemical and Engineering News*, 3 juillet 1995, 73(27), p. 20

## Exemple 1.16 Attribution de degrés d'oxydation

Attribuez un degré d'oxydation à chaque atome dans les composés suivants.

**a)** $CO_2$
**b)** $SF_6$
**c)** $NO_3^-$

### Solution

**a)** Puisqu'il y a une règle particulière pour le degré d'oxydation de l'oxygène, attribuons-lui d'abord sa valeur, soit $-2$. On peut alors déterminer le degré d'oxydation du carbone : la molécule $CO_2$ n'ayant aucune charge, la somme des degrés d'oxydation de l'oxygène et du carbone doit donc être égale à zéro. Vu que le degré d'oxydation de chaque atome d'oxygène est de $-2$ et qu'il y en a deux, l'atome de carbone doit avoir un degré d'oxydation de $+4$ :

$$CO_2$$

+4 (C) ; −2 pour chaque atome d'oxygène

On peut vérifier le résultat en notant que, le nombre d'atomes étant pris en considération, la somme des degrés d'oxydation est égale à zéro :

$$1(+4) + 2(-2) = 0$$

Nombre d'atomes C ; Nombre d'atomes O

**b)** Puisqu'il n'y a pas de règle spécifique pour le soufre, attribuons-lui d'abord le degré d'oxydation de chaque atome de fluor, soit $-1$. Le soufre doit alors avoir un degré d'oxydation de $+6$ pour équilibrer le total de $-6$ attribué aux atomes de fluor :

$$SF_6$$

**Vérification** $+6 + 6(-1) = 0$

c) Le degré d'oxydation de l'oxygène est de $-2$. La somme des degrés d'oxydation des trois atomes d'oxygène étant $-6$ et la charge nette de l'ion $NO_3^-$ étant de $-1$, le degré d'oxydation de l'azote doit être de $-5$ :

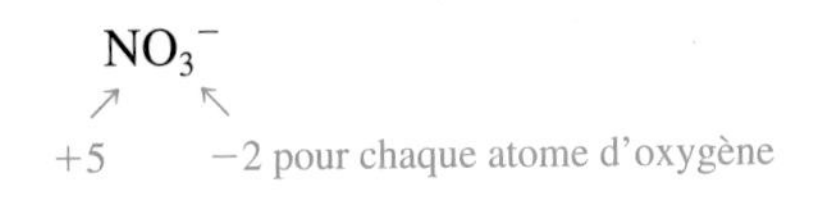


**Vérification** $+5 + 3(-2) = -1$

Dans ce cas, la somme doit être $-1$ (charge totale de l'ion).

***Voir les exercices 1.39 et 1.40***

La magnétite est un minerai magnétique contenant du $Fe_3O_4$. Remarquez que l'aiguille de la boussole est attirée par le minerai.

Fait important à noter : par convention, la charge réelle d'un ion s'exprime par $n+$ ou $n-$, le nombre étant écrit *devant* le signe ; le degré d'oxydation, qui n'est pas la charge réelle, s'exprime, lui, par $+n$ ou $-n$, le nombre étant écrit *après* le signe.

Il reste une observation supplémentaire à faire à propos des degrés d'oxydation, que l'on peut illustrer avec le composé $Fe_3O_4$, principal composant de la magnétite, minerai de fer qui donne une couleur rougeâtre à de nombreux types de sols et de roches. Pour déterminer les degrés d'oxydation des atomes de $Fe_3O_4$, on attribue d'abord à chaque atome d'oxygène son degré d'oxydation habituel, soit $-2$. Les trois atomes de fer doivent alors présenter un total de $+8$ pour équilibrer le nombre de $-8$ obtenu par les quatre atomes d'oxygène. Cela signifie que chaque atome de fer a un degré d'oxydation de $+\frac{8}{3}$. Il peut sembler étrange d'exprimer le degré d'oxydation par une fraction, car la charge est toujours un nombre entier. Ces cas, rares, de degrés d'oxydation fractionnaires sont attribuables à l'arbitraire que les règles du tableau 1.2 imposent à la répartition des électrons. Par exemple, dans le cas du $Fe_3O_4$, les règles supposent que tous les atomes de fer sont égaux, alors que, en fait, on peut facilement concevoir que ce composé possède quatre ions $O^{-2}$, deux ions $Fe^{3+}$ et un ion $Fe^{2+}$. (Notez que la charge « moyenne » des atomes de fer est de $\frac{8}{3}+$, ce qui équivaut au degré d'oxydation déterminé plus haut.) Les degrés d'oxydation exprimés par des fractions ne devraient pas vous déranger ; ils remplissent la même fonction que les nombres entiers : ils permettent de suivre le déplacement des électrons.

## Caractéristiques des réactions d'oxydoréduction

Les réactions d'oxydoréduction sont caractérisées par un transfert d'électrons. Dans certains cas, ce transfert se produit réellement pour former des ions, comme dans la réaction suivante :

$$2Na(s) + Cl_2(g) \longrightarrow 2NaCl(s)$$

Cependant, il arrive que le transfert soit moins évident. Par exemple, voyons la combustion du méthane (le degré d'oxydation de chaque atome est donné) :

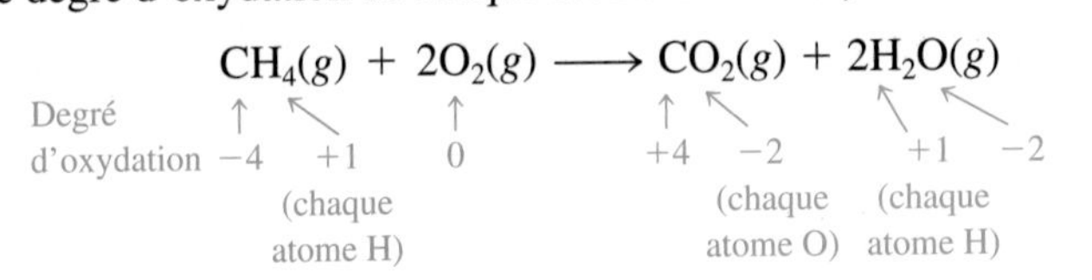


Mentionnons que le degré d'oxydation de l'oxygène dans $O_2$ est de 0 parce qu'il s'agit d'un élément. Même s'il n'y a aucun composé ionique dans cette réaction, on peut la décrire comme résultant d'un transfert d'électrons. Ainsi, le degré d'oxydation du carbone passe de $-4$ dans $CH_4$ à $+4$ dans $CO_2$. Un tel changement s'explique par la perte de huit électrons (le symbole $e^-$ désigne un électron) :

$$\underset{-4}{\underset{\uparrow}{CH_4}} \longrightarrow \underset{+4}{\underset{\uparrow}{CO_2}} + 8e^-$$

# IMPACT

## Blanc nacré

Depuis longtemps, les gens se préoccupent de la « blancheur » de leurs dents. Au Moyen Âge, les barbiers-chirurgiens utilisaient l'acide nitrique pour blanchir les dents, une méthode pleine de dangers, dont le fait que l'acide nitrique dissout l'émail des dents, ce qui cause par la suite une carie importante. De nos jours, il existe des méthodes plus sécuritaires pour conserver aux dents une blancheur éclatante.

La couche externe des dents, l'émail, est constituée d'un minéral, l'hydroxyapatite, qui contient du phosphate de calcium. En dessous de l'émail se trouve la dentine, un mélange d'un blanc légèrement teinté constitué de phosphate de calcium et de collagène qui protège les nerfs et les vaisseaux sanguins au centre de la dent.

La décoloration des dents est habituellement due à des molécules colorées provenant de notre alimentation, de sources telles que les bleuets, le vin rouge et le café. Le goudron des cigarettes tache aussi les dents. Le vieillissement constitue également un autre facteur, car, au fur et à mesure que l'on vieillit, des changements chimiques provoquent le jaunissement des dents.

Les taches produites quand des molécules colorées sont absorbées à la surface des dents peuvent être enlevées par le brossage. En effet, les dentifrices contiennent des abrasifs tels que de minuscules particules de silice, d'oxyde d'aluminium, de carbonate de calcium ou de phosphate de calcium, qui aident à faire disparaître ces taches.

Quant aux taches dues aux molécules qui se trouvent sous la surface, elles sont habituellement attaquées par un agent oxydant, le peroxyde d'hydrogène ($H_2O_2$). En se dissociant en eau et en oxygène, le $H_2O_2$ forme des intermédiaires qui réagissent avec les molécules responsables de la décoloration des dents et les décompose.

Les agents de blanchiment des dents du commerce contiennent généralement du peroxyde d'urée (un mélange 1:1 d'urée et de peroxyde d'hydrogène), de la glycérine, des sels comme le stannate et le pyrophosphate (agents de préservation) et des aromatisants. Selon la forme sous laquelle ils sont présentés, les agents de blanchiment peuvent être soit directement brossés sur la dent, soit inclus dans une bande en plastique que l'on colle sur la dent. Étant donné que ces produits ont une efficacité réduite pour des raisons de sécurité, plusieurs semaines d'application peuvent être nécessaires afin qu'un blanchiment parfait ait lieu.

Les traitements de blanchiment utilisés par les dentistes comportent souvent l'application de substances contenant plus de 30 % de peroxyde d'hydrogène. Ces substances doivent être utilisées avec une protection appropriée des tissus qui entourent la dent. Conserver des dents blanches constitue un autre exemple de la chimie en action.

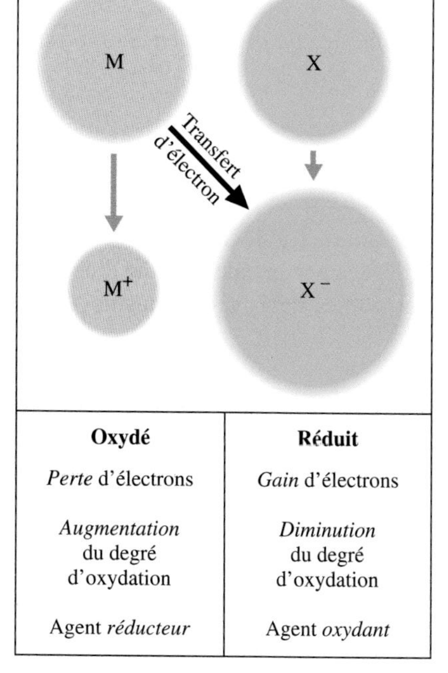


**FIGURE 1.20**
Schéma d'une réaction d'oxydoréduction, dans laquelle M est oxydé et X est réduit.

Par contre, le degré d'oxydation de chaque atome d'oxygène passe de 0 dans $O_2$ à $-2$ dans $H_2O$ et $CO_2$, ce qui signifie un gain de deux électrons par atome. Puisqu'il y a quatre atomes d'oxygène en jeu, il y a un gain de huit électrons :

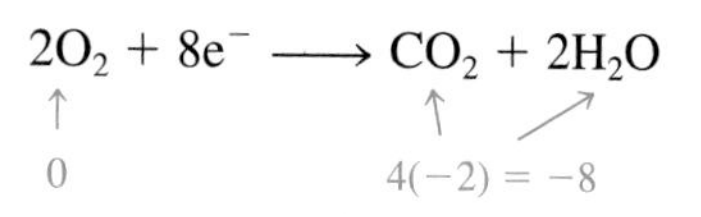

$$2O_2 + 8e^- \longrightarrow CO_2 + 2H_2O$$



Il n'y a aucun changement dans le degré d'oxydation de l'hydrogène ; il ne participe pas réellement au transfert d'électrons.

Nous pouvons maintenant définir quelques termes importants. L'**oxydation** est une *augmentation* du degré d'oxydation (perte d'électrons). La **réduction** est une *diminution* du degré d'oxydation (gain d'électrons). Donc, dans la réaction suivante :

$$\underset{0}{2Na(s)} + \underset{0}{Cl_2(g)} \longrightarrow 2Na\,Cl(s) \quad (+1,\ -1)$$

le sodium est oxydé, et le chlore est réduit. De plus, on appelle le $Cl_2$ **oxydant** (accepteur d'électrons), et le Na **réducteur** (donneur d'électrons). Ces notions sont résumées à la figure 1.20.

Au sujet de la réaction

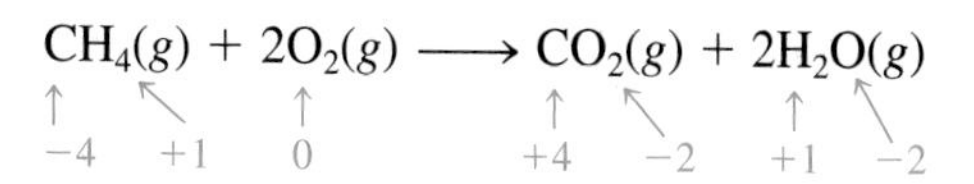

$$CH_4(g) + 2O_2(g) \longrightarrow CO_2(g) + 2H_2O(g)$$

## IMPACT

### Le processus de vieillissement implique-t-il une oxydation?

Bien que la vieillesse apporte la sagesse, bien peu de gens veulent vieillir, car, en plus de la sagesse, la vieillesse apporte les rides, la perte de la force physique et une plus grande vulnérabilité aux maladies.

Pourquoi vieillissons-nous? Personne ne le sait vraiment, mais de nombreux scientifiques croient que l'oxydation y est pour beaucoup. Les molécules d'oxygène et d'autres oxydants contenus dans l'organisme semblent pouvoir extraire des électrons des grosses molécules qui forment les membranes cellulaires, les rendant ainsi très réactives. Par la suite, ces molécules activées peuvent s'associer, modifiant ainsi les propriétés de la membrane cellulaire. À un certain moment, les modifications deviennent assez nombreuses pour que le système immunitaire ne reconnaisse plus sa cellule et la détruise. Cela se produit au détriment de l'organisme quand les cellules détruites ne peuvent pas être remplacées, comme dans le cas des cellules nerveuses; celles-ci se régénèrent rarement chez l'adulte.

L'organisme peut se défendre contre l'oxydation en utilisant, par exemple, la vitamine E, un antioxydant bien connu. Des études ont révélé que les globules rouges qui manquent de vitamine E vieillissent plus vite que les globules normaux. En se basant sur de telles études, certains croient que la prise de vitamine E à fortes doses prévient le vieillissement; rien ne démontre toutefois que cette pratique a un tel effet.

Notre organisme dispose également d'un autre antioxydant, la superoxyde dismutase (SOD), qui nous protège contre l'ion superoxyde $O_2^-$, oxydant puissant qui s'attaque particulièrement aux enzymes vitales. L'importance de la SOD contre le vieillissement ressort d'une étude menée par le docteur Richard Cutler au Gerontology Research Center

Un bon moyen mnémotechnique: Le **R**éducteur **R**end des électrons. L'**O**xydant en **O**btient.

Dans une réaction d'oxydoréduction, l'oxydant est réduit et le réducteur, oxydé.

L'oxydation est une augmentation du degré d'oxydation; la réduction, une diminution du degré d'oxydation.

nous pouvons émettre les affirmations suivantes.

Le carbone est oxydé, car son degré d'oxydation a augmenté (le carbone a perdu des électrons).

L'oxygène est réduit, car son degré d'oxydation a diminué (l'oxygène a gagné des électrons).

Le $CH_4$ est le réducteur.

Le $O_2$ est l'oxydant.

Quand on parle de l'oxydant ou du réducteur, on nomme le *composé en entier*, non pas seulement l'élément dont le degré d'oxydation change.

**Exemple 1.17**

### Réactions d'oxydoréduction I

**Quand on mélange de l'aluminium pulvérisé avec de l'iode et qu'on y ajoute une goutte d'eau, il se produit une réaction vive qui donne de l'iodure d'aluminium. Le nuage violet est l'iode en excès vaporisé par la chaleur de la réaction.**

Quand on mélange de l'aluminium poudreux à des cristaux d'iode pulvérisé et qu'on y ajoute une goutte d'eau pour amorcer la réaction, il se dégage une grande quantité d'énergie. Le mélange flambe et il y a formation d'un nuage violet de $I_2$ provenant de l'iode en excès. L'équation de cette réaction est la suivante:

$$2Al(s) + 3I_2(s) \longrightarrow 2AlI_3(s)$$

Dans cette réaction, repérez les atomes qui sont oxydés, ceux qui sont réduits, puis nommez l'oxydant et le réducteur.

***Solution***

La première étape consiste à attribuer les degrés d'oxydation:

$$2Al(s) + 3I_2(s) \longrightarrow 2AlI_3(s)$$

$Al$: 0; $I_2$: 0 — Éléments libres

$AlI_3$: +3, −1 (chaque I) — $AlI_3(s)$ est un sel qui contient des ions $Al^{3+}$ et $I^-$.

du National Institute of Health à Baltimore. Cette étude démontre une forte corrélation entre la longévité d'une douzaine de mammifères et leur taux de SOD. La biotechnologie permet maintenant de produire de la SOD humaine en quantité suffisante pour permettre aux scientifiques d'étudier ses effets sur le vieillissement et sur différentes maladies telles la polyarthrite rhumatoïde et la dystrophie musculaire. La SOD est offerte en doses orales dans les boutiques d'aliments naturels ; cependant, ces doses sont inutiles, car la SOD est digérée (dégradée en substances plus simples) avant son entrée dans la circulation sanguine.

Les résultats d'une recherche indiquent que la consommation de certains aliments peut retarder le processus de vieillissement. Par exemple, une étude récente chez 8000 hommes diplômés de Harvard a révélé que ceux qui mangent du chocolat et des bonbons vivent près de un an plus vieux que ceux qui s'en privent. Bien que les chercheurs de la Harvard School of Public Health ne soient pas certains du mécanisme de cet effet, ils posent l'hypothèse que les antioxydants présents dans le chocolat peuvent procurer des bienfaits pour la santé. Le chocolat, par exemple, contient des phénols ; ce sont des antioxydants également présents dans le vin, une autre substance qui semble promouvoir une bonne santé si elle est consommée avec modération.

L'oxydation n'est qu'une cause possible du vieillissement. Les chercheurs ont donc encore beaucoup de pain sur la planche.

La consommation de chocolat peut-elle ralentir le processus de vieillissement ?

Puisque le degré d'oxydation de chaque atome d'aluminium passe de 0 à +3 (augmentation), l'aluminium est *oxydé*. Par contre, celui de chaque atome d'iode passe de 0 à −1 (diminution), l'iode est donc *réduit*. Puisque Al fournit les électrons pour la réduction de l'iode, il est le *réducteur* ; $I_2$ est l'*oxydant*.

*Voir l'exercice 1.41*

## Exemple 1.18 Réactions d'oxydoréduction II

La métallurgie, production d'un métal à partir de son minerai, met toujours en jeu des réactions d'oxydoréduction. Dans le cas de la galène (PbS), principal minerai du plomb, la première étape consiste en la conversion du sulfure de plomb(II) en oxyde de plomb(II) (procédé appelé *grillage*) :

$$2PbS(s) + 3O_2(g) \longrightarrow 2PbO(s) + 2SO_2(g)$$

On traite ensuite l'oxyde avec du monoxyde de carbone pour obtenir le métal pur :

$$PbO(s) + CO(g) \longrightarrow Pb(s) + CO_2(g)$$

Pour chaque réaction, repérez les atomes qui sont oxydés, ceux qui sont réduits, puis nommez l'oxydant et le réducteur.

### Solution

Dans la première réaction, nous pouvons attribuer les degrés d'oxydation suivants :

$$\underset{+2\ \ -2}{2PbS(s)} + \underset{0}{3O_2(g)} \longrightarrow \underset{+2\ \ -2}{2PbO(s)} + \underset{+4\ \ -2\text{ (chaque atome O)}}{2SO_2(g)}$$

Le degré d'oxydation de l'atome de soufre passe de −2 à +4 ; le soufre est donc oxydé. Celui de chaque atome d'oxygène passe de 0 à −2 ; l'oxygène est donc réduit. L'oxydant, qui accepte les électrons, est $O_2$ ; le réducteur, qui donne des électrons, est PbS.

La deuxième réaction est la suivante :

$$\underset{+2\ \ -2}{PbO(s)} + \underset{+2\ \ -2}{CO(g)} \longrightarrow \underset{0}{Pb(s)} + \underset{+4\ \ -2\ \text{(chaque atome O)}}{CO_2(g)}$$

Le plomb est réduit (son degré d'oxydation passe de +2 à 0), et le carbone est oxydé (son degré d'oxydation passe de +2 à +4). PbO est l'oxydant et CO est le réducteur.

***Voir l'exercice 1.41***

## 1.10 Équilibrage des équations d'oxydoréduction

Les réactions d'oxydoréduction en milieu aqueux sont souvent compliquées ; il peut donc être difficile d'équilibrer leurs équations par simple tâtonnement. Il existe cependant une méthode spéciale pour équilibrer ce type d'équations. On l'appelle *méthode des demi-réactions.*

### Méthode des demi-réactions pour équilibrer les réactions d'oxydoréduction en milieu aqueux

Dans le cas des réactions d'oxydoréduction qui se produisent en milieu aqueux, il est utile de diviser la réaction en deux **demi-réactions** : l'une mettant en jeu l'oxydation et l'autre, la réduction. Par exemple, voyons l'équation non équilibrée de la réaction d'oxydoréduction entre les ions cérium(IV) et étain(II) :

$$Ce^{4+}(aq) + Sn^{2+}(aq) \longrightarrow Ce^{3+}(aq) + Sn^{4+}(aq)$$

On peut diviser cette réaction, d'une part, en une demi-réaction qui met en jeu la substance *réduite*

$$Ce^{4+}(aq) \longrightarrow Ce^{3+}(aq)$$

et, d'autre part, en une demi-réaction qui met en jeu la substance *oxydée*

$$Sn^{2+}(aq) \longrightarrow Sn^{4+}(aq)$$

La méthode générale consiste à équilibrer séparément les équations des demi-réactions, puis à les additionner pour obtenir l'équation globale équilibrée. Cette méthode varie légèrement selon que la réaction se produit en milieu acide ou en milieu basique.

#### Étapes de la méthode des demi-réactions servant à équilibrer les réactions d'oxydoréduction en milieu acide

1. **Écrire séparément les équations des demi-réactions d'oxydation et de réduction.**
2. **Pour chaque demi-réaction,**
   **a) équilibrer tous les éléments, sauf l'hydrogène et l'oxygène ;**
   **b) équilibrer l'oxygène à l'aide de $H_2O$ ;**
   **c) équilibrer l'hydrogène à l'aide de $H^+$ ;**
   **d) équilibrer les charges à l'aide d'électrons.**
3. **Le cas échéant, multiplier une ou les deux demi-réactions par un nombre entier afin d'égaliser le nombre d'électrons transférés dans les deux demi-réactions.**
4. **Additionner les demi-réactions et annuler les espèces identiques.**
5. **Vérifier si les éléments et les charges sont équilibrés.**

Ces étapes sont résumées dans le schéma suivant.

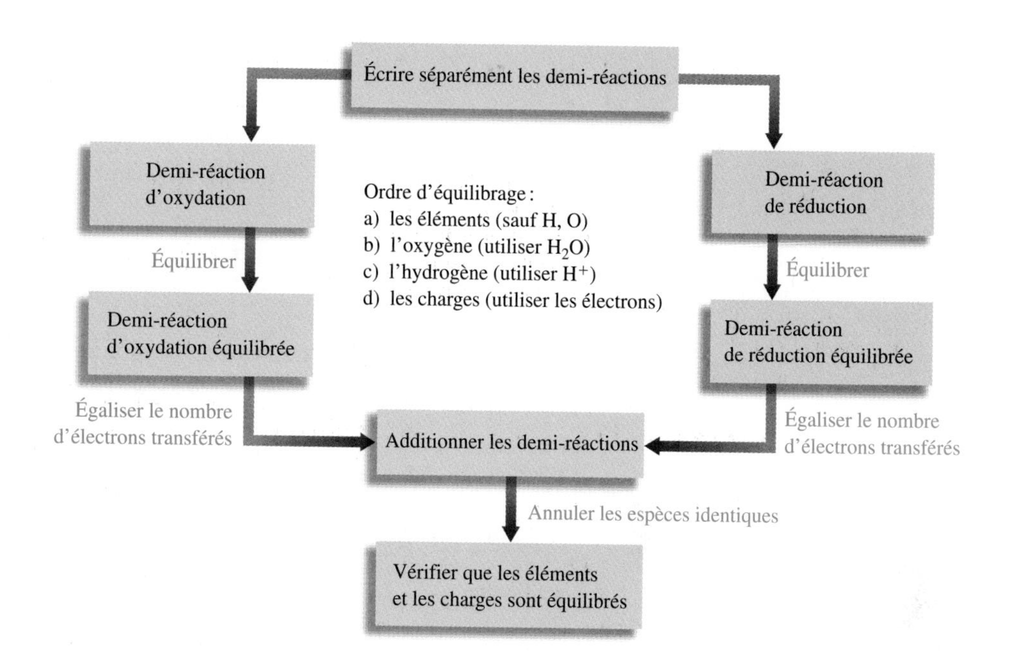


Illustrons cette méthode en équilibrant l'équation de la réaction entre les ions permanganate et fer(II) en milieu acide :

$$MnO_4^-(aq) + Fe^{2+}(aq) \xrightarrow{\text{acide}} Fe^{3+}(aq) + Mn^{2+}(aq)$$

On peut utiliser cette réaction pour déterminer la quantité de fer dans un minerai.

➥ **1** *Identifier les demi-réactions et écrire leurs équations.* Dans la demi-réaction qui met en jeu l'ion permanganate, les degrés d'oxydation montrent que le manganèse est réduit :

$$MnO_4^- \longrightarrow Mn^{2+}$$

+7 (Mn), −2 (chaque atome O) ; +2 (Mn)

Voilà la *demi-réaction de réduction.* L'autre demi-réaction met en jeu l'oxydation du fer(II) en fer(III) ; c'est la *demi-réaction d'oxydation* :

$$Fe^{2+} \longrightarrow Fe^{3+}$$

+2 ; +3

➥ **2** *Équilibrer chaque demi-réaction.* La réaction de réduction est la suivante :

$$MnO_4^-(aq) \longrightarrow Mn^{2+}(aq)$$

**a)** Le manganèse est équilibré.

**b)** Équilibrons l'oxygène en inscrivant $4H_2O$ du côté droit de l'équation :

$$MnO_4^-(aq) \longrightarrow Mn^{2+}(aq) + 4H_2O(l)$$

**c)** Ensuite, équilibrons l'hydrogène en inscrivant $8H^+$ du côté gauche de l'équation :

$$8H^+(aq) + MnO_4^-(aq) \longrightarrow Mn^{2+}(aq) + 4H_2O(l)$$

**d)** Tous les éléments étant équilibrés, il faut maintenant équilibrer les charges à l'aide d'électrons. À cette étape, nous avons les charges globales suivantes pour les réactifs et les produits dans la demi-réaction de réduction :

$$\underbrace{8H^+(aq) + MnO_4^-(aq)}_{\substack{8+ \quad + \quad 1- \\ 7+}} \longrightarrow \underbrace{Mn^{2+}(aq) + 4H_2O(l)}_{\substack{2+ \quad + \quad 0 \\ 2+}}$$

Nous pouvons égaliser les charges en inscrivant cinq électrons du côté gauche de l'équation :

$$\underbrace{5e^- + 8H^+(aq) + MnO_4^-(aq)}_{2+} \longrightarrow \underbrace{Mn^{2+}(aq) + 4H_2O(l)}_{2+}$$

Les *éléments* et les *charges* sont maintenant équilibrés ; l'équation ci-dessus représente donc la demi-réaction de réduction équilibrée. Que cinq électrons apparaissent du côté des réactifs s'explique par le fait qu'il faut cinq électrons pour réduire $MnO_4^-$ (le degré d'oxydation de Mn y est de +7) en $Mn^{2+}$ (le degré d'oxydation de Mn y est de +2).

Pour ce qui est de la demi-réaction d'oxydation

$$Fe^{2+}(aq) \longrightarrow Fe^{3+}(aq)$$

les éléments sont équilibrés. Il suffit donc d'équilibrer les charges :

$$\underbrace{Fe^{2+}(aq)}_{2+} \longrightarrow \underbrace{Fe^{3+}(aq)}_{3+}$$

Il faut un électron du côté droit pour que la charge soit de +2 de chaque côté :

$$\underbrace{Fe^{2+}(aq)}_{2+} \longrightarrow \underbrace{Fe^{3+}(aq) + e^-}_{2+}$$

Le nombre d'électrons gagnés dans la demi-réaction de réduction doit être égal au nombre d'électrons perdus dans la demi-réaction d'oxydation.

➡ **3** *Égaliser le transfert d'électrons dans les deux demi-réactions.* Puisque la demi-réaction de réduction met en jeu un transfert de cinq électrons et celle d'oxydation, un transfert de seulement un électron, il faut multiplier la demi-réaction d'oxydation par 5 :

$$5Fe^{2+}(aq) \longrightarrow 5Fe^{3+}(aq) + 5e^-$$

➡ **4** *Additionner les demi-réactions.* L'addition des demi-réactions donne l'équation suivante :

$$5e^- + 5Fe^{2+}(aq) + MnO_4^-(aq) + 8H^+(aq) \longrightarrow 5Fe^{3+}(aq) + Mn^{2+}(aq) + 4H_2O(l) + 5e^-$$

Les électrons s'annulent (comme ils le doivent) pour donner l'équation équilibrée finale :

$$5Fe^{2+}(aq) + MnO_4^-(aq) + 8H^+(aq) \longrightarrow 5Fe^{3+}(aq) + Mn^{2+}(aq) + 4H_2O(l)$$

➡ **5** *Vérifier si les éléments et les charges sont équilibrés.*

Équilibrage des éléments : 5Fe, 1Mn, 4O, 8H ⟶ 5Fe, 1Mn, 4O, 8H

Équilibrage des charges : 5(2+) + (1−) + 8(1+) = 17+ ⟶ 5(3+) + (2+) + 0 = 17+

L'équation est équilibrée.

Exemple 1.19

## Équilibrage des réactions d'oxydoréduction (en milieu acide)

Le dichromate de potassium ($K_2Cr_2O_7$) est un composé orange vif qui, après réduction, donne une solution bleu-violet d'ions $Cr^{3+}$. Dans certaines conditions, le $K_2Cr_2O_7$ réagit avec l'alcool éthylique ($C_2H_5OH$) de la manière suivante :

$$H^+(aq) + Cr_2O_7^{2-}(aq) + C_2H_5OH(l) \longrightarrow Cr^{3+}(aq) + CO_2(g) + H_2O(l)$$

Équilibrez cette équation à l'aide de la méthode des demi-réactions.

***Solution***

➥ **1** La demi-réaction de réduction est la suivante :

$$Cr_2O_7^{2-}(aq) \longrightarrow Cr^{3+}(aq)$$

Le chrome est réduit ; son degré d'oxydation passe de +6 dans $Cr_2O_7^{2-}$ à +3 dans $Cr^{3+}$.

La demi-réaction d'oxydation est la suivante :

$$C_2H_5OH(l) \longrightarrow CO_2(g)$$

Le carbone est oxydé ; son degré d'oxydation passe de −2 dans $C_2H_5OH$ à +4 dans $CO_2$.

➥ **2** Équilibrons tous les éléments de la première demi-réaction, sauf l'hydrogène et l'oxygène :

$$Cr_2O_7^{2-}(aq) \longrightarrow 2Cr^{3+}(aq)$$

Équilibrons ensuite l'oxygène à l'aide de $H_2O$ :

$$Cr_2O_7^{2-}(aq) \longrightarrow 2Cr^{3+}(aq) + 7H_2O(l)$$

Équilibrons l'hydrogène à l'aide de $H^+$ :

$$14H^+(aq) + Cr_2O_7^{2-}(aq) \longrightarrow 2Cr^{3+}(aq) + 7H_2O(l)$$

Équilibrons finalement les charges à l'aide d'électrons :

$$6e^- + 14H^+(aq) + Cr_2O_7^{2-}(aq) \longrightarrow 2Cr^{3+}(aq) + 7H_2O(l)$$

Ensuite, faisons de même avec la demi-réaction d'oxydation.

$$C_2H_5OH(l) \longrightarrow CO_2(g)$$

Équilibrons le carbone :

$$C_2H_5OH(l) \longrightarrow 2CO_2(g)$$

Équilibrons l'oxygène à l'aide de $H_2O$ :

$$C_2H_5OH(l) + 3H_2O(l) \longrightarrow 2CO_2(g)$$

Lorsque le dichromate de potassium réagit avec l'éthanol, il se forme une solution bleu-violet contenant des ions $Cr^{3+}$.

Équilibrons l'hydrogène à l'aide de $H^+$ :

$$C_2H_5OH(l) + 3H_2O(l) \longrightarrow 2CO_2(g) + 12H^+(aq)$$

Équilibrons les charges à l'aide d'électrons :

$$C_2H_5OH(l) + 3H_2O(l) \longrightarrow 2CO_2(g) + 12H^+(aq) + 12e^-$$

➡ **3** Dans la demi-réaction de réduction, il y a 6 $e^-$ à gauche et, dans la demi-réaction d'oxydation, il y en a 12 à droite. Il faut donc multiplier la demi-réaction de réduction par 2 pour obtenir l'équation suivante :

$$12e^- + 28H^+(aq) + 2Cr_2O_7^{2-}(aq) \longrightarrow 4Cr^{3+}(aq) + 14H_2O(l)$$

➡ **4** En additionnant les demi-réactions et en annulant les espèces identiques, on obtient :

**Demi-réaction de réduction**

$$12e^- + 28H^+(aq) + 2Cr_2O_7^{2-}(aq) \longrightarrow 4Cr^{3+}(aq) + 14H_2O(l)$$

**Demi-réaction d'oxydation**

$$C_2H_5OH(l) + 3H_2O(l) \longrightarrow 2CO_2(g) + 12H^+(aq) + 12e^-$$

**Demi-réaction de réduction**

**Réaction complète**

$$16H^+(aq) + 2Cr_2O_7^{2-}(aq) + C_2H_5OH(l) \longrightarrow 4Cr^{3+} + 11H_2O(l) + 2CO_2(g)$$

➡ **5** Finalement, on vérifie si les éléments et les charges sont équilibrés.

Équilibrage des éléments : 22H, 4Cr, 15O, 2C $\longrightarrow$ 22H, 4Cr, 15O, 2C

Équilibrage des charges : $+16 + 2(-2) + 0 = +12 \longrightarrow 4(+3) + 0 + 0 = +12$

***Voir l'exercice 1.42***

Les réactions d'oxydoréduction peuvent se produire en milieu basique (la réaction met en jeu des ions $OH^-$) aussi bien qu'en milieu acide (la réaction met en jeu des ions $H^+$). La méthode des demi-réactions diffère légèrement selon le cas.

### Étapes de la méthode des demi-réactions servant à équilibrer les réactions d'oxydoréduction en milieu basique

➡ 1 **Pour obtenir l'équation équilibrée finale, utiliser la méthode des demi-réactions applicable en milieu acide *comme si des ions $H^+$ étaient présents.***

➡ 2 **Des deux côtés de l'équation obtenue plus haut, ajouter autant d'ions $OH^-$ qu'il y a d'ions $H^+$. (On veut éliminer les ions $H^+$ en formant des molécules $H_2O$.)**

➡ 3 **Former $H_2O$ du côté qui contient à la fois les ions $H^+$ et $OH^-$, puis éliminer autant de molécules $H_2O$ d'un côté que de l'autre de l'équation.**

➡ 4 **Vérifier si les éléments et les charges sont équilibrés.**

Cette méthode est résumée dans le schéma suivant.

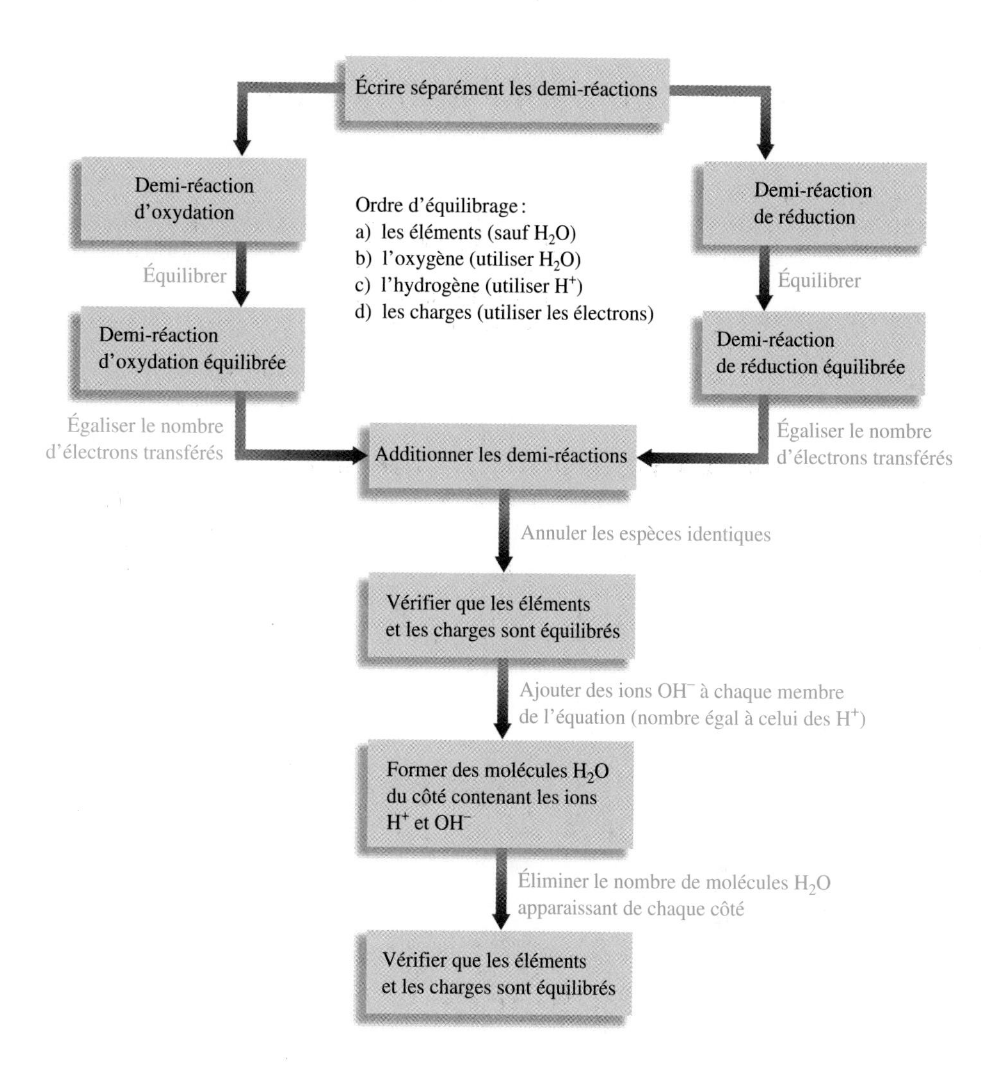


Cette méthode est illustrée à l'exemple 1.20.

*Exemple 1.20*

## Équilibrage des réactions d'oxydoréduction (en milieu basique)

Il arrive que l'argent se trouve dans la nature sous forme de grosses pépites, mais, la plupart du temps, il est mélangé à d'autres métaux ou à leurs minerais. Pour l'extraire, on utilise souvent une solution basique d'ions cyanure. La réaction en cause est la suivante :

$$Ag(s) + CN^-(aq) + O_2(g) \xrightarrow{\text{basique}} Ag(CN)_2^-(aq)$$

Équilibrez cette équation à l'aide de la méthode des demi-réactions.

***Solution***

➥ **1** Équilibrer l'équation comme si des ions $H^+$ étaient présents.
Équilibrer la demi-réaction d'oxydation :

$$CN^-(aq) + Ag(s) \longrightarrow Ag(CN)_2^-(aq)$$

Équilibrer le carbone et l'azote :

$$2CN^-(aq) + Ag(s) \longrightarrow Ag(CN)_2^-(aq)$$

Équilibrer les charges :

$$2CN^-(aq) + Ag(s) \longrightarrow Ag(CN)_2^-(aq) + e^-$$

Équilibrer la demi-réaction de réduction :

$$O_2(g) \longrightarrow$$

Équilibrer l'oxygène :

$$O_2(g) \longrightarrow 2H_2O(l)$$

Équilibrer l'hydrogène :

$$O_2(g) + 4H^+(aq) \longrightarrow 2H_2O(l)$$

Équilibrer les charges :

$$4e^- + O_2(g) + 4H^+(aq) \longrightarrow 2H_2O(l)$$

Multiplier la demi-réaction d'oxydation équilibrée par 4 :

$$8CN^-(aq) + 4Ag(s) \longrightarrow 4Ag(CN)_2^-(aq) + 4e^-$$

Additionner les demi-réactions et annuler les espèces identiques :

**Demi-réaction d'oxydation**

$$8CN^-(aq) + 4Ag(s) \longrightarrow 4Ag(CN)_2^-(aq) + 4e^-$$

**Demi-réaction de réduction**

$$4e^- + O_2(g) + 4H^+(aq) \longrightarrow 2H_2O(l)$$

$$8CN^-(aq) + 4Ag(s) + O_2(g) + 4H^+(aq) \longrightarrow 4Ag(CN)_2^-(aq) + 2H_2O(l)$$

➡ **2** Ajouter des ions $OH^-$ aux deux côtés de l'équation équilibrée pour éliminer les ions $H^+$. Il faut ajouter $4OH^-$ de chaque côté :

$$8CN^-(aq) + 4Ag(s) + O_2(g) + \underbrace{4H^+(aq) + 4OH^-(aq)}_{4H_2O(l)} \longrightarrow 4Ag(CN)_2^-(aq) + 2H_2O(l) + 4OH^-(aq)$$

➡ **3** Éliminer le maximum de molécules $H_2O$ :

$$8CN^-(aq) + 4Ag(s) + O_2(g) + 2H_2O(l) \longrightarrow 4Ag(CN)_2^-(aq) + 4OH^-(aq)$$

➡ **4** Vérifier si les éléments et les charges sont équilibrés.

Équilibrage des éléments : 8C, 8N, 4Ag, 4O, 4H $\longrightarrow$ 8C, 8N, 4Ag, 4O, 4H

Équilibrage des charges : $8(1-) + 0 + 0 + 0 = 8- \longrightarrow 4(1-) + 4(1-) = 8-$

***Voir l'exercice 1.43***

## Mots clés

solution aqueuse

*Section 1.1*
molécule polaire
hydratation
solubilité

*Section 1.2*
soluté
solvant
conductibilité électrique
électrolyte fort
électrolyte faible
non-électrolyte
acide
acide fort
base forte
acide faible
base faible

*Section 1.3*
concentration molaire volumique
solution étalon
dilution

*Section 1.5*
réaction de précipitation
précipité

*Section 1.6*
équation moléculaire
équation ionique complète
ions inertes
équation ionique nette

*Section 1.8*
acide
base
réaction de neutralisation
analyse volumétrique
titrage
point d'équivalence
ou point stœchiométrique
indicateur
point de virage

*Section 1.9*
réaction d'oxydoréduction
degré d'oxydation
oxydation
réduction
oxydant
réducteur

*Section 1.10*
demi-réactions

# Synthèse

**Les réactions chimiques en solution sont importantes dans la vie quotidienne.**

**L'eau est un solvant polaire qui dissout de nombreuses substances ioniques et polaires.**

### Électrolytes

- Électrolytes forts : sont dissociés à 100 % pour produire des ions séparés ; conduisent facilement un courant électrique.
- Électrolytes faibles : seulement un faible pourcentage de molécules dissoutes produisent des ions ; conduisent faiblement un courant électrique.
- Non-électrolytes : les substances dissoutes ne produisent aucun ion ; ne permettent pas le passage d'un courant électrique.

### Acides et bases

- Modèle d'Arrhenius
  - Acide : produit des ions $H^+$.
  - Base : produit des ions $OH^-$.
- Modèle de Brønsted-Lowry
  - Acide : donneur de protons.
  - Base : accepteur de protons.
- Acide fort : se dissocie complètement en ions séparés $H^+$ et en anions.
- Acide faible : se dissocie faiblement.

### Concentration molaire volumique

- Une façon de décrire la composition d'une solution :

$$\text{Concentration molaire volumique } (c) = \frac{\text{moles de soluté}}{\text{moles de solution (L)}}$$

- Nombre de moles de soluté = volume de la solution (L) × concentration molaire volumique.
- Solution étalon : sa concentration molaire est connue avec précision.

### Dilution

- Un solvant est ajouté afin de diminuer la concentration molaire volumique.
- Nombre de moles de soluté après la dilution = nombre de moles de soluté avant la dilution :

$$c_1V_1 = c_2V_2$$

### Types d'équations qui décrivent des réactions en solution

- Équation moléculaire : montre tous les réactifs et les produits comme s'ils étaient moléculaires.
- Équation ionique complète : tous les réactifs et les produits qui sont des électrolytes forts sont représentés sous forme d'ions.
- Équation ionique nette : seuls les composants qui subissent un changement apparaissent : les ions inertes n'apparaissent pas.

### Règles de solubilité

- Basées sur l'observation expérimentale.
- Permettent de prédire le résultat des réactions de précipitation.

### Types importants de réactions en solution

- Réactions acide-base : mettent en jeu le transfert d'ions $H^+$.
- Réactions de précipitation : la formation d'un solide se produit.
- Réactions d'oxydoréduction : mettent en jeu un transfert d'électrons.

### Titrages

- Mesure d'un volume d'une solution étalon (titrant) nécessaire pour réagir avec une substance en solution.

- Point stœchiométrique (d'équivalence): point correspondant à l'addition de la quantité exacte de titrant nécessaire pour que la totalité de la substance à déterminer réagisse.
- Point de virage: le point où un indicateur chimique change de couleur.

**Réactions d'oxydoréduction**

- Les degrés d'oxydation sont attribués en appliquant un ensemble de règles qui permettent de suivre le déplacement des électrons.
- Oxydation: augmentation du degré d'oxydation (une perte d'électrons).
- Réduction: diminution du degré d'oxydation (un gain d'électrons).
- Agent oxydant: gagne des électrons (est réduit).
- Agent réducteur: perd des électrons (est oxydé).
- On peut équilibrer les équations des réactions d'oxydoréduction à l'aide de la méthode des demi-réactions.

## QUESTIONS DE RÉVISION

1. La désignation (*aq*) qui apparaît après un soluté indique le processus d'hydratation. En vous servant de KBr(*aq*) et de $C_2H_5OH$(*aq*) comme exemples, expliquez le processus d'hydratation pour les composés ioniques et pour les composés covalents solubles.
2. Comparez les électrolytes forts, les électrolytes faibles et les non-électrolytes. Donnez des exemples pour chacun. Comment pouvez-vous déterminer expérimentalement si une substance soluble est un électrolyte fort, un électrolyte faible ou un non-électrolyte ?
3. Quelle distinction faut-il faire entre les expressions *légèrement soluble* et *électrolyte faible* ?
4. La concentration molaire volumique est un facteur de conversion qui relie le nombre de moles de soluté au volume de la solution. Comment peut-on utiliser la concentration molaire volumique comme facteur de conversion pour transformer un nombre de moles de soluté en volume de solution, et un volume de solution en nombre de moles de soluté présentes ?
5. Qu'est-ce qu'une dilution ? Qu'est-ce qui demeure constant lors d'une dilution ? Expliquez pourquoi l'équation $c_1V_1 = c_2V_2$ fonctionne pour les problèmes de dilution.
6. Après avoir mélangé le contenu des béchers ci-dessous, dessinez une représentation à l'échelle moléculaire du mélange des produits (*voir la figure 1.17*).

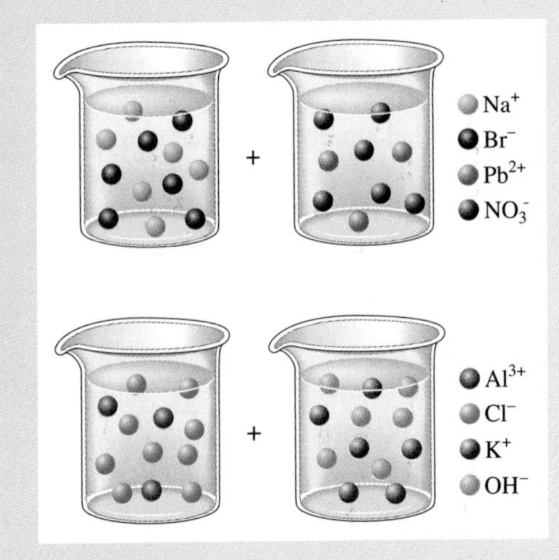


7. Faites la différence entre une équation moléculaire, une équation ionique complète et une équation ionique nette. Pour chaque réaction de la question 6, écrivez les trois équations équilibrées.

8. Qu'est-ce qu'une réaction acide-base ? Les bases fortes sont des composés ioniques solubles qui contiennent des ions hydroxyde. Dressez la liste des bases fortes. Quand une base forte réagit avec un acide, qu'est-ce qui est toujours produit ? Expliquez les termes *titrage, point d'équivalence, neutralisation* et *étalonnage.*
9. Définissez les termes *oxydation, réduction, agent oxydant* et *agent réducteur.* Comment pouvez-vous dire qu'une réaction chimique quelconque est une réaction d'oxydoréduction ?
10. Qu'est-ce qu'une demi-réaction ? Pourquoi le nombre d'électrons perdus dans l'oxydation doit-il être égal au nombre d'électrons gagnés dans une réduction ? Résumez brièvement les étapes de la méthode des demi-réactions pour équilibrer des réactions d'oxydoréduction. Quelles sont les deux espèces qu'il faut équilibrer dans une réaction d'oxydoréduction (ou dans toute réaction) ?

# Questions et exercices

## Questions à discuter en classe

Ces questions sont conçues pour être abordées en petits groupes. Par des discussions et des enseignements mutuels, elles permettent d'exprimer la compréhension des concepts.

**1.** En supposant qu'on ait une vue grossissante qui permet de « voir » les particules de HCl dans une solution, dessinez ce que l'on y verrait. Si l'on y laissait tomber un morceau de magnésium, celui-ci disparaîtrait et il y aurait formation d'hydrogène gazeux. Représentez cette transformation en utilisant les symboles des éléments, puis écrivez l'équation équilibrée.

**2.** On fait bouillir une solution aqueuse de sel de table. Qu'arrive-t-il à la concentration de sel (elle augmente, diminue ou reste la même) durant l'ébullition ? Expliquez votre réponse à l'aide d'illustrations.

**3.** Soit une solution de sucre (solution *A*) dont la concentration est *x*. On verse la moitié de cette solution dans un bécher, puis on y ajoute un volume équivalent d'eau (solution *B*).
**a)** Indiquez le rapport des moles de sucre entre les solutions *A* et *B*.
**b)** Comparez les volumes des solutions *A* et *B*.
**c)** Indiquez le rapport des concentrations de sucre entre les solutions *A* et *B*.

**4.** On verse une solution aqueuse de nitrate de plomb dans une solution aqueuse d'iodure de potassium. Illustrez au niveau microscopique chacune des solutions initiales et la solution finale, et indiquez tous les produits formés. Écrivez l'équation équilibrée de cette réaction.

**5.** Placez les molécules suivantes par ordre croissant de degré d'oxydation de l'atome d'azote : $HNO_3$, $NH_4Cl$, $N_2O$, $NO_2$, $NaNO_2$.

Une question ou un exercice précédés d'un numéro en bleu indiquent que la réponse se trouve à la fin de ce livre.

## Questions

**6.** Une étudiante veut préparer 1,00 L d'une solution de NaOH 1,00 mol/L (masse molaire = 40,00 g/mol). Si elle dispose de NaOH solide, comment pourrait-elle préparer cette solution ? Si elle dispose de NaOH 2,00 mol/L, comment pourrait-elle préparer cette solution ? Afin de s'assurer que la concentration molaire volumique du NaOH soit précise à trois chiffres significatifs, combien de chiffres significatifs devraient comporter les volumes et la masse déterminés ?

**7.** Dressez la liste de trois bromures solubles et de trois bromures insolubles. Faites le même exercice pour les sulfates, les hydroxydes et les phosphates (trois sels solubles et trois sels insolubles). Dressez la liste des formules de six sels insolubles de $Pb^{2+}$ et d'un sel soluble de $Pb^{2+}$.

**8.** Qu'est-ce qu'un acide et qu'est-ce qu'une base ? On appelle parfois une réaction acide-base, un transfert de protons. Expliquez.

**9.** Faites la distinction entre les termes suivants :
**a)** *espèce réduite* et *agent réducteur* ;
**b)** *espèce oxydée* et *agent oxydant* ;
**c)** *degré d'oxydation* et *charge réelle*.

## Exercices

Dans la présente section, les exercices similaires sont regroupés.

### Solutions aqueuses : électrolytes forts et électrolytes faibles

**10.** Montrez comment chacun des électrolytes forts ci-dessous est dissocié une fois dissous dans l'eau.
**a)** NaBr
**b)** $MgCl_2$
**c)** $Al(NO_3)_3$
**d)** $(NH_4)_2SO_4$
**e)** HI
**f)** $FeSO_4$
**g)** $KMnO_4$
**h)** $HClO_4$
**i)** $NH_4CH_3CO_2$ (acétate d'ammonium)

**11.** Les coussins chauffants ou refroidissants servent au traitement des blessures que subissent les athlètes. Ces deux types de coussins contiennent une poche d'eau et une substance chimique sèche. Si l'on tord le sac, la poche d'eau se rompt et la substance chimique se dissout. La solution devient alors chaude ou froide. On utilise, dans beaucoup de coussins chauffants, du sulfate de magnésium et, dans les coussins refroidissants, du nitrate d'ammonium. Écrivez les équations qui expriment comment ces électrolytes forts se comportent quand ils sont dissous dans l'eau.

### Concentration molaire volumique

**12.** Calculez la concentration molaire volumique de chacune des solutions ci-dessous.
**a)** 250,0 mL d'une solution aqueuse contenant 5,623 g de $NaHCO_3$.
**b)** 500,0 mL d'une solution aqueuse contenant 184,6 mg de $K_2Cr_2O_7$.
**c)** 200,0 mL (volume final) d'une solution préparée en dissolvant 0,1025 g de cuivre métallique dans 35 mL de $HNO_3$ concentré pour former des ions $Cu^{2+}$, puis en complétant avec de l'eau. Calculez la concentration molaire volumique du $Cu^{2+}$.

**13.** Calculez la concentration de tous les ions présents dans chacune des solutions d'électrolytes forts ci-dessous.
**a)** $CaCl_2$ 0,15 mol/L
**b)** $Al(NO_3)_3$ 0,26 mol/L
**c)** $K_2Cr_2O_7$ 0,25 mol/L
**d)** $Al_2(SO_4)_3$ $2,0 \times 10^{-3}$ mol/L

**14.** Laquelle des solutions d'électrolytes forts suivantes contient le plus grand nombre de moles d'ions chlorure : 100,0 mL de $AlCl_3$ 0,30 mol/L ; 50,0 mL de $MgCl_2$ 0,60 mol/L ; 200,0 mL de NaCl 0,40 mol/L ?

**15.** Quelle masse de NaOH y a-t-il dans 250,0 mL d'une solution d'hydroxyde de sodium 0,400 mol/L ?

**16.** Si l'on dispose de 10 g de $AgNO_3$, quel volume d'une solution de $AgNO_3$ 0,25 mol/L peut-on préparer ?

**17.** Décrivez comment préparer 2,00 L de chacune des solutions suivantes :
**a)** NaOH 0,250 mol/L à partir de NaOH solide ;
**b)** NaOH 0,250 mol/L à partir d'une solution mère de NaOH 1,00 mol/L ;
**c)** $K_2CrO_4$ 0,100 mol/L à partir de $K_2CrO_4$ solide ;
**d)** $K_2CrO_4$ 0,100 mol/L à partir d'une solution mère de $K_2CrO_4$ 1,75 mol/L.

**18.** Comment préparer 1,00 L d'une solution 0,50 mol/L de chacune des espèces suivantes ?

**a)** $H_2SO_4$ à partir d'acide sulfurique concentré (18 mol/L).
**b)** HCl à partir d'une solution concentrée (12 mol/L).
**c)** $NiCl_2$ à partir du sel $NiCl_2 \cdot 6H_2O$.
**d)** $HNO_3$ à partir d'une solution concentrée (16 mol/L).
**e)** Carbonate de sodium à partir du solide pur.

**19.** On prépare une solution en dissolvant 10,8 g de sulfate d'ammonium dans assez d'eau pour obtenir 100,0 mL de solution mère. On ajoute 10,00 mL de cette solution à 50,00 mL d'eau. Calculez la concentration d'ions ammonium et d'ions sulfate dans la solution finale.

**20.** On prépare une solution mère d'ions $Mn^{2+}$ en dissolvant 1,584 g de manganèse métallique pur dans de l'acide nitrique, qu'on dilue ensuite pour obtenir un volume final de 1,000 L. On prépare les solutions suivantes par dilution.
Solution *A* : on dilue 50,00 mL de la solution mère à 1000,0 mL.
Solution *B* : on dilue 10,00 mL de la solution *A* à 250,0 mL.
Solution *C* : on dilue 10,00 mL de la solution *B* à 500,0 mL.

Calculez les concentrations des solutions *A*, *B* et *C*.

## Réactions de précipitation

**21.** En vous basant sur les règles générales de solubilité fournies dans le tableau 1.1, prédisez quelles substances parmi les suivantes sont susceptibles d'être solubles :

**a)** nitrate d'aluminium ;
**b)** chlorure de magnésium ;
**c)** sulfate de rubidium ;
**d)** hydroxyde de nickel(II) ;
**e)** sulfure de plomb(II) ;
**f)** hydroxyde de magnésium ;
**g)** phosphate de fer(III).

**22.** Quand on mélange les solutions suivantes, quel précipité se forme (le cas échéant) ?

**a)** $Fe(SO)_4(aq) + KCl(aq)$
**b)** $Al(NO_3)_3(aq) + Ba(OH)_2(aq)$
**c)** $CaCl_2(aq) + Na_2SO_4(aq)$
**d)** $K_2S(aq) + Ni(NO_3)_2(aq)$

**23.** Pour chaque réaction de l'exercice 22, écrivez l'équation moléculaire équilibrée, l'équation ionique complète et l'équation ionique nette. S'il n'y a pas formation de précipité, écrivez « Aucune réaction ».

**24.** Pour chaque réaction qui se produit quand le contenu des deux béchers est mélangé, écrivez l'équation moléculaire et l'équation ionique nette. Quelles couleurs représentent les ions inertes dans chaque réaction ?

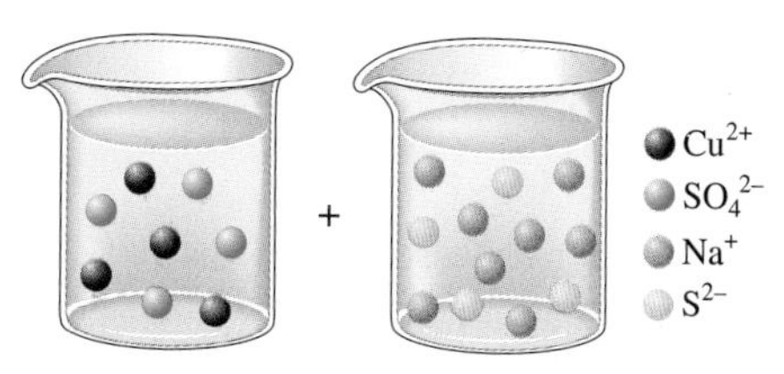


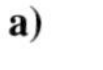
a)

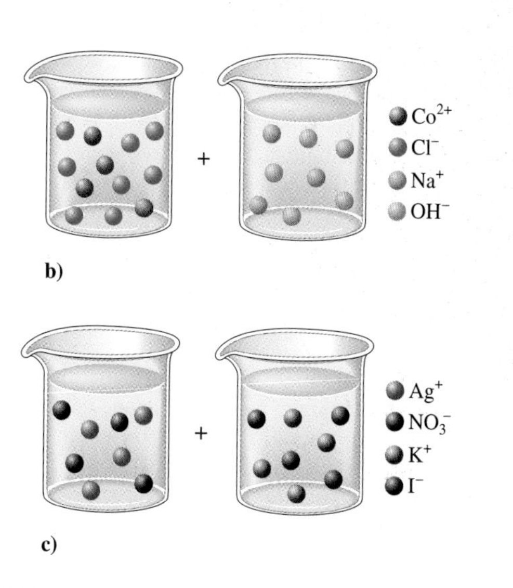


**25.** Pour chacun des composés ioniques insolubles suivants, donnez un exemple de la façon dont on peut le préparer au moyen d'une réaction de précipitation. Écrivez l'équation moléculaire équilibrée pour chacune des réactions.

**a)** $Fe(OH)_3(s)$
**b)** $Hg_2Cl_2(s)$
**c)** $PbSO_4(s)$
**d)** $BaCrO_4(s)$

**26.** Écrivez l'équation ionique nette de la réaction qui se produit, le cas échéant, quand on mélange des solutions aqueuses des composés suivants.

**a)** Sulfate d'ammonium et nitrate de baryum.
**b)** Nitrate de plomb(II) et chlorure de sodium.
**c)** Phosphate de sodium et nitrate de potassium.
**d)** Bromure de sodium et chlorure de rubidium.
**e)** Chlorure de cuivre(II) et hydroxyde de sodium.

**27.** Un échantillon peut contenir n'importe lequel des ions suivants, ou tous les ions : $Hg_2^{2+}$, $Ba^{2+}$ et $Mn^{2+}$. Après l'addition d'une solution de NaCl ou de $Na_2SO_4$, il n'y a formation d'aucun précipité. Si, par contre, on y ajoute une solution de NaOH, il se forme un précipité. Quel ou quels ions sont présents dans l'échantillon ?

**28.** Quelle masse de $Na_2CrO_4$ est nécessaire pour faire précipiter tous les ions argent à partir de 75,0 mL d'une solution de $AgNO_3$ 0,100 mol/L ?

**29.** Quelle masse de sulfate de baryum est formée quand on mélange 100,0 mL d'une solution de chlorure de baryum 0,100 mol/L et 100,0 mL d'une solution de sulfate de fer(III) 0,100 mol/L ?

**30.** On dissout dans de l'eau 1,42 g d'un composé pur, dont la formule est $M_2SO_4$, puis on le fait réagir avec un excès de chlorure de baryum aqueux ; il y a alors précipitation de tous les ions sulfates sous forme de sulfate de baryum. On récupère le précipité, le fait sécher et le pèse : masse = 2,33 g. Déterminez la masse atomique de M et dites de quel élément il s'agit.

**31.** On vous fournit 1,50 g d'un mélange de nitrate de sodium et de chlorure de sodium. Vous dissolvez ce mélange dans 100 mL d'eau, puis vous y ajoutez une solution de nitrate d'argent 0,500 mol/L en excès. Vous obtenez un solide blanc que vous recueillez, faites sécher et dont vous mesurez la masse. Le solide blanc a une masse de 0,641 g.

a) En supposant qu'on ait une vue grossissante de la solution (à l'échelle de l'atome), dressez la liste des espèces que l'on y verrait (inclure les charges, le cas échéant).
b) Écrivez l'équation ionique nette équilibrée pour la réaction qui produit le solide. Incluez les états et les charges.
c) Calculez le pourcentage de chlorure de sodium dans le mélange inconnu initial.

## Réactions acide-base

**32.** Écrivez l'équation moléculaire balancée, l'équation ionique complète et l'équation ionique nette de chacune des réactions acide-base suivantes.
a) $HClO_4(aq) + Mg(OH)_2(s)$
b) $HCN(aq) + NaOH(aq)$
c) $HCl(aq) + NaOH(aq)$

**33.** Écrivez l'équation moléculaire équilibrée, l'équation ionique complète et l'équation ionique nette de chacune des réactions qui se produit quand on mélange les substances suivantes :
a) hydroxyde de potassium (aqueux) et acide nitrique ;
b) hydroxyde de baryum (aqueux) et acide chlorhydrique ;
c) acide perchlorique [$HClO_4(aq)$] et hydroxyde de fer(III) solide.

**34.** Quel volume de chacun des acides suivants faut-il utiliser pour que la réaction avec 50,00 mL d'une solution de NaOH 0,200 mol/L soit complète ?
a) HCl 0,100 mol/L
b) $HNO_3$ 0,150 mol/L
c) $CH_3COOH$ 0,200 mol/L

**35.** On verse 75,0 mL d'acide chlorhydrique 0,250 mol/L dans 225,0 mL d'une solution de $Ba(OH)_2$ 0,0550 mol/L. Quelle est la concentration des ions $H^+$ ou $OH^-$ en excès dans cette solution ?

**36.** Un étudiant mélange quatre réactifs ensemble, croyant que les solutions se neutraliseraient les unes les autres. Les solutions mélangées sont : 50,0 mL d'acide chlorhydrique 0,100 mol/L, 100,0 mL d'acide nitrique 0,200 mol/L, 500,0 mL d'hydroxyde de calcium 0,0100 mol/L et 200,0 mL d'hydroxyde de rubidium 0,100 mol/L. La solution résultante est-elle neutre ? Sinon, calculez la concentration des ions $H^+$ ou $OH^-$ en excès dans la solution.

**37.** Il faut 24,16 mL d'une solution d'hydroxyde de sodium 0.106 mol/L pour neutraliser complètement 25,00 mL d'un échantillon d'hydroxyde de sodium. Quelle est la concentration de la solution d'acide chlorhydrique initiale ?

**38.** Un étudiant neutralise une quantité inconnue d'hydrogénophtalate de potassium ($KHC_8H_4O_4$, souvent abrégé en KHP) avec 20,46 mL d'une solution de NaOH 0,1000 mol/L. Le KHP (masse molaire = 204,22 g/mol) a un atome d'hydrogène acide. Quelle masse de KHP l'étudiant a-t-il neutralisé ?

## Réactions d'oxydoréduction

**39.** Déterminez le degré d'oxydation de chaque atome des composés suivants.
a) $KMnO_4$
b) $NiO_2$
c) $K_4Fe(CN)_6$ (Fe seulement)
d) $(NH_4)_2HPO_4$
e) $P_4O_6$
f) $Fe_3O_4$
g) $XeOF_4$
h) $SF_4$
i) CO
j) $Na_2C_2O_4$

**40.** Déterminez le degré d'oxydation de l'azote dans chacun des composés suivants.
a) $Li_3N$
b) $NH_3$
c) $N_2H_4$
d) NO
e) $N_2O$
f) $NO_2$
g) $NO_2^-$
h) $NO_3^-$
i) $N_2$

**41.** Indiquez lesquelles des réactions suivantes sont des réactions d'oxydoréduction et repérez l'oxydant, le réducteur, la substance oxydée et la substance réduite.
a) $CH_4(g) + 2O_2(g) \rightarrow CO_2(g) + 2H_2O(g)$
b) $Zn(s) + 2HCl(aq) \rightarrow ZnCl_2(aq) + H_2(g)$
c) $Cr_2O_7^{2-}(aq) + 2OH^-(aq) \rightarrow 2CrO_4^{2-}(aq) + H_2O(l)$
d) $O_3(g) + NO(g) \rightarrow O_2(g) + NO_2(g)$
e) $2H_2O_2(l) \rightarrow 2H_2O(l) + O_2(g)$
f) $2CuCl(aq) \rightarrow CuCl_2(aq) + Cu(s)$

**42.** Équilibrez les réactions d'oxydoréduction suivantes qui se produisent en milieu acide.
a) $Zn(s) + HCl(aq) \rightarrow Zn^{2+}(aq) + H_2(g)$
b) $I^-(aq) + ClO^-(aq) \rightarrow I_3^-(aq) + Cl^-(aq)$
c) $As_2O_3(s) + NO_3^-(aq) \rightarrow H_3AsO_4(aq) + NO(g)$
d) $Br^-(aq) + MnO_4^-(aq) \rightarrow Br_2(l) + Mn^{2+}(aq)$
e) $CH_3OH(aq) + Cr_2O_7^{2-}(aq) \rightarrow CH_2O(aq) + Cr^{3+}(aq)$

**43.** Équilibrez les réactions d'oxydoréduction suivantes qui se produisent en milieu basique.
a) $Al(s) + MnO_4^-(aq) \rightarrow MnO_2(s) + Al(OH)_4^-(aq)$
b) $Cl_2(g) \rightarrow Cl^-(aq) + OCl^-(aq)$
c) $NO_2^-(aq) + Al(s) \rightarrow NH_3(g) + AlO_2^-(aq)$

**44.** Le chlore gazeux fut obtenu pour la première fois en 1774, quand C. W. Scheele oxyda du chlorure de sodium avec de l'oxyde de manganèse(IV). La réaction est la suivante :

$$NaCl(aq) + H_2SO_4(aq) + MnO_2(s) \longrightarrow Na_2SO_4(aq) + MnCl_2(aq) + H_2O(l) + Cl_2(g)$$

Équilibrez cette équation.

**45.** L'or ne se dissout ni dans l'acide nitrique concentré ni dans l'acide chlorhydrique concentré. Il se dissout toutefois dans l'eau régale, mélange de ces deux acides concentrés. Les produits de cette réaction sont des ions $AuCl_4^-$ et du NO gazeux. Écrivez l'équation équilibrée de la dissolution de l'or dans l'eau régale.

# Exercices supplémentaires

**46.** Dites quel ou quels énoncés sont vrais. Corrigez les énoncés qui sont faux.
a) Une solution aqueuse concentrée contient toujours un électrolyte fort ou un électrolyte faible.
b) Un électrolyte fort se dissocie en ions quand il se dissout dans l'eau.
c) Un acide est un électrolyte fort.
d) Tous les composés ioniques sont des électrolytes forts dans l'eau.

**47.** Un échantillon de 230 mL d'une solution de $CaCl_2$ 0,275 mol/L est laissé toute la nuit sur un élément chauffant ; le matin, la concentration de la solution est de 1,10 mol/L. Quel est le volume d'eau évaporée ?

**48.** Soit 1,50 g d'un mélange de nitrate de magnésium et de chlorure de magnésium. Après avoir dissous ce mélange dans l'eau, on y ajoute goutte à goutte du nitrate d'argent 0,500 mol/L jusqu'à ce qu'il y ait formation complète d'un précipité. La masse du précipité blanc formé est de 0,641 g.

**a)** Calculez le pourcentage massique du chlorure de magnésium dans le mélange.

**b)** Déterminez le volume minimal de nitrate d'argent qu'il faut y ajouter pour s'assurer de la formation complète du précipité.

49. Un échantillon pesant 1,00 g d'un chlorure d'un métal alcalino-terreux est traité avec un excès de nitrate d'argent. Tout le chlorure est recueilli sous forme de 1,38 g de chlorure d'argent. Quel est ce métal ?

**50.** On dissout dans l'eau dix comprimés de saccharine ($C_7H_5NO_3S$) dont la masse totale est de 0,5894 g. Par oxydation, tout le soufre se convertit en ions sulfate, qui précipitent après l'addition d'un excès d'une solution de chlorure de baryum. La masse de $BaSO_4$ obtenue est de 0,5032 g. Quelle est la masse moyenne de saccharine par comprimé ? Quel en est le pourcentage massique moyen ?

51. Un étudiant ajoute 50,0 mL d'une solution de NaOH à 100,0 mL de HCl 0,400 mol/L. La solution est alors traitée avec un excès de nitrate de chrome(III) aqueux, ce qui cause la formation de 2,06 g de précipité. Déterminez la concentration de la solution de NaOH.

**52.** On titre un échantillon de 10,00 mL de vinaigre (solution aqueuse d'acide acétique, $CH_3COOH$) par une solution de NaOH 0,5062 mol/L. Il faut utiliser 16,58 mL de NaOH pour que le point de virage soit atteint.

**a)** Quelle est la concentration molaire volumique de l'acide acétique ?

**b)** Si la masse volumique du vinaigre est de 1,006 g/mL, quel est le pourcentage massique de l'acide acétique présent dans le vinaigre ?

53. Un échantillon d'un acide inconnu (formule empirique = $C_3H_4O_3$) pesant 2,20 g est dissous dans 1,0 L d'eau. Un titrage requiert 25,0 mL de NaOH 0,500 mol/L pour réagir complètement avec tout l'acide présent. En supposant que l'acide inconnu possède un proton acide par molécule, quelle est la formule moléculaire de l'acide inconnu ?

**54.** L'acide carminique, un pigment rouge naturel extrait des cochenilles, ne contient que du carbone, de l'hydrogène et de l'oxygène. Au cours de la première moitié du XIX$^e$ siècle, on l'utilisait couramment comme colorant. Il contient 53,66 % de C et 4,09 % de H, par masse. Pour neutraliser 0,3602 g d'acide carminique, il faut utiliser 18,02 mL d'une solution de NaOH 0,0406 mol/L. Si l'on suppose qu'il n'y a qu'un atome d'hydrogène acide par molécule, quelle est la formule moléculaire de l'acide carminique ?

55. On peut équilibrer beaucoup de réactions d'oxydoréduction par tâtonnement. Équilibrez les réactions suivantes à l'aide de cette méthode. Pour chacune d'elles, nommez la substance réduite et la substance oxydée.

**a)** $Al(s) + HCl(aq) \rightarrow AlCl_3(aq) + H_2(g)$

**b)** $CH_4(g) + S(s) \rightarrow CS_2(l) + H_2S(g)$

**c)** $C_3H_8(g) + O_2(g) \rightarrow CO_2(g) + H_2O(l)$

**d)** $Cu(s) + Ag^+(aq) \rightarrow Ag(s) + Cu^{2+}(aq)$

**56.** Une méthode classique pour déterminer la teneur en manganèse d'un acier consiste à convertir tout le manganèse en ions permanganate de couleur violette, puis à effectuer une mesure par absorption de la lumière. On dissout l'acier dans l'acide nitrique, ce qui produit des ions manganèse(II) et du dioxyde d'azote gazeux. Cette solution réagit ensuite avec une solution acide contenant des ions periodate ; les produits sont les ions permanganate et iodate. Écrivez les équations chimiques équilibrées de ces deux étapes.

## Problèmes défis

57. Dans la plupart de ses composés ioniques, le cobalt est sous forme Co(II) ou Co(III). L'un de ces composés hydratés contenant l'ion chlorure a été analysé ; on a obtenu les résultats suivants. Après avoir dissous 0,256 g du composé dans l'eau et y avoir ajouté du nitrate d'argent en excès, on a obtenu du chlorure d'argent que l'on a filtré. On l'a fait sécher, puis on l'a pesé. Sa masse était de 0,308 g. Après avoir dissous dans de l'eau un second échantillon de 0,416 g et y avoir ajouté un excès d'hydroxyde de sodium, on a obtenu un hydroxyde que l'on a filtré et chauffé dans une flamme. Il s'est alors formé de l'oxyde de cobalt(III) dont la masse a été évaluée à 0,145 g.

**a)** Indiquez la composition, en pourcentage massique, du composé.

**b)** En supposant que la formule du composé contienne un atome de cobalt, écrivez la formule moléculaire.

**c)** Écrivez l'équation équilibrée de chacune des trois réactions décrites.

**58.** Vous avez deux solutions aqueuses de 500,0 mL. La solution *A* est une solution de nitrate d'argent et la solution *B*, une solution de chromate de potassium. Les masses des solutés de chaque solution sont les mêmes. Lorsque les solutions sont mélangées l'une avec l'autre, il se forme un précipité rouge sang. Une fois la réaction complétée, vous séchez le solide et constatez qu'il a une masse de 331,8 g.

**a)** Calculez la concentration des ions potassium dans la solution de chromate de potassium initiale.

**b)** Calculez la concentration des ions chromate dans la solution finale.

59. On a un mélange de KCl et de KBr. Quand on dissout 0,1024 g de ce mélange dans l'eau et qu'on le fait réagir avec un excès de nitrate d'argent, on obtient un précipité de 0,1889 g. Quelle est la composition, en pourcentage massique, du mélange initial ?

**60.** Le zinc et le magnésium métalliques réagissent chacun avec l'acide chlorhydrique conformément aux équations suivantes :

$$Zn(s) + 2HCl(aq) \longrightarrow ZnCl_2(aq) + H_2(g)$$
$$Mg(s) + 2HCl(aq) \longrightarrow MgCl_2(aq) + H_2(g)$$

On fait réagir 10,00 g d'un mélange de zinc et de magnésium avec une quantité stœchiométrique d'acide chlorhydrique. Puis, on fait réagir le mélange réactionnel avec 156 mL de nitrate d'argent 3,00 mol/L, afin de former la plus grande quantité possible de chlorure d'argent.

**a)** Déterminez le pourcentage massique de magnésium dans le mélange initial.

**b)** Si l'on y a ajouté 78,0 mL de HCl, quelle était la concentration de HCl ?

61. Vous avez préparé 100,0 mL d'une solution de nitrate de plomb(III) pour votre expérience de laboratoire, mais vous avez oublié de mettre un bouchon sur le contenant. À la séance de laboratoire suivante, vous remarquez qu'il n'y reste que 80,0 mL (le reste s'est évaporé). De plus, vous avez oublié quelle était la concentration initiale de la solution. Vous décidez de prendre 2,00 mL de la solution et d'y ajouter un excès d'une solution de chlorure de sodium. Vous obtenez un solide dont la masse est

de 3,407 g. Quelle était la concentration de la solution de nitrate de plomb(II) initiale ?

**62.** Soit la réaction de sulfate de cuivre(II) avec du fer. Deux réactions peuvent avoir lieu, telles qu'elles sont représentées par les équations suivantes :

sulfate de cuivre(II)(*aq*) + fer(*s*) ⟶ cuivre(*s*) + sulfate de fer(II)(*aq*)

sulfate de cuivre(II)(*aq*) + fer(*s*) ⟶ cuivre(*s*) + sulfate de fer(III)(*aq*)

Vous versez 87,7 mL d'une solution de sulfate de cuivre(II) 0,500 mol/L dans un bécher. Vous ajoutez ensuite 2,00 g de tournures de fer à la solution de sulfate de cuivre(II). Une fois que l'une des réactions ci-dessus a eu lieu, vous obtenez 2,27 g de cuivre. Laquelle des équations ci-dessus décrit la réaction qui a eu lieu ? Expliquez votre réponse.

63. Soit une expérience au cours de laquelle deux burettes, Y et Z, se vident simultanément dans un bécher qui contenait au départ 275,0 mL de HCl 0,300 mol/L. La burette Y contient du NaOH 0,150 mol/L et la burette Z contient du KOH 0,250 mol/L. Le point d'équivalence dans le titrage est atteint 60,65 min après la mise en marche simultanée des burettes Y et Z. Le volume total dans le bécher au point d'équivalence est de 665 mL. Calculez le débit des burettes Y et Z. Supposez que le débit demeure constant au cours de l'expérience.

**64.** Complétez et équilibrez chacune des réactions acide-base ci-dessous.

**a)** $H_3PO_4(aq) + NaOH(aq) \rightarrow$
Contient trois atomes d'hydrogène acides.

**b)** $H_2SO_4(aq) + Al(OH)_3(s) \rightarrow$
Contient deux atomes d'hydrogène acides.

**c)** $H_2Se(aq) + Ba(OH)_2(s) \rightarrow$
Contient deux atomes d'hydrogène acides.

**d)** $H_2C_2O_4(aq) + NaOH(aq) \rightarrow$
Contient deux atomes d'hydrogène acides.

65. Les antiacides les plus couramment utilisés pour les maux d'estomac sont MgO, $Mg(OH)_2$ et $Al(OH)_3$.

**a)** Écrivez l'équation équilibrée relative à la neutralisation de l'acide chlorhydrique par chacune de ces substances.

**b)** Laquelle de ces substances neutralise, par gramme, le plus grand volume d'une solution de HCl 0,1 mol/L ?

**66.** Il faut 137,5 mL d'une solution de NaOH 0,750 mol/L pour faire réagir complètement un échantillon d'un acide diprotique pesant 6,50 g. Déterminez la masse molaire de l'acide.

67. La formule moléculaire de l'acide citrique, que l'on peut obtenir du jus de citron, est $C_6H_8O_7$. Il faut 37,2 mL de NaOH 0,105 mol/L pour neutraliser complètement un échantillon d'acide citrique pesant 0,250 g dissous dans 25,0 mL d'eau. Quel nombre d'atomes d'hydrogène acides par molécule l'acide citrique possède-t-il ?

**68.** Équilibrez les équations suivantes à l'aide de la méthode des demi-réactions.

**a)** $Fe(s) + HCl(aq) \longrightarrow HFeCl_4(aq) + H_2(g)$

**b)** $IO_3^-(aq) + I^-(aq) \xrightarrow{\text{Acide}} I_3^-(aq)$

**c)** $Cr(NCS)_6^{4-}(aq) + Ce^{4+}(aq) \xrightarrow{\text{Acide}} Cr^{3+}(aq) + Ce^{3+}(aq) + NO_3^-(aq) + CO_2(g) + SO_4^{2-}(aq)$

**d)** $CrI_3(s) + Cl_2(g) \longrightarrow CrO_4^{2-}(aq) + IO_4^-(aq) + Cl^-(aq)$

**e)** $Fe(CN)_6^{4-}(aq) + Ce^{4+}(aq) \longrightarrow Ce(OH)_3(s) + Fe(OH)_3(s) + CO_3^{2-}(aq) + NO_3^-(aq)$

**f)** $Fe(OH)_2(s) + H_2O_2(aq) \longrightarrow Fe(OH)_3(s)$

## Problèmes d'intégration

Ces problèmes requièrent l'intégration d'une multitude de concepts pour trouver la solution.

69. Le tris(pentafluorophényl)borane (parfois désigné, en anglais, par son acronyme BARF), est fréquemment utilisé pour amorcer la polymérisation de l'éthylène ou du propylène en présence d'un métal de transition comme catalyseur. Il n'est constitué que de C, de F et de B ; il contient 42,23 % de C et 55,66 % de F, par masse.

**a)** Quelle est la formule empirique du BARF ?

**b)** Un échantillon de BARF pesant 2,251 g dissous dans 347,0 mL de solution produit une solution 0,01267 mol/L. Quelle est la formule moléculaire du BARF ?

**70.** Dans un bécher de 1 L, on mélange 203 mL de chromate d'ammonium 0,307 mol/L avec 137 mL de nitrite de chrome(III) 0,269 mol/L pour produire du nitrite d'ammonium et du chromate de chrome(III). Écrivez l'équation équilibrée de la réaction qui se produit. Si le pourcentage de rendement de la réaction est de 88,0 %, combien de chromate de chrome(III) a été produit ?

71. Le vanadium contenu dans un échantillon de minerai est converti en $VO^{2+}$. L'ion $VO^{2+}$ est par la suite titré avec le $MnO_4^-$ en solution acide pour former $V(OH)_4^+$ et l'ion manganèse(II). Pour titrer la solution, il faut 26,45 mL de $MnO_4^-$ 0,02250 mol/L. Si le pourcentage massique de vanadium dans le minerai était de 58,1 %, quelle était la masse de l'échantillon de minerai ? Lequel des quatre ions de métaux de transition dans ce titrage a le degré d'oxydation le plus élevé ?

**72.** On peut neutraliser complètement l'acide inconnu $H_2X$ avec $OH^-$ conformément à l'équation (non équilibrée) suivante :

$$H_2X(aq) + OH^- \longrightarrow X^{2-} + H_2O$$

L'ion $X^{2-}$ formé comme produit possède un nombre total de 36 électrons. Quel est l'élément X ? Suggérez un nom pour $H_2X$. Pour neutraliser complètement un échantillon de $H_2X$, il faut 35,6 mL de $OH^-$ 0,175 mol/L. Quelle était la masse de l'échantillon de $H_2X$ utilisé ?

## Problèmes de synthèse

Ces problèmes font appel à plusieurs concepts et techniques de résolution de problèmes. Ils peuvent être utilisés pour faciliter l'acquisition des habiletés nécessaires à la résolution de problèmes.

**73.** On demande à trois étudiants de déterminer la nature du métal contenu dans un sulfate donné. Ils dissolvent 0,1472 g de ce sel dans l'eau et le font réagir avec un excès de chlorure de baryum, ce qui se solde par une précipitation de sulfate de baryum. Une fois le précipité filtré et séché, sa masse est évaluée à 0,2327 g.

Chaque étudiant analyse les données de son côté et arrive à une conclusion différente de celle des autres. Patrick décide que le métal est du titane, Christian pense qu'il s'agit plutôt du sodium et Paul, du gallium. Quelle formule chacun d'eux a-t-il attribuée au sel ?

(Consultez les renseignements concernant les sulfates de gallium, de sodium et de titane présentés dans le présent ouvrage et dans les manuels de référence tel le *CRC Handbook of Chemistry and Physics*.) Quelles autres analyses peut-on suggérer pour savoir lequel des étudiants a la bonne réponse ?

**74.** Vous avez deux solutions aqueuses de 500,0 mL chacune. La solution A est une solution d'un nitrate d'un métal dont le pourcentage massique de l'azote est de 8,246 %. Le composé ionique dans la solution B est constitué de potassium, de chrome et d'oxygène ; le chrome a un degré d'oxydation de +6 et la formule comporte 2 atomes de potassium et 1 atome de chrome. Les masses des solutés dans chacune des solutions sont les mêmes. Lorsqu'on mélange les solutions, il se forme un précipité rouge sang. Une fois la réaction complétée, vous faites sécher le solide obtenu et constatez que sa masse est de 331,8 g.

**a)** Identifiez les composés ioniques dans la solution A et dans la solution B.

**b)** Identifiez le précipité rouge sang.

**c)** Calculez la concentration molaire volumique de tous les ions dans les solutions initiales.

**d)** Calculez la concentration molaire volumique de tous les ions dans la solution finale.

# 2 Propriétés des solutions

## Contenu

*Les opales se forment quand le liquide s'évapore d'une suspension colloïdale de silice.*

La plupart des substances qui nous entourent sont des mélanges : le bois, le lait, l'essence, le champagne, l'eau de mer, le shampooing, l'acier et l'air en sont de bons exemples. Quand les composants d'un mélange sont intimement incorporés, c'est-à-dire quand le mélange est homogène, on parle de **solution**. Il existe des solutions de gaz, de liquides ou de solides (*voir le tableau 2.1*). Dans ce chapitre, nous n'étudierons cependant que les propriétés des solutions liquides, et particulièrement celles des solutions aqueuses. Nous l'avons vu dans le chapitre précédent, l'eau peut en effet dissoudre plusieurs substances, et de nombreuses réactions chimiques essentielles se produisent en milieu aqueux.

## 2.1 Composition d'une solution

On appelle soluté la substance qui est dissoute. On appelle solvant le milieu dans lequel cette substance est dissoute.

Parce que la composition d'un mélange n'est pas fixe (contrairement à celle d'un produit chimique), on doit spécifier les proportions relatives des différentes substances présentes dans une solution. On utilise souvent les termes *dilué* (quantité assez faible de soluté) et *concentré* (quantité assez importante de soluté) pour décrire le contenu d'une solution. Ces termes sont cependant beaucoup trop vagues pour servir de base à des calculs. C'est pourquoi, pour exprimer de façon plus précise la composition d'une solution, on a recours à des définitions qui mettent en rapport numérique la quantité de soluté et celle de la solution ou du solvant. Au chapitre 1, pour résoudre des problèmes de stœchiométrie, nous avons exprimé la composition des solutions en termes de **concentration molaire volumique**, c'est-à-dire, le nombre de moles de soluté par litre de solution (symbolisé par $c$).

$$c_A = \frac{n_A \text{ (mol)}}{V_{\text{solution}} \text{ (L)}}$$

Il existe d'autres façons d'exprimer la composition d'une solution. Ainsi, le **pourcentage massique** (%) est le pourcentage de la masse d'un composant dans la solution, soit :

$$\text{Pourcentage massique} = \frac{\text{masse de soluté}}{\text{masse de la solution}} \times 100$$

Quand on mélange des liquides, le solvant est le liquide présent en plus grande quantité.

La **fraction molaire** (symbole : la lettre grecque khi, $\chi$) est le rapport entre le nombre de moles d'un composant donné et le nombre total de moles présentes dans la solution. Pour une solution qui renferme deux composants, si $n_A$ et $n_B$ représentent le nombre de moles des deux composants A et B, la fraction molaire du composant A est :

$$\chi_A = \frac{n_A}{(n_A + n_B)}$$

**TABLEAU 2.1 Différents types de solutions**

| Exemple | État de la solution | État du soluté | État du solvant |
|---|---|---|---|
| air, gaz naturel | gazeux | gazeux | gazeux |
| vodka dans l'eau, antigel | liquide | liquide | liquide |
| laiton | solide | solide | solide |
| eau gazeuse (soda) | liquide | gazeux | liquide |
| eau de mer, solution de sucre | liquide | solide | liquide |
| hydrogène dans du platine | solide | gazeux | solide |

Dans des solutions aqueuses très diluées, la molalité et la concentration molaire volumique sont presque identiques.

La **molalité** (symbole : $m$) est le nombre de moles de soluté par *kilogramme de solvant*, soit :

$$m_A = \frac{n_A \text{ (mol)}}{\text{masse de solvant (kg)}}$$

Exemple 2.1

## Différentes façons d'exprimer la composition d'une solution

On prépare une solution en mélangeant 1,00 g d'éthanol, $C_2H_5OH$, à 100,0 g d'eau ; le volume final est de 101 mL. Calculez la concentration molaire volumique, le pourcentage massique, la fraction molaire et la molalité de l'éthanol de cette solution.

**Solution**

Puisque la concentration molaire volumique dépend du volume de la solution, elle change légèrement avec la température. Pour sa part, la molalité est indépendante de la température parce qu'elle ne dépend que de la masse.

*Concentration molaire volumique*

On calcule le nombre de moles d'éthanol en utilisant sa masse molaire (46,07 g/mol) :

$$1{,}00 \text{ g } C_2H_5OH \times \frac{1 \text{ mol } C_2H_5OH}{46{,}07 \text{ g } C_2H_5OH} = 2{,}17 \times 10^{-2} \text{ mol } C_2H_5OH$$

$$V_{\text{solution}} = 101 \text{ mL} \times \frac{1 \text{ L}}{1000 \text{ mL}} = 0{,}101 \text{ L}$$

$$c_{C_2H_5OH} = \frac{n_{C_2H_5OH}}{V_{\text{solution}}} = \frac{2{,}17 \times 10^{-2} \text{ mol } C_2H_5OH}{0{,}101 \text{ L solution}}$$

$$= 0{,}215 \text{ mol } C_2H_5OH/\text{L solution}$$

*Pourcentage massique*

$$\%_{C_2H_5OH} = \left(\frac{\text{masse de } C_2H_5OH}{\text{masse de la solution}}\right) \times 100$$

$$= \left(\frac{1{,}00 \text{ g } C_2H_5OH}{100{,}0 \text{ g } H_2O + 1{,}00 \text{ g } C_2H_5OH}\right) \times 100$$

$$= 0{,}990 \ \%$$

*Fraction molaire*

$$\chi_{C_2H_5OH} = \frac{n_{C_2H_5OH}}{n_{C_2H_5OH} + n_{H_2O}}$$

$$n_{H_2O} = 100{,}0 \text{ g } H_2O \times \frac{1 \text{ mol } H_2O}{18{,}0 \text{ g } H_2O} = 5{,}56 \text{ mol}$$

$$\chi_{C_2H_5OH} = \frac{2{,}17 \times 10^{-2} \text{ mol}}{2{,}17 \times 10^{-2} \text{ mol} + 5{,}56 \text{ mol}} = 0{,}00389$$

*Molalité*

$$m_{C_2H_5OH} = \frac{n_{C_2H_5OH}}{\text{masse } H_2O \text{ (kg)}} = \frac{2{,}17 \times 10^{-2} \text{ mol } C_2H_5OH}{0{,}1000 \text{ kg } H_2O}$$

$$= 0{,}217 \text{ mol } C_2H_5OH/\text{kg } H_2O$$

**Voir les exercices 2.25 à 2.27**

La **normalité** est une autre expression de la concentration que l'on rencontre quelquefois. La normalité est définie comme le nombre d'*équivalents* par litre de solution, et la définition de l'équivalent varie selon le type de réaction qui a lieu dans la solution.

**TABLEAU 2.2 Masse molaire, masse équivalente et relation entre la concentration molaire volumique et la normalité de plusieurs acides et bases**

| Acide ou base | Masse molaire (g/mol) | Masse équivalente (g/équ.) | Concentration vs normalité |
|---|---|---|---|
| HCl | 36,5 | 36,5 | 1 mol/L = 1 $N$ |
| $H_2SO_4$ | 98 | $\frac{98}{2} = 49$ | 1 mol/L = 2 $N$ |
| NaOH | 40 | 40,0 | 1 mol/L = 1 $N$ |
| $Ca(OH)_2$ | 74 | $\frac{74}{2} = 37$ | 1 mol/L = 2 $N$ |

La définition d'un équivalent varie selon la réaction qui a lieu dans la solution.

*Pour une réaction acide-base*, l'équivalent représente la quantité d'acide ou de base qui peut fournir ou accepter exactement une mole de protons (ions $H^+$). Dans le tableau 2.2, on remarque, par exemple, que la masse équivalente de l'acide sulfurique est égale à la masse molaire divisée par 2. En effet, chaque mole de $H_2SO_4$ peut fournir deux moles de protons. La masse équivalente de l'hydroxyde de calcium vaut également la moitié de la masse molaire, car chaque mole de $Ca(OH)_2$ contient 2 moles d'ions $OH^-$, qui peuvent réagir avec 2 moles de protons. Rappelons que, par définition, l'équivalent d'acide réagit avec exactement 1 équivalent de base.

Les demi-réactions d'oxydoréduction sont présentées à la section 1.10.

*Au cours des réactions d'oxydoréduction*, l'équivalent est défini comme la quantité d'agent oxydant ou d'agent réducteur qui peut accepter ou fournir une mole d'électrons. Ainsi, 1 équivalent d'agent réducteur réagit avec exactement 1 équivalent d'agent oxydant. On peut donc calculer la masse équivalente d'un agent oxydant ou d'un agent réducteur à partir du nombre d'électrons en jeu dans la demi-réaction. Par exemple, l'ion $MnO_4^-$ capte cinq électrons, en milieu acide, pour donner naissance à l'ion $Mn^{2+}$ :

$$MnO_4^- + 5e^- + 8H^+ \longrightarrow Mn^{2+} + 4H_2O$$

Puisque l'ion $MnO_4^-$ présent dans une mole de $KMnO_4$ consomme 5 moles d'électrons, la masse équivalente est égale à la masse molaire divisée par 5 :

$$\text{Masse équivalente du } KMnO_4 = \frac{\text{masse molaire}}{5} = 31{,}6 \text{ g/équ.}$$

Exemple 2.2

## Méthodes de calcul de la composition des solutions à partir de la concentration molaire volumique

Dans une batterie au plomb, on utilise comme électrolyte une solution d'acide sulfurique 3,75 mol/L dont la masse volumique est de 1,230 g/mL. Calculez le pourcentage massique, la molalité, la fraction molaire et la normalité de l'acide sulfurique.

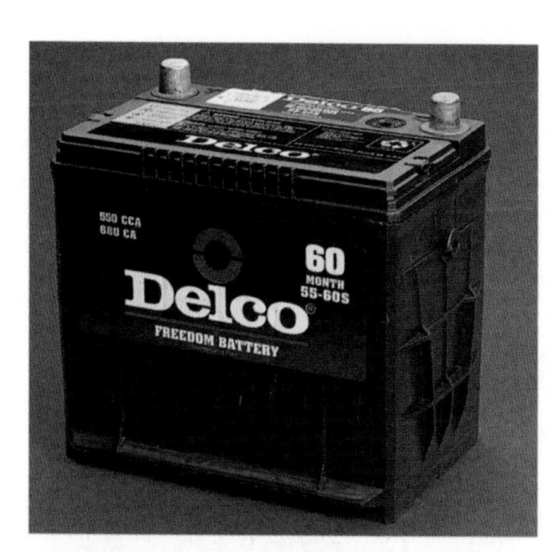


**Batterie d'accumulateurs au plomb de 12 V utilisée dans les automobiles.**

### *Solution*

La masse volumique de la solution, en g/L, est :

$$1{,}230 \frac{\text{g}}{\text{mL}} \times \frac{1000 \text{ mL}}{1 \text{ L}} = 1{,}230 \times 10^3 \text{ g/L}$$

Un litre de cette solution contient donc 1230 g d'un mélange d'acide sulfurique et d'eau. Puisque la solution contient 3,75 mol/L de $H_2SO_4$, la masse de $H_2SO_4$ en présence est :

$$3{,}75 \text{ mol} \times \frac{98{,}1 \text{ g } H_2SO_4}{1 \text{ mol}} = 368 \text{ g } H_2SO_4$$

On détermine la valeur de la quantité d'eau présente dans un litre de solution en effectuant la différence, soit :

$$1230 \text{ g solution} - 368 \text{ g } H_2SO_4 = 862 \text{ g } H_2O$$

IMPACT

## Encre électronique

Depuis plus de 3000 ans, la page imprimée a été le principal moyen de communication et des chercheurs du Massachusetts Institute of Technology (MIT) croient en avoir découvert la raison. Il semble que le cerveau, notamment les régions du cerveau qui emmagasinent et traitent les « cartes spatiales », réagit positivement à des images fixées sur une feuille de papier. En comparaison, les informations affichées sur un écran d'ordinateur ou de télévision semblent dépourvues de certains signaux visuels qui stimulent les centres d'apprentissage de l'encéphale servant à retenir la connaissance. Bien que la technologie moderne nous fournisse de nombreux autres moyens de communication, nous avons toujours recours à des mots écrits sur un papier. Curieusement, la technologie de l'imprimerie a peu changé depuis l'invention de la presse à imprimer jusqu'à aujourd'hui.

Au cours des dernières années, Joseph M. Jacobson et ses étudiants du MIT ont mis au point un prototype de page qui s'imprime elle-même. Le point essentiel de ce « papier » auto-imprimant est la technologie de la microencapsulation, la même technologie utilisée pour le papier carbone « sans carbone », et pour les cartes à gratter insérées dans les magazines pour faire connaître des parfums et des produits de beauté. Le système de Jacobson comporte l'utilisation de millions de capsules transparentes remplies de particules microscopiques. Ces particules sont colorées et chargées positivement d'un côté alors que de l'autre, elles sont blanches et chargées négativement. Quand un champ électrique est appliqué sélectivement aux capsules, le côté blanc des microcapsules peut être orienté vers le haut ou le côté coloré peut être relevé. Une application appropriée d'un champ électrique peut orienter les particules de façon à générer des mots, et, une fois les mots créés, peu d'énergie est nécessaire pour garder les particules en place. Il est possible de conserver une image sur la page moyennant la consommation d'aussi peu que 50 millionièmes d'ampère de puissance ! Le dispositif au complet a une épaisseur d'environ 200 $\mu$m

Puisqu'on connaît la masse du soluté et celle du solvant, on peut calculer le pourcentage massique de $H_2SO_4$.

$$\%_{H_2SO_4} = \frac{\text{masse de } H_2SO_4}{\text{masse de la solution}} \times 100 = \frac{368 \text{ g } H_2SO_4}{1230 \text{ g solution}} \times 100$$

$$= 29{,}9\ \%$$

À partir du nombre de moles de soluté et de la masse du solvant, on peut calculer la molalité.

$$m_{H_2SO_4} = \frac{n_{H_2SO_4}}{\text{masse } H_2O \text{ (kg)}}$$

$$= \frac{3{,}75 \text{ mol } H_2SO_4}{0{,}862 \text{ kg } H_2O} = 4{,}35 \text{ mol } H_2SO_4/\text{kg } H_2O$$

Puisque chaque molécule d'acide sulfurique peut fournir deux protons, une mole de $H_2SO_4$ représente 2 équivalents. Une solution contenant 3,75 moles de $H_2SO_4$ par litre contient donc $2 \times 3{,}75 = 7{,}50$ équivalents par litre. La normalité est donc : 7,50 *N*.

***Voir l'exercice 2.30***

# 2.2 Aspects énergétiques de la mise en solution

Dissoudre des solutés dans un liquide est une opération courante : on dissout ainsi du sel dans l'eau de cuisson des légumes, du sucre dans du thé glacé, des taches dans un détachant liquide, du gaz carbonique dans l'eau (pour préparer le soda), de l'éthanol dans l'essence (pour faire du carburol), etc.

La solubilité prend par ailleurs de l'importance dans bien d'autres circonstances. Parce qu'il est liposoluble (soluble dans les graisses), le pesticide DDT est retenu par

(2,5 fois celle du papier), et il est si flexible et durable qu'il peut être enroulé autour d'un crayon et fonctionner à des températures variant de −20 °C à 70 °C. Actuellement, la résolution de l'impression n'est pas aussi bonne que celle d'une imprimante laser moderne, mais la réduction de particules microencapsulées de 50 à 40 $\mu$m devrait produire une impression qui rivalise avec la qualité d'une imprimante laser.

On s'attend à ce que les premières applications commerciales de cette technologie apparaissent dans les magasins de vente au détail sous la forme de tableaux d'affichage qui peuvent être mis à jour instantanément à partir d'un centre. La technologie actuelle est loin de pouvoir produire des livres électroniques, mais c'est le but que vise l'équipe de recherche de Jacobson. Il semble tout à fait probable que cette technologie de l'encre électronique contribuera grandement à l'évolution de la page imprimée au cours du prochain siècle.

**Des panneaux comme celui illustré sur la photographie ci-contre sont créés au moyen d'encre électronique : ce sont les premières utilisations de ce type d'encre intelligent. L'enseigne peut être mise à jour à partir d'un ordinateur situé à l'intérieur du magasin ou à partir d'un endroit éloigné.**

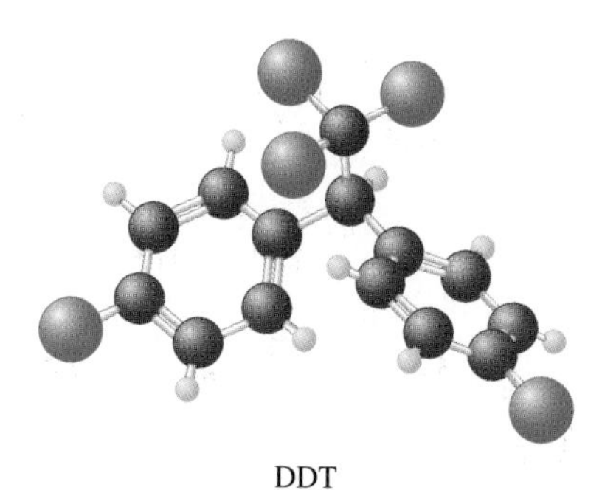
DDT

Les solvants polaires dissolvent les solutés polaires : les solvants non polaires dissolvent les solutés non polaires.

les tissus animaux, s'y concentre et cause des effets désastreux. Voilà pourquoi l'utilisation du DDT, malgré sa grande efficacité dans la lutte contre les moustiques, est maintenant interdite dans la plupart des pays. De même, il est important de connaître la solubilité des différentes vitamines pour en déterminer les posologies. C'est grâce à l'insolubilité du sulfate de baryum qu'on peut utiliser ce produit en toute confiance pour optimiser la radiographie du tube gastro-intestinal, et ce, même si les ions $Ba^{2+}$ sont eux-mêmes toxiques.

Quels sont les facteurs qui influencent la solubilité ? On a vu à la section 1.1 comment les caractéristiques de l'eau lui permettent de solubiliser les solutés ioniques ou aptes à faire des liaisons hydrogène ; d'autre part, cela prend un solvant non polaire pour dissoudre un soluté non polaire. Voici pourquoi. Pour simplifier les choses, on suppose que la formation d'une solution liquide a lieu selon les trois étapes distinctes énumérées ci-dessous.

1. **Bris du soluté en ses composants individuels (dispersion du soluté).**
2. **Rupture des forces intermoléculaires du solvant pour en permettre l'accès au soluté (expansion du solvant).**
3. **Interaction du soluté et du solvant pour former la solution.**

La chaleur de dissolution est la somme de l'énergie utilisée dans l'expansion à la fois du solvant et du soluté, et de l'énergie dégagée par les interactions solvant-soluté.

Ces étapes sont illustrées à la figure 2.1. Les étapes 1 et 2 requièrent de l'énergie, puisque des forces doivent être brisées pour permettre l'expansion du soluté et du solvant. En général, l'étape 3 libère de l'énergie. En d'autres termes, les étapes 1 et 2 sont endothermiques et l'étape 3, exothermique. Le changement d'enthalpie associé à la formation de la solution, appelé **enthalpie (chaleur) de dissolution** ($\Delta H_{diss}$), équivaut à la somme des valeurs des $\Delta H$ des différentes étapes ; ainsi :

$$\Delta H_{diss} = \Delta H_1 + \Delta H_2 + \Delta H_3$$

où $\Delta H_{diss}$ peut être positive (énergie absorbée) ou négative (énergie libérée), comme le montre la figure 2.2.

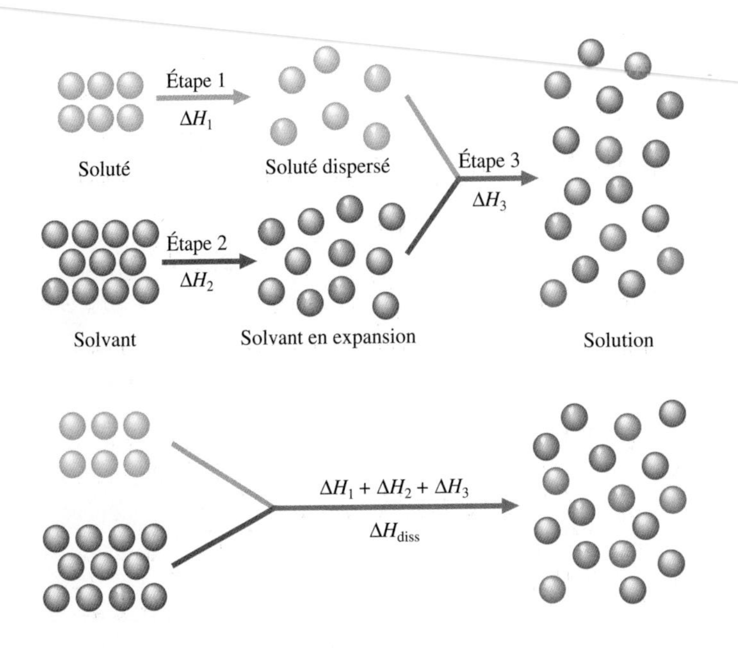


**FIGURE 2.1**
Dans la formation d'une solution liquide, on distingue en général trois étapes. 1. Dispersion du soluté; 2. Expansion du solvant; 3. Interaction du soluté et du solvant pour former la solution.

Pour illustrer l'importance de chacun des termes de l'équation dans le calcul de la $\Delta H_{diss}$, considérons deux cas précis : a) l'insolubilité de l'huile dans l'eau ; b) la solubilité du chlorure de sodium dans l'eau.

Quand un pétrolier fuit, le pétrole forme une nappe qui flotte sur l'eau et finit par atteindre les rives. On peut expliquer l'immiscibilité de l'huile et de l'eau par l'étude des composantes énergétiques du phénomène. L'huile est un mélange de molécules non polaires qui interagissent grâce à des forces appelées forces de dispersion de London, lesquelles dépendent de la taille des molécules. Normalement, la valeur de $\Delta H_1$ est faible pour une substance non polaire de faible masse molaire, mais elle est relativement élevée pour les grosses molécules d'huile. La $\Delta H_2$ est également élevée et positive parce qu'il faut une très grande quantité d'énergie pour briser les liaisons hydrogène entre les molécules d'eau, c'est-à-dire pour l'expansion du solvant. Finalement, la $\Delta H_3$ est faiblement négative, car les interactions entre les molécules non polaires du soluté et les molécules d'eau polaires sont minimes.

La valeur de $\Delta H_1$ devrait être faible pour les solutés non polaires de faible masse molaire, mais élevée dans le cas de grosses molécules.

Ainsi, la valeur de la $\Delta H_{diss}$ est élevée et positive à cause des termes $\Delta H_1$ et $\Delta H_2$. Étant donné qu'il faut une très grande quantité d'énergie pour former une solution eau-huile, ce processus ne se produit pas de façon appréciable. Les mêmes principes sont valables pour tout soluté non polaire et l'eau–l'eau ne peut pas dissoudre des quantités importantes d'un soluté non polaire.

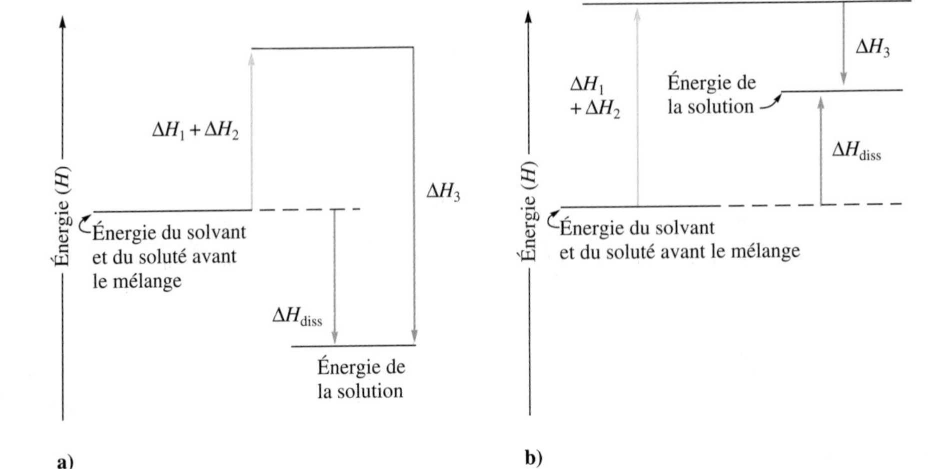


**FIGURE 2.2**
Chaleur de dissolution. **a)** $\Delta H_{diss}$ est négative (la réaction est exothermique) si l'étape 3 libère davantage d'énergie que celle requise pour les étapes 1 et 2. **b)** $\Delta H_{diss}$ est positive (la réaction est endothermique) si les étapes 1 et 2 requièrent davantage d'énergie que celle libérée à l'étape 3. (Si les changements d'énergie pour les étapes 1 et 2 équivalent à celui de l'étape 3, alors $\Delta H_{diss}$ est égale à zéro).

Considérons à présent la solubilité dans l'eau d'un soluté ionique tel le chlorure de sodium. Dans ce cas, la $\Delta H_1$ est élevée et positive, car il faut vaincre d'importantes forces ioniques dans le cristal ; la $\Delta H_2$ est élevée et positive parce que les liaisons hydrogène doivent être rompues. Enfin, la $\Delta H_3$ est élevée et négative en raison des fortes interactions qui ont lieu entre les ions et les molécules d'eau. En fait, la somme des termes exothermique et endothermique est presque nulle.

$$NaCl(s) \longrightarrow Na^+(g) + Cl^-(g) \qquad \Delta H_1 = 786 \text{ kJ/mol}$$

$$H_2O(l) + Na^+(g) + Cl^-(g) \longrightarrow Na^+(aq) + Cl^-(aq) \qquad \Delta H_{hydr} = \Delta H_2 + \Delta H_3 = -783 \text{ kJ/mol}$$

Ici, l'**enthalpie (chaleur) d'hydratation** ($\Delta H_{hydr}$) résulte de l'addition des termes $\Delta H_2$ (pour l'expansion du solvant) et $\Delta H_3$ (pour les interactions solvant-soluté). La chaleur d'hydratation représente le changement d'enthalpie associé à la dispersion d'un soluté gazeux dans l'eau. Ainsi, on obtient la chaleur de dissolution du chlorure de sodium en effectuant la somme de la $\Delta H_1$ et de la $\Delta H_2$ :

$$\Delta H_{diss} = 786 \text{ kJ/mol} - 783 \text{ kJ/mol} = 3 \text{ kJ/mol}$$

On abordera en détail, au chapitre 7, l'étude des facteurs qui sont le moteur d'un processus.

On remarque que la $\Delta H_{diss}$ est faible mais positive ; le processus de dissolution requiert donc peu d'énergie. Alors, pourquoi le NaCl est-il si soluble dans l'eau ? Parce que la nature a tendance à rechercher le désordre ; un processus a en effet naturellement tendance à se dérouler de façon à aboutir au plus grand désordre. Par exemple, prenons un nombre égal de boules orange et de boules jaunes séparées par une cloison (*voir la figure 2.3 a*), enlevons la cloison et agitons le récipient : les boules se mélangent (*voir la figure 2.3 b*) ; or, il est impossible de replacer le groupe de boules orange et celui de boules jaunes à leurs places initiales en agitant de nouveau le récipient. Pourquoi ? L'état du mélange désordonné est tout simplement plus probable que l'état initial ordonné, car il y a beaucoup plus de façons de placer les boules en désordre qu'en ordre. C'est là un principe général : *l'augmentation du désordre est un facteur qui favorise un processus.*

Cependant, les considérations d'ordre énergétique sont également importantes. *Les processus qui exigent beaucoup d'énergie n'ont pas tendance à se produire.* Puisque la dissolution de 1 mole de NaCl solide n'exige qu'une faible quantité d'énergie, la solution se forme, en raison de l'importante augmentation du désordre qui résulte de la mise en solution.

L'essence flotte sur l'eau. Puisque l'essence est non polaire, elle n'est pas soluble dans l'eau parce que l'eau contient des molécules polaires.

Les différents cas de formation d'une solution sont résumés dans le tableau 2.3. On remarque que, dans deux cas (soluté polaire-solvant polaire et soluté non polaire-solvant non polaire), la chaleur de dissolution est faible. Dans ces deux cas, en effet, la solution se forme à cause de l'augmentation du désordre. Dans les autres cas (soluté polaire-solvant non polaire et soluté non polaire-solvant polaire), la chaleur de dissolution est élevée et positive, et les effets énergétiques empêchent la formation de la solution. Voilà ce qui explique le dicton « des substances semblables se dissolvent mutuellement ». Il faut cependant être conscient que cette règle constitue un modèle simple et imparfait qui est loin de prédire correctement l'issue de tous les cas. Il faudrait examiner de plus près les propriétés des substances pour expliquer, par exemple, pourquoi l'éthanol, $CH_3CH_2OH$, un solvant polaire bien connu, dissout très bien à la fois l'eau très polaire et l'hydrocarbure $C_6H_{12}$ non polaire, sans toutefois pouvoir dissoudre le solide ionique NaCl.

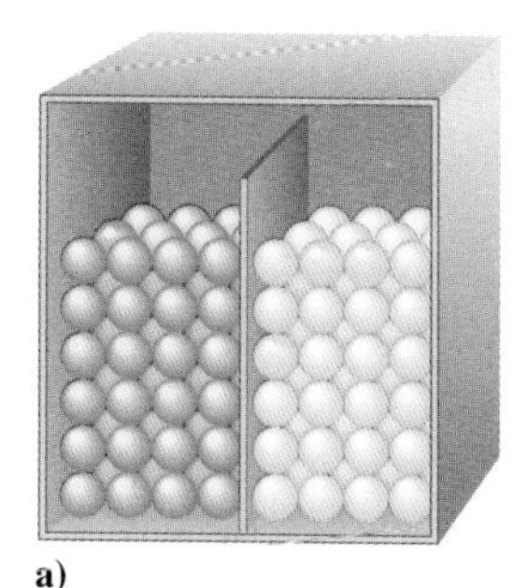
a)

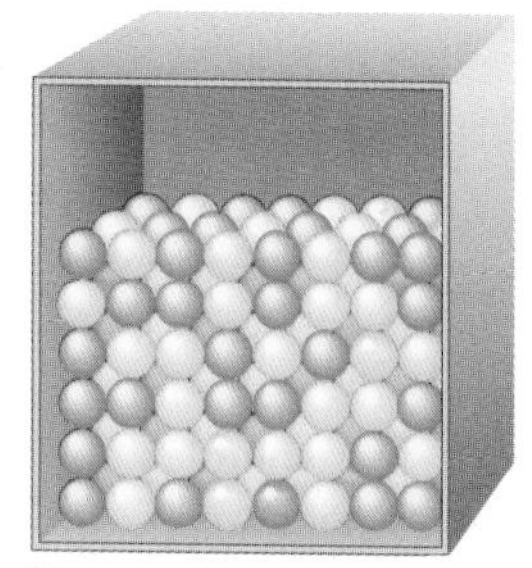
b)

**FIGURE 2.3**
**a)** Billes orange et jaunes séparées par une cloison dans un contenant fermé.
**b)** Les mêmes billes après enlèvement de la cloison et agitation du contenant durant un certain temps.

**TABLEAU 2.3 Paramètres pour divers genres de solutés et de solvants**

| | $\Delta H_1$ | $\Delta H_2$ | $\Delta H_3$ | $\Delta H_{diss}$ | Résultat |
|---|---|---|---|---|---|
| soluté polaire, solvant polaire | élevée | élevée | élevée, négative | faible | formation de solution |
| soluté non polaire, solvant polaire | faible | élevée | faible | élevée, positive | pas de formation de solution |
| soluté non polaire, solvant non polaire | faible | faible | faible | faible | formation de solution |
| soluté polaire, solvant non polaire | élevée | faible | faible | élevée, positive | pas de formation de solution |

Exemple 2.3

## Différenciation des propriétés des solvants

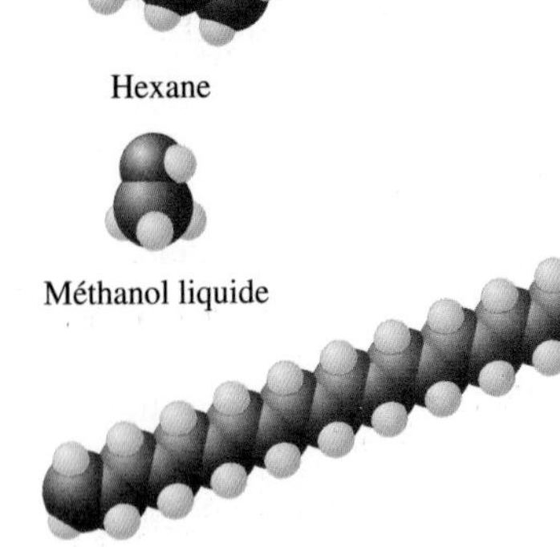


Dites lequel, de l'hexane liquide, $C_6H_{14}$, ou du méthanol liquide, $CH_3OH$, est le solvant le plus approprié pour chacune des substances suivantes : graisse ($C_{20}H_{42}$), iodure de potassium (KI).

***Solution***

L'hexane est un solvant non polaire, car il contient des liaisons C—C non polaires et C—H peu polaires. L'hexane constitue donc un meilleur solvant pour le soluté non polaire qu'est la graisse. Le méthanol possède un groupement O—H qui lui confère une polarité importante et le rend semblable à l'eau. Il est donc un meilleur solvant pour KI, un solide ionique.

***Voir les exercices 2.36 et 2.37***

# 2.3 Facteurs qui influencent la solubilité

## Influence de la structure

À la section 2.2, on a vu que la solubilité était favorisée si le soluté et le solvant avaient la même polarité. Puisque la structure moléculaire détermine la polarité d'un composé, on devrait trouver une relation bien définie entre sa structure et sa solubilité. Les vitamines fournissent un excellent exemple de cette relation entre la structure moléculaire, la polarité et la solubilité.

Récemment, on a beaucoup parlé des avantages et des inconvénients de la consommation de vitamines en très grande quantité. Par exemple, on a prétendu que de fortes doses de vitamine C permettaient de combattre différentes maladies, dont le rhume de cerveau, et que la vitamine E constituait un élixir de jeunesse et un antidote aux effets cancérogènes de certains produits chimiques. Cependant, la consommation de grandes quantités de certaines vitamines, selon leur solubilité, peut entraîner des effets néfastes.

On distingue deux classes de vitamines : les vitamines *liposolubles*, ou solubles dans les graisses (vitamines A, D, E et K) et les vitamines *hydrosolubles*, ou solubles dans l'eau (vitamines B et C). On comprend mieux cette classification lorsqu'on examine les structures des vitamines A et C (*voir la figure 2.4*). La vitamine A, composée quasi essentiellement d'atomes de carbone et d'hydrogène (atomes dont l'électronégativité est semblable), est presque non polaire. C'est ce qui explique qu'elle soit soluble dans une substance non polaire telle la graisse du corps humain (qui est elle aussi composée en grande partie d'atomes de carbone et d'hydrogène), et qu'elle ne soit pas soluble dans l'eau. La vitamine C, quant à elle, possède de nombreux atomes d'oxygène et de nombreuses liaisons polaires O—H et C—O qui rendent la molécule apte à faire des liaisons hydrogène et, par conséquent, hydrosoluble. On dit souvent des produits non polaires, telle la vitamine A, qu'ils sont *hydrophobes* (ils « détestent » l'eau, car ils sont peu solubles dans l'eau) et des substances aptes à faire des liaisons hydrogène, telle la vitamine C, qu'elles sont *hydrophiles* (elles « aiment » l'eau, car elles sont facilement solubles dans l'eau).

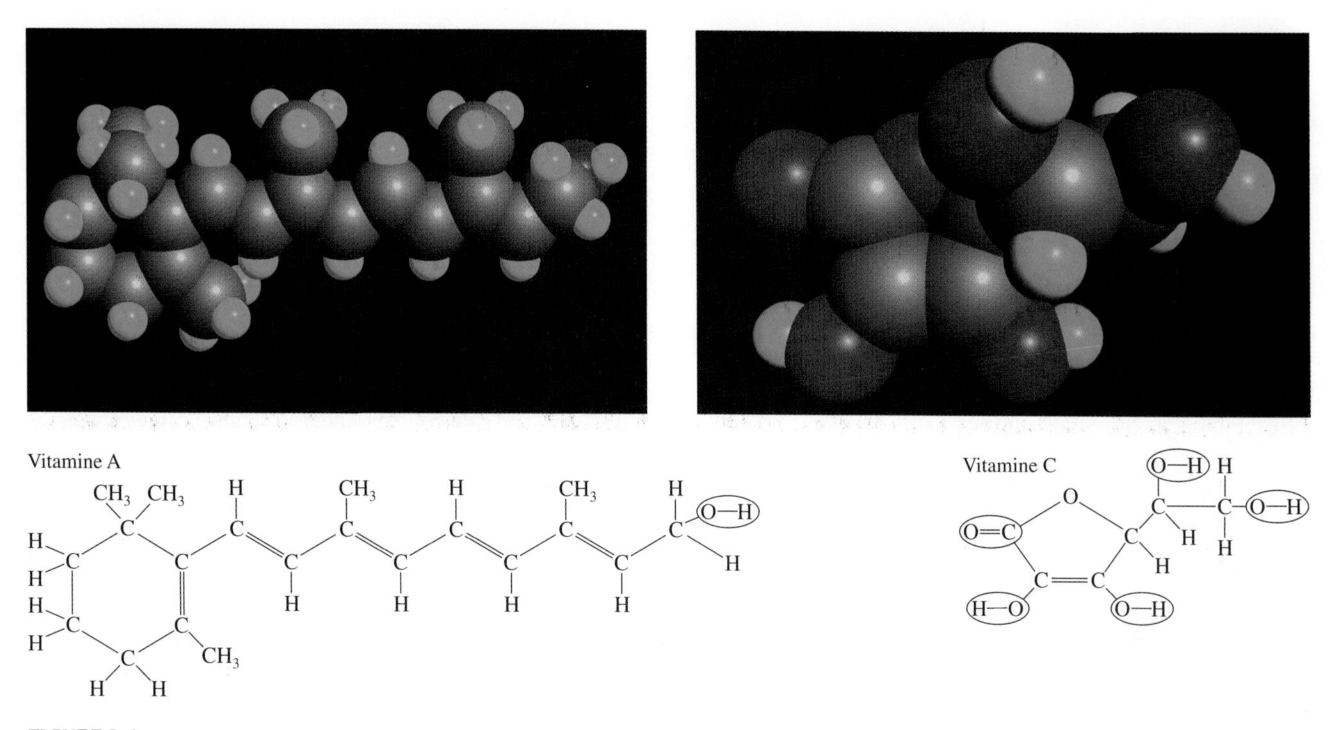


**FIGURE 2.4**
Structure moléculaire de la vitamine A (non polaire, liposoluble) et celle de la vitamine C (polaire, hydrosoluble). Les atomes aptes à faire des liaisons hydrogène sont encerclés. Remarquez que la vitamine C contient beaucoup plus d'atomes intéressants pour l'eau que la vitamine A.

À cause de leur solubilité, les vitamines liposolubles peuvent s'accumuler dans le tissu adipeux du corps humain, ce qui présente à la fois des avantages et des inconvénients. Ainsi, puisque ces vitamines peuvent être emmagasinées, le corps peut tolérer, pendant un certain temps, un régime déficient en vitamines A, D, E ou K. Inversement, si l'on consomme des quantités excessives de ces vitamines, leur accumulation peut causer une affection appelée *hypervitaminose*.

Par ailleurs, il faut consommer régulièrement les vitamines hydrosolubles parce qu'elles sont rapidement excrétées. Cela fut établi, pour la première fois, quand les responsables de la marine britannique découvrirent qu'on pouvait prévenir l'apparition du scorbut, maladie dont souffraient souvent les matelots, si ces derniers mangeaient régulièrement des agrumes frais (excellente source de vitamine C) lorsqu'ils étaient à bord.

Effervescence du $CO_2$ dans une bouteille de boisson gazeuse.

## Influence de la pression

Alors que la pression exerce peu d'influence sur la solubilité des solides ou des liquides, elle augmente de façon notable celle des gaz. Les boissons gazéifiées, par exemple, sont toujours embouteillées sous une très forte pression de gaz carbonique, afin d'assurer une grande concentration de gaz dans le liquide. Le pétillement qui a lieu au moment de l'ouverture d'une canette de soda est dû à l'échappement du gaz carbonique, puisque la pression atmosphérique du $CO_2$ est beaucoup plus faible que celle utilisée durant l'embouteillage.

L'observation de la figure 2.5 permet de comprendre l'augmentation de la solubilité des gaz avec la pression. La figure 2.5 **a)** présente un gaz en équilibre avec une solution : les molécules de gaz entrent dans la solution à la même vitesse qu'elles en sortent. Si la pression augmente soudainement (*voir la figure 2.5* ***b***), le nombre de molécules de gaz par unité de volume augmente, et le gaz entre dans la solution plus vite qu'il n'en sort. Finalement, puisque la concentration de gaz dissous augmente, la vitesse d'échappement du gaz augmente également, et ce, jusqu'à ce qu'un nouvel équilibre soit atteint (*voir la figure 2.5* ***c***) ; la solution contient alors davantage de gaz dissous qu'auparavant.

## IMPACT

# Liquides ioniques?

Jusqu'ici, dans ce manuel, nous avons vu que les substances ioniques sont des solides stables possédant des points de fusion élevés. Le chlorure de sodium, par exemple, a un point de fusion près de 800 °C. Un des domaines de recherche les plus sensationnels en chimie, à l'heure actuelle, porte sur les liquides ioniques des substances composées d'ions qui sont liquides à des températures et à des pressions normales. Ce comportement inhabituel est causé par les différences de tailles entre les anions et les cations dans les liquides ioniques. Des dizaines de petits anions, tel le $BF_4^-$ (tétrafluoroborate) ou le $PF_6^-$ (hexafluorophosphate), peuvent être liés à des milliers de gros cations tels le 1-hexyl-3-méthylimidazolium ou le 1-butyl-3-méthylimidazolium (les parties **a)** et **b)** respectivement dans la figure ci-contre). Ces substances demeurent liquides parce que les cations asymétriques encombrants ne s'empilent pas de façon efficace avec les petits anions symétriques. Dans le chlorure de sodium, au contraire, l'empilement des ions peut être très efficace pour former un arrangement ordonné compact, conduisant à des attractions cation-anion maximales et, par conséquent, à un point de fusion élevé.

L'engouement que connaissent ces liquides ioniques provient de nombreux facteurs. D'une part, une variété presque infinie de liquides ioniques est possible en raison de la grande diversité de cations volumineux et de petits anions disponibles. Selon Kenneth R. Seddon, directeur du QUILL (Queen's University Ionic Liquid Laboratories) en Irlande du Nord, le nombre de liquides ioniques pourrait atteindre un *billion*. Un autre grand avantage de ces liquides est leur large éventail de températures à l'état liquide, généralement de −100 °C à 200 °C.

La relation entre la pression du gaz et sa concentration porte le nom de **loi de Henry**:

$$P = kc$$

où $P$ est la pression partielle du soluté gazeux situé au-dessus de la solution, $c$, la concentration du gaz dissous et $k$, une constante caractéristique d'une solution donnée. Par conséquent, selon la loi de Henry, *la quantité de gaz dissous dans une solution est directement proportionnelle à la pression du gaz situé au-dessus de la solution.*

William Henry (1774-1836), un ami intime de John Dalton, a formulé sa loi en 1801.

La loi de Henry n'est vraie qu'en l'absence de réactions chimiques entre le soluté et le solvant.

C'est dans le cas de solutions diluées de gaz qui ne réagissent pas avec le solvant que la loi de Henry s'applique le mieux. Par exemple, la dissolution de l'oxygène dans l'eau est régie par la loi de Henry, alors que celle de l'acide chlorhydrique dans l'eau ne l'est pas, car l'acide réagit avec l'eau:

$$HCl(g) + H_2O(l) \longrightarrow H_3O^+(aq) + Cl^-(aq)$$

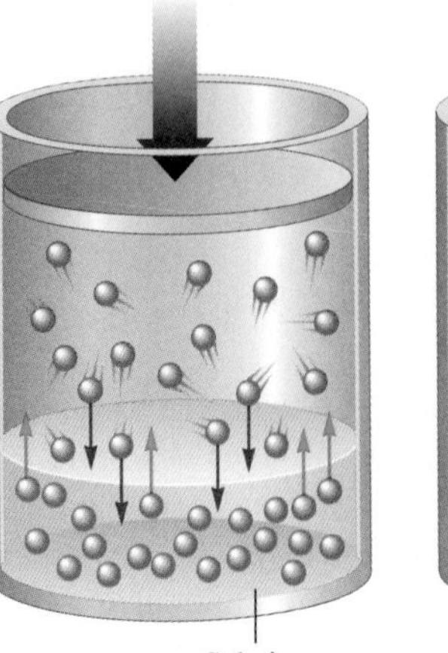


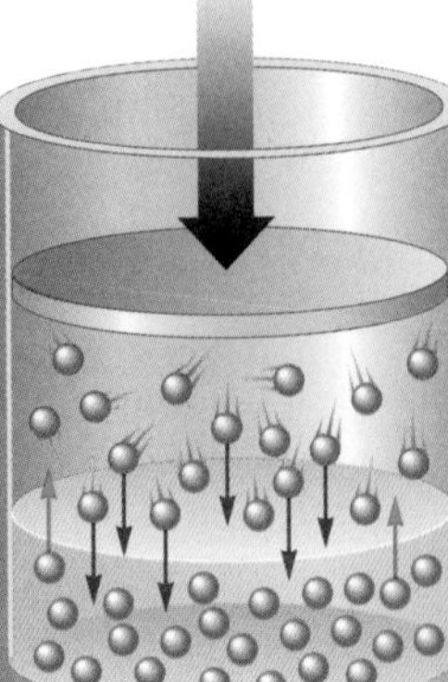


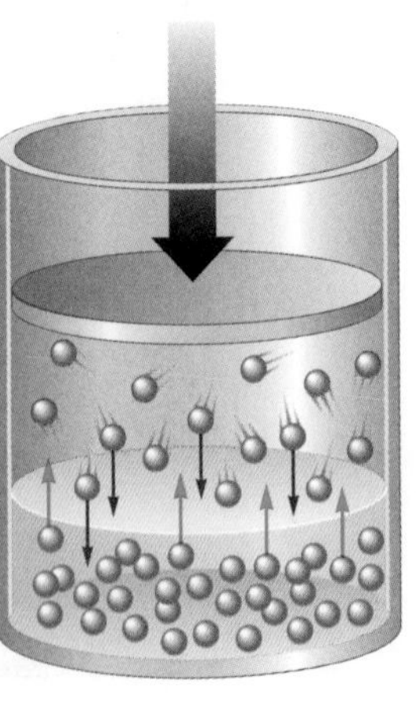


**FIGURE 2.5**
a) Soluté gazeux en équilibre avec une solution. b) Lorsqu'on pousse le piston, il y a augmentation de la pression du gaz et du nombre de molécules de gaz par unité de volume. Il en découle une augmentation de la vitesse de pénétration du gaz dans la solution et, par conséquent, une augmentation de la concentration de gaz dissous. c) Plus la concentration du gaz en solution est élevée, plus la vitesse d'échappement augmente. Un nouvel équilibre est atteint.

De plus, les cations dans les liquides peuvent être choisis pour remplir des fonctions spécifiques. Par exemple, le chimiste James H. Davis, de l'Université de South Alabama, à Mobile, a conçu divers cations qui attirent des ions potentiellement nocifs comme le mercure, le cadmium, l'uranium et l'américium (les deux derniers sont couramment présents dans les déchets radioactifs) et les extraient de solutions contaminées. Davis a également développé des cations qui éliminent $H_2S$ (produit du $SO_2$ quand le gaz est brûlé) et $CO_2$ (ne brûle pas) du gaz naturel. Ces solutions ioniques peuvent également servir à éliminer le $CO_2$ des gaz de combustion des centrales à combustible fossile afin de réduire l'effet de serre.

Le plus grand obstacle à une utilisation étendue des liquides ioniques est leur coût. Les solvants organiques normalement utilisés dans l'industrie coûtent habituellement quelques cents par litre, mais les liquides ioniques peuvent coûter des centaines de fois cette somme. Par contre, la nature « verte » des liquides ioniques (ils ne produisent pas de vapeur

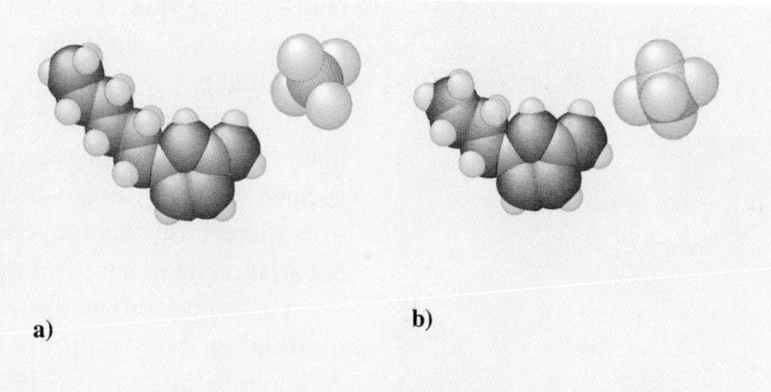


parce que les ions sont non volatils) et la flexibilité de ces substances en tant que milieux réactionnels les rendent très attrayants. C'est pourquoi des tentatives sont en voie de réalisation afin de rendre leur utilisation économiquement réalisable.

Par le passé, le terme *liquide ionique* a pu être considéré comme un oxymoron, mais ces substances jouissent maintenant d'un avenir très prometteur.

## Exemple 2.4 Calculs concernant la loi de Henry

Une boisson gazeuse est embouteillée de telle façon que, à 25 °C, la pression du $CO_2$ gazeux au-dessus du liquide soit de 507 kPa. En supposant que la pression partielle du $CO_2$ dans l'atmosphère soit de 0,0405 kPa, calculez la concentration de $CO_2$ dans la boisson avant qu'on décapsule la bouteille et après. Selon la loi de Henry, la constante $k$ pour le $CO_2$ en solution aqueuse est de 3242 kPa · L/mol, à 25 °C.

***Solution***

On peut appliquer la loi de Henry au $CO_2$ :

$$P_{CO_2} = k_{CO_2} c_{CO_2}$$

où $k_{CO_2} = 3242$ kPa · L/mol. Dans la bouteille *capsulée*, $P_{CO_2} = 507$ kPa, et :

$$c_{CO_2} = \frac{P_{CO_2}}{k_{CO_2}} = \frac{507 \text{ kPa}}{3242 \text{ kPa} \cdot \text{L/mol}} = 0{,}156 \text{ mol/L}$$

Dans la bouteille *décapsulée*, le $CO_2$ présent dans la boisson finit par atteindre l'équilibre avec le $CO_2$ atmosphérique. Ainsi, $P_{CO_2} = 0{,}0405$ kPa et :

$$c_{CO_2} = \frac{P_{CO_2}}{k_{CO_2}} = \frac{40{,}5 \times 10^{-3} \text{ kPa}}{3242 \text{ kPa} \cdot \text{L/mol}} = 1{,}24 \times 10^{-5} \text{ mol/L}$$

Remarquez qu'il y a une importante modification de la concentration du $CO_2$. C'est ce qui explique le fait qu'une boisson gazeuse n'est plus pétillante lorsque la bouteille reste ouverte durant un certain temps.

***Voir l'exercice 2.41***

## Influence de la température (pour les solutions aqueuses)

Le fait de dissoudre quotidiennement des substances, le sucre par exemple, peut nous inciter à penser que la solubilité augmente toujours avec la température. Or, ce n'est pas toujours le cas. La dissolution d'un solide a en effet lieu *plus rapidement* à une température plus élevée, mais la quantité de solide qui peut être dissoute peut soit augmenter, soit diminuer avec l'augmentation de la température. L'influence de la température sur la solubilité dans l'eau de plusieurs solides communs est illustrée à la figure 2.6. On remarque que, même si la solubilité de la plupart des solides dans l'eau augmente lorsque la température augmente, dans certains cas (sulfate de sodium ou sulfate de cérium), elle diminue.

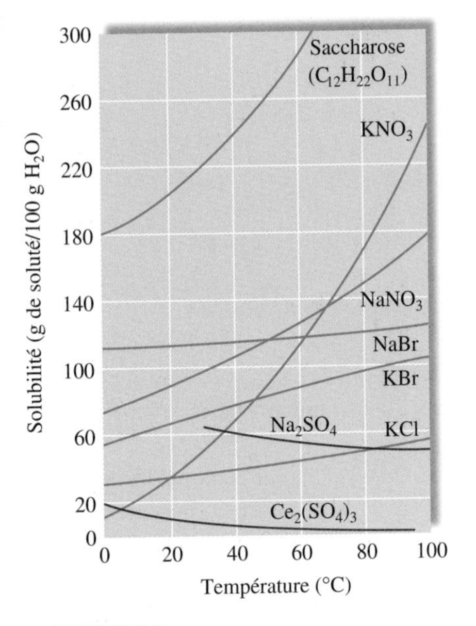


**FIGURE 2.6**
Variation de la solubilité de plusieurs solides en fonction de la température. Remarquez que, même si la solubilité dans l'eau de la majeure partie des substances augmente avec la température, celles du sulfate de cérium et du sulfate de sodium diminuent.

Il est très difficile de prédire la variation de la solubilité en rapport avec l'augmentation de la température. Par exemple, bien qu'il y ait une certaine corrélation entre le signe de $\Delta H°_{diss}$ et la variation de la solubilité avec la température, il existe d'importantes exceptions*. Le seul moyen sûr de connaître la variation de la solubilité d'un solide avec la variation de la température, c'est l'expérience.

Le comportement des gaz semble moins complexe. La solubilité d'un gaz dans l'eau diminue en effet toujours avec la température† (*voir la figure 2.7*). Cette influence de la température a des conséquences environnementales importantes, puisqu'on utilise de plus en plus l'eau des lacs et des rivières pour le refroidissement industriel. Une fois utilisée, l'eau est rejetée, mais à une température supérieure à la température ambiante ; c'est ce qui provoque la **pollution thermique**. Parce qu'elle est plus chaude, cette eau contient moins d'oxygène et elle est moins dense que l'eau prélevée ; elle a donc tendance à « flotter » sur l'eau plus froide, ce qui empêche l'absorption normale de l'oxygène. Ce phénomène peut être particulièrement important dans les lacs profonds, puisque la couche supérieure chaude peut réduire de façon notable la quantité d'oxygène disponible destinée au maintien de la vie aquatique dans les couches plus profondes du lac.

La diminution de la solubilité des gaz avec la température est par ailleurs responsable de la formation de dépôts de tartre dans les chaudières. On verra plus en détail au chapitre 5 comment l'ion bicarbonate se forme quand le gaz carbonique est dissous dans de l'eau contenant des ions carbonates :

$$CO_3^{2-}(aq) + CO_2(aq) + H_2O(l) \longrightarrow 2HCO_3^-(aq)$$

Si l'eau contient des ions $Ca^{2+}$, cette réaction est particulièrement importante – le bicarbonate de calcium étant soluble dans l'eau, mais le carbonate de calcium ne l'étant pas. Lorsqu'on chauffe l'eau, le gaz carbonique s'en échappe. Pour remplacer le gaz carbonique ainsi disparu, la réaction inverse se produit alors :

$$2HCO_3^-(aq) \longrightarrow H_2O(l) + CO_2(aq) + CO_3^{2-}(aq)$$

Cependant, cette réaction a aussi pour effet d'augmenter la concentration des ions carbonates, ce qui entraîne la formation de dépôts de carbonate de calcium. Cette substance est le principal composant des dépôts de tartre présents sur les parois des chaudières industrielles ou des bouilloires. Ces dépôts calcaires réduisent l'efficacité du transfert de chaleur et peuvent même finalement boucher les tuyaux (*voir la figure 2.8*).

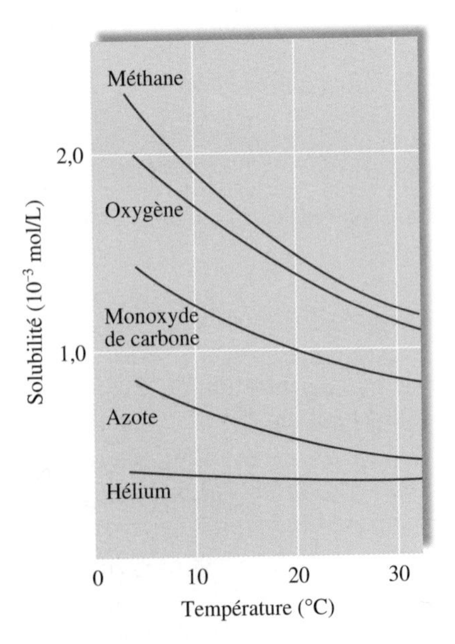


**FIGURE 2.7**
Variation de la solubilité dans l'eau de plusieurs gaz en fonction de la température, à une pression constante de 101,3 kPa au-dessus de la solution.

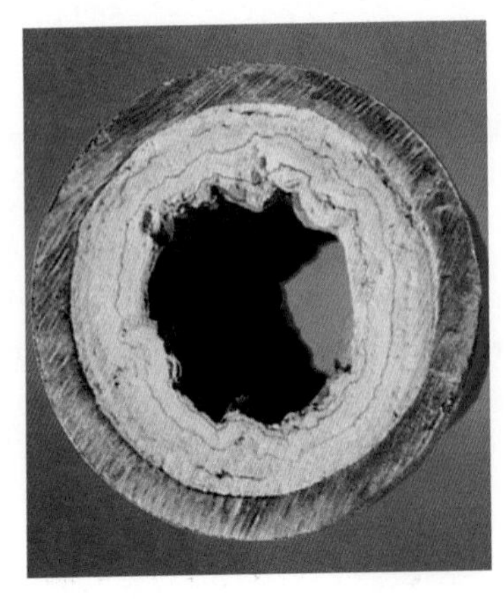

**FIGURE 2.8**
Tuyau d'eau chaude bouché par un dépôt de tartre. La section transversale (à droite) montre clairement la réduction de la capacité du tuyau.

* Pour plus d'informations, voir R. S. Treptow, « Le Châtelier's Principle Applied to the Temperature Dependence of Solubility », *Journal of Chemical Education*, nº 61 (1984), p. 499.

† On observe le contraire avec la plupart des solvants non aqueux.

IMPACT

## La tragédie du lac Nyos

Le 21 août 1986, un nuage de gaz s'est soudainement élevé du lac Nyos, au Cameroun, tuant près de 2000 personnes. Bien qu'on ait d'abord cru qu'il s'agissait de sulfure d'hydrogène, on sait maintenant que c'était du dioxyde de carbone. Qu'est-ce qui a pu causer l'apparition de ce nuage géant et suffocant de $CO_2$ ? On ne le saura probablement jamais, mais beaucoup de scientifiques croient que le lac s'est soudainement « retourné », amenant à sa surface de l'eau contenant une grande quantité de dioxyde de carbone dissous. Le lac Nyos est profond, et ses eaux présentent différentes couches de chaleur : l'eau moins dense et plus chaude de la surface flotte sur l'eau froide et plus dense des profondeurs. Dans des conditions normales, le tout reste stable : il y a peu de mélange entre les couches. Les scientifiques croient que, pendant des centaines de milliers d'années, le dioxyde de carbone a atteint l'eau froide du fond du lac et s'y est dissous en grande quantité à cause de la pression élevée de $CO_2$ présent (en accord avec la loi de Henry). Pour une raison inconnue, le 21 août 1986, les eaux du lac ont apparemment été renversées, probablement par le vent ou en raison d'un refroidissement inhabituel de sa surface causé par la mousson. Cela amena à la surface l'eau sursaturée de $CO_2$, et une quantité énorme de $CO_2$ a été libérée dans l'atmosphère, suffoquant par surprise des milliers d'humains et d'animaux – illustration tragique et spectaculaire de la loi de Henry.

Le lac Nyos au Cameroun

Depuis 1986, les scientifiques qui étudient le lac Nyos et le lac Monoun, situé à proximité, ont remarqué une augmentation rapide de $CO_2$ dissous dans leurs eaux profondes, ce qui laisse croire qu'une autre émanation mortelle pourrait se produire en tout temps. La seule façon de prévenir un tel désastre serait de retirer l'eau du fond chargée de $CO_2$. Cette solution a été avancée par des scientifiques réunis pour discuter du problème, mais le Cameroun n'est pas encore prêt à financer le projet.

## 2.4 Pression de vapeur des solutions

Les solutions liquides ont des propriétés physiques bien différentes de celles du solvant pur, ce qui est d'une grande importance pratique. Par exemple, on ajoute de l'antigel à l'eau du système de refroidissement d'une voiture pour l'empêcher de geler en hiver et de bouillir en été. On fait également fondre la glace sur les trottoirs et dans les rues en épandant du sel. Ces mesures préventives sont efficaces en raison de l'influence du soluté sur les propriétés du solvant.

Pour mieux comprendre l'influence d'un soluté non volatil sur un solvant, observons la figure 2.9, qui représente un bécher contenant une solution aqueuse d'acide sulfurique et un bécher contenant de l'eau pure, tous deux placés dans une enceinte fermée. Graduellement, le volume de la solution d'acide sulfurique augmente, et celui de l'eau pure diminue. Pourquoi ? Un tel phénomène nc peut se produire que si la pression de vapeur du solvant pur est plus élevée que celle de la solution. Dans ces conditions, la pression de vapeur nécessaire pour que l'équilibre soit atteint avec le solvant pur est plus grande que celle nécessaire pour qu'il le soit avec la solution aqueuse d'acide. Par conséquent, au fur et à mesure que le solvant pur produit de la vapeur pour atteindre son équilibre, la solution absorbe cette vapeur de façon à faire baisser la pression de vapeur à sa propre valeur d'équilibre. Ce processus aboutit à un transfert net de l'eau (solvant pur) vers la solution, par l'intermédiaire de la phase gazeuse. Ce système ne peut atteindre une pression de vapeur à l'équilibre que lorsque la totalité de l'eau est transférée dans la solution. Cette expérience, comme bien d'autres, prouve que *l'addition d'un soluté non volatil dans un solvant en diminue la pression de vapeur.*

Un soluté non volatil n'a aucune tendance à quitter une solution pour passer à la phase vapeur.

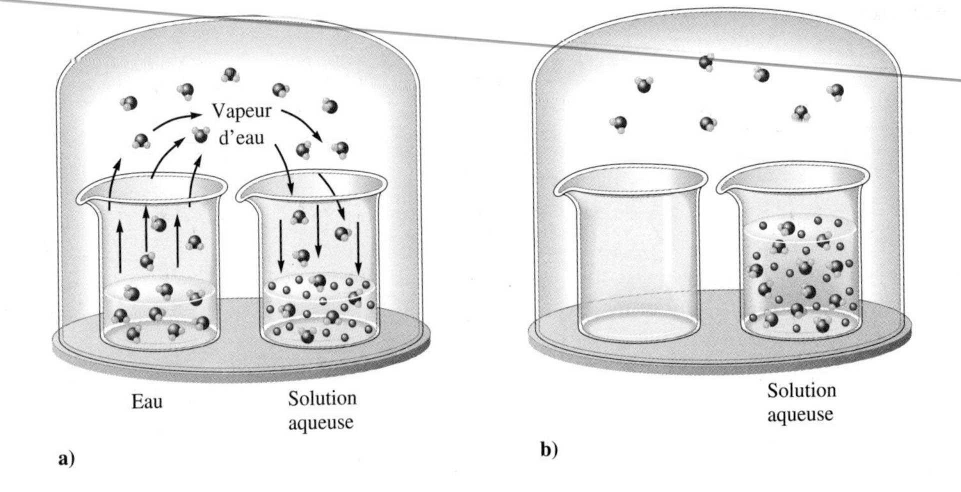


**FIGURE 2.9**
Solution aqueuse et eau pure dans un système clos. **a)** Stade initial. **b)** Après un certain temps, l'eau est passée en totalité dans la solution.

Le modèle simple de la figure 2.10 illustre bien ce phénomène. La présence de soluté non volatil dissous fait diminuer le nombre de molécules de solvant par unité de volume, ce qui, par conséquent, fait diminuer le nombre de molécules de solvant à la surface et devrait proportionnellement réduire la tendance des molécules à quitter le solvant. Par exemple, dans une solution composée de 50 % de molécules de soluté non volatil et de 50 % de molécules de solvant, la pression de vapeur devrait être à moitié moins importante que celle du solvant pur, étant donné que la moitié seulement des molécules peuvent quitter la solution. C'est en fait ce que l'on observe.

François M. Raoult (1830-1901) a étudié en détail les pressions de vapeur de solutions contenant des solutés non volatils. Ses résultats ont donné naissance à une équation connue sous le nom de **loi de Raoult**:

$$P_{\text{solution}} = \chi_{\text{solvant}} P^0_{\text{solvant}}$$

où $P_{\text{solution}}$ est la pression de vapeur de la solution, $\chi_{\text{solvant}}$, la fraction molaire du solvant, et $P^0_{\text{solvant}}$, la pression de vapeur du solvant pur. On remarque que, pour une solution dont la moitié des molécules appartiennent au soluté et l'autre moitié, au solvant, $\chi_{\text{solvant}}$ est égale à 0,5. Il s'ensuit que la pression de vapeur de la solution est égale à la moitié de celle du solvant pur. D'autre part, pour une solution dont les trois quarts des molécules appartiennent au solvant, $\chi_{\text{solvant}} = \frac{3}{4} = 0{,}75$ et $P_{\text{solution}} = 0{,}75\ P^0_{\text{solvant}}$. (*Explication:* les solutés non volatils diluent tout simplement le solvant.)

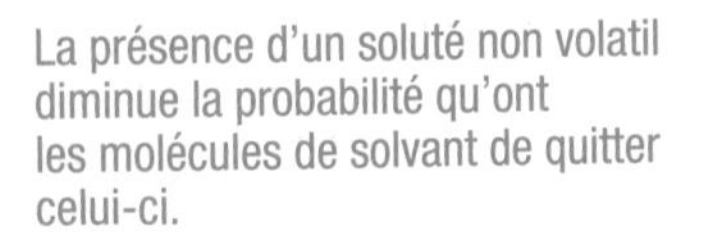
La présence d'un soluté non volatil diminue la probabilité qu'ont les molécules de solvant de quitter celui-ci.

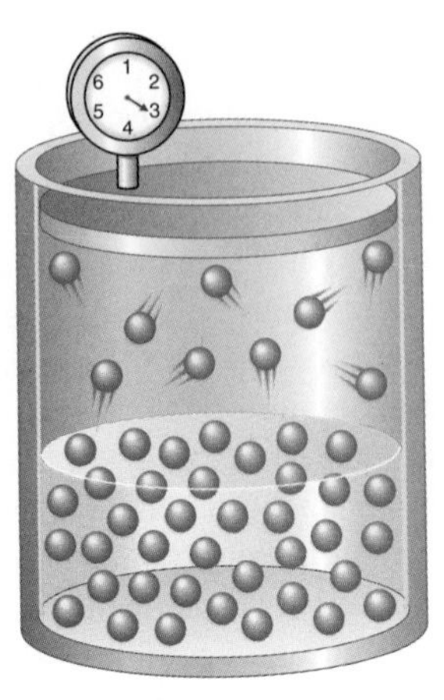


**FIGURE 2.10**
La présence d'un soluté non volatil empêche partiellement les molécules de solvant de quitter le liquide, ce qui fait baisser la pression de vapeur du solvant.

Selon la loi de Raoult, la pression de vapeur d'une solution est directement proportionnelle à la fraction molaire du solvant en présence.

La loi de Raoult est une équation linéaire de la forme $y = mx + b$, où $y = P_{\text{solution}}$, $x = \chi_{\text{solvant}}$, $m = P^0_{\text{solvant}}$ et $b = 0$. Ainsi, le graphique de la variation de $P_{\text{solution}}$ en fonction de $\chi_{\text{solvant}}$ est une droite de pente égale à $P^0_{\text{solvant}}$ (*voir la figure 2.11*).

## Exemple 2.5 Calcul de la pression de vapeur d'une solution

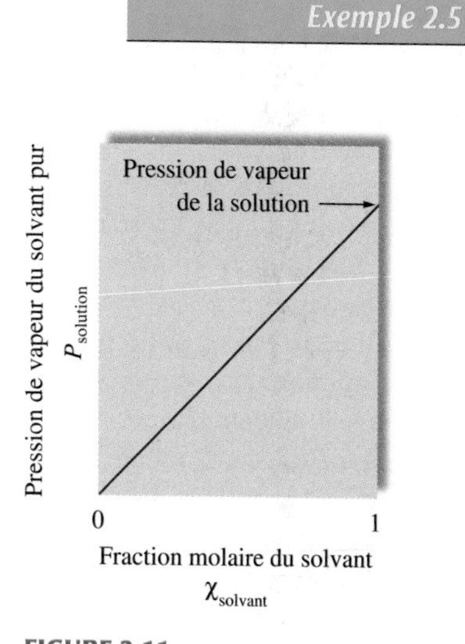


**FIGURE 2.11**
**Si la solution est régie par la loi de Raoult, le graphique de la variation de $P_{\text{solution}}$ en fonction de $\chi_{\text{solvant}}$ est une ligne droite.**

Calculez la pression de vapeur théorique, à 25 °C, d'une solution préparée en dissolvant 158,0 g de sucre de table (saccharose ; masse molaire = 342,3 g/mol) dans 643,5 mL d'eau. À 25 °C, la masse volumique de l'eau est de 0,9971 g/mL et la pression de vapeur, de 3,168 kPa.

### *Solution*

On utilise la loi de Raoult sous la forme suivante :

$$P_{\text{solution}} = \chi_{H_2O} P^0_{H_2O}$$

Pour calculer la fraction molaire de l'eau de cette solution, il faut d'abord calculer le nombre de moles de saccharose :

$$n_{\text{sacch.}} = 158{,}0 \text{ g sacch.} \times \frac{1 \text{ mol sacch.}}{342{,}3 \text{ g sacch.}}$$

$$= 0{,}4616 \text{ mol sacch.}$$

Pour déterminer le nombre de moles d'eau en présence, on doit convertir le volume en masse, en utilisant la masse volumique :

$$643{,}5 \text{ mL } H_2O \times \frac{0{,}9971 \text{ g } H_2O}{\text{mL } H_2O} = 641{,}6 \text{ g } H_2O$$

Le nombre de moles d'eau en présence est donc :

$$641{,}6 \text{ g } H_2O \times \frac{1 \text{ mol } H_2O}{18{,}01 \text{ g } H_2O} = 35{,}63 \text{ mol } H_2O$$

La fraction molaire de l'eau de la solution est :

$$\chi_{H_2O} = \frac{n_{H_2O}}{n_{H_2O} + n_{\text{sacch.}}} = \frac{35{,}63 \text{ mol}}{35{,}63 \text{ mol} + 0{,}4616 \text{ mol}}$$

$$= \frac{35{,}63 \text{ mol}}{36{,}09 \text{ mol}} = 0{,}9873$$

Alors $$P_{\text{solution}} = \chi_{H_2O} P^0_{H_2O} = (0{,}9873)(3{,}168 \text{ kPa}) = 3{,}127 \text{ kPa}$$

Ainsi, la pression de vapeur de l'eau passe de 3,168 kPa, à l'état pur, à 3,127 kPa, en solution. La pression de vapeur a donc baissé de 0,041 kPa.

***Voir l'exercice 2.42***

Le phénomène de diminution de la pression de vapeur constitue un moyen pratique de « compter » les molécules et, par conséquent, de déterminer expérimentalement la masse molaire. Supposons que l'on dissolve une certaine quantité d'un produit donné dans un solvant et que l'on mesure la pression de vapeur de la solution ainsi obtenue. En utilisant la loi de Raoult, on peut déterminer le nombre de moles de soluté présentes et, puisqu'on connaît la masse de ce nombre de moles, on peut calculer la masse molaire du soluté.

La diminution de la pression de vapeur dépend du nombre de particules de soluté en solution.

On peut également recourir aux valeurs de la pression de vapeur pour caractériser les solutions. Par exemple, 1 mole de chlorure de sodium dissoute dans l'eau fait baisser la pression de vapeur presque deux fois plus que prévu, car le sel s'ionise complètement en solution. La mesure de la pression de vapeur fournit donc des renseignements importants sur la nature du soluté dissous.

## IMPACT

### Pouvoir de pulvérisation

Les produits en aérosol sont largement utilisés dans notre société : laque pour les cheveux, rince-bouche, crème à raser, crème fouettée, peinture, nettoyants et plusieurs autres. Comme dans le cas de la plupart des produits de consommation, la chimie joue un rôle important dans le fonctionnement des produits en aérosol.

Un aérosol est un mélange de petites particules (solides ou liquides) dispersées dans un milieu quelconque (gaz ou liquide). L'examen des ingrédients dans un aérosol peut révéler une longue liste de substances chimiques qui se classent toutes dans l'une des trois catégories suivantes : 1) un ingrédient actif, 2) un ingrédient inactif ou 3) un agent propulseur. Les ingrédients actifs remplissent les fonctions pour lesquelles le produit a été acheté (par exemple, les résines dans une laque pour les cheveux). Il est très important que les composants d'un aérosol soient chimiquement compatibles ; si une réaction chimique indésirable se produisait à l'intérieur du contenant, il est fort probable que le produit ne pourrait pas remplir sa fonction. De leur côté, les ingrédients inactifs servent à garder le produit mélangé et à empêcher les réactions chimiques dans le contenant avant l'application. Quant à l'agent propulseur, il projette le produit dans l'air.

Un insecticide est vaporisé à l'aide d'un aérosol.

La plupart des produits en aérosol contiennent des agents propulseurs* hydrocarbonés tels que le propane ($C_3H_8$) et le butane ($C_4H_{10}$). Bien que ces molécules soient extrêmement inflammables, ce sont d'excellents propulseurs, et elles facilitent la dispersion et le mélange des composants de l'aérosol quand ils sont vaporisés. Ces agents propulseurs

* Dans le cas des bombes aérosol qui contiennent des aliments, le propane et le butane ne sont manifestement pas des agents propulseurs appropriés. Pour les substances comme la crème fouettée, $N_2O$ est le propulseur le plus souvent utilisé.

*Exemple 2.6*

## Calcul de la pression de vapeur d'une solution contenant un soluté ionique

Calculez la pression de vapeur d'une solution constituée de 35,0 g de $Na_2SO_4$ solide (masse molaire = 142 g/mol) mélangés à 175 g d'eau, à 25 °C. La pression de vapeur de l'eau pure, à 25 °C, est de 3,168 kPa.

***Solution***

Il faut d'abord calculer le nombre de moles de $H_2O$.

$$n_{H_2O} = 175 \text{ g } H_2O \times \frac{1 \text{ mol } H_2O}{18{,}0 \text{ g } H_2O} = 9{,}72 \text{ mol } H_2O$$

$$n_{Na_2SO_4} = 35{,}0 \text{ g } Na_2SO_4 \times \frac{1 \text{ mol } Na_2SO_4}{142 \text{ g } Na_2SO_4} = 0{,}246 \text{ mol } Na_2SO_4$$

Il est par ailleurs essentiel de savoir que, lorsqu'on dissout 1 mole de $Na_2SO_4$ solide, il y a formation de 2 moles d'ions $Na^+$ et de 1 mole d'ions $SO_4^{2-}$. Ainsi le nombre de moles de particules en solution est égal à trois fois le nombre de moles de soluté dissous :

$$n_{\text{soluté}} = 3(0{,}246) = 0{,}738 \text{ mol}$$

$$\chi_{H_2O} = \frac{n_{H_2O}}{n_{\text{soluté}} + n_{H_2O}} = \frac{9{,}72 \text{ mol}}{0{,}738 \text{ mol} + 9{,}72 \text{ mol}} = \frac{9{,}72 \text{ mol}}{10{,}458} = 0{,}929$$

possèdent des températures critiques supérieures à la température ambiante, ce qui signifie que les forces intermoléculaires sont assez importantes pour former un liquide quand une pression est appliquée. Dans la bombe aérosol hautement pressurisée, la phase liquide du propulseur est en équilibre avec la phase gazeuse du propulseur qui occupe l'espace libre du contenant. La capacité de l'agent propulseur à maintenir cet équilibre est la clé du fonctionnement de la bombe aérosol. Toutes les bombes aérosol sont construites d'une façon simple (voir le diagramme ci-contre). Dans le haut du contenant, il y a une valve (elle commande l'ouverture et l'étanchéité du contenant) et un bouton-poussoir (pour ouvrir la valve). Le fait d'appuyer sur le bouton-poussoir ouvre la valve, et le gaz propulseur s'échappe par un long tube (tube plongeur) qui s'étend à partir du fond du contenant. Lorsque la valve est ouverte, l'agent propulseur, sous une pression supérieure à la pression ambiante, s'échappe par le tube plongeur, entraînant avec lui les ingrédients actifs. Le gaz qui prend rapidement de l'expansion expulse le contenu hors du récipient et, dans quelques cas, il produit une mousse (par exemple, dans le cas de la crème à raser et des shampooings pour tapis). Après chaque usage, l'agent propulseur qui reste dans le contenant établit un nouvel équilibre entre les phases liquide et gazeuse, ce qui maintient constante la pression dans le récipient, aussi longtemps qu'il reste suffisamment de propulseur. L'astuce consiste à faire sortir en même temps les ingrédients actifs et inactifs, de même que l'agent propulseur. Connaissant la nature des propulseurs les plus courants, on peut comprendre l'avertissement qui nous incite à ne pas jeter les bombes « vides » dans le feu.

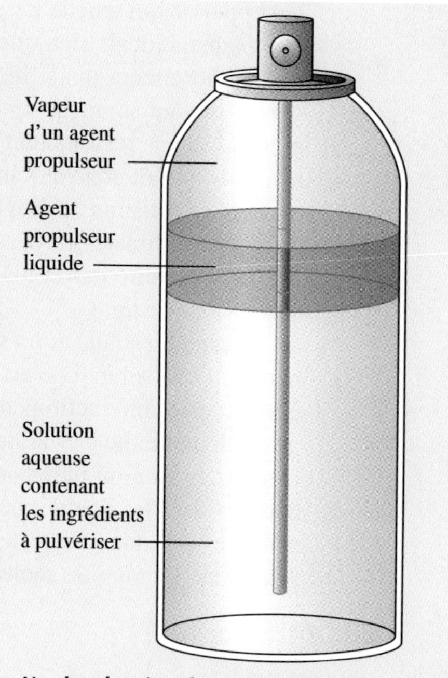


**Une bombe aérosol servant à pulvériser un ingrédient actif dissous dans une solution aqueuse.**

On peut à présent utiliser la loi de Raoult pour calculer la pression de vapeur.

$$P_{\text{solution}} = \chi_{H_2O}P^0_{H_2O} = (0{,}929)(3{,}168\ \text{kPa}) = 2{,}94\ \text{kPa}$$

*Voir l'exercice 2.44*

## Solutions non idéales

Jusqu'ici, nous avons toujours considéré que le soluté n'est pas volatil et ne contribue pas à la pression de vapeur de la solution. Cependant, pour les solutions liquide-liquide où les deux composants sont volatils, il faut appliquer une forme différente de la loi de Raoult :

$$P_{\text{TOTALE}} = P_A + P_B = \chi_A P^0_A + \chi_B P^0_B$$

où $P_{\text{totale}}$ représente la pression de vapeur totale de la solution contenant les liquides A et B, $\chi_A$ et $\chi_B$ sont les fractions molaires de A et B, $P_A$ et $P_B$ sont les pressions partielles des molécules A et B en phase vapeur (*voir la figure 2.12*).

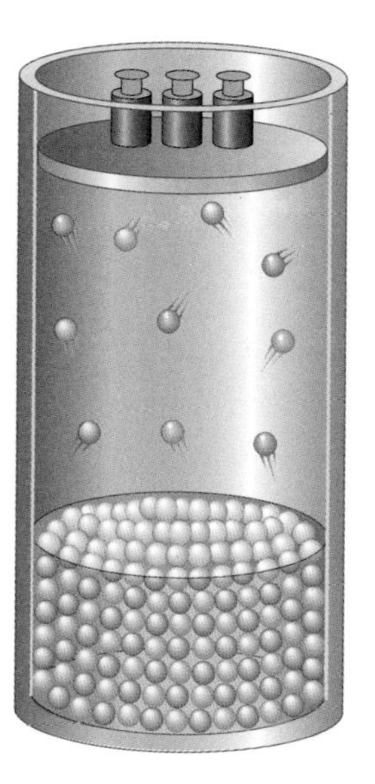

**FIGURE 2.12**
Quand une solution contient deux composants volatils, tous deux contribuent à la pression de vapeur totale. Dans le cas présent, la solution contient des quantités égales des composants ● et ●, mais la vapeur contient plus de ● que de ●. Cela signifie que le composant ● est plus volatil (le liquide pur a une pression de vapeur plus élevée) que le composant ●.

On appelle **solution idéale** toute solution liquide-liquide régie par la loi de Raoult. La loi de Raoult est aussi utile pour comprendre les solutions que la loi des gaz parfaits l'est pour ce qui touche les gaz. Or, comme avec les gaz, le comportement des solutions n'est jamais idéal, bien que quelquefois il s'en approche de près. On observe souvent un comportement quasi idéal quand les interactions soluté-soluté, solvant-solvant et soluté-solvant sont très semblables. En d'autres termes, dans les solutions où le soluté et le solvant se ressemblent beaucoup, le soluté ne fait que diluer le solvant. Cependant, si le solvant fait preuve d'une affinité particulière pour le soluté, par exemple s'il y a formation de liaisons hydrogène, les molécules du solvant ont moins tendance à s'en échapper qu'on le prévoyait. La pression de vapeur observée est donc plus *faible* que celle prédite par la loi de Raoult ; il y a alors une *déviation négative par rapport à la loi de Raoult.*

Quand un soluté et un solvant libèrent de grandes quantités d'énergie lors de la formation d'une solution, c'est-à-dire, quand $\Delta H_{diss}$ est grande et négative, on peut supposer que de fortes interactions ont lieu entre le soluté et le solvant. Dans ce cas, on observe généralement une déviation négative par rapport à la loi de Raoult, parce que les deux composants auront une tendance plus faible à s'échapper de la solution que celle qu'ils auraient dans les liquides purs. Un exemple de ce comportement est donné par la solution acétone-eau, dans laquelle les molécules forment des liaisons hydrogène, ce que ne pouvaient pas faire les molécules d'acétone à l'état pur :

De fortes interactions soluté-solvant entraînent une pression de vapeur plus faible que celle prédite par la loi de Raoult.

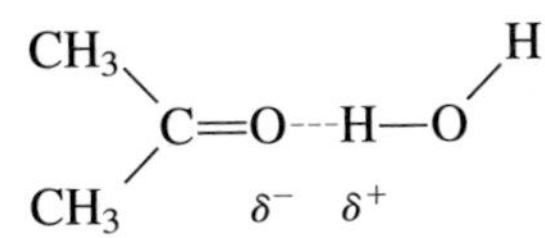


Par ailleurs, si le mélange des deux liquides absorbe de la chaleur (réaction endothermique), cela signifie que les interactions soluté-solvant sont plus faibles que celles qui existent entre les molécules dans les liquides purs. Il faut alors, pour entraîner l'expansion des liquides, une quantité d'énergie supérieure à celle libérée quand on mélange les liquides. Dans ce cas, les molécules de la solution ont une tendance plus marquée que prévue à s'échapper de la solution, et l'on observe des déviations *positives* par rapport à la loi de Raoult (*voir la figure 2.13*). Un exemple de cela est fourni par une solution d'éthanol et d'hexane, dont les diagrammes de Lewis sont les suivants.

Éthanol

Hexane

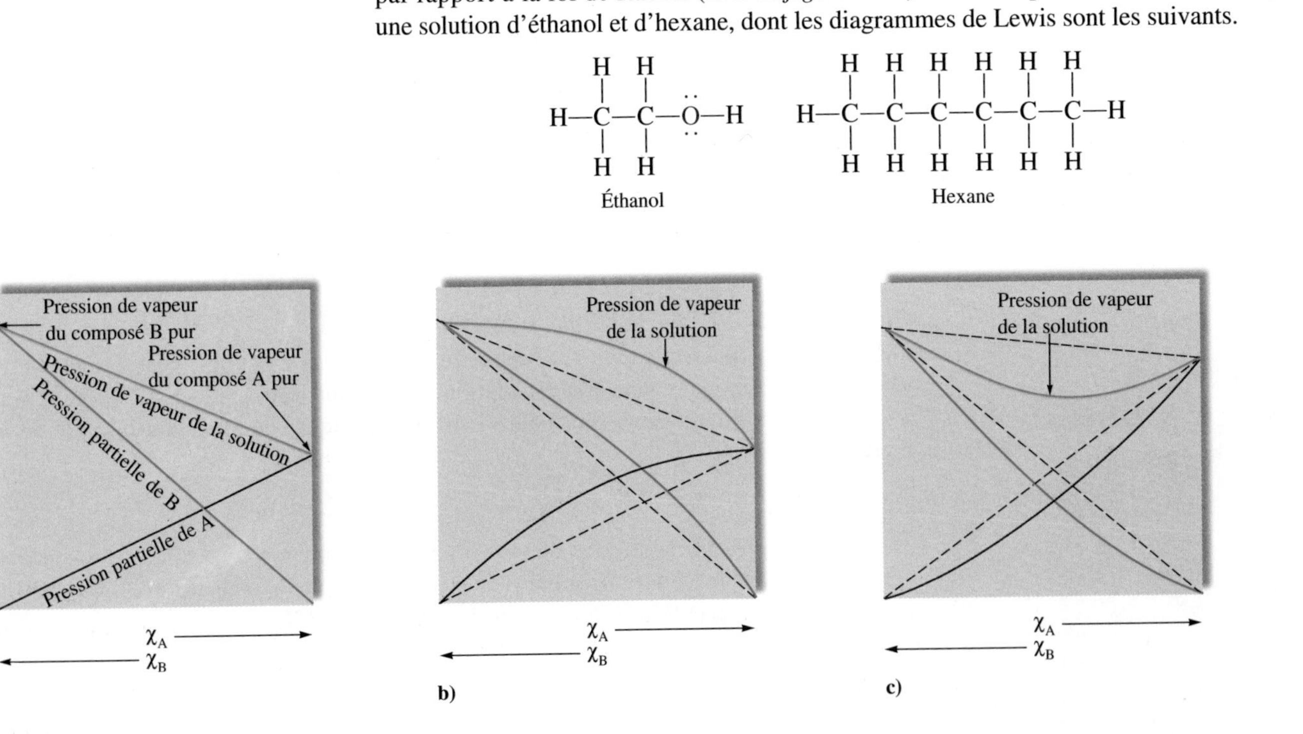


**FIGURE 2.13**
Pression de vapeur d'une solution composée de deux liquides volatils. a) Comportement théorique, pour une solution idéale liquide-liquide, selon la loi de Raoult. b) Solution pour laquelle $P_{TOTALE}$ est supérieure à la valeur calculée selon la loi de Raoult. Cette solution démontre une déviation positive par rapport à la loi de Raoult. c) Solution pour laquelle $P_{TOTALE}$ est inférieure à la valeur calculée selon la loi de Raoult. Cette solution fait preuve d'une déviation négative par rapport à la loi de Raoult.

**TABLEAU 2.4 Résumé des comportements des différents types de solutions**

| Forces interactives entre les particules de soluté A et de solvant B | $\Delta H_{diss}$ | $\Delta T$ pour la formation de la solution | Déviation par rapport à la loi de Raoult | Exemple |
|---|---|---|---|---|
| $A \leftrightarrow A, B \leftrightarrow B \equiv A \leftrightarrow B$ | zéro | zéro | aucune (solution idéale) | benzène-toluène |
| $A \leftrightarrow A, B \leftrightarrow B < A \leftrightarrow B$ | négative (exothermique) | positive | négative | acétone–eau |
| $A \leftrightarrow A, B \leftrightarrow B > A \leftrightarrow B$ | positive (endothermique) | négative | positive | éthanol–hexane |

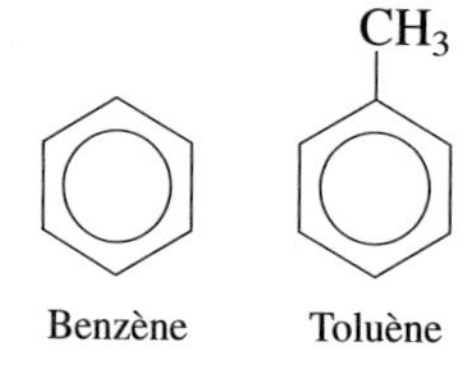


Les molécules d'éthanol polaire et d'hexane non polaire ne peuvent pas créer d'interactions efficaces. Pour faire cette solution, les molécules d'éthanol doivent briser les liaisons hydrogène qu'elles font entre elles par leur groupe O—H, sans possibilité d'en faire de nouvelles avec l'hexane. L'enthalpie de dissolution est alors positive, ainsi que la déviation par rapport à la loi de Raoult.

Finalement, dans le cas d'une solution composée de liquides très semblables, comme le benzène et le toluène, l'enthalpie de dissolution avoisine zéro et, par conséquent, le comportement de la solution est presque conforme à celui établi par la loi de Raoult (comportement idéal).

Le tableau 2.4 présente un résumé des comportements des différents types de solutions et la figure 2.13, des illustrations de ces comportements.

## *Exemple 2.7* Calcul de la pression de vapeur d'une solution contenant deux liquides

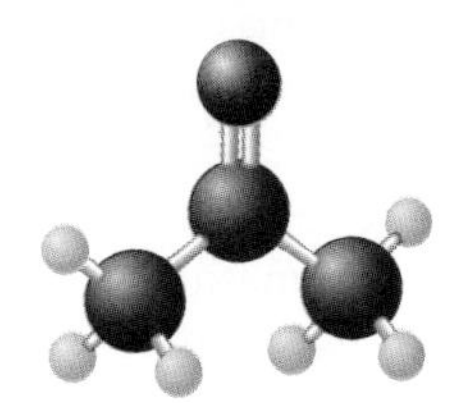
Acétone

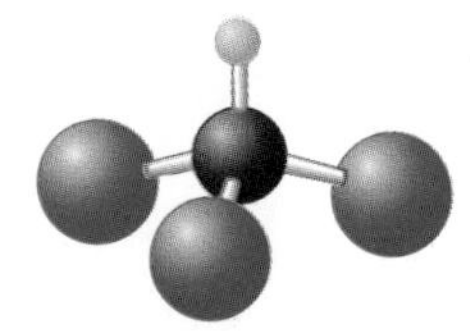
Chloroforme

On prépare une solution en mélangeant 5,81 g d'acétone, $C_3H_6O$ (masse molaire = 58,1 g/mol) à 11,9 g de chloroforme, $CHCl_3$ (masse molaire = 119,4 g/mol). À 35 °C, la pression de vapeur totale de cette solution est de 34,7 kPa. Est-ce une solution idéale ? Les pressions de vapeur de l'acétone pure et du chloroforme pur, à 35 °C, sont respectivement de 46,0 kPa et de 39,1 kPa.

### *Solution*

Pour savoir si la solution est idéale, on doit calculer la valeur de la pression de vapeur théorique selon la loi de Raoult :

$$P_{\text{TOTALE}} = \chi_A P_A^0 + \chi_C P_C^0$$

où A signifie acétone et C, chloroforme. On peut alors comparer la valeur ainsi calculée à celle de la pression de vapeur obtenue expérimentalement.

On doit d'abord calculer les nombres de moles d'acétone et de chloroforme :

$$5{,}81 \text{ g acétone} \times \frac{1 \text{ mol acétone}}{58{,}1 \text{ g acétone}} = 0{,}100 \text{ mol acétone}$$

$$11{,}9 \text{ g chloroforme} \times \frac{1 \text{ mol chloroforme}}{119 \text{ g chloroforme}} = 0{,}100 \text{ mol chloroforme}$$

Puisque la solution contient un nombre égal de moles d'acétone et de chloroforme,

$$\chi_A = 0{,}500 \quad \text{et} \quad \chi_C = 0{,}500$$

la pression de vapeur théorique est donc :

$$P_{\text{TOTALE}} = (0{,}500)(46{,}0 \text{ kPa}) + (0{,}500)(39{,}1 \text{ kPa}) = 42{,}6 \text{ kPa}$$

Dans ce cas, la liaison C—H, habituellement non polaire, est fortement polarisée par les trois atomes de chlore très électronégatifs qui lui sont liés, ce qui produit une liaison hydrogène.

Lorsqu'on compare cette valeur à celle obtenue expérimentalement (34,7 kPa), on constate que ce n'est pas une solution idéale, puisque la valeur ainsi obtenue est inférieure à la valeur théorique. On peut expliquer cette déviation négative par rapport à la loi de Raoult par la formation de liaisons hydrogène

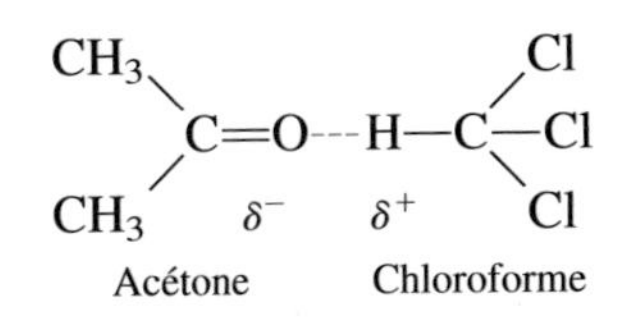


ce qui diminue la tendance de ces molécules à quitter la solution.

*Voir les exercices 2.50 et 2.51*

## 2.5 Élévation du point d'ébullition et abaissement du point de congélation

Dans la section 2.4, nous avons vu comment un soluté modifiait la pression de vapeur d'un solvant liquide. Parce que les changements d'état dépendent de la pression de vapeur, la présence d'un soluté modifie également le point de congélation et le point d'ébullition d'un solvant. L'abaissement du point de congélation, l'élévation du point d'ébullition et la pression osmotique (*voir la section 2.6*) constituent ce qu'on appelle des **propriétés colligatives** (cette expression signifie que ces propriétés dépendent uniquement du *nombre*, et non de la *nature*, des particules de soluté dans une solution idéale). En raison de leur relation directe avec le nombre de particules de soluté, les propriétés colligatives permettent de connaître la nature d'un soluté dissous et d'en déterminer la masse molaire.

### Élévation du point d'ébullition

Le point d'ébullition normal d'un liquide est la température à laquelle la pression de vapeur de celui-ci est égale à 101,3 kPa. On sait que la présence d'un soluté non volatil fait baisser la pression de vapeur d'un solvant. Par conséquent, il faut chauffer une telle solution à une température supérieure au point d'ébullition du solvant pur pour atteindre une pression de vapeur de 101,3 kPa. Cela signifie que *la présence d'un soluté non volatil élève le point d'ébullition d'un solvant*. La figure 2.14 montre le diagramme de phases d'une solution aqueuse contenant un soluté non volatil. On remarque que la courbe d'équilibre liquide-vapeur est déplacée vers des températures supérieures à celles concernant l'eau pure.

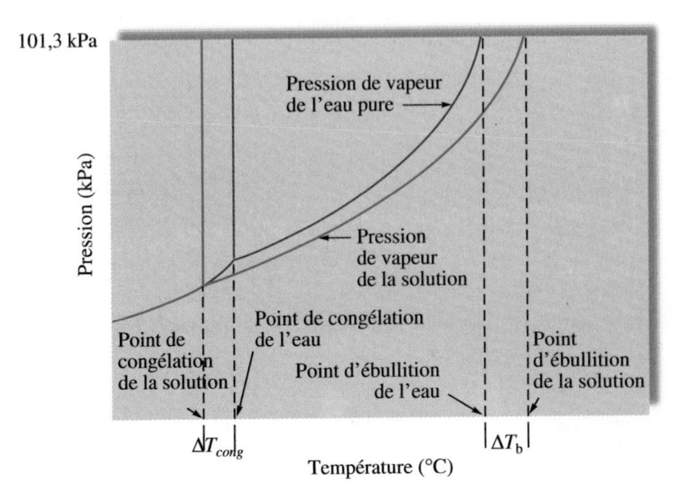


**FIGURE 2.14**
**Diagrammes de phases pour l'eau pure (lignes rouges) et pour une solution aqueuse contenant un soluté non volatil (lignes bleues). Remarquez que le point d'ébullition de la solution est supérieur à celui de l'eau pure. Inversement, le point de congélation de la solution est inférieur à celui de l'eau pure. Par conséquent, la présence d'un soluté non volatil accroît la gamme de températures pour laquelle le solvant est présent à l'état liquide.**

**TABLEAU 2.5 Constantes ébullioscopiques molales ($k_{éb}$) et constantes cryoscopiques molales ($k_{cong}$) pour plusieurs solvants**

| Solvant | Point d'ébullition (°C) | $k_{éb}$ (°C · kg/mol) | Point de congélation (°C) | $k_{cong}$ (°C · kg/mol) |
|---|---|---|---|---|
| eau ($H_2O$) | 100,0 | 0,51 | 0 | 1,86 |
| tétrachlorure de carbone ($CCl_4$) | 76,5 | 5,03 | −22,99 | 30 |
| chloroforme ($CHCl_3$) | 61,2 | 3,63 | −63,5 | 4,70 |
| benzène ($C_6H_6$) | 80,1 | 2,53 | 5,5 | 5,12 |
| disulfure de carbone ($CS_2$) | 46,2 | 2,34 | −111,5 | 3,83 |
| éther éthylique ($C_4H_{10}O$) | 34,5 | 2,02 | −116,2 | 1,79 |
| camphre ($C_{10}H_{16}O$) | 208,0 | 5,95 | 179,8 | 40 |

On peut s'attendre à ce que l'importance de l'élévation du point d'ébullition dépende de la concentration du soluté. L'équation suivante traduit l'élévation du point d'ébullition :

$$\Delta T = k_{éb}\, m_{soluté}$$

où $\Delta T$ est l'élévation du point d'ébullition, soit la différence entre le point d'ébullition de la solution et celui du solvant pur, $k_{éb}$, une constante caractéristique du solvant, appelée **constante ébullioscopique molale**, et $m_{soluté}$, la *molalité* du soluté en solution.

Le tableau 2.5 présente les valeurs de $k_{éb}$ de quelques solvants courants.

On peut utiliser l'élévation du point d'ébullition pour calculer la masse molaire d'un soluté (*voir l'exemple 2.8*).

*Exemple 2.8*

## Calcul de la masse molaire par l'élévation du point d'ébullition

On prépare une solution en faisant dissoudre 18,00 g de glucose dans 150,0 g d'eau. Le point d'ébullition de cette solution est de 100,34 °C. Calculez la masse molaire du glucose. Le glucose est un solide moléculaire qui ne se dissocie pas en solution.

***Solution***

On utilise l'équation suivante :

$$\Delta T = k_{éb}\, m_{soluté}$$

où

$$\Delta T = 100{,}34\ °C - 100{,}00\ °C = 0{,}34\ °C$$

Le tableau 2.5 indique que, pour l'eau $k_{éb} = 0{,}51\ °C \cdot kg/mol$. On peut donc calculer la molalité de cette solution en récrivant l'équation qui décrit l'élévation du point d'ébullition de la manière suivante :

$$m_{soluté} = \frac{\Delta T}{k_{éb}} = \frac{0{,}34\ °C}{0{,}51\ °C \cdot kg/mol} = 0{,}67\ mol/kg$$

Puisque la solution a été préparée à partir de 0,1500 kg d'eau, on peut, selon la définition de la molalité, connaître le nombre de moles de glucose en solution.

$$m_{soluté} = 0{,}67\ mol/kg = \frac{mol\ soluté}{kg\ solvant} = \frac{n_{glucose}}{0{,}1500\ kg}$$

$$n_{glucose} = (0{,}67\ mol/kg)(0{,}1500\ kg) = 0{,}10\ mol$$

Ainsi, 0,10 mole de glucose a une masse de 18,00 g ; par conséquent, 1,0 mol de glucose a une masse de 180 g (10 × 18,00 g). La masse molaire du glucose est donc : 180 g/mol.

***Voir l'exercice 2.53***

Le sucre dissous dans l'eau pour préparer des bonbons cause l'élévation du point d'ébullition au-dessus de 100 °C.

Le point de fusion et le point de congélation concernent tous deux la température à laquelle le liquide et le solide coexistent.

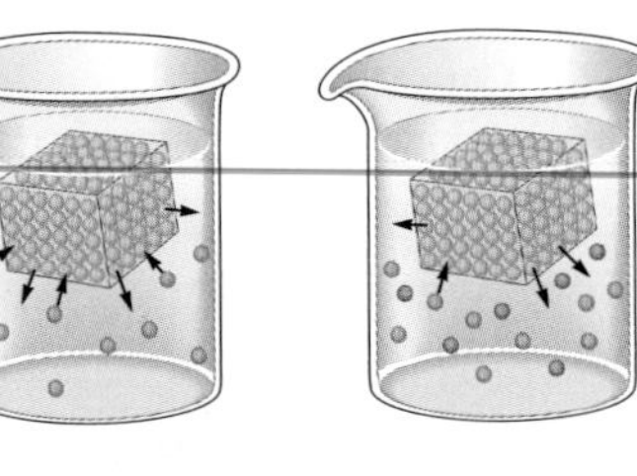


**FIGURE 2.15**
**a)** Glace en équilibre avec de l'eau liquide.
**b)** Glace en équilibre avec de l'eau liquide contenant un soluté dissous (cercles roses).

## Abaissement du point de congélation

Quand un soluté est dissous dans un solvant, le point de congélation de la solution est inférieur à celui du solvant pur. Pourquoi ? Rappelons tout d'abord que les pressions de vapeur de la glace et de l'eau liquide sont identiques à 0 °C. Or, si l'on dissout un soluté dans l'eau, la solution ne gèle pas à 0 °C, car *la pression de vapeur de l'eau dans la solution est inférieure à celle de la glace pure*. Dans ces conditions, il n'y a donc pas formation de glace. Cependant, puisque la pression de vapeur de la glace diminue plus rapidement que celle de l'eau liquide au fur et à mesure que la température diminue, il arrive un moment, lorsqu'on refroidit la solution, où la pression de vapeur de la glace peut être égale à celle de l'eau liquide dans la solution. La température à laquelle ce phénomène se produit est le nouveau point de congélation de la solution, inférieur à 0 °C : le point de congélation a donc été *abaissé*.

Le modèle simple de la figure 2.15 illustre bien ce phénomène. La présence du soluté fait diminuer la vitesse à laquelle les molécules du liquide retournent en phase solide. Ainsi, pour une solution aqueuse, seule la phase liquide existe à 0 °C. Au fur et à mesure qu'on refroidit la solution, la vitesse à laquelle les molécules d'eau quittent la glace solide diminue jusqu'à ce qu'elle soit égale à celle de la formation de la glace ; l'équilibre est alors atteint. C'est le point de congélation de l'eau dans la solution.

Épandage de sel sur une route.

Puisque la présence d'un soluté abaisse le point de congélation de l'eau, on procède souvent à l'épandage de sel, tels le chlorure de sodium ou le chlorure de calcium, dans les rues ou sur les trottoirs, ce qui empêche la formation de glace à des températures inférieures à 0 °C. Évidemment, si la température extérieure est inférieure au point de congélation de la solution qui en résulte, il y a formation de glace de toute façon. C'est pourquoi l'épandage de sel n'est d'aucun secours à des températures très froides.

Dans le diagramme de phases (*voir la figure 2.14*), on peut voir la courbe d'équilibre solide-liquide pour une solution aqueuse. Puisque la présence d'un soluté élève le point d'ébullition et abaisse le point de congélation du solvant, l'addition d'un soluté a pour effet d'étendre la gamme de températures pour laquelle le solvant existe à l'état liquide.

L'équation qui traduit l'abaissement du point de congélation est analogue à celle qui traduit l'élévation du point d'ébullition, soit :

$$\Delta T = k_{\text{cong}} m_{\text{soluté}}$$

où $\Delta T$ est l'abaissement du point de congélation, soit la différence entre le point de congélation du solvant pur et celui de la solution, et $k_{\text{cong}}$, une constante caractéristique du solvant, appelée **constante cryoscopique molale**. Le tableau 2.5 présente les valeurs de $k_{\text{cong}}$ de quelques solvants.

Tout comme l'élévation du point d'ébullition, l'abaissement du point de congélation peut servir à déterminer la masse molaire d'un soluté et à en caractériser les solutions.

*Exemple 2.9*

## Abaissement du point de congélation

Quelle masse d'éthylène glycol, $C_2H_6O_2$ (masse molaire = 62,1 g/mol), principal composant de l'antigel, doit-on ajouter à 10,0 L d'eau pour obtenir une solution qui, dans le radiateur d'une automobile, ne gèle qu'à –23,3 °C ? Considérez que la masse volumique de l'eau est exactement de 1 g/mL.

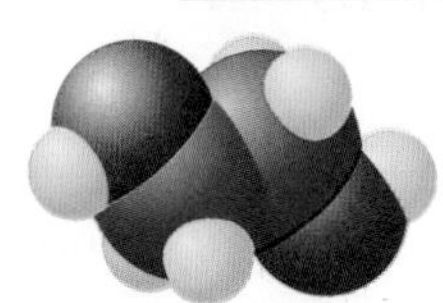

Éthylène glycol

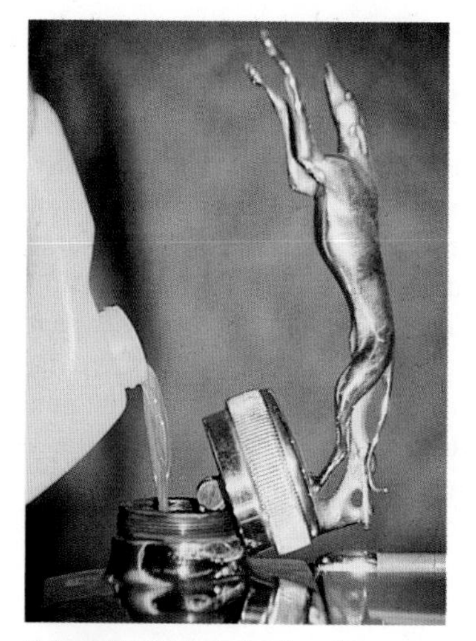

L'ajout d'antigel abaisse le point de congélation de l'eau dans le radiateur d'une automobile.

***Solution***

Le point de congélation doit être abaissé de 0 °C à –23,3 °C. Pour connaître la molalité de l'éthylène glycol qui entraîne un tel abaissement (selon le tableau 2.5), on peut utiliser l'équation suivante :

$$\Delta T = k_{cong} m_{soluté}$$

où $\Delta T$ = 23,3 °C et $k_{cong}$ = 1,86 °C · kg/mol. La valeur de la molalité est donc :

$$m_{soluté} = \frac{\Delta T}{k_{cong}} = \frac{23{,}3\ °C}{1{,}86\ °C \cdot kg/mol} = 12{,}5\ mol/kg$$

Cela signifie qu'il faut ajouter 12,5 mol d'éthylène glycol à chaque kilogramme d'eau. On a ici 10,0 L, soit 10,0 kg d'eau. Par conséquent, le nombre total de moles d'éthylène glycol nécessaire est :

$$\frac{12{,}5\ mol}{kg} \times 10{,}0\ kg = 1{,}25 \times 10^2\ mol$$

La masse d'éthylène glycol nécessaire est par conséquent :

$$1{,}25 \times 10^2\ mol \times \frac{62{,}1\ g}{mol} = 7{,}76 \times 10^3\ g\ (ou\ 7{,}76\ kg)$$

***Voir les exercices 2.55 et 2.56***

*Exemple 2.10*

## Calcul de la masse molaire par l'abaissement du point de congélation

Un chimiste tente d'identifier une hormone humaine qui contrôle le métabolisme en déterminant sa masse molaire. Il dissout un échantillon de cette hormone (0,546 g) dans 15,0 g de benzène. L'abaissement du point de congélation est évalué à 0,240 °C. Calculez la masse molaire de l'hormone.

***Solution***

Le tableau 2.5 indique que la $k_{cong}$ du benzène est de 5,12 °C · kg/mol. La molalité de l'hormone est donc :

$$m_{hormone} = \frac{\Delta T}{k_{cong}} = \frac{0{,}240\ °C}{5{,}12\ °C \cdot kg/mol} = 4{,}69 \times 10^{-2}\ mol/kg$$

On peut calculer le nombre de moles d'hormone à partir de la définition de la molalité :

$$4{,}69 \times 10^{-2}\ mol/kg = m_{hormone} = \frac{n_{hormone}}{0{,}0150\ kg\ benzène}$$

soit

$$n_{hormone} = \left(4{,}69 \times 10^{-2}\ \frac{mol\ hormone}{kg\ benzène}\right) \times 0{,}0150\ kg\ benzène$$

$$= 7{,}04 \times 10^{-4}\ mol\ hormone$$

Puisque l'on a dissous 0,546 g d'hormone, $7{,}04 \times 10^{-4}$ mol d'hormone a une masse de 0,546 g, et

$$M_{hormone} = \frac{0{,}546\ h\ hormone}{7{,}04 \times 10^{-4}\ mol\ d'hormone} = 776\ g/mol$$

La masse molaire de l'hormone est donc 776 g/mol.

***Voir les exercices 2.57 et 2.58***

## 2.6 Pression osmotique

La figure 2.16 peut aider à comprendre le phénomène de la pression osmotique, une autre des propriétés colligatives. Une **membrane semi-perméable**, qui permet le passage *des molécules du solvant mais pas de celles du soluté*, sépare deux volumes de solution et de solvant pur ajustés au même niveau. Avec le temps, le volume de la solution augmente et celui du solvant diminue. On appelle **osmose** ce transfert du solvant vers la solution à travers la membrane semi-perméable. Lorsque les niveaux des liquides ne changent plus, c'est que le système a atteint l'équilibre. Puisque ces niveaux sont alors différents, la pression hydrostatique s'exerce plus fortement sur la solution que sur le solvant pur. Cette différence de pression est appelée **pression osmotique**.

On peut considérer ce même phénomène d'une autre façon (*voir la figure 2.17*). Si l'on empêche l'osmose de se produire en exerçant une pression sur la solution, *la pression suffisante pour s'opposer à l'osmose est égale à la pression osmotique de la solution.* On peut par ailleurs construire un modèle simple pour expliquer la pression osmotique (*voir la figure 2.18*). La membrane n'est perméable qu'aux molécules de solvant. Cependant, les vitesses initiales de transfert du solvant vers la solution et de la solution vers le solvant ne sont pas identiques. Les particules de soluté interfèrent en effet avec le passage du solvant de sorte que la vitesse de transfert de la solution vers le solvant est plus lente que celle du solvant vers la solution. Il y a alors un transfert net de molécules de solvant vers la solution, ce qui entraîne une augmentation du volume de la solution. Au fur et à mesure que le niveau de la solution monte dans le tube, la pression résultante exerce une poussée supplémentaire sur les molécules de solvant dans la solution, ce qui les oblige à retraverser la membrane. Il s'établit finalement une pression suffisamment forte pour que le transfert de solvant soit le même dans les deux directions : l'équilibre est alors atteint, et les niveaux de liquide ne varient plus.

Comme les autres propriétés colligatives, la pression osmotique permet de caractériser les solutions et de déterminer des masses molaires; elle est particulièrement utile, cependant, car une faible concentration de soluté produit une pression osmotique assez importante.

Expérimentalement, on peut montrer que la variation de la pression osmotique en fonction de la concentration d'une solution est régie par l'équation suivante :

$$\pi = cRT$$

où $\pi$ est la pression osmotique (kPa), $c$, la concentration molaire volumique du soluté, $R$, la constante molaire des gaz, et $T$, la température (K).

Dans l'exemple 2.11, on utilise la pression osmotique pour déterminer la masse molaire.

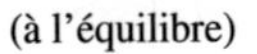


**FIGURE 2.16**
Un tube comportant un renflement à l'une de ses extrémités est recouvert d'une membrane semi-perméable. Ce tube, qui contient la solution, baigne dans un solvant pur. On observe un transfert net de molécules de solvant vers la solution jusqu'à ce que la pression hydrostatique compense le mouvement du solvant dans les deux directions.

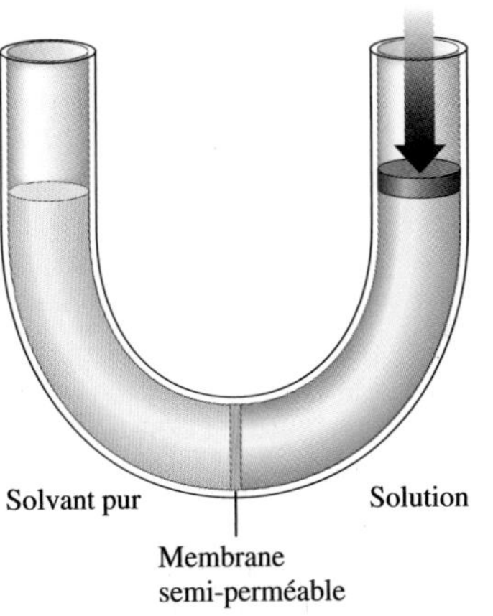


**FIGURE 2.17**
On peut arrêter le passage normal du solvant vers la solution (osmose) en exerçant une pression sur la solution. La pression nécessaire pour faire cesser l'osmose est égale à la pression osmotique de la solution.

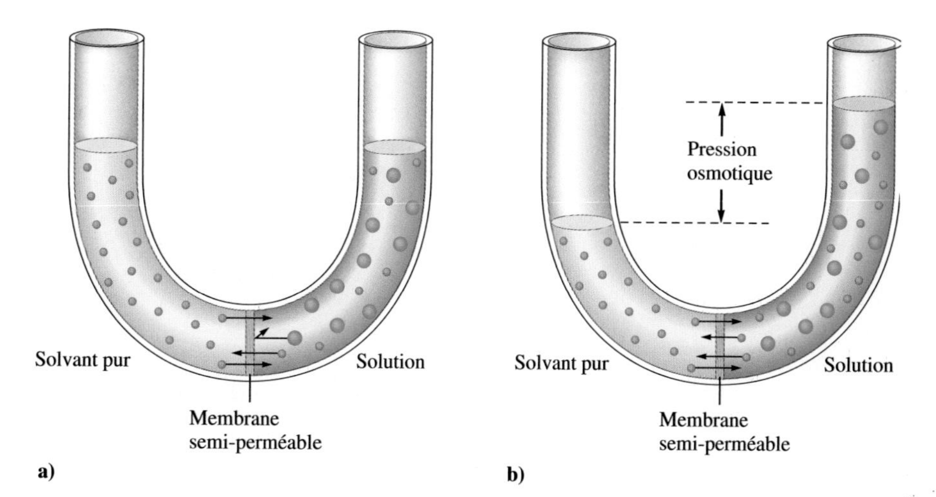


**FIGURE 2.18**
**a)** Une solution contenant un soluté non volatil (sphères vertes) et son solvant pur sont séparés par une membrane semi-perméable, à travers laquelle les molécules de solvant (bleues) peuvent passer, mais les molécules de soluté (vertes) ne le peuvent pas. La vitesse de transfert du solvant est plus grande vers la solution que vers le solvant. **b)** Système à l'équilibre : la vitesse de transfert du solvant est la même dans les deux directions.

## *Exemple 2.11* Calcul de la masse molaire par la pression osmotique

Pour connaître la masse molaire d'une protéine, on prépare 1,00 mL d'une solution aqueuse contenant $1,00 \times 10^{-3}$ g de cette protéine. La pression osmotique de cette solution est de 0,149 kPa, à 25 °C. Calculez la masse molaire de cette protéine.

***Solution***

On utilise l'équation

$$\pi = cRT$$

Dans ce cas-ci, on a :

$$\pi = 0,149 \text{ kPa}$$
$$R = 8,315 \text{ kPa} \cdot \text{L/K} \cdot \text{mol}$$
$$T = 25,0 + 273 = 298 \text{ K}$$

On obtient donc :

$$c = \frac{0,149 \text{ kPa}}{(8,315 \text{ kPa} \cdot \text{L/K} \cdot \text{mol})(298 \text{ K})} = 6,01 \times 10^{-5} \text{ mol/L}$$

Cette concentration résulte de la dissolution de $1,00 \times 10^{-3}$ g de protéine par mL, soit de 1,00 g/L. Par conséquent, $6,01 \times 10^{-5}$ mol de protéine a une masse de 1,00 g et

$$M_{\text{protéine}} = \frac{1,00 \text{ g}}{6,01 \times 10^{-5} \text{ mol}} = 1,66 \times 10^{4} \text{ g/mol}$$

La masse molaire de la protéine est donc : $1,66 \times 10^{4}$ g/mol. Cela peut sembler énorme, mais c'est en fait relativement faible pour une protéine.

La masse molaire obtenue par la mesure de la pression osmotique est en général plus précise que celle obtenue par la mesure de la modification du point de congélation ou du point d'ébullition.

***Voir l'exercice 2.60***

Dans l'osmose, une membrane semi-perméable empêche le transfert de *toutes* les particules de soluté. Un phénomène semblable, appelé **dialyse**, a lieu au niveau des parois de la majorité des cellules végétales ou animales. Cependant, dans ce cas, la membrane permet à la fois le transfert des molécules de solvant et celui des molécules de soluté et des ions, à la condition qu'ils soient *petits*. L'une des plus importantes applications de la dialyse est l'utilisation du rein artificiel pour purifier le sang. Le sang passe à travers un tube de cellophane qui joue le rôle de membrane semi-perméable et qui est plongé dans une solution à dialyse (*voir la figure 2.19*). Cette solution de « lavage » contient les mêmes concentrations d'ions et de petites molécules que le sang, mais elle ne contient aucun des déchets normalement éliminés par les reins. La dialyse qui en résulte (mouvement des molécules indésirables vers la solution de lavage) nettoie le sang.

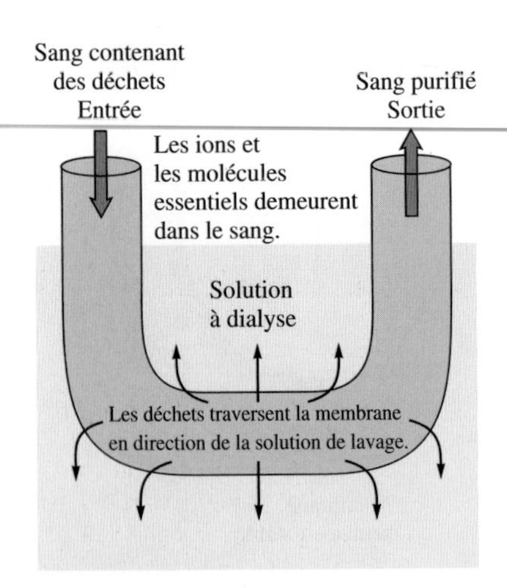
Sang contenant
des déchets
Entrée
Sang purifié
Sortie
Les ions et
les molécules
essentiels demeurent
dans le sang.
Solution
à dialyse
Les déchets traversent la membrane
en direction de la solution de lavage.

**FIGURE 2.19**
**Représentation du fonctionnement d'un rein artificiel.**

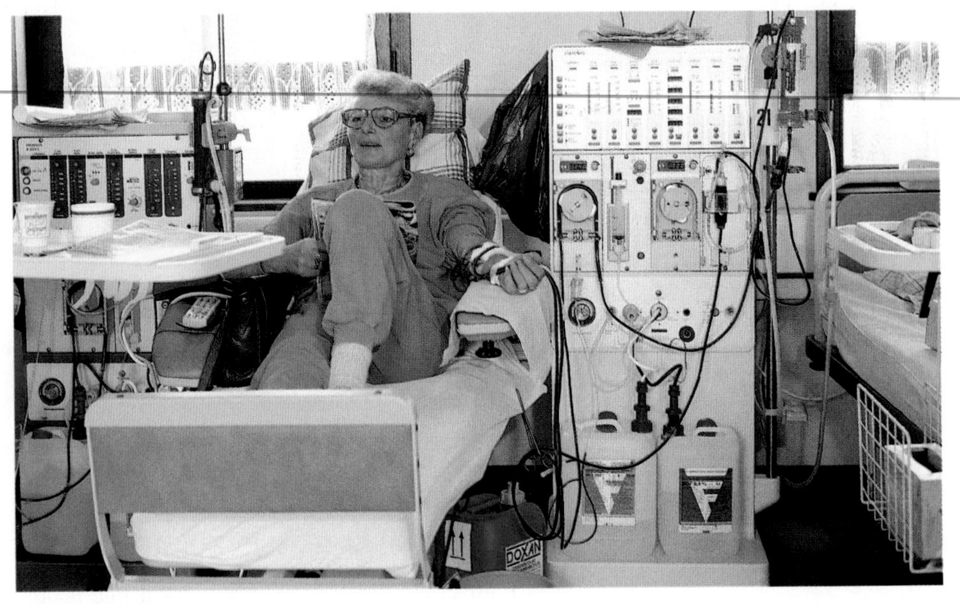

Situation de dialyse rénale.

Les solutions dont les pressions osmotiques sont identiques sont appelées **solutions isotoniques**. Les liquides administrés par voie intraveineuse doivent être isotoniques avec les liquides de l'organisme. En effet, si les globules rouges baignent dans une solution hypertonique, c'est-à-dire une solution dont la pression osmotique est supérieure à celle des fluides des cellules, ces dernières vont se recroqueviller à cause du transfert net de l'eau vers l'extérieur des cellules. Ce phénomène de déshydratation donne des cellules dites *crénelées*. Le phénomène inverse, appelé *lyse*, a lieu lorsque les cellules baignent dans une solution hypotonique, c'est-à-dire une solution dont la pression osmotique est inférieure à celle des liquides des cellules. Dans ce cas, l'entrée massive d'eau provoque l'éclatement des cellules.

On peut tirer parti de ce phénomène de déshydratation. On peut en effet préserver certains aliments en traitant leur surface à l'aide d'un soluté qui entraîne la formation d'une solution hypertonique pour les cellules bactériennes; les bactéries présentes sur les aliments ont alors tendance à se recroqueviller et à mourir. C'est la raison pour laquelle on utilise du sel pour protéger la viande et du sucre pour protéger les fruits.

La saumure utilisée pour faire mariner les concombres les fait se recroqueviller.

*Exemple 2.12*

## Solutions isotoniques

Quelle est la concentration de chlorure de sodium nécessaire pour obtenir une solution aqueuse isotonique avec le sang ($\pi$ = 780 kPa, à 25 °C)?

***Solution***

On peut calculer la concentration du soluté à partir de l'équation suivante :

$$\pi = cRT \quad \text{soit} \quad c = \frac{\pi}{RT}$$

$$c = \frac{780 \text{ kPa}}{(8,315 \text{ kPa} \cdot \text{L/K} \cdot \text{mol})(298 \text{ K})} = 0,315 \text{ mol/L}$$

Ce résultat représente la concentration totale des particules de soluté. Or, puisque le NaCl donne naissance à deux ions, la concentration de NaCl nécessaire est de $\frac{0,315}{2}$, soit 0,158 mol/L.

$$\text{NaCl} \longrightarrow \text{Na}^+ + \text{Cl}^-$$

$$0,1575 \text{ mol/L} \quad \underbrace{0,1575 \text{ mol/L} \quad 0,1575 \text{ mol/L}}_{0,315 \text{ mol/L}}$$

**Voir l'exercice 2.62**

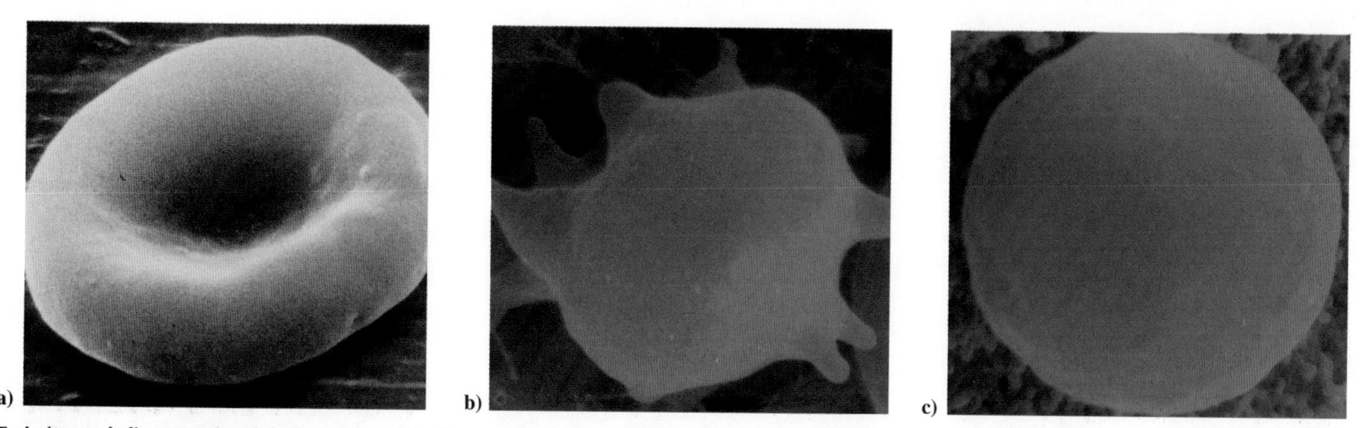


Trois étapes de l'osmose des globules rouges. a) La forme normale d'un globule rouge. b) La cellule s'est contractée parce que l'eau s'en est échappée par osmose. c) La cellule est gonflée par l'eau qui est entrée par osmose.

## Osmose inverse

Si, sur une solution en contact avec un solvant pur à travers une membrane semi-perméable, on exerce une pression extérieure supérieure à sa pression osmotique, on observe alors un phénomène d'**osmose inverse**. La pression entraîne un déplacement net du solvant de la solution vers le solvant pur (*voir la figure 2.20*). Dans le phénomène d'osmose inverse, la membrane semi-perméable joue le rôle d'un « filtre moléculaire » qui retient les particules du soluté. On a déjà mis ce phénomène en application dans le **dessalement** de l'eau de mer, qui est très hypertonique par rapport aux liquides de l'organisme et par conséquent non potable.

Au fur et à mesure que la population des États du sud et de l'ouest des États-Unis augmente, la demande en eau fait de même, mais les réserves d'eau douce sont limitées. Pour en obtenir davantage, on recourt de plus en plus au dessalement. Plusieurs méthodes sont à l'essai, dont l'évaporation solaire et l'osmose inverse ; on a même pensé à remorquer un iceberg de l'Antarctique. Le problème est que toutes les méthodes actuelles sont coûteuses. Cependant, les réserves d'eau douce suffisant de moins en moins à la demande, le dessalement devient une nécessité. Par exemple, la première usine publique de dessalement aux États-Unis vient juste de commencer ses opérations dans l'île Catalina, près de la côte californienne (*voir la figure 2.21*). Cette usine, qui peut chaque jour transformer plus de 500 000 litres d'eau de mer en eau potable, utilise l'osmose inverse. De puissantes pompes, qui exercent une pression de 5500 kPa, poussent l'eau de mer à travers des membranes semi-perméables synthétiques.

L'usine de l'île Catalina ne représente que le début de l'utilisation de cette technologie (*voir la figure 2.21*). En 1992, la ville de Santa Barbara a commencé à exploiter une usine de dessalement, de 40 millions de dollars, pouvant produire plus de 30 millions de litres d'eau potable par jour. On projette de construire d'autres usines de ce genre.

Plus près de nous, on exploite couramment l'osmose inverse dans la production de sirop d'érable. L'eau d'érable contient en général entre 2 et 3 % de sucre ; le sirop d'érable qu'on en tire doit en contenir 66 % pour qu'on puisse le commercialiser. Il faut donc 35 L d'eau d'érable pour produire 1 L de sirop. Le procédé classique de fabrication est le suivant : on fait bouillir sans interruption l'eau d'érable dans de grandes cuves à l'air libre jusqu'à ce que la composition de la solution atteigne le pourcentage de sucre désiré. Or, il est très coûteux, à la fois en énergie et en temps, d'éliminer ainsi 34 L d'eau sur 35 d'une solution dont le point d'ébullition augmente constamment en fonction de la concentration de soluté non volatil.

C'est pourquoi on a mis au point des appareils basés sur le principe de l'osmose inverse, que les acériculteurs utilisent pour éliminer 60 % du solvant de l'eau d'érable avant de la faire bouillir. Il en résulte une économie d'environ 60 % des coûts de chauffage, en plus de celle due à l'accélération de la production, ce qui suffit à compenser, pour les producteurs de 5000 *entailles* et plus, le financement d'un système automatisé (environ 25 000 $).

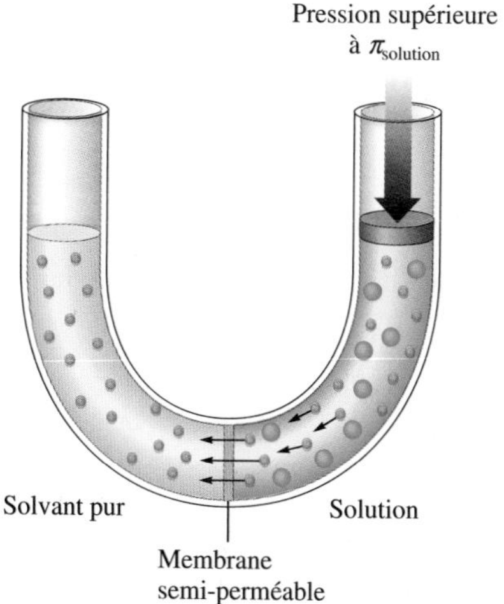

**FIGURE 2.20**

Osmose inverse. Lorsqu'on exerce une pression supérieure à la pression osmotique de la solution, les molécules de solvant (bleues) ont une tendance nette à se déplacer vers le solvant pur. Les molécules de soluté (vertes) demeurent dans la solution.

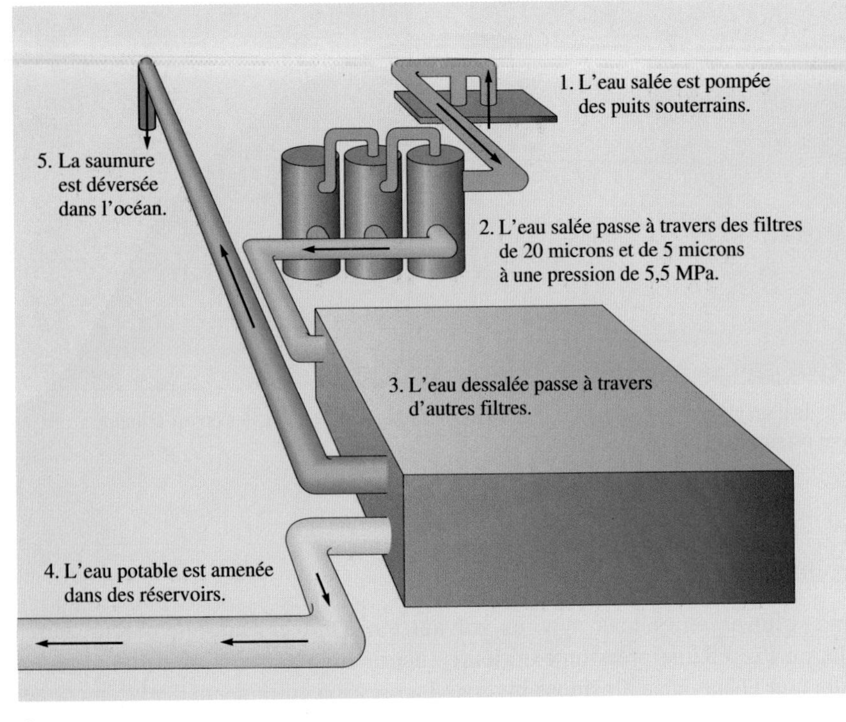
1. L'eau salée est pompée des puits souterrains.
2. L'eau salée passe à travers des filtres de 20 microns et de 5 microns à une pression de 5,5 MPa.
3. L'eau dessalée passe à travers d'autres filtres.
4. L'eau potable est amenée dans des réservoirs.
5. La saumure est déversée dans l'océan.

a)

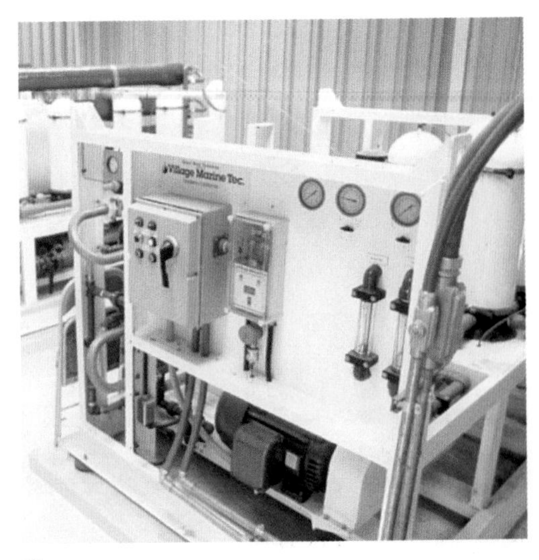

b)

**FIGURE 2.21**
**a) Appareil de dessalement dans l'usine de l'île Catalina, en Californie. b)** Les résidents de l'île Catalina près de la côte californienne bénéficient, depuis peu, d'une usine de dessalement, qui leur fournit plus de 500 000 litres d'eau potable par jour, soit le tiers de la demande.

## 2.7 Propriétés colligatives des solutions d'électrolytes

On l'a vu précédemment, les propriétés colligatives des solutions dépendent de la concentration totale de particules de soluté. Par exemple, une solution de glucose contenant 0,100 mol par kg de solvant entraîne un abaissement du point de congélation de 0,186 °C; en effet :

$$\Delta T = k_{cong} = (1{,}86\ °C \cdot kg/mol)(0{,}100\ mol/kg) = 0{,}186\ °C$$

D'autre part, une solution de chlorure de sodium contenant 0,100 mol par kg de solvant devrait provoquer un abaissement du point de congélation de 0,372 °C, puisque la solution contient 0,100 mol d'ions $Na^+$ et 0,100 mol d'ions $Cl^-$. Au total, elle contient 0,200 mol de particules de soluté par kg de solvant; par conséquent :

Le chimiste hollandais J.H. van't Hoff (1852-1911) fut le premier lauréat du prix Nobel de chimie, en 1901.

$$\Delta T = (1{,}86\ °C \cdot kg/mol)(0{,}200\ mol/kg) = 0{,}372\ °C$$

Le rapport entre le nombre de moles de particules en solution et le nombre de moles de soluté dissous est appelé **coefficient de van't Hoff** ($i$) :

$$i = \frac{\text{moles de particules en solution}}{\text{moles de soluté dissous}}$$

On peut calculer la valeur *théorique* de $i$, pour un sel, à partir du nombre d'ions qui apparaissent dans la formule. Par exemple, pour NaCl, $i$ vaut 2 ; pour $K_2SO_4$, $i$ vaut 3 ; pour $Fe_3(PO_4)_2$, $i$ vaut 5. Le recours à ces valeurs théoriques suppose que, une fois dissous, le sel est totalement dissocié en ses ions, qui peuvent alors se déplacer indépendamment les uns des autres. Or, ce n'est pas toujours le cas ; par exemple, l'abaissement du point de congélation d'une solution de NaCl 0,10 mol/kg est 1,87 fois supérieur à celui d'une solution de glucose 0,10 mol/kg, et non deux fois, c'est-à-dire que, pour une solution de NaCl 0,10 mol/kg, la valeur expérimentale de $i$ est 1,87 et non 2. Pourquoi ? La meilleure explication repose sur le fait qu'il y aurait **formation de paires d'ions** dans la solution (*voir la figure 2.22*) : à tout moment, un faible pourcentage des ions sodium et des ions chlorure sont pairés, ce qui fait qu'ils comptent pour une seule particule. En règle générale,

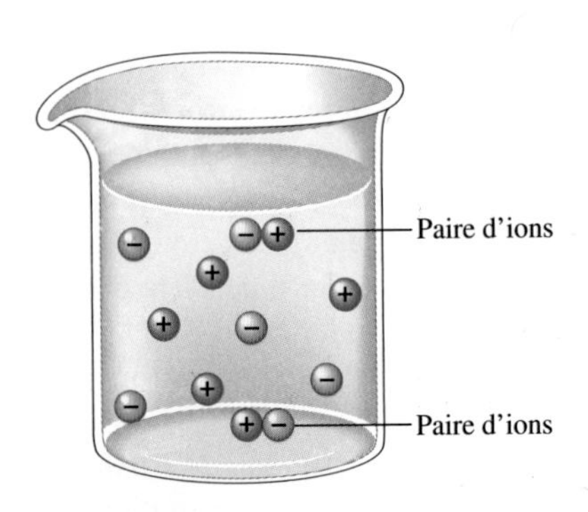
Paire d'ions
Paire d'ions

**FIGURE 2.22**
**Dans une solution aqueuse, quelques ions de charge opposée s'agrègent, formant ainsi des paires d'ions qui se comportent comme une particule unique.**

**TABLEAU 2.6 Valeurs théorique et expérimentale du coefficient de van't Hoff pour différentes solutions contenant 0,05 mol d'électrolyte par kg de solvant**

| Électrolyte | *i* (théorique) | *i* (expérimental) |
|---|---|---|
| NaCl | 2,0 | 1,9 |
| $MgCl_2$ | 3,0 | 2,7 |
| $MgSO_4$ | 2,0 | 1,3 |
| $FeCl_3$ | 4,0 | 3,4 |
| HCl | 2,0 | 1,9 |
| glucose* | 1,0 | 1,0 |

* Un non-électrolyte (pour comparaison)

la formation de paires d'ions est plus importante dans les solutions concentrées ; au fur et à mesure que la solution devient plus diluée, les ions s'éloignent les uns des autres, et la formation de paires d'ions est de moins en moins fréquente. Par exemple, dans une solution de NaCl contenant 0,0010 mol par kg de solvant, la valeur expérimentale de $i$ est 1,97, ce qui est très voisin de la valeur théorique.

Dans toutes les solutions d'électrolytes, il existe toujours un certain nombre de paires d'ions. Le tableau 2.6 présente les valeurs expérimentales et théoriques de $i$ pour une concentration donnée de différents électrolytes. On remarque que, plus les ions sont chargés, plus la valeur expérimentale a tendance à s'éloigner de la valeur théorique. Cela est dû au fait que la formation de paires d'ions est d'autant plus probable que les ions sont fortement chargés.

On décrit les propriétés colligatives des solutions d'électrolytes en introduisant le coefficient de van't Hoff dans l'équation appropriée. Par exemple, pour les modifications des points de congélation ou d'ébullition, l'équation devient :

$$\Delta T = imk$$

où $k$ est la constante ébullioscopique ou cryoscopique molale du solvant.

Pour la pression osmotique des solutions d'électrolytes, l'équation devient :

$$\pi = icRT$$

*Exemple 2.13*

## Pression osmotique

La pression osmotique d'une solution de $Fe(NH_4)_2(SO_4)_2$ 0,10 mol/L est de 1094 kPa, à 25 °C. Comparez les valeurs théorique et expérimentale de $i$.

***Solution***

Le solide ionique $Fe(NH_4)_2(SO_4)_2$ se dissocie dans l'eau pour donner cinq ions :

$$Fe(NH_4)_2(SO_4)_2 \xrightarrow{H_2O} Fe^{2+} + 2NH_4^+ + 2SO_4^{2-}$$

Par conséquent, la valeur théorique de $i$ est 5. On peut calculer la valeur expérimentale de $i$ en utilisant l'équation de la pression osmotique

$$\pi = icRT \quad \text{soit} \quad i = \frac{\pi}{cRT}$$

où $\pi$ = 1094 kPa ; $c$ = 0,10 mol/L ; $R$ = 8,315 kPa · L/K · mol ; $T$ = 25 + 273 = 298 K. En remplaçant les symboles par ces valeurs dans l'équation, on obtient :

$$i = \frac{\pi}{cRT} = \frac{1094 \text{ kPa}}{(0{,}10 \text{ mol/L})(8{,}315 \text{ kPa} \cdot \text{L/K} \cdot \text{mol})(298 \text{ K})} = 4{,}4$$

La valeur expérimentale de $i$ est inférieure à la valeur théorique, ce qui est probablement dû à la formation de paires d'ions.

***Voir l'exercice 2.67***

IMPACT

## La boisson des champions : l'eau

En 1965, l'équipe de football de l'Université de Floride, les Gators, a participé à un programme de recherche pour soumettre à un test une préparation de boisson pour athlètes contenant un mélange de glucides et d'électrolytes. La boisson était utilisée pour empêcher la déshydratation causée par des entraînements intenses sous le chaud climat de la Floride. Le succès des Gators, cette saison-là, fut en partie attribué à leur utilisation de la préparation de boisson réhydratante. En 1967, une forme modifiée de cette formule a été mise en marché sous l'appellation Gatorade. Aujourd'hui, Gatorade domine les ventes de boissons réhydratantes, mais de nombreuses autres marques sont entrées sur un marché où les ventes annuelles excèdent 875 millions de dollars !

Au cours d'un exercice physique d'intensité modérée à élevée, le glycogène (une réserve de carburant qui contribue au maintien des processus normaux de l'organisme) peut être appauvri en l'espace de 60 à 90 minutes. La glycémie chute lorsque les réserves de glycogène sont épuisées, et l'acide lactique (un sous-produit du métabolisme du glucose) s'accumule dans le tissu musculaire causant la fatigue et des crampes musculaires. Les muscles créent également une grande quantité de chaleur qui doit être dispersée. L'eau, qui présente une grande chaleur spécifique, sert à diminuer la chaleur des muscles. La transpiration et le refroidissement par évaporation aident l'organisme à maintenir une température constante, mais à un coût énorme. Au cours d'un exercice intense à température élevée, il peut se perdre par sudation entre 1 et 3 litres d'eau à chaque heure. Perdre par sudation plus de 2 % de sa masse corporelle – environ 1 litre pour 50 kilogrammes – peut imposer un stress énorme au cœur, ce qui augmente la température corporelle et diminue la performance. Une sudation excessive provoque également une perte d'ions sodium et potassium, deux électrolytes très importants, présents dans les liquides intra et extracellulaires.

Toutes les principales boissons énergétiques contiennent trois ingrédients principaux : des glucides sous la forme de sucres simples, tels que le saccharose, le glucose et le fructose ; des électrolytes, dont les ions sodium et potassium ;

FIGURE 2.23
L'effet Tyndall.

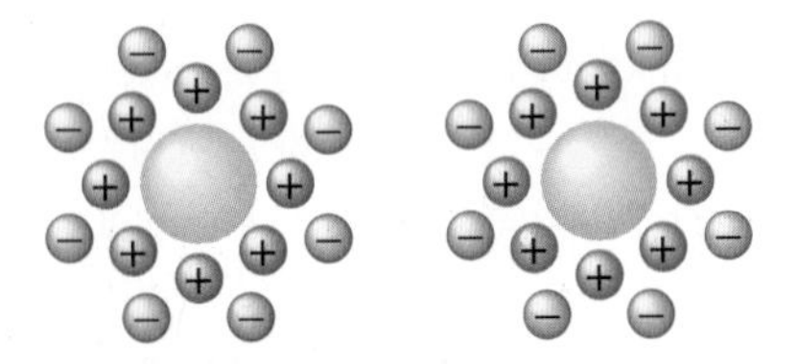

FIGURE 2.24
Représentation schématique de deux particules colloïdales. Leur partie centrale est entourée d'une couche d'ions positifs, elle-même entourée d'une couche d'ions négatifs. Ainsi, bien que ces particules soient électriquement neutres, elles se repoussent toujours l'une l'autre à cause de leur couche extérieure composée uniquement d'ions négatifs.

## 2.8 Colloïdes

Grâce à une agitation vigoureuse, on peut maintenir de la boue en suspension dans l'eau. Quand l'agitation cesse, la majeure partie des particules se déposent rapidement, mais un certain nombre restent en suspension, et ce, même après plusieurs jours. Sous un éclairage normal, on ne peut les voir ; on peut toutefois les mettre en évidence en faisant passer un faisceau de lumière intense à travers la suspension. De côté, on peut voir le faisceau, étant donné que la lumière est dispersée par les particules en suspension (*voir la figure 2.23*). Par ailleurs, dans une solution vraie, on ne voit pas le faisceau, car les molécules et les ions répartis dans la solution sont trop petits pour disperser la lumière visible.

La dispersion de la lumière par les particules est appelée l'**effet Tyndall**. On utilise souvent cet effet pour distinguer une suspension d'une vraie solution.

Une suspension de fines particules dans un milieu quelconque est appelée **suspension colloïdale** ou **colloïde**. Les particules en suspension sont de grosses molécules individuelles ou des agrégats de molécules ou d'ions dont la taille varie de 1 à 1000 nanomètres. On classe les colloïdes selon l'état de la phase dispersée et du milieu de dispersion. Le tableau 2.7 présente les différents types de suspensions colloïdales.

Qu'est-ce qui stabilise une suspension colloïdale ? Pourquoi les particules demeurent-elles en suspension plutôt que de former de plus gros agrégats et de se sédimenter ? La réponse est fort complexe, mais le principal facteur en jeu semble être la *répulsion électrostatique*. Un colloïde, comme toute autre substance macroscopique, est électriquement neutre. Cependant, lorsqu'on place un colloïde dans un champ électrique, toutes les particules en suspension migrent vers la même électrode, ce qui signifie qu'elles ont toutes la même charge. Comment cela est-il possible ? Le centre d'une particule colloïdale (un tout petit cristal ionique, un groupe de molécules ou simplement une grosse molécule) attire des ions de même charge présents dans la solution, ions qui forment alors une couche. Cette couche d'ions attire à son tour une autre couche d'ions de charge opposée (*voir la figure 2.24*). Étant donné que les particules colloïdales possèdent toutes une couche extérieure d'ions de même charge, elles se repoussent ; elles ne peuvent donc pas s'agréger et former des particules suffisamment grosses pour se sédimenter.

et de l'eau. Étant donné que ce sont là les trois principales substances qui sont perdues par sudation, un bon raisonnement scientifique donne à penser que la consommation de boissons énergétiques devrait améliorer la performance. Mais jusqu'à quel point ces boissons remplissent-elles leurs promesses ?

Des études récentes ont confirmé que les athlètes dont l'alimentation est équilibrée et qui boivent beaucoup d'eau se portent aussi bien que ceux qui consomment des boissons énergisantes. Ce type de boisson n'a qu'un seul avantage par rapport à l'eau : sa saveur est considérée comme meilleure par la plupart des athlètes. Et si une boisson a un meilleur goût, sa consommation sera ainsi favorisée ce qui maintiendra les cellules hydratées.

Étant donné que la plupart des boissons énergisantes qui dominent le marché contiennent les mêmes ingrédients dans des concentrations semblables, la saveur peut se révéler le seul facteur important dans votre choix d'une boisson. Si aucune boisson énergisante particulière ne vous intéresse, buvez beaucoup d'eau. Le secret d'une performance de qualité consiste à maintenir ses cellules hydratées.

**Pour des athlètes en forme, boire de l'eau au cours d'un exercice peut se montrer aussi efficace que le fait de boire des boissons énergisantes.**

Adapté avec la permission de Tim Graham, « Sports Drinks : Don't Sweat the Small Stuff », *ChemMatters,* février 1999, p. 11.

**TABLEAU 2.7 Types de colloïdes**

| Exemple | Milieu de dispersion | Substance dispersée | Système colloïdal |
|---|---|---|---|
| brouillard, aérosol en atomiseur | gaz | liquide | aérosol |
| fumée, bactéries dans l'air | gaz | solide | aérosol |
| crème fouettée, eau savonneuse | liquide | gaz | mousse |
| lait, mayonnaise | liquide | liquide | émulsion |
| peinture, argile, gélatine | liquide | solide | sol |
| guimauve, mousse de polystyrène | solide | gaz | mousse solide |
| beurre, fromage | solide | liquide | émulsion solide |
| verre rubis | solide | solide | sol solide |

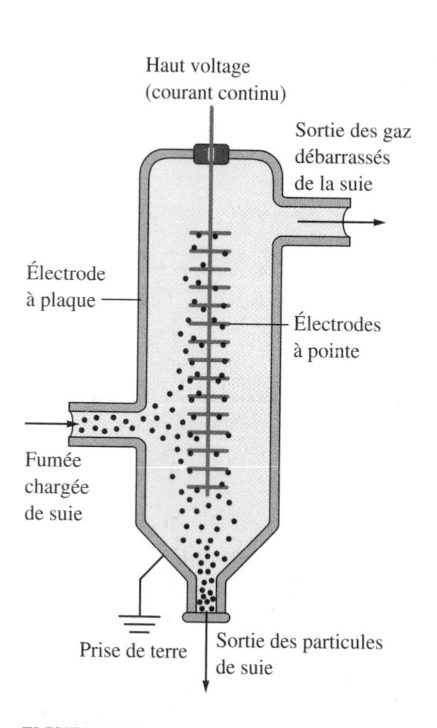


**FIGURE 2.25**
**Dépoussiéreur électrostatique de Cottrell installé dans une cheminée. Les plaques chargées attirent les particules colloïdales (à cause de leurs couches d'ions), ce qui les élimine de la fumée.**

On peut détruire un colloïde, un procédé appelé **floculation**, avec de la chaleur ou grâce à l'addition d'un électrolyte. La chaleur augmente la vitesse de déplacement des particules colloïdales, ce qui les oblige à entrer en collision avec suffisamment d'énergie pour traverser la barrière d'ions ; ainsi, les particules s'agrègent. Puisque les collisions sont nombreuses, les particules grossissent à tel point qu'elles sédimentent. Par ailleurs, l'addition d'un électrolyte neutralise la couche d'ions adsorbés. C'est la raison pour laquelle l'argile en suspension dans l'eau douce se dépose au fond lorsqu'un fleuve se jette dans la mer, formant ainsi les deltas caractéristiques des grands fleuves tel le Mississippi. La forte teneur en sel de l'eau de mer entraîne la floculation des particules colloïdales d'argile.

L'élimination de la suie de la fumée est un autre exemple de floculation d'un colloïde. Quand la fumée traverse un dépoussiéreur électrostatique (*voir la figure 2.25*), les particules en suspension sont retenues. L'utilisation des dépoussiéreurs a grandement amélioré la qualité de l'air des villes fortement industrialisées.

IMPACT

## Êtres vivants et formation de la glace

L'eau glacée des océans polaires est remplie de poissons qui ne souffrent pas du froid. On pourrait penser que le sang de ces poissons contient un genre d'antigel. Cependant, des études démontrent que la façon dont ces poissons sont protégés du froid diffère totalement de la façon dont l'antigel protège nos autos. Comme nous l'avons vu dans le présent chapitre, les solutés comme le sucre, le sel et l'éthylène glycol abaissent la température à laquelle les phases solide et liquide peuvent coexister. Cependant, les poissons ne pourraient pas tolérer dans leur sang des concentrations élevées de soluté à cause de la pression osmotique qui en résulterait. Ils sont plutôt protégés par des protéines. Celles-ci permettent à l'eau contenue dans leur sang d'être surfondue (c'est-à-dire de demeurer liquide à une température inférieure à 0 °C). Ces protéines recouvriraient chaque minuscule cristal de glace dès sa formation, l'empêchant ainsi d'atteindre une taille dangereuse pour l'organisme.

Poisson de l'Antarctique, *Chærophalus aceratus.*

Cela peut sembler surprenant, mais les recherches sur les poissons polaires ont attiré l'attention des fabricants de crème glacée. Une crème glacée de bonne qualité doit être crémeuse, sans gros cristaux de glace. Ces fabricants voudraient y incorporer des protéines ou des molécules qui agiraient comme les protéines de ces poissons, c'est-à-dire qui empêcheraient la formation de cristaux de glace durant l'entreposage.

Les cultivateurs de fruits et de légumes y portent un intérêt semblable : eux veulent aussi prévenir la formation de glace qui endommage les récoltes durant une vague de froid inhabituelle. Cependant, ce problème est tout à fait différent de celui auquel sont confrontés les poissons. De nombreux types de fruits et de légumes sont colonisés par des bactéries qui fabriquent une protéine qui *favorise* le gel en agissant comme agent de nucléation, c'est-à-dire qui amorce la formation de cristaux. Les chimistes ont identifié la protéine coupable dans la bactérie, ainsi que le gène qui en est responsable. Ils ont appris à modifier le matériel génétique de ces bactéries pour qu'elles ne puissent plus fabriquer de telles protéines. Si les analyses révèlent que ces bactéries modifiées ne causent aucun dommage aux récoltes ni à l'environnement, la souche originale de la bactérie sera remplacée par la nouvelle ; ainsi la glace ne se formera plus aussi facilement durant les gelées inhabituelles.

## Mots clés

Solution

*Section 2.1*
concentration molaire volumique
pourcentage massique
fraction molaire
molalité
normalité

*Section 2.2*
enthalpie (chaleur) de dissolution
enthalpie (chaleur) d'hydratation

*Section 2.3*
loi de Henry
pollution thermique

*Section 2.4*
loi de Raoult
solution idéale

*Section 2.5*
propriétés colligatives
constante ébullioscopique molale
constante cryoscopique molale

*Section 2.6*
membrane semi-perméable
osmose
pression osmotique
dialyse
solutions isotoniques
osmose inverse
dessalement

*Section 2.7*
coefficient de van't Hoff
formation de paires d'ions

*Section 2.8*
effet Tyndall
suspension colloïdale (colloïde)
floculation

# Synthèse

**Composition d'une solution**

- Concentration molaire volumique ($c$) : nombre de moles de soluté par litre de solution.
- Pourcentage massique : rapport entre la masse de soluté et la masse de solution multiplié par 100.
- Fraction molaire ($X$) : nombre de moles de composé donné divisé par le nombre total de moles de tous les constituants de la solution.
- Molalité ($m$) : nombre de moles de soluté par masse de solvant (en kg).
- Normalité ($N$) : nombre d'équivalents par litre de solution.

**Enthalpie (chaleur) de dissolution ($\Delta H_{diss}$)**

- Changement d'enthalpie associé à la formation d'une solution.
- On peut la décomposer en :
  - énergie liée à la rupture entre les particules de soluté ;
  - énergie liée à la formation de « trous » dans le solvant ;
  - énergie liée à la formation d'interactions entre le soluté et le solvant.

**Facteurs qui influencent la solubilité**

- Polarité du soluté et du solvant.
  - Le dicton : « Des substances semblables se dissolvent mutuellement » est une généralisation utile.
- La pression accroît la solubilité des gaz dans un solvant.
  - Loi de Henry : $P = kc$
- Influence de la température.
  - Son augmentation diminue la solubilité des gaz dans l'eau.
  - La plupart des solides sont plus solubles à température élevée, mais il existe de nombreuses exceptions.

**Pression de vapeur des solutions**

- La pression de vapeur d'une solution qui contient un soluté non volatil est toujours inférieure à celle du solvant pur.
- La loi de Raoult s'applique aux solutions idéales.

$$P_{\text{solution}} = \chi_{\text{solvant}} P^0_{\text{solvant}}$$

  - Les solutions dans lesquelles les attractions soluté-solvant diffèrent des attractions soluté-soluté et solvant-solvant ne sont pas régies par la loi de Raoult.

**Propriétés colligatives**

- Dépendent du nombre de particules de soluté en solution.
- Élévation du point d'ébullition : $\Delta T = k_{\text{éb}} m_{\text{soluté}}$
- Abaissement du point de congélation : $\Delta T = k_{\text{cong}} m_{\text{soluté}}$
- Pression osmotique : $\pi = cRT$
  - L'osmose a lieu lorsqu'une solution et un solvant pur sont séparés par une membrane semi-perméable qui laisse passer les molécules de solvant, mais empêche le passage des molécules de soluté.
  - L'osmose inverse a lieu lorsqu'on exerce une pression extérieure supérieure à la pression osmotique de la solution.
- Étant donné que les propriétés colligatives dépendent du nombre de particules, les solutés qui se dissocient en plusieurs ions en se dissolvant ont un effet proportionnel au nombre d'ions produits.
- Le coefficient de van't Hoff ($i$) représente le nombre d'ions produits par chaque molécule de soluté.

**Colloïdes**

- Suspension de petites particules stabilisées par les répulsions électrostatiques entre les couches d'ions qui entourent les particules individuelles.
- Peuvent floculer en chauffant la suspension ou en y ajoutant un électrolyte.

## QUESTIONS DE RÉVISION

1. Les quatre façons les plus courantes pour décrire la composition d'une solution sont le pourcentage massique, la fraction molaire, la concentration molaire volumique et la molalité. Définissez chacun de ces termes. Pourquoi la molarité est-elle dépendante de la température, alors que les trois autres termes en sont indépendants ?
2. En vous servant de KF comme exemple, écrivez les équations qui représentent $\Delta H_{diss}$ et $\Delta H_{hyd}$. Selon la définition donnée au chapitre 6 du volume *Chimie générale*, l'énergie de réseau est la $\Delta H$ pour la réaction $K^+(g) + F^-(g) \longrightarrow KF(s)$. Montrez comment vous pouvez utiliser la loi de Hess pour calculer $\Delta H_{diss}$ à partir de $\Delta H_{hyd}$ et de $\Delta H_{rés}$ pour KF, où $\Delta H_{rés}$ = énergie de réseau. La $\Delta H_{diss}$ pour KF, comme pour d'autres composés ioniques solubles, est un nombre relativement petit. Comment est-ce possible étant donné que $\Delta H_{hyd}$ et $\Delta H_{rés}$ sont des nombres négatifs relativement élevés ?
3. Que signifie le dicton : « Des substances semblables se dissolvent mutuellement » ? Il existe quatre types de combinaisons soluté-solvant : solutés polaires dans des solvants polaires, solutés non polaires dans des solvants polaires, solutés polaires dans des solvants non polaires et solutés non polaires dans des solvants non polaires. Pour chaque type de solution, commentez la grandeur de $\Delta H_{diss.}$
4. La structure, la pression et la température influencent toutes la solubilité. Commentez chacun de ces effets. Qu'est-ce que la loi de Henry ? Pourquoi la loi de Henry ne s'applique-t-elle pas à HCl($g$) ? Que signifient les termes *hydrophobe* et *hydrophile* ?
5. Définissez les termes dans l'équation de la loi de Raoult. La figure 2.9 illustre le transfert net de molécules d'eau pure à une solution aqueuse de soluté non volatil. Expliquez pourquoi l'eau finit par passer en totalité du bécher d'eau pure à la solution aqueuse. Si l'expérience illustrée à la figure 2.9 était effectuée avec un soluté volatil, qu'arriverait-il ? Comment calculez-vous la pression de vapeur totale quand le soluté et le solvant sont tous les deux volatils ?
6. À la lumière de la loi de Raoult, faites la distinction entre une solution idéale liquide-liquide et une solution non idéale liquide-liquide. Si une solution est idéale, qu'est-ce qui est vrai concernant $\Delta H_{diss}$, $\Delta T$ pour la formation de la solution et les forces d'interaction au sein du soluté pur et du solvant pur, si on les compare aux forces d'interaction au sein de la solution ? Donnez un exemple d'une solution idéale. Répondez aux deux questions précédentes dans le cas de solutions qui présentent des déviations soit négatives, soit positives par rapport à la loi de Raoult.
7. L'abaissement de la pression de vapeur, tout comme l'abaissement de la température de fusion et l'élévation de la température d'ébullition, est une propriété colligative. Qu'est-ce qu'une propriété colligative ? Pourquoi le point de congélation d'une solution diminue-t-il par rapport à celui du solvant pur ? Pourquoi la température d'ébullition d'une solution est-elle augmentée par rapport à celle d'un solvant pur ? Expliquez comment calculer $\Delta T$ dans un problème d'abaissement du point de congélation ou d'élévation du point d'ébullition. Parmi les solvants énumérés au tableau 2.5, lequel aurait l'abaissement du point de congélation le plus grand pour une solution 0,50 molale ? Lequel aurait la plus faible élévation du point d'ébullition pour une solution 0,50 molale ?

   Des expériences portant sur l'abaissement du point de congélation et l'élévation du point d'ébullition constituent des applications courantes permettant de calculer la masse molaire d'un soluté non volatil. Quelles données sont nécessaires pour calculer la masse molaire d'un soluté non volatil ? Expliquez comment manipuler ces données pour calculer la masse molaire d'un soluté non volatil.

8. Qu'est-ce que la pression osmotique ? Comment calculer la pression osmotique ? Dans l'équation de la pression osmotique, on utilise des unités de concentration molaire volumique. Quand la concentration molaire volumique d'une solution est-elle approximativement égale à la molalité d'une solution ? Avant l'apparition des réfrigérateurs, on conservait beaucoup d'aliments en les salant abondamment et les fruits en ajoutant une grande quantité de sucre (conserves). Comment le sel et le sucre peuvent-ils conserver les aliments ? La dialyse et le dessalement sont deux applications de la pression osmotique. Expliquez ces deux procédés.
9. Faites la distinction entre un électrolyte fort, un électrolyte faible et un non-électrolyte. Comment peut-on utiliser les propriétés colligatives pour différencier l'un de l'autre ? Qu'est-ce que le coefficient de van't Hoff ? Pourquoi l'abaissement observé du point de congélation de solutions d'électrolytes est-il parfois moindre que la valeur calculée ? La différence est-elle plus importante pour les solutions concentrées ou pour les solutions diluées ?
10. Qu'est-ce qu'une dispersion colloïdale ? Donnez quelques exemples de colloïdes. L'effet Tyndall est souvent utilisé pour distinguer une suspension colloïdale d'une solution vraie. Expliquez. La destruction d'un colloïde s'effectue au moyen d'un procédé appelé floculation. Qu'est-ce que la floculation ?

# Questions et exercices

## Questions à discuter en classe

Ces questions sont conçues pour être abordées en petits groupes. Par des discussions et des enseignements mutuels, elles permettent d'exprimer la compréhension des concepts.

**1.** Selon la légende et l'illustration de la figure 2.9, l'eau semble passer d'un bécher à l'autre.
   **a)** Pourquoi cela se produit-il ?
   **b)** L'explication du texte emploie des termes comme *pression de vapeur* et *équilibre*. En quoi sont-ils liés à ce phénomène ? Par exemple, qu'est-ce qui atteint un équilibre ?
   **c)** L'eau finit-elle par se retrouver complètement dans le deuxième bécher ?
   **d)** L'eau s'évapore-t-elle du bécher qui contient la solution ? Si oui, est-ce que la vitesse d'évaporation augmente, diminue ou reste constante avec le temps ?

   Faites des schémas pour illustrer les explications fournies.

**2.** Voyez la figure 2.9. Supposons que, au lieu d'avoir un soluté non volatil dans le solvant d'un des béchers, il y a deux béchers contenant deux liquides volatils différents ; dans l'un, on trouve le liquide A ($P_{vap}$ = 50 torr) et dans l'autre, le liquide B ($P_{vap}$ = 100 torr). Dites ce qui arrive au fur et à mesure que le temps passe. Comparez avec le premier cas (*voir la figure*). En quoi est-ce différent ?

**3.** Plaçons une plante d'eau douce dans une solution d'eau salée et examinons-la au microscope. Qu'arrive-t-il aux cellules de la plante ? Que se passe-t-il si l'on place une plante d'eau salée dans de l'eau pure ? Expliquez. Illustrez vos explications par des dessins.

**4.** Quelle est la relation entre la $\Delta H_{diss}$ et les écarts à la loi de Raoult ? Expliquez votre réponse.

**5.** On sait que l'ajout d'un soluté dans un solvant peut augmenter le point d'ébullition et abaisser le point de congélation. Quelqu'un explique ce phénomène de la manière suivante : « Si l'on utilise du sel et de l'eau comme soluté et solvant, le sel abaisse le point de congélation en empêchant les molécules d'eau de se joindre. Le sel agit aussi comme une liaison forte tenant ensemble les molécules d'eau de sorte qu'il est plus difficile à l'eau de bouillir. » Que peut-on dire à cette personne ?

**6.** On échappe un glaçon (d'eau pure) dans une solution d'eau salée à 0 °C. Décrivez ce qui arrive et dites pourquoi.

**7.** À l'aide du diagramme de phases de l'eau et de la loi de Raoult, dites pourquoi on répand du sel sur les routes en hiver (même quand la température est inférieure au point de congélation).

**8.** Deux amis boivent du soda de deux bouteilles de 2 L différentes. Les deux boissons contiennent la même quantité de gaz dissous. Un des garçons en boit 1 L ; l'autre, un demi-litre. Tous les deux ferment leurs bouteilles et les placent au réfrigérateur. Le jour suivant, lequel des deux sodas contiendra le plus de gaz dissous ?

Une question ou un exercice précédés d'un numéro en bleu indiquent que la réponse se trouve à la fin de ce livre.

## Révision du chapitre 1

Si vous avez de la difficulté avec les exercices suivants, révisez les sections 1.1 à 1.3 du chapitre 1.

9. On dissout 125 g de saccharose ($C_{12}H_{22}O_{11}$) dans suffisamment d'eau pour obtenir 1,00 L de solution. Quelle est la concentration molaire volumique de cette solution ?

**10.** Quel volume d'une solution de $CaCl_2$ 0,580 mol/L contient 1,28 g de soluté ?

11. Calculez la concentration des ions sodium lorsque 70,0 mL de carbonate de sodium 3,0 mol/L sont ajoutés à 30,0 mL de bicarbonate de sodium 1,0 mol/L.

**12.** Complétez l'équation en montrant quels ions sont présents dans chacun des électrolytes forts suivants après qu'ils ont été dissous dans l'eau.

| | | |
|---|---|---|
| **a)** $HNO_3$ | **d)** $SrBr_2$ | **g)** $NH_4NO_3$ |
| **b)** $Na_2SO_4$ | **e)** $KClO_4$ | **h)** $CuSO_4$ |
| **c)** $AlCl_3$ | **f)** $NH_4Br$ | **i)** NaOH |

## Questions

13. À la lumière de la théorie cinétique, expliquez la dépendance à la température de la solubilité d'un gaz dans l'eau.

**14.** $NH_3(g)$, un électrolyte faible, ne respecte pas la loi de Henry. Pourquoi ? $O_2(g)$ respecte la loi de Henry en solution dans l'eau, mais pas en solution dans le sang (une solution aqueuse). Pourquoi ?

15. Les deux béchers dans un système clos illustrés ci-dessous contiennent de l'eau pure et une solution aqueuse d'un soluté volatil.

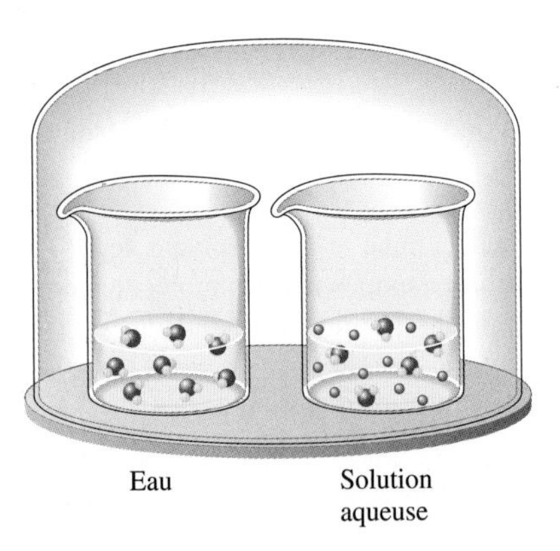


Si le soluté est moins volatil que l'eau, expliquez ce qui arrive aux volumes dans les deux contenants, au fur et à mesure que le temps passe.

**16.** La courbe suivante montre la pression de vapeur de diverses solutions des composants A et B à une certaine température.

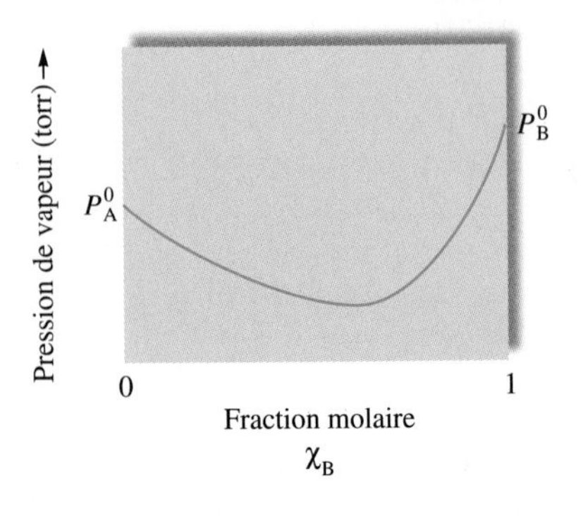


Parmi les énoncés suivants portant sur les solutions A et B, lesquels sont faux ?

**a)** Les solutions présentent des déviations négatives par rapport à la loi de Raoult.

**b)** $\Delta H_{diss}$ pour les solutions doit être exothermique.

**c)** Les forces intermoléculaires sont plus importantes en solution que dans A pur ou B pur.

**d)** Le liquide B pur est plus volatil que le liquide A pur.

**e)** La solution dont $\chi_B = 0,6$ a un point d'ébullition plus faible que A pur ou que B pur.

17. Quand on mélange du méthanol avec de l'eau, la solution qui en résulte est chaude au toucher. Cette solution est-elle idéale ? Expliquez.

**18.** Un détergent peut aussi bien stabiliser l'émulsion de l'huile dans l'eau que faire disparaître la saleté des vêtements. Le dodécylsulfate de sodium, $CH_3(CH_2)_{10}CH_2SO_4^-Na^+$, ou SDS, est un détergent typique. En solution aqueuse, le SDS met en suspension l'huile ou la saleté en formant de petits agrégats d'anions de détergent appelés *micelles*. Proposez une structure pour ces micelles.

19. Dans le cas d'un acide ou d'une base, quand la normalité d'une solution est-elle égale à sa concentration molaire volumique, et quand les deux unités de concentration sont-elles différentes ?

**20.** Pour que le chlorure de sodium se dissolve dans l'eau, il faut fournir une petite quantité d'énergie au cours de la formation de la solution, ce qui n'est pas énergétiquement favorable. Pourquoi NaCl est-il si soluble dans l'eau ?

21. Parmi les énoncés suivants, lequel ou lesquels sont vrais ? Corrigez les énoncés qui sont faux.

**a)** La pression de vapeur d'une solution est directement proportionnelle à la fraction molaire du soluté.

**b)** Quand on ajoute un soluté à de l'eau, l'eau dans la solution a une pression de vapeur plus faible que celle de la glace pure à 0 °C.

**c)** Les propriétés colligatives ne dépendent que de la nature du soluté et non du nombre de particules de soluté présentes.

**d)** Quand on ajoute du sucre à de l'eau, la température de la solution augmente au-dessus de 100 °C, parce que le sucre a un point d'ébullition plus élevé que celui de l'eau.

**22.** L'énoncé suivant est-il vrai ou faux ? Expliquez votre réponse. Pour déterminer la masse molaire d'un soluté au moyen de données sur le point d'ébullition ou le point de congélation, le camphre constitue le meilleur choix parmi tous les solvants énumérés au tableau 2.5.

23. Expliquez les termes *solution isotonique, crénelure* et *hémolyse*.

**24.** Qu'est-ce que la formation de paires d'ions ?

## Exercices

Dans la présente section, les exercices similaires sont regroupés.

### Composition des solutions

25. On prépare une solution d'acide phosphorique en dissolvant 10,0 g de $H_3PO_4$ dans 100,0 mL d'eau. Le volume résultant est de 104 mL. Calculez la masse volumique, la fraction molaire, la concentration molaire volumique et la molalité de la solution. Supposez que la masse volumique de l'eau soit de 1,00 g/cm³.

**26.** Une solution aqueuse d'antigel est composée de 40 % d'éthylène glycol ($C_2H_6O_2$), par masse. La masse volumique de la solution est de 1,05 g/mL. Calculez la molalité, la concentration molaire volumique et la fraction molaire de l'éthylène glycol.

27. Les acides et bases commerciaux sont des solutions aqueuses dont les propriétés sont les suivantes :

| | Masse volumique (g/mL) | Pourcentage massique de soluté |
|---|---|---|
| acide chlorhydrique | 1,19 | 38 |
| acide nitrique | 1,42 | 70 |
| acide sulfurique | 1,84 | 95 |
| acide acétique | 1,05 | 99 |
| ammoniaque | 0,90 | 28 |

Calculez la concentration molaire volumique, la molalité et la fraction molaire de chacun des produits mentionnés.

**28.** Comment préparer 100 mL de chacune des solutions suivantes ?
**a)** KCl : 2 mol par kg d'eau ($\chi_{H_2O}$ = 1,00 g/mL).
**b)** NaOH : 15 %, par masse, dans l'eau ($\chi_{H_2O}$ = 1,00 g/mL).
**c)** NaOH : 25 %, par masse, dans $CH_3OH$ ($\chi$ = 0,79 g/mL).
**d)** $C_6H_{12}O_6$ : fraction molaire 0,10, dans l'eau ($\chi_{H_2O}$ = 1,00 g/cm$^3$).

29. Une bouteille de vin contient 12,5 % d'éthanol par volume. La masse volumique de l'éthanol, $C_2H_5OH$, est de 0,789 g/mL. Calculez le pourcentage massique et la molalité de l'éthanol dans le vin.

**30.** La masse volumique d'une solution aqueuse d'acide citrique, $H_3C_6H_5O_7$, 1,37 mol/L est de 1,10 g/mL. Calculez le pourcentage massique, la molalité et la fraction molaire de l'acide citrique.

31. Calculez la concentration molaire volumique et la fraction molaire de l'acétone dans une solution contenant 1,00 mol d'acétone ($CH_3COCH_3$) par kilogramme d'éthanol ($C_2H_5OH$). (La masse volumique de l'acétone est de 0,788 g/cm$^3$ ; celle de l'éthanol, de 0,789 g/cm$^3$.) Considérez que le volume de l'acétone et celui de l'éthanol s'additionnent.

## Aspects énergétiques des solutions et solubilité

**32.** L'énergie de réseau* du KCl est de −715 kJ/mol ; sa chaleur d'hydratation, de −684 kJ/mol. Calculez la chaleur de dissolution par mole de KCl solide. Décrivez le processus auquel cette variation de chaleur s'applique.

33. **a)** Utilisez les données suivantes pour calculer la chaleur d'hydratation de l'iodure de césium et de l'hydroxyde de césium.

| | Énergie de réseau (kJ/mol) | $\Delta H_{diss}$ (kJ/mol) |
|---|---|---|
| CsI(*s*) | −604 | 33 |
| CsOH(*s*) | −724 | −72 |

**b)** Selon les réponses obtenues en **a)**, lequel des ions est le plus fortement attiré par l'eau, $OH^-$ ou $I^-$ ?

**34.** Alors que $Al(OH)_3$ est insoluble dans l'eau, NaOH est très soluble. Expliquez pourquoi en fonction des énergies de réseau.

35. Le point de fusion élevé des solides ioniques indique qu'il faut beaucoup d'énergie pour en séparer les ions. Comment les ions peuvent-ils se séparer quand les composés ioniques solubles se dissolvent dans l'eau, souvent sans changement de température apparent ?

**36.** Quel solvant, l'eau ou le tétrachlorure de carbone, est le plus susceptible de dissoudre chacune des substances suivantes ?
**a)** $Cu(NO_3)_2$
**b)** $CS_2$
**c)** $CH_3C(=O)—OH$
**d)** $CH_3(CH_2)_{16}CH_2OH$
**e)** HCl
**f)** $C_6H_6$

37. Quels facteurs font qu'un soluté est plus attiré par l'eau qu'un autre ? Pour chacune des paires de substances suivantes, dites quelle substance est la plus soluble dans l'eau.
**a)** $CH_3CH_2OH$ ou $CH_3CH_2CH_3$
**b)** $CHCl_3$ ou $CCl_4$
**c)** $CH_3CH_2OH$ ou $CH_3(CH_2)_{14}CH_2OH$

**38.** Dans chacune des paires suivantes, quel ion serait le plus fortement hydraté ? Pourquoi ?
**a)** $Na^+$ ou $Mg^{2+}$
**b)** $Mg^{2+}$ ou $Be^{2+}$
**c)** $Fe^{2+}$ ou $Fe^{3+}$
**d)** $F^-$ ou $Br^-$
**e)** $Cl^-$ ou $ClO_4^-$
**f)** $ClO_4^-$ ou $SO_4^{2-}$

39. Expliquez la baisse de solubilité dans l'eau des alcools suivants.

| Alcool | Solubilité (g/100 g $H_2O$ à 20 °C) |
|---|---|
| méthanol, $CH_3OH$ | soluble en toutes proportions |
| éthanol, $CH_3CH_2OH$ | soluble en toutes proportions |
| propanol, $CH_3CH_2CH_2OH$ | soluble en toutes proportions |
| butanol, $CH_3(CH_2)_2CH_2OH$ | 8,14 |
| pentanol, $CH_3(CH_2)_3CH_2OH$ | 2,64 |
| hexanol, $CH_3(CH_2)_4CH_2OH$ | 0,59 |
| heptanol, $CH_3(CH_2)_5CH_2OH$ | 0,09 |

**40.** La solubilité de l'acide benzoïque,

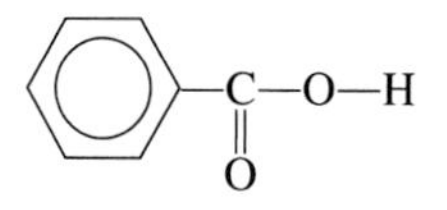


est de 0,34 g/100 mL d'eau, à 25 °C, et elle est de 10,0 g/100 mL de benzène, $C_6H_6$, à 25 °C. Expliquez cette différence de solubilité. (*Piste de solution :* L'acide benzoïque forme des dimères dans le benzène. L'acide benzoïque serait-il plus soluble dans une solution de NaOH 0,1 mol/L que dans l'eau ? Expliquez votre réponse.

41. La solubilité de l'azote dans l'eau est $8{,}21 \times 10^{-4}$ mol/L à 0 °C, lorsque la pression de $N_2$ au-dessus de l'eau est de 0,790 atm. Calculez la constante de la loi de Henry pour $N_2$ en mol/L · atm lorsque la loi de Henry est exprimée sous la forme $P = kc$, où $c$ est la concentration du gaz en mol/L. Calculez la solubilité de $N_2$ dans l'eau lorsque la pression partielle de l'azote au-dessus de l'eau est de 1,10 atm à 0 °C.

* Énergie de réseau = variation d'énergie qui accompagne le processus suivant : $M^+(g) + X^-(g) \longrightarrow MX(s)$

## Pressions de vapeur des solutions

**42.** La glycérine, $C_3H_8O_3$, est un liquide non volatil. Quelle est la pression de vapeur d'une solution préparée en ajoutant 164 g de glycérine à 338 mL de $H_2O$ à 39,8 °C ? La pression de vapeur de l'eau pure à 39,8 °C est de 54,74 torr et sa masse volumique est de 0,992 g/cm$^3$.

43. À une certaine température, la pression de vapeur du benzène pur ($C_6H_6$) est de 0,930 atm. On prépare une solution en dissolvant 10,0 g d'un soluté non dissocié et non volatil dans 78,11 g de benzène à cette température. La pression de vapeur de la solution est alors de 0,900 atm. On considère la solution comme idéale. Déterminez la masse molaire du soluté.

**44.** La pression de vapeur d'une solution aqueuse de chlorure de sodium est de 19,6 torr, à 25 °C. Quelle est la fraction molaire du NaCl dans cette solution ? Quelle serait la pression de vapeur de cette solution à 45 °C ? (La pression de vapeur de l'eau pure est de 23,8 torr à 25 °C, et de 71,9 torr à 45 °C.)

45. Le pentane ($C_5H_{12}$) et l'hexane ($C_6H_{14}$) forment une solution idéale. À 25 °C, les pressions de vapeur du pentane et de l'hexane sont respectivement de 511 torr et de 150 torr. On prépare une solution en mélangeant 25 mL de pentane (masse volumique = 0,63 g/mL) et 45 mL d'hexane (masse volumique = 0,66 g/mL).

**a)** Quelle est la pression de vapeur de la solution finale ?
**b)** Quelle est la composition, en fraction molaire, du pentane présent dans la vapeur en équilibre avec la solution ?

**46.** On prépare une solution en mélangeant 1,0 mol de méthanol, $CH_3OH$, et 1,0 mol de propanol, $CH_3CH_2CH_2OH$. Quelle est la composition de la vapeur, à 40 °C ? À 40 °C, les pressions de vapeur du méthanol pur et du propanol pur sont respectivement de 40,4 kPa et de 5,95 kPa. Considérez la solution comme idéale.

47. Le benzène et le toluène forment une solution idéale. Soit une solution de benzène et de toluène préparée à 25 °C. Si l'on considère que les fractions molaires du benzène et du toluène en phase de vapeur sont égales, calculez la composition de la solution. À 25 °C, les pressions de vapeur du benzène et du toluène sont respectivement de 95 torr et de 28 torr.

**48.** Laquelle des solutions suivantes a la plus faible pression de vapeur totale, à 25 °C ?

**a)** L'eau pure.
**b)** Une solution aqueuse de glucose, où $\chi_{glucose} = 0{,}01$.
**c)** Une solution aqueuse de chlorure de sodium, où $\chi_{NaCl} = 0{,}01$.
**d)** Une solution aqueuse de méthanol, où $\chi_{CH_3OH} = 0{,}2$.
(Prendre en considération la pression de vapeur du méthanol [exercice 17] et celle de l'eau.)

49. Lequel des systèmes donnés à l'exercice 48 a la pression de vapeur la plus élevée ?

**50.** On prépare une solution en mélangeant 50,0 g d'acétone et 50,0 g de méthanol. Quelle est la pression de vapeur de cette solution, à 25 °C ? Quelle est la composition de la vapeur, exprimée en fraction molaire ? Considérez que le gaz et la solution ont un comportement idéal. (À 25 °C, les pressions de vapeur de l'acétone pur et du méthanol pur sont respectivement de 36,1 kPa et de 19,1 kPa.) La pression de vapeur de cette solution est en réalité de 21,5 kPa. Expliquez la différence entre ces deux valeurs.

51. Les pressions de vapeur de quelques solutions eau-propanol ($CH_3CH_2CH_2OH$) ont été déterminées à diverses concentrations ; les données suivantes ont été recueillies à 45 °C.

| $\chi_{H_2O}$ | Pression de vapeur (torr) |
|---|---|
| 0 | 74,0 |
| 0,15 | 77,3 |
| 0,37 | 80,2 |
| 0,54 | 81,6 |
| 0,69 | 80,6 |
| 0,83 | 78,2 |
| 1,00 | 71,9 |

**a)** Les solutions d'eau et de propanol sont-elles idéales ?
**b)** Prédisez le signe de $\Delta H_{diss}$ pour les solutions eau-propanol.
**c)** Les forces d'interaction entre les molécules de propanol et d'eau sont-elles plus faibles, plus fortes ou égales à celles entre les substances pures ? Expliquez.
**d)** Laquelle des solutions indiquées dans le tableau de données aurait le point d'ébullition normal le plus bas ?

## Propriétés colligatives

**52.** On prépare une solution en dissolvant 27,0 g d'urée, $(NH_2)_2CO$, dans 150,0 g d'eau. Calculez le point d'ébullition de la solution. L'urée est un non-électrolyte.

53. On dissout 2,00 g d'une grosse biomolécule dans 15,0 g de tétrachlorure de carbone. Le point d'ébullition de cette solution a été déterminé à 77,85 °C. Calculez la masse molaire de la biomolécule. La constante ébullioscopique du tétrachlorure de carbone est de 5,03 °C kg/mol, et le point d'ébullition du tétrachlorure de carbone pur est de 76,50 °C.

**54.** Le point de congélation du *tert*-butanol est de 25,50 °C, et sa $k_{cong}$ est de 9,1 °C · kg/mol. Habituellement, le *tert*-butanol exposé à l'air absorbe l'eau. Si le point de congélation d'un échantillon de 10,0 g de *tert*-butanol est de 24,59 °C, quelle masse d'eau est contenue dans l'échantillon ?

55. Calculez le point de congélation et le point d'ébullition d'une solution d'antigel qui contient 40 %, par masse, d'éthylène glycol, $HOCH_2CH_2OH$, dans l'eau. L'éthylène glycol est un non-électrolyte.

**56.** Quel volume d'éthylène glycol ($C_2H_6O_2$), un non-électrolyte, doit-on ajouter à 15,0 L d'eau pour produire une solution d'antigel dont le point de congélation sera de −30,0 °C ? Quel est le point d'ébullition de cette solution ? (La masse volumique de l'éthylène glycol est de 1,11 g/cm$^3$ ; celle de l'eau, de 1,00 g/cm$^3$.)

57. La thyroxine, une hormone importante qui régit la vitesse du métabolisme dans l'organisme, peut être isolée de la glande thyroïde. Quand on dissout 0,455 g de thyroxine dans 10,0 g de benzène, on observe un abaissement du point de congélation de la solution de 0,300 °C. Quelle est la masse molaire de la thyroxine ? (*Voir le tableau 2.5*)

58. L'anthraquinone ne contient que du carbone, de l'hydrogène et de l'oxygène, et sa formule empirique est $C_7H_4O$. Le point de congélation du camphre est abaissé de 22,3 °C quand on dissout 1,32 g d'anthraquinone dans 11,4 g de camphre. Déterminez la formule moléculaire de l'anthraquinone.

59. **a)** Calculez l'abaissement du point de congélation et la pression osmotique, à 25 °C, d'une solution aqueuse d'une protéine à 1,0 g/L (masse molaire = $9{,}0 \times 10^4$ g/mol) si la masse volumique de la solution est 1,0 g/mL.
**b)** Compte tenu de la réponse obtenue en **a)**, quelle propriété colligative est-il préférable d'utiliser pour déterminer la masse molaire de grosses molécules, l'abaissement du point de congélation ou la pression osmotique ? Expliquez pourquoi.

60. Une solution aqueuse de 10,00 g de catalase, une enzyme présente dans le foie, a un volume de 1,00 L à 27 °C. On trouve que la pression osmotique de la solution à cette température est de 0,74 torr. Calculez la masse molaire de la catalase.

61. Si l'œil humain a une pression osmotique de 8,00 atm à 25 °C, quelle concentration de particules de soluté dans l'eau donnera une solution oculaire isotonique (une solution ayant une pression osmotique égale) ?

62. Comment préparer 1,0 L d'une solution aqueuse de chlorure de sodium dont la pression osmotique est de 1520 kPa, à 22 °C ?

### Propriétés des solutions d'électrolytes

63. Soit les solutions suivantes :
$Na_3PO_4$, 0,010 *m* dans l'eau ;
$CaBr_2$, 0,020 *m* dans l'eau ;
KCl, 0,020 *m* dans l'eau ;
HF, 0,020 *m* dans l'eau (HF est un acide faible).
**a)** En supposant que les sels solubles sont complètement dissociés, quelle ou quelles solutions auraient le même point d'ébullition que $C_6H_{12}O_6$, 0,040 *m* dans l'eau ? $C_6H_{12}O_6$ est un non-électrolyte.
**b)** Quelle solution aurait la plus haute pression de vapeur à 28 °C ?
**c)** Quelle solution aurait l'abaissement du point de congélation le plus élevé ?

64. Parmi les systèmes suivants :
eau pure ;
solution de $C_6H_{12}O_6$ ($\chi = 0{,}01$) dans l'eau ;
solution de NaCl ($\chi = 0{,}01$) dans l'eau ;
solution de $CaCl_2$ ($\chi = 0{,}01$) dans l'eau ;
choisissez celle qui a :
**a)** le point de congélation le plus élevé ;
**b)** le point de congélation le plus bas ;
**c)** le point d'ébullition le plus élevé ;
**d)** le point d'ébullition le plus bas ;
**e)** la pression osmotique la plus élevée.

65. Calculez le point de congélation et le point d'ébullition de chacune des solutions suivantes :
**a)** 5,0 g de NaCl dans 25 g de $H_2O$ ;
**b)** 2,0 g de $Al(NO_3)_3$ dans 15 g de $H_2O$.

66. L'eau de mer contient approximativement 0,6 mol/L de NaCl. Quelle pression minimale faut-il appliquer, à 25 °C, pour purifier l'eau de mer par osmose inverse ? Considérez que $i = 2{,}0$ pour le NaCl.

67. À l'aide des données suivantes relatives à trois solutions aqueuses de $CaCl_2$, calculez la valeur apparente du coefficient de van't Hoff.

| Molalité (mol/kg) | Abaissement du point de congélation (°C) |
|---|---|
| 0,0225 | 0,110 |
| 0,0910 | 0,440 |
| 0,278 | 1,330 |

68. Durant l'hiver de 1994, on a enregistré des records de basses températures partout aux États-Unis. Par exemple, à Champaign, en Illinois, on a enregistré −34 °C. À cette température, est-ce que l'épandage de $CaCl_2$ sur les routes glacées peut faire fondre la glace ? (La solubilité du $CaCl_2$ dans l'eau froide est de 74,5 g par 100,0 g d'eau.)
**a)** Considérez que $i = 3{,}00$ pour $CaCl_2$.
**b)** Utilisez la valeur moyenne de *i* de l'exercice 67.

## Exercices supplémentaires

69. Dans un calorimètre fabriqué à partir d'une tasse à café, on mélange 1,60 g de $NH_4NO_3$ avec 75,0 g d'eau à une température initiale de 25,00 °C. Après dissolution du sel, la température finale du contenu du calorimètre est de 23,34 °C.
**a)** En supposant que la solution ait une capacité calorifique de 4,18 J/g · °C, et qu'il n'y ait aucune perte de chaleur par le calorimètre, calculez l'enthalpie de dissolution ($\Delta H_{diss}$) de $NH_4NO_3$ en kJ/mol.
**b)** Si l'enthalpie d'hydratation pour $NH_4NO_3$ est de −630 kJ/mol, calculez l'énergie de réseau de $NH_4NO_3$.

70. Pour nettoyer des colonnes de chromatographie en phase liquide, on utilise une série de solvants. On utilise, dans l'ordre, l'hexane, $C_6H_{14}$, le chloroforme, $CHCl_3$, le méthanol, $CH_3OH$ et l'eau. Justifiez cet ordre en fonction des forces intermoléculaires et de la solubilité mutuelle (miscibilité) des solvants.

71. Expliquez les énoncés suivants en termes des atomes ou des ions.
**a)** La cuisson avec de l'eau est plus rapide dans une marmite à pression que dans une casserole ouverte.
**b)** On utilise du sel sur les routes glacées.
**c)** La fonte de la glace marine provenant de l'océan Arctique produit de l'eau douce.
**d)** La glace sèche, $CO_2$, n'a pas un point d'ébullition normal dans des conditions atmosphériques normales, même si $CO_2$ est un liquide dans les extincteurs.
**e)** L'ajout d'un soluté dans un solvant allonge l'écart de température de la phase liquide.

72. À 25 °C, la pression totale de la vapeur en équilibre avec une solution contenant du disulfure de carbone et de l'acétonitrile est de 263 torr et sa composition en moles est de 85,5 % de disulfure de carbone. Quelle est la fraction molaire du disulfure de carbone dans la solution ? À 25 °C, la pression de vapeur du disulfure de carbone est de 375 torr. Supposez que la solution et la vapeur présentent un comportement idéal.

73. Si la sève dans un arbre est environ 0,1 mol/L plus concentrée en soluté que l'eau du sol qui baigne les racines, jusqu'à quelle

hauteur une colonne de liquide s'élèvera-t-elle dans l'arbre à 25 °C ? Supposez que la masse volumique du liquide est de 1,0 g/cm$^3$. (La masse volumique du mercure est de 13,6 g/cm$^3$.)

**74.** Un produit inconnu ne contient que du carbone, de l'hydrogène et de l'oxygène. Sa combustion permet de savoir que le pourcentage massique du carbone est de 31,57 % et celui de l'hydrogène, de 5,30 %. On utilise l'abaissement du point de congélation d'une solution aqueuse de ce produit pour en déterminer la masse molaire. Le point de congélation d'une solution qui contient 10,56 g de ce produit dans 25,0 mL d'eau est de −5,20 °C. Déterminez la formule empirique, la masse molaire et la formule moléculaire de ce produit. Supposez que le produit est un non-électrolyte.

75. Examinez le montage suivant :

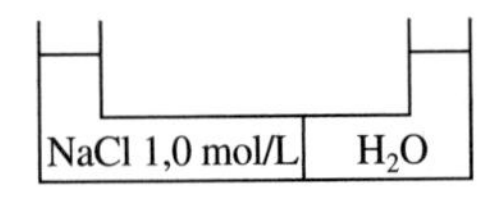


Qu'arrive-t-il aux niveaux des liquides dans les deux branches si la membrane semi-perméable est perméable à :

**a)** $H_2O$ seulement ?

**b)** $H_2O$, $Na^+$ et $Cl^-$ ?

**76.** Soit une solution aqueuse contenant du chlorure de sodium dont la masse volumique est de 1,01 g/mL. Considérez cette solution comme idéale. Son point de congélation à 1,0 atm est de −1,28 °C. Calculez sa composition en pourcentage massique.

77. Le point de congélation d'une solution aqueuse est de −2,79 °C.

**a)** Déterminez le point d'ébullition de cette solution.

**b)** Déterminez la pression de vapeur (en mm Hg) de cette solution à 25 °C (la pression de vapeur de l'eau pure à 25 °C est de 23,76 mm Hg).

**c)** Expliquez toutes les hypothèses que vous avancez en résolvant les parties **a)** et **b)**.

## Problèmes défis

**78.** La pression de vapeur du benzène pur est de 750,0 torr et la pression de vapeur du toluène est de 300,0 torr à une certaine température. Vous préparez une solution en versant un peu de benzène dans un peu de toluène. Vous placez ensuite cette solution dans un contenant fermé et vous attendez que la vapeur vienne en équilibre avec la solution. Puis, vous condensez la vapeur. Vous placez ce liquide (la vapeur condensée) dans un contenant fermé et vous attendez que la vapeur vienne en équilibre avec la solution. Vous condensez alors cette vapeur et vous trouvez que la fraction molaire du benzène de cette vapeur est de 0,714. Déterminez la fraction molaire du benzène dans la solution initiale en supposant que la solution a un comportement idéal.

79. Le liquide A a une pression de vapeur $x$ et le liquide B, une pression de vapeur $y$. Quelle est la fraction molaire du mélange liquide si la vapeur au-dessus de la solution a une composition de 30 % de A en moles ? de 50 % de A ? de 80 % de A ? (Calculez en termes de $x$ et de $y$.)

Le liquide A a une pression de vapeur $x$, le liquide B, une pression de vapeur $y$. Quelle est la fraction molaire de la vapeur au-dessus de la solution si le mélange liquide a une composition de 30 % de A en moles ? de 50 % de A ? de 80 % de A ? (Calculez en termes de $x$ et de $y$.)

**80.** Les érythrocytes sont des globules rouges contenant de l'hémoglobine. Dans une solution saline, ils se contractent lorsque la concentration saline est élevée et ils se gonflent lorsque la concentration saline est faible. Dans une solution aqueuse de NaCl à 25 °C, dont le point de congélation est de −0,406 °C, les érythrocytes ne gonflent, ni ne se contractent. Si l'on veut calculer la pression osmotique de la solution à l'intérieur des érythrocytes dans ces conditions, quelle hypothèse doit-on faire ? Pourquoi ? Évaluez la force, ou la faiblesse, de cette hypothèse. Énoncez cette hypothèse et calculez la pression osmotique de la solution à l'intérieur des érythrocytes.

81. Vous préparez 20,0 g d'un mélange de saccharose ($C_{12}H_{22}O_{11}$) et de NaCl, et vous les dissolvez dans 1,00 kg d'eau. On observe que le point de congélation de cette solution est de −0,426 °C. En supposant un comportement idéal, calculez la composition en pourcentage massique du mélange initial et la fraction molaire du saccharose dans le mélange initial.

**82.** Une solution aqueuse qui contient 1,00 %, par masse, de NaCl a une masse volumique de 1,071 g/cm$^3$ à 25 °C. La pression osmotique observée de cette solution est de 7,83 atm à 25 °C.

**a)** Quelle fraction de moles de NaCl dans cette solution existe sous forme de paires d'ions ?

**b)** Calculez le point de congélation que l'on observerait pour cette solution.

83. La fraction molaire du pentane présent dans la vapeur en équilibre avec une solution de pentane-hexane, à 25 °C, est de 0,15. Quelle est la fraction molaire du pentane dans la solution ? (*Voir l'exercice 45 pour les pressions de vapeur des liquides purs.*)

**84.** On donne à une chimiste légiste une poudre blanche que l'on soupçonne être de la cocaïne pure ($C_{17}H_{21}NO_4$ ; masse molaire = 303,35 g/mol). La chimiste dissout 1,22 ± 0,01 g de cette poudre dans 15,60 ± 0,01 g de benzène. Le point de congélation est abaissé de 1,32 ± 0,04 °C.

**a)** Quelle est la masse molaire de cette substance ? En admettant que l'incertitude relative de la masse molaire est du même ordre de grandeur que celle de la variation de température, calculez l'incertitude de la masse molaire.

**b)** Est-ce que la chimiste peut, sans ambiguïté, conclure que la substance en question est de la cocaïne ? Par exemple, est-ce que l'incertitude est suffisamment faible pour qu'on puisse distinguer la cocaïne de la codéine $C_{19}H_{21}NO_3$ (masse molaire = 299,36 g/mol) ?

**c)** En supposant que les incertitudes absolues concernant les mesures de la température et de la masse molaire soient inchangées, comment la chimiste peut-elle améliorer la précision de ses résultats ?

85. Dans 20,0 g de benzène, $C_6H_6$, on dissout 1,60 g d'un mélange de naphtalène, $C_{10}H_8$, et d'anthracène, $C_{14}H_{10}$. Le point de congélation de cette solution est de 2,81 °C. Quelle est la composition, en pourcentage massique, de ce mélange ? Le point de congélation du benzène est de 5,51 °C et sa $k_{cong}$, de 5,12 °C · kg/mol.

**86.** Un mélange solide est composé de $MgCl_2$ et de NaCl. Lorsqu'on dissout 0,5000 g de ce solide dans assez d'eau pour former 1,000 L de solution, on observe que la pression osmotique à 25,0 °C est de 0,3950 atm. Quel est le pourcentage massique de $MgCl_2$ dans le solide ? (Supposez un comportement idéal pour cette solution.)

87. L'acide formique (HCOOH) est un monoacide qui ne s'ionise que partiellement en milieu aqueux. Une solution d'acide formique 0,10 mol/L est ionisée à 4,2 %. On considère que la concentration molaire volumique et la molalité de la solution sont identiques. Calculez le point de congélation et le point d'ébullition d'une solution d'acide formique 0,10 mol/L.

**88.** La composition de 100 mL de la solution de Ringer au lactate, qui est utilisée pour les injections intraveineuses, est la suivante :

285–315 mg $Na^+$
14,1–17,3 mg $K^+$
4,9–6,0 mg $Ca^{2+}$
368–408 mg $Cl^-$
231–261 mg lactate, $C_3H_5O_3^-$

**a)** Déterminez les quantités de NaCl, de KCl, de $CaCl_2 \cdot 2H_2O$ et de $NaC_3H_5O_3$ nécessaires pour préparer 100 mL de la solution de Ringer au lactate.
**b)** Quelle est la gamme de la pression osmotique de la solution à 37 °C, compte tenu des spécifications ci-dessus ?

89. Dans certaines régions du Sud-Ouest américain, l'eau est très dure. Par exemple, à Las Cruces, au Nouveau-Mexique, l'eau du robinet contient environ 560 $\mu$g de solide dissous par millilitre. Dans cette région, on utilise des appareils d'osmose inverse pour adoucir l'eau. Un appareil moyen exerce une pression de 8,0 atm et peut adoucir 45 L d'eau par jour.
**a)** Si l'on considère que tout le solide dissous est du $MgCO_3$ et que la température est de 27 °C, quel volume total d'eau doit passer dans l'appareil pour produire 45 L d'eau pure ?
**b)** Ce système serait-il efficace pour purifier l'eau de mer ? (Considérez l'eau de mer comme une solution de NaCl 0,60 mol/L.)

## Problèmes d'intégration

Ces problèmes requièrent l'intégration d'une multitude de concepts pour trouver la solution.

**90.** La créatinine, $C_4H_7H_5O$, est un produit dérivé du métabolisme des muscles ; les taux de créatinine dans l'organisme sont utilisés comme un indicateur passablement fiable de la fonction rénale. Le taux normal de créatinine dans le sang chez les adultes est d'environ 1,0 mg par décilitre (dL) de sang. Si la masse volumique du sang est de 1,025 g/mL, calculez la molalité du taux normal de créatinine dans 10,0 mL de sang. Quelle est la pression osmotique de cette solution à 25,0 °C ?

91. Une solution aqueuse contenant 0,250 mol de Q, un électrolyte fort, dans $5,00 \times 10^2$ g d'eau gèle à $-2,79$ °C. Quel est le coefficient de van't Hoff pour Q ? La constante cryoscopique de l'eau est de 1,86 °C kg/mol. Quelle est la formule de Q si sa composition est de 38,68 % de chlore par masse et qu'il y a deux fois plus d'anions que de cations dans une molécule de Q ?

**92.** Les patients qui subissent un examen de laboratoire du tractus gastro-intestinal supérieur absorbent habituellement un produit de contraste pour la radiographie utilisé lors d'actes d'imagerie de l'anatomie par rayons X. Un de ces produits de contraste est le diatrizoate de sodium, un composé non volatil hydrosoluble. On prépare une solution 0,378 *m* en dissolvant 38,4 g de diatrizoate de sodium (NaDTZ) dans $1,60 \times 10^2$ mL d'eau à 31,2 °C (la masse volumique de l'eau à 31,2 °C est de 0,995 g/mL). Quelle est la masse molaire du diatrizoate de sodium ? Quelle est la pression de vapeur de cette solution si la pression de vapeur de l'eau pure à 31,2 °C est de 34,1 torr ?

## Problème de synthèse*

Ce problème fait appel à plusieurs concepts et techniques de résolution de problèmes. Il peut être utilisé pour faciliter l'acquisition des habiletés nécessaires à la résolution de problèmes.

93. En utilisant le tableau périodique, une calculette et les renseignements donnés ci-dessous, trouvez l'électrolyte fort dont la formule générale est la suivante :

$$M_x(A)_y \cdot zH_2O$$

Négligez l'effet des attractions interioniques dans la solution.
**a)** $A^{n-}$ est un oxanion courant. Quand 30,0 mg du sel de sodium anhydre contenant cet oxanion ($Na_nA$, où $n = 1$, 2 ou 3) sont réduits dans une réaction qui met en jeu le gain de 2 moles d'électrons par mole d'oxanion, il faut 15,26 mL d'un réducteur 0,02313 mol/L pour réagir complètement avec le $Na_nA$ présent. Supposez un rapport molaire 1:1 dans la réaction.
**b)** Le cation est dérivé d'un métal blanc argenté qui est relativement coûteux. Ce métal se cristallise en un réseau à maille cubique centrée et a un rayon atomique de 198,4 pm. Pur, ce métal solide a une masse volumique de 5,243 g/cm³. Le degré d'oxydation de M dans l'électrolyte fort en question est de +3.
**c)** Quand 33,4 mg de ce composé sont dissous dans 10,0 mL d'eau, à 25 °C, la pression osmotique de la solution est de 558 torr.

---

* Ce problème de synthèse a été formulé par James H. Burness, du Penn State University, York Campus. Reproduction autorisée, *Journal of Chemical Education*, vol. 68, nº 11 (1991), p. 919 à 922 ; tous droits réservés © 1991, Division of Chemical Education, Inc.

# 3 Cinétique chimique

## Contenu

*Sur cette photo d'une course à Saint-Denis, en France, l'énergie cinétique des coureurs d'un championnat du monde est évidente.*

Les applications pratiques de la chimie sont déterminées en grande partie par les réactions chimiques, et pour utiliser une réaction chimique dans un cadre commercial, il faut comprendre plusieurs de ses caractéristiques, dont sa stœchiométrie, son énergie et sa vitesse de réaction.

Une réaction est définie par ses réactifs et ses produits, qu'on apprend à connaître par expérience. Une fois les réactifs et les produits identifiés, on peut écrire et équilibrer l'équation de la réaction, et effectuer des calculs stœchiométriques. Ensuite, vient une autre caractéristique très importante, la spontanéité. La spontanéité fait référence à la *tendance naturelle* d'un processus à se produire : elle ne révèle cependant rien de la vitesse de la réaction. *Spontané ne veut pas dire rapide*. En effet, de nombreuses réactions spontanées sont tellement lentes que, sur une période de plusieurs semaines, voire même de plusieurs années, à des températures normales, il ne se produit rien d'apparent. Par exemple, l'hydrogène et l'oxygène gazeux ont une forte tendance naturelle à se combiner.

$$2H_2(g) + O_2(g) \longrightarrow 2H_2O(l)$$

En fait, toutefois, les deux gaz peuvent coexister indéfiniment à 25 °C. Il en est également ainsi pour les réactions gazeuses suivantes :

$$H_2(g) + Cl_2(g) \longrightarrow 2HCl(g)$$
$$N_2(g) + 3H_2(g) \longrightarrow 2NH_3(g)$$

Ces réactions ont, du point de vue thermodynamique, une très forte tendance à se produire ; or, dans des conditions normales, elles n'ont pas lieu. Par ailleurs, la transformation du diamant en graphite est un phénomène spontané mais tellement lent qu'il est imperceptible.

Pour qu'elles soient utiles, les réactions doivent se produire à une vitesse raisonnable. Ainsi, pour produire annuellement les 20 millions de tonnes d'ammoniac utilisées comme fertilisant, on ne peut tout simplement pas se contenter de mélanger de l'azote et de l'hydrogène gazeux, à 25 °C, et d'attendre que la réaction se produise. Il ne suffit donc pas de connaître les caractéristiques stœchiométriques ou thermodynamiques d'une réaction ; il faut également connaître les facteurs qui en déterminent la vitesse. La partie de la chimie qui traite précisément de la vitesse des réactions est appelée **cinétique chimique**.

Un des principaux objectifs de l'étude de la cinétique chimique, c'est de comprendre les étapes qui régissent une réaction. Cette suite d'étapes est appelée *mécanisme réactionnel*. La compréhension d'un mécanisme réactionnel permet de trouver les moyens nécessaires pour accélérer une réaction. Par exemple, pour produire l'ammoniac à l'aide du procédé Haber, il faut recourir à de hautes températures, afin d'atteindre des vitesses de réaction commercialement rentables ; toutefois, des températures encore plus élevées (ce qui entraîne des coûts plus importants) seraient nécessaires si l'on n'utilisait pas l'oxyde de fer, qui accélère la réaction.

Dans ce chapitre, nous traiterons des principaux aspects de la cinétique chimique : équations de vitesse, mécanismes réactionnels et quelques modèles simples de réactions chimiques.

## 3.1 Vitesses de réaction

On étudiera la cinétique de la pollution de l'air à la section 3.8.

Pour prendre contact avec le concept de vitesse d'une réaction, on recourt à la réaction de décomposition du dioxyde d'azote gazeux, un polluant atmosphérique. Le dioxyde d'azote se décompose en oxyde nitrique et en oxygène de la manière suivante :

$$2NO_2(g) \longrightarrow 2NO(g) + O_2(g)$$

Les efforts déployés par des athlètes, le saut d'une orque et la combustion de l'essence pour le fonctionnement d'une voiture de course, tous ces processus reposent sur des réactions chimiques.

Expérimentalement, on pourrait prendre un ballon qui renferme au départ du dioxyde d'azote à 300 °C, puis mesurer, à intervalles réguliers, les concentrations de dioxyde d'azote, de monoxyde d'azote et d'oxygène obtenues au fur et à mesure que le dioxyde d'azote se décompose. Les résultats d'une telle expérience sont présentés dans le tableau 3.1 et, graphiquement, à la figure 3.1.

L'examen de ces résultats permet de constater que la concentration du réactif, $NO_2$, diminue avec le temps, alors que les concentrations des produits, NO et $O_2$, augmentent avec le temps (*voir la figure 3.2*). La cinétique chimique traite de la vitesse à laquelle ces modifications se produisent. On définit la *vitesse* d'un processus comme la variation d'une quantité donnée pendant une période de temps définie. Dans une réaction chimique, la quantité qui varie est la concentration d'un réactif ou d'un produit. Ainsi, on définit la **vitesse d'une réaction chimique** comme la *variation de la concentration d'un réactif ou d'un produit par unité de temps*, soit:

[A] signifie concentration de A en mol/L.

$$\text{Vitesse} = \frac{[\text{A}] \text{ au temps } t_2 - [\text{A}] \text{ au temps } t_1}{t_2 - t_1} = \frac{\Delta[\text{A}]}{\Delta t}$$

**TABLEAU 3.1 Variation de la concentration des réactifs et des produits en fonction du temps pour la réaction $2NO_2(g) \rightarrow 2NO(g) + O_2(g)$ (à 300 °C)**

| | Concentration (mol/L) | | |
|---|---|---|---|
| Temps (± 1 s) | $NO_2$ | NO | $O_2$ |
| 0 | 0,0100 | 0 | 0 |
| 50 | 0,0079 | 0,0021 | 0,0011 |
| 100 | 0,0065 | 0,0035 | 0,0018 |
| 150 | 0,0055 | 0,0045 | 0,0023 |
| 200 | 0,0048 | 0,0052 | 0,0026 |
| 250 | 0,0043 | 0,0057 | 0,0029 |
| 300 | 0,0038 | 0,0062 | 0,0031 |
| 350 | 0,0034 | 0,0066 | 0,0033 |
| 400 | 0,0031 | 0,0069 | 0,0035 |

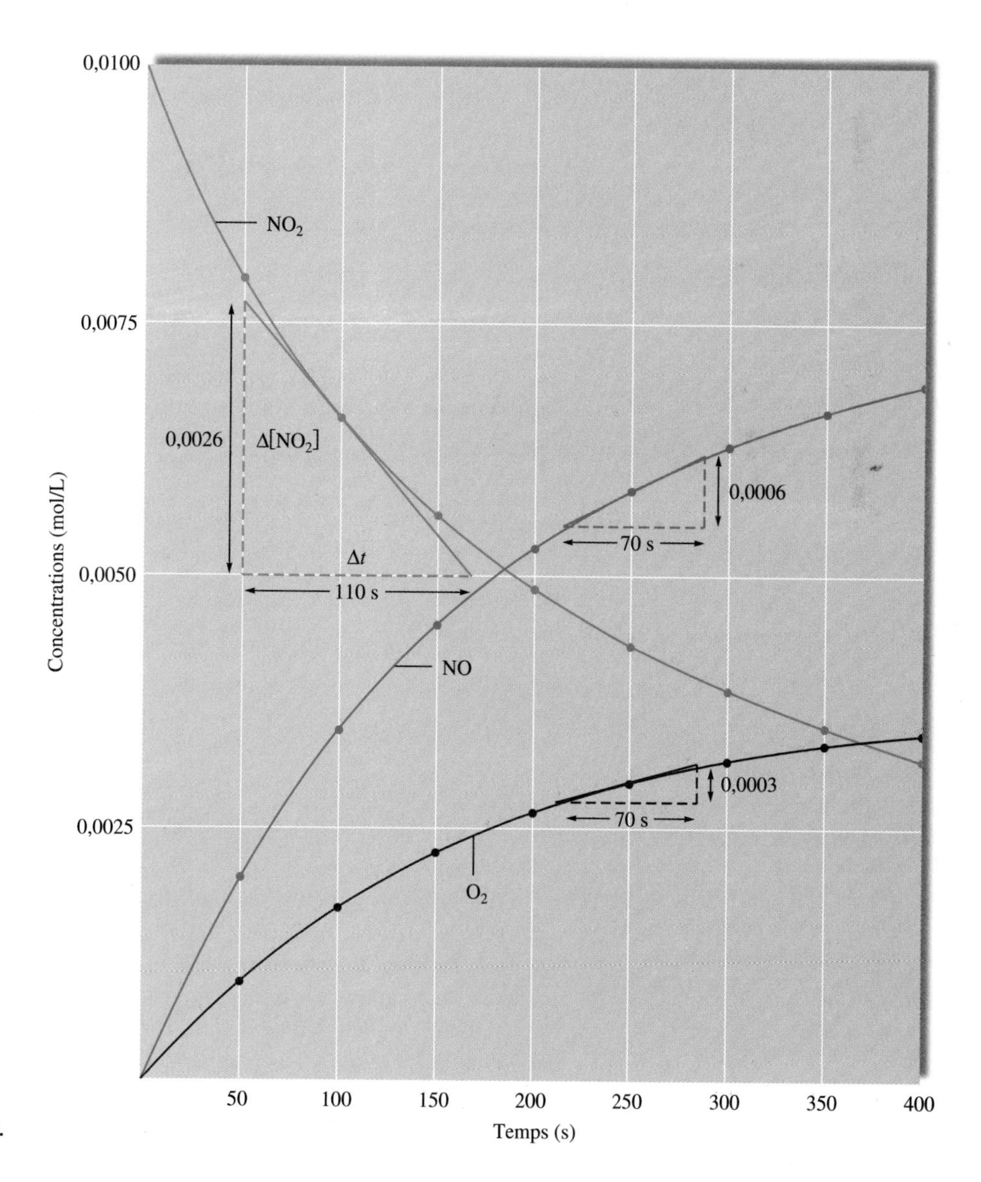


**FIGURE 3.1**
Variation des concentrations de dioxyde d'azote, d'oxyde nitrique et d'oxygène en fonction du temps (la température du dioxyde d'azote est, au départ, de 300 °C).

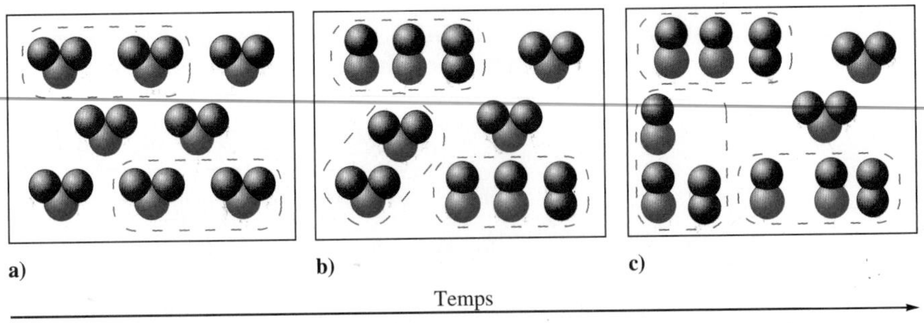

a) b) c)

Temps

**FIGURE 3.2**
Représentation de la réaction
$2NO_2(g) \rightarrow 2NO(g) + O_2(g)$
**a)** La réaction au temps $t = 0$.
**b)** et **c)** Conversion graduelle de $NO_2$ en NO et $O_2$.

où A est le réactif ou produit considéré, les crochets indiquant qu'il s'agit de sa concentration en mol/L. Par convention, le symbole Δ indique la *variation* d'une quantité donnée. Une telle variation peut être positive (augmentation) ou négative (diminution), ce qui donne une vitesse positive ou négative selon cette définition. Cependant, pour plus de commodité, les vitesses sont toujours exprimées par des valeurs positives, comme nous le verrons plus loin.

On peut donc calculer la vitesse moyenne à laquelle la concentration de $NO_2$ varie au cours des 50 premières secondes de la réaction, en utilisant les données du tableau 3.1.

$$\frac{\text{variation de } [NO_2]}{\text{temps écoulé}} = \frac{\Delta[NO_2]}{\Delta t}$$

$$= \frac{[NO_2]_{t=50} - [NO_2]_{t=0}}{50\ \text{s} - 0\ \text{s}}$$

$$= \frac{0{,}0079\ \text{mol/L} - 0{,}0100\ \text{mol/L}}{50\ \text{s}}$$

$$= -4{,}2 \times 10^{-5}\ \text{mol/L} \cdot \text{s}$$

L'annexe A1.3 présente une révision de la pente d'une droite.

On constate que $\Delta[NO_2]$ est négative, ce qui est normal, puisque cette concentration diminue avec le temps. Toutefois, on a l'habitude de considérer les vitesses de réaction comme des valeurs *positives*; on définit donc la vitesse de cette réaction particulière de la manière suivante:

$$\text{Vitesse} = -\frac{\Delta[NO_2]}{\Delta t}$$

Par conséquent, étant donné que la concentration des réactifs diminue toujours en fonction du temps, toute expression de la vitesse faisant appel à la concentration d'un réactif est affectée du signe négatif. La vitesse moyenne de la réaction ci-dessus au cours des 50 premières secondes est alors exprimée ainsi:

$$\text{Vitesse} = -\frac{\Delta[NO_2]}{\Delta t}$$

$$= -(-4{,}2 \times 10^{-5}\ \text{mol/L} \cdot \text{s})$$

$$= 4{,}2 \times 10^{-5}\ \text{mol/L} \cdot \text{s}$$

**TABLEAU 3.2 Variation de la vitesse moyenne (en mol/L·s) de la réaction de décomposition du dioxyde d'azote en fonction du temps***

| $-\frac{\Delta[NO_2]}{\Delta t}$ | Laps de temps (s) |
|---|---|
| $4{,}2 \times 10^{-5}$ | $0 \rightarrow 50$ |
| $2{,}8 \times 10^{-5}$ | $50 \rightarrow 100$ |
| $2{,}0 \times 10^{-5}$ | $100 \rightarrow 150$ |
| $1{,}4 \times 10^{-5}$ | $150 \rightarrow 200$ |
| $1{,}0 \times 10^{-5}$ | $200 \rightarrow 250$ |

* Remarquez que la *vitesse* diminue avec le temps.

Les vitesses moyennes relatives à cette réaction pour plusieurs autres intervalles sont présentées dans le tableau 3.2. On remarque que la vitesse n'est pas constante mais qu'elle diminue avec le temps. Les vitesses présentées dans le tableau 3.2 sont donc des vitesses *moyennes* au cours d'intervalles de 50 s. On obtient la valeur de la vitesse à un moment donné (**vitesse instantanée**) en calculant la pente de la tangente à la courbe, au point qui correspond à ce moment. À la figure 3.1, on a tracé une tangente au point qui correspond à $t = 100$ s. La *pente* de cette tangente donne la vitesse à $t = 100$ s.

$$\text{Pente de la tangente} = \frac{\text{variation de } y}{\text{variation de } x}$$

$$= \frac{\Delta[NO_2]}{\Delta t}$$

Los Angeles par temps clair et lors d'une journée où la pollution atmosphérique est importante.

Or, $$\text{Vitesse} = -\frac{\Delta[NO_2]}{\Delta t}$$

Par conséquent, $$\begin{aligned}\text{Vitesse} &= -(\text{pente de la tangente})\\ &= -\left(\frac{-0{,}0026 \text{ mol/L}}{110 \text{ s}}\right)\\ &= 2{,}4 \times 10^{-5} \text{ mol/L}\cdot\text{s}\end{aligned}$$

Jusqu'à présent, on n'a considéré la vitesse de cette réaction qu'en fonction des réactifs. Or, on peut également la définir en fonction des produits. Pour ce faire, cependant, il faut tenir compte des coefficients de l'équation équilibrée, car la stœchiométrie définit les vitesses relatives de disparition des réactifs et d'apparition des produits. Par exemple, dans la réaction

$$2NO_2(g) \longrightarrow 2NO(g) + O_2(g)$$

le réactif $NO_2$ et le produit NO sont tous deux affectés du coefficient 2, ce qui signifie que les concentrations de NO produit et de $NO_2$ transformé sont identiques.

On peut d'ailleurs le vérifier à la figure 3.1, où l'on constate que la courbe qui décrit la variation de la concentration de NO en fonction du temps est exactement la même que la courbe qui décrit la concentration de $NO_2$, mais inversée. Cela signifie que, en tout point, la valeur de la pente de la tangente à la courbe pour NO est identique à celle de la pente de la tangente à la courbe pour $NO_2$, mais de signe opposé. (On peut s'en assurer en vérifiant la valeur de cette pente à $t$ = 100 secondes sur les deux courbes.) Dans l'équation équilibrée, le coefficient du produit $O_2$ est 1, ce qui signifie que sa vitesse de production est deux fois moindre que celle de NO, puisque le coefficient de NO est 2. En d'autres termes, la vitesse de production de NO est deux fois supérieure à celle de $O_2$.

On peut encore vérifier ce fait en observant la figure 3.1. Par exemple, à $t$ = 250 s, on a :

$$\begin{aligned}\text{Pente de la tangente à la courbe NO} &= \frac{6{,}0 \times 10^{-4} \text{ mol/L}}{70 \text{ s}}\\ &= 8{,}6 \times 10^{-6} \text{ mol/L}\cdot\text{s}\end{aligned}$$

$$\begin{aligned}\text{Pente de la tangente à la courbe } O_2 &= \frac{3{,}0 \times 10^{-4} \text{ mol/L}}{70 \text{ s}}\\ &= 4{,}3 \times 10^{-6} \text{ mol/L}\cdot\text{s}\end{aligned}$$

À $t$ = 250 s, la valeur de la pente sur la courbe NO est deux fois plus grande que celle de la pente sur la courbe $O_2$, ce qui signifie que la vitesse de production de NO est deux fois plus grande que celle de $O_2$.

Voici, en résumé, les données relatives aux vitesses de cette réaction :

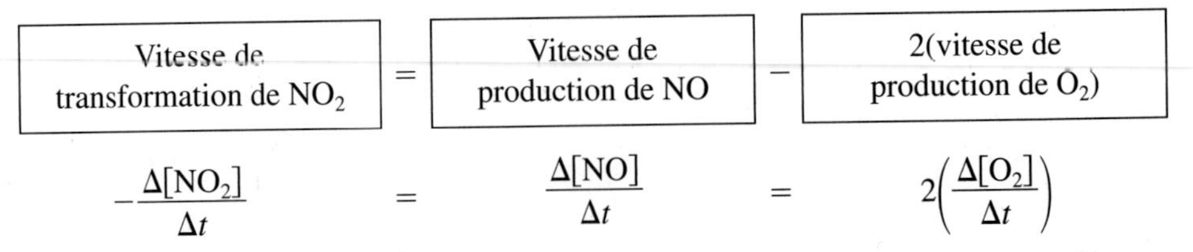


$$-\frac{\Delta[NO_2]}{\Delta t} = \frac{\Delta[NO]}{\Delta t} = 2\left(\frac{\Delta[O_2]}{\Delta t}\right)$$

On a vu que la vitesse d'une réaction n'est pas constante mais qu'elle varie avec le temps, ce qui s'explique par la variation des concentrations en fonction du temps (*voir la figure 3.1*).

Puisque la vitesse d'une réaction varie avec le temps et qu'elle est différente (en fonction des facteurs qui dépendent des coefficients de l'équation équilibrée) selon les réactifs et les produits en jeu, il faut spécifier de quelle substance il est question quand on parle de la vitesse d'une réaction chimique.

## 3.2 Équations de vitesse : une introduction

Les réactions chimiques sont *réversibles*. Or, dans l'étude de la décomposition du dioxyde d'azote, on ne s'est intéressé jusqu'à présent qu'à la *réaction directe* suivante :

$$2NO_2(g) \longrightarrow 2NO(g) + O_2(g)$$

bien que la *réaction inverse* puisse également se produire. En effet, au fur et à mesure que NO et $O_2$ s'accumulent, ils peuvent réagir pour reformer $NO_2$ :

$$O_2(g) + 2NO(g) \longrightarrow 2NO_2(g)$$

Quand on introduit du $NO_2$ gazeux dans un contenant vide, au départ, la réaction dominante est la suivante :

$$2NO_2(g) \longrightarrow 2NO(g) + O_2(g)$$

Quand les vitesses des réactions directe et inverse sont égales, il n'y a plus aucune variation de la concentration des réactifs ou des produits. C'est ce qu'on appelle l'équilibre chimique, sujet traité en détail au chapitre 4.

et la variation de la concentration de $NO_2$ ($\Delta[NO_2]$) dépend uniquement de la réaction directe. Cependant, après un certain temps, il y a accumulation de suffisamment de produits pour que la réaction inverse prenne de l'importance. À ce moment, $\Delta[NO_2]$ dépend de la *différence entre les vitesses des réactions directe et inverse*. Pour contourner une telle difficulté, on étudie toujours la vitesse d'une réaction dans des conditions pour lesquelles la contribution de la réaction inverse est négligeable. C'est pourquoi on doit étudier une réaction peu de temps après avoir mélangé les réactifs, c'est-à-dire avant qu'il y ait une accumulation significative de produits. Les vitesses de réaction qu'on étudie dans de telles circonstances sont appelées **vitesses initiales**.

Si l'on choisit des conditions dans lesquelles la réaction inverse est négligeable, *la vitesse de réaction dépend uniquement de la concentration des réactifs*. Ainsi, pour la réaction de décomposition du dioxyde d'azote, on peut écrire :

$$\text{Vitesse} = k[NO_2]^n \tag{3.1}$$

Une telle relation, qui décrit la variation de la vitesse de réaction en fonction de la concentration des réactifs, est appelée **équation de vitesse**. On doit déterminer expérimentalement les valeurs de la constante de proportionnalité, $k$, appelée **constante de vitesse**, et de $n$, appelé **ordre de la réaction** par rapport au réactif considéré. L'ordre par rapport à un réactif peut être un nombre négatif ou positif, entier (incluant 0) ou fractionnaire. Dans le cas de réactions relativement simples (les seules qui sont étudiées dans ce volume), les ordres sont en général des nombres entiers positifs.

Faits à remarquer à propos de l'équation 3.1 :

1. La concentration des produits n'apparaît pas dans l'équation de vitesse parce qu'on étudie la vitesse de la réaction dans des conditions telles que la contribution de la réaction inverse est nulle.
2. On doit déterminer expérimentalement la valeur de l'exposant $n$, puisqu'on ne peut pas la déduire de l'équation équilibrée.

Avant d'aller plus loin, il faut définir ce que l'on entend exactement par le terme *vitesse* dans l'équation (3.1). À la section 3.1, nous avons vu que la vitesse d'une réaction correspond à une variation de concentration par unité de temps. Cependant, quel réactif ou quel produit faut-il choisir pour définir la vitesse ? Par exemple, dans la décomposition du $NO_2$ en $O_2$ et en NO, que nous avons vue à la section 3.1, n'importe laquelle de ces espèces peut servir à déterminer la vitesse. Il faut toutefois qu'elle soit spécifiée, car $O_2$ se forme deux fois moins rapidement que NO. On pourrait choisir, par exemple, d'exprimer la vitesse de la réaction en termes de disparition de $NO_2$ :

$$\text{Vitesse} = -\frac{\Delta[NO_2]}{\Delta t} = k[NO_2]^n$$

On pourrait tout aussi bien l'exprimer en termes de production de $O_2$ :

$$\text{Vitesse}' = \frac{\Delta[O_2]}{\Delta t} = k'[NO_2]^n$$

Puisque deux molécules $NO_2$ disparaissent pour chaque molécule $O_2$ formée,

$$\text{Vitesse} = 2 \times \text{vitesse}'$$

ou

$$k[NO_2]^n = 2k'[NO_2]^n$$

et

$$k = 2k'$$

Par conséquent, la valeur de la constante de vitesse dépend de la définition de la vitesse.

Dans le présent ouvrage, la vitesse d'une réaction donnée sera toujours exactement définie, de sorte qu'il n'y aura aucune confusion possible par rapport à la constante de vitesse utilisée.

## Types d'équations de vitesse

Notez que l'équation de vitesse dont il a été question jusqu'à maintenant exprime la vitesse en fonction de la concentration. Par exemple, pour la décomposition de $NO_2$, la vitesse est définie ainsi :

$$\text{Vitesse} = -\frac{\Delta[NO_2]}{\Delta t} = k[NO_2]^n$$

ce qui indique (une fois la valeur de $n$ déterminée) exactement la manière dont la vitesse dépend de la concentration du réactif, $NO_2$. Une équation de vitesse qui exprime comment *la vitesse dépend de la concentration* est dite **équation de vitesse différentielle**, mais on l'appelle tout simplement **équation de vitesse**. Donc, dans le présent ouvrage, les termes *équation de vitesse* s'appliquent à l'expression qui décrit la vitesse en fonction de la concentration.

Dans équation de vitesse différentielle, l'adjectif est emprunté aux mathématiques. Nous le considérerons uniquement comme une étiquette. Dans le présent ouvrage, les termes *équation de vitesse différentielle* et *équation de vitesse* sont utilisés indifféremment.

Un second type d'équation de vitesse, l'**équation de vitesse intégrée**, est également important en cinétique chimique. L'équation de vitesse intégrée exprime la variation de la *concentration en fonction du temps*. Sans entrer dans les détails, il est important de savoir qu'une équation de vitesse donnée est toujours liée à un certain type d'équation de vitesse intégrée, et vice versa. Autrement dit, si l'on détermine l'équation de vitesse d'une réaction donnée, on connaît automatiquement le type d'équation de vitesse intégrée de cette réaction. Cela signifie que, aussitôt que l'on a déterminé expérimentalement un type d'équation de vitesse pour une réaction, on connaît l'autre type.

Le choix de l'équation de vitesse qui décrit une réaction dépend souvent des types de données qui sont les plus faciles à recueillir. Si l'on peut facilement mesurer la variation de la vitesse au fur et à mesure que les concentrations changent, on peut facilement déterminer l'équation de vitesse différentielle (vitesse/concentration). Par contre, s'il est plus facile de mesurer la variation de la concentration en fonction du temps, on détermine alors l'équation de vitesse intégrée (concentration/temps). Dans les prochaines sections, nous verrons comment se déterminent réellement les équations de vitesse.

Pourquoi est-ce important de déterminer l'équation de vitesse d'une réaction ? Quelle en est l'utilité ? Elle nous aide à retracer les étapes de la réaction. La plupart des réactions chimiques nécessitent plus d'une étape. Par conséquent, pour bien comprendre une réaction chimique, il faut connaître ses étapes. Par exemple, un chimiste qui veut synthétiser un insecticide peut étudier les réactions en jeu dans la croissance de l'insecte pour savoir quel type de molécule pourrait en interrompre la séquence. Ou encore, une chimiste industrielle peut essayer d'accélérer une réaction donnée. Pour ce faire, elle doit savoir quelle est la réaction la plus lente de la série, car c'est cette réaction qui doit être accélérée. Habituellement, un chimiste n'est pas intéressé par l'équation de vitesse en soi, mais par ce qu'elle révèle sur les étapes de la réaction. Dans le présent chapitre, nous verrons une méthode qui permet de découvrir les étapes des réactions.

### Équations de vitesse : résumé

- Il y a deux types d'équations de vitesse.
  1. L'*équation de vitesse différentielle* (souvent appelée simplement *équation de vitesse*) exprime la vitesse de la réaction en fonction de la concentration.
  2. L'*équation de vitesse intégrée* exprime la variation de la concentration des espèces réactionnelles en fonction du temps.
- Puisque, normalement, on n'étudie des réactions que dans les conditions où la réaction inverse est négligeable, l'équation de vitesse ne mettra en jeu que les concentrations des réactifs.
- Puisque les équations de vitesse différentielle et de vitesse intégrée pour une réaction donnée sont liées de façon bien définie, la détermination expérimentale de l'*une* d'elles est suffisante.
- Les conditions de l'expérience déterminent habituellement le type d'équation de vitesse à utiliser.
- La connaissance de l'équation de vitesse d'une réaction est importante, car elle permet habituellement de connaître les différentes étapes de la réaction.

## 3.3 Détermination de la forme d'une équation de vitesse

Pour comprendre comment une réaction chimique se produit, il faut d'abord déterminer son *ordre*. Autrement dit, il faut déterminer expérimentalement la puissance à laquelle la concentration de chaque réactif doit être élevée dans l'équation de vitesse. Dans la présente section, nous verrons différentes façons d'obtenir l'équation de vitesse d'une réaction. D'abord, considérons la réaction de décomposition du pentoxyde d'azote en solution dans le tétrachlorure de carbone :

$$2N_2O_5(\textit{solution}) \longrightarrow 4NO_2(\textit{solution}) + O_2(g)$$

Les résultats expérimentaux de cette réaction, à 45 °C, sont présentés dans le tableau 3.3 et, graphiquement, dans la figure 3.2. Dans cette réaction, l'oxygène quitte la solution et, par conséquent, ne réagit pas avec le dioxyde d'azote ; il n'y a donc pas lieu de tenir compte des effets de la réaction inverse tout au long de la réaction. Autrement dit, la réaction inverse est négligeable à tout moment de la réaction.

Pour des concentrations de $N_2O_5$ de 0,90 mol/L et de 0,45 mol/L, on obtient, en utilisant la pente de la tangente aux points qui correspondent à ces concentrations (*voir la figure 3.2*), les vitesses de réaction suivantes :

| $[N_2O_5]$(mol/L) | Vitesse (mol/L·s) |
|---|---|
| 0,90 | $5{,}4 \times 10^{-4}$ |
| 0,45 | $2{,}7 \times 10^{-4}$ |

**TABLEAU 3.3 Variation de la concentration de $N_2O_5$ en fonction du temps pour la réaction $2N_2O_5(\textit{solution}) \rightarrow 4NO_2(\textit{solution}) + O_2(g)$ (à 45 °C)**

| $[N_2O_5]$ (mol/L) | Temps (s) |
|---|---|
| 1,00 | 0 |
| 0,88 | 200 |
| 0,78 | 400 |
| 0,69 | 600 |
| 0,61 | 800 |
| 0,54 | 1000 |
| 0,48 | 1200 |
| 0,43 | 1400 |
| 0,38 | 1600 |
| 0,34 | 1800 |
| 0,30 | 2000 |

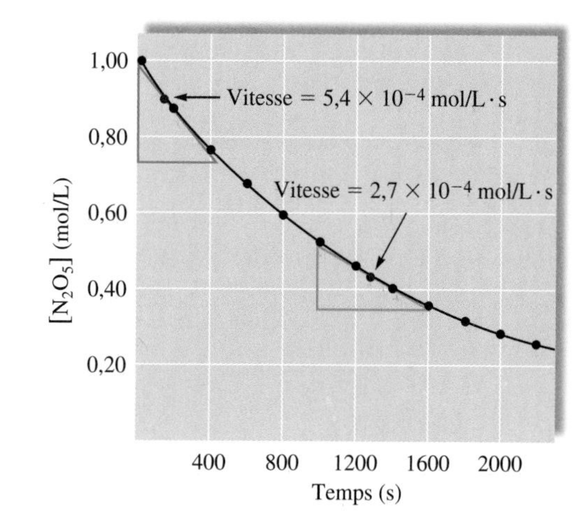


**FIGURE 3.3**
**Variation de la concentration de $N_2O_5$ en fonction du temps pour la réaction : $2N_2O_5(\textit{solution}) \rightarrow 4NO_2(\textit{solution}) + O_2(g)$ (à 45 °C). On remarque que la vitesse de réaction quand $[N_2O_5] = 0{,}90$ mol/L est le double de celle quand $[N_2O_5] = 0{,}45$ mol/L.**

On remarque que lorsque $[N_2O_5]$ est deux fois moindre, la vitesse de réaction l'est également, ce qui signifie que la vitesse de la réaction dépend de la concentration de $N_2O_5$ à la *puissance un*. En d'autres termes, l'équation de vitesse (différentielle) de cette réaction est la suivante :

$$\text{Vitesse} = -\frac{\Delta[N_2O_5]}{\Delta t} = k[N_2O_5]^1 = k[N_2O_5]$$

Ordre 1 : vitesse = $k$[A]. Lorsqu'on double la concentration de A, on double la vitesse de la réaction.

Ainsi, la réaction est *d'ordre 1* par rapport à $N_2O_5$. On remarque que, pour cette réaction, l'ordre *n'est pas* identique au coefficient qui affecte $N_2O_5$ dans l'équation équilibrée. Cela ne fait que confirmer le fait qu'on ne peut déterminer l'ordre par rapport à un réactif donné qu'en *observant* la variation de la vitesse de la réaction en fonction de la concentration de ce réactif.

On a vu que, pour déterminer la vitesse instantanée à deux concentrations de réactifs différentes, l'équation de vitesse de la décomposition de $N_2O_5$ prend la forme suivante :

$$\text{Vitesse} = -\frac{\Delta[\text{A}]}{\Delta t} = k[\text{A}]$$

où A représente $N_2O_5$.

## Méthode des vitesses initiales

La valeur de la vitesse initiale est déterminée pour chaque expérience à la même valeur de $t$, $t$ étant le plus près possible de zéro.

La **méthode des vitesses initiales** est employée couramment pour déterminer la forme de l'équation de vitesse. La **vitesse initiale** d'une réaction est la vitesse instantanée déterminée juste après le début de la réaction (juste après $t = 0$). Il s'agit de déterminer la vitesse instantanée avant que les concentrations initiales des réactifs aient changé de façon importante. Souvent, on effectue des expériences à des concentrations initiales différentes, la vitesse initiale étant déterminée dans chaque cas. On compare ensuite les résultats pour établir comment la vitesse initiale dépend des concentrations initiales. Cela permet de déterminer la forme de l'équation de vitesse. Illustrons cette méthode en utilisant l'équation suivante :

$$NH_4^+(aq) + NO_2^-(aq) \longrightarrow N_2(g) + 2H_2O(l)$$

Le tableau 3.4 présente les vitesses initiales obtenues au cours de trois expériences distinctes, pour lesquelles les concentrations initiales des réactifs étaient différentes. L'équation de vitesse générale pour cette réaction est :

$$\text{Vitesse} = -\frac{\Delta[NH_4^+]}{\Delta t} = k[NH_4^+]^n[NO_2^-]^m$$

On peut déterminer la valeur de $n$ et celle de $m$ en observant la variation de la vitesse initiale en fonction des concentrations initiales de $NH_4^+$ et de $NO_2^-$. Dans les expériences 1

**TABLEAU 3.4 Vitesses initiales obtenues à l'aide de trois expériences pour la réaction $NH_4^+(aq) + NO_2^-(aq) \rightarrow N_2(g) + 2H_2O(l)$**

| Expérience | Concentration initiale de $NH_4^+$ (mol/L) | Concentration initiale de $NO_2^-$ (mol/L) | Vitesse initiale (mol/L·s) |
|---|---|---|---|
| 1 | 0,100 | 0,0050 | $1,35 \times 10^{-7}$ |
| 2 | 0,100 | 0,010 | $2,70 \times 10^{-7}$ |
| 3 | 0,200 | 0,010 | $5,40 \times 10^{-7}$ |

et 2, pour lesquelles la concentration initiale de $NH_4^+$ est la même mais la concentration initiale de $NO_2^-$ varie du simple au double, la vitesse initiale observée double également. Étant donné que

$$\text{Vitesse} = k[NH_4^+]^n[NO_2^-]^m$$

dans l'expérience 1, on obtient :

$$\text{Vitesse} = 1,35 \times 10^{-7} \text{ mol/L}\cdot\text{s} = k(0,100 \text{ mol/L})^n(0,0050 \text{ mol/L})^m$$

et, dans l'expérience 2 :

$$\text{Vitesse} = 2,70 \times 10^{-7} \text{ mol/L}\cdot\text{s} = k(0,100 \text{ mol/L})^n(0,010 \text{ mol/L})^m$$

Le rapport de ces vitesses est :

$$\frac{\text{vitesse 2}}{\text{vitesse 1}} = \underbrace{\frac{2,70 \times 10^{-7} \text{ mol/L}\cdot\text{s}}{1,35 \times 10^{-7} \text{ mol/L}\cdot\text{s}}}_{2,00} = \frac{\cancel{k(0,100 \text{ mol/L})^n}(0,010 \text{ mol/L})^m}{\cancel{k(0,100 \text{ mol/L})^n}(0,0050 \text{ mol/L})^m}$$

$$= \frac{(0,010 \text{ mol/L})^m}{(0,0050 \text{ mol/L})^m} = (2,0)^m$$

Les vitesses 1, 2 et 3 ont été déterminées à la même valeur de $t$ (presque à $t = 0$).

soit

$$\frac{\text{vitesse 2}}{\text{vitesse 1}} = 2,00 = (2,0)^m$$

ce qui signifie que la valeur de $m$ est 1. Cette réaction est donc d'ordre 1 par rapport au réactif $NO_2^-$.

En effectuant une analyse semblable à partir des résultats des expériences 2 et 3, on obtient le rapport :

$$\frac{\text{vitesse 3}}{\text{vitesse 2}} = \frac{5,40 \times 10^{-7} \text{ mol/L}\cdot\text{s}}{2,70 \times 10^{-7} \text{ mol/L}\cdot\text{s}} = \frac{(0,200 \text{ mol/L})^n}{(0,100 \text{ mol/L})^n}$$

$$= 2,00 = \left(\frac{0,200}{0,100}\right)^n = (2,00)^n$$

La valeur de $n$ est aussi 1.

Puisqu'on a établi que $n$ et $m$ valaient tous deux 1, l'équation de vitesse est donc :

$$\text{Vitesse} = k[NH_4^+][NO_2^-]$$

Cette réaction est donc d'ordre 1 par rapport à chacun des réactifs $NO_2^-$ et $NH_4^+$. Signalons que c'est par pure coïncidence que la valeur de $n$ et celle de $m$ sont identiques à celles des coefficients stœchiométriques de $NH_4^+$ et de $NO_2^-$ de l'équation équilibrée.

L'ordre global de la réaction est donné par la somme des ordres pour chaque réactif.

L'**ordre global de la réaction** est donné par la somme de $n$ et de $m$. Dans ce cas-ci, $n + m = 2$ : l'ordre global de cette réaction est donc 2.

On peut maintenant calculer la valeur de la constante de vitesse ($k$) en utilisant les résultats de *n'importe laquelle* des trois expériences présentées dans le tableau 3.4. Selon les résultats de l'expérience 1, on a :

$$\text{Vitesse} = k[NH_4^+][NO_2^-]$$
$$1{,}35 \times 10^{-7}\ \text{mol/L·s} = k(0{,}100\ \text{mol/L})(0{,}0050\ \text{mol/L})$$

d'où

$$k = \frac{1{,}35 \times 10^{-7}\ \text{mol/L·s}}{(0{,}100\ \text{mol/L})(0{,}0050\ \text{mol/L})} = 2{,}7 \times 10^{-4}\ \text{L/mol·s}$$

## Exemple 3.1 Détermination d'une équation de vitesse

La réaction entre les ions bromate et les ions bromure en solution acide est représentée par l'équation suivante :

$$BrO_3^-(aq) + 5Br^-(aq) + 6H^+(aq) \longrightarrow 3Br_2(l) + 3H_2O(l)$$

Le tableau 3.5 présente les résultats de quatre expériences distinctes. À l'aide de ces données, déterminez l'ordre par rapport aux trois réactifs, l'ordre global de la réaction et la valeur de la constante de vitesse.

***Solution***

La formule générale de l'équation de vitesse de cette réaction est :

$$\text{Vitesse} = k[BrO_3^-]^n[Br^-]^m[H^+]^p$$

On peut déterminer les valeurs de $n$, $m$ et $p$ en comparant les vitesses obtenues pour les différentes expériences. Pour établir la valeur de $n$, on utilise les résultats des expériences 1 et 2, dans lesquelles seule $[BrO_3^-]$ varie :

$$\frac{\text{vitesse 2}}{\text{vitesse 1}} = \frac{1{,}6 \times 10^{-3}\ \text{mol/L·s}}{8{,}0 \times 10^{-4}\ \text{mol/L·s}} = \frac{k(0{,}20\ \text{mol/L})^n(0{,}10\ \text{mol/L})^m(0{,}10\ \text{mol/L})^p}{k(0{,}10\ \text{mol/L})^n(0{,}10\ \text{mol/L})^m(0{,}10\ \text{mol/L})^p}$$

$$2{,}0 = \left(\frac{0{,}20\ \text{mol/L}}{0{,}10\ \text{mol/L}}\right)^n = (2{,}0)^n$$

Ainsi, $n$ vaut 1.
Pour connaître la valeur de $m$, on utilise les résultats des expériences 2 et 3, dans lesquelles seule $[Br^-]$ varie :

$$\frac{\text{vitesse 3}}{\text{vitesse 2}} = \frac{3{,}2 \times 10^{-3}\ \text{mol/L·s}}{1{,}6 \times 10^{-3}\ \text{mol/L·s}} = \frac{k(0{,}20\ \text{mol/L})^n(0{,}20\ \text{mol/L})^m(0{,}10\ \text{mol/L})^p}{k(0{,}20\ \text{mol/L})^n(0{,}10\ \text{mol/L})^m(0{,}10\ \text{mol/L})^p}$$

$$2{,}0 = \left(\frac{0{,}20\ \text{mol/L}}{0{,}10\ \text{mol/L}}\right)^m = (2{,}0)^m$$

Ainsi, $m$ vaut 1.

**TABLEAU 3.5 Étude de la réaction $BrO_3^-(aq) + 5Br^-(aq) + 6H^+(aq) \rightarrow 3Br_2(l) + 3H_2O(l)$. Résultats de quatre expériences**

| Expérience | Concentration initiale de $BrO_3^-$ (mol/L) | Concentration initiale de $Br^-$ (mol/L) | Concentration initiale de $H^+$ (mol/L) | Vitesse initiale mesurée (mol/L·s) |
|---|---|---|---|---|
| 1 | 0,10 | 0,10 | 0,10 | $8{,}0 \times 10^{-4}$ |
| 2 | 0,20 | 0,10 | 0,10 | $1{,}6 \times 10^{-3}$ |
| 3 | 0,20 | 0,20 | 0,10 | $3{,}2 \times 10^{-3}$ |
| 4 | 0,10 | 0,10 | 0,20 | $3{,}2 \times 10^{-3}$ |

Pour connaître la valeur de $p$, on utilise les résultats des expériences 1 et 4, dans lesquelles $[BrO_3^-]$ et $[Br^-]$ sont constantes mais $[H^+]$ varie :

$$\frac{\text{vitesse 4}}{\text{vitesse 1}} = \frac{3,2 \times 10^{-3}\ \text{mol/L}\cdot\text{s}}{8,0 \times 10^{-4}\ \text{mol/L}\cdot\text{s}} = \frac{k(0,10\ \text{mol/L})^n(0,10\ \text{mol/L})^m(0,20\ \text{mol/L})^p}{k(0,10\ \text{mol/L})^n(0,10\ \text{mol/L})^m(0,10\ \text{mol/L})^p}$$

$$4,0 = \left(\frac{0,20\ \text{mol/L}}{0,10\ \text{mol/L}}\right)^p$$

$$4,0 = (2,0)^p = (2,0)^2$$

Ainsi, $p$ vaut 2.

La vitesse de cette réaction est d'ordre 1 par rapport à $BrO_3^-$ et $Br^-$, et d'ordre 2 par rapport à $H^+$. L'ordre global de la réaction est donc $n + m + p = 4$.

L'équation de vitesse est par conséquent :

$$\text{Vitesse} = k[BrO_3^-][Br^-][H^+]^2$$

On peut obtenir la valeur de la constante de vitesse $k$ à partir des résultats de n'importe laquelle des quatre expériences. Dans l'expérience 1, par exemple, la vitesse initiale est de $8,0 \times 10^{-4}$ mol/L · s et $[BrO_3^-] = 0,100$ mol/L, $[Br^-] = 0,100$ mol/L et $[H^+] = 0,100$ mol/L. En remplaçant les symboles par leur valeur dans l'équation de vitesse, on obtient :

$$8,0 \times 10^{-4}\ \text{mol/L}\cdot\text{s} = k(0,10\ \text{mol/L})(0,10\ \text{mol/L})(0,10\ \text{mol/L})^2$$

$$8,0 \times 10^{-4}\ \text{mol/L}\cdot\text{s} = k(1,0 \times 10^{-4}\ \text{mol}^4/\text{L}^4)$$

$$k = \frac{8,0 \times 10^{-4}\ \text{mol/L}\cdot\text{s}}{1,0 \times 10^{-4}\ \text{mol}^4/\text{L}^4} = 8,0\ \text{L}^3/\text{mol}^3\cdot\text{s}$$

**Vérification :** S'assurer qu'on obtient la même valeur de $k$ en utilisant les résultats des autres expériences.

***Voir les exercices 3.25 à 3.27***

## 3.4 Équation de vitesse intégrée

Jusqu'à présent, les équations de vitesse utilisées ne permettaient d'exprimer que la variation de la vitesse en fonction de la concentration des réactifs. Or, il est aussi utile d'exprimer la variation de la concentration des réactifs en fonction du temps, une fois qu'on connaît l'équation de vitesse différentielle de la réaction. Dans la présente section, nous apprendrons à le faire.

Premièrement, voyons les réactions qui ne mettent en jeu qu'un seul réactif :

$$\text{aA} \longrightarrow \text{produits}$$

Ce type de réaction a une équation de vitesse dont la forme est la suivante :

$$\text{Vitesse} = -\frac{\Delta[\text{A}]}{\Delta t} = k[\text{A}]^n$$

Voyons maintenant les équations de vitesses intégrées dans les cas où $n = 1$ (réaction d'ordre 1), $n = 2$ (réaction d'ordre 2) et $n = 0$ (réaction d'ordre 0).

### Équations de vitesse d'une réaction d'ordre 1

Pour la réaction

$$2N_2O_5(solution) \longrightarrow 4NO_2(solution) + O_2(g)$$

on a vu que l'équation de vitesse était :

$$\text{vitesse} = -\frac{\Delta[N_2O_5]}{\Delta t} = k[N_2O_5]$$

Puisque la vitesse de cette réaction dépend de la concentration de $N_2O_5$ à la puissance 1, on dit qu'il s'agit d'une **réaction d'ordre 1**. En d'autres termes, si l'on doublait soudainement la concentration de $N_2O_5$ dans un ballon, les vitesses de production de $NO_2$ et de $O_2$ seraient elles aussi doublées. L'équation de vitesse peut prendre une forme différente lorsqu'on l'intègre ; on obtient alors :

$$\ln[N_2O_5] = -kt + \ln[N_2O_5]_0$$

L'annexe A1.2 présente une révision des logarithmes.

où ln est le logarithme népérien (ou naturel), $t$, le temps, $[N_2O_5]$, la concentration de $N_2O_5$ au temps $t$, et $[N_2O_5]_0$, la concentration initiale de $N_2O_5$ (à $t = 0$, soit le début de la réaction). Signalons qu'une telle équation, appelée *équation de vitesse intégrée*, exprime la *variation de la concentration d'un réactif en fonction du temps*.
Pour une réaction chimique du type

$$aA \longrightarrow \text{produits}$$

qui est d'ordre 1 par rapport à [A], l'équation de vitesse est :

$$\text{vitesse} = -\frac{\Delta[A]}{\Delta t} = k[A]$$

et l'**équation de vitesse intégrée pour une réaction d'ordre 1** :

$$\ln[A] = -kt + \ln[A]_0 \qquad (3.2)$$

Voici plusieurs points importants à considérer en ce qui concerne l'équation 3.2.

L'équation de vitesse intégrée exprime la variation de la concentration en fonction du temps de la réaction.

1. Cette équation exprime la variation de la concentration de A en fonction du temps. Lorsqu'on connaît la concentration initiale de A et la constante de vitesse $k$, on peut calculer la concentration de A à n'importe quel moment.
2. Cette équation est de la forme $y = mx + b$. Lorsqu'on représente graphiquement la variation de $y$ en fonction de $x$, on obtient une droite de pente $m$ et d'ordonnée à l'origine, $b$. Dans l'équation 3.2,

$$y = \ln[A] \quad x = t \quad m = -k \quad b = \ln[A]_0$$

Pour une réaction d'ordre 1, le graphique de la variation de ln[A] en fonction de $t$ est toujours une droite.

Ainsi, pour une réaction d'ordre 1, lorsqu'on représente graphiquement la variation du logarithme népérien de la concentration en fonction du temps, on obtient toujours une ligne droite. On procède d'ailleurs souvent ainsi pour s'assurer que la réaction est bel et bien d'ordre 1. Pour la réaction

$$aA \longrightarrow \text{produits}$$

*la réaction est d'ordre 1 par rapport à A si la représentation graphique de la variation de ln[A] en fonction du temps est une droite*. Inversement, si cette représentation graphique n'est pas une droite, la réaction n'est pas d'ordre 1 par rapport à A.

3. On peut aussi écrire l'équation de vitesse intégrée pour une réaction d'ordre 1 sous la forme d'un *rapport* entre [A] et $[A]_0$ ; ainsi :

$$\ln\left(\frac{[A]_0}{[A]}\right) = kt$$

## Exemple 3.2 Équations de vitesse d'une réaction d'ordre 1

Après avoir étudié la décomposition du $N_2O_5$ en phase gazeuse à une température constante

$$2N_2O_5(g) \longrightarrow 4NO_2(g) + O_2(g)$$

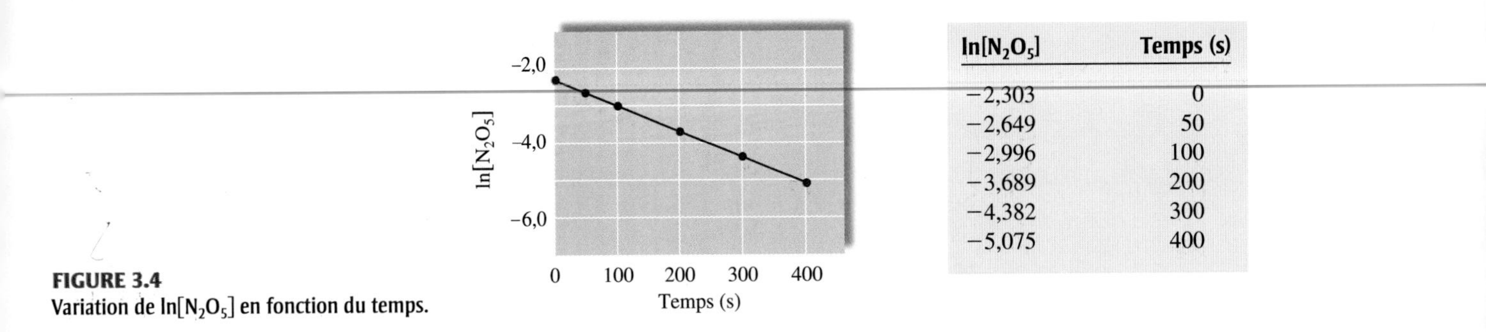


| $ln[N_2O_5]$ | Temps (s) |
|---|---|
| −2,303 | 0 |
| −2,649 | 50 |
| −2,996 | 100 |
| −3,689 | 200 |
| −4,382 | 300 |
| −5,075 | 400 |

**FIGURE 3.4**
Variation de $ln[N_2O_5]$ en fonction du temps.

on a obtenu les résultats ci-dessous :

| $[N_2O_5]$ (mol/L) | Temps (s) |
|---|---|
| 0,1000 | 0 |
| 0,0707 | 50 |
| 0,0500 | 100 |
| 0,0250 | 200 |
| 0,0125 | 300 |
| 0,00625 | 400 |

À partir de ces données, assurez-vous que l'équation de vitesse est d'ordre 1 par rapport à $[N_2O_5]$ et calculez la valeur de la constante de vitesse si la vitesse $= -\Delta[N_2O_5]/\Delta t$.

***Solution***

On peut vérifier que l'équation de vitesse est d'ordre 1 par rapport à $[N_2O_5]$ en traçant le graphique de la variation de $\ln[N_2O_5]$ en fonction du temps. Les valeurs de $\ln[N_2O_5]$ aux différents temps sont présentées ci-dessus et dans le graphique de la figure 3.4.

L'obtention d'une ligne droite confirme que la réaction est d'ordre 1 par rapport à $N_2O_5$, étant donné qu'elle est régie par l'équation $\ln[N_2O_5] = -kt + \ln[N_2O_5]_0$.

Puisque la réaction est d'ordre 1, la pente de la droite est donc $-k$, où :

$$\text{Pente} = \frac{\text{variation de } y}{\text{variation de } x} = \frac{\Delta y}{\Delta x} = \frac{\Delta(\ln[N_2O_5])}{\Delta t}$$

Puisque le premier et le dernier points sont situés exactement sur la ligne, on peut les utiliser pour calculer la pente :

$$\text{Pente} = \frac{-5{,}075 - (-2{,}303)}{400 \text{ s} - 0 \text{ s}} = \frac{-2{,}772}{400 \text{ s}} = -6{,}93 \times 10^{-3} \text{ s}^{-1}$$

$$k = -(\text{pente}) = 6{,}93 \times 10^{-3} \text{ s}^{-1}$$

***Voir l'exercice 3.29***

*Exemple 3.3*

## Équations de vitesse d'une réaction d'ordre 1

À partir des données de l'exemple 3.2, calculez $[N_2O_5]$ 150 s après le début de la réaction.

***Solution***

On sait, selon les données de l'exemple 3.2, qu'à 100 s $[N_2O_5] = 0{,}0500$ mol/L et qu'à 200 s $[N_2O_5] = 0{,}0250$ mol/L. Puisque 150 s est situé à mi-chemin entre 100 s et 200 s, il peut être tentant de penser qu'on peut obtenir la concentration de $N_2O_5$ à ce moment en recourant à la moyenne arithmétique. Ce serait là une erreur, car c'est

$\ln[N_2O_5]$, non $[N_2O_5]$, qui varie directement en fonction de $t$. Pour déterminer $[N_2O_5]$ après 150 s, on doit donc utiliser l'équation 3.2 :

$$\ln[N_2O_5] = -kt + \ln[N_2O_5]_0$$

où $t = 150$ s, $k = 6{,}93 \times 10^{-3}\ s^{-1}$ (valeur trouvée dans l'exemple 3.2) et $[N_2O_5]_0 =$ 0,100 mol/L.

$$\ln([N_2O_5])_{t=150} = -(6{,}93 \times 10^{-3}\ s^{-1})(150\ s) + \ln(0{,}100)$$
$$= -1{,}040 - 2{,}303 = -3{,}343$$
$$[N_2O_5]_{t=150} = \text{antilog}(-3{,}343) = 0{,}0353\ \text{mol/L}$$

Rechercher l'antilogarithme signifie : exprimer sous forme exponentielle (*voir l'annexe A1.2*).

On remarque que cette valeur de $[N_2O_5]$ *n'est pas* située à mi-chemin entre 0,0500 mol/L et 0,0250 mol/L.

***Voir l'exercice 3.29***

## Temps de demi-réaction d'une réaction d'ordre 1

On appelle **temps de demi-réaction** (symbole $t_{1/2}$) *le temps que met la concentration d'un réactif pour arriver à la moitié de sa valeur initiale.* On peut ainsi calculer le temps de demi-réaction de la réaction de décomposition étudiée dans l'exemple 3.2. La représentation graphique des résultats (*voir la figure 3.5*) révèle que le temps de demi-réaction est de 100 s. On peut par ailleurs le constater en analysant les résultats ci-dessous.

| $[N_2O_5]$ (mol/L) | $t$ (s) | |
|---|---|---|
| 0,100 | 0 | |
| | | $\Delta t = 100$ s ; $\frac{[N_2O_5]_{t=100}}{[N_2O_5]_{t=0}} = \frac{0{,}050}{0{,}100} = \frac{1}{2}$ |
| 0,0500 | 100 | |
| | | $\Delta t = 100$ s ; $\frac{[N_2O_5]_{t=200}}{[N_2O_5]_{t=100}} = \frac{0{,}025}{0{,}050} = \frac{1}{2}$ |
| 0,0250 | 200 | |
| | | $\Delta t = 100$ s ; $\frac{[N_2O_5]_{t=300}}{[N_2O_5]_{t=200}} = \frac{0{,}0125}{0{,}0250} = \frac{1}{2}$ |
| 0,0125 | 300 | |

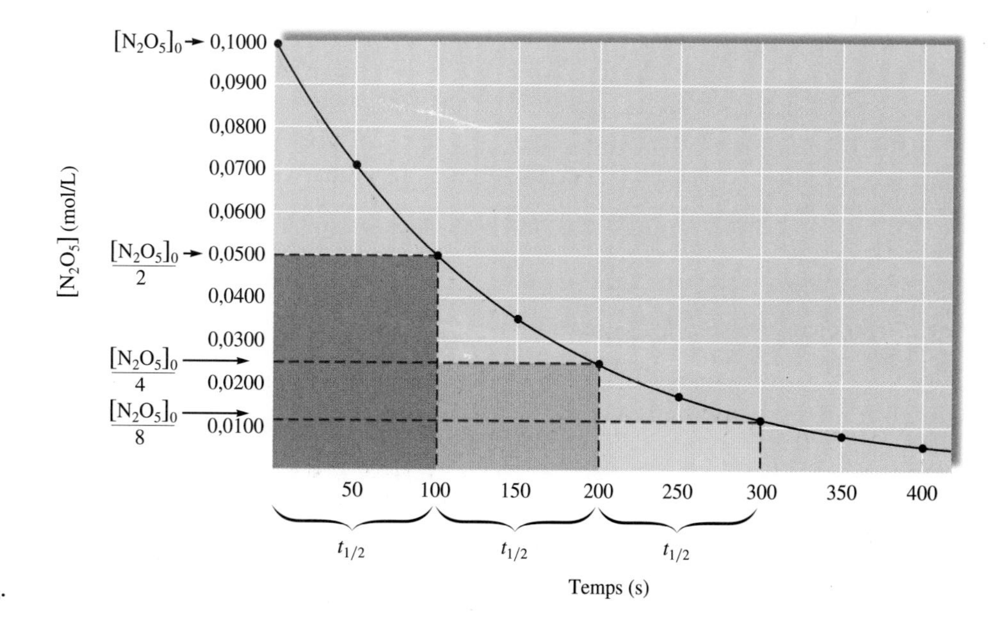


**FIGURE 3.5**
Variation de $[N_2O_5]$ en fonction du temps pour la réaction de décomposition du $N_2O_5$.

On remarque qu'il faut *toujours* 100 s pour que, dans cette réaction, la concentration de $N_2O_5$ diminue de moitié.

À partir de l'équation de vitesse intégrée qui exprime la réaction générale suivante

$$aA \longrightarrow \text{produits}$$

on peut déduire une formule générale exprimant le temps de demi-réaction d'une réaction d'ordre 1.

Si la réaction est d'ordre 1 par rapport à [A], on a :

$$\ln\left(\frac{[A]_0}{[A]}\right) = kt$$

Par définition, quand $t = t_{1/2}$ :

$$[A] = \frac{[A]_0}{2}$$

Par conséquent, à $t = t_{1/2}$, l'équation de vitesse intégrée devient :

$$\ln\left(\frac{[A]_0}{[A]_0/2}\right) = kt_{1/2}$$

soit

$$\ln(2) = kt_{1/2}$$

En remplaçant ln(2) par sa valeur, on obtient finalement :

$$t_{1/2} = \frac{0,693}{k} \qquad (3.3)$$

Pour une réaction d'ordre 1, $t_{1/2}$ est indépendant de la concentration initiale.

C'est là *l'équation générale qui exprime le temps de demi-réaction d'une réaction d'ordre 1.* On peut utiliser l'équation 3.3 pour calculer $t_{1/2}$ lorsqu'on connaît $k$, et vice versa. Signalons que, pour une réaction d'ordre 1, *le temps de demi-réaction n'est pas fonction de la concentration.*

## *Exemple 3.4* Temps de demi-réaction d'une réaction d'ordre 1

Le temps de demi-réaction d'une certaine réaction d'ordre 1 est de 20,0 min.

**a)** Calculez la constante de vitesse de cette réaction.
**b)** Évaluez le temps nécessaire pour que la réaction soit terminée à 75 %.

### *Solution*

**a)** En résolvant l'équation 3.3, on obtient :

$$k = \frac{0,693}{t_{1/2}} = \frac{0,693}{20,0 \text{ min}} = 3,47 \times 10^{-2} \text{ min}^{-1}$$

**b)** On utilise l'équation de vitesse intégrée sous la forme suivante :

$$\ln\left(\frac{[A]_0}{[A]}\right) = kt$$

Si la réaction est terminée à 75 %, cela signifie que 75 % du réactif a été transformé et qu'il n'en reste que 25 % sous sa forme initiale, soit :

$$\frac{[A]}{[A]_0} \times 100 = 25 \%$$

c'est-à-dire que

$$\frac{[A]}{[A]_0} = 0,25 \quad \text{ou} \quad \frac{[A]_0}{[A]} = \frac{1}{0,25} = 4,0$$

Alors

$$\ln\left(\frac{[A]_0}{[A]}\right) = \ln(4,0) = kt = \left(\frac{3,47 \times 10^{-2}}{\text{min}}\right)t$$

et $$t = \frac{\ln(4,0)}{\dfrac{3,47 \times 10^{-2}}{\text{min}}} = 40 \text{ min}$$

Il faut donc 40 min à cette réaction pour être terminée à 75 %.

On peut aussi résoudre ce problème en utilisant la définition du temps de demi-réaction. Après un temps de demi-réaction, la réaction est terminée à 50 %. Si la concentration initiale est de 1,0 mol/L, après le premier $t_{1/2}$, la concentration est de 0,50 mol/L. Après un deuxième $t_{1/2}$, elle est de 0,25 mol/L. Lorsqu'on compare cette valeur, 0,25 mol/L, à la valeur initiale, 1,0 mol/L, on réalise qu'il reste 25 % du réactif initial après 2 temps de demi-réaction. Cela est un résultat général. (Quel pourcentage de réactif reste-t-il après trois temps de demi-réaction ?) Pour cette réaction, 2 temps de demi-réaction valent 2(20,0 min), soit 40,0 min, ce qui est en accord avec la réponse obtenue précédemment.

***Voir les exercices 3.30, 3.37 et 3.38***

## Équations de vitesse d'une réaction d'ordre 2

Pour une réaction générale ne faisant intervenir qu'un seul réactif,

$$\text{aA} \longrightarrow \text{produits}$$

et qui est d'ordre 2 par rapport à A, l'équation de vitesse est :

$$\text{Vitesse} = -\frac{\Delta[\text{A}]}{\Delta t} = k[\text{A}]^2 \qquad (3.4)$$

Ordre 2 : vitesse = $k[\text{A}]^2$. Lorsqu'on double la concentration de A, la vitesse de la réaction est quatre fois plus grande ; lorsqu'on triple la concentration de A, la vitesse est neuf fois plus grande.

et l'**équation de vitesse intégrée pour une réaction d'ordre 2** :

$$\frac{1}{[\text{A}]} = kt + \frac{1}{[\text{A}]_0} \qquad (3.5)$$

Voici plusieurs caractéristiques importantes de l'équation 3.5.

Dans le cas des réactions d'ordre 2, le graphique de la variation de $1/[\text{A}]$ en fonction de $t$ est toujours une droite.

1. Le graphique de la variation de $1/[\text{A}]$ en fonction de $t$ est une droite de pente $k$.
2. L'équation 3.5, exprimant la variation de [A] en fonction du temps, on peut l'utiliser pour calculer [A] à tout temps $t$, lorsqu'on connaît $k$ et $[\text{A}]_0$.

Après un laps de temps égal au temps de demi-réaction ($t = t_{1/2}$), par définition, on a :

$$[\text{A}] = \frac{[\text{A}]_0}{2}$$

L'équation 3.5 devient donc :

$$\frac{1}{\dfrac{[\text{A}]_0}{2}} = kt_{1/2} + \frac{1}{[\text{A}]_0}$$

$$\frac{2}{[\text{A}]_0} - \frac{1}{[\text{A}]_0} = kt_{1/2}$$

$$\frac{1}{[\text{A}]_0} = kt_{1/2}$$

En résolvant cette équation, on obtient l'*expression du temps de demi-réaction pour une réaction d'ordre 2*, soit :

$$t_{1/2} = \frac{1}{k[\text{A}]_0} \qquad (3.6)$$

## Exemple 3.5 Détermination des équations de vitesse

Quand deux molécules identiques se combinent, la molécule résultante est appelée dimère.

Le butadiène réagit pour former un dimère selon l'équation suivante :

$$2C_4H_6(g) \longrightarrow C_8H_{12}(g)$$

Au cours de l'étude de cette réaction, à une température donnée, on a obtenu les résultats ci-dessous.

| $[C_4H_6]$ (mol/L) | Temps (±1 s) |
|---|---|
| 0,01000 | 0 |
| 0,00625 | 1000 |
| 0,00476 | 1800 |
| 0,00370 | 2800 |
| 0,00313 | 3600 |
| 0,00270 | 4400 |
| 0,00241 | 5200 |
| 0,00208 | 6200 |

**a)** Est-ce une réaction d'ordre 1 ou d'ordre 2 ?
**b)** Quelle est la valeur de la constante de vitesse de cette réaction ?
**c)** Quel est le temps de demi-réaction de cette réaction dans les conditions expérimentales mentionnées ?

***Solution***

**a)** Pour déterminer si l'équation de vitesse de cette réaction est d'ordre 1 ou d'ordre 2, on doit vérifier si le graphique de la variation de $\ln[C_4H_6]$ en fonction du temps est une ligne droite (ordre 1) ou si c'est celui de la variation de $1/[C_4H_6]$ en fonction du temps qui est une ligne droite (ordre 2). Les données nécessaires pour tracer ces graphiques sont les suivantes :

| $t$ (s) | $\frac{1}{[C_4H_6]}$ | $\ln[C_4H_6]$ |
|---|---|---|
| 0 | 100 | −4,605 |
| 1000 | 160 | −5,075 |
| 1800 | 210 | −5,348 |
| 2800 | 270 | −5,599 |
| 3600 | 320 | −5,767 |
| 4400 | 370 | −5,915 |
| 5200 | 415 | −6,028 |
| 6200 | 481 | −6,175 |

Les graphiques sont présentés à la figure 3.6. Puisque le graphique de la variation de $\ln[C_4H_6]$ en fonction du temps (*voir la figure 3.6* ***a***) n'est pas une droite, cette réaction *n'est pas* d'ordre 1. Elle est d'ordre 2, comme le prouve la linéarité du graphique de la variation de $1/[C_4H_6]$ en fonction du temps (*voir la figure 3.6* ***b***).

On peut alors écrire l'équation de vitesse de cette réaction d'ordre 2 :

$$\text{Vitesse} = -\frac{\Delta[C_4H_6]}{\Delta t} = k[C_4H_6]^2$$

**b)** Pour une réaction d'ordre 2, le graphique de la variation de $1/[C_4H_6]$ en fonction de $t$ est une droite de pente $k$. Selon l'équation générale d'une droite, $y = mx + b$, on a $y = 1/[C_4H_6]$ et $x = t$. La pente peut être exprimée de la façon suivante :

$$\text{Pente} = \frac{\Delta y}{\Delta x} = \frac{\Delta\left(\frac{1}{[C_4H_6]}\right)}{\Delta t}$$

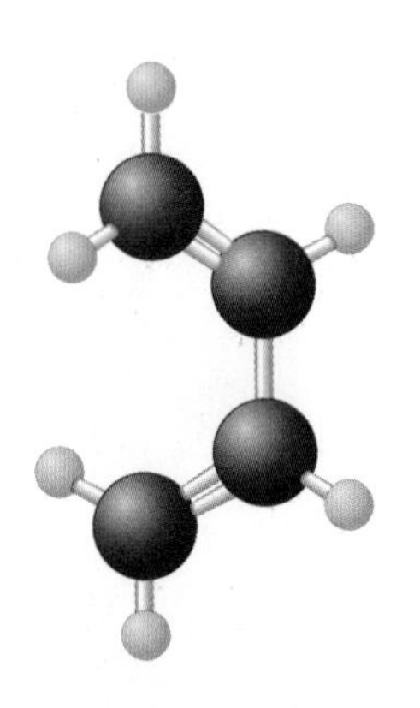

Butadiène ($C_4H_6$)

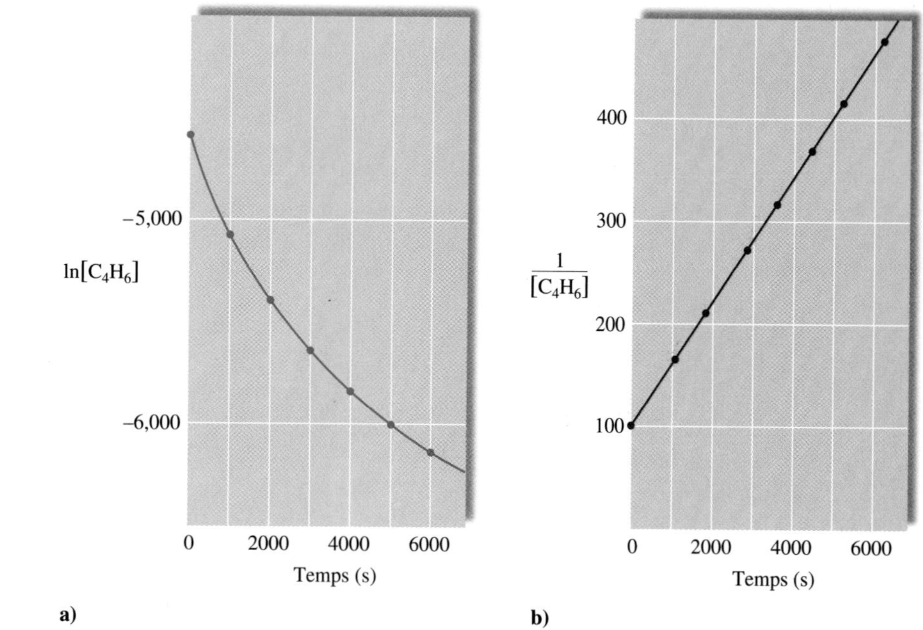


**FIGURE 3.6**
**a) Variation de $\ln[C_4H_6]$ en fonction de $t$;**
**b) variation de $1/[C_4H_6]$ en fonction de $t$.**

En utilisant les valeurs de l'ordonnée correspondant aux points $t = 0$ et $t = 6200$ s, on obtient celle de la constante de vitesse de la réaction :

$$k = \text{pente} = \frac{(481 - 100)\text{ L/mol}}{(6200 - 0)\text{ s}} = \frac{381}{6200}\text{L/moL}\cdot\text{s} = 6{,}14 \times 10^{-2}\text{ L/mol}\cdot\text{s}$$

**c)** L'expression du temps de demi-réaction de cette réaction d'ordre 2 est :

$$t_{1/2} = \frac{1}{k[\text{A}]_0}$$

Dans ce cas, $k = 6{,}14 \times 10^{-2}$ L/mol · s (valeur obtenue en *b*) et $[\text{A}]_0 = [C_4H_6]_0 =$ 0,01000 mol/L (concentration à $t = 0$). Alors :

$$t_{1/2} = \frac{1}{(6{,}14 \times 10^{-2}\text{ L/moL}\cdot\text{s})(1{,}000 \times 10^{-2}\text{ mol/L})} = 1{,}63 \times 10^3\text{ s}$$

Il faut donc 1630 s pour réduire de moitié la concentration initiale de $C_4H_6$.

***Voir les exercices 3.31 et 3.39***

Dans le cas d'une réaction d'ordre 2, $t_{1/2}$ dépend de $[\text{A}]_0$. Dans le cas d'une réaction d'ordre 1, $t_{1/2}$ est indépendant de $[\text{A}]_0$.

Il est important de distinguer le temps de demi-réaction d'une réaction d'ordre 1 de celui d'une réaction d'ordre 2. Pour une réaction d'ordre 2, $t_{1/2}$ varie à la fois en fonction de $k$ et de $[\text{A}]_0$ ; pour une réaction d'ordre 1, $t_{1/2}$ ne varie qu'en fonction de $k$. Pour une réaction d'ordre 1, il faut un laps de temps fixe pour que la concentration du réactif diminue de moitié, et de nouveau de moitié, et ainsi de suite, au fur et à mesure que la réaction a lieu. Or, selon les données de l'exemple 3.5, on constate que cela *n'est pas* vrai pour une réaction d'ordre 2. Dans le cas d'une réaction d'ordre 2, le premier temps de demi-réaction (temps nécessaire pour que $[C_4H_6]$ passe de 0,010 mol/L à 0,0050 mol/L) est de 1630 s. On peut évaluer le deuxième temps de demi-réaction à partir des données fournies par la variation de la concentration en fonction du temps. On remarque ainsi que, pour que la concentration de $C_4H_6$ atteigne 0,0024 mol/L (approximativement 0,0050/2), il faut 5200 s. Alors, pour que la concentration de $C_4H_6$ passe de 0,0050 mol/L à 0,0024 mol/L, il faut 3570 s (5200 − 1630). Le deuxième temps de demi-réaction est donc beaucoup plus long que le premier. C'est là une caractéristique des réactions d'ordre 2. En fait, *pour une réaction d'ordre 2, chaque temps de demi-réaction successif vaut le double du précédent* (à la condition toutefois que la contribution

Pour chaque temps de demi-réaction successif, $[A]_0$ est réduit de moitié. Puisque $t_{1/2} = 1/k[A]_0$, $t_{1/2}$ double.

de la réaction inverse soit négligeable, ce que l'on suppose ici). Pour s'en convaincre, il suffit d'examiner l'équation : $t_{1/2} = 1/(k[A]_0)$.

## Équations de vitesse d'une réaction d'ordre 0

La cinétique de la plupart des réactions ne faisant intervenir qu'un seul réactif est soit d'ordre 1, soit d'ordre 2. Il arrive cependant qu'une telle réaction soit d'**ordre zéro**. L'équation de vitesse de ce type de réaction est la suivante :

$$\text{vitesse} = k[A]^0 = k(1) = k$$

La vitesse d'une réaction d'ordre 0 est constante.

Pour une réaction d'ordre 0, la vitesse est constante. Elle ne varie pas en fonction de la concentration, comme c'est le cas pour les réactions d'ordre 1 ou d'ordre 2. L'**équation de vitesse intégrée pour une réaction d'ordre 0** est :

$$[A] = -kt + [A]_0 \tag{3.7}$$

Dans ce cas, le graphique de la variation de [A] en fonction de $t$ est une droite de pente $-k$ (*voir la figure 3.7*).

On peut obtenir l'expression du temps de demi-réaction d'une réaction d'ordre 0 à partir de l'équation de vitesse intégrée. Par définition, $[A] = [A]_0/2$ quand $t = t_{1/2}$ ; alors :

$$\frac{[A]_0}{2} = -kt_{1/2} + [A]_0$$

soit

$$kt_{1/2} = \frac{[A]_0}{2}$$

En résolvant cette équation, on obtient :

$$t_{1/2} = \frac{[A]_0}{2k} \tag{3.8}$$

On rencontre surtout des réactions d'ordre 0 quand une substance telle une surface métallique ou une enzyme est nécessaire à la réaction. Par exemple, la réaction de décomposition

$$2N_2O(g) \longrightarrow 2N_2(g) + O_2(g)$$

a lieu à la surface du platine chaud. Si la surface du platine est totalement recouverte de molécules $N_2O$, une augmentation de la concentration de $N_2O$ n'exerce aucune influence sur la vitesse, puisque seules les molécules $N_2O$ en surface peuvent réagir. Dans ces conditions, *la vitesse est constante*, étant donné qu'elle dépend de ce qui a lieu à la surface du platine et non de la concentration totale de $N_2O$ (*voir la figure 3.8*). Cette réaction peut aussi se produire à haute température, en l'absence de platine ; dans ces conditions, toutefois, ce n'est pas une réaction d'ordre 0.

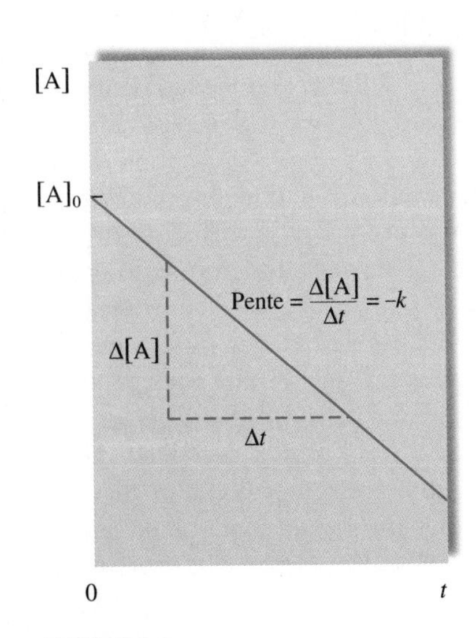


**FIGURE 3.7**
**Variation de [A] en fonction de $t$ pour une réaction d'ordre 0.**

## Équations de vitesse intégrées pour des réactions faisant intervenir plus d'un réactif

Jusqu'à présent, on s'est intéressé aux équations de vitesse intégrées pour des réactions simples qui ne font intervenir qu'un seul réactif. Pour aborder l'étude de réactions plus complexes, il faut recourir à des techniques particulières. Considérons la réaction suivante :

$$BrO_3^-(aq) + 5Br^-(aq) + 6H^+(aq) \longrightarrow 3Br_2(l) + 3H_2O(l)$$

Expérimentalement, on sait que l'équation de vitesse est :

$$\text{Vitesse} = -\frac{\Delta[BrO_3^-]}{\Delta t} = k[BrO_3^-][Br^-][H^+]^2$$

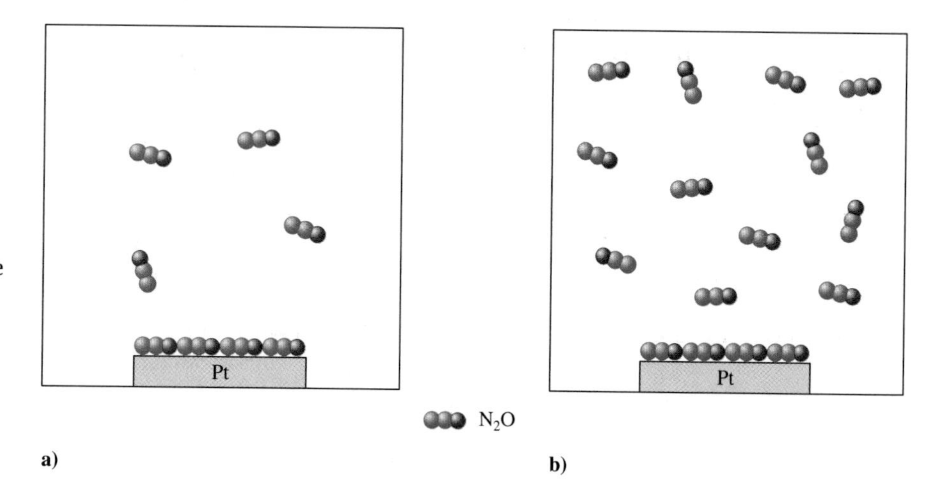


**FIGURE 3.8**
La réaction de décomposition $2N_2O(g) \rightarrow 2N_2(g) + O_2(g)$ a lieu à la surface du morceau de platine. Même si $[N_2O]$ en **b)** est deux fois supérieure à $[N_2O]$ en **a)**, la vitesse de décomposition de $N_2O$ est la même dans les deux cas, car la surface de platine ne peut accepter qu'un certain nombre de molécules. Il en résulte que cette réaction est d'ordre 0.

Supposons que $[BrO_3^-]_0 = 1{,}0 \times 10^{-3}$ mol/L, $[Br^-]_0 = 1{,}0$ mol/L et $[H^+]_0 = 1{,}0$ mol/L. Au fur et à mesure que la réaction se produit, la concentration de $[BrO_3^-]$ diminue de façon notable, mais pas celle des deux autres réactifs, $Br^-$ et $H^+$, qui est, au départ, très importante. Ainsi $[Br^-]$ et $[H^+]$ demeurent *presque constantes*. En d'autres termes, dans des conditions pour lesquelles les concentrations des ions $Br^-$ et $H^+$ sont beaucoup plus importantes que celle de l'ion $BrO_3^-$, on peut présumer que, au cours de la réaction :

$$[Br^-] = [Br^-]_0 \quad \text{et} \quad [H^+] = [H^+]_0$$

Cela signifie que l'équation de vitesse peut être exprimée de la façon suivante :

$$\text{Vitesse} = k[Br^-]_0[H^+]_0^2[BrO_3^-] = k'[BrO_3^-]$$

où, puisque $[Br^-]_0$ et $[H^+]_0$ sont constantes,

$$k' = k[Br^-]_0[H^+]_0^2$$

L'équation de vitesse

$$\text{Vitesse} = k'[BrO_3^-]$$

est d'ordre 1. Puisqu'on obtient cette équation de vitesse en simplifiant une équation beaucoup plus complexe, on dit que c'est une **équation de vitesse d'ordre 1 apparent**. Dans ces conditions expérimentales, le graphique de la variation de $\ln[BrO_3^-]$ en fonction de $t$ est une droite de pente $-k'$. Puisqu'on connaît $[Br^-]_0$ et $[H^+]_0$, on peut calculer la valeur de $k$ à partir de l'équation suivante :

$$k' = k[Br^-]_0[H^+]_0^2$$

soit

$$k = \frac{k'}{[Br^-]_0[H^+]_0^2}$$

On constate qu'on peut étudier la cinétique des réactions complexes en analysant le comportement d'un réactif à la fois. Si la concentration d'un réactif est beaucoup plus faible que celles des autres réactifs, ces dernières ne varient pas de façon notable ; on peut donc considérer qu'elles sont constantes. On peut utiliser la variation en fonction du temps de la concentration du réactif présent en quantité relativement faible pour déterminer l'ordre de la réaction par rapport à ce composant. On peut donc établir ainsi l'équation de vitesse d'une réaction complexe.

## 3.5 Équations de vitesse : résumé

Dans les sections précédentes, nous avons démontré ces points importants :

1. Pour simplifier les équations de vitesse des réactions, on étudie les réactions dans des conditions pour lesquelles seule la réaction directe a de l'importance ; l'équation de vitesse ne dépend alors que de la concentration des réactifs.
2. Il existe deux types d'équations de vitesse.
   a) L'*équation de vitesse différentielle* (souvent appelée *équation de vitesse*) exprime la variation de la vitesse en fonction de la concentration des réactifs. Le tableau 3.6 présente les formes des équations de vitesses différentielles d'ordre 0, d'ordre 1 et d'ordre 2.
   b) L'*équation de vitesse intégrée* exprime la variation de la concentration des réactifs en fonction du temps.
   Le tableau 3.6 présente les formes des équations de vitesses intégrées des réactions d'ordre 0, d'ordre 1 et d'ordre 2.
3. La détermination de l'équation de vitesse différentielle ou de l'équation de vitesse intégrée dépend des données qui peuvent être recueillies avec facilité et exactitude. Une fois un de ces types d'équations déterminé pour une réaction donnée, on peut écrire l'autre.
4. Pour déterminer expérimentalement l'équation de vitesse différentielle, on utilise couramment la méthode des vitesses initiales. Celle-ci consiste à effectuer différentes expériences dans lesquelles les concentrations initiales sont différentes, puis à en déterminer les vitesses instantanées à la même valeur de $t$ (aussi près de 0 que possible). Il s'agit d'évaluer la vitesse avant que les concentrations initiales changent de façon importante. Puis, en comparant les vitesses initiales et les concentrations initiales, on peut établir comment la vitesse dépend de la concentration des différents réactifs, c'est-à-dire qu'on peut déterminer l'ordre de chaque réactif.
5. Pour déterminer expérimentalement l'équation de vitesse intégrée d'une réaction, on mesure les concentrations à différentes valeurs de $t$ au cours de la réaction. Il s'agit ensuite de déterminer quelle équation de vitesse intégrée correspond aux données. Pour ce faire, on procède visuellement, en établissant quel type de tracé forme une droite. Le tableau 3.6 présente un résumé de la cinétique des réactions qui ne mettent en jeu qu'un réactif. Une fois le bon tracé établi, on peut choisir l'équation de vitesse intégrée correspondante et obtenir la valeur de $k$ à partir de la pente de la droite. On peut également écrire l'équation de vitesse différentielle.

**TABLEAU 3.6 Résumé de la cinétique des réactions de type aA → produits, d'ordre 0, 1 ou 2 par rapport à [A]**

| | Ordre | | |
|---|---|---|---|
| | 0 | 1 | 2 |
| équation de vitesse | vitesse $= k$ | vitesse $= k[A]$ | vitesse $= k[A]^2$ |
| équation de vitesse intégrée | $[A] = -kt + [A]_0$ | $\ln[A] = -kt + \ln[A]_0$ | $\frac{1}{[A]} = kt + \frac{1}{[A]_0}$ |
| représentation graphique linéaire | variation de [A] en fonction de $t$ | variation de ln[A] en fonction de $t$ | variation de $\frac{1}{[A]}$ en fonction de $t$ |
| relation entre la constante de vitesse et la pente de la droite | pente $= -k$ | pente $= -k$ | pente $= k$ |
| temps de demi-réaction | $t_{1/2} = \frac{[A]_0}{2k}$ | $t_{1/2} = \frac{0{,}693}{k}$ | $t_{1/2} = \frac{1}{k[A]_0}$ |

6. On peut étudier les réactions dans lesquelles interviennent plusieurs réactifs en choisissant des conditions telles que la concentration d'un seul réactif varie au cours d'une expérience donnée. Pour cela, on fait en sorte que la concentration d'un seul réactif soit faible et celle de tous les autres, élevée ; on peut ainsi simplifier l'équation de vitesse.

$$\text{Vitesse} = k[\text{A}]^n[\text{B}]^m[\text{C}]^p$$

pour obtenir l'équation suivante :

$$\text{Vitesse} = k'[\text{A}]^n$$

où $k' = k[\text{B}]_0{}^m[\text{C}]_0{}^p$ et $[\text{B}]_0 \gg [\text{A}]_0$ et $[\text{C}]_0 \gg [\text{A}]_0$. On obtient la valeur de $n$ en vérifiant que le graphique de [A] en fonction de $t$ est linéaire ($n = 0$), que le graphique de la variation de ln[A] en fonction de $t$ est linéaire ($n = 1$) ou que celui de la variation de 1/[A] en fonction de $t$ est linéaire ($n = 2$). On détermine la valeur de $k'$ à partir de la pente du graphique approprié, et celle de $m$, $p$ et $k$ en calculant les valeurs de $k'$ pour différentes concentrations de B et de C.

# 3.6 Mécanismes réactionnels

La plupart des réactions chimiques se produisent selon une *suite d'étapes*, appelée **mécanisme réactionnel**. Pour comprendre une réaction, il faut en connaître le mécanisme ; l'un des principaux objectifs de l'étude de la cinétique, c'est précisément d'en apprendre le plus possible sur les étapes d'une réaction. Dans cette section, on étudiera certaines caractéristiques fondamentales d'un mécanisme réactionnel.

Considérons la réaction suivante entre le dioxyde d'azote et le monoxyde de carbone :

$$NO_2(g) + CO(g) \longrightarrow NO(g) + CO_2(g)$$

L'équation de vitesse de cette réaction, établie expérimentalement, est :

$$\text{Vitesse} = k[NO_2]^2$$

Une équation équilibrée n'indique pas *comment* les réactifs deviennent des produits.

Comme on le verra plus loin, cette réaction est en fait plus complexe que ne le laisse supposer l'équation équilibrée. C'est là un phénomène caractéristique : l'équation équilibrée d'une réaction indique quels sont les réactifs et les produits qui interviennent dans cette réaction, ainsi que leurs coefficients stœchiométriques, mais elle ne révèle pas quel en est le mécanisme.

En ce qui concerne la réaction faisant intervenir le dioxyde d'azote et le monoxyde de carbone, on pense que le mécanisme est le suivant :

$$NO_2(g) + NO_2(g) \xrightarrow{k_1} NO_3(g) + NO(g)$$

$$NO_3(g) + CO(g) \xrightarrow{k_2} NO_2(g) + CO_2(g)$$

Un intermédiaire est formé à une étape donnée et utilisé à une étape ultérieure. Par conséquent, il n'apparaît jamais en tant que produit de la réaction.

où $k_1$ et $k_2$ sont les constantes de vitesse de chacune des étapes. Dans ce mécanisme, le $NO_3$ gazeux est un **intermédiaire**, c'est-à-dire une substance qui n'est ni un réactif ni un produit, mais qui apparaît et disparaît au cours de la suite d'étapes de la réaction. La figure 3.9 illustre cette réaction.

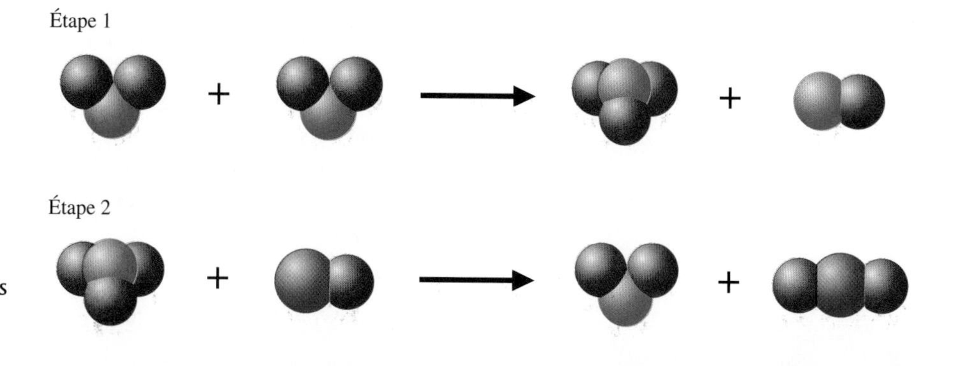


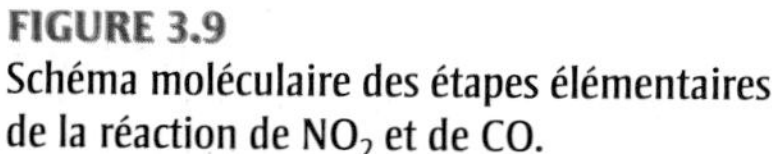
**FIGURE 3.9**
Schéma moléculaire des étapes élémentaires de la réaction de $NO_2$ et de CO.

**TABLEAU 3.7 Exemples d'étapes élémentaires**

| Étape élémentaire | Molécularité | Équation de vitesse |
|---|---|---|
| A → produits | *mono*moléculaire | vitesse = $k$[A] |
| A + A → produits (2A → produits) | *bi*moléculaire | vitesse = $k$[A]$^2$ |
| A + B → produits | *bi*moléculaire | vitesse = $k$[A][B] |
| A + A + B → produits (2A + B → produits) | *tri*moléculaire | vitesse = $k$[A]$^2$[B] |
| A + B + C → produits | *tri*moléculaire | vitesse = $k$[A][B][C] |

Chacune de ces deux réactions est appelée **réaction** ou **étape élémentaire**; c'est *une réaction dont l'équation de vitesse peut être exprimée à partir de sa molécularité*. Par **molécularité**, on entend le nombre de molécules qui doivent entrer en collision pour produire la réaction. Une réaction qui ne fait intervenir qu'une molécule est une **réaction monomoléculaire**. Les réactions dans lesquelles il y a collision de deux ou trois espèces sont des réactions **bimoléculaires** ou **trimoléculaires**. Les réactions trimoléculaires sont très rares, car la probabilité que trois molécules entrent en collision simultanément est très faible. Le tableau 3.7 présente des exemples de ces trois types de réactions élémentaires, ainsi que les équations de vitesse correspondantes. On remarque que l'équation de vitesse pour une réaction élémentaire dépend *directement* de la molécularité de cette réaction. Par exemple, pour une réaction bimoléculaire, l'équation de vitesse est toujours d'ordre 2, prenant la forme $k[A]^2$ pour une réaction à un seul réactif ou la forme $k[A][B]$ pour une réaction à deux réactifs.

Préfixes: *mono* = un; *bi* = deux; *tri* = trois.

Une étape élémentaire monomoléculaire est toujours d'ordre 1, une étape bimoléculaire, toujours d'ordre 2, etc.

On peut donc maintenant définir de façon plus précise le mécanisme réactionnel: c'est *une suite de réactions élémentaires qui doit satisfaire à deux exigences.*

1. La somme des réactions élémentaires doit correspondre à l'équation équilibrée globale de la réaction.
2. Le mécanisme proposé doit être conforme à l'équation de vitesse déterminée expérimentalement.

Assurons-nous que ces exigences sont satisfaites en ce qui concerne le mécanisme proposé ci-dessus pour la réaction du dioxyde d'azote avec le monoxyde de carbone. D'abord, on remarque que la somme des deux réactions correspond bien à l'équation globale; en effet:

$$NO_2(g) + NO_2(g) \longrightarrow NO_3(g) + NO(g)$$
$$NO_3(g) + CO(g) \longrightarrow NO_2(g) + CO_2(g)$$

$$\cancel{NO_2}(g) + NO_2(g) + \cancel{NO_3}(g) + CO(g) \longrightarrow \cancel{NO_3}(g) + NO(g) + \cancel{NO_2}(g) + CO_2(g)$$

Équation globale: $NO_2(g) + CO(g) \longrightarrow NO(g) + CO_2(g)$

La première exigence est donc satisfaite. Pour savoir si le mécanisme proposé satisfait à la deuxième exigence, il faut faire intervenir un nouveau concept, celui d'**étape limitante**. Dans les réactions qui comportent plusieurs étapes, on trouve souvent une étape beaucoup plus lente que toutes les autres. Or, les réactifs ne peuvent pas être transformés en produits à une vitesse supérieure à celle de l'étape la plus lente. En d'autres termes, la réaction globale ne peut pas être plus rapide que l'étape la plus lente, ou étape limitante, de la suite de réactions. Par exemple, lorsqu'on veut verser de l'eau dans un réservoir à l'aide d'un entonnoir, l'eau s'accumule dans le réservoir à une vitesse qui est déterminée essentiellement par l'ouverture de la base de l'entonnoir et non par la vitesse à laquelle on verse l'eau.

Une réaction ne peut pas être plus rapide que son étape la plus lente.

Dans le cas de la réaction du dioxyde d'azote avec le monoxyde de carbone, quelle est l'étape limitante? *Supposons* que la première étape soit limitante, et la seconde relativement rapide; on a alors:

$$NO_2(g) + NO_2(g) \longrightarrow NO_3(g) + NO(g) \quad \text{Lente (limitante)}$$
$$NO_3(g) + CO(g) \longrightarrow NO_2(g) + CO_2(g) \quad \text{Rapide}$$

Selon cette hypothèse, la production du $NO_3$ est beaucoup plus lente que sa réaction avec le CO. La vitesse de production du $CO_2$ dépend par conséquent de celle du $NO_3$ à la première étape. Puisque c'est une étape élémentaire, on peut exprimer l'équation de vitesse pour cette réaction à partir de sa molécularité. L'équation de vitesse de la première étape bimoléculaire est donc :

$$\text{vitesse de production du } NO_3 = \frac{\Delta[NO_3]}{\Delta t} = k_1\,[NO_2]^2$$

Puisque la vitesse de la réaction globale ne peut pas être plus rapide que celle de l'étape la plus lente, on a :

$$\text{vitesse de la réaction globale} = k_1[NO_2]^2$$

On remarque que cette équation de vitesse est conforme à celle établie expérimentalement. Le mécanisme proposé satisfait donc aux deux exigences stipulées ci-dessus ; ce *pourrait* donc être le mécanisme réel de cette réaction.

Comment un chimiste en arrive-t-il à déduire le mécanisme d'une réaction donnée ? Il commence toujours par déterminer expérimentalement l'équation de vitesse. Ensuite, en utilisant son intuition et en respectant les deux règles mentionnées ci-dessus, il élabore des mécanismes possibles et essaie, par d'autres expériences, d'éliminer les moins probables. *On ne peut jamais prouver la validité d'un mécanisme de façon absolue.* On peut seulement dire que, si le mécanisme satisfait aux deux exigences, il est *éventuellement* valide. Déduire le mécanisme d'une réaction chimique n'est pas toujours facile ; cela exige adresse et expérience. Ici, on se contente d'effleurer le sujet.

## Exemple 3.6 Mécanismes réactionnels

L'équation équilibrée relative à la réaction entre le dioxyde d'azote et le fluor, est :

$$2NO_2(g) + F_2(g) \longrightarrow 2NO_2F(g)$$

L'équation de vitesse déterminée expérimentalement est la suivante :

$$\text{Vitesse} = k[NO_2][F_2]$$

Pour cette réaction, un mécanisme possible est :

$$NO_2 + F_2 \xrightarrow{k_1} NO_2F + F \quad \text{Réaction lente}$$

$$F + NO_2 \xrightarrow{k_2} NO_2F \quad \text{Réaction rapide}$$

Est-ce un mécanisme plausible ? Autrement dit, est-ce qu'il satisfait aux deux exigences ?

***Solution***

La première exigence pour qu'un mécanisme soit plausible, c'est que la somme des étapes corresponde à l'équation globale, soit ici :

$$\begin{array}{rcl} NO_2 + F_2 & \longrightarrow & NO_2F + F \\ F + NO_2 & \longrightarrow & NO_2F \\ \hline 2NO_2 + F_2 + \cancel{F} & \longrightarrow & 2NO_2F + \cancel{F} \\ \text{Réaction globale : } 2NO_2 + F_2 & \longrightarrow & 2NO_2F \end{array}$$

La première exigence est donc satisfaite.

La seconde exigence, c'est que le mécanisme corresponde à l'équation de vitesse déterminée expérimentalement. Puisque, selon le mécanisme proposé, la première étape est limitante, l'équation de vitesse globale doit être celle de la première étape. La première étape étant bimoléculaire, l'équation de vitesse devrait être :

$$\text{Vitesse} = k_1[NO_2][F_2]$$

Cette équation de vitesse est identique à celle déterminée expérimentalement. Le mécanisme proposé est donc plausible, puisqu'il satisfait aux deux exigences, ce qui ne *prouve* toutefois pas que ce mécanisme soit le vrai.

**Voir les exercices 3.44 et 3.45**

Bien que le mécanisme présenté à l'exemple 3.6 ait la bonne stœchiométrie et qu'il soit conforme à l'équation de vitesse observée, d'autres mécanismes peuvent également satisfaire à ces exigences. Par exemple, le mécanisme pourrait être :

$$NO_2 + F_2 \longrightarrow NOF_2 + O \quad \text{Réaction lente}$$
$$NO_2 + O \longrightarrow NO_3 \quad \text{Réaction rapide}$$
$$NOF_2 + NO_2 \longrightarrow NO_2F + NOF \quad \text{Réaction rapide}$$
$$NO_3 + NOF \longrightarrow NO_2F + NO_2 \quad \text{Réaction rapide}$$

Afin de déduire le mécanisme le plus probable pour la réaction, le chimiste qui travaille à cette recherche doit effectuer d'autres expériences.

## 3.7 Un modèle de cinétique chimique

Comment se produit une réaction chimique ? On a déjà obtenu quelques éléments de réponse à cette question. Par exemple, on a vu que la vitesse d'une réaction chimique dépendait de la concentration des réactifs. La vitesse initiale de la réaction

$$aA + bB \longrightarrow \text{produits}$$

peut être exprimée à l'aide de l'équation

$$\text{Vitesse} = k[A]^n[B]^m$$

où l'ordre par rapport à chaque réactif dépend du mécanisme réactionnel. C'est pourquoi la vitesse d'une réaction dépend des concentrations. Mais qu'en est-il des autres facteurs qui influencent la vitesse d'une réaction ? Par exemple, quelle est l'influence de la température sur cette vitesse ?

L'expérience personnelle de chacun peut permettre de donner une réponse qualitative à cette question. Ainsi, on utilise des réfrigérateurs parce que la nourriture se détériore moins vite à basse température. La combustion du bois a lieu à une vitesse mesurable uniquement à de hautes températures. Un œuf cuit plus rapidement dans l'eau bouillante au niveau de la mer qu'à Leadville, au Colorado (altitude : 3000 m), où l'eau bout à environ 90 °C. Selon ces observations et bien d'autres, on peut conclure que *les réactions chimiques sont accélérées quand la température augmente*. Expérimentalement, on peut montrer que presque toutes les constantes de vitesse augmentent de façon exponentielle en fonction de la température absolue (*voir la figure 3.10*).

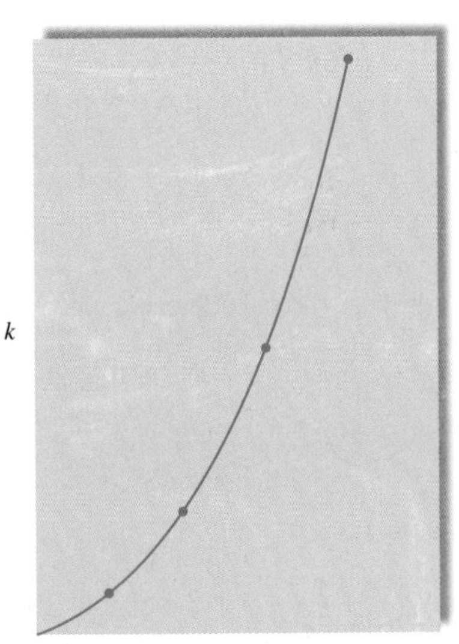

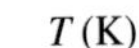


**FIGURE 3.10**
Variation exponentielle de la constante de vitesse en fonction de la température absolue. La variation de $k$ en fonction de la température dépend de la réaction étudiée. Ce graphique illustre le comportement d'une constante de vitesse qui double pour toute augmentation de température de 10 K.

Dans cette section, on présente une théorie qui tient compte des caractéristiques observées des vitesses de réaction. Cette théorie, appelée **théorie des collisions**, repose sur l'hypothèse que *les molécules doivent entrer en collision pour réagir*. On a déjà vu comment cette hypothèse permettait d'expliquer l'influence de la concentration sur la vitesse d'une réaction. Il faut maintenant s'assurer que cette théorie peut également expliquer l'influence de la température sur la vitesse d'une réaction.

Selon la théorie cinétique moléculaire des gaz, une élévation de la température augmente la vitesse des molécules et, par conséquent, la fréquence de leurs collisions. Cette hypothèse est conforme au phénomène observé selon lequel la vitesse d'une réaction augmente avec la température. La théorie des collisions est donc qualitativement en accord avec les observations expérimentales. Cependant, on remarque que la vitesse d'une réaction est beaucoup plus faible que la fréquence calculée des collisions entre les particules de gaz, ce qui doit signifier qu'*une faible proportion seulement des collisions donne naissance à une réaction*. Pourquoi cela ?

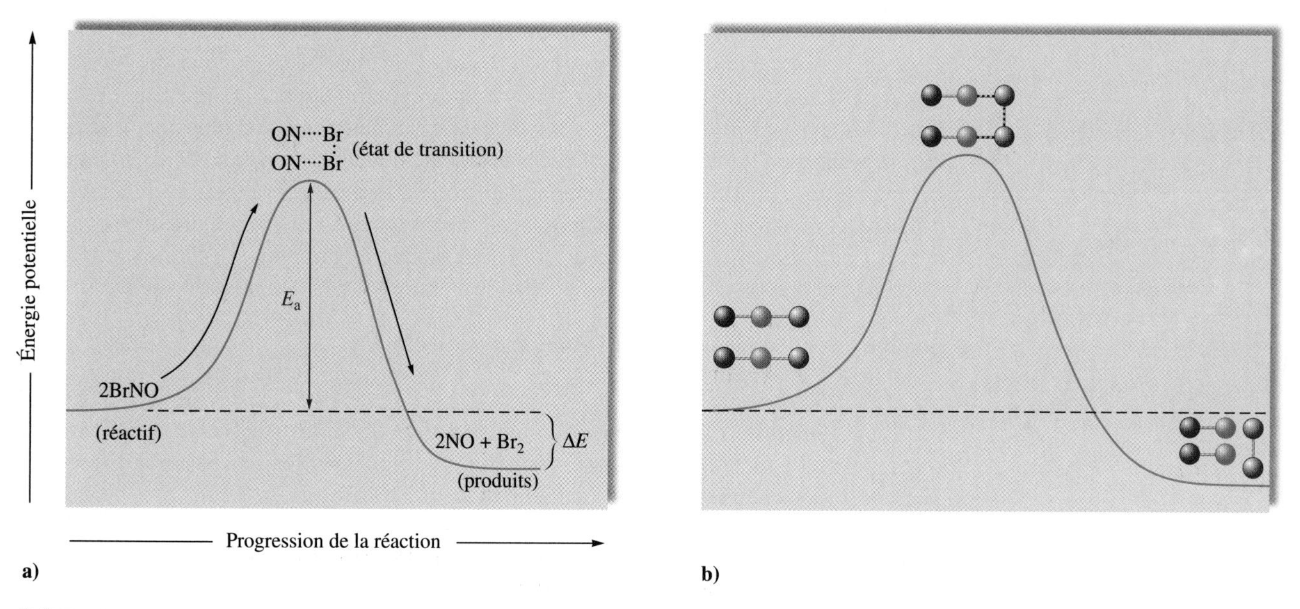


**FIGURE 3.11**
**a) Variation de l'énergie potentielle en fonction de la progression de la réaction : $2BrNO \rightarrow 2NO + Br_2$. L'énergie d'activation ($E_a$) représente l'énergie nécessaire pour briser les molécules BrNO, qui peuvent alors être transformées en produits. La quantité $\Delta E$ représente la différence nette d'énergie entre les réactifs et les produits. b) Schéma moléculaire de la réaction.**

Svante Arrhenius fut le premier à s'intéresser à ce problème, vers 1880. Il a supposé qu'il existait une *énergie seuil*, appelée **énergie d'activation**, qui devait être dépassée pour qu'une réaction chimique ait lieu. Une telle supposition est fort judicieuse, comme on peut le constater à l'examen de la réaction de décomposition du BrNO, en phase gazeuse :

$$2BrNO(g) \longrightarrow 2NO(g) + Br_2(g)$$

Dans cette réaction, deux liaisons Br—N doivent être brisées, et une liaison Br—Br doit être formée. Or, la rupture d'une liaison Br—N exige une quantité d'énergie considérable (243 kJ/mol), qui doit bien provenir de quelque part. Selon la théorie des collisions, cette énergie provient de l'énergie cinétique que possèdent les molécules avant d'entrer en collision, énergie cinétique qui est transformée en énergie potentielle destinée à rompre les liaisons et à réorganiser les atomes pour en faire des produits.

On peut donc imaginer le processus de la réaction tel que le montre la figure 3.11. L'agencement des atomes au sommet de la « colline » d'énergie potentielle, ou barrière, est appelé **complexe activé**, ou **état de transition**. La réaction de conversion du BrNO en NO et en $Br_2$ est une réaction exothermique, comme l'indique le fait que l'énergie potentielle des produits est inférieure à celle des réactifs. Cependant, $\Delta E$ n'exerce aucune influence sur la vitesse de la réaction, qui dépend plutôt de la valeur de l'énergie d'activation, $E_a$.

Plus l'énergie d'activation est élevée, plus la réaction à une température donnée est lente.

Ce qu'il faut remarquer ici, c'est qu'une quantité d'énergie minimale est nécessaire pour que deux molécules BrNO franchissent la colline et forment des produits, et que cette énergie provient de celle de la collision. Or, une collision entre deux molécules BrNO qui ne possèdent qu'une faible énergie cinétique ne fournit pas suffisamment d'énergie pour que ces molécules franchissent cette barrière. À une température donnée, seule une certaine proportion de ces collisions possèdent suffisamment d'énergie pour être efficaces, c'est-à-dire pour donner naissance à un produit.

On peut même être plus précis lorsqu'on se rappelle que, dans un échantillon de molécules de gaz, il existe une répartition des vitesses. Par conséquent, il existe également une répartition des énergies dues aux collisions (*voir la figure 3.12*). La figure 3.12 montre aussi l'énergie d'activation pour la réaction en cause. Seules les collisions dont l'énergie est supérieure à l'énergie d'activation peuvent réagir (franchir la barrière).

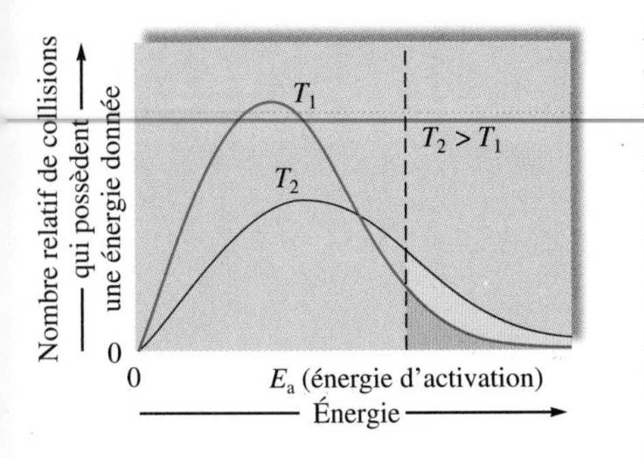


**FIGURE 3.12**
Répartition du nombre de collisions possédant une énergie donnée, aux températures $T_1$ et $T_2$ où $T_2$ est supérieure à $T_1$.

À une température inférieure, $T_1$, la proportion des collisions efficaces est très faible. Cependant, si la température atteint $T_2$, la proportion des collisions qui possèdent l'énergie d'activation requise augmente de façon notable, et si la température est deux fois plus élevée, la proportion des collisions efficaces fait beaucoup plus que doubler. En fait, la proportion des collisions efficaces augmente de façon *exponentielle* en fonction de la température, ce qui est parfaitement conforme à la théorie : rappelons que la vitesse d'une réaction augmente de façon exponentielle en fonction de la température. Arrhenius a émis l'hypothèse que le nombre de collisions possédant au moins l'énergie d'activation était une fraction du nombre total de collisions, exprimée par l'expression suivante :

$$\text{nombre de collisions possédant l'énergie d'activation} = (\text{nombre total de collisions})e^{-E_a/RT}$$

où $E_a$ est l'énergie d'activation, $R$, la constante molaire des gaz, et $T$, la température (en kelvins). Le facteur $e^{-E_a/RT}$ représente la proportion de collisions possédant, à la température $T$, une énergie égale ou supérieure à $E_a$.

On a déjà vu que toutes les collisions moléculaires n'étaient pas efficaces. Pour qu'une réaction chimique ait lieu, les collisions doivent posséder une énergie minimale. On est cependant confronté à un autre problème : expérimentalement, on observe que *la vitesse d'une réaction est beaucoup moins importante que la fréquence des collisions possédant l'énergie suffisante pour franchir la barrière*. Cela signifie que de nombreuses collisions, même si elles possèdent l'énergie requise, ne donnent pas naissance à une réaction. Pourquoi ?

La réponse est fournie par le concept d'**orientation moléculaire** au cours des collisions, illustré à la figure 3.13 pour deux molécules BrNO. Certaines orientations, au moment de la collision, peuvent donner naissance à une réaction, d'autres ne le peuvent pas. Il faut donc prendre en considération un facteur de correction qui tienne compte des orientations moléculaires non productives.

En résumé, il faut que deux exigences soient satisfaites pour que les collisions entre des molécules de réactifs soient efficaces (qu'elles donnent des produits).

1. La collision doit libérer une quantité d'énergie suffisante pour que la réaction ait lieu ; en d'autres termes, l'énergie de la collision doit être égale ou supérieure à l'énergie d'activation.
2. Les orientations relatives des molécules de réactifs doivent permettre l'établissement de toute nouvelle liaison nécessaire à la formation du produit.

Lorsqu'on tient compte de ces deux facteurs, la constante de vitesse devient :

$$k = zpe^{-E_a/RT}$$

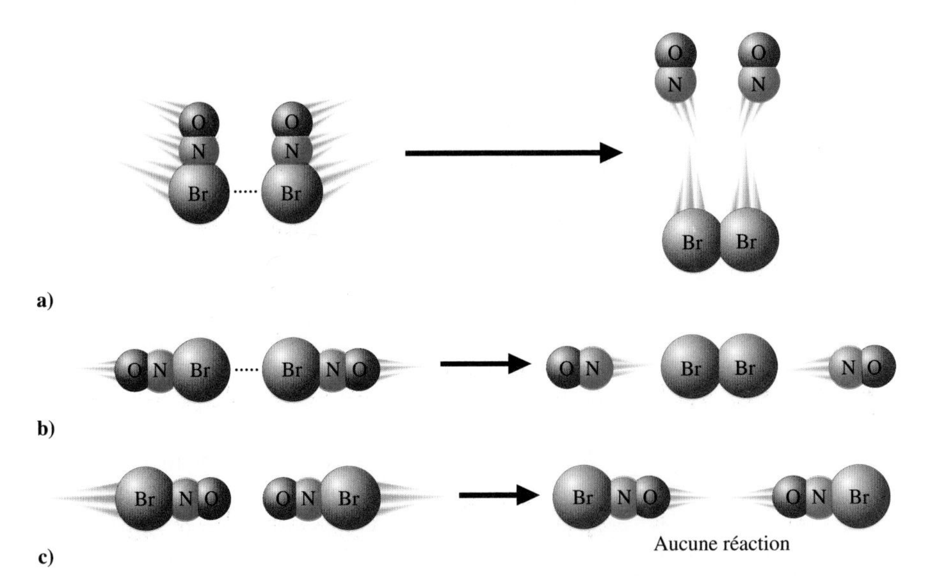


**FIGURE 3.13**
Orientations possibles de deux molécules BrNO qui entrent en collision.
Les orientations **a)** et **b)** donnent naissance à une réaction, mais pas l'orientation **c)**.

Grillon de Fulton. La fréquence du chant du grillon dépend de sa température.

où $z$ est la fréquence des collisions, $p$, le **facteur stérique** (toujours inférieur à 1) qui représente la proportion des collisions ayant une bonne orientation, et $e^{-E_a/RT}$, la proportion des collisions possédant une énergie suffisante pour qu'il y ait réaction. Le plus souvent, l'expression de $k$ prend la forme suivante :

$$k = Ae^{-E_a/RT} \qquad (3.9)$$

appelée **équation d'Arrhenius**. Dans cette équation, $A$ remplace $zp$ et porte le nom de **facteur préexponentiel**.

Sous forme logarithmique, l'équation d'Arrhenius devient :

$$\ln(k) = -\frac{E_a}{R}\left(\frac{1}{T}\right) + \ln(A) \qquad (3.10)$$

L'équation 3.10 est une équation linéaire du type $y = mx + b$, où $y = \ln(k)$, $m = -E_a/R =$ pente, $x = 1/T$ et $b = \ln(A) =$ ordonnée à l'origine. Ainsi, pour une réaction dont la constante de vitesse est régie par l'équation d'Arrhenius, le graphique de la variation de $\ln(k)$ en fonction de $1/T$ est une droite. La pente et l'ordonnée à l'origine peuvent permettre de déterminer respectivement les valeurs de $E_a$ et de $A$, caractéristiques de cette réaction. Le fait que la majeure partie des constantes de vitesse soient relativement bien régies par l'équation d'Arrhenius indique que la théorie des collisions explique d'une façon valable les réactions chimiques.

## Exemple 3.7 Détermination de l'énergie d'activation I

On a étudié la réaction

$$2N_2O_5(g) \longrightarrow 4NO_2(g) + O_2(g)$$

à plusieurs températures, et on a obtenu pour $k$ les valeurs suivantes :

| $k$ ($s^{-1}$) | $T$ (°C) |
|---|---|
| $2{,}0 \times 10^{-5}$ | 20 |
| $7{,}3 \times 10^{-5}$ | 30 |
| $2{,}7 \times 10^{-4}$ | 40 |
| $9{,}1 \times 10^{-4}$ | 50 |
| $2{,}9 \times 10^{-3}$ | 60 |

Calculez la valeur de $E_a$ pour cette réaction.

### *Solution*

Pour obtenir la valeur de $E_a$, il faut tracer le graphique de la variation de $\ln(k)$ en fonction de $1/T$. Pour cela, on doit d'abord calculer les valeurs de $\ln(k)$ et celles de $1/T$ (*voir le tableau ci-dessous*).

| $T$ (°C) | $T$ (K) | $1/T$ ($K^{-1}$) | $k$ ($s^{-1}$) | $\ln(k)$ |
|---|---|---|---|---|
| 20 | 293 | $3{,}41 \times 10^{-3}$ | $2{,}0 \times 10^{-5}$ | $-10{,}82$ |
| 30 | 303 | $3{,}30 \times 10^{-3}$ | $7{,}3 \times 10^{-5}$ | $-9{,}53$ |
| 40 | 313 | $3{,}19 \times 10^{-3}$ | $2{,}7 \times 10^{-4}$ | $-8{,}22$ |
| 50 | 323 | $3{,}10 \times 10^{-3}$ | $9{,}1 \times 10^{-4}$ | $-7{,}00$ |
| 60 | 333 | $3{,}00 \times 10^{-3}$ | $2{,}9 \times 10^{-3}$ | $-5{,}84$ |

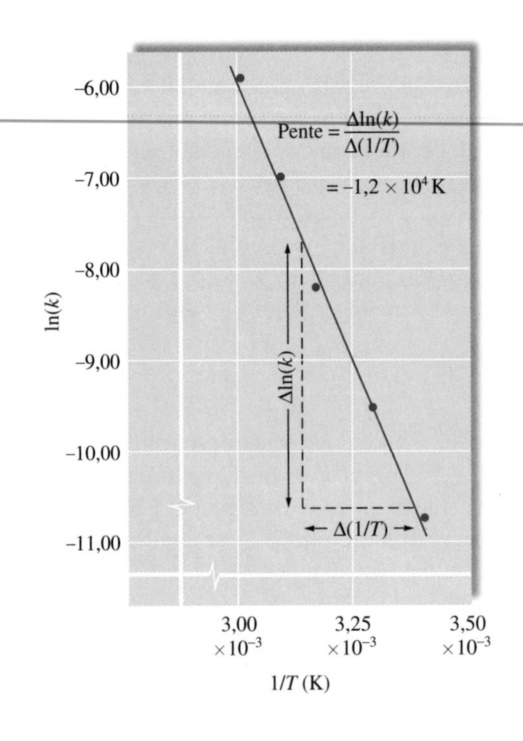


**FIGURE 3.14**
Variation de ln($k$) en fonction de 1/$T$ pour la réaction : $2N_2O_5(g) \longrightarrow 4NO_2(g) + O_2(g)$. On peut déterminer la valeur de l'énergie d'activation pour cette réaction à partir de la pente de la droite, qui vaut $-E_a/R$.

Le graphique de la variation de ln($k$) en fonction de $1/T$ est présenté à la figure 3.14. La pente

$$\frac{\Delta \ln(k)}{\Delta\left(\frac{1}{T}\right)}$$

a une valeur de $-1{,}2 \times 10^4$ K. On peut donc déterminer la valeur de $E_a$ :

$$\text{Pente} = \frac{E_a}{R}$$

$$E_a = -R(\text{pente}) = -(8{,}3145\ \text{J/K}\cdot\text{mol})(-1{,}2 \times 10^4\ \text{K})$$
$$= 1{,}0 \times 10^5\ \text{J/mol}$$

La valeur de l'énergie d'activation pour cette réaction est donc $1{,}0 \times 10^5$ J/mol.

***Voir les exercices 3.50 et 3.51***

La méthode la plus courante qui permet de trouver la valeur de $E_a$ d'une réaction consiste à mesurer la constante de vitesse $k$ à plusieurs températures et à représenter graphiquement la variation de ln($k$) en fonction de $1/T$ (*exemple 3.7*). On peut par ailleurs utiliser les valeurs de $k$ à deux températures seulement. Pour ce faire, on a recours à une formule qui découle de l'équation 3.10 de la manière décrite ci-dessous.

À la température $T_1$, pour laquelle la constante de vitesse est égale à $k_1$,

$$\ln(k_1) = -\frac{E_a}{RT_1} + \ln(A)$$

À la température $T_2$, pour laquelle la constante de vitesse est égale à $k_2$,

$$\ln(k_2) = -\frac{E_a}{RT_2} + \ln(A)$$

En soustrayant la première équation de la deuxième, on obtient :

$$\ln(k_2) - \ln(k_1) = \left[-\frac{E_a}{RT_2} + \ln(A)\right] - \left[-\frac{E_a}{RT_1} + \ln(A)\right]$$
$$= -\frac{E_a}{RT_2} + \frac{E_a}{RT_1}$$

et $$\ln\left(\frac{k_2}{k_1}\right) = \frac{E_a}{R}\left(\frac{1}{T_1} - \frac{1}{T_2}\right) \quad (3.11)$$

Ainsi, on peut utiliser les valeurs de $k_1$ et de $k_2$ mesurées aux températures $T_1$ et $T_2$ pour calculer $E_a$ (*voir l'exemple 3.8*).

## Exemple 3.8 Détermination de l'énergie d'activation II

La réaction en phase gazeuse du méthane avec le soufre diatomique est régie par l'équation suivante :

$$CH_4(g) + 2S_2(g) \longrightarrow CS_2(g) + 2H_2S(g)$$

À 550 °C, la constante de vitesse de cette réaction est de 1,1 L/mol · s ; à 625 °C, elle est de 6,4 L/mol · s. En utilisant ces valeurs, calculez $E_a$ pour cette réaction.

***Solution***

Les données utiles sont les suivantes.

| ***k*** **(L/mol · s)** | ***T*** **(°C)** | ***T*** **(K)** |
|---|---|---|
| $1{,}1 = k_1$ | 550 | $823 = T_1$ |
| $6{,}4 = k_2$ | 625 | $898 = T_2$ |

En remplaçant les symboles par ces valeurs dans l'équation 3.11, on obtient :

$$\ln\left(\frac{6{,}4}{1{,}1}\right) = \frac{E_a}{8{,}3145 \text{ J/K} \cdot \text{mol}}\left(\frac{1}{823 \text{ K}} - \frac{1}{898 \text{ K}}\right)$$

d'où

$$E_a = \frac{(8{,}3145 \text{ J/K} \cdot \text{mol})\ln\left(\frac{6{,}4}{1{,}1}\right)}{\left(\frac{1}{823 \text{ K}} - \frac{1}{898 \text{ K}}\right)}$$

$$= 1{,}4 \times 10^5 \text{ J/mol}$$

***Voir les exercices 3.52 et 3.53***

# 3.8 Catalyse

On a vu comment la vitesse d'une réaction augmentait de façon spectaculaire avec la température. Ainsi, lorsqu'une réaction particulière ne se produit pas suffisamment rapidement à des températures normales, on peut accélérer le processus en élevant la température. Il arrive cependant que cela ne soit pas faisable. Par exemple, les cellules vivantes ne survivent que dans un écart de température très faible ; le corps humain, notamment, est conçu pour fonctionner à une température presque constante de 37 °C. Cependant, nombre de réactions biochimiques complexes, qui maintiennent l'être humain en vie, se produiraient beaucoup trop lentement à cette température sans une intervention quelconque. On peut ainsi survivre parce que le corps contient plusieurs substances, appelées **enzymes**, qui augmentent la vitesse de ces réactions. En fait, presque toutes les réactions biologiques importantes sont catalysées par une enzyme spécifique.

Bien qu'on puisse utiliser des températures plus élevées pour accélérer des réactions importantes sur le plan commercial, telle la synthèse de l'ammoniac par le procédé Haber, cette pratique est très coûteuse. Pour l'industrie chimique, une élévation de température entraîne en effet une augmentation des frais d'exploitation. L'utilisation d'un catalyseur

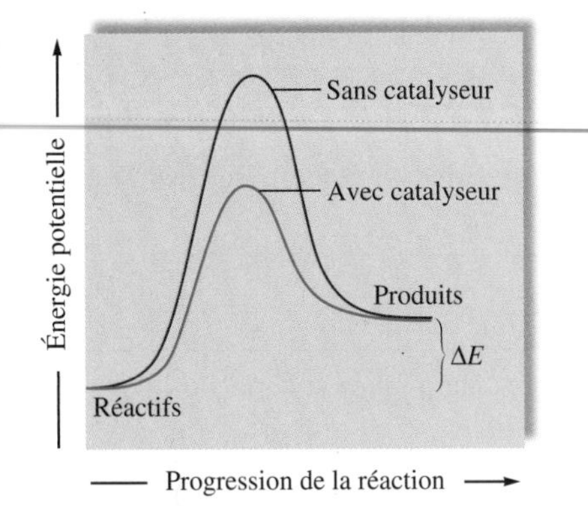


**FIGURE 3.15**
Variation de l'énergie au cours d'une réaction donnée, avec et sans catalyseur.

approprié permet alors à une réaction de se produire plus rapidement à une température relativement basse et, par conséquent, de réduire les coûts de production.

Un **catalyseur** est *une substance qui permet d'accélérer une réaction sans disparaître.* De la même manière que la majorité des réactions biologiques vitales sont catalysées par des enzymes (catalyseurs biologiques), la majorité des procédés industriels font appel à des catalyseurs. Par exemple, dans la production de l'acide sulfurique, on utilise l'oxyde de vanadium(V) et, dans le procédé Haber, on utilise un mélange de fer et d'oxyde de fer.

Comment fonctionne un catalyseur ? Il faut se rappeler que, pour chaque réaction, il existe une certaine barrière énergétique à franchir. Comment alors activer une réaction sans élever la température pour augmenter *l'*énergie des molécules ? La solution consiste à fournir une nouvelle voie à la réaction, voie dont *l'énergie d'activation soit plus basse* ; c'est précisément ce que fait un catalyseur (*voir la figure 3.15*). Remarquez que, même si le catalyseur diminue l'énergie d'activation $E_a$ de la réaction, il ne modifie pas la différence d'énergie ($\Delta E$) entre les réactifs et les produits. Un catalyseur permet à une réaction d'avoir lieu avec une énergie d'activation plus faible, ce qui fait qu'une plus grande proportion des collisions sont efficaces à une température donnée, et la vitesse de réaction augmente. Cet effet est illustré à la figure 3.16.

Il existe des catalyseurs homogènes et hétérogènes. Un **catalyseur homogène** est une substance qui existe *dans la même phase que les molécules de réactifs*. Un **catalyseur hétérogène** existe *dans une phase différente*, habituellement en phase solide.

## Catalyse hétérogène

Dans la plupart des cas de catalyse hétérogène, il y a adsorption des réactifs gazeux à la surface d'un catalyseur solide. L'**adsorption** fait référence au fait qu'une substance est retenue à la surface d'une autre substance ; l'*absorption*, quant à elle, fait référence au fait qu'une substance pénètre dans une autre (par exemple, l'eau est *absorbée* par une éponge).

On trouve un exemple important de catalyse hétérogène dans la réaction d'hydrogénation des hydrocarbures insaturés, produits composés surtout de carbone et d'hydrogène, et contenant une ou plusieurs liaisons doubles carbone–carbone. L'hydrogénation est un important procédé industriel utilisé pour transformer des gras insaturés, telles les huiles, en gras saturés (la graisse *Crisco*, par exemple) ; dans ces huiles, les liaisons C=C sont converties en liaisons C—C par addition d'hydrogène.

Voici un exemple d'hydrogénation, celle de l'éthylène.

Certains biscuits contiennent de l'huile végétale partiellement hydrogénée.

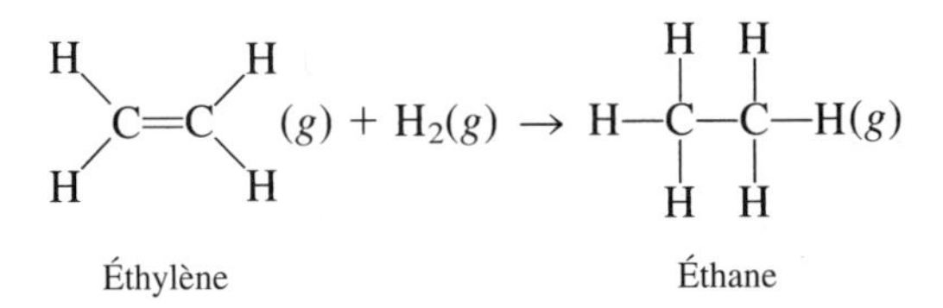


$$H_2C{=}CH_2(g) + H_2(g) \rightarrow H_3C{-}CH_3(g)$$

Cette réaction a lieu très lentement à la température normale, principalement parce que la liaison très stable de la molécule d'hydrogène exige une grande énergie d'activation pour être rompue. Cependant, on peut considérablement augmenter la vitesse de la réaction en utilisant un catalyseur solide tel que le platine, le palladium ou le nickel. L'hydrogène et l'éthylène sont adsorbés à la surface du catalyseur, là où la réaction a lieu. La principale

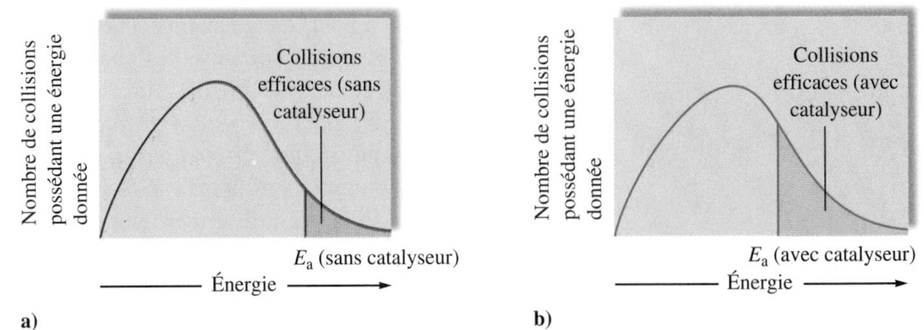


**FIGURE 3.16**
Influence d'un catalyseur sur le nombre de collisions produisant une réaction. Un catalyseur faisant baisser l'énergie d'activation d'une réaction, un plus grand nombre de collisions sont efficaces en présence d'un catalyseur **b)** qu'en son absence **a)** (à une température donnée). Cela permet aux réactifs de se transformer en produits à une vitesse beaucoup plus grande et ce, même sans augmentation de température.

fonction du catalyseur est apparemment de permettre la formation d'interactions métal-hydrogène qui affaiblissent la liaison H—H et facilitent ainsi la réaction. Le mécanisme est illustré à la figure 3.17.

Dans la catalyse hétérogène, on distingue en général quatre étapes.

1. L'adsorption et l'activation des réactifs.
2. La migration des réactifs adsorbés à la surface du catalyseur.
3. La réaction des substances adsorbées.
4. La libération, ou *désorption*, des produits.

On utilise aussi la catalyse hétérogène pour oxyder le dioxyde de soufre gazeux et produire ainsi du trioxyde de soufre gazeux. Ce procédé est particulièrement intéressant, car il illustre à la fois les aspects négatif et positif de la catalyse chimique.

L'aspect négatif, c'est la formation de polluants atmosphériques. Rappelons que le dioxyde de soufre, un gaz toxique à l'odeur suffocante, est formé chaque fois qu'on brûle des combustibles contenant du soufre. Cependant, c'est le trioxyde de soufre qui entraîne le plus de dommages à l'environnement, notamment parce qu'il est à l'origine des pluies acides. En effet, quand le trioxyde de soufre se combine à une gouttelette d'eau, il y a formation d'acide sulfurique :

$$H_2O(l) + SO_3(g) \longrightarrow H_2SO_4(aq)$$

Cet acide sulfurique peut causer des dommages considérables aux plantes, aux édifices, aux statues et aux poissons.

Toutefois, le dioxyde de soufre *n'est pas* rapidement oxydé en trioxyde de soufre dans l'air sec et propre. Pourquoi alors constitue-t-il un problème ? Il faut chercher la réponse dans l'explication du phénomène de catalyse : les poussières et les gouttelettes d'eau catalysent la réaction qui a lieu entre $SO_2$ et $O_2$ dans l'air.

L'aspect positif, c'est la mise à profit de la catalyse hétérogène de l'oxydation du $SO_2$ pour la fabrication de l'acide sulfurique, dans laquelle la réaction de synthèse du $SO_3$ à partir de $O_2$ et de $SO_2$ est catalysée par un mélange solide de platine et d'oxyde de vanadium(V).

On utilise également la catalyse hétérogène dans les convertisseurs catalytiques des systèmes d'échappement des automobiles. Les gaz d'échappement, qui contiennent des composés tels le monoxyde d'azote, le monoxyde de carbone et des hydrocarbures non brûlés, traversent un convertisseur qui contient un catalyseur solide, sous forme de billes (*voir la figure 3.18*). Le catalyseur favorise la conversion du monoxyde de carbone en dioxyde de carbone, des hydrocarbures en dioxyde de carbone et en eau, et du monoxyde d'azote en azote gazeux, ce qui atténue les dommages que les gaz d'échappement créent à l'environnement. Cependant, cette catalyse bénéfique peut malheureusement être accompagnée de la catalyse indésirable de la réaction d'oxydation du $SO_2$ en $SO_3$, qui réagit avec l'humidité de l'air pour former l'acide sulfurique.

À cause de la nature complexe des réactions qui ont lieu dans le convertisseur, on a recours à un mélange de catalyseurs. Les matériaux catalytiques les plus efficaces sont les oxydes des métaux de transition et les métaux nobles tels le palladium et le platine.

a) Surface du métal

b)

c)

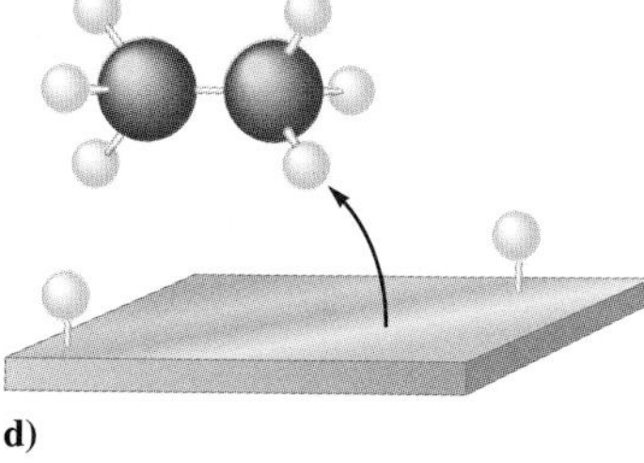


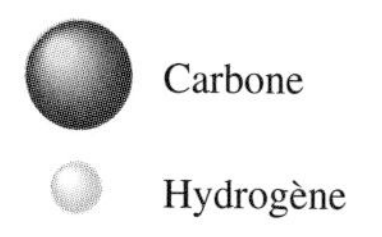


**FIGURE 3.17**
Catalyse hétérogène de l'hydrogénation de l'éthylène. **a)** L'hydrogène est adsorbé à la surface métallique, avec formation de liaisons métal–hydrogène et rupture des liaisons hydrogène–hydrogène. **b)** La liaison $\pi$ dans l'éthylène est rompue, et il y a formation de liaisons métal-carbone durant l'adsorption. **c)** Les atomes et les molécules adsorbés sont attirés les uns vers les autres à la surface du métal et forment de nouvelles liaisons carbone–hydrogène. **d)** Les atomes de carbone de l'éthane ($C_2H_6$) sont saturés ; par conséquent, ils ne sont pas retenus fortement à la surface du métal, et la molécule d'éthane est libérée.

## Catalyse homogène

On appelle catalyseur homogène un catalyseur qui se trouve dans la même phase que les molécules de réactifs. Il en existe de nombreux exemples, tant en phase gazeuse qu'en phase solide ; le comportement catalytique inhabituel de l'oxyde nitrique envers l'ozone en est un : dans la troposphère, la partie de l'atmosphère la plus proche de la Terre, l'oxyde nitrique catalyse la formation d'ozone, alors que, dans la haute atmosphère, il catalyse la décomposition de l'ozone. Chacun de ces effets a des conséquences néfastes pour l'environnement.

Dans la basse atmosphère, en effet, NO est produit dans tout procédé de combustion à haute température où on retrouve $N_2$. La réaction

$$N_2(g) + O_2(g) \longrightarrow 2NO(g)$$

## IMPACT

### Les automobiles, des purificateurs d'air?

Aussi incroyable que cela puisse paraître, on a proposé un nouveau concept qui permettrait aux automobiles de devenir des purificateurs d'air : elles dévoreraient l'ozone polluant et le monoxyde de carbone. La société Engelhard, au New Jersey, qui se spécialise dans la fabrication de convertisseurs catalytiques pour les systèmes d'échappement, a conçu un catalyseur qui décompose l'ozone en oxygène et qui convertit le monoxyde de carbone en dioxyde de carbone. Cette société propose de « peindre » ce catalyseur sur les radiateurs des autos et sur les compresseurs des climatiseurs, où les ventilateurs déplacent de grands volumes d'air destiné au refroidissement. Le catalyseur fonctionne bien aux températures élevées que peuvent atteindre les surfaces de ces appareils. L'idée est de laisser les autos dégrader les polluants en utilisant seulement le catalyseur et la chaleur libérée par le radiateur.

Cette idée n'est pas banale. Les résidants de Los Angeles conduisent près de 500 millions de kilomètres par jour. À ce rythme, ils pourraient purifier une bonne quantité d'air.

est très lente à température normale, étant donné que les liaisons N≡N et O=O sont très fortes. Cependant, à des températures élevées, comme celles produites par les moteurs à combustion interne des automobiles, il y a formation de quantités appréciables de NO. Une partie de ce NO est reconvertie en $N_2$ dans le convertisseur catalytique, mais des quantités importantes de ce même NO s'échappent dans l'atmosphère et réagissent avec l'oxygène de la manière suivante :

$$2NO(g) + O_2(g) \longrightarrow 2NO_2(g)$$

Dans l'atmosphère, $NO_2$ peut absorber de la lumière et se décomposer ainsi :

$$NO_2(g) \xrightarrow{\text{Lumière}} NO(g) + O(g)$$

L'atome d'oxygène est très réactif ; il peut donc se combiner aux molécules d'oxygène pour former de l'ozone :

$$O_2(g) + O(g) \longrightarrow O_3(g)$$

Bien que $O_2$ soit représenté ici comme l'oxydant de NO, l'oxydant réel est probablement un peroxyde produit par la réaction de l'oxygène avec des polluants. La réaction directe de NO avec $O_2$ est très lente.

L'ozone est un puissant agent oxydant qui, en plus d'être lui-même très toxique, peut réagir avec les autres polluants atmosphériques pour former des substances irritantes pour les yeux et les poumons.

Dans cette suite de réactions, l'oxyde nitrique joue le rôle d'un véritable catalyseur, puisqu'il participe à la formation de l'ozone sans disparaître lui-même. On peut le constater en faisant la somme des réactions :

$$\begin{array}{rcl} NO(g) + \frac{1}{2}O_2(g) & \longrightarrow & NO_2(g) \\ NO_2(g) & \xrightarrow{\text{Lumière}} & NO(g) + O(g) \\ O_2(g) + O(g) & \longrightarrow & O_3(g) \\ \hline \frac{3}{2}O_2(g) & \longrightarrow & O_3(g) \end{array}$$

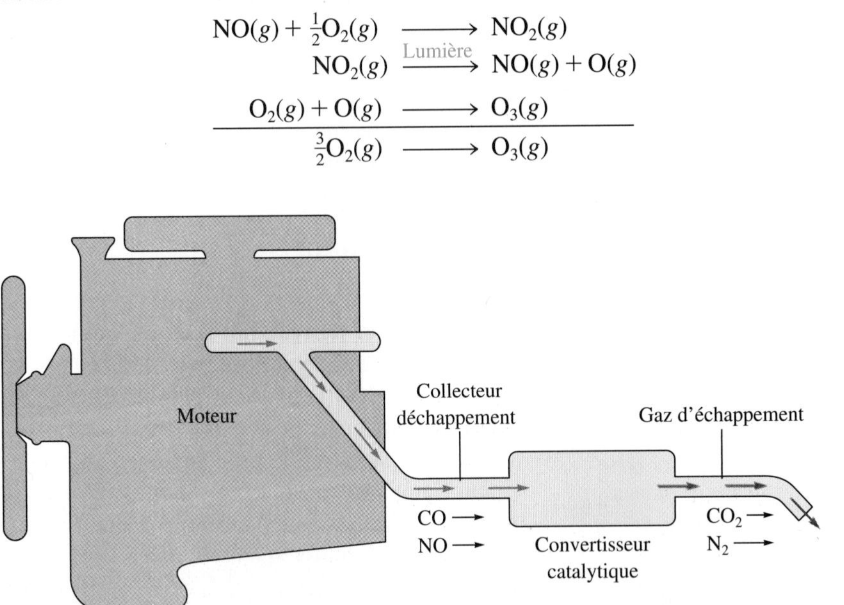


**FIGURE 3.18**
Les gaz d'échappement d'un moteur d'automobile traversent un convertisseur catalytique, ce qui permet de réduire les dommages à l'environnement.

Dans la haute atmosphère, la présence d'oxyde nitrique entraîne l'effet opposé, soit la diminution de la quantité d'ozone. Les réactions en cause sont les suivantes :

$$
\begin{array}{lcl}
NO(g) + O_3(g) & \longrightarrow & NO_2(g) + O_2(g) \\
O(g) + NO_2(g) & \longrightarrow & NO(g) + O_2(g) \\
\hline
O(g) + O_3(g) & \longrightarrow & 2O_2(g)
\end{array}
$$

L'oxyde nitrique joue également le rôle d'un catalyseur mais, cette fois, il catalyse la conversion de $O_3$ en $O_2$, ce qui peut éventuellement créer un problème ; en effet, $O_3$, qui absorbe les radiations ultraviolettes, protège le corps humain contre les effets néfastes des radiations à haute énergie. En d'autres termes, il faut du $O_3$ dans la haute atmosphère pour arrêter les radiations ultraviolettes en provenance du Soleil, mais il n'en faut pas dans la basse atmosphère, où $O_3$ et ses produits d'oxydation sont néfastes pour l'air que l'être humain respire.

La couche d'ozone est en outre menacée par les *fréons*, un groupe de composés stables, non corrosifs, qu'on utilisait jusqu'à récemment comme réfrigérants ou comme propulseurs dans les atomiseurs, le fréon-12, $CCl_2F_2$, étant le plus couramment utilisé. C'est la non-réactivité chimique des fréons qui les rend si utiles, mais qui, parallèlement, crée un problème, étant donné que les fréons demeurent très longtemps dans l'environnement. Ils finissent ainsi par atteindre la haute atmosphère où ils sont décomposés par les radiations à haute énergie. Parmi les produits de décomposition, on trouve des atomes de chlore

Fréon-12

$$CCl_2F_2(g) \xrightarrow{\text{Lumière}} CClF_2(g) + Cl(g)$$

qui peuvent catalyser la décomposition de l'ozone :

Ozone

$$
\begin{array}{lcl}
Cl(g) + O_3(g) & \longrightarrow & ClO(g) + O_2(g) \\
O(g) + ClO(g) & \longrightarrow & Cl(g) + O_2(g) \\
\hline
O(g) + O_3(g) & \longrightarrow & 2O_2(g)
\end{array}
$$

La découverte d'un « trou » mystérieux dans la couche d'ozone de la stratosphère au-dessus de l'Arctique a attiré notre attention sur les fréons. Au cours des recherches sur la cause d'un tel trou, on a constaté une concentration anormalement élevée de monoxyde de chlore (ClO). Cela porte à croire que les fréons présents dans l'atmosphère seraient responsables de la destruction de la couche d'ozone.

À cause de ces problèmes environnementaux, l'utilisation des fréons dans les atomiseurs a été interdite dans la plupart des pays industrialisés. On utilise maintenant des composés de remplacement.

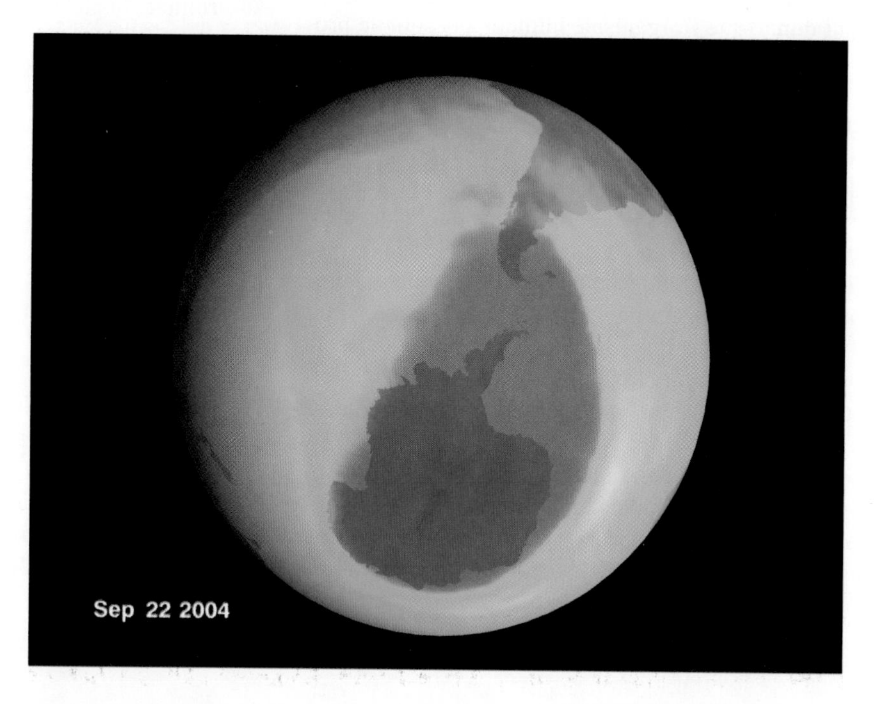


Ce document graphique montre des données obtenues à l'aide du spectromètre TOMS (Total Ozone Mapping Spectrometer) à bord du satellite *Earth Probe* (EP).

# IMPACT

## Les enzymes : des catalyseurs naturels

C'est dans la nature qu'on trouve le plus grand nombre d'exemples de catalyse homogène, là où les enzymes permettent que se produisent les réactions complexes nécessaires à la vie des plantes et des animaux. Les enzymes sont de grosses molécules conçues spécifiquement pour faciliter un type de réaction donné. Habituellement, les enzymes sont des protéines, cette importante classe de biomolécules composées d'acides $\alpha$-aminés, dont la structure générale est la suivante :

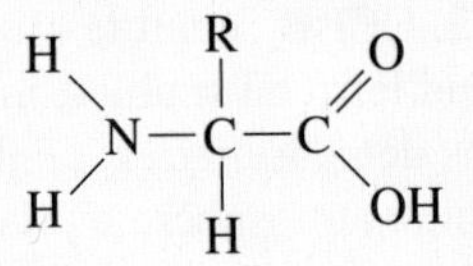

où R représente l'un des 20 substituants possibles. Ces molécules d'acides aminés peuvent être « attachées » ensemble pour former un polymère (mot signifiant « plusieurs parties »), appelé *protéine*. La structure générale d'une protéine est la suivante :

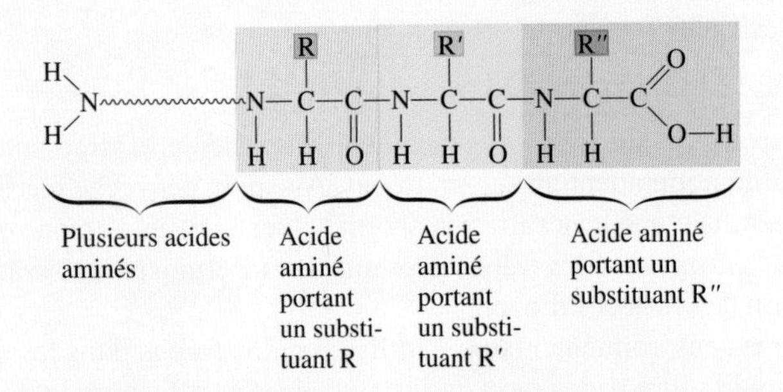


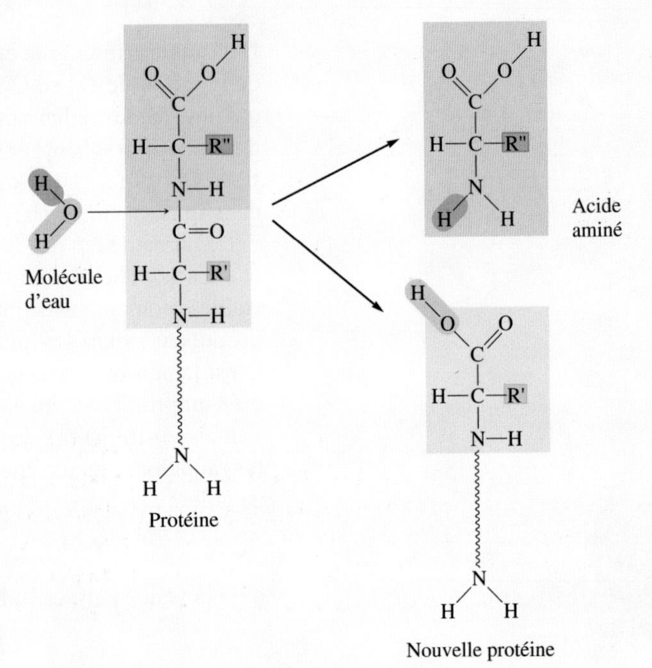


**FIGURE 3.19**
**Élimination de l'acide aminé terminal d'une protéine par réaction avec une molécule d'eau. Les produits sont un acide aminé et une nouvelle protéine plus courte.**

Étant donné que l'organisme humain a besoin de protéines spécifiques, les protéines alimentaires doivent être dégradées en leurs acides aminés constituants, lesquels sont alors utilisés pour synthétiser de nouvelles protéines dans les cellules de l'organisme. La réaction de dégradation au cours de laquelle une protéine perd un acide aminé à la fois est illustrée à la figure 3.19. On remarque que, dans cette réaction, une molécule d'eau réagit avec la molécule de protéine pour produire un acide aminé et une nouvelle protéine qui contient un acide aminé en moins. Sans les enzymes qu'on trouve dans les cellules humaines, cette réaction serait beaucoup trop lente pour être utile. Une de ces enzymes est la carboxypeptidase-A, une protéine qui renferme un atome de zinc (*voir la figure 3.20*).

La carboxypeptidase-A s'empare de la protéine sur laquelle elle doit agir (appelée *substrat*) et la place dans une cavité spéciale de telle façon que l'extrémité du substrat soit située dans le *site actif* où la catalyse se produit (*voir la figure 3.21*). On remarque que l'ion $Zn^{2+}$ se lie à l'oxygène du groupement carbonyle C═O ; cette liaison polarise la densité électronique du groupement carbonyle, ce qui facilite le bris de la liaison C—N voisine. Quand la réaction est terminée, la partie restante de la protéine substrat et le nouvel acide aminé ainsi formé sont libérés.

La réaction décrite ci-dessus en ce qui concerne la carboxypeptidase est caractéristique du comportement d'une enzyme. La catalyse enzymatique peut être représentée par la suite de réactions suivante :

$$E + S \longrightarrow E \cdot S$$
$$E \cdot S \longrightarrow E + P$$

où E représente l'enzyme, S, le substrat, E · S, le complexe enzyme-substrat, et P, les produits. L'enzyme et le substrat forment un complexe qui permet la réaction. L'enzyme libère alors les produits et est prête à agir de nouveau. Ce qui est le plus étonnant à propos des enzymes, c'est leur efficacité. Parce que l'enzyme joue sans cesse son rôle de catalyseur, et ce, très rapidement, seule une petite quantité d'enzymes est nécessaire ; c'est pourquoi il est difficile d'isoler les enzymes qu'on veut étudier.

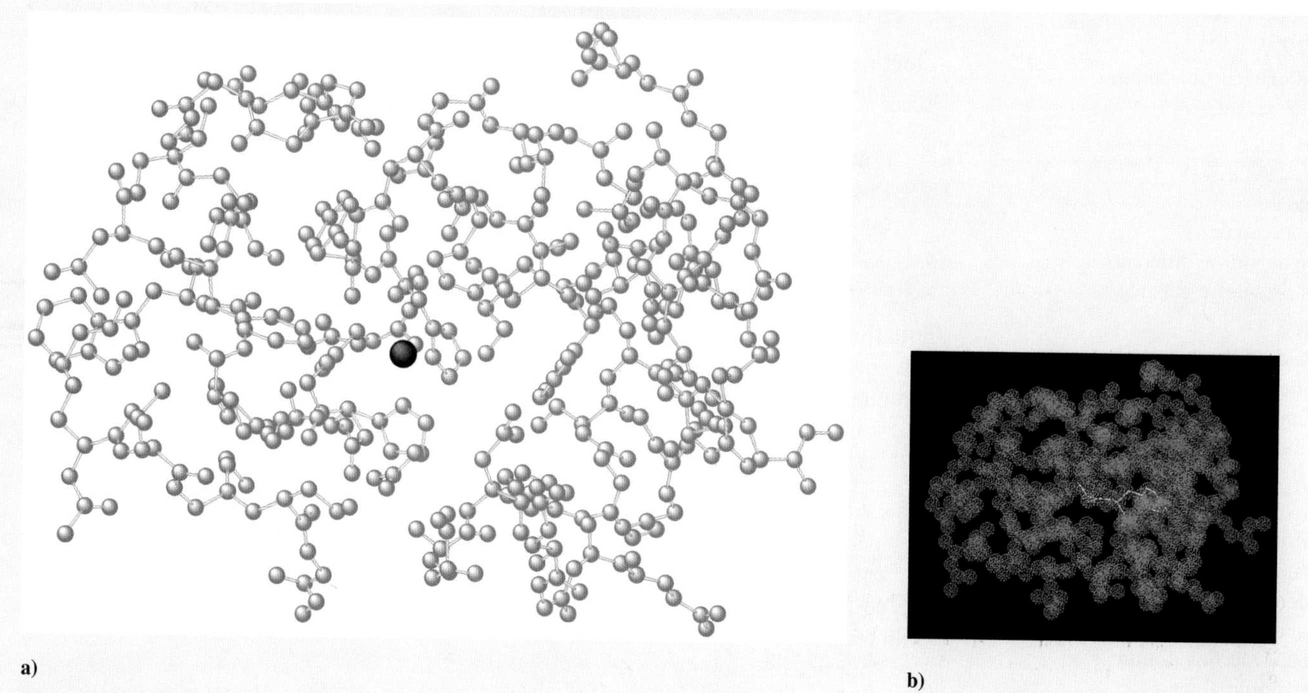


**FIGURE 3.20**
**a)** Structure de l'enzyme carboxypeptidase-A, qui contient 307 acides aminés. L'ion zinc est représenté au centre sous la forme d'une sphère noire.
**b)** La carboxypeptidase-A avec un substrat en place.

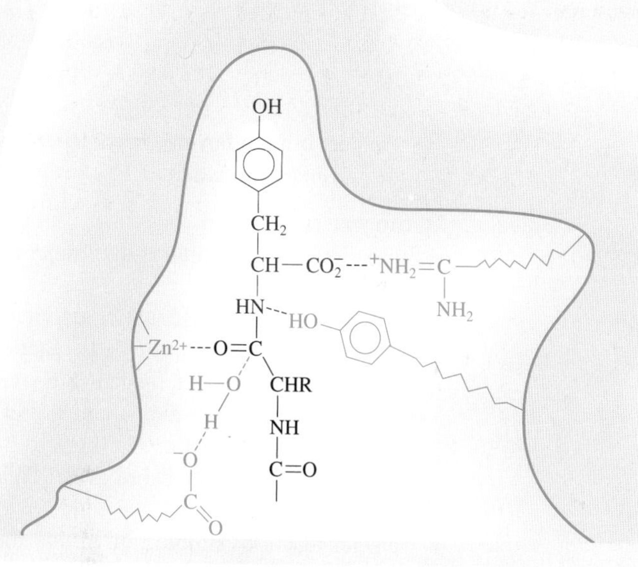


**FIGURE 3.21**
Interaction protéine-substrat. Le substrat est représenté en noir et en rouge, la partie rouge représentant l'acide aminé terminal; en bleu, ce sont les chaînes latérales des acides aminés de l'enzyme qui aident à maintenir le substrat en place.

## Mots clés

cinétique chimique

*Section 3.1*
vitesse d'une réaction chimique
vitesse instantanée

*Section 3.2*
équation de vitesse
constante de vitesse
ordre de la réaction
équation de vitesse différentielle
équation de vitesse intégrée

*Section 3.3*
méthode des vitesses initiales
vitesse initiale
ordre global de la réaction

*Section 3.4*
réaction d'ordre 1
équation de vitesse intégrée pour une réaction d'ordre 1
temps de demi-réaction
équation de vitesse intégrée pour une réaction d'ordre 2
réaction d'ordre 0
équation de vitesse intégrée pour une réaction d'ordre 0
équation de vitesse d'ordre 1 apparent

*Section 3.6*
mécanisme réactionnel
intermédiaire
étape élémentaire
molécularité
réaction monomoléculaire
réaction bimoléculaire
réaction trimoléculaire
étape limitante

*Section 3.7*
théorie des collisions
énergie d'activation
complexe activité (état de transition)
orientation moléculaire
facteur stérique
équation d'Arrhenius
facteur préexponentiel

*Section 3.8*
enzyme
catalyseur
catalyseur homogène
catalyseur hétérogène
adsorption

## Synthèse

### Cinétique chimique

- Étude des facteurs qui influencent la vitesse des réactions chimiques.
  - Cette vitesse est définie comme la variation de la concentration d'un composant d'une réaction donnée par unité de temps.
  - Les mesures cinétiques sont souvent effectuées dans des conditions telles que la réaction inverse a peu d'importance.
- Les propriétés cinétiques et thermodynamiques d'une réaction ne sont pas fondamentalement reliées.

### Équations de vitesse

- L'équation de vitesse différentielle décrit comment la vitesse varie en fonction d'une concentration.

$$\text{Vitesse} = \frac{\Delta[\text{A}]}{\Delta t} = k[\text{A}]^n$$

  - $k$ est la constante de vitesse.
  - $n$ est l'ordre de la réaction ; il n'a pas de lien avec les coefficients de l'équation équilibrée.
- L'équation de vitesse intégrée exprime la variation de la concentration en fonction du temps.
  - Pour une réaction du genre

$$a\text{A} \longrightarrow \text{produits}$$

où

$$\text{Vitesse} = k[\text{A}]^n$$

$n = 0$ :

$$[\text{A}] = -kt + [\text{A}]_0$$

$$t_{1/2} = \frac{[\text{A}]_0}{2k}$$

$n = 1$ :

$$\ln[\text{A}] = -kt + \ln[\text{A}]_0$$

$$t_{1/2} = \frac{0{,}693}{k}$$

$n = 2$ :

$$\frac{1}{[\text{A}]} = kt + \frac{1}{[\text{A}]_0}$$

$$t_{1/2} = \frac{1}{k[\text{A}]_0}$$

  - On peut obtenir la valeur de $k$ à partir du graphique de l'équation appropriée de [A] en fonction de $t$.

### Mécanisme réactionnel

- Suite d'étapes élémentaires que franchissent les réactifs pour que la réaction globale ait lieu.
  - Étape élémentaire : l'équation de vitesse pour cette étape peut être déterminée à partir de la molécularité de la réaction.
- Deux exigences pour un mécanisme vraisemblable :
  - la somme des étapes élémentaires doit correspondre à l'équation globale équilibrée de la réaction.
  - le mécanisme est en accord avec l'équation de vitesse déterminée expérimentalement.
- Dans les réactions simples, on trouve souvent une étape qui est plus lente que toutes les autres ; c'est l'étape limitante.

### Modèles de cinétique chimique

- La théorie des collisions est le modèle le plus simple qui peut expliquer la cinétique chimique.
  - Les molécules doivent entrer en collision pour réagir.
  - L'énergie cinétique des collisions fournit l'énergie potentielle nécessaire pour réorganiser les réactifs et former des produits.
  - Un certain seuil d'énergie, appelé énergie d'activation ($E_a$), doit être franchi pour qu'une réaction chimique ait lieu.
  - L'orientation moléculaire au cours d'une collision est également un facteur déterminant de la vitesse de réaction.
  - Ce modèle entraîne l'équation d'Arrhenius :

$$k = Ae^{-E_a/RT}$$

  - $A$ est le facteur qui représente la fréquence des collisions et l'orientation moléculaire.
  - On peut déterminer la valeur de $E_a$ en mesurant les valeurs de $k$ à plusieurs températures.

### Catalyse

- Substance qui permet d'accélérer une réaction sans pour autant disparaître.
- Fonctionne en permettant à la réaction de se produire à un niveau énergétique moindre.
- Les enzymes sont des catalyseurs biologiques.
- Un catalyseur est soit homogène, soit hétérogène.
  - Homogène : existe dans la même phase que les molécules de réactifs.
  - Hétérogène : existe dans une phase différente que les molécules de réactifs.

## QUESTIONS DE RÉVISION

1. Définissez la *vitesse de réaction*. Faites les distinctions qui s'imposent entre la vitesse initiale, la vitesse moyenne et la vitesse instantanée d'une réaction chimique. Laquelle de ces vitesses a habituellement la valeur la plus élevée ? La vitesse initiale est la vitesse utilisée par convention. Donnez une explication possible de ce choix.
2. Faites la distinction entre l'équation de vitesse différentielle et l'équation de vitesse intégrée. Laquelle des deux est souvent appelée simplement « équation de vitesse » ? Dans une équation de vitesse, que signifie $k$ et qu'est-ce que l'ordre ? Expliquez.
3. La méthode des vitesses initiales est une méthode expérimentale de détermination de l'équation de vitesse d'une réaction. Quelles données sont recueillies dans la méthode des vitesses initiales, et comment sont transformées ces données pour déterminer $k$ et les ordres par rapport aux espèces dans une équation de vitesse ? Les unités de $k$, la constante de vitesse, sont-elles les mêmes pour toutes les équations de vitesse ? Expliquez. Si la réaction est d'ordre 1 par rapport à A, que devient la vitesse si [A] est triplée ? Si la vitesse initiale pour une réaction augmente d'un facteur 16 quand [A] est quadruplée, quel est l'ordre $n$ ? Si une réaction est d'ordre 3 par rapport à A et que [A] est doublée, que devient la vitesse initiale ? Si une réaction est d'ordre 0, quel est l'effet de [A] sur la vitesse initiale de la réaction ?
4. La vitesse initiale d'une réaction est égale à la pente de la tangente à $t \approx 0$ dans un graphique de [A] en fonction du temps. D'après le calcul différentiel, vitesse initiale $= \frac{-d[\mathrm{A}]}{dt}$. Par conséquent, l'équation de vitesse différentielle pour une réaction est, vitesse $= \frac{-d[\mathrm{A}]}{dt} = k[\mathrm{A}]^n$. En supposant que vous ayez quelques notions de calcul, dérivez les équations de vitesses intégrées d'ordre 0, 1 et 2 en vous servant de l'équation de vitesse différentielle.

5. Soit les lois de vitesses intégrées d'ordre 0, 1 et 2. Si vous avez des données de concentration en fonction du temps pour certaines espèces dans une réaction, quels graphiques tracerez-vous pour « prouver » qu'une réaction est d'ordre 0, 1 ou 2 ? Comment peut-on déterminer la constante de vitesse, $k$, à partir d'un tel graphique ? À quoi correspond l'ordonnée à l'origine dans chaque graphique ? Lorsqu'une équation de vitesse comporte la concentration de deux ou de plusieurs espèces, comment les graphiques peuvent-ils être utilisés pour déterminer $k$ et les ordres de réaction par rapport aux espèces dans l'équation de vitesse ?
6. Déterminez les expressions pour le temps de demi-réaction des réactions d'ordres 0, 1 et 2 en vous servant de l'équation de vitesse intégrée dans chaque cas. Comment chaque temps de demi-réaction dépend-il de la concentration ? Si le temps de demi-réaction pour une réaction est de 20 secondes, quel serait le deuxième temps de demi-réaction en supposant que la réaction soit d'ordre 0, 1 ou 2 ?
7. Définissez chacune des expressions suivantes.
   **a)** Étape élémentaire.
   **b)** Molécularité.
   **c)** Mécanisme réactionnel.
   **d)** Intermédiaire.
   **e)** Étape limitante.
   Quelles sont les deux exigences qui doivent être satisfaites afin de pouvoir affirmer qu'un mécanisme est vraisemblable ? Pourquoi dit-on un mécanisme « vraisemblable » au lieu d'un mécanisme « correct » ? Est-ce vrai que la plupart des réactions ont lieu selon un mécanisme à une étape ? Expliquez.
8. Quelle prémisse sous-tend la théorie des collisions ? Comment la vitesse est-elle influencée par chacun des facteurs suivants ?
   **a)** Énergie d'activation.
   **b)** Température.
   **c)** Fréquence des collisions.
   **d)** Orientation des collisions.
   Tracez un graphique de l'énergie potentielle en fonction de la progression de la réaction pour une réaction endothermique. Indiquez $\Delta E$ et $E_a$ dans les deux graphiques. Quand les concentrations et les températures sont égales, doit-on s'attendre à ce que la vitesse de la réaction directe soit égale, supérieure ou inférieure à la réaction inverse, si la réaction est exothermique ? Si la réaction est endothermique ?
9. Écrivez l'équation d'Arrhenius. Déterminez le logarithme népérien des deux côtés de l'équation et écrivez cette équation sous la forme de l'équation d'une droite ($y = mx + b$). Quelles données sont nécessaires et comment les mettre en graphique pour obtenir une relation linéaire en se servant de l'équation d'Arrhenius ? À quoi correspond la pente de la droite ? Quelle est l'ordonnée à l'origine ? Quelles sont les unités de $R$ dans l'équation d'Arrhenius ? Si vous connaissez la valeur de la constante de vitesse à deux températures différentes, expliquez comment déterminer l'énergie d'activation de la réaction.
10. Pourquoi un catalyseur augmente-t-il la vitesse d'une réaction ? Quelle est la différence entre un catalyseur homogène et un catalyseur hétérogène ? Est-ce qu'une réaction donnée a nécessairement la même équation de vitesse pour la voie catalysée et la voie non catalysée ? Expliquez.

# Questions et exercices

## Questions à discuter en classe*

Ces questions sont conçues pour être abordées en petits groupes. Par des discussions et des enseignements mutuels, elles permettent d'exprimer la compréhension des concepts.

**1.** Définissez le mot *stabilité* au point de vue de la cinétique et de la thermodynamique. Donnez des exemples qui illustrent les différences entre ces concepts.

**2.** Décrivez au moins deux expériences qui permettent de déterminer une équation de vitesse.

**3.** Tracez le graphique de [A] en fonction du temps pour des réactions d'ordres 0, 1 et 2. À partir de ces courbes, comparez les temps de demi-réaction successifs.

**4.** Comment la température influence-t-elle la valeur de la constante de vitesse $k$ ? Expliquez.

**5.** Soit l'affirmation suivante : En général, la vitesse d'une réaction chimique augmente un peu au début, car il faut un certain temps à la réaction pour « se réchauffer ». Par la suite toutefois, elle diminue parce qu'elle dépend des concentrations des réactifs, qui diminuent. Indiquez ce qui est juste dans cette affirmation et ce qui ne l'est pas. Corrigez les points qui sont faux et expliquez.

**6.** Soit la réaction $A + B \rightarrow C$. Fournissez au moins deux explications selon lesquelles l'équation de vitesse serait d'ordre 0 par rapport à la substance A.

**7.** Quelqu'un affirme : « Une équation équilibrée indique comment les substances chimiques interagissent. C'est pourquoi on peut déterminer l'équation de vitesse directement à partir de l'équation équilibrée. » Que peut-on dire à cette personne ?

**8.** Établissez un raisonnement conceptuel pour les différences entre les temps de demi-réaction des réactions d'ordres 0, 1 et 2.

Une question ou un exercice précédés d'un numéro en bleu indiquent que la réponse se trouve à la fin de ce livre.

## Questions

9. Définissez ce qu'on entend par « étape monomoléculaire » et « étape bimoléculaire ». Pourquoi rencontre-t-on rarement des étapes trimoléculaires dans des réactions chimiques ?

**10.** L'hydrogène réagit de manière explosive avec l'oxygène. Cependant, à la température ambiante, un mélange de $H_2$ et de $O_2$ peut exister indéfiniment. Expliquez pourquoi $H_2$ et $O_2$ ne réagissent pas dans ces conditions.

11. Pour la réaction

$$2H_2(g) + 2NO(g) \longrightarrow N_2(g) + 2H_2O(g)$$

l'équation de vitesse observée est la suivante :

$$\text{Vitesse} = k[NO]^2[H_2]$$

Lesquelles des situations suivantes influent sur la constante de vitesse $k$ ?

**a)** Augmentation de la pression partielle de l'hydrogène gazeux.
**b)** Variation de la température.
**c)** Utilisation du catalyseur approprié.

**12.** On peut déterminer l'équation de vitesse pour une réaction seulement par expérience et non à partir d'une équation équilibrée. Le chapitre 3 présente deux de ces méthodes expérimentales. Quelles sont ces deux méthodes ? Expliquez comment chacune des méthodes est utilisée pour déterminer les équations de vitesse.

13. Le tableau 3.2 illustre comment la vitesse moyenne d'une réaction diminue avec le temps. Pourquoi la vitesse moyenne diminue-t-elle avec le temps ? Comment la vitesse instantanée d'une réaction varie-t-elle avec le temps ? Pourquoi les vitesses initiales sont-elles utilisées par convention ?

**14.** Le type d'équation de vitesse pour une réaction, soit l'équation de vitesse différentielle, soit l'équation de vitesse intégrée, est habituellement déterminé à l'aide des données les plus faciles à recueillir. Expliquez.

15. La vitesse initiale d'une réaction double lorsque la concentration d'un des réactifs est quadruplée. Quel est l'ordre de la réaction par rapport à ce réactif ? Si la réaction est d'ordre $-1$ par rapport à un réactif, que devient la vitesse initiale lorsque la concentration de ce réactif double ?

**16.** Les réactions qui nécessitent un catalyseur métallique sont souvent d'ordre 0 quand une certaine quantité de réactifs est présente. Expliquez.

17. La théorie des collisions repose sur l'hypothèse que les molécules doivent entrer en collision pour réagir. Indiquez deux raisons pour lesquelles ce ne sont pas toutes les collisions des molécules de réactifs qui donnent naissance à des produits.

**18.** Est-ce que la pente du graphique de $\ln(k)$ en fonction de $1/T$(K) pour une réaction catalysée est plus ou moins négative que la pente du graphique de $\ln(k)$ en fonction de $1/T$ (K) pour la réaction non catalysée ? Expliquez.

## Exercices

Dans la présente section, les exercices similaires sont regroupés.

### Vitesses de réaction

19. Soit la réaction

$$4PH_3(g) \longrightarrow P_4(g) + 6H_2(g)$$

Si, au cours d'une expérience qui se déroule sur une période de temps donné, 0,0048 mol $PH_3$ est consommé dans un contenant de 2,0 L à chaque seconde, quelles sont les vitesses de production de $P_4$ et de $H_2$ dans cette expérience ?

**20.** Dans le procédé Haber, utilisé pour la synthèse de l'ammoniac,

$$N_2(g) + 3H_2(g) \longrightarrow 2NH_3(g)$$

quelle est la relation entre la vitesse de production de l'ammoniac et la vitesse de transformation de l'hydrogène ?

21. À 40 °C, $H_2O_2(aq)$ se décompose selon la réaction suivante :

$$2H_2O_2(aq) \longrightarrow 2H_2O(l) + O_2(g)$$

On a recueilli les données suivantes pour la concentration de $H_2O_2$ à divers temps.

| Temps (s) | $[H_2O_2]$ (mol/L) |
|---|---|
| 0 | 1,000 |
| $2,16 \times 10^4$ | 0,500 |
| $4,32 \times 10^4$ | 0,250 |

* Dans les questions et exercices, l'expression *équation de vitesse* signifie toujours « équation de vitesse différentielle ».

a) Calculez la vitesse moyenne de décomposition de $H_2O_2$ entre 0 et $2,16 \times 10^4$ s. En vous servant de cette vitesse, calculez la vitesse moyenne de production de $O_2(g)$ pour le même intervalle de temps.
b) Quelles sont ces vitesses pour l'intervalle de temps entre $2,16 \times 10^4$ s et $4,32 \times 10^4$ s ?

**22.** Soit la réaction générale

$$aA + bB \longrightarrow cC$$

et les données de vitesses moyennes suivantes pour quelques intervalles de temps $\Delta t$ :

$$-\frac{\Delta A}{\Delta t} = 0,0080 \text{ mol/L·s}$$

$$-\frac{\Delta B}{\Delta t} = 0,0120 \text{ mol/L·s}$$

$$\frac{\Delta C}{\Delta t} = 0,0160 \text{ mol/L·s}$$

Déterminez une suite de coefficients permettant d'équilibrer cette réaction générale.

23. Quelles sont les unités utilisées pour chacun des paramètres suivants, si les concentrations sont exprimées en mol/L et le temps, en secondes ?
a) Vitesse d'une réaction chimique.
b) Constante de vitesse pour une réaction d'ordre 0.
c) Constante de vitesse pour une réaction d'ordre 1.
d) Constante de vitesse pour une réaction d'ordre 2.
e) Constante de vitesse pour une réaction d'ordre 3.

**24.** L'équation de vitesse pour la réaction

$$Cl_2(g) + CHCl_3(g) \longrightarrow HCl(g) + CCl_4(g)$$

est $\text{Vitesse} = k[Cl_2]^{1/2}[CHCl_3]$

Quelles sont les unités de $k$ si le temps est exprimé en secondes et la concentration, en mol/L ?

## Équations de vitesse obtenues à partir de données expérimentales : méthode des vitesses initiales

25. On a étudié la réaction

$$2NO(g) + Cl_2(g) \longrightarrow 2NOCl(g)$$

à −10 °C. On a obtenu les résultats suivants :

$$\text{Vitesse} = -\frac{\Delta[Cl_2]}{\Delta t}$$

| $[NO]_0$ (mol/L) | $[Cl_2]_0$ (mol/L) | Vitesse initiale (mol/L·min) |
|---|---|---|
| 0,10 | 0,10 | 0,18 |
| 0,10 | 0,20 | 0,36 |
| 0,20 | 0,20 | 1,45 |

a) Quelle est l'équation de vitesse ?
b) Quelle est la valeur de la constante de vitesse ?

**26.** On a étudié la réaction

$$2I^-(aq) + S_2O_8^{2-}(aq) \longrightarrow I_2(aq) + 2SO_4^{2-}(aq)$$

à 25 °C. On a obtenu les résultats suivants :

$$\text{vitesse} = \frac{\Delta[S_2O_8^{2-}]}{\Delta t}$$

| $[I^-]_0$ (mol/L) | $[S_2O_8^{2-}]_0$ (mol/L) | Vitesse initiale (mol/L·s) |
|---|---|---|
| 0,080 | 0,040 | $12,5 \times 10^{-6}$ |
| 0,040 | 0,040 | $6,25 \times 10^{-6}$ |
| 0,080 | 0,020 | $6,25 \times 10^{-6}$ |
| 0,032 | 0,040 | $5,00 \times 10^{-6}$ |
| 0,060 | 0,030 | $7,00 \times 10^{-6}$ |

a) Déterminez l'équation de vitesse.
b) Calculez la valeur de la constante de vitesse pour chacune des expériences et la valeur moyenne de la constante de vitesse.

27. On a étudié la réaction de décomposition du chlorure de nitrosyle

$$2NOCl(g) \rightleftharpoons 2NO(g) + Cl_2(g)$$

et on a obtenu les résultats suivants :

$$\text{Vitesse} = -\frac{\Delta[NOCl]}{\Delta t}$$

| $[NOCl]_0$ (molécules/cm$^3$) | Vitesse initiale (molécules/cm$^3$·s) |
|---|---|
| $3,0 \times 10^{16}$ | $5,98 \times 10^4$ |
| $2,0 \times 10^{16}$ | $2,66 \times 10^4$ |
| $1,0 \times 10^{16}$ | $6,64 \times 10^3$ |
| $4,0 \times 10^{16}$ | $1,06 \times 10^5$ |

a) Quelle est l'équation de vitesse ?
b) Calculez la constante de vitesse.
c) Calculez la valeur de la constante de vitesse pour des concentrations exprimées en mol/L.

**28.** On a étudié la vitesse de la réaction de l'hémoglobine (Hb) avec le monoxyde de carbone (CO), à 20 °C. Les résultats, tous exprimés en $\mu$mol/L, sont les suivants. (Une concentration d'hémoglobine de 2,21 $\mu$mol/L est égale à $2,21 \times 10^{-6}$ mol/L.)

| $[Hb]_0$ ($\mu$mol/L) | $[CO]_0$ ($\mu$mol/L) | Vitesse initiale ($\mu$mol/L·s) |
|---|---|---|
| 2,21 | 1,00 | 0,619 |
| 4,42 | 1,00 | 1,24 |
| 4,42 | 3,00 | 3,71 |

a) Déterminez les ordres de cette réaction par rapport à Hb, puis à CO.
b) Déterminez l'équation de vitesse.
c) Calculez la valeur de la constante de vitesse.
d) Calculez la vitesse initiale si les concentrations initiales sont $[Hb]_0 = 3,36$ $\mu$mol/L et $[CO]_0 = 2,40$ $\mu$mol/L.

## Équations de vitesse intégrées

29. On a obtenu les résultats suivants pour la décomposition du peroxyde d'hydrogène à une certaine température.

| Temps (s) | $[H_2O_2]$ (mol/L) |
|---|---|
| 0 | 1,00 |
| 120 ± 1 | 0,91 |
| 300 ± 1 | 0,78 |
| 600 ± 1 | 0,59 |
| 1200 ± 1 | 0,37 |
| 1800 ± 1 | 0,22 |
| 2400 ± 1 | 0,13 |
| 3000 ± 1 | 0,082 |
| 3600 ± 1 | 0,050 |

Sachant que

$$\text{Vitesse} = -\frac{\Delta[H_2O_2]}{\Delta t}$$

déterminez l'équation de vitesse, l'équation de vitesse intégrée et la valeur de la constante de vitesse. Calculez $[H_2O_2]$ à 4000 s du début de la réaction.

**30.** Une réaction donnée a la forme générale suivante :

$$aA \longrightarrow bB$$

À une température donnée, on a évalué la concentration en fonction du temps ; le graphique de ln[A] en fonction du temps est une droite dont la valeur de la pente est de $-6{,}90 \times 10^{-2}\ s^{-1}$.

**a)** Déterminez l'équation de vitesse, l'équation de vitesse intégrée et la valeur de la constante de vitesse de cette réaction.

**b)** Calculez le temps de demi-réaction.

**c)** Calculez le temps qu'il faut à cette réaction pour être complétée à 87,5 %.

31. La vitesse de la réaction suivante

$$NO_2(g) + CO(g) \longrightarrow NO(g) + CO_2(g)$$

dépend seulement de la concentration du dioxyde d'azote à des températures inférieures à 225 °C. On a obtenu les résultats suivants à une température inférieure à 225 °C :

| Temps (s) | $[NO_2]$ (mol/L) |
|---|---|
| 0 | 0,500 |
| $1{,}20 \times 10^3$ | 0,444 |
| $3{,}00 \times 10^3$ | 0,381 |
| $4{,}50 \times 10^3$ | 0,340 |
| $9{,}00 \times 10^3$ | 0,250 |
| $1{,}80 \times 10^4$ | 0,174 |

Déterminez l'équation de vitesse, l'équation de vitesse intégrée et la valeur de la constante de vitesse. Calculez $[NO_2]$ à $2{,}70 \times 10^4$ s du début de la réaction.

**32.** On a étudié la décomposition de l'éthanol, $C_2H_5OH$, sur une surface d'alumine, $Al_2O_3$ à 600 K.

$$C_2H_5OH(g) \longrightarrow C_2H_4(g) + H_2O(g)$$

On a recueilli des données de la concentration en fonction du temps pour cette réaction et le graphique de [A] en fonction du temps a donné une droite de pente $-4{,}00 \times 10^{-5}$ mol/L·s.

**a)** Déterminez l'équation de vitesse, l'équation de vitesse intégrée et la valeur de la constante de vitesse pour cette réaction.

**b)** Si la concentration initiale de $C_2H_5OH$ est de $1{,}25 \times 10^{-2}$ mol/L, calculez le temps de demi-réaction de cette réaction.

**c)** Combien de temps faut-il pour que $1{,}25 \times 10^{-2}$ mol/L de $C_2H_5OH$ soit complètement décomposé ?

33. À 500 K, en présence de sulfate de cuivre, l'éthanol se décompose selon l'équation

$$C_2H_5OH(g) \longrightarrow CH_3CHO(g) + H_2(g)$$

On a mesuré la pression de $C_2H_5OH$ en fonction du temps et on a obtenu les données suivantes :

| Temps (s) | $P_{C_2H_5OH}$ (torr) |
|---|---|
| 0 | 250 |
| 100 | 237 |
| 200 | 224 |
| 300 | 211 |
| 400 | 198 |
| 500 | 185 |

Étant donné que la pression d'un gaz est directement proportionnelle à sa concentration, pour une réaction en phase gazeuse, on peut exprimer l'équation de vitesse en termes de pressions partielles. En vous servant des données ci-dessus, déduisez l'équation de vitesse, l'équation de vitesse intégrée et la valeur de la constante de vitesse, toutes exprimées en atmosphères pour la pression et en secondes pour le temps. Prédisez la pression de $C_2H_5OH$ après 900 s à partir du début de la réaction. (*Indice :* Pour déterminer l'ordre de la réaction par rapport à $C_2H_5OH$, comparez comment la pression de $C_2H_5OH$ diminue à chaque mesure de temps.)

**34.** On a mis en graphique les données expérimentales pour la réaction

$$A \longrightarrow 2B + C$$

de trois façons différentes (les concentrations étant exprimées en moles).

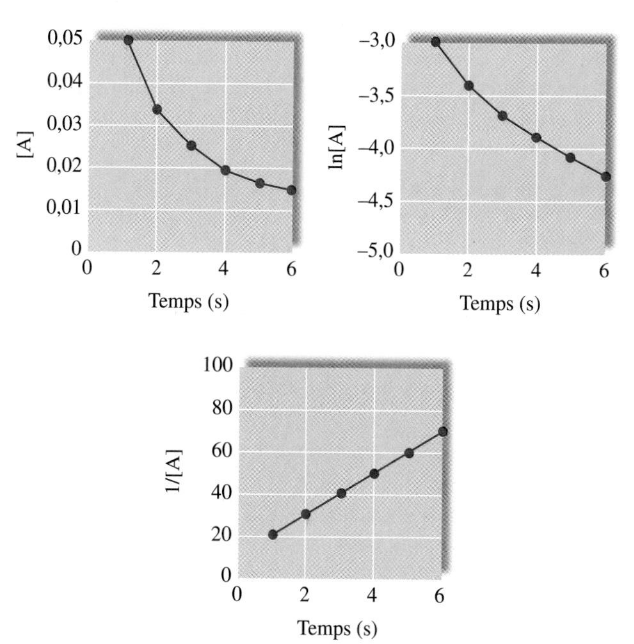

Quel est l'ordre de la réaction par rapport à A et quelle est la concentration initiale de A ?

35. Examinez les données mises en graphique dans l'exercice 34 pour répondre aux questions suivantes.
   **a)** Quelle est la concentration de A après 9 s ?
   **b)** Quels sont les trois premiers temps de demi-réaction pour cette expérience ?

**36.** La réaction

$$A \longrightarrow B + C$$

est d'ordre 0 par rapport à A, et sa constante de vitesse est $5{,}0 \times 10^{-2}$ mol/L·s, à 25 °C. On a effectué une expérience, à 25 °C, où $[A]_0 = 1{,}0 \times 10^{-3}$ mol/L.
   **a)** Écrivez l'équation de vitesse intégrée de cette réaction.
   **b)** Calculez le temps de demi-réaction.
   **c)** Calculez la concentration de B après $5{,}0 \times 10^{-3}$ s.

37. La demi-vie de l'isotope radioactif $^{32}P$, qui se désintègre selon une cinétique d'ordre 1, est de 14,3 jours. Combien faut-il de jours pour que l'échantillon de $^{32}P$ soit désintégré à 95,0 % ?

**38.** L'équation de vitesse pour la décomposition de la phosphine, $PH_3$, est :

$$\text{Vitesse} = -\frac{\Delta[PH_3]}{\Delta t} = k[PH_3]$$

Il faut 120 s pour que le $PH_3$ diminue de 1,00 mol/L à 0,250 mol/L. Combien de temps faut-il pour que le $PH_3$ diminue de 2,00 mol/L à une concentration de 0,350 mol/L ?

39. Examinez les données suivantes de vitesse initiale pour la décomposition du composé AB qui donne A et B :

| $[AB]_0$ (mol/L) | Vitesse initiale (mol/L·s) |
|---|---|
| 0,200 | $3{,}20 \times 10^{-3}$ |
| 0,400 | $1{,}28 \times 10^{-2}$ |
| 0,600 | $2{,}88 \times 10^{-2}$ |

Déterminez le temps de demi-réaction de la réaction de décomposition, si 1,00 mol/L de AB est initialement présent.

**40.** Dans le cas de la réaction A ⟶ produits, les temps de demi-réaction successifs sont de 10,0 min, de 20,0 min et de 40,0 min dans une expérience où $[A]_0 = 0{,}10$ mol/L. Calculez la concentration de A aux temps suivants.
   **a)** 80,0 min
   **b)** 30,0 min

41. Soit la réaction hypothétique

$$A + B + 2C \longrightarrow 2D + 3E$$

pour laquelle l'équation de vitesse est :

$$\text{Vitesse} = -\frac{\Delta[A]}{\Delta t} = k[A][B]^2$$

On effectue une réaction où $[A]_0 = 1{,}0 \times 10^{-2}$ mol/L, $[B]_0 = 3{,}0$ mol/L et $[C]_0 = 2{,}0$ mol/L. La réaction est démarrée et, après 8,0 secondes, la concentration de A est $3{,}8 \times 10^{-3}$ mol/L.
   **a)** Calculez $k$ pour cette réaction.
   **b)** Calculez le temps de demi-réaction pour cette expérience.
   **c)** Calculez la concentration de A après 13,0 secondes.
   **d)** Calculez la concentration de C après 13,0 secondes.

## Mécanismes réactionnels

**42.** Écrivez les équations de vitesse des réactions élémentaires suivantes.
   **a)** $CH_3NC(g) \rightarrow CH_3CN(g)$
   **b)** $O_3(g) + NO(g) \rightarrow O_2(g) + NO_2(g)$
   **c)** $O_3(g) \rightarrow O_2(g) + O(g)$
   **d)** $O_3(g) + O(g) \rightarrow 2O_2(g)$

43. Les mécanismes donnés ci-dessous ont été proposés pour expliquer la cinétique de la réaction donnée à la question 11. Lesquels d'entre eux sont acceptables ? Pourquoi ?

*Mécanisme I :*

$$2H_2(g) + 2NO(g) \longrightarrow N_2(g) + 2H_2O(g)$$

*Mécanisme II :*

$$H_2(g) + NO(g) \longrightarrow H_2O(g) + N(g) \quad \text{Lente}$$
$$N(g) + NO(g) \longrightarrow N_2(g) + O(g) \quad \text{Rapide}$$
$$H_2(g) + O(g) \longrightarrow H_2O(g) \quad \text{Rapide}$$

*Mécanisme III :*

$$H_2(g) + 2NO(g) \longrightarrow N_2O(g) + H_2O(g) \quad \text{Lente}$$
$$N_2O(g) + H_2(g) \longrightarrow N_2(g) + H_2O(g) \quad \text{Rapide}$$

**44.** Le mécanisme suivant a été proposé pour une réaction

$$C_4H_9Br \longrightarrow C_4H_9^+ + Br^- \quad \text{Lente}$$
$$C_4H_9^+ + H_2O \longrightarrow C_4H_9OH_2^+ \quad \text{Rapide}$$
$$C_4H_9OH_2^+ + H_2O \longrightarrow C_4H_9OH + H_3O^+ \quad \text{Rapide}$$

Écrivez l'équation de vitesse prévue pour ce mécanisme. Quelle est l'équation globale équilibrée de cette réaction ? Quels sont les intermédiaires dans le mécanisme proposé ?

45. On croit que le mécanisme de la réaction du dioxyde d'azote et du monoxyde de carbone pour former du monoxyde d'azote et du dioxyde de carbone est le suivant :

$$NO_2 + NO_2 \longrightarrow NO_3 + NO \quad \text{Lente}$$
$$NO_3 + CO \longrightarrow NO_2 + CO_2 \quad \text{Rapide}$$

Écrivez l'équation de vitesse de ce mécanisme. Écrivez l'équation globale équilibrée de cette réaction.

## Influence de la température sur les constantes de vitesse et théorie des collisions

**46.** Sur le graphique suivant, indiquez
   **a)** la position des réactifs et des produits ;
   **b)** l'énergie d'activation ;
   **c)** $\Delta E$ pour la réaction.

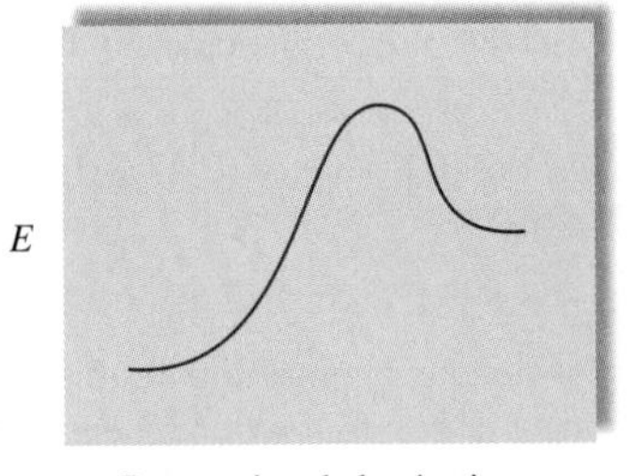

**47.** Illustrez schématiquement la variation d'énergie pour chacune des réactions suivantes.
**a)** $\Delta E = +10$ kJ/mol, $E_a = 25$ kJ/mol
**b)** $\Delta E = -10$ kJ/mol, $E_a = 50$ kJ/mol
**c)** $\Delta E = -50$ kJ/mol, $E_a = 50$ kJ/mol

**48.** L'énergie d'activation de la réaction suivante

$$NO_2(g) + CO(g) \longrightarrow NO(g) + CO_2(g)$$

est de 125 kJ/mol et $\Delta E$ de la réaction est de –216 kJ/mol. Quelle est l'énergie d'activation de la réaction inverse $[NO(g) + CO_2(g) \longrightarrow NO_2(g) + CO(g)]$?

**49.** Dans un processus donné, l'énergie d'activation de la réaction directe est supérieure à celle de la réaction inverse. Est-ce que la valeur de $\Delta E$ pour cette réaction est positive ou négative?

**50.** La constante de vitesse de la réaction de décomposition de $N_2O_5$, en phase gazeuse,

$$N_2O_5 \longrightarrow 2NO_2 + \tfrac{1}{2}O_2$$

varie en fonction de la température:

| *T* (K) | *k* ($s^{-1}$) |
|---|---|
| 338 | $4{,}9 \times 10^{-3}$ |
| 318 | $5{,}0 \times 10^{-4}$ |
| 298 | $3{,}5 \times 10^{-5}$ |

En utilisant ces données, déterminez graphiquement l'énergie d'activation de cette réaction.

**51.** La réaction

$$(CH_3)_3CBr + OH^- \longrightarrow (CH_3)_3COH + Br^-$$

dans un certain solvant est d'ordre 1 par rapport à $(CH_3)_3CBr$, et d'ordre 0 par rapport à $OH^-$. Au cours de plusieurs expériences, on a déterminé la constante de vitesse à différentes températures. Le graphique de ln(*k*) en fonction de $1/T$ donne une droite de pente égale à $-1{,}10 \times 10^4$ K, et l'ordonnée à l'origine est 33,5. Supposez que les unités de *k* sont $s^{-1}$.
**a)** Déterminez l'énergie d'activation de cette réaction.
**b)** Déterminez la valeur du facteur préexponentiel A.
**c)** Calculez la valeur de *k* à 25 °C.

**52.** Les constantes de vitesse d'une réaction d'ordre 1 à 0 °C et à 20 °C sont respectivement $4{,}6 \times 10^{-2}\,s^{-1}$ et $8{,}1 \times 10^{-2}\,s^{-1}$. Quelle est la valeur de l'énergie d'activation?

**53.** Les chimistes évaluent habituellement de façon empirique qu'une augmentation de température de 10 K fait doubler la vitesse d'une réaction. Quelle doit être l'énergie d'activation pour que cet énoncé soit vrai lorsque la température passe de 25 °C à 35 °C?

**54.** Selon vous, laquelle des réactions suivantes doit avoir la plus grande vitesse à la température ambiante? Pourquoi? (*Indice*: Quelle réaction devrait avoir l'énergie d'activation la plus faible?)

$$2Ce^{4+}(aq) + Hg_2^{2+}(aq) \longrightarrow 2Ce^{3+}(aq) + 2Hg^{2+}(aq)$$
$$H_3O^+(aq) + OH^-(aq) \longrightarrow 2H_2O(l)$$

**55.** Une des raisons avancées pour expliquer l'instabilité des longues chaînes d'atomes de silicium est que la décomposition met en jeu l'état de transition illustré ci-dessous:

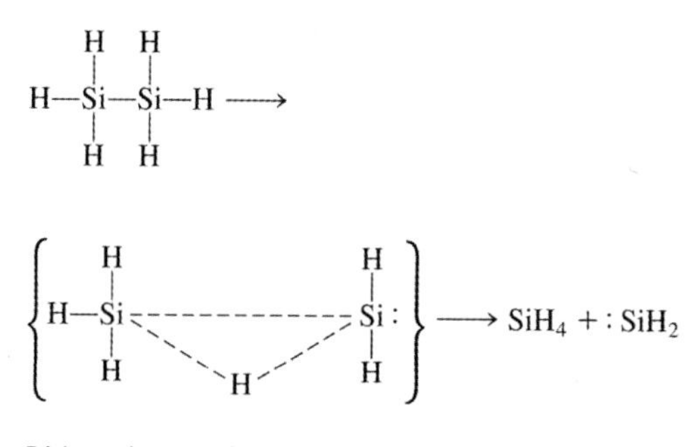

L'énergie d'activation d'un tel processus est de 210 kJ/mol, ce qui est inférieur à l'énergie des liaisons Si—Si ou Si—H. Pourquoi un mécanisme semblable ne peut-il pas jouer un rôle très important dans la décomposition de longues chaînes d'atomes de carbone que l'on retrouve dans les composés organiques?

## Catalyse

**56.** Une des façons de détruire l'ozone dans la haute atmosphère est la suivante:

$$O_3(g) + NO(g) \longrightarrow NO_2(g) + O_2(g) \quad \text{Réaction lente}$$
$$NO_2(g) + O(g) \longrightarrow NO(g) + O_2(g) \quad \text{Réaction rapide}$$

Réaction globale:

$$O_3(g) + O(g) \longrightarrow 2O_2(g)$$

**a)** Quelle espèce joue le rôle de catalyseur?
**b)** Quelle espèce est l'intermédiaire?
**c)** La valeur de $E_a$ pour la réaction non catalysée

$$O_3(g) + O(g) \longrightarrow 2O_2$$

est de 14,0 kJ/mol. Si cette même réaction est catalysée, $E_a$ vaut 11,9 kJ/mol. Quel est le rapport entre la constante de vitesse de la réaction catalysée et celle de la réaction non catalysée, à 25 °C? Considérez que le facteur préexponentiel est le même pour chacune des réactions.

**57.** Un des problèmes concernant l'utilisation des fréons, c'est qu'ils finissent pas se retrouver dans la haute atmosphère, où des atomes de chlore peuvent être produits, selon la réaction suivante:

$$\underset{\text{Fréon-12}}{CCl_2F_2} \xrightarrow[h\nu]{\text{Lumière}} CF_2Cl + Cl$$

Les atomes de chlore peuvent alors jouer le rôle de catalyseur pour la destruction de l'ozone. L'énergie d'activation de la réaction

$$Cl + O_3 \longrightarrow ClO + O_2$$

est de 2,1 kJ/mol. Quel est le meilleur catalyseur pour la destruction de l'ozone, Cl ou NO? (*Voir l'exercice 56*)

**58.** En supposant que le mécanisme d'hydrogénation de $C_2H_4$, présenté à la section 3.8, soit adéquat, quel serait le produit de la réaction de $C_2H_4$ avec $D_2$, $CH_2D—CH_2D$ ou $CHD_2—CH_3$? (D = deutérium ou hydrogène lourd.) Comment peut-on utiliser la réaction entre $C_2H_4$ et $D_2$ pour confirmer le mécanisme d'hydrogénation de $C_2H_4$ décrit à la section 3.8?

**59.** On a étudié la décomposition de $NH_3$ en $N_2$ et en $H_2$ sur deux surfaces:

| Surface | $E_a$ (kJ/mol) |
|---|---|
| W | 163 |
| Os | 197 |

Sans catalyseur, l'énergie d'activation est de 335 kJ/mol.

**a)** Quelle surface représente le meilleur catalyseur hétérogène pour la décomposition de $NH_3$ ? Pourquoi ?

**b)** À 298 K, de combien de fois la réaction est-elle plus rapide en présence de tungstène (W) qu'en son absence ?

**c)** L'équation de vitesse de la décomposition sur les deux surfaces est la suivante :

$$\text{Vitesse} = k\frac{[NH_3]}{[H_2]}$$

Comment expliquer que la vitesse dépende de l'inverse de la concentration de $H_2$ ?

**60.** Une démonstration chimique bien connue met en jeu le peroxyde d'hydrogène qui se décompose en eau et en oxygène gazeux à l'aide d'un catalyseur. L'énergie d'activation de cette réaction (non catalysée) est de 70,0 kJ/mol. Quand on ajoute le catalyseur, l'énergie d'activation (à 20 °C) est de 42,0 kJ/mol. En théorie, jusqu'à quelle température (°C) faut-il chauffer la solution de peroxyde d'hydrogène pour que la vitesse de la réaction non catalysée soit égale à celle de la réaction catalysée à 20 °C ? Considérez que le facteur préexponentiel *A* est constant et supposez que les concentrations initiales sont les mêmes.

**61.** En introduisant un catalyseur, l'énergie d'activation d'une réaction passe de 184 kJ/mol à 59,0 kJ/mol à 600 K. Si la réaction non catalysée met environ 2400 ans à se produire, combien de temps prendra la réaction catalysée ? Considérez que le facteur préexponentiel *A* est constant et supposez que les concentrations initiales sont les mêmes.

## Exercices supplémentaires

**62.** On a étudié la réaction

$$2NO(g) + O_2(g) \longrightarrow 2NO_2(g)$$

et on a obtenu les données suivantes où

$$\text{Vitesse} = \frac{\Delta[O_2]}{\Delta t}$$

| $[NO]_0$ (molécules/cm³) | $[O_2]_0$ (molécules/cm³) | Vitesse initiale (molécules/cm³·s) |
|---|---|---|
| $1{,}00 \times 10^{18}$ | $1{,}00 \times 10^{18}$ | $2{,}00 \times 10^{16}$ |
| $3{,}00 \times 10^{18}$ | $1{,}00 \times 10^{18}$ | $1{,}80 \times 10^{17}$ |
| $2{,}50 \times 10^{18}$ | $2{,}50 \times 10^{18}$ | $3{,}13 \times 10^{17}$ |

Quelle serait la vitesse initiale pour une expérience où $[NO]_0 = 6{,}21 \times 10^{18}$ molécules/cm³ et $[O_2]_0 = 7{,}36 \times 10^{18}$ molécules/cm³ ?

**63.** Le chlorure de sulfuryle ($SO_2Cl_2$) se décompose en dioxyde de soufre ($SO_2$) et en chlore ($Cl_2$) par une réaction en phase gazeuse. Les pressions suivantes ont été mesurées quand un échantillon de $5{,}00 \times 10^{-2}$ mol de chlorure de sulfuryle contenu dans un récipient de $5{,}00 \times 10^{-1}$ L a été porté à 600 K.

| **Temps (heures)** | 0,00 | 1,00 | 2,00 | 4,00 | 8,00 | 16,00 |
|---|---|---|---|---|---|---|
| $P_{SO_2Cl_2}$ **(atm)** | 4,93 | 4,26 | 3,52 | 2,53 | 1,30 | 0,34 |

La vitesse étant définie par $-\frac{\Delta[SO_2Cl_2]}{\Delta t}$,

**a)** Quelle est la valeur de la constante de vitesse pour la décomposition du chlorure de sulfuryle, à 600 K ?

**b)** Quel est le temps de demi-réaction ?

**c)** Quelle fraction du chlorure de sulfuryle reste-t-il après 20,0 h ?

**64.** Pour la réaction

$$2N_2O_5(g) \longrightarrow 4NO_2(g) + O_2(g)$$

on a recueilli les données suivantes, où

$$\text{vitesse} = -\frac{\Delta[N_2O_5]}{\Delta t}$$

| Temps (s) | *T* = 338 K $[N_2O_5]$ | *T* = 318 K $[N_2O_5]$ |
|---|---|---|
| 0 | $1{,}00 \times 10^{-1}$ *M* | $1{,}00 \times 10^{-1}$ *M* |
| 100 | $6{,}14 \times 10^{-2}$ *M* | $9{,}54 \times 10^{-2}$ *M* |
| 300 | $2{,}33 \times 10^{-2}$ *M* | $8{,}63 \times 10^{-2}$ *M* |
| 600 | $5{,}41 \times 10^{-3}$ *M* | $7{,}43 \times 10^{-2}$ *M* |
| 900 | $1{,}26 \times 10^{-3}$ *M* | $6{,}39 \times 10^{-2}$ *M* |

Calculez $E_a$ de cette réaction.

**65.** Les valeurs expérimentales de la variation de la constante de vitesse avec la température pour la réaction en phase gazeuse

$$NO + O_3 \longrightarrow NO_2 + O_2$$

sont les suivantes :

| *T* (K) | *k* (L/mol·s) |
|---|---|
| 195 | $1{,}08 \times 10^9$ |
| 230 | $2{,}95 \times 10^9$ |
| 260 | $5{,}42 \times 10^9$ |
| 298 | $12{,}0 \times 10^9$ |
| 369 | $35{,}5 \times 10^9$ |

Tracez le graphique approprié en vous servant de ces données, et déterminez l'énergie d'activation de cette réaction.

**66.** Pour les réactions catalysées par une enzyme qui suivent le mécanisme

$$E + S \rightleftharpoons E\cdot S$$

$$E\cdot S \rightleftharpoons E + P$$

le graphique de la vitesse en fonction de [S], la concentration du substrat, a l'allure suivante :

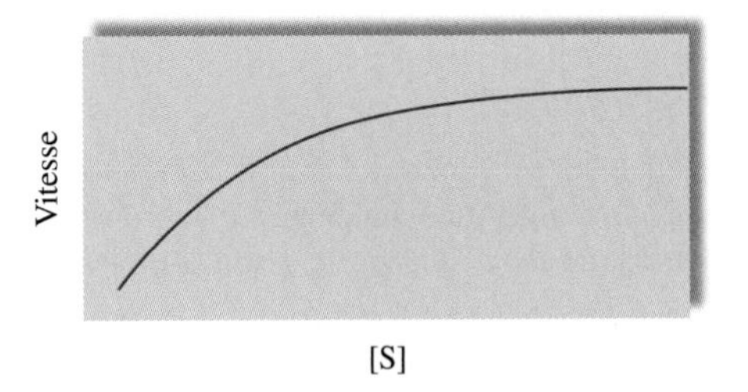


On remarque qu'à des concentrations plus élevées de substrat, la vitesse ne change plus avec [S]. Proposez une raison de ce phénomène.

67. L'énergie d'activation d'une certaine réaction biochimique non catalysée est de 50,0 kJ/mol. En présence d'un catalyseur à 37 °C, la constante de vitesse de la réaction augmente d'un facteur de $2,50 \times 10^3$ en comparaison de la réaction non catalysée. En supposant que le facteur préexponentiel $A$ soit le même pour la réaction catalysée et la réaction non catalysée, calculez l'énergie d'activation de la réaction catalysée.

**68.** Considérez la réaction

$$3A + B + C \longrightarrow D + E$$

où l'équation de vitesse est définie par

$$-\frac{\Delta[A]}{\Delta t} = k[A]^2[B][C]$$

Une expérience est effectuée où $[B]_0 = [C]_0 = 1,00$ mol/L et $[A]_0 = 1,00 \times 10^{-4}$ mol/L.

**a)** Si après 3,00 minutes, $[A] = 3,26 \times 10^{-5}$ mol/L, calculez la valeur de $k$.

**b)** Calculez le temps de demi-réaction pour cette expérience.

**c)** Calculez la concentration de B et la concentration de A après 10,0 minutes.

## Problèmes défis

69. Considérez une réaction du type $aA \rightarrow$ produits, pour laquelle on trouve que l'équation de vitesse est vitesse $= k[A]^3$ (les réactions trimoléculaires sont improbables mais possibles). Si l'on trouve que le premier temps de demi-réaction est de 40 s, quel est le deuxième temps de demi-réaction ? (*Indice* : En vous servant de vos notions de mathématique, décrivez l'équation de vitesse intégrée à partir de l'équation de vitesse différentielle pour une réaction trimoléculaire.)

$$\text{vitesse} = \frac{-d[A]}{dt} = k[A]^3$$

**70.** On a étudié l'influence de la concentration de l'ion hydroxyde sur la vitesse de la réaction :

$$I^-(aq) + OCl^-(aq) \longrightarrow IO^-(aq) + Cl^-(aq)$$

et on a obtenu les résultats suivants.

| $[I^-]_0$ (mol/L) | $[OCl^-]_0$ (mol/L) | $[OH^-]_0$ (mol/L) | Vitesse initiale (mol/L · s) |
|---|---|---|---|
| 0,0013 | 0,012 | 0,10 | $9,4 \times 10^{-3}$ |
| 0,0026 | 0,012 | 0,10 | $18,7 \times 10^{-3}$ |
| 0,0013 | 0,0060 | 0,10 | $4,7 \times 10^{-3}$ |
| 0,0013 | 0,018 | 0,10 | $14,0 \times 10^{-3}$ |
| 0,0013 | 0,012 | 0,050 | $18,7 \times 10^{-3}$ |
| 0,0013 | 0,012 | 0,20 | $4,7 \times 10^{-3}$ |
| 0,0013 | 0,018 | 0,20 | $7,0 \times 10^{-3}$ |

Déterminez l'équation de vitesse et la valeur de la constante de vitesse de cette réaction.

71. Deux isomères (A et B) d'un composé donné se dimérisent de la manière suivante :

$$2A \xrightarrow{k_1} A_2$$

$$2B \xrightarrow{k_2} B_2$$

Les deux réactions sont d'ordre 2 par rapport à leurs réactifs, et on sait que la valeur de $k_1$ est de 0,250 L/mol · s, à 25 °C. Au cours d'une expérience, on place A et B dans des contenants séparés, à 25 °C, où $[A]_0 = 1,00 \times 10^{-2}$ mol/L et $[B]_0 = 2,50 \times 10^{-2}$ mol/L. Après 3,00 minutes du début de chaque réaction, $[A] = 3,00[B]$. Dans ce cas, les équations de vitesse sont les suivantes :

$$\text{Vitesse} = -\frac{\Delta[A]}{\Delta t} = k_1[A]^2$$

$$\text{Vitesse} = -\frac{\Delta[B]}{\Delta t} = k_2[B]^2$$

**a)** Calculez la concentration de $A_2$ après 3,00 min.

**b)** Calculez la valeur de $k_2$.

**c)** Calculez le temps de demi-réaction de A.

**72.** On a étudié la réaction

$$NO(g) + O_3(g) \longrightarrow NO_2(g) + O_2(g)$$

en effectuant deux expériences. Dans la première, on a observé la vitesse de transformation de NO en présence d'un excès de $O_3$. Les résultats obtenus sont les suivants ($[O_3]$ demeure constante à $1,0 \times 10^{14}$ molécules/cm³) :

| Temps (± 1 ms) | [NO] (molécules/cm³) |
|---|---|
| 0 | $6,0 \times 10^8$ |
| 100 | $5,0 \times 10^8$ |
| 500 | $2,4 \times 10^8$ |
| 700 | $1,7 \times 10^8$ |
| 1000 | $9,9 \times 10^7$ |

Dans la seconde expérience, [NO] demeurait constante à $2,0 \times 10^{14}$ molécules/cm³. Les données relatives à la transformation de $O_3$ sont les suivantes.

| Temps (± 1 ms) | $[O_3]$ (molécules/cm³) |
|---|---|
| 0 | $1,0 \times 10^{10}$ |
| 50 | $8,4 \times 10^9$ |
| 100 | $7,0 \times 10^9$ |
| 200 | $4,9 \times 10^9$ |
| 300 | $3,4 \times 10^9$ |

**a)** Quel est l'ordre de la réaction par rapport à chaque réactif ?

**b)** Quelle est l'équation de vitesse globale ?

**c)** Quelle est la valeur de la constante de vitesse pour chaque groupe d'expérience ?

$$\text{Vitesse} = k'[NO]^x \qquad \text{Vitesse} = k''[O_3]^y$$

**d)** Quelle est la valeur de la constante de vitesse dans l'équation de vitesse globale ?

$$\text{Vitesse} = k[NO]^x[O_3]^y$$

73. La plupart des réactions se produisent par étapes. Le graphique énergétique d'une certaine réaction qui se produit en deux étapes est le suivant :

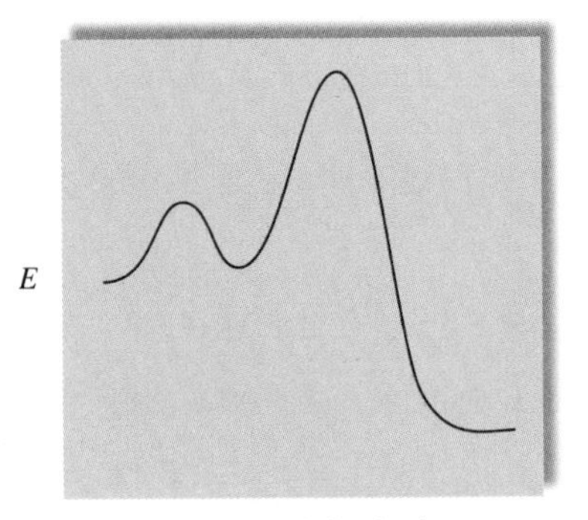


Sur le graphique, indiquez :

**a)** la position des réactifs et des produits ;

**b)** l'énergie d'activation de la réaction globale ;

**c)** $\Delta E$ pour la réaction ;

**d)** quel point du graphique représente l'état d'énergie de l'espèce intermédiaire ;

**e)** quelle étape, la première ou la deuxième, est l'étape déterminante.

**74.** Récemment, au cours d'un été, des expériences sur un certain nombre de lucioles (petits coléoptères, *Lampyridae photurus*) ont démontré que l'intervalle de temps moyen entre deux éclairs des insectes individuels était de 16,3 s à 21,0 °C et de 13,0 s à 27,8 °C.

**a)** Indiquez l'énergie d'activation apparente de la réaction qui contrôle les éclairs.

**b)** Quel serait l'intervalle de temps moyen entre les éclairs d'une luciole individuelle à 30,0 °C ?

**c)** Comparez les intervalles de temps observés et ceux qui sont calculés en **b)** à la règle qui dit que la température en Celsius est égale à 54, moins deux fois l'intervalle entre les éclairs.

75. Les données suivantes ont été recueillies au cours de deux études sur la réaction

$$2H_2(g) + 2NO(g) \longrightarrow N_2(g) + 2H_2O(g)$$

| Temps (s) | Expérience 1 $[H_2]$ (mol/L) | Expérience 2 $[H_2]$ (mol/L) |
|---|---|---|
| 0 | $1{,}0 \times 10^{-2}$ | $1{,}0 \times 10^{-2}$ |
| 10 | $8{,}4 \times 10^{-3}$ | $5{,}0 \times 10^{-3}$ |
| 20 | $7{,}1 \times 10^{-3}$ | $2{,}5 \times 10^{-3}$ |
| 30 | ? | $1{,}3 \times 10^{-3}$ |
| 40 | $5{,}0 \times 10^{-3}$ | $6{,}3 \times 10^{-4}$ |

Dans l'expérience 1, $[NO]_0 = 10{,}0$ mol/L.
Dans l'expérience 2, $[NO]_0 = 20{,}0$ mol/L.

$$\text{Vitesse} = \frac{-\Delta[H_2]}{\Delta t}$$

**a)** Utilisez les données de concentration en fonction du temps pour déterminer l'équation de vitesse de la réaction.

**b)** Déterminez la constante de vitesse ($k$) de la réaction. Incluez les unités.

**c)** Calculez la concentration de $H_2$ dans l'expérience 1 à $t = 30$ s.

**76.** Le peroxyde d'hydrogène et l'iode réagissent en solution acide selon l'équation suivante :

$$H_2O_2(aq) + 3I^-(aq) + 2H^+(aq) \longrightarrow I_3^-(aq) + 2H_2O(l)$$

La cinétique de cette réaction a été étudiée en suivant la diminution de la concentration de $H_2O_2$ et en construisant les graphiques de $\ln[H_2O_2]$ en fonction du temps. Tous les graphiques sont linéaires et toutes les solutions avaient $[H_2O_2]_0 = 8.0 \times 10^{-4}$ mol/L. Les pentes de ces droites dépendent des concentrations initiales de $I^-$ et de $H^+$. Les résultats sont les suivants :

| $[I^-]_0$ (mol/L) | $[H^+]$ (mol/L) | Pente ($min^{-1}$) |
|---|---|---|
| 0,1000 | 0,0400 | −0,120 |
| 0,3000 | 0,0400 | −0,360 |
| 0,4000 | 0,0400 | −0,480 |
| 0,0750 | 0,0200 | −0,0760 |
| 0,0750 | 0,0800 | −0,118 |
| 0,0750 | 0,1600 | −0,174 |

L'équation de vitesse de cette réaction est de la forme

$$\text{Vitesse} = \frac{-\Delta[H_2O_2]}{\Delta t} = (k_1 + k_2[H^+])[I^-]^m[H_2O_2]^n$$

**a)** Déterminez l'ordre de réaction par rapport à $[H_2O_2]$ et à $[I^-]$.

**b)** Calculez les valeurs des constantes de vitesse, $k_1$ et $k_2$.

**c)** Comment expliquer que la vitesse par rapport à $[H^+]$ dépende de deux termes ?

## Problèmes d'intégration

Ces problèmes requièrent l'intégration d'une multitude de concepts pour trouver la solution.

77. À 320 °C, la décomposition du chlorure de sulfuryle est d'ordre 1 et le temps de demi-réaction est de 8,75 h.

$$SO_2Cl_2(g) \longrightarrow SO_2(g) + Cl_2(g)$$

Quelle est la valeur de la constante de vitesse, $k$, en $s^{-1}$ ? Si la pression initiale de $SO_2Cl_2$ est de 791 torr et que la décomposition a lieu dans un contenant de 1,25 L, combien reste-t-il de molécules de $SO_2Cl_2$ après 12,5 h ?

**78.** Lors de la dissolution de InCL($s$) dans HCl, $In^+(aq)$ subit une réaction de dismutation selon l'équation non équilibrée suivante :

$$In^+(aq) \longrightarrow In(s) + In^{3+}(aq)$$

Cette réaction de dismutation est conforme à une cinétique d'ordre 1 avec un temps de demi-réaction de 667 s. Quelle est la concentration de $In^+(aq)$ après 1,25 h, si la solution initiale de $In^+(aq)$ a été préparée en dissolvant 2,38 g de InCL($s$) dans $5{,}00 \times 10^2$ mL de HCl ? Quelle masse de In($s$) se forme après 1,25 h ?

79. La décomposition de l'iodométhane en phase gazeuse s'effectue selon l'équation suivante :

$$C_2H_5I(g) \longrightarrow C_2H_4(g) + HI(g)$$

À 660 K, $k = 7{,}2 \times 10^{-4}\ s^{-1}$ ; à 720 K, $k = 1{,}7 \times 10^{-2}\ s^{-1}$. Quelle est la constante de vitesse de cette décomposition d'ordre 1 à 325 °C ? Si la pression initiale de l'iodométhane est de 894 torr à 245 °C, quelle est la pression de l'iodométhane après trois temps de demi-réaction ?

## Problème de synthèse

Ce problème fait appel à plusieurs concepts et techniques de résolution de problèmes. Il peut être utilisé pour faciliter l'acquisition des habiletés nécessaires à la résolution de problèmes.

**80.** Soit la réaction suivante :

$$CH_3X + Y \longrightarrow CH_3Y + X$$

À 25 °C, on a effectué deux expériences et on a obtenu les résultats suivants :

*Expérience 1 :* $[Y]_0 = 3,0$ mol/L

| $[CH_3X]$ (mol/L) | Temps (h) |
|---|---|
| $7,08 \times 10^{-3}$ | 1,0 |
| $4,52 \times 10^{-3}$ | 1,5 |
| $2,23 \times 10^{-3}$ | 2,3 |
| $4,76 \times 10^{-4}$ | 4,0 |
| $8,44 \times 10^{-5}$ | 5,7 |
| $2,75 \times 10^{-5}$ | 7,0 |

*Expérience 2 :* $[Y]_0 = 4,5$ mol/L

| $[CH_3X]$ (mol/L) | Temps (h) |
|---|---|
| $4,50 \times 10^{-3}$ | 0 |
| $1,70 \times 10^{-3}$ | 1,0 |
| $4,19 \times 10^{-4}$ | 2,5 |
| $1,11 \times 10^{-4}$ | 4,0 |
| $2,81 \times 10^{-5}$ | 5,5 |

Des expériences ont également été effectuées à 85 °C. La valeur de la constante de vitesse à cette température est $7,88 \times 10^8$ (le temps étant exprimé en heures), où $[CH_3X]_0 = 1,0 \times 10^{-2}$ mol/L et $[Y]_0 = 3,0$ mol/L.

**a)** Déterminez l'équation de vitesse et la valeur de $k$ de cette réaction à 25 °C.

**b)** Déterminez le temps de demi-réaction à 85 °C.

**c)** Déterminez $E_a$ de cette réaction.

**d)** Sachant que l'énergie de liaison de C—X est d'environ 325 kJ/mol, proposez un mécanisme qui explique les résultats des parties **a)** et **c)**.

# 4 Équilibre chimique

## Contenu

*L'effet de la température sur la réaction endothermique à l'équilibre en milieu aqueux :*

$$\underset{\text{Rose}}{Co(H_2O)_6^{2+}} + 4Cl^- \rightleftharpoons \underset{\text{Bleu}}{CoCl_4^{2-}} + 6H_2O$$

*À l'équilibre, la solution violette, à 25 °C, contient des quantités importantes de $Co(H_2O)_6^{2+}$ (rose) et de $CoCl_4^{2-}$ (bleu). Refroidie, la solution vire au rose parce que la position d'équilibre se déplace vers la gauche. Par contre, le réchauffement de la solution favorise les ions $CoCl_4^{2-}$ bleus.*

**Q**uand on effectue des calculs stœchiométriques, on suppose toujours que la réaction est complète, c'est-à-dire qu'elle a lieu jusqu'à ce que l'un des réactifs ait été épuisé. De nombreuses réactions sont *effectivement* complètes. Dans de tels cas, on peut par conséquent supposer que les réactifs sont quantitativement transformés en produits et que la quantité résiduelle du réactif limitant est négligeable. Par ailleurs, de nombreuses réactions chimiques « cessent » bien avant d'être complètes. La réaction de dimérisation du dioxyde d'azote en est un exemple :

$$NO_2(g) + NO_2(g) \longrightarrow N_2O_4(g)$$

Le réactif $NO_2$ est un gaz brun foncé, et le produit $N_2O_4$, un gaz incolore. Lorsqu'on met du $NO_2$ dans un récipient en verre hermétiquement fermé et placé sous vide, à 25 °C, sa couleur brun foncé initiale diminue d'intensité au fur et à mesure qu'il se transforme en $N_2O_4$ incolore. Toutefois, le contenu du récipient ne devient pas incolore, et ce, même après un long laps de temps. Au contraire, la couleur se stabilise, ce qui signifie que la concentration de $NO_2$ ne varie plus (la figure 4.1 illustre ce phénomène au niveau moléculaire) – preuve que la réaction a « cessé » de se produire bien avant qu'elle soit complète. En fait, le système a atteint l'**équilibre chimique**, *état dans lequel les concentrations de tous les réactifs ne varient plus en fonction du temps.*

En fait, *toute* réaction chimique qui a lieu dans un récipient fermé finit par atteindre un équilibre. Dans certaines réactions, la position de l'équilibre est tellement axée vers les produits que la réaction semble complète : on dit alors que la position de l'équilibre est *très à droite* (en direction des produits). Par exemple, quand, pour former de la vapeur d'eau, on mélange en quantités stœchiométriques de l'hydrogène et de l'oxygène, la réaction est presque complète.

Quand le système atteint l'équilibre, la quantité résiduelle de réactifs est si faible qu'elle est négligeable. À l'opposé, certaines réactions ne se produisent que très faiblement. Par exemple, quand on met du CaO solide dans un récipient fermé, à 25 °C, sa transformation en Ca solide et en $O_2$ gazeux est pratiquement imperceptible. Dans de tels cas, on dit que la position de l'équilibre est *très à gauche* (en direction des réactifs).

Dans ce chapitre, nous analyserons comment et pourquoi un système chimique atteint l'équilibre, et nous étudierons les caractéristiques de cet équilibre. Nous traiterons en particulier de la façon de calculer les concentrations des réactifs et des produits dans un système à l'équilibre.

## 4.1 État d'équilibre

L'équilibre est un processus dynamique.

Puisqu'il n'existe aucune variation de concentration des réactifs ou des produits dans un système à l'équilibre, il peut sembler que plus rien ne se passe. Or, ce n'est pas le cas ; au niveau microscopique, en effet, l'activité est frénétique. L'équilibre n'est donc pas un état statique, mais plutôt un état hautement *dynamique*. On peut comparer un équilibre chimique à deux villes reliées par un pont. Si, sur le pont, la circulation est d'égale densité dans les deux directions, il est évident qu'il y a des déplacements, puisqu'on voit les voitures traverser le pont ; toutefois, le nombre de voitures dans chaque ville ne varie pas, étant donné qu'il y a autant de voitures qui en partent qu'il y en a qui y arrivent. La variation *nette* du nombre de voitures est donc nulle.

Pour appliquer ce principe à une réaction chimique, étudions la réaction entre la vapeur d'eau et le monoxyde de carbone placés dans un récipient fermé, à haute température (température à laquelle la réaction a lieu rapidement) :

$$H_2O(g) + CO(g) \rightleftharpoons H_2(g) + CO_2(g)$$

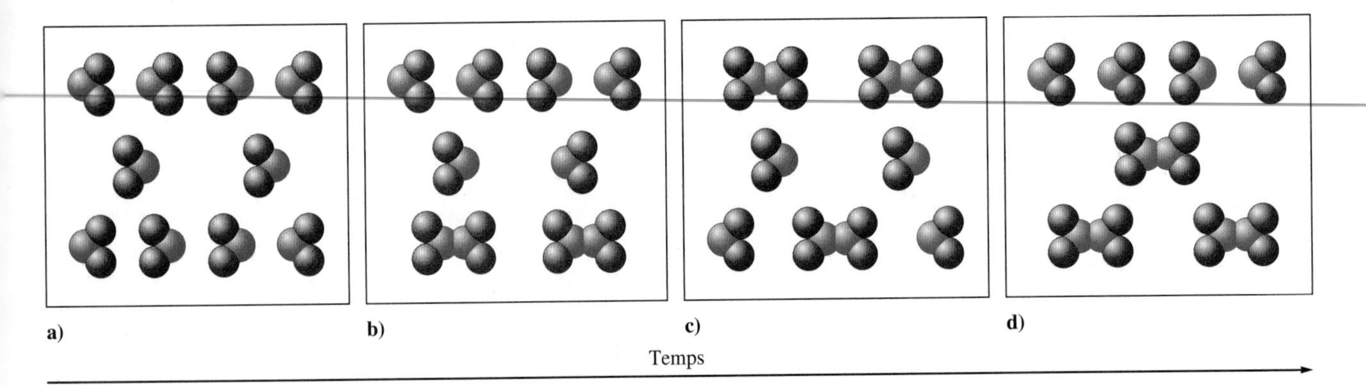


**FIGURE 4.1**
Illustration moléculaire de la réaction $2NO_2(g) \rightarrow N_2O_4(g)$ en fonction du temps dans un contenant fermé. Noter que le nombre de $NO_2$ et de $N_2O_4$ dans le contenant ne change plus après un certain temps (**c** et **d**).

Supposons qu'il y ait autant de moles de CO gazeux que de moles de $H_2O$ gazeux dans le récipient fermé où elles peuvent réagir. La figure 4.2 illustre la variation de la concentration des réactifs en fonction du temps. On remarque que, puisque CO et $H_2O$ étaient initialement présents en quantités équimolaires et qu'ils réagissent dans le rapport 1:1, la concentration des deux gaz est toujours identique. Par ailleurs, puisque $H_2$ et $CO_2$ sont formés en quantités égales, ils sont toujours présents aux mêmes concentrations.

La figure 4.2 montre la progression de la réaction. Dès que CO et $H_2O$ sont mélangés, ils commencent à réagir pour former $H_2$ et $CO_2$, ce qui entraîne une diminution des concentrations des réactifs; les concentrations des produits, quant à elles, qui étaient initialement nulles, augmentent. À partir d'un certain temps (ligne en pointillé dans la figure 4.2), les concentrations des réactifs et des produits ne varient plus: c'est que l'équilibre est atteint. À moins que le système ne soit perturbé, il n'y aura plus aucune variation des concentrations. On remarque que, même si l'équilibre est très à droite, la concentration des réactifs n'est jamais nulle. Il y a donc toujours des réactifs présents, en concentrations faibles mais constantes. La figure 4.3 illustre ce phénomène au niveau moléculaire.

Qu'arriverait-il au mélange des réactifs et des produits gazeux en équilibre illustré à la figure 14.3 **c)** et **d)** si l'on y ajoutait du $H_2O(g)$? Pour répondre à cette question, il faut bien comprendre ce qu'est l'état d'équilibre: les concentrations des réactifs et des produits restent constantes parce que les réactions directe et inverse se produisent à la même vitesse. Si l'on y introduit des molécules $H_2O$, qu'arrive-t-il à la réaction directe: $H_2O + CO \rightarrow H_2 + CO_2$? Elle devient plus rapide, car un nombre plus élevé de molécules $H_2O$ signifie plus de collisions entre les molécules $H_2O$ et CO. Cela forme davantage de produits, d'où l'augmentation de la vitesse de la réaction inverse $H_2O + CO \leftarrow H_2 + CO_2$. Par conséquent, le système change jusqu'à ce que les vitesses des réactions directe et inverse s'égalisent. Cette nouvelle position d'équilibre comprendra-t-elle plus ou moins de molécules de produits qu'il y en a dans la figure 4.3 **c)** et **d)**? Pensez-y bien. Si vous ne pouvez pas y répondre, la suite du texte vous y aidera. Plus loin dans le chapitre, ce type de situation sera abordé en détail.

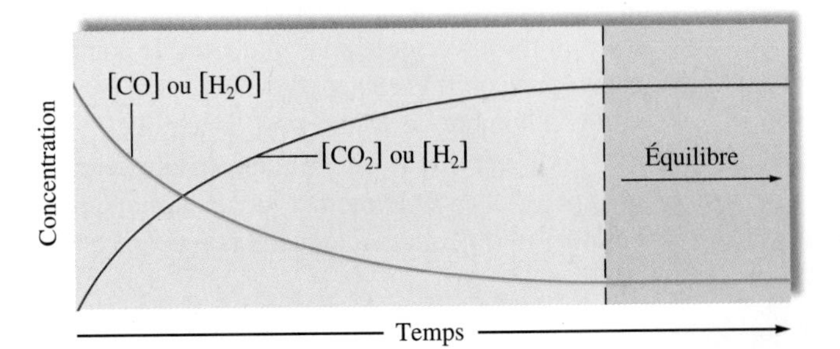


**FIGURE 4.2**
Variation en fonction du temps des concentrations des constituants de la réaction $H_2O(g) + CO(g) \rightleftharpoons H_2(g) + CO_2(g)$ lorsqu'on mélange des quantités équimolaires de $H_2O(g)$ et de $CO(g)$.

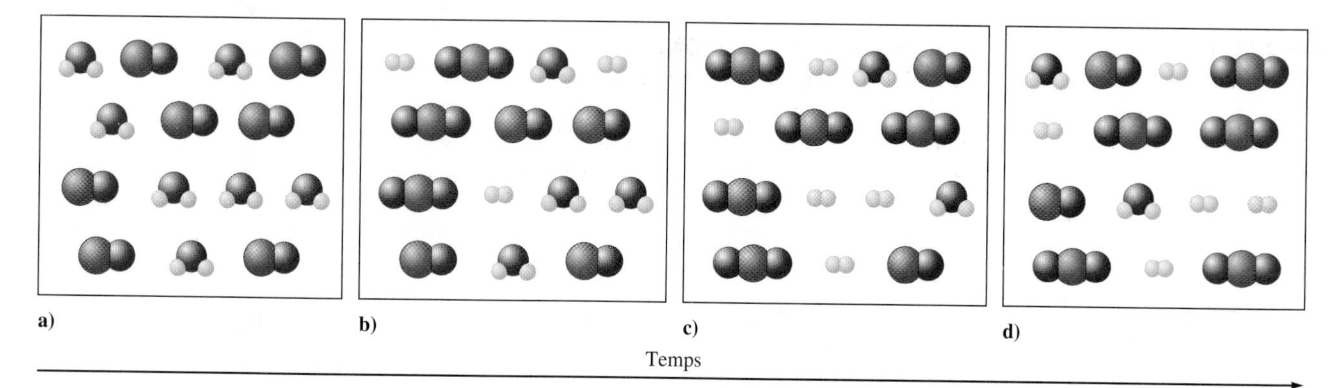


**FIGURE 4.3**
**a)** On mélange des quantités égales de $H_2O$ et de CO ; puis la réaction commence, **b)** et il se forme du $CO_2$ et du $H_2$. Après un certain temps, l'équilibre est atteint, **c)** et le nombre de molécules de réactifs et de produits reste constant, **d)**.

Pourquoi alors y a-t-il un équilibre ? On sait (*voir le chapitre 3*) que les molécules réagissent en entrant en collision les unes avec les autres et que, plus il y a de collisions, plus la réaction est rapide. C'est la raison pour laquelle la vitesse d'une réaction varie en fonction des concentrations. Dans le cas présenté ici, les concentrations de $H_2O$ et de CO diminuent au cours de la réaction directe :

$$H_2O + CO \longrightarrow H_2 + CO_2$$

Au fur et à mesure que les concentrations des réactifs diminuent, la réaction directe ralentit (*voir la figure 4.4*). Comme dans l'cxemple des véhicules sur le pont, il y a aussi ici une réaction inverse :

$$H_2O + CO \longleftarrow H_2 + CO_2$$

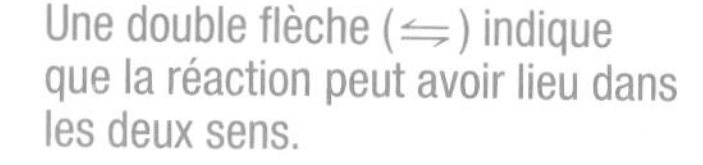
Une double flèche ($\rightleftharpoons$) indique que la réaction peut avoir lieu dans les deux sens.

Au départ, il n'y a ni $H_2$ ni $CO_2$ ; la réaction inverse ne peut donc pas avoir lieu. Cependant, au fur et à mesure que la réaction directe se produit, les concentrations de $H_2$ et de $CO_2$ augmentent ; la vitesse de la réaction inverse augmente donc elle aussi (*voir la figure 4.4*), en même temps que la réaction directe ralentit. Finalement, les concentrations atteignent des valeurs telles que la vitesse de la réaction directe est égale à celle de la réaction inverse : le système atteint l'équilibre.

Il existe de nombreux facteurs qui déterminent la position de l'équilibre d'une réaction (à droite, à gauche, ou quelque part entre les deux) : concentrations initiales, énergies relatives des réactifs et des produits, et degré relatif d'« organisation » des réactifs et des produits. L'énergie et l'organisation entrent en jeu, car la nature favorise un état caractérisé par une énergie minimale et un désordre maximal, ce qu'on étudiera en détail au chapitre 7. Pour

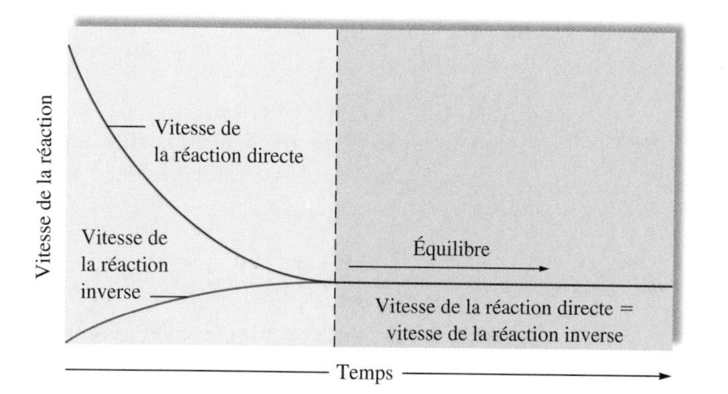


**FIGURE 4.4**
Variation en fonction du temps des vitesses des réactions directe et inverse de la réaction $H_2O(g) + CO(g) \rightleftharpoons H_2(g) + CO_2(g)$ lorsqu'on mélange des quantités équimolaires de $H_2O(g)$ et de $CO(g)$. Les variations de vitesse ne sont pas identiques, car la réaction directe possède une constante de vitesse de beaucoup supérieure à celle de la réaction inverse.

On étudiera la relation entre l'équilibre et la thermodynamique à la section 7.8.

le moment, on se contentera d'envisager le phénomène d'équilibre en termes de vitesses de réactions opposées.

## Caractéristiques de l'équilibre chimique

Pour étudier plus en détail les caractéristiques importantes de l'équilibre chimique, considérons la réaction de synthèse de l'ammoniac à partir de ses éléments, l'azote et l'hydrogène :

$$N_2(g) + 3H_2(g) \longrightarrow 2NH_3(g)$$

Le Canada produit annuellement près de 1,5 million de tonnes d'ammoniac.

Cette réaction est d'une très grande utilité sur le plan commercial, car l'ammoniac est un engrais auquel on recourt pour toutes les cultures. Ironie du sort, cette réaction si utile pour l'agriculture fut découverte en Allemagne, juste avant la Première Guerre mondiale, alors qu'on y cherchait un moyen de produire des explosifs à base d'azote. Au cours de ces travaux, le chimiste allemand Fritz Haber (1868-1934) fut le premier à produire de l'ammoniac à grande échelle en utilisant cette réaction.

Les molécules dont les liaisons sont stables possèdent des énergies d'activation très importantes et ont tendance à réagir lentement, à 25 °C.

Quand on mélange l'azote, l'hydrogène et l'ammoniac gazeux dans un récipient fermé, à 25 °C, il semble n'y avoir aucune modification des concentrations, et ce, quelles que soient les quantités initiales de gaz. Pourquoi ?

Deux raisons peuvent expliquer le fait que les concentrations des réactifs et des produits d'une réaction chimique donnée ne varient pas après qu'on a mélangé ceux-ci.

1. Le système est à l'équilibre.
2. Les réactions directe et inverse sont si lentes que le système tend vers l'équilibre à une vitesse imperceptible.

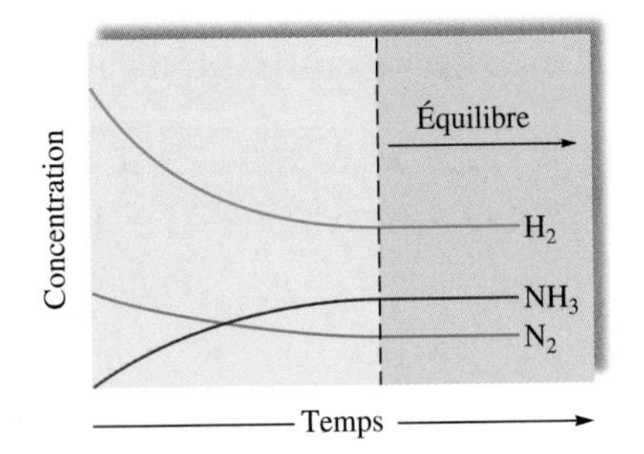


**FIGURE 4.5**
**Variation des concentrations des constituants de la réaction $N_2(g) + 3H_2(g) \rightleftharpoons 2NH_3(g)$ lorsqu'on mélange uniquement du $N_2(g)$ et du $H_2(g)$.**

C'est la deuxième raison qui explique le mieux ce qui se produit dans un mélange d'azote, d'hydrogène et d'ammoniac, à 25 °C. En effet, comme nous l'avons vu aux chapitres 6 et 7 de *Chimie générale,* la molécule $N_2$ est dotée d'une triple liaison très stable (941 kJ/mol) ; par conséquent, elle est très peu réactive. La molécule $H_2$ est elle aussi pourvue d'une liaison simple particulièrement stable (432 kJ/mol). Ainsi, un mélange de $N_2$, $H_2$ et $NH_3$, à 25 °C, peut exister, sans modification apparente, pendant très longtemps, sauf si l'on ajoute un catalyseur destiné à accélérer les réactions directe et inverse. Dans des conditions appropriées, le système atteint alors l'équilibre (*voir la figure 4.5*). On remarque que, en raison des caractéristiques stœchiométriques de la réaction, $H_2$ est transformé trois fois plus rapidement que $N_2$ et que la production de $NH_3$ est deux fois plus rapide que la transformation de $N_2$.

# 4.2 Constante d'équilibre

Fondamentalement, la science est empirique, c'est-à-dire qu'elle repose sur l'expérience. L'élaboration du concept d'équilibre en est un exemple typique. En se basant sur les observations de nombreuses réactions chimiques, deux chimistes norvégiens, Cato Maximilian Guldberg (1836-1902) et Peter Waage (1833-1900) ont proposé, en 1864, la **loi d'action de masse** pour décrire de façon générale l'état d'équilibre. Guldberg et Waage ont ainsi postulé que, pour une réaction du type

La loi d'action de masse est basée sur l'observation.

$$jA + kB \rightleftharpoons lC + mD$$

où A, B, C et D représentent des espèces chimiques, et $j$, $k$, $l$ et $m$, leurs coefficients stœchiométriques respectifs dans l'équation équilibrée.

La loi d'action de masse est représentée par l'**expression de la constante d'équilibre** suivante :

$$K = \frac{[C]^l[D]^m}{[A]^j[B]^k}$$

On utilise des crochets pour représenter les concentrations des espèces chimiques *à l'équilibre* ; $K$ est appelée **constante d'équilibre**.

## Exemple 4.1 Écriture de l'expression de la constante d'équilibre

Écrivez l'expression de la constante d'équilibre pour la réaction suivante :

$$4NH_3(g) + 7O_2(g) \rightleftharpoons 4NO_2(g) + 6H_2O(g)$$

***Solution***

En utilisant la loi d'action de masse, on obtient :

Les crochets signifient une concentration en mol/L.

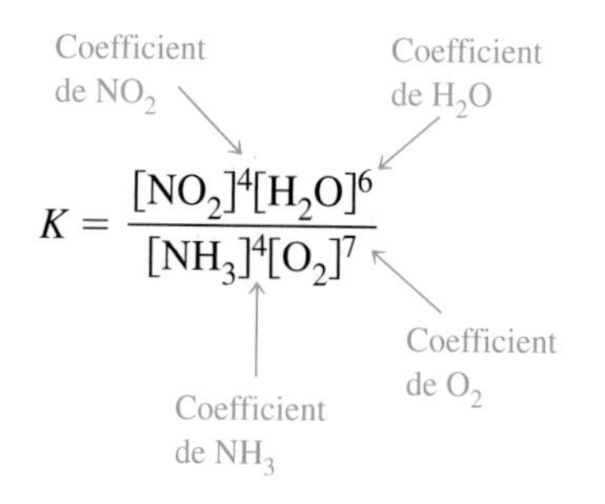


***Voir l'exercice 4.16***

Lorsqu'on connaît les concentrations à l'équilibre des espèces chimiques présentes dans la réaction, on peut calculer, pour une température donnée, la valeur de la constante d'équilibre (*voir l'exemple 4.2*).

Il est très important de remarquer, à cette étape-ci, que les constantes d'équilibre sont habituellement présentées sans unités. La raison qui explique cette façon de faire dépasse le niveau de ce manuel, mais disons tout de même que dans le cas d'un comportement non idéal des substances qui prennent part à la réaction, on effectue des corrections : les unités s'annulent et les constantes d'équilibre $K$ qui en résultent n'ont pas d'unités. Par conséquent, dans ce manuel, les valeurs de $K$ sont données sans unités.

## Exemple 4.2 Calcul des valeurs de *K*

Dans le procédé Haber, les concentrations à l'équilibre, à 127 °C, sont les suivantes :

$$[NH_3] = 3,1 \times 10^{-2} \text{ mol/L}$$
$$[N_2] = 8,5 \times 10^{-1} \text{ mol/L}$$
$$[H_2] = 3,1 \times 10^{-3} \text{ mol/L}$$

**a)** Calculez la valeur de $K$ pour cette réaction, à 127 °C.

**b)** Calculez la valeur de la constante d'équilibre pour la réaction suivante, à 127 °C :

$$2NH_3(g) \rightleftharpoons N_2(g) + 3H_2(g)$$

**c)** Calculez la valeur de la constante d'équilibre, à 127 °C, pour la réaction représentée par l'équation suivante :

$$\tfrac{1}{2}N_2(g) + \tfrac{3}{2}H_2(g) \rightleftharpoons NH_3(g)$$

***Solution***

**a)** L'équation équilibrée relative au procédé Haber est :

$$N_2(g) + 3H_2(g) \rightleftharpoons 2NH_3(g)$$

Alors

$$K = \frac{[NH_3]^2}{[N_2][H_2]^3} = \frac{(3,1 \times 10^{-2})^2}{(8,5 \times 10^{-1})(3,1 \times 10^{-3})^3}$$
$$= 3,8 \times 10^4$$

Remarquez que $K$ est présentée sans unité.

**b)** Cette réaction étant l'inverse de la réaction étudiée en **a**), l'expression de la constante d'équilibre est :

$$K' = \frac{[N_2][H_2]^3}{[NH_3]^2}$$

qui est la réciproque de l'expression utilisée en **a**). Ainsi :

$$K' = \frac{[N_2][H_2]^3}{[NH_3]^2} = \frac{1}{K} = \frac{1}{3,8 \times 10^4} = 2,6 \times 10^{-5}$$

**c)** On utilise la loi d'action de masse :

$$K'' = \frac{[NH_3]}{[N_2]^{\frac{1}{2}}[H_2]^{\frac{3}{2}}}$$

En comparant cette expression à celle obtenue en **a**), on constate que, puisque

$$\frac{[NH_3]}{[N_2]^{\frac{1}{2}}[H_2]^{\frac{3}{2}}} = \left(\frac{[NH_3]^2}{[N_2][H_2]^3}\right)^{\frac{1}{2}}$$

$$K'' = K^{\frac{1}{2}}$$

Alors

$$K'' = K^{\frac{1}{2}} = (3,8 \times 10^4)^{\frac{1}{2}} = 1,9 \times 10^2$$

***Voir les exercices 4.18 et 4.20 à 4.22***

Les résultats de l'exemple 4.2 permettent de tirer quelques conclusions importantes. Pour une réaction du type

$$jA + kB \rightleftharpoons lC + mD$$

l'expression de la constante d'équilibre est :

$$K = \frac{[C]^l[D]^m}{[A]^j[D]^k}$$

Pour la réaction inverse, la nouvelle expression de la constante d'équilibre est :

$$K' = \frac{[A]^j[B]^k}{[C]^l[D]^m} = \frac{1}{K}$$

En multipliant les deux termes de la réaction initiale par un facteur $n$, on obtient :

$$njA + nkB \rightleftharpoons nlC + nmD$$

et l'expression de la constante d'équilibre devient :

$$K'' = \frac{[C]^{nl}[D]^{nm}}{[A]^{nj}[B]^{nk}} = K^n$$

**Voici, en résumé, ces conclusions :**

- **Pour une réaction donnée, l'expression de la constante d'équilibre est la réciproque de celle de la réaction inverse.**
- **Lorsqu'on multiplie l'équation équilibrée par un facteur $n$, l'expression de la constante d'équilibre pour la nouvelle réaction est l'expression initiale élevée à la puissance $n$. Ainsi : $K_{nouvelle} = (K_{initiale})^n$.**
- **Les valeurs de $K$ sont habituellement présentées sans unités.**

Les équilibres en phase gazeuse ou en solution sont régis par les mêmes lois.

La loi d'action de masse est applicable à une vaste gamme de réactions. Elle décrit en effet adéquatement l'équilibre d'une variété étonnante de systèmes chimiques en solution ou en phase gazeuse. Même si, comme on le verra plus loin, on doit lui apporter des corrections dans certains cas (par exemple, dans le cas de solutions aqueuses concentrées ou de gaz à pressions élevées), la loi d'action de masse décrit de façon remarquablement précise tous les types d'équilibres chimiques.

Section transversale qui permet de voir comment l'ammoniac anhydre est injecté dans le sol en tant qu'engrais.

Considérons de nouveau la réaction de synthèse de l'ammoniac, dans laquelle $K$, la constante d'équilibre, a toujours la même valeur pour une température donnée. À 500 °C, la valeur de $K$ est $6{,}0 \times 10^{-2}$. Chaque fois qu'on mélange du $N_2$, du $H_2$ et du $NH_3$ à cette température, le système atteint une position d'équilibre telle que :

$$\frac{[NH_3]^2}{[N_2][H_2]^3} = 6{,}0 \times 10^{-2}$$

Cette constante a la même valeur à 500 °C, *quelles que soient les concentrations initiales de gaz du mélange.*

Même si le rapport entre les concentrations des produits et celles des réactifs, défini par l'expression de la constante d'équilibre, est constant pour une réaction et une température données, *les concentrations à l'équilibre ne sont pas toujours les mêmes.* Le tableau 4.1 présente les résultats de trois expériences de synthèse de l'ammoniac qui illustrent bien le fait que, même si les concentrations à l'équilibre sont très différentes dans chaque cas, *la constante d'équilibre, qui résulte du rapport des concentrations, demeure la même* (dans les limites des erreurs expérimentales). Un zéro en indice indique qu'il s'agit d'une concentration initiale.

À une température donnée, pour une réaction, il existe de nombreuses positions d'équilibre, mais une seule valeur de $K$.

Chaque *ensemble de concentrations à l'équilibre* est appelé une **position d'équilibre**. Il est fondamental de bien distinguer la constante d'équilibre de la position d'équilibre pour un système donné : il y a *une seule* constante d'équilibre pour un système et une température donnés, alors qu'il y a une *infinité* de positions d'équilibre. Une position d'équilibre particulière d'un système dépend des concentrations initiales et non de la constante d'équilibre.

## Exemple 4.3 Positions d'équilibre

En étudiant à deux reprises la réaction de synthèse du trioxyde de soufre gazeux à partir de dioxyde de soufre gazeux et d'oxygène, à 600 °C, on a obtenu les résultats suivants :

| Expérience 1 | | Expérience 2 | |
|---|---|---|---|
| Concentration initiale (mol/L) | Concentration à l'équilibre (mol/L) | Concentration initiale (mol/L) | Concentration à l'équilibre (mol/L) |
| $[SO_2]_0 = 2{,}00$ | $[SO_2] = 1{,}50$ | $[SO_2]_0 = 0{,}500$ | $[SO_2] = 0{,}590$ |
| $[O_2]_0 = 1{,}50$ | $[O_2] = 1{,}25$ | $[O_2]_0 = 0$ | $[O_2] = 0{,}0450$ |
| $[SO_3]_0 = 3{,}00$ | $[SO_3] = 3{,}50$ | $[SO_3]_0 = 0{,}350$ | $[SO_3] = 0{,}260$ |

Montrez que la constante d'équilibre est la même dans les deux cas.

***Solution***

L'équation équilibrée de la réaction est :

$$2SO_2(g) + O_2(g) \rightleftharpoons 2SO_3(g)$$

En utilisant la loi d'action de masse, on obtient :

$$K = \frac{[SO_3]^2}{[SO_2]^2[O_2]}$$

**TABLEAU 4.1 Résultats de trois expériences relatives à la réaction $N_2(g) + 3H_2(g) \rightleftharpoons 2NH_3(g)$**

| Expérience | Concentration initiale (mol/L) | Concentration à l'équilibre (mol/L) | $K = \frac{[NH_3]^2}{[N_2][H_2]^3}$ |
|---|---|---|---|
| 1 | $[N_2]_0 = 1{,}000$<br>$[H_2]_0 = 1{,}000$<br>$[NH_3]_0 = 0$ | $[N_2] = 0{,}921$<br>$[H_2] = 0{,}763$<br>$[NH_3] = 0{,}157$ | $K = 6{,}02 \times 10^{-2}$ |
| 2 | $[N_2]_0 = 0$<br>$[H_2]_0 = 0$<br>$[NH_3]_0 = 1{,}000$ | $[N_2] = 0{,}399$<br>$[H_2] = 1{,}197$<br>$[NH_3] = 0{,}203$ | $K = 6{,}02 \times 10^{-2}$ |
| 3 | $[N_2]_0 = 2{,}00$<br>$[H_2]_0 = 1{,}00$<br>$[NH_3]_0 = 3{,}00$ | $[N_2] = 2{,}59$<br>$[H_2] = 2{,}77$<br>$[NH_3] = 1{,}82$ | $K = 6{,}02 \times 10^{-2}$ |

Pour l'expérience 1 :

$$K_1 = \frac{(3{,}50)^2}{(1{,}50)^2(1{,}25)} = 4{,}36$$

Pour l'expérience 2 :

$$K_2 = \frac{(0{,}260)^2}{(0{,}590)^2(0{,}0450)} = 4{,}32$$

La valeur de $K$ est bien la même, compte tenu des erreurs expérimentales.

***Voir la question 4.22***

## 4.3 Expressions de la constante d'équilibre en fonction des pressions

Jusqu'à présent, on a décrit l'équilibre des gaz uniquement en termes de concentrations. Or, on peut aussi l'exprimer en termes de pressions. La relation qui existe entre la pression et la concentration d'un gaz est donnée par la loi générale des gaz parfaits :

$$PV = nRT \quad \text{ou} \quad P = \left(\frac{n}{V}\right)RT = cRT$$

où $c$ est égale à $n/V$, soit le nombre de moles de gaz ($n$) par unité de volume ($V$). Ainsi, $c$ représente la *concentration molaire du gaz.*

Pour la réaction de synthèse de l'ammoniac, on peut exprimer la constante d'équilibre soit en fonction des concentrations

$$K = \frac{[NH_3]^2}{[N_2][H_2]^3} = \frac{c_{NH_3}{}^2}{(c_{N_2})(c_{H_2}{}^3)} = K_c$$

soit en fonction des *pressions partielles des gaz à l'équilibre*

$$K_p = \frac{P_{NH_3}{}^2}{(P_{N_2})(P_{H_2}{}^3)}$$

$K$ fait intervenir les concentrations et $K_p$, les pressions. Dans certains ouvrages, on utilise le symbole $K_c$ au lieu de $K$.

On utilise couramment les symboles $K$ et $K_c$ pour désigner la constante d'équilibre en termes de concentrations. Dans le présent ouvrage toutefois, nous utiliserons toujours $K$.

Le symbole $K_p$ désigne pour sa part la constante d'équilibre en termes de pressions partielles.

## Exemple 4.4 Calcul des valeurs de $K_p$

On a étudié, à 25 °C, la réaction de synthèse du chlorure de nitrosyle

$$2NO(g) + Cl_2(g) \rightleftharpoons 2NOCl(g)$$

On a trouvé les pressions à l'équilibre suivantes :

$$P_{NOCl} = 121,6 \text{ kPa}$$
$$P_{NO} = 5,1 \text{ kPa}$$
$$P_{Cl_2} = 30,4 \text{ kPa}$$

Calculez la valeur de $K_p$ pour cette réaction, à 25 °C.

***Solution***

Pour cette réaction :

$$K_p = \frac{P_{NOCl}^2}{(P_{NO}^2)(P_{Cl_2})} = \frac{(121,6)^2}{(5,1)^2(30,4)}$$
$$= 18,7$$

***Voir les exercices 4.23 et 4.24***

$P = cRT$ ou $c = \frac{P}{RT}$

La relation entre $K$ et $K_p$, pour une réaction donnée, découle du fait que, pour un gaz idéal, $c = P/RT$. Par exemple, pour la réaction de synthèse de l'ammoniac,

$$K = \frac{[NH_3]^2}{[N_2][H_2]^3} = \frac{c_{NH_3}^2}{(c_{N_2})(c_{H_2}^3)} = K_c$$

$$= \frac{\left(\frac{P_{NH_3}}{RT}\right)^2}{\left(\frac{P_{N_2}}{RT}\right)\left(\frac{P_{H_2}}{RT}\right)^3} = \frac{P_{NH_3}^2}{(P_{N_2})(P_{H_2}^3)} \times \frac{\left(\frac{1}{RT}\right)^2}{\left(\frac{1}{RT}\right)^4}$$

$$= \frac{P_{NH_3}^2}{(P_{N_2})(P_{H_2}^3)}(RT)^2$$

$$= K_p(RT)^2$$

Cependant, en ce qui concerne la synthèse du fluorure d'hydrogène à partir de ses éléments,

$$H_2(g) + F_2(g) \rightleftharpoons 2HF(g)$$

la relation entre $K$ et $K_p$ est la suivante :

$$K = \frac{[HF]^2}{[H_2][F_2]} = \frac{c_{HF}^2}{(c_{H_2})(c_{F_2})}$$

$$= \frac{\left(\frac{P_{HF}}{RT}\right)^2}{\left(\frac{P_{H_2}}{RT}\right)\left(\frac{P_{F_2}}{RT}\right)^3} = \frac{P_{HF}^2}{(P_{H_2})(P_{F_2})}$$

$$= K_p$$

Ainsi, dans cette réaction, $K$ est égale à $K_p$, ce qui s'explique par le fait que la somme des coefficients, de chaque côté de l'équation équilibrée, est identique (il y a donc disparition des termes $RT$). Dans l'expression de la constante d'équilibre relative à la réaction de synthèse de l'ammoniac, la somme des puissances au numérateur est différente de celle au dénominateur ; par conséquent, $K$ n'est pas égale à $K_p$.

Pour une réaction générale

$$jA + kB \rightleftharpoons lC + mD$$

la relation entre $K$ et $K_P$ est :

$$K_P = K(RT)^{\Delta n}$$

où $\Delta n$ est la différence entre la somme des coefficients des produits gazeux et celle des coefficients des réactifs gazeux. On peut facilement obtenir cette équation en utilisant les définitions de $K$, de $K_P$ et la relation qui existe entre la pression et la concentration. Ainsi, pour la réaction générale ci-dessus,

$$K_p = \frac{(P_C{}^l)(P_D{}^m)}{(P_A{}^j)(P_B{}^k)} = \frac{(C_C \times RT)^l (C_D \times RT)^m}{(C_A \times RT)^j (C_B \times RT)^k}$$

$$= \frac{(C_C{}^l)(C_D{}^m)}{(C_A{}^j)(C_B{}^k)} \times \frac{(RT)^{l+m}}{(RT)^{j+k}} = K(RT)^{(l+m)-(j+k)}$$

$$= K(RT)^{\Delta n}$$

$\Delta n$ implique toujours la différence entre les produits et les réactifs.

où $\Delta n = (l + m) - (j + k)$, soit la différence entre la somme des coefficients des produits et celle des coefficients des réactifs.

### Exemple 4.5 Calcul de $K$ à partir de $K_p$

En utilisant la valeur de $K_P$ obtenue à l'exemple 4.4, calculez la valeur de $K$, à 25 °C, pour la réaction

$$2NO(g) + Cl_2(g) \rightleftharpoons 2NOCl(g)$$

***Solution***

À partir de la valeur de $K_P$, on peut calculer la valeur de $K$ en utilisant la relation

$$K_p = K(RT)^{\Delta n}$$

où $T = 25 + 273 = 298$ K et

$$\Delta n = 2 - (2 + 1) = -1$$

(2 : Somme des coefficients des produits ; (2 + 1) : Somme des coefficients des réactifs)

Alors

$$K_P = K(RT)^{-1} = \frac{K}{RT}$$

($-1$ : $\Delta n$)

soit

$$K = K_p(RT)$$
$$= (18,7)(8,315)(298)$$
$$= 4,6 \times 10^4$$

***Voir les exercices 4.25 et 4.26***

## 4.4 Équilibre hétérogène

Jusqu'à présent, on n'a abordé le concept d'équilibre que pour des systèmes en phase gazeuse, dans lesquels tous les réactifs et les produits sont des gaz : il s'agit là d'**équilibre homogène**. Cependant, plusieurs équilibres impliquent plus d'une phase : on parle alors d'**équilibre hétérogène**. Par exemple, dans la réaction de décomposition thermique du carbonate de calcium, réaction qu'on utilise commercialement pour fabriquer de la chaux, on trouve des solides et des gaz :

La chaux est un composant important des mélanges utilisés pour produire le ciment, le plâtre et le mortier.

$$CaCO_3(s) \rightleftharpoons \underset{\substack{\uparrow \\ \text{Chaux}}}{CaO(s)} + CO_2(g)$$

En appliquant simplement la loi d'action de masse, on obtient l'expression de la constante d'équilibre suivante :

Les concentrations des liquides et des solides purs sont constantes.

$$K' = \frac{[CO_2][CaO]}{[CaCO_3]}$$

Cependant, les résultats expérimentaux montrent que *la position de l'équilibre hétérogène ne dépend pas de la quantité de solides ou de liquides purs présents*, et ce, parce que les concentrations des solides ou des liquides purs ne peuvent pas varier (*voir la figure 4.6*). Ainsi, l'expression de la constante d'équilibre relative à la réaction de décomposition du carbonate de calcium solide pourrait prendre la forme suivante :

$$K' = \frac{[CO_2]c_1}{c_2}$$

où $c_1$ et $c_2$ sont des constantes représentant respectivement les concentrations de CaO et de $CaCO_3$ solides. On peut finalement réarranger cette expression pour obtenir :

$$\frac{c_2K'}{c_1} = K = [CO_2]$$

Les Seven Sisters (sept sœurs) sont de hautes falaises de craie situées dans le comté du Sussex de l'Est, en Angleterre. La craie est formée de squelettes d'algues microscopiques composés de carbonate de calcium provenant de la période du Crétacé supérieur.

Voici la conclusion qu'on peut tirer de ce résultat. Lorsque des solides ou des liquides purs participent à une réaction, leur concentration *n'apparaît pas dans l'expression de la constante d'équilibre de cette réaction*. Cette simplification fort pratique est valide *uniquement* pour des liquides purs ou des solides purs, et non pour des solutions ou des gaz ; en effet, dans ces deux derniers cas, les concentrations peuvent varier.

Par exemple, dans la réaction de décomposition de l'eau en hydrogène et en oxygène gazeux

$$2H_2O(l) \rightleftharpoons 2H_2(g) + O_2(g)$$

où

$$K = [H_2]^2[O_2] \quad \text{et} \quad K_P = (P_{H_2}{}^2)(P_{O_2})$$

l'eau n'apparaît dans aucune expression de la constante d'équilibre, car c'est un liquide pur. Cependant, lorsque la réaction a lieu dans des conditions telles que l'eau est présente sous forme de gaz plutôt que sous forme de liquide

$$2H_2O(g) \rightleftharpoons 2H_2(g) + O_2(g)$$

$CO_2$

$CaCO_3$ — CaO

a) b)

**FIGURE 4.6**
La position d'équilibre de la réaction $CaCO_3(s) \rightleftharpoons CaO(s) + CO_2(g)$ ne dépend pas de la quantité de $CaCO_3(s)$ ni de celle de $CaO(s)$.

on a alors

$$K = \frac{[H_2]^2[O_2]}{[H_2O]^2} \quad \text{et} \quad K_P = \frac{(P_{H_2}{}^2)(P_{O_2})}{P_{H_2O}{}^2}$$

puisque la concentration ou la pression de la vapeur d'eau peuvent varier.

*Exemple 4.6*

## Expressions de la constante d'équilibre pour les équilibres hétérogènes

Écrivez les expressions de $K$ et de $K_P$ pour les réactions suivantes.

**a)** La décomposition du pentachlorure de phosphore solide en trichlorure de phosphore liquide et en chlore gazeux.

**b)** La transformation par chauffage du sulfate de cuivre(II) pentahydraté, un solide bleu foncé, en sulfate de cuivre(II) anhydre, un solide blanc, et en vapeur d'eau.

***Solution***

**a)** La réaction est :

$$PCl_5(s) \rightleftharpoons PCl_3(l) + Cl_2(g)$$

Les expressions des constantes d'équilibre sont :

$$K = [Cl_2] \quad \text{et} \quad K_p = P_{Cl_2}$$

Dans ce cas, ni le $PCl_5$ pur solide ni le $PCl_3$ pur liquide ne figurent dans les expressions des constantes d'équilibre.

**b)** La réaction est :

$$CuSO_4 \cdot 5H_2O(s) \rightleftharpoons CuSO_4(s) + 5H_2O(g)$$

Les expressions des constantes d'équilibre sont :

$$K = [H_2O]^5 \quad \text{et} \quad K_p = (P_{H_2O})^5$$

Les concentrations des solides ne figurent pas dans les expressions des constantes.

***Voir l'exercice 4.27***

Sulfate de cuivre(II) hydraté à gauche. L'addition d'eau transforme le sulfate de cuivre(II) anhydre, à droite, en sa forme hydratée.

# 4.5 Applications de la constante d'équilibre

Le fait de connaître la constante d'équilibre d'une réaction donnée permet d'en prévoir plusieurs caractéristiques importantes : sa tendance naturelle à se produire (mais pas sa vitesse), la correspondance ou l'absence de correspondance entre un ensemble donné de concentrations et la condition d'équilibre ; la position de l'équilibre atteint en fonction des concentrations initiales données.

Pour présenter certains de ces concepts, voyons d'abord la réaction suivante :

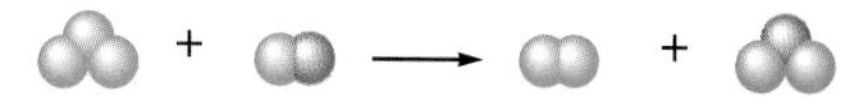

où et représentent deux types d'atomes différents. Considérez que cette réaction a une constante d'équilibre de 16.

Au cours d'une expérience donnée, les deux types de molécules sont mélangés dans les proportions suivantes :

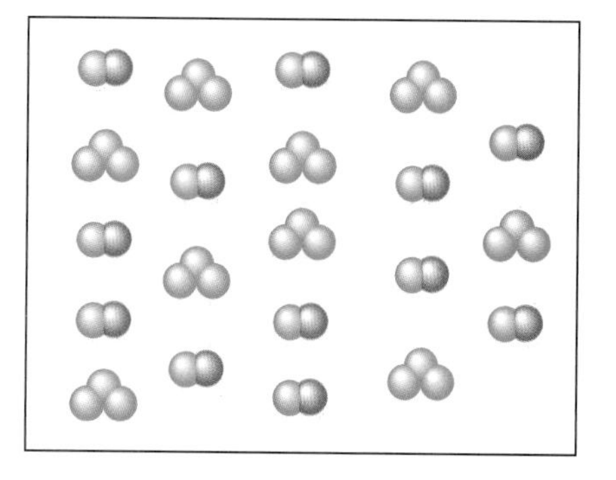

Une fois que le système a atteint l'équilibre, à quoi ressemble-t-il ? Nous savons que, à l'équilibre, le rapport suivant :

$$\frac{(N)(N)}{(N)(N)} = 16$$

doit être respecté (*N* représente le nombre de molécules de chaque type). Au départ, il y avait 9 molécules et 12 molécules . Pour commencer, disons que 5 molécules disparaissent pour que le système atteigne l'équilibre. Puisqu'il y a un nombre égal de molécules et qui réagissent, cela signifie qu'il y a aussi 5 molécules qui disparaissent. Cela signifie qu'il y a formation de 5 molécules et de 5 molécules . En voici le résumé :

| ***Conditions initiales*** | ***Nouvelles conditions*** |
|---|---|
| 9 molécules | $9 - 5 = 4$ molécules |
| 12 molécules | $12 - 5 = 7$ molécules |
| 0 molécule | $0 + 5 = 5$ molécules |
| 0 molécule | $0 + 5 = 5$ molécules |

Ce système est-il à l'équilibre ? Il est possible de le savoir en calculant le rapport entre les nombres de molécules :

$$\frac{(N)(N)}{(N)(N)} = \frac{(5)(5)}{(4)(7)} = 0{,}9$$

L'équilibre n'est pas atteint parce que le rapport n'est pas de 16. Dans quelle direction la réaction doit-elle se produire pour atteindre cet équilibre ? Puisque le rapport observé est inférieur à 16, il faut que le numérateur augmente et que le dénominateur diminue : la réaction doit se produire vers la droite (plus de produits) pour atteindre l'équilibre.

Autrement dit, il doit disparaître plus de 5 molécules des réactifs initiaux pour que ce système atteigne l'équilibre. Comment déterminer le nombre exact ? Puisque le nombre de molécules à disparaître pour atteindre l'équilibre est inconnu, appelons-le $x$. On peut maintenant construire un tableau semblable à celui utilisé ci-dessus.

| **Conditions initiales** | | **Conditions à l'équilibre** |
|---|---|---|
| 9 molécules | $x$ disparaissent | $9 - x$ molécules |
| 12 molécules | $x$ disparaissent | $12 - x$ molécules |
| 0 molécule | $x$ disparaissent | $x$ molécules |
| 0 molécule | $x$ disparaissent | $x$ molécules |

Pour que le système soit à l'équilibre, le rapport suivant doit être respecté :

$$\frac{(N)(N)}{(N)(N)} = 16 = \frac{(x)(x)}{(9 - x)(12 - x)}$$

La méthode la plus facile de calculer la valeur de $x$ est par tâtonnement. On sait déjà que $x$ est supérieur à 5 ; on sait aussi qu'il doit être inférieur à 9 parce qu'il n'y a que 9 molécules au départ. Elles ne peuvent pas être toutes utilisées, car il y aurait un 0 au dénominateur, ce qui donnerait un rapport infiniment élevé. Par tâtonnement, on trouve que $x = 8$, car

$$\frac{(x)(x)}{(9 - x)(12 - x)} = \frac{(8)(8)}{(9 - 8)(12 - 8)} = \frac{64}{4} = 16$$

On peut alors illustrer le mélange à l'équilibre de la manière suivante.

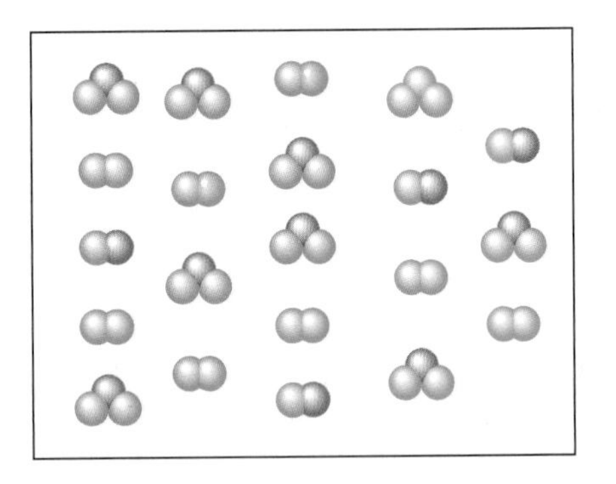

Noter qu'il y a 8 molécules , 8 molécules , 1 molécule et 4 molécules , tel que requis.

Cet exemple devrait vous permettre de comprendre les concepts fondamentaux de l'équilibre. Voyons maintenant un traitement quantitatif plus systématique de l'équilibre chimique.

## Importance d'une réaction

La valeur de la constante d'équilibre indique la tendance inhérente d'une réaction à se produire. Ainsi, une valeur de $K$ grandement supérieure à 1 signifie que, à l'équilibre, le système sera principalement constitué de produits – l'équilibre sera à droite. On peut en outre exprimer cette même réalité en disant que la réaction sera presque

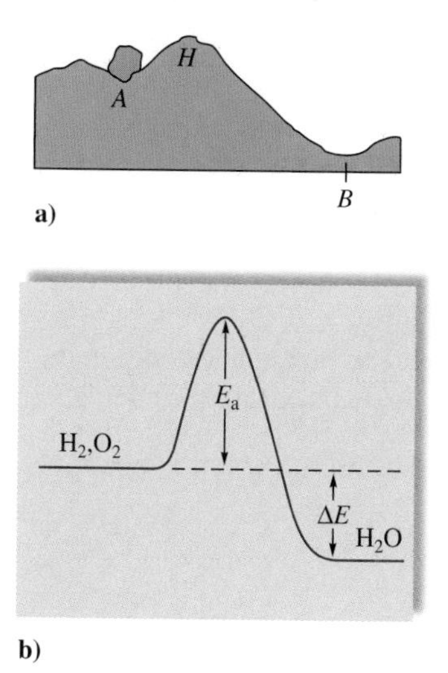


**FIGURE 4.7**
**a)** Une analogie physique pour illustrer la différence entre la stabilité thermodynamique et la stabilité cinétique. En thermodynamique, le bloc est plus stable (énergie potentielle inférieure) en *B* qu'en *A*, mais il ne peut pas franchir la butte *H*. **b)** Les réactifs $H_2$ et $O_2$ ont une forte tendance à produire $H_2O$. Autrement dit, l'énergie de $H_2O$ est inférieure à celle de $H_2$ et celle de $O_2$. Cependant, l'importance de l'énergie d'activation, $E_a$, empêche la réaction de se produire à 25 °C. Autrement dit, la constante d'équilibre de la réaction dépend de $\Delta E$, alors que la vitesse de la réaction dépend de $E_a$.

complète. Par contre, une faible valeur de $K$ signifie que, à l'équilibre, le système sera principalement constitué de réactifs – l'équilibre sera très à gauche (la réaction ne se produira presque pas).

Il est important de comprendre que *la valeur de K et le temps nécessaire pour que l'équilibre soit atteint ne sont pas directement liés*, puisque ce temps dépend de la vitesse de la réaction – vitesse déterminée par la valeur de l'énergie d'activation – et que la valeur de $K$ est déterminée par des facteurs thermodynamiques – telle la différence d'énergie entre les réactifs et les produits. (Cette différence est illustrée à la figure 4.4 ; on l'abordera par ailleurs plus en détail au chapitre 7.)

## Quotient réactionnel

Quand on mélange les réactifs et les produits d'une réaction chimique donnée, il est important de savoir si le mélange est à l'équilibre et, s'il ne l'est pas, dans quel sens va se déplacer la réaction pour atteindre cet équilibre. Lorsque la concentration de l'un des réactifs ou produits est nulle, le système se déplacera dans la direction qui permet la formation du composé manquant. Cependant, lorsque toutes les concentrations initiales ne sont pas nulles, il est plus difficile de savoir dans quel sens se déplacera la réaction pour que l'équilibre soit atteint. Pour résoudre ce problème, on a recours au **quotient réactionnel ($Q$)**, qui est l'équivalent de la loi d'action de masse, sauf qu'on utilise les *concentrations initiales* au lieu des concentrations d'équilibre. Par exemple, pour la synthèse de l'ammoniac

$$N_2(g) + 3H_2(g) \rightleftharpoons 2NH_3(g)$$

l'expression du quotient réactionnel est :

$$Q = \frac{[NH_3]_0^2}{[N_2]_0[H_2]_0^3}$$

où les indices 0 indiquent les concentrations initiales.

Afin de connaître le sens dans lequel la réaction se déplacera pour atteindre l'équilibre, on doit comparer la valeur de $Q$ et celle de $K$. Les trois cas suivants peuvent se présenter.

1. $Q = K$. Le système est à l'équilibre ; il n'y a aucun déplacement.
2. $Q > K$. Le rapport entre les concentrations initiales des produits et les concentrations initiales des réactifs est trop élevé. Pour que l'équilibre soit atteint, il doit y avoir une transformation de produits en réactifs. On assistera donc à une *réaction de droite à gauche*, qui transformera des produits en réactifs, jusqu'à ce que l'équilibre soit atteint.
3. $Q < K$. Le rapport entre les concentrations initiales des produits et les concentrations initiales des réactifs est trop faible. *La réaction doit se déplacer vers la droite*, c'est-à-dire qu'il doit y avoir une transformation de réactifs en produits pour que l'équilibre soit atteint.

## Exemple 4.7 Utilisation du quotient réactionnel

Pour la réaction de synthèse de l'ammoniac, à 500 °C, la constante d'équilibre est $6{,}0 \times 10^{-2}$. Dites dans quel sens le système se déplacera pour que l'équilibre soit atteint dans chacune des situations suivantes.

**a)** $[NH_3]_0 = 1{,}0 \times 10^{-3}$ mol/L ; $[N_2]_0 = 1{,}0 \times 10^{-5}$ mol/L ; $[H_2]_0 = 2{,}0 \times 10^{-3}$ mol/L
**b)** $[NH_3]_0 = 2{,}00 \times 10^{-4}$ mol/L ; $[N_2]_0 = 1{,}50 \times 10^{-5}$ mol/L ; $[H_2]_0 = 3{,}54 \times 10^{-1}$ mol/L
**c)** $[NH_3]_0 = 1{,}0 \times 10^{-4}$ mol/L ; $[N_2]_0 = 5{,}0$ mol/L ; $[H_2]_0 = 1{,}0 \times 10^{-2}$ mol/L

***Solution***

**a)** On doit d'abord calculer la valeur de $Q$ :

$$Q = \frac{[NH_3]_0^2}{[N_2]_0[H_2]_0^3} = \frac{(1{,}0 \times 10^{-3})^2}{(1{,}0 \times 10^{-5})(2{,}0 \times 10^{-3})^3}$$
$$= 1{,}3 \times 10^7$$

Puisque $K = 6{,}0 \times 10^{-2}$, $Q > K$. Pour atteindre l'équilibre, il faut que la concentration du produit soit diminuée et celles des réactifs, augmentées. La réaction se déplacera donc de droite à gauche.

$$N_2 + 3H_2 \longleftarrow 2NH_3$$

**b)** On calcule la valeur de $Q$ :

$$Q = \frac{[NH_3]_0^2}{[N_2]_0[H_2]_0^3} = \frac{(2{,}00 \times 10^{-4})^2}{(1{,}50 \times 10^{-5})(3{,}54 \times 10^{-1})^3}$$
$$= 6{,}01 \times 10^{-2}$$

Dans ce cas-ci, puisque $Q = K$, le système est à l'équilibre. Il ne se produira donc aucune modification.

**c)** La valeur de $Q$ est :

$$Q = \frac{[NH_3]_0^2}{[N_2]_0[H_2]_0^3} = \frac{(2{,}00 \times 10^{-4})^2}{(5{,}0)(1{,}0 \times 10^{-2})^3}$$
$$= 2{,}0 \times 10^{-3}$$

Ici, $Q < K$. Par conséquent, la réaction se déplacera vers la droite pour atteindre l'équilibre ; il faut que la concentration du produit soit augmentée et celles des réactifs, diminuées :

$$N_2 + 3H_2 \longrightarrow 2NH_3$$

***Voir les exercices 4.31 à 4.34***

## Calculs des pressions et des concentrations à l'équilibre

Un problème typique relatif à l'équilibre consiste à chercher les concentrations (ou pressions) des réactifs et des produits à l'équilibre, lorsqu'on connaît la valeur de la constante d'équilibre et les concentrations (ou pressions) initiales. Étant donné que la résolution mathématique de tels problèmes n'est pas facile, on recourt à certaines astuces, illustrées par des cas pour lesquels on connaît une ou plusieurs concentrations, ou pressions, à l'équilibre.

*Exemple 4.8*

### Calcul des pressions à l'équilibre I

L'un des combustibles utilisés par le module lunaire des missions Apollo (NASA) était le tétroxyde de diazote liquide. Sous forme gazeuse, ce combustible est décomposé en dioxyde d'azote gazeux.

$$N_2O_4(g) \rightleftharpoons 2NO_2(g)$$

Quand on introduit du $N_2O_4$ gazeux dans un ballon et qu'on attend que l'équilibre soit atteint, à une température telle que $K_p = 13{,}5$ kPa, la pression de $N_2O_4$ à l'équilibre est 275 kPa. Calculez la pression à l'équilibre de $NO_2(g)$.

Le module lunaire d'*Apollo 11* à la base de la Tranquillité, en 1969.

***Solution***

On sait que les pressions à l'équilibre des gaz $NO_2$ et $N_2O_4$ doivent satisfaire à la relation suivante :

$$K_p = \frac{P_{NO_2}{}^2}{P_{N_2O_4}} = 13,5$$

Puisqu'on connaît la valeur de $P_{N_2O_4}$, il suffit de résoudre l'équation ci-dessus ; ainsi :

$$P_{NO_2}{}^2 = K_p(P_{N_2O_4}) = (13,5)(275) = 3712,5$$

Par conséquent

$$P_{NO_2} = \sqrt{3712,5} = 60,93 \text{ kPa}$$

***Voir les exercices 4.35 et 4.36***

## *Exemple 4.9* Calcul des concentrations à l'équilibre I

Initialement, un ballon de 1,00 L contient, à une certaine température, 0,298 mol $PCl_3(g)$ et $8,7 \times 10^{-3}$ mol $PCl_5(g)$. On retrouve $2,00 \times 10^{-3}$ mol $Cl_2$, à l'équilibre. Le $PCl_5$ gazeux est décomposé selon la réaction suivante :

$$PCl_5(g) \rightleftharpoons PCl_3(g) + Cl_2(g)$$

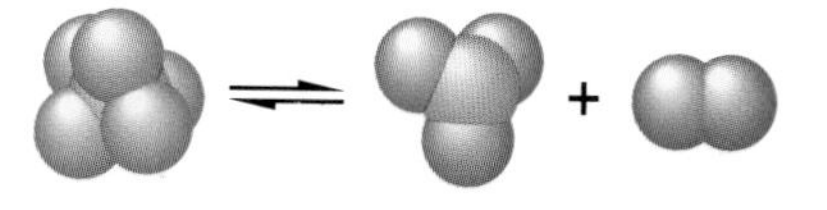

Calculez les concentrations à l'équilibre de tous les constituants et la valeur de $K$.

***Solution***

L'expression de la constante d'équilibre pour cette réaction est :

$$K = \frac{[Cl_2][PCl_3]}{[PCl_5]}$$

Pour déterminer la valeur de $K$, il faut calculer les concentrations à l'équilibre de tous les constituants et remplacer les symboles par ces valeurs dans l'expression de la constante d'équilibre. Le meilleur moyen de déterminer ces concentrations, c'est d'identifier les concentrations initiales, c'est-à-dire les concentrations présentes avant tout déplacement vers le nouvel équilibre. Ensuite, on modifie les valeurs de ces concentrations initiales de façon appropriée pour déterminer celles des concentrations à l'équilibre.

Les concentrations initiales sont :

$$[Cl_2]_0 = 0$$

$$[PCl_3]_0 = \frac{0,298 \text{ mol}}{1,00 \text{ L}} = 0,298 \text{ mol/L}$$

$$[PC_5]_0 = \frac{8,70 \times 10^{-3} \text{ mol}}{1,00 \text{ L}} = 8,70 \times 10^{-3} \text{ mol/L}$$

Ensuite, on doit déterminer la nature de la modification nécessaire pour que l'équilibre soit atteint. Puisque, initialement, il n'y avait pas de $Cl_2$ en présence, mais que, à l'équilibre, il y en avait $2,00 \times 10^{-3}$ mol/L, il a fallu que $2,00 \times 10^{-3}$ mol de $PCl_5$ soient décomposées pour former $2{,}00 \times 10^{-3}$ mol de $Cl_2$ et $2{,}00 \times 10^{-3}$ mol de $PCl_3$. En d'autres termes, pour atteindre l'équilibre, la réaction s'est déplacée vers la droite :

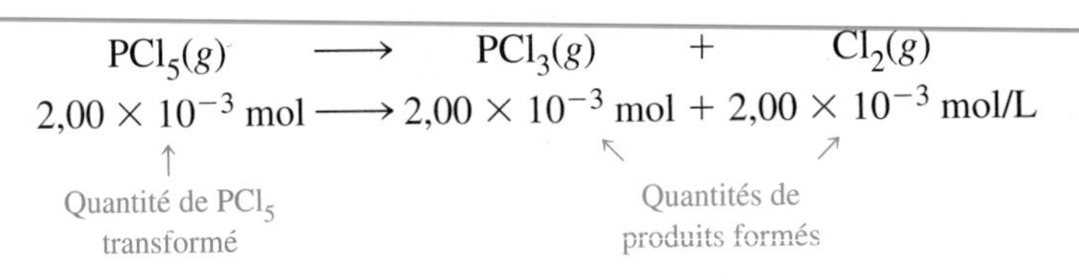


On peut donc à présent apporter les modifications nécessaires aux valeurs des concentrations initiales pour obtenir celles des concentrations à l'équilibre ; ainsi :

$$[Cl_2] = \underset{[Cl_2]_0}{0} + \frac{2{,}00 \times 10^{-3}\ \text{mol}}{1{,}00\ \text{L}} = 2{,}00 \times 10^{-3}\ \text{mol/L}$$

$$[PC_3] = \underset{[PCl_3]_0}{0{,}298\ \text{mol/L}} + \frac{2{,}00 \times 10^{-3}\ \text{mol}}{1{,}00\ \text{L}} = 0{,}300\ \text{mol/L}$$

$$[PC_5] = \underset{[PCl_5]_0}{8{,}70 \times 10^{-3}\ \text{mol/L}} - \frac{2{,}00 \times 10^{-3}\ \text{mol}}{1{,}00\ \text{L}} = 6{,}70 \times 10^{-3}\ \text{mol/L}$$

On peut enfin utiliser les valeurs de ces concentrations à l'équilibre pour évaluer $K$ :

$$K = \frac{[Cl_2][PCl_3]}{[PCl_5]} = \frac{(2{,}00 \times 10^{-3})(0{,}300)}{6{,}70 \times 10^{-3}}$$
$$= 8{,}96 \times 10^{-2}$$

***Voir les exercices 4.37 à 4.39***

Parfois, on ne connaît aucune concentration (ou pression) à l'équilibre ; on n'en connaît que les valeurs initiales. Il faut donc recourir à la stœchiométrie de la réaction pour exprimer les concentrations, ou pressions, à l'équilibre en fonction des concentrations initiales (*voir l'exemple 4.10*).

*Exemple 4.10*

## Calcul des concentrations à l'équilibre II

Le monoxyde de carbone réagit avec la vapeur d'eau pour produire du gaz carbonique et de l'hydrogène. À 700 K, la constante d'équilibre est 5,10. Évaluez les concentrations à l'équilibre de toutes les espèces lorsqu'on mélange, dans un ballon de 1,000 L, 1,000 mol de chaque constituant.

***Solution***

L'équation équilibrée de la réaction est :

$$CO(g) + H_2O(g) \rightleftharpoons CO_2(g) + H_2(g)$$

et

$$K = \frac{[CO_2][H_2]}{[CO][H_2O]} = 5{,}10$$

Ensuite, on calcule les valeurs des concentrations initiales :

$$[CO]_0 = [H_2O]_0 = [CO_2]_0 = [H_2]_0 = \frac{1{,}000\ \text{mol}}{1{,}000\ \text{L}} = 1{,}000\ \text{mol/L}$$

Est-ce que le système est à l'équilibre ? Sinon, dans quel sens se déplacera la réaction pour que l'équilibre soit atteint ? Pour répondre à ces questions, il faut calculer $Q$.

$$Q = \frac{[CO_2]_0[H_2]_0}{[CO]_0[H_2O]_0} = \frac{(1,000 \text{ mol/L})(1,000 \text{ mol/L})}{(1,000 \text{ mol/L})(1,000 \text{ mol/L})} = 1,000$$

Puisque $Q < K$, le système n'est pas initialement à l'équilibre et il doit se déplacer vers la droite.

Quelles sont donc les concentrations à l'équilibre ? Comme on l'a vu précédemment, il faut modifier les valeurs des concentrations initiales pour obtenir celles des concentrations à l'équilibre. On doit donc se poser la question suivante : Quelle est l'importance du déplacement vers la droite pour atteindre l'équilibre ? Dans l'exercice 4.9, la modification nécessaire pour qu'un nouvel équilibre soit atteint était mentionnée. Dans ce cas-ci, cependant, cette information n'est pas donnée.

Puisque la modification des concentrations requise est inconnue, on peut l'exprimer en termes de $x$. Supposons donc que $x$ mol/L de CO doivent réagir pour atteindre l'équilibre. Cela signifie que la concentration initiale de CO diminuera de $x$ mol/L.

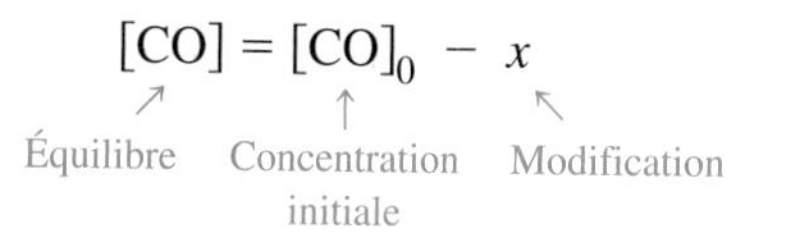


Puisque chaque molécule CO réagit avec une molécule $H_2O$, la concentration de la vapeur d'eau diminuera elle aussi de $x$ mol/L, soit :

$$[H_2O] = [H_2O]_0 - x$$

Au fur et à mesure que les concentrations des réactifs diminuent, les concentrations des produits augmentent. Puisque, dans l'équation équilibrée, tous les coefficients valent 1, une mole de CO qui réagit avec une mole de $H_2O$ produira une mole de $CO_2$ et une mole de $H_2$. Or, dans le cas présent, pour atteindre l'équilibre, $x$ mol/L de CO doivent réagir avec $x$ mol/L de $H_2O$ pour produire $x$ mol/L de $CO_2$ et $x$ mol/L de $H_2$ additionnelles.

$$x\text{CO} + x\text{H}_2\text{O} \longrightarrow x\text{CO}_2 + x\text{H}_2$$

Par conséquent, les concentrations initiales de $CO_2$ et de $H_2$ seront augmentées de $x$ mol/L.

$$[CO_2] = [CO_2]_0 + x$$
$$[H_2] = [H_2]_0 + x$$

On connaît maintenant les concentrations à l'équilibre exprimées en termes de concentrations initiales et de modification ($x$).

| Concentration initiale (mol/L) | Modification (mol/L) | Concentration à l'équilibre (mol/L) |
|---|---|---|
| $[CO]_0 = 1,000$ | $-x$ | $1,000 - x$ |
| $[H_2O]_0 = 1,000$ | $-x$ | $1,000 - x$ |
| $[CO_2]_0 = 1,000$ | $+x$ | $1,000 + x$ |
| $[H_2]_0 = 1,000$ | $+x$ | $1,000 + x$ |

Le signe qui affecte $x$ est déterminé par la direction du déplacement. Dans cet exemple, le système se déplace vers la droite ; par conséquent, les concentrations des produits augmentent et celles des réactifs diminuent. Par ailleurs, étant donné que les coefficients de l'équation équilibrée valent tous 1, l'importance de la modification est la même pour tous les constituants.

Sachant que les concentrations à l'équilibre doivent satisfaire à l'expression de la constante d'équilibre, on peut déterminer la valeur de $x$ en remplaçant les concentrations par leurs valeurs dans l'expression :

$$K = 5{,}10 = \frac{[CO_2][H_2]}{[CO][H_2O]} = \frac{(1{,}000 + x)(1{,}000 + x)}{(1{,}000 - x)(1{,}000 - x)} = \frac{(1{,}000 + x)^2}{(1{,}000 - x)^2}$$

Puisque le membre de droite de l'équation est un carré parfait, on résout ce problème en extrayant la racine carrée des deux membres ; ainsi :

$$\sqrt{5{,}10} = 2{,}26 = \frac{1{,}000 + x}{1{,}000 - x}$$

En effectuant la multiplication et en groupant les termes identiques, on obtient :

$$x = 0{,}387 \text{ mol/L}$$

Ainsi, le système se déplace vers la droite, ce qui transforme 0,387 mol/L de CO et 0,387 mol/L de $H_2O$ en 0,387 mol/L de $CO_2$ et 0,387 mol/L de $H_2$.

Maintenant, on peut calculer les concentrations à l'équilibre.

$$[CO] = [H_2O] = 1{,}000 - x - 1{,}000 - 0{,}387 = 0{,}613 \text{ mol/L}$$
$$[CO_2] = [H_2] = 1{,}000 + x = 1{,}000 + 0{,}387 = 1{,}387 \text{ mol/L}$$

**Vérification :** On peut vérifier ces valeurs en les substituant aux symboles dans l'expression de la constante d'équilibre, afin de s'assurer qu'elles donnent bien la valeur adéquate de $K$ :

$$K = \frac{[CO_2][H_2]}{[CO][H_2O]} = \frac{(1{,}387)^2}{(0{,}613)^2} = 5{,}12$$

La réponse est donc juste, puisque le résultat obtenu est identique à la valeur donnée de $K$ (5,10), compte tenu bien sûr des erreurs d'arrondissement.

***Voir l'exercice 4.42***

*Exemple 4.11*

## Calcul des concentrations à l'équilibre III

La constante d'équilibre de la réaction de synthèse du fluorure d'hydrogène gazeux à partir de l'hydrogène et du fluor est $1{,}25 \times 10^2$, à une certaine température. Au cours d'une expérience, on a ajouté 3,000 mol de chacun des constituants dans un ballon de 1,500 L. Calculez les concentrations à l'équilibre de tous les constituants.

***Solution***

L'équation équilibrée de la réaction est :

$$H_2(g) + F_2(g) \rightleftharpoons 2HF(g)$$

L'expression de la constante d'équilibre est :

$$K = 1{,}15 \times 10^2 = \frac{[HF]^2}{[H_2][F_2]}$$

On calcule d'abord les concentrations initiales :

$$[HF]_0 = [H_2]_0 = [F_2]_0 = \frac{3{,}000 \text{ mol}}{1{,}500 \text{ L}} = 2{,}000 \text{ mol/L}$$

On calcule ensuite la valeur de $Q$ :

$$Q = \frac{[HF]_0{}^2}{[H_2]_0[F_2]_0} = \frac{(2{,}000)^2}{(2{,}000)(2{,}000)} = 1{,}000$$

Puisque $Q < K$, le système se déplacera de gauche à droite pour atteindre l'équilibre.

Pour cela, quelle est donc la modification à apporter aux concentrations ? Puisque cette information n'est pas donnée, on peut définir cette modification en termes de $x$. Supposons que $x$ soit égal au nombre de mol/L de $H_2$ à transformer pour atteindre l'équilibre. Les caractéristiques stœchiométriques de la réaction révèlent que $x$ mol/L de $F_2$ seront aussi transformées et que $2x$ mol/L de HF seront produites :

$$H_2(g) + F_2(g) \longrightarrow 2HF(g)$$
$$x \text{ mol/L} + x \text{ mol/L} \longrightarrow 2x \text{ mol/L}$$

On peut donc maintenant exprimer les concentrations à l'équilibre en termes de $x$.

| Concentration initiale (mol/L) | Changement (mol/L) | Concentration à l'équilibre (mol/L) |
|---|---|---|
| $[H_2]_0 = 2{,}000$ | $-x$ | $[H_2] = 2{,}000 - x$ |
| $[F_2]_0 = 2{,}000$ | $-x$ | $[F_2] = 2{,}000 - x$ |
| $[HF]_0 = 2{,}000$ | $+2x$ | $[HF] = 2{,}000 + 2x$ |

On peut représenter ces concentrations dans un tableau.

On appelle souvent cette forme de présentation un tableau ICE (indiqué par la première lettre des mots Initiale, Changement et Équilibre).

| | $H_2(g)$ | + | $F_2(g)$ | $\rightleftharpoons$ | $2HF(g)$ |
|---|---|---|---|---|---|
| Initiale : | 2,000 | | 2,000 | | 2,000 |
| Changement : | $-x$ | | $-x$ | | $+2x$ |
| Équilibre : | $2{,}000 - x$ | | $2{,}000 - x$ | | $2{,}000 + 2x$ |

Pour connaître $x$, on remplace les concentrations à l'équilibre par leurs valeurs dans l'expression de la constante d'équilibre :

$$K = 1{,}15 \times 10^2 = \frac{[HF]^2}{[H_2][F_2]} = \frac{(2{,}000 + 2x)^2}{(2{,}000 - 2x)^2}$$

Le membre de droite de cette équation est un carré parfait ; en extrayant la racine carrée des deux membres, on obtient :

$$\sqrt{1{,}15 \times 10^2} = \frac{2{,}000 + 2x}{2{,}000 - x}$$

où $x = 1{,}528$. On peut donc maintenant évaluer les concentrations à l'équilibre :

$$[H_2] = [F_2] = 2{,}000 \text{ mol/L} - x = 0{,}472 \text{ mol/L}$$
$$[HF] = 2{,}000 \text{ mol/L} + 2x = 5{,}056 \text{ mol/L}$$

**Vérification :** On vérifie ces valeurs en les substituant aux symboles dans l'expression de la constante d'équilibre. On obtient ainsi :

$$\frac{[HF]^2}{[H_2][F_2]} = \frac{(5{,}056)^2}{(0{,}472)^2} = 1{,}15 \times 10^2$$

valeur qui est identique à la valeur donnée de $K$.

***Voir l'exercice 4.43***

## 4.6 Résolution de problèmes d'équilibre

On connaît maintenant la plupart des méthodes qui permettent de résoudre les problèmes d'équilibre. On peut résumer la procédure typique d'analyse d'un problème d'équilibre de la façon suivante.

### Procédure permettant de résoudre les problèmes d'équilibre

1. **Écrire l'équation équilibrée de la réaction.**
2. **Écrire l'expression de la constante d'équilibre à partir de la loi d'action de masse.**
3. **Écrire les concentrations initiales.**
4. **Calculer $Q$ et déterminer le sens de la réaction pour atteindre l'équilibre.**
5. **Préciser quelle doit être la modification nécessaire pour atteindre l'équilibre et déterminer les concentrations à l'équilibre en apportant les modifications appropriées aux concentrations initiales.**
6. **Remplacer, dans l'expression de la constante d'équilibre, les concentrations à l'équilibre par leurs valeurs et résoudre l'équation.**
7. **Vérifier si les concentrations à l'équilibre calculées donnent bien la valeur appropriée de $K$.**

Jusqu'à présent, on a sciemment choisi des systèmes dont on pouvait calculer l'inconnue en extrayant simplement la racine carrée de chacun des membres de l'équation. Cependant, puisque ce type de système n'est en fait pas très courant, il faut s'attaquer à un problème un peu plus typique. Supposons que, pour réaliser la synthèse du fluorure d'hydrogène à partir de l'hydrogène et du fluor, on mélange 3,000 mol de $H_2$ et 6,000 mol de $F_2$ dans un ballon d'une capacité de 3,000 L. La constante d'équilibre, pour cette réaction de synthèse et à cette température, est $1,15 \times 10^2$. On calcule donc la concentration à l'équilibre de chacun des composants, en respectant la procédure présentée ci-dessus.

1 On commence, comme d'habitude, en écrivant l'équation équilibrée de la réaction :

$$H_2(g) + F_2(g) \rightleftharpoons 2HF(g)$$

2 L'expression de la constante d'équilibre est :

$$K = 1,15 \times 10^2 = \frac{[HF]^2}{[H_2][F_2]}$$

3 Les concentrations initiales sont :

$$[H_2]_0 = \frac{3,000 \text{ mol}}{3,000 \text{ L}} = 1,000 \text{ mol/L}$$

$$[F_2]_0 = \frac{6,000 \text{ mol}}{3,000 \text{ L}} = 2,000 \text{ mol/L}$$

$$[HF]_0 = 0$$

4 Il n'est pas nécessaire de calculer $Q$, puisque, au départ, il n'y a pas de HF en présence et que la réaction doit obligatoirement se diriger vers la droite pour atteindre l'équilibre.

5 Si $x$ représente le nombre de mol/L de $H_2$ transformées pour atteindre l'équilibre, on peut représenter les concentrations à l'équilibre de la façon suivante.

| | $H_2(g)$ | + | $F_2(g)$ | $\rightleftharpoons$ | $2HF(g)$ |
|---|---|---|---|---|---|
| Initiale : | 1,000 | | 2,000 | | 0 |
| Changement : | $-x$ | | $-x$ | | $+2x$ |
| Équilibre : | $1,000 - x$ | | $2,000 - x$ | | $2x$ |

➡ 6 En remplaçant les concentrations à l'équilibre par leurs valeurs dans l'expression de la constante d'équilibre, on obtient :

$$K = 1{,}15 \times 10^2 = \frac{[HF]^2}{[H_2][F_2]} = \frac{(2x)^2}{(1{,}000 - x)(2{,}000 - x)}$$

Puisque le membre de droite de l'équation n'est pas un carré parfait, on ne peut pas extraire la racine carrée des deux membres. Il faut donc recourir à une autre technique.

D'abord, on effectue le produit indiqué.

$$(1{,}000 - x)(2{,}000 - x)(1{,}15 \times 10^2) = (2x)^2$$

soit

$$(1{,}15 \times 10^2)x^2 - 3{,}000(1{,}15 \times 10^2)x + 2{,}000(1{,}15 \times 10^2) = 4x^2$$

puis on regroupe les termes :

$$(1{,}11 \times 10^2)x^2 - (3{,}45 \times 10^2)x + 2{,}30 \times 10^2 = 0$$

On obtient donc une équation du second degré dont la forme générale est :

$$ax^2 + bx + c = 0$$

L'utilisation de la formule quadratique est expliquée à l'annexe A1.4.

dont on extrait les racines à l'aide de la formule suivante :

$$x = \frac{-b \pm \sqrt{b^2 - 4ac}}{2a}$$

Dans cet exemple, $a = 1{,}11 \times 10^2$, $b = -3{,}45 \times 10^2$ et $c = 2{,}30 \times 10^2$. En remplaçant ces termes par leurs valeurs dans l'équation du second degré, on obtient les deux valeurs possibles de $x$, soit :

$$x = 2{,}140 \text{ mol/L} \quad \text{et} \quad x = 0{,}968 \text{ mol/L}$$

Or, ces valeurs ne peuvent pas être toutes les deux valides (puisqu'un ensemble *donné* de concentrations initiales entraîne *une seule* position d'équilibre). Alors laquelle choisir ? Étant donné que l'expression de la concentration à l'équilibre pour $H_2$ est :

$$[H_2] = (1{,}000 - x) \text{ mol/L}$$

la valeur de $x$ ne peut pas être de 2,140 mol/L (en effet, lorsqu'on soustrait 2,140 mol/L de 1,000 mol/L, on obtient une valeur négative pour la concentration de $H_2$, ce qui est physiquement impossible). Par conséquent, la valeur adéquate de $x$ est de 0,968 mol/L, et les concentrations à l'équilibre sont :

$$[H_2] = 1{,}000 \text{ mol/L} - 0{,}968 \text{ mol/L} = 3{,}2 \times 10^{-2} \text{ mol/L}$$
$$[F_2] = 2{,}000 \text{ mol/L} - 0{,}968 \text{ mol/L} = 1{,}032 \text{ mol/L}$$
$$[HF] = 2(0{,}968 \text{ mol/L}) = 1{,}936 \text{ mol/L}$$

**Vérification :**

➡ 7 On peut vérifier l'exactitude de ces résultats en les utilisant pour calculer la constante d'équilibre ; ainsi :

$$\frac{[HF]^2}{[H_2][F_2]} = \frac{(1{,}936)^2}{(3{,}2 \times 10^{-2})(1{,}032)} = 1{,}13 \times 10^2$$

Cette valeur de $K$ étant très voisine de la valeur donnée ($1{,}15 \times 10^2$), on considère que les concentrations à l'équilibre ainsi calculées sont exactes.

Dans l'exemple 4.12, on utilise la même procédure pour résoudre un problème qui implique cette fois des pressions.

*Exemple 4.12*

## Calcul des pressions à l'équilibre II

On procède à la synthèse de l'acide iodhydrique gazeux à partir de l'hydrogène gazeux et de vapeurs d'iode, à une température pour laquelle la constante d'équilibre est $1{,}00 \times 10^2$.

Si l'on mélange $5,000 \times 10^{-1}$ atm de HI, $1,000 \times 10^{-2}$ atm de $H_2$ et $5,000 \times 10^{-3}$ atm de $I_2$ dans un ballon de 5,000 L, calculez les pressions à l'équilibre de tous les constituants.

***Solution***

L'équation équilibrée de cette réaction est :

$$H_2(g) + I_2(g) \rightleftharpoons 2HI(g)$$

L'expression de la constante d'équilibre, en termes de pressions, est :

$$K_P = \frac{{P_{HI}}^2}{(P_{H_2})(P_{I_2})} = 1,00 \times 10^2$$

Les pressions initiales (données) sont :

$$P_{HI}{}^0 = 5,000 \times 10^{-1} \text{ atm}$$
$$P_{H_2}{}^0 = 1,000 \times 10^{-2} \text{ atm}$$
$$P_{I_2}{}^0 = 5,000 \times 10^{-3} \text{ atm}$$

Pour ce système, la valeur de $Q$ est :

$$Q = \frac{(P_{HI}{}^0)^2}{(P_{H_2}{}^0)(P_{I_2}{}^0)} = \frac{(5,000 \times 10^{-1} \text{ atm})^2}{(1,000 \times 10^{-2} \text{ atm})(5,000 \times 10^{-3} \text{ atm})} = 5,000 \times 10^3$$

Puisque $Q > K$, la réaction se déplacera de droite à gauche pour atteindre l'équilibre.

Jusqu'à présent, on n'a utilisé que des moles ou des concentrations pour effectuer les calculs stœchiométriques. Il est cependant tout aussi valide d'utiliser des pressions, pour un système en phase gazeuse à température et volume constants, puisque, dans ce cas, la pression est directement proportionnelle au nombre de moles :

$$P = n\left(\frac{RT}{V}\right) \longleftarrow \text{constant si } V \text{ et } T \text{ sont constants}$$

On peut ainsi exprimer en termes de pressions la modification nécessaire pour que l'équilibre soit atteint.

Supposons que $x$ soit la modification de la pression (en atm) de $H_2$ que doit subir le système pour que le nouvel équilibre soit atteint. Cela permet d'obtenir les pressions à l'équilibre suivantes.

| | $H_2(g)$ | + | $I_2(g)$ | $\rightleftharpoons$ | $2HI(g)$ |
|---|---|---|---|---|---|
| Initiale : | $1,000 \times 10^{-2}$ | | $5,000 \times 10^{-3}$ | | $5,000 \times 10^{-1}$ |
| Changement : | $+x$ | | $+x$ | | $-2x$ |
| Équilibre : | $1,000 \times 10^{-2} + x$ | | $5,000 \times 10^{-3} + x$ | | $5,000 \times 10^{-1} - 2x$ |

En remplaçant les pressions par leurs valeurs dans l'expression de l'équilibre, on obtient :

$$K_P = \frac{(P_{HI})^2}{(P_{H_2})(P_{I_2})} = \frac{(5,000 \times 10^{-1} - 2x)^2}{(1,000 \times 10^{-2} + x)(5,000 \times 10^{-3} + x)}$$

En effectuant la multiplication et en groupant les termes identiques, on obtient une équation du second degré, où $a = 9,6 \times 10^1$, $b = 3,5$ et $c = -2,45 \times 10^{-1}$.

$$(9,60 \times 10^1)x^2 + 3,5x - (2,45 \times 10^{-1}) = 0$$

Parmi les racines de cette équation du second degré, seule la valeur $x = 3,55 \times 10^{-2}$ atm est valide. On peut donc calculer les pressions à l'équilibre à partir des expressions ci-dessus contenant des termes en $x$ ; ainsi :

$$P_{HI} = 5,000 \times 10^{-1} \text{ atm} - 2(3,55 \times 10^{-2}) \text{ atm} = 4,29 \times 10^{-1} \text{ atm}$$
$$P_{H_2} = 1,000 \times 10^{-2} \text{ atm} + 3,55 \times 10^{-2} \text{ atm} = 4,55 \times 10^{-2} \text{ atm}$$
$$P_{I_2} = 5,000 \times 10^{-3} \text{ atm} + 3,55 \times 10^{-2} \text{ atm} = 4,05 \times 10^{-2} \text{ atm}$$

**Vérification :**

$$\frac{P_{HI}^2}{P_{H_2} \cdot P_{I_2}} = \frac{(4,29 \times 10^{-1})^2}{(4,55 \times 10^{-2})(4,5 \times 10^{-2})} = 99,9$$

Cette valeur étant presque identique à la valeur donnée de $K$ ($1,00 \times 10^2$), les valeurs des pressions à l'équilibre ainsi calculées sont exactes.

***Voir les exercices 4.44 à 4.46***

## Réactions à faible constante d'équilibre

On a vu qu'il fallait souvent effectuer des calculs passablement compliqués pour résoudre des problèmes d'équilibre. Cependant, dans certaines conditions, on peut apporter des simplifications qui réduisent considérablement les difficultés d'ordre mathématique. Prenons le cas du gaz NOCl, qui se décompose pour produire les gaz NO et $Cl_2$. À 35 °C, la constante d'équilibre est $1,6 \times 10^{-5}$. Si l'on introduit 1,0 mol de NOCl dans un récipient d'une capacité de 2,0 L, quelles seront les concentrations à l'équilibre ?

L'équation équilibrée est :

$$2NOCl(g) \rightleftharpoons 2NO(g) + Cl_2(g)$$

et

$$K = \frac{[NO]^2[Cl_2]}{[NOCl]^2} = 1,6 \times 10^{-5}$$

Les concentrations initiales sont :

$$[NOCl]_0 = \frac{1,0 \text{ mol}}{2,0 \text{ L}} = 0,50 \text{ mol/L} \qquad [NO]_0 = 0 \qquad [Cl_2]_0 = 0$$

Puisque, au départ, il n'y a aucun produit en présence, la réaction se dirigera vers la droite pour atteindre l'équilibre. Si $x$ représente la variation de la concentration de $Cl_2$ nécessaire pour que l'équilibre soit atteint, on peut déterminer les variations des concentrations de NOCl et de NO à partir de l'équation équilibrée :

$$\begin{array}{ccc} 2NOCl(g) & \longrightarrow & 2NO(g) + Cl_2(g) \\ 2x & \longrightarrow & 2x \quad + \quad x \end{array}$$

Voici le tableau des concentrations :

| | $2NOCl(g)$ | $\rightleftharpoons$ | $2NO(g)$ | + | $Cl_2(g)$ |
|---|---|---|---|---|---|
| Initiale : | 0,50 | | 0 | | 0 |
| Changement : | $-2x$ | | $+2x$ | | $+x$ |
| Équilibre : | $0,50 - 2x$ | | $2x$ | | $x$ |

Les concentrations à l'équilibre doivent satisfaire à l'expression de la constante d'équilibre :

$$K = 1,6 \times 10^{-5} = \frac{[NO]^2[Cl_2]}{[NOCl]^2} = \frac{(2x)^2(x)}{(0,50 - 2x)^2}$$

En effectuant le produit et en groupant les termes, on obtient une équation en $x^3$, $x^2$ et $x$, qui exige le recours à des méthodes de résolution complexes. On peut cependant contourner cette difficulté lorsqu'on réalise que la réaction ne peut pas se diriger très loin vers la droite, étant donné que la valeur de $K$ est très faible ($1,6 \times 10^{-5}$ mol/L). En d'autres termes, *x représente un nombre relativement petit* ; par conséquent, on peut dire que l'expression $(0,50 - 2x)$ est approximativement égale à 0,50 :

$$0,50 - 2x \approx 0,50$$

Des approximations peuvent permettre de simplifier des problèmes complexes, mais il faut s'assurer de leur validité.

Grâce à cette approximation, on simplifie de beaucoup l'expression de la constante d'équilibre ; ainsi :

$$1,6 \times 10^{-5} = \frac{(2x)^2(x)}{(0,50 - 2x)^2} \approx \frac{(2x)^2(x)}{(0,50)^2} = \frac{4x^3}{(0,50)^2}$$

En résolvant cette équation, on obtient :

$$x^3 = \frac{(1,6 \times 10^{-5})(0,50)^2}{4} = 1,0 \times 10^{-6}$$

soit $x = 1,0 \times 10^{-2}$ mol/L.

Cette approximation est-elle acceptable ? Si $x = 1,0 \times 10^{-2}$, alors

$$0,50 - 2x = 0,50 - 2(1,0 \times 10^{-2}) = 0,48$$

La différence entre 0,50 et 0,48 est 0,02, soit 4 % de la concentration initiale du NOCl ; cette différence relativement faible exercera peu d'influence sur le résultat de la réaction. Autrement dit, puisque $2x$ est très petit par rapport à 0,50, la valeur de $x$ obtenue par approximation devrait être très voisine de la valeur exacte. On peut utiliser cette valeur approximative de $x$ pour calculer les concentrations à l'équilibre ; ainsi :

$$[NOCl] = 0,50 - 2x \approx 0,50 \text{ mol/L}$$
$$[NO] = 2x = 2(1,0 \times 10^{-2} \text{ mol/L}) = 2,0 \times 10^{-2} \text{ mol/L}$$
$$[Cl_2] = x = 1,0 \times 10^{-2} \text{ mol/L}$$

**Vérification :**

$$\frac{[NO]^2[Cl_2]}{[NOCl]^2} = \frac{(2,0 \times 10^{-2})^2(1,0 \times 10^{-2})}{(0,50)^2} = 1,6 \times 10^{-5}$$

Puisque la valeur donnée de $K$ est $1,6 \times 10^{-5}$, les concentrations ainsi calculées sont valides.

On a donc résolu ce problème beaucoup plus facilement qu'on ne l'avait cru de prime abord, parce que *la faible valeur de K et le déplacement minime vers la droite nécessaire pour atteindre l'équilibre ont permis de procéder à une simplification.*

## 4.7 Principe de Le Chatelier

Il est important de connaître les facteurs dont dépend la *position* de l'équilibre chimique. Par exemple, pour fabriquer un produit chimique, les chimistes et les ingénieurs chimistes recherchent les conditions qui favorisent le plus possible la production du composé désiré. En d'autres mots, ils veulent que l'équilibre soit situé le plus à droite possible. Ainsi, quand Fritz Haber mit au point la méthode de synthèse de l'ammoniac, il étudia en détail les influences de la température et de la pression sur les concentrations à l'équilibre de l'ammoniac. (Quelques-uns de ses résultats sont présentés dans le tableau 4.2.) On remarque que la quantité de $NH_3$ à l'équilibre augmente en fonction de la pression mais

**TABLEAU 4.2 Variation en fonction de la température et de la pression totale* du pourcentage massique de $NH_3$ à l'équilibre dans un mélange de $N_2$, de $H_2$ et de $NH_3$**

| | Pression totale | | |
|---|---|---|---|
| **Température (°C)** | **300 atm** | **400 atm** | **500 atm** |
| 400 | 48 % $NH_3$ | 55 % $NH_3$ | 61 % $NH_3$ |
| 500 | 26 % $NH_3$ | 32 % $NH_3$ | 38 % $NH_3$ |
| 600 | 13 % $NH_3$ | 17 % $NH_3$ | 21 % $NH_3$ |

* Chaque expérience comportait au départ un mélange 3:1 de $H_2$ et de $N_2$.

diminue en fonction de la température. Autrement dit, la quantité de $NH_3$ à l'équilibre est d'autant plus importante que la température est basse et la pression élevée.

Ce n'est pas tout. En effet, réaliser la synthèse à basse température n'est pas faisable, étant donné que la réaction est trop lente : même si l'équilibre se déplace vers la droite lorsque la température diminue, ce déplacement est beaucoup trop lent sur le plan pratique. Tout cela confirme une fois de plus que, pour réellement comprendre les facteurs dont dépend une réaction, il faut en étudier à la fois la thermodynamique et la cinétique.

Pour déterminer quantitativement les influences de la concentration, de la pression et de la température sur un système à l'équilibre, on peut utiliser le **principe de Le Chatelier** : « Quand une action extérieure modifie un état d'équilibre mobile, le système réagit de façon à s'opposer à cette action extérieure. » Même si ce principe simplifie parfois un peu trop la réalité, il demeure fort pratique.

## Influence de la concentration

Pour apprendre à prévoir l'influence de la concentration sur un système à l'équilibre, étudions la réaction de synthèse de l'ammoniac. Supposons que les concentrations à l'équilibre soient les suivantes :

$$[N_2] = 0{,}399 \text{ mol/L} \qquad [H_2] = 1{,}197 \text{ mol/L} \qquad [NH_3] = 0{,}202 \text{ mol/L}$$

Que va-t-il se produire si l'on ajoute subitement 1,000 mol/L de $N_2$ au système ? On peut répondre à cette question en calculant la valeur de $Q$. Avant que le système réagisse, les concentrations sont :

$$[N_2]_0 = 0{,}399 \text{ mol/L} + \underset{\uparrow \atop N_2 \text{ ajouté}}{1{,}000 \text{ mol/L}} = 1{,}399 \text{ mol/L}$$

$$[H_2]_0 = 1{,}197 \text{ mol/L}$$
$$[NH_3]_0 = 0{,}202 \text{ mol/L}$$

On appelle ces concentrations « concentrations initiales », étant donné que le système n'est plus à l'équilibre. Alors :

$$Q = \frac{[NH_3]_0^{\,2}}{[N_2]_0[H_2]_0^{\,3}} = \frac{(0{,}202)^2}{(1{,}399)(1{,}197)^3} = 1{,}70 \times 10^{-2}$$

Puisqu'on ne connaît pas la valeur de $K$, il faut la calculer à partir du premier groupe de concentrations à l'équilibre ; ainsi :

$$K = \frac{[NH_3]^2}{[N_2][H_2]^3} = \frac{(0{,}202)^2}{(0{,}399)(1{,}197)^3} = 5{,}96 \times 10^{-2}$$

Comme on pouvait le prévoir, $Q < K$, puisque la concentration de $N_2$ a augmenté.

Le système va donc se déplacer vers la droite pour qu'une nouvelle position d'équilibre soit atteinte. Plutôt que d'effectuer les calculs, résumons simplement les résultats.

| Position d'équilibre I | | Position d'équilibre II |
|---|---|---|
| $[N_2] = 0{,}399$ mol/L | Addition de | $[N_2] = 1{,}348$ mol/L |
| $[H_2] = 1{,}197$ mol/L | $\Longrightarrow$ | $[H_2] = 1{,}044$ mol/L |
| $[NH_3] = 0{,}202$ mol/L | 1,000 mol/L de $N_2$ | $[NH_3] = 0{,}304$ mol/L |

L'examen de ces données permet de constater que l'équilibre s'est effectivement déplacé vers la droite : la concentration de $H_2$ a diminué, la concentration de $NH_3$ a augmenté, et bien sûr, puisqu'on a ajouté de l'azote, la concentration de $N_2$ a augmenté par rapport à la quantité présente lors de l'équilibre initial. (Cependant, l'azote affiche

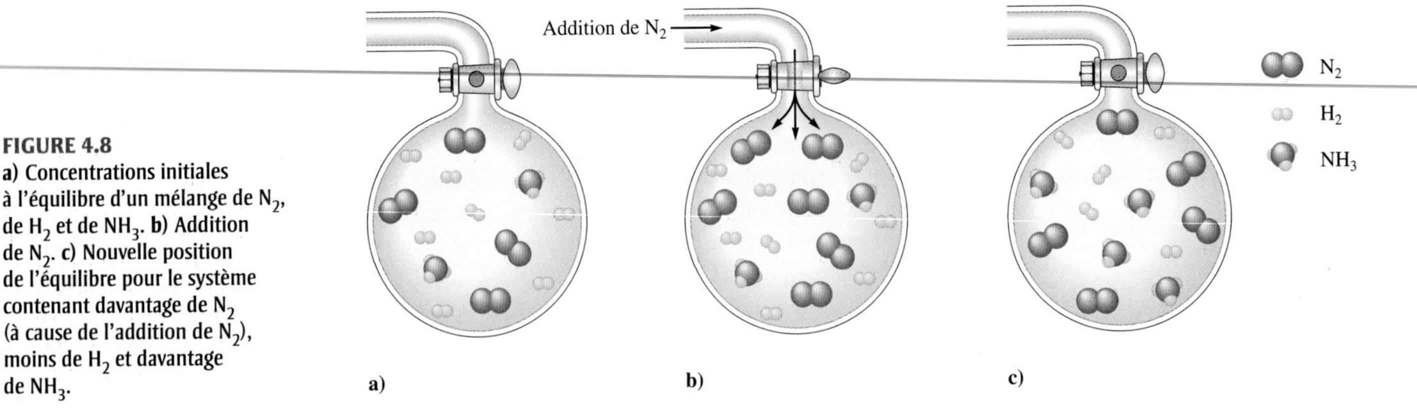


**FIGURE 4.8**
**a)** Concentrations initiales à l'équilibre d'un mélange de $N_2$, de $H_2$ et de $NH_3$. **b)** Addition de $N_2$. **c)** Nouvelle position de l'équilibre pour le système contenant davantage de $N_2$ (à cause de l'addition de $N_2$), moins de $H_2$ et davantage de $NH_3$.

une diminution relative par rapport à la quantité présente immédiatement après l'addition de 1,000 mol de $N_2$.)

Ce déplacement s'explique par la vitesse de réaction. Quand il y a un ajout de molécules $N_2$ dans le système, le nombre de collisions entre $N_2$ et $H_2$ augmente ; la vitesse de la réaction directe augmente aussi et, par conséquent, celle de la formation de $NH_3$. Une plus grande quantité de molécules $NH_3$ causera à son tour une augmentation de la réaction inverse. Finalement, les vitesses des réactions directe et inverse deviendront égales ; le système aura alors atteint sa nouvelle position d'équilibre.

On peut prédire qualitativement ce déplacement à l'aide du principe de Le Chatelier. Puisque la modification consiste dans ce cas-ci dans l'addition d'azote, selon le principe de Le Chatelier, le système réagit de façon à utiliser de l'azote, ce qui réduit l'influence de cette addition. Ainsi, le principe de Le Chatelier permet de prédire adéquatement que l'addition d'azote va déplacer l'équilibre vers la droite (*voir la figure 4.8*).

Si l'on avait par contre ajouté de l'ammoniac, la réaction se serait déplacée vers la gauche pour utiliser l'ammoniac ajouté. Ainsi, on peut énoncer le principe de Le Chatelier de façon différente : Si l'on ajoute un constituant, réactif ou produit, à un système en équilibre (à $T$ et à $P$ constantes ou à $T$ et à $V$ constants), la réaction se déplace dans le sens qui favorise la disparition du constituant en question. Si l'on élimine le constituant, réactif ou produit, la réaction se déplace dans le sens qui favorise la formation du constituant en question.

Le système se déplace dans la direction qui s'oppose à la modification.

*Exemple 4.13*

## Utilisation du principe de Le Chatelier I

Pour extraire l'arsenic d'un minerai arsénifère, on fait d'abord réagir ce minerai avec de l'oxygène (opération appelée *grillage*) pour obtenir le solide blanc $As_4O_6$, qu'on réduit ensuite en utilisant le carbone.

$$As_4O_6(s) + 6C(s) \rightleftharpoons As_4(g) + 6CO(g)$$

Prédisez la direction du déplacement de l'équilibre lorsque le système réagit à chacune des modifications ci-dessous.

**a)** Addition de monoxyde de carbone.
**b)** Addition ou élimination de carbone ou d'hexaoxyde de tétraarsenic ($As_4O_6$).
**c)** Élimination d'arsenic gazeux ($As_4$).

### *Solution*

**a)** Selon le principe de Le Chatelier, le déplacement se produira dans le sens de la disparition du constituant dont la concentration a été augmentée. La réaction se déplacera donc de la droite vers la gauche en cas d'addition de monoxyde de carbone.

**b)** Puisque la quantité d'un solide pur n'exerce aucune influence sur la position de l'équilibre, la modification de la quantité de carbone ou d'hexaoxyde de tétraarsenic n'aura aucun effet.

**c)** Si l'on élimine de l'arsenic gazeux, l'équilibre se déplacera vers la droite, afin qu'il y ait formation de plus de produits. Dans les procédés industriels, on élimine souvent le produit désiré du système de façon continue pour augmenter le rendement.

***Voir l'exercice 4.52***

## Influence de la pression

Fondamentalement, il existe trois façons de modifier la pression d'un système impliquant des constituants gazeux.

1. Ajouter ou enlever un constituant gazeux (réactif ou produit).
2. Ajouter un gaz inerte (gaz qui ne participe pas à la réaction).
3. Modifier le volume du contenant.

On a déjà parlé de l'addition ou de l'élimination d'un constituant, réactif ou produit. Lorsqu'on ajoute un gaz inerte, aucune influence n'affecte la position de l'équilibre. *L'addition d'un gaz inerte fait augmenter la pression totale, mais n'exerce aucune influence sur les concentrations ou pressions partielles des réactifs ou des produits.* C'est que, dans ce cas, les molécules ajoutées ne participent d'aucune façon à la réaction ; elles ne peuvent donc pas influer sur la position d'équilibre. Le système demeure donc à sa position d'équilibre initiale.

Lorsqu'on modifie le volume du contenant, les concentrations (et, par conséquent, les pressions partielles) des réactifs et des produits varient. On peut donc calculer $Q$ et prédire ainsi le sens du déplacement. Pour des systèmes dans lesquels les constituants sont gazeux, c'est encore plus simple : il suffit de regarder le volume. L'idée fondamentale est la suivante : *quand on réduit le volume d'un contenant renfermant un système à l'état gazeux, le système réagit en réduisant son propre volume, par une diminution de son nombre total de molécules de gaz.*

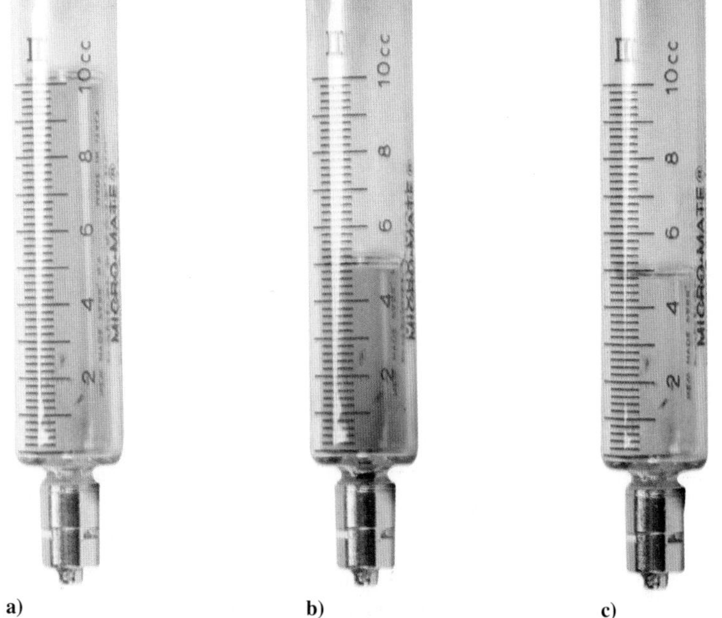


**a)** Du $NO_2(g)$ brun et du $N_2O_4(g)$ incolore en équilibre dans une seringue. **b)** Si l'on comprime subitement le mélange, il y a augmentation des concentrations de $N_2O_4$ et de $NO_2$ (indiquée par la couleur brune plus foncée). **c)** Quelques secondes plus tard, la couleur devient plus claire au fur et à mesure que la position d'équilibre se déplace du $NO_2(g)$ brun au $N_2O_4$ incolore, conformément au principe de Le Chatelier, puisque dans l'équilibre suivant :

$$2NO_2(g) \rightleftharpoons N_2O_4(g)$$

c'est du côté du produit qu'il y a le moins de molécules.

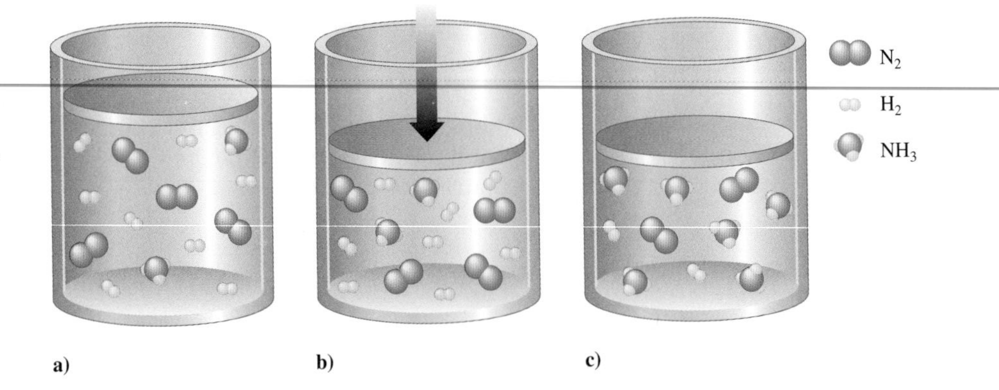


**FIGURE 4.9**
a) Mélange de $NH_3(g)$, de $N_2(g)$ et de $H_2(g)$, à l'équilibre. b) Compression rapide du volume. c) Nouvelle position de l'équilibre pour le système contenant davantage de $NH_3$, moins de $N_2$ et moins de $H_2$. La réaction $N_2(g) + 3H_2(g) \rightleftharpoons 2NH_3(g)$ se déplace vers la droite (du côté où il y a moins de molécules) lorsqu'on comprime le volume du contenant.

Pour vérifier si cette affirmation est exacte, on peut réarranger la loi des gaz parfaits pour obtenir :

$$V = \left(\frac{RT}{P}\right)n$$

ou, à $T$ et à $P$ constantes,

$$V \propto n$$

Autrement dit, à température et à pression constantes, le volume d'un gaz est directement proportionnel au nombre de moles (et donc de molécules) de gaz en présence.

Supposons qu'un mélange d'azote, d'hydrogène et d'ammoniac gazeux soit à l'équilibre (*voir la figure 4.9*). Si l'on comprime rapidement le volume du contenant, qu'arrivera-t-il à l'équilibre ? Le système peut réduire son volume en faisant diminuer le nombre de molécules présentes. Cela signifie que la réaction

$$N_2(g) + 3H_2(g) \rightleftharpoons 2NH_3(g)$$

se déplacera vers la droite, puisque, dans cette direction, quatre molécules (une d'azote et trois d'hydrogène) réagissent pour produire deux molécules (d'ammoniac), *ce qui réduit le nombre total de molécules de gaz présentes.* La nouvelle position d'équilibre est donc davantage vers la droite que la position initiale. Autrement dit, la position de l'équilibre se déplace du côté de la réaction qui implique le plus petit nombre de molécules gazeuses dans l'équation équilibrée.

Le contraire est également vrai. Si l'on fait augmenter le volume du contenant, le système se déplacera de façon à accroître son propre volume. Pour la réaction de synthèse de l'ammoniac, l'augmentation du volume du contenant entraîne un déplacement de la réaction vers la gauche, afin d'augmenter le nombre total de molécules de gaz présentes.

## *Exemple 4.14* Utilisation du principe de Le Chatelier II

Prédisez, pour chacun des procédés suivants, la direction du déplacement de l'équilibre quand on comprime subitement le volume.

**a)** Préparation du trichlorure de phosphore liquide :

$$P_4(s) + 6Cl_2(g) \rightleftharpoons 4PCl_3(l)$$

**b)** Préparation du pentachlorure de phosphore gazeux :

$$PCl_3(g) + Cl_2(g) \rightleftharpoons PCl_5(g)$$

**c)** Réaction du trichlorure de phosphore avec l'ammoniac :

$$PCl_3(g) + 3NH_3(g) \rightleftharpoons P(NH_2)_3(g) + 3HCl(g)$$

***Solution***

**a)** Puisque $P_4$ et $PCl_3$ sont respectivement un solide pur et un liquide pur, on ne doit prendre en considération que l'influence d'une variation de volume sur $Cl_2$. Puisque le volume est réduit, la réaction se déplacera de gauche à droite ; en effet, du côté des réactifs, on trouve six molécules de gaz et, du côté des produits, on n'en trouve aucune.

**b)** En raison de la diminution du volume, la réaction se déplacera vers la droite puisque, du côté des produits, on ne trouve qu'une seule molécule de gaz, alors que du côté des réactifs on en trouve deux.

**c)** Les deux membres de l'équation équilibrée possèdent quatre molécules de gaz. Une modification du volume n'exercera donc aucune influence sur la position de l'équilibre. Il n'y a effectivement aucun déplacement dans ce cas.

*Voir l'exercice 4.53*

## Influence de la température

Il est important de préciser que, même si les modifications étudiées ci-dessus peuvent faire varier la *position* de l'équilibre, elles n'affectent pas la *constante* d'équilibre. Par exemple, l'addition d'un réactif fait déplacer l'équilibre vers la droite, mais n'exerce aucune influence sur la valeur de la constante d'équilibre ; au nouvel équilibre, les concentrations satisfont à l'expression de la constante d'équilibre initiale.

Par ailleurs, l'influence de la température sur l'équilibre est différente, puisque *la valeur de K change avec la température*. On peut aussi utiliser le principe de Le Chatelier pour prévoir le sens du déplacement.

La synthèse de l'ammoniac à partir de l'azote et de l'hydrogène est une réaction exothermique. On peut donc la représenter en considérant l'énergie comme un des produits ; ainsi :

$$N_2(g) + 3H_2(g) \rightleftharpoons 2NH_3(g) + 92\ \text{kJ}$$

L'énergie n'est évidemment pas un produit chimique de cette réaction, mais la considérer comme tel rend plus facile l'application du principe de Le Chatelier.

Si, en le chauffant, on ajoute de l'énergie au système à l'équilibre, selon le principe de Le Chatelier, le déplacement aura lieu dans le sens d'une consommation d'énergie, c'est-à-dire vers la gauche. Ce déplacement fait diminuer la concentration de $NH_3$ et augmenter celles de $N_2$ et de $H_2$, *ce qui réduit la valeur de K*. Le tableau 4.3 présente

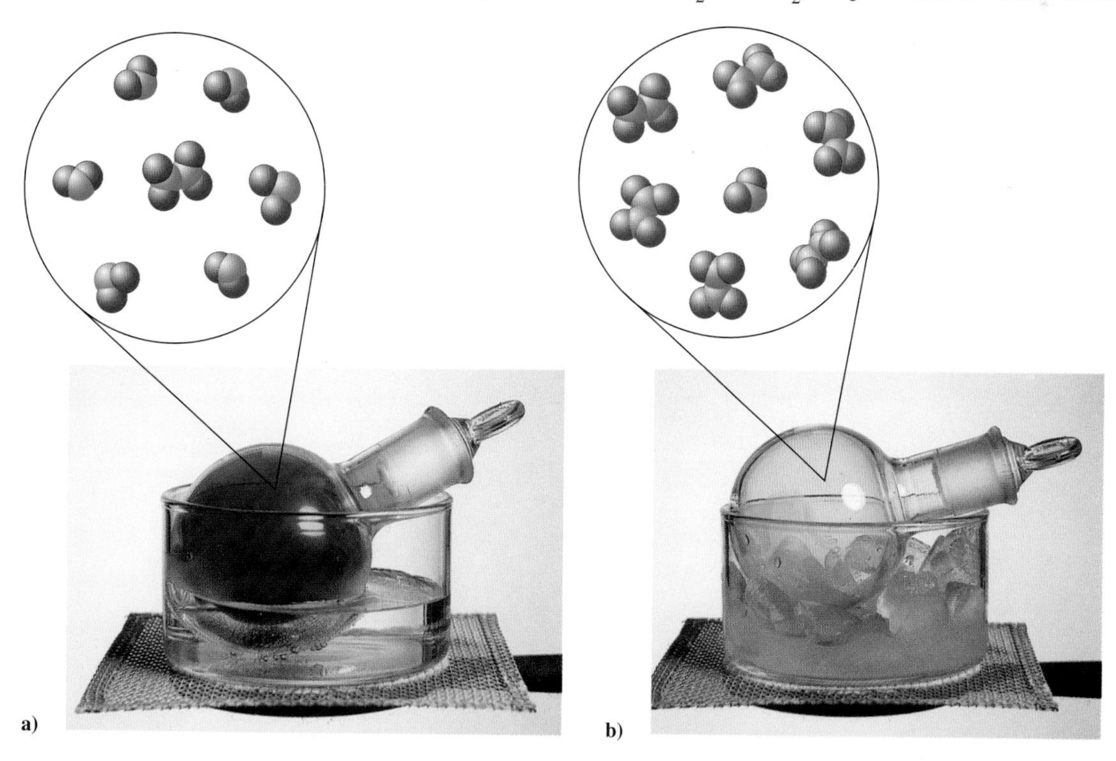


**Déplacement de la position d'équilibre de $N_2O_4(g) \rightarrow 2NO_2(g)$ par variation de la température.**
**a)** À 100 °C, le flacon est brun rougeâtre à cause de la grande quantité de $NO_2$ présent.
**b)** À 0 °C, la position d'équilibre se déplace vers le $N_2O_4(g)$ incolore.

les valeurs de $K$ obtenues expérimentalement à des températures différentes. Comme prévu, la valeur de $K$ diminue lorsque la température augmente.

Par contre, dans le cas d'une réaction endothermique, telle la réaction de décomposition du carbonate de calcium,

$$556 \text{ kJ} + CaCO_3(s) \rightleftharpoons CaO(s) + CO_2(g)$$

une augmentation de la température fait déplacer l'équilibre vers la droite ; par conséquent, la valeur de $K$ augmente.

En résumé, lorsqu'on veut utiliser le principe de Le Chatelier pour analyser l'influence de la température sur un système à l'équilibre, il faut considérer l'énergie comme un réactif, dans une réaction endothermique, ou comme un produit, dans une réaction exothermique, et prédire le sens du déplacement de la même façon qu'on le ferait si l'on ajoutait ou éliminait un réactif ou un produit. Même si le principe de Le Chatelier ne permet pas de prévoir l'importance de la modification de la valeur de $K$, il permet de prédire adéquatement le sens du déplacement.

On a vu comment le principe de Le Chatelier pouvait permettre de prévoir l'influence de plusieurs types de modifications sur un système à l'équilibre. Le tableau 4.4 présente un résumé de l'influence de différentes modifications sur la position de l'équilibre de la réaction endothermique suivante :

$$N_2O_4(g) \rightleftharpoons 2NO_2(g) \qquad \Delta H° = 58 \text{ kJ}$$

**TABLEAU 4.3 Variation de la valeur de $K$ en fonction de la température* pour la réaction de synthèse de l'ammoniac**

| Température (K) | $K$ |
|---|---|
| 500 | 90 |
| 600 | 3 |
| 700 | 0,3 |
| 800 | 0,04 |

* Pour cette réaction exothermique, la valeur de $K$ diminue au fur et à mesure que la température augmente (principe de Le Chatelier).

*Exemple 4.15*

## Utilisation du principe de Le Chatelier III

Pour chacune des réactions ci-dessous, prédisez quelle modification subira la valeur de $K$ si la température augmente.

**a)** $N_2(g) + O_2(g) \rightleftharpoons 2NO(g) \qquad \Delta H° = 181 \text{ kJ}$
**b)** $2SO_2(g) + O_2(g) \rightleftharpoons 2SO_3(g) \qquad \Delta H° = -198 \text{ kJ}$

***Solution***

**a)** Puisque la valeur de $\Delta H°$ est positive, cette réaction est endothermique. On peut donc considérer l'énergie comme un réactif : par conséquent, la valeur de $K$ augmentera (l'équilibre se déplacera vers la droite) s'il y a augmentation de la température.

**b)** Cette réaction est exothermique. On peut donc considérer l'énergie comme un produit. Si la température augmente, la valeur de $K$ diminuera (l'équilibre se déplacera vers la gauche).

***Voir les exercices 4.56 et 4.57***

**TABLEAU 4.4 Déplacements de la position d'équilibre pour la réaction 58 kJ + $N_2O_4(g) \rightleftharpoons 2NO_2(g)$**

| Modification | Déplacement |
|---|---|
| addition de $N_2O_4(g)$ | vers la droite |
| addition de $NO_2(g)$ | vers la gauche |
| élimination de $N_2O_4(g)$ | vers la gauche |
| élimination de $NO_2(g)$ | vers la droite |
| addition de He($g$) | aucun |
| compression du volume du contenant | vers la gauche |
| dilatation du volume du contenant | vers la droite |
| élévation de la température | vers la droite |
| abaissement de la température | vers la gauche |

## Mots clés

équilibre chimique

*Section 4.2*
loi d'action de masse
expression de la constante d'équilibre
constante d'équilibre
position d'équilibre

*Section 4.4*
équilibre homogène
équilibre hétérogène

*Section 4.5*
quotient réactionnel ($Q$)

*Section 4.7*
principe de Le Chatelier

# Synthèse

**Équilibre chimique**

- Quand une réaction chimique a lieu dans un contenant clos, le système atteint un état d'équilibre pour lequel les concentrations des réactifs et des produits demeurent constantes en fonction du temps.
- État dynamique : les réactifs sont transformés continuellement en produits.
  - Vitesse de réaction directe = vitesse de réaction inverse.
- La loi d'action de masse : pour la réaction

$$jA + kB \rightleftharpoons mC + nD$$

$$K = \frac{[C]^m[D]^n}{[A]^j[B]^k} = \text{constante d'équilibre}$$

  - Un liquide ou un solide purs ne figurent jamais dans l'expression de l'équilibre.
  - Pour une réaction en phase gazeuse, on peut décrire les positions d'équilibre en termes de pressions partielles et la constante d'équilibre est désignée par $K_P$ :

$$K_P = K(RT)^{\Delta n}$$

  où $\Delta n$ est la différence entre la somme des coefficients des produits gazeux et la somme des coefficients des réactifs gazeux.

**Position d'équilibre**

- Un ensemble particulier de concentrations qui satisfont à l'expression de la constante d'équilibre.
  - Pour chaque réaction, à une température donnée, il existe une seule valeur de $K$.
  - Il existe une infinité de positions d'équilibre possibles, à une température donnée, qui dépendent des concentrations initiales.
- Une faible valeur de $K$ signifie que, à l'équilibre, le système sera surtout constitué de réactifs ; une valeur élevée de $K$ signifie que la réaction sera presque complète – le système sera principalement constitué de produits.
  - La valeur de $K$ ne fournit aucune information sur la vitesse à laquelle cet équilibre sera atteint.
- Le quotient réactionnel $Q$ fait appel à la loi d'action de masse, en étant basé sur les concentrations initiales plutôt que sur les concentrations à l'équilibre.
  - Si $Q > K$, le système se déplacera vers la gauche pour atteindre l'équilibre.
  - Si $Q < K$, le système se déplacera vers la droite pour atteindre l'équilibre.
- Pour évaluer les concentrations qui caractérisent une position d'équilibre donnée :
  1. utiliser les concentrations, ou les pressions, initiales données ;
  2. préciser quelle modification est nécessaire pour atteindre le nouvel équilibre ;
  3. modifier en conséquence les concentrations, ou les pressions, initiales pour obtenir les concentrations, ou les pressions, à l'équilibre.

**Le principe de Le Chatelier**

- Il permet de prédire qualitativement l'influence de la concentration, de la pression et de la température sur un système à l'équilibre.
  - Quand on impose une modification à un système, l'équilibre se déplacera dans la direction qui lui permettra de s'opposer à cette modification.
- En d'autres mots, quand une action extérieure modifie un état d'équilibre, le système réagit de façon à s'opposer à cette action extérieure.

## QUESTIONS DE RÉVISION

**1.** Caractérisez un système à l'équilibre en ce qui concerne :
   a) les vitesses des réactions directe et inverse ;
   b) la composition globale du mélange réactionnel.

Pour une réaction générale $3A(g) + B(g) \longrightarrow 2C(g)$, si l'on commence une expérience avec seulement des réactifs présents, montrez quelle sera l'allure du graphique de la variation en fonction du temps des concentrations de A, de B et de C. Tracez également la courbe illustrant la vitesse de la réaction directe et la vitesse de la réaction inverse en fonction du temps.

**2.** Qu'est-ce que la loi d'action de masse ? Est-ce vrai que la valeur de $K$ dépend des quantités de réactifs et de produits dans le mélange initial ? Expliquez. Est-il vrai que les réactions dont la valeur de la constante d'équilibre est élevée sont très rapides ? Expliquez. À une température donnée, il n'existe qu'une seule valeur de la constante d'équilibre pour un système particulier, mais il y a une infinité de positions d'équilibre. Expliquez.

**3.** Soit les réactions suivantes, à une température quelconque :

$$2NOCl(g) \rightleftharpoons 2NO(g) + Cl_2(g) \qquad K = 1{,}6 \times 10^{-5}$$

$$2NO(g) \rightleftharpoons N_2(g) + O_2(g) \qquad K = 1 \times 10^{31}$$

Pour chaque réaction, supposez que l'on a placé des quantités de réactifs dans des contenants séparés et que l'équilibre a été atteint. Décrivez les quantités relatives de réactifs et de produits qui seraient présents à l'équilibre. À l'équilibre, laquelle des réactions est la plus rapide dans chaque cas : la réaction directe ou la réaction inverse ?

**4.** Quelle est la différence entre $K$ et $K_P$ ? Pour une réaction donnée, quand $K$ est-elle égale à $K_P$ ? Quand $K$ est-elle différente de $K_P$ ? Si l'on triple les coefficients dans l'équation d'une réaction, quelle est la relation entre la nouvelle valeur de $K$ et la valeur initiale de $K$ ? Si l'on inverse une réaction, quelle est la relation entre la nouvelle valeur de $K_P$ et la valeur de $K_P$ pour la réaction initiale ?

**5.** Qu'est-ce qu'un équilibre homogène ? un équilibre hétérogène ? Quelle est la différence entre les expressions de $K$ pour des réactions homogènes et celles pour des réactions hétérogènes ? Quelles espèces figurent dans l'expression de $K$ et lesquelles n'y figurent pas ?

**6.** Faites la distinction entre les termes *constante d'équilibre* et *quotient réactionnel*. Quand $Q = K$, qu'est-ce que cela indique au sujet d'une réaction ? Quand $Q < K$, qu'est-ce que cela indique ? Quand $Q > K$, qu'est-ce que cela indique ?

**7.** Résumez les étapes de résolution des problèmes d'équilibre (*voir le début de la section 4.6*). En général, en résolvant un problème d'équilibre, vous devez toujours présenter les concentrations sous forme de tableau ICE. Qu'est-ce qu'un tableau ICE ?

**8.** Les réactions à faible constante $K$ ($K \ll 1$) sont un type courant de réactions que nous allons étudier. La résolution de problèmes pour déterminer les concentrations à l'équilibre exige habituellement de nombreuses opérations mathématiques. Cependant, les calculs nécessaires pour résoudre ces problèmes sont simplifiés dans le cas des réactions dont les valeurs de $K$ sont petites ($K \ll 1$). Quelle approximation faut-il effectuer en calculant les concentrations à l'équilibre pour des réactions dont les valeurs de $K$ sont petites ? Chaque fois que l'on fait des approximations, on doit vérifier si elles sont acceptables. En général, on utilise la « règle des 5 % » pour vérifier la validité de l'approximation, selon laquelle $x$ (ou $2x$, $3x$, etc.) est très petit par rapport à un certain nombre. Quand $x$ (ou $2x$, $3x$, etc.) est inférieur à 5 % du nombre auquel on l'a comparé, alors on peut dire que l'approximation est acceptable. Si la règle des 5 % n'est pas respectée, que faites-vous pour calculer les concentrations à l'équilibre ?

**9.** Qu'est-ce que le principe de Le Chatelier ? Soit la réaction $2NOCl(g) \rightleftharpoons 2NO(g) + Cl_2(g)$. Si la réaction est à l'équilibre, que se passe-t-il quand les modifications suivantes se produisent ?

**a)** On ajoute du $NOCl(g)$.
**b)** On ajoute du $NO(g)$.
**c)** On retire du $NOCl(g)$.
**d)** On retire du $Cl_2(g)$.
**e)** On réduit le volume du contenant.

Pour chacune de ces modifications, que devient la valeur de *K* pour la réaction lorsque l'équilibre est de nouveau atteint ? Donnez l'exemple d'une réaction pour laquelle le fait d'ajouter ou de retirer un des réactifs ou des produits n'influence pas la position de l'équilibre.

En général, comment la position d'équilibre d'une réaction en phase gazeuse sera-t-elle influencée si le volume du contenant change ? Y a-t-il des réactions dont l'équilibre ne sera pas déplacé par une modification du volume ? Expliquez. Pourquoi le fait de modifier la pression dans un contenant rigide en ajoutant un gaz inerte ne déplace-t-il pas la position d'équilibre pour une réaction en phase gazeuse ?

**10.** La seule « contrainte » (changement) qui modifie également la valeur de *K* est une modification de la température. Dans le cas d'une réaction exothermique, comment la position d'équilibre change-t-elle avec une augmentation de la température, et que devient la valeur de *K* ? Répondez à la même question dans le cas d'une réaction endothermique. Si la valeur de *K* augmente avec une diminution de température, la réaction est-elle exothermique ou endothermique ? Expliquez.

# Questions et exercices

## Questions à discuter en classe

Ces questions sont conçues pour être abordées en petits groupes. Par des discussions et des enseignements mutuels, elles permettent d'exprimer la compréhension des concepts.

**1.** Soit un mélange à l'équilibre de quatre substances chimiques (A, B, C et D, tous des gaz) réagissant dans un flacon fermé selon l'équation suivante :

$$A + B \rightleftharpoons C + D$$

**a)** On ajoute de la substance A dans le flacon. Comment la concentration de chaque substance se compare-t-elle à sa concentration initiale après que le système s'est rééquilibré ? Justifiez votre réponse.

**b)** On ajoute de la substance D dans le flacon contenant le mélange initial à l'équilibre. Comment la concentration de chaque substance se compare-t-elle à sa concentration initiale après que le système s'est rééquilibré ? Justifiez votre réponse.

**2.** Les encadrés ci-dessous représentent les conditions initiales pour la réaction suivante :

$K = 25$

Faites un dessin qui illustre quantitativement, au niveau moléculaire, ce à quoi le système ressemble une fois que les réactifs sont mélangés dans l'une des boîtes et que le système a atteint son équilibre. Justifiez à l'aide de calculs.

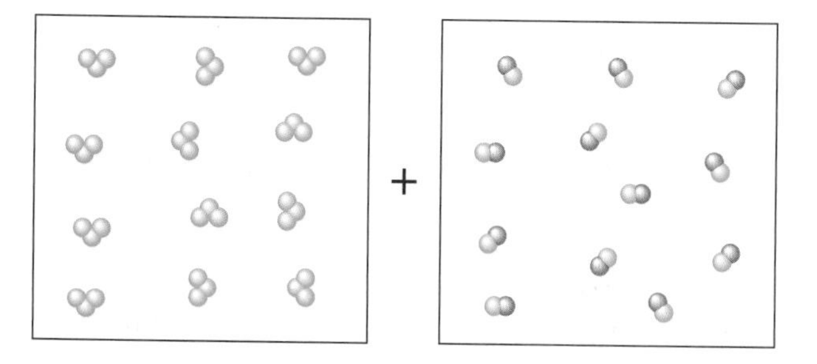

**3.** On considère les deux possibilités suivantes pour la réaction $H_2 + I_2 \rightleftharpoons 2\,HI$.

**a)** On mélange 0,5 mol de chaque réactif, on laisse le système atteindre l'équilibre, puis on y ajoute une autre mole de $H_2$ et on laisse le système atteindre de nouveau l'équilibre.

**b)** On mélange 1,5 mol de $H_2$ et 0,5 mol de $I_2$ et on laisse le système atteindre l'équilibre.

Les mélanges finaux seront-ils différents dans les deux cas ? Expliquez votre réponse.

**4.** Soit la réaction $A(g) + B(g) \rightleftharpoons C(g) + D(g)$. Examinez les conditions suivantes.

**a)** Au départ, il y a 1,3 mol/L de A et 0,8 mol/L de B.

**b)** Au départ, il y a 1,3 mol/L de A, 0,8 mol/L de B et 0,2 mol/L de C.

**c)** Au départ, il y a 2,0 mol/L de A et 0,8 mol/L de B.

Classez ces conditions par ordre croissant de concentration de D à l'équilibre. Expliquez l'ordre choisi. Puis classez-les par ordre croissant de concentration de B à l'équilibre et expliquez.

**5.** Soit la réaction $A(g) + 2B(g) \rightleftharpoons C(g) + D(g)$ dans un flacon de 1,0 L rigide. Répondez aux questions suivantes pour chaque situation [de **a)** à **d)**] :

**i.** Quel est l'écart (aussi petit que possible) de concentration pour la substance demandée ? Par exemple, [A] pourrait être située entre 95 mol/L et 100 mol/L.

**ii.** Comment décide-t-on des limites de l'écart estimé ?

**iii.** Quel autre renseignement permettrait de réduire l'écart ?

**iv.** À quoi sont dues les différences, le cas échéant, entre les concentrations estimées de **a)** à **d)**.

**a)** Si, à l'équilibre, [A] = 1 mol/L et qu'on y ajoute 1 mol de C, estimez la valeur de [A] une fois l'équilibre rétabli.

**b)** Si, à l'équilibre, [B] = 1 mol/L et qu'on y ajoute 1 mol de C, estimez la valeur de [B] une fois l'équilibre rétabli.

**c)** Si, à l'équilibre, [C] = 1 mol/L et qu'on y ajoute 1 mol de C, estimez la valeur de [C] une fois l'équilibre rétabli.

**d)** Si, à l'équilibre, [D] = 1 mol/L et qu'on y ajoute 1 mol de C, estimez la valeur de [D] une fois l'équilibre rétabli.

**6.** Soit la réaction $A(g) + B(g) \rightleftharpoons C(g) + D(g)$. Quelqu'un vous dit : « On m'a appris que si un mélange de A, B, C et D est à l'équilibre et qu'on y ajoute une certaine quantité de A, il y aura plus de C et de D formés. Comment peut-il y avoir plus de C et de D si l'on n'y ajoute pas de B ?» Que répondez-vous ?

**7.** Soit l'affirmation suivante : Dans la réaction $A(g) + B(g) \rightleftharpoons C(g)$ ; à l'équilibre, $[A] = 2$ mol/L, $[B] = 1$ mol/L et $[C] = 4$ mol/L. On ajoute 3 mol de B dans un récipient de 1 L contenant ce système à l'équilibre. Une condition d'équilibre possible est $[A] = 1$ mol/L, $[B] = 3$ mol/L et $[C] = 6$ mol/L parce que, dans les deux cas, $K = 2$. Indiquez ce qui est vrai et ce qui est faux dans cette affirmation. Corrigez les aspects qui sont faux et expliquez.

**8.** Le principe de Le Chatelier dit que (*voir la section 4.7*) « Quand une action extérieure modifie un état d'équilibre mobile, le système réagit de façon à s'opposer à cette action extérieure ». On utilise le système $N_2 + 3H_2 \rightleftharpoons 2NH_3$ pour illustrer le fait que l'addition d'azote gazeux à l'équilibre se solde par une diminution de la concentration de $H_2$ et une augmentation de celle de $NH_3$. Dans le cas présent, le volume reste constant. Par contre, si l'on ajoute de l'azote ($N_2$) dans le système contenu dans un piston de sorte que la pression peut rester constante, la quantité de $NH_3$ diminue et celle de $H_2$ augmente. Comment expliquer cela ? Considérons le même système à l'équilibre ; l'addition d'un gaz inerte, à pression constante, influence la position d'équilibre. Pourquoi le principe de Le Chatelier ne le prédit-il pas ? Expliquez pourquoi l'addition d'un gaz inerte à ce système dans un contenant rigide n'influence pas la position d'équilibre.

Une question ou un exercice précédés d'un numéro en bleu indiquent que la réponse se trouve à la fin de ce livre.

## Questions

9. Soit la réaction suivante :

$$H_2O(g) + CO(g) \rightleftharpoons H_2(g) + CO_2(g)$$

On place dans un ballon des quantités de $H_2O$, de CO, de $H_2$ et de $CO_2$ correspondant aux concentrations à l'équilibre. Si le CO introduit dans le ballon est marqué au $^{14}C$ radioactif, le $^{14}C$ se retrouvera-t-il uniquement dans les molécules CO après une période de temps indéterminée ? Justifiez votre réponse.

**10.** Soit la même réaction que celle de l'exercice 9. Au cours d'une expérience, on introduit dans un ballon 1,0 mol de $H_2O(g)$ et 1,0 mol de $CO(g)$, qu'on chauffe à 350 °C. Dans une deuxième expérience, on introduit dans un autre ballon de même capacité 1,0 mol de $H_2(g)$ et 1,0 mol de $CO_2(g)$, qu'on chauffe à 350 °C. À l'équilibre, y aura-t-il une différence en ce qui concerne la composition des mélanges de ces deux ballons ?

11. Soit la réaction suivante à une température donnée :

$$H_2O(g) + CO(g) \rightleftharpoons H_2(g) + CO_2(g) \qquad K = 2,0$$

On place des molécules $H_2O$ et CO dans un contenant de 1,0 L, tel qu'illustré ci-dessous.

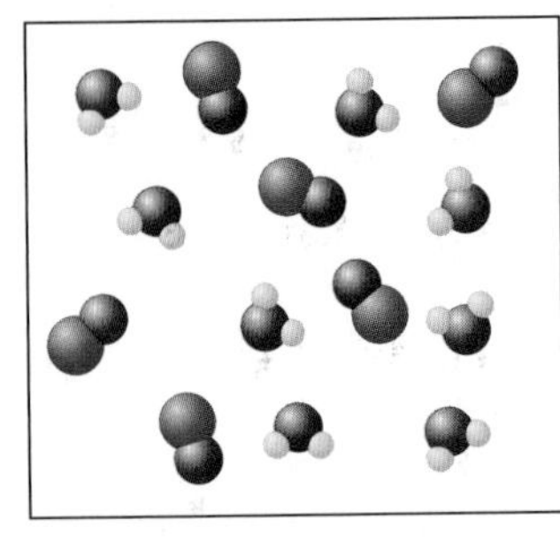

Une fois l'équilibre atteint, combien de molécules $H_2O$, CO, $H_2$ et $CO_2$ sont présentes ? Résolvez ce problème par tâtonnement, c'est-à-dire : si deux molécules CO réagissent, est-ce l'équilibre ? Si trois molécules CO réagissent, est-ce l'équilibre ? Et ainsi de suite.

**12.** Expliquez la différence entre $K$, $K_P$ et $Q$.

13. Soit les réactions suivantes :

$$H_2(g) + I_2(g) \longrightarrow 2HI(g) \quad \text{et} \quad H_2(g) + I_2(s) \longrightarrow 2HI(g)$$

Énumérez deux différences de propriétés entre ces deux réactions qui se rapportent à l'équilibre.

**14.** Dans le cas d'un problème d'équilibre spécifique, la valeur de $K$ et les conditions réactionnelles initiales sont données pour une réaction donnée, et on vous demande de calculer les concentrations à l'équilibre. Bon nombre de ces calculs impliquent la solution d'une équation quadratique ou d'une équation cubique. Que pouvez-vous faire pour éviter de résoudre une équation quadratique ou une équation cubique et obtenir quand même des concentrations à l'équilibre acceptables ?

15. Parmi les énoncés suivants, lequel ou lesquels sont vrais ? Dans le cas des énoncés qui sont faux, corrigez-les.

**a)** À une température donnée, quand on ajoute un réactif à un système à l'équilibre, la réaction se déplace vers la droite pour rétablir l'équilibre.

**b)** À une température donnée, quand on ajoute un produit à un système à l'équilibre, la valeur de $K$ pour la réaction augmente quand l'équilibre est rétabli.

**c)** Quand on augmente la température d'une réaction à l'équilibre, la valeur de $K$ de la réaction augmente.

**d)** Quand on augmente le volume du contenant de la réaction pour un système à l'équilibre à une température donnée, la réaction se déplace vers la gauche pour rétablir l'équilibre.

**e)** L'addition d'un catalyseur (une substance qui augmente la vitesse de la réaction) n'a aucune influence sur la position de l'équilibre.

## Exercices

Dans la présente section, les exercices similaires sont regroupés.

### La constante d'équilibre

**16.** Écrivez l'expression de la constante d'équilibre (pour $K$) pour chacune des réactions en phase gazeuse suivantes qui ont lieu dans l'atmosphère.

**a)** $NO(g) + O_3(g) \rightleftharpoons NO_2(g) + O_2(g)$

**b)** $O_3(g) \rightleftharpoons O_2(g) + O(g)$

**c)** $Cl(g) + O_3(g) \rightleftharpoons ClO(g) + O_2(g)$

**d)** $2O_3(g) \rightleftharpoons 3O_2(g)$

17. Écrivez l'expression de la constante d'équilibre (pour $K_p$) pour chacune des réactions de l'exercice 16.

**18.** À une température donnée, $K = 278$ pour la réaction suivante :

$$2SO_2(g) + O_2(g) \rightleftharpoons 2SO_3(g)$$

Calculez les valeurs de $K$ pour les réactions suivantes à cette même température.

**a)** $SO_2(g) + \frac{1}{2}O_2(g) \rightleftharpoons SO_3(g)$

**b)** $2SO_3(g) \rightleftharpoons 2SO_2(g) + O_2(g)$

**c)** $SO_3(g) \rightleftharpoons SO_2(g) + \frac{1}{2}O_2(g)$

19. À 1495 K, pour la réaction

$$H_2(g) + Br_2(g) \rightleftharpoons 2HBr(g)$$

$K_p = 3{,}5 \times 10^4$. Quelle est la valeur de $K_p$ pour les réactions suivantes, à 1495 K ?

**a)** $HBr(g) \rightleftharpoons \frac{1}{2}H_2(g) + \frac{1}{2}Br_2(g)$
**b)** $2HBr(g) \rightleftharpoons H_2(g) + Br_2(g)$
**c)** $\frac{1}{2}H_2(g) + \frac{1}{2}Br_2(g) \rightleftharpoons HBr(g)$

**20.** Pour la réaction

$$2NO(g) + 2H_2(g) \rightleftharpoons N_2(g) + 2H_2O(g)$$

on a déterminé que, à une température donnée, les concentrations à l'équilibre sont les suivantes : $[NO(g)] = 8{,}1 \times 10^{-3}$ mol/L, $[H_2(g)] = 4{,}1 \times 10^{-5}$ mol/L, $[N_2(g)] = 5{,}3 \times 10^{-2}$ mol/L et $[H_2O(g)] = 2{,}9 \times 10^{-3}$ mol/L. Calculez la valeur de $K$ pour la réaction à cette température.

21. On effectue l'analyse du système suivant à l'équilibre :

$$N_2(g) + 3Cl_2(g) \rightleftharpoons 2NCl_3(g)$$

$[NCl_3(g)] = 1{,}9 \times 10^{-1}$ mol/L ; $[N_2(g)] = 1{,}4 \times 10^{-3}$ mol/L et $[Cl_2(g)] = 4{,}3 \times 10^{-4}$ mol/L. Calculez la valeur de $K$ pour cette réaction.

**22.** À une température donnée, un récipient de 2,0 L contient à l'équilibre $2{,}80 \times 10^{-4}$ mol de $N_2$, $2{,}50 \times 10^{-5}$ mol de $O_2$ et $2{,}00 \times 10^{-2}$ mol de $N_2O$. Calculez $K$ pour la réaction à cette température.

23. À une certaine température, on a observé les pressions à l'équilibre suivantes pour la réaction

$$2NO_2(g) \rightleftharpoons 2NO(g) + O_2(g)$$

$$P_{NO_2} = 0{,}55 \text{ atm}$$
$$P_{NO} = 6{,}5 \times 10^{-5} \text{ atm}$$
$$P_{O_2} = 4{,}5 \times 10^{-5} \text{ atm}$$

Calculez la valeur de la constante d'équilibre $K_P$ à cette température.

**24.** À une certaine température, on a observé les pressions à l'équilibre suivantes pour la réaction

$$N_2(g) + 3H_2(g) \rightleftharpoons 2NH_3(g)$$

$$P_{NH_3} = 3{,}1 \times 10^{-2} \text{ atm}$$
$$P_{N_2} = 8{,}5 \times 10^{-1} \text{ atm}$$
$$P_{H_2} = 3{,}1 \times 10^{-3} \text{ atm}$$

Calculez la valeur de la constante d'équilibre $K_P$ à cette température.

Si $P_{N_2} = 0{,}525$ atm, $P_{NH_3} = 0{,}0167$ atm et $P_{H_2} = 0{,}00761$ atm, est-ce que cela représente un système à l'équilibre ?

25. À 327 °C, les concentrations à l'équilibre sont $[CH_3OH] = 0{,}15$ mol/L, $[CO] = 0{,}24$ mol/L et $[H_2] = 1{,}1$ mol/L pour la réaction

$$CH_3OH(g) \rightleftharpoons CO(g) + 2H_2(g)$$

Calculez $K_P$ à cette température.

**26.** À 1100 K, $K_p = 2{,}5 \times 10^{-3}$ pour la réaction suivante :

$$2SO_2(g) + O_2(g) \rightleftharpoons 2SO_3(g)$$

Quelle est la valeur de $K$ à la même température ?

27. Écrivez les expressions de $K$ et de $K_P$ pour les réactions suivantes.
**a)** $2NH_3(g) + CO_2(g) \rightleftharpoons N_2CH_4O(s) + H_2O(g)$
**b)** $2NBr_3(s) \rightleftharpoons N_2(g) + 3Br_2(g)$
**c)** $2KClO_3(s) \rightleftharpoons 2KCl(s) + 3O_2(g)$
**d)** $CuO(s) + H_2(g) \rightleftharpoons Cu(l) + H_2O(g)$

**28.** Pour quelles réactions de l'exercice 27, $K_P$ est-elle égale à $K$ ?

29. Soit la réaction suivante à une température donnée :

$$4Fe(s) + 3O_2(g) \rightleftharpoons 2Fe_2O_3(s)$$

Un mélange à l'équilibre contient dans un récipient de 2,0 L, 1,0 mol de Fe, $1{,}0 \times 10^{-3}$ mol de $O_2$ et 2,0 mol de $Fe_2O_3$. Calculez la valeur de $K$ pour cette réaction.

**30.** Dans une recherche sur la réaction

$$3Fe(s) + 4H_2O(g) \rightleftharpoons Fe_3O_4(s) + 4H_2(g)$$

à 1200 K, on a observé que la pression totale à l'équilibre est de 36,3 torr lorsque la pression partielle de la vapeur d'eau à l'équilibre est de 15,0 torr. Calculez la valeur de $K_P$ pour cette réaction à 1200 K. *Indice :* Utilisez la loi des pressions partielles de Dalton.

## Calculs relatifs à l'équilibre

31. À une certaine température, la constante d'équilibre, $K$, est $2{,}4 \times 10^3$ pour la réaction

$$2NO(g) \rightleftharpoons N_2(g) + O_2(g)$$

Pour chaque ensemble de conditions ci-dessous, dites si le système est à l'équilibre. S'il ne l'est pas, indiquez dans quelle direction il se déplacera.
**a)** Un ballon de 1,0 L contient 0,024 mol de NO, 2,0 mol de $N_2$ et 2,6 mol de $O_2$.
**b)** Un ballon de 2,0 L contient 0,032 mol de NO, 0,62 mol de $N_2$ et 4,0 mol de $O_2$.
**c)** Un ballon de 3,0 L contient 0,060 mol de NO, 2,4 mol de $N_2$ et 1,7 mol de $O_2$.

**32.** À une certaine température, la constante d'équilibre, $K_P$, est $2{,}4 \times 10^3$ pour la réaction

$$2NO(g) \rightleftharpoons N_2(g) + O_2(g)$$

Pour chaque ensemble de conditions ci-dessous, dites si le système est à l'équilibre. S'il ne l'est pas, indiquez dans quelle direction il se déplacera.
**a)** $P_{NO} = 0{,}010$ atm, $P_{N_2} = 0{,}11$ atm, $P_{O_2} = 2{,}0$ atm
**b)** $P_{NO} = 0{,}0078$ atm, $P_{N_2} = 0{,}36$ atm, $P_{O_2} = 0{,}67$ atm
**c)** $P_{NO} = 0{,}0062$ atm, $P_{N_2} = 0{,}51$ atm, $P_{O_2} = 0{,}18$ atm

33. À 900 °C, pour la réaction

$$CaCO_3(s) \rightleftharpoons CaO(s) + CO_2(g)$$

$K_p = 105$. À basse température, on introduit, dans la chambre de réaction d'une capacité de 50,0 L, de la glace sèche ($CO_2$ solide), de l'oxyde de calcium et du carbonate de calcium. On augmente la température à 900 °C, ce qui se solde par la sublimation de la glace sèche en $CO_2$. Pour chacun des mélanges ci-dessous, est-ce que la quantité initiale d'oxyde de calcium augmente, diminue ou demeure la même au fur et à mesure que le système s'approche de l'équilibre ?
**a)** 655 g de $CaCO_3$, 95,0 g de CaO, $P_{CO_2} = 258$ kPa
**b)** 780 g de $CaCO_3$, 1,00 g de CaO, $P_{CO_2} = 105$ kPa
**c)** 0,14 g de $CaCO_3$, 5000 g de CaO, $P_{CO_2} = 105$ kPa
**d)** 715 g de $CaCO_3$, 813 g de CaO, $P_{CO_2} = 21{,}4$ kPa

**34.** L'acétate d'éthyle est synthétisé dans un solvant (ce n'est pas de l'eau) qui ne participe pas à la réaction, selon l'équation suivante :

$$CH_3CO_2H + C_2H_5OH \rightleftharpoons CH_3CO_2C_2H_5 + H_2O \quad K = 2{,}2$$

Acide acétique Éthanol Acétate d'éthyle

Pour chacun des mélanges suivants [de **a)** à **d)**], est-ce que la concentration de $H_2O$ augmente, diminue ou reste constante au fur et à mesure que l'équilibre s'établit ?

**a)** $[CH_3CO_2C_2H_5] = 0{,}22$ mol/L, $[H_2O] = 0{,}10$ mol/L, $[CH_3CO_2H] = 0{,}010$ mol/L, $[C_2H_5OH] = 0{,}010$ mol/L

**b)** $[CH_3CO_2C_2H_5] = 0{,}22$ mol/L, $[H_2O] = 0{,}0020$ mol/L, $[CH_3CO_2H] = 0{,}0020$ mol/L, $[C_2H_5OH] = 0{,}10$ mol/L

**c)** $[CH_3CO_2C_2H_5] = 0{,}88$ mol/L, $[H_2O] = 0{,}12$ mol/L, $[CH_3CO_2H] = 0{,}044$ mol/L, $[C_2H_5OH] = 6{,}0$ mol/L

**d)** $[CH_3CO_2C_2H_5] = 4{,}4$ mol/L, $[H_2O] = 4{,}4$ mol/L, $[CH_3CO_2H] = 0{,}88$ mol/L, $[C_2H_5OH] = 10{,}0$ mol/L

**e)** Quelle doit être la concentration de l'eau pour qu'un mélange contenant $[CH_3CO_2C_2H_5] = 2{,}0$ mol/L, $[CH_3CO_2H] = 0{,}10$ mol/L, $[C_2H_5OH] = 5{,}0$ mol/L soit à l'équilibre ?

**f)** Pourquoi l'eau apparaît-elle dans l'expression de la constante d'équilibre de cette réaction ?

35. Pour la réaction

$$2H_2O(g) \rightleftharpoons 2H_2(g) + O_2(g)$$

$K = 2{,}4 \times 10^{-3}$ à une température donnée. À l'équilibre, on trouve que $[H_2O(g)] = 1{,}1 \times 10^{-1}$ mol/L et $[H_2(g)] = 1{,}9 \times 10^{-2}$ mol/L. Quelle est la concentration de $O_2(g)$ dans ces conditions ?

**36.** La réaction

$$2NO(g) + Br_2(g) \rightleftharpoons 2NOBr(g)$$

a une $K_P = 109$ à 25 °C. Si la pression partielle à l'équilibre de $Br_2$ est de 0,0159 atm et que la pression partielle à l'équilibre de NOBr est de 0,0768 atm, calculez la pression partielle de NO à l'équilibre.

37. On remplit un ballon de 1,00 L avec 2,0 mol de $SO_2$ gazeux et 2,0 mol de $NO_2$ gazeux, puis on chauffe. À l'équilibre, on constate qu'il contient 1,3 mol de NO gazeux. Si, dans ces conditions, la réaction suivante a lieu

$$SO_2(g) + NO_2(g) \rightleftharpoons SO_3(g) + NO(g)$$

calculez la valeur de la constante d'équilibre de cette réaction.

**38.** À une pression initiale de 1,00 atm et à 1325 K, un échantillon de $S_8(g)$ est placé dans un contenant rigide vide dans lequel il se décompose en $S_2(g)$, selon la réaction suivante :

$$S_8(g) \rightleftharpoons 4S_2(g)$$

À l'équilibre, la pression partielle de $S_8$ est de 0,25 atm. Calculez $K_P$ pour cette réaction à 1325 K.

39. À une température donnée, on introduit 4,0 mol de $NH_3$ dans un contenant de 2,0 L, puis on laisse le $NH_3$ se dissocier selon la réaction suivante :

$$2NH_3(g) \rightleftharpoons N_2(g) + 3H_2(g)$$

À l'équilibre, il reste 2,0 mol de $NH_3$. Quelle est la valeur de $K$ pour cette réaction ?

**40.** Un mélange initial d'azote gazeux et d'hydrogène gazeux réagit dans un contenant rigide à une certaine température selon la réaction suivante :

$$3H_2(g) + N_2(g) \rightleftharpoons 2NH_3(g)$$

À l'équilibre, les concentrations sont $[H_2] = 5{,}0$ mol/L, $[N_2] = 8{,}0$ mol/L et $[NH_3] = 4{,}0$ mol/L. Quelles sont les concentrations initiales de l'azote gazeux et de l'hydrogène gazeux qui ont réagi ?

41. L'azote gazeux, $N_2$, réagit avec l'hydrogène gazeux, $H_2$, pour former de l'ammoniac, $NH_3$. À 200 °C, dans un contenant fermé, on mélange 1,00 atm d'azote gazeux avec 2,00 atm d'hydrogène gazeux. À l'équilibre, la pression totale est de 2,00 atm. Calculez la pression partielle de l'hydrogène gazeux à l'équilibre.

**42.** À une température donnée, $K = 2{,}50$ pour la réaction

$$SO_2(g) + NO_2(g) \rightleftharpoons SO_3(g) + NO(g)$$

Si la concentration initiale de chaque gaz est de 1,00 mol/L, calculez les concentrations des gaz à l'équilibre.

43. À une température donnée, $K = 1{,}00 \times 10^2$ pour la réaction

$$H_2(g) + I_2(g) \rightleftharpoons 2HI(g)$$

On introduit 1,00 mol de $H_2$, 1,00 mol de $I_2$ et 1,00 mol de HI dans un contenant de 1,00 L. Calculez les concentrations de toutes les espèces à l'équilibre.

**44.** À 2200 °C, $K_P = 0{,}050$ pour la réaction

$$N_2(g) + O_2(g) \rightleftharpoons 2NO(g)$$

Quelle est la pression partielle de NO en équilibre avec $N_2$ et $O_2$ qu'on avait introduits dans un ballon à des pressions initiales de 0,80 atm et de 0,20 atm respectivement ?

45. À 1100 K, pour la réaction

$$2SO_2(g) + O_2(g) \rightleftharpoons 2SO_3(g)$$

$K_p = 2{,}47 \times 10^{-3}$. Calculez les pressions partielles à l'équilibre de $SO_2$, de $O_2$ et de $SO_3$ dans un mélange obtenu en combinant au départ $P_{SO_2} = P_{O_2} = 50{,}7$ kPa et $P_{SO_3} = 0$.

**46.** À une température donnée, $K_P = 0{,}25$ pour la réaction

$$N_2O_4(g) \rightleftharpoons 2NO_2(g)$$

**a)** Un flacon ne contient que du $N_2O_4$ à une pression initiale de 4,5 atm et on laisse le système atteindre l'équilibre. Calculez les pressions partielles des gaz à l'équilibre.

**b)** Un flacon ne contient que du $NO_2$ à une pression initiale de 9,0 atm et on laisse le système atteindre l'équilibre. Calculez les pressions partielles des gaz à l'équilibre.

**c)** À partir de vos réponses des parties **a)** et **b)**, est-ce que la direction à partir de laquelle la position d'équilibre est atteinte a de l'importance ?

47. À 35 °C, pour la réaction

$$2NOCl(g) \rightleftharpoons 2NO(g) + Cl_2(g)$$

$K = 1{,}6 \times 10^{-5}$. Calculez les concentrations à l'équilibre de tous les constituants pour chacun des mélanges initiaux suivants.

**a)** 2,0 mol de NOCl pur dans un ballon de 2,0 L.

**b)** 1,0 mol de NOCl et 1,0 mol de NO dans un ballon de 1,0 L.

**c)** 2,0 mol de NOCl et 1,0 mol de $Cl_2$ dans un ballon de 1,0 L.

**48.** À une température donnée, $K = 4{,}0 \times 10^7$ pour la réaction suivante :

$$N_2O_4(g) \rightleftharpoons 2NO_2(g)$$

Lors d'une expérience, on place 1,0 mol de $N_2O_4$ dans un contenant de 10,0 L. Calculez les concentrations de $N_2O_4$ et de $NO_2$ quand l'équilibre est atteint.

49. Le lexan est un plastique utilisé dans la fabrication des disques compacts, des lentilles ophtalmiques et des vitres pare-balles. Un des composés utilisés dans sa fabrication est le phosgène ($COCl_2$), gaz extrêmement nocif. Le phosgène se décompose selon l'équation suivante :

$$COCl_2(g) \rightleftharpoons CO(g) + Cl_2(g)$$

où $K_p = 6{,}8 \times 10^{-9}$, à 100 °C. Si du phosgène pur dont la pression initiale est de 1,0 atm se décompose, calculez la pression à l'équilibre de chaque espèce.

**50.** À 25 °C, $K_P = 2{,}9 \times 10^{-3}$ pour la réaction

$$NH_4OCONH_2(s) \rightleftharpoons 2NH_3(g) + CO_2(g)$$

Lors d'une expérience effectuée à 25 °C, on place une certaine quantité de $NH_4OCONH_2$ dans un contenant rigide dans lequel on a évacué l'air et on laisse l'équilibre s'établir. Calculez la pression totale dans ce contenant à l'équilibre.

51. On introduit un échantillon de chlorure d'ammonium solide dans un contenant placé sous vide, puis on le chauffe jusqu'à ce qu'il soit décomposé en ammoniac et en acide chlorhydrique gazeux. Après qu'on a chauffé le contenant, la pression totale interne est de 446 kPa. Calculez la valeur de $K_p$ à cette température pour la réaction de décomposition suivante :

$$NH_4Cl(s) \rightleftharpoons NH_3(g) + HCl(g)$$

## Le principe de Le Chatelier

**52.** Soit le système suivant à l'équilibre

$$UO_2(s) + 4HF(g) \rightleftharpoons UF_4(g) + 2H_2O(g)$$

Prédisez l'effet qu'aura chacune des modifications suivantes sur la position d'équilibre. Dites si la position d'équilibre se déplacera vers la droite, vers la gauche ou si elle ne changera pas.

**a)** On ajoute du $UO_2(s)$ au système.
**b)** La réaction se produit dans un contenant de verre ; le $HF(g)$ réagit avec le verre.
**c)** On retire de la vapeur d'eau.

53. Prédisez le déplacement de la position d'équilibre qui se produira dans chacune des réactions suivantes si le volume du contenant de la réaction est augmenté.

**a)** $N_2(g) + 3H_2(g) \rightleftharpoons 2NH_3(g)$
**b)** $PCl_5(g) \rightleftharpoons PCl_3(g) + Cl_2(g)$
**c)** $H_2(g) + F_2(g) \rightleftharpoons 2HF(g)$
**d)** $COCl_2(g) \rightleftharpoons CO(g) + Cl_2(g)$
**e)** $CaCO_3(s) \rightleftharpoons CaO(s) + CO_2(g)$

**54.** La réaction suivante

$$CO(g) + H_2O(g) \rightleftharpoons H_2(g) + CO_2(g)$$

est une réaction utilisée pour la production commerciale de l'hydrogène. Comment se comportera le système à l'équilibre dans chacune des cinq conditions suivantes ?

**a)** On élimine du gaz carbonique.
**b)** On ajoute de la vapeur d'eau.
**c)** On augmente la pression par l'addition d'hélium.
**d)** On augmente la température (la réaction est exothermique).
**e)** On augmente la pression en diminuant le volume.

55. Qu'arrivera-t-il au nombre de moles de $SO_3$ en équilibre avec $SO_2$ et $O_2$ dans l'équation

$$2SO_3(g) \rightleftharpoons 2SO_2(g) + O_2(g) \qquad \Delta H° = 197 \text{ kJ}$$

pour chacun des cas suivants ?

**a)** On ajoute de l'oxygène gazeux.
**b)** On augmente la pression par la diminution du volume.
**c)** On augmente la pression par l'addition d'argon.
**d)** On abaisse la température.
**e)** On élimine du dioxyde de soufre gazeux.

**56.** Les « sels odorants » utilisés autrefois étaient composés de carbonate d'ammonium, $(NH_4)_2CO_3$. La réaction pour la décomposition du carbonate d'ammonium

$$(NH_4)_2CO_3(s) \rightleftharpoons 2NH_3(g) + CO_2(g) + H_2O(g)$$

est endothermique. L'odeur d'ammoniac augmente-t-elle ou diminue-t-elle lorsqu'on augmente la température ?

57. On produit l'ammoniac par le procédé Haber, dans lequel on fait directement réagir l'azote et l'hydrogène en présence, comme catalyseur, d'un treillis de fer enduit d'oxyde de fer. Pour la réaction

$$N_2(g) + 3H_2(g) \rightleftharpoons 2NH_3(g)$$

les constantes d'équilibre en fonction de la température sont

300 °C, $4{,}34 \times 10^{-3}$
500 °C, $1{,}45 \times 10^{-5}$
600 °C, $2{,}25 \times 10^{-6}$

La réaction est-elle exothermique ou endothermique ?

# Exercices supplémentaires

**58.** Calculez la valeur de la constante d'équilibre pour la réaction

$$O_2(g) + O(g) \rightleftharpoons O_3(g)$$

sachant que

$$NO_2(g) \xrightleftharpoons{\text{Lumière}} NO(g) + O(g) \qquad K = 6{,}8 \times 10^{-49}$$

$$O_3(g) + NO(g) \rightleftharpoons NO_2(g) + O_2(g) \qquad K = 5{,}8 \times 10^{-34}$$

59. À 25 °C, $K_p \approx 1 \times 10^{-31}$ pour la réaction suivante :

$$N_2(g) + O_2(g) \rightleftharpoons 2NO(g)$$

**a)** Calculez la concentration de NO, en molécules/cm³, qui peut exister en équilibre dans l'air, à 25 °C. Dans l'air, $P_{N_2} = 0{,}8$ atm et $P_{O_2} = 0{,}2$ atm.
**b)** Les concentrations moyennes de NO dans un environnement relativement pur varient de $10^8$ à $10^{10}$ molécules/cm³. Pourquoi y a-t-il une différence entre ces valeurs et la réponse obtenue en **a)** ?

**60.** L'arsine gazeuse se décompose selon la réaction suivante :

$$2AsH_3(g) \rightleftharpoons 2Aa(s) + 3H_2(g)$$

Lors d'une expérience effectuée à une certaine température, on place $AsH_3(g)$ dans un contenant rigide vide et scellé à une pression de 392,0 torr. Après 48 heures, on observe que la pression dans le contenant est constante à 488,0 torr.

**a)** Calculez la pression de $H_2(g)$ à l'équilibre.
**b)** Calculez $K_P$ pour cette réaction.

61. Pour la réaction

$$PCl_5(g) \rightleftharpoons PCl_3(g) + Cl_2(g)$$

à 600 K, la constante d'équilibre est de 11,5 atm. On place 2,450 g de $PCl_5$ dans un ballon de 500 mL vide, que l'on chauffe ensuite à 600 K.

**a)** Quelle serait la pression de $PCl_5$ s'il ne se dissociait pas ?
**b)** Quelle est la pression partielle de $PCl_5$ à l'équilibre ?

**c)** Quelle est la pression totale dans le ballon à l'équilibre ?
**d)** Quel est le degré de dissociation du $PCl_5$ à l'équilibre ?

**62.** À 25 °C, $SO_2Cl_2$ gazeux se décompose en $SO_2(g)$ et en $Cl_2(g)$, jusqu'à ce que 12,5 % du $SO_2Cl_2$ original (en moles) se soit décomposé pour atteindre l'équilibre. La pression totale (à l'équilibre) est de 0,900 atm. Calculez la valeur de $K_P$ pour ce système.

63. À une certaine température, on trouve pour la réaction suivante

$$H_2(g) + F_2(g) \rightleftharpoons 2HF(g)$$

que les concentrations à l'équilibre dans un contenant rigide de 5,00 L sont $[H_2]$ = 0,0500 mol/L, $[F_2]$ = 0,0100 mol/L et [HF] = 0,400 mol/L. Si l'on ajoute 0,200 mol de $F_2$ à ce mélange à l'équilibre, calculez les concentrations de tous les gaz une fois que l'équilibre a été rétabli.

**64.** Le chrome(VI) forme deux oxanions différents, l'ion dichromate orange ($Cr_2O_7^{2-}$) et l'ion chromate jaune ($CrO_4^{2-}$). La réaction entre les deux ions est la suivante :

$$Cr_2O_7^{2-}(aq) + H_2O(l) \rightleftharpoons 2CrO_4^{2-}(aq) + 2H^+(aq)$$

Dites pourquoi les solutions de dichromate virent au jaune quand on y ajoute de l'hydroxyde de sodium.

65. La synthèse de l'ammoniac à partir de l'azote et de l'hydrogène gazeux est un cas classique de l'exploration des notions de cinétique et d'équilibre pour rendre une réaction chimique économiquement rentable. Dites pourquoi chacune des conditions suivantes favorise le rendement maximal de cette réaction.
**a)** La réaction se produit à une température élevée.
**b)** L'ammoniac est retiré du système au fur et à mesure qu'il se forme.
**c)** On utilise un catalyseur.
**d)** La réaction se produit à une pression élevée.

**66.** Pour la réaction ci-dessous, $K_P$ = 1,16 à 800 °C.

$$CaCo_3(s) \rightleftharpoons CaO(s) + CO_2(g)$$

Si l'on place 20,0 g de $CaCO_3$ dans un contenant de 10,0 L et qu'on le chauffe à 800 °C, quel pourcentage en masse de $CaCO_3$ réagit pour que l'équilibre soit atteint ?

67. Soit la décomposition de $C_5H_6O_3$, selon la réaction suivante :

$$C_5H_6O_3(g) \rightleftharpoons C_2H_6(g) + 3CO(g)$$

Lorsqu'on place 5,63 g de $C_5H_6O_3(g)$ pur dans un récipient de 2,50 L, qu'on le ferme hermétiquement et qu'on le chauffe à 200 °C, la pression dans le contenant s'élève graduellement jusqu'à 1,63 atm et reste à cette valeur. Calculez $K$ pour cette réaction.

## Problèmes défis

**68.** À 35 °C, $K = 1,6 \times 10^{-5}$ pour la réaction

$$2NOCl(g) \rightleftharpoons 2NO(g) + Cl_2(g)$$

Si l'on place 2,0 mol de NO et 1,0 mol de $Cl_2$ dans un ballon de 1,0 L, calculez la concentration à l'équilibre de chaque espèce.

69. On fait réagir, à 300 K, de l'oxyde d'azote et du brome dont les pressions partielles initiales sont respectivement de 13,1 kPa et 5,51 kPa. À l'équilibre, la pression totale est de 14,7 kPa. La réaction est la suivante

$$2NO(g) + Br_2(g) \rightleftharpoons 2NOBr(g)$$

**a)** Quelle est la valeur de $K_p$ ?
**b)** Quelle serait la pression partielle de chaque espèce si NO et $Br_2$, tous deux à une pression partielle initiale de 30,4 kPa, atteignaient l'équilibre à cette température ?

**70.** À 25 °C, $K_p = 5,3 \times 10^5$ pour la réaction

$$N_2(g) + 3H_2(g) \rightleftharpoons 2NH_3(g)$$

Quand on introduit du $NH_3(g)$, à une certaine pression partielle, dans un contenant rigide vide, à 25 °C, l'équilibre est atteint quand 50,0 % de l'ammoniac initial s'est décomposé. Quelle était la pression partielle initiale de l'ammoniac avant toute décomposition ?

71. Soit la réaction suivante

$$P_4(g) \longrightarrow 2P_2(g)$$

où $K_p = 1,00 \times 10^{-1}$, à 1325 K. Après avoir introduit du $P_4(g)$ dans un contenant à 1325 K, la pression totale du mélange de $P_4(g)$ et de $P_2(g)$ à l'équilibre est de 1,00 atm. Calculez les pressions à l'équilibre de $P_4(g)$ et de $P_2(g)$. Calculez la fraction (molaire) de $P_4(g)$ qui s'est dissociée pour atteindre l'équilibre.

**72.** À une température donnée, les pressions partielles d'un mélange à l'équilibre de $N_2O_4(g)$ et de $NO_2(g)$ sont respectivement de 0,33 atm et 1,2 atm. On double le volume du contenant. Déterminez les pressions partielles des deux gaz une fois l'équilibre rétabli.

73. À 125 °C, $K_p$ = 0,25 pour la réaction suivante

$$2NaHCO_3(s) \rightleftharpoons Na_2CO_3(s) + CO_2(g) + H_2O(g)$$

Un ballon de 1,00 L vide est rempli de 10,0 g de $NaHCO_3$ et chauffé à 125 °C.
**a)** Calculez les pressions partielles de $CO_2$ et de $H_2O$, une fois l'équilibre atteint.
**b)** Calculez les masses de $NaHCO_3$ et de $NaCO_3$ présentes à l'équilibre.
**c)** Calculez le volume minimal que doit avoir le contenant pour que tout le $NaHCO_3$ se décompose.

**74.** On place un échantillon de $SO_3$ pesant 8,00 g dans un contenant par ailleurs vide, dans lequel il se décompose à 600 °C selon la réaction suivante :

$$SO_3(g) \rightleftharpoons SO_2(g) + \tfrac{1}{2}O_2(g)$$

À l'équilibre, la pression totale et la masse volumique du mélange gazeux sont de 1,80 atm et de 1,60 g/L, respectivement. Calculez $K_P$ pour cette réaction.

75. On chauffe à 920 K un échantillon de sulfate de fer(II) dans un contenant placé sous vide, dans lequel les réactions suivantes se produisent :

$$2FeSO_4(s) \rightleftharpoons Fe_2O_3(s) + SO_3(g) + SO_2(g)$$
$$SO_3(g) \rightleftharpoons SO_2(g) + \tfrac{1}{2}O_2(g)$$

Une fois l'équilibre atteint, la pression totale est de 0,836 atm et la pression partielle de l'oxygène est de 0,0275 atm. Calculez $K_P$ pour chacune de ces réactions.

**76.** On place un échantillon de $N_2O_4(g)$ dans un cylindre vide à 25 °C. Une fois l'équilibre atteint, la pression totale est de 1,5 atm et 16 % (en moles) du $N_2O_4(g)$ s'est dissocié en $NO_2(g)$.

**a)** Calculez la valeur de $K_P$ pour cette réaction de dissociation à 25 °C.

**b)** Si l'on augmente le volume du cylindre jusqu'à ce que la pression atteigne 1,0 atm (la température du système demeure constante), calculez la pression à l'équilibre de $N_2O_4(g)$ et de $NO_2(g)$.

**c)** Quel pourcentage (en moles) du $N_2O_4(g)$ initial est dissocié à la nouvelle position d'équilibre (pression totale = 1,00 atm) ?

77. On place un échantillon de bromure de nitrosyle gazeux, NOBr, dans un ballon rigide, où il se décompose à 25 °C selon la réaction suivante :

$$2NOBr(g) \rightleftharpoons 2NO(g) + Br(g)$$

À l'équilibre, on trouve que la pression totale et la masse volumique du mélange gazeux sont de 0,0515 atm et de 0,1861 g/L respectivement. Calculez la valeur de $K_P$ pour cette réaction.

**78.** La constante d'équilibre $K_P$ pour la réaction

$$CCl_4(g) \rightleftharpoons C(s) + 2Cl_2(g)$$

à 700 °C est de 0,76 atm. Déterminez la pression initiale du tétrachlorure de carbone qui produira une pression totale à l'équilibre de 1,20 atm à 700 °C.

## Problèmes d'intégration

Ces problèmes requièrent l'intégration d'une multitude de concepts pour trouver la solution.

79. Pour la réaction

$$NH_3(g) + H_2S(g) \rightleftharpoons NH_4HS(s)$$

$K$ = 400 à 35,0 °C. Si l'on place 2,00 mol de chacune des substances $NH_3$, $H_2S$ et $NH_4HS$ dans un récipient de 5,00 L, quelle masse de $NH_4HS$ sera présente à l'équilibre ? Quelle est la pression de $H_2S$ à l'équilibre ?

**80.** Sachant que $K$ = 3,50 à 45 °C pour la réaction

$$A(g) + B(g) \rightleftharpoons C(g)$$

et $K$ = 7,10 à 45 °C pour la réaction

$$2A(g) + D(g) \rightleftharpoons C(g)$$

quelle est la valeur de $K$ à la même température pour la réaction suivante ?

$$C(g) + D(g) \rightleftharpoons 2B(g)$$

Et quelle est la valeur de $K_P$ à 45 °C pour la réaction ? En partant avec des pressions partielles de 1,50 atm pour les deux réactifs C et D, quelle est la fraction molaire de B une fois l'équilibre atteint ?

81. Le naphtalène, un hydrocarbure, a souvent été utilisé dans les boules antimites jusqu'à récemment, alors qu'il a été découvert que l'inhalation par les humains de vapeurs de naphtalène peut provoquer une anémie hémolytique. Le naphtalène est composé de 93,71 % en masse de carbone, et 0,256 mol de naphtalène a une masse de 32,8 g. Quelle est la formule du naphtalène ? Ce composé agit comme pesticide dans les boules antimites par sublimation du solide, de sorte que ses vapeurs envahissent les espaces clos selon l'équation

$$\text{naphtalène}(s) \rightleftharpoons \text{naphtalène}(g) \quad K = 4{,}29 \times 10^{-6} \text{ (à 298 K)}$$

Si l'on place 3,00 g de naphtalène solide dans un espace clos ayant un volume de 5,00 L à 25 °C, quel pourcentage de naphtalène aura sublimé une fois l'équilibre établi ?

## Problème de synthèse*

Ce problème fait appel à plusieurs concepts et techniques de résolution de problèmes. Il peut être utilisé pour faciliter l'acquisition des habiletés nécessaires à la résolution de problèmes.

**82.** Soit la réaction suivante

$$A(g) + B(g) \rightleftharpoons C(g)$$

pour laquelle $K = 1{,}30 \times 10^2$. On introduit 0,406 mol de $C(g)$ dans le cylindre illustré ci-dessous. La température est de 300,0 K, et la pression barométrique sur le piston (qui est sans aucune masse et qui ne cause pas de friction) est constante à 1,00 atm. Le volume initial, avant que le $C(g)$ commence à se décomposer, est de 10,00 L. Quel est le volume dans le cylindre à l'équilibre ?

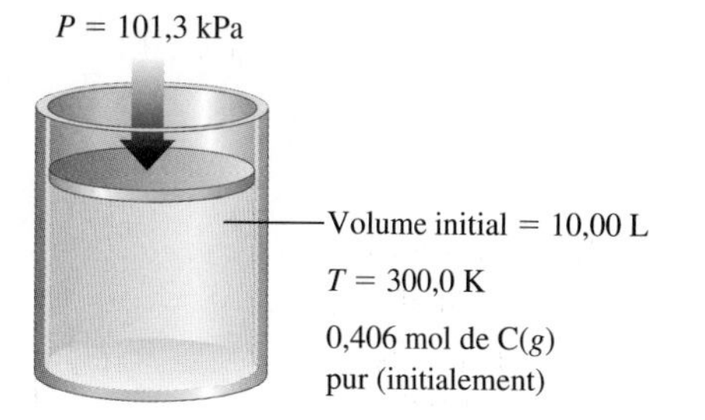


* Reproduction autorisée par le *Journal of Chemical Education*, vol. 68, n° 11, 1991, p. 919 à 922 : 

# 5 Acides et bases

## Contenu

*Ce calopogon gracieux croît dans le sol acide d'une prairie marécageuse de l'Illinois Beach State Park.*

Dans ce chapitre, nous aborderons l'étude de deux classes de produits très importants : les acides et les bases. Nous en étudierons les interactions et nous appliquerons les principes fondamentaux des équilibres chimiques (*voir le chapitre 4*) à des systèmes impliquant des réactions de transfert de protons.

Certaines réactions chimiques acide-base font partie de la vie de tous les jours. Dans l'organisme humain, il existe ainsi des systèmes complexes de contrôle de l'acidité du sang, car toute variation, même faible, de cette acidité peut causer une maladie grave, voire mortelle. D'autres formes vivantes sont sensibles, elles aussi, aux variations d'acidité. Quiconque a déjà possédé des poissons tropicaux ou des poissons rouges sait combien il est important de surveiller et de régulariser l'acidité de l'eau de l'aquarium.

Les acides et les bases sont en outre importants dans l'industrie. Par exemple, la grande quantité d'acide sulfurique produite chaque année permet de fabriquer des engrais, des polymères, de l'acier et de nombreux autres produits.

L'influence des acides sur les êtres vivants a par ailleurs pris une importance particulière aux États-Unis, au Canada et en Europe au cours des dernières années, en raison du phénomène des pluies acides. Ce problème fort complexe a des implications économiques et politiques qui en rendent la résolution d'autant plus difficile.

## 5.1 Nature des acides et des bases

Ne *jamais* goûter à des produits chimiques !

On a déjà parlé des acides et des bases à la section 1.2.

On a d'abord appelé acide toute substance dont le goût était aigre. Le vinaigre a une saveur aigre parce que c'est une solution diluée d'acide acétique. L'acide citrique, quant à lui, est la cause de la saveur aigre du citron. Les bases, quelquefois appelées *alcalis*, sont plutôt caractérisées par leur goût amer et leur texture glissante. Certains produits commerciaux utilisés pour déboucher des canalisations sont des solutions très basiques.

C'est à Svante Arrhenius qu'on doit la première définition d'un acide et d'une base. À partir de ses expériences sur les électrolytes, Arrhenius a émis le postulat suivant : *les acides sont des substances qui produisent des ions hydrogène en solution aqueuse, et les bases, des ions hydroxyde.* La **théorie d'Arrhenius** a ainsi fait considérablement progresser la chimie, en ce sens qu'elle a permis la quantification des réactions acide-base ; cependant, elle est d'une application limitée, étant donné qu'elle n'est valable que pour les solutions aqueuses et qu'elle ne reconnaît qu'une seule sorte de base, l'ion hydroxyde. Le chimiste danois Johannes Brønsted (1879-1947) et le chimiste britannique Thomas Lowry (1874-1936) proposèrent une définition plus générale des acides et des bases. Selon la **théorie de Brønsted-Lowry**, *un acide est un donneur de protons* ($H^+$) *et une base, un accepteur de protons.* Par exemple, lorsqu'on dissout du HCl gazeux dans l'eau, chaque molécule HCl cède un proton à une molécule d'eau ; à ce titre, elle constitue un acide de Brønsted-Lowry. La molécule qui accepte le proton (l'eau, dans ce cas) est une base de Brønsted-Lowry. Pour comprendre comment l'eau peut jouer le rôle d'une base, il faut se rappeler que l'atome d'oxygène de la molécule d'eau possède deux doublets d'électrons libres, dont l'un ou l'autre peut former une liaison covalente avec un ion $H^+$. Ainsi, lorsqu'on dissout du HCl gazeux dans l'eau, il se produit la réaction suivante :

$$\mathrm{H{-}\underset{\displaystyle \mathrm{H}}{\underset{|}{\ddot{O}}}{:}} + \mathrm{H{-}\underset{\cdot\cdot}{\ddot{Cl}}{:}} \longrightarrow \left[\mathrm{H{-}\underset{\displaystyle \mathrm{H}}{\underset{|}{\ddot{O}}}{-}H}\right]^+ + \left[\mathrm{:\underset{\cdot\cdot}{\ddot{Cl}}:}\right]^-$$

On remarque que le proton passe de la molécule HCl à la molécule d'eau pour former $H_3O^+$, appelé **ion hydronium**. La figure 5.1 illustre cette réaction à l'aide de modèles moléculaires.

**Produits domestiques acides ou basiques. Le vinaigre est une solution diluée d'acide acétique. Certains produits pour déboucher les conduits contiennent des bases fortes comme de l'hydroxyde de sodium.**

La meilleure représentation de la réaction générale qui a lieu lorsqu'on dissout un acide dans l'eau est la suivante :

Se rappeler que (*aq*) signifie que la substance est hydratée.

$$\underset{\text{Acide}}{HA(aq)} + \underset{\text{Base}}{H_2O(l)} \rightleftharpoons \underset{\text{Acide conjugué}}{H_3O^+(aq)} + \underset{\text{Base conjuguée}}{A^-(aq)} \quad (5.1)$$

Cette représentation met en évidence le rôle important que joue la molécule d'eau polaire dans l'acquisition du proton de l'acide. En fait, la **base conjuguée** est tout ce qui reste de la molécule d'acide après la cession du proton, alors que l'**acide conjugué** est formé lorsque le proton est transféré à une base. Le **couple acide-base** est constitué de deux substances liées entre elles par la cession et l'acceptation d'un simple proton. Dans l'équation 5.1, on remarque la présence de deux couples acide-base : HA, $A^-$ et $H_2O$, $H_3O^+$. La figure 5.2 illustre cette réaction à l'aide de modèles moléculaires.

Il est important de signaler que l'équation 5.1 représente en fait *une compétition entre les deux bases $H_2O$ et $A^-$ pour l'acquisition du proton.* Si $H_2O$ est une base beaucoup plus forte que $A^-$, c'est-à-dire si $H_2O$ a, pour $H^+$, une plus grande affinité que $A^-$, la position de l'équilibre sera très à droite. La majorité de l'acide dissous sera alors présent sous forme ionisée. Inversement, si $A^-$ est une base beaucoup plus forte que $H_2O$, la position de l'équilibre sera très à gauche. Dans ce cas, la majorité de l'acide dissous sera présent, à l'équilibre, sous la forme HA.

L'expression de la constante d'équilibre pour la réaction représentée par l'équation 5.1 est :

$$K_a = \frac{[H_3O^+][A^-]}{[HA]} = \frac{[H^+][A^-]}{[HA]} \quad (5.2)$$

Dans le présent chapitre, nous utiliserons de préférence le modèle de la dissociation simple des acides. Cela ne signifie pas que nous utilisons le modèle d'Arrhenius pour les acides. Puisque l'eau n'influence pas la position d'équilibre, il est plus simple de ne pas l'inclure dans la dissociation de l'acide.

où $K_a$ est appelée **constante d'acidité**. On utilise à la fois $H_3O^+(aq)$ et $H^+(aq)$ pour représenter le proton hydraté. (Même si, dans ce livre, nous n'utiliserons souvent que $H^+$, il ne faut pas oublier que, en solution aqueuse, le proton est hydraté.)

Au chapitre 4, on a vu que la concentration d'un solide pur ou d'un liquide pur n'apparaissait jamais dans l'expression de la constante d'équilibre. Dans une solution diluée, on peut présumer que la concentration de l'eau liquide demeure pratiquement

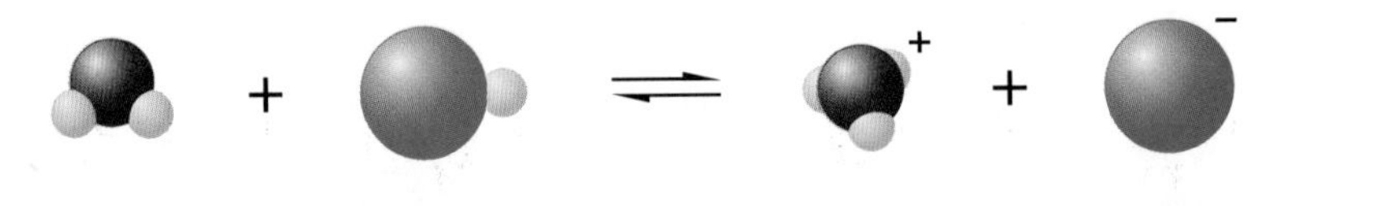

**FIGURE 5.1**
La réaction de HCl avec $H_2O$.

**FIGURE 5.2**
La réaction d'un acide HA avec l'eau pour former $H_3O^+$ et une base conjuguée, $A^-$.

constante lorsqu'on y dissout un acide. Par conséquent, le terme $[H_2O]$ n'apparaît pas dans l'équation 5.2, et l'expression de la constante d'équilibre pour $K_a$ a la même forme que celle de la simple dissociation suivante :

$$HA(aq) \rightleftharpoons H^+(aq) + A^-(aq) \qquad (5.3)$$

Il ne faut pas oublier cependant le rôle important que joue l'eau dans la dissociation d'un acide.

Signalons que $K_a$ est la constante d'équilibre d'une réaction au cours de laquelle HA cède un proton $H^+$ et devient la base conjuguée $A^-$ ; on n'utilise $K_a$ que pour ce type de réaction de dissociation. Sachant cela, vous pouvez écrire l'expression de $K_a$ pour n'importe quel acide, même s'il vous est totalement inconnu. En effectuant l'exemple 5.1, concentrez-vous sur la définition de la réaction qui correspond à $K_a$.

## *Exemple 5.1* Dissociation (ionisation) des acides

Écrivez la réaction de dissociation (ne tenez pas compte de la présence de l'eau) pour chacun des acides ci-dessous.

**a)** Acide chlorhydrique (HCl).
**b)** Acide acétique ($CH_3COOH$).
**c)** Ion ammonium ($NH_4^+$).
**d)** Ion anilinium ($C_6H_5NH_3^+$).
**e)** Ion aluminium(III) hexahydraté $[Al(H_2O)_6]^{3+}$.

***Solution***

**a)** $HCl(aq) \rightleftharpoons H^+(aq) + Cl^-(aq)$
**b)** $CH_3COOH(aq) \rightleftharpoons H^+(aq) + CH_3COO^-(aq)$
**c)** $NH_4^+(aq) \rightleftharpoons H^+(aq) + NH_3(aq)$
**d)** $C_6H_5NH_3^+(aq) \rightleftharpoons H^+(aq) + C_6H_5NH_2(aq)$
**e)** Même si la formule semble compliquée, écrire la réaction est chose simple si l'on se concentre sur la signification de $K_a$. L'élimination d'un proton, dont la provenance ne peut être qu'une des molécules d'eau, laisse un ion $OH^-$ et cinq molécules $H_2O$ fixées à l'ion $Al^{3+}$. La réaction est donc :

$$Al(H_2O)_6^{3+}(aq) \rightleftharpoons H^+(aq) + Al(H_2O)_5OH^{2+}(aq)$$

***Voir l'exercice 5.24***

La théorie de Brønsted-Lowry n'est pas limitée aux solutions aqueuses ; on peut l'appliquer également aux réactions en phase gazeuse. Considérons, par exemple, la réaction entre le chlorure d'hydrogène gazeux et l'ammoniac.

$$NH_3(g) + HCl(g) \rightleftharpoons NH_4Cl(s)$$

Dans cette réaction, le chlorure d'hydrogène cède un proton à l'ammoniac, comme le montrent les structures de Lewis suivantes :

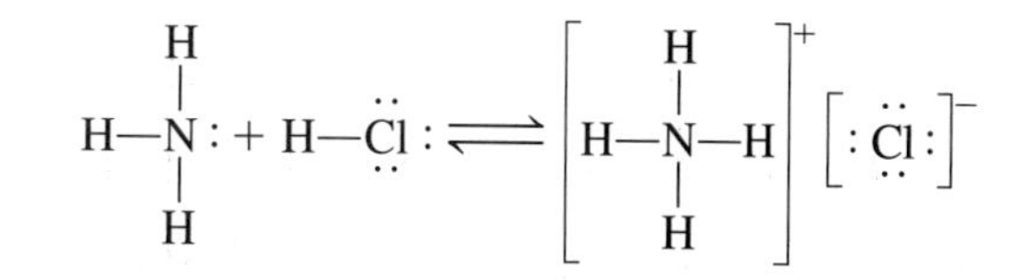

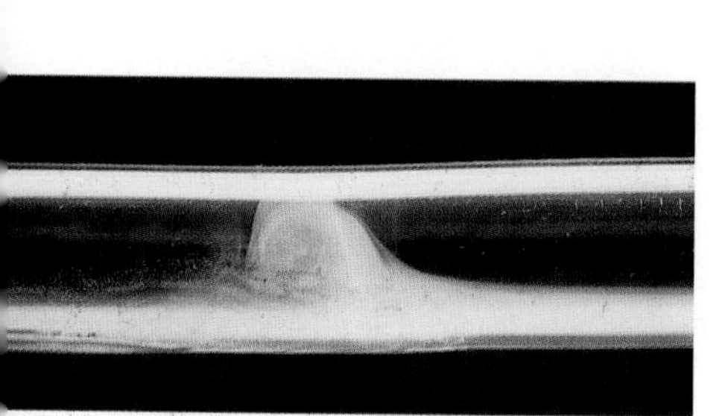

Au point de rencontre du $HCl(g)$ et du $NH_3(g)$ dans un tube, il se forme un anneau blanc de $NH_4Cl(s)$.

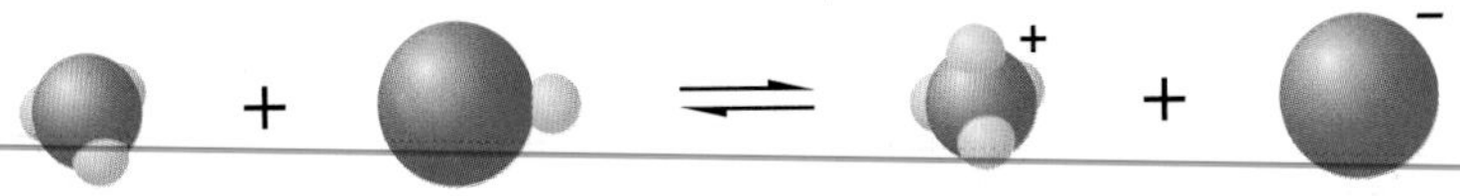

**FIGURE 5.3**
La réaction de $NH_3$ avec HCl pour former $NH_4^+$ et $Cl^-$.

Signalons que cela ne correspond pas à une réaction acide-base selon la théorie d'Arrhenius. La figure 5.3 montre une représentation de la réaction au niveau moléculaire.

## 5.2 Force d'un acide

La force d'un acide est déterminée par la position d'équilibre de la réaction de dissociation suivante :

$$HA(aq) + H_2O(l) \rightleftharpoons H_3O^+(aq) + A^-(aq)$$

Un acide fort a une base conjuguée négligeable.

Un **acide fort** est un acide pour lequel *l'équilibre est très à droite*, ce qui signifie que la quasi-totalité de HA initial est dissociée à l'équilibre (*voir la figure 5.4* ***a***). Il existe une relation importante entre la force d'un acide et celle de sa base conjuguée : *un acide fort produit une base conjuguée négligeable*, c'est-à-dire une base dont l'affinité pour un proton est minime. On peut aussi décrire un acide fort comme un acide dont la base conjuguée est beaucoup plus faible que l'eau (*voir la figure 5.5*). Dans ce cas, ce sont les molécules d'eau qui captent les ions $H^+$.

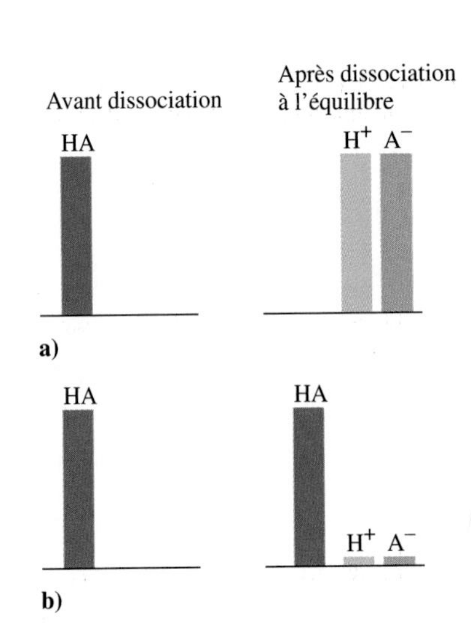


**FIGURE 5.4**
Représentation graphique du comportement d'acides dont les forces sont différentes en solution aqueuse.
**a)** Un acide fort.
**b)** Un acide faible.

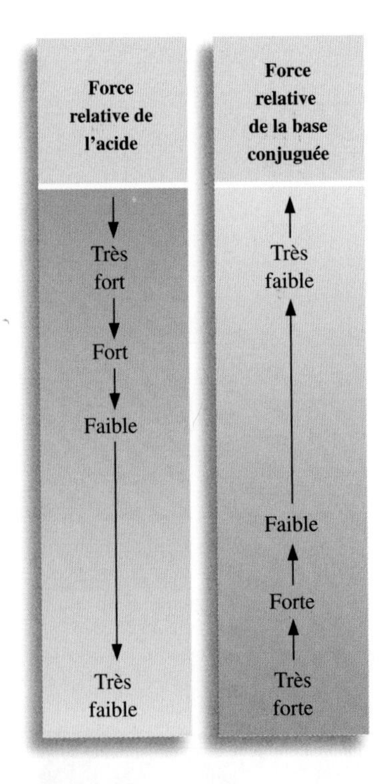


**FIGURE 5.5**
Relation entre la force d'un acide et la force de sa base conjuguée, pour la réaction de dissociation suivante :

$$\underset{\text{Acide}}{HA(aq)} + H_2O(l) \rightleftharpoons H_3O^+(aq) + \underset{\text{Base conjuguée}}{A^-(aq)}$$

**TABLEAU 5.1 Différentes façons de décrire la force d'un acide**

| Propriété | Acide fort | Acide faible |
|---|---|---|
| valeur de $K_a$ | $K_a$ élevée | $K_a$ faible |
| position de l'équilibre de dissociation | très à droite | très à gauche |
| concentration de $H^+$ à l'équilibre par rapport à la concentration initiale de HA | $[H^+] \approx [HA]_0$ | $[H^+] \ll [HA]_0$ |
| force de la base conjuguée comparativement à celle de l'eau | $A^-$ : base beaucoup plus faible que $H_2O$ | $A^-$ : base beaucoup plus forte que $H_2O$ |

$\ll$ signifie : « beaucoup plus petit que ».
$\gg$ signifie : « beaucoup plus grand que ».

Inversement, un **acide faible** est un acide pour lequel *l'équilibre est très à gauche.* À l'équilibre, on trouve toujours, sous la forme HA, la quasi-totalité de l'acide initialement en solution. En d'autres termes, un acide faible n'est que très faiblement dissocié en solution aqueuse (*voir la figure 5.4* ***b***). Contrairement à un acide fort, un acide faible produit une base conjuguée beaucoup plus forte que l'eau. Dans ce cas, la base conjuguée gagne la compétition et acquiert les ions $H^+$. En fait, *plus un acide est faible, plus sa base conjuguée est forte.*

L'acide perchlorique peut exploser lorsqu'on le manipule de façon inadéquate.

Le tableau 5.1 présente les différentes façons de décrire la force d'un acide. La figure 5.6 illustre le comportement des acides forts et des acides faibles dans l'eau.

Les acides forts les plus courants sont l'acide sulfurique, $H_2SO_4(aq)$, l'acide chlorhydrique, $HCl(aq)$, l'acide nitrique, $HNO_3(aq)$, et l'acide perchlorique, $HClO_4(aq)$. L'acide sulfurique est en fait un **diacide**, c'est-à-dire un acide qui possède deux protons acides. L'acide $H_2SO_4$ est un acide fort qui est dissocié presque à 100 % dans l'eau :

$$H_2SO_4(aq) \longrightarrow H^+(aq) + HSO_4^-(aq)$$

Par contre, l'ion $HSO_4^-$ est un acide faible :

$$HSO_4^-(aq) \rightleftharpoons H^+(aq) + SO_4^{2-}(aq)$$

La majorité des acides sont des **oxacides**, c'est-à-dire des acides dans lesquels le proton acide est relié à un atome d'oxygène. Les acides forts énumérés ci-dessus, à l'exception de l'acide chlorhydrique, en constituent des exemples typiques. De nombreux acides faibles communs, comme l'acide phosphorique, $H_3PO_4$, l'acide nitreux, $HNO_2$, et l'acide hypochlorique, HOCl, sont aussi des oxacides. Les **acides organiques**, c'est-à-dire ceux

Acide sulfurique ($H_2SO_4$)

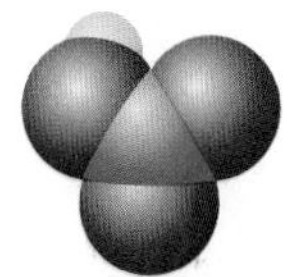

Acide nitrique ($HNO_3$)

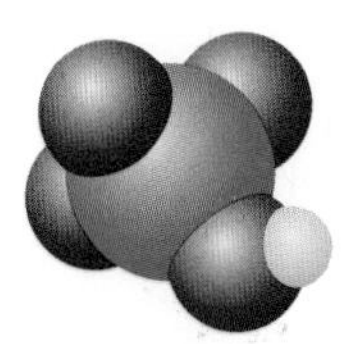

Acide perchlorique ($HClO_4$)

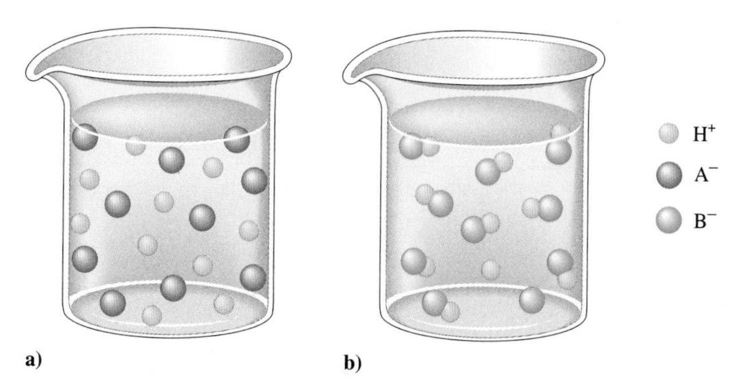


a) b)

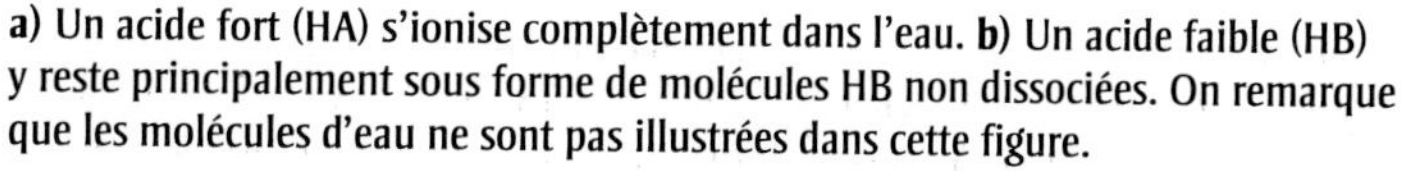

**FIGURE 5.6**
**a)** Un acide fort (HA) s'ionise complètement dans l'eau. **b)** Un acide faible (HB) y reste principalement sous forme de molécules HB non dissociées. On remarque que les molécules d'eau ne sont pas illustrées dans cette figure.

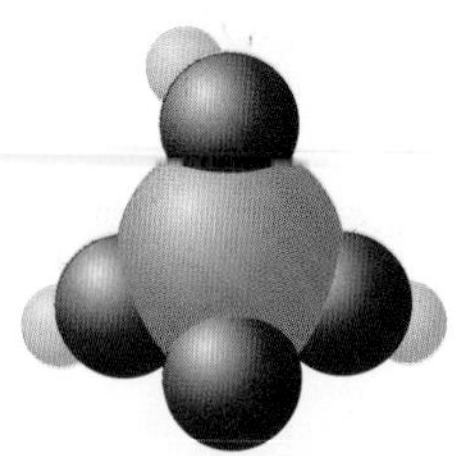
Acide phosphorique ($H_3PO_4$)

Acide nitreux ($HNO_2$)

Acide hypochloreux (HOCl)

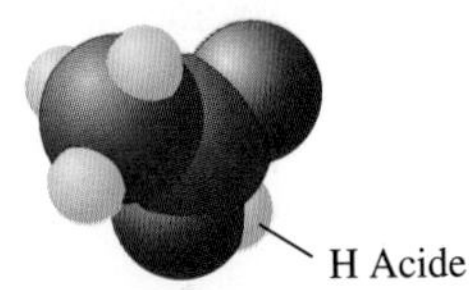

Acide acétique ($CH_3CO_2H$)

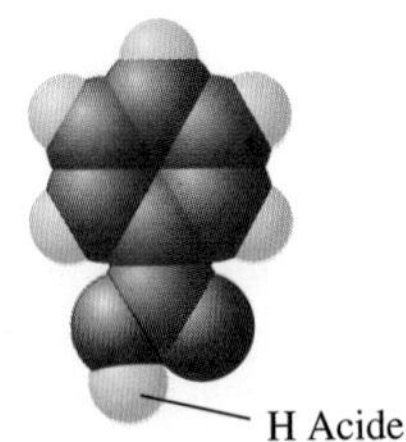

Acide benzoïque ($C_6H_5CO_2H$)

L'annexe A5.1 comporte un tableau des valeurs de $K_a$.

**TABLEAU 5.2 Valeurs de $K_a$ pour quelques monoacides courants**

| Formule | Nom | Valeur de $K_a$* |
|---|---|---|
| $HSO_4^-$ | ion hydrogénosulfate | $1,2 \times 10^{-2}$ |
| $HClO_2$ | acide chloreux | $1,2 \times 10^{-2}$ |
| $ClCH_2COOH$ | acide chloracétique | $1,35 \times 10^{-3}$ |
| HF | acide fluorhydrique | $7,2 \times 10^{-4}$ |
| $HNO_2$ | acide nitreux | $4,0 \times 10^{-4}$ |
| $CH_3COOH$ | acide acétique | $1,8 \times 10^{-5}$ |
| $[Al(H_2O)_6]^{3+}$ | ion aluminium(III) hexahydraté | $1,4 \times 10^{-5}$ |
| HOCl | acide hypochloreux | $3,5 \times 10^{-8}$ |
| HCN | acide cyanhydrique | $6,2 \times 10^{-10}$ |
| $NH_4^+$ | ion ammonium | $5,6 \times 10^{-10}$ |
| $C_6H_5OH$ | phénol | $1,6 \times 10^{-10}$ |

Acidité croissante ↑

* En général, on n'indique pas les unités de $K_a$.

qui renferment des atomes de carbone, contiennent habituellement le **groupement carboxyle**:

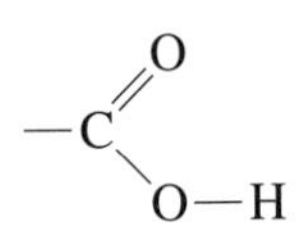


En général, les acides de ce type sont des acides faibles. L'acide acétique, $CH_3COOH$, et l'acide benzoïque, $C_6H_5COOH$, en constituent des exemples. Notez que les atomes d'hydrogène des groupes $CH_3$ et $C_6H_5$ de ces molécules ne sont pas acides: ils ne forment pas d'ions $H^+$ dans l'eau.

Il existe par ailleurs d'autres acides importants, dans lesquels le proton acide n'est pas relié à un atome d'oxygène, les plus représentatifs étant les acides halohydriques HX, où X représente un atome d'halogène.

Le tableau 5.2 présente une liste des **monoacides** (qui ne possèdent qu'*un* proton acide) courants ainsi que leurs $K_a$ respectives; on y remarque l'absence d'acides forts. En effet, lorsqu'un acide fort, HCl par exemple, est dissous dans l'eau, la position de l'équilibre de la réaction de dissociation

$$HCl(aq) + H_2O(l) \rightleftharpoons H^+(aq) + Cl^-(aq)$$

est tellement à droite qu'on ne peut pas mesurer [HCl] de façon précise; c'est pourquoi il est impossible de calculer $K_a$.

$$K_a = \frac{[H^+][Cl^-]}{[HCl]}$$

Concentration très faible et de valeur très imprécise

## Exemple 5.2 Force relative des bases

En utilisant le tableau 5.2, classez les espèces suivantes selon leur force en tant que bases : $H_2O$, $F^-$, $Cl^-$, $NO_2^-$ et $CN^-$.

***Solution***

Rappelez-vous que l'eau est une base plus forte que la base conjuguée d'un acide fort, mais qu'elle est par ailleurs une base plus faible que la base conjuguée d'un acide faible. On obtient ainsi la classification générale suivante:

$$Cl^- < H_2O < \text{bases conjuguées d'acides faibles}$$

Bases plus faibles ⟶ Bases plus fortes

On peut maintenant classer dans l'ordre les bases conjuguées restantes, puisqu'on sait que la force d'une base conjuguée est *inversement proportionnelle* à la force de son acide. On sait (*voir le tableau 5.2*) que $K_a$ pour HF est supérieure à $K_a$ pour $HNO_2$, laquelle est supérieure à $K_a$ pour HCN. Les forces des bases augmentent donc dans l'ordre suivant :

$$F^- < NO_2^- < CN^-$$

L'ordre croissant de la force de toutes les bases est par conséquent :

$$Cl^- < H_2O < F^- < NO_2^- < CN^-$$

**Voir les exercices 5.28 à 5.31**

## L'eau en tant qu'acide et base

On dit d'une substance qu'elle est **amphotère** lorsqu'elle peut se comporter soit comme un acide, soit comme une base ; l'eau est la **substance amphotère** la plus courante. On le constate particulièrement en étudiant la réaction d'**auto-ionisation** de l'eau, dans laquelle il y a transfert d'un proton, d'une molécule d'eau à une autre, et production d'un ion hydronium et d'un ion hydroxyde :

$$\underset{\text{Acide(1)}}{H_2O} + \underset{\text{Base(1)}}{H_2O} \rightleftharpoons \underset{\text{Acide(2)}}{H_3O^+} + \underset{\text{Base(2)}}{OH^-}$$

$$H_2\ddot{O}: + H_2\ddot{O}: \rightleftharpoons [H_3O]^+ + [:\ddot{O}\text{—}H]^-$$

Dans cette réaction, également illustrée à la figure 5.7, une molécule d'eau joue le rôle d'un acide, en cédant un proton, et l'autre, celui d'une base, en acceptant le proton.

L'auto-ionisation peut aussi avoir lieu dans d'autres liquides que l'eau. Ainsi, dans l'ammoniac liquide, la réaction d'auto-ionisation est :

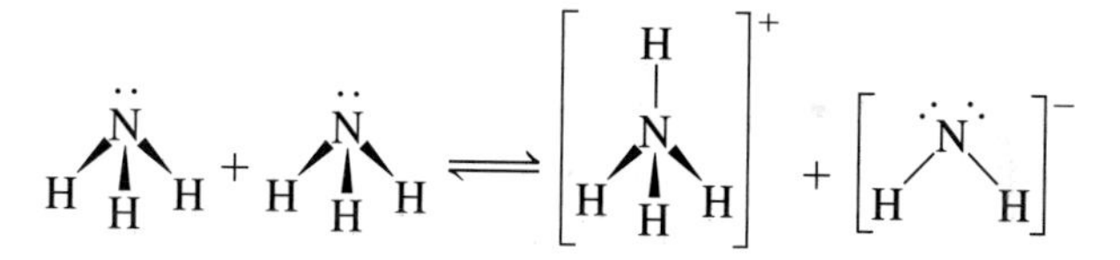

La réaction d'auto-ionisation de l'eau

$$2H_2O(l) \rightleftharpoons H_3O^+(aq) + OH^-(aq)$$

entraîne l'expression de la constante d'équilibre suivante :

$$K_{eau} = [H_3O^+][OH^-] = [H^+][OH^-]$$

où $K_{eau}$, appelée **constante de dissociation de l'eau**, ne concerne que l'auto-ionisation de l'eau.

L'expérience montre que, à 25 °C,

$$[H^+] = [OH^-] = 1{,}0 \times 10^{-7} \text{ mol/L}$$

ce qui signifie que, à 25 °C,

$$K_{eau} = [H^+][OH^-] = (1{,}0 \times 10^{-7})(1{,}0 \times 10^{-7}) = 1{,}0 \times 10^{-14}$$

$$K_{eau} = [H^+][OH^-] = 1{,}0 \times 10^{-14}$$

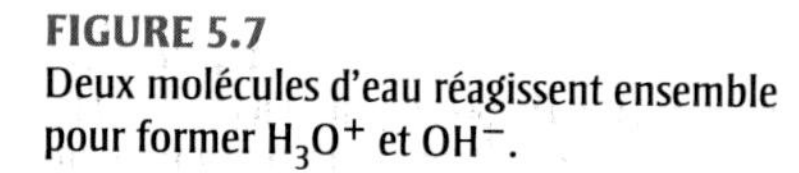

**FIGURE 5.7**
Deux molécules d'eau réagissent ensemble pour former $H_3O^+$ et $OH^-$.

Il est important de bien comprendre la signification de $K_{eau}$. Dans toute solution aqueuse, à 25 °C, *quoi qu'elle contienne*, le produit de $[H^+]$ par $[OH^-]$ doit toujours être égal à $1{,}0 \times 10^{-14}$. Il y a trois possibilités:

**1.** La solution est neutre: $[H^+] = [OH^-]$.

**2.** La solution est acide: $[H^+] > [OH^-]$.

**3.** La solution est basique: $[OH^-] > [H^+]$.

Dans chaque cas cependant, à 25 °C,

$$K_{eau} = [H^+][OH^-] = 1{,}0 \times 10^{-14}$$

## Exemple 5.3 Calcul de $[H^+]$ et de $[OH^-]$

Calculez $[H^+]$ ou $[OH^-]$, selon le cas, pour chacune des solutions suivantes, à 25 °C. Indiquez si la solution est neutre, acide ou basique.

**a)** Une solution d'ions $OH^-$ $1{,}0 \times 10^{-5}$ mol/L.
**b)** Une solution d'ions $OH^-$ $1{,}0 \times 10^{-7}$ mol/L.
**c)** Une solution d'ions $H^+$ 10,0 mol/L.

### Solution

**a)** $K_{eau} = [H^+][OH^-] = 1{,}0 \times 10^{-14}$. On sait que $[OH^-] = 1{,}0 \times 10^{-5}$ mol/L; en résolvant l'équation, on obtient donc:

$$[H]^+ = \frac{1{,}0 \times 10^{-14}}{[OH^-]} = \frac{1{,}0 \times 10^{-14}}{1{,}0 \times 10^{-5}} = 1{,}0 \times 10^{-9} \text{ mol/L}$$

Puisque $[OH^-] > [H^+]$, la solution est basique.

**b)** En résolvant l'équation comme en **a)**, on obtient:

$$[H]^+ = \frac{1{,}0 \times 10^{-14}}{[OH^-]} = \frac{1{,}0 \times 10^{-14}}{1{,}0 \times 10^{-7}} = 1{,}0 \times 10^{-7} \text{ mol/L}$$

Puisque $[H^+] = [OH^-]$, la solution est neutre.

**c)** En résolvant l'équation, on obtient:

$$[OH^-] = \frac{1{,}0 \times 10^{-14}}{[H^+]} = \frac{1{,}0 \times 10^{-14}}{10{,}0} = 1{,}0 \times 10^{-15} \text{ mol/L}$$

Puisque $[H^+] > [OH^-]$, la solution est acide.

***Voir les exercices 5.32 et 5.33***

Puisque $K_{eau}$ est une constante d'équilibre, sa valeur varie en fonction de la température. L'influence de la température fait l'objet de l'exemple 5.4.

## Exemple 5.4 Auto-ionisation de l'eau

À 60 °C, la valeur de $K_{eau}$ est $1 \times 10^{-13}$.

**a)** En se basant sur le principe de Le Chatelier, prédire si la réaction

$$2H_2O(l) \rightleftharpoons H_3O^+(aq) + OH^-(aq)$$

est exothermique ou endothermique.

**b)** Calculez $[H^+]$ et $[OH^-]$ d'une solution neutre, à 60 °C.

***Solution***

**a)** En passant de 25 °C à 60 °C, la valeur de $K_{eau}$ *augmente* de $1 \times 10^{-14}$ à $1 \times 10^{-13}$. Selon le principe de Le Chatelier, lorsqu'on chauffe un système à l'équilibre, il a tendance à utiliser de l'énergie. Puisque la valeur de $K_{eau}$ augmente en fonction de la température, il faut considérer la température comme un réactif ; le processus est donc endothermique.

**b)** À 60 °C,

$$[H^+][OH^-] = 1 \times 10^{-13}$$

Pour une solution neutre, on a donc :

$$[H^+] = [OH^-] = \sqrt{1 \times 10^{-13}} = 3 \times 10^{-7} \text{ mol/L}$$

***Voir l'exercice 5.34***

# 5.3 Échelle de pH

L'échelle de pH constitue une façon concise d'exprimer l'acidité d'une solution.

Pour une révision des logarithmes, voir l'annexe A1.2.

Étant donné que $[H^+]$ est en général très faible en solution aqueuse, l'**échelle de pH** constitue un moyen pratique de représenter l'acidité d'une solution. Le pH est une échelle logarithmique de base 10, où

$$\text{pH} = -\log[H^+]$$

Ainsi, pour une solution où

$$[H^+] = 1{,}0 \times 10^{-7} \text{ mol/L}$$
$$\text{pH} = -(-7{,}00) = 7{,}00$$

Il est important de traiter ici des chiffres significatifs d'un logarithme. La règle est la suivante : *dans un logarithme, le nombre de décimales est égal au nombre de chiffres significatifs dans le nombre initial.* Ainsi,

2 chiffres significatifs

$$[H^+] = 1{,}0 \times 10^{-9} \text{ mol/L}$$
$$\text{pH} = 9{,}00$$

2 décimales

On utilise aussi des échelles logarithmiques pour représenter d'autres quantités. Par exemple,

$$\text{pOH} = -\log[OH^-]$$
$$\text{p}K = -\log K$$

Pour $\Delta[H^+] = 10$, $\Delta\text{pH} = 1$.

Puisque l'échelle de pH est une échelle logarithmique de base 10, *il y a variation de 1 unité de pH chaque fois que $[H^+]$ varie d'une puissance de 10.* Par exemple, la concentration en $H^+$ d'une solution de pH 3 est 10 fois plus élevée que celle d'une solution de pH 4 et 100 fois plus élevée que celle d'une solution de pH 5. Signalons par ailleurs que *le pH diminue au fur et à mesure que $[H^+]$ augmente*, puisque, par définition, le pH vaut $-\log[H^+]$. La figure 5.8 présente une échelle de pH et le pH de plusieurs substances courantes.

Pour mesurer le pH d'une solution, on utilise habituellement un pH-mètre : c'est un instrument électronique muni d'une sonde qu'on plonge dans une solution de pH inconnu. La sonde, qui renferme une solution aqueuse acide, comporte une membrane de verre spécial perméable aux ions $H^+$. Si le pH inconnu de la solution est différent de celui de la solution contenue dans la sonde, il en résulte une différence de potentiel que l'instrument enregistre (*voir la figure 5.9*).

*Exemple 5.5*

## Calcul du pH et du pOH

La section 8.4 explique plus en détail le pH-mètre.

Calculez le pH et le pOH de chacune des solutions ci-dessous, à 25 °C.

**a)** Une solution d'ions $OH^-$ $1{,}0 \times 10^{-3}$ mol/L.

**b)** Une solution d'ions $H^+$ $1{,}0$ mol/L.

## IMPACT

# Arnold Beckman, homme de science

Arnold Beckman est décédé en mai 2004, à l'âge de 104 ans. Son influence en sciences et en affaires embrasse presque tout le XX^e^ siècle. Il est né en 1900 à Cullom, dans l'Illinois, un village de 500 habitants où il n'y avait ni électricité ni téléphone. Selon Beckman, « À Cullom, nous n'avions pas le choix d'improviser. C'était une bonne chose, je crois. »

Fils de forgeron, il s'intéresse à la science dès l'âge de neuf ans. C'est à cette époque qu'il découvre dans le grenier de sa maison un livre intitulé *J. Dorman Steele's Fourteen Weeks in Chemistry,* qui contenait des instructions pour effectuer des expériences de chimie. Beckman fut tellement fasciné par la chimie que son père lui aménagea, pour son dixième anniversaire, un petit « labo de chimie » dans une remise de sa cour arrière.

Son intérêt pour la chimie fut stimulé par ses professeurs à l'école secondaire ; par la suite, il fréquenta l'Université de l'Illinois, à Urbana-Champaign. En 1922, il décroche un baccalauréat en génie chimique et prolonge ses études d'une année pour obtenir une maîtrise. Il étudie ensuite à Caltech, où il devient titulaire d'un doctorat et membre du corps professoral.

Arnold Beckman.

| | $[H^+]$ | pH | |
|---|---|---|---|
| | $10^{-14}$ | 14 | ← NaOH 1 mol/L |
| | $10^{-13}$ | 13 | |
| Basique | $10^{-12}$ | 12 | ← Ammoniac |
| | $10^{-11}$ | 11 | |
| | $10^{-10}$ | 10 | |
| | $10^{-9}$ | 9 | |
| | $10^{-8}$ | 8 | ← Sang |
| Neutre | $10^{-7}$ | 7 | ← Eau pure<br>← Lait |
| | $10^{-6}$ | 6 | |
| | $10^{-5}$ | 5 | |
| | $10^{-4}$ | 4 | |
| | $10^{-3}$ | 3 | ← Vinaigre<br>← Jus de citron |
| Acide | $10^{-2}$ | 2 | ← Suc gastrique |
| | $10^{-1}$ | 1 | |
| | 1 | 0 | ← HCl 1 mol/L |

**FIGURE 5.8**
Échelle de pH et pH de quelques substances courantes.

***Solution***

**a)** $[H^+] = \dfrac{K_{eau}}{[OH^-]} = \dfrac{1,0 \times 10^{-14}}{1,0 \times 10^{-3}} = 1,0 \times 10^{-11}$ mol/L

$$pH = -\log[H^+] = -\log(1,0 \times 10^{-11}) = 11,00$$
$$pOH = -\log[OH^-] = -\log(1,0 \times 10^{-3}) = 3,00$$

**b)** $[OH^-] = \dfrac{K_{eau}}{[H^+]} = \dfrac{1,0 \times 10^{-14}}{1,0} = 1,0 \times 10^{-14}$ mol/L

$$pH = -\log[H^+] = -\log(1,0) = 0,00$$
$$pOH = -\log[OH^-] = -\log(1,0 \times 10^{-14}) = 14,00$$

*Voir l'exercice 5.36*

Il est utile de considérer sous sa forme logarithmique l'expression du produit ionique de l'eau :

$$K_{eau} = [H^+][OH^-]$$

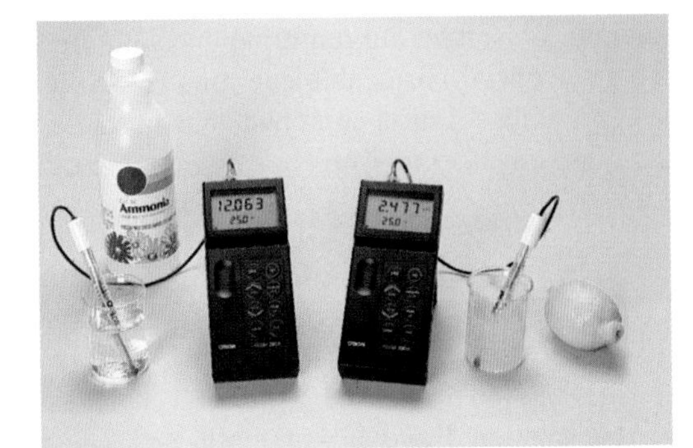

**FIGURE 5.9**
Les pH-mètres servent à mesurer l'acidité.

Beckman était reconnu pour son inventivité. Dans sa jeunesse, il conçoit un système d'alimentation sous pression pour son Ford Modèle T, afin de surmonter les problèmes causés par le système d'alimentation par gravité normal ; il fallait monter à reculons les pentes raides pour empêcher que l'automobile ne soit plus alimentée en carburant. En 1927, il dépose une demande pour son premier brevet d'invention : un avertisseur afin de prévenir les conducteurs qui excédaient les limites de vitesse.

En 1935, il invente un appareil qui va révolutionner le monde de l'instrumentation scientifique. Un ami d'école, qui travaillait dans l'industrie des agrumes en Californie, avait besoin d'une méthode pratique et précise pour mesurer l'acidité du jus d'orange. À sa demande, Beckman invente le pH-mètre, qu'il appelle d'abord un acidimètre. Ce robuste appareil compact fut un succès immédiat et marqua une nouvelle ère dans l'instrumentation scientifique. En fait, les affaires furent tellement bonnes que Beckman quitta Caltech pour diriger sa propre entreprise.

Au fil des ans, il invente de nombreux autres appareils, dont un potentiomètre perfectionné et un instrument servant à mesurer la lumière absorbée par les molécules. À 65 ans, il prend sa retraite de la présidence de Beckman Instruments (dont le siège social est à Fullerton, en Californie). À la suite d'une fusion, la compagnie devient Beckman Coulte ; en 2003, ses ventes dépassent les 2 milliards de dollars.

Après avoir quitté la présidence de Beckman Instruments, il entreprend une nouvelle carrière – il met à contribution sa fortune pour l'avancement de la science. En 1984, avec celle qui fut son épouse pendant 58 ans, Mabel, il fait un don de 40 millions de dollars à son *alma mater* – l'Université de l'Illinois – pour le financement du Beckman Institute. Les Beckman ont également financé de nombreux autres instituts de recherche, dont un à Caltech, et ont créé une fondation qui donne actuellement 20 millions de dollars, chaque année, à diverses activités scientifiques.

Arnold Beckman fut reconnu pour son étonnante créativité, mais il s'est davantage fait remarquer comme un homme d'une intégrité absolue. Il nous a également laissé quelques bons mots : « Quoi que vous fassiez, faites-le avec enthousiasme. »

Note : Vous pouvez lire la biographie de Arnold Beckman sur le site Web de la Chemical Heritage Foundation (http ://www.chemheritage.org).

Ainsi,

$$\log K_{eau} = \log[H^+] + \log[OH^-]$$

soit

$$-\log K_{eau} = -\log[H^+] - \log[OH^-]$$

Alors

$$pK_{eau} = pH + pOH \quad (5.3)$$

Puisque $K_{eau} = 1,0 \times 10^{-14}$

$$pK_{eau} = -\log(1,0 \times 10^{-14}) = 14,00$$

Ainsi, pour *toute* solution aqueuse, à 25 °C :

$$pH + pOH = 14,00 \quad (5.4)$$

## Exemple 5.6 Calcul du pH

À 25 °C, le pH d'un échantillon de sang humain est de 7,41. Calculez le pOH, $[H^+]$ et $[OH^-]$, de cet échantillon.

***Solution***

Puisque pH + pOH = 14,00

$$pOH = 14,00 - pH = 14,00 - 7,41 = 6,59$$

Pour trouver $[H^+]$, il faut se reporter à la définition du pH :

$$pH = -\log[H^+]$$

Alors

$$7,41 = -\log[H^+] \quad \text{ou} \quad \log[H^+] = -7,41$$

Il faut donc chercher l'*antilogarithme* de −7,41. Or, comme il est indiqué à l'annexe A1.2, chercher l'antilogarithme, c'est chercher l'exposant. Par conséquent,

antilog($n$) = log$^{-1}$($n$)

$$\text{antilog}(n) = 10^n$$

Puisque $\text{pH} = -\log[\text{H}^+]$,

$$-\text{pH} = \log[\text{H}^+]$$

et on peut calculer $[\text{H}^+]$ en prenant l'antilogarithme de −pH :

$$[\text{H}^+] = \text{antilog}(-\text{pH})$$

Dans ce cas-ci :

$$[\text{H}^+] = \text{antilog}(-\text{pH}) = \text{antilog}(-7{,}41) = 10^{-7{,}41} = 3{,}9 \times 10^{-8}\ \text{mol/L}$$

De la même façon, $[\text{OH}^-] = \text{antilog}(-\text{pOH})$, et

$$[\text{OH}^-] = \text{antilog}(-6{,}59) = 10^{-6{,}59} = 2{,}6 \times 10^{-7}\ \text{mol/L}$$

***Voir les exercices 5.37 à 5.39***

Maintenant qu'on connaît toutes les définitions fondamentales relatives aux solutions acide-base, on peut entreprendre la description quantitative des équilibres des solutions. Ce qui rend difficile en apparence la résolution de problèmes acide-base, c'est qu'une solution aqueuse typique contient de nombreux composants. Cependant, on peut facilement résoudre ce genre de problèmes en les abordant de la façon suivante.

- *Penser en chimiste*. Penser aux composants de la solution et à leurs réactions. On peut presque toujours reconnaître une réaction comme la plus importante.
- *Faire preuve de méthode*. Aborder les problèmes acide-base étape par étape.
- *Faire preuve de souplesse*. Bien que tous les problèmes acide-base aient, à plusieurs égards, de nombreuses ressemblances, il existe d'importantes différences. Aborder chaque problème comme une entité distincte. Ne pas essayer de rapprocher un problème donné d'un problème déjà résolu. Rechercher les ressemblances et les différences.
- *Faire preuve de patience*. Ne pas chercher d'emblée, dans tous ses détails, la solution complète d'un problème compliqué. Scinder le problème en ses différentes étapes.
- *Faire preuve de confiance*. Chercher la solution *dans* le problème, c'est-à-dire le laisser indiquer la solution. Supposer que la solution soit facile à trouver. Ne pas se fier à des solutions mémorisées : mémoriser des solutions est habituellement néfaste, car on est porté à trouver des ressemblances avec un problème déjà vu, alors qu'il n'en existe aucune. *Comprendre et raisonner ; ne pas seulement mémoriser.*

## 5.4 Calcul du pH de solutions d'un acide fort

Acides forts courants
- $HCl(aq)$
- $HNO_3(aq)$
- $H_2SO_4(aq)$
- $HClO_4(aq)$

Quand on aborde les problèmes d'équilibre acide-base, *il est important de se concentrer d'abord sur les composants de la solution et sur leurs réactions chimiques*. Par exemple, quelles espèces sont présentes dans une solution de HCl 1,0 mol/L ? Puisque l'acide chlorhydrique est un acide fort, on présume que la dissociation est complète. Ainsi, même si l'étiquette indique « HCl 1,0 mol/L », la solution ne contient presque pas de molécules HCl. En général, les étiquettes collées sur les contenants indiquent quelles substances on a utilisées pour préparer la solution, mais pas nécessairement quelles espèces chimiques sont présentes dans la solution. Ainsi, une solution de HCl 1,0 mol/L renferme des ions $H^+$ et $Cl^-$ plutôt que des molécules HCl.

Ensuite, il faut déterminer les espèces chimiques importantes et celles à négliger. Il faut donc se concentrer sur les **espèces importantes**, c'est-à-dire celles qui sont présentes en quantités importantes. Dans une solution de HCl 1,0 mol/L, par exemple, les principales espèces sont $H^+$, $Cl^-$ et $H_2O$. Puisque c'est une solution très acide, $OH^-$ n'est présent qu'en très faible quantité ; on peut par conséquent le considérer comme une espèce négligeable. On n'insistera jamais assez sur le fait qu'il faut toujours, dans un premier temps, *déterminer les espèces importantes en solution* lorsqu'on aborde un problème acide-base. *Le respect de cette simple étape est la clé du succès de la résolution de tels problèmes.*

*Toujours* dresser la liste des principales espèces présentes en solution.

À titre d'exemple, calculons le pH d'une solution de HCl 1,0 mol/L. Pour ce faire, on dresse d'abord la liste des principales espèces : $H^+$, $Cl^-$ et $H_2O$. Puisqu'on cherche le pH de cette solution, on doit se concentrer sur les espèces importantes, c'est-à-dire celles qui fournissent des ions $H^+$. Il est clair qu'on doit considérer les ions $H^+$ qui proviennent de la dissociation du HCl. Cependant, il existe une autre source d'ions $H^+$ ; c'est la réaction d'auto-ionisation de l'eau, souvent représentée par la simple réaction de dissociation suivante :

$$H_2O(l) \rightleftharpoons H^+(aq) + OH^-(aq)$$

Les ions $H^+$ provenant d'un acide fort font que l'équilibre $H_2O \rightleftharpoons H^+ + OH^-$ se déplace vers la gauche.

L'auto-ionisation est-elle une source importante d'ions $H^+$ ? Dans l'eau pure, à 25 °C, $[H^+] = 10^{-7}$ mol/L. Or, dans une solution de HCl 1,0 mol/L, l'eau produira beaucoup moins que $10^{-7}$ mol/L d'ions $H^+$, car, selon le principe de Le Chatelier, les ions $H^+$ qui proviennent de la dissociation du HCl vont déplacer la position de l'équilibre de la dissociation de l'eau vers la gauche. C'est pourquoi la quantité d'ions $H^+$ fournie par l'eau est négligeable par rapport à celle (1 mol/L) qui provient de la dissociation du HCl. Par conséquent, on peut dire que $[H^+]$ de la solution est égale à 1,0 mol/L. Le pH est donc :

$$pH = -\log[H^+] = -\log(1,0) = 0$$

## Exemple 5.7 pH des acides forts

Dans l'eau pure, il n'y a que $10^{-7}$ mol/L d'ions $H^+$.

**a)** Calculez le pH d'une solution de $HNO_3$ 0,10 mol/L.
**b)** Calculez le pH d'une solution de HCl $1,0 \times 10^{-10}$ mol/L.

### *Solution*

Principales espèces

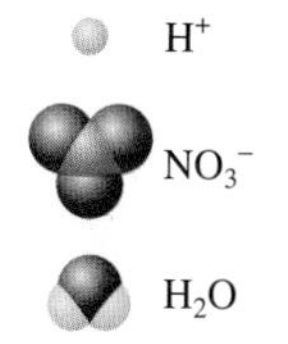


**a)** Puisque $HNO_3$ est un acide fort, les principales espèces en solution sont :

$$H^+, NO_3^- \quad \text{et} \quad H_2O$$

La concentration de $HNO_3$ est pratiquement nulle, puisque cet acide est totalement dissocié dans l'eau. De plus, $[OH^-]$ est très faible, étant donné que les ions $H^+$ provenant de l'acide font déplacer l'équilibre vers la gauche.

$$H_2O(l) \rightleftharpoons H^+(aq) + OH^-(aq)$$

En d'autres termes, la solution est acide, puisque $[H^+] \gg [OH^-]$, et que $[OH^-] \ll 10^{-7}$ mol/L. Les sources d'ions $H^+$ sont :

1. $HNO_3$ (0,10 mol/L)
2. $H_2O$

La quantité d'ions $H^+$ provenant de la réaction d'auto-ionisation de l'eau est très faible par rapport à celle (0,10 mol/L) des ions provenant de $HNO_3$ ; on peut par conséquent la négliger. Puisque le $HNO_3$ dissous est la seule source importante d'ions $H^+$ dans cette solution,

$$[H^+] = 0,10 \text{ mol/L} \quad \text{et} \quad pH = -\log(0,10) = 1,00$$

**b)** Normalement, dans une solution aqueuse de HCl, les principales espèces sont : $H^+$, $Cl^-$ et $H_2O$. Cependant, dans ce cas-ci, la quantité de HCl en solution est si faible qu'elle est négligeable ; la seule espèce présente qui soit importante, c'est $H_2O$. Par conséquent, le pH de cette solution est identique à celui de l'eau pure, soit pH = 7,00.

**Voir l'exercice 5.40**

## 5.5 Calcul du pH de solutions d'un acide faible

Puisqu'un acide faible dissous dans l'eau constitue le prototype de presque tout équilibre qui a lieu en solution aqueuse, il faut là encore procéder de façon méthodique et minutieuse. Même si certaines procédures peuvent parfois sembler superflues, on se rend compte qu'elles sont en fait essentielles, au fur et à mesure que les problèmes deviennent plus complexes. Nous allons présenter ici les différentes étapes de la résolution de ces problèmes en calculant le pH d'une solution de HF 1,00 mol/L ($K_a = 7{,}2 \times 10^{-4}$).

En premier lieu, *toujours* dresser la liste des principales espèces présentes en solution.

Principales espèces

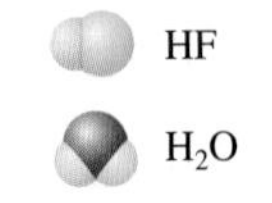


La première étape, comme toujours, est l'*identification des principales espèces en solution*. À cause de la faible valeur de sa $K_a$, l'acide fluorhydrique est un acide faible : il n'est donc que très peu dissocié. C'est pourquoi, dans la liste des espèces importantes, on représente l'acide fluorhydrique sous sa forme principale, HF. Dans la solution, les espèces importantes sont HF et $H_2O$.

L'étape suivante (puisque c'est un problème de pH) est l'identification des espèces importantes qui peuvent fournir des ions $H^+$. En fait, les deux espèces peuvent en fournir :

$$HF(aq) \rightleftharpoons H^+(aq) + F^-(aq) \qquad K_a = 7{,}2 \times 10^{-4}$$
$$H_2O(l) \rightleftharpoons H^+(aq) + OH^-(aq) \qquad K_{eau} = 1{,}0 \times 10^{-14}$$

Toutefois, en solution aqueuse, on peut en général reconnaître une source principale d'ions $H^+$. En comparant la valeur de $K_a$ pour HF avec la valeur de $K_{eau}$ pour $H_2O$, on constate que l'acide fluorhydrique, bien qu'il soit faible, est néanmoins un acide beaucoup plus fort que l'eau. On considère donc que l'acide fluorhydrique est la principale source d'ions $H^+$ et on néglige la faible contribution de l'eau.

C'est donc la dissociation de HF qui va déterminer la concentration à l'équilibre des ions $H^+$ et, par conséquent, le pH de la solution :

$$HF(aq) \rightleftharpoons H^+(aq) + F^-(aq)$$

L'expression de la constante d'équilibre est :

$$K_a = 7{,}2 \times 10^{-4} = \frac{[H^+][F^-]}{[HF]}$$

Pour résoudre ces problèmes d'équilibre, on utilise les mêmes procédures que celles qui permettent de résoudre les problèmes d'équilibre en phase gazeuse (*voir le chapitre 4*). D'abord, on dresse la liste des concentrations initiales, c'est-à-dire *les concentrations des espèces avant que la réaction à laquelle on s'intéresse se déplace vers son état d'équilibre*. Avant que le HF soit dissocié, les concentrations des espèces à l'équilibre sont :

$$[HF]_0 = 1{,}00 \text{ mol/L} \qquad [F^-]_0 = 0 \qquad [H^+]_0 = 10^{-7} \text{ mol/L} \approx 0$$

(La valeur nulle de $[H^+]_0$ est une approximation, puisqu'on néglige la quantité d'ions $H^+$ qui proviennent de la réaction d'auto-ionisation de l'eau.)

On détermine ensuite la modification nécessaire pour que l'équilibre soit atteint. Puisqu'une faible quantité de HF sera dissociée pour que l'équilibre soit atteint (cette quantité est toutefois inconnue à ce stade), on désigne par $x$ la variation de la concentration de HF nécessaire pour atteindre cet équilibre. En d'autres termes, on considère que, pour que le système atteigne l'équilibre, $x$ mol/L de HF doivent être dissociées pour qu'il y ait production de $x$ mol/L d'ions $H^+$ et de $x$ mol/L d'ions $F^-$. On peut donc déterminer les concentrations à l'équilibre en termes de $x$ :

$$[HF] = [HF]_0 - x = 1{,}00 - x$$
$$[F^-] = [F^-]_0 + x = 0 + x = x$$
$$[H^+] = [H^+]_0 + x \approx 0 + x = x$$

En remplaçant les concentrations à l'équilibre par leurs valeurs dans l'expression de la constante d'équilibre, on obtient :

$$K_a = 7{,}2 \times 10^{-4} = \frac{[H^+][F^-]}{[HF]} = \frac{(x)(x)}{1{,}00 - x}$$

On peut transformer cette expression en équation du second degré et la résoudre (*voir le chapitre 4*). Cependant, étant donné que la valeur de $K_a$ pour HF est très faible, HF ne sera que très peu dissocié ; la valeur de $x$ devrait être par conséquent faible, ce qui permet de simplifier les calculs. Si $x$ est très petit par rapport à 1,00, on peut effectuer une approximation pour le dénominateur ; on obtient ainsi :

$$1{,}00 - x \approx 1{,}00$$

L'expression de la constante d'équilibre devient alors

$$7{,}2 \times 10^{-4} = \frac{(x)(x)}{1{,}00 - x} \approx \frac{(x)(x)}{1{,}00}$$

d'où

$$x^2 \approx (7{,}2 \times 10^{-4})(1{,}00) = 7{,}2 \times 10^{-4}$$
$$x \approx \sqrt{7{,}2 \times 10^{-4}} = 2{,}7 \times 10^{-2}$$

Il faut toujours vérifier la validité d'une approximation.

Est-ce que l'approximation [HF] = 1,00 mol/L est acceptable ? Étant donné que cette question revient souvent dans les calculs d'équilibre des réactions acide-base, nous allons l'étudier ici de façon minutieuse. *La validité d'une approximation dépend de la précision qu'on accorde au calcul de la valeur de* $[H^+]$. En général, on connaît les valeurs de $K_a$ pour les acides avec une précision de l'ordre de 5 % seulement. Il semble donc logique de tolérer la même marge d'erreur pour déterminer la validité de l'approximation

$$[HA]_0 - x \approx [HA]_0$$

On recourt au test suivant. On calcule d'abord la valeur de $x$ en effectuant l'approximation :

$$K_a = \frac{x^2}{[HA]_0 - x} \approx \frac{x^2}{[HA]_0}$$

où

$$x^2 \approx K_a[HA]_0 \quad \text{et} \quad x \approx \sqrt{K_a[HA]_0}$$

Ensuite, on compare la valeur de $x$ à celle de $[HA]_0$. Si l'expression

$$\frac{x}{[HA]_0} \times 100\ \%$$

est inférieure ou égale à 5 %, la valeur de $x$ est si faible qu'on peut considérer comme acceptable l'approximation

$$[HA]_0 - x \approx [HA]_0$$

Dans l'exemple présenté ici :

$$x = 2{,}7 \times 10^{-2}\ \text{mol/L}$$
$$[HA]_0 = [HF]_0 = 1{,}00\ \text{mol/L}$$

et

$$\frac{x}{[HA]_0} \times 100\ \% = \frac{2{,}7 \times 10^{-2}}{1{,}00} \times 100\ \% = 2{,}7\ \%$$

L'approximation est donc acceptable, et la valeur de $x$ calculée à partir de cette approximation est valide. Par conséquent :

$$x = [H^+] = 2{,}7 \times 10^{-2}\ \text{mol/L} \quad \text{et} \quad \text{pH} = -\log(2{,}7 \times 10^{-2}) = 1{,}57$$

Cet exemple illustre toutes les étapes importantes qu'il faut respecter pour résoudre un problème typique d'équilibre impliquant un acide faible. Ces étapes sont résumées ci-dessous.

### Résolution de problèmes d'équilibre relatifs à un acide faible

1. **Dresser la liste des principales espèces en solution.**
2. **Découvrir les espèces qui peuvent fournir des ions $H^+$ et écrire les équations équilibrées des réactions concernées.**
3. **Utiliser les valeurs des constantes d'équilibre des réactions établies ci-dessus pour déterminer laquelle fournira le plus d'ions $H^+$.**

Le tableau 5.2 indique les valeurs de $K_a$ pour différents acides faibles.

**4 Écrire l'expression de la constante d'équilibre pour la réaction la plus importante.**

**5 Reconnaître les concentrations initiales des espèces qui participent à la réaction principale.**

**6 Déterminer quelle modification est nécessaire pour que l'équilibre soit atteint; en d'autres termes, déterminer *x*.**

**7 Écrire les concentrations à l'équilibre en termes de *x*.**

**8 Remplacer les concentrations à l'équilibre par leurs valeurs dans l'expression de la constante d'équilibre.**

**9 Résoudre cette équation après simplification; c'est-à-dire en supposant que $[HA]_0 - x \approx [HA]_0$.**

**10 Utiliser la règle des 5 % pour s'assurer que l'approximation est acceptable.**

**11 Calculer $[H^+]$ et le pH.**

Dans l'exemple 5,8, on applique cette méthode de façon rigoureuse.

*Exemple 5.8*

## Le pH des acides faibles

L'ion hypochlorite ($OCl^-$) est un puissant agent oxydant qu'on trouve souvent dans les nettoyants et désinfectants utilisés pour les travaux ménagers. C'est aussi l'ingrédient actif du produit utilisé pour chlorer l'eau des piscines. En plus de son pouvoir oxydant élevé, l'ion hypochlorite a une affinité relativement importante pour les protons (c'est une base beaucoup plus forte que $Cl^-$, par exemple) et il forme l'acide hypochloreux faiblement acide (HOCl; $K_a = 3{,}5 \times 10^{-8}$). Calculez le pH d'une solution aqueuse d'acide hypochloreux 0,100 mol/L.

### *Solution*

Principales espèces

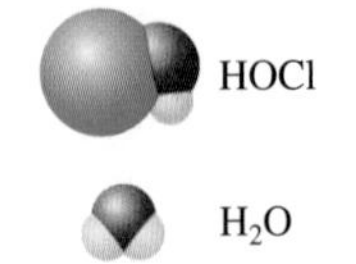


**1** On dresse d'abord la liste des principales espèces en présence. Puisque HOCl est un acide faible et qu'il n'est presque pas dissocié, les principales espèces dans une solution de HOCl 0,100 mol/L sont

$$\text{HOCl} \quad \text{et} \quad H_2O$$

**2** Ces deux espèces peuvent produire des ions $H^+$ :

$$HOCl(aq) \rightleftharpoons H^+(aq) + OCl^-(aq) \qquad K_a = 3{,}5 \times 10^{-8}$$
$$H_2O(l) \rightleftharpoons H^+(aq) + OH^-(aq) \qquad K_{eau} = 1{,}0 \times 10^{-14}$$

**3** Puisque HOCl est un acide nettement plus fort que $H_2O$, c'est lui qui produit le plus de $H^+$.

**4** On utilise par conséquent l'expression de la constante d'équilibre suivante :

$$K_a = 3{,}5 \times 10^{-8} = \frac{[H^+][OCl^-]}{[HOCl]}$$

**5** Les concentrations initiales relatives à cet équilibre sont :

$$[HOCl]_0 = 0{,}100 \text{ mol/L}$$
$$[OCl^-]_0 = 0$$
$$[H^+]_0 \approx 0 \text{ (On ignore la contribution de } H_2O\text{.)}$$

**Il faut fréquemment analyser l'eau d'une piscine pour vérifier le pH et la concentration de chlore.**

**6** Puisque le système atteint l'équilibre grâce à la dissociation de HOCl, on désigne par $x$ la quantité de HOCl (en mol/L) qui est dissociée pour atteindre l'équilibre.

**7** Les concentrations à l'équilibre, en termes de $x$, sont les suivantes :

$$[HOCl] = [HOCl]_0 - x = 0{,}100 - x$$
$$[OCl^-] = [OCl^-]_0 + x = 0 + x = x$$
$$[H^+] = [H^+]_0 + x \approx 0 + x = x$$

**8** En remplaçant ces concentrations par leurs valeurs dans l'expression de la constante d'équilibre, on obtient :

$$K_a = 3{,}5 \times 10^{-8} = \frac{(x)(x)}{0{,}100 - x}$$

**9** Puisque la valeur de $K_a$ est si faible, on peut s'attendre à ce que celle de $x$ soit faible, elle aussi. On peut donc effectuer l'approximation suivante :

$$[HA]_0 - x \approx [HA]_0, \text{ soit } 0{,}100 - x \approx 0{,}100,$$

d'où

$$K_a = 3{,}5 \times 10^{-8} = \frac{x^2}{0{,}100 - x} \approx \frac{x^2}{0{,}100}$$

En résolvant cette équation, on obtient :

$$x = 5{,}9 \times 10^{-5}$$

**10** Il faut s'assurer que l'approximation $0{,}100 - x \approx 0{,}100$ est valide. Pour ce faire, on compare $x$ à $[HOCl]_0$ :

$$\frac{x}{[HA]_0} \times 100~\% = \frac{x}{[HOCl]_0} \times 100~\% = \frac{5{,}9 \times 10^{-5}}{0{,}100} \times 100~\% = 0{,}059~\%$$

Puisque cette valeur est nettement inférieure à 5 %, on peut considérer que l'approximation est valide.

**11** On calcule $[H^+]$ et le pH :

$$[H^+] = x = 5{,}9 \times 10^{-5}~\text{mol/L} \quad \text{et} \quad \text{pH} = 4{,}23$$

***Voir les exercices 5.45 et 5.46***

## pH d'un mélange d'acides faibles

La résolution de tous les problèmes d'équilibre en solution exige la même approche méthodique.

Il arrive qu'une solution contienne deux acides faibles de forces très différentes. L'exemple 5.9 présente la résolution du problème dans un tel cas (on y respecte exactement les mêmes étapes que dans l'exemple 5.8, même si elles ne sont pas clairement désignées ici).

### *Exemple 5.9* pH d'un mélange d'acides faibles

Calculez le pH d'une solution qui contient 1,00 mol/L de HCN ($K_a = 6{,}2 \times 10^{-10}$) et 5,00 mol/L de $HNO_2$ ($K_a = 4{,}0 \times 10^{-4}$). Calculez également la concentration à l'équilibre des ions cyanure ($CN^-$) présents dans cette solution.

***Solution***

Puisque HCN et $HNO_2$ sont deux acides faibles, donc peu dissociés, les principales espèces en solution sont :

$$HCN, HNO_2 \quad \text{et} \quad H_2O$$

Principales espèces

HCN

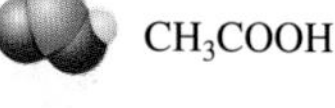
$CH_3COOH$

$H_2O$

Ces trois espèces produisent des ions $H^+$.

$$HCN(aq) \rightleftharpoons H^+(aq) + CN^-(aq) \qquad K_a = 6{,}2 \times 10^{-10}$$
$$HNO_2(aq) \rightleftharpoons H^+(aq) + NO_2^-(aq) \qquad K_a = 4{,}0 \times 10^{-4}$$
$$H_2O(l) \rightleftharpoons H^+(aq) + OH^-(aq) \qquad K_{eau} = 1{,}0 \times 10^{-14}$$

Un mélange de ces trois acides semble poser un problème très difficile à résoudre. Cependant, la situation est simplifiée lorsqu'on constate que, même si $HNO_2$ est un acide faible, il est beaucoup plus fort que les deux autres, comme l'indiquent les valeurs de $K$. On peut donc considérer que $HNO_2$ est le principal producteur d'ions $H^+$ et se limiter ainsi à l'expression de la constante d'équilibre de cette espèce :

$$K_a = 4{,}0 \times 10^{-4} = \frac{[H^+][NO_2^-]}{[HNO_2]}$$

Les concentrations initiales, la définition de $x$ et les concentrations à l'équilibre sont les suivantes.

| Concentration initiale (mol/L) | | Concentration à l'équilibre (mol/L) |
|---|---|---|
| $[HNO_2]_0 = 5{,}00$ | | $[HNO_2] = 5{,}00 - x$ |
| $[NO_2^-]_0 = 0$ | $\xrightarrow[\text{sont dissociées}]{x \text{ mol/L de } HNO_2}$ | $[NO_2^-] = x$ |
| $[H^+]_0 \approx 0$ | | $[H^+] = x$ |

Il est souvent commode de représenter les concentrations comme dans le tableau suivant :

Afin d'éviter l'encombrement dans les tableaux ICE, on n'indique pas les unités de concentration. Tous les termes sont en mol/L.

| | $HNO_2(aq)$ | $\rightleftharpoons$ | $H^-(aq)$ | + | $NO_2^-(aq)$ |
|---|---|---|---|---|---|
| Initiale : | 5,00 | | 0 | | 0 |
| Changement : | $-x$ | | $+x$ | | $+x$ |
| Équilibre : | $5{,}00 - x$ | | $x$ | | $x$ |

En remplaçant les concentrations à l'équilibre par leurs valeurs dans l'expression de la constante d'équilibre, et en effectuant l'approximation $5{,}00 - x = 5{,}00$, on obtient :

$$K_a = 4{,}0 \times 10^{-4} = \frac{(x)(x)}{5{,}00 - x} \approx \frac{x^2}{5{,}00}$$

En résolvant cette équation, on obtient :

$$x = 4{,}5 \times 10^{-2}$$

En appliquant la règle des 5 %, on constate que l'approximation est valide :

$$\frac{x}{[HNO_2]_0} \times 100\ \% = \frac{4{,}5 \times 10^{-2}}{5{,}00} \times 100\ \% = 0{,}90\ \%$$

Par conséquent :

$$[H^+] = x = 4{,}5 \times 10^{-2} \text{ mol/L} \quad \text{et} \quad \text{pH} = 1{,}35$$

Il faut aussi calculer la concentration à l'équilibre des ions cyanure en présence. Les ions cyanure proviennent de la dissociation de HCN :

$$HCN(aq) \rightleftharpoons H^+(aq) + CN^-(aq)$$

Bien que la position de cet équilibre soit très à gauche et que la réaction ne contribue pas *de façon significative* à la production de $H^+$, HCN est *la seule source* d'ions $CN^-$. Il faut donc recourir à la dissociation de HCN pour calculer $[CN^-]$. L'expression de la constante d'équilibre de la réaction ci-dessus est :

$$K_a = 6{,}2 \times 10^{-10} = \frac{[H^+][CN^-]}{[HCN]}$$

On a déjà calculé $[H^+]$ dans cette solution. Il faut bien comprendre que, *dans cette solution, il n'existe qu'une seule espèce d'ions* $H^+$ et qu'il importe peu de savoir de quel acide ils proviennent. La valeur à l'équilibre de $[H^+]$ pour la dissociation de HCN est $4{,}5 \times 10^{-2}$ mol/L, même si les ions $H^+$ proviennent presque totalement de la dissociation de $HNO_2$. Quelle est [HCN] à l'équilibre ? On sait que $[HCN]_0 = 1{,}00$ mol/L. Puisque la valeur de $K_a$ pour HCN est si faible, la quantité de HCN dissociée est négligeable. Par conséquent :

$$[HCN] = [HCN]_0 - \text{quantité de HCN dissociée} \approx [HCN]_0 = 1{,}00 \text{ mol/L}$$

Puisqu'on connaît $[H^+]$ et [HCN], on peut trouver $[CN^-]$ à l'aide de l'expression de la constante d'équilibre ; ainsi :

$$K_a = 6{,}2 \times 10^{-10} = \frac{[H^+][CN^-]}{[HCN]} = \frac{(4{,}5 \times 10^{-2})[CN^-]}{1{,}00}$$

$$[CN^-] = \frac{(6{,}2 \times 10^{-10})(1{,}00)}{4{,}5 \times 10^{-2}} = 1{,}4 \times 10^{-8} \text{ mol/L}$$

La signification de ce résultat est la suivante : puisque $[CN^-] = 1{,}4 \times 10^{-8}$ mol/L et que HCN est la seule source de $CN^-$, cela signifie que $1{,}4 \times 10^{-8}$ mol/L de HCN seulement ont été dissociées. Cette quantité est très faible par rapport à la concentration initiale de HCN ; on s'attendait toutefois à une telle valeur, étant donné la faible valeur de $K_a$ pour HCN et la supposition à l'effet que $[HCN] = 1{,}00$ mol/L.

***Voir les exercices 5.50 et 5.51***

## Pourcentage de dissociation

Le pourcentage de dissociation est aussi appelé *pourcentage d'ionisation*.

Il est souvent utile de connaître la quantité d'acide faible qui s'est dissociée pour que l'équilibre soit atteint dans une solution aqueuse. On détermine ainsi le **pourcentage de dissociation** de la façon suivante :

$$\text{Pourcentage de dissociation} = \frac{\text{quantité dissociée (mol/L)}}{\text{concentration initiale (mol/L)}} \times 100\ \% \qquad (5.5)$$

Par exemple, on a déterminé ci-dessus que, dans une solution de HF 1,00 mol/L, $[H^+] = 2{,}7 \times 10^{-2}$ mol/L. Pour que l'équilibre soit atteint, $2{,}7 \times 10^{-2}$ mol/L de la concentration initiale de HF (1,00 mol/L) se sont dissociées ; alors :

$$\text{Pourcentage de dissociation} = \frac{2{,}7 \times 10^{-2} \text{ mol/L}}{1{,}00 \text{ mol/L}} \times 100\ \% = 2{,}7\ \%$$

*Pour un acide faible donné, le pourcentage de dissociation augmente au fur et à mesure qu'on dilue l'acide.* Par exemple, le pourcentage de dissociation de l'acide acétique ($CH_3COOH$ ; $K_a = 1{,}8 \times 10^{-5}$) est, dans une solution à 0,100 mol/L, nettement supérieur à celui qu'on trouve dans une solution à 1,0 mol/L (*voir l'exemple 5.10*).

### *Exemple 5.10* Calcul du pourcentage de dissociation

Calculez le pourcentage de dissociation de l'acide acétique ($K_a = 1{,}8 \times 10^{-5}$) dans chacune des solutions suivantes :

**a)** Solution à 1,00 mol/L.
**b)** Solution à 0,100 mol/L.

***Solution***

Principales espèces

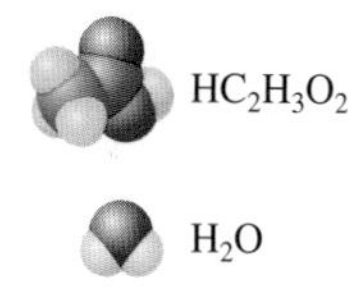


**a)** Puisque l'acide acétique est un acide faible, les principales espèces en solution sont $CH_3COOH$ et $H_2O$. Ces deux espèces sont des acides faibles, mais l'acide acétique est beaucoup plus fort que l'eau. Par conséquent, l'équilibre principal est :

$$CH_3COOH(aq) \rightleftharpoons H^+(aq) + CH_3COO^-(aq)$$

L'expression de la constante d'équilibre est :

$$K_a = 1{,}8 \times 10^{-5} = \frac{[H^+][CH_3COO^-]}{[CH_3COOH]}$$

Les concentrations initiales, la détermination de $x$ et les concentrations à l'équilibre sont les suivantes.

| | $CH_3COOH(aq)$ | $\rightleftharpoons$ | $H^+(aq)$ | + | $CH_3COO^-(aq)$ |
|---|---|---|---|---|---|
| Initiale : | 1,00 | | 0 | | 0 |
| Changement : | $-x$ | | $x$ | | $x$ |
| Équilibre : | $1{,}00 - x$ | | $x$ | | $x$ |

Une solution d'acide acétique, qui est un électrolyte faible, ne contient que quelques ions de sorte qu'il ne conduit pas le courant autant que peut le faire un électrolyte fort. L'ampoule ne brille alors que faiblement.

En remplaçant les concentrations à l'équilibre par leurs valeurs dans l'expression de la constante d'équilibre et en effectuant l'approximation habituelle ($x$ est faible par rapport à $[HA]_0$), on obtient :

$$K_a = 1{,}8 \times 10^{-5} = \frac{[H^+][CH_3COO^-]}{[CH_3COOH]} = \frac{(x)(x)}{1{,}00 - x} \approx \frac{x^2}{1{,}00}$$

d'où

$$x^2 \approx 1{,}8 \times 10^{-5} \quad \text{et} \quad x \approx 4{,}2 \times 10^{-3}$$

L'approximation $1{,}00 - x \approx 1{,}00$ étant valide (règle des 5 %), on a :

$$[H^+] = x = 4{,}2 \times 10^{-3}\ \text{mol/L}$$

Le pourcentage de dissociation est :

$$\frac{[H^+]}{[CH_3COOH]_0} \times 100\ \% = \frac{4{,}2 \times 10^{-3}}{1{,}00} \times 100\ \% = 0{,}42\ \%$$

**b)** Ce problème est identique au précédent, sauf que $[CH_3COOH]_0 = 0{,}100$ mol/L. La résolution de ce problème conduit à l'expression suivante :

$$K_a = 1{,}8 \times 10^{-5} = \frac{[H^+][CH_3COO^-]}{[CH_3COOH]} = \frac{(x)(x)}{1{,}00 - x} \approx \frac{x^2}{1{,}00}$$

d'où

$$x = [H^+] = 1{,}3 \times 10^{-3}\ \text{mol/L}$$

et

$$\text{Pourcentage de dissociation} = \frac{1{,}3 \times 10^{-3}}{0{,}10} \times 100\ \% = 1{,}3\ \%$$

***Voir les exercices 5.52 et 5.53***

Plus un acide faible est dilué, plus son pourcentage de dissociation est élevé.

Les résultats de l'exemple 5.10 mettent deux faits importants en évidence. À l'équilibre, la concentration des ions $H^+$ est, dans une solution d'acide acétique 0,100 mol/L, inférieure à celle qu'on trouve dans une solution à 1,0 mol/L, comme on pouvait s'y attendre. Cependant, le pourcentage de dissociation est, dans une solution à 0,100 mol/L, nettement supérieur à celui qu'on trouve à 1,0 mol/L. C'est la règle : *pour les solutions de tout acide faible HA, $[H^+]$ diminue au fur et à mesure que $[HA]_0$ diminue, alors que le pourcentage de dissociation augmente*. Voici l'explication de ce phénomène :

Considérons l'acide faible HA, à une concentration initiale $[HA]_0$, où, à l'équilibre,

$$[HA] = [HA]_0 - x \approx [HA]_0$$

$$[H^+] = [A^-] = x$$

Dans ce cas :

$$K_a = \frac{[H^+][A^-]}{[HA]} \approx \frac{(x)(x)}{[HA]_0}$$

Lorsqu'on ajoute subitement une quantité d'eau suffisante pour que la solution soit diluée par un facteur 10, les nouvelles concentrations, avant tout déplacement de l'équilibre, sont :

$$[A^-]_{\text{nouveau}} = [H^+]_{\text{nouveau}} = \frac{x}{10}$$

$$[HA]_{\text{nouveau}} = \frac{[HA]_0}{10}$$

et $Q$ (quotient réactionnel) est :

$$Q = \frac{\left(\frac{x}{10}\right)\left(\frac{x}{10}\right)}{\frac{[HA]_0}{10}} = \frac{1(x)(x)}{10\,[HA]_0} = \frac{1}{10}K_a$$

## IMPACT

### Chimie et produits ménagers

Les agents de blanchiment courants sont des solutions aqueuses contenant environ 5 % d'hypochlorite de sodium, puissant oxydant qui peut réagir avec les substances chimiques et décolorer les taches qu'elles causent. On prépare ces solutions en dissolvant du chlore gazeux dans une solution d'hydroxyde de sodium pour provoquer la réaction suivante :

$$Cl_2(g) + 2OH^-(aq) \rightleftharpoons OCl^-(aq) + Cl^-(aq) + H_2O(l)$$

Tant que le pH de cette solution demeure au-dessus de 8, les ions $OCl^-$ et $Cl^-$ sont les principales espèces qui contiennent du chlore. Cependant, si la solution est rendue acide (si $[OH^-]$ diminue), c'est le chlore élémentaire ($Cl_2$) qui est favorisé ; puisque le $Cl_2$ est beaucoup moins soluble dans l'eau que l'hypochlorite de sodium, il s'échappe de la solution sous forme gazeuse. C'est pourquoi on trouve sur les étiquettes des bouteilles de javellisant une mise en garde contre le mélange de ce produit avec d'autres solutions nettoyantes. Par exemple, les nettoyants des cuvettes de toilettes contiennent habituellement des acides tels que $H_3PO_4$ ou $HSO_4^-$ et leur pH est environ de 2. Le mélange d'un tel produit avec un javellisant peut provoquer une émanation très dangereuse de chlore gazeux.

Par contre, si le javellisant est mélangé avec un agent nettoyant qui contient de l'ammoniac, le chlore et l'ammoniac réagissent pour produire des chloramines, tels $NH_2Cl$, $NHCl_2$ et $NCl_3$. Ces composés produisent des vapeurs âcres qui peuvent causer de l'insuffisance respiratoire.

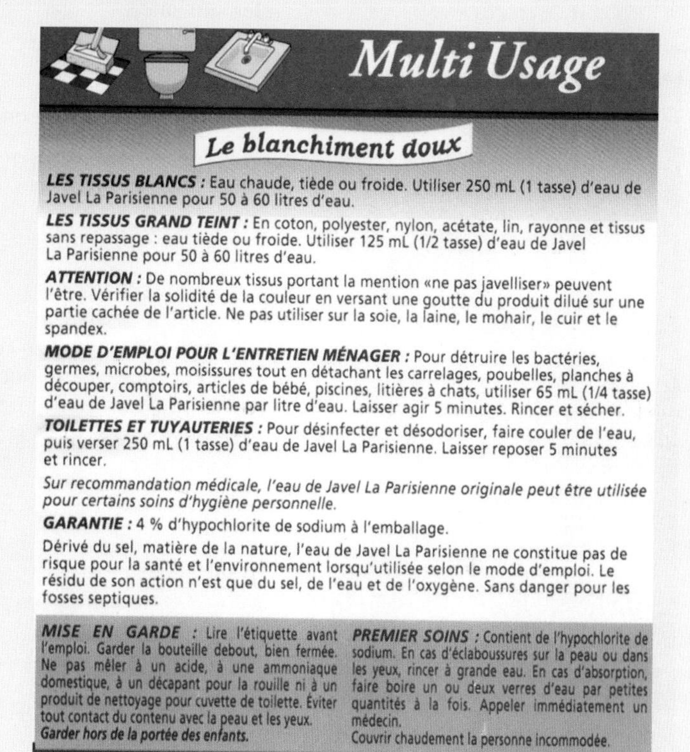


**L'étiquette de cette bouteille de javellisant avertit des dangers que représente le mélange de solutions de nettoyage.**

Puisque $Q < K_a$, le système se déplace vers la droite pour atteindre le nouvel équilibre. Par conséquent, le pourcentage de dissociation augmente lorsque l'acide est dilué. La figure 5.10 illustre ce phénomène. L'exemple 5.11 montre comment utiliser le pourcentage de dissociation pour calculer la valeur de $K_a$ pour un acide faible.

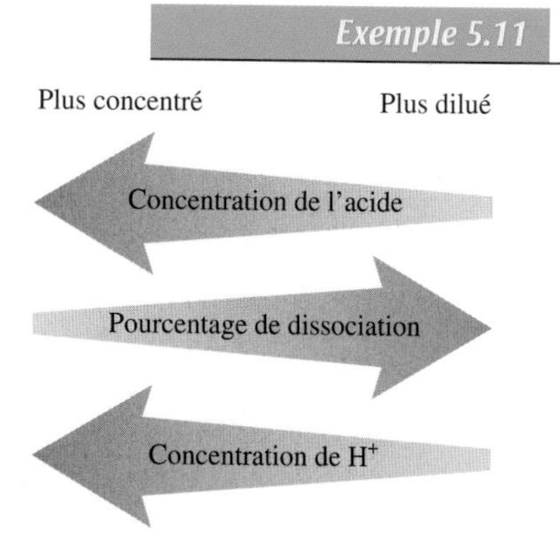


**FIGURE 5.10**
Influence de la dilution sur le pourcentage de dissociation et sur $[H^+]$ d'une solution d'un acide faible.

*Exemple 5.11*

## Calcul de $K_a$ à partir du pourcentage de dissociation

L'acide lactique ($CH_3CHOHCOOH$) est un déchet métabolique qui, en s'accumulant dans les tissus musculaires à la suite d'efforts, provoque de la douleur et entraîne une impression de fatigue. Dans une solution aqueuse d'acide lactique 0,10 mol/L, le pourcentage de dissociation est de 3,7 %. Calculez la valeur de $K_a$ pour cet acide.

### *Solution*

Puisque la valeur du pourcentage de dissociation est faible, l'acide lactique est un acide faible. Ainsi, les principales espèces en solution sont l'acide non dissocié et l'eau, $CH_3CHOHCOOH$ et $H_2O$. Mais, bien que $CH_3CHOHCOOH$ soit un acide faible, c'est un acide beaucoup plus fort que l'eau ; il constitue par conséquent la principale source d'ions $H^+$ de la solution. La réaction de dissociation est donc :

$$CH_3CHOHCOOH(aq) \rightleftharpoons H^+(aq) + CH_3CHOHCOO^-(aq)$$

Principales espèces

$CH_3CHOHCOOH$

$H_2O$

Un exercice vigoureux provoque une accumulation d'acide lactique dans les muscles.

L'expression de la constante d'équilibre est :

$$K_a = \frac{[H^+][CH_3CHOHCOO^-]}{[CH_3CHOHCOOH]}$$

Les concentrations initiales, la définition de $x$ et les concentrations à l'équilibre sont les suivantes.

| Concentration initiale (mol/L) | | Concentration à l'équilibre (mol/L) |
|---|---|---|
| $[CH_3CHOHCOOH]_0 = 0{,}10$ | $x$ mol/L de $CH_3CHOHCOOH$ sont dissociées ⟶ | $[CH_3CHOHCOOH] = 0{,}10 - x$ |
| $[CH_3CHOHCOO^-]_0 = 0$ | | $[CH_3CHOHCOO^-] = x$ |
| $[H^+]_0 \approx 0$ | | $[H^+] = x$ |

On peut déterminer la modification nécessaire pour que l'équilibre soit atteint à partir du pourcentage de dissociation de l'acide et de l'équation 5.5. Pour cet acide, on a :

$$\text{Pourcentage de dissociation} = 3{,}7\ \% = \frac{x}{[CH_3CHOHCOOH]_0} \times 100\ \%$$

$$= \frac{x}{0{,}10} \times 100\ \%$$

d'où

$$x = \frac{3{,}7}{100}(0{,}10) = 3{,}7 \times 10^{-3}\ \text{mol/L}$$

On peut ensuite calculer les concentrations à l'équilibre :

$$[CH_3CHOHCOOH] = 0{,}10 - x = 0{,}10\ \text{mol/L}$$ (si on se limite au nombre adéquat de chiffres significatifs)

$$[CH_3CHOHCOO^-] = [H^+] = x = 3{,}7 \times 10^{-3}\ \text{mol/L}$$

On peut enfin utiliser les valeurs de ces concentrations pour calculer la valeur de $K_a$ pour l'acide lactique ; ainsi :

$$K_a = \frac{[H^+][CH_3CHOHCOO^-]}{[CH_3CHOHCOOH]} = \frac{(3{,}7 \times 10^{-3})(3{,}7 \times 10^{-3})}{0{,}10} = 1{,}4 \times 10^{-4}$$

***Voir les exercices 5.54 et 5.55***

## 5.6 Bases

Dans une solution basique à 25 °C, pH > 7.

Selon la théorie d'Arrhenius, une base est une substance qui, en milieu aqueux, produit des ions $OH^-$, et selon celle de Brønsted-Lowrey, elle accepte des protons. L'hydroxyde de sodium (NaOH) et l'hydroxyde de potassium (KOH) ont un comportement conforme à ces deux définitions. Ils contiennent en effet des ions $OH^-$ dans leur structure cristalline et, en tant qu'électrolytes forts, ils sont totalement dissociés en solution aqueuse :

$$NaOH(s) \longrightarrow Na^+(aq) + OH^-(aq)$$

Il ne reste pratiquement aucune formule NaOH ou KOH non dissociée. En fait, une solution de NaOH 1,0 mol/L contient en réalité 1,0 mol/L d'ions $Na^+$ et 1,0 mol/L d'ions $OH^-$. Parce qu'elles sont totalement dissociées, les bases NaOH et KOH sont dites **bases fortes**, par analogie avec les acides forts.

Tous les hydroxydes des éléments du groupe 1 (LiOH, NaOH, KOH, RbOH et CsOH) sont des bases fortes. Toutefois, on n'utilise couramment en laboratoire que les bases NaOH et KOH, car les hydroxydes de lithium, de rubidium et de césium sont très coûteux. Les hydroxydes des éléments alcalino-terreux (groupe 2), $Ca(OH)_2$, $Ba(OH)_2$ et $Sr(OH)_2$,

S'ASSURER QUE LE SCELLÉ ENTOURANT LE BOUCHON EST INTACT.
BIOMÉDIC ANTIACIDE est présenté sous forme de suspension au goût agréable. Dans chaque cuillerée à thé de 5 mL, on trouve 200 mg d'hydroxyde de magnésium USP, 200 mg d'hydroxyde d'aluminium USP qui procurent un soulagement symptomatique de l'hyperacidité gastrique.
BIEN AGITER AVANT USAGE.
POSOLOGIE D'ADULTES : 2 à 4 cuillerées à thé (10 à 20 mL) à prendre entre 20 minutes et 1 heure après les repas et au coucher, ou selon les instructions du médecin.
MISE EN GARDE : Ne pas prendre plus de 16 cuillerées à thé en 24 heures. Ne pas utiliser pendant plus de 2 semaines ou si les symptômes réapparaissent sans consulter un médecin. Ne pas utiliser dans les cas de maladie rénale, sauf sur avis et sous surveillance médicale.
Interaction avec d'autres médicaments : Ne pas prendre un autre médicament dans un délai de 2 heures parce que l'efficacité de l'autre médicament peut être modifiée. Ne pas utiliser si l'on prend un antibiotique contenant de la tétracycline sous quelque forme que ce soit.

Un antiacide contenant des hydroxydes d'aluminium et de magnésium.

sont également des bases fortes. Dans ces derniers cas, cependant, chaque mole d'hydroxyde métallique produit, en solution aqueuse, deux moles d'ions hydroxyde.

Les hydroxydes des éléments alcalino-terreux étant peu solubles, on ne les utilise que si leur facteur de solubilité n'est pas important. En fait, leur faible solubilité peut parfois présenter un avantage. Par exemple, la faible solubilité de nombreux antiacides – qui sont des suspensions d'hydroxydes métalliques (hydroxydes d'aluminium ou de magnésium, par exemple) – empêche la formation d'une forte concentration d'ions hydroxyde, car ces derniers risquent d'endommager les tissus de la bouche, de l'œsophage et de l'estomac. Or, malgré cela, ces suspensions produisent suffisamment d'ions hydroxyde pour réagir avec l'acidité de l'estomac, étant donné que les sels se dissolvent au fur et à mesure que la réaction se produit.

On utilise beaucoup dans l'industrie l'hydroxyde de calcium, $Ca(OH)_2$ (souvent appelé **chaux éteinte**), car il est peu coûteux et abondant. On l'utilise notamment pour laver des gaz afin d'éliminer le dioxyde de soufre des gaz qu'émettent, entre autres, les centrales électriques thermiques et les industries métallurgiques. Dans ce procédé de lavage, on pulvérise une suspension de chaux éteinte dans la cheminée afin qu'elle réagisse avec le dioxyde de soufre selon les réactions suivantes :

$$SO_2(g) + H_2O(l) \rightleftharpoons H_2SO_3(aq)$$
$$Ca(OH)_2(aq) + H_2SO_3(aq) \rightleftharpoons CaSO_3(s) + 2H_2O(l)$$

On utilise par ailleurs abondamment la chaux éteinte dans les usines de traitement de l'eau, dans le but d'adoucir les eaux dures, c'est-à-dire d'éliminer les ions $Ca^{2+}$ et $Mg^{2+}$ qui s'opposent à l'action des détergents. La méthode d'adoucissement la plus utilisée est le **procédé chaux-soude**, dans lequel on ajoute à l'eau de la *chaux*, CaO, et du *carbonate de sodium* (soude), $Na_2CO_3$. On le verra plus en détail un peu plus loin, les ions $CO_3^{2-}$ réagissent avec l'eau pour former des ions $HCO_3^-$. Quand la chaux réagit avec l'eau, il y a formation de chaux éteinte,

$$CaO(s) + H_2O(l) \longrightarrow Ca(OH)_2(aq)$$

laquelle réagit à son tour avec un ion $HCO_3^-$ provenant de la soude ajoutée et un ion $Ca^{2+}$ présent dans l'eau dure. Il y a alors formation de carbonate de calcium :

On utilise aussi le carbonate de calcium pour le lavage des gaz.

$$Ca(OH)_2(aq) + \underset{\text{Présent dans l'eau dure}}{Ca^{2+}(aq)} + 2HCO_3^-(aq) \longrightarrow 2CaCO_3(s) + 2H_2O(l)$$

Ainsi, pour chaque mole de $Ca(OH)_2$ transformée, il y a élimination d'une mole de $Ca^{2+}$ de l'eau dure, ce qui a pour effet d'adoucir cette dernière. Certaines eaux dures contiennent naturellement des ions bicarbonate ; dans ce cas, il n'est pas nécessaire de leur ajouter de la soude : la simple addition de chaux suffit à adoucir l'eau.

Le calcul du pH d'une solution d'une base forte est relativement simple, comme en fait foi l'exemple 5.12.

## Exemple 5.12 pH des bases fortes

Calculez le pH d'une solution de NaOH $5{,}0 \times 10^{-2}$ mol/L.

Principales espèces

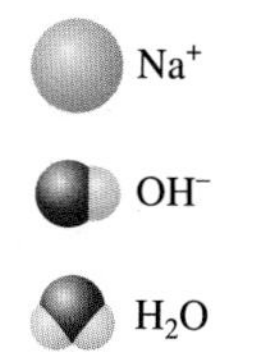


***Solution***

Les principales espèces en solution sont :

$$\underbrace{Na^+, OH^-}_{\text{Deux espèces provenant du NaOH}} \quad \text{et} \quad H_2O$$

Bien que la réaction d'auto-ionisation de l'eau produise également des ions $OH^-$, ce sont surtout les ions $OH^-$ provenant du NaOH dissous qui déterminent la valeur du pH. Par conséquent, dans cette solution,

$$[OH^-] = 5{,}0 \times 10^{-2} \text{ mol/L}$$

On peut calculer la concentration de $H^+$ à partir de $K_{eau}$ :

$$[H^+] = \frac{K_{eau}}{[OH^-]} = \frac{1,0 \times 10^{-14}}{5,0 \times 10^{-2}} = 2,0 \times 10^{-13} \text{ mol/L}$$

$$pH = 12,70$$

On remarque que la solution est basique :

$$[OH^-] > [H^+] \quad \text{et} \quad pH > 7$$

Les ions $OH^-$ provenant de NaOH ont fait déplacer la réaction d'auto-ionisation de l'eau vers la gauche :

$$H_2O(l) \rightleftharpoons H^+(aq) + OH^-(aq)$$

ce qui a réduit $[H^+]$ de façon significative par rapport à $[H^+]$ dans l'eau pure.

***Voir les exercices 5.64 à 5.66***

---

Une base ne contient pas nécessairement d'ion hydroxyde.

De nombreux accepteurs de protons (des bases) ne contiennent pas d'ions hydroxyde. Cependant, une fois dissoutes dans l'eau, ces substances font augmenter la concentration d'ions hydroxyde, en raison de leur réaction avec l'eau. Par exemple, l'ammoniac réagit avec l'eau conformément à la réaction suivante :

$$NH_3(aq) + H_2O(l) \rightleftharpoons NH_4^+(aq) + OH^-(aq)$$

La molécule d'ammoniac capte un proton et joue par conséquent le rôle d'une base. Dans cette réaction, c'est l'eau qui joue le rôle d'un acide. Même si l'ammoniac ne contient aucun ion hydroxyde, sa présence fait augmenter la concentration d'ions hydroxyde, ce qui entraîne la formation d'une solution basique.

Des bases comme l'ammoniac possèdent en général au moins un doublet d'électrons libres, qui peut former une liaison avec un proton. On peut représenter la réaction de la molécule d'ammoniac avec une molécule d'eau de la façon suivante :

$$H_3N\!: + H\!-\!\ddot{O}\!:\!-H \rightleftharpoons H\!-\!N^+H_3 + :\ddot{O}\!-\!H^-$$

Il existe de nombreuses bases qui, comme l'ammoniac, produisent des ions hydroxyde en réagissant avec l'eau. Dans la plupart de ces bases, le doublet libre est situé sur l'atome d'azote. En voici quelques exemples :

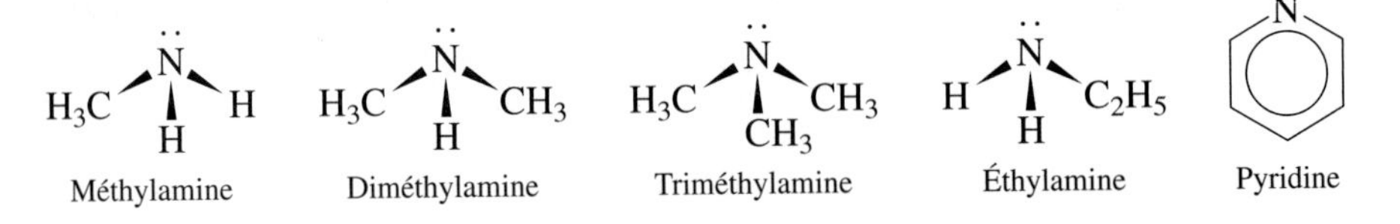


On peut considérer les quatre premières bases comme des produits de substitution de l'ammoniac, les atomes d'hydrogène étant remplacés par des groupements méthyles ($CH_3$) ou éthyles ($C_2H_5$). La molécule de pyridine ressemble à celle du benzène :

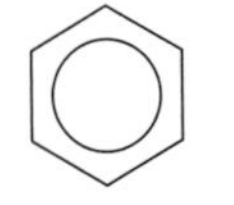

Toutefois, l'atome d'azote remplace un des atomes de carbone du noyau. La réaction générale entre une base (B) et l'eau prend la forme suivante :

$$\underset{\text{Base}}{B(aq)} + \underset{\text{Acide}}{H_2O(l)} \rightleftharpoons \underset{\text{Acide conjugué}}{BH^+(aq)} + \underset{\text{Base conjuguée}}{OH^-(aq)} \tag{5.6}$$

**TABLEAU 5.3 Valeurs de $K_b$ pour quelques bases faibles courantes**

| Nom | Formule | Acide conjugué | $K_b$ |
|---|---|---|---|
| ammoniac | $NH_3$ | $NH_4^+$ | $1,8 \times 10^{-5}$ |
| méthylamine | $CH_3NH_2$ | $CH_3NH_3^+$ | $4,38 \times 10^{-4}$ |
| éthylamine | $C_2H_5NH_2$ | $C_2H_5NH_3^+$ | $5,6 \times 10^{-4}$ |
| aniline | $C_6H_5NH_2$ | $C_6H_5NH_3^+$ | $3,8 \times 10^{-10}$ |
| pyridine | $C_6H_5N$ | $C_6H_5NH^+$ | $1,7 \times 10^{-9}$ |

La constante d'équilibre pour cette réaction générale est :

L'annexe A5.3 comporte un tableau des valeurs de $K_b$.

$$K_b = \frac{[BH^+][OH^-]}{[B]}$$

où $K_b$ *concerne toujours la réaction d'une base avec l'eau, réaction dans laquelle il y a formation de l'acide conjugué et de l'ion hydroxyde.*

Les bases du type représenté par la lettre B dans l'équation 5.6 entrent en compétition avec $OH^-$, une base très forte, pour l'acquisition de l'ion $H^+$. Ainsi, la valeur de $K_b$ pour ces bases tend à être faible (par exemple, pour l'ammoniac, $K_b = 1,8 \times 10^{-5}$) ; c'est pourquoi on les appelle des **bases faibles**. Le tableau 5.3 présente les valeurs de $K_b$ pour quelques bases faibles courantes.

En général, la procédure utilisée pour le calcul du pH de solutions d'une base faible est semblable à celle utilisée pour le calcul du pH de solutions d'un acide faible (*voir les exemples 5.13 et 5.14*).

## Exemple 5.13 pH des bases faibles I

Calculez le pH d'une solution de $NH_3$ 15,0 mol/L ($K_b = 1,8 \times 10^{-5}$).

***Solution***

Puisque l'ammoniac est une base faible ($K_b$ est faible), la majeure partie du $NH_3$ dissous demeure sous forme de $NH_3$. Par conséquent, les principales espèces en solution sont :

Principales espèces

$NH_3$

$H_2O$

$$NH_3 \quad \text{et} \quad H_2O$$

Ces deux substances peuvent produire des ions $OH^-$, conformément aux réactions suivantes :

$$NH_3(aq) + H_2O(l) \rightleftharpoons NH_4^+(aq) + OH^-(aq) \qquad K_b = 1,8 \times 10^{-5}$$
$$H_2O(l) \rightleftharpoons H^+(aq) + OH^-(aq) \qquad K_{eau} = 1,0 \times 10^{-14}$$

Cependant, on peut considérer que la contribution de l'eau est négligeable, puisque $K_b \gg K_{eau}$. C'est donc l'équilibre du $NH_3$ qui est le plus important ; l'expression de la constante d'équilibre à utiliser est donc :

$$K_b = 1,8 \times 10^{-5} = \frac{[NH_4^+][OH^-]}{[NH_3]}$$

Ces concentrations peuvent être représentées sous forme de tableau :

Se reporter aux étapes indiquées pour la résolution des problèmes d'équilibre d'un acide faible. Aborder aussi méthodiquement les problèmes d'équilibre des bases faibles.

| | $NH_3(aq)$ | + | $H_2O(l)$ | $\rightleftharpoons$ | $NH_4^+(aq)$ | + | $OH^-(aq)$ |
|---|---|---|---|---|---|---|---|
| Initiale : | 15,0 | | — | | 0 | | 0 |
| Changement : | $-x$ | | — | | $+x$ | | $+x$ |
| Équilibre : | $15,0 - x$ | | — | | $x$ | | $x$ |

## IMPACT

### Les amines

On a vu que, dans de nombreuses bases, on trouvait un atome d'azote avec un doublet d'électrons libres. On peut considérer ces bases comme des produits de substitution de l'ammoniac satisfaisant à la formule générale $R_xNH_{(3-x)}$. Ces bases, qu'on appelle **amines**, se trouvent un peu partout, tant chez les animaux que chez les plantes, les amines complexes jouant souvent le rôle de messager ou de régulateur. Par exemple, dans le système nerveux de l'être humain, deux amines jouent le rôle de stimulant : la *norépinéphrine* et l'*adrénaline*.

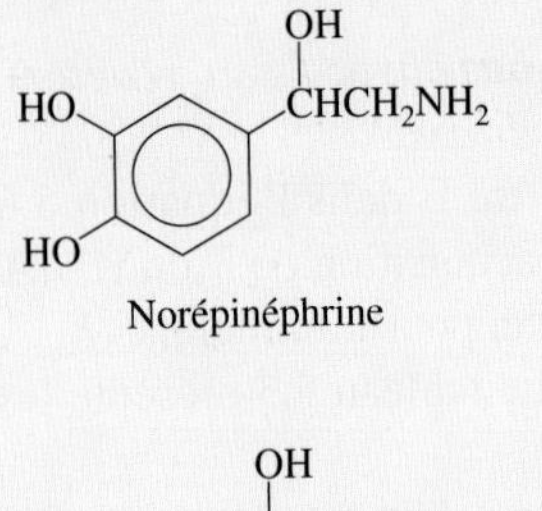

Norépinéphrine

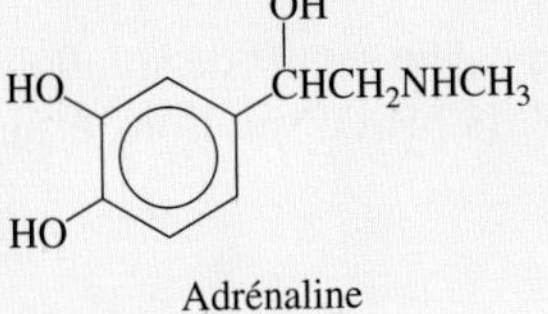

Adrénaline

L'*éphédrine*, abondamment utilisée comme décongestif, est un médicament que les Chinois connaissent depuis plus de 2000 ans. Les Indiens du Mexique et du sud-ouest des États-Unis connaissent, depuis des siècles, la *mescaline*, un alcaloïde hallucinogène extrait du peyotl, une plante de la famille des cactées.

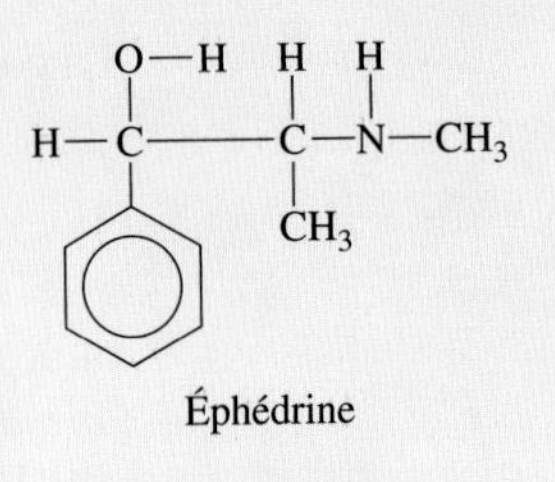

Éphédrine

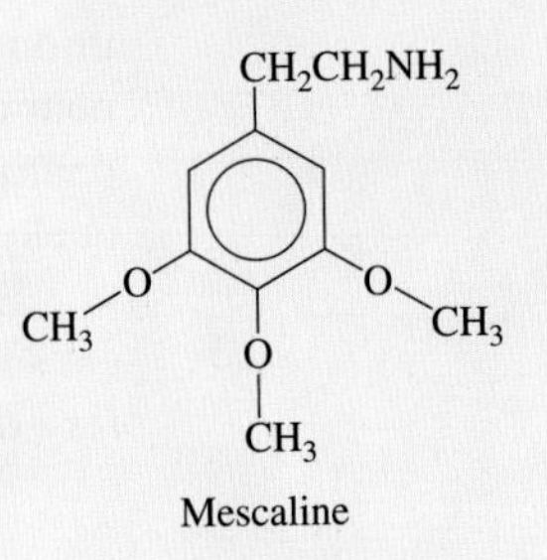

Mescaline

En remplaçant les concentrations par leurs valeurs dans l'expression de la constante d'équilibre et en effectuant l'approximation habituelle, on obtient :

$$K_b = 1{,}8 \times 10^{-5} = \frac{[NH_4^+][OH^-]}{[NH_3]} = \frac{(x)(x)}{15{,}0 - x} \approx \frac{x^2}{15{,}0}$$

d'où $$x \approx 1{,}6 \times 10^{-2}$$

Selon la règle des 5 %, cette approximation est valide ; par conséquent ;

$$[OH^-] = 1{,}6 \times 10^{-2} \text{ mol/L}$$

Puisque l'expression de $K_{eau}$ doit être vérifiée pour cette solution, on peut calculer $[H^+]$ de la façon suivante :

$$[H^+] = \frac{K_{eau}}{[OH^-]} = \frac{1{,}0 \times 10^{-14}}{1{,}6 \times 10^{-2}} = 6{,}3 \times 10^{-13} \text{ mol/L}$$

Par conséquent : $$\text{pH} = -\log(6{,}3 \times 10^{-13}) = 12{,}20$$

***Voir l'exercice 5.69***

L'exemple 5.13 montre comment on peut résoudre un problème d'équilibre typique relatif à une base faible. Signalons par ailleurs deux autres points importants.

1. On a calculé $[H^+]$ à partir de $K_{eau}$, puis on a calculé le pH. Il existe cependant une autre méthode. On pourrait calculer le pOH à partir de $[OH^-]$, puis utiliser la valeur ainsi obtenue dans l'équation 5.3 ; ainsi :

$$\text{p}K_{eau} = 14{,}00 = \text{pH} + \text{pOH}$$
$$\text{pH} = 14{,}00 - \text{pOH}$$

De nombreux autres médicaments, telles la codéine et la quinine, sont aussi des amines. Cependant, on ne les utilise pas sous forme d'amines, mais plutôt sous forme de sels acides obtenus à l'aide de leur réaction avec un acide. Le chlorure d'ammonium obtenu grâce à la réaction

$$NH_3 + HCl \longrightarrow NH_4Cl$$

en est un exemple. Les amines peuvent elles aussi être protonées. Le sel acide qui en résulte, AHCl (où A représente l'amine), contient les ions $AH^+$ et $Cl^-$. En général, les sels acides sont plus stables et plus solubles dans l'eau que les amines. Par exemple, la *novocaïne* est insoluble dans l'eau, alors que son sel acide, un anesthésique local bien connu, est beaucoup plus soluble.

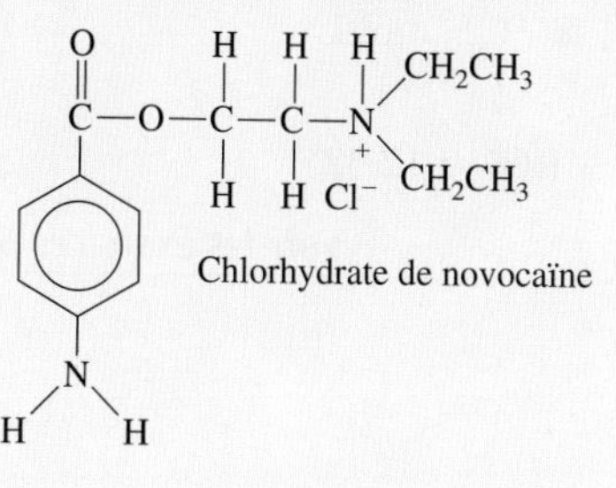


Chlorhydrate de novocaïne

Le peyotl est un cactus poussant sur des cailloux.

2. Dans une solution de $NH_3$ 15,0 mol/L, les concentrations à l'équilibre de $NH_4^+$ et de $OH^-$ sont chacune de $1,6 \times 10^{-2}$ mol/L. Seul un faible pourcentage

$$\frac{1,6 \times 10^{-2}}{15,0} \times 100\ \% = 0,11\ \%$$

de l'ammoniac réagit avec l'eau. Sur les étiquettes des bouteilles contenant $NH_3$ 15,0 mol/L, on lit souvent $NH_4OH$ 15,0 mol/L (hydroxyde d'ammonium). Toutefois, selon les résultats, il serait plus approprié d'indiquer $NH_3$ 15,0 mol/L.

## Exemple 5.14 pH des bases faibles II

Calculez le pH d'une solution de méthylamine 1,0 mol/L ($K_b = 4,38 \times 10^{-4}$).

***Solution***

Principales espèces

$CH_3NH_2$

$H_2O$

Puisque la méthylamine ($CH_3NH_2$) est une base faible, les principales espèces en solution sont :

$$CH_3NH_2 \quad \text{et} \quad H_2O$$

Les deux sont des bases ; cependant, on peut considérer que la contribution de l'eau comme source de $OH^-$ est négligeable ; l'équilibre important est donc :

$$CH_3NH_2(aq) + H_2O(l) \rightleftharpoons CH_3NH_3^+(aq) + OH^-(aq)$$

et

$$K_b = 4,38 \times 10^{-4} = \frac{[CH_3NH_3^+][OH^-]}{[CH_3NH_2]}$$

Les concentrations sont les suivantes :

| | $CH_3NH_2(aq)$ | + | $H_2O(l)$ | $\rightleftharpoons$ | $CH_3NH_3^+(aq)$ | + | $OH^-(aq)$ |
|---|---|---|---|---|---|---|---|
| **Initiale :** | 1,0 | | — | | 0 | | 0 |
| **Changement :** | $-x$ | | — | | $+x$ | | $+x$ |
| **Équilibre :** | $1{,}0 - x$ | | — | | $x$ | | $x$ |

En remplaçant les concentrations par leurs valeurs dans l'expression de la constante d'équilibre et en effectuant l'approximation habituelle, on obtient :

$$K_b = 4{,}38 \times 10^{-4} = \frac{[CH_3NH_3^+][OH^-]}{[CH_3NH_2]} = \frac{(x)(x)}{1{,}0 - x} \approx \frac{x^2}{1{,}0}$$

d'où

$$x \approx 2{,}1 \times 10^{-2}$$

L'approximation est valide selon la règle des 5 % ; par conséquent :

$$[OH^-] = x = 2{,}1 \times 10^{-2} \text{ mol/L}$$
$$pOH = 1{,}68$$
$$pH = 14{,}00 - 1{,}68 = 12{,}32$$

**Voir les exercices 5.70 et 5.71**

## 5.7 Polyacides

Certains acides importants, tels l'acide sulfurique ($H_2SO_4$) et l'acide phosphorique ($H_3PO_4$) peuvent céder plus d'un proton : ce sont des **polyacides**. Un polyacide est toujours dissocié de façon *graduelle*, un proton à la fois. Par exemple, l'acide carbonique ($H_2CO_3$), un diacide (deux protons), si important pour maintenir constant le pH sanguin, est dissocié en deux temps :

$$H_2CO_3(aq) \rightleftharpoons H^+(aq) + HCO_3^-(aq) \qquad K_{a_1} = \frac{[H^+][HCO_3^-]}{[H_2CO_3]} = 4{,}3 \times 10^{-7}$$

$$HCO_3^-(aq) \rightleftharpoons H^+(aq) + CO_3^{2-}(aq) \qquad K_{a_2} = \frac{[H^+][CO_3^{2-}]}{[HCO_3^-]} = 5{,}6 \times 10^{-11}$$

Pour désigner les différentes constantes de dissociation successives, on utilise les symboles $K_{a_1}$, $K_{a_2}$, etc. On remarque que la base conjuguée $HCO_3^-$ de la première réaction de dissociation devient l'acide de la deuxième réaction.

L'acide carbonique est formé lorsque le dioxyde de carbone est dissous dans l'eau. Étant donné qu'il existe peu de $H_2CO_3$ en solution, la première étape de dissociation de l'acide carbonique est en fait mieux représentée par la réaction suivante :

$$CO_2(aq) + H_2O(l) \rightleftharpoons H^+(aq) + HCO_3^-(aq)$$

Cependant, il est fort pratique de considérer que la dissolution du $CO_2$ dans l'eau produit du $H_2CO_3$, car on peut alors analyser ces solutions comme si elles étaient des solutions d'acides faibles.

L'acide phosphorique, un **triacide** (trois protons) est dissocié de la façon suivante :

$$H_3PO_4(aq) \rightleftharpoons H^+(aq) + H_2PO_4^-(aq) \qquad K_{a_1} = \frac{[H^+][H_2PO_4^-]}{[H_3PO_4]} = 7{,}5 \times 10^{-3}$$

$$H_2PO_4^-(aq) \rightleftharpoons H^+(aq) + HPO_4^{2-}(aq) \qquad K_{a_2} = \frac{[H^+][HPO_4^{2-}]}{[H_2PO_4^-]} = 6{,}2 \times 10^{-8}$$

$$HPO_4^{2-}(aq) \rightleftharpoons H^+(aq) + PO_4^{3-}(aq) \qquad K_{a_3} = \frac{[H^+][PO_4^{3-}]}{[HPO_4^{2-}]} = 4{,}8 \times 10^{-13}$$

**TABLEAU 5.4 Constantes de dissociation successives de plusieurs polyacides courants**

| Nom | Formule | $K_{a_1}$ | $K_{a_2}$ | $K_{a_3}$ |
|---|---|---|---|---|
| acide phosphorique | $H_3PO_4$ | $7,5 \times 10^{-3}$ | $6,2 \times 10^{-8}$ | $4,8 \times 10^{-13}$ |
| acide arsénique | $H_3AsO_4$ | $5 \times 10^{-3}$ | $8 \times 10^{-8}$ | $6 \times 10^{-10}$ |
| acide carbonique | $H_2CO_3$ | $4,3 \times 10^{-7}$ | $5,6 \times 10^{-11}$ | |
| acide sulfurique | $H_2SO_4$ | élevée | $1,2 \times 10^{-2}$ | |
| acide sulfureux | $H_2SO_3$ | $1,5 \times 10^{-2}$ | $1,0 \times 10^{-7}$ | |
| acide sulfhydrique* | $H_2S$ | $1,0 \times 10^{-7}$ | $\sim 10^{-19}$ | |
| acide oxalique | $H_2C_2O_4$ | $6,5 \times 10^{-2}$ | $6,1 \times 10^{-5}$ | |
| acide ascorbique (vitamine C) | $H_2C_6H_6O_6$ | $7,9 \times 10^{-5}$ | $1,6 \times 10^{-12}$ | |

* La valeur $K_{a_2}$ de $H_2S$ est incertaine, étant difficile à mesurer en raison de sa valeur très faible.

Pour un polyacide faible typique,

$$K_{a_1} > K_{a_2} > K_{a_3}$$

Dans une solution obtenue par dissolution d'un polyacide typique dans l'eau, seule la première étape de dissociation est importante pour déterminer le pH de la solution.

En d'autres termes, l'acide qu'on trouve à chacune des étapes successives de la dissociation est plus faible que l'acide de l'étape précédente, comme on peut le constater en comparant les valeurs des constantes de dissociation présentées dans le tableau 5.4. Ces valeurs révèlent que la cession du deuxième et du troisième proton a lieu moins facilement que celle du premier proton. Il n'y a rien de surprenant à cela : en effet, puisque la charge négative de l'acide augmente, il devient de plus en plus difficile d'enlever un proton chargé positivement.

Le calcul du pH d'une solution d'un polyacide peut sembler très complexe. Dans la plupart des cas, cependant, ce calcul est, chose étonnante, assez simple. À titre d'exemple, considérons un cas typique, celui de l'acide phosphorique, et un cas particulier, celui de l'acide sulfurique.

## Acide phosphorique

L'acide phosphorique est l'exemple typique d'un polyacide faible, en ce sens que les valeurs successives des constantes de dissociation sont très différentes. Par exemple, les rapports des valeurs de $K_a$ successives sont (*voir le tableau 5.4*) :

$$\frac{K_{a_1}}{K_{a_2}} = \frac{7,5 \times 10^{-3}}{6,2 \times 10^{-8}} = 1,2 \times 10^5$$

$$\frac{K_{a_2}}{K_{a_3}} = \frac{6,2 \times 10^{-8}}{4,8 \times 10^{-13}} = 1,3 \times 10^5$$

Ainsi, les forces relatives des acides sont :

$$H_3PO_4 \gg H_2PO_4^- \gg HPO_4^{2-}$$

L'annexe A5.2 présente également un tableau des valeurs de $K_a$ pour les polyacides.

Cela signifie que, dans une solution aqueuse de $H_3PO_4$, *seule la première réaction de dissociation contribue de façon importante à augmenter $[H^+]$*. Ce phénomène permet de simplifier grandement les calculs du pH pour les solutions d'acide phosphorique (*voir l'exemple 5.15*).

*Exemple 5.15*

## pH d'un polyacide

Calculez le pH d'une solution de $H_3PO_4$ 5,0 mol/L, ainsi que les concentrations à l'équilibre des espèces : $H_3PO_4$, $H_2PO_4^-$, $HPO_4^{2-}$ et $PO_4^{3-}$.

Principales espèces

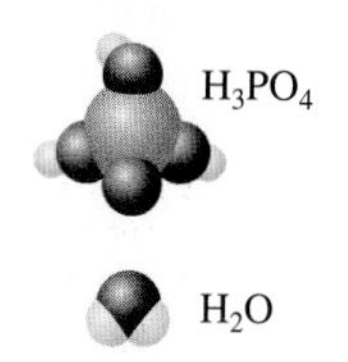


***Solution***

Les principales espèces en solution sont :

$$H_3PO_4 \quad \text{et} \quad H_2O$$

Aucun des produits de la dissociation de $H_3PO_4$ ne figure dans cette liste ; en effet, les valeurs de $K_a$ pour ces produits sont toutes si faibles qu'on doit classer ceux-ci parmi les espèces mineures. Le principal équilibre est donc celui de la dissociation de $H_3PO_4$ :

$$H_3PO_4(aq) \rightleftharpoons H^+(aq) + H_2PO_4^-(aq)$$

où

$$K_{a_1} = 7{,}5 \times 10^{-3} = \frac{[H^+][H_2PO_4^-]}{[H_3PO_4]}$$

Les concentrations sont les suivantes :

| | $H_3PO_4(aq)$ | $\rightleftharpoons$ | $H^+(aq)$ | + | $H_2PO_4^-(aq)$ |
|---|---|---|---|---|---|
| Initiale : | 5,0 | | 0 | | 0 |
| Changement : | $-x$ | | $+x$ | | $+x$ |
| Équilibre : | $5{,}0 - x$ | | $x$ | | $x$ |

En remplaçant les concentrations par leurs valeurs dans l'expression de la constante d'équilibre ($K_{a_1}$) et en effectuant l'approximation habituelle, on obtient :

$$K_{a_1} = 7{,}5 \times 10^{-3} = \frac{[H^+][H_2PO_4^-]}{[H_3PO_4]} = \frac{(x)(x)}{5{,}0 - x} \approx \frac{x^2}{5{,}0}$$

d'où

$$x \approx 1{,}9 \times 10^{-1}$$

Puisque $1{,}9 \times 10^{-1}$ est inférieur à 5 % de 5,0, l'approximation est acceptable et

$$[H^+] = x = 0{,}19 \text{ mol/L}$$
$$pH = 0{,}72$$

Jusqu'à présent, on a établi que

$$[H^+] = [H_2PO_4^-] = 0{,}19 \text{ mol/L}$$

et que

$$[H_3PO_4] = 5{,}0 - x = 4{,}8 \text{ mol/L}$$

On obtient la valeur de la concentration de $HPO_4^{2-}$ à partir de l'expression de la constante d'équilibre $K_{a_2}$ :

$$K_{a_2} = 6{,}2 \times 10^{-8} = \frac{[H^+][HPO_4^{2-}]}{[H_2PO_4^-]}$$

où

$$[H^+] = [H_2PO_4^-] = 0{,}19 \text{ mol/L}$$

Par conséquent :

$$[HPO_4^{2-}] = K_{a_2} = 6{,}2 \times 10^{-8} \text{ mol/L}$$

Pour déterminer $[PO_4^{3-}]$, on utilise l'expression de la constante d'équilibre $K_{a_3}$ et les valeurs déjà obtenues de $[H^+]$ et $[HPO_4^{2-}]$ :

$$K_{a_3} = \frac{[H^+][PO_4^{3-}]}{[HPO_4^{2-}]} = 4{,}8 \times 10^{-13} = \frac{0{,}19[PO_4^{3-}]}{(6{,}2 \times 10^{-8})}$$

d'où

$$[PO_4^{3-}] = \frac{(4{,}8 \times 10^{-13})(6{,}2 \times 10^{-8})}{0{,}19} = 1{,}6 \times 10^{-19} \text{ mol/L}$$

Ces résultats montrent que les deuxième et troisième étapes de dissociation ne contribuent pas de façon notable à l'augmentation de $[H^+]$. Cela tient au fait que $[HPO_4^{2-}]$ est égale à $6{,}2 \times 10^{-8}$ mol/L, ce qui signifie que $6{,}2 \times 10^{-8}$ mol/L seulement de $H_2PO_4^-$ ont été dissociées. La valeur de $[PO_4^{3-}]$ indique que la dissociation de $HPO_4^{2-}$ est encore plus faible. On doit cependant utiliser les deuxième et troisième étapes de la dissociation pour calculer les concentrations de $HPO_4^{2-}$ et de $PO_4^{3-}$, car ce sont les seules étapes dans lesquelles ces ions sont produits.

***Voir les exercices 5.77 et 5.78***

## Acide sulfurique

Parmi les acides courants, l'acide sulfurique constitue un cas particulier : *c'est un acide fort à la première étape de la dissociation, et un acide faible à la deuxième* :

$$H_2SO_4(aq) \longrightarrow H^+(aq) + HSO_4^-(aq) \qquad K_{a_1} \text{ très grande}$$
$$HSO_4^-(aq) \rightleftharpoons H^+(aq) + SO_4^{2-}(aq) \qquad K_{a_2} = 1{,}2 \times 10^{-2}$$

Dans l'exemple 5.16, on montre comment calculer le pH d'une solution d'acide sulfurique.

### Exemple 5.16 pH de l'acide sulfurique I

Calculez le pH d'une solution de $H_2SO_4$ 1,0 mol/L.

Principales espèces

$H^+$

$HSO_4^-$

$H_2O$

**Solution**

Les principales espèces en solution sont :

$$H^+, HSO_4^- \quad \text{et} \quad H_2O$$

Les deux premiers ions sont produits au cours de la première étape de la dissociation de $H_2SO_4$, qui est complète. La concentration de $H^+$ dans cette solution sera d'au moins 1,0 mol/L, puisque c'est la quantité produite par la première étape de la dissociation de $H_2SO_4$. Il faut maintenant répondre à la question suivante : La quantité d'ions $HSO_4^-$ dissociés est-elle suffisante pour contribuer de façon notable à l'augmentation de la concentration de $H^+$ ? On obtient la réponse à cette question en calculant les concentrations à l'équilibre pour la réaction de dissociation de $HSO_4^-$ :

$$HSO_4^-(aq) \rightleftharpoons H^+(aq) + SO_4^{2-}(aq)$$

où

$$K_{a_2} = 1{,}2 \times 10^{-2} = \frac{[H^+][SO_4^{2-}]}{[HSO_4^-]}$$

Les concentrations sont les suivantes :

| | $HSO_4^-(aq)$ | $\rightleftharpoons$ | $H^+(aq)$ | + | $SO_4^{2-}(aq)$ |
|---|---|---|---|---|---|
| Initiale : | 1,0 | | 1,0 | | 0 |
| Changement : | $-x$ | | $+x$ | | $+x$ |
| Équilibre : | $1{,}0 - x$ | | $1{,}0 + x$ | | $x$ |

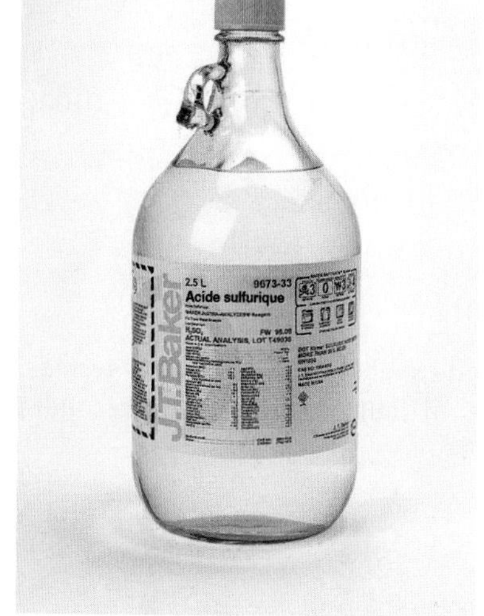

Une bouteille d'acide sulfurique.

On constate que $[H^+]_0$ n'est pas nulle, comme c'est en général le cas pour un acide faible, puisque la première réaction de dissociation a déjà eu lieu. En remplaçant ces concentrations par leurs valeurs dans l'expression de la constante d'équilibre $K_{a_2}$ et en effectuant l'approximation habituelle, on obtient :

$$K_{a_2} = 1{,}2 \times 10^{-2} = \frac{[H^+][SO_4^{2-}]}{[HSO_4^-]} = \frac{(1{,}0 + x)(x)}{1{,}0 - x} \approx \frac{(1{,}0)(x)}{1{,}0}$$

d'où

$$x \approx 1{,}2 \times 10^{-2}$$

Puisque $1{,}2 \times 10^{-2}$ représente 1,2 % de 1,0, l'approximation est acceptable selon la règle des 5 %. Toutefois, $x$ n'est pas égal à $[H^+]$ dans ce cas. Au contraire :

$$[H^+] = 1{,}0 \text{ mol/L} + x = 1{,}0 \text{ mol/L} + (1{,}2 \times 10^{-2}) \text{ mol/L}$$
$$= 1{,}0 \text{ mol/L (si l'on se limite au nombre adéquat de chiffres significatifs)}$$

Par conséquent, la dissociation de $HSO_4^-$ ne contribue pas de façon notable à l'augmentation de la concentration de $H^+$ ; alors

$$[H^+] = 1{,}0 \text{ mol/L} \quad \text{et} \quad pH = 0$$

**Voir l'exercice 5.79**

C'est uniquement dans les solutions diluées de $H_2SO_4$ que la deuxième étape de dissociation a de l'importance en tant que source d'ions $H^+$.

L'exemple 5.16 constitue le plus classique des problèmes relatifs à l'acide sulfurique, en ce que seule la première réaction de dissociation contribue de façon importante à l'augmentation de la concentration des ions $H^+$. Dans des solutions à moins de 1,0 mol/L (par exemple, $H_2SO_4$ 0,10 mol/L), la dissociation de $HSO_4^-$ devient importante ; la résolution d'un tel problème exige en effet le recours à une équation du second degré (exemple 5.17).

## Exemple 5.17 pH de l'acide sulfurique II

Calculez le pH d'une solution de $H_2SO_4$ $1,00 \times 10^{-2}$ mol/L.

**Solution**

Principales espèces

$H^+$

$HSO_4^-$

$H_2O$

Les principales espèces en solution sont :

$$H^+, HSO_4^- \quad \text{et} \quad H_2O$$

En procédant comme pour l'exemple 5.16, on considère la dissociation de $HSO_4^-$. On obtient ainsi les concentrations suivantes.

| | $HSO_4^-(aq)$ | $\rightleftharpoons$ | $H^+(aq)$ | + | $SO_4^{2-}(aq)$ |
|---|---|---|---|---|---|
| Initiale : | 0,0100 | | 0,0100<br>Provenant de la dissociation de $H_2SO_4$ | | 0 |
| Changement : | $-x$ | | $+x$ | | $+x$ |
| Équilibre : | $0,0100 - x$ | | $0,0100 + x$ | | $x$ |

En remplaçant les concentrations par leurs valeurs dans l'expression de la constante d'équilibre ($K_{a_2}$), on obtient :

$$1,2 \times 10^{-2} = K_{a_2} = \frac{[H^+][SO_4^{2-}]}{[HSO_4^-]} = \frac{(0,0100 + x)(x)}{(0,0100 - x)}$$

En effectuant l'approximation habituelle ($0,0100 + x \approx 0,0100$ et $0,0100 - x \approx 0,0100$), on obtient :

$$1,2 \times 10^{-2} = \frac{(0,0100 + x)(x)}{(0,0100 - x)} \approx \frac{(0,0100)x}{(0,0100)}$$

d'où
$$x = 1,2 \times 10^{-2} = 0,012$$

Cette valeur est grandement supérieure à 0,010, ce qui est absurde. En d'autres termes, on ne peut pas effectuer l'approximation habituelle ; il faut par conséquent résoudre l'équation du second degré. L'expression

$$1,2 \times 10^{-2} = \frac{(0,0100 + x)(x)}{(0,0100 - x)}$$

donne :

$$(1,2 \times 10^{-2})(0,0100 - x) = (0,0100 + x)(x)$$
$$(1,2 \times 10^{-4}) - (1,2 \times 10^{-2})\,x = (1,0 \times 10^{-2})x + x^2$$
$$x^2 + (2,2 \times 10^{-2})x - (1,2 \times 10^{-4}) = 0$$

On trouve les solutions de cette équation à l'aide de la formule suivante :

$$x = \frac{-b \pm \sqrt{b^2 - 4ac}}{2a}$$

où $a = 1$, $b = 2,2 \times 10^{-2}$ et $c = -1,2 \times 10^{-4}$. En utilisant cette formule, on obtient une racine négative (ce qui est absurde) et une racine positive :

$$x = 4,5 \times 10^{-3}$$

Alors $[H^+] = 0{,}0100 + x = 0{,}0100 + 0{,}0045 = 0{,}0145$

et $pH = 1{,}84$

On remarque que, dans ce cas, la deuxième étape de la dissociation produit environ à moitié moins d'ions $H^+$ que la première étape.

On peut également résoudre ce problème par approximations successives, une méthode illustrée à l'annexe A1.4.

***Voir l'exercice 5.80***

---

**Caractéristiques des polyacides faibles**

1. **Un polyacide faible typique possède des constantes de dissociation successives tellement faibles que seule la première étape contribue de façon significative à l'augmentation de la concentration des ions $H^+$ à l'équilibre. Par conséquent, le calcul du pH d'une solution d'un polyacide faible est identique à celui d'une solution d'un monoacide faible.**
2. **L'acide sulfurique, quant à lui, est un cas particulier, car c'est un acide fort à la première étape de la dissociation et un acide faible à la deuxième. Dans le cas d'une solution relativement concentrée d'acide sulfurique (1,0 mol/L ou plus), l'importante concentration de $H^+$ due à la première réaction de dissociation empêche la deuxième de se produire (on peut donc la négliger en tant que source d'ions $H^+$). Par contre, dans le cas de solutions diluées d'acide sulfurique, on ne peut pas négliger la deuxième étape de la réaction ; il faut alors résoudre une équation du second degré pour déterminer la valeur de *x* et la concentration totale en $H^+$.**

# 5.8 Propriétés acide-base des sels

Le mot **sel** est tout simplement un autre terme qui désigne un *composé ionique*. Quand on dissout un sel dans l'eau, on considère qu'il est décomposé en ses ions, qui sont alors libres de se déplacer indépendamment les uns des autres, au moins dans des solutions diluées. Dans certaines conditions, ces ions se comportent soit comme des acides, soit comme des bases. C'est ce type de réactions qu'on étudiera dans cette section.

## Sels qui produisent des solutions neutres

Le sel d'un acide fort et d'une base forte produit une solution neutre.

Rappelons que, par rapport à celle de la molécule d'eau, l'affinité de la base conjuguée d'un acide fort pour les protons est négligeable. C'est la raison pour laquelle les acides forts sont totalement dissociés en solution aqueuse. Ainsi, quand on introduit dans l'eau des anions tels $Cl^-$ ou $NO_3^-$, ils ne se combinent pas à $H^+$ et n'exercent aucune influence sur le pH. Les cations tels $K^+$ ou $Na^+$, qui proviennent de bases fortes, n'ont aucune affinité pour les ions $H^+$ ni pour les ions $OH^-$, et n'en produisent pas ; ils n'exercent donc aucune influence sur le pH d'une solution aqueuse. *Les sels dont les cations proviennent d'une base forte et les anions d'un acide fort n'exercent, une fois dissous dans l'eau, aucune influence sur* $[H^+]$. En d'autres termes, les solutions aqueuses de sels telles que KCl, NaCl, $NaNO_3$ et $KNO_3$ sont des solutions neutres (leur pH est 7).

## Sels qui produisent des solutions basiques

Principales espèces

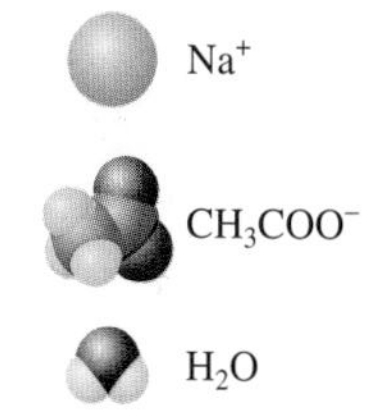


Dans une solution aqueuse d'acétate de sodium ($NaCH_3COO$), les principales espèces sont :

$$Na^+, CH_3COO^- \quad \text{et} \quad H_2O$$

Quelles sont les propriétés acide-base de chaque composant ? L'ion $Na^+$ n'a ni propriété acide ni propriété basique. L'ion $CH_3COO^-$ est la base conjuguée de l'acide acétique, un acide modérément faible ; cela signifie que $CH_3COO^-$ a une affinité non négligeable pour les protons et que c'est une base. Enfin, l'eau est une substance faiblement amphotère.

Le pH de cette solution est donc déterminé par l'ion $CH_3COO^-$ qui, puisque c'est une base, réagira avec le meilleur donneur de protons en présence. Dans ce cas, l'eau est la *seule* source de protons. La réaction entre l'ion acétate et l'eau est donc :

$$CH_3COO^-(aq) + H_2O(l) \rightleftharpoons CH_3COOH(aq) + OH^-(aq) \quad (5.7)$$

On remarque que, dans cette réaction, dont le produit est une solution basique, une *base réagit avec l'eau pour produire l'ion hydroxyde et un acide conjugué*. On sait déjà que $K_b$ est la constante d'équilibre pour une telle réaction. Dans ce cas, on a donc :

$$K_b = \frac{[CH_3COOH][OH^-]}{[CH_3COO^-]}$$

La valeur de $K_a$ pour l'acide acétique est connue ($1,8 \times 10^{-5}$). Mais comment déterminer la valeur de $K_b$ pour l'ion acétate ? On trouve la réponse dans la relation qui existe entre $K_a$, $K_b$ et $K_{eau}$. En multipliant $K_a$ pour l'acide acétique par $K_b$ pour l'ion acétate, on obtient $K_{eau}$ :

$$K_a \times K_b = \frac{[H^+]\cancel{[CH_3COO^-]}}{\cancel{[CH_3COOH]}} \times \frac{\cancel{[CH_3COOH]}[OH^-]}{\cancel{[CH_3COO^-]}} = [H^+][OH^-] = K_{eau}$$

Il est important de mémoriser ce résultat, car, pour tout acide faible et sa base conjuguée,

$$K_a \times K_b = K_{eau}$$

Lorsqu'on connaît $K_a$, on peut calculer $K_b$, et vice versa. Pour l'ion acétate,

$$K_b = \frac{K_{eau}}{K_a\text{ (pour }CH_3COOH)} = \frac{1,0 \times 10^{-14}}{1,8 \times 10^{-5}} = 5,6 \times 10^{-10}$$

C'est là la valeur de $K_b$ pour la réaction décrite par l'équation 5.7. On obtient cette valeur à partir de la valeur de $K_a$ pour l'acide faible correspondant, c'est-à-dire l'acide acétique. Le cas de la solution d'acétate de sodium constitue un cas typique important. *Tout sel dont le cation possède des propriétés neutres (tels $Na^+$ ou $K^+$) et dont l'anion est la base conjuguée d'un acide faible produit une solution basique.* On obtient la valeur de $K_b$ pour l'anion à partir de la relation $K_b = \frac{K_{eau}}{K_a}$. L'exemple 5.18 montre comment calculer les concentrations à l'équilibre pour une réaction de ce genre.

Si l'anion du sel est la base conjuguée d'un acide faible, il y a production d'une solution basique.

## Exemple 5.18 Sels considérés comme des bases faibles

Calculez le pH d'une solution de NaF 0,30 mol/L. La valeur de $K_a$ pour HF est $7,2 \times 10^{-4}$.

### Solution

Les principales espèces en solution sont :

$$Na^+, F^- \quad \text{et} \quad H_2O$$

Principales espèces

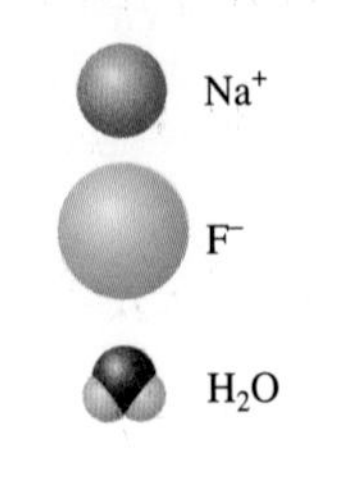


Puisque HF est un acide faible, l'ion $F^-$ doit avoir une affinité non négligeable pour les protons ; la principale réaction est donc :

$$F^-(aq) + H_2O(l) \rightleftharpoons HF(aq) + OH^-(aq)$$

et

$$K_b = \frac{[HF][OH^-]}{[F^-]}$$

On peut calculer la valeur de $K_b$ à partir de la valeur de $K_{eau}$ et celle de $K_a$ pour HF :

$$K_b = \frac{K_{eau}}{K_a\text{ (pour HF)}} = \frac{1,0 \times 10^{-14}}{7,2 \times 10^{-4}} = 1,4 \times 10^{-11}$$

Les concentrations sont les suivantes.

| | $F^-(aq)$ | + | $H_2O(l)$ | $\rightleftharpoons$ | $HF(aq)$ | + | $OH^-(aq)$ |
|---|---|---|---|---|---|---|---|
| Initiale : | 0,30 | | — | | 0 | | $\approx 0$ |
| Changement : | $-x$ | | — | | $+x$ | | $+x$ |
| Équilibre : | $0{,}30 - x$ | | — | | $x$ | | $x$ |

Alors

$$K_b = 1{,}4 \times 10^{-11} = \frac{[HF][OH^-]}{[F^-]} = \frac{(x)(x)}{0{,}30 - x} \approx \frac{x^2}{0{,}30}$$

d'où

$$x \approx 2{,}0 \times 10^{-6}$$

L'approximation est acceptable selon la règle des 5 %. Par conséquent :

$$[OH^-] = x = 2{,}0 \times 10^{-6} \text{ mol/L}$$
$$pOH = 5{,}69$$
$$pH = 14{,}00 - 5{,}69 = 8{,}31$$

Comme prévu, la solution est basique.

***Voir l'exercice 5.85***

## Force d'une base en solution aqueuse

Pour mieux comprendre le concept de force d'une base, considérons les propriétés basiques de l'ion cyanure à l'aide de la réaction de dissociation de l'acide cyanhydrique dans l'eau :

$$HCN(aq) + H_2O(l) \rightleftharpoons H_3O^+(aq) + CN^-(aq) \qquad K_a = 6{,}2 \times 10^{-10}$$

Puisque HCN est un acide très faible, on en déduit que $CN^-$ est une base *forte*, ayant une affinité pour $H^+$ beaucoup plus forte que celle de $H_2O$, avec laquelle il est en compétition.

Cependant, il faut aussi examiner la réaction de l'ion cyanure avec l'eau :

$$CN^-(aq) + H_2O(l) \rightleftharpoons HCN(aq) + OH^-(aq)$$

où

$$K_b = \frac{K_{eau}}{K_a} = \frac{1{,}0 \times 10^{-14}}{6{,}2 \times 10^{-10}} = 1{,}6 \times 10^{-5}$$

Dans cette réaction, $CN^-$ est une base modérément faible ($K_b = 1{,}6 \times 10^{-5}$). Qu'est-ce qui entraîne cette différence apparente dans la force de la base ? Le fait essentiel, c'est que, dans la réaction de $CN^-$ avec $H_2O$, *$CN^-$ est en compétition avec $OH^-$ pour l'acquisition de $H^+$*, alors qu'il est en compétition avec $H_2O$ dans la réaction de dissociation de HCN. Ces équilibres permettent donc de déterminer la force relative des bases de la façon suivante :

$$OH^- > CN^- > H_2O$$

On peut appliquer les mêmes principes à d'autres bases « faibles », tels l'ammoniac, l'ion acétate, l'ion fluorure, etc.

## Sels qui produisent des solutions acides

La dissolution dans l'eau de certains sels produit des solutions acides. Par exemple, quand on dissout du $NH_4Cl$ solide dans l'eau, les ions en présence sont $NH_4^+$ et $Cl^-$, $NH_4^+$ se comportant comme un acide faible :

$$NH_4^+(aq) \rightleftharpoons NH_3(aq) + H^+(aq)$$

L'ion $Cl^-$, dont l'affinité pour $H^+$ dans l'eau est négligeable, ne modifie pas le pH de la solution.

En général, *les sels dont l'anion n'est pas une base et le cation est l'acide conjugué d'une base faible produisent des solutions acides.*

## Exemple 5.19 Sels considérés comme des acides faibles I

Calculez le pH d'une solution de $NH_4Cl$ 0,10 mol/L. La valeur de $K_b$ pour $NH_3$ est $1{,}8 \times 10^{-5}$.

### Solution

Principales espèces

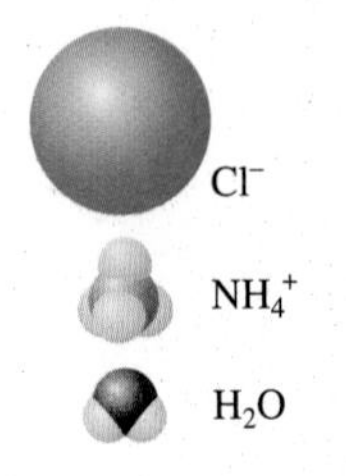


Les principales espèces en solution sont :

$$NH_4^+, Cl^- \quad \text{et} \quad H_2O$$

($NH_4^+$ + $H_2O$ peuvent produire des ions $H^+$). La réaction de dissociation du $NH_4^+$ est

$$NH_4^+(aq) \rightleftharpoons NH_3(aq) + H^+(aq)$$

pour laquelle

$$K_a = \frac{[NH_3][H^+]}{[NH_4^+]}$$

Même si la valeur de $K_b$ pour $NH_3$ est donnée, la réaction correspondant à cette $K_b$ n'est d'aucune utilité ici, puisque $NH_3$ n'est pas une espèce importante dans cette solution. On utilise alors la valeur de $K_b$ pour calculer la $K_a$ pour $NH_4^+$, à partir de la relation suivante :

$$K_a \times K_b = K_{eau}$$

Alors $$K_a \text{ (pour } NH_4^+) = \frac{K_{eau}}{K_b \text{ (pour } NH_3)} = \frac{1{,}0 \times 10^{-14}}{1{,}8 \times 10^{-5}} = 5{,}6 \times 10^{-10}$$

Bien que $NH_4^+$ soit un acide très faible (voir la valeur de sa $K_a$), il est plus fort que $H_2O$ ; par conséquent, il participe davantage à la production de $H^+$. Alors, pour calculer le pH de la solution, il faut s'intéresser particulièrement à la réaction de dissociation de $NH_4^+$.

On résout ce problème relatif à un acide faible de la façon habituelle.

| | $NH_4^+(aq)$ | $\rightleftharpoons$ | $NH_3(aq)$ | + | $H^+(aq)$ |
|---|---|---|---|---|---|
| Initiale : | 0,10 | $x$ mol/L de $NH_4^+$ sont dissociées pour atteindre l'équilibre | 0 | | $\approx 0$ |
| Changement : | $-x$ | | $+x$ | | $+x$ |
| Équilibre : | $0{,}10 - x$ | | $x$ | | $x$ |

Alors

$$5{,}6 \times 10^{-10} = K_a = \frac{[H^+][NH_3]}{[NH_4^+]} = \frac{(x)(x)}{0{,}10 - x} \approx \frac{x^2}{0{,}10}$$

$$x \approx 7{,}5 \times 10^{-6}$$

L'approximation est acceptable selon la règle des 5 % ; alors :

$$[H^+] = x = 7{,}5 \times 10^{-6} \text{ mol/L} \quad \text{et} \quad \text{pH} = 5{,}13$$

**Voir l'exercice 5.86**

Un deuxième type de sel qui produit des solutions acides est un sel qui contient un *ion métallique fortement chargé*. Par exemple, quand on dissout le chlorure d'aluminium ($AlCl_3$) dans l'eau, la solution qui en résulte est très acide. Bien que l'ion $Al^{3+}$ ne soit pas lui-même un acide de Brønsted-Lowry, l'ion hydraté $Al(H_2O)_6^{3+}$ ainsi formé dans l'eau est un acide faible :

$$Al(H_2O)_6^{3+}(aq) \rightleftharpoons Al(OH)(H_2O)_5^{2+}(aq) + H^+(aq)$$

La forte charge de l'ion métallique polarise la liaison O—H des molécules d'eau fixées, ce qui rend les atomes d'hydrogène de ces molécules d'eau plus acides que ceux des molécules d'eau libres. Par conséquent, plus la charge de l'ion métallique est forte, plus l'acidité de l'ion hydraté est forte.

À la section 5.9, on aborde plus en détail l'acidité des ions hydratés.

## Exemple 5.20 Sels considérés comme des acides faibles II

Calculez le pH d'une solution de $AlCl_3$ 0,010 mol/L. La valeur de $K_a$ pour $Al(H_2O)_6^{3+}$ est $1{,}4 \times 10^{-5}$.

### *Solution*

Principales espèces

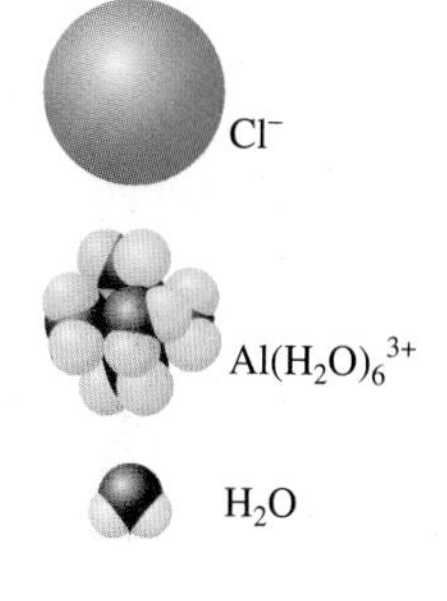


Les principales espèces en solution sont :

$$Al(H_2O)_6^{3+}, Cl^- \quad \text{et} \quad H_2O$$

Puisque l'ion $Al(H_2O)_6^{3+}$ est un acide plus fort que l'eau, l'équilibre le plus important est :

$$Al(H_2O)_6^{3+}(aq) \rightleftharpoons Al(OH)(H_2O)_5^{2+}(aq) + H^+(aq)$$

et

$$1{,}4 \times 10^{-5} = K_a = \frac{[Al(OH)(H_2O)_5^{2+}][H^+]}{[Al(H_2O)_6^{3+}]}$$

C'est là un problème typique relatif à un acide faible, qu'on peut résoudre en recourant à la procédure habituelle.

| | $Al(H_2O)_6^{3+}(aq)$ | $\rightleftharpoons$ | $Al(OH)(H_2O)_5^{2+}(aq)$ | + | $H^+(aq)$ |
|---|---|---|---|---|---|
| Initiale : | 0,010 | $x$ mol/L de $Al(H_2O)_6^{3+}$ sont dissociées pour atteindre l'équilibre | 0 | | 0 |
| Changement : | $-x$ | | $+x$ | | $+x$ |
| Équilibre : | $0{,}010 - x$ | | $x$ | | $x$ |

Alors

$$1{,}4 \times 10^{-5} = K_a = \frac{[Al(OH)(H_2O)_5^{2+}][H^+]}{[Al(H_2O)_6^{3+}]} = \frac{(x)(x)}{0{,}010 - x} \approx \frac{x^2}{0{,}010}$$

d'où

$$x \approx 3{,}7 \times 10^{-4}$$

Puisque l'approximation est acceptable selon la règle des 5 %,

$$[H^+] = x = 3{,}7 \times 10^{-4} \text{ mol/L} \quad \text{et} \quad pH = 3{,}43$$

***Voir les exercices 5.90 et 5.91***

**TABLEAU 5.5 Évaluation qualitative du pH de solutions de sels dont le cation et l'anion ont des propriétés acides ou basiques**

| Valeurs relatives de $K_a$ et de $K_b$ pour les ions en solution | |
|---|---|
| $K_a > K_b$ | pH < (acide) |
| $K_b > K_a$ | pH > (basique) |
| $K_a = K_b$ | pH = 7 (neutre) |

Jusqu'à présent, on n'a considéré que les sels dont un des ions possédait des propriétés acides ou des propriétés basiques. Or, pour de nombreux sels (par exemple, l'acétate d'ammonium, $NH_4CH_3COO$), les deux ions peuvent modifier le pH de la solution aqueuse. En raison de la complexité des calculs à effectuer pour résoudre ces problèmes d'équilibre, on ne prend en considération que leurs aspects qualitatifs. On peut ainsi prédire si la solution sera basique, acide ou neutre en comparant la valeur de $K_a$ pour l'ion acide à la valeur de $K_b$ pour l'ion basique. Si la valeur de $K_a$ pour l'ion acide est supérieure à la valeur de $K_b$ pour l'ion basique, la solution sera acide. Si la valeur de $K_b$ est supérieure à la valeur de $K_a$, la solution sera basique. Enfin, si $K_a = K_b$, la solution sera neutre. Ces différentes possibilités sont recensées dans le tableau 5.5.

## Exemple 5.21 Propriétés acide-base des sels

Déterminez si une solution aqueuse de chacun des sels suivants sera acide, basique ou neutre.

**a)** $NH_4CH_3COO$
**b)** $NH_4CN$
**c)** $Al_2(SO_4)_3$

***Solution***

**a)** Les ions en solution sont : $NH_4^+$ et $CH_3COO^-$. Comme on l'a vu précédemment, la $K_a$ pour $NH_4^+$ est $5{,}6 \times 10^{-10}$ et la $K_b$ pour $CH_3COO^-$ est $5{,}6 \times 10^{-10}$. Par conséquent, la $K_a$ pour $NH_4^+$ est égale à la $K_b$ pour $CH_3COO^-$. La solution sera neutre (pH = 7).

**b)** La solution contient des ions $NH_4^+$ et $CN^-$. La valeur de $K_a$ pour $NH_4^+$ est de $5{,}6 \times 10^{-10}$ et

$$K_b \text{ (pour CN}^-) = \frac{K_{eau}}{K_a \text{ (pour HCN)}} = 1{,}6 \times 10^{-5}$$

Puisque la $K_b$ pour $CN^-$ est de beaucoup supérieure à la $K_a$ pour $NH_4^+$, le caractère basique de l'ion $CN^-$ est beaucoup plus marqué que le caractère acide de l'ion $NH_4^+$. La solution sera donc basique.

**c)** La solution contient les ions $Al(H_2O)_6^{3+}$ et $SO_4^{2-}$. La valeur de $K_a$ pour $Al(H_2O)_6^{3+}$ est $1{,}4 \times 10^{-5}$ (*voir l'exemple 5.20*). On doit donc calculer la valeur de $K_b$ pour $SO_4^{2-}$. L'ion $HSO_4^-$ est l'acide conjugué de $SO_4^{2-}$ ; la valeur de $K_a$ pour $HSO_4^-$ est donc la valeur de $K_{a_2}$ pour l'acide sulfurique, soit $1{,}2 \times 10^{-2}$. Par conséquent :

$$K_b \text{ (pour SO}_4^{2-}) = \frac{K_{eau}}{K_{a_2} \text{ (acide sulfurique)}}$$

$$= \frac{1{,}0 \times 10^{-14}}{1{,}2 \times 10^{-2}} = 8{,}3 \times 10^{-13}$$

Cette solution sera acide, car la $K_a$ pour $Al(H_2O)_6^{3+}$ est de beaucoup supérieure à la $K_b$ pour $SO_4^{2-}$.

***Voir l'exercice 5.92***

Le tableau 5.6 présente un résumé des propriétés acide-base des solutions aqueuses de différents sels.

**TABLEAU 5.6 Propriétés acide-base de différents types de sels**

| Type de sel | Exemple | Commentaire | pH de la solution |
|---|---|---|---|
| Le cation provient d'une base forte ; l'anion provient d'un acide fort. | KCl, $KNO_3$, NaCl, $NaNO_3$ | Aucun ion ne se comporte comme un acide ni comme une base. | neutre |
| Le cation provient d'une base forte ; l'anion provient d'un acide faible. | $NaCH_3COO$, KCN, NaF | L'anion se comporte comme une base ; le cation n'exerce aucune influence sur le pH. | basique |
| Le cation est l'acide conjugué d'une base faible ; l'anion provient d'un acide fort. | $NH_4Cl$, $NH_4NO_3$ | Le cation se comporte comme un acide ; l'anion n'exerce aucune influence sur le pH. | acide |
| Le cation est l'acide conjugué d'une base faible ; l'anion est la base conjuguée d'un acide faible. | $NH_4CH_3COO$, $NH_4CN$ | Le cation se comporte comme un acide ; l'anion se comporte comme une base. | acide si $K_a > K_b$, basique si $K_b > K_a$, neutre si $K_a = K_b$ |
| Le cation est un ion métallique fortement chargé ; l'anion provient d'un acide fort. | $Al(NO_3)_3$, $FeCl_3$ | Le cation hydraté se comporte comme un acide ; l'anion n'exerce aucune influence sur le pH. | acide |

## 5.9 Influence de la structure sur les propriétés acide-base

On a vu qu'une substance dissoute dans l'eau pouvait produire une solution acide si elle cédait des protons, ou une solution basique si elle acceptait des protons. Quelles caractéristiques structurales d'une molécule permettent d'expliquer qu'elle se comporte soit comme un acide, soit comme une base ?

Toute molécule qui renferme un atome d'hydrogène est un acide en puissance. Cependant, de nombreuses molécules qui possèdent cette caractéristique n'ont aucune propriété acide. Par exemple, les molécules qui comportent des liaisons C—H, tels le chloroforme ($CHCl_3$) et le nitrométhane ($CH_3NO_2$), ne produisent pas de solution aqueuse acide, étant donné que la liaison C—H est une liaison à la fois forte et non polaire et que, par conséquent, elle n'a aucune tendance à céder son proton. D'autre part, bien que, dans le chlorure d'hydrogène gazeux, la liaison H—Cl soit légèrement plus forte que la liaison C—H, le fait qu'elle est beaucoup plus polaire explique qu'elle est rapidement dissociée dans l'eau.

**TABLEAU 5.7 Force de la liaison et acidité des halogénures d'hydrogène**

| Liaison H—X | Force de la liaison (kJ/mol) | Acidité dans l'eau |
|---|---|---|
| H—F | 565 | faible |
| H—Cl | 427 | forte |
| H—Br | 363 | forte |
| H—I | 295 | forte |

Par conséquent, deux facteurs principaux permettent de déterminer si une molécule qui comporte une liaison H—X agira comme un acide de Brønsted-Lowry : la force de la liaison et sa polarité.

L'acidité relative des halogénures d'hydrogène illustre bien l'importance de ces facteurs. La polarité des liaisons varie selon l'ordre suivant :

H—F > H—Cl > H—Br > H—I

↑ La plus polaire ↑ La moins polaire

étant donné que l'électronégativité diminue au fur et à mesure qu'on descend dans la lecture du tableau périodique. En raison de l'importante polarité de la liaison H—F, on pourrait s'attendre à ce que le fluorure d'hydrogène soit un acide très fort. En fait, parmi ces molécules, HF est le seul acide faible ($K_a = 7{,}2 \times 10^{-4}$) une fois qu'il est dissous dans l'eau. La liaison H—F étant exceptionnellement forte (*voir le tableau 5.7*), il est difficile de la briser ; par conséquent, dans l'eau, les molécules HF sont très peu dissociées.

Les oxacides constituent une autre classe importante d'acides qui possèdent, par définition, le groupement H—O—X (*voir la section 5.2*). Le tableau 5.8 présente plusieurs séries d'oxacides, ainsi que les valeurs de $K_a$ correspondantes. On remarque que, pour une série donnée, la force de l'acide augmente en fonction du nombre d'atomes d'oxygène liés à l'atome central. Par exemple, dans la série d'oxacides qui contiennent du chlore et un nombre variable d'atomes d'oxygène, HOCl est un acide faible ; toutefois, la force de l'acide augmente au fur et à mesure que le nombre d'atomes d'oxygène augmente. Cela est dû au fait que les atomes d'oxygène, très électronégatifs, peuvent faire déplacer les électrons de l'atome de chlore et ceux de la liaison O—H (*voir la figure 5.11*). Le résultat net en est la polarisation et l'affaiblissement de la liaison O—H, résultat d'autant plus important que le nombre d'atomes d'oxygène augmente. En d'autres termes, une molécule cède d'autant plus facilement son proton qu'elle comporte un plus grand nombre d'atomes d'oxygène ($HClO_4$).

On observe le même phénomène en ce qui concerne les ions métalliques hydratés. On a vu que les ions métalliques fortement chargés, tel $Al^{3+}$, produisaient des solutions acides. L'acidité des molécules d'eau rattachées à l'ion métallique augmente à cause de l'attraction des électrons par l'ion métallique positif :

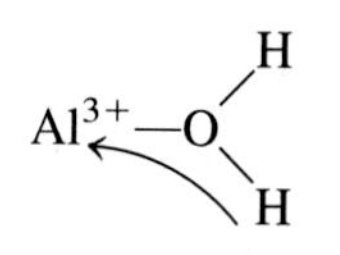


Plus la charge de l'ion métallique est importante, plus l'ion hydraté est acide.

Dans le cas des acides qui possèdent un groupement H—O—X, plus l'élément X attire les électrons, plus l'acidité de la molécule est importante. Puisque l'électronégativité de X reflète sa capacité d'attirer les électrons de la liaison, on peut s'attendre

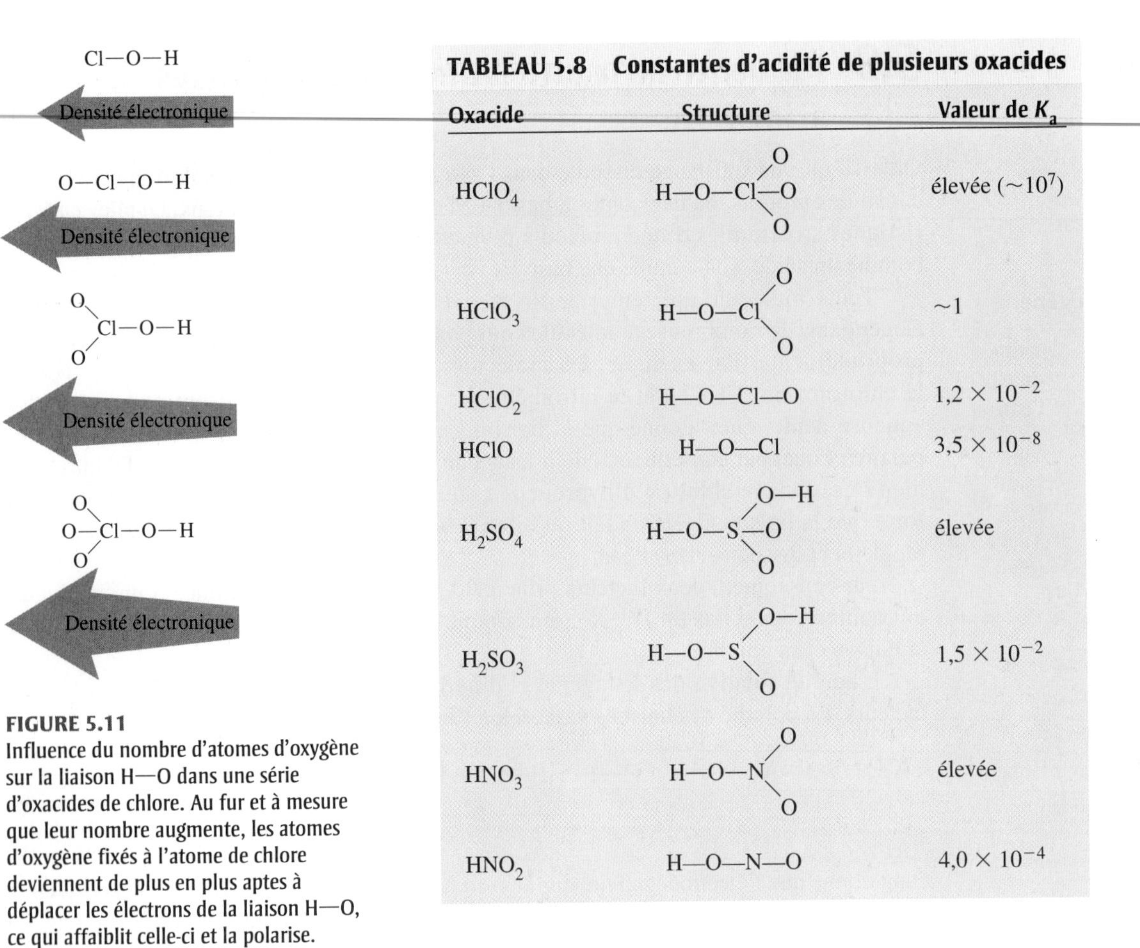


**TABLEAU 5.8 Constantes d'acidité de plusieurs oxacides**

| Oxacide | Structure | Valeur de $K_a$ |
|---|---|---|
| $HClO_4$ | H—O—Cl(—O)(—O)—O | élevée (~$10^7$) |
| $HClO_3$ | H—O—Cl(—O)—O | ~1 |
| $HClO_2$ | H—O—Cl—O | $1{,}2 \times 10^{-2}$ |
| $HClO$ | H—O—Cl | $3{,}5 \times 10^{-8}$ |
| $H_2SO_4$ | H—O—S(—O—H)(—O)—O | élevée |
| $H_2SO_3$ | H—O—S(—O—H)—O | $1{,}5 \times 10^{-2}$ |
| $HNO_3$ | H—O—N(—O)—O | élevée |
| $HNO_2$ | H—O—N—O | $4{,}0 \times 10^{-4}$ |

**FIGURE 5.11**
Influence du nombre d'atomes d'oxygène sur la liaison H—O dans une série d'oxacides de chlore. Au fur et à mesure que leur nombre augmente, les atomes d'oxygène fixés à l'atome de chlore deviennent de plus en plus aptes à déplacer les électrons de la liaison H—O, ce qui affaiblit celle-ci et la polarise. La molécule a alors une forte tendance à céder son proton, et la force de son caractère acide augmente.

**TABLEAU 5.9 Électronégativité de X et constantes d'acidité de quelques oxacides**

| Acide | X | Électronégativité de X | Valeur de $K_a$ pour l'acide |
|---|---|---|---|
| HOCl | Cl | 3,0 | $4 \times 10^{-8}$ |
| HOBr | Br | 2,8 | $2 \times 10^{-9}$ |
| HOI | I | 2,5 | $2 \times 10^{-11}$ |
| $HOCH_3$ | $CH_3$ | 2,3 (pour le carbone dans $CH_3$) | ~$10^{-15}$ |

à ce que la force de l'acide dépende de l'électronégativité de X. Il existe effectivement une parfaite corrélation entre l'électronégativité de X et la force de l'acide des oxacides (*voir le tableau 5.9*).

## 5.10 Propriétés acide-base des oxydes

Un composé qui possède le groupement H—O—X produira une solution acide en milieu aqueux si la liaison O—X est forte et covalente. Par ailleurs, si cette liaison est ionique, le composé produira une solution basique en milieu aqueux.

On vient de voir que les molécules qui possédaient le groupement H—O—X pouvaient se comporter comme un acide et que la force de cet acide dépendait de la capacité de X d'attirer les électrons. Cependant, il existe aussi des substances de cette nature qui se comportent comme des bases, s'il y a production d'un ion hydroxyde plutôt que d'un proton. Quel est donc le facteur déterminant ? On trouve principalement la réponse dans la nature de la liaison O—X. Si l'électronégativité de X est relativement forte, la liaison O—X sera covalente et forte. Quand on dissout dans l'eau un composé qui possède un tel groupement H—O—X, la liaison O—X demeure intacte ; c'est alors la liaison polaire et relativement faible H—O qui a tendance à se briser pour céder un proton. Par contre, si l'électronégativité de X est très faible, la liaison O—X sera ionique et sujette à être brisée par l'eau polaire. Les substances ioniques NaOH et KOH qui, en solution dans l'eau, produisent un cation métallique et un ion hydroxyde en sont des exemples.

On peut appliquer ces principes aux comportements acide-base des oxydes dissous dans l'eau. Par exemple, si l'on dissout dans l'eau un oxyde covalent tel le trioxyde de soufre, la solution qui en résulte sera acide, étant donné qu'il y aura formation d'acide sulfurique :

$$SO_3(g) + H_2O(l) \longrightarrow H_2SO_4(aq)$$

La structure de $H_2SO_4$ est présentée dans la marge. Dans ce cas, les liaisons fortes covalentes O—S demeurent intactes, et ce sont les liaisons H—O qui ont tendance à se briser pour céder des protons. Parmi les autres oxydes covalents courants qui réagissent avec l'eau pour produire des solutions acides, citons le dioxyde de soufre, le dioxyde de carbone et le dioxyde d'azote, comme en témoignent les réactions suivantes.

$$SO_2(g) + H_2O(l) \longrightarrow H_2SO_3(aq)$$
$$CO_2(g) + H_2O(l) \longrightarrow H_2CO_3(aq)$$
$$2NO_2(g) + H_2O(l) \longrightarrow HNO_3(aq) + HNO_2(aq)$$

Si l'on dissout dans l'eau un oxyde covalent, il en résulte une solution acide. On appelle donc ces oxydes des **oxydes acides**.

Par ailleurs, quand on dissout dans l'eau un oxyde ionique, la solution formée est basique, comme l'indiquent les réactions suivantes.

$$CaO(s) + H_2O(l) \longrightarrow Ca(OH)_2(aq)$$
$$K_2O(s) + H_2O(l) \longrightarrow 2KOH(aq)$$

On peut expliquer ces réactions par le fait que l'affinité pour le proton de l'ion oxyde est forte et que cet ion réagit avec l'eau pour former des ions hydroxyde :

$$O^{2-}(aq) + H_2O(l) \longrightarrow 2OH^-(aq)$$

Ainsi, les oxydes les plus ioniques, comme ceux qui appartiennent aux groupes 1 et 2, produisent des solutions basiques en solution aqueuse. On appelle donc ces oxydes des **oxydes basiques**.

# 5.11 Acide et base de Lewis

On a vu que c'est Arrhenius qui, le premier, proposa une théorie permettant d'expliquer le comportement des acides et des bases. Cette théorie, utile mais limitée, fut remplacée par une théorie plus générale, énoncée par Brønsted et Lowry. G. N. Lewis présenta une théorie encore plus générale au début des années 1920. Un **acide de Lewis** est un *accepteur de doublets d'électrons* ; une **base de Lewis** est un *donneur de doublets d'électrons*. Autrement dit, un acide de Lewis possède une orbitale atomique vide qui peut recevoir (partager) un doublet d'électrons provenant d'une molécule qui en possède un de libre (base de Lewis). Ces trois théories sont résumées schématiquement dans le tableau 5.10.

**TABLEAU 5.10 Trois théories relatives aux acides et aux bases**

| Théorie | Définition d'un acide | Définition d'une base |
|---|---|---|
| Arrhenius | producteur d'ions $H^+$ | producteur d'ions $OH^-$ |
| Brønsted–Lowry | donneur de $H^+$ | accepteur de $H^+$ |
| Lewis | récepteur de doublets d'électrons | donneur de doublets d'électrons |

On peut aussi expliquer à l'aide de la théorie de Lewis les réactions acide-base selon la théorie de Brønsted-Lowry (donneur de protons-accepteur de protons). Par exemple, on peut représenter la réaction entre un proton et une molécule d'ammoniac :

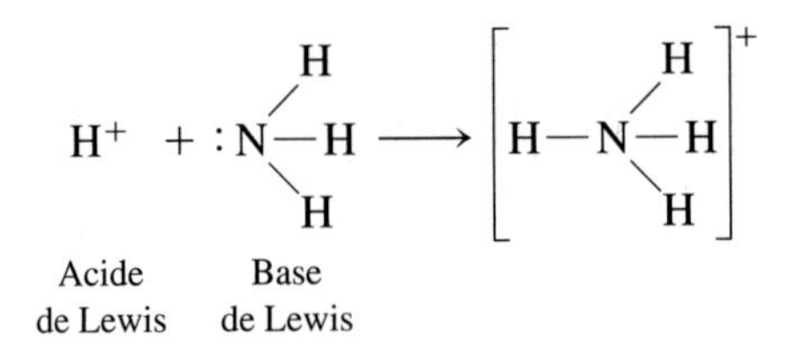


comme une réaction entre un accepteur de doublets d'électrons ($H^+$) et un donneur de doublets d'électrons ($NH_3$). Cela est également vrai en ce qui concerne la réaction entre un proton et l'ion hydroxyde.

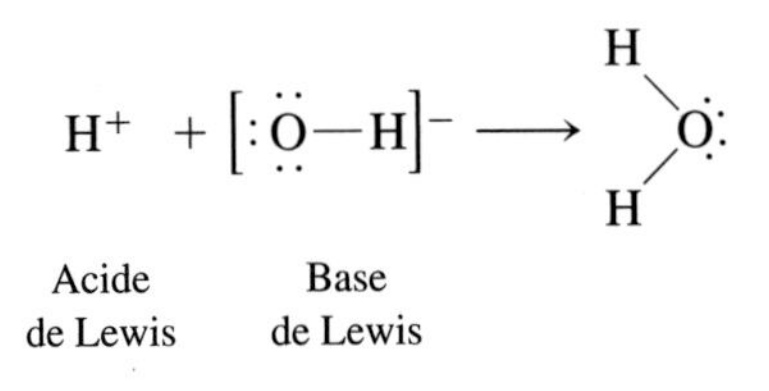


La théorie de Lewis englobe la théorie de Brønsted-Lowry ; l'inverse n'est toutefois pas vrai.

La valeur de la théorie de Lewis tient au fait qu'elle permet d'expliquer de nombreuses réactions dans lesquelles des acides de Brønsted-Lowry n'interviennent pas, comme la réaction en phase gazeuse entre le trifluorure de bore et l'ammoniac.

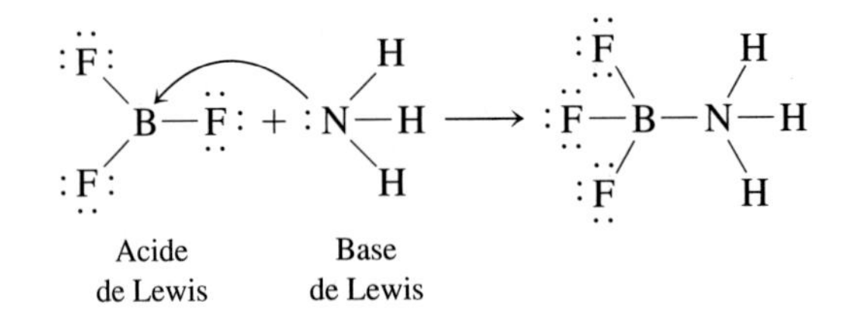


Ici, la molécule $BF_3$ pauvre en électrons (l'atome de bore ne comporte que six électrons) complète son octet en réagissant avec la molécule $NH_3$ qui, elle, possède un doublet d'électrons libres (*voir la figure 5.12*). En fait, le manque d'électrons du trifluorure de bore fait que ce composé a tendance à rechercher activement tout donneur d'un doublet d'électrons. En ce sens, c'est un acide de Lewis fort.

On peut considérer l'hydratation d'un ion métallique tel $Al^{3+}$ comme une réaction acide-base de Lewis :

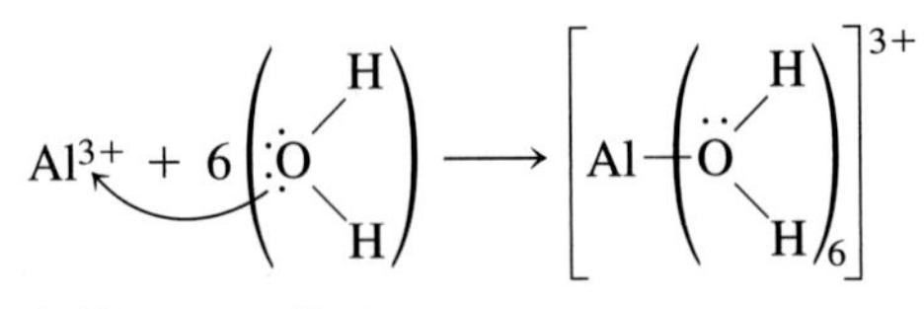

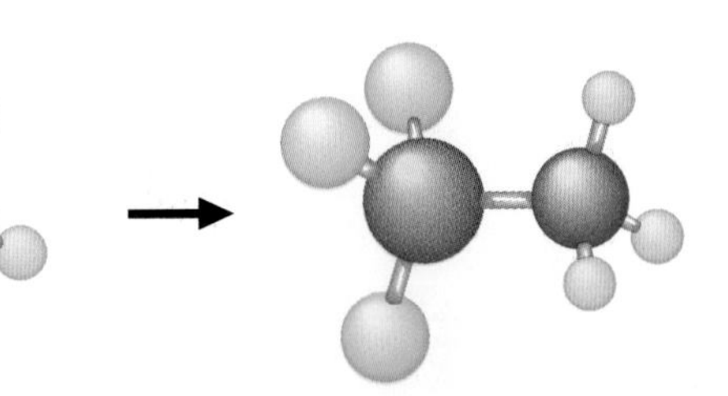

**FIGURE 5.12**
Réaction de $BF_3$ avec $NH_3$.

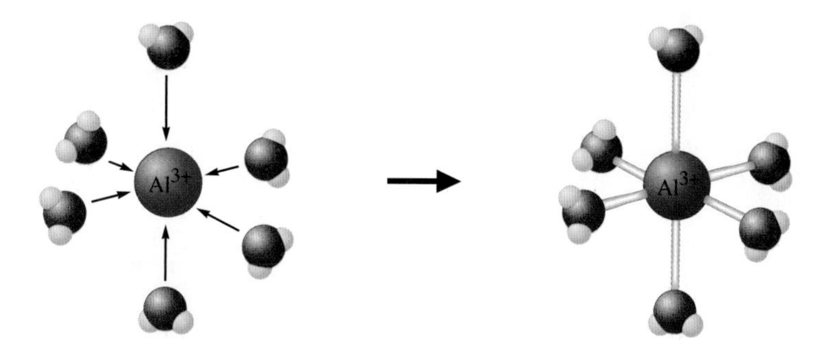


**FIGURE 5.13**
L'ion $Al(H_2O)_6{}^{3+}$.

Ici l'ion $Al^{3+}$ accepte un doublet d'électrons de chacune des six molécules d'eau pour former $Al(H_2O)_6{}^{3+}$ (*voir la figure 5.13*).

Par ailleurs, on peut considérer la réaction entre un oxyde covalent et l'eau (formation d'un acide de Brønsted-Lowry) comme une réaction acide-base de Lewis. La réaction du trioxyde de soufre avec l'eau en est un exemple.

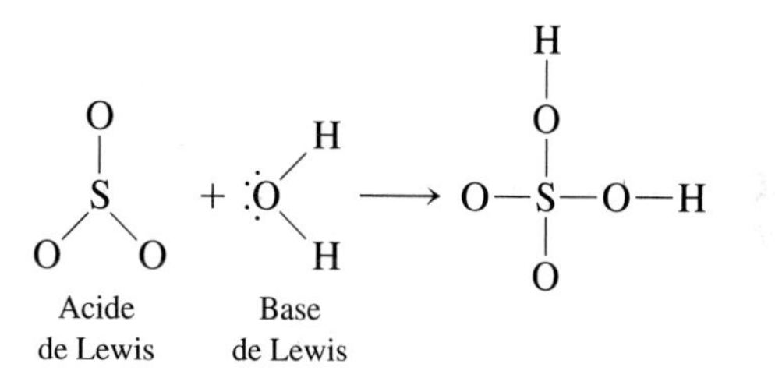


On remarque que, au moment où la molécule d'eau se combine au trioxyde de soufre, un déplacement de proton donne naissance à l'acide sulfurique.

## Exemple 5.22 Acides et bases de Lewis

Découvrez l'acide et la base de Lewis dans chacune des deux réactions suivantes.

**a)** $Ni^{2+}(aq) + 6NH_3(aq) \longrightarrow Ni(NH_3)_6{}^{2+}(aq)$
**b)** $H^+(aq) + H_2O(aq) \rightleftharpoons H_3O^+(aq)$

***Solution***

**a)** Chaque molécule $NH_3$ cède un doublet d'électrons à l'ion $Ni^{2+}$ :

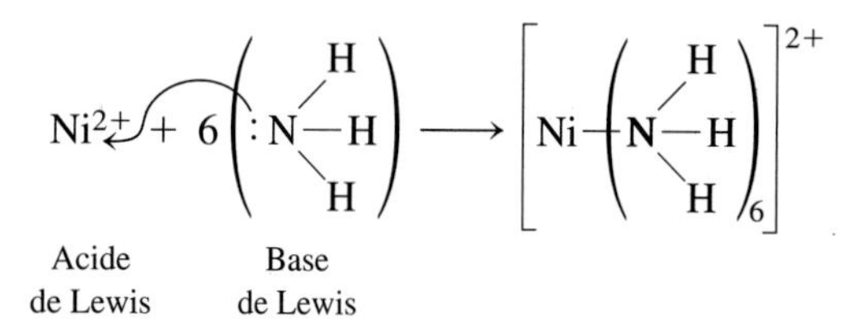


L'ion nickel(II) est l'acide de Lewis et l'ammoniac, la base de Lewis.

**b)** Le proton est l'acide de Lewis et la molécule d'eau, la base de Lewis.

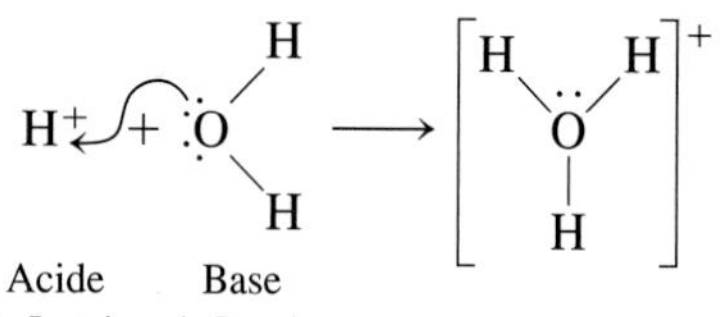


***Voir les exercices 5.98 et 5.99***

## IMPACT

### Papier qui s'autodétruit

La bibliothèque municipale de New York possède 140 km de rayons de livres ; sur 57 km d'entre eux, les livres sont en train de se désintégrer lentement. En fait, on estime que 40 % des livres des principales collections de recherche aux États-Unis seront bientôt trop fragiles pour être manipulés.

Ce phénomène s'explique par l'utilisation, au siècle dernier, d'un papier acide pour fabriquer des livres. Ironiquement, les ouvrages qui datent des XVIII^e^, XVII^e^, XVI^e^ et même XV^e^ siècles sont en bien meilleur état. Par exemple, les *Bibles de Gutenberg* se sont très bien conservées. C'est qu'à cette époque on utilisait du papier chiffon fait main ; mais, au XIX^e^ siècle, la demande de papier bon marché monta en flèche. Les papetiers découvrirent alors qu'il était possible de fabriquer du papier à peu de frais, grâce aux machines et à la pulpe de bois. Pour apprêter le papier (c'est-à-dire remplir les trous microscopiques afin de limiter l'absorption d'humidité et prévenir l'infiltration ou l'étalement de l'encre), on y ajoutait de l'alun [$Al_2(SO_4)_3$] en grande quantité. Puisque l'ion aluminium hydraté [$Al(OH_2)_6{}^{3+}$] est un acide ($K_a \approx 10^{-5}$), le papier qui en contient est acide. Avec le temps, cette acidité provoque la désintégration des fibres du papier : les pages des livres se défont quand on les manipule.

Dommages causés à un livre par la décomposition du papier acide.

## 5.12 Méthode de résolution des problèmes acide-base (résumé)

Dans ce chapitre, on a analysé de nombreux problèmes différents relatifs à des solutions aqueuses d'acides ou de bases, et, au chapitre suivant, on en rencontrera davantage. Pour résoudre des problèmes concernant les concentrations à l'équilibre de ces solutions aqueuses, on peut être tenté de cataloguer chaque situation et de mémoriser les techniques qui permettent de résoudre chaque cas particulier. Or, cette façon d'aborder le problème est assurément peu pratique, car elle cause en général des frustrations, le nombre de cas étant presque infini. On peut cependant résoudre tout problème en l'abordant de façon méthodique, minutieuse et réfléchie. Quand on veut résoudre un problème d'équilibre acide-base, *il ne faut pas* chercher quelle solution toute faite on peut utiliser. Il faut plutôt se poser la question suivante : *Quelles sont les principales espèces présentes en solution et quel est leur comportement chimique ?*

Dans la résolution d'un problème complexe relatif à des équilibres acide-base, l'étape la plus importante est l'analyse à laquelle on doit procéder dès le début.

Quelles espèces importantes sont présentes en solution ?

Y a-t-il une réaction complète ?

Quel équilibre est le plus important dans la solution ?

Il faut se laisser guider par le problème et être patient. Les étapes suivantes décrivent, dans ses grandes lignes, une méthode de résolution de problèmes relatifs à des équilibres acide-base.

#### Résolution de problèmes acide-base

➡ 1 **Dresser la liste des principales espèces en solution.**

On pourrait transférer le contenu des livres abîmés sur des microfilms, mais ce procédé serait très lent et très coûteux. Peut-on alors traiter chimiquement les livres afin d'en neutraliser l'acidité et d'en stopper la détérioration ? Oui. En fait, vos notions de chimie sont assez avancées pour concevoir le traitement inventé par Otto Schierholz en 1936. Celui-ci plongea chaque page d'un livre dans des solutions de bicarbonate d'alcalino-terreux [$Mg(HCO_3)_2$, $Ca(HCO_3)_2$, etc.]. Les ions $HCO_3^-$ contenus dans ces solutions réagissent alors avec les ions $H^+$ présents dans le papier pour former du $CO_2$ et du $H_2O$. Ce traitement fonctionne bien et sert aujourd'hui à la conservation d'ouvrages importants, mais il est lent et laborieux.

Il serait beaucoup plus économique de traiter une grande quantité de livres en même temps sans en défaire les reliures. Cependant, plonger un livre au complet dans une solution aqueuse est exclu. Existerait-il des gaz qui seraient basiques et pourraient neutraliser l'acide ? Bien sûr, les amines organiques (formule générale : $RNH_2$) sont des bases et, dans les conditions normales, celles dont la masse molaire est faible sont des gaz. Le traitement des livres avec de l'ammoniac, de la butylamine ($CH_3CH_2CH_2CH_2NH_2$) et d'autres amines a donné de bons résultats, mais sur une courte période. Les amines entrent effectivement dans le papier et neutralisent l'acide, mais comme elles sont volatiles, elles s'évaporent graduellement, et le papier se retrouve dans sa condition initiale, c'est-à-dire acide.

Un traitement beaucoup plus efficace utilise le diéthylzinc [$(CH_3CH_2)_2Zn$], qui bout à 117 °C, à 1 atm. Cette substance réagit avec l'oxygène ou l'eau pour produire du ZnO selon les réactions suivantes :

$$(CH_3CH_2)_2Zn(g) + 7O_2(g) \longrightarrow ZnO(s) + 4CO_2(g) + 5H_2O(g)$$

$$(CH_3CH_2)_2Zn(g) + H_2O(g) \longrightarrow ZnO(s) + 2CH_3CH_3(g)$$

L'oxyde de zinc solide produit durant ces réactions se dépose entre les fibres de papier ; puisque cet oxyde est basique, il neutralise l'acide présent, comme le montre l'équation suivante :

$$ZnO + 2H^+ \longrightarrow Zn^{2+} + H_2O$$

Le problème majeur est que le diéthylzinc s'enflamme spontanément au contact de l'air. C'est pourquoi ce traitement doit s'effectuer dans une pièce remplie principalement de $N_2(g)$ et où la quantité de $O_2$ est rigoureusement contrôlée. Dans cette pièce, la pression doit être maintenue bien au-dessous de 1 atm pour abaisser le point d'ébullition du diéthylzinc et pour extraire des pages du livre l'humidité en excès. Par suite de nombreux incendies causés par le diéthylzinc, l'utilisation de celui-ci dans la conservation des livres est modérée. Cependant, la Library of Congress a conçu une nouvelle installation de traitement au diéthylzinc qui comprend une pièce suffisamment grande pour traiter environ 9000 livres à la fois.

2 **Reconnaître les réactions qu'on peut considérer comme complètes (par exemple, la dissociation d'un acide fort ou la réaction de $H^+$ avec $OH^-$).**

3 **Dans le cas d'une réaction qu'on peut considérer comme complète :**
   a) **Évaluer les concentrations des produits ;**
   b) **Dresser la liste des espèces importantes présentes dans la solution après la réaction.**

4 **Déterminer si chacun des composants importants de la solution est un acide ou une base.**

5 **Découvrir la réaction d'équilibre dont dépendra le pH de la solution. Utiliser les valeurs connues des constantes de dissociation pour les différentes espèces pour déterminer quel équilibre est le plus important.**
   a) **Écrire l'équation de la réaction et l'expression de la constante d'équilibre.**
   b) **Calculer les concentrations initiales (en supposant que l'équilibre le plus important n'ait pas encore été atteint, c'est-à-dire qu'il n'y a pas eu dissociation de l'acide, etc.).**
   c) **Déterminer *x*.**
   d) **Écrire les concentrations à l'équilibre en termes de *x*.**
   e) **Remplacer les concentrations à l'équilibre par leurs valeurs dans l'expression de la constante d'équilibre et résoudre l'équation.**
   f) **Vérifier la validité de l'approximation.**
   g) **Calculer le pH et les autres concentrations, si cela est nécessaire.**

**Même si ces étapes peuvent sembler fastidieuses, particulièrement pour la résolution de problèmes simples, elles s'avéreront de plus en plus utiles au fur et à mesure que les solutions aqueuses à étudier deviendront plus complexes. Lorsqu'on prend l'habitude d'aborder les problèmes acide-base de façon méthodique, les cas très complexes paraissent finalement beaucoup plus faciles à résoudre.**

## Mots clés

*Section 5.1*
théorie d'Arrhenius
théorie de Brønsted-Lowry
ion hydronium
base conjuguée
acide conjugué
couple acide-base
constante d'acidité

*Section 5.2*
acide fort
acide faible
diacide
oxacides
acides organiques
groupement carboxyle
monoacide
substance amphotère
auto-ionisation
constante de dissociation de l'eau

*Section 5.3*
échelle de pH

*Section 5.4*
espèces importantes

*Section 5.5*
pourcentage de dissociation

*Section 5.6*
base forte
chaux éteinte
procédé chaux-soude
base faible
amine

*Section 5.7*
polyacide
triacide

*Section 5.8*
sel

*Section 5.10*
oxyde acide
oxyde basique

*Section 5.11*
acide de Lewis
base de Lewis

# Synthèse

### Théories relatives aux acides et aux bases

- Théorie d'Arrhenius
  - Les acides produisent, en solution, des ions $H^+$.
  - Les bases produisent, en solution, des ions $OH^-$.
- Théorie de Brønsted-Lowry
  - Un acide est un donneur de protons.
  - Une base est un accepteur de protons.
  - Selon cette théorie, une molécule d'acide réagit avec une molécule d'eau qui se comporte comme une base :

$$\underset{\text{Acide}}{HA(aq)} + \underset{\text{Base}}{H_2O(l)} \rightleftharpoons \underset{\text{Acide conjugué}}{H_3O^+(aq)} + \underset{\text{Base conjuguée}}{A^-(aq)}$$

pour former un nouvel acide (acide conjugué) et une nouvelle base (base conjuguée).

- Théorie de Lewis
  - Un acide de Lewis est un accepteur de doublets d'électrons.
  - Une base de Lewis est un donneur de doublets d'électrons.

### Équilibre acide-base

- La constante d'équilibre pour la dissociation (ionisation) d'un acide dans l'eau est appelée $K_a$.
- L'expression de $K_a$ est :

$$K_a = \frac{[H_3O^+][A^-]}{[HA]}$$

que l'on simplifie souvent sous la forme

$$K_a = \frac{[H^+][A^-]}{[HA]}$$

  - $[H_2O]$ n'apparaît pas, car on présume qu'elle est constante.

### Force d'un acide

- Un acide fort est un acide pour lequel la valeur de $K_a$ est très élevée.
  - L'acide se dissocie (s'ionise) complètement dans l'eau.
  - La position d'équilibre de la dissociation (ionisation) est très à droite.
  - Les acides forts ont des bases conjuguées très faibles.
  - Les acides forts courants sont l'acide nitrique [$HNO_3(aq)$], l'acide chlorhydrique [$HCl(aq)$], l'acide sulfurique [$H_2SO_4(aq)$] ou l'acide perchlorique [$HClO_4(aq)$].
- Un acide faible a une valeur faible de $K_a$.
  - L'acide est peu dissocié (ionisé) en solution aqueuse.
  - La position d'équilibre de la dissociation (ionisation) est très à gauche.
  - Les acides faibles ont des bases conjuguées assez fortes.
  - Pourcentage de dissociation d'un acide faible :

$$\text{Pourcentage de dissociation} = \frac{\text{quantité dissociée (mol/L)}}{\text{concentration initiale (mol/L)}} = 100\ \%$$

  - Plus le pourcentage de dissociation est faible, plus l'acide est faible.
  - La dilution entraîne une augmentation de la valeur du pourcentage de dissociation.

### Auto-ionisation de l'eau

- L'eau est une substance amphotère : elle peut se comporter soit comme un acide, soit comme une base.
- Une molécule d'eau réagit avec une autre molécule d'eau dans une réaction acide-base

$$H_2O(l) + H_2O(l) \rightleftharpoons H_3O^+(aq) + OH^-(aq)$$

On obtient ainsi l'expression de la constante d'équilibre

$$K_{eau} = [H_3O^+][OH^-] \quad \text{ou} \quad [H^+][OH^-] = K_{eau}$$

- $K_{eau}$ est appelée constante de dissociation de l'eau.
- À 25 °C, dans l'eau pure, $[H^+] = [OH^-] = 1{,}0 \times 10^{-7}$ mol/L, ainsi, $K_{eau} = 1{,}0 \times 10^{-14}$

- Dans une solution acide, $[H^+] > [OH^-]$.
- Dans une solution basique, $[OH^-] > [H^+]$.
- Dans une solution neutre, $[H^+] = [OH^-]$.

**L'échelle de pH**

- $pH = -\log[H^+]$
- Étant donné que l'échelle de pH est une échelle logarithmique de base 10, le pH varie d'une unité chaque fois que $[H^+]$ varie d'une puissance dix.
- L'échelle logarithmique est également utilisée pour les valeurs de $[OH^-]$ et de $K_a$

$$pOH = -\log[OH^-]$$

$$pK_a = -\log K_a$$

**Bases**

- Les bases fortes sont des hydroxydes métalliques, par exemple NaOH et KOH.
- Une base faible réagit avec l'eau pour produire des ions $OH^-$.

$$B(aq) + H_2O(l) \rightleftharpoons BH^+(aq) + OH^-(aq)$$

  - La constante d'équilibre pour cette réaction est appelée $K_b$ où

$$K_b = \frac{[BH^+][OH^-]}{[B]}$$

  - Dans l'eau, une base B est toujours en compétition avec $OH^-$ pour un proton ($H^+$), de sorte que les valeurs de $K_b$ ont tendance à être très petites, ce qui fait de B une base faible (comparée à $OH^-$).

**Polyacides**

- Un polyacide est un acide qui comporte plus d'un proton acide.
- Les polyacides sont dissociés un proton à la fois.
  - Chaque étape de dissociation est caractérisée par une valeur de $K_a$.
  - En général, pour un polyacide faible, $K_{a_1} > K_{a_2} > K_{a_3}$.
- L'acide sulfurique est un cas particulier.
  - C'est un acide fort à la première réaction de dissociation ($K_{a_1}$ est très élevée).
  - C'est un acide faible à la deuxième réaction de dissociation.

**Propriétés acide-base des sels**

- En solution dans l'eau, les sels peuvent avoir des propriétés neutres, acides ou basiques.
- Les sels qui contiennent
  - des cations de bases fortes et des anions d'acides forts produisent des solutions aqueuses neutres.
  - des cations de bases fortes et des anions d'acides faibles produisent des solutions aqueuses basiques.
  - des cations de bases faibles et des anions d'acides forts produisent des solutions aqueuses acides.
- Il y a production de solutions acides quand les sels contiennent un cation métallique fortement chargé, par exemple, $Al^{3+}$ et $Fe^{3+}$.

**Influence de la structure sur les propriétés acide-base**

- La plupart des composés qui se comportent comme des acides ou comme des bases possèdent le groupement H—O—X.
  - Les molécules qui possèdent une liaison covalente O—X forte ont tendance à se comporter comme des acides.
    - Si X est très électronégatif, l'acide devient plus fort.
  - Quand la liaison O—X est ionique, la substance se comporte comme une base, formant des ions $OH^-$ en solution aqueuse.

## QUESTIONS DE RÉVISION

1. Définissez chacune des expressions suivantes :
   a) acide d'Arrhenius ;
   b) acide de Brønsted-Lowry ;
   c) acide de Lewis.
   Laquelle des définitions est la plus générale ? Justifiez la réponse à l'aide de quelques réactions.
2. Définissez les termes suivants ou représentez-les par une illustration.
   a) Réaction de dissociation d'un acide.
   b) Expression de la constante d'équilibre $K_a$.
   c) Réaction de dissociation d'une base.
   d) Expression de la constante d'équilibre $K_b$.
   e) Couple acide-base conjugué.
3. Définissez les termes suivants ou représentez-les par une illustration.
   a) Amphotère.
   b) Réaction de dissociation de l'eau.
   c) Expression de la constante d'équilibre $K_{eau}$.
   d) pH
   e) pOH
   f) p$K_{eau}$
   Énumérez les caractéristiques d'une solution neutre à 25 °C, en termes de $[H^+]$, de pH et du rapport entre $[H^+]$ et $[OH^-]$. Faites la même chose pour une solution acide et une solution basique. Au fur et à mesure qu'une solution devient plus acide, que deviennent le pH, le pOH, $[H^+]$ et $[OH^-]$ ? Au fur et à mesure qu'une solution devient plus basique, que deviennent le pH, le pOH, $[H^+]$ et $[OH^-]$ ?
4. Quelle est la relation entre la force d'un acide et la valeur de $K_a$ ? Quelle est la différence entre un acide fort et un acide faible (*voir le tableau 5.1*) ? Au fur et à mesure que la force d'un acide augmente, que devient la base conjuguée ? Quelle est la relation entre la force d'une base et la valeur de $K_b$ ? Au fur et à mesure que la force d'une base augmente, que devient l'acide conjugué ?
5. Pour calculer le pH d'un acide dans l'eau, on peut adopter deux stratégies. Quelle est la stratégie pour calculer le pH d'un acide fort dans l'eau ? Quelles approximations importantes peut-on effectuer en résolvant des problèmes d'acides forts ? La meilleure façon de reconnaître les acides forts est de les mémoriser. Dressez la liste des six acides forts courants (les deux acides qui n'apparaissent pas dans le manuel sont HBr et HI).

   La plupart des acides, par contre, sont des acides faibles. En calculant le pH d'un acide faible dans l'eau, vous devez connaître la valeur de $K_a$. Énumérez deux endroits dans le manuel où vous pouvez trouver les valeurs de $K_a$ pour les acides faibles. Vous pouvez utiliser ces tableaux pour vous aider à reconnaître les acides faibles. Quelle est la stratégie pour calculer le pH d'un acide faible dans l'eau ? Quelles approximations sont généralement effectuées ? Qu'est-ce que la règle des 5 % ? Si la règle des 5 % n'est pas respectée, comment calculerez-vous le pH d'un acide faible dans l'eau ?
6. Deux stratégies sont également employées pour calculer le pH d'une base dans l'eau. Quelle est la stratégie pour calculer le pH d'une base forte dans l'eau ? Dressez la liste des bases fortes mentionnées dans le manuel qui doivent être mémorisées. Pourquoi le calcul du pH des solutions de $Ca(OH)_2$ est-il un peu plus difficile que le calcul du pH des solutions de NaOH ?

   La plupart des bases sont des bases faibles. Quel est l'élément qui confère le plus souvent des propriétés basiques à un composé organique ? Qu'est-ce qui est présent sur cet élément dans les composés et qui leur permet de capter un proton ?

   Le tableau 5.3 et l'annexe A4.3 du manuel présentent la liste des valeurs de $K_b$ pour quelques bases faibles. Quelle stratégie est utilisée pour calculer le pH d'une base faible dans l'eau ? Quelles approximations peut-on effectuer en calculant le pH de solutions de bases faibles ? Si la règle des 5 % n'est pas respectée, comment calculerez-vous le pH d'une base faible dans l'eau ?

**7.** Le tableau 5.4 présente les valeurs de $K_a$ successives pour quelques polyacides. Quelle est la différence entre un monoacide, un diacide et un triacide ? La plupart des polyacides sont des acides faibles : la principale exception est $H_2SO_4$. Pour calculer le pH d'une solution de $H_2SO_4$, vous devez résoudre un problème d'acide fort ainsi qu'un problème d'acide faible. Expliquez. Écrivez les réactions qui correspondent à $K_{a_1}$ et à $K_{a_2}$ pour $H_2SO_4$.

Pour $H_3PO_4$, $K_{a_1} = 7{,}5 \times 10^{-3}$, $K_{a_2} = 6{,}2 \times 10^{-8}$ et $K_{a_3} = 4{,}8 \times 10^{-13}$, écrivez les réactions qui correspondent aux constantes d'équilibre $K_{a_1}$, $K_{a_2}$ et $K_{a_3}$. Quels sont les trois acides dans une solution de $H_3PO_4$ ? Quel acide est le plus fort ? Quelles sont les trois bases conjuguées dans une solution de $H_3PO_4$ ? Quelle base conjuguée est la plus forte ? Résumez la stratégie pour calculer le pH d'un polyacide dans l'eau.

**8.** Quelle est la relation entre $K_a$ et $K_b$ pour les couples acide-base conjugués ? Soit la réaction de l'acide acétique dans l'eau :

$$CH_3COOH(aq) + H_2O(l) \rightleftharpoons CH_3COO^-(aq) + H_3O^+(aq)$$

où $K_a = 1{,}8 \times 10^{-5}$.

**a)** Quelles sont les deux bases qui rivalisent pour la possession du proton ?

**b)** Quelle est la base la plus forte ?

**c)** Selon la réponse à la question **b)**, pourquoi l'ion acétate ($CH_3COO^-$) est-il considéré comme une base faible ? Justifiez votre réponse à l'aide d'une réaction appropriée. En général, plus une base est forte, plus l'acide conjugué est faible. Expliquez pourquoi l'acide conjugué de la base faible $NH_3$ est un acide faible.

En résumé, la base conjuguée d'un acide faible est une base faible et l'acide conjugué d'une base faible est un acide faible (faible donne faible). En supposant que le $K_a$ d'un monoacide fort soit $1 \times 10^6$, calculez $K_b$ pour la base conjuguée de cet acide fort. Pourquoi les bases conjuguées des acides forts n'ont-elles pas de propriétés basiques dans l'eau ? Dressez la liste des bases conjuguées des six acides forts courants. Certains enseignants demandent aux étudiants de considérer $Li^+$, $K^+$, $Rb^+$, $Cs^+$, $Ca^{2+}$, $Sr^{2+}$ et $Ba^{2+}$ comme les acides conjugués des bases fortes LiOH, KOH, RbOH, CsOH, $Ca(OH)_2$, $Sr(OH)_2$ et $Ba(OH)_2$. Bien que ce ne soit pas techniquement correct, la force de l'acide conjugué de ces cations est semblable à la force de la base conjuguée des acides forts. En d'autres mots, ces cations n'ont pas de propriétés acides dans l'eau ; de même, les bases conjuguées des acides forts n'ont pas de propriétés basiques (fort donne négligeable). Complétez les phrases avec la bonne réponse. La base conjuguée d'un acide faible est une base ______________. L'acide conjugué d'une base faible est un acide ______________. La base conjuguée d'un acide fort est une base ______________. L'acide conjugué d'une base forte est un acide ______________. (*Indice :* Faible donne faible et fort donne négligeable.)

**9.** Qu'est-ce qu'un sel ? Dressez la liste de quelques anions qui se comportent comme des bases faibles dans l'eau. Dressez la liste de quelques anions qui ne présentent pas de propriétés des bases dans l'eau. Dressez la liste de quelques cations qui se comportent comme des acides faibles dans l'eau. Dressez la liste de quelques cations qui ne présentent pas de propriétés d'acides dans l'eau. En vous servant de ces listes, donnez quelques formules pour des sels qui ne présentent que des propriétés de bases faibles dans l'eau. Quelle stratégie utiliser pour calculer le pH de ces solutions de sels basiques ? Nommez quelques sels qui n'ont que des propriétés d'acides faibles dans l'eau. Quelle stratégie utiliser pour calculer le pH de ces solutions acides ? Nommez quelques sels qui n'ont ni propriétés acides ni propriétés basiques dans l'eau (ils produisent des solutions neutres). Lorsqu'un sel comporte à la fois un ion d'acide faible et un ion de base faible, comment prédire si le pH de la solution est acide, basique ou neutre ?

**10.** Pour les oxacides, quelle est la relation entre la force de l'acide et :
**a)** la force de la liaison avec l'atome d'hydrogène acide ?
**b)** l'électronégativité de l'élément lié à l'atome d'oxygène qui porte l'hydrogène acide ?
**c)** le nombre d'atomes d'oxygène ?
Quelle est la relation entre la force d'une base conjuguée et ces facteurs ?
Quel type de solution se forme lorsque l'oxyde d'un non-métal se dissout dans l'eau ? Donnez un exemple d'un tel oxyde. Quel type de solution se forme lorsque l'oxyde d'un métal se dissout dans l'eau ? Donnez un exemple d'un tel oxyde.

# Questions et exercices

## Questions à discuter en classe

Ces questions sont conçues pour être abordées en petits groupes. Par des discussions et des enseignements mutuels, elles permettent d'exprimer la compréhension des concepts.

**1.** Soit deux béchers d'eau pure à des températures différentes. Comment se compare la valeur de leur pH ? Quelle eau est la plus acide ? la plus basique ? Expliquez.

**2.** Quelle est la différence entre les termes *force* et *concentration* quand ils s'appliquent aux acides et aux bases ? Quand le HCl est-il fort ? faible ? concentré ? dilué ? Qu'en est-il dans le cas de l'ammoniac ? La base conjuguée d'un acide faible est-elle une base forte ?

**3.** Mettez en graphique :
**a)** le pourcentage de dissociation d'un acide faible HA en fonction de la concentration initiale de HA ($[HA]_0$) ;
**b)** la concentration de $H^+$ en fonction de $[HA]_0$. Expliquez les deux réponses.

**4.** On prépare une solution en mélangeant un acide faible HA et du HCl. Quelles en sont les espèces principales ? Qu'arrive-t-il dans la solution ? Comment calculer le pH ? Qu'arrive-t-il si l'on ajoute du NaA à cette solution ? puis du NaOH ?

**5.** Dites pourquoi les sels peuvent être acides, basiques ou neutres, et donnez-en des exemples. Faites-le sans chiffres à l'appui.

**6.** Soit deux solutions aqueuses distinctes : un acide faible HA et du HCl. Si, au départ, il y a 10 molécules de chacun,
**a)** faites un dessin illustrant ce à quoi ressemble chaque solution à l'équilibre ;
**b)** nommez les principales espèces contenues dans chaque bécher ;
**c)** selon les dessins, calculez la valeur de $K_a$ de chaque acide ;
**d)** classez les bases suivantes par ordre décroissant de force : $H_2O$, $A^-$, $Cl^-$. Expliquez le résultat.

**7.** On doit calculer la concentration de $H^+$ dans une solution de NaOH(*aq*). Puisque l'hydroxyde de sodium est une base, peut-on dire qu'il n'y a pas d'ions $H^+$, puisque la présence de ces ions signifie que la solution est acide ?

**8.** On prépare une solution en mélangeant un acide faible HA, HCl et NaA. Laquelle des affirmations suivantes décrit le mieux ce qui arrive ?
**a)** Les ions $H^+$ du HCl réagissent complètement avec les ions $A^-$ du NaA. Puis le HA se dissocie partiellement.
**b)** Les ions $H^+$ du HCl réagissent partiellement avec les ions $A^-$ du NaA pour former du HA pendant que le HA se dissocie. Finalement, toutes les espèces se retrouvent en quantités égales.
**c)** Les ions $H^+$ du HCl réagissent partiellement avec les ions $A^-$ du NaA pour former du HA pendant que le HA se dissocie. Finalement, toutes les réactions se font à la même vitesse.
**d)** Les ions $H^+$ du HCl réagissent complètement avec les ions $A^-$ du NaA. Puis le HA se dissocie partiellement jusqu'à ce que «trop» d'ions $H^+$ et $A^-$ soient formés ; alors les ions $H^+$ et $A^-$ réagissent pour former du HA, etc. Finalement, l'équilibre est atteint.
Justifiez votre choix de réponse et dites pourquoi les autres suggestions ne sont pas acceptables.

**9.** On prépare une solution en mélangeant 100,0 mL de HA 0,10 mol/L ($K_a = 1,0 \times 10^{-6}$), 100,00 mL de NaA 0,10 mol/L et 100,0 mL de HCl 0,10 mol/L. Pour simplifier le calcul du pH de la solution finale, on peut estimer l'ordre dans lequel les différentes réactions se produisent. Est-il important que les réactions se produisent réellement dans l'ordre présumé ? Expliquez.

**10.** On dissout un certain composé de sodium dans l'eau pour en libérer l'ion $Na^+$ et un ion négatif donné. Quel indice faut-il rechercher pour déterminer si l'anion agit comme un acide ou comme une base ? Comment dire si l'anion est une base forte ? Comment l'anion pourrait-il agir à la fois comme une base et comme un acide ?

**11.** On peut imaginer les acides et les bases comme des espèces opposées (les acides donnent des protons ; les bases les acceptent). On peut alors penser que $K_a = 1/K_b$. Pourquoi n'est-ce pas le cas ? Quelle est la relation entre $K_a$ et $K_b$ ? Faites-en la démonstration mathématique.

**12.** Soit deux solutions contenant respectivement les sels NaX(*aq*) et NaY(*aq*) à des concentrations égales. Que doit-on connaître pour déterminer laquelle de ces solutions a le pH le plus élevé ? Expliquez le processus de décision (au besoin, fournissez un exemple de calcul).

**13.** Que signifie pH ? Vrai ou faux : une solution d'un acide fort a toujours un pH plus faible que celui d'une solution d'un acide faible ? Expliquez.

**14.** Pourquoi le pH de l'eau à 25 °C est-il égal à 7,00 ?

**15.** Le pH d'une solution peut-il être négatif ? Expliquez.

Une question ou un exercice précédés d'un numéro en bleu indiquent que la réponse se trouve à la fin de ce livre.

# Questions

**16.** Pourquoi, en solution aqueuse, l'acide le plus fort est-il $H_3O^+$ et la base la plus forte, $OH^-$ ?

17. Combien de chiffres significatifs y a-t-il dans les nombres 10,78, 6,78 et 0,78 ? S'il s'agissait de valeurs de pH, combien de chiffres significatifs devrait contenir la valeur de $[H^+]$ ? Expliquez toute différence entre les réponses aux deux questions.

**18.** Donnez trois exemples de solutions qui correspondent aux descriptions suivantes.
**a)** Une solution d'un électrolyte fort qui est très acide.
**b)** Une solution d'un électrolyte fort qui est légèrement acide.
**c)** Une solution d'un électrolyte fort qui est très basique.
**d)** Une solution d'un électrolyte fort qui est légèrement basique.
**e)** Une solution d'un électrolyte fort qui est neutre.

19. Écrivez la relation qui existe entre $pK_a$ et $pK_b$ pour un couple acide-base conjugué ($pK = -\log K$).

**20.** Parmi les énoncés suivants, lequel ou lesquels sont vrais ? Dans le cas des énoncés qui sont faux, corrigez-les.
**a)** Quand une base est dissoute dans l'eau, le pH le plus bas possible de la solution est 7,00.
**b)** Quand un acide est dissous dans l'eau, le pH le plus bas possible est 0.
**c)** Une solution d'un acide fort a un pH plus faible que celui d'une solution d'un acide faible.
**d)** Une solution de $Ba(OH)_2$ 0,0010 mol/L a un pOH qui est le double de la valeur du pOH d'une solution de KOH 0,0010 mol/L.

21. Soit une solution de $H_2CO_3$ 0,10 mol /L et une solution de $H_2SO_4$ 0,10 mol/L. Sans faire de calculs détaillés, choisissez dans les énoncés suivants celui qui décrit le mieux $[H^+]$ de chacune des solutions et expliquez votre réponse.
**a)** $[H^+]$ est inférieure à 1,10 mol/L.
**b)** $[H^+]$ est égale à 0,10 mol /L.
**c)** $[H^+]$ se situe entre 0,10 mol/L et 0,20 mol/L.
**d)** $[H^+]$ est 0,20 mol/L.

**22.** Parmi les halogénures d'hydrogène, seul HF est un acide faible. Donnez une explication possible.

23. Expliquez pourquoi les actions suivantes sont réalisées ; les deux actions sont en lien avec la chimie acide-base.
**a)** Les centrales électriques qui brûlent du charbon à haute teneur en soufre utilisent des épurateurs pour éliminer les émissions de soufre.
**b)** Un jardinier mélange de la chaux (CaO) avec la terre de son jardin.

# Exercices

Dans la présente section, les exercices similaires sont regroupés.

## Nature des acides et des bases

**24.** Écrivez la réaction de dissociation et l'expression de la position d'équilibre $K_a$ pour chacun des acides suivants dans l'eau.
**a)** $HNO_2$
**b)** $Ti(H_2O)_6^{4+}$
**c)** HCN

25. Pour chacune des réactions suivantes, déterminez l'acide, la base, la base conjuguée et l'acide conjugué.
**a)** $HF + H_2O \rightleftharpoons F^- + H_3O^+$
**b)** $H_2SO_4 + H_2O \rightleftharpoons H_3O^+ + HSO_4^-$
**c)** $HSO_4^- + H_2O \rightleftharpoons SO_4^{2-} + H_3O^+$

**26.** Classez les acides suivants selon qu'ils sont forts ou faibles.

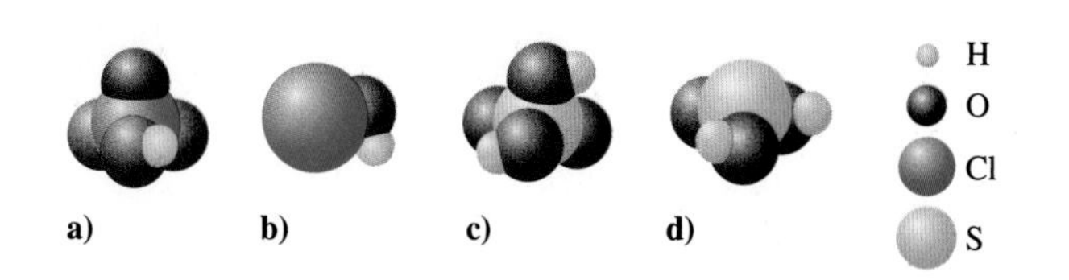


27. Examinez les illustrations suivantes :

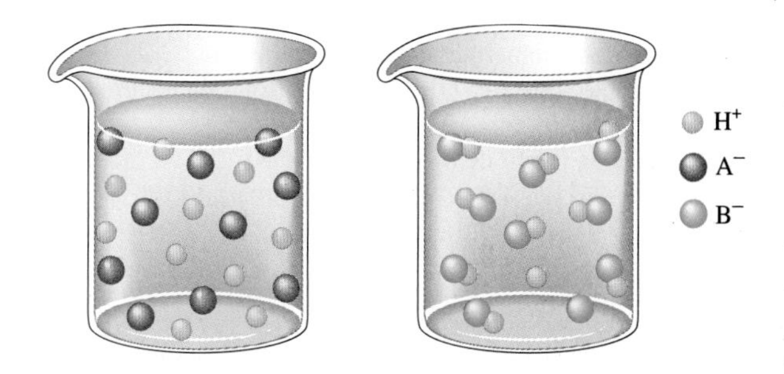


Quel bécher représente le mieux ce qui se produit lorsque les acides suivants sont dissous dans l'eau ?
**a)** $HNO_2$
**b)** $HNO_3$
**c)** HCl
**d)** HF
**e)** $CH_3COOH$

**28.** À l'aide du tableau 5.2, classez les espèces suivantes par ordre décroissant d'acidité.

$$H_2O, \quad HNO_3, \quad HOCl, \quad NH_4^+$$

29. À l'aide du tableau 5.2, classez les espèces suivantes par ordre décroissant de basicité.

$$H_2O, \quad NO_3^-, \quad OCl^-, \quad NH_3$$

**30.** En vous aidant, au besoin, du tableau 5.2, répondez aux questions suivantes.
**a)** Quel est l'acide le plus fort : $HClO_4$ ou $H_2O$ ?
**b)** Quel est l'acide le plus fort : $H_2O$ ou $HClO_2$ ?
**c)** Quel est l'acide le plus fort : HF ou HCN ?

31. En vous aidant, au besoin, du tableau 5.2, répondez aux questions suivantes.
**a)** Quelle est la base la plus forte : $ClO_4^-$ ou $H_2O$ ?
**b)** Quelle est la base la plus forte : $H_2O$ ou $ClO_2^-$ ?
**c)** Quelle est la base la plus forte : $F^-$ ou $CN^-$ ?

## Auto-ionisation de l'eau et échelle de pH

**32.** Calculez la valeur de $[OH^-]$ pour chacune des solutions suivantes, à 25 °C. Dites si la solution est neutre, acide ou basique.
**a)** $[H^+] = 1{,}0 \times 10^{-7}$ mol/L
**b)** $[H^+] = 1{,}4 \times 10^{-3}$ mol/L
**c)** $[H^+] = 2{,}5 \times 10^{-10}$ mol/L
**d)** $[H^+] = 6{,}1$ mol/L

**33.** Calculez la valeur de $[H^+]$ pour chacune des solutions suivantes, à 25 °C. Dites si la solution est neutre, acide ou basique.
**a)** $[OH^-] = 3,5 \times 10^{-2}$ mol/L
**b)** $[OH^-] = 8,0 \times 10^{-11}$ mol/L
**c)** $[OH^-] = 1,0 \times 10^{-7}$ mol/L
**d)** $[OH^-] = 5,0$ mol/L

**34.** Voici les valeurs de $K_{eau}$ en fonction de la température.

| Température (°C) | $K_{eau}$ |
|---|---|
| 0 | $1,14 \times 10^{-15}$ |
| 25 | $1,00 \times 10^{-14}$ |
| 35 | $2,09 \times 10^{-14}$ |
| 40 | $2,92 \times 10^{-14}$ |
| 50 | $5,47 \times 10^{-14}$ |

**a)** Est-ce que la réaction d'auto-ionisation de l'eau est une réaction exothermique ou endothermique ?
**b)** Calculez $[H^+]$ et $[OH^-]$ dans une solution neutre, à 50 °C.

**35.** À 40 °C, la valeur de $K_{eau}$ est $2,92 \times 10^{-14}$.
**a)** Calculez $[H^+]$ et $[OH^-]$ de l'eau pure à 40 °C.
**b)** Quel est le pH de l'eau pure à 40 °C ?
**c)** Si la concentration d'ions hydroxyde dans une solution est de 0,10 mol/L, quel est le pH à 40 °C ?

**36.** Calculez le pH et le pOH de chacune des solutions données à l'exercice 32.

**37.** Calculez $[H^+]$ et $[OH^-]$ pour chacune des solutions suivantes.
**a)** pH = 7,41 (pH normal du sang).
**b)** pH = 15,3
**c)** pH = −1,0
**d)** pOH = 3,2
**e)** pH = 5,0
**f)** pOH = 9,6

**38.** Ajoutez les informations qui manquent dans le tableau suivant.

| | pH | pOH | $[H^+]$ | $[OH^-]$ | Acide, basique ou neutre |
|---|---|---|---|---|---|
| Solution a | 6,88 | ___ | ___ | ___ | ___ |
| Solution b | ___ | ___ | ___ | $8,4 \times 10^{-14}$ mol/L | ___ |
| Solution c | ___ | 3,11 | ___ | ___ | ___ |
| Solution d | ___ | ___ | $1,0 \times 10^{-7}$ mol/L | ___ | ___ |

**39.** Le pOH d'un échantillon de bicarbonate de soude dissous dans l'eau est de 5,74, à 25 °C. Calculez le pH, $[H^+]$ et $[OH^-]$ pour cet échantillon. Dites si la solution est acide ou basique.

## Solutions d'acides

**40.** Quelles sont les principales espèces présentes dans des solutions à 0,250 mol/L de chacun des acides suivants ? Quel est le pH de chacune de ces solutions ?
**a)** $HClO_4$ **b)** $HNO_3$

**41.** On prépare une solution en mélangeant 50,0 mL d'une solution de HCl 0,050 mol/L à 150,0 mL d'une solution de $HNO_3$ 0,10 mol/L. Calculez la concentration de toutes les espèces en solution.

**42.** On prépare une solution en mélangeant 90,0 mL de HCl 5,00 mol/L et 30,0 mL de $HNO_3$ 8,00 mol/L. On y ajoute ensuite de l'eau pour que le volume final soit de 1,00 L. Calculez $[H^+]$, $[OH^-]$ et le pH de cette solution.

**43.** Comment préparez-vous 1600 mL d'une solution de pH 1,50 à partir de HCl concentré (12 mol/L) ?

**44.** Calculez la concentration d'une solution aqueuse de $HNO_3$ dont le pH est de 4,25.

**45.** Quelles sont les principales espèces présentes dans des solutions à 0,250 mol/L de chacun des acides suivants ? Quel est le pH de chacune de ces solutions ?
**a)** $HNO_2$ **b)** $CH_3COOH$

**46.** On ajoute 0,0560 g d'acide acétique dans assez d'eau pour obtenir 50,00 mL de solution. Calculez $[H^+]$, $[CH_3COO^-]$, $[CH_3COOH]$ et le pH à l'équilibre. La valeur de $K_a$ pour l'acide acétique est $1,8 \times 10^{-5}$.

**47.** Dans le cas de l'acide propanoïque ($CH_3CH_2COOH$, $K_a = 1,3 \times 10^{-5}$), calculez $[H^+]$, le pH et le pourcentage de dissociation d'une solution à 0,10 mol/L.

**48.** Calculez les concentrations de toutes les espèces en présence et le pH d'une solution de HF 0,020 mol/L.

**49.** L'acide monochloroacétique $CH_2ClCOOH$ est un irritant cutané utilisé pour l'« exfoliation chimique », qui consiste à débarrasser la peau du visage de sa couche superficielle morte afin d'en améliorer l'aspect. La valeur de $K_a$ pour l'acide monochloroacétique est $1,35 \times 10^{-3}$. Calculez le pH d'une solution de $CH_2ClCOOH$ 0,10 mol/L.

**50.** Calculez le pH de chacune des solutions suivantes.
**a)** Une solution contenant 0,10 mol/L de HCl et 0,10 mol/L de HOCl.
**b)** Une solution contenant 0,050 mol/L de $HNO_3$ et 0,50 mol/L de $CH_3COOH$.

**51.** Calculez le pH d'une solution qui contient 1,0 mol/L de HF et 1,0 mol/L de $C_6H_5OH$. Calculez également la concentration de $C_6H_5O^-$ dans cette solution à l'équilibre.

**52.** Calculez le pourcentage de dissociation de l'acide dans chacune des solutions suivantes.
**a)** Acide acétique 0,50 mol/L.
**b)** Acide acétique 0,050 mol/L.
**c)** Acide acétique 0,0050 mol/L.
**d)** Utilisez le principe de Le Chatelier pour expliquer pourquoi le pourcentage de dissociation augmente quand la concentration d'un acide faible diminue.
**e)** Même si le pourcentage de dissociation augmente de la solution en **a)** à la solution en **c)**, la valeur de $[H^+]$ diminue. Expliquez.

**53.** En utilisant les valeurs de $K_a$ du tableau 5.2, calculez le pourcentage de dissociation d'une solution contenant 0,100 mol/L de chacun des acides suivants.
**a)** Acide hypochloreux (HOCl).
**b)** Acide cyanhydrique (HCN).
**c)** Acide chlorhydrique (HCl).

d) Pourquoi le pourcentage de dissociation d'un acide est-il lié à la valeur de $K_a$ du même acide (en considérant que les concentrations initiales des acides sont égales).

**54.** Dans une solution d'un acide faible 0,15 mol/L, le pourcentage de dissociation est de 3,0 %. Calculez la valeur de $K_a$.

55. Un acide HX est dissocié à 25 % dans l'eau. Si la concentration à l'équilibre de HX est de 0,30 mol/L, calculez la valeur de $K_a$ pour HX.

**56.** Le pH d'une solution d'acide hypobromeux (HOBr) 0,063 mol/L est de 4,95. Calculez la valeur de $K_a$.

57. L'acide trichloracétique ($CCl_3COOH$) est un acide corrosif qu'on utilise pour faire précipiter les protéines. Le pH d'une solution de $CCl_3COOH$ 0,050 mol/L est de 1,40. Calculez la valeur de $K_a$.

**58.** Une solution d'acide formique (HCOOH, $K_a = 1,8 \times 10^{-4}$) a un pH de 2,70. Calculez la concentration initiale de l'acide formique dans cette solution.

## Solutions de bases

59. Écrivez la réaction et l'expression de la constante d'équilibre $K_b$ correspondant à chacune des substances suivantes qui se comportent comme des bases dans l'eau.
**a)** $NH_3$ **b)** $C_5H_5N$

**60.** À l'aide du tableau 5.3, classez les bases suivantes de la plus forte à la plus faible.

$NO_3^-$, $H_2O$, $NH_3$, $CH_3NH_2$

61. À l'aide du tableau 5.3, classez les acides suivants du plus fort au plus faible.

$HNO_3$, $H_2O$, $NH_4^+$, $CH_3NH_3^+$

**62.** À l'aide du tableau 5.3, répondez aux questions suivantes.
**a)** Quelle est la base la plus forte : $NO_3^-$ ou $NH_3$ ?
**b)** Quelle est la base la plus forte : $H_2O$ ou $NH_3$ ?
**c)** Quelle est la base la plus forte : $OH^-$ ou $NH_3$ ?
**d)** Quelle est la base la plus forte : $NH_3$ ou $CH_3NH_2$ ?

63. À l'aide du tableau 5.2, répondez aux questions suivantes.
**a)** Quel est l'acide le plus fort : $HNO_3$ ou $NH_4^+$ ?
**b)** Quel est l'acide le plus fort : $H_2O$ ou $NH_4^+$ ?
**c)** Quel est l'acide le plus fort : $NH_4^+$ ou $CH_3NH_3^+$ ?

**64.** Calculez le pH de chacune des solutions suivantes.
**a)** NaOH 0,10 mol/L
**b)** NaOH $1,0 \times 10^{-10}$ mol/L
**c)** NaOH 2,0 mol/L

65. Calculez $[OH^-]$, le pOH et le pH de chacune des solutions suivantes.
**a)** $Ca(OH)_2$ 0,00040 mol/L
**b)** Une solution contenant 25 g de KOH par litre.
**c)** Une solution contenant 150,0 g de NaOH par litre.

**66.** Quelles sont les principales espèces présentes dans les mélanges de bases suivants ?
**a)** NaOH 0,050 mol/L et LiOH 0,050 mol/L.
**b)** $Ba(OH)_2$ 0,0010 mol/L et RbOH 0,020 mol/L.

Quelles sont les valeurs de $[OH^-]$ et du pH de chacune de ces solutions ?

67. Quelle masse de KOH est nécessaire pour préparer 800,0 mL d'une solution dont le pH = 11,56 ?

**68.** Calculez la concentration d'une solution aqueuse de $Ca(OH)_2$ dont le pH est de 13,00.

69. Quelles sont les principales espèces présentes dans une solution de $NH_3$ 0,150 mol/L. Calculez $[OH^-]$ et le pH de cette solution.

**70.** Calculez $[OH^-]$, $[H^+]$ et le pH de solutions contenant 0,200 mol/L de chacune des amines suivantes (les valeurs de $K_b$ non indiquées figurent dans le tableau 5.3).
**a)** Triéthylamine, $(C_2H_5)_3N$ ; $K_b = 4,0 \times 10^{-4}$
**b)** Hydroxylamine, $HONH_2$ ; $K_b = 1,1 \times 10^{-8}$

71. Calculez $[OH^-]$, $[H^+]$ et le pH des solutions à 0,20 mol/L de chacune des amines suivantes (les valeurs de $K_b$ se trouvent au tableau 5.3).
**a)** Aniline. **b)** Pyridine.

**72.** Quel est le pourcentage d'ionisation dans chacune des solutions suivantes ?
**a)** $NH_3$ 0,10 mol/L **b)** $NH_3$ 0,010 mol/L

73. Calculez le pourcentage de pyridine ($C_5H_5N$) qui forme l'ion pyridinium, $C_5H_5NH^+$, dans une solution aqueuse de pyridine 0,10 mol/L ($K_b = 1,7 \times 10^{-9}$).

**74.** On utilise la codéine, un dérivé de la morphine, comme analgésique, narcotique ou antitussif. Il fut un temps où on l'utilisait couramment dans les sirops contre la toux ; de nos jours, on ne peut se la procurer que sur ordonnance à cause de l'accoutumance qu'elle crée. La formule de la codéine est $C_{18}H_{21}NO_3$ et son $pK_b$ est de 6,05. Calculez le pH d'une solution de 10,0 mL contenant 5,0 mg de codéine. ($pK_b = -\log K_b$).

75. Calculez la masse de $HONH_2$ qu'il faut dissoudre dans assez d'eau pour préparer 250,0 mL d'une solution ayant un pH de 10,00 ($K_b = 1,1 \times 10^{-8}$).

## Polyacides

**76.** Écrivez les valeurs de $K_a$ pour les réactions successives de dissociation du diacide $H_2SO_3$.

77. En utilisant les valeurs de $K_a$ données au tableau 5.4 et en vous limitant à la première étape de dissociation, calculez le pH des solutions à 0,10 mol/L de chacun des polyacides suivants.
**a)** $H_3AsO_4$ **b)** $H_2CO_3$

**78.** L'acide arsénique ($H_3AsO_4$) est un triacide pour lequel $K_{a_1} = 5 \times 10^{-3}$, $K_{a_2} = 8 \times 10^{-8}$ et $K_{a_3} = 6 \times 10^{-10}$. Calculez $[H^+]$, $[OH^-]$, $[H_3AsO_4^-]$, $[HAsO_4^{2-}]$ et $[AsO_4^{3-}]$ dans une solution d'acide arsénique 0,20 mol/L.

79. Calculez le pH d'une solution de $H_2SO_4$ 2,0 mol/L.

**80.** Calculez le pH d'une solution de $H_2SO_4$ $1,0 \times 10^{-3}$ mol/L.

## Propriétés acide-base des sels

81. Classez les solutions à 0,10 mol/L suivantes de la plus acide à la plus basique.

KOH, KCl, KCN, $NH_4Cl$, HCl

**82.** Classez les solutions à 0,10 mol/L suivantes de la plus acide à la plus basique.

$Ca(NO_3)_2$, $NaNO_2$, $HNO_3$, $NH_4NO_3$, $Ca(OH)_2$

83. Sachant que la valeur de $K_a$ est $1,8 \times 10^{-5}$ pour l'acide acétique et $3,5 \times 10^{-8}$ pour l'acide hypochloreux, déterminez quelle base est la plus forte, $OCl^-$ ou $CH_3COO^-$.

**84.** Les valeurs de $K_b$ pour l'ammoniac et la méthylamine sont respectivement de $1,8 \times 10^{-5}$ et $4,4 \times 10^{-4}$. Lequel est l'acide le plus fort, $NH_4^+$ ou $CH_3NH_3^+$ ?

85. On ajoute parfois à l'eau de l'azoture de sodium ($NaN_3$) comme antibactérien. Calculez la concentration de toutes les espèces présentes dans une solution de $NaN_3$ 0,010 mol/L. La valeur de $K_a$ pour l'acide azothydrique ($HN_3$) est $1,9 \times 10^{-5}$.

**86.** Calculez les concentrations de toutes les espèces présentes dans une solution de chlorure d'éthylammonium ($C_2H_5NH_3Cl$) 0,25 mol/L.

87. Calculez le pH de chacune des solutions suivantes.
**a)** $CH_3NH_3Cl$ 0,10 mol/L
**b)** NaCN 0,050 mol/L

**88.** Soit les sels suivants : NaCN, $NaCH_3CO_2$, NaF, NaCl ou NaOCl. Quand on dissout 0,100 mol d'un de ces sels dans 1,00 L d'eau, le pH de la solution est de 8,07. Quel est ce sel ?

89. Soit un sel inconnu dont la formule générale est BHCl, où B est une des bases faibles du tableau 5.3. Une solution à 0,10 mol/L du sel inconnu a un pH de 5,82. Quelle est la formule réelle du sel ?

**90.** Calculez le pH d'une solution de $Al(NO_3)_3$ 0,050 mol/L. La valeur de $K_a$ pour $Al(H_2O)_6^{3+}$ est $1,4 \times 10^{-5}$.

91. Calculez le pH d'une solution de $CoCl_3$ 0,10 mol/L. La valeur de $K_a$ pour $Co(H_2O)_6^{3+}$ est $1,0 \times 10^{-5}$.

**92.** Est-ce que les solutions qui contiennent les sels énumérés ci-dessous sont acides, basiques ou neutres ? Dans le cas d'une solution acide ou basique, écrivez l'équation chimique équilibrée de la réaction responsable de cette propriété. Les valeurs de $K_a$ et de $K_b$ figurent aux tableaux 5.2 et 5.3.
**a)** $NaNO_3$
**b)** $NaNO_2$
**c)** $NH_4NO_3$
**d)** $NH_4NO_2$
**e)** NaOCl
**f)** $NH_4OCl$

## Relations entre la structure et la force des acides et des bases

93. Placez dans l'ordre croissant d'acidité les espèces de chacun des groupes suivants. Justifiez votre réponse dans chaque cas.
**a)** HBrO, $HBrO_2$, $HBrO_3$
**b)** $HClO_2$, $HBrO_2$, $HIO_2$
**c)** $HClO_3$, $HBrO_3$
**d)** $H_2SO_4$, $H_2SO_3$

**94.** Placez, pour chacun des groupes suivants, les différentes espèces dans l'ordre croissant de basicité. Justifiez votre réponse dans chaque cas.
**a)** $BrO^-$, $BrO_2^-$, $BrO_3^-$
**b)** $ClO_2^-$, $BrO_2^-$, $IO_2^-$

95. Placez dans l'ordre croissant d'acidité les différentes espèces de chacun des groupes suivants.
**a)** $H_2O$, $H_2S$, $H_2Se$ (énergies de liaison : H—O, 463 kJ/mol ; H—S, 363 kJ/mol ; H—Se, 276 kJ/mol)
**b)** $CH_3COOH$, $FCH_2COOH$, $F_2CHCOOH$, $F_3CCOOH$
**c)** $NH_4^+$, $HONH_3^+$
**d)** $NH_4^+$, $PH_4^+$ (énergies de liaison : N—H, 391 kJ/mol ; P—H, 322 kJ/mol)
Justifiez vos réponses.

**96.** À partir des conclusions de l'exercice 95, placez dans l'ordre croissant de basicité les différentes espèces de chacun des groupes suivants.
**a)** $OH^-$, $SH^-$, $SeH^-$
**b)** $NH_3$, $PH_3$
**c)** $NH_3$, $HONH_2$

97. Est-ce que, une fois dissous dans l'eau, les oxydes ci-dessous produiront une solution acide, basique ou neutre ? Justifiez votre réponse en écrivant la réaction appropriée.
**a)** CaO **b)** $SO_2$ **c)** $Cl_2O$

## Acides et bases de Lewis

**98.** Déterminez l'acide de Lewis et la base de Lewis dans chacune des réactions suivantes.
**a)** $B(OH)_3 + H_2O \rightleftharpoons B(OH)_4^- + H^+$
**b)** $Ag^+ + 2NH_3 \rightleftharpoons Ag(NH_3)_2^+$
**c)** $BF_3 + NH_3 \rightleftharpoons F_3BNH_3$

99. Déterminez l'acide de Lewis et la base de Lewis dans chacune des réactions suivantes.
**a)** $I_2 + I^- \rightleftharpoons I_3^-$
**b)** $Zn(OH)_2 + 2OH^- \rightleftharpoons Zn(OH)_4^{2-}$
**c)** $Fe^{3+} + SCN^- \rightleftharpoons FeSCN^{2+}$

**100.** L'hydroxyde d'aluminium est une substance amphotère : il se comporte tantôt comme une base de Brønsted-Lowry, tantôt comme un acide de Lewis. Écrivez une équation illustrant le comportement basique de $Al(OH)_3$ à l'égard de l'ion $H^+$, et une équation illustrant sa réaction comme un acide à l'égard de l'ion $OH^-$.

101. L'hydroxyde de zinc est une substance amphotère. Écrivez les équations qui décrivent le $Zn(OH)_2$ agissant comme une base de Brønsted à l'égard de l'ion $H^+$ et comme un acide de Lewis à l'égard de l'ion $OH^-$.

**102.** Lequel, de $Fe^{3+}$ ou de $Fe^{2+}$, est l'acide le plus fort ? Expliquez.

103. Utilisez le modèle acide-base de Lewis pour expliquer la réaction suivante :

$$CO_2(g) + H_2O(l) \longrightarrow H_2CO_3(aq)$$

# Exercices supplémentaires

**104.** Soit 10,00 mL d'une solution de HCl dont le pH est de 2,000. Quel volume d'eau doit-on ajouter pour que le pH soit de 4,000 ?

105. Parmi les paires suivantes, lesquelles sont des couples acide-base conjugués ? Pour les couples qui ne sont pas conjugués, écrivez l'acide ou la base conjugués corrects pour chaque espèce du couple.

**106.** Vous disposez de 100,0 g de saccharine, un succédané du sucre, et vous voulez préparer une solution ayant un pH de 5,75. Quel volume de solution pouvez-vous préparer? Pour la saccharine, $HC_7H_4NSO_3$, $pK_a = 11{,}70$ ($pK_a = -\log K_a$).

**107.** On mesure le pH et la conductivité d'une solution comme dans le schéma illustré ci-dessous.

La solution contient une des substances suivantes: HCl, NaOH, $NH_4Cl$, HCN, $NH_3$, HF ou NaCN. Si la concentration du soluté est d'environ 1,0 mol/L, quel est le soluté?

**108.** À 25 °C, une solution saturée d'acide benzoïque ($C_6H_5COOH$, $K_a = 6{,}4 \times 10^{-5}$) a un pH de 2,80. Calculez la solubilité de l'acide benzoïque dans l'eau en moles par litre.

**109.** Calculez le pH et $[S^{2-}]$ dans une solution de $H_2S$ 0,10 mol/L. Supposez que: $K_{a_1} = 1{,}0 \times 10^{-7}$; $K_{a_2} = 1{,}0 \times 10^{-19}$.

**110.** Un comprimé typique de vitamine C (contenant de l'acide ascorbique pur, $H_2C_6H_6O_6$) pèse 500 mg. Ce comprimé est dissous dans assez d'eau pour obtenir 200,0 mL de solution. Calculez le pH de cette solution. L'acide ascorbique est un diacide.

**111.** Calculez le pH d'une solution aqueuse contenant $1{,}0 \times 10^{-2}$ mol/L de HCl, $1{,}0 \times 10^{-2}$ mol/L de $H_2SO_4$ et $1{,}0 \times 10^{-2}$ mol/L de HCN.

**112.** L'acide acrylique ($CH_2{=}CHCOOH$) est un précurseur de nombreux plastiques importants. La valeur de $K_a$ pour l'acide acrylique est $5{,}6 \times 10^{-5}$.

**a)** Calculez le pH d'une solution d'acide acrylique 0,10 mol/L.
**b)** Calculez le pourcentage de dissociation d'une solution d'acide acrylique 0,10 mol/L.
**c)** Calculez le pH d'une solution d'acrylate de sodium ($NaC_3H_3O_2$) 0,050 mol/L.

**113.** Une solution de chlorobenzoate de sodium ($NaC_7H_4ClO_2$) 0,20 mol/L a un pH de 8,65. Calculez le pH d'une solution d'acide chlorobenzoïque ($HC_7H_4ClO_2$) 0,20 mol/L.

**114.** La constante d'équilibre $K_a$ pour la réaction suivante:

$$Fe(H_2O)_6^{3+}(aq) + H_2O(l)$$
$$FeOH(H_2O)_5^{2+}(aq) + H_3O^-(aq)$$

est $6{,}0 \times 10^{-3}$.

**a)** Calculez le pH d'une solution de $Fe(H_2O)_6^{3+}$.
**b)** Le pH d'une solution de nitrate de fer(II) 1,0 mol/L sera-t-il supérieur ou inférieur au pH d'une solution de nitrate de fer(III) 1,0 mol/L? Expliquez.

**115.** Classez les solutions à 0,10 mol/L suivantes par ordre croissant de leur pH.

**a)** HI, HF, NaF, NaI
**b)** $NH_4Br$, HBr, KBr, $NH_3$
**c)** $NH_4NO_3$, $NaNO_3$, NaOH, HF, KF, $NH_3$, $HNO_3$

**116.** Une solution aqueuse de $NaHSO_4$ est-elle acide, basique ou neutre? Quelle réaction se produit avec l'eau? Quel est le pH d'une solution de $NaHSO_4$ 0,10 mol/L?

**117.** Calculez $[CO_3^{2-}]$ dans une solution de $CO_2$ 0,010 mol/L dans l'eau ($H_2CO_3$). Si tous les ions $CO_3^{2-}$ de cette solution proviennent de la réaction

$$HCO_3^-(aq) \rightleftharpoons H^+(aq) + CO_3^{2-}(aq)$$

quel pourcentage des ions $H^+$ de cette solution provient de la dissociation de $HCO_3^-$? Quand on ajoute de l'acide à une solution de bicarbonate de sodium ($NaHCO_3$), il se produit un bouillonnement intense. Comment relier cette réaction à la présence de l'acide carbonique ($H_2CO_3$) dans l'eau?

**118.** L'hémoglobine (abréviation Hb) est une protéine responsable du transport de l'oxygène dans le sang des mammifères. Chaque molécule d'hémoglobine comporte quatre atomes de fer qui servent à fixer les molécules $O_2$. La fixation de l'oxygène varie en fonction du pH. La réaction d'équilibre appropriée est la suivante:

$$HbH_4^{4+}(aq) + 4O_2(g) \rightleftharpoons Hb(O_2)_4(aq) + 4H^+(aq)$$

Recourez au principe de Le Chatelier pour répondre aux questions suivantes.

**a)** Quelle forme d'hémoglobine, $HbH_4^{4+}$ ou $Hb(O_2)_4$, est favorisée au niveau des poumons? Quelle forme est favorisée au niveau des cellules?
**b)** Quand un individu souffre d'hyperventilation, la concentration de $CO_2$ dans son sang diminue. En quoi cela modifie-t-il l'équilibre de la fixation de l'oxygène? En quoi le fait de le faire respirer dans un sac en papier permet-il de contrer cet effet?
**c)** Quand un individu est victime d'un arrêt cardiaque, on lui injecte une solution de bicarbonate de soude. Justifiez cette intervention.

**119.** Les étudiants sont souvent surpris d'apprendre que les acides organiques, tel l'acide acétique, contiennent des groupements —OH acides. En fait, tous les oxacides contiennent des groupements hydroxyle. La formule structurale de l'acide sulfurique, habituellement écrite $H_2SO_4$, est $SO_2(OH)_2$, où S est l'atome central. Nommez les acides dont les formules structurales sont données ci-dessous. Dites pourquoi ils sont des acides alors que NaOH et KOH sont des bases.

**a)** $SO(OH)_2$ **b)** $ClO_2(OH)$ **c)** $HPO(OH)_2$

## Problèmes défis

**120.** Le pH de l'acide chlorhydrique $1{,}0 \times 10^{-8}$ mol/L n'est pas de 8,00. On peut trouver le bon pH en examinant le rapport entre les concentrations molaires des trois principaux ions en solution (soit $H^+$, $Cl^-$ et $OH^-$). On peut calculer les concentrations molaires grâce aux équations algébriques que l'on peut obtenir à partir des affirmations données ci-dessous.

**a)** La solution est électriquement neutre.
**b)** On peut considérer l'acide chlorhydrique comme ionisé à 100 %.
**c)** Le produit des concentrations molaires de l'ion hydronium et de l'ion hydroxyde doit être égal à $K_{eau}$.

Calculez le pH d'une solution de HCl $1{,}0 \times 10^{-8}$ mol/L.

121. Calculez le pH d'une solution aqueuse de NaOH $1{,}0 \times 10^{-7}$ mol/L.

**122.** Soit 50,0 mL d'une solution d'un acide faible HA ($K_a$ = $1{,}00 \times 10^{-6}$), dont le pH est de 4,000. Quel volume d'eau doit-on ajouter pour que le pH soit de 5,000 ?

123. En effectuant l'approximation habituelle utilisée dans la résolution des problèmes relatifs au pH de solutions aqueuses d'un acide faible, calculez le pH d'une solution d'acide hypobromeux (HOBr ; $K_a = 2 \times 10^{-9}$) $1{,}0 \times 10^{-6}$ mol/L. Qu'est-ce qui ne va pas dans la réponse ? Pourquoi cette réponse est-elle fausse ? Sans essayer de résoudre le problème, indiquez ce qu'il faudrait faire pour y arriver.

**124.** Calculez le pH d'une solution de $C_5H_5NHF$ 0,200 mol/L. *Indice :* $C_5H_5NHF$ est un sel composé des ions $C_5H_5NH^+$ et $F^-$. Le principal équilibre dans cette solution s'établit entre le meilleur acide qui réagit avec la meilleure base ; la réaction pour l'équilibre principal est :

$$C_5H_5NH^+(aq) + F^-(aq) \rightleftharpoons C_5H_5N(aq) + HF(aq) \quad K = 8{,}2 \times 10^{-3}$$

125. Calculez $[OH^-]$ dans une solution obtenue en ajoutant 0,0100 mol de NaOH solide à 1,00 L de $NH_3$ 15,0 mol/L.

**126.** Quelle masse de NaOH(*s*) doit-on ajouter à 1,0 L de $NH_3$ 0,050 mol/L pour obtenir un pourcentage d'ionisation de $NH_3$ qui ne dépasse pas 0,0010 % ? Supposez qu'il n'y a aucun changement de volume à l'addition du NaOH.

127. Un certain acide, HA, a une masse volumique de vapeur de 5,11 g/L, lorsqu'il est en phase gazeuse à une température de 25 °C et à une pression de 1,00 atm. Quand on dissout 1,50 g de cet acide dans assez d'eau pour obtenir 100,0 mL de solution, on mesure un pH de 1,80. Calculez la valeur de $K_a$ pour cet acide.

**128.** Calculez la masse d'hydroxyde de sodium qu'on doit ajouter à 1,00 L de $CH_3COOH$ 1,00 mol/L pour doubler le pH de la solution. (Supposez que l'ajout de NaOH ne change pas le volume de la solution.)

129. Soit les espèces $PO_4^{3-}$, $HPO_4^{2-}$ et $H_2PO_4^-$. Chacun de ces ions peut agir comme une base dans l'eau. Déterminez la valeur de $K_b$ pour chacune de ces espèces. Dites quelle base est la plus forte.

**130.** Calculez le pH d'une solution de phosphate de sodium 0,10 mol/L (*voir l'exercice 129*).

131. Est-ce que les solutions à 0,10 mol/L suivantes sont acides, basiques ou neutres ? (*voir l'annexe A4.1 pour les valeurs de* $K_a$)

**a)** Bicarbonate d'ammonium.
**b)** Dihydrogénophosphate de sodium.
**c)** Hydrogénophosphate de sodium.
**d)** Dihydrogénophosphate d'ammonium.
**e)** Formiate d'ammonium.

**132.** **a)** Dans une solution de $NaHCO_3$, une des réactions d'équilibre possibles est la suivante :

$$HCO_3^-(aq) + HCO_3^-(aq) \rightleftharpoons H_2CO_3(aq) + CO_3^{2-}(aq)$$

Calculez la valeur de la constante d'équilibre pour cette réaction.

**b)** À l'équilibre, quelle est la relation entre $[H_2CO_3]$ et $[CO_3^{2-}]$ ?

**c)** En utilisant l'équilibre suivant :

$$H_2CO_3(aq) \rightleftharpoons 2H^+(aq) + CO_3^{2-}(aq)$$

trouvez l'expression relative au pH d'une solution en termes de $K_{a_1}$ et $K_{a_2}$, à partir des résultats obtenus en **b)**.

**d)** Quel est le pH d'un solution de $NaHCO_3$ ?

133. On dissout 0,100 g de l'acide faible HA (masse molaire = 100,0 g/mol) dans 500,0 g d'eau. Le point de congélation de la solution résultante est de −0,0056 °C. Calculez la valeur de $K_a$ pour cet acide. Supposez que la concentration molaire volumique de cette solution est égale à sa molalité.

**134.** On dissout un échantillon contenant 0,0500 mol de $Fe_2(SO_4)_3$ dans assez d'eau pour obtenir 1,00 L de solution. Cette solution contient des ions $SO_4^{2-}$ et $Fe(H_2O)_6^{3+}$ hydratés. Ce dernier ion se comporte comme un acide :

$$Fe(H_2O)_6^{3+}(aq) \rightleftharpoons Fe(H_2O)_5OH^{2+}(aq) + H^+(aq)$$

**a)** Calculez la pression osmotique prévue de cette solution à 25 °C, si la dissociation ci-dessus est négligeable.

**b)** La pression osmotique réelle de la solution est de 6,73 atm à 25 °C. Calculez $K_a$ pour la réaction de dissociation de $Fe(H_2O)_6^{3+}$. (Pour effectuer ce calcul, vous devez supposer qu'aucun des ions ne traverse la membrane semi-perméable. En fait, ce n'est pas une grande supposition pour le minuscule ion $H^+$.)

## Problèmes d'intégration

Ces problèmes requièrent l'intégration d'une multitude de concepts pour trouver la solution.

135. On dissout 2,14 g d'hypoiodure de sodium dans l'eau pour obtenir 1,25 L de solution. La solution a un pH de 11,32. Quelle est la valeur de $K_b$ pour l'ion hypoiodure ?

**136.** On peut préparer l'acide isocyanique (HNCO) en chauffant l'isocyanate de sodium en présence d'acide oxalique solide selon l'équation

$$2NaOCN(s) + H_2C_2O_4(s) \longrightarrow 2HNCO(l) + Na_2C_2O_4(s)$$

En isolant HNCO(*l*) pur, on peut préparer une solution aqueuse de HNCO en le dissolvant à l'état liquide dans l'eau. Quel est le pH de 100,0 mL de solution de HNCO préparée en faisant réagir 10,0 g de chacun des réactifs, NaOCN et $H_2C_2O_4$, en supposant que tout le HNCO produit est dissous en solution ? ($K_a$ de HNCO = $1{,}2 \times 10^{-4}$)

137. Le chlorhydrate de papavérine (abréviation : $papH^+Cl^-$ ; masse molaire = 378,85 g/mol) est un médicament de la famille des vasodilatateurs, des substances qui causent la dilatation artériolaire, ce qui entraîne l'augmentation du débit sanguin. Ce médicament est l'acide conjugué de la base faible papavérine (abréviation : pap ; $K_b = 8{,}33 \times 10^{-9}$ à 35,0 °C). Calculez le pH d'une dose de 30,0 mg/mL de $papH^+Cl^-$ dans l'eau préparée à 35 °C. $K_{eau}$ à 35 °C est $2{,}1 \times 10^{-14}$.

# Problèmes de synthèse*

Ces problèmes font appel à plusieurs concepts et techniques de résolution de problèmes. Ils peuvent être utilisés pour faciliter l'acquisition des habiletés nécessaires à la résolution de problèmes.

**138.** Les supérieurs du capitaine Kirk, du vaisseau *Entreprise*, lui ont dit que seul un chimiste pouvait connaître la combinaison du coffre où se trouvent les cristaux de dilithium, élément propulseur du vaisseau. La combinaison du coffre correspond au pH de la solution A décrite ci-dessous, suivi du pH de la solution C. (*Exemple :* Si le pH de la solution A est de 3,47 et que celui de la solution C est de 8,15, la combinaison du coffre est 3-47-8-15.) Le chimiste doit trouver la combinaison en n'utilisant que les renseignements donnés ci-dessous (toutes les solutions sont à 25 °C).

Solution A : 50,0 mL d'une solution d'un monoacide faible HX 0,100 mol/L.

Solution B : solution de sel NaX 0,0500 mol/L. Son pH est de 10,02.

Solution C : mélange résultant de l'addition de 15,0 mL de KOH 0,250 mol/L à la solution A.

Quelle est la combinaison du coffre ?

**139.** Pour le problème suivant, mélangez des volumes égaux d'une des solutions du groupe I avec une des solutions du groupe II pour obtenir le pH indiqué. Calculez le pH de chaque solution.

Groupe I : $NH_4Cl$ 0,20 mol/L, HCl 0,20 mol/L, $C_6H_5NH_3Cl$ 0,20 mol/L, $(C_2H_5)_3NHCl$ 0,20 mol/L.

Groupe II : KOI 0,20 mol/L, NaCN 0,20 mol/L, KOCl 0,20 mol/L, $NaNO_2$ 0,20 mol/L.

**a)** La solution avec le pH le plus faible.

**b)** La solution avec le pH le plus élevé.

**c)** La solution avec le pH le plus près de 7,00.

* Reproduction autorisée par le *Journal of Chemical Education,* vol. 68, n° 11, 1991, p. 919 à 922 : tous droits réservés © 1991, Division of Chemical Education, Inc.

# 6 Applications de l'équilibre en milieu aqueux

## Contenu

*Les stalactites se forment quand les carbonates se dissolvent dans l'eau souterraine acidifiée par le dioxyde de carbone, puis se solidifient quand l'eau s'évapore.*

De nombreuses réactions chimiques importantes, y compris la quasi-totalité de celles qui ont lieu dans la nature, se produisent en milieu aqueux. Nous avons déjà traité une des très importantes classes d'équilibres en milieu aqueux, les réactions acide-base. Dans ce chapitre, nous allons étudier de nombreux autres aspects de la chimie acide-base, et présenter deux nouveaux types d'équilibres en milieu aqueux, ceux qui concernent la solubilité des sels et la formation des ions complexes.

Les interactions des équilibres acide-base, des équilibres ioniques et des équilibres de formation d'ions complexes jouent souvent un rôle important dans les phénomènes naturels tels l'effritement des minéraux, l'adsorption des nutriments par les plantes et la carie dentaire. Ainsi, la pierre calcaire ($CaCO_3$) est dissoute par une eau rendue acide par dissolution de dioxyde de carbone :

$$CO_2(aq) + H_2O(l) \rightleftharpoons H^+(aq) + HCO_3^-(aq)$$
$$H^+(aq) + CaCO_3(s) \rightleftharpoons Ca^{2+}(aq) + HCO_3^-(aq)$$

Ce phénomène de dissolution et le phénomène inverse, la recristallisation, sont à l'origine de la formation des grottes en sol calcaire et des stalactites et stalagmites qu'on y trouve. Les eaux acides (qui contiennent du dioxyde de carbone) dissolvent les dépôts de calcaire souterrains, ce qui crée une grotte. Au fur et à mesure que l'eau tombe goutte à goutte de la voûte, le gaz carbonique s'évapore, et le carbonate de calcium se solidifie (par le procédé inverse de celui décrit ci-dessus). C'est ainsi que sont formées les stalactites suspendues à la voûte des grottes et les stalagmites qui s'élèvent là où les gouttes tombent sur le sol. Mais avant d'étudier ces nouveaux types d'équilibres, nous allons considérer plus en détail les équilibres acide-base.

# Équilibres acide-base

## 6.1 Solutions d'acides ou de bases contenant un ion commun

Au chapitre 5, on a effectué les calculs des concentrations à l'équilibre des espèces (particulièrement les ions $H^+$) présentes dans les solutions contenant un acide ou une base. Dans cette section, on traite de solutions qui contiennent non seulement l'acide faible HA, mais aussi son sel, NaA. Cela semble donner naissance à un nouveau type de problème, qu'on peut toutefois résoudre assez facilement en utilisant les méthodes présentées dans le chapitre 5.

Supposons qu'une solution contienne un acide faible, l'acide fluorhydrique, HF ($K_a = 7{,}2 \times 10^{-4}$), et son sel, le fluorure de sodium, NaF. En solution dans l'eau, ce sel est totalement dissocié (c'est un électrolyte fort) :

$$NaF(s) \xrightarrow{H_2O(l)} Na^+(aq) + F^-(aq)$$

Puisque l'acide fluorhydrique est un acide faible et, par conséquent, peu dissocié, les principales espèces présentes en solution sont HF, $Na^+$, $F^-$ et $H_2O$. L'**ion commun** est $F^-$, puisqu'il provient à la fois de l'acide fluorhydrique et du fluorure de sodium. Quelle influence exercera donc la présence du fluorure de sodium sur la réaction de dissociation de l'acide fluorhydrique ?

Pour répondre à cette question, il faut comparer l'importance de la dissociation de l'acide fluorhydrique dans les deux solutions : d'abord, dans la solution de HF 1,0 mol/L, ensuite dans celle contenant à la fois HF 1,0 mol/L et NaF 1,0 mol/L. Selon le principe de Le Chatelier, nous devons nous attendre à ce que l'équilibre de dissociation de HF

$$HF(aq) \rightleftharpoons H^+(aq) + F^-(aq)$$

de la deuxième solution *soit déplacé vers la gauche* par *la présence des ions F provenant du NaF*. Ainsi le pourcentage de dissociation du HF sera plus faible en présence du NaF dissous :

$$HF(aq) \rightleftharpoons H^+(aq) + F^-(aq)$$

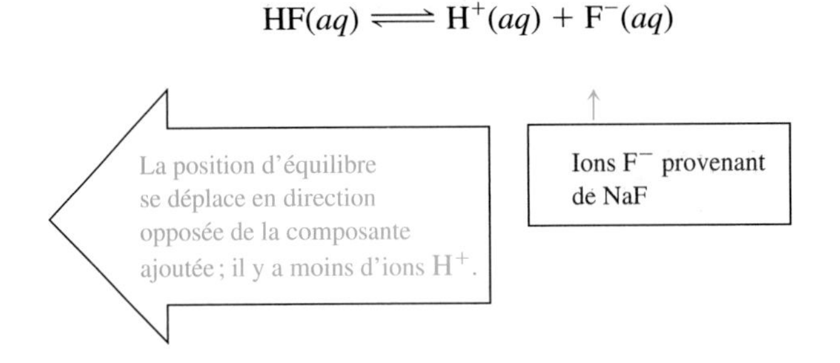
La position d'équilibre se déplace en direction opposée de la composante ajoutée ; il y a moins d'ions H⁺.
Ions F⁻ provenant de NaF

L'effet d'ion commun est une application du principe de Le Chatelier.

Le déplacement de la position de l'équilibre résultant de l'addition d'un ion qui participe déjà à une réaction d'équilibre est appelé l'**effet d'ion commun**. Sous cette influence, une solution qui contient à la fois NaF et HF devient moins acide qu'une solution qui ne contient que HF.

L'effet d'ion commun est un phénomène assez général. Ainsi, l'ajout de $NH_4Cl$ solide à une solution de $NH_3$ 1,0 mol/L, produit des ions ammonium supplémentaires :

$$NH_4Cl(s) \xrightarrow{H_2O} NH_4^+(aq) + Cl^-(aq)$$

et déplace vers la gauche la position de l'équilibre de la réaction ammoniac-eau,

$$NH_3(aq) + H_2O(l) \rightleftharpoons NH_4^+(aq) + OH^-(aq)$$

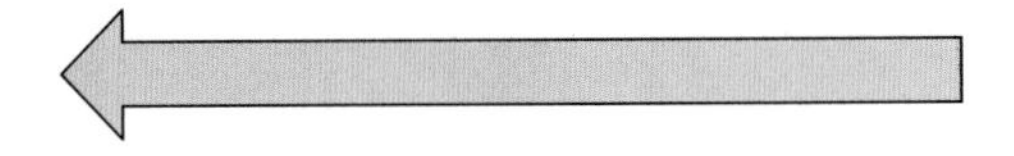

ce qui diminue la concentration à l'équilibre des ions $OH^-$.

L'effet d'ion commun joue par ailleurs un rôle important dans les solutions de polyacides. À la première étape de dissociation, la production de protons inhibe considérablement les étapes de dissociation ultérieures, qui produisent elles aussi des protons – l'ion commun, dans ce cas. On verra plus loin dans ce chapitre que l'effet d'ion commun est aussi important lorsqu'on traite de la solubilité des sels.

## Calcul de l'équilibre

La procédure pour déterminer le pH d'une solution qui contient un acide ou une base faible et un ion commun est relativement semblable à celles que nous avons utilisées au chapitre 5 pour des solutions contenant seulement des acides ou seulement des bases. Par exemple, dans le cas d'un acide faible HA, la seule différence importante, c'est que la concentration initiale de l'anion $A^-$ n'est pas nulle dans la solution qui contient aussi le sel NaA. Dans l'exemple 6.1, on utilise la méthode générale de résolution présentée dans le chapitre 5.

### *Exemple 6.1* Solutions acides contenant un ion commun

À la section 5.5, on a montré que la concentration à l'équilibre des ions $H^+$ dans une solution de HF 1,0 mol/L était $2,7 \times 10^{-2}$ mol/L, et le pourcentage de dissociation de HF, de 2,7 %. Calculez $[H^+]$ et le pourcentage de dissociation dans une solution contenant 1,0 mol/L de HF ($K_a = 7,2 \times 10^{-4}$) et 1,0 mol/L de NaF.

Principales espèces

$F^-$

$Na^+$

HF

$H_2O$

***Solution***

Étant donné que les solutions aqueuses à étudier sont de plus en plus complexes, il est plus que jamais important d'être méthodique et de *se concentrer sur les réactions chimiques* qui ont lieu dans la solution avant de penser à résoudre mathématiquement le problème. Pour cela, il faut *toujours* identifier les principales espèces en présence, puis prendre en considération les propriétés chimiques de chacune d'elles.

Dans une solution contenant 1,0 mol/L de HF et 1,0 mol/L de NaF, les principales espèces en présence sont :

$$HF,\quad F^-,\quad Na^+\quad \text{et}\quad H_2O$$

Puisque les ions $Na^+$ n'ont aucune propriété basique ni acide et que l'eau est soit une base très faible, soit un acide très faible, les espèces importantes sont donc HF et $F^-$ ; ces espèces interviennent dans la réaction de dissociation de l'acide, dont dépend $[H^+]$ de la solution. En d'autres termes, c'est la position de l'équilibre

$$HF(aq) \rightleftharpoons H^+(aq) + F^-(aq)$$

qui détermine $[H^+]$ dans la solution. L'expression de la constante d'équilibre est :

$$K_a = \frac{[H^+][F^-]}{[HF]} = 7{,}2 \times 10^{-4}$$

Les concentrations importantes sont les suivantes.

| **Concentration initiale (mol/L)** | | **Concentration à l'équilibre (mol/L)** |
|---|---|---|
| $[HF]_0 = 1{,}0$ (provenant du HF dissous) | | $[HF] = 1{,}0 - x$ |
| $[F^-]_0 = 1{,}0$ (provenant du NaF dissous) | $x$ mol de HF sont dissociées $\longrightarrow$ | $[F^-] = 1{,}0 + x$ |
| $[H^+]_0 = 0$ (contribution négligeable de $H_2O$) | | $[H^+] = x$ |

On remarque que $[F^-]_0 = 1{,}0$ mol/L (en provenance du fluorure de sodium dissous) et que, à l'équilibre, $[F^-] > 1{,}0$ mol/L parce que, à la dissolution de l'acide, il y a production d'ions $F^-$ aussi bien que d'ions $H^+$. Par conséquent :

$$K_a = 7{,}2 \times 10^{-4} = \frac{[H^+][F^-]}{[HF]} = \frac{(x)(1{,}0 + x)}{1{,}0 - x} \approx \frac{(x)(1{,}0)}{1{,}0}$$

puisque la valeur de $x$ devrait être basse.
En résolvant l'équation, on obtient :

$$x = \frac{1{,}0}{1{,}0}(7{,}2 \times 10^{-4}) = 7{,}2 \times 10^{-4}$$

La vérification des deux approximations montre que, puisque $x$ est inférieur à 5 % de 1,0, le résultat approximatif est valide. Alors :

$$[H^+] = x = 7{,}2 \times 10^{-4} \text{ mol/L} \quad (\text{Le pH est de } 3{,}14.)$$

Le pourcentage de dissociation de HF dans cette solution est :

$$\frac{[H^+]}{[HF]_0} \times 100\ \% = \frac{7{,}2 \times 10^{-4} \text{ mol/L}}{1{,}0 \text{ mol/L}} \times 100\ \% = 0{,}072\ \%$$

Comparons ces valeurs de $[H^+]$ et du pourcentage de dissociation de HF à celles d'une solution de HF 1,0 mol/L, où $[H^+]$ est $2{,}7 \times 10^{-2}$ mol/L, et le pourcentage de dissociation, de 2,7 %. La grande différence entre ces valeurs révèle clairement que la présence des ions $F^-$ provenant du NaF dissous inhibe considérablement la dissociation de HF. La position de l'équilibre de dissociation de l'acide a été déplacée vers la gauche à cause de la présence de l'ion $F^-$.

***Voir l'exercice 6.23***

# 6.2 Solutions tampons

La plus importante application des propriétés des solutions acide-base qui contiennent un ion commun est la préparation d'une solution tampon. Une **solution tampon** est une solution *dont le pH varie très peu* après l'addition d'ions hydroxyde ou de protons. Le meilleur exemple d'une solution tampon, c'est le sang, puisqu'il peut absorber les acides et les bases produites par les diverses réactions biologiques sans que son pH varie. L'invariabilité du pH du sang est en effet vitale, étant donné que les cellules ne peuvent survivre que dans une très faible zone de pH.

Le plus important système tampon du sang fait intervenir l'ion $HCO_3^-$ et $H_2CO_3$.

Une solution tampon peut contenir un acide *faible* et son sel (par exemple, HF et NaF) ou une base *faible* et son sel (par exemple, $NH_3$ et $NH_4Cl$). En choisissant les composants appropriés, on peut ainsi préparer un tampon à presque n'importe quel pH.

Le présent chapitre traite des solutions tampons en abordant d'abord les calculs de l'équilibre. Les résultats obtenus serviront ensuite à démontrer comment fonctionne un tampon. Autrement dit, on répondra à la question suivante : Comment une solution tampon peut-elle résister aux variations de pH que devrait causer l'ajout d'un acide ou d'une base ?

L'approche systématique utilisée au chapitre 5 pour les acides et les bases faibles est aussi applicable aux solutions tampons.

Quand on résout des problèmes relatifs à des solutions tampons, il faut se rappeler que ce sont simplement des solutions qui contiennent un acide ou une base faibles et que la méthode de résolution est la même que celle présentée dans le chapitre 5 : il faut donc s'assurer qu'on aborde le problème de façon systématique, conformément aux étapes décrites dans le chapitre 5.

## Exemple 6.2 pH d'une solution tampon I

Remarquez en faisant ce problème qu'il est tout à fait semblable aux exemples donnés au chapitre 5.

Une solution contient 0,50 mol/L d'acide acétique, $CH_3COOH$ ($K_a = 1,8 \times 10^{-5}$) et 0,50 mol/L d'acétate de sodium, $NaCH_3CO_2$. Calculez le pH de cette solution.

### *Solution*

Espèces principales

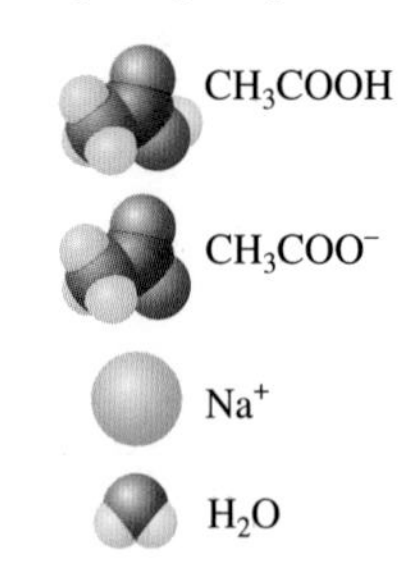


Les espèces importantes présentes en solution sont :

| $CH_3COOH$, | $Na^+$, | $CH_3COO^-$ | et | $H_2O$ |
|---|---|---|---|---|
| ↑ | ↑ | ↑ | | ↑ |
| Acide faible | Ni acide ni base | Base (base conjuguée de $CH_3COOH$) | | Acide ou base très faibles |

En examinant ces espèces, on arrive à la conclusion que c'est l'équilibre de dissociation de l'acide acétique, dans lequel interviennent à la fois $CH_3COOH$ et $CH_3COO^-$, qui détermine le pH de la solution :

$$CH_3COOH(aq) \rightleftharpoons H^+(aq) + CH_3COO^-(aq)$$

$$K_a = 1,8 \times 10^{-5} = \frac{[H^+][CH_3COO^-]}{[CH_3COOH]}$$

Les concentrations sont les suivantes :

| Concentration initiale (mol/L) | | Concentration à l'équilibre (mol/L) |
|---|---|---|
| $[CH_3COOH]_0 = 0,50$ | $x$ mol/L de $CH_3COOH$ | $[CH_3COOH] = 0,50 - x$ |
| $[CH_3COO^-] = 0,50$ | $\longrightarrow$ sont dissociées | $[CH_3COO^2] = 0,50 + x$ |
| $[H^+]_0 \approx 0$ | pour atteindre l'équilibre | $[H^+] = x$ |

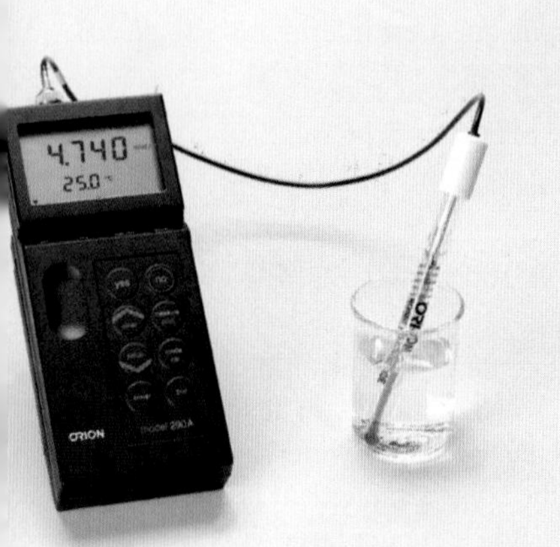

Un pH-mètre à affichage numérique indique le pH d'une solution tampon (4,740).

Le tableau ICE correspondant est le suivant.

| | $CH_3COOH(aq)$ | $\rightleftharpoons$ | $H^+(aq)$ | + | $CH_3COO^-(aq)$ |
|---|---|---|---|---|---|
| Initiale : | 0,50 | | $\approx 0$ | | 0,50 |
| Changement : | $-x$ | | $+x$ | | $+x$ |
| Équilibre : | $0{,}50 - x$ | | $x$ | | $0{,}50 + x$ |

Alors,

$$K_a = 1{,}8 \times 10^{-5} = \frac{[H^+][CH_3COO^-]}{[CH_3COOH]} = \frac{(x)(0{,}50 + x)}{0{,}50 - x} \approx \frac{(x)(0{,}50)}{0{,}50}$$

et $\qquad x \approx 1{,}8 \times 10^{-5}$ mol/L

Puisque l'approximation est valide selon la règle des 5 % :

$$[H^+] = x = 1{,}8 \times 10^{-5} \text{ mol/L} \quad \text{et} \quad \text{pH} = 4{,}74$$

*Voir l'exercice 6.27*

## Exemple 6.3 Variation de pH dans une solution tampon

Calculez la variation de pH qui a lieu lorsqu'on ajoute 0,010 mol de NaOH solide à 1,0 L de la solution tampon de l'exemple 6.2. Comparez cette variation de pH à celle qui a lieu lorsqu'on ajoute 0,010 mol de NaOH solide à 1,0 L d'eau.

Espèces principales

$CH_3COOH$

$CH_3COO^-$

$Na^+$

$OH^-$

$H_2O$

### Solution

Puisque le NaOH solide ajouté est totalement dissocié, les principales espèces présentes en solution *avant toute réaction* sont $CH_3COOH$, $Na^+$, $CH_3COO^-$, $OH^-$ et $H_2O$. On remarque que la solution contient une quantité relativement importante d'ions hydroxyde – base très forte qui a une grande affinité pour les protons. La principale source de protons est l'acide acétique ; la réaction qui aura lieu est donc :

$$OH^- + CH_3COOH \longrightarrow H_2O + CH_3COO^-$$

Bien que l'acide acétique soit un acide faible, l'ion hydroxyde est une base tellement forte que la réaction ci-dessus sera *presque complète* (jusqu'à l'élimination des ions $OH^-$).

La meilleure façon de résoudre ce problème, c'est de procéder selon deux étapes distinctes : 1. Supposez que la réaction est complète et effectuez les calculs de stœchiométrie ; 2. Effectuez les calculs relatifs à l'équilibre.

**1.** *Problème de stœchiométrie*
La réaction est :

Espèces principales

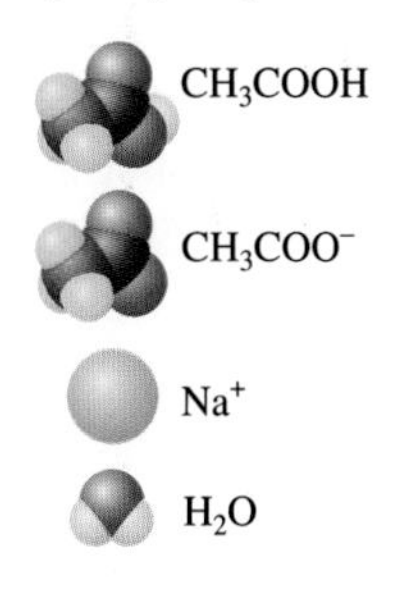


| | $CH_3COOH$ | + | $OH^-$ | $\longrightarrow$ | $CH_3COO^-$ | + | $H_2O$ |
|---|---|---|---|---|---|---|---|
| Avant la réaction | 1,0 L × 0,50 mol/L = 0,50 mol | | 0,010 mol | | 1,0 L × 0,50 mol/L = 0,50 mol | | |
| Après la réaction | 0,50 − 0,010 = 0,49 mol | | 0,010 − 0,010 = 0 mol | | 0,50 + 0,010 = 0,51 mol | | |

On remarque que 0,010 mol de $CH_3COOH$ a été transformée en 0,010 mol de $CH_3COO^-$ à cause de l'addition de $OH^-$.

(Haut) L'eau pure a un pH de 7,000.
(Bas) Quand on ajoute 0,01 mol de NaOH à 1,0 L d'eau pure, le pH monte à 12,000.

2. *Problème d'équilibre*
Une fois la réaction entre $OH^-$ et $CH_3COOH$ achevée, les espèces importantes présentes en solution sont:

$$CH_3COOH,\ Na^+,\ CH_3COO^- \quad \text{et} \quad H_2O$$

La principale réaction d'équilibre fait intervenir la dissociation de l'acide acétique.

Ce problème est très semblable à celui posé à l'exemple 6.2. La seule différence réside dans le fait que l'addition de 0,010 mol de $OH^-$ a transformé une partie de $CH_3COOH$ en $CH_3COO^-$ pour donner les concentrations suivantes.

| | $CH_3COOH(aq)$ | $\rightleftharpoons$ | $H^+(aq)$ | + | $CH_3COO^-(aq)$ |
|---|---|---|---|---|---|
| Initiale: | 0,49 | | 0 | | 0,51 |
| Changement: | $-x$ | | $+x$ | | $+x$ |
| Équilibre: | $0{,}49 - x$ | | $x$ | | $0{,}51 + x$ |

Il est important de remarquer qu'on détermine les concentrations initiales après que la réaction avec $OH^-$ a eu lieu, mais avant que le système se déplace pour atteindre l'équilibre. En procédant de la façon habituelle, on obtient:

$$K_a = 1{,}8 \times 10^{-5} = \frac{[H^+][CH_3COO^-]}{[CH_3COOH]} = \frac{(x)(0{,}51 + x)}{0{,}49 - x} \approx \frac{(x)(0{,}51)}{0{,}49}$$

et

$$x \approx 1{,}7 \times 10^{-5}\ \text{mol/L}$$

Les approximations sont valides selon la règle des 5 %. Ainsi:

$$[H^+] = x = 1{,}7 \times 10^{-5}\ \text{mol/L} \quad \text{et} \quad \text{pH} = 4{,}76$$

La variation de pH due à l'addition de 0,010 mol de $OH^-$ à la solution tampon est alors:

$$\underset{\text{Nouvelle solution}}{4{,}76} - \underset{\text{Solution initiale}}{4{,}74} = +0{,}02$$

Le pH a augmenté de 0,02 unité.

Comparons à présent cette variation à celle due à l'addition de 0,010 mol de NaOH solide à 1,0 L d'eau, addition qui produit une solution de NaOH 0,010 mol/L, où $[OH^-] = 0{,}010$ mol/L et

$$[H^+] = \frac{K_{eau}}{[OH^-]} = \frac{1{,}0 \times 10^{-14}}{1{,}0 \times 10^{-2}} = 1{,}0 \times 10^{-12}\ \text{mol/L}$$

$$\text{pH} = 12{,}00$$

La variation de pH est ici de:

$$\underset{\text{Nouvelle solution}}{12{,}00} - \underset{\text{Eau pure}}{7{,}00} = +5{,}00$$

L'augmentation est de 5,00 unités de pH. On remarque que la solution tampon s'est bien opposée à la variation de pH, par rapport à l'eau pure.

**Voir l'exercice 6.28**

Les exemples 6.2 et 6.3 présentent des problèmes typiques sur les solutions tampons. Ils mettent en jeu toutes les notions nécessaires pour manipuler des solutions tampons contenant des acides faibles. Prêter une attention spéciale aux points suivants.

1. Les solutions tampons sont simplement des solutions d'acides ou de bases faibles qui contiennent un ion commun. On calcule le pH des solutions tampons en franchissant les mêmes étapes que celles présentées dans le chapitre 5. *Il ne s'agit pas d'un nouveau type de problème.*

2. Quand on ajoute un acide fort ou une base forte à une solution tampon, il est d'abord utile de se référer à la stœchiométrie de la réaction qui en résulte. Une fois le calcul stœchiométrique terminé, on peut aborder les calculs de l'équilibre.
On peut représenter cette méthode de la manière suivante.

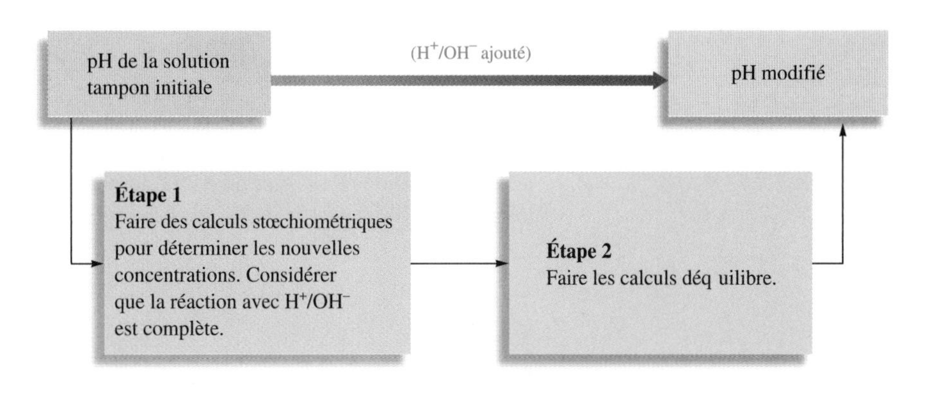


## Comment fonctionne une solution tampon

Les exemples 6.2 et 6.3 montrent comment une solution tampon peut absorber des ions hydroxydes sans que son pH varie de façon significative. *Mais comment fonctionne un tampon ?* Supposons qu'une solution tampon contienne des quantités relativement importantes d'un acide faible HA et de sa base conjuguée $A^-$. Lorsqu'on ajoute des ions hydroxyde à la solution, puisque l'acide faible constitue la principale source de protons, la réaction qui a lieu est la suivante :

$$OH^- + HA \longrightarrow A^- + H_2O$$

Il s'ensuit que les ions $OH^-$, qui ne peuvent pas s'accumuler, sont remplacés par des ions $A^-$.

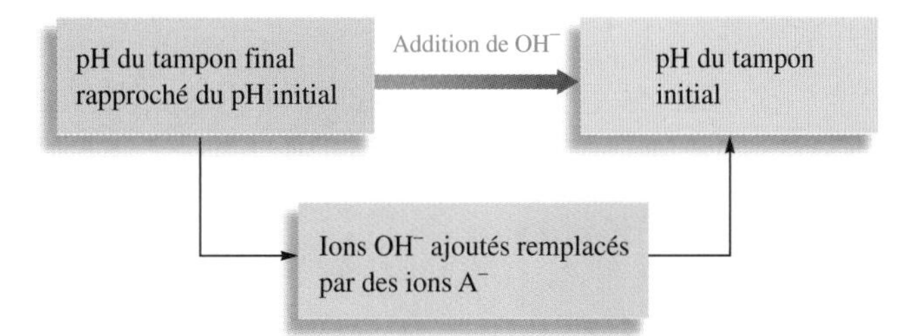


On peut comprendre pourquoi le pH est stable dans ces conditions en examinant l'expression de la constante d'équilibre pour la dissociation de HA :

$$K_a = \frac{[H^+][A^-]}{[HA]}$$

soit

$$[H^+] = K_a \frac{[HA]}{[A^-]}$$

Dans une solution tampon, le pH dépend du rapport $[HA]/[A^-]$.

En d'autres termes, *la concentration à l'équilibre des ions $H^+$ et, par conséquent, le pH, est déterminée par le rapport $[HA]/[A^-]$*. Lorsqu'on ajoute des ions $OH^-$, HA est converti en $A^-$, et le rapport $[HA]/[A^-]$ diminue. Cependant, *si les quantités initiales de HA et de $A^-$ sont très importantes, par rapport à la quantité d'ions $OH^-$ ajoutés*, le rapport $[HA]/[A^-]$ variera peu.

Ainsi, dans les exemple 6.2 et 6.3,

$$\frac{[HA]}{[A^-]} = \frac{0{,}50 \text{ mol/L}}{0{,}50 \text{ mol/L}} = 1{,}0 \quad \text{Valeur initiale}$$

$$\frac{[HA]}{[A^-]} = \frac{0{,}49 \text{ mol/L}}{0{,}51 \text{ mol/L}} = 0{,}96 \quad \text{Après l'addition de 0,010 mol/L d'ions } OH^-$$

la variation du rapport $[HA]/[A^-]$ est très faible : $[H^+]$ et le pH demeurent donc presque constants.

Le principe même du pouvoir tampon, c'est que les concentrations $[HA]$ et $[A^-]$ sont beaucoup plus importantes que celle des ions $OH^-$ ajoutés. Ainsi, quand on ajoute $OH^-$, les concentrations de HA et de $A^-$ ne varient que faiblement. Dans ces conditions, à la fois le rapport $[HA]/[A^-]$ et $[H^+]$ sont pratiquement constants.

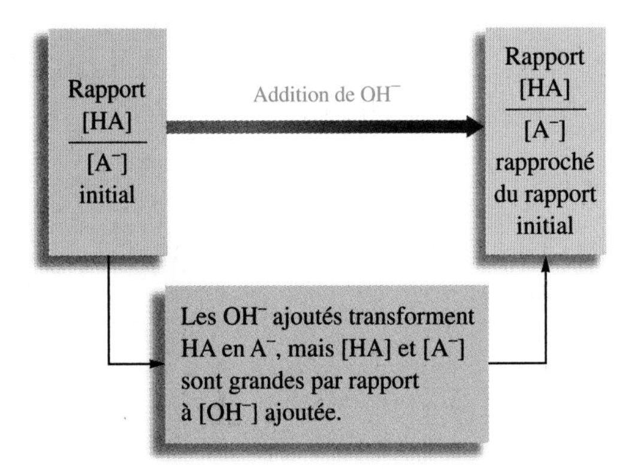


On peut tenir un raisonnement analogue lorsqu'on ajoute des protons à une solution tampon composée d'un acide faible et du sel de sa base conjuguée. Étant donné que l'ion $A^-$ a une grande affinité pour $H^+$, les ions $H^+$ ajoutés réagissent avec $A^-$ pour former l'acide faible :

$$H^+ + A^- \longrightarrow HA$$

et les ions $H^+$ libres ne peuvent pas s'accumuler. Dans ce cas, il y a une transformation nette de $A^-$ en HA. Cependant, si les concentrations de $A^-$ et de HA sont très importantes par rapport à la concentration des ions $H^+$ ajoutés, la variation de pH sera très faible.

La forme suivante de l'expression de la constante d'équilibre d'une réaction de dissociation d'un acide

$$[H^+] = K_a \frac{[HA]}{[A^-]} \tag{6.1}$$

permet de calculer $[H^+]$ d'une solution tampon, lorsqu'on connaît les valeurs de $[HA]$ et de $[A^-]$. Par exemple, pour calculer $[H^+]$ d'une solution tampon contenant 0,10 mol/L de HF ($K_a = 7{,}2 \times 10^{-4}$) et 0,30 mol/L de NaF, on remplace simplement les concentrations par leurs valeurs dans l'équation 6.1 ; ainsi :

$$[H^+] = \underbrace{(7{,}2 \times 10^{-4})}_{K_a} \frac{\overset{[HF]}{0{,}10 \text{ mol/L}}}{\underset{[F^-]}{0{,}30 \text{ mol/L}}} = 2{,}4 \times 10^{-4} \text{ mol/L}$$

On peut par ailleurs écrire l'équation 6.1 sous une autre forme très utile en prenant le logarithme négatif de chacun des membres :

$$-\log[H^+] = -\log(K_a) - \log\left(\frac{[HA]}{[A^-]}\right)$$

soit
$$\mathrm{pH} = \mathrm{p}K_a - \log\left(\frac{[\mathrm{HA}]}{[\mathrm{A}^-]}\right)$$

ou, en inversant le logarithme (le signe change):

$$\mathrm{pH} = \mathrm{p}K_a + \log\left(\frac{[\mathrm{A}^-]}{[\mathrm{HA}]}\right) = \mathrm{p}K_a + \log\left(\frac{[\mathrm{base}]}{[\mathrm{acide}]}\right) \qquad (6.2)$$

Sous sa forme logarithmique, l'expression de $K_a$ est appelée l'**équation de Henderson-Hasselbalch**, qu'on utilise pour calculer le pH d'une solution dont on connaît le rapport $[A^-]/[HA]$.

*Pour un système tampon donné (couple acide-base conjugué), toutes les solutions pour lesquelles le rapport* $[A^-]/[HA]$ *est identique auront le même pH*. Par exemple, une solution tampon contenant 5,0 mol/L de $CH_3COOH$ et 3,0 mol/L de $NaCH_3COO$ aura le même pH qu'une solution contenant 0,050 mol/L de $CH_3COOH$ et 0,030 mol/L de $NaCH_3COO$. En effet:

| Système | $[A^-]/[HA]$ |
|---|---|
| 5,0 mol/L $CH_3COOH$ et 3,0 mol/L $NaCH_3COO$ | $\frac{3{,}0\ \mathrm{mol/L}}{5{,}0\ \mathrm{mol/L}} = 0{,}60$ |
| 0,050 mol/L $CH_3COOH$ et 0,030 mol/L $NaCH_3COO$ | $\frac{0{,}030\ \mathrm{mol/L}}{0{,}050\ \mathrm{mol/L}} = 0{,}60$ |

et

$$\mathrm{pH} = \mathrm{p}K_a + \log\left(\frac{[\mathrm{CH_3COO^-}]}{[\mathrm{CH_3COOH}]}\right) = 4{,}74 + \log(0{,}60) = 4{,}74 - 0{,}22 = 4{,}52$$

Lorsqu'on utilise cette équation, on suppose que les concentrations à l'équilibre de $A^-$ et de HA sont égales aux concentrations initiales. En d'autres termes, on considère que les approximations suivantes sont valides:

$$[\mathrm{A}^-] = [\mathrm{A}^-]_0 + x \approx [\mathrm{A}^-]_0 \quad \text{et} \quad [\mathrm{HA}] = [\mathrm{HA}]_0 - x \approx [\mathrm{HA}]_0$$

où $x$ est la quantité d'acide dissocié. Étant donné que les concentrations initiales de HA et de $A^-$ sont relativement importantes dans une solution tampon, cette approximation est en général valide.

## Exemple 6.4 pH d'une solution tampon II

Calculez le pH d'une solution contenant 0,75 mol/L d'acide lactique ($K_a = 1{,}4 \times 10^{-4}$) et 0,25 mol/L de lactate de sodium. L'acide lactique, $CH_3CHOHCOOH$, est un constituant courant des systèmes biologiques: on le trouve, par exemple, dans le lait et dans les muscles soumis à des efforts intenses.

Espèces principales

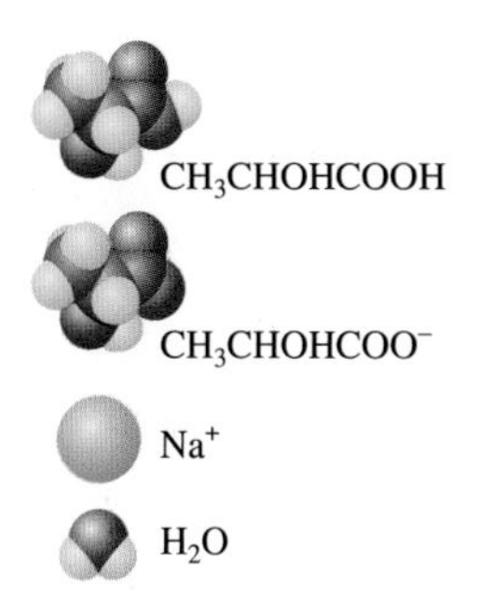


### *Solution*

Les principales espèces présentes en solution sont:

$$\mathrm{CH_3CHOHCOOH},\quad \mathrm{Na^+},\quad \mathrm{CH_3CHOHCOO^-} \quad \text{et} \quad \mathrm{H_2O}$$

Puisque l'ion $Na^+$ n'a aucune propriété acide ni basique et que $H_2O$ est soit un acide faible, soit une base faible, le pH est déterminé par l'équilibre de dissociation de l'acide lactique:

$$\mathrm{CH_3CHOHCOOH}(aq) \rightleftharpoons \mathrm{H^+}(aq) + \mathrm{CH_3CHOHCOO^-}(aq)$$

$$K_a = \frac{[\mathrm{H^+}][\mathrm{CH_3COO^-}]}{[\mathrm{CH_3CHOHCOOH}]} = 1{,}4 \times 10^{-4}$$

Puisque $[CH_3CHOHCOOH]_0$ et $[CH_3CHOHCOO^-]_0$ sont relativement importantes :

$$[CH_3CHOHCOOH] \approx [CH_3CHOHCOOH]_0 + 0{,}75 \text{ mol/L}$$

et
$$[CH_3CHOHCOO^-] \approx [CH_3CHOHCOO^-]_0 = 0{,}25 \text{ mol/L}$$

Par conséquent, en utilisant l'expression de $K_a$ formulée différemment, on a :

$$[H^+] = K_a \frac{[CH_3CHOHCOOH]}{[CH_3CHOHCOO^-]} = (1{,}4 \times 10^{-4}) \frac{(0{,}75 \text{ mol/L})}{(0{,}25 \text{ mol/L})} = 4{,}2 \times 10^{-4} \text{ mol/L}$$

et
$$\text{pH} = -\log(4{,}2 \times 10^{-4}) = 3{,}38$$

On peut aussi utiliser l'équation de Henderson-Hasselbalch :

$$\text{pH} = \text{p}K_a + \log\left(\frac{[CH_3CHOHCOO^-]}{[CH_3CHOHCOOH]}\right) = 3{,}85 + \log\frac{(0{,}25 \text{ mol/L})}{(0{,}75 \text{ mol/L})} = 3{,}38$$

***Voir les exercices 6.29 et 6.30***

On peut aussi préparer des solutions tampons en utilisant une base faible et son acide conjugué. Dans ces solutions, la base faible B réagit avec tout ion $H^+$ ajouté

$$B + H^+ \longrightarrow BH^+$$

et l'acide conjugué $BH^+$ réagit avec tout ion $OH^-$ ajouté

$$BH^+ + OH^- \longrightarrow B + H_2O$$

La méthode requise pour effectuer les calculs du pH dans le cas de ces systèmes est pratiquement identique à celle qui est utilisée ci-dessus. C'est logique parce que, comme dans toute solution tampon, il y a un acide faible ($BH^+$) et une base faible (B). L'exemple 6.5 l'illustre bien.

*Exemple 6.5*

## pH d'une solution tampon III

Une solution tampon contient 0,25 mol/L de $NH_3$ ($K_b = 1{,}8 \times 10^{-5}$) et 0,40 mol/L de $NH_4Cl$. Calculez le pH de cette solution.

Espèces principales

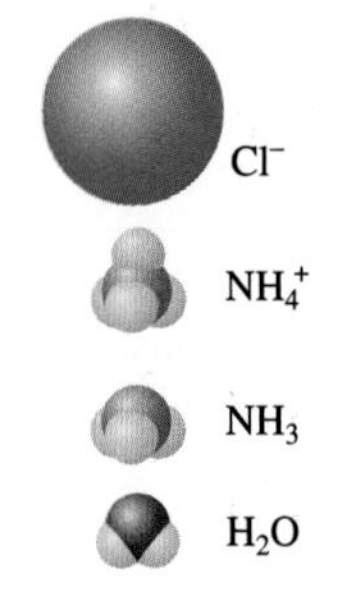


***Solution***

Les principales espèces présentes en solution sont :

$$NH_3, \underbrace{NH_4^+, Cl^-}_{\text{Provenant du } NH_4Cl \text{ dissous}} \text{ et } H_2O$$

Puisque $Cl^-$ est une base négligeable et que l'eau est soit un acide faible, soit une base faible, l'équilibre important est :

$$NH_3(aq) + H_2O(l) \rightleftharpoons NH_4^+(aq) + OH^-(aq)$$

et
$$K_b = 1{,}8 \times 10^{-5} = \frac{[NH_4^+][OH^-]}{[NH_3]}$$

Le tableau ICE approprié est le suivant.

| | $NH_3(aq)$ | + | $H_2O(l)$ | $\rightleftharpoons$ | $NH_4^+(aq)$ | + | $OH^-(aq)$ |
|---|---|---|---|---|---|---|---|
| Initiale : | 0,25 | | — | | 0,40 | | $\approx 0$ |
| Changement : | $-x$ | | — | | $+x$ | | $+x$ |
| Équilibre : | $0{,}25 - x$ | | — | | $0{,}40 + x$ | | $x$ |

Alors

$$K_b = 1{,}8 \times 10^{-5} = \frac{[NH_4^+][OH^-]}{[NH_3]} = \frac{(0{,}40 + x)(x)}{0{,}25 - x} \approx \frac{(0{,}40)(x)}{0{,}25}$$

et $$x \approx 1{,}1 \times 10^{-5} \text{ mol/L}$$

Puisque les approximations sont valides selon la règle des 5 % :

$$[OH^-] = x = 1{,}1 \times 10^{-5} \text{ mol/L}$$
$$pOH = 4{,}95$$
$$pH = 14{,}00 - 4{,}95 = 9{,}05$$

Ces résultats sont caractéristiques d'une solution tampon : les concentrations initiales des éléments du tampon et celles à l'équilibre sont pratiquement les mêmes.

**Autre solution**

On peut aborder le problème d'une autre façon. Puisque la solution contient des quantités relativement importantes *à la fois* de $NH_4^+$ et de $NH_3$, on peut utiliser l'équilibre suivant :

$$NH_3(aq) + H_2O(l) \rightleftharpoons NH_4^+(aq) + OH^-(aq)$$

pour calculer $[OH^-]$, puis calculer $[H^+]$ à partir de $K_{eau}$, comme on l'a déjà fait. On peut par ailleurs utiliser l'équilibre de dissociation de $NH_4^+$ :

$$NH_4^+(aq) \rightleftharpoons NH_3(aq) + H^+(aq)$$

pour calculer directement $[H^+]$.

*Ces deux façons de résoudre le problème donneront le même résultat*, étant donné que les concentrations à l'équilibre de $NH_3$ et de $NH_4^+$ doivent satisfaire aux deux équilibres. On peut obtenir la valeur de $K_a$ pour $NH_4^+$ à partir de la valeur connue de $K_b$ pour $NH_3$, puisqu'on sait que $K_aK_b = K_{eau}$ ; ainsi :

$$K_a = \frac{K_{eau}}{K_b} = \frac{1{,}0 \times 10^{-14}}{1{,}8 \times 10^{-5}} = 5{,}6 \times 10^{-10}$$

Finalement, en utilisant l'équation de Henderson-Hasselbalch, on obtient :

$$pH = pK_a + \log\left(\frac{[\text{base}]}{[\text{acide}]}\right)$$

$$= 9{,}25 + \log\left(\frac{0{,}25 \text{ mol/L}}{0{,}40 \text{ mol/L}}\right) = 9{,}25 - 0{,}20 = 9{,}05$$

***Voir les exercices 6.29 et 6.30***

## Exemple 6.6 Addition d'un acide fort à une solution tampon I

Calculez le pH de la solution obtenue après l'addition de 0,10 mol de HCl gazeux à 1,0 L de la solution tampon de l'exemple 6.5.

***Solution***

Espèces principales

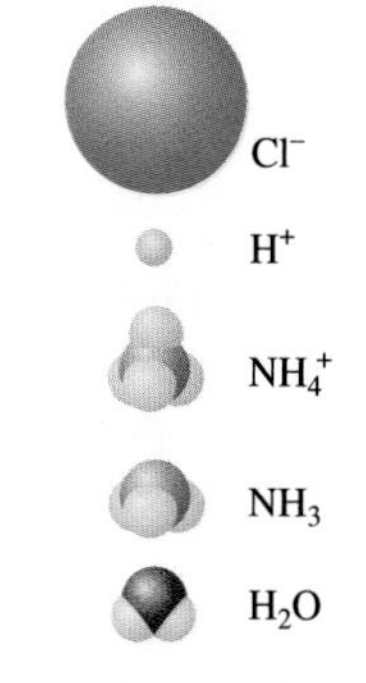


*Avant toute réaction*, la solution contient les principales espèces suivantes :

$$NH_3,\ NH_4^+,\ Cl^-,\ H^+ \text{ et } H_2O$$

Quelles sont les réactions possibles ? On sait que $H^+$ ne réagira pas avec $Cl^-$ pour produire HCl. Contrairement à $Cl^-$, la molécule $NH_3$ a une grande affinité pour les protons, puisque l'acide conjugué de $NH_3$ ($NH_4^+$) est un acide très faible ($K_a = 5{,}6 \times 10^{-10}$). Ainsi, $NH_3$ réagira avec $H^+$ pour former $NH_4^+$ :

$$NH_3(aq) + H^+(aq) \longrightarrow NH_4^+(aq)$$

Puisqu'on peut considérer que cette réaction sera complète et qu'elle produira l'acide très faible $NH_4^+$, on peut effectuer les calculs stœchiométriques avant d'aborder ceux relatifs à l'équilibre. Pour cette réaction, les calculs stœchiométriques sont :

Il faut d'abord penser aux réactions chimiques, c'est-à-dire toujours se demander si les espèces les plus importantes participent à la réaction.

| | $NH_3$ | + | $H^+$ | $\longrightarrow$ | $NH_4^+$ |
|---|---|---|---|---|---|
| Avant la réaction | (1,0 L)(0,25 mol/L) = 0,25 mol | | 0,10 mol ↑ Réactif limitant | | (1,0 L)(0,40 mol/L) = 0,40 mol |
| Après la réaction | 0,25 − 0,10 = 0,15 mol | | 0 | | 0,40 + 0,10 = 0,50 mol |

Espèces principales

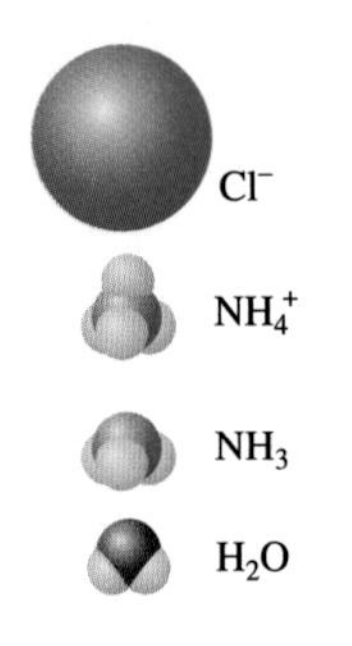


*Une fois la réaction achevée*, la solution contient les principales espèces suivantes :

$$NH_3, \quad NH_4^+, \quad Cl^- \quad \text{et} \quad H_2O$$

et

$$[NH_3]_0 = \frac{0,15 \text{ mol}}{1,0 \text{ L}} = 0,15 \text{ mol/L}$$

$$[NH_4^+]_0 = \frac{0,50 \text{ mol}}{1,0 \text{ L}} = 0,50 \text{ mol/L}$$

En utilisant l'équation de Henderson-Hasselbalch, où :

$$[\text{Base}] = [NH_3] \approx [NH_3]_0 = 0,15 \text{ mol/L}$$
$$[\text{Acide}] = [NH_4^+] \approx [NH_4^+]_0 = 0,50 \text{ mol/L}$$

on obtient :

$$\text{pH} = \text{p}K_a + \log\left(\frac{[NH_3]}{[NH_4^+]}\right)$$
$$= 9,25 + \log\left(\frac{0,15 \text{ mol/L}}{0,50 \text{ mol/L}}\right) = 9,25 - 0,52 = 8,73$$

On remarque que l'addition de HCl a peu fait diminuer la valeur du pH ; c'est précisément ce qu'on attend d'une solution tampon.

***Voir l'exercice 6.31***

**Résumé des principales caractéristiques des solutions tampons**

- **Les solutions tampons contiennent des concentrations relativement élevées d'un acide faible et de la base faible correspondante. Elles peuvent mettre en jeu un acide faible HA et sa base conjuguée $A^-$ ou une base faible B et son acide conjugué $BH^+$.**
- **Quand on ajoute des ions $H^+$ à une solution tampon, ils réagissent complètement avec la base faible présente :**

$$H^+ + A^- \longrightarrow HA \quad \text{ou} \quad H^+ + B \longrightarrow BH^+$$

- **Quand on ajoute des ions $OH^-$ à une solution tampon, ils réagissent complètement avec l'acide faible présent :**

$$OH^- + HA \longrightarrow A^- + H_2O \quad \text{ou} \quad OH^- + BH^+ \longrightarrow B + H_2O$$

- **Le pH d'une solution tampon est déterminé par le rapport entre la concentration de l'acide faible et celle de la base faible. Tant que ce rapport demeure presque constant, le pH reste presque constant. C'est le cas tant et aussi longtemps que les concentrations des substances tampons (HA et $A^-$ ou B et $BH^+$) sont élevées par rapport aux quantités de $H^+$ ou de $OH^-$ ajoutées.**

# 6.3 Pouvoir tampon

Dans une solution dont le pouvoir tampon est élevé, les éléments constitutifs du tampon sont présents en grandes concentrations.

On définit le **pouvoir tampon** d'une solution tampon comme la quantité de protons ou d'ions hydroxyde qu'un système peut absorber sans qu'il y ait de variation significative du pH. Un tampon dont le pouvoir tampon est élevé contient les éléments constitutifs du tampon en grande quantité. Il peut ainsi absorber une quantité relativement importante de protons ou d'ions hydroxyde et n'être soumis qu'à une faible variation de pH. *Le pH d'une solution tampon est déterminé par le rapport $[A^-]/[HA]$. Le pouvoir tampon d'une solution tampon est déterminé par l'importance de $[HA]$ et $[A^-]$.*

## Exemple 6.7 Addition d'un acide fort à une solution tampon II

Calculez la variation de pH due à l'addition de 0,010 mol de HCl gazeux à 1,0 L de chacune des solutions suivantes :

Solution A : $CH_3COOH$ (5,00 mol/L) et $NaCH_3COO$ (5,00 mol/L)
Solution B : $CH_3COOH$ (0,050 mol/L) et $NaCH_3COO$ (0,050 mol/L)

Pour l'acide acétique, $K_a = 1,8 \times 10^{-5}$.

### *Solution A*

Dans ces deux cas, on peut déterminer le pH initial à l'aide de l'équation de Henderson-Hasselbalch

$$pH = pK_a + \log\left(\frac{[CH_3COO^-]}{[CH_3COOH]}\right)$$

Dans chaque cas, $[CH_3COO^-] = [CH_3COOH]$, de telle sorte que, initialement, pour A et B, on a :

$$pH = pK_a + \log(1) = pK_a = -\log(1,8 \times 10^{-5}) = 4,74$$

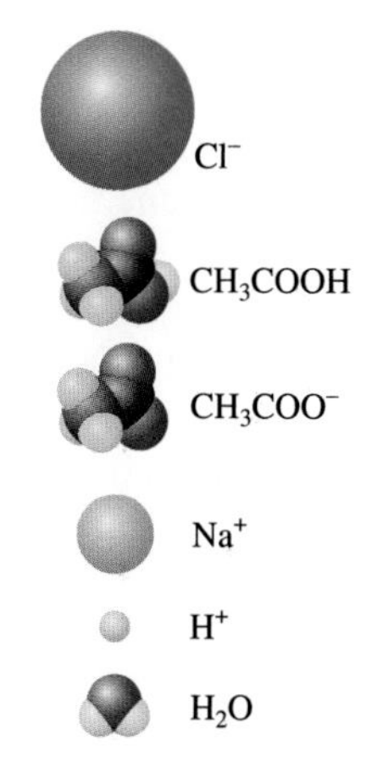


Après l'addition de HCl à chacune de ces solutions, les principales espèces en présence, *avant toute réaction*, sont :

$$CH_3COOH,\ Na^+,\ CH_3COO^-,\ \underbrace{H^+,\ Cl^-}_{\text{Provenant du HCl ajouté}}\ \text{et}\ H_2O$$

Est-ce que ces espèces participeront à des réactions ? On remarque que la quantité d'ions $H^+$ est très grande et que, par conséquent, ceux-ci réagiront rapidement avec toute base en présence. On sait que $Cl^-$ ne réagira pas avec $H^+$ pour former du HCl dans l'eau. Cependant, $CH_3COO^-$ réagira avec $H^+$ pour former l'acide faible $CH_3COOH$ :

$$H^+(aq) + CH_3COO^-(aq) \longrightarrow CH_3COOH(aq)$$

Puisque $CH_3COOH$ est un acide faible, on suppose que cette réaction sera complète : l'addition de 0,010 mol d'ions $H^+$ transformera 0,010 mol de $CH_3COO^-$ en 0,010 mol de $CH_3COOH$.

*Pour la solution A* (le volume de la solution étant de 1,0 L, le nombre de moles est égal à la concentration) :

| | $H^+$ | + | $CH_3COO^-$ | $\longrightarrow$ | $CH_3COOH$ |
|---|---|---|---|---|---|
| Avant la réaction | 0,010 mol/L | | 5,00 mol/L | | 5,00 mol/L |
| Après la réaction | 0 | | 4,99 mol/L | | 5,01 mol/L |

Pour obtenir la nouvelle valeur du pH, on remplace les nouvelles concentrations par leurs valeurs dans l'équation de Henderson-Hasselbalch :

Solution initiale: $\frac{[A^-]}{[HA]} = \frac{5,00}{5,00} = 1,00$ → $H^+$ ajouté → Nouvelle solution: $\frac{[A^-]}{[HA]} = \frac{4,99}{5,01} = 0,996$

$$\mathrm{pH} = \mathrm{p}K_a + \log\left(\frac{[CH_3COO^-]}{[CH_3COOH]}\right)$$

$$= 4,74 + \log\left(\frac{4,99}{5,01}\right) = 4,74 - 0,0017 = 4,74$$

Il n'y a pratiquement aucune variation de pH dans la solution A après l'addition de 0,010 mol de HCl gazeux.

***Solution B***

| | $H^+$ | + | $CH_3COO^-$ | ⟶ | $CH_3COOH$ |
|---|---|---|---|---|---|
| Avant la réaction | 0,010 mol/L | | 0,050 mol/L | | 0,050 mol/L |
| Après la réaction | 0 | | 0,040 mol/L | | 0,060 mol/L |

Le nouveau pH est :

Solution initiale: $\frac{[A^-]}{[HA]} = \frac{0,050}{0,050} = 1,0$ → $H^+$ ajouté → Nouvelle solution: $\frac{[A^-]}{[HA]} = \frac{0,040}{0,060} = 0,67$

$$\mathrm{pH} = 4,74 + \log\left(\frac{0,040}{0,060}\right)$$

$$= 4,74 - 0,18 = 4,56$$

Bien que la variation de pH dans la solution B soit faible, elle est néanmoins non négligeable, ce qui n'était pas le cas pour la solution A.

Ces résultats prouvent que la solution A, qui contient les éléments du tampon en plus grande quantité, a un pouvoir tampon beaucoup plus important que celui de la solution B.

***Voir les exercices 6.31 et 6.32***

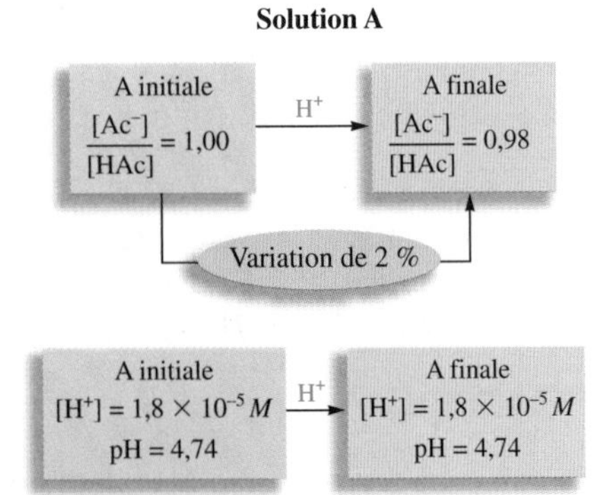


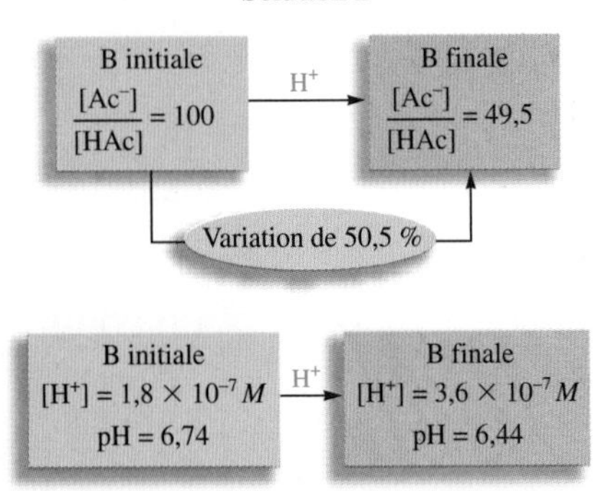


On a vu que le pH d'une solution tampon variait en fonction du rapport entre les concentrations des éléments du tampon. Moins ce rapport est modifié par l'addition de protons ou d'ions hydroxyde, plus la solution s'oppose à une variation de pH. Il faut donc déterminer le rapport pour lequel le pouvoir tampon est le meilleur. Supposons qu'une solution tampon soit composée d'une forte concentration d'ions acétate et d'une faible concentration d'acide acétique. L'addition de protons (pour former de l'acide acétique) entraîne une variation relativement importante en *pourcentage* de la concentration d'acide acétique et, par conséquent, une variation relativement importante du rapport $[CH_3COO^-]/[CH_3COOH]$ (*voir le tableau 6.1*). Par contre, lorsqu'on ajoute des ions hydroxyde (pour éliminer de l'acide acétique), le pourcentage de la variation de la concentration d'acide acétique est là encore très élevé. On observe les mêmes effets lorsque la concentration initiale d'acide acétique est élevée et celle d'ions acétate, faible.

**TABLEAU 6.1 Variations du rapport $[CH_3COO^-]/[CH_3COOH]$ quand on ajoute 0,01 mol de $H^+$ à 1,0 L de chacune des deux solutions**

| Solution | $\left(\frac{[CH_3COO^-]}{[CH_3COOH]}\right)_{initiale}$ | $\left(\frac{[CH_3COO^-]}{[CH_3COOH]}\right)_{nouvelle}$ | Variation | Pourcentage de variation |
|---|---|---|---|---|
| A | $\frac{1,00\ mol/L}{1,00\ mol/L} = 1,00$ | $\frac{0,99\ mol/L}{1,01\ mol/L} = 0,98$ | 1,00 → 0,98 | 2,00 % |
| B | $\frac{1,00\ mol/L}{0,01\ mol/L} = 100$ | $\frac{0,99\ mol/L}{0,02\ mol/L} = 49,5$ | 100 → 49,5 | 50,5 % |

Puisque de grandes variations du rapport $[A^-]/[HA]$ entraînent des variations importantes du pH, il faut les éviter lorsqu'on souhaite obtenir le meilleur effet tampon possible. En fait, on est logiquement amené à conclure qu'on obtient un pouvoir tampon optimal lorsque [HA] est égale à $[A^-]$. C'est à cette condition que le rapport $[A^-]/[HA]$ s'oppose le mieux à toute variation consécutive à l'addition de $H^+$ ou de $OH^-$. C'est pourquoi, lorsqu'on choisit les éléments d'un tampon (pour une application donnée), on cherche toujours à obtenir $[A^-]/[HA] = 1$ ; par ailleurs, puisque

$$pH = pK_a + \log\left(\frac{[A^-]}{[HA]}\right) = pK_a + \log(1) = pK_a$$

*le p*$K_a$ *de l'acide faible utilisé dans le tampon doit être aussi voisin que possible du pH désiré.* Supposons, par exemple, qu'on ait besoin d'une solution tampon de pH 4,00. L'effet tampon sera optimal quand [HA] sera égale à $[A^-]$. Selon l'équation de Henderson-Hasselbalch, on a :

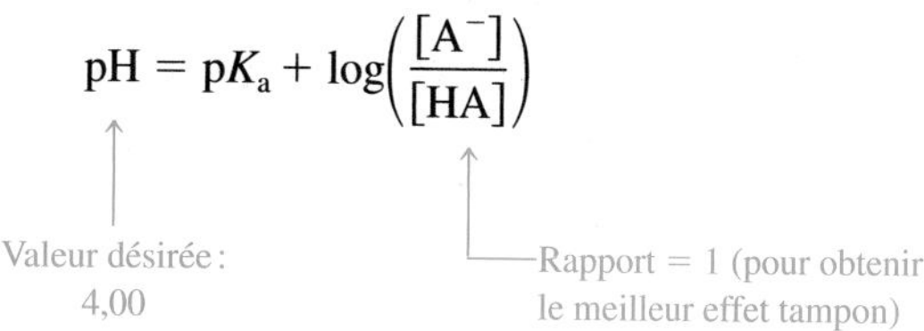


c'est-à-dire que :

$$4{,}00 = pK_a + \log(1) = pK_a + 0 \quad \text{et} \quad pK_a = 4{,}00$$

d'où $pK_a = 4{,}00$.

Ainsi, l'acide faible à choisir dans ce cas est celui dont le $pK_a = 4{,}00$ ou dont la $K_a = 1{,}0 \times 10^{-4}$.

## Exemple 6.8 Préparation d'une solution tampon

Un chimiste qui souhaite obtenir une solution tampon de pH 4,30 peut choisir parmi les acides suivants (et leurs sels sodiques) :

**a)** acide chloracétique ($K_a = 1{,}35 \times 10^{-3}$) ;
**b)** acide propanoïque ($K_a = 1{,}3 \times 10^{-5}$) ;
**c)** acide benzoïque ($K_a = 6{,}4 \times 10^{-5}$) ;
**d)** acide hypochloreux ($K_a = 3{,}5 \times 10^{-8}$).

Calculez le rapport $[HA]/[A^-]$ qui permet à chacun de ces systèmes de donner un pH de 4,3. Quel système fonctionnera le mieux ?

***Solution***

Un pH de 4,3 correspond à :

$$[H^+] = 10^{-4,30} = \text{antilog}(-4{,}30) = 5{,}0 \times 10^{-5}\ \text{mol/L}$$

Puisque, pour les différents acides, on connaît les valeurs de $K_a$ et non les valeurs de $pK_a$, on utilise de préférence l'équation 6.1, non l'équation de Henderson-Hasselbalch ; ainsi

$$[H^+] = K_a\frac{[HA]}{[A^-]}$$

Pour chacun des acides, on remplace $[H^+]$ et $K_a$ par leurs valeurs dans l'équation (6.1), et on obtient la valeur du rapport $[HA]/[A^-]$ pour chacun des cas.

| Acide | $[H^+] = K_a \frac{[HA]}{[A^-]}$ | $\frac{[HA]}{[A^-]}$ |
|---|---|---|
| **a)** chloracétique | $5{,}0 \times 10^{-5} = 1{,}35 \times 10^{-3}\left(\frac{[HA]}{[A^-]}\right)$ | $3{,}7 \times 10^{-2}$ |
| **b)** propanoïque | $5{,}0 \times 10^{-5} = 1{,}3 \times 10^{-5}\left(\frac{[HA]}{[A^-]}\right)$ | 3,8 |
| **c)** benzoïque | $5{,}0 \times 10^{-5} = 6{,}4 \times 10^{-5}\left(\frac{[HA]}{[A^-]}\right)$ | 0,78 |
| **d)** hypochloreux | $5{,}0 \times 10^{-5} = 3{,}5 \times 10^{-8}\left(\frac{[HA]}{[A^-]}\right)$ | $1.4 \times 10^3$ |

Puisque le rapport $[HA]/[A^-]$ est très voisin de 1 pour l'acide benzoïque, c'est le système acide benzoïque-benzoate de sodium qui constitue le meilleur choix pour préparer un tampon de pH 4,30. Ce résultat confirme le principe qui veut que le meilleur système soit celui pour lequel la valeur du $pK_a$ avoisine le plus celle du pH désiré. Le $pK_a$ de l'acide benzoïque est en effet de 4,19.

***Voir les exercices 6.37 et 6.38***

# 6.4 Titrages et courbes de titrage

On utilise couramment le titrage pour déterminer la quantité d'acide ou de base présente dans une solution. Pour ce faire, on ajoute, à l'aide d'une burette, une solution de concentration connue (le titrant) à une solution inconnue, et ce, jusqu'à ce que la substance à analyser soit tout juste neutralisée (point d'équivalence, ou point stœchiométrique, en général déterminé par le changement de couleur d'un indicateur). Dans cette section, on étudie les variations de pH qui ont lieu au cours d'un titrage acide-base. Ultérieurement, on utilisera les renseignements ainsi obtenus pour choisir l'indicateur approprié à un titrage donné.

On suit en général la progression d'un titrage acide-base en traçant le graphique de la variation du pH de la solution à analyser en fonction de la quantité de titrant ajoutée. On appelle un tel graphique **courbe de titrage** ou **courbe de variation du pH**.

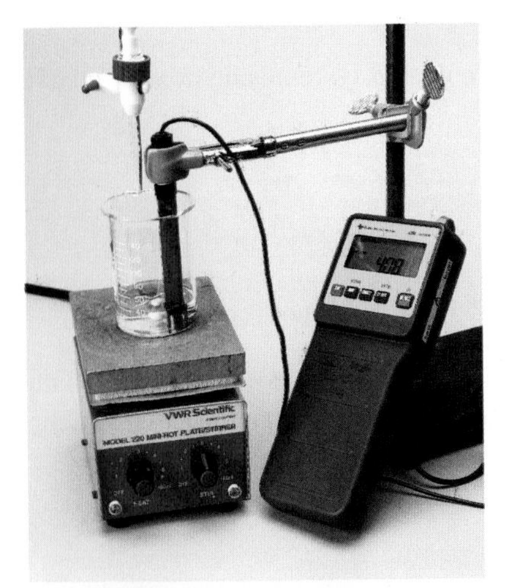

Un montage permettant de déterminer la courbe de variation de pH d'un acide ou d'une base.

## Titrages d'acides forts par des bases fortes ou de bases fortes par des acides forts

La réaction du titrage d'un acide fort par une base forte est

$$H^+(aq) + OH^-(aq) \longrightarrow H_2O(l)$$

Pour calculer $[H^+]$ à un point donné de la courbe de titrage, il faut déterminer la quantité résiduelle de $H^+$ à ce point et diviser cette valeur par le volume total de la solution. Toutefois, avant de poursuivre, il est important de définir une nouvelle unité, particulièrement utile lorsque le volume d'une solution est exprimé en millilitres. Par exemple, puisqu'on procède en général aux titrages sur de petites quantités (les burettes sont le plus souvent graduées en millilitres), la mole s'avère une unité trop grande. On utilise donc la **millimole (mmol)** qui, comme l'indique le préfixe, est la millième partie d'une mole :

$$1 \text{ mmol} = \frac{1 \text{ mol}}{1000} = 10^{-3} \text{ mol}$$

Jusqu'à présent, on a exprimé la concentration en moles par litre. On peut à présent l'exprimer en millimoles par millilitre ; ainsi :

1 millimole = $1 \times 10^{-3}$ mol
1 mL = $1 \times 10^{-3}$ L
$\frac{\text{mmol}}{\text{mL}} = \frac{\text{mol}}{\text{L}} = \text{mol/L}$

$$\text{Concentration} = \frac{\text{mol de soluté}}{\text{L de solution}} = \frac{\frac{\text{mol de soluté}}{1000}}{\frac{\text{L solution}}{1000}} = \frac{\text{mmol soluté}}{\text{mL de solution}}$$

Une solution qui contient 1,0 mol de soluté par litre contient donc 1,0 mmol de soluté par millilitre. De la même façon qu'on obtient le nombre de moles de soluté en multipliant le volume (en litres) par la concentration, on obtient le nombre de millimoles de soluté en multipliant le volume (en millilitres) par la concentration, soit :

$$\text{Nombre de mmol} = \text{volume (en mL)} \times \text{concentration}$$

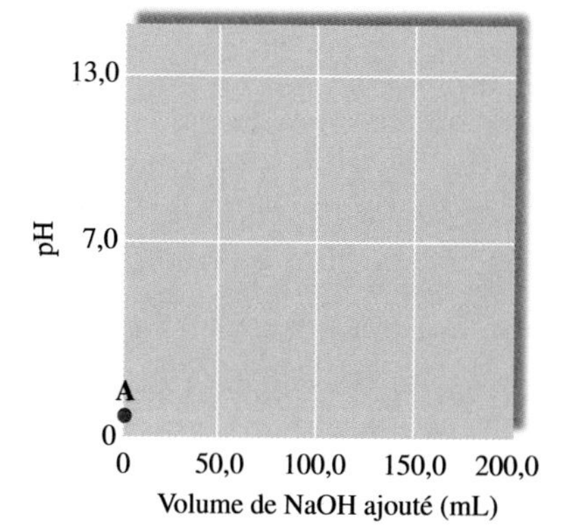


## ÉTUDE DE CAS : *titrage d'un acide fort par une base forte, ou vice versa*

Pour illustrer les types de calculs à utiliser dans un titrage d'un acide fort par une base forte, considérons le titrage de 50,0 mL d'une solution de $HNO_3$ 0,200 mol/L par une solution de NaOH 0,100 mol/L. On calcule le pH de la solution en des points bien déterminés au cours du titrage, soit au moment où l'on ajoute des volumes spécifiques de la solution de NaOH 0,100 mol/L.

**A. Avant l'addition de NaOH**

Puisque $HNO_3$ est un acide fort et, par conséquent, un acide totalement dissocié, la solution contient les principales espèces suivantes :

$$H^+, \quad NO_3^- \quad \text{et} \quad H_2O$$

et le pH est déterminé par la concentration d'ions $H^+$ provenant de l'acide nitrique. Puisque 0,200 mol/L de $HNO_3$ contient 0,200 mol/L d'ions $H^+$ :

$$[H^+] = 0{,}200 \text{ mol/L} \quad \text{et} \quad \text{pH} = 0{,}699$$

**B. Après l'addition de 10,0 mL d'une solution de NaOH 0,100 mol/L**

Dans la solution, avant toute réaction, les principales espèces en présence sont :

$$H^+, \quad NO_3^-, \quad Na^+, \quad OH^- \quad \text{et} \quad H_2O$$

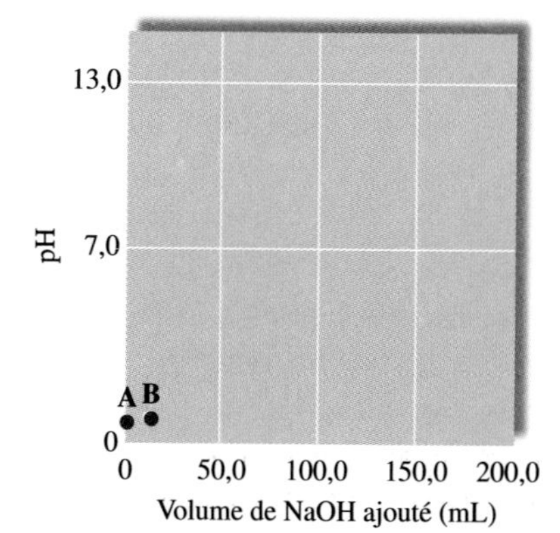


On remarque que $H^+$ et $OH^-$ sont tous deux présents en grande quantité. Après le mélange, 1,00 mmol (10,0 mL × 0,10 mol/L) de $OH^-$ réagit avec 1,00 mmol de $H^+$ pour former de l'eau.

| | $H^+$ | + | $OH^-$ | ⟶ | $H_2O$ |
|---|---|---|---|---|---|
| Avant la réaction | 50,0 mL × 0,200 mol/L = 10,0 mmol | | 10,0 mL × 0,10 mol/L = 1,00 mmol | | |
| Après la réaction | 10,0 − 1,00 = 9,0 mmol | | 1,00 − 1,00 = 0 | | |

Après la réaction, la solution contient

$$H^+, \quad NO_3^-, \quad Na^+ \quad \text{et} \quad H_2O \text{ (les ions } OH^- \text{ ont été neutralisés),}$$

et le pH est déterminé par la concentration d'ions $H^+$ résiduels :

Le volume final de la solution est la somme du volume initial de $HNO_3$ et du volume de NaOH ajouté.

$$[H^+] = \frac{\text{mmol } H^+ \text{ résiduelles}}{\text{volume de la solution (mL)}} = \frac{9{,}0 \text{ mmol}}{(50{,}0 + 10{,}0) \text{ mL}} = 0{,}15 \text{ mol/L}$$

(50,0 : Volume initial de la solution de $HNO_3$ ; 10,0 : Volume de NaOH ajouté)

$$\text{pH} = -\log(0{,}15) = 0{,}82$$

**C. Après l'addition de 20,0 mL (au total) d'une solution de NaOH 0,100 mol/L**

Il faut considérer ici que ce point représente l'addition de 20,0 mL de NaOH à la solution *initiale*, et non l'addition de 10,0 mL à la solution obtenue en B. Il est en effet préférable de toujours revenir à la solution initiale, de façon qu'une erreur commise au début ne fausse pas les calculs ultérieurs. On l'a vu précédemment, les ions $OH^-$ ajoutés réagissent avec $H^+$ pour former de l'eau.

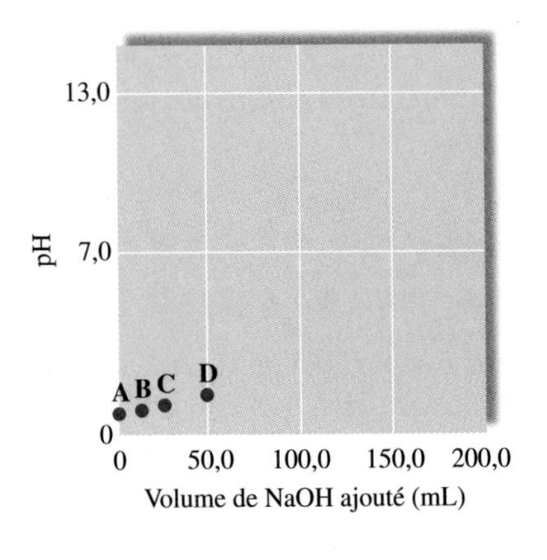


| | $H^+$ | + | $OH^-$ | $\longrightarrow$ | $H_2O$ |
|---|---|---|---|---|---|
| Avant la réaction | 50,0 mL × 0,200 mol/L = 10,0 mmol | | 20,0 mL × 0,100 mol/L = 2,00 mmol | | |
| Après la réaction | 10,0 − 2,00 = 8,0 mmol | | 2,00 − 2,00 = 0 mmol | | |

Après la réaction, on a :

$$[H^+] = \frac{8{,}0 \text{ mmol}}{(50{,}0 + 20{,}0) \text{ mL}} = 0{,}11 \text{ mol/L}$$

($H^+$ résiduels)

et $\quad$ pH = 0,94

**D. Après l'addition de 50,0 mL (au total) d'une solution de NaOH 0,100 mol/L**

En procédant exactement comme en B et C, on obtient un pH de 1,30.

*Point d'équivalence* (*stœchiométrique*) : point du titrage où la quantité de base ajoutée a réagi exactement avec tout l'acide présent à l'origine.

**E. Après l'addition de 100,0 mL (au total) d'une solution de NaOH 0,100 mol/L**

À ce point, la quantité de NaOH ajoutée est :

$$100{,}0 \text{ mL} \times 0{,}100 \text{ mol/L} = 10{,}0 \text{ mmol}$$

La quantité initiale d'acide nitrique était :

$$50{,}0 \text{ mL} \times 0{,}200 \text{ mol/L} = 10{,}0 \text{ mmol}$$

On a donc ajouté suffisamment de $OH^-$ pour neutraliser la totalité des ions $H^+$ provenant de l'acide nitrique. À ce point, appelé **point stœchiométrique** ou **point d'équivalence** du titrage, les principales espèces en solution sont :

$$Na^+, \quad NO_3^- \quad \text{et} \quad H_2O$$

Étant donné que $Na^+$ n'a aucune propriété acide ni basique et que $NO_3^-$ est l'anion d'un acide fort ($HNO_3$) – c'est par conséquent une base négligeable –, ni $NO_3^-$ ni $Na^+$ ne font varier le pH : la solution est neutre (pH = 7,00).

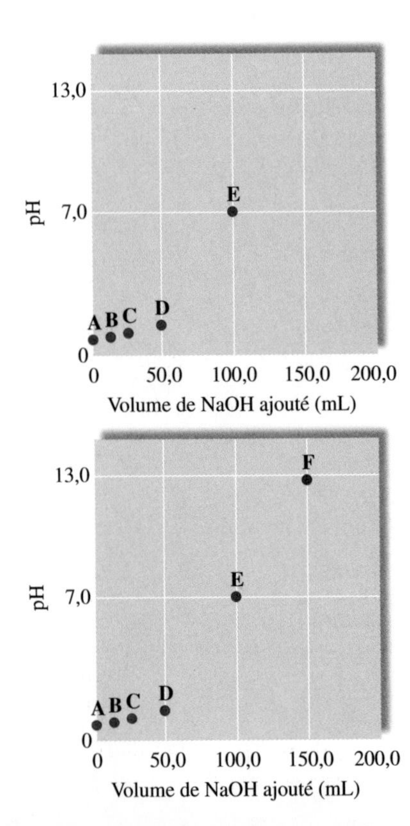


**F. Après l'addition de 150,0 mL (au total) d'une solution de NaOH 0,100 mol/L**

La réaction du titrage est :

| | $H^+$ | + | $OH^-$ | $\longrightarrow$ | $H_2O$ |
|---|---|---|---|---|---|
| Avant la réaction | 50,0 mL × 0,200 mol/L = 10,0 mmol | | 150,0 mL × 0,100 mol/L = 15,0 mmol | | |
| Après la réaction | 10,0 − 10,0 = 0 mmol | | 15,0 − 10,0 = 5,0 mmol ↑ Excès d'ions $OH^-$ ajoutés | | |

On a donc maintenant un *excès* d'ions $OH^-$ ; ce sont par conséquent eux qui déterminent la valeur du pH.

$$[OH^-] = \frac{\text{mmol } OH^- \text{ en excès}}{\text{volume (mL)}} = \frac{5{,}0 \text{ mmol}}{(50{,}0 + 150{,}0) \text{ mL}} = \frac{5{,}0 \text{ mmol}}{200{,}0 \text{ mL}} = 0{,}025 \text{ mol/L}$$

Puisque $[H^+][OH^-] = 1{,}0 \times 10^{-14}$ :

$$[H^+] = \frac{1{,}0 \times 10^{-14}}{2{,}5 \times 10^{-2}} = 4{,}0 \times 10^{-13} \quad \text{et} \quad pH = 12{,}40$$

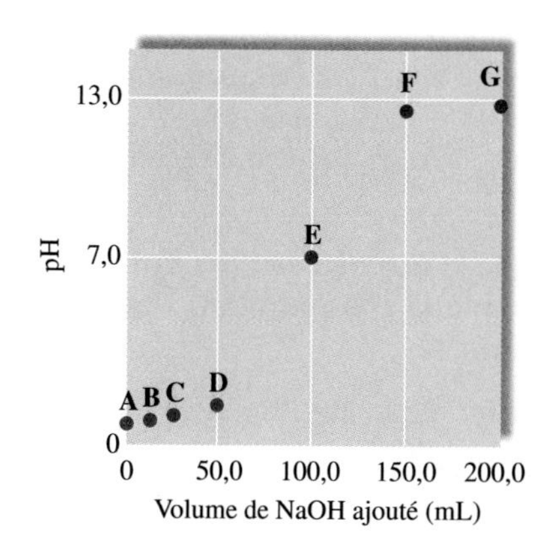


**G. Après l'addition de 200,0 mL (au total) d'une solution de NaOH 0,100 mol/L**
En procédant comme en F, on obtient un pH de 12,60.

Ces résultats permettent de tracer la courbe de titrage (*voir la figure 6.1*). On remarque que le pH varie très graduellement jusqu'à ce que le titrage avoisine le point d'équivalence, où l'on observe une variation spectaculaire. Ce phénomène est dû au fait que, au début du titrage, on trouve une quantité relativement importante d'ions $H^+$ en solution, et que l'addition d'une quantité donnée d'ions $OH^-$ n'entraîne alors qu'une faible variation du pH. Cependant, au voisinage du point d'équivalence, $[H^+]$ est relativement faible ; l'addition d'une faible quantité d'ions $OH^-$ provoque alors une variation importante.

La courbe de titrage de la figure 6.1, caractéristique du titrage d'un acide fort par une base forte, possède les propriétés suivantes.

Avant le point d'équivalence, on peut calculer $[H^+]$ (et, par conséquent, le pH) en divisant le nombre de millimoles résiduelles de $H^+$ par le volume total (en millilitres) de la solution.

Au point d'équivalence, le pH est de 7,00.

Après le point d'équivalence, on peut calculer $[OH^-]$ en divisant le nombre de millimoles de $OH^-$ en excès par le volume total de la solution. On obtient alors $[H^+]$ à partir de $K_{eau}$.

Le titrage d'une base forte par un acide fort repose sur un raisonnement analogue, sauf que, dans ce cas, les ions $OH^-$ sont présents en excès avant le point d'équivalence et les ions $H^+$, après le point d'équivalence. La figure 6.2 présente la courbe de titrage de 100,0 mL d'une solution de NaOH 0,50 mol/L par une solution de HCl 1,00 mol/L.

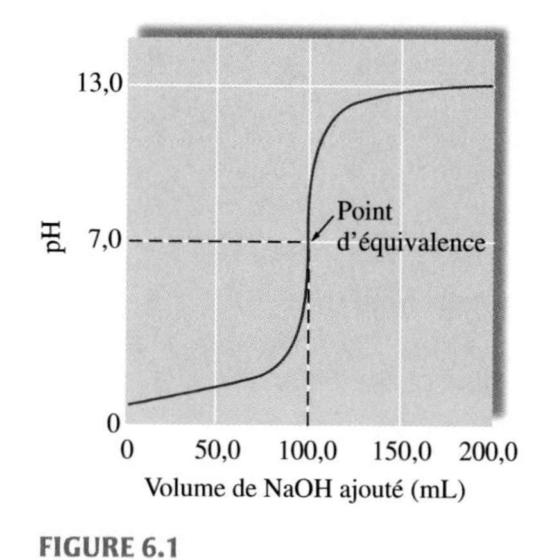


**FIGURE 6.1**
**Courbe de titrage de 50,0 mL d'une solution de $HNO_3$ 0,200 mol/L par une solution de NaOH 0,100 mol/L. On remarque que le point d'équivalence est atteint après l'addition de 100,0 mL de NaOH, alors qu'on a ajouté des ions $OH^-$ en quantité suffisante pour neutraliser tous les ions $H^+$ présents initialement. Le pH au point d'équivalence est de 7,0, ce qui est caractéristique du titrage d'un acide fort par une base forte.**

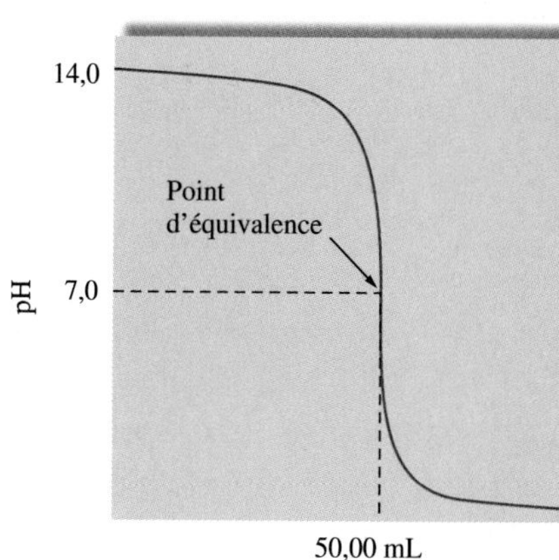


**FIGURE 6.2**
**Courbe de titrage de 100,0 mL d'une solution de NaOH 0,50 mol/L par une solution de HCl 1,00 mol/L. Le point d'équivalence est atteint après l'addition de 50,00 mL de HCl, puisque c'est à ce point précis qu'on a ajouté 5,0 mmol d'ions $H^+$ pour neutraliser les 5,0 mmol d'ions $OH^-$ initialement présents. Le pH est de 7,0 au point d'équivalence.**

## Titrages d'acides faibles par des bases fortes

On a vu que, puisque les acides forts et les bases fortes étaient totalement dissociés, les calculs nécessaires à l'établissement de la courbe de titrage de l'un par l'autre étaient très simples. Si, par contre, on doit titrer un acide faible, il faut tenir compte d'une différence essentielle par rapport à un acide fort : pour calculer $[H^+]$ après l'addition d'une certaine quantité de base forte, on doit faire appel à la réaction de dissociation de l'acide faible. (Plus tôt dans ce chapitre, on a rencontré une telle situation quand on a abordé les solutions tampons.) En fait, les calculs relatifs à l'établissement d'une courbe de titrage d'un acide faible par une base forte se résument essentiellement à la résolution d'une série de problèmes de tampons. Quand on effectue ces calculs, il est important de se rappeler que, même si l'acide est faible, *il réagit presque totalement avec l'ion hydroxyde, une base très forte*.

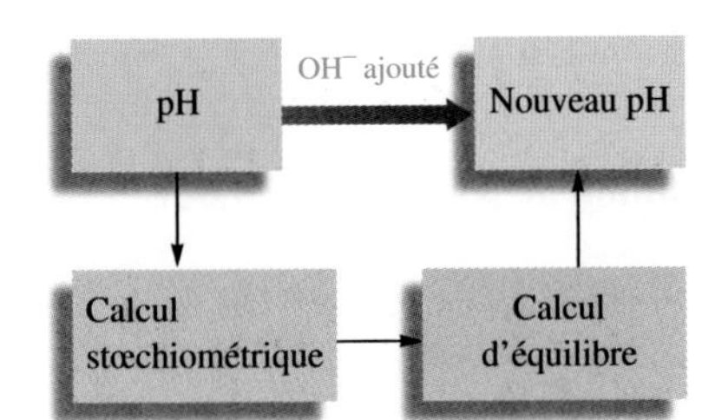


On effectue les calculs qui permettent d'établir la courbe de titrage d'un acide faible par une base forte en deux étapes.

1. ***Problème de stœchiométrie.* On considère que la réaction de l'ion hydroxyde avec l'acide faible est complète. On détermine la concentration résiduelle de l'acide et celle de la base conjuguée ainsi *formée.***

Il faut toujours aborder séparément le problème de stœchiométrie et le problème d'équilibre.

2. ***Problème d'équilibre.* On détermine la position de l'équilibre de la réaction de dissociation de l'acide faible, puis on calcule le pH.**

*Il est essentiel* d'effectuer ces deux étapes *séparément*. Signalons que les façons de résoudre ces problèmes ont toutes été présentées antérieurement.

### ÉTUDE DE CAS : *titrage d'un acide faible par une base forte*

À titre d'exemple, étudions le titrage de 50,0 mL d'une solution d'acide acétique 0,10 mol/L, $CH_3COOH$ ($K_a = 1,8 \times 10^{-5}$) par une solution de NaOH 0,10 mol/L. Comme précédemment, on calcule le pH en différents points correspondant à des volumes spécifiques de NaOH ajoutés.

**A. Avant l'addition de NaOH**

On trouve là un problème typique de calcul du pH d'un acide faible (*voir le chapitre 5*). Le pH est de 2,87.

**B. Après l'addition de 10,0 mL d'une solution de NaOH 0,10 mol/L**

Les principales espèces présentes en solution *avant toute réaction* sont :

$$CH_3COOH,\quad OH^-,\quad Na^+ \text{ et } H_2O$$

La base forte $OH^-$ réagit avec le plus important donneur de protons (dans ce cas, $CH_3COOH$).

**Problème de stœchiométrie**

Il s'agit du même type de calcul que celui abordé au chapitre 5.

| | $OH^-$ | + | $CH_3COOH$ | $\longrightarrow$ | $CH_3COO^-$ | + | $H_2O$ |
|---|---|---|---|---|---|---|---|
| Avant la réaction | 10 mL × 0,10 mol/L = 1,0 mmol | | 50,0 mL × 0,10 mol/L = 5,0 mmol | | 0 mmol | | |
| Après la réaction | 1,0 − 1,0 = 0 mmol ↑ Réactif limitant | | 5,0 − 1,0 = 4,0 mmol | | 1,0 mmol ↑ Formée par la réaction | | |

**Problème d'équilibre**

On examine les principaux composants résiduels présents en solution, *après la réaction*, afin de déterminer l'équilibre le plus important. Les principales espèces sont :

$$CH_3COOH,\quad CH_3COO^-,\quad Na^+ \text{ et } H_2O$$

Puisque $CH_3COOH$ est un acide beaucoup plus fort que $H_2O$ et que $CH_3COO^-$ est la base conjuguée de $CH_3COOH$, le pH est déterminé par la position de l'équilibre de la dissociation de l'acide acétique.

$$CH_3COOH(aq) \rightleftharpoons H^+(aq) + CH_3COO^-(aq)$$

et

$$K_a = \frac{[H^+][CH_3COO^-]}{[CH_3COOH]}$$

On respecte les étapes habituelles qui permettent d'effectuer les calculs des concentrations à l'équilibre.

| Concentration initiale | | Concentration à l'équilibre |
|---|---|---|
| $[CH_3COOH]_0 = \frac{4,0 \text{ mmol}}{(50,0 + 10,0) \text{ mL}} = \frac{4,0}{60,0}$ | | $[CH_3COOH] = \frac{4,0}{60,0} - x$ |
| $[CH_3COO^-]_0 = \frac{1,0 \text{ mmol}}{(50,0 + 10,0) \text{ mL}} = \frac{1,0}{60,0}$ | $x$ mmol/mL de $CH_3CO_2H$ sont dissociées $\longrightarrow$ | $[CH_3COO] = \frac{1,0}{60,0} + x$ |
| $[H^+]_0 \approx 0$ | | $[H^+] = x$ |

On détermine les concentrations initiales une fois la réaction avec $OH^-$ achevée, mais avant toute dissociation de $CH_3COOH$.

Le tableau ICE approprié est le suivant.

| | $CH_3COOH(aq)$ | $\rightleftharpoons$ | $H^+(aq)$ | + | $CH_3COO^-(aq)$ |
|---|---|---|---|---|---|
| Initiale : | $\frac{4,0}{60,0}$ | | $\approx 0$ | | $\frac{1,0}{60,0}$ |
| Changement : | $-x$ | | $+x$ | | $+x$ |
| Équilibre : | $\frac{4,0}{60,0} - x$ | | $x$ | | $\frac{1,0}{60,0} + x$ |

Par conséquent,

$$1,8 \times 10^{-5} = K_a = \frac{[H^+][CH_3COO^-]}{[CH_3COOH]} = \frac{x\left(\frac{1,0}{60,0} + x\right)}{\frac{4,0}{60,0} - x} \approx \frac{x\left(\frac{1,0}{60,0}\right)}{\frac{4,0}{60,0}} = \left(\frac{1,0}{4,0}\right)x$$

$$x = \left(\frac{4,0}{1,0}\right)(1,8 \times 10^{-5} = 7,2 \times 10^{-5} = [H^+] \quad \text{et} \quad \text{pH} = 4,14$$

Notez que les approximations respectent largement la règle des 5 %.

**C. Après l'addition de 25,0 mL (au total) d'une solution de NaOH 0,10 mol/L**

Étant donné que la façon de procéder est très semblable à celle utilisée en B, on n'en présente ici qu'un résumé. Le problème de stœchiométrie est :

| | $OH^-$ | + | $CH_3COOH$ | $\longrightarrow$ | $CH_3COO^-$ | + | $H_2O$ |
|---|---|---|---|---|---|---|---|
| Avant la réaction | 25,0 mL × 0,10 mol/L = 2,5 mmol | | 50,0 mL × 0,10 mol/L = 5,0 mmol | | 0 mmol | | |
| Après la réaction | 2,5 − 2,5 = 0 | | 5,0 − 2,5 = 2,5 mmol | | 2,5 mmol | | |

Après la réaction, les principales espèces présentes en solution sont :

$$CH_3COOH,\ CH_3COO^-,\ Na^+ \text{ et } H_2O$$

La réaction d'équilibre qui permet de déterminer la valeur du pH est :

$$CH_3COOH(aq) \rightleftharpoons H^+(aq) + CH_3COO^-(aq)$$

Les concentrations appropriées sont les suivantes.

| Concentration initiale | | Concentration à l'équilibre |
|---|---|---|
| $[CH_3COOH]_0 = \frac{2{,}5 \text{ mmol}}{(50{,}0 + 25{,}0) \text{ mL}}$ | $x$ mmol/mL de $CH_3CO_2H$ sont dissociées $\longrightarrow$ | $[CH_3COOH] = \frac{2{,}5}{75{,}0} - x$ |
| $[CH_3COO^-]_0 = \frac{2{,}5 \text{ mmol}}{(50{,}0 + 25{,}0) \text{ mL}}$ | | $[CH_3COO^-] = \frac{2{,}5}{75{,}0} + x$ |
| $[H^+]_0 \approx 0$ | | $[H^+] = x$ |

Le tableau ICE correspondant est le suivant :

| | $CH_3COOH(aq)$ | $\rightleftharpoons$ | $H^+(aq)$ | + | $CH_3COO^-(aq)$ |
|---|---|---|---|---|---|
| Initiale : | $\frac{2{,}5}{75{,}0}$ | | $\approx 0$ | | $\frac{2{,}5}{75{,}0}$ |
| Changement : | $-x$ | | $+x$ | | $+x$ |
| Équilibre : | $\frac{2{,}5}{75{,}0} - x$ | | $x$ | | $\frac{2{,}5}{75{,}0} + x$ |

Par conséquent,

$$1{,}8 \times 10^{-5} = K_a = \frac{[H^+][CH_3COO^-]}{[CH_3COOH]} = \frac{x\left(\frac{2{,}5}{75{,}0} + x\right)}{\frac{2{,}5}{75{,}0} - x} \approx \frac{x\left(\frac{2{,}5}{75{,}0}\right)}{\frac{2{,}5}{75{,}0}}$$

$$x = 1{,}8 \times 10^{-5} \text{ mmol/mL} = [H^+] \quad \text{et} \quad \text{pH} = 4{,}74$$

Ce point de titrage est particulier, car il est situé à *mi-chemin du point d'équivalence*. La solution initiale (50,0 mL d'une solution de $CH_3COOH$ 0,10 mol/L) contient 5,0 mmol de $CH_3COOH$. Pour que le point d'équivalence soit atteint, il faut donc 5,0 mmol de $OH^-$, c'est-à-dire 50 mL de NaOH, puisque :

$$(50{,}0 \text{ mL})(0{,}100 \text{ mol/L}) = 5{,}00 \text{ mmol}$$

Après l'addition de 25,0 mL de NaOH, la moitié de la concentration initiale de $CH_3COOH$ a été transformée en $CH_3COO^-$. À ce point particulier du titrage, $[CH_3COOH]_0$ est égale à $[CH_3COO^-]_0$. On peut donc négliger l'influence de la dissociation ; en d'autres termes :

À cette étape, la moitié de l'acide a été consommée, alors $[CH_3COOH] = [CH_3COO^-]$.

$$[CH_3COOH] = [CH_3COOH]_0 - x \approx [CH_3COOH]_0$$
$$[CH_3COO^-] = [CH_3COO^-]_0 + x \approx [CH_3COO^-]_0$$

L'expression de $K_a$ à ce point de demi-neutralisation est :

$$K_a = \frac{[H^+][CH_3COO^-]}{[CH_3COOH]} = \frac{[H^+][CH_3COO^-]_0}{[CH_3COOH]_0} = [H^+]$$

Concentrations égales à ce point particulier

Ainsi, *au point de demi-neutralisation* :

$$[H^+] = K_a \quad \text{et} \quad pH = pK_a$$

**D. Après l'addition de 40,0 mL (au total) d'une solution de NaOH 0,10 mol/L**

La façon de procéder est la même que celle utilisée en B et C. Le pH est de 5,35.

**E. Après l'addition de 50,0 mL (au total) d'une solution de NaOH 0,10 mol/L**

C'est le point d'équivalence du titrage ; les 5,0 mmol de $OH^-$ ajoutées réagissent avec les 5,0 mmol de $CH_3COOH$ présentes initialement. À ce point, la solution contient les principales espèces suivantes :

$$Na^+, \quad CH_3COO^- \quad \text{et} \quad H_2O$$

On remarque que la solution contient $CH_3COO^-$, qui est une base. Il faut se rappeler qu'une base se combine avec un proton et que la seule source de protons de la solution est l'eau. Ainsi la réaction est :

$$CH_3COO^-(aq) + H_2O(l) \rightleftharpoons CH_3COOH(aq) + OH^-(aq)$$

C'est là la réaction d'une *base faible*, dont la $K_b$ vaut :

$$K_b = \frac{[CH_3COOH][OH^-]}{[CH_3COO^-]} = \frac{K_{eau}}{K_a} = \frac{1,0 \times 10^{-14}}{1,8 \times 10^{-5}} = 5,6 \times 10^{-10}$$

Les concentrations sont les suivantes.

| Concentration initiale (avant que tout ion $CH_3COO^-$ réagisse avec $H_2O$) | | Concentration à l'équilibre |
|---|---|---|
| $[CH_3COO^-]_0 = \frac{5,0 \text{ mmol}}{(50,0 + 50,0) \text{ mL}} = 0,050$ mol/L | $x$ mmol/mL de $CH_3CO_2H$ réagissent avec $H_2O$ $\longrightarrow$ | $[CH_3COO^-] = 0,050 - x$ |
| $[OH^-]_0 \approx 0$ | | $[OH^-] = x$ |
| $[CH_3COOH]_0 = 0$ | | $[CH_3COOH] = x$ |

Le tableau ICE correspondant est le suivant.

| | $CH_3COO^-(aq)$ | + | $H_2O(l)$ | $\rightleftharpoons$ | $CH_3COOH(aq)$ | + | $OH^-(aq)$ |
|---|---|---|---|---|---|---|---|
| Initiale : | 0,050 | | — | | 0 | | ≈0 |
| Changement : | $-x$ | | — | | $+x$ | | $+x$ |
| Équilibre : | $0,050 - x$ | | — | | $x$ | | $x$ |

Par conséquent,

$$5,6 \times 10^{-10} = K_b = \frac{[CH_3COOH][OH^-]}{[CH_3COO^-]} = \frac{(x)(x)}{0,050 - x} \approx \frac{x^2}{0,050}$$

$$x \approx 5,3 \times 10^{-6} \text{ mol/L}$$

Puisque l'approximation est valide selon la règle des 5 %, on a :

$$[OH^-] = 5,3 \times 10^{-6} \text{ mol/L}$$

et

$$[H^+][OH^-] = K_{eau} = 1,0 \times 10^{-14}$$

$$[H^+] = 1,9 \times 10^{-9} \text{ mol/L}$$

$$pH = 8,72$$

Dans le cas du titrage d'un acide faible par une base forte, le pH au point d'équivalence est toujours supérieur à 7.

C'est là un autre résultat important : *dans le titrage d'un acide faible par une base forte, le pH au point d'équivalence est toujours supérieur à 7.* Cela est dû au fait que l'anion de l'acide, qui demeure en solution au point d'équivalence, est une base. Par contre, dans le cas du titrage d'un acide fort par une base forte, le pH au point d'équivalence est de 7,0, car l'anion qui demeure en solution dans ce cas *n'est pas* une base efficace.

**F. Après l'addition de 60,0 mL (au total) d'une solution de NaOH 0,10 mol/L**
À ce point, il y a un excès d'ions $OH^-$.

| | $OH^-$ | + | $CH_3COOH$ | $\longrightarrow$ | $CH_3COO^-$ | + | $H_2O$ |
|---|---|---|---|---|---|---|---|
| Avant la réaction | $60,0\ mL \times 0,10\ mol/L = 6,0\ mmol$ | | $50,0\ mL \times 0,10\ mol/L = 5,0\ mmol$ | | $0\ mmol$ | | |
| Après la réaction | $6,0 - 5,0 = 1,0\ mmol$ | | $5,0 - 5,0 = 0$ | | $5,0\ mmol$ | | |

Après la réaction, les principales espèces présentes en solution sont :

$$Na^+, \quad CH_3COO^-, \quad OH^- \quad \text{et} \quad H_2O$$

Dans cette solution, on trouve deux bases : $OH^-$ et $CH_3COO^-$. Cependant, puisque $CH_3COO^-$ est une base faible par rapport à $OH^-$, la quantité de $OH^-$ produite par la réaction de $CH_3COO^-$ avec $H_2O$ sera faible par rapport à l'excès d'ions $OH^-$ déjà présents en solution. On a d'ailleurs vu en E que $5,3 \times 10^{-6}$ mol/L d'ions $OH^-$ seulement étaient produites par $CH_3COO^-$. Dans ce cas, la quantité sera même plus petite, étant donné que l'excès de $OH^-$ déplacera vers la gauche la réaction de l'équilibre pour $K_b$.

Le pH sera donc déterminé par l'excès d'ions $OH^-$.

$$[OH^-] = \frac{\text{mmol } OH^- \text{ en excès}}{\text{volume (en mL)}} = \frac{1,0\ \text{mmol}}{(50,0 + 60,0)\ \text{mL}}$$

$$= 9,1 \times 10^{-3}\ \text{mol/L}$$

et

$$[H^+] = \frac{1,0 \times 10^{-14}}{9,1 \times 10^{-3}} = 1,1 \times 10^{-12}\ \text{mol/L}$$

$$pH = 11,96$$

**G. Après l'addition de 75,0 mL (au total) d'une solution de NaOH 0,10 mol/L**
La façon de procéder est très semblable à celle utilisée en F. Le pH est de 12,30.

La figure 6.3 présente la courbe de ce titrage. Il est important de s'attarder aux différences qui existent entre cette courbe et celle de la figure 6.1. Par exemple, avant le point d'équivalence, l'allure des courbes est très différente, alors qu'après le point d'équivalence, elle est très semblable. (Les allures des courbes de titrage d'un acide

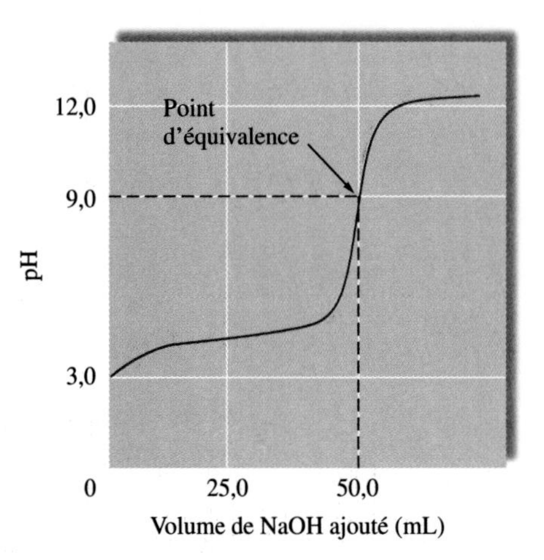

**FIGURE 6.3**
**Courbe de titrage de 50,0 mL d'une solution de $CH_3COOH$ 0,100 mol/L par une solution de NaOH 0,100 mol/L. Le point d'équivalence est atteint après l'addition de 50,00 mL de NaOH, au moment où la quantité d'ions $OH^-$ ajoutés équivaut exactement à la quantité d'acide initialement présent. Le pH au point d'équivalence est supérieur à 7,0, étant donné que, à ce point, l'ion $CH_3COO^-$ est une base qui réagit avec l'eau pour produire des ions $OH^-$.**

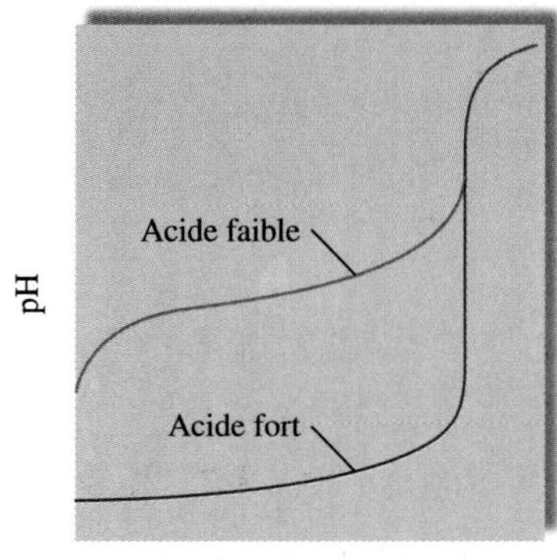


Le point d'équivalence est déterminé par la stœchiométrie et non par le pH.

faible ou d'un acide fort sont les mêmes après les points d'équivalence, puisque c'est l'excès d'ions $OH^-$ qui détermine alors le pH dans les deux cas.) Au début du titrage d'un acide faible, le pH augmente plus rapidement que dans le cas d'un acide fort. Le pH se stabilise près du point de demi-neutralisation, puis il augmente de nouveau très rapidement. La stabilisation du pH au point de demi-neutralisation est due à l'effet tampon. On a vu précédemment que l'effet tampon était optimal quand [HA] était égale à $[A^-]$: c'est exactement ce qui se produit au point de demi-neutralisation. Comme on peut le voir sur la courbe, c'est dans cette zone qu'une addition d'ions hydroxyde entraîne la variation de pH la moins importante.

L'autre différence notable qui existe entre la courbe de titrage d'un acide faible et celle d'un acide fort, c'est la valeur du pH au point d'équivalence. Dans le cas du titrage d'un acide fort, le point d'équivalence correspond à un pH 7. Pour le titrage d'un acide faible, le pH au point d'équivalence est supérieur à 7 (à cause de la basicité de la base conjuguée de l'acide faible).

Il est important de comprendre que le point d'équivalence du titrage d'un acide par une base est *déterminé par la stœchiométrie et non par le pH*. Le point d'équivalence est atteint quand on a ajouté suffisamment de titrant pour neutraliser totalement l'acide ou la base à titrer.

## *Exemple 6.9* Titrage d'un acide faible

Le cyanure d'hydrogène, HCN, un puissant inhibiteur de la chaîne respiratoire, est un poison violent qui, une fois dissous dans l'eau, devient un acide très faible ($K_a$ = $6{,}2 \times 10^{-10}$). Si l'on titre 50,0 mL d'une solution de HCN 0,100 mol/L par une solution de NaOH 0,100 mol/L, quel est le pH de la solution :

**a)** après l'addition de 8,00 mL de la solution de NaOH 0,100 mol/L ?
**b)** au point de demi-neutralisation ?
**c)** au point d'équivalence ?

### *Solution*

**a)** *Problème de stœchiométrie*. Après l'addition de 8,00 mL de NaOH 0,100 mol/L, la réaction de titrage est :

| | HCN | + | $OH^-$ | ⟶ | $CN^-$ | + | $H_2O$ |
|---|---|---|---|---|---|---|---|
| Avant la réaction | 50,0 mL × 0,100 mol/L = 5,00 mmol | | 8,00 mL × 0,100 mol/L = 0,800 mmol | | 0 mmol | | |
| Après la réaction | 5,00 − 0,800 = 4,20 mmol | | 0,800 − 0,800 = 0 | | 0,800 mmol | | |

*Problème d'équilibre*. Puisque les principales espèces présentes en solution sont

$$HCN,\ CN^-,\ Na^+ \text{ et } H_2O$$

c'est la position de l'équilibre de dissociation de l'acide

$$HCN(aq) \rightleftharpoons H^+(aq) + CN^-(aq)$$

qui déterminera le pH.

| Concentration initiale | | Concentration à l'équilibre |
|---|---|---|
| $[HCN]_0 = \dfrac{4{,}2 \text{ mmol}}{(50{,}0 + 8{,}0) \text{ mL}}$ | | $[HCN] = \dfrac{4{,}2}{58{,}0} - x$ |
| $[CN^-]_0 = \dfrac{0{,}800 \text{ mmol}}{(50{,}0 + 8{,}0) \text{ mL}}$ | $\xrightarrow[\text{sont dissociées}]{x \text{ mmol/mL de HCN}}$ | $[CN^-] = \dfrac{0{,}80}{58{,}0} + x$ |
| $[H^+]_0 \approx 0$ | | $[H^+] = x$ |

Le tableau ICE correspondant est le suivant.

| | $HCN(aq)$ | $\rightleftharpoons$ | $H^+(aq)$ | + | $CN^-(aq)$ |
|---|---|---|---|---|---|
| Initiale : | $\frac{4,2}{58,0}$ | | $\approx 0$ | | $\frac{0,80}{58,0}$ |
| Changement : | $-x$ | | $+x$ | | $+x$ |
| Équilibre : | $\frac{4,2}{58,0} - x$ | | $x$ | | $\frac{0,80}{58,0} + x$ |

En remplaçant les concentrations par leurs valeurs dans l'expression de $K_a$, on obtient :

Les approximations respectent largement la règle des 5 %.

$$6,2 \times 10^{-10} = K_a = \frac{[H^+][CN^-]}{[HCN]} = \frac{x\left(\frac{0,80}{58,0} + x\right)}{\frac{4,2}{58,0} - x} \approx \frac{x\left(\frac{0,80}{58,0}\right)}{\frac{4,2}{58,0}} = x\left(\frac{0,80}{4,2}\right)$$

$$x = 3,3 \times 10^{-9} \text{ mol/L} = [H^+] \quad \text{et} \quad pH = 8,49$$

**b)** On peut calculer la quantité initiale de HCN à partir du volume initial et de la concentration initiale :

$$50,0 \text{ mL} \times 0,100 \text{ mol/L} = 5,00 \text{ mmol}$$

Ainsi, le point de demi-neutralisation sera atteint après l'addition de 2,50 mmol de $OH^-$ :

$$\text{Volume de NaOH (en mL)} \times 0,100 \text{ mol/L} = 2,50 \text{ mmol } OH^-$$

soit volume de NaOH = 25,0 mL

On le sait, au point de demi-neutralisation, [HCN] est égale à $[CN^-]$, et la valeur du pH est égale à celle du p$K_a$. Ainsi, après l'addition de 25,0 mL d'une solution de NaOH 0,100 mol/L :

$$pH = pK_a = -\log(6,2 \times 10^{-10}) = 9,21$$

**c)** Le point d'équivalence sera atteint après l'addition de 5,00 mmol d'ions $OH^-$. Puisque la solution de NaOH contient 0,100 mol/L, le point d'équivalence sera atteint après l'addition de 50,0 mL de NaOH. Cette quantité produira 5,00 mmol d'ions $CN^-$. Les principales espèces présentes en solution au point d'équivalence sont :

$$CN^-, \quad Na^+ \quad \text{et} \quad H_2O$$

Ainsi, la réaction qui déterminera le pH fait intervenir l'ion cyanure basique arrachant un proton à la molécule d'eau :

$$CN^-(aq) + H_2O(l) \rightleftharpoons HCN(aq) + OH^-(aq)$$

et

$$K_b = \frac{K_{eau}}{K_a} = \frac{1,0 \times 10^{-14}}{6,2 \times 10^{-10}} = 1,6 \times 10^{-5} = \frac{[HCN][OH^-]}{[CN^-]}$$

| Concentration initiale | | Concentration à l'équilibre |
|---|---|---|
| $[CN^-]_0 = \frac{5,00 \text{ mmol}}{(50,0 + 50,0) \text{ mL}} = 5,00 \times 10^{-2}$ mol/mL | $x$ mmol/mL de $CN^-$ réagissent avec $H_2O$ $\longrightarrow$ | $[CN^-] = (5,00 \times 10^{-2}) - x$ |
| $[HCN]_0 = 0$ | | $[HCN] = x$ |
| $[OH^-]_0 \approx 0$ | | $[OH^-] = x$ |

Le tableau ICE correspondant est le suivant.

| | $CN^-(aq)$ | + | $H_2O(l)$ | $\rightleftharpoons$ | $HCN(aq)$ | + | $OH^-(aq)$ |
|---|---|---|---|---|---|---|---|
| Initiale : | 0,050 | | — | | 0 | | 0 |
| Changement : | $-x$ | | — | | $+x$ | | $+x$ |
| Équilibre : | $0{,}050 - x$ | | — | | $x$ | | $x$ |

En remplaçant les concentrations à l'équilibre par leurs valeurs dans l'expression de $K_b$ et en résolvant l'équation de la façon habituelle, on obtient :

$$[OH^-] = x = 8{,}9 \times 10^{-4}\ \text{mol/L}$$

Finalement, en utilisant la valeur de $K_{eau}$, on a :

$$[H^+] = 1{,}1 \times 10^{-11}\ \text{mol/L} \quad \text{et} \quad \text{pH} = 10{,}96$$

***Voir l'exercice 6.47***

C'est la quantité d'acide présent, non sa force, qui détermine le point d'équivalence.

Lorsqu'on compare le titrage de 50,0 mL d'une solution d'acide acétique 0,100 mol/L (*voir ci-dessus dans cette section*) à celui de 50,0 mL d'une solution d'acide cyanhydrique 0,100 mol/L (*voir l'exemple 6.9*), on peut tirer deux conclusions importantes. Premièrement, il faut, dans chaque cas, utiliser le même volume d'une solution de NaOH 0,100 mol/L pour que le point d'équivalence soit atteint. Le fait que HCN soit un acide beaucoup plus faible que $CH_3COOH$ n'a rien à voir avec la quantité de base nécessaire. C'est la *quantité* d'acide, non sa force, qui détermine le point d'équivalence. Deuxièmement, la *valeur* du pH au point d'équivalence *est* influencée par la force de l'acide. Dans le cas du titrage de l'acide acétique, le pH au point d'équivalence est de 8,72, et dans celui du titrage de l'acide cyanhydrique, il est de 10,96. Cette différence est due au fait que l'ion $CN^-$ est une base beaucoup plus forte que l'ion $CH_3COO^-$. En outre, le pH au point de demi-neutralisation est beaucoup plus élevé dans le cas de HCN que dans celui de $CH_3COOH$, toujours à cause de la plus grande basicité de l'ion $CN^-$ (ou, d'un autre point de vue, de la plus faible acidité de HCN).

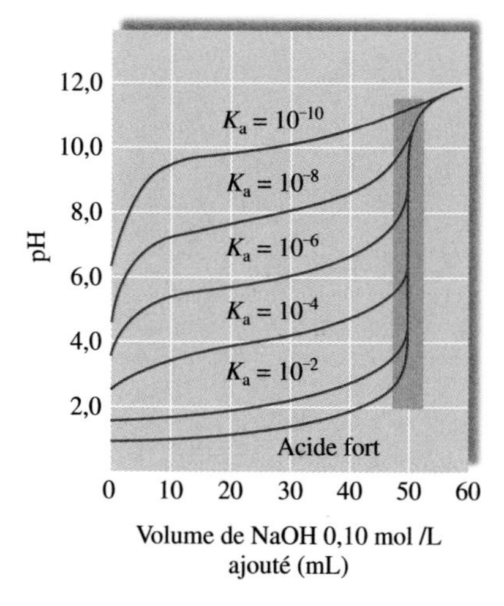


**FIGURE 6.4**
**Courbes de titrage de 50,0 mL de diverses solutions d'acides 0,10 mol/L ($K_a$ différentes) par une solution de NaOH 0,10 mol/L.**

La force d'un acide faible influence considérablement l'allure de la courbe de titrage. La figure 6.4 présente les courbes de titrage de 50 mL de solutions contenant 0,10 mol/L de différents acides par une solution de NaOH 0,10 mol/L. On remarque que le point d'équivalence est atteint, dans chaque cas, après l'addition d'un même volume de solution de NaOH 0,10 mol/L, mais que l'allure des courbes est très différente. Plus l'acide est faible, plus la valeur du pH au point d'équivalence est élevée. On remarque notamment que la zone verticale située au voisinage du point d'équivalence rétrécit au fur et à mesure que l'acide à titrer est de plus en plus faible. (On verra à la section 6.4 que le choix d'un indicateur coloré pour un tel titrage est plus restreint.)

Les titrages servent non seulement à calculer la quantité d'acide ou de base présents dans une solution, mais aussi à déterminer la valeur des constantes d'équilibre (*voir l'exemple 6.10*).

## Calcul de $K_a$

*Exemple 6.10*

### Calcul de $K_a$

Un chimiste qui a synthétisé un monoacide faible désire déterminer la valeur de sa $K_a$. À cet effet, il dissout 2,00 mmol de l'acide solide dans 100,0 mL d'eau, puis il titre la solution ainsi produite par une solution de NaOH 0,0500 mol/L. Après l'addition de 20,0 mL de NaOH, le pH est de 6,00. Déterminez la $K_a$ de cet acide.

### Solution

*Problème de stœchiométrie*. On représente le monoacide par HA. La réaction du titrage est :

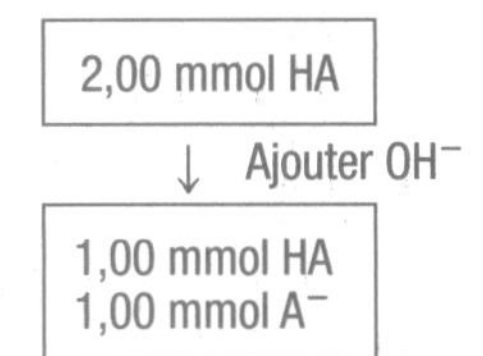


| | $HA$ | + | $OH^-$ | $\longrightarrow$ | $A^-$ | + | $H_2O$ |
|---|---|---|---|---|---|---|---|
| Avant la réaction | 2,00 mmol | | 20,0 mL × 0,0500 mol/L = 1,00 mmol | | 0 mmol | | |
| Après la réaction | 2,00 − 1,00 = 1,00 mmol | | 1,00 − 1,00 = 0 | | 1,00 mmol | | |

*Problème d'équilibre*. Une fois la réaction terminée, les principales espèces présentes en solution sont les suivantes :

$$HA,\quad A^-,\quad Na^+\quad \text{et}\quad H_2O$$

Le pH sera déterminé par l'équilibre suivant :

$$HA(aq) \rightleftharpoons H^+(aq) + A^-(aq)$$

pour lequel $$K_a = \frac{[H^+][A^-]}{[HA]}$$

| Concentration initiale | | Concentration à l'équilibre |
|---|---|---|
| $[HA]_0 = \frac{1,00 \text{ mmol}}{(100,0 + 20,0) \text{ mL}} = 8,33 \times 10^{-3}$ mol/L | $\xrightarrow[\text{sont dissociées}]{x \text{ mmol de HA}}$ | $[HA] = 8,33 \times 10^{-3} - x$ |
| $[A^-] = \frac{1,00 \text{ mmol}}{(100,0 + 20,0) \text{ mL}} = 8,33 \times 10^{-3}$ mol/L | | $[A^-] = 8,33 \times 10^{-3} + x$ |
| $[H^+]_0 \approx 0$ | | $[H^+] = x$ |

Le tableau ICE correspondant est le suivant.

| | $HA(aq)$ | $\rightleftharpoons$ | $H^+(aq)$ | + | $A^-(aq)$ |
|---|---|---|---|---|---|
| Initiale : | $8,33 \times 10^{-3}$ | | $\approx 0$ | | $8,33 \times 10^{-3}$ |
| Changement : | $-x$ | | $+x$ | | $+x$ |
| Équilibre : | $8,33 \times 10^{-3} - x$ | | $x$ | | $8,33 \times 10^{-3} + x$ |

Dans ce cas, on connaît $x$, puisque le pH à ce point est de 6,00.

Ainsi : $$x = [H^+] = \text{antilog}(-\text{pH}) = 1,0 \times 10^{-6} \text{ mol/L}$$

En remplaçant les concentrations à l'équilibre par leurs valeurs dans l'expression de la $K_a$, on obtient :

$$K_a = \frac{[H^+][A^-]}{[HA]} = \frac{x(8,33 \times 10^{-3} + x)}{(8,33 \times 10^{-3}) - x}$$

$$= \frac{(1,0 \times 10^{-6})\,(8,33 \times 10^{-3}) + 1,0 \times 10^{-6})}{(8,33 \times 10^{-3}) - (1,0 \times 10^{-6})}$$

$$\approx \frac{(1,0 \times 10^{-6})\,(8,33 \times 10^{-3})}{8,33 \times 10^{-3}} = 1,0 \times 10^{-6}$$

Il existe une façon encore plus simple de résoudre ce problème. On sait que la solution initiale contient 2,00 mmol de HA ; or, puisque 20,0 mL de la solution de NaOH 0,0500 mol/L ajoutée contiennent 1,00 mmol de $OH^-$, on est au point de demi-neutralisation, point pour lequel [HA] est égale à $[A^-]$. Par conséquent :

$$[H^+] = K_a = 1,0 \times 10^{-6}$$

*Voir l'exercice 6.51*

## Titrages de bases faibles par des acides forts

On peut résoudre les problèmes de titrage de bases faibles par des acides forts en utilisant les mêmes méthodes que celles présentées précédemment. Comme d'habitude, il faut *d'abord recenser les principales espèces présentes en solution* et déterminer quelle réaction peut essentiellement être complète. Ensuite, si une telle réaction existe, il faut en effectuer les calculs stœchiométriques. Enfin, il faut choisir l'équilibre le plus important et calculer le pH.

### ÉTUDE DE CAS : *titrage d'une base faible par un acide fort*

Pour illustrer les calculs relatifs au titrage d'une base faible par un acide fort, considérons, par exemple, le titrage de 100,0 mL d'une solution de $NH_3$ 0,050 mol/L par une solution de HCl 0,10 mol/L.

**Avant l'addition de HCl**

1. Principales espèces en présence :

$$NH_3 \quad \text{et} \quad H_2O$$

$NH_3$ est une base en quête d'une source de protons. Dans ce cas, la seule source de protons est $H_2O$.

2. Aucune réaction ne sera complète, puisque $NH_3$ peut difficilement arracher un proton à une molécule d'eau. En d'autres termes, la valeur de $K_b$ pour $NH_3$ est faible.

3. La réaction d'équilibre dont dépend le pH est la réaction de l'ammoniac avec l'eau :

$$NH_3(aq) + H_2O(l) \rightleftharpoons NH_4^+(aq) + OH^-(aq)$$

On utilise la valeur de $K_b$ pour calculer $[OH^-]$. Bien que $NH_3$ soit une base faible (par rapport à $OH^-$), il y a, dans cette réaction, une production d'ions $OH^-$ plus importante que dans la réaction d'auto-ionisation de $H_2O$.

**Avant le point d'équivalence**

1. Principales espèces en présence (avant toute réaction) :

$$NH_3, \quad \underbrace{H^+, \quad Cl^-}_{\text{Provenant du HCl ajouté}} \quad \text{et} \quad H_2O$$

2. $NH_3$ réagira avec les ions $H^+$ provenant du HCl :

$$NH_3(aq) + H^+(aq) \rightleftharpoons NH_4^+(aq)$$

On peut considérer que cette réaction est complète. $NH_3$ réagit rapidement avec un proton libre. La situation est fort différente de celle du cas précédent, où $H_2O$ était la seule source de protons. En utilisant le volume (connu) de la solution de HCl 0,10 mol/L, on effectue les calculs relatifs à la stœchiométrie.

3. Après la réaction de $NH_3$ avec $H^+$, les principales espèces présentes en solution sont les suivantes :

$$NH_3, \quad NH_4^+, \quad Cl^- \quad \text{et} \quad H_2O$$

↑ ($NH_4^+$) Formé au cours de la réaction de titrage

Ainsi, la solution contient $NH_3$ et $NH_4^+$, et ce sont les réactions d'équilibre relatives à ces espèces qui détermineront $[H^+]$. On peut donc utiliser la réaction de dissociation du $NII_4^+$ :

$$NH_4^+(aq) \rightleftharpoons NH_3(aq) + H^+(aq)$$

ou la réaction de $NH_3$ avec $H_2O$ :

$$NH_3(aq) + H_2O(l) \rightleftharpoons NH_4^+(aq) + OH^-(aq)$$

**Au point d'équivalence**

1. Par définition, le point d'équivalence est atteint quand la totalité du $NH_3$ initial est transformée en $NH_4^+$. À ce moment, les principales espèces présentes en solution sont :

$$NH_4^+, \quad Cl^- \quad \text{et} \quad H_2O$$

2. Aucune réaction n'est complète.

3. L'équilibre le plus important est la réaction de dissociation de l'acide faible $NH_4^+$, pour laquelle :

$$K_a = \frac{K_{eau}}{K_b \text{ (pour } NH_3)}$$

**Après le point d'équivalence**

1. Il y a un excès de HCl et les principales espèces en présence sont :

$$H^+, \quad NH_4^+, \quad Cl^- \quad \text{et} \quad H_2O$$

2. Aucune réaction n'est complète.

3. Bien que $NH_4^+$ soit dissocié, c'est un acide tellement faible que seuls les ions $H^+$ en excès contribueront à l'augmentation de $[H^+]$ :

$$[H^+] = \frac{\text{mmol de } H^+ \text{ en excès}}{\text{mL de solution}}$$

Les résultats de ces calculs sont présentés dans le tableau 6.2 et la courbe de titrage, à la figure 6.5.

**TABLEAU 6.2 Résumé des résultats du titrage de 100,0 mL d'une solution de $NH_3$ 0,050 mol/L par une solution de HCl 0,10 mol/L**

| HCl ajouté (mL) | $[NH_3]_0$ | $[NH_4^+]_0$ | $[H^+]$ | pH |
|---|---|---|---|---|
| 0 | 0,05 mol/L | 0 | $1{,}1 \times 10^{-11}$ mol/L | 10,96 |
| 10,0 | $\frac{4{,}0 \text{ mmol}}{(100 + 10) \text{ mL}}$ | $\frac{1{,}0 \text{ mmol}}{(100 + 10) \text{ mL}}$ | $1{,}4 \times 10^{-10}$ mol/L | 9,85 |
| 25,0* | $\frac{2{,}5 \text{ mmol}}{(100 + 25) \text{ mL}}$ | $\frac{2{,}5 \text{ mmol}}{(100 + 25) \text{ mL}}$ | $5{,}6 \times 10^{-10}$ mol/L | 9,25 |
| 50,0† | 0 | $\frac{5{,}0 \text{ mmol}}{(100 + 50) \text{ mL}}$ | $4{,}3 \times 10^{-6}$ mol/L | 5,36 |
| 60,0‡ | 0 | $\frac{5{,}0 \text{ mmol}}{(100 + 60) \text{ mL}}$ | $\frac{1{,}0 \text{ mmol}}{160 \text{ mL}} = 6{,}2 \times 10^{-3}$ mol/L | 2,21 |

* Point de demi-neutralisation.
† Point d'équivalence.
‡ $[H^+]$ déterminée par l'excès de 1,0 mmol de $H^+$.

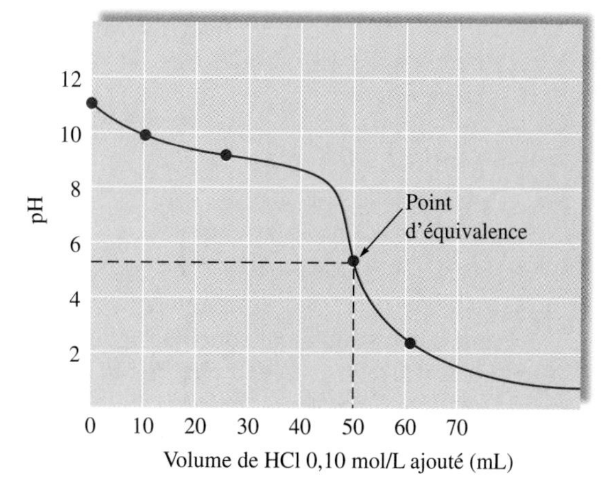


**FIGURE 6.5**
Courbe de titrage de 100,0 mL d'une solution de $NH_3$ 0,050 mol/L par une solution de HCl 0,10 mol/L. Le pH au point d'équivalence est inférieur à 7,0, puisque la solution contient $NH_4^+$, qui est un acide faible.

HO OH C OH C—O⁻ O

Forme acide incolore, HIn

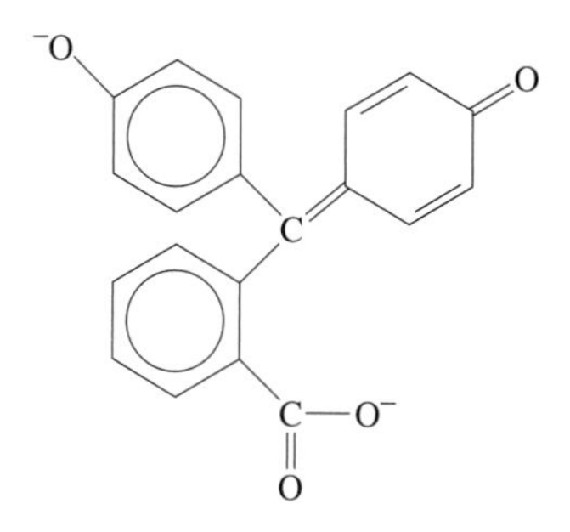


Forme basique rose, $In^-$

**FIGURE 6.6**
Formes acide et basique de l'indicateur phénolphtaléine. Dans la forme acide (HIn), la molécule est incolore. Si un proton est éliminé pour produire la forme basique ($In^-$), la couleur vire au rose.

# 6.5 Indicateurs colorés acide-base

Il existe deux façons courantes de déterminer le point d'équivalence d'un titrage acide-base. On peut ainsi :

1. utiliser un pH-mètre pour mesurer le pH (*voir la figure 6.4*) et tracer la courbe de titrage. Le milieu de la zone verticale de la courbe de titrage correspond au point d'équivalence (*voir les figures 6.1 à 6.5*) ;

2. utiliser un **indicateur coloré acide-base**, qui signale la fin d'un titrage par un changement de couleur. Même si *le point d'équivalence d'un titrage tel que le définit la stœchiométrie n'est pas nécessairement le même que le point de virage* (moment où l'indicateur change de couleur), on peut choisir un indicateur tel que ces deux points soient si proches que l'erreur est négligeable.

Les indicateurs acide-base les plus courants sont généralement des molécules complexes, qui sont elles-mêmes des acides faibles et qu'on représente par le symbole HIn. Selon que la molécule de l'indicateur est protonée ou non, la solution prend une couleur différente. Par exemple, la **phénolphtaléine**, un indicateur couramment utilisé, est incolore sous sa forme protonée et rose violacé sous sa forme $In^-$, ou basique. Les deux structures de la phénolphtaléine sont présentées à la figure 6.6.

Pour comprendre comment fonctionne un indicateur comme la phénolphtaléine, considérons l'équilibre suivant pour un indicateur hypothétique HIn (un acide faible dont la $K_a$ est $1,0 \times 10^{-8}$).

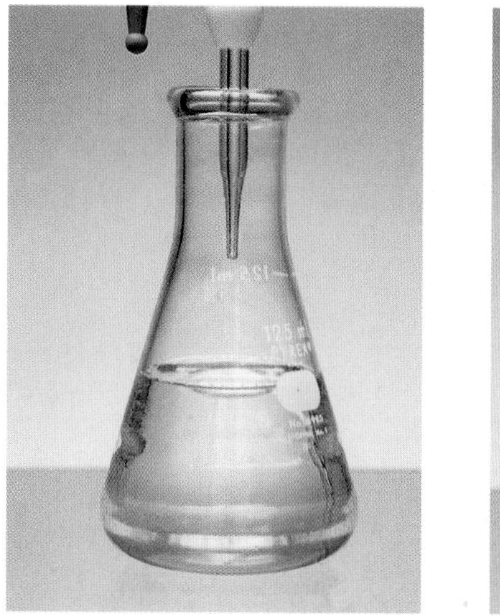

L'indicateur phénolphtaléine est rose en milieu basique et incolore en milieu acide.

$$\underset{\text{Rouge}}{\text{HIn}(aq)} \rightleftharpoons \text{H}^+(aq) + \underset{\text{Bleu}}{\text{In}^-(aq)}$$

$$K_a = \frac{[\text{H}^+][\text{In}^-]}{[\text{HIn}]}$$

soit

$$\frac{K_a}{[\text{H}^+]} = \frac{[\text{In}^-]}{[\text{HIn}]}$$

Supposons qu'on ajoute quelques gouttes de cet indicateur à une solution acide dont le pH est de 1,0 ($[\text{H}^+] = 1{,}0 \times 10^{-1}$ mol/L). Alors :

$$\frac{K_a}{[\text{H}^+]} = \frac{1{,}0 \times 10^{-8}}{1{,}0 \times 10^{-1}} = 10^{-7} = \frac{1}{10\,000\,000} = \frac{[\text{In}^-]}{[\text{HIn}]}$$

Le *point de virage* est déterminé par le changement de couleur de l'indicateur. Le *point d'équivalence* est déterminé par les caractéristiques stœchiométriques de la réaction.

Ce rapport révèle clairement que, dans cette solution, la forme la plus importante de l'indicateur est HIn et que la couleur de la solution sera par conséquent rouge. Si l'on ajoute des ions $\text{OH}^-$, $[\text{H}^+]$ diminue, et l'équilibre, selon le principe de Le Chatelier, est déplacé vers la droite, ce qui favorise la transformation de HIn en $\text{In}^-$. À un certain point, il y a suffisamment de $\text{In}^-$ en solution pour qu'on puisse observer une teinte pourpre. Il y a donc changement de couleur : de rouge, la solution devient rouge pourpre.

Combien faut-il d'ions $\text{In}^-$ pour que l'œil humain décèle le changement de couleur ? Pour la plupart des indicateurs, il faut une transformation d'environ un dixième de la concentration initiale pour que la nouvelle coloration soit visible. On considère donc que, dans le cas du titrage d'un acide par une base, le changement de couleur a lieu à un pH pour lequel

$$\frac{[\text{In}^-]}{[\text{HIn}]} = \frac{1}{10}$$

Exemple 6.11

## Changement de couleur d'un indicateur

Le bleu de bromothymol, un indicateur dont la $K_a$ vaut environ $1{,}0 \times 10^{-7}$, est jaune en milieu acide (HIn) et bleu en milieu basique ($\text{In}^-$). Supposons qu'on ajoute quelques gouttes de cet indicateur dans une solution très acide. Si l'on titre cette solution par du NaOH, à quel pH l'œil décèlera-t-il un changement de couleur de l'indicateur ?

L'indicateur méthylorange est jaune en milieu basique et rouge en milieu acide.

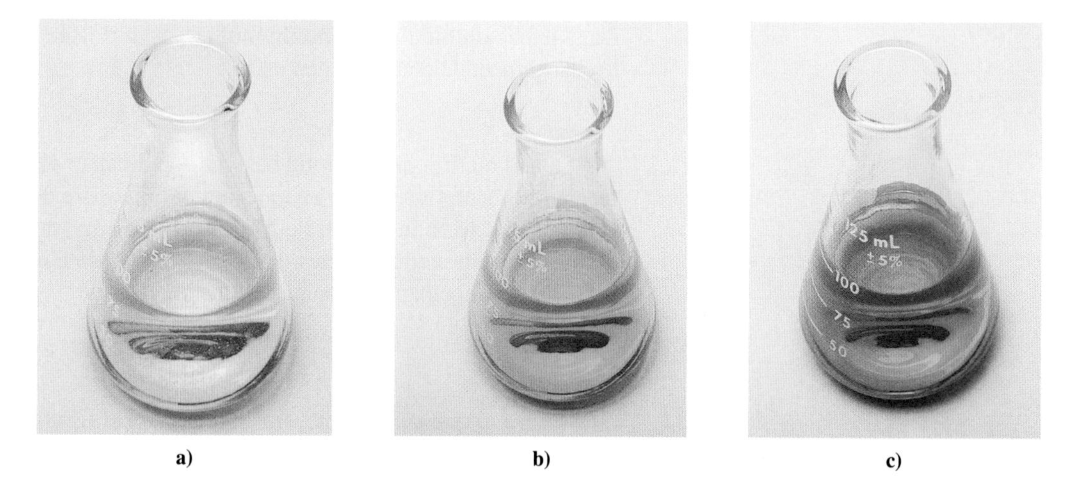


**FIGURE 6.7**
**a)** La forme acide du bleu de bromothymol est jaune. **b)** Une teinte verdâtre est visible lorsque la solution contient 1 partie de bleu et 10 parties de jaune. **c)** La forme basique est bleue.

***Solution***

Pour le bleu de bromothymol :

$$K_a = 1{,}0 \times 10^{-7} = \frac{[H^+][In^-]}{[HIn]}$$

On suppose que le changement de couleur est visible lorsque :

$$\frac{[In^-]}{[HIn]} = \frac{1}{10}$$

En d'autres termes, on suppose qu'une teinte verdâtre (jaune mélangé à un peu de bleu) sera visible lorsque la solution contiendra 1 partie de bleu pour 10 parties de jaune (*voir la figure 6.7*). Alors :

$$K_a = 1{,}0 \times 10^{-7} = \frac{[H^+](1)}{10}$$

$$[H^+] = 1{,}0 \times 10^{-6}\ \text{mol/L} \quad \text{soit} \quad \text{pH} = 6{,}00$$

Le changement de couleur sera visible lorsque le pH sera de 6,00.

***Voir les exercices 6.53 à 6.56***

L'équation de Henderson-Hasselbalch permet de déterminer le pH pour lequel l'indicateur change de couleur. Par exemple, lorsqu'on l'applique à l'indicateur de structure générale HIn, l'équation 6.2 prend la forme suivante :

$$\text{pH} = \text{p}K_a + \log\left(\frac{[In^-]}{[HIn]}\right)$$

où $K_a$ est la constante de dissociation de la forme acide de l'indicateur (HIn). Puisqu'on suppose que le changement de couleur est visible quand

$$\frac{[In^-]}{[H^+]} = \frac{1}{10}$$

on peut calculer, à l'aide de l'équation ci-dessous, la valeur du pH pour laquelle le changement de couleur a lieu :

$$\text{pH} = \text{p}K_a + \log\left(\tfrac{1}{10}\right) = \text{p}K_a - 1$$

Dans le cas du bleu de bromothymol ($K_a = 1 \times 10^{-7}$, ou $pK_a = 7$), le pH pour lequel le changement de couleur a lieu est :

$$pH = 7 - 1 = 6$$

Quand on titre une solution basique, l'indicateur HIn est initialement présent sous la forme $In^-$ ; toutefois, au fur et à mesure qu'on ajoute de l'acide, il y a formation de HIn. Dans ce cas, le changement de couleur (le passage du bleu au bleu-vert) a lieu quand le mélange contient 10 parties de $In^-$ et 1 partie de HIn (*voir la figure 6.7*). En d'autres termes, le changement de couleur est visible lorsque :

$$\frac{[In^-]}{[HIn]} = \frac{10}{1}$$

On remarque que ce rapport est l'inverse de celui relatif à un titrage d'acide. En remplaçant ce rapport par sa valeur dans l'équation de Henderson-Hasselbalch, on obtient :

$$pH = pK_a + \log\left(\tfrac{10}{1}\right) = pK_a + 1$$

Dans le cas du bleu de bromothymol ($pK_a = 7$), il y a un changement de couleur lorsque :

$$pH = 7 + 1 = 8$$

En résumé, lorsqu'on utilise le bleu de bromothymol pour titrer un acide, initialement, l'indicateur est HIn (jaune), et le changement de couleur a lieu à un pH d'environ 6. Lorsqu'on utilise le bleu de bromothymol pour titrer une base, la forme initiale de l'indicateur est $In^-$ (bleu), et le changement de couleur a lieu à un pH d'environ 8. Par conséquent, la zone de virage utile pour le bleu de bromothymol est :

$$pK_a \text{ (bleu de bromothymol)} \pm 1 = 7 \pm 1$$

soit de 6 à 8. On peut généraliser ce résultat. Dans le cas d'un indicateur acide-base typique avec une constante de dissociation $K_a$, le changement de couleur se produit dans un écart de pH correspondant à $pK_a \pm 1$. La figure 6.8 présente les zones de virage utiles relatives à plusieurs indicateurs courants.

Quand on veut utiliser l'indicateur approprié à un titrage donné, on choisit un indicateur dont le point de virage (moment où la couleur change) est aussi voisin que possible du point d'équivalence. Le choix de l'indicateur est beaucoup plus aisé lorsque la variation du pH au point d'équivalence est très importante. En effet, l'importante variation du pH au voisinage du point d'équivalence dans un titrage d'un acide fort par une base forte (*voir les figures 6.1 et 6.2*) entraîne un changement de couleur subit (passage de la couleur en milieu acide à la couleur en milieu basique, ou vice versa) ; autrement dit, une seule goutte de titrant suffit à provoquer le virage.

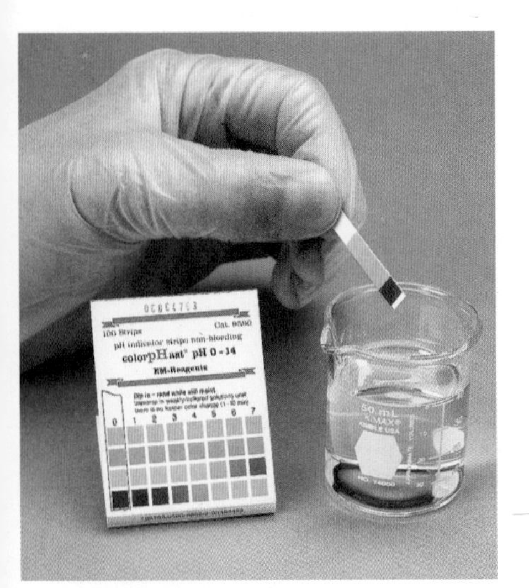


Le papier indicateur universel sert à évaluer le pH d'une solution.

Quel indicateur devrait-on utiliser pour titrer 100,00 mL d'une solution de HCl 0,100 mol/L par une solution de NaOH 0,100 mol/L ? On sait que le point d'équivalence correspond à un pH 7,00. Dans la solution acide initiale, l'indicateur est majoritairement présent sous la forme HIn. Au fur et à mesure qu'on ajoute des ions $OH^-$, le pH augmente d'abord plutôt lentement (*voir la figure 6.1*), puis brusquement au voisinage du point d'équivalence. Cette brusque variation provoque le déplacement vers la droite de l'équilibre de dissociation de l'indicateur :

$$HIn \rightleftharpoons H^+ + In^-$$

ce qui entraîne la production de suffisamment d'ions $In^-$ pour qu'il y ait changement de couleur. Puisqu'on titre un acide et que, initialement, l'indicateur est majoritairement présent sous forme acide, le changement de couleur a lieu à un pH pour lequel :

$$\frac{[In^-]}{[HIn]} = \frac{1}{10}$$

Par conséquent, $$pH = pK_a + \log\left(\tfrac{1}{10}\right) = pK_a - 1$$

Lorsqu'on recherche un indicateur qui change de couleur à pH 7, on peut utiliser la relation suivante pour déterminer la valeur du $pK_a$ d'un indicateur approprié :

$$pH = 7 = pK_a - 1 \quad \text{ou} \quad pK_a = 7 + 1 = 8$$

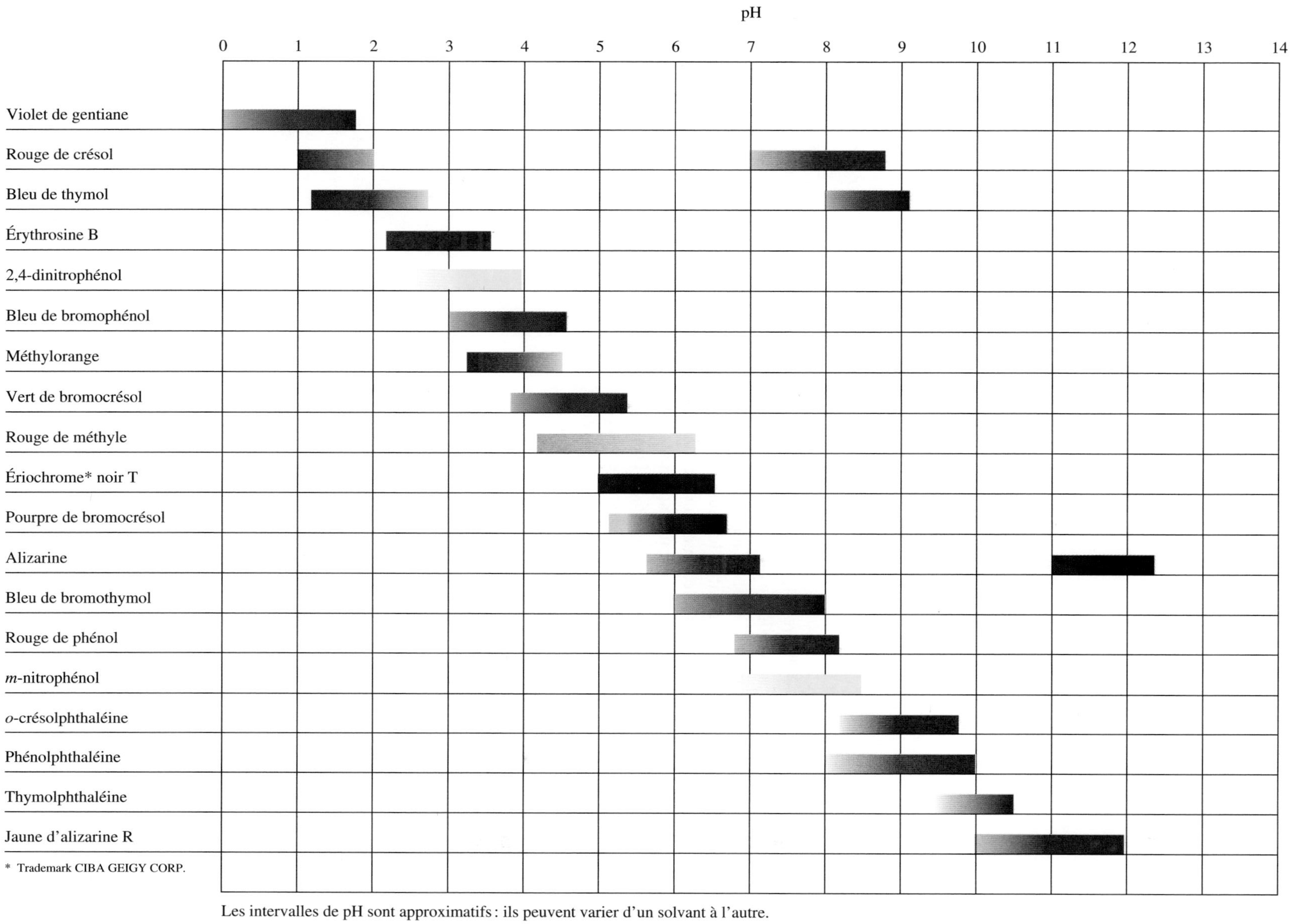

pH

0 1 2 3 4 5 6 7 8 9 10 11 12 13 14

Violet de gentiane
Rouge de crésol
Bleu de thymol
Érythrosine B
2,4-dinitrophénol
Bleu de bromophénol
Méthylorange
Vert de bromocrésol
Rouge de méthyle
Ériochrome* noir T
Pourpre de bromocrésol
Alizarine
Bleu de bromothymol
Rouge de phénol
*m*-nitrophénol
*o*-crésolphthaléine
Phénolphthaléine
Thymolphthaléine
Jaune d'alizarine R

* Trademark CIBA GEIGY CORP.

Les intervalles de pH sont approximatifs : ils peuvent varier d'un solvant à l'autre.

**FIGURE 6.8**
**Zones de virage utiles de plusieurs indicateurs courants. On remarque que, pour la majorité des indicateurs, cette zone couvre deux unités de pH, comme le laissait prévoir l'expression $pK_a \pm 1$.**

**TABLEAU 6.3 Valeurs choisies du pH près du point d'équivalence du titrage de 100,0 mL d'une solution de HCl 0,10 mol/L par une solution de NaOH 0,10 mol/L**

| NaOH ajouté (mL) | pH |
|---|---|
| 99,99 | 5,3 |
| 100,00 | 7,0 |
| 100,01 | 8,7 |

Ainsi, un indicateur dont la p$K_a$ est de 8 ($K_a = 1,0 \times 10^{-8}$) change de couleur à un pH d'environ 7 ; il permet donc de déterminer le point de virage du titrage d'un acide fort par une base forte.

Est-ce réellement important que le changement de couleur de l'indicateur ait lieu exactement à pH 7 lorsqu'on titre un acide fort par une base forte ? Pour répondre à cette question, considérons la variation du pH au voisinage du point d'équivalence au cours d'un titrage de 100 mL d'une solution de HCl 0,10 mol/L par une solution de NaOH 0,10 mol/L. Le tableau 6.3 présente les données relatives à quelques points situés au voisinage du point d'équivalence, ou à ce point même. On remarque que, lorsque le volume de NaOH passe de 99,99 mL à 100,01 mL (environ la moitié d'une goutte), le pH grimpe de 5,3 à 8,7, ce qui constitue une variation spectaculaire. Ce comportement permet d'énoncer quelques conclusions générales relatives à l'utilisation des indicateurs recommandés pour le titrage d'un acide fort par une base forte.

Le changement de couleur de l'indicateur est brusque ; une seule goutte de titrant suffit.

On peut choisir parmi un grand nombre d'indicateurs. Les résultats obtenus sont les mêmes, à une goutte de titrant près, même lorsqu'on utilise des indicateurs dont le point de virage est aussi éloigné que pH 5 ou pH 9 (*voir la figure 6.9*).

Dans le cas du titrage des acides faibles, la situation est légèrement différente. À la figure 6.4, on remarque que plus l'acide à titrer est faible, plus la zone verticale située au voisinage du point d'équivalence est courte ; c'est pourquoi le choix des indicateurs est moins large. Il faut donc choisir un indicateur dont le point central de la zone de virage utile soit situé le plus près possible du pH correspondant au point d'équivalence. Par exemple, on a vu précédemment que, lors du titrage d'une solution de $CH_3COOH$ 0,100 mol/L par une solution de NaOH 0,100 mol/L, le pH au point d'équivalence était de 8,7 (*voir la figure 6.3*). Dans ce cas, la phénolphtaléine constituerait un bon indicateur, étant donné que sa zone de virage utile est située entre 8 et 10. Le bleu de thymol serait aussi acceptable, mais pas le rouge de méthyle. La figure 6.10 illustre graphiquement la façon de choisir un indicateur.

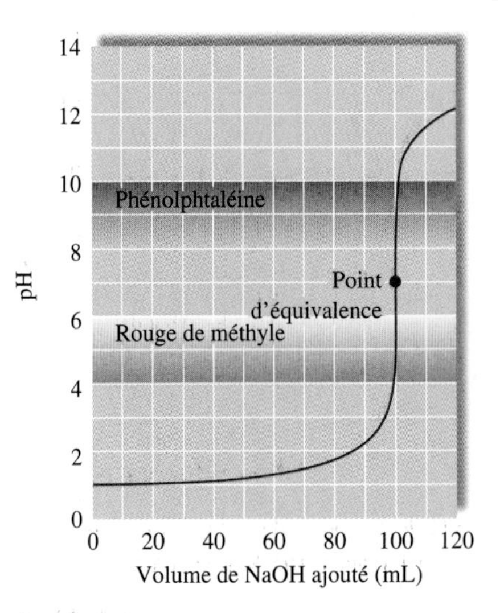


**FIGURE 6.9**
Courbe de titrage de 100,0 mL d'une solution de HCl 0,10 mol/L par une solution de NaOH 0,10 mol/L. Les points de virage de la phénolphtaléine et du rouge de méthyle apparaissent à l'addition d'une quantité quasi identique de NaOH.

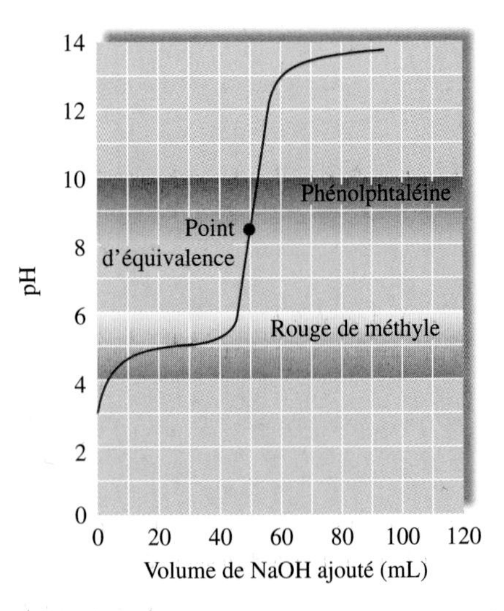


**FIGURE 6.10**
Courbe de titrage de 50 mL d'une solution de $CH_3COOH$ 0,1 mol/L par une solution de NaOH 0,1 mol/L. Le point de virage de la phénolphtaléine est très voisin du point d'équivalence du titrage. Quant au rouge de méthyle, il change de couleur bien avant d'atteindre le point d'équivalence (ainsi, le point d'équivalence est fort différent du point de virage) ; ce n'est donc pas un indicateur adéquat pour ce titrage.

# Équilibres de solubilité

## 6.6 Équilibres ioniques et produit de solubilité

La solubilité est un phénomène très important. Le fait que des substances tels le sucre et le sel de table puissent être dissoutes dans l'eau permet d'agrémenter facilement la saveur des aliments. Par ailleurs, puisque le sulfate de calcium est moins soluble dans l'eau chaude que dans l'eau froide, les tuyaux des chaudières sont aisément entartrés, ce qui réduit leur efficacité thermique. La carie dentaire peut être contrée en traitant les dents avec l'anion fluorure, $F^-$ (*voir la rubrique « Impact » de la page 284*). Le fluorure réagit avec l'apatite des dents pour la transformer en fluorapatite, $Ca_5(PO_4)_3F$, et en fluorure de calcium, $CaF_2$, lesquels sont moins solubles dans l'acide que l'émail naturel. On met en outre à profit le phénomène de solubilité en utilisant une suspension de sulfate de baryum pour améliorer la qualité des radiogrammes du tractus gastro-intestinal. En effet, la très faible solubilité du sulfate de baryum, qui contient l'ion toxique $Ba^{2+}$, fait que l'ingestion de ce sel n'est pas dangereuse.

L'ajout de $F^-$ à l'eau potable ne fait pas l'unanimité. Voir Bette Hileman, « Fluoridation of Water » dans *Chem. Eng. News*, 1 août 1988, p. 26.

Dans cette section, on étudiera les équilibres de solides qui sont dissous pour produire des solutions aqueuses. Quand un solide ionique typique est dissous dans l'eau, il est totalement dissocié en cations et en anions hydratés libres. Par exemple, le fluorure de calcium est dissous dans l'eau conformément à la réaction suivante :

Pour simplifier, on ignore l'effet de l'association ionique dans ces solutions.

$$CaF_2(s) \xrightarrow{H_2O} Ca^{2+}(aq) + 2F^-(aq)$$

Immédiatement après qu'on a ajouté le sel solide à l'eau, on ne trouve aucun ion $Ca^{2+}$ ni $F^-$ en présence. Cependant, au fur et à mesure que le sel est dissous, les concentrations d'ions $Ca^{2+}$ et $F^-$ augmentent. Ces ions ont alors de plus en plus de chances d'entrer en collision et de reformer la phase solide. On est donc en présence de deux phénomènes qui entrent en compétition : la réaction mentionnée ci-dessus et la réaction inverse :

$$Ca^{2+}(aq) + 2F^-(aq) \longrightarrow CaF_2(s)$$

Finalement, un équilibre dynamique est atteint :

$$CaF_2(s) \rightleftharpoons Ca^{2+}(aq) + 2F^-(aq)$$

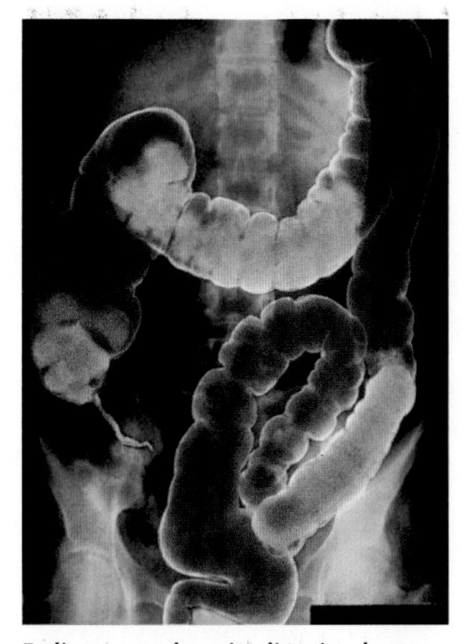

Radiogramme des voies digestives hautes après l'ingestion de sulfate de baryum.

À ce moment, la dissolution du solide n'a plus lieu (on dit que la solution est *saturée*).

On peut donc écrire l'expression de la constante d'équilibre pour ce processus conformément à la loi d'action de masse :

$$K_{ps} = [Ca^{2+}][F^-]^2$$

où $[Ca^{2+}]$ et $[F^-]$ sont exprimées en mol/L. On appelle la constante $K_{ps}$ **constante du produit de solubilité** ou, plus simplement, **produit de solubilité**.

Puisque $CaF_2$ est un solide pur, il ne figure pas dans l'expression de la constante d'équilibre. Le fait qu'un excès de solide ne modifie pas la position de l'équilibre ionique peut sembler de prime abord étonnant ; en effet, une augmentation de la quantité de solide en présence entraîne une augmentation de la surface exposée au solvant, ce qui devrait normalement faire augmenter la solubilité. Or, ce n'est pas le cas. Quand les ions en solution reforment la phase solide, cela a lieu à la surface du solide. Par conséquent, lorsque la surface du solide double, la vitesse de dissolution double, mais également la vitesse de reformation du solide. La quantité de solide en excès n'exerce donc aucune influence sur la position de l'équilibre. De la même façon, même si l'on fait augmenter la vitesse nécessaire pour atteindre l'équilibre en broyant le solide ou en brassant la solution, aucune de ces interventions ne peut modifier la quantité de solide dissous à l'équilibre. Par ailleurs, la quantité de solide en excès ou la grosseur des particules ne modifient pas la *position* de l'équilibre ionique.

Les liquides purs ou les solides purs ne figurent jamais dans l'expression des constantes d'équilibre (*voir la section 4.4*).

Il est très important de distinguer la *solubilité* d'un solide donné de son *produit de solubilité*. Le produit de solubilité est une *constante d'équilibre* qui ne peut prendre qu'*une seule* valeur pour un solide donné, à une température donnée. La solubilité, quant à elle, est une *position d'équilibre*. Dans l'eau pure, à une température donnée, le sel

**TABLEAU 6.4 Valeurs de $K_{ps}$ à 25 °C pour des solides ioniques courants**

| Solide ionique | $K_{ps}$ (à 25°C) | Solide ionique | $K_{ps}$ (à 25°C) | Solide ionique | $K_{ps}$ (à 25°C) |
|---|---|---|---|---|---|
| Fluorures | | $Hg_2CrO_4$* | $2 \times 10^{-9}$ | $Co(OH)_2$ | $2{,}5 \times 10^{-16}$ |
| $BaF_2$ | $2{,}4 \times 10^{-5}$ | $BaCrO_4$ | $8{,}5 \times 10^{-11}$ | $Ni(OH)_2$ | $1{,}6 \times 10^{-16}$ |
| $MgF_2$ | $6{,}4 \times 10^{-9}$ | $Ag_2CrO_4$ | $9{,}0 \times 10^{-12}$ | $Zn(OH)_2$ | $4{,}5 \times 10^{-17}$ |
| $PbF_2$ | $4 \times 10^{-8}$ | $PbCrO_4$ | $2 \times 10^{-16}$ | $Cu(OH)_2$ | $1{,}6 \times 10^{-19}$ |
| $SrF_2$ | $7{,}9 \times 10^{-10}$ | | | $Hg(OH)_2$ | $3 \times 10^{-26}$ |
| $CaF_2$ | $4{,}0 \times 10^{-11}$ | Carbonates | | $Sn(OH)_2$ | $3 \times 10^{-27}$ |
| | | $NiCO_3$ | $1{,}4 \times 10^{-7}$ | $Cr(OH)_3$ | $6{,}7 \times 10^{-31}$ |
| Chlorures | | $CaCO_3$ | $8{,}7 \times 10^{-9}$ | $Al(OH)_3$ | $2 \times 10^{-32}$ |
| $PbCl_2$ | $1{,}6 \times 10^{-5}$ | $BaCO_3$ | $1{,}6 \times 10^{-9}$ | $Fe(OH)_3$ | $4 \times 10^{-38}$ |
| $AgCl$ | $1{,}6 \times 10^{-10}$ | $SrCO_3$ | $7 \times 10^{-10}$ | $Co(OH)_3$ | $2{,}5 \times 10^{-43}$ |
| $Hg_2Cl_2$* | $1{,}1 \times 10^{-18}$ | $CuCO_3$ | $2{,}5 \times 10^{-10}$ | | |
| | | $ZnCO_3$ | $2 \times 10^{-10}$ | Sulfures | |
| Bromures | | $MnCO_3$ | $8{,}8 \times 10^{-11}$ | $MnS$ | $2{,}3 \times 10^{-13}$ |
| $PbBr_2$ | $4{,}6 \times 10^{-6}$ | $FeCO_3$ | $2{,}1 \times 10^{-11}$ | $FeS$ | $3{,}7 \times 10^{-19}$ |
| $AgBr$ | $5{,}0 \times 10^{-13}$ | $Ag_2CO_3$ | $8{,}1 \times 10^{-12}$ | $NiS$ | $3 \times 10^{-21}$ |
| $Hg_2Br_2$* | $1{,}3 \times 10^{-22}$ | $CdCO_3$ | $5{,}2 \times 10^{-12}$ | $CoS$ | $5 \times 10^{-22}$ |
| | | $PbCO_3$ | $1{,}5 \times 10^{-15}$ | $ZnS$ | $2{,}5 \times 10^{-22}$ |
| Iodures | | $MgCO_3$ | $1 \times 10^{-15}$ | $SnS$ | $1 \times 10^{-26}$ |
| $PbI_2$ | $1{,}4 \times 10^{-8}$ | $Hg_2CO_3$* | $9{,}0 \times 10^{-15}$ | $CdS$ | $1{,}0 \times 10^{-28}$ |
| $AgI$ | $1{,}5 \times 10^{-16}$ | | | $PbS$ | $7 \times 10^{-29}$ |
| $Hg_2I_2$* | $4{,}5 \times 10^{-29}$ | Hydroxydes | | $CuS$ | $8{,}5 \times 10^{-45}$ |
| | | $Ba(OH)_2$ | $5{,}0 \times 10^{-3}$ | $Ag_2S$ | $1{,}6 \times 10^{-49}$ |
| Sulfates | | $Sr(OH)_2$ | $3{,}2 \times 10^{-4}$ | $HgS$ | $1{,}6 \times 10^{-54}$ |
| $CaSO_4$ | $6{,}1 \times 10^{-5}$ | $Ca(OH)_2$ | $1{,}3 \times 10^{-6}$ | | |
| $Ag_2SO_4$ | $1{,}2 \times 10^{-5}$ | $AgOH$ | $2{,}0 \times 10^{-8}$ | Phosphates | |
| $SrSO_4$ | $3{,}2 \times 10^{-7}$ | $Mg(OH)_2$ | $8{,}9 \times 10^{-12}$ | $Ag_3PO_4$ | $1{,}8 \times 10^{-18}$ |
| $PbSO_4$ | $1{,}3 \times 10^{-8}$ | $Mn(OH)_2$ | $2 \times 10^{-13}$ | $Sr_3(PO_4)_2$ | $1 \times 10^{-31}$ |
| $BaSO_4$ | $1{,}5 \times 10^{-9}$ | $Cd(OH)_2$ | $5{,}9 \times 10^{-15}$ | $Ca_3(PO_4)_2$ | $1{,}3 \times 10^{-32}$ |
| | | $Pb(OH)_2$ | $1{,}2 \times 10^{-15}$ | $Ba_3(PO_4)_2$ | $6 \times 10^{-39}$ |
| Chromates | | $Fe(OH)_2$ | $1{,}8 \times 10^{-15}$ | $Pb_3(PO_4)_2$ | $1 \times 10^{-54}$ |
| $SrCrO_4$ | $3{,}6 \times 10^{-5}$ | | | | |

* Contient des ions $Hg_2^{2+}$ ; $K_{ps} = [Hg_2^{2+}][X^-]^2$ pour des sels $Hg_2X_2$.

a une solubilité donnée. Par contre, s'il y a un ion commun dans la solution, la solubilité varie selon la concentration de l'ion commun. Cependant, dans tous les cas, le produit des concentrations des ions doit respecter l'expression de $K_{ps}$. Le tableau 6.4 présente les $K_{ps}$ de nombreux sels ioniques courants, à 25 °C. (En général, on n'indique pas les unités.)

$K_{ps}$ est une constante d'équilibre ; la solubilité est une position d'équilibre.

La résolution de problèmes relatifs à l'équilibre ionique repose sur de nombreuses méthodes déjà utilisées pour résoudre les problèmes relatifs aux équilibres acide-base (*voir les exemples 6.12 et 6.13*).

## Exemple 6.12 Calcul de $K_{ps}$ à partir de la solubilité I

À 25 °C, la solubilité du bromure de cuivre(I) est $2{,}0 \times 10^{-4}$ mol/L. Calculez la valeur de sa $K_{ps}$.

***Solution***

Dans cette expérience, le solide est mis en contact avec l'eau. Ainsi, avant toute réaction, le système contient du CuBr solide et du $H_2O$. Il y a ici dissolution du CuBr, ce qui entraîne la production des ions $Cu^+$ et $Br^-$ :

$$CuBr(s) \rightleftharpoons Cu^+(aq) + Br^-(aq)$$

où

$$K_{ps} = [Cu^+][Br^-]$$

Initialement, la solution ne contient ni $Cu^+$ ni $Br^-$, de sorte que les concentrations initiales sont:

$$[Cu^+]_0 = [Br^-]_0 = 0$$

On peut déterminer les concentrations à l'équilibre à partir de la solubilité du CuBr, qui est $2,0 \times 10^{-4}$ mol/L, ce qui signifie que $2,0 \times 10^{-4}$ mol de CuBr solide sont dissoutes dans 1,0 L de solution pour atteindre l'équilibre avec le solide en excès. La réaction est:

$$CuBr(s) \longrightarrow Cu^+(aq) + Br^-(aq)$$

Ainsi,

$$2,0 \times 10^{-4} \text{ mol/L } CuBr(s) \longrightarrow 2,0 \times 10^{-4} \text{ mol/L } Cu^+(aq) + 2,0 \times 10^{-4} \text{ mol/L } Br^-(aq)$$

On peut à présent déterminer les concentrations à l'équilibre.

$$[Cu^+] = [Cu^+]_0 + \text{modification nécessaire pour que l'équilibre soit atteint} = 0 + 2,0 \times 10^{-4} \text{ mol/L}$$

et

$$[Br^-] = [Br^-]_0 + \text{modification nécessaire pour atteindre l'équilibre} = 0 + 2,0 \times 10^{-4} \text{ mol/L}$$

À l'aide de ces concentrations à l'équilibre, on peut calculer les valeurs de $K_{ps}$ pour CuBr:

$$K_{ps} = [Cu^+][Br^-] = (2,0 \times 10^{-4} \text{ mol/L})(2,0 \times 10^{-4} \text{ mol/L}) = 4,0 \times 10^{-8} \text{ mol}^2/\text{L}^2 = 4,0 \times 10^{-8}$$

On omet en général les unités des $K_{ps}$.

***Voir l'exercice 6.62***

**Exemple 6.13**

## Calcul de $K_{ps}$ à partir de la solubilité II

**Précipitation du sulfure de bismuth.**

Calculez la valeur de $K_{ps}$ pour le sulfure de bismuth, $Bi_2S_3$, dont la solubilité à 25 °C est $1,0 \times 10^{-15}$ mol/L.

### *Solution*

Le système contient au départ $H_2O$ et $Bi_2S_3$ solide, lequel est dissous conformément à l'équation suivante:

$$Bi_2S_3(s) \rightleftharpoons 2Bi^{3+}(aq) + 3S^{2-}(aq)$$

Par conséquent: $K_{ps} = [Bi^{3+}]^2[S^{2-}]^3$

Puisque, initialement, on ne retrouve ni $Bi^{3+}$ ni $S^{2-}$,

$$[Bi^{3+}]_0 = [S^{2-}]_0 = 0$$

les concentrations à l'équilibre de ces ions seront déterminées par la quantité de sel dissous pour atteindre cet équilibre. Dans ce cas, la valeur est $1,0 \times 10^{-15}$ mol/L. Étant donné que chaque molécule de $Bi_2S_3$ renferme 2 ions $Bi^{3+}$ et 3 ions $S^{2-}$:

$$1,0 \times 10^{-15} \text{ mol/L } Bi_2S_3(s) \longrightarrow 2(1,0 \times 10^{-15} \text{ mol/L}) Bi^{3+}(aq) + 3(1,0 \times 10^{-15} \text{ mol/L}) S^{2-}(aq)$$

Les concentrations à l'équilibre sont:

$$[Bi^{3+}] = [Bi^{3+}]_0 + \text{modification} = 0 + 2,0 \times 10^{-15} \text{ mol/L}$$

$$[S^{2-}] = [S^{2-}]_0 + \text{modification} = 0 + 3,0 \times 10^{-15} \text{ mol/L}$$

L'ion sulfure est très basique; en réalité, il existe dans l'eau sous la forme $HS^-$. On ne tiendra pas compte de ce fait.

Dans les calculs de $K_{ps}$, on doit exprimer les solubilités en mol/L.

Par conséquent,

$$K_{ps} = [Bi^{3+}]^2[S^{2-}]^3 = (2,0 \times 10^{-15})^2(3,0 \times 10^{-15})^3 = 1,1 \times 10^{-73}$$

***Voir l'exercice 6.63***

# IMPACT

## La chimie des dents

Si la chimie dentaire continue à progresser à la vitesse actuelle, la carie dentaire pourrait bientôt être chose du passé. Une carie, c'est un trou qui se forme dans l'émail, composé d'une substance minérale appelée hydroxyapatite, $Ca_5(PO_4)_3OH$. Les recherches récentes ont démontré qu'il y a, à la surface de la dent, dissolution et réformation constante de cette substance. La déminéralisation (dissolution de l'émail de la dent) est principalement causée par les acides faibles contenus dans la salive et formés par les bactéries qui métabolisent les glucides de la nourriture. (La solubilité de $Ca_5(PO_4)_3OH$ dans la salive acide ne devrait pas surprendre quand on comprend comment le pH influence la solubilité d'un sel dont les anions sont basiques.)

Dans les premières étapes de la carie dentaire, certaines parties de la surface de la dent deviennent poreuses et spongieuses. Les trous, qui rappellent un fromage suisse, finissent par former une carie (*voir la photographie ci-contre*). Cependant, des recherches récentes révèlent que, si la dent atteinte est baignée dans une solution contenant des quantités appropriées de $Ca^{2+}$, de $PO_4^{3-}$ et de $F^-$, elle se reminéralise. Puisque l'ion $F^-$ remplace l'ion $OH^-$ dans la substance minérale de la dent [$Ca_5(PO_4)_3OH$ est changé en $Ca_5(PO_4)_3F$], la partie reminéralisée est plus résistante aux attaques ultérieures parce que le fluorure est une base plus faible que l'ion hydroxyde. De plus, il a été démontré que la présence d'ion $Sr^{2+}$ dans le liquide de reminéralisation augmente considérablement la résistance à la carie.

Radiographie d'une carie (zone foncée) sur une molaire (droite).

Si ces résultats sont confirmés par d'autres études, le travail des dentistes changera radicalement. Ils se préoccuperont davantage de prévention que de réparation des dommages causés aux dents. On peut imaginer l'utilisation d'un rince-bouche reminéraliseur qui réparerait les parties sensibles avant qu'elles ne se transforment en caries. La fraise du dentiste irait alors rejoindre les sangsues dans l'arsenal thérapeutique : elle deviendrait anachronique.

On a vu que la solubilité d'un solide ionique déterminée expérimentalement pouvait permettre de calculer la valeur de sa $K_{ps}$*. L'inverse est aussi vrai : on peut calculer la solubilité d'un solide ionique lorsqu'on connaît la valeur de sa $K_{ps}$.

## Exemple 6.14 Calcul de la solubilité à partir de $K_{ps}$

La valeur de $K_{ps}$ pour l'iodate de cuivre(II), $Cu(IO_3)_2$, est $1,4 \times 10^{-7}$, à 25 °C. Calculez sa solubilité à 25 °C.

### *Solution*

Le système contient au départ $H_2O$ et $Cu(IO_3)_2$ solide, lequel est dissous selon l'équilibre suivant :

$$Cu(IO_3)_2(s) \rightleftharpoons Cu^{2+}(aq) + 2IO_3^-(aq)$$

Par conséquent,

$$K_{ps} = [Cu^{2+}][IO_3^-]^2$$

* Avec cette façon de calculer, on présume que la totalité du solide dissous est présente sous forme d'ions libres. Dans certains cas cependant (par exemple celui du $CaSO_4$), étant donné qu'il existe un grand nombre de paires d'ions en solution, l'application de cette méthode ne permet pas d'obtenir la valeur exacte de $K_{ps}$.

Pour connaître la solubilité du $Cu(IO_3)_2$, il faut déterminer les concentrations à l'équilibre des ions $Cu^{2+}$ et $IO_3^-$. On procède de la façon habituelle en déterminant les concentrations initiales (avant toute dissolution du solide), puis en déterminant la modification nécessaire pour atteindre l'équilibre. Puisque, dans ce cas, on ne connaît pas la solubilité, il faut supposer que $x$ mol/L de solide sont dissoutes pour atteindre l'équilibre. Le rapport stœchiométrique des ions du sel, 1:2, signifie que:

$$x \text{ mol/L } Cu(IO_3)_2(s) \longrightarrow x \text{ mol/L } Cu^{2+}(aq) + 2x \text{ mol/L } IO_3^-(aq)$$

Les concentrations sont les suivantes.

| **Concentration initiale (mol/L) [avant toute dissolution de $Cu(IO_3)_2$]** | | **Concentration à l'équilibre (mol/L)** |
|---|---|---|
| $[Cu^{2+}]_0 = 0$<br>$[IO_3^-]_0 = 0$ | $x$ mol/L sont dissoutes $\longrightarrow$ pour atteindre l'équilibre | $[Cu^{2+}] = x$<br>$[IO_3^-] = 2x$ |

En remplaçant les concentrations à l'équilibre par leurs valeurs dans l'expression de $K_{ps}$, on obtient:

$$1{,}4 \times 10^{-7} = K_{ps} = [Cu^{2+}][IO_3^-]^2 = (x)(2x)^2 = 4x^3$$

Alors $$x = \sqrt[3]{3{,}5 \times 10^{-8}} = 3{,}3 \times 10^{-3} \text{ mol/L}$$

Par conséquent, la solubilité du $Cu(IO_3)_2$ solide est $3{,}3 \times 10^{-3}$ mol/L.

*Voir l'exercice 6.64*

## Solubilités relatives

La valeur de $K_{ps}$ d'un sel fournit des renseignements sur la solubilité de celui-ci. Cependant, il faut être très prudent quand on utilise les valeurs de $K_{ps}$ pour prédire les solubilités *relatives* d'un groupe de sels. On peut en effet avoir affaire à l'un ou l'autre des deux cas ci-dessous.

**1.** Les sels à comparer produisent le même nombre d'ions. Par exemple:

$$AgI(s) \quad K_{ps} = 1{,}5 \times 10^{-16}$$
$$CuI(s) \quad K_{ps} = 5{,}0 \times 10^{-12}$$
$$CaSO_4(s) \quad K_{ps} = 6{,}1 \times 10^{-5}$$

En se dissolvant, chacun de ces solides produit deux ions:

$$\text{Sel} \rightleftharpoons \text{cation} + \text{anion}$$
$$K_{ps} = [\text{cation}][\text{anion}]$$

Si $x$ est la solubilité en mol/L, alors, à l'équilibre, on a:

$$[\text{cation}] = x$$
$$[\text{anion}] = x$$
$$K_{ps} = [\text{cation}][\text{anion}] = x^2$$
$$x = \sqrt{K_{ps}} = \text{solubilité}$$

Dans ce cas, on peut comparer la solubilité des sels en comparant leurs $K_{ps}$:

$$CaSO_4(s) > CuI(s) > AgI(s)$$

Le plus soluble (la plus grande $K_{ps}$) — Le moins soluble (la plus petite $K_{ps}$)

**TABLEAU 6.5 Solubilités calculées du CuS, du $Ag_2S$ et du $Bi_2S_3$, à 25 °C**

| Sel | $K_{ps}$ | Solubilité calculée (mol/L) |
|---|---|---|
| CuS | $8{,}5 \times 10^{-45}$ | $9{,}2 \times 10^{-23}$ |
| $Ag_2S$ | $1{,}6 \times 10^{-49}$ | $3{,}4 \times 10^{-17}$ |
| $Bi_2S_3$ | $1{,}1 \times 10^{-73}$ | $1{,}0 \times 10^{-15}$ |

2. Les sels à comparer produisent un nombre différent d'ions. Par exemple :

$$\begin{array}{ll} CuS(s) & K_{ps} = 8{,}5 \times 10^{-45} \\ Ag_2S(s) & K_{ps} = 1{,}6 \times 10^{-49} \\ Bi_2S_3(s) & K_{ps} = 1{,}1 \times 10^{-73} \end{array}$$

En solution, ces sels produisent des nombres différents d'ions. On ne peut donc pas comparer *directement* les valeurs de $K_{ps}$ pour déterminer leurs solubilités relatives. En fait, lorsqu'on calcule les solubilités – en utilisant la méthode décrite dans l'exemple 6.14 –, on obtient les résultats présentés au tableau 6.5 ; on constate que l'ordre des solubilités est le suivant :

$$\underset{\text{Le plus soluble}}{Bi_2S_3(s)} > Ag_2S(s) > \underset{\text{Le moins soluble}}{CuS(s)}$$

Or, cet ordre est l'inverse de celui de leurs $K_{ps}$.

Il est donc important de se rappeler qu'on peut prédire les solubilités relatives en comparant les valeurs de $K_{ps}$ *uniquement* si les sels produisent le même nombre total d'ions.

## Effet d'ion commun

Jusqu'à présent, on ne s'est intéressé qu'à des solides ioniques dissous dans de l'eau pure. On va maintenant étudier ce qui se passe quand l'eau contient un ion que le sel possède aussi. Par exemple, considérons la solubilité du chromate d'argent solide ($Ag_2CrO_4$ ; $K_{ps} = 9{,}0 \times 10^{-12}$) dans une solution de $AgNO_3$ 0,100 mol/L. Avant toute dissolution de $Ag_2CrO_4$, les principales espèces présentes en solution sont : $Ag^+$, $NO_3^-$ et $H_2O$ ; au fond du bécher, on retrouve du $Ag_2CrO_4$ solide. Puisque le $Ag_2CrO_4$ ne contient pas de $NO_3^-$, on peut négliger ce dernier. Les concentrations initiales avant toute dissolution de $Ag_2CrO_4$ sont :

$$[Ag^+]_0 = 0{,}100 \text{ mol/L (provenant du } AgNO_3 \text{ dissous)}$$
$$[CrO_4^{2-}]_0 = 0$$

Le système atteint l'équilibre au fur et à mesure que $Ag_2CrO_4$ est dissous conformément à la réaction suivante :

$$Ag_2CrO_4(s) \rightleftharpoons 2Ag^+(aq) + CrO_4^{2-}(aq)$$

pour laquelle

$$K_{ps} = [Ag^+]^2[CrO_4^{2-}] = 9{,}0 \times 10^{-12}$$

On suppose que $x$ mol/L de $Ag_2CrO_4$ sont dissoutes pour atteindre l'équilibre, c'est-à-dire que :

$$x \text{ mol/L } Ag_2CrO_4(s) \longrightarrow 2x \text{ mol/L } Ag^+(aq) + x \text{ mol/L } CrO_4^{2-}$$

On peut ainsi exprimer les concentrations à l'équilibre en termes de $x$ :

$$[Ag^+] = [Ag^+]_0 + \text{modification} = 0{,}100 + 2x$$
$$[CrO_4^{2-}] = [CrO_4^{2-}]_0 + \text{modification} = 0 + x = x$$

En remplaçant les concentrations par leurs valeurs dans l'expression de $K_{ps}$, on obtient :

$$9{,}0 \times 10^{-12} = [Ag^+]^2[CrO_4^{2-}] = (0{,}100 + 2x)^2(x)$$

Quand on ajoute une solution de chromate de potassium à une solution aqueuse de nitrate d'argent, il y a formation de chromate d'argent.

Mathématiquement, la résolution de ce problème peut être complexe, étant donné que la multiplication dans le membre de droite donne une expression qui renferme un terme en $x^3$. Cependant, comme dans la plupart des cas, on peut simplifier l'équation ci-dessous en faisant la supposition suivante : puisque la valeur de $K_{ps}$ de $Ag_2CrO_4$ est faible (la position de l'équilibre est très à gauche), celle de $x$ devrait être également très faible par rapport à 0,100 mol/L. Par conséquent, on peut dire que $0{,}100 + 2x \approx 0{,}100$, ce qui permet de simplifier ainsi l'expression :

$$9{,}0 \times 10^{-12} = (0{,}100 + 2x)^2(x) \approx (0{,}100)^2(x)$$

d'où

$$x \approx \frac{9{,}0 \times 10^{-12}}{(0{,}100)^2} = 9{,}0 \times 10^{-10}\ \text{mol/L}$$

Puisque la valeur de $x$ est en fait de beaucoup inférieure à 0,100 mol/L, la supposition est valide selon la règle des 5 %.

Par conséquent,

$$\text{solubilité de } Ag_2CrO_4 \text{ dans une solution de } AgNO_3 \text{ 0,100 mol/L} = x = 9{,}0 \times 10^{-10}\ \text{mol/L}$$

Les concentrations à l'équilibre sont alors :

$$[Ag^+] = 0{,}100 + 2x = 0{,}100 + 2(9{,}0 \times 10^{-10}) = 0{,}100\ \text{mol/L}$$

$$[CrO_4^{\ 2-}] = x = 9{,}0 \times 10^{-10}\ \text{mol/L}$$

On peut à présent comparer la solubilité de $Ag_2CrO_4$ dans l'eau pure à sa solubilité dans une solution de $AgNO_3$ 0,100 mol/L :

Solubilité de $Ag_2CrO_4$ dans l'eau pure $= 1{,}3 \times 10^{-4}$ mol/L

Solubilité de $Ag_2CrO_4$ dans une solution de $AgNO_3$ 0,100 mol/L $= 9{,}0 \times 10^{-10}$ mol/L

On remarque que la solubilité de $Ag_2CrO_4$ est nettement inférieure en présence d'ions $Ag^+$ provenant de $AgNO_3$. C'est là un autre exemple de l'effet d'ion commun. La solubilité d'un solide diminue si la solution a un ion en commun avec le solide.

## *Exemple 6.15* Solubilité et ion commun

Calculez la solubilité du $CaF_2$ solide ($K_{ps} = 4{,}0 \times 10^{-11}$) dans une solution de NaF 0,025 mol/L.

### *Solution*

Avant toute dissolution de $CaF_2$, les principales espèces présentes en solution sont $Na^+$, $F^-$ et $H_2O$. L'équilibre ionique de $CaF_2$ est :

$$CaF_2(s) \rightleftharpoons Ca^{2+}(aq) + 2F^-(aq)$$

et

$$K_{ps} = 4{,}0 \times 10^{-11} = [Ca^{2+}][F^-]^2$$

| Concentration initiale (mol/L) (avant toute dissolution de $CaF_2$) | | Concentration à l'équilibre (mol/L) |
|---|---|---|
| $[Ca^{2+}]_0 = 0$<br>$[F^-]_0 = 0{,}025$ mol/L<br>↗<br>provenant de NaF | $x$ mol/L de $CaF_2$ sont dissoutes ⟶ pour atteindre l'équilibre | $[Ca^{2+}] = x$<br>$[F^-] = 0{,}025 + 2x$<br>↗ ↗<br>provenant de NaF, provenant de $CaF_2$ |

En remplaçant les concentrations à l'équilibre par leurs valeurs dans l'expression de $K_{ps}$, on obtient :

$$K_{ps} = 4{,}0 \times 10^{-11} = [Ca^{2+}][F^-]^2 = (x)(0{,}025 + 2x)^2$$

On suppose que $2x$ est négligeable par rapport à 0,025 (étant donné que la valeur de $K_{ps}$ est faible). On obtient alors :

$$4{,}0 \times 10^{-11} \approx (x)(0{,}025)^2$$
$$x \approx 6{,}4 \times 10^{-8}\ \text{mol/L}$$

Cette supposition est valide selon la règle des 5 %, et :

$$\text{Solubilité} = x = 6{,}4 \times 10^{-8}\ \text{mol/L}$$

Par conséquent, $6{,}4 \times 10^{-8}$ mol de $CaF_2$ solide sont dissoutes dans 1 L de solution de NaF 0,025 mol/L.

***Voir les exercices 6.69 à 6.71***

## pH et solubilité

Le pH d'une solution peut également modifier la solubilité d'un sel. Prenons l'exemple de l'hydroxyde de magnésium, qui est dissous conformément à l'équilibre suivant :

$$Mg(OH)_2(s) \rightleftharpoons Mg^{2+}(aq) + 2OH^-(aq)$$

L'addition d'ions $OH^-$ (augmentation du pH) fera déplacer l'équilibre vers la gauche, par effet d'ion commun, ce qui fera diminuer la solubilité de $Mg(OH)_2$. Par contre, l'addition d'ions $H^+$ (diminution du pH) fera augmenter la solubilité, puisque les ions $OH^-$ seront éliminés de la solution à cause de leur réaction avec les ions $H^+$ ainsi ajoutés. Comme réaction à une diminution de la concentration d'ions $OH^-$, la position de l'équilibre sera déplacée vers la droite. C'est ce qui explique pourquoi une suspension de $Mg(OH)_2$ solide, connue sous le nom de lait de magnésie, est dissoute, au besoin, dans l'estomac pour combattre l'excès d'acidité gastrique.

Ce principe est aussi applicable aux sels contenant d'autres types d'anions. Par exemple, la solubilité du phosphate d'argent, $Ag_3PO_4$, est plus grande en milieu acide que dans l'eau pure, car l'ion $PO_4^{3-}$ est une base modérément forte qui réagit avec $H^+$ pour produire $HPO_4^{2-}$. La réaction

$$H^- + PO_4^{3-} \longrightarrow HPO_4^{2-}$$

fait abaisser la concentration de $PO_4^{3-}$ et déplacer l'équilibre ionique

$$Ag_3PO_4(s) \rightleftharpoons 3Ag^+(aq) + PO_4^{3-}(aq)$$

vers la droite, ce qui fait augmenter la solubilité du phosphate d'argent.

Le chlorure d'argent (AgCl), quant à lui, a la même solubilité en milieu acide qu'en milieu neutre. Pourquoi ? Parce que l'ion $Cl^-$ est une base trop faible ; en d'autres termes, HCl est un acide très fort, et aucune molécule de HCl n'est produite. Par conséquent, l'addition de $H^+$ à une solution qui contient des ions $Cl^-$ ne modifie pas $[Cl^-]$ ; elle n'exerce donc aucune influence sur la solubilité d'un chlorure.

En général, si l'anion $X^-$ est une base efficace, c'est-à-dire si HX est un acide faible, le sel MX sera plus soluble en milieu acide. Voici quelques anions communs qui sont des bases efficaces : $OH^-$, $S^{2-}$, $CO_3^{2-}$, $C_2O_4^{2-}$, $PO_4^{3-}$ et $CrO_4^{2-}$. Les sels qui contiennent ces anions sont beaucoup plus solubles en milieu acide que dans l'eau pure.

Comme on l'a déjà mentionné au début de ce chapitre, une des conséquences de la solubilité accrue des carbonates en milieu acide est la formation, en terrain calcaire, de grottes et de « trous de fée » comme la caverne Laflèche, près de Hull. Le dioxyde de carbone acidifie les eaux souterraines, ce qui fait augmenter la solubilité du carbonate de calcium et donne finalement naissance à ces grottes. Au fur et à mesure que le dioxyde de carbone s'évapore, le pH de l'eau qui tombe goutte à goutte augmente, et le carbonate de calcium précipite, ce qui entraîne la formation de stalactites et de stalagmites.

# 6.7 Précipitation et analyse qualitative

Jusqu'à présent, on a étudié la dissolution des solides dans des solutions. On va maintenant s'intéresser au processus inverse : la formation de solides à partir de solutions.

Quand on mélange des solutions, différentes réactions peuvent avoir lieu. On a déjà traité en détail des réactions acide-base. Dans cette section, on va apprendre à prédire s'il y aura formation d'un précipité lorsqu'on mélange deux solutions données. On utilisera pour ce faire le **produit ionique**, qui est déterminé de la même manière que la $K_{ps}$ pour un solide donné, sauf qu'on utilise les *concentrations initiales* au lieu des concentrations à l'équilibre. Dans le cas du $CaF_2$ solide, par exemple, l'expression du produit ionique, $Q$, est :

$$Q = [Ca^{2+}]_0[F^-]_0^2$$

Lorsqu'on mélange une solution qui contient des ions $Ca^{2+}$ à une solution qui contient des ions $F^-$, il peut y avoir ou non formation d'un précipité, selon les concentrations de ces ions dans la solution ainsi produite. Pour prédire s'il y aura formation d'un précipité, on doit analyser la relation qui existe entre $Q$ et $K_{ps}$.

On utilise ici $Q$ de la même façon qu'on a utilisé le quotient réactionnel au chapitre 4.

Si $Q > K_{ps}$, il y aura formation d'un précipité jusqu'à ce que les concentrations satisfassent à $K_{ps}$.

Si $Q < K_{ps}$, il n'y aura pas formation d'un précipité.

## Exemple 6.16 Détermination des conditions de précipitation

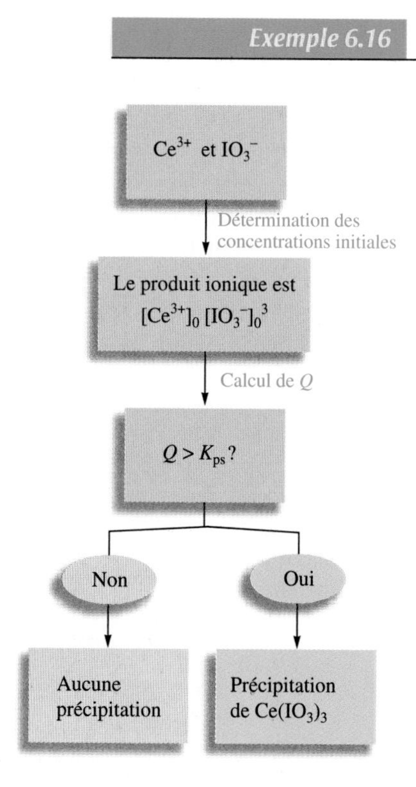


On mélange 750,0 mL d'une solution de $Ce(NO_3)_3$ 4,0 × $10^{-3}$ mol/L à 300,0 mL d'une solution de $KIO_3$ 2,0 × $10^{-2}$ mol/L. Est-ce que, au moment du mélange, le $Ce(IO_3)_3$ ($K_{ps}$ = 1,9 × $10^{-10}$) précipitera ?

***Solution***

D'abord, il faut calculer $[Ce^{3+}]_0$ et $[IO_3^-]$ (avant toute réaction) dans le mélange :

$$[Ce^{3+}]_0 = \frac{(750,0 \text{ mL})(4,00 \times 10^{-3} \text{ mmol/mL})}{(750,0 + 300,0) \text{ mL}} = 2,86 \times 10^{-3} \text{ mol/L}$$

$$[IO_3^-]_0 = \frac{(300,0 \text{ mL})(2,00 \times 10^{-2} \text{ mmol/mL})}{(750,0 + 300,0) \text{ mL}} = 5,71 \times 10^{-3} \text{ mol/L}$$

Le produit ionique de $Ce(IO_3)_3$ est

$$Q = [Ce^{3+}]_0[IO_3^-]_0^3 = (2,86 \times 10^{-3})(5,71 \times 10^{-3})^3 = 5,32 \times 10^{-10}$$

Puisque $Q$ est supérieur à $K_{ps}$, $Ce(IO_3)_3$ précipitera au moment du mélange.

***Voir les exercices 6.75 et 6.76***

Pour $Ce(IO_3)_3(s)$, $K_{ps} = [Ce^{3+}][IO_3^-]^3$.

Parfois, on peut vouloir non seulement prédire s'il y aura formation d'un précipité, mais aussi calculer les concentrations à l'équilibre dans la solution après la formation du précipité. Par exemple, calculons les concentrations à l'équilibre de $Pb^{2+}$ et $I^-$ après qu'on a mélangé 100,0 mL d'une solution de $Pb(NO_3)_2$ 0,0500 mol/L à 200,0 mL d'une solution de NaI 0,100 mol/L. On doit d'abord déterminer s'il y aura formation de $PbI_2$ ($K_{ps}$ = 1,4 × $10^{-8}$) lorsqu'on mélange ces solutions. Pour ce faire, il faut calculer $[Pb^{2+}]_0$ et $[I^-]_0$ (avant toute réaction) ; on a ici :

$$[Pb^{2+}]_0 = \frac{\text{mmol } Pb^{2+}}{\text{mL de solution}} = \frac{(100,0 \text{ mL})(0,0500 \text{ mmol/mL})}{300,0 \text{ mL}} = 1,67 \times 10^{-2} \text{ mol/L}$$

$$[I^-]_0 = \frac{\text{mmol } I^-}{\text{mL de solution}} = \frac{(200,0 \text{ mL})(0,100 \text{ mmol//mL})}{300,0 \text{ mL}} = 6,67 \times 10^{-2} \text{ mol/L}$$

Le produit ionique de $PbI_2$ est :

$$Q = [Pb^{2+}]_0[I^-]_0^2 = (1,67 \times 10^{-2})(6,67 \times 10^{-2})^2 = 7,43 \times 10^{-5}$$

Puisque $Q > K_{ps}$, il y aura formation d'un précipité de $PbI_2$.

La constante d'équilibre de la formation du $PbI_2$ solide est $1/K_{ps}$, soit $7 \times 10^7$, c'est-à-dire que la position de l'équilibre est située très à droite.

Étant donné que la valeur de $K_{ps}$ pour $PbI_2$ est très faible ($1{,}4 \times 10^{-8}$), seules de très faibles quantités de $Pb^{2+}$ et de $I^-$ peuvent exister en solution aqueuse. En d'autres termes, quand on mélange $Pb^{2+}$ et $I^-$, la plupart de ces ions contribuent à la formation du précipité de $PbI_2$.

C'est-à-dire que la réaction

$$Pb^{2+}(aq) + 2I^-(aq) \rightleftharpoons PbI_2(s)$$

qui est l'inverse de la réaction de dissolution, sera presque complète.

Quand on mélange deux solutions et que la réaction est pratiquement complète, il est préférable d'effectuer les calculs stœchiométriques avant d'aborder le problème d'équilibre. Ainsi, on laisse d'abord le système se déplacer complètement dans la direction vers laquelle il tend, puis on le laisse revenir à sa position d'équilibre. Si $Pb^{2+}$ et $I^-$ réagissent complètement, on obtient :

| | $Pb^{2+}$ | + | $2I^-$ | $\longrightarrow$ | $PbI_2$ |
|---|---|---|---|---|---|
| Avant la réaction | (100,0 mL)(0,0500 mol/L) = 5,00 mmol | | (200,0 mL)(0,100 mol/L) = 20,0 mmol | | la quantité de $PbI_2$ formé n'exerce aucune influence sur la position de l'équilibre |
| Après la réaction | 0 mmol | | 20,0 − 2(5,00) = 10,0 mmol | | |

Dans cette réaction, il existe un excès de 10 mmol de $I^-$.

À l'équilibre, $[Pb^{2+}]$ n'est pas vraiment nulle, puisque la réaction n'est pas tout à fait complète. En fait, pour aborder ce problème, il faut considérer que, une fois le $PbI_2$ formé, une très faible quantité est redissoute pour atteindre une position d'équilibre. Puisque $I^-$ est en excès, $PbI_2$ est dissous dans une solution qui contient 10,0 mmol de $I^-$ par 300,0 mL de solution, soit une solution de $I^-$ $3{,}33 \times 10^{-2}$ mol/L.

On peut aussi poser la question de la façon suivante : Quelle est la solubilité de $PbI_2$ solide dans une solution de NaI $3{,}33 \times 10^{-2}$ mol/L ? L'iodure de plomb est dissous conformément à la réaction suivante :

$$PbI_2(s) \rightleftharpoons Pb^{2+}(aq) + 2I^-(aq)$$

Les concentrations sont les suivantes.

| **Concentration initiale (mol/L)** | | **Concentration à l'équilibre (mol/L)** |
|---|---|---|
| $[Pb^{2+}]_0 = 0$ | $x$ mol/L | $[Pb^{2+}] = x$ |
| $[I^-]_0 = 3{,}33 \times 10^{-2}$ | $PbI_2(s)$ $\longrightarrow$ sont dissoutes | $[I^-] = 3{,}33 \times 10^{-2} + 2x$ |

En remplaçant les concentrations par leurs valeurs dans l'expression de $K_{ps}$, on obtient :

$$K_{ps} = 1{,}4 \times 10^{-8} = [Pb^{2+}][I^-]^2 = (x)(3{,}33 \times 10^{-2} + 2x)^2 \approx (x)(3{,}33 \times 10^{-2})^2$$

Par conséquent,

$$[Pb^{2+}] = x = 1{,}3 \times 10^{-5} \text{ mol/L}$$

$$[I^-] = 3{,}33 \times 10^{-2} \text{ mol/L}$$

Puisque $3{,}33 \times 10^{-2} \gg 2x$, l'approximation est valide. Les concentrations de $Pb^{2+}$ et de $I^-$ représentent alors les concentrations à l'équilibre dans une solution formée par le mélange de 100,0 mL de $Pb(NO_3)_2$ 0,0500 mol/L et de 200,0 mL de NaI 0,100 mol/L.

*Exemple 6.17*

## Précipitation

On mélange 150,0 mL d'une solution de $Mg(NO_3)_2$ $1{,}00 \times 10^{-2}$ mol/L à 250,0 mL d'une solution de NaF $1{,}00 \times 10^{-1}$ mol/L. Calculez les concentrations de $Mg^{2+}$ et de $F^-$ en équilibre avec $MgF_2$ solide ($K_{ps} = 6{,}4 \times 10^{-9}$).

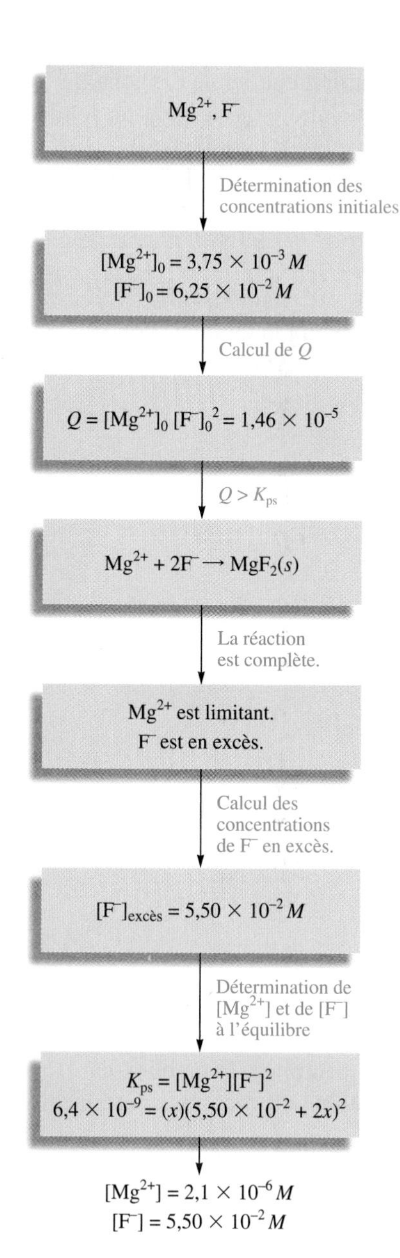


### *Solution*

Il faut d'abord déterminer s'il y aura formation de $MgF_2$ solide. Pour ce faire, on calcule les concentrations de $Mg^{2+}$ et de $F^-$ dans le mélange, puis on calcule $Q$:

$$[Mg^{2+}]_0 = \frac{\text{mmol } Mg^{2+}}{\text{mL de solution}} = \frac{(150,0 \text{ mL})(1,00 \times 10^{-2} \text{ mol/L})}{400,0 \text{ mL}} = 3,75 \times 10^{-3} \text{ mol/L}$$

$$[F^-]_0 = \frac{\text{mmol } F^-}{\text{mL de solution}} = \frac{(250,0 \text{ mL})(1,00 \times 10^{-1} \text{ mol/L})}{400,0 \text{ mL}} = 6,25 \times 10^{-2} \text{ mol/L}$$

$$Q = [Mg^{2+}]_0[F^-]_0^2 = (3,75 \times 10^{-3})(6,25 \times 10^{-2})^2 = 1,46 \times 10^{-5} \text{ mol/L}$$

Puisque $Q$ est supérieur à $K_{ps}$, il y aura formation d'un précipité de $MgF_2$. Après quoi, on considère que la réaction de précipitation est complète.

| | $Mg^{2+}$ | + | $2F^-$ | $\longrightarrow$ | $MgF_2(s)$ |
|---|---|---|---|---|---|
| Avant la réaction | $(150,0)(1,00 \times 10^{-2})$ $= 1,50$ mmol | | $(250,0)(1,00 \times 10^{-1})$ $= 25,0$ mmol | | |
| Après la réaction | $1,50 - 1,50 = 0$ mmol | | $25,0 - 2(1,50)$ $= 22,0$ mmol | | |

On constate que, une fois la réaction de précipitation terminée, il reste un excès d'ions $F^-$, dont la concentration est:

$$[F^-]_{excès} = \frac{22,0 \text{ mmol}}{400,0 \text{ mL}} = 5,50 \times 10^{-2} \text{ mol/L}$$

Même lorsqu'on suppose que la totalité de $Mg^{2+}$ a précipité, on sait que, à l'équilibre, $[Mg^{2+}]$ n'est pas nulle. On peut alors calculer $[Mg^{2+}]$ à l'équilibre en supposant que $MgF_2$ soit de nouveau dissous jusqu'à ce que les concentrations satisfassent l'expression de $K_{ps}$. Quelle quantité de $MgF_2$ sera dissoute dans une solution de NaF $5,50 \times 10^{-2}$ mol/L? On procède de la façon habituelle.

$$MgF_2(s) \rightleftharpoons Mg^{2+}(aq) + 2F^-(aq)$$
$$K_{ps} = [Mg^{2+}][F^-]^2 = 6,4 \times 10^{-9}$$

| **Concentration initiale (mol/L)** | | **Concentration à l'équilibre (mol/L)** |
|---|---|---|
| $[Mg^{2+}]_0 = 0$ | $x$ mol/L $MgF_2(s)$ $\longrightarrow$ sont dissoutes | $[Mg^{2+}] = x$ |
| $[F^-]_0 = 5,50 \times 10^{-2}$ | | $[F^-] = 5,50 \times 10^{-2} + 2x$ |

$$K_{ps} = 6,4 \times 10^{-9} = [Mg^{2+}][F^-]^2$$
$$= (x)(5,50 \times 10^{-2} + 2x)^2 \approx (x)(5,50 \times 10^{-2})^2$$
$$[Mg^{2+}] = x = 2,1 \times 10^{-6} \text{ mol/L}$$
$$[F^2] = 5,50 \times 10^{-2} \text{ mol/L}$$

Ces approximations respectent la règle des 5 %.

***Voir les exercices 6.77 et 6.78***

## Précipitation sélective

On utilise souvent la **précipitation sélective** pour séparer les ions métalliques en solution; pour ce faire, on utilise un réactif dont l'anion formera un précipité avec un ou plusieurs des ions métalliques du mélange. Supposons qu'une solution contienne des ions $Ba^{2+}$ et $Ag^+$. Lorsqu'on ajoute du NaCl à la solution, AgCl précipite sous forme d'un solide blanc alors que les ions $Ba^{2+}$ demeurent en solution, puisque $BaCl_2$ est soluble.

## Exemple 6.18 Précipitation sélective

Une solution contient $1{,}0 \times 10^{-4}$ mol/L de $Cu^+$ et $2{,}0 \times 10^{-3}$ mol/L de $Pb^{2+}$. Si l'on ajoute à cette solution une source d'ions $I^-$, quel sel précipitera le premier, $PbI_2$ ($K_{ps} = 1{,}4 \times 10^{-8}$) ou CuI ($K_{ps} = 5{,}3 \times 10^{-12}$) ? Indiquez quelle concentration d'ions $I^-$ est nécessaire pour qu'il y ait précipitation de chacun des sels.

***Solution***

Dans le cas de $PbI_2$, l'expression de $K_{ps}$ est :

$$1{,}4 \times 10^{-8} = K_{ps} = [Pb^{2+}][I^-]^2$$

Puisqu'on sait que, dans cette solution, $[Pb^{2+}]$ est $2{,}0 \times 10^{-3}$ mol/L, on peut calculer la valeur maximale de la concentration d'ions $I^-$ qui peut être présente sans qu'il y ait précipitation de $PbI_2$ à partir de l'expression de $K_{ps}$ :

$$1{,}4 \times 10^{-8} = [Pb^{2+}][I^-]^2 = (2{,}0 \times 10^{-3})[I^-]^2$$
$$[I^-] = 2{,}6 \times 10^{-3} \text{ mol/L}$$

Lorsque la concentration des ions $I^-$ devient supérieure à cette valeur, il y a formation d'un précipité de $PbI_2$. Par ailleurs, dans le cas de CuI, l'expression de $K_{ps}$ est :

$$5{,}3 \times 10^{-12} = K_{ps} = [Cu^+][I^-] = (1{,}0 \times 10^{-4})[I^-]$$

et

$$[I^-] = 5{,}3 \times 10^{-8} \text{ mol/L}$$

Une concentration d'ions $I^-$ supérieure à $5{,}3 \times 10^{-8}$ mol/L entraînera la précipitation du CuI.

Lorsqu'on ajoute l'ion $I^-$ au mélange, c'est CuI qui précipitera le premier, car $[I^-]$ nécessaire pour que cette précipitation ait lieu est la moins élevée. Par conséquent, on peut séparer $Cu^+$ de $Pb^{2+}$ en utilisant ce réactif.

***Voir les exercices 6.79 et 6.80***

On peut comparer les valeurs des $K_{ps}$ pour connaître les solubilités relatives de FeS et de MnS, car ces substances produisent le même nombre d'ions en solution.

Étant donné que les solubilités des divers sulfures métalliques diffèrent considérablement, on utilise souvent l'ion sulfure pour séparer des ions métalliques par précipitation sélective. Par exemple, considérons une solution à $10^{-3}$ mol/L de $Fe^{2+}$ et à $10^{-3}$ mol/L de $Mn^{2+}$. Puisque FeS ($K_{ps} = 3{,}7 \times 10^{-19}$) est beaucoup moins soluble que MnS ($K_{ps} = 2{,}3 \times 10^{-13}$), l'addition graduelle d'ions $S^{2-}$ au mélange entraînera la précipitation de $Fe^{2+}$ sous forme de FeS, $Mn^{2+}$ demeurant en solution.

Un des principaux avantages de l'utilisation de l'ion sulfure comme agent précipitant réside dans le fait que, parce qu'il est basique, on peut en doser la concentration en ajustant le pH de la solution. $H_2S$ est un diacide qui est dissocié en deux étapes :

$$H_2S \rightleftharpoons H^+ + HS^- \qquad K_{a_1} = 1{,}0 \times 10^{-7}$$
$$HS^- \rightleftharpoons H^+ + S^{2-} \qquad K_{a_2} \approx 10^{-19}$$

On remarque que l'ion $S^{2-}$ a une grande affinité pour les protons, la valeur de la $K_{a_2}$ de son acide conjugué étant faible. En solution acide ($[H^+]$ élevée), $[S^{2-}]$ sera relativement faible, puisque, dans ces conditions, l'équilibre de la dissociation sera situé très à gauche. Par contre, en milieu basique, $[S^{2-}]$ sera relativement importante, puisque la faible valeur de $[H^+]$ fera déplacer les deux équilibres vers la droite et qu'il y aura ainsi production d'ions $S^{2-}$.

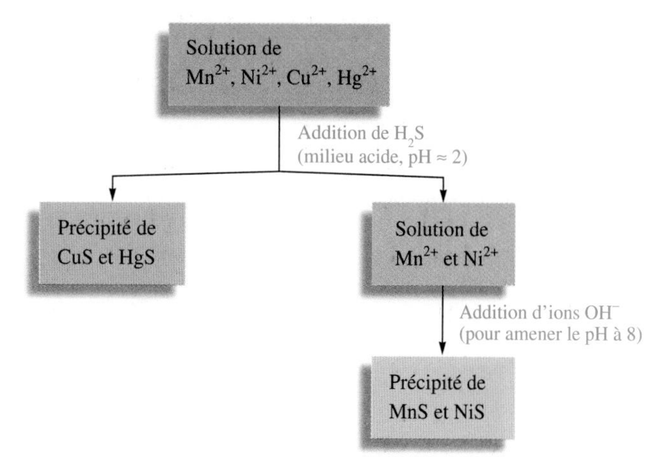


**FIGURE 6.11**
Séparation des ions $Cu^{2+}$ et $Hg^{2+}$ des ions $Ni^{2+}$ et $Mn^{2+}$ à l'aide de $H_2S$. En milieu très acide, $[S^{2-}]$ est relativement faible ; par conséquent, seuls HgS et CuS, très insolubles, précipitent. Lorsqu'on ajoute des ions $OH^-$ pour faire baisser $[H^+]$, la valeur de $[S^{2-}]$ augmente ; c'est alors MnS et NiS qui précipitent.

Cela signifie que les sulfures les moins solubles, tels CuS ($K_{ps} = 8{,}5 \times 10^{-45}$) et HgS ($K_{ps} = 1{,}6 \times 10^{-54}$), peuvent précipiter en milieu acide, alors que les plus solubles, tels MnS ($K_{ps} = 2{,}3 \times 10^{-13}$) et NiS ($K_{ps} = 3 \times 10^{-21}$), demeurent en solution. On peut alors faire précipiter les sulfures de manganèse et de nickel en rendant la solution légèrement basique. La figure 6.11 illustre schématiquement la façon de procéder.

Identification du potassium à l'aide de l'épreuve de la flamme.

## Analyse qualitative

Le schéma classique de l'**analyse qualitative** d'un mélange qui contient tous les cations communs (énumérés à la figure 6.12) repose d'abord sur leur séparation en cinq grands groupes, selon leur solubilité. (Ces groupes ne sont pas nécessairement les mêmes que ceux du tableau périodique.) Après quoi, on poursuit l'analyse de chaque groupe dans le but d'en séparer les ions et de les identifier. Le texte qui suit ne concerne que la séparation en cinq grands groupes.

**Groupe I : Chlorures insolubles**

Quand on ajoute de l'acide chlorhydrique dilué à une solution qui contient un mélange d'ions courants, seuls les ions $Ag^+$, $Pb^{2+}$ et $Hg_2{}^{2+}$ précipitent sous forme de chlorures insolubles. Tous les autres chlorures, solubles, demeurent en solution. On élimine de la solution le précipité qui contient les ions du groupe I, puis on traite par l'ion sulfure la solution résiduelle.

**Groupe II : Sulfures insolubles en milieu acide**

Après l'élimination des chlorures insolubles, la solution est toujours acide, puisqu'on a ajouté du HCl. Lorsqu'on ajoute du $H_2S$ à cette solution, seuls les sulfures les moins solubles (les sulfures de $Hg^{2+}$, $Cd^{2+}$, $Bi^{3+}$, $Cu^{2+}$ et $Sn^{4+}$) précipitent, car $[S^{2-}]$ est relativement faible en milieu fortement acide. Dans ces conditions, les sulfures plus solubles demeurent en solution. On élimine alors le précipité ainsi formé.

Identification du sodium à l'aide de l'épreuve de la flamme.

**Groupe III : Sulfures insolubles en milieu basique**

À ce moment, on rend la solution basique, puis on ajoute une plus grande quantité de $H_2S$. On l'a vu précédemment, en milieu basique, $[S^{2-}]$ est plus élevée, ce qui entraîne la précipitation des sulfures plus solubles. Les cations qui précipitent sous forme de sulfures à ce stade sont : $Co^{2+}$, $Zn^{2+}$, $Mn^{2+}$, $Ni^{2+}$ et $Fe^{2+}$. Si des ions $Cr^{3+}$ ou $Al^{3+}$ étaient présents, ils précipiteraient eux aussi, mais sous forme d'hydroxydes insolubles (rappelons que la solution est à présent basique). On élimine alors le précipité de la solution qui contient les ions résiduels.

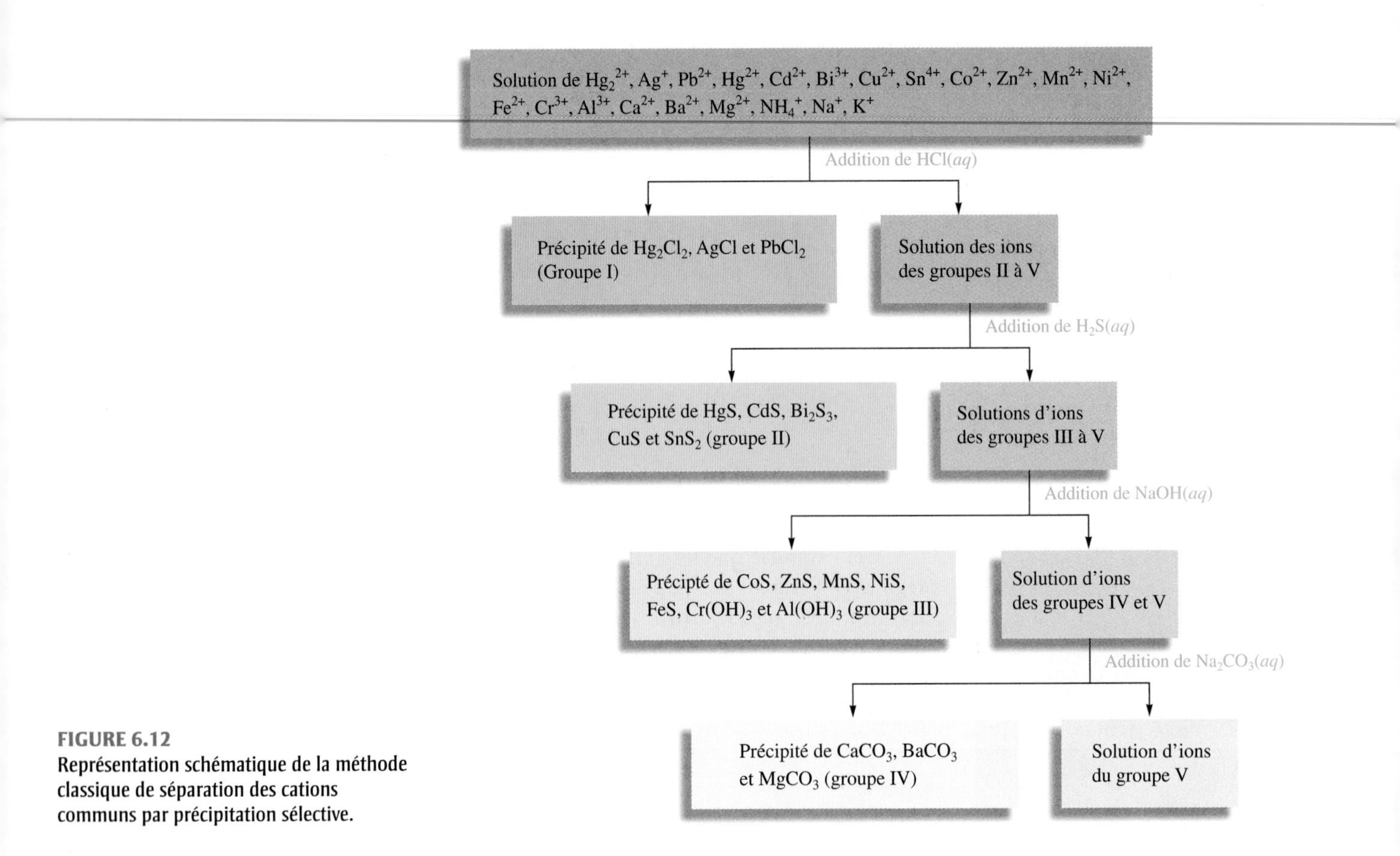


**FIGURE 6.12**
Représentation schématique de la méthode classique de séparation des cations communs par précipitation sélective.

### Groupe IV : Carbonates insolubles

À ce stade, tous les cations ont précipité, à l'exception de ceux qui appartiennent aux groupes 1A et 2A du tableau périodique. Les cations du groupe 4A forment des carbonates insolubles ; on peut donc les faire précipiter par addition de $CO_3^{2-}$. Par exemple, $Ba^{2+}$, $Ca^{2+}$ et $Mg^{2+}$ précipitent sous forme de carbonates, qu'on peut alors éliminer de la solution.

De gauche à droite : sulfure de cadmium, hydroxyde de chrome(III), hydroxyde d'aluminium et hydroxyde de nickel(II).

**Groupe V : Ion ammonium et métaux alcalins**
Les seuls ions toujours présents en solution à ce stade sont les cations du groupe 1A et l'ion $NH_4^+$ qui, tous, forment des sels solubles avec les anions communs. On reconnaît habituellement les cations du groupe 1A par la couleur caractéristique qu'ils produisent quand on les chauffe à la flamme. Ces couleurs correspondent au spectre d'émission de ces ions.

La figure 6.12 présente le schéma de l'analyse qualitative des cations, schéma basé sur la précipitation sélective décrite ci-dessus.

# Équilibres des ions complexes

## 6.8 Équilibres des ions complexes

$CoCl_4^{2-}$

Un **ion complexe** est une espèce chargée composée d'un ion métallique entouré de *ligands*. Un ligand est simplement une base de Lewis, c'est-à-dire une molécule ou un ion qui possède un doublet libre pouvant occuper une orbitale vide d'un ion métallique pour former une liaison covalente. Voici quelques ligands communs : $H_2O$, $NH_3$, $Cl^-$ et $CN^-$. On appelle *nombre de coordinence* le nombre de ligands fixés à un ion métallique. Les nombres de coordinence les plus courants sont : 6, comme dans $Co(H_2O)_6^{2+}$ et $Ni(NH_3)_6^{2+}$ ; 4, comme dans $CoCl_4^{2-}$ et $Cu(NH_3)_4^{2+}$ ; 2, comme dans $Ag(NH_3)_2^+$. Il en existe toutefois d'autres.

Les ions métalliques acceptent les ligands un par un ; chaque étape est alors caractérisée par une constante d'équilibre appelée **constante de formation** ou **constante de stabilité**. Par exemple, quand on mélange des solutions qui contiennent des ions $Ag^+$ et des molécules $NH_3$, les réactions suivantes ont lieu :

$$Ag^+ + NH_3 \rightleftharpoons Ag(NH_3)^+ \qquad K_1 = 2{,}1 \times 10^3$$
$$Ag(NH_3)^+ + NH_3 \rightleftharpoons Ag(NH_3)_2^+ \qquad K_2 = 8{,}2 \times 10^3$$

où $K_1$ et $K_2$ sont respectivement les constantes de formation des deux étapes successives. Dans une solution qui contient des ions $Ag^+$ et du $NH_3$, les espèces en présence à l'équilibre sont $NH_3$, $Ag^+$, $Ag(NH_3)^+$ et $Ag(NH_3)_2^+$. Calculer les concentrations de tous ces composants peut s'avérer fort complexe. Cependant, puisque la concentration totale d'un ligand est habituellement beaucoup plus élevée que celle des ions métalliques, on peut effectuer des approximations qui permettent de simplifier considérablement les calculs.

Considérons, par exemple, un mélange obtenu quand on ajoute de 100,0 mL d'une solution de $NH_3$ 2,0 mol/L à 100,0 mL d'une solution de $AgNO_3$ $1{,}0 \times 10^{-3}$ mol/L. *Avant toute réaction*, le mélange contient les principales espèces suivantes : $Ag^+$, $NO_3^-$, $NH_3$ et $H_2O$. Quelle est ou quelles sont les réactions qui auront lieu dans ce mélange ? Compte tenu de ce qu'on a appris au chapitre 4, on sait qu'une des réactions sera :

$$NH_3(aq) + H_2O(l) \rightleftharpoons NH_4^+(aq) + OH^-(aq)$$

Cependant, ce qui nous intéresse ici, c'est la réaction entre $NH_3$ et $Ag^+$, réaction qui produit des ions complexes. Étant donné que la position de l'équilibre de la réaction ci-dessus est située très à gauche (pour $NH_3$, $K_b = 1{,}8 \times 10^{-5}$), on peut négliger la quantité de $NH_3$ qui, dans cette réaction, a réagi avec l'eau. Ainsi, avant toute production d'ions complexes, les concentrations dans le mélange sont :

$$[Ag^+]_0 = \frac{(100{,}0 \text{ mL})(1{,}0 \times 10^{-3} \text{ mol/L})}{(200{,}0 \text{ mL})} = 5{,}0 \times 10^{-4} \text{ mol/L}$$

Volume total

$$[NH_3]_0 = \frac{(100{,}0 \text{ mL})(2{,}0 \text{ mol/L})}{(200{,}0 \text{ mL})} = 1{,}0 \text{ mol/L}$$

Une solution contenant des ions complexes bleus de $CoCl_4^{2-}$.

On l'a vu précédemment, l'ion $Ag^+$ réagit avec $NH_3$ de façon progressive pour produire d'abord $Ag(NH_3)^+$, puis $Ag(NH_3)_2^+$ :

$$Ag^+ + NH_3 \rightleftharpoons Ag(NH_3)^+ \qquad K_1 = 2{,}1 \times 10^3$$
$$Ag(NH_3)^+ + NH_3 \rightleftharpoons Ag(NH_3)_2^+ \qquad K_2 = 8{,}2 \times 10^3$$

Puisque $K_1$ et $K_2$ sont toutes deux importantes et qu'il existe un fort excès de $NH_3$, *on peut considérer que les deux réactions sont complètes* ; c'est pourquoi on peut écrire la réaction globale de la façon suivante :

$$Ag^+ + 2NH_3 \longrightarrow Ag(NH_3)_2^+$$

Les calculs stœchiométriques appropriés sont les suivants.

| | $Ag^+$ + | $2NH_3$ ⟶ | $Ag(NH_3)_2^+$ |
|---|---|---|---|
| Avant la réaction | $5{,}0 \times 10^{-4}$ mol/L | 1,0 mol/L | 0 |
| Après la réaction | 0 | $1{,}0 - 2(5{,}0 \times 10^{-4}) \approx 1{,}0$ mol/L ↗ Il faut une quantité de $NH_3$ deux fois supérieure à celle de $Ag^+$ | $5{,}0 \times 10^{-4}$ mol/L |

Dans ce cas, on a utilisé les concentrations pour effectuer les calculs stœchiométriques et on a supposé que la réaction était complète, c'est-à-dire que la totalité du $Ag^+$ initial avait été utilisée pour produire $Ag(NH_3)_2^+$. En fait, une *très faible quantité* du $Ag(NH_3)_2^+$ ainsi formé sera dissociée pour produire de faibles quantités de $Ag(NH_3)^+$ et $Ag^+$. Cependant, puisque cette quantité de $Ag(NH_3)_2^+$ dissocié est si faible, on peut raisonnablement supposer que, à l'équilibre, $[Ag(NH_3)_2^+]$ est $5{,}0 \times 10^{-4}$ mol/L. De la même façon, puisqu'une faible quantité de $NH_3$ a été utilisée, $[NH_3]$ est égale à 1,0 mol/L, à l'équilibre. On peut donc utiliser ces concentrations pour calculer $[Ag^+]$ et $[Ag(NH_3)^+]$ à partir des expressions de $K_1$ et de $K_2$.

Pour calculer la concentration à l'équilibre de $Ag(NH_3)^+$, on utilise :

$$K_2 = 8{,}2 \times 10^3 = \frac{[Ag(NH_3)_2^+]}{[Ag(NH_3)^+][NH_3]}$$

étant donné qu'on connaît $[Ag(NH_3)_2^+]$ et $[NH_3]$. En résolvant cette équation, on obtient :

$$[Ag(NH_3)^+] = \frac{[Ag(NH_3)_2^+]}{K_2[NH_3]} = \frac{5{,}0 \times 10^{-4}}{(8{,}2 \times 10^3)(1{,}0)} = 6{,}1 \times 10^{-8} \text{ mol/L}$$

On peut à présent calculer la concentration à l'équilibre de $Ag^+$ à partir de $K_1$ :

$$K_1 = 2{,}1 \times 10^3 = \frac{[Ag(NH_3)^+]}{[Ag^+][NH_3]} = \frac{6{,}1 \times 10^{-8}}{[Ag^+](1{,}0)}$$

$$[Ag^+] = \frac{6{,}1 \times 10^{-8}}{(2{,}1 \times 10^3)(1{,}0)} = 2{,}9 \times 10^{-11} \text{ mol/L}$$

Jusqu'alors, on a considéré que $Ag(NH_3)_2^+$ était l'espèce qui contenait de l'argent la plus importante en solution. Or, cette supposition est-elle valide ? Les concentrations ainsi calculées sont :

$$[Ag(NH_3)_2^+] = 5{,}0 \times 10^{-4} \text{ mol/L}$$
$$[Ag(NH_3)^+] = 6{,}1 \times 10^{-8} \text{ mol/L}$$
$$[Ag^+] = 2{,}9 \times 10^{-11} \text{ mol/L}$$

On retrouve pratiquement tous les ions $Ag^+$ présents initialement sous forme de $Ag(NH_3)_2^+$.

Selon ces résultats, il est évident que :

$$[Ag(NH_3)_2^+] \gg [Ag(NH_3)^+] \gg [Ag^+]$$

L'hypothèse selon laquelle $[Ag(NH_3)_2^+]$ est l'espèce contenant des ions $Ag^+$ la plus importante est donc valide, et les valeurs des concentrations obtenues sont exactes.

Cette analyse montre que, même si les réactions d'équilibre des ions complexes font intervenir de nombreuses espèces en solution et qu'elles semblent complexes à résoudre, les calculs sont en fait très simples lorsqu'on trouve un grand excès de ligands.

*Exemple 6.19*

## Ions complexes

Calculez les concentrations de $Ag^+$, $Ag(S_2O_3)^-$ et $Ag(S_2O_3)_2^{3-}$ dans un mélange composé de 150,0 mL d'une solution de $AgNO_3$ $1,00 \times 10^{-3}$ mol/L et de 200,0 mL d'une solution de $Na_2S_2O_3$ 5,00 mol/L. Les équilibres de formation graduelle sont :

$$Ag^+ + S_2O_3^{2-} \rightleftharpoons Ag(S_2O_3)^- \qquad K_1 = 7,4 \times 10^8$$
$$Ag(S_2O_3)^- + S_2O_3^{2-} \rightleftharpoons Ag(S_2O_3)_2^{3-} \qquad K_2 = 3,9 \times 10^4$$

### *Solution*

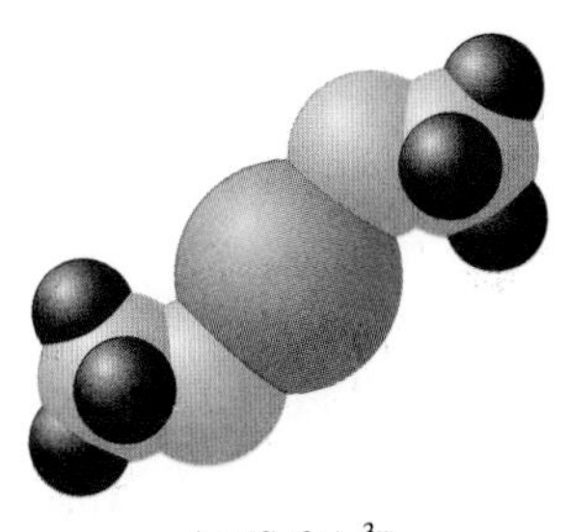

$Ag(S_2O_3)_2^{3-}$

*Avant toute réaction*, les concentrations de ligands et d'ions métalliques dans le mélange sont :

$$[Ag^+]_0 = \frac{(150,0 \text{ mL})(1,00 \times 10^{-3} \text{ mol/L})}{(150,0 \text{ mL} + 200,0 \text{ mL})} = 4,29 \times 10^{-4} \text{ mol/L}$$

$$[S_2O_3^{2-}]_0 = \frac{(200,0 \text{ mL})(5,00 \text{ mol/L})}{(150,0 \text{ mL} + 200,0 \text{ mL})} = 2,86 \text{ mol/L}$$

Puisque $[S_2O_3^{2-}]_0 \gg [Ag^+]_0$ et que les valeurs de $K_1$ et $K_2$ sont élevées, on peut considérer que les deux réactions de formation sont complètes et que, dans la solution, la réaction globale est :

| | $Ag^+$ | + | $2S_2O_3^{2-}$ | $\longrightarrow$ | $Ag(S_2O_3)_2^{3-}$ |
|---|---|---|---|---|---|
| Avant la réaction | $4,29 \times 10^{-4}$ mol/L | | 2,86 mol/L | | 0 |
| Après la réaction | $\sim 0$ | | $2,86 - 2(4,29 \times 10^{-4})$ $\approx 2,86$ mol/L | | $4,29 \times 10^{-4}$ mol/L |

On remarque que $Ag^+$ est l'espèce limitante et que la quantité de $S_2O_3^{2-}$ transformée est négligeable. Par ailleurs, on peut utiliser les concentrations pour résoudre le problème de stœchiométrie, puisque toutes les espèces sont présentes dans la même solution.

Bien sûr, la concentration de $Ag^+$ à l'équilibre n'est pas nulle, et on trouve une certaine quantité de $Ag(S_2O_3)^-$ en solution. Pour calculer les concentrations de ces espèces, on doit utiliser les expressions de $K_1$ et de $K_2$. On peut calculer la concentration de $Ag(S_2O_3)^-$ à l'aide de l'expression de $K_2$ :

$$3,9 \times 10^4 = K_2 = \frac{[Ag(S_2O_3)_2^{3-}]}{[Ag(S_2O_3)^-][S_2O_3^{2-}]} = \frac{4,29 \times 10^{-4}}{[Ag(S_2O_3)^-](2,86)}$$

$$[Ag(S_2O_3)^-] = 3,8 \times 10^{-9} \text{ mol/L}$$

On peut calculer $[Ag^+]$ à l'aide de l'expression de $K_1$ :

$$7,4 \times 10^8 = K_1 = \frac{[Ag(S_2O_3)^-]}{[Ag^+][S_2O_3^{2-}]} = \frac{3,8 \times 10^{-9}}{[Ag^+](2,86)}$$

$$[Ag^+] = 1,8 \times 10^{-18} \text{ mol/L}$$

Ces résultats montrent que : $[Ag(S_2O_3)_2^{3-}] \gg [Ag(S_2O_3)^-] \gg [Ag^+]$

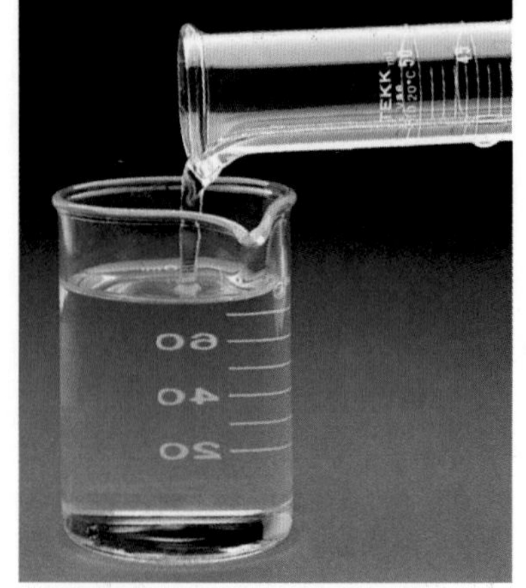

(Haut) Ajout d'une solution aqueuse d'ammoniac à une solution de chlorure d'argent (blanc). (Bas) Dissolution du chlorure d'argent, insoluble dans l'eau, par suite de la formation de $Ag(NH_3)_2^+(aq)$ et $Cl^-(aq)$.

Ainsi, la supposition selon laquelle la quasi-totalité des ions $Ag^+$ initialement présents étaient transformés en $Ag(S_2O_3)_2^{3-}$ est valide ; les calculs sont par conséquent exacts.

***Voir les exercices 6.87 et 6.88***

## Ions complexes et solubilité

On doit souvent dissoudre en solution aqueuse, d'une façon ou d'une autre, des solides ioniques presque totalement insolubles dans l'eau. Par exemple, quand on fait précipiter les différents groupes d'ions au cours d'analyses qualitatives, on doit dissoudre de nouveau les précipités lorsqu'on souhaite séparer les ions qu'ils contiennent. Considérons une solution qui contient, entre autres, les cations $Ag^+$, $Pb^{2+}$ et $Hg_2^{2+}$. Lorsqu'on ajoute une solution aqueuse diluée de HCl à cette solution, les ions du groupe I produisent des chlorures insolubles : AgCl, $PbCl_2$ et $Hg_2Cl_2$. Une fois qu'on l'a séparé du reste de la solution, il faut dissoudre de nouveau le précipité pour identifier chacun des cations en présence. Comment procède-t-on ? On sait que certains solides sont plus solubles en milieu acide qu'en milieu neutre. Qu'en est-il des chlorures ? Par exemple, AgCl peut-il être dissous en milieu fortement acide ? Non, puisque les ions $Cl^-$ n'ont pratiquement aucune affinité pour les ions $H^+$ en solution aqueuse. Ainsi, la position de l'équilibre de dissociation

$$AgCl(s) \rightleftharpoons Ag^+(aq) + Cl^-(aq)$$

n'est pas modifiée par la présence d'ions $H^+$.

Comment peut-on faire déplacer l'équilibre de dissociation vers la droite, alors que $Cl^-$ est une base extrêmement faible ? Il faut pour cela réduire la concentration de $Ag^+$ en solution en produisant des ions complexes. Par exemple, on sait que $Ag^+$ réagit avec un excès de $NH_3$ pour produire l'ion complexe stable $Ag(NH_3)_2^+$. Il en résulte que AgCl est très soluble en solution concentrée d'ammoniac. Les réactions appropriées ici sont :

$$\begin{aligned} AgCl(s) &\rightleftharpoons Ag^+ + Cl^- & K_{ps} &= 1{,}6 \times 10^{-10} \\ Ag^+ + NH_3 &\rightleftharpoons Ag(NH_3)^+ & K_1 &= 2{,}1 \times 10^3 \\ Ag(NH_3)^+ + NH_3 &\rightleftharpoons Ag(NH_3)_2^+ & K_2 &= 8{,}2 \times 10^3 \end{aligned}$$

L'ion $Ag^+$ provenant de la dissolution du AgCl se combine à $NH_3$ pour produire $Ag(NH_3)_2^+$, ce qui favorise davantage encore la dissolution de AgCl, laquelle se poursuivra jusqu'à ce que :

$$[Ag^+][Cl^-] = K_{ps} = 1{,}6 \times 10^{-10}$$

Ici, $[Ag^+]$ ne représente que les ions $Ag^+$ libres en solution, et non le contenu total en argent de la solution, lequel est :

$$[Ag]_{\text{total dissous}} = [Ag^+] + [Ag(NH_3)^+] + [Ag(NH_3)_2^+]$$

On l'a vu à la section précédente, presque tous les ions $Ag^+$ finissent par produire le complexe $Ag(NH_3)_2^+$. Ainsi, on peut représenter la dissolution du AgCl solide dans un excès de $NH_3$ par l'équation suivante :

$$AgCl(s) + 2NH_3(aq) \rightleftharpoons Ag(NH_3)_2^+(aq) + Cl^-(aq)$$

Si un phénomène global résulte de l'addition de réactions, la constante d'équilibre de ce phénomène est le produit des constantes des réactions individuelles.

Puisque cette réaction est la *somme des trois réactions successives* présentées ci-dessus, la constante d'équilibre pour cette réaction est le produit des constantes de chacune des trois réactions. L'expression de la constante d'équilibre est :

$$K = \frac{[Ag(NH_3)_2^+][Cl^-]}{[NH_3]^2}$$

$$= K_{ps} \times K_1 \times K_2 = (1{,}6 \times 10^{-10})(2{,}1 \times 10^3)(8{,}2 \times 10^3) = 2{,}8 \times 10^{-3}$$

À l'aide de cette expression, on peut à présent calculer la solubilité du AgCl solide dans une solution de $NH_3$ 10,0 mol/L. En supposant que la solubilité de AgCl (en mol/L) dans cette solution soit égale à $x$, on peut écrire les expressions suivantes relatives aux concentrations à l'équilibre des espèces appropriées :

$$[Cl^-] = x$$

$$[Ag(NH_3)_2^+] = x$$

$x$ mol/L de AgCl sont dissoutes pour produire $x$ mol/L de $Cl^-$ et $x$ mol/L de $Ag(NH_3)_2^+$

$$[NH_3] = 10{,}0 - 2x$$

La production de $x$ mol/L de $Ag(NH_3)_2^+$ nécessite $2x$ mol/L de $NH_3$, puisque chaque ion complexe contient deux molécules de $NH_3$

En remplaçant ces concentrations par leurs valeurs dans l'expression de la constante d'équilibre, on obtient :

$$K = 2{,}8 \times 10^{-3} = \frac{[Ag(NH_3)_2^+][Cl^-]}{[NH_3]^2} = \frac{(x)(x)}{(10{,}0 - 2x)^2} = \frac{x^2}{(10{,}0 - 2x)^2}$$

Ici, aucune approximation n'est nécessaire. En extrayant la racine carrée de chacun des membres de l'équation, on obtient :

$$\sqrt{2{,}8 \times 10^{-3}} = \frac{x}{10{,}0 - 2x}$$

$$x = 0{,}48 \text{ mol/L}$$

$$= \text{solubilité de AgCl}(s) \text{ dans une solution de } NH_3 \text{ 10,0 mol/L}$$

Ainsi, on constate que la solubilité de AgCl est beaucoup plus grande dans une solution de $NH_3$ 10,0 mol/L que dans l'eau pure, où elle est de :

$$\sqrt{K_{ps}} = 1{,}3 \times 10^{-5} \text{ mol/L}$$

Dans le présent chapitre, on a envisagé deux façons de dissoudre un solide ionique insoluble dans l'eau. Dans le cas où l'*anion* du solide est une base efficace, la solubilité est considérablement accrue par acidification de la solution. Dans le cas où l'anion n'est pas suffisamment basique, le solide ionique peut souvent être dissous dans une solution contenant un ligand qui formera un ion complexe stable avec le *cation*.

Quelquefois, les solides sont tellement insolubles qu'il faut un ensemble de réactions pour les dissoudre. Par exemple, pour dissoudre HgS, un sel extrêmement insoluble ($K_{ps} = 1{,}6 \times 10^{-54}$), il faut utiliser un mélange de HCl concentré et de $HNO_3$ concentré, appelé *eau régale*. Les ions $H^+$ de l'eau régale réagissent avec les ions $S^{2-}$ pour produire $H_2S$, et les ions $Cl^-$ réagissent avec les ions $Hg^{2+}$ pour produire des ions complexes variés, dont $HgCl_4^{2-}$. De plus, $NO_3^-$ oxyde $S^{2-}$ en soufre élémentaire. Ces réactions font baisser les concentrations de $Hg^{2+}$ et de $S^{2-}$, ce qui favorise la solubilité de HgS.

Puisque la solubilité de nombreux sels augmente en fonction de la température, on peut parfois, simplement en le chauffant, rendre un sel suffisamment soluble. Par exemple, prenons le cas dont on a parlé précédemment dans cette section d'un précipité composé d'un mélange d'ions chlorure du groupe I : $PbCl_2$, AgCl et $Hg_2Cl_2$. L'influence de la température sur la solubilité de $PbCl_2$ est telle qu'on peut faire précipiter $PbCl_2$ à l'aide d'une solution aqueuse froide de HCl, puis le dissoudre de nouveau en chauffant la solution à une température voisine du point d'ébullition. Les chlorures d'argent et de mercure(I) demeurent sous forme précipitée dans la solution, étant donné qu'ils ne sont pas solubles de façon significative dans l'eau chaude. Cependant, le AgCl solide peut être dissous dans une solution aqueuse d'ammoniac. Le $Hg_2Cl_2$ solide réagit avec $NH_3$ pour produire un mélange de mercure élémentaire et de $HgNH_2Cl$ conformément à la réaction suivante :

$$Hg_2Cl_2(s) + 2NH_3(aq) \longrightarrow \underset{\text{Blanc}}{HgNH_2Cl(s)} + \underset{\text{Noir}}{Hg(l)} + NH_4^+(aq) + Cl^-(aq)$$

La couleur du mélange des précipités sera grise. C'est là une réaction d'oxydoréduction, dans laquelle un ion mercure(I) de $Hg_2Cl_2$ est oxydé en $Hg^{2+}$ dans $HgNH_2Cl$, et l'autre ion mercure(I) réduit en Hg ou mercure élémentaire.

La figure 6.13 présente le traitement des ions du groupe I. On remarque que la présence d'ions $Pb^{2+}$ est confirmée par l'addition d'ions $CrO_4^{2-}$, qui produisent le chromate de plomb(II), un précipité jaune clair ($PbCrO_4$). Par ailleurs, les ions $H^+$ ajoutés à une solution qui contient $Ag(NH_3)_2^+$ et $Cl^-$ réagissent avec $NH_3$ pour produire $NH_4^+$, ce qui détruit le complexe $Ag(NH_3)_2^+$. Le chlorure d'argent peut alors être reformé :

$$2H^+(aq) + Ag(NH_3)_2^+(aq) + Cl^-(aq) \longrightarrow 2NH_4^+(aq) + AgCl(s)$$

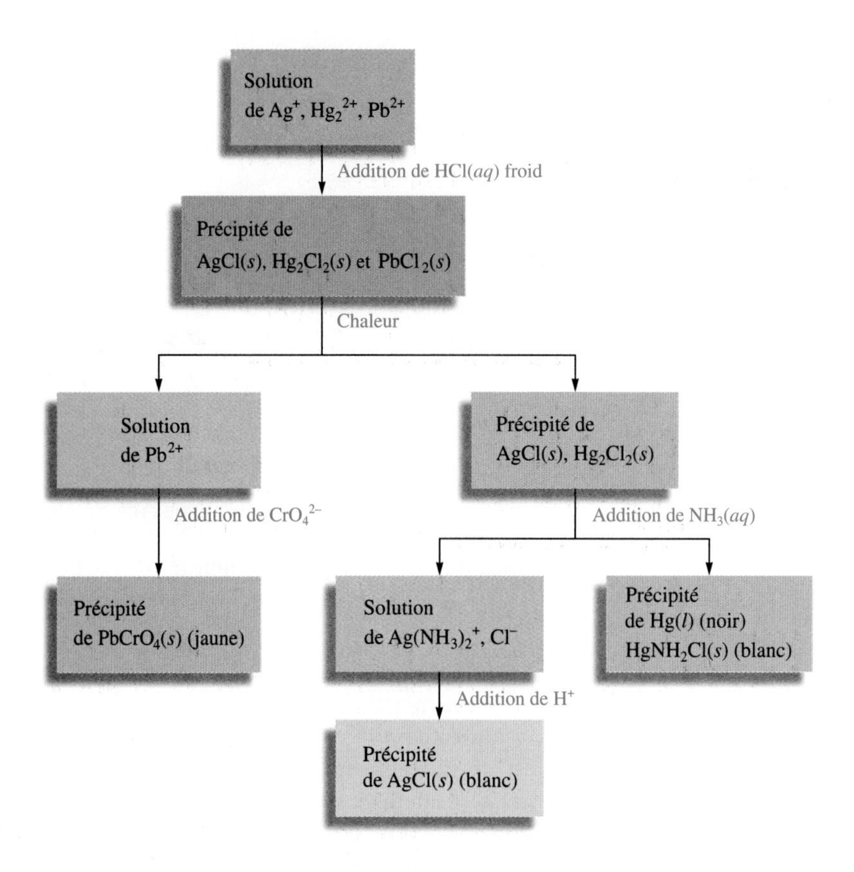


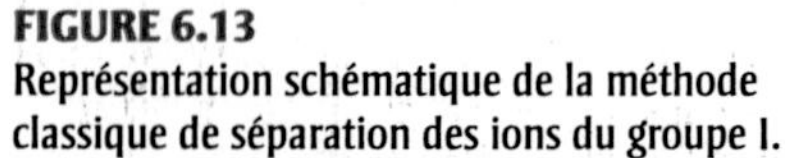
**FIGURE 6.13**
**Représentation schématique de la méthode classique de séparation des ions du groupe I.**

On constate que l'analyse qualitative des cations par précipitation sélective fait intervenir tous les types de réactions dont il a été question jusqu'à présent et constitue à ce titre une excellente application des principes relatifs aux équilibres chimiques.

## Mot clés

*Section 6.1*
ion commun
effet d'ion commun

*Section 6.2*
solution tampon
équation de Henderson-Hasselbalch

*Section 6.3*
pouvoir tampon

*Section 6.4*
courbe de titrage
millimole (mmol)
point d'équivalence
(point stœchiométrique)

*Section 6.5*
indicateur coloré acide-base
phénolphtaléine

*Section 6.6*
produit de solubilité

*Section 6.7*
produit ionique
précipitation sélective
analyse qualitative

*Section 6.8*
ion complexe
constante de formation
(constante de stabilité)

# Synthèse

### Solutions tampons

- Elles contiennent un acide faible (HA) et son sel (NaA) ou une base faible (B) et son sel (BHCl).
- Le pH résiste à l'addition d'ions $H^+$ ou $OH^-$.
- Dans le cas d'une solution tampon contenant HA et $A^-$:
  - l'équation de Henderson-Hasselbalch est utile:

$$pH = pK_a + \log\left(\frac{[A^-]}{[HA]}\right)$$

  - le pouvoir tampon d'une solution est fonction des quantités de HA et de $A^-$ en présence;
  - on obtient l'effet tampon optimal lorsque le rapport $\frac{[A^-]}{[HA]}$ est près de 1;
  - on peut expliquer l'effet tampon de la façon suivante: les quantités relativement importantes de HA (qui réagit avec les ions $OH^-$ ajoutés) et de $A^-$ (qui réagit avec les ions $H^+$ ajoutés) font que le rapport $\frac{[A^-]}{[HA]}$ demeure presque constant quand on ajoute des acides forts ou des bases fortes.

### Titrages acide-base

- On suit la progression d'un titrage acide-base en traçant le graphique de la variation de pH de la solution en fonction du volume de titrant ajouté; on obtient ainsi une courbe de titrage, ou courbe de variation du pH.
- La courbe de titrage d'un acide fort par une base forte comporte une variation de pH très marquée au voisinage du point d'équivalence.
- L'allure de la courbe de titrage d'un acide fort par une base forte est fort différente avant le point d'équivalence de l'allure de la courbe de titrage d'un acide faible par une base forte.
  - Avant le point d'équivalence, la courbe de titrage d'un acide faible par une base forte montre un effet tampon.
  - Au point d'équivalence de ce titrage, le pH est supérieur à 7, à cause de la basicité de $A^-$.
- On utilise parfois des indicateurs colorés pour révéler le point d'équivalence d'un titrage acide-base.
  - Le point de virage est le point où l'indicateur change de couleur.
  - Il faut choisir un indicateur dont le point de virage coïncide le mieux avec le point d'équivalence du titrage acide-base.

### Solides en solution aqueuse

- Dans le cas des sels faiblement solubles, un équilibre s'établit entre le solide en excès (MX) et les ions en solution:

$$MX(s) \rightleftharpoons M^+(aq) + X^-(aq)$$

- La constante d'équilibre correspondante est appelée $K_{ps}$:

$$K_{ps} = [M^+][X^-]$$

  - La présence d'une autre source de $M^+$ ou de $X^-$ provoque la diminution de la solubilité de $MX(s)$: c'est ce qu'on appelle l'effet d'ion commun.
- Pour déterminer s'il y aura formation d'un précipité lorsqu'on mélange deux solutions données, on peut recourir au calcul de $Q$ pour les concentrations initiales.
  - Si $Q > K_{ps}$, il y a formation d'un précipité.
  - Si $Q \leqslant K_{ps}$, il n'y a pas formation de précipité.

## QUESTIONS DE RÉVISION

1. Qu'est-ce qu'on entend par l'expression « ion commun » ? Comment la présence d'un ion commun peut-elle modifier un équilibre comme celui-ci ?

$$HNO_2(aq) \rightleftharpoons H^+(aq) + NO_2^-(aq)$$

Comment appelle-t-on une solution acide-base qui contient un ion commun ?

2. Définissez l'expression « solution tampon ». Que contient une solution tampon ? Comment les solutions tampons absorbent-elles les ions $H^+$ et $OH^-$ ajoutés sans variation importante de leur pH ?

Dans une solution tampon, est-il nécessaire que les concentrations d'un acide faible et d'une base faible soient égales ? Expliquez. Quel est le pH d'une solution tampon lorsque les concentrations de l'acide faible et de sa base conjuguée sont égales ?

En général, une solution tampon contient un acide faible et sa base faible conjuguée, ou une base faible et son acide faible conjugué dans l'eau. Vous pouvez calculer le pH en résolvant un problème d'équilibre à l'aide de la réaction ($K_a$) de dissociation d'un acide faible ou de la réaction ($K_b$) de dissociation de la base faible conjuguée. Les deux réactions donnent la même valeur de pH de la solution. Expliquez.

On peut utiliser une troisième méthode pour calculer le pH d'une solution tampon : l'équation de Henderson-Hasselbalch. Qu'est-ce que l'équation de Henderson-Hasselbalch ? Quelle supposition faut-il faire quand on utilise cette équation ?

3. Une des étapes les plus compliquées dans la résolution des problèmes acide-base consiste à écrire la bonne réaction. Lorsqu'on ajoute un acide fort ou une base forte à une solution, leur rôle est important et on les fait toujours réagir en premier. Si l'on ajoute un acide fort à une solution tampon, qu'est-ce qui réagit avec les ions $H^+$ provenant de l'acide fort et quels sont les produits ? Si l'on ajoute une base forte à une solution tampon, qu'est-ce qui réagit avec les ions $OH^-$ provenant de la base forte et quels sont les produits ? On considère que les problèmes qui mettent en jeu la réaction d'un acide fort ou d'une base forte sont des problèmes de stœchiométrie et ne sont pas des problèmes d'équilibre. Pour effectuer les calculs de stœchiométrie, que doit-on supposer lors de la réaction d'un acide fort ou d'une base forte ?

Une bonne solution tampon contient en général des concentrations à peu près égales d'acide faible et de sa base conjuguée. Si vous voulez une solution tampon de pH = 4,00 ou de pH = 10,00, comment choisirez-vous le couple acide faible-base conjuguée ou base faible-acide conjugué à utiliser ? La deuxième caractéristique d'une bonne solution tampon est son pouvoir tampon. Que signifie l'expression « pouvoir tampon » ? Quelle est la différence entre les pouvoirs tampons des solutions suivantes ? Quelle est la différence entre leurs pH ?

**a)** Acide acétique 0,01 mol/L et acétate de sodium 0,01 mol/L
**b)** Acide acétique 0,1 mol/L et acétate de sodium 0,1 mol/L
**c)** Acide acétique 1,0 mol/L et acétate de sodium 1,0 mol/L

4. Tracez la courbe de titrage générale pour un acide fort par une base forte. Aux différents points sur la courbe, énumérez les espèces principales présentes avant la réaction, et les espèces principales présentes après la réaction. Quelle réaction a lieu dans un titrage d'un acide fort par une base forte ? Comment calculer le pH à différents points sur la courbe ? Quel est le pH au point d'équivalence du titrage d'un acide fort par une base forte ? Pourquoi ? Répondez aux mêmes questions pour le titrage d'une base forte par un acide fort. Quelles sont les similitudes et les différences entre le titrage d'un acide fort par une base forte et celui d'une base forte par un acide fort ?

5. Tracez la courbe de titrage d'un acide faible par une base forte. En effectuant les calculs concernant les titrages d'un acide faible par une base forte, la méthode

générale en deux étapes pour déterminer le pH consiste à résoudre d'abord un problème de stœchiométrie, puis un problème d'équilibre. Quelle réaction a lieu dans la partie stœchiométrique du problème ? Quelle supposition doit-on effectuer concernant cette réaction ?

À divers points sur la courbe de titrage, énumérez les principales espèces présentes après la réaction complète d'une base forte (par exemple, NaOH) avec l'acide faible, HA. Quel problème d'équilibre devez-vous résoudre pour calculer le pH à ces divers points sur la courbe de titrage ? Pourquoi le pH est-il supérieur à 7,0 au point d'équivalence du titrage d'un acide faible par une base forte ? Est-ce que le pH au point de demi-neutralisation doit être inférieur à 7,0 ? Quel est le pH au demi-point de neutralisation ? Quelles sont les similitudes et les différences entre la courbe de titrage d'un acide fort par une base forte et celle du titrage d'un acide faible par une base forte ?

**6.** Tracez la courbe de titrage d'une base faible par un acide fort. Une méthode en deux étapes s'applique également aux problèmes de titrage d'une base faible par un acide fort. Quelle réaction a lieu dans la partie stœchiométrique du problème ? Quelle supposition doit-on effectuer concernant cette réaction ? À divers points sur la courbe de titrage, énumérez les principales espèces présentes après la réaction complète d'un acide fort (par exemple, $HNO_3$) avec la base faible, B. Quel problème d'équilibre devez-vous résoudre pour calculer le pH à ces divers points sur la courbe de titrage ? Pourquoi le pH est-il inférieur à 7,0 au point d'équivalence du titrage d'une base faible par un acide fort ? Si le pH = 6,0 au point de demi-neutralisation, quelle est la valeur de $K_b$ pour la base faible titrée ? Quelles sont les similitudes et les différences entre la courbe de titrage d'une base forte par un acide fort et celle du titrage d'une base faible par un acide fort.

**7.** Qu'est-ce qu'un indicateur coloré acide-base ? Définissez le point d'équivalence (stœchiométrique) et le point de virage d'un titrage. Pourquoi choisit-on un indicateur tel que ces deux points coïncident ? Faut-il que les pH de ces deux points ne soient séparés l'un de l'autre que par $\pm$ 0,01 unité de pH ? Expliquez votre réponse. Pourquoi un indicateur change-t-il de couleur dans une certaine zone de l'échelle de pH ? En général, à quel moment les indicateurs commencent-ils à changer de couleur ? L'indicateur bleu de thymol pourrait-il ne contenir qu'un seul groupe —COOH, sans aucune autre fonction acide ou basique ? Expliquez votre réponse.

**8.** À quelle réaction correspond la constante du produit de solubilité, $K_{ps}$ ? Le tableau 6.4 présente la liste des valeurs de $K_{ps}$ pour plusieurs solides ioniques. Il est possible de calculer la solubilité de chacun de ces composés ioniques. Qu'est-ce que la solubilité d'un sel, et quelle méthode doit-on utiliser pour la calculer ? Comment peut-on calculer la valeur de la $K_{ps}$ si la solubilité est connue ?

Dans quelles circonstances peut-on comparer les solubilités relatives de deux sels en confrontant directement les valeurs de leurs produits de solubilité ? Quand est-il impossible de comparer les solubilités relatives en se basant sur les valeurs de $K_{ps}$ ? Qu'est-ce qu'un ion commun, et comment sa présence modifie-t-elle la solubilité ? Énumérez quelques sels dont la solubilité augmente au fur et à mesure que le pH devient plus acide. Qu'est-ce qui est vrai au sujet des anions dans ces sels ? Énumérez quelques sels dont la solubilité n'est pas modifiée par le pH de la solution. Qu'est-ce qui est vrai au sujet des anions dans ces sels ?

**9.** Quelle est la différence entre le produit ionique, $Q$, et le produit de solubilité, $K_{ps}$ ? Qu'arrive-t-il quand $Q > K_{ps}$ ? Quand $Q < K_{ps}$ ? Quand $Q = K_{ps}$ ? On peut parfois séparer des mélanges d'ions métalliques en solution aqueuse par précipitation sélective. Qu'est-ce que la précipitation sélective ? Si une solution contient $Mg^{2+}$ 0,10 mol/L, $Ca^{2+}$ 0,10 mol/L et $Ba^{2+}$ 0,10 mol/L, comment peut-on utiliser l'addition de NaF pour séparer les cations de la solution – c'est-à-dire lequel précipiterait en premier, lequel en deuxième, puis lequel en troisième ? Comment peut-on utiliser l'addition de $K_3PO_4$ pour séparer les cations dans une solution contenant $Ag^+$ 1,0 mol/L, $Pb^{2+}$ 1,0 mol/L et $Sr^{2+}$ 1,0 mol/L ?

**10.** Qu'est-ce qu'un ion complexe ? Les constantes de formation successives pour l'ion complexe $Cu(NH_3)_4^{2+}$ sont $K_1 \approx 1 \times 10^3$, $K_2 \approx 1 \times 10^4$, $K_3 \approx 1 \times 10^3$ et $K_4 \approx 1 \times 10^3$. Écrivez les réactions qui correspondent à chacune de ces constantes de formation. Étant donné que les constantes de formation sont élevées, que peut-on déduire au sujet de la concentration à l'équilibre de $Cu(NH_3)_4^{2+}$ par rapport à la concentration à l'équilibre de $Cu^{2+}$ ? Quand on ajoute de l'ammoniac 5 mol/L à une solution contenant $Cu(OH)_2(s)$, le précipité finit par se dissoudre en solution. Pourquoi ? Si l'on ajoute alors $HNO_3$ 5 mol/L, le précipité de $Cu(OH)_2$ se reforme. Pourquoi ? En général, quelle est l'influence de la capacité d'un cation à former un ion complexe sur la solubilité des sels contenant ce cation ?

# Questions et exercices

## Questions à discuter en classe

Ces questions sont conçues pour être abordées en petits groupes. Par des discussions et des enseignements mutuels, elles permettent d'exprimer la compréhension des concepts.

1. Quelles sont les principales espèces en solution après dissolution de $NaHSO_4$ dans l'eau ? Qu'arrive-t-il au pH de la solution quand on rajoute du $NaHSO_4$ ? Pourquoi ? Le résultat serait-il différent si l'on utilisait du bicarbonate de soude ($NaHCO_3$) au lieu du $NaHSO_4$ ?
2. Quelqu'un pose la question suivante : « Soit une solution tampon formée de l'acide faible HA et de son sel NaA. Si l'on y ajoute une base forte NaOH, le HA réagit avec l'ion $OH^-$ pour former l'ion $A^-$. Par conséquent, la quantité d'acide (HA) diminue, et la quantité de base ($A^-$) augmente. De même, l'ajout de HCl à la solution tampon forme plus d'acide (HA) en réagissant avec la base ($A^-$). Alors, comment peut-on prétendre qu'une solution tampon résiste aux variations de pH ? » Comment expliquer la notion de tampon à cette personne ?
3. Le mélange de solutions d'acide acétique et d'hydroxyde de sodium peut former une solution tampon. Expliquez. Comment la quantité de chaque solution influence-t-elle l'efficacité du tampon ? Est-ce qu'une solution tampon formée de HCl et de NaOH serait efficace ? Expliquez.
4. Tracez deux courbes de pH, l'une pour le titrage d'un acide faible par une base forte, l'autre pour le titrage d'un acide fort par une base forte. En quoi sont-elles similaires ? En quoi sont-elles différentes ? Expliquez ces similitudes et ces différences.
5. Tracez une courbe de pH pour le titrage d'un acide faible (HA) par une base forte (NaOH). Nommez les espèces principales et expliquez comment effectuer le calcul du pH de la solution à des points différents, notamment au point de demi-neutralisation et au point d'équivalence.
6. Planifiez le plus grand nombre possible de manières de déterminer expérimentalement la valeur de $K_{ps}$ d'un solide ionique. Expliquez pourquoi chacune d'elles devrait fonctionner.
7. Dans le *Handbook of Hypothetical Chemistry*, on trouve un sel dont la valeur de $K_{ps}$ est de 0 dans l'eau à 25 °C. Qu'est-ce que cela veut dire ?
8. Quelqu'un vous dit : « La constante $K_{ps}$ d'un sel est appelée la constante du produit de solubilité et se calcule à partir des concentrations des ions en solution. Par conséquent, si un sel A se dissout plus qu'un sel B, la valeur de $K_{ps}$ pour le sel A est supérieure à celle du sel B. » Cette personne a-t-elle raison ? Expliquez.
9. Expliquez le phénomène suivant. Une éprouvette contient environ 20 mL d'une solution de nitrate d'argent. En y ajoutant quelques gouttes d'une solution de chromate de sodium, on remarque la formation d'un solide rouge dans une solution relativement claire. En ajoutant quelques gouttes d'une solution de chlorure de sodium dans la même éprouvette, on remarque la formation d'un solide blanc dans une solution jaune pâle. Utilisez les valeurs de $K_{ps}$ du livre pour justifier les explications données et écrivez les réactions équilibrées.
10. Qu'arrive-t-il à la valeur de $K_{ps}$ d'un solide ionique quand la température de la solution change ? Considérez aussi bien une augmentation qu'une diminution de la température et expliquez la réponse.
11. Lequel du sulfure d'argent ou du chlorure d'argent est le plus susceptible de se dissoudre dans une solution acide ? Pourquoi ?
12. Vous avez deux sels, AgX et AgY, dont les valeurs de $K_{ps}$ sont très semblables. Vous savez que la valeur de $K_a$ pour HX est beaucoup plus élevée que celle de $K_a$ pour HY. Quel sel est le plus soluble dans une solution acide ? Expliquez.

Une question ou un exercice précédés d'un numéro en bleu indiquent que la réponse se trouve à la fin de ce livre.

## Questions

13. L'effet d'ion commun pour les acides faibles est la diminution notable de la solubilité de l'acide dans l'eau. L'effet d'ion commun pour les solides ioniques (sels) est la diminution notable de la solubilité du composé ionique dans l'eau. Expliquez ces deux effets d'ion commun.
14. Soit une solution tampon où [acide faible] > [base conjuguée]. Quel est le lien entre le pH de la solution et la valeur de $pK_a$ de l'acide faible ? Si [base conjuguée] > [acide faible], quelle est la relation entre le pH et le $pK_a$ ?
15. Une bonne solution tampon contient des quantités à peu près égales d'un acide faible et de sa base conjuguée, de même qu'une concentration élevée de chaque espèce présente. Expliquez.

**16.** Soit les quatre titrages suivants.

**i)** Titrage de 100,0 mL de HCl 0,10 mol/L par NaOH 0,10 mol/L

**ii)** Titrage de 100,0 mL de NaOH 0,10 mol/L par HCl 0,10 mol/L

**iii)** Titrage de 100,0 mL de $CH_3NH_2$ 0,10 mol/L par HCl 0,10 mol/L

**iv)** Titrage de 100,0 mL de HF 0,10 mol/L par NaOH 0,10 mol/L

Classez ces titrages par ordre de :

**a)** volume croissant de titrant ajouté pour atteindre le point d'équivalence.

**b)** pH initial croissant avant l'ajout de titrant.

**c)** pH croissant au point de demi-neutralisation.

**d)** pH croissant au point d'équivalence.

Comment le classement serait-il modifié si $C_5H_5N$ remplaçait $CH_3NH_2$, et si $HOC_6H_5$ remplaçait HF ?

17. La figure 6.4 illustre les courbes de titrage de six acides différents par NaOH. Tracez un graphique semblable pour le titrage de trois bases différentes par HCl 0,10 mol/L. Supposez 50,0 mL de bases à 0,20 mol/L, et supposez que les trois bases sont les suivantes : une base forte (KOH), une base faible dont $K_b = 1 \times 10^{-5}$ et une autre base faible dont $K_b = 1 \times 10^{-10}$.

**18.** Les indicateurs colorés acide-base indiquent le point de virage en changeant de couleur « comme par magie ». Expliquez la « magie » des indicateurs acide-base.

19. Les sels dans le tableau 6.4, sauf peut-être les hydroxydes, présentent une des relations mathématiques suivantes entre la valeur de $K_{ps}$ et la solubilité molaire, *s*.

**i)** $K_{ps} = s^2$ **iii)** $K_{ps} = 27s^4$

**ii)** $K_{ps} = 4s^3$ **iv)** $K_{ps} = 108s^5$

Pour chaque relation mathématique, donnez un exemple d'un sel du tableau 6.4 qui présente cette relation.

**20.** Énumérez quelques moyens qui permettent d'augmenter la solubilité d'un sel dans l'eau.

# Exercices

Dans la présente section, les exercices similaires sont regroupés.

## Tampons

21. On prépare un tampon en dissolvant $NaHCO_3$ et $Na_2CO_3$ dans l'eau. Écrivez les équations qui montrent comment cette solution tampon neutralise les ions $H^+$ et $OH^-$ ajoutés.

**22.** Calculez le pH de chacune des solutions suivantes.

**a)** Acide propanoïque (0,100 mol/L) ($CH_3CH_2COOH$ ; $K_a = 1{,}3 \times 10^{-5}$).

**b)** Propanoate de sodium 0,100 mol/L ($NaCH_3CH_2COO$).

**c)** $H_2O$ pure.

**d)** Acide propanoïque (0,100 mol/L) et propanoate de sodium (0,100 mol/L).

23. Comparez le pourcentage de dissociation de l'acide dans l'exercice 22 **a)** avec le pourcentage de dissociation de l'acide dans l'exercice 22 **d)**. Expliquez la grande différence entre ces deux pourcentages.

**24.** Calculez le pH après l'addition de 0,020 mol de HCl à 1,00 L de chacune des 4 solutions de l'exercice 22.

25. Calculez le pH après l'addition de 0,020 mol de NaOH à 1,00 L de chacune des 4 solutions de l'exercice 22.

**26.** Laquelle des solutions de l'exercice 22 subirait la plus petite variation de pH après l'addition d'un acide ou d'une base ? Expliquez.

27. Calculez le pH d'une solution contenant du $HNO_2$ 1,00 mol/L et du $NaNO_2$ 1,00 mol/L.

**28.** Calculez le pH après l'addition de 0,10 mol de NaOH à 1,00 L de la solution de l'exercice 27, et calculez le pH après l'addition de 0,20 mol de HCl à 1,00 L de la solution de l'exercice 27.

29. Calculez le pH d'une solution tampon préparée en dissolvant 21,46 g d'acide benzoïque $C_6H_5COOH$ et 37,68 g de benzoate de sodium dans 200,0 mL de solution.

**30.** On prépare une solution tampon en ajoutant 50,0 g de $NH_4Cl$ à 1,00 L d'une solution de $NH_3$ 0,75 mol/L. Calculez le pH de la solution finale. (Considérez que le volume reste constant.)

31. Calculez le pH des solutions obtenues après l'addition de 0,010 mol de HCl gazeux à 250,0 mL de chacune des solutions tampons suivantes.

**a)** $NH_3$ (0,050 mol/L) et $NH_4Cl$ (0,15 mol/L)

**b)** $NH_3$ (0,50 mol/L) et $NH_4Cl$ (1,50 mol/L)

En quoi diffèrent initialement ces deux solutions tampons (par leur pH ou par leur pouvoir tampon) ? Quel avantage y a-t-il à utiliser un tampon dont le pouvoir est plus important ?

**32.** Une solution aqueuse contient $C_6H_5NH_3Cl$ et $C_6H_5NH_2$ en solution. La concentration de $C_6H_5NH_2$ est de 0,50 mol/L et le pH est de 4,20.

**a)** Calculez la concentration de $C_6H_5NH_3^+$ dans la solution tampon.

**b)** Calculez le pH après l'addition de 4,0 g de NaOH(*s*) à 1,0 L de cette solution. (Ignorez toute variation de volume.)

33. Calculez la masse d'acétate de sodium qu'il faut ajouter à 500,0 mL d'acide acétique 0,200 mol/L pour obtenir une solution tampon de pH = 5,00.

**34.** Quels volumes de $HNO_2$ 0,50 mol/L et de $NaNO_2$ 0,50 mol/L faut-il mélanger pour préparer 1,00 L d'une solution tampon de pH = 3,55 ?

35. Soit une solution qui contient $C_5H_5N$ et $C_5H_5NHNO_3$. Calculez le rapport $[C_5H_5N]/[C_5H_5NH^+]$ pour obtenir une solution tampon dont les pH sont les suivants.

**a)** pH = 4,50 **c)** pH = 5,23

**b)** pH = 5,00 **d)** pH = 5,50

**36.** **a)** Les tampons au carbonate sont importants dans la régulation du pH sanguin à 7,40. Quel est le rapport entre la concentration de $CO_2$ (habituellement écrit $H_2CO_3$) et celle de $HCO_3^-$ dans le sang à pH = 7,40 ?

$$H_2CO_3(aq) \rightleftharpoons HCO_3^-(aq) + H^+(aq) \qquad K_a = 4{,}4 \times 10^{-7}$$

**b)** Les tampons au phosphate sont importants dans la régulation du pH des liquides intracellulaires à des valeurs généralement entre 7,1 et 7,2. Quel est le rapport de la concentration de $H_2PO_4^-$ à celle de $HPO_4^{2-}$ dans le liquide intracellulaire de pH = 7,15 ?

$$H_2PO_4^-(aq) \rightleftharpoons HPO_4^{2-}(aq) + H^+(aq) \qquad K_a = 6{,}2 \times 10^{-8}$$

**c)** Pourquoi un tampon composé de $H_3PO_4$ et de $H_2PO_4^-$ est-il inefficace pour tamponner le pH du liquide intracellulaire ?

$$H_3PO_4(aq) \rightleftharpoons H_2PO_4^-(aq) + H^+(aq) \qquad K_a = 7{,}5 \times 10^{-3}$$

37. Voyez les acides au tableau 5.2. Lequel serait-il préférable d'utiliser pour préparer une solution tampon de pH 7,00 ? Expliquez comment préparer 1,0 L de cette solution.

**38.** Voyez les bases au tableau 5.3. Laquelle serait-il préférable d'utiliser pour préparer une solution tampon de pH 5,00 ? Expliquez comment préparer 1,0 L de cette solution.

39. Lequel des mélanges ci-dessous produira une solution tampon si l'on mélange 1,0 L de chacune des deux solutions ?
**a)** KOH 0,1 mol/L et $CH_3NH_3Cl$ 0,1 mol/L
**b)** KOH 0,1 mol/L et $CH_3NH_2$ 0,2 mol/L
**c)** KOH 0,2 mol/L et $CH_3NH_3Cl$ 0,1 mol/L
**d)** KOH 0,1 mol/L et $CH_3NH_3Cl$ 0,2 mol/L

**40.** Lequel des mélanges ci-dessous produira une solution tampon si l'on mélange 1,0 L de chacune des deux solutions ?
**a)** $HNO_3$ 0,2 mol/L et $NaNO_3$ 0,4 mol/L
**b)** $HNO_3$ 0,2 mol/L et HF 0,4 mol/L
**c)** $HNO_3$ 0,2 mol/L et NaF 0,4 mol/L
**d)** $HNO_3$ 0,2 mol/L et NaOH 0,4 mol/L

41. Combien de moles de NaOH faut-il ajouter à 1,0 L d'une solution de $CH_3COOH$ 2,0 mol/L pour obtenir une solution tampon à chacun des pH suivants ?
**a)** pH = p$K_a$
**b)** pH = 4,0
**c)** pH = 5,0

**42.** Calculez le nombre de moles de HCl(*g*) qu'il faut ajouter à 1,0 L de $NaCH_3CO_2$ 1,0 mol/L pour produire une solution tampon dont les pH sont les suivants.
**a)** pH = p$K_a$
**b)** pH = 4,20
**c)** pH = 5,00

## Titrages acide-base

43. La courbe du titrage d'un acide faible de formule générale HA par une base forte est la suivante.

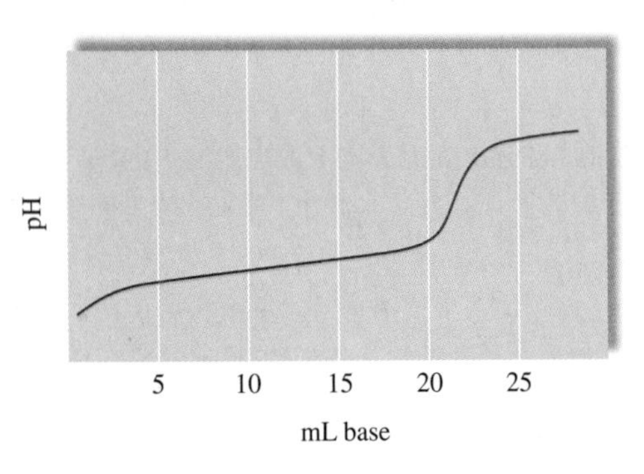


Indiquez, sur la courbe, les points qui correspondent aux données suivantes.
**a)** Le point stœchiométrique (d'équivalence).
**b)** La zone de tampon maximale.
**c)** pH = p$K_a$
**d)** Le pH ne dépend que de [HA].
**e)** Le pH ne dépend que de [$A^-$].
**f)** Le pH ne dépend que de l'excès de base forte ajoutée.

**44.** Tracez la courbe du titrage d'une base faible B par un acide fort. La réaction du titrage est :

$$B + H^+ \rightleftharpoons BH^+$$

Indiquez, sur la courbe, les points qui correspondent aux données suivantes.
**a)** Le point stœchiométrique (d'équivalence).
**b)** La zone de tampon maximale.
**c)** pH = p$K_a$
**d)** Le pH ne dépend que de [B].
**e)** Le pH ne dépend que de [$BH^+$].
**f)** Le pH ne dépend que de l'excès d'acide fort ajouté.

45. Soit le titrage de 40,0 mL de $HClO_4$ 0,200 mol/L par du KOH 0,100 mol/L. Calculez le pH de la solution finale après l'addition des volumes suivants de KOH.
**a)** 0,0 mL
**b)** 10,0 mL
**c)** 40,0 mL
**d)** 80,0 mL
**e)** 100,0 mL

**46.** Soit le titrage de 80,0 mL de $Ba(OH)_2$ 0,100 mol/L par du HCl 0,400 mol/L. Calculez le pH de la solution finale après l'addition des volumes suivants de HCl.
**a)** 0,0 mL
**b)** 20,0 mL
**c)** 30,0 mL
**d)** 40,0 mL
**e)** 80,0 mL

47. Soit le titrage de 100,0 mL d'acide acétique ($K_a = 1,8 \times 10^{-5}$) 0,200 mol/L par du KOH 0,100 mol/L. Calculez le pH de la solution finale après l'addition des volumes suivants de KOH.
**a)** 0,0 mL
**b)** 50,0 mL
**c)** 100,0 mL
**d)** 150,0 mL
**e)** 200,0 mL
**f)** 250,0 mL

**48.** Soit le titrage de 100,0 mL de $H_2NNH_2$ ($K_b = 3,0 \times 10^{-6}$) 0,100 mol/L par du $HNO_3$ 0,200 mol/L. Calculez le pH de la solution finale après l'addition des volumes suivants de $HNO_3$.
**a)** 0,0 mL
**b)** 20,0 mL
**c)** 25,0 mL
**d)** 40,0 mL
**e)** 50,0 mL
**f)** 100,0 mL

49. Calculez le pH au point de demi-neutralisation et au point d'équivalence pour chacun des titrages suivants.
**a)** 100,0 mL de $C_6H_5COOH$ ($K_a = 6,4 \times 10^{-5}$) 0,10 mol/L titrés par du NaOH 0,10 mol/L.
**b)** 100,0 mL de $C_2H_5NH_2$ ($K_b = 5,6 \times 10^{-4}$) 0,10 mol/L titrés par du $HNO_3$ 0,20 mol/L.
**c)** 100,0 mL de HCl 0,50 mol/L titrés par du NaOH 0,25 mol/L.

**50.** Dans un titrage de 50,0 mL de méthylamine, $CH_3NH_2$, ($K_b = 4,4 \times 10^{-4}$) 1,0 mol/L par du HCl 0,50 mol/L, calculez le pH dans les conditions suivantes.
**a)** Après l'addition de 50,0 mL de HCl 0,50 mol/L.
**b)** Au point stœchiométrique.

51. Vous disposez de 75,0 mL de HA 0,10 mol/L. Après l'addition de 30,0 mL de NaOH 0,10 mol/L, le pH est de 5,50. Quelle est la valeur de $K_a$ pour HA ?

**52.** Un échantillon d'un composé ionique NaA, où $A^-$ est l'anion d'un acide faible, est dissous dans assez d'eau pour obtenir 100,0 mL de solution ; la solution est ensuite titrée par du HCl 0,100 mol/L. Après l'addition de 500,0 mL de HCl, le pH est de 5,00. On détermine qu'il faut 1,00 L de HCl 0,100 mol/L pour atteindre le point stœchiométrique du titrage.
**a)** Quelle est la valeur de $K_b$ pour $A^-$ ?
**b)** Quel est le pH de la solution au point stœchiométrique ?

## Indicateurs

53. On verse deux gouttes d'un indicateur HIn ($K_a = 1,0 \times 10^{-9}$), où HIn est jaune et $In^-$ est bleu, dans 100,0 mL de HCl 0,10 mol/L.
   **a)** De quelle couleur est la solution au départ ?
   **b)** On titre la solution avec du NaOH 0,10 mol/L. À quel pH la couleur change-t-elle (de jaune à jaune verdâtre) ?
   **c)** De quelle couleur la solution sera-t-elle après l'addition de 200,0 mL de NaOH ?

**54.** La structure du rouge de méthyle est la suivante :

COOH — $C_6H_4$—N=N—$C_6H_4$—$N(CH_3)_2$ $\quad K_a = 5,0 \times 10^{-6}$

Sa couleur passe du rouge au jaune lorsque le pH devient basique. Calculez la zone de pH approximative pour laquelle le rouge de méthyle est utile comme indicateur de titrage. Quel est le changement de couleur et à quel pH se produit-il quand on titre un acide faible par une base forte en utilisant du rouge de méthyle comme indicateur ? Quel est le changement de couleur et à quel pH se produit-il quand on titre une base faible par un acide fort en utilisant du rouge de méthyle comme indicateur ?

55. On peut obtenir de l'hydrogénophtalate de potassium (représenté par KHP, masse molaire = 204,22 g/mol) d'une très grande pureté, qu'on utilise pour déterminer la concentration des solutions de bases fortes, conformément à la réaction suivante :

$$HP^-(aq) + OH^-(aq) \longrightarrow H_2O(l) + P^{2-}(aq)$$

Si, au cours d'une expérience de titrage typique, on commence avec environ 0,5 g de KHP et que le volume final est d'environ 100 mL, quel indicateur devrait-on utiliser ? Le p$K_a$ de $HP^-$ est de 5,51.

**56.** Un indicateur HIn a un p$K_a$ de 3,00 et son changement de couleur devient visible quand 7,00 % de l'indicateur est converti en $In^-$. À quel pH le changement de couleur est-il visible ?

57. Lesquels des indicateurs présentés à la figure 6.8 peut-on utiliser pour les titrages des exercices 45 et 47 ?

**58.** Lesquels des indicateurs présentés à la figure 6.8 peut-on utiliser pour les titrages des exercices 46 et 48 ?

59. Évaluez le pH d'une solution dans laquelle le vert de bromocrésol est bleu et le bleu de thymol est jaune (*voir la figure 6.8*).

**60.** Une solution a un pH de 9,0. Quelle serait la couleur de cette solution si l'on y ajoutait chacun des indicateurs suivants ? (*Voir la figure 6.8*)
   **a)** Méthylorange
   **b)** Alizarine
   **c)** Vert de bromocrésol
   **d)** Bleu de thymol

## Équilibres de solubilité

61. Écrivez les équations de dissolution équilibrées et l'expression du produit de solubilité pour chacun des composés suivants.
   **a)** $AgCH_3CO_2$ (acétate d'argent)
   **b)** $Al(OH)_3$
   **c)** $Ca_3(PO_4)_2$

**62.** À l'aide des données suivantes, calculez la valeur de $K_{ps}$ pour chacun des solides.
   **a)** La solubilité de $CaC_2O_4$ est $4,8 \times 10^{-5}$ mol/L.
   **b)** La solubilité de $BiI_3$ est $1,32 \times 10^{-5}$ mol/L.

63. La concentration des ions $IO_3^-$ dans une solution saturée de $Ce(IO_3)_3(s)$ est $5,6 \times 10^{-3}$ mol/L. Calculez $K_{ps}$ pour $Ce(IO_3)_3(s)$.

**64.** Calculez la solubilité, en mol/L, des composés ci-dessous. Ignorez toute propriété acide-base.
   **a)** $Ag_3PO_4$, $K_{ps} = 1,8 \times 10^{-18}$
   **b)** $CaCO_3$, $K_{ps} = 8,7 \times 10^{-9}$
   **c)** $Hg_2Cl_2$, $K_{ps} = 1,1 \times 10^{-18}$ (formant le cation $Hg_2^{2+}$)

65. La solubilité du composé ionique $M_2X_3$, ayant une masse molaire de 288 g/mol, est $3,60 \times 10^{-7}$ g/L. Calculez $K_{ps}$ pour ce composé.

**66.** Une solution contient 0,018 mol de chacun des ions $I^-$, $Br^-$ et $Cl^-$. Quelle masse de AgCl(*s*) précipite quand on mélange la solution avec 200 mL de $AgNO_3$ 0,24 mol/L, et quelle est la valeur de $[Ag^+]$ ? Considérez que le volume reste constant.

$$AgI,\ K_{ps} = 1,5 \times 10^{-16}$$
$$AgBr,\ K_{ps} = 5,0 \times 10^{-13}$$
$$AgCl,\ K_{ps} = 1,6 \times 10^{-10}$$

67. Calculez la solubilité molaire de $Al(OH)_3$, $K_{ps} = 2 \times 10^{-32}$.

**68.** Déterminez quel solide de chaque paire est le moins soluble.
   **a)** $CaF_2(s)$, $K_{ps} = 4,0 \times 10^{-11}$, ou $BaF_2(s)$, $K_{ps} = 2,4 \times 10^{-5}$
   **b)** $Ca_3(PO_4)_2(s)$, $K_{ps} = 1,3 \times 10^{-32}$, ou $FePO_4(s)$, $K_{ps} = 1,0 \times 10^{-22}$

69. Calculez la solubilité (en mol/L) de $Fe(OH)_3$ ($K_{ps} = 4 \times 10^{-38}$) dans chacune des situations suivantes :
   **a)** dans de l'eau (considérez que le pH est de 7,0 et qu'il est constant) ;
   **b)** dans une solution tamponnée à pH 5,0 ;
   **c)** dans une solution tamponnée à pH 11,0.

**70.** Calculez la solubilité du solide $Ca_3(PO_4)_2$ ($K_{ps} = 1,3 \times 10^{-32}$) dans une solution de $Na_3PO_4$ 0,20 mol/L.

71. La solubilité du $Ce(IO_3)_3$ dans une solution de $KIO_3$ 0,20 mol/L est $4,4 \times 10^{-8}$ mol/L. Calculez $K_{ps}$ pour $Ce(IO_3)_3$.

**72.** Quelle masse de ZnS ($K_{ps} = 2,5 \times 10^{-22}$) se solubilisera dans 300,0 mL de $Zn(NO_3)_2$ 0,050 mol/L ? Ne tenez pas compte des propriétés basiques de $S^{2-}$.

73. La concentration de $Mg^{2+}$ dans l'eau de mer est de 0,052 mol/L. À quel pH, 99 % du $Mg^{2+}$ précipitera-t-il sous forme d'hydroxyde ? [($K_{ps}$ pour $Mg(OH)_2 = 8,9 \times 10^{-12}$).]

**74.** Dans chacun des groupes ci-dessous, identifiez le sel dont la solubilité varie en fonction du pH.
   **a)** AgF, AgCl, AgBr
   **b)** $Pb(OH)_2$, $PbCl_2$
   **c)** $Sr(NO_3)_2$, $Sr(NO_2)_2$
   **d)** $Ni(NO_3)_2$, $Ni(CN)_2$

75. Y aura-t-il formation d'un précipité si l'on mélange 75,0 mL de $BaCl_2$ 0,020 mol/L et 125 mL de $Na_2SO_4$ 0,040 mol/L ?

**76.** Y aura-t-il formation d'un précipité si l'on ajoute 100,0 mL de $Pb(NO_3)_2$ 0,020 mol/L à 100,0 mL de NaCl 0,020 mol/L ?

77. Calculez les concentrations finales des ions $K^+(aq)$, $C_2O_4^{2-}(aq)$, $Ba^{2+}(aq)$ et $Br^-(aq)$ dans une solution résultant de l'addition de 0,100 L de $K_2C_2O_4$ 0,200 mol/L à 0,150 L de $BaBr_2$ 0,250 mol/L. (Pour $BaC_2O_4$, $K_{ps} = 2,3 \times 10^{-8}$.)

**78.** On ajoute 50,0 mL de $AgNO_3$ 0,00200 mol/L à 50,0 mL de $NaIO_3$ 0,0100 mol/L. Quelle est la concentration à l'équilibre de $Ag^+$ en solution ? (Pour $AgIO_3$, $K_{ps} = 3{,}0 \times 10^{-8}$.)

79. Une solution contient du $Na_3PO_4$ $1{,}0 \times 10^{-5}$ mol/L. Quelle est la concentration minimale requise de $AgNO_3$ pour provoquer la précipitation de $Ag_3PO_4$ ($K_{ps} = 1{,}8 \times 10^{-18}$) ?

**80.** Une solution contient du $Ni(NO_3)_2$ 0,25 mol/L et du $Cu(NO_3)_2$ 0,25 mol/L. Peut-on séparer les ions métalliques en ajoutant lentement du $Na_2CO_3$ ? Supposez que pour une séparation réussie, 99 % d'un ion métallique doit précipiter avant que l'autre ion métallique ne commence à précipiter ; considérez également que le volume reste constant lors de l'addition de $Na_2CO_3$.

## Équilibres des ions complexes

81. Écrivez les équations de formation graduelle de chacun des ions complexes suivants.
**a)** $Co(NH_3)_6^{2+}$
**b)** $Ag(NH_3)_2^{+}$

**82.** Écrivez les équations de formation graduelle de chacun des ions complexes suivants.
**a)** $Ni(CN)_4^{2-}$
**b)** $Mn(C_2O_4)_2^{2+}$

83. Soit les données suivantes :

$$Mn^{2+}(aq) + C_2O_4^{2-}(aq) \rightleftharpoons MnC_2O_4(aq) \qquad K_1 = 7{,}9 \times 10^3$$
$$MnC_2O_4(aq) + C_2O_4^{2-}(aq) \rightleftharpoons Mn(C_2O_4)_2^{2-}(aq) \qquad K_2 = 7{,}9 \times 10^1$$

Calculez la valeur de la constante de formation globale pour $Mn(C_2O_4)_2^{2-}$ :

$$K = \frac{[Mn(C_2O_4)_2^{2-}]}{[Mn^{2+}][C_2O_4^{2-}]^2}$$

**84.** En présence de $CN^-$, $Fe^{3+}$ forme l'ion complexe $Fe(CN)_6^{3-}$. Les concentrations à l'équilibre de $Fe^{3+}$ et de $Fe(CN)_6^{3-}$ sont respectivement de $8{,}5 \times 10^{-40}$ et de $1{,}5 \times 10^{-3}$ dans une solution de KCN 0,11 mol/L. Calculez la valeur de la constante de formation globale de $Fe(CN)_6^{3-}$.

85. Quand on ajoute graduellement une solution aqueuse de KI à une solution de nitrate de mercure(II), il y a formation d'un précipité orange. Au fur et à mesure qu'on ajoute du KI, le précipité est dissous. Écrivez les équations équilibrées décrivant ces observations. (*Élément de réponse :* $Hg^{2+}$ réagit avec $I^-$ pour produire $HgI_4^{2-}$.)

**86.** Quand on ajoute une solution de chlorure de sodium à une solution de nitrate d'argent, il y a formation d'un précipité blanc. Lorsqu'on ajoute de l'ammoniac au mélange, le précipité est dissous. Si, par la suite, on rajoute une solution de bromure de potassium, un précipité jaune pâle apparaît. Ce précipité est dissous à l'addition d'une solution de thiosulfate de sodium. Finalement, l'addition d'iodure de potassium à la solution entraînera la formation d'un précipité jaune. Écrivez les réactions relatives à tous les changements énoncés ci-dessus. Que peut-on dire des valeurs de $K_{ps}$ pour AgCl, AgBr et AgI ?

87. La constante de formation globale de $HgI_4^{2-}$ est $1{,}0 \times 10^{30}$, c'est-à-dire que :

$$1{,}0 \times 10^{30} = \frac{[HgI_4^{2-}]}{[Hg^{2+}][I^-]^4}$$

Dans 500,0 mL d'une solution contenant initialement $Hg^{2+}$ 0,010 mol/L et $I^-$ 0,78 mol/L, quelle est la concentration résiduelle d'ions $Hg^{2+}$ ? La réaction est :

$$Hg^{2+}(aq) + 4I^-(aq) \rightleftharpoons HgI_4^{2-}(aq)$$

**88.** On prépare une solution en mélangeant 50,0 mL de NaX 10,0 mol/L avec 50,0 mL de $CuNO_3$ $2{,}0 \times 10^{-3}$ mol/L. Supposez que l'ion cuivre(I) forme des ions complexes avec $X^-$ selon ce qui suit :

$$Cu^+(aq) + X^-(aq) \rightleftharpoons CuX(aq) \qquad K_1 = 1{,}0 \times 10^2$$
$$CuX(aq) + X^-(aq) \rightleftharpoons CuX_2^-(aq) \qquad K_2 = 1{,}0 \times 10^4$$
$$CuX_2^-(aq) + X^-(aq) \rightleftharpoons CuX_3^{2-}(aq) \qquad K_3 = 1{,}0 \times 10^3$$

et la réaction globale est :

$$Cu^+(aq) + 3X^-(aq) \rightleftharpoons CuX_3^{2-}(aq) \qquad K = 1{,}0 \times 10^9$$

Calculez les concentrations à l'équilibre suivantes.
**a)** $CuX_3^{2-}$ **b)** $CuX_2^-$ **c)** $Cu^+$

89. **a)** Calculez la solubilité molaire de AgI dans l'eau pure. La $K_{ps}$ pour AgI est $1{,}5 \times 10^{-16}$.
**b)** Calculez la solubilité molaire de AgI dans $NH_3$ 3,0 mol/L. La constante de formation globale pour $Ag(NH_3)_2^+$ est $1{,}7 \times 10^7$.
**c)** Comparez les solubilités calculées en **a)** et en **b)**. Expliquez les différences.

**90.** On utilise une solution de thiosulfate de sodium pour dissoudre le AgBr ($K_{ps} = 5{,}0 \times 10^{-13}$) non exposé dans le développement des photos noir et blanc. Quelle masse de AgBr peut se dissoudre dans 1,00 L de $Na_2S_2O_3$ 0,500 mol/L ? L'ion $Ag^+$ réagit avec $S_2O_3^{2-}$ pour former un ion complexe :

$$Ag^+(aq) + 2S_2O_3^{2-}(aq) \rightleftharpoons Ag(S_2O_3)_2^{3-}(aq) \qquad K = 2{,}9 \times 10^{13}$$

91. L'ion cuivre(I) forme un chlorure pour lequel $K_{ps} = 1{,}2 \times 10^{-6}$. Le cuivre(I) forme aussi un ion complexe avec $Cl^-$ :

$$Cu^+(aq) + 2Cl^-(aq) \rightleftharpoons CuCl_2^-(aq) \qquad K = 8{,}7 \times 10^4$$

**a)** Calculez la solubilité du chlorure de cuivre(I) dans l'eau pure.
**b)** Calculez la solubilité du chlorure de cuivre(I) dans une solution de NaCl 0,10 mol/L.

**92.** On ajoute une série de substances chimiques à une solution de $AgNO_3(aq)$. On ajoute d'abord du $NaCl(aq)$ à la solution de nitrate d'argent et on obtient le résultat illustré ci-dessous dans l'éprouvette 1 ; puis on ajoute $NH_3(aq)$ et on obtient le résultat illustré dans l'éprouvette 2 ; enfin, on ajoute $HNO_3(aq)$ pour obtenir le résultat illustré dans l'éprouvette 3.

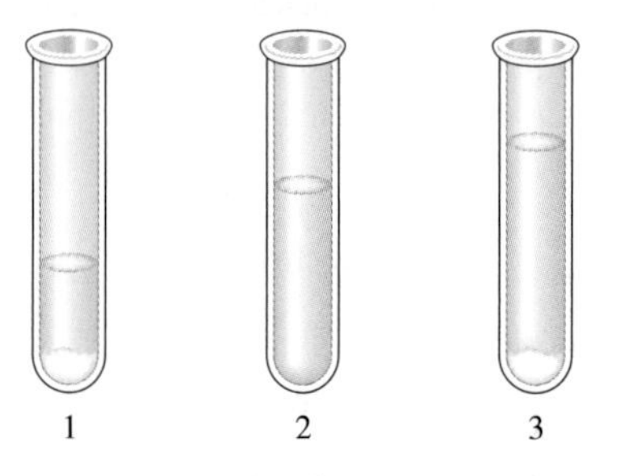


Expliquez les résultats obtenus dans chacune des éprouvettes. Écrivez une équation équilibrée pour la (les) réaction(s) qui a (ont) lieu.

93. On peut augmenter la solubilité de l'hydroxyde de cuivre(II) dans l'eau en y ajoutant soit la base $NH_3$, soit l'acide $HNO_3$.

Expliquez. Est-ce que l'addition de $NH_3$ ou de $HNO_3$ aurait le même effet sur la solubilité de l'acétate d'argent ou du chlorure d'argent ? Expliquez.

## Exercices supplémentaires

**94.** Trouvez une équation semblable à celle de Henderson-Hasselbalch qui mette en relation pOH et $pK_b$ d'une solution tampon composée d'une base faible et de son acide conjugué, tels $NH_3$ et $NH_4^+$.

95. **a)** Calculez le pH d'une solution tampon contenant 0,10 mol/L de $C_6H_5COOH$ (acide benzoïque ; $K_a = 6,4 \times 10^{-5}$) et 0,10 mol/L de $NaC_6H_5CO_2^-$.

**b)** Calculez le pH après la transformation de 20,0 % de l'acide benzoïque en anion benzoate par addition d'une base. Utilisez l'équilibre de dissociation suivant :

$$C_6H_5COOH \rightleftharpoons C_6H_5COO^- + H^+$$

**c)** Refaites le problème posé en **b)**, en utilisant l'équilibre ci-dessous pour calculer le pH :

$$C_6H_5CO_2^- + H_2O \rightleftharpoons C_6H_9CO_2H + OH^-$$

**d)** Les réponses obtenues en **b)** et en **c)** concordent-elles ? Pourquoi ?

**96.** Soit une solution contenant de l'éthylamine ($C_2H_5NH_2$) 0,10 mol/L, des ions $C_2H_5NH_3^+$ 0,20 mol/L et des ions $Cl^-$ 0,20 mol/L.

**a)** Calculez le pH de cette solution.

**b)** Calculez le pH après l'addition de 0,050 mol de KOH(*s*) à 1,00 L de cette solution. (Ignorez toute variation de volume.)

97. Vous préparez 1,00 L d'une solution tampon (pH = 4,00) en mélangeant de l'acide acétique et de l'acétate de sodium. Vous disposez de solutions 1,00 mol/L de chaque composant de la solution tampon. Quel volume de chaque solution faut-il mélanger pour préparer cette solution tampon ?

**98.** On dispose des réactifs suivants.

| Solide ($pK_a$ de la forme acide) | Solution |
|---|---|
| acide benzoïque (4,19) | HCl 5,0 mol/L |
| acétate de sodium (4,74) | acide acétique 1,0 mol/L (4,74) |
| fluorure de potassium (3,14) | NaOH 2,6 mol/L |
| chlorure d'ammonium (9,26) | HOCl 1,0 mol/L (7,46) |

Quels produits faut-il mélanger pour obtenir des tampons aux pH indiqués ci-dessous ?

**a)** 3,0 **b)** 4,0 **c)** 5,0 **d)** 7,0 **e)** 9,0

99. Le trihydroxyméthylaminométhane, couramment appelé TRIS, est souvent utilisé par les biochimistes comme tampon dans les expériences. Sa zone tampon va de pH 7 à pH 9, et la valeur de $K_b$ pour la réaction suivante est $1,19 \times 10^{-6}$.

$$\underset{\text{TRIS}}{(HOCH_2)_3CNH_2} + H_2O \rightleftharpoons \underset{\text{TRISH}^+}{(HOCH_2)_3CNH_3^+} + OH^-$$

**a)** Quel est le pH optimal pour les tampons TRIS ?

**b)** Quel est le rapport $[TRIS]/[TRISH^+]$ de pH = 7,00 et de pH = 9,00 ?

**c)** On prépare une solution tampon en dissolvant 50,0 g de TRIS base et 65,0 g de TRIS chlorhydrate (TRIS-HCl) dans un volume total de 2,0 L. Quel est le pH de cette solution tampon ?

Quel est le pH après l'addition de 0,50 mL de HCl 12 mol/L à 200,0 mL de cette solution tampon ?

**100.** Calculez la valeur de la constante d'équilibre de chacune des réactions suivantes en solution aqueuse.

**a)** $CH_3COOH + OH^- \rightleftharpoons CH_3COO^- + H_2O$

**b)** $CH_3COO^- + H^+ \rightleftharpoons CH_3COOH$

**c)** $HCl + NaOH \rightleftharpoons NaCl + H_2O$

101. Le graphique suivant illustre les courbes de titrage de divers acides par NaOH 0,10 mol/L (tous les acides sont des échantillons de 50,0 mL de concentration 0,10 mol/L).

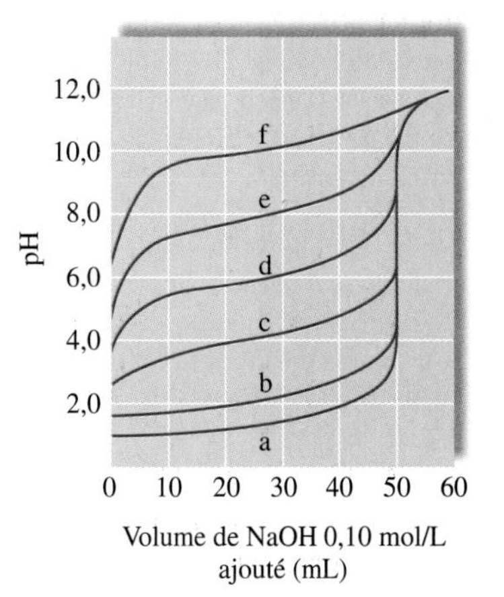


**a)** Quelle courbe de variation de pH correspond à l'acide le plus faible ?

**b)** Quelle courbe de variation de pH correspond à l'acide le plus fort ? Quel point sur la courbe faut-il examiner pour observer si cet acide est un acide fort ou un acide faible (en supposant que vous ne connaissiez pas la concentration initiale de l'acide) ?

**c)** Quelle courbe de variation de pH correspond à un acide dont la $K_a \approx 1 \times 10^{-6}$ ?

**102.** Calculez le volume de NaOH $1,50 \times 10^{-2}$ mol/L qu'il faut ajouter à 500,0 mL de HCl 0,200 mol/L pour obtenir une solution dont le pH = 2,15.

103. Le principe actif de l'aspirine est l'acide acétylsalicylique. La neutralisation complète de 2,51 g d'acide acétylsalicylique nécessite 27,36 mL de NaOH 0,5106 mol/L. L'addition de 13,68 mL de HCl 0,5106 mol/L dans un ballon contenant l'aspirine et l'hydroxyde de sodium produit un mélange dont le pH est de 3,48. Déterminez la masse molaire de l'acide acétylsalicylique et la valeur de sa $K_a$. Indiquez les suppositions qu'il faut faire pour trouver à la réponse.

**104.** Une méthode pour déterminer la pureté de l'aspirine (formule empirique $C_9H_8O_4$) consiste à l'hydrolyser avec une solution de NaOH, puis à titrer le NaOH restant. La réaction de l'aspirine avec NaOH est la suivante :

$$\underset{\text{Aspirine}}{C_9H_8O_4(s)} + 2OH^-(aq) \xrightarrow[10\ \text{min}]{\text{Ébullition}} \underset{\text{Ion salicylate}}{C_7H_5O_3^-(aq)} + \underset{\text{Ion acétate}}{C_2H_3O_2^-(aq)} + H_2O(l)$$

On porte à ébullition un échantillon d'aspirine pesant 1,427 g dans 50,00 mL de NaOH 0,500 mol/L. On laisse refroidir la solution et on titre l'excès de NaOH avec 31,92 mL de HCl 0,289 mol/L. Calculez la pureté de l'aspirine. Quel indicateur doit-on utiliser pour ce titrage ? Pourquoi ?

105. Une solution d'acide acétique a un pH de 2,68. Calculez le volume de KOH 0,0975 mol/L nécessaire pour atteindre le point d'équivalence dans le titrage de 25,0 mL de cette solution d'acide acétique.

**106.** On titre un échantillon d'un acide (masse molaire = 192 g/mol) pesant 0,210 g avec 30,5 mL de NaOH 0,108 mol/L, jusqu'au point de virage de la phénolphtaléine. Est-ce un monoacide, un diacide ou un triacide ?

107. Un étudiant veut effectuer le titrage d'une solution d'un monoacide faible avec une solution d'hydroxyde de sodium, mais il inverse les deux solutions et introduit la solution de l'acide faible dans la burette. Après l'addition de 23,75 mL de la solution de l'acide faible à 50,0 mL de la solution de NaOH 0,100 mol/L, le pH de la solution finale est de 10,50. Calculez la concentration initiale de la solution de l'acide faible.

**108.** Une étudiante effectue le titrage d'un acide faible inconnu, HA, au point de virage rose pâle de la phénolphtaléine avec 25,0 mL de NaOH 0,100 mol/L. Elle ajoute ensuite 13,0 mL de HCl 0,100 mol/L. Le pH de la solution résultante est de 4,7. Quelle est la relation entre la valeur de p$K_a$ de l'acide inconnu et 4,7 ?

109. **a)** En vous servant de la valeur de $K_{ps}$ pour $Cu(OH)_2$ ($1,6 \times 10^{-19}$) et de la constante de formation globale pour $Cu(NH_3)_4^{2+}$ ($1,0 \times 10^{13}$), calculez la valeur de la constante d'équilibre pour la réaction suivante :

$$Cu(OH)_2(s) + 4NH_3(aq) \rightleftharpoons Cu(NH_3)_4^{2+}(aq) + 2OH^-(aq)$$

**b)** Utilisez la valeur de la constante d'équilibre que vous avez estimée en **a)**, pour calculer la solubilité (en mol/L) de $Cu(OH)_2$ dans $NH_3$ 5,0 mol/L. Dans $NH_3$ 5,0 mol/L, la concentration de $OH^-$ est de 0,0095 mol/L.

**110.** Selon les règles relatives à la solubilité énoncées au chapitre 1, $Ba(OH)_2$, $Sr(OH)_2$ et $Ca(OH)_2$ sont des hydroxydes à peine solubles. Calculez le pH d'une solution saturée de chacun de ces hydroxydes peu solubles.

111. La $K_{ps}$ de l'hydroxyapatite, $Ca_5(PO_4)_3OH$, est de $6,8 \times 10^{-37}$. Calculez la solubilité, en mol/L, de l'hydroxyapatite dans l'eau pure. Quelle est l'influence de l'acide sur la solubilité de l'hydroxyapatite ? Quand on traite l'hydroxyapatite par l'ion fluorure, il y a formation d'une fluorapatite minérale, $Ca_5(PO_4)_3F$, dont la $K_{ps}$ est $1 \times 10^{-60}$. Calculez la solubilité de la fluorapatite dans l'eau. En quoi ces valeurs suggèrent-elles fortement de procéder à la fluoruration de l'eau potable ?

**112.** Calculez la concentration de $Pb^{2+}$ dans chacune des solutions suivantes.

**a)** Dans une solution saturée de $Pb(OH)_2$, $K_{ps} = 1,2 \times 10^{-15}$.

**b)** Dans une solution saturée de $Pb(OH)_2$ tamponnée de pH 13,00.

**c)** L'éthylènediaminetétracétate ($EDTA^{4-}$) est utilisé comme agent complexant en analyse chimique et possède la structure suivante :

$$\begin{matrix} ^-O_2C-CH_2 & & & & CH_2-CO_2^- \\ & \diagdown & & \diagup & \\ & & N-CH_2-CH_2-N & & \\ & \diagup & & \diagdown & \\ ^-O_2C-CH_2 & & & & CH_2-CO_2^- \end{matrix}$$

Éthylènediaminetétracétate

On utilise des solutions de $EDTA^{4-}$ pour traiter l'intoxication aux métaux lourds en les éliminant sous la forme d'un ion complexe soluble. L'ion complexe empêche presque complètement la réaction des ions métalliques avec les systèmes biochimiques. La réaction de $EDTA^{4-}$ avec $Pb^{2+}$ est :

$$Pb^{2+}(aq) + EDTA^{4-}(aq) \rightleftharpoons PbEDTA^{2-}(aq) \qquad K = 1,1 \times 10^{18}$$

Soit l'addition d'une solution de $Pb(NO_3)_2$ 0,010 mol/L à 1,0 L d'une solution tampon aqueuse de pH = 13.00, et contenant $Na_4EDTA$ 0,050 mol/L. Y aura-t-il formation d'un précipité de $Pb(OH)_2$ dans cette solution ?

## Problèmes défis

113. On prépare un tampon en utilisant 45,0 mL de $CH_3CH_2COOH$ 0,750 mol/L ($K_a = 1,3 \times 10^{-5}$) et 55,0 mL de $NaCH_3CH_2CO_2$ 0,700 mol/L. Quel volume de NaOH 0,10 mol/L doit-on ajouter pour changer le pH de la solution tampon initiale de 2,5 % ?

**114.** On a titré une solution d'ammoniac 0,400 mol/L par de l'acide chlorhydrique jusqu'au point d'équivalence ; le volume total était alors 1,50 fois le volume initial. À quel pH se trouve le point d'équivalence ?

115. Quel volume de NaOH 0,0100 mol/L doit-on ajouter à 1,00 L de HOCl 0,0500 mol/L pour obtenir un pH de 8,00 ?

**116.** Soit une solution formée de 50,0 mL de $H_2SO_4$ 0,100 mol/L ; 30,0 mL de HOCl 0,10 mol/L ; 25,0 mL de NaOH 0,20 mol/L ; 25 mL de $Ca(OH)_2$ 0,10 mol/L et 10,0 mL de KOH 0,15 mol/L. Calculez le pH de cette solution.

117. Quand on effectue le titrage d'un diacide, $H_2A$, avec NaOH, les protons du diacide sont généralement enlevés un à la fois, ce qui donne une courbe de pH qui a l'allure suivante :

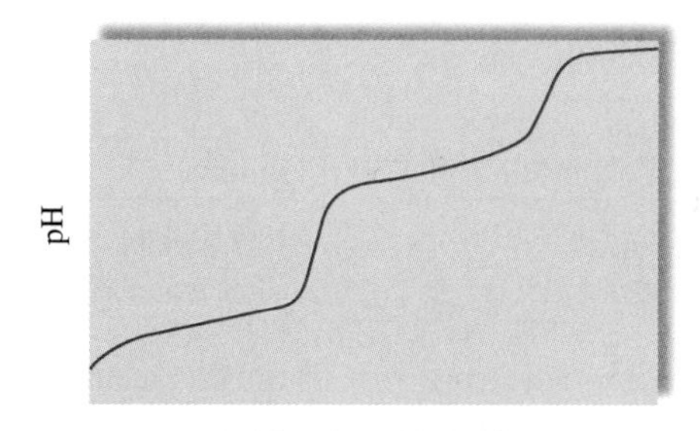


Volume de NaOH ajouté

**a)** On remarque que le graphique est essentiellement composé de deux courbes de titrage. Si le premier point d'équivalence survient après l'addition de 100,0 mL de NaOH, quel volume de NaOH ajouté correspond au deuxième point d'équivalence ?

**b)** Pour les volumes suivants de NaOH ajouté, dressez la liste des principales espèces présentes après la réaction complète de $OH^-$.

**i)** 0 mL de NaOH ajouté.

**ii)** Entre 0 et 100,0 mL de NaOH ajoutés.

**iii)** 100,0 mL de NaOH ajoutés.

**iv)** Entre 100,0 et 200,0 mL de NaOH ajoutés.

**v)** 200,0 mL de NaOH ajoutés.

**vi)** Après l'addition de 200,0 mL de NaOH.

**c)** Si après l'addition de 50,0 mL de NaOH, le pH est de 4,0, et de 8,0 après l'addition de 150,0 mL de NaOH, déterminez les valeurs de $K_{a_1}$ et de $K_{a_2}$ pour le diacide.

**118.** Le titrage de $Na_2CO_3$ par HCl présente le profil qualitatif suivant :

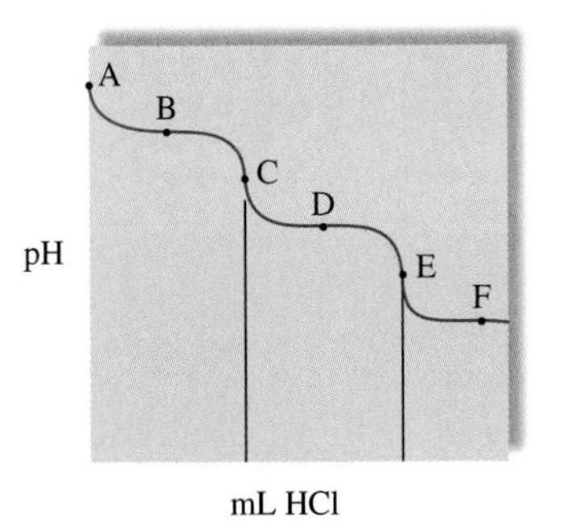


**a)** Déterminez les principales espèces dans la solution aux points A à F.

**b)** Calculez le pH aux points de demi-neutralisation B et D. (*Élément de réponse : voir l'exercice 117.*)

119. On verse quelques gouttes de chacun des indicateurs nommés ci-dessous dans des échantillons séparés d'une solution d'un acide faible HX 1,0 mol/L. Les résultats sont donnés dans la dernière colonne du tableau. Quel est le pH approximatif de la solution contenant HX ? Quelle est la valeur approximative de $K_a$ pour HX ?

| Indicateur | Couleur de HIn | Couleur de $In^-$ | p$K_a$ de HIn | HX |
|---|---|---|---|---|
| bleu de bromophénol | jaune | bleu | 4,0 | bleu |
| pourpre de bromocrésol | jaune | violet | 6,0 | jaune |
| vert de bromocrésol | jaune | bleu | 4,8 | vert |
| alizarine | jaune | rouge | 6,5 | jaune |

**120.** Soit une solution préparée en mélangeant 500,0 mL de $NH_3$ 4,0 mol/L et 500,0 mL de $AgNO_3$ 0,40 mol/L. L'ion $Ag^+$ réagit avec $NH_3$ pour former $AgNH_3^+$ et $Ag(NH_3)_2^+$ :

$$Ag^+ + NH_3 \rightleftharpoons AgNH_3^+ \qquad K_1 = 2{,}1 \times 10^3$$
$$AgNH_3^+ + NH_3 \rightleftharpoons Ag(NH_3)_2^+ \qquad K_2 = 8{,}2 \times 10^3$$

Déterminez la concentration de toutes les espèces en solution.

121. Vous ajoutez un excès de MX solide dans 250 g d'eau. Vous mesurez le point de congélation et obtenez −0,028 °C. Quelle est la valeur de $K_{ps}$ pour ce solide ? Supposez que la masse volumique de la solution est de 1,0 g/cm$^3$.

**122. a)** Calculez la solubilité molaire de $SrF_2$ dans l'eau, en ne tenant pas compte des propriétés basiques de $F^-$. (Pour $SrF_2$, $K_{ps} = 7{,}9 \times 10^{-10}$.)

**b)** La solubilité molaire mesurée de $SrF_2$ sera-t-elle supérieure ou inférieure à la valeur calculée en **a)** ? Expliquez.

**c)** Calculez la solubilité molaire de $SrF_2$ dans une solution tampon de pH = 2,00. ($K_a$ pour HF est $7{,}2 \times 10^{-4}$.)

123. Une solution saturée d'un sel de type $M_3X_2$ a une pression osmotique de $2{,}64 \times 10^{-2}$ atm à 25 °C. Calculez la valeur de $K_{ps}$ pour ce sel, en supposant un comportement idéal.

## Problèmes d'intégration

Ces problèmes requièrent l'intégration d'une multitude de concepts pour trouver la solution.

**124.** On prépare une solution tampon en mélangeant 75,0 mL d'acide fluorobenzoïque ($FC_6H_4COOH$) 0,275 mol/L avec 55,0 mL de fluorobenzoate de sodium 0,472 mol/L. Le p$K_a$ de cet acide faible est de 2,90. Quel est le pH de cette solution tampon ?

125. Le $K_{ps}$ pour A, un composé ionique légèrement soluble composé des ions $M_2^{2+}$ et $X^-$, est $4{,}5 \times 10^{-29}$. La configuration électronique de $M^+$ est [Xe]$6s^1\,4f^{14}5d^{10}$. L'anion $X^-$ possède 54 électrons. Quelle est la solubilité molaire de A dans une solution de NaX préparée en dissolvant 1,98 g de NaX dans 150 mL d'eau ?

**126.** Calculez le pH d'une solution préparée en mélangeant 250 mL de HF aqueux 0,174 *m* (masse volumique = 1,10 g/mL) avec 38,7 g d'une solution aqueuse de NaOH à 1,50 % en masse (masse volumique = 1,02 g/mL). ($K_a$ pour HF = $7{,}2 \times 10^{-4}$.)

## Problème de synthèse*

Ce problème fait appel à plusieurs concepts et techniques de résolution de problèmes. Il peut être utilisé pour faciliter l'acquisition des habiletés nécessaires à la résolution de problèmes.

**127.** On dissout 225 mg d'un diacide dans assez d'eau pour obtenir 250 mL de solution. Le pH de cette solution est de 2,06. On prépare une solution saturée d'hydroxyde de calcium ($K_{ps}$ = $5{,}5 \times 10^{-6}$) en ajoutant de l'hydroxyde de calcium en excès dans l'eau pure puis en extrayant le solide non dissous par filtration. On ajoute assez de solution d'hydroxyde de calcium à la solution d'acide pour atteindre le deuxième point d'équivalence. Le pH au deuxième point d'équivalence (déterminé à l'aide du pH-mètre) est de 7,96. La constante de première dissociation de l'acide ($K_{a_1}$) est $5{,}90 \times 10^{-2}$. Considérez que les volumes des solutions s'additionnent, que toutes les solutions sont à 25 °C et que $K_{a_1}$ est au moins 1000 fois plus élevée que $K_{a_2}$.

**a)** Calculez la masse molaire de l'acide.

**b)** Calculez la constante de deuxième dissociation de l'acide ($K_{a_2}$).

# 7 Thermodynamique chimique

## Contenu

*Le dioxyde de carbone solide (glace sèche) plongé dans l'eau provoque un violent bouillonnement causé par la libération du $CO_2$ gazeux. Le « brouillard » qui se forme alors est en fait l'humidité de l'air qui se condense.*

La *première loi de la thermodynamique* est la loi de la conservation de l'énergie : l'énergie ne se perd ni ne se crée ; en d'autres termes, *la quantité d'énergie présente dans l'Univers est constante*. Toutefois, cela n'empêche pas que l'énergie totale change de forme au cours des processus physiques ou chimiques. Par exemple, lorsqu'on laisse tomber un livre, l'énergie potentielle initiale du livre est transformée en énergie cinétique, laquelle est transmise aux atomes de l'air et du plancher sous la forme de mouvements aléatoires. Le résultat net de ce processus est donc la transformation d'une quantité donnée d'énergie potentielle en une quantité équivalente d'énergie thermique. Il y a donc eu transformation d'une forme d'énergie en une autre, sans que la quantité d'énergie présente avant et après le processus ait varié.

Étudions à présent une réaction chimique. Quand on fait brûler du méthane en présence d'un excès d'oxygène, la principale réaction est :

$$CH_4(g) + 2O_2(g) \longrightarrow CO_2(g) + 2H_2O(g) + \text{énergie}$$

Cette réaction libère une certaine quantité d'énergie sous forme de chaleur. Cette énergie provient de la libération de l'énergie potentielle emmagasinée dans les liaisons de $CH_4$ et de $O_2$ au fur et à mesure qu'il y a formation de $CO_2$ et de $H_2O$. La figure 7.1 illustre ce phénomène. Il y a eu transformation d'énergie potentielle en énergie thermique ; toutefois, le contenu énergétique de l'Univers est resté constant, en accord avec la première loi de la thermodynamique.

La **première loi de la thermodynamique** permet surtout d'établir le « bilan énergétique », c'est-à-dire de répondre à des questions telles que :

Quelle quantité d'énergie participe à cette transformation ?

Est-ce qu'il y a gain ou perte d'énergie dans le système ?

Sous quelle forme retrouve-t-on l'énergie ?

Première loi de la thermodynamique : la quantité d'énergie présente dans l'Univers est constante.

Même si la première loi de la thermodynamique permet de dresser un bilan énergétique, elle ne fournit aucune indication sur la *raison* pour laquelle un certain processus a lieu dans une direction donnée. C'est précisément ce que nous nous proposons d'aborder dans ce chapitre.

## 7.1 Processus spontanés et entropie

Spontané ne signifie pas rapide.

On dit d'un processus qu'il est *spontané s'il se produit sans intervention extérieure*. Un **processus spontané** peut être soit lent, soit rapide. On le verra dans ce chapitre, la thermodynamique peut permettre de déterminer la *direction* d'un processus, mais non sa *vitesse*. On sait que la vitesse d'une réaction est fonction de nombreux facteurs, tels l'énergie d'activation, la température, la concentration et les catalyseurs, dont on a expliqué l'influence à l'aide d'une simple théorie des collisions (*voir le chapitre 3*). Pour décrire une réaction chimique selon la cinétique chimique, on ne s'intéresse qu'à la voie empruntée par les réactifs et les produits ; selon la thermodynamique, par contre, on ne prend en considération que les états initial et final, sans se préoccuper de la voie empruntée par les réactifs pour devenir des produits (*voir la figure 7.2*).

**FIGURE 7.1**
**Quand le méthane réagit avec l'oxygène pour produire du dioxyde de carbone et de l'eau, l'énergie potentielle des produits est inférieure à celle des réactifs. Cette transformation de l'énergie potentielle entraîne un transfert de chaleur vers le milieu extérieur.**

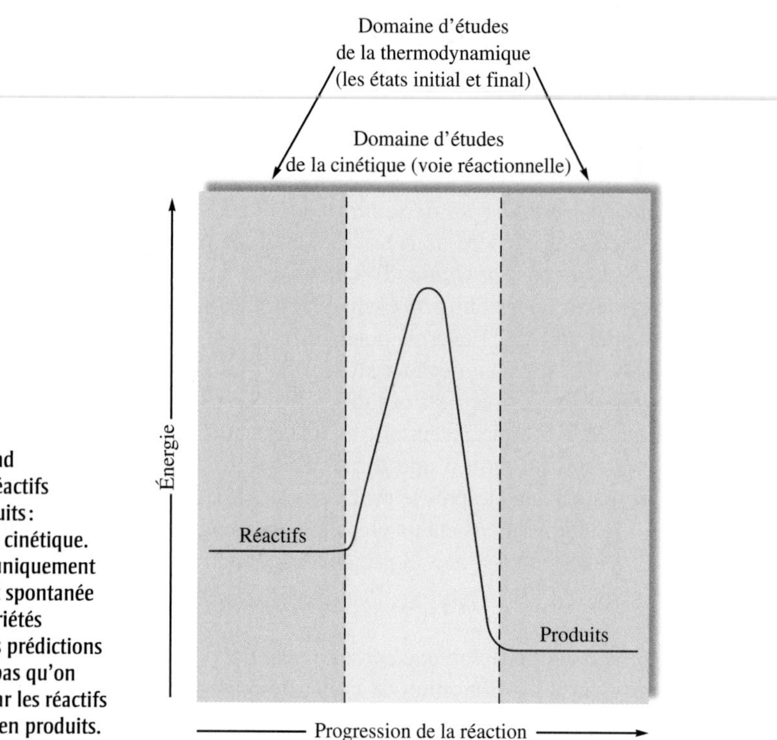


**FIGURE 7.2**
La vitesse d'une réaction dépend de la voie qu'empruntent les réactifs pour être transformés en produits : c'est le domaine d'études de la cinétique. La thermodynamique permet uniquement de déterminer si la réaction est spontanée ou non, compte tenu des propriétés des réactifs et des produits. Les prédictions thermodynamiques n'exigent pas qu'on connaisse la voie empruntée par les réactifs pour qu'ils soient transformés en produits.

En résumé, la thermodynamique permet de prédire si un processus aura lieu, sans qu'on puisse toutefois préciser le temps que prendra sa réalisation. Par exemple, selon les lois de la thermodynamique, le diamant est spontanément transformé en graphite. Le fait qu'on n'observe pas ce phénomène ne signifie pas que la prédiction soit fausse, mais simplement que le processus est trop lent pour qu'on puisse le détecter. Pour décrire adéquatement une réaction chimique, il faut donc recourir à la fois à la thermodynamique et à la cinétique.

Pour mieux comprendre cette notion de spontanéité, considérons les processus chimiques ou physiques suivants.

Une balle descend une pente, mais ne la remonte jamais spontanément.

Exposé à l'air humide, l'acier rouille spontanément ; cependant, l'oxyde de fer de la rouille n'est jamais spontanément transformé en fer métallique et en oxygène.

Un gaz remplit un contenant de façon uniforme : il n'est jamais confiné dans un des coins du contenant.

La chaleur passe toujours d'un objet chaud à un objet froid ; le processus inverse n'a jamais lieu spontanément.

Le bois brûle spontanément et forme, selon une réaction exothermique, du gaz carbonique et de l'eau ; il n'y a, par contre, jamais formation de bois quand on fait chauffer ensemble du gaz carbonique et de l'eau.

À des températures inférieures à 0 °C, l'eau gèle spontanément ; à des températures supérieures à 0 °C, la glace fond spontanément.

Quel principe thermodynamique permet d'expliquer pourquoi, dans des conditions données, chacun de ces processus a lieu dans une, et une seule, direction ? On peut toujours expliquer le comportement d'une balle qui descend une pente à l'aide de la gravité. Mais quelle relation y a-t-il entre la gravité et la formation de rouille sur un clou ou la congélation de l'eau ? Quand la thermodynamique était une science jeune, on croyait que la clé du problème résidait dans l'exothermicité ; en d'autres termes, on pensait que, pour qu'il soit spontané, un processus devait être accompagné d'un dégagement de

En se consumant, les végétaux se transforment en dioxyde de carbone et en eau.

chaleur. C'est certes là un facteur important, étant donné que de nombreux processus spontanés sont effectivement exothermiques, mais cette explication n'est pas suffisante. En effet, plusieurs processus spontanés, telle la fonte de la glace, qui a lieu spontanément à des températures supérieures à 0 °C, sont des processus endothermiques.

Quel est donc ce facteur commun qui permet d'expliquer la spontanéité unidirectionnelle des différents processus mentionnés ci-dessus ? Après bien des années de recherche, les scientifiques l'ont défini comme étant l'augmentation d'une propriété appelée **entropie** ($S$). *C'est l'augmentation de l'entropie dans l'Univers qui permet d'expliquer la spontanéité d'un processus.*

Qu'est-ce que l'entropie ? Bien qu'il n'en existe aucune définition simple et vraiment précise, *on peut considérer l'entropie comme une mesure du désordre*. Un phénomène naturel a en effet toujours tendance à évoluer vers le désordre, c'est-à-dire à passer d'un niveau d'entropie faible à un niveau d'entropie plus élevé. Considérons, par exemple, une cuisine. Une cuisine parfaitement ordonnée est une pièce dans laquelle chacun des ustensiles est rangé à la place qui lui est assignée. Il suffit qu'une simple cuiller à café ne soit pas rangée à sa place pour que la cuisine devienne « désordonnée ». Une cuisine, comme n'importe quelle autre pièce, a une tendance naturelle à devenir désordonnée, simplement parce qu'il existe beaucoup plus de façons de mettre les choses en désordre qu'en ordre.

Paquet de cartes en désordre.

Probabilité fait référence à vraisemblance.

Prenons un autre exemple : imaginons que les cartes d'un jeu soient classées dans un ordre donné, qu'on lance le paquet en l'air et qu'on ramasse les cartes au hasard. Il serait fort surprenant que le nouvel ordre de ces cartes soit le même que l'ordre initial. Ce n'est pas que cela soit impossible, c'est simplement *très peu probable*. Il existe des milliards de façons de placer les cartes d'un jeu en désordre, mais il n'y a qu'une façon de les placer dans l'ordre initial. Par conséquent, les chances de ramasser les cartes dans le désordre sont beaucoup plus grandes que celles de les ramasser dans l'ordre. Cet accroissement du désordre est dans la nature des choses.

L'entropie est une fonction thermodynamique qui permet de décrire *le nombre d'arrangements (positions ou niveaux d'énergie, ou les deux) que peut prendre un système* dans un état donné. L'entropie est étroitement associée à la probabilité. Le concept fondamental en est le suivant : plus un état particulier peut adopter de façons d'être, plus grande est la probabilité de rencontrer cet état. En d'autres termes, *la nature facilite spontanément l'apparition d'états qui ont la plus grande probabilité de se produire*. Cette conclusion n'a en fait rien de surprenant. Il est toutefois peu aisé de recourir à ce concept pour expliquer des processus de la vie quotidienne. Par exemple, quelle relation existe-t-il entre l'apparition spontanée de la rouille et la probabilité ? On peut répondre à ce type de question quand on comprend la relation qui existe entre l'entropie et la spontanéité.

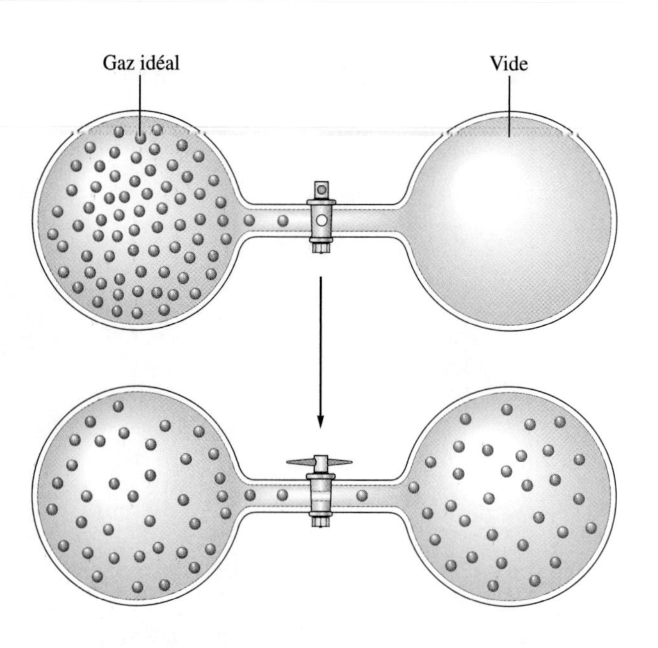


**FIGURE 7.3**
**Expansion d'un gaz idéal dans un ballon sous vide.**

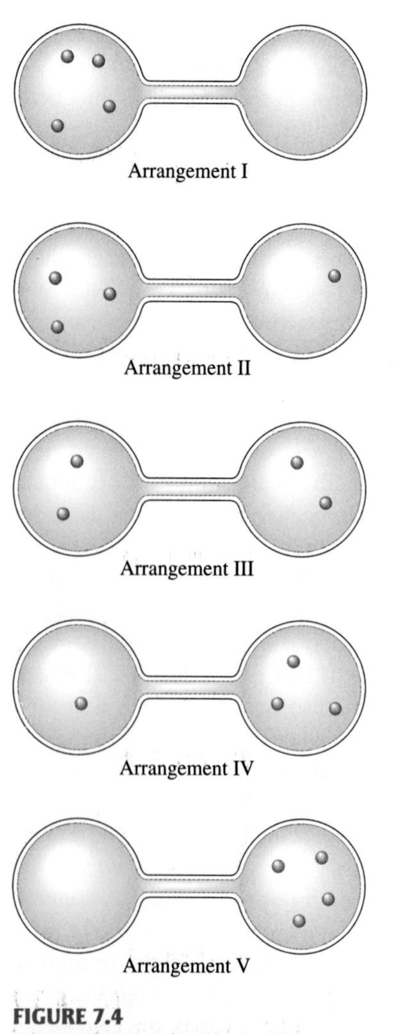


**FIGURE 7.4**
**Les arrangements (états) possibles que peuvent adopter quatre molécules dans un récipient constitué de deux ballons.**

Pour ce faire, considérons un processus très simple : l'expansion d'un gaz idéal dans un contenant où l'on a fait le vide (*voir la figure 7.3*). Pourquoi ce processus est-il spontané ? Parce qu'il est plus probable. Étant donné qu'il existe davantage de façons pour le gaz d'être réparti dans l'ensemble du contenant que d'être présent dans tout autre état particulier, le gaz est spontanément réparti de façon uniforme.

Pour mieux comprendre cela, simplifions le système en prenant en considération quatre molécules de gaz dans un contenant formé de deux ballons (*voir la figure 7.4*). Combien de façons permettent d'obtenir chaque arrangement (état) ? Il n'y a qu'une seule possibilité que les arrangements I et V existent : toutes les molécules doivent occuper un ballon. En ce qui concerne les arrangements II et IV, il y a quatre possibilités (*voir le tableau 7.1*). Si nous appelons *micro-état* chaque configuration correspondant à un arrangement particulier, alors l'arrangement I n'a qu'un micro-état, l'arrangement II en a quatre et l'arrangement III en a six (*voir le tableau 7.1*). *Lequel de ces arrangements est le plus probable ?* C'est celui pour lequel il existe le plus grand nombre de façons de l'obtenir. Ici, c'est donc l'arrangement III qui est le plus probable, les probabilités relatives des arrangements III, II et I étant 6:4:1. Voici donc un principe important : la probabilité d'apparition d'un arrangement particulier (état) dépend du nombre de façons (micro-états) que cet arrangement peut adopter pour exister.

Lorsqu'on considère un nombre important de molécules, les conséquences de ce principe sont spectaculaires. Une molécule de gaz située dans le contenant (*voir la figure 7.4*) a une chance sur deux de se trouver dans le ballon de gauche. La probabilité qu'une molécule soit présente dans le ballon de gauche est donc de $\frac{1}{2}$.

S'il y a deux molécules dans le contenant, il y a une chance sur deux que chaque molécule soit présente dans le ballon de gauche ; par conséquent, il y a une chance sur quatre $\left(\frac{1}{2} \times \frac{1}{2} = \frac{1}{4}\right)$ que les *deux* molécules soient présentes dans le ballon de gauche. Au fur et à mesure que le nombre de molécules augmente, la probabilité relative que toutes les molécules soient présentes dans le ballon de gauche diminue (*voir le tableau 7.2*). Ainsi, pour une mole de gaz, la probabilité que toutes les molécules soient présentes dans le ballon de gauche est si faible que cet arrangement n'aura *jamais* lieu.

Par conséquent, lorsqu'on remplit d'un gaz une des extrémités du contenant, le gaz se déplace spontanément pour occuper la totalité du contenant, étant donné que, pour un très grand nombre de molécules de gaz, il existe un nombre astronomique de micro-

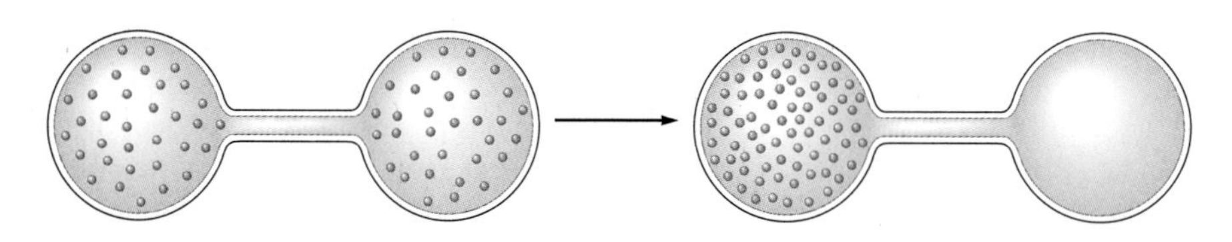

**TABLEAU 7.1 Micro-états correspondant à un arrangement (état particulier)**

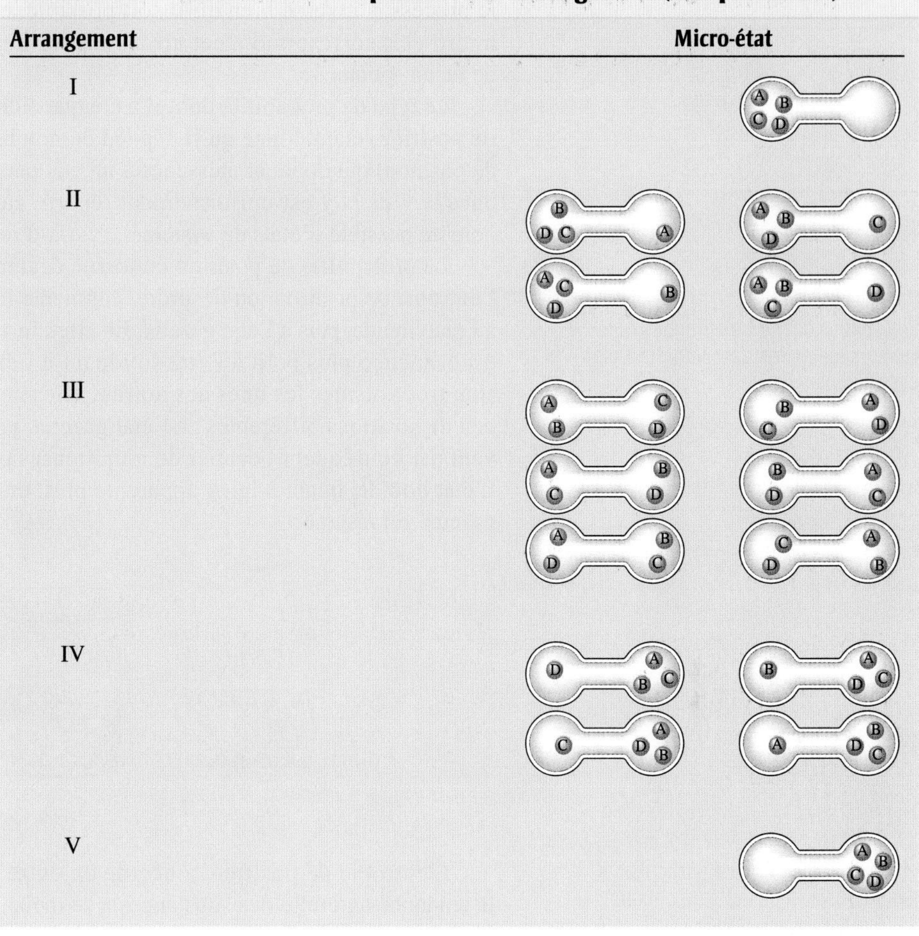


Pour deux molécules dans les ballons, il y a quatre micro-états possibles.

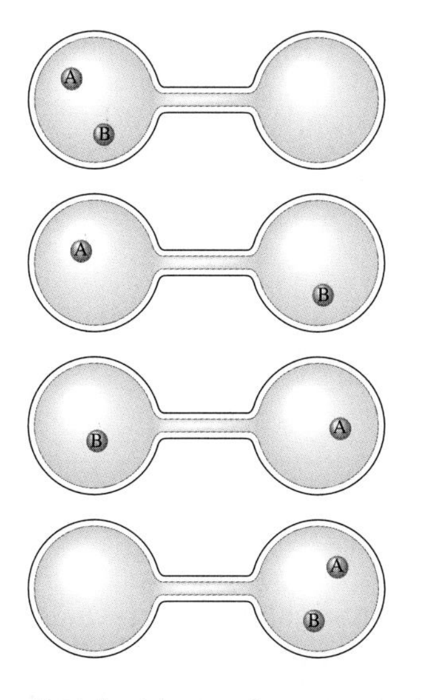

Ainsi, il existe une chance sur quatre de trouver :

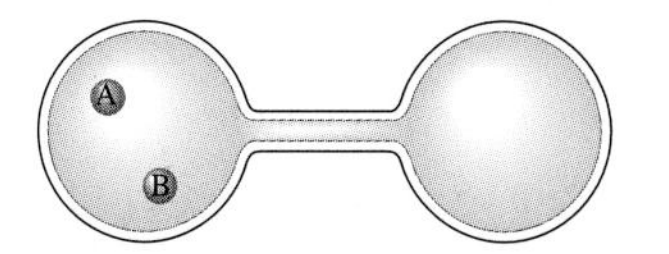

**TABLEAU 7.2 Probabilité que toutes les molécules s'amassent dans le ballon de gauche en fonction du nombre total de molécules**

| Nombre de molécules | Probabilité relative que toutes les molécules s'amassent dans le ballon de gauche |
|---|---|
| 1 | $\frac{1}{2}$ |
| 2 | $\frac{1}{2} \times \frac{1}{2} = \frac{1}{2^2} = \frac{1}{4}$ |
| 3 | $\frac{1}{2} \times \frac{1}{2} \times \frac{1}{2} = \frac{1}{2^3} = \frac{1}{8}$ |
| 5 | $\frac{1}{2} \times \frac{1}{2} \times \frac{1}{2} \times \frac{1}{2} \times \frac{1}{2} = \frac{1}{2^5} = \frac{1}{32}$ |
| 10 | $\frac{1}{2^{10}} = \frac{1}{1024}$ |
| $n$ | $\frac{1}{2^n} = \left(\frac{1}{2}\right)^n$ |
| $6 \times 10^{23}$ (1 mole) | $\left(\frac{1}{2}\right)^{6 \times 10^{23}} \approx 10^{-(2 \times 10^{23})}$ |

états dans lesquels un nombre égal de molécules occupent les deux ballons. Par ailleurs, le processus inverse bien qu'il soit possible, est *fortement* improbable, puisqu'un seul micro-état correspond à cet arrangement. Par conséquent, ce processus n'a pas lieu de façon spontanée.

Le type de probabilité dont il a été question dans cet exemple est appelé **probabilité de position**, étant donné qu'il dépend du nombre de positions dans l'espace (micro-états de position) qui donnent naissance à un état particulier. Un gaz prend ainsi de l'expansion dans le vide et y est uniformément réparti, car cette expansion présente le plus grand nombre possible d'états du système, c'est-à-dire la plus grande entropie.

Les solides sont plus ordonnés que les liquides ou les gaz ; leur entropie est donc plus basse.

La probabilité de position concerne également les changements d'état. En général, l'entropie de position, ou désordre, augmente lorsqu'une substance passe de l'état solide à l'état liquide, puis à l'état gazeux. En effet, le volume d'une mole d'une substance donnée est beaucoup plus petit à l'état solide qu'à l'état gazeux. À l'état solide, les molécules sont très voisines les unes des autres ; elles ne peuvent donc occuper que relativement peu de positions différentes ; à l'état gazeux, par contre, elles sont très éloignées et peuvent par conséquent occuper de nombreuses positions les unes par rapport aux autres. L'état liquide, quant à lui, s'apparente plus, en un certain sens, à l'état solide qu'à l'état gazeux. En résumé :

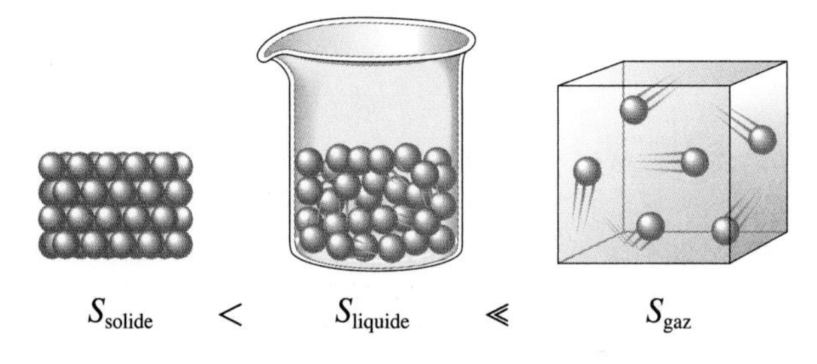

$$S_{solide} < S_{liquide} \ll S_{gaz}$$

La tendance qu'ont les particules de chaque composante à se mélanger est due à l'augmentation du volume disponible. Par exemple, quand on mélange deux liquides pour former une solution, les molécules de chaque liquide ont plus d'espace et, par conséquent, peuvent davantage prendre des positions différentes.

L'entropie de position concerne en outre la formation des solutions. On a vu que la tendance naturelle des substances à se mélanger favorisait la formation d'une solution (*voir le chapitre 2*). On peut maintenant définir ce processus de façon plus précise. La variation d'entropie associée au mélange de deux substances pures doit être positive. On s'attend à une augmentation de l'entropie puisque le mélange possède davantage de micro-états que les substances prises séparément. Cette augmentation est principalement due à l'augmentation du volume que peut occuper une « particule » donnée une fois le mélange effectué. Par exemple, quand on mélange deux liquides pour former une solution, les molécules de chaque liquide ont plus d'espace et, par conséquent, peuvent adopter plus de positions. Par conséquent, l'augmentation de l'entropie de position associée au mélange favorise la formation des solutions.

## Exemple 7.1 Entropie de position

Dans chaque cas ci-dessous, identifiez la substance dont l'entropie de position est la plus élevée (par mole), à une température donnée.

**a)** $CO_2$ solide ou $CO_2$ gazeux.
**b)** $N_2$ gazeux à 100,0 kPa ou $N_2$ gazeux à 1,0 kPa.

### *Solution*

**a)** Puisqu'une mole de $CO_2$ gazeux occupe un bien plus grand volume qu'une mole de $CO_2$ solide, les molécules de $CO_2$ gazeux peuvent adopter un nombre beaucoup plus grand de positions que les molécules de $CO_2$ solide. Ainsi, l'entropie de position du $CO_2$ gazeux est la plus élevée.
**b)** Une mole de $N_2$ gazeux, à une pression de 1,0 kPa, occupe un volume 100 fois supérieur (à une température donnée) à celui occupé par une mole de $N_2$ gazeux à 100,0 kPa. L'entropie de position du $N_2$ gazeux à 1,0 kPa est donc la plus élevée.

***Voir l'exercice 7.21***

Exemple 7.2

### Prédiction des variations d'entropie

Prédisez le signe de la variation d'entropie pour chacun des processus ci-dessous.

**a)** Addition de sucre à de l'eau et formation d'une solution.
**b)** Condensation de vapeurs d'iode sur une surface froide et formation de cristaux.

***Solution***

**a)** Les molécules de sucre sont dispersées de façon aléatoire dans l'eau lorsqu'il y a formation d'une solution et ont ainsi accès à un plus grand volume et un plus grand nombre de positions possibles. Par conséquent, le désordre de position augmente ; il y a donc augmentation d'entropie. La $\Delta S$ est positive, puisque l'entropie de l'état final est supérieure à celle de l'état initial, et $\Delta S = S_{finale} - S_{initiale}$.
**b)** L'iode gazeux passe à l'état solide. Au cours de ce processus, le volume initial relativement important diminue considérablement. Le désordre diminue ; il y a diminution d'entropie ($\Delta S$ négative).

***Voir l'exercice 7.22***

## 7.2 Entropie et deuxième loi de la thermodynamique

La quantité totale d'énergie présente dans l'Univers est constante, mais l'entropie augmente.

On a vu qu'un processus était spontané s'il entraînait une augmentation du désordre. La nature tend toujours à atteindre l'état le plus probable. On peut énoncer ce principe en termes d'entropie : *dans tout processus spontané, il y a toujours augmentation de l'entropie de l'Univers*. C'est la **deuxième loi de la thermodynamique**. Comparons-la à la première loi de la thermodynamique selon laquelle la quantité d'énergie présente dans l'Univers est constante. On en déduit que la quantité d'énergie est constante, mais non l'entropie. En fait, on peut formuler encore plus simplement la deuxième loi de la façon suivante : *l'entropie de l'Univers augmente*.

Il est fort commode de séparer l'Univers en deux, le système et son milieu extérieur, car on peut alors représenter la variation d'entropie de l'Univers comme

$$\Delta S_{univ} = \Delta S_{syst} + \Delta S_{ext}$$

où $\Delta S_{syst}$ et $\Delta S_{ext}$ représentent respectivement la variation d'entropie du système et celle du milieu extérieur.

Pour déterminer si un processus donné est spontané, il faut connaître le signe de $\Delta S_{univ}$. Si $\Delta S_{univ}$ est positive, l'entropie de l'Univers augmente, et le processus est spontané dans la direction indiquée. Si $\Delta S_{univ}$ est négative, le processus est spontané, mais dans la direction *opposée*. Si $\Delta S_{univ}$ est nulle, le processus n'a pas tendance à avoir lieu : le système est à l'équilibre. Pour déterminer si un processus est spontané, il faut prendre en considération les variations d'entropie qui ont lieu à la fois dans le système et dans le milieu extérieur.

Exemple 7.3

### Deuxième loi

Une cellule vivante synthétise ses grosses molécules à partir de molécules plus simples. Est-ce que ce processus est compatible avec la deuxième loi de la thermodynamique ?

***Solution***

Pour que la deuxième loi de la thermodynamique soit compatible avec l'activité d'une cellule dans laquelle l'ordre augmente ($\Delta S_{syst}$ négative), il faut que $\Delta S_{univ}$, et non $\Delta S_{syst}$, soit positive (pour qu'un processus soit spontané). Un processus pour lequel $\Delta S_{syst}$ est négative peut être spontané si la valeur de $\Delta S_{ext}$ est élevée et positive. C'est précisément ce qui se passe dans le cas d'une cellule.

***Voir les questions 7.7 et 7.8***

## IMPACT

### L'entropie : une force d'organisation ?

Dans ce volume, nous avons insisté sur le sens de la deuxième loi de la thermodynamique qu'on peut formuler de la façon suivante : l'entropie de l'Univers augmente. Bien que les résultats de toutes nos expériences appuient cette conclusion, cela ne signifie pas pour autant que l'ordre ne peut pas apparaître spontanément dans une partie donnée de l'Univers. Le meilleur exemple de ce phénomène, c'est l'assemblage des cellules dans les organismes vivants. Bien sûr, quand on examine en détail un processus qui crée un système ordonné, on trouve que d'autres parties du processus contribuent à une augmentation du désordre, de sorte que la somme de toutes les variations d'entropie est positive. En fait, les scientifiques découvrent maintenant que la recherche de l'entropie maximale dans une partie d'un système peut s'avérer une force puissante d'organisation dans une autre partie du système.

Pour bien comprendre comment l'entropie peut être une force d'organisation, examinons la figure ci-contre. Dans un système contenant de grosses et de petites « boules », tel que l'illustre la figure, les petites boules poussent les grosses boules à se « rassembler » dans les coins et près des parois. Cela libère le maximum d'espace et permet aux petites boules de se déplacer plus librement, ce qui tend à augmenter l'entropie du système, tel que l'exige la deuxième loi de la thermodynamique.

Essentiellement, la capacité de maximiser l'entropie en classant des objets de tailles différentes crée une sorte de force d'attraction, appelée *force de déplétion* ou *de volume exclu*. Ces « forces entropiques » fonctionnent pour des objets dont la taille se situe dans la fourchette de $10^{-8}$ à $10^{-6}$ m environ. Afin que l'effet de classement entropique se produise, les particules doivent constamment se bousculer et être continuellement agitées par les molécules de solvant, ce qui a pour effet de réduire l'importance de l'attraction gravitationnelle.

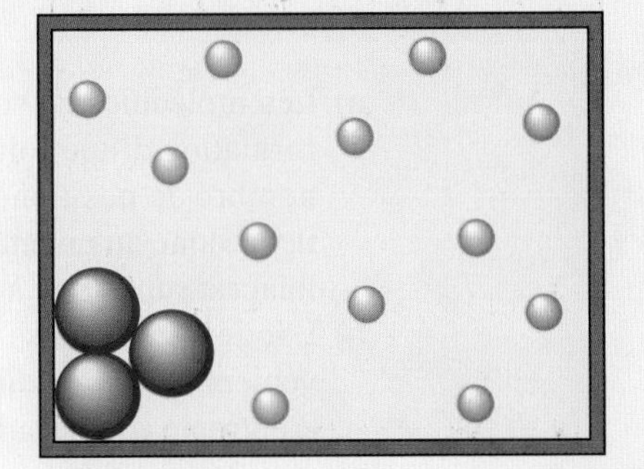

Il y a de plus en plus de preuves que l'ordonnancement entropique est important dans de nombreux systèmes biologiques. Par exemple, ce phénomène semble responsable de l'agglutination de l'hémoglobine drépanocytaire en présence de protéines beaucoup plus petites qui agissent comme les « petites boules ». On a également relié les forces entropiques à la formation d'agrégats d'ADN dans les cellules sans noyaux, et Allen Minton du National Institute of Health, à Bethesda au Maryland, étudie le rôle des forces entropiques dans la liaison des protéines aux membranes cellulaires.

L'ordonnancement entropique apparaît également dans des situations autres que biologiques, notamment dans la façon dont les molécules de polymères s'agglutinent. Par exemple, les polymères ajoutés à la peinture dans le but d'améliorer ses caractéristiques d'écoulement provoquent en fait leur coagulation à cause des forces de déplétion.

L'entropie est donc une question complexe, comme vous l'avez probablement déjà constaté. Tout en conduisant l'Univers à sa mort inéluctable dans un désordre maximal, l'entropie apporte un peu d'ordre en cours de route.

## 7.3 Influence de la température sur la spontanéité

Pour bien comprendre l'influence de $\Delta S_{syst}$ et de $\Delta S_{ext}$ sur le signe de $\Delta S_{univ}$, étudions le changement d'état d'une mole d'eau, de l'état liquide à l'état gazeux :

$$H_2O(l) \longrightarrow H_2O(g)$$

l'eau étant le système, et le reste, le milieu extérieur.

Dans ce processus, qu'arrive-t-il à l'entropie de l'eau ? Une mole d'eau liquide (18 g) occupe un volume d'environ 18 mL. Une mole d'eau gazeuse, à 101,3 kPa et à 100 °C, occupe un volume d'environ 31 L. Il est évident que les molécules d'eau peuvent occuper davantage de positions dans un volume de 31 L que dans un volume de 18 mL, et que le passage à l'état de vapeur est favorisé par cette augmentation de la probabilité de position. En d'autres termes, dans ce processus, l'entropie du système augmente : $\Delta S_{syst}$ est affectée du signe positif.

Qu'arrive-t-il à l'entropie du milieu extérieur ? On ne le démontre pas ici, mais la variation d'entropie du milieu extérieur est principalement déterminée par un transfert

**L'ébullition de l'eau qui forme de la vapeur augmente son volume et, par conséquent, son entropie.**

(gain ou perte) d'énergie, sous forme de chaleur, entre le système et le milieu extérieur. Pour bien comprendre ce phénomène, imaginons un processus exothermique pour lequel il y a transfert, vers le milieu extérieur et sous forme de chaleur, d'une énergie de 50 J, énergie qui est ainsi transformée en énergie thermique, c'est-à-dire en énergie cinétique associée au mouvement aléatoire des atomes. Ce transfert d'énergie vers le milieu extérieur fait augmenter les mouvements aléatoires des atomes et, par conséquent, l'entropie du milieu extérieur. Le signe de $\Delta S_{ext}$ est donc positif. Si le système est soumis à un processus endothermique, c'est le phénomène opposé qui a lieu. Il y a alors transfert de la chaleur du milieu extérieur vers le système, et les mouvements aléatoires des atomes dans le milieu extérieur ralentissent ; il y a par conséquent diminution de l'entropie du milieu. La vaporisation de l'eau étant un processus endothermique, la $\Delta S_{ext}$ qui correspond à ce phénomène est négative.

Rappelons que c'est le signe de $\Delta S_{univ}$ qui indique si la vaporisation de l'eau est un phénomène spontané ou non. On a vu que, si $\Delta S_{syst}$ était positive, le processus était favorisé et que, si $\Delta S_{ext}$ était négative, il ne l'était pas. Par conséquent, les composantes de $\Delta S_{univ}$ exercent des influences opposées. Mais alors, quelle composante est prédominante ? Cela *dépend de la température*. On sait que, à 101,3 kPa, l'eau passe spontanément de l'état liquide à l'état gazeux si la température est supérieure à 100 °C. À des températures inférieures à 100 °C, c'est le processus inverse (condensation) qui est spontané.

Puisque $\Delta S_{syst}$ et $\Delta S_{ext}$ exercent des influences opposées sur la vaporisation de l'eau, la température doit influencer leur importance relative. Pour mieux en comprendre la raison, étudions plus en détail les facteurs dont dépendent les variations d'entropie du milieu extérieur. Ce qui importe ici, c'est que *les variations d'entropie du milieu extérieur soient principalement déterminées par des transferts de chaleur*. Si un processus exothermique a lieu dans le système, l'entropie du milieu extérieur augmente, étant donné que l'énergie transférée fait augmenter les mouvements aléatoires des atomes et des molécules dans le milieu extérieur. Par conséquent, l'exothermicité joue un rôle important dans la spontanéité. On a vu précédemment qu'un système tendait à être soumis à des variations qui faisaient diminuer son niveau d'énergie. On peut à présent comprendre la raison de cette tendance : quand, à une température constante, le niveau d'énergie d'un système diminue, l'énergie est transférée vers le milieu extérieur, où il y a augmentation de l'entropie.

Dans un processus endothermique, la chaleur provient du milieu extérieur. Dans un processus exothermique, la chaleur est acheminée vers le milieu extérieur.

L'importance de l'exothermicité en tant que force agissante *dépend de la température à laquelle le processus a lieu*. En d'autres termes, l'importance de $\Delta S_{ext}$ dépend de la température à laquelle a lieu le transfert de chaleur. On ne tentera pas ici d'en faire la preuve. Recourons plutôt à une analogie. Supposons qu'on donne 50 dollars à un individu : s'il s'agit d'un millionnaire, cela ne l'impressionnera pas outre mesure, car il possède déjà beaucoup d'argent ; si, par contre, c'est un étudiant démuni, ces 50 dollars représenteront une somme importante qu'il acceptera avec plaisir. Transposons cette situation à celle d'un transfert d'énergie sous forme de chaleur. Lorsqu'on transfère 50 J d'énergie vers le milieu extérieur, l'impact de ce transfert dépend considérablement de la température. En effet, si la température extérieure est très élevée, les molécules sont déjà animées d'un mouvement très rapide ; l'addition de 50 J d'énergie ne modifiera donc pas de façon importante la vitesse des atomes. Par contre, si le transfert des 50 J d'énergie a lieu vers un milieu où la température est très basse, c'est-à-dire où la vitesse des atomes est lente, cet apport d'énergie entraînera une importante variation de leur vitesse. *Par conséquent, l'influence du transfert d'une quantité donnée d'énergie, sous forme de chaleur, vers le milieu extérieur ou vers le système est plus importante à basse température.*

Il existe deux caractéristiques importantes des variations d'entropie dans le milieu extérieur.

1. *Le signe de $\Delta S_{ext}$ dépend de la direction du transfert de chaleur.* À une température constante, si le système est soumis à un processus exothermique, il y a transfert de chaleur vers l'extérieur, ce qui augmente les mouvements aléatoires des atomes et, par conséquent, l'entropie du milieu. Dans ce cas, $\Delta S_{ext}$ est positive. L'inverse est aussi vrai si, à une température constante, c'est un processus endothermique qui a lieu dans le système. À noter que, même si la force décrite ici résulte réellement de la variation d'entropie, on exprime souvent ce principe en termes d'énergie. La nature tend à rechercher le plus bas niveau d'énergie possible.

Dans un processus qui a lieu à une température constante, la tendance du système à faire baisser son niveau d'énergie est due au fait que $\Delta S_{ext}$ qui en résulte est positive.

2. *L'importance de $\Delta S_{ext}$ dépend de la température*. Le transfert d'une quantité donnée d'énergie sous forme de chaleur entraîne, dans le milieu extérieur, un pourcentage beaucoup plus important de désordre à basse température qu'à haute température. Par conséquent, $\Delta S_{ext}$ varie en fonction directe de la quantité de chaleur transférée et en fonction inverse de la température. En d'autres termes, la tendance d'un système à faire baisser son niveau d'énergie devient une force agissante plus importante à basse température.

$$\begin{matrix}\text{Force agissante}\\ \text{fournie par}\\ \text{un transfert d'énergie}\\ \text{(chaleur)}\end{matrix} = \begin{matrix}\text{Importation}\\ \text{de la variation}\\ \text{d'entropie du}\\ \text{milieu extérieur}\end{matrix} = \frac{\text{quantité de la chaleur (J)}}{\text{température (K)}}$$

En résumé, on peut écrire :

Processus exothermique : $\Delta S_{ext}$ = positive

Processus endothermique : $\Delta S_{ext}$ = négative

$$\text{Processus exothermique :} \quad \Delta S_{ext} = +\frac{\text{quantité de la chaleur (J)}}{\text{température (K)}}$$

$$\text{Processus endothermique :} \quad \Delta S_{ext} = -\frac{\text{quantité de la chaleur (J)}}{\text{température (K)}}$$

On peut par ailleurs exprimer $\Delta S_{ext}$ en termes de variation d'enthalpie, $\Delta H$, si le processus a lieu à une pression constante, puisque :

$$\text{Transfert de chaleur } (P \text{ constante}) = \text{variation d'enthalpie} = \Delta H$$

Quand il n'y a aucun indice, la grandeur (par exemple, $\Delta H$) concerne le système.

Rappelons que $\Delta H$ comporte deux éléments : un signe et un nombre. Le *signe* indique la direction du transfert : un signe (+) signifie endothermique et un signe (−), exothermique. Le *nombre* indique quelle quantité d'énergie est transférée.

À partir de tous ces concepts, on peut définir ainsi $\Delta S_{ext}$ pour une réaction qui a lieu dans des conditions de température (K) et de pression constantes :

$$\Delta S_{ext} = \frac{\Delta H}{T}$$

La valeur négative indique un changement de point de vue, du système à l'extérieur.

Le signe (−) s'impose ici, étant donné que le signe de $\Delta H$ est déterminé par rapport au système en réaction et que cette équation représente une propriété du milieu extérieur. Cela signifie que, si la réaction est exothermique, $\Delta H$ sera affectée du signe négatif mais que, puisque la chaleur est transférée vers l'extérieur, $\Delta S_{ext}$ sera positive.

## Exemple 7.4 Détermination de $\Delta S_{ext}$

Dans la métallurgie de l'antimoine, on utilise différentes réactions qui permettent d'isoler le métal pur, selon la composition du minerai. Par exemple, on réduit l'antimoine par le fer si le minerai est un sulfure :

$$Sb_2S_3(s) + 3Fe(s) \longrightarrow 2Sb(s) + 3FeS(s) \qquad \Delta H = -125 \text{ kJ}$$

On le réduit par le charbon si le minerai est un oxyde :

$$Sb_4O_6(s) + 6C(s) \longrightarrow 4Sb(s) + 6CO(g) \qquad \Delta H = 778 \text{ kJ}$$

Calculez $\Delta S_{ext}$ pour chacune de ces réactions, à 25 °C et à 101,3 kPa.

***Solution***

On utilise

$$\Delta S_{ext} = \frac{\Delta H}{T}$$

où

$$T = 25 + 273 = 298 \text{ K}$$

Dans le cas du sulfure :

$$\Delta S_{ext} = -\frac{-125 \text{ kJ}}{298 \text{ K}} = 0{,}419 \text{ kJ/K} = 419 \text{ J/K}$$

La stibnite contient du $Sb_2S_3$.

**TABLEAU 7.3 Influence de $\Delta S_{syst}$ et de $\Delta S_{ext}$ sur le signe de $\Delta S_{univ}$**

| Signes des variations d'entropie | | | |
|---|---|---|---|
| $\Delta S_{syst}$ | $\Delta S_{ext}$ | $\Delta S_{univ}$ | Le processus est-il spontané? |
| + | + | + | Oui. |
| − | − | − | Non (la réaction a lieu dans la direction opposée). |
| + | − | ? | Oui, si $\Delta S_{syst} > \Delta S_{ext}$ |
| − | + | ? | Oui, si $\Delta S_{ext} > \Delta S_{syst}$ |

On remarque que $\Delta S_{ext}$ est positive, ce qui est normal, étant donné que la réaction est exothermique. Il y a donc transfert de chaleur vers l'extérieur, c'est-à-dire une augmentation du désordre dans le milieu extérieur.

Dans le cas de l'oxyde:

$$\Delta S_{ext} = -\frac{778 \text{ kJ}}{298} = -2{,}61 \text{ kJ/K} = -2{,}61 \times 10^3 \text{ J/K}$$

Dans ce cas, $\Delta S_{ext}$ est négative, puisque la chaleur est transférée du milieu extérieur vers le système.

***Voir les exercices 7.23 et 7.24***

On a vu que la spontanéité d'un processus était déterminée par la variation d'entropie qu'il entraînait dans l'Univers. On a aussi vu que $\Delta S_{univ}$ avait deux composantes: $\Delta S_{syst}$ et $\Delta S_{ext}$. Si, pour un processus donné, $\Delta S_{syst}$ et $\Delta S_{ext}$ sont toutes deux positives, alors $\Delta S_{univ}$ est positive, et le processus est spontané. Si, par contre, $\Delta S_{syst}$ et $\Delta S_{ext}$ sont négatives, le processus aura lieu, de façon spontanée, non pas dans la direction indiquée, mais dans la direction opposée. Enfin, si $\Delta S_{syst}$ et $\Delta S_{ext}$ sont de signes opposés, la spontanéité du processus dépend de leur importance relative. Le tableau 7.3 résume ces cas.

On peut à présent comprendre pourquoi la spontanéité varie souvent en fonction de la température et, par conséquent, pourquoi l'eau gèle spontanément à une température inférieure à 0 °C et la glace fond à une température supérieure à 0 °C. Le terme $\Delta S_{ext}$ varie en fonction de la température. Puisque

$$\Delta S_{ext} = -\frac{\Delta H}{T}$$

à une pression constante, la valeur de $\Delta S_{ext}$ varie considérablement en fonction de la température. L'importance de $\Delta S_{ext}$, très faible à haute température, augmente au fur et à mesure que la température diminue, c'est-à-dire que l'exothermicité est une force agissante beaucoup plus importante à basse température.

## 7.4 Énergie libre

C'est en l'honneur de Josiah Willard Gibbs (1839-1903), qui fut professeur de physique mathématique à Yale University de 1871 à 1903, qu'on utilise la lettre *G* pour désigner l'énergie libre. C'est lui qui a en effet établi les principes de base de nombreux aspects de la thermodynamique.

Jusqu'à présent, on a utilisé $\Delta S_{univ}$ pour prédire si un processus était spontané. Il existe cependant une autre fonction thermodynamique associée à la spontanéité et qui est fort utile pour étudier l'influence de la température sur la spontanéité. Cette fonction, c'est l'**énergie libre**, *G*, déterminée par la relation suivante:

$$G = H - TS$$

où *H* est l'enthalpie, *T*, la température (K), et *S*, l'entropie.

Pour un processus qui a lieu à une température constante, la variation d'énergie libre, $\Delta G$, satisfait à l'équation :

$$\Delta G = \Delta H - T\Delta S$$

On remarque que toutes ces grandeurs concernent le système. (À partir d'ici, on va adopter la convention suivante : en l'absence d'indice, la grandeur concerne le système.)

Pour associer cette équation à la spontanéité, on divise les deux membres de l'équation par $-T$ ; on obtient ainsi :

$$-\frac{\Delta G}{T} = -\frac{\Delta H}{T} + \Delta S$$

Rappelons que, à une température et une pression constantes :

$$\Delta S_{ext} = -\frac{\Delta H}{T}$$

Ainsi, on peut écrire :

$$-\frac{\Delta G}{T} = -\frac{\Delta H}{T} + \Delta S = \Delta S_{ext} + \Delta S = \Delta S_{univ}$$

Par conséquent,

$$\Delta S_{univ} = -\frac{\Delta G}{T} \quad \text{à } P \text{ et à } T \text{ constantes}$$

Ce résultat est très important. Il révèle qu'un processus qui a lieu à une température et à une pression constantes est spontané seulement si $\Delta G$ est négative. Autrement dit, *à T et à P constantes, un processus spontané est toujours accompagné d'une diminution de l'énergie libre* ($-\Delta G$ signifie $+\Delta S_{univ}$).

On dispose à présent de deux fonctions pour prédire la spontanéité d'une réaction : l'entropie de l'Univers, utilisable pour tous les processus ; l'énergie libre, utilisable pour les processus qui ont lieu à une température et à une pression constantes. Puisqu'un très grand nombre de réactions chimiques ont lieu à $T$ et à $P$ constantes, l'énergie libre est une fonction plus utile au chimiste que l'entropie.

Utilisons l'équation de l'énergie pour prédire la spontanéité de la fusion de la glace :

$$H_2O(s) \longrightarrow H_2O(l)$$

pour laquelle $\Delta H° = 6{,}03 \times 10^3$ J/mol et $\Delta S° = 22{,}1$ J/K · mol

L'utilisation du symbole du degré (°) indique que toutes les substances sont présentes dans leur état standard.

Le tableau 7.4 présente les résultats des calculs de $\Delta S_{univ}$ et de $\Delta G°$ à −10 °C, 0 °C et 10 °C. Ces résultats révèlent que le processus est spontané à 10 °C, c'est-à-dire que la glace fond à cette température, puisque $\Delta S_{univ}$ est positive et $\Delta G°$, négative. Le contraire est aussi vrai à −10 °C, température à laquelle l'eau gèle spontanément.

Pourquoi en est-il ainsi ? C'est parce que $\Delta S_{syst}$ ($\Delta S°$) et $\Delta S_{ext}$ s'opposent l'une à l'autre, $\Delta S°$ favorisant la fusion de la glace à cause de l'augmentation de l'entropie de position, et $\Delta S_{ext}$ favorisant la congélation de l'eau parce que c'est un processus exothermique. À des températures inférieures à 0 °C, le changement d'état a lieu dans la direction exothermique parce que la valeur absolue de $\Delta S_{ext}$ est supérieure à celle de $\Delta S_{syst}$.

**TABLEAU 7.4 Valeurs de $\Delta S_{univ}$ et de $\Delta G°$ pour le processus $H_2O(s) \rightarrow H_2O(l)$ à −10 °C, 0 °C et 10 °C***

| $T$ (°C) | $T$ (K) | $\Delta H°$ (J/mol) | $\Delta S°$ (J/K · mol) | $\Delta S_{ext} = -\frac{\Delta H°}{T}$ (J/K · mol) | $\Delta S_{univ} = \Delta S° + \Delta S_{ext}$ (J/K · mol) | $T\Delta S°$ (J/mol) | $\Delta G° = \Delta H° - T\Delta S°$ (J/mol) |
|---|---|---|---|---|---|---|---|
| −10 | 263 | $6{,}03 \times 10^3$ | 22,1 | −22,9 | −0,8 | $5{,}81 \times 10^3$ | $+2{,}2 \times 10^2$ |
| 0 | 273 | $6{,}03 \times 10^3$ | 22,1 | −22,1 | 0 | $6{,}03 \times 10^3$ | 0 |
| 10 | 283 | $6{,}03 \times 10^3$ | 22,1 | −21,3 | +0,8 | $6{,}25 \times 10^3$ | $-2{,}2 \times 10^2$ |

* On remarque que, à 10 °C, c'est $\Delta S°$ ($\Delta S_{syst}$) qui est prépondérante : le processus a lieu même s'il est endothermique. À −10 °C, $\Delta S_{ext}$ est plus importante que $S°$ : le processus est donc spontané, mais dans la direction opposée (exothermique).

Cependant, à des températures supérieures à 0 °C, le changement a lieu dans le sens que favorise $\Delta S_{syst}$, puisque, dans ce cas, la valeur absolue de $\Delta S_{syst}$ est supérieure à celle de $\Delta S_{ext}$. À 0 °C, puisque les *tendances opposées s'annulent*, les deux états coexistent ; aucune force agissante n'est prédominante dans une direction ou dans l'autre ; il y a donc équilibre entre les deux états de l'eau. Remarquons que, à 0 °C, $\Delta S_{univ}$ est nulle.

On peut arriver à la même conclusion en utilisant $\Delta G°$. À $-10$ °C, $\Delta G°$ est positive parce que la valeur de $\Delta H°$ est supérieure à celle de $T\Delta S°$. Le contraire est aussi vrai à 10 °C. À 0 °C, $\Delta H°$ est égale à $T\Delta S°$ et $\Delta G°$ est égale à 0, ce qui signifie que l'énergie libre de $H_2O$ liquide et celle de $H_2O$ solide sont les mêmes à 0 °C ($\Delta G° = G_{(l)} - G_{(s)}$) et que le système est à l'équilibre.

On peut comprendre que la spontanéité dépend de la température en examinant la variation de la fonction $\Delta G$. Pour un processus qui a lieu à une pression et à une température constantes, on a :

$$\Delta G = \Delta H - T\Delta S$$

Si $\Delta H$ et $\Delta S$ favorisent des processus opposés, la spontanéité dépendra de la température. Ainsi, c'est la réaction exothermique qui sera favorisée à basse température. Par exemple, pour le processus :

$$H_2O(s) \longrightarrow H_2O(l)$$

$\Delta H$ et $\Delta S$ sont positives. La tendance naturelle des systèmes à faire baisser leur niveau d'énergie s'oppose à leur tendance naturelle à faire augmenter leur désordre de position. À basse température, $\Delta H$ est le facteur prédominant, alors que, à haute température, c'est $\Delta S$ qui l'est. Le tableau 7.5 présente les différentes possibilités.

## Exemple 7.5 Énergie libre et spontanéité I

À quelles températures le processus suivant est-il spontané à une pression de 101,3 kPa ?

$$Br_2(l) \longrightarrow Br_2(g)$$

$$\Delta H° = 31{,}0 \text{ kJ/mol} \quad \text{et} \quad \Delta S° = 93{,}0 \text{ J/K} \cdot \text{mol}$$

Quel est le point d'ébullition normal du $Br_2$ liquide ?

***Solution***

Le processus de vaporisation est spontané à toutes les températures pour lesquelles $\Delta G°$ est négative. On sait que $\Delta S°$ favorise le processus de vaporisation à cause de l'augmentation de l'entropie, et que $\Delta H°$ favorise le processus *inverse* qui, lui, est exothermique. Les valeurs de ces tendances opposées sont les mêmes au point d'ébullition du $Br_2$ liquide, puisque, à cette température, le $Br_2$ liquide et le $Br_2$ gazeux sont en équilibre ($\Delta G° = 0$). On peut trouver cette température en remplaçant $\Delta G°$ par 0 dans l'équation suivante :

$$\Delta G° = \Delta H° - T\Delta S°$$
$$0 = \Delta H° - T\Delta S°$$
$$\Delta H° = T\Delta S°$$

On remarque que même si $\Delta H$ et $\Delta S$ dépendent quelque peu de la température, c'est une bonne approximation de supposer qu'elles sont constantes dans une gamme de températures relativement petite.

**TABLEAU 7.5 Différentes combinaisons possibles de $\Delta H$ et de $\Delta S$ pour un processus donné et leur influence sur la spontanéité du processus en fonction de la température**

| Cas | Résultat |
|---|---|
| $\Delta S$ positive, $\Delta H$ négative | Spontané à toutes les températures |
| $\Delta S$ positive, $\Delta H$ positive | Spontané à hautes températures (pour lesquelles l'exothermicité a peu d'importance). |
| $\Delta S$ négative, $\Delta H$ négative | Spontané à basses températures (pour lesquelles l'exothermicité a de l'importance). |
| $\Delta S$ négative, $\Delta H$ positive | Processus non spontané à *toutes* les températures (le processus inverse est spontané à *toutes* les températures). |

Alors, $$T = \frac{\Delta H^\circ}{\Delta S^\circ} = \frac{3{,}10 \times 10^4 \text{ J/mol}}{93{,}0 \text{ J/K} \cdot \text{mol}} = 333 \text{ K}$$

À des températures supérieures à 333 K, la valeur de $T\Delta S^\circ$ est supérieure à celle de $\Delta H^\circ$, et $\Delta G^\circ$ (ou $\Delta H^\circ - T\Delta S^\circ$) est négative. Par conséquent, à ces températures, le processus de vaporisation est spontané ; le processus inverse a lieu à des températures inférieures à cette température. À 333 K, le $Br_2$ gazeux et le $Br_2$ liquide sont en équilibre. En résumé (à une pression de 101,3 kPa dans chaque cas) :

1. $T > 333$ K. C'est le terme $\Delta S^\circ$ qui est prépondérant, c'est-à-dire qu'il y a augmentation de l'entropie quand le $Br_2$ passe de l'état liquide à l'état gazeux.
2. $T < 333$ K. Le processus est spontané dans la direction pour laquelle le processus est exothermique. C'est le terme $\Delta H^\circ$ qui est prépondérant.
3. $T = 333$ K. Les forces agissantes opposées sont en équilibre ($\Delta G^\circ = 0$) ; le brome est donc présent à la fois à l'état liquide et à l'état gazeux. C'est là le point d'ébullition normal du $Br_2$ liquide.

***Voir les exercices 7.27 et 7.28***

## 7.5 Variations d'entropie dans les réactions chimiques

Selon la deuxième loi de la thermodynamique, un processus est spontané s'il entraîne une augmentation de l'entropie dans l'Univers. On sait que, pour un processus qui a lieu à une température et à une pression constantes, on peut utiliser la variation de l'énergie libre du système pour prédire le signe de $\Delta S_{univ}$ et, par conséquent, la direction dans laquelle le processus sera spontané (*voir la section 7.4*). Jusqu'à présent, on n'a appliqué ces principes qu'à des processus physiques (changement d'état ou formation de solutions). En chimie, cependant, on étudie des réactions chimiques ; il faut donc utiliser la deuxième loi de la thermodynamique en ce qui concerne les réactions.

Pour ce faire, on doit d'abord étudier les variations d'entropie associées aux réactions chimiques qui ont lieu à une température et à une pression constantes. Comme pour les autres types de processus étudiés jusqu'à présent, les variations d'entropie dans le *milieu extérieur* sont déterminées par le transfert de chaleur qui a lieu au cours de la réaction. Cependant, les variations d'entropie dans le *système* (les réactifs et les produits de la réaction) dépendent de la probabilité de position.

Par exemple, dans la réaction de synthèse de l'ammoniac :

$$N_2(g) + 3H_2(g) \longrightarrow 2NH_3(g)$$

quatre molécules de réactif sont transformées en deux molécules de produit. Il y a donc diminution du nombre de molécules indépendantes dans le système et, par conséquent, diminution du désordre.

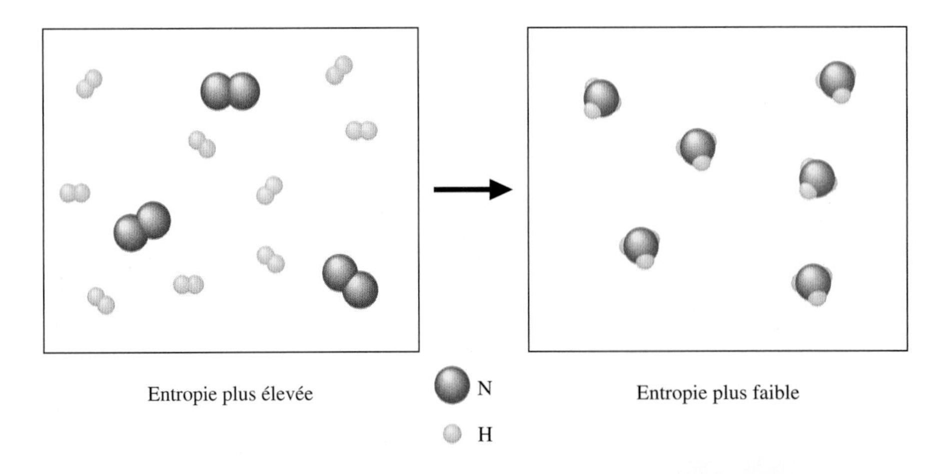

*Une diminution du nombre de molécules entraîne une diminution du nombre d'arrangements possibles.* Pour bien comprendre cela, imaginons qu'un récipient spécial soit doté d'un million de compartiments, chacun d'entre eux étant suffisamment grand pour contenir une molécule d'hydrogène. Une molécule $H_2$ peut donc être présente dans ce récipient d'un million de façons. Supposons à présent qu'on brise la liaison H—H et qu'on place les deux atomes d'hydrogène indépendants dans le même récipient. On se rend facilement compte qu'il existe *beaucoup* plus d'un million de façons pour les deux atomes séparés d'être présents dans le récipient. Le nombre d'arrangements possibles pour les deux atomes indépendants est de beaucoup supérieur au nombre d'arrangements possibles pour la molécule dans laquelle les atomes sont liés. Ainsi, pour le processus :

$$H_2 \longrightarrow 2H$$

l'entropie de position augmente.

Est-ce que la réaction suivante :

$$4NH_3(g) + 5O_2(g) \longrightarrow 4NO(g) + 6H_2O(g)$$

est associée à une augmentation ou à une diminution d'entropie ?

Dans ce cas, il y a transformation de 9 molécules de gaz en 10 molécules de gaz. L'entropie de position augmente donc, puisqu'on trouve davantage de molécules indépendantes sous forme de produits que sous forme de réactifs. En général, quand des molécules de gaz interviennent dans une réaction, *la variation d'entropie dépend des nombres relatifs de molécules de réactifs et de produits gazeux.* Si le nombre de molécules des produits gazeux est supérieur à celui des réactifs gazeux, alors l'entropie augmente et, pour cette réaction, $\Delta S$ est positive.

## Exemple 7.6 Prédiction du signe de $\Delta S°$

Prédisez le signe de $\Delta S°$ pour chacune des réactions ci-dessous.

**a)** Décomposition par la chaleur du carbonate de calcium solide :

$$CaCO_3(s) \longrightarrow CaO(s) + CO_2(g)$$

**b)** Oxydation du $SO_2$ dans l'air :

$$2SO_2(g) + O_2(g) \longrightarrow 2SO_3(g)$$

### *Solution*

**a)** Puisque, dans cette réaction, il y a formation d'un gaz à partir d'un solide, il y a augmentation de l'entropie : $\Delta S°$ est positive.

**b)** Ici, trois molécules de réactifs gazeux sont transformées en deux molécules de produits gazeux. Puisque le nombre de molécules de gaz diminue, l'entropie diminue : $\Delta S°$ est négative.

***Voir l'exercice 7.30***

En thermodynamique, c'est la *variation* d'une fonction donnée qui est importante. Par exemple, la variation d'enthalpie indique si la réaction est exothermique ou endothermique à une pression constante, et la variation d'énergie libre indique si le processus est spontané à une pression et à une température constantes. Il est en fait heureux que seule la variation des fonctions thermodynamiques suffise dans la plupart des cas, car on ne peut pas déterminer les valeurs absolues de nombreux paramètres thermodynamiques d'un système, comme l'enthalpie ou l'énergie libre.

On peut toutefois assigner des valeurs absolues à l'entropie. Considérons, par exemple, un solide à 0 K, température à laquelle l'agitation moléculaire est presque nulle. S'il s'agit d'un cristal parfait, l'arrangement de ses particules est parfaitement régulier (*voir la figure 7.5* ***a***). Il n'existe donc qu'*une façon* d'obtenir cet ordre parfait : chaque particule doit être à sa place (par analogie, avec *n* pièces de monnaie, il existe une seule façon

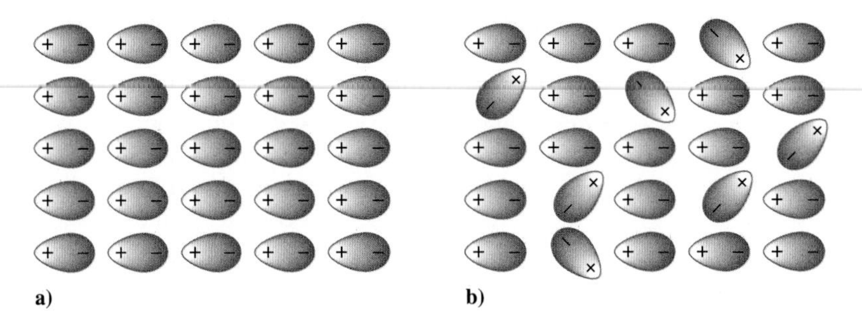


**FIGURE 7.5**
**a)** Un cristal parfait de chlorure d'hydrogène à 0 K ; on a représenté les molécules dipolaires HCl par (+|−). L'entropie de ce cristal parfait est nulle ($S = 0$) à 0 K.
**b)** Au fur et à mesure que la température augmente, les vibrations qui affectent le réseau permettent à certains dipôles de changer d'orientation, ce qui entraîne du désordre et une augmentation de l'entropie ($S > 0$).

Un cristal parfait à 0 K est une création de l'esprit. On l'utilise comme référence, mais il n'existe pas réellement.

de n'obtenir que des faces). Un cristal parfait représente donc l'état dont l'entropie est le plus faible possible ; autrement dit, *l'entropie d'un cristal parfait à 0 K est nulle*. C'est la **troisième loi de la thermodynamique**.

Au fur et à mesure que la température d'un cristal parfait augmente, les mouvements des vibrations aléatoires augmentent, ainsi que le désordre (*voir la figure 7.5* ***b***). Par conséquent, l'entropie d'une substance augmente en fonction de la température. Puisque, à 0 K, $S = 0$ pour un cristal parfait, on peut calculer la valeur de l'entropie pour une substance, à une température donnée, si l'on connaît la variation de l'entropie en fonction de la température. (On n'effectuera pas ici de tels calculs.)

L'entropie standard représente l'augmentation d'entropie qui se produit quand une substance est chauffée de 0 K à 298 K, à une pression de 101,3 kPa.

L'annexe 4 présente les *valeurs d'entropie standard*, $S°$, de nombreuses substances courantes, à 298 K et à 101,3 kPa. On constate que l'entropie d'une substance augmente effectivement lorsque cette dernière passe de l'état solide à l'état liquide, puis à l'état gazeux. Une des caractéristiques particulièrement importantes mises en évidence dans ce tableau est la très faible valeur de $S°$ (2 J/K · mol) pour le diamant. La structure du diamant est hautement organisée, chaque atome de carbone étant fortement relié, selon un arrangement tétraédrique, à quatre autres atomes de carbone (*voir la figure à la page 332, exemple 7.10*). Une telle structure laisse peu de possibilités au désordre ; par conséquent, son entropie est très faible, même à 298 K. Le graphite, quant à lui, représente un état dont l'entropie est légèrement supérieure (6 J/K · mol), car sa structure étagée favorise un peu plus le désordre.

Étant donné que *l'entropie est une fonction d'état du système* (elle ne varie pas en fonction de la voie empruntée), on peut, pour une réaction chimique donnée, calculer la variation d'entropie en faisant la différence entre la somme des entropies standards des réactifs et celles des produits :

$$\Delta S°_{\text{réaction}} = \Sigma n_p S°_{\text{produits}} - \Sigma n_r S°_{\text{réactifs}}$$

où $\Sigma$ représente la somme des termes. Il est important de remarquer que l'entropie est une propriété extensive (elle est fonction de la quantité de substance en présence), ce qui signifie qu'*on doit prendre en considération le nombre de moles d'un réactif ou d'un produit.*

## Exemple 7.7 Calcul de $\Delta S°$ I

Calculez $\Delta S°$ à 25 °C pour la réaction suivante :

$$2NiS(s) + 3O_2(g) \longrightarrow 2SO_2(g) + 2NiO(s)$$

Les valeurs d'entropie standard sont les suivantes.

| Substance | $S°$ (J/K · mol) |
|---|---|
| $SO_2(g)$ | 248 |
| $NiO(s)$ | 38 |
| $O_2(g)$ | 205 |
| $NiS(s)$ | 53 |

***Solution***

Puisque
$$\begin{aligned}\Delta S° &= \Sigma n_p S°_{produits} - \Sigma n_r S°_{réactifs}\\ &= 2S°_{SO_2(g)} + 2S°_{NiO(s)} - 2S°_{NiS(s)} - 3S°_{O_2(s)}\\ &= 2 \text{ mol}\left(248 \frac{J}{K \cdot mol}\right) + 2 \text{ mol}\left(38 \frac{J}{K \cdot mol}\right)\\ &\quad - 2 \text{ mol}\left(53 \frac{J}{K \cdot mol}\right) - 3 \text{ mol}\left(205 \frac{J}{K \cdot mol}\right)\\ &= 496 \text{ J/K} + 76 \text{ J/K} - 106 \text{ J/K} - 615 \text{ J/K}\\ &= -149 \text{ J/K}\end{aligned}$$

on pouvait s'attendre à ce que $\Delta S°$ soit négative, étant donné que le nombre de molécules de gaz diminue au cours de cette réaction.

***Voir l'exercice 7.32***

*Exemple 7.8*

## Calcul de $\Delta S°$ II

Calculez $\Delta S°$ pour la réaction de réduction de l'oxyde d'aluminium par l'hydrogène gazeux :

$$Al_2O_3(s) + 3H_2(g) \longrightarrow 2Al(s) + 3H_2O(g)$$

Utilisez les valeurs d'entropie standard suivantes.

| Substance | $S°$ (J/K · mol) |
|---|---|
| $Al_2O_3(s)$ | 51 |
| $H_2(g)$ | 131 |
| $Al(s)$ | 28 |
| $H_2O(g)$ | 189 |

***Solution***

$$\begin{aligned}\Delta S° &= \Sigma n_p S°_{produits} - \Sigma n_r S°_{réactifs}\\ &= 2S°_{Al(s)} + 3S°_{H_2O(g)} - 3S°_{H_2(g)} - S°_{Al_2O_3(s)}\\ &= 2 \text{ mol}\left(28 \frac{J}{K \cdot mol}\right) + 3 \text{ mol}\left(189 \frac{J}{K \cdot mol}\right)\\ &\quad - 3 \text{ mol}\left(131 \frac{J}{K \cdot mol}\right) - 1 \text{ mol}\left(51 \frac{J}{K \cdot mol}\right)\\ &= 56 \text{ J/K} + 567 \text{ J/K} - 393 \text{ J/K} - 51 \text{ J/K}\\ &= 179 \text{ J/K}\end{aligned}$$

***Voir les exercices 7.33 et 7.34***

Dans l'exemple 7.8, la réaction présentée fait intervenir trois moles d'hydrogène gazeux comme réactifs et trois moles de vapeur d'eau comme produits. Dans un tel cas, doit-on s'attendre à obtenir une valeur de $\Delta S$ élevée ou faible ? On a supposé que la valeur de $\Delta S$ dépendait du nombre relatif de molécules de réactifs et de produits gazeux, c'est-à-dire que, pour cette réaction, la valeur de $\Delta S$ devait avoisiner zéro. La réalité est tout autre : en effet, la valeur de $\Delta S$ est élevée et positive. Pourquoi en est-il ainsi ? Cette valeur élevée de $\Delta S$ est due à la différence entre la valeur de l'entropie de l'hydrogène

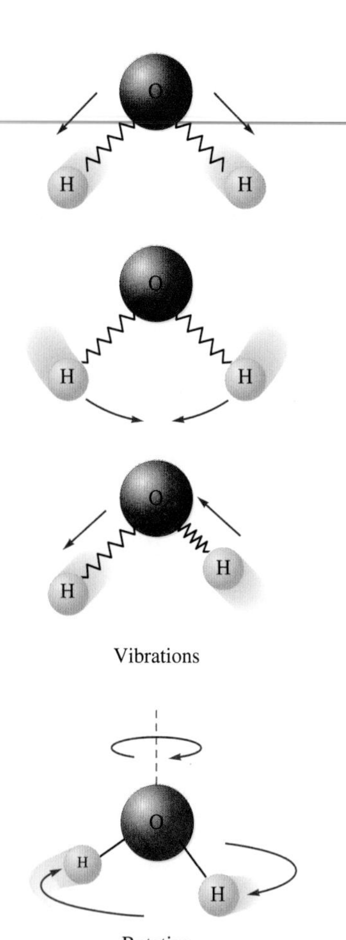

**FIGURE 7.6**
La molécule $H_2O$ peut vibrer et tourner sur elle-même de plusieurs façons. Cette liberté de mouvement confère à l'eau une entropie supérieure à celle d'une substance tel l'hydrogène (en tant que simple molécule diatomique, l'hydrogène ne peut pas être soumis à autant de mouvements).

gazeux et celle de la vapeur d'eau, différence imputable à une différence de structure moléculaire. Étant donné que $H_2O$ est une molécule triatomique non linéaire, elle peut être soumise à un plus grand nombre de mouvements de rotation et de vibration (*voir la figure 7.6*) qu'une molécule $H_2$ diatomique. Ainsi, la valeur de l'entropie standard de $H_2O(g)$ est supérieure à celle de $H_2(g)$. En général, *plus la molécule est complexe, plus la valeur de son entropie standard est élevée.*

## 7.6 Énergie libre et réactions chimiques

En ce qui concerne les réactions chimiques, on est souvent amené à prendre en considération la **variation d'énergie libre standard**, $\Delta G°$, c'est-à-dire *la variation d'énergie libre qui a lieu si les réactifs dans leur état standard sont transformés en produits dans leur état standard.* Par exemple, pour la réaction de synthèse de l'ammoniac à 25 °C:

$$N_2(g) + 3H_2(g) \rightleftharpoons 2NH_3(g) \qquad \Delta G° = -33{,}3 \text{ kJ} \qquad (7.1)$$

Cette valeur de $\Delta G°$ représente la variation d'énergie libre qui a lieu lorsqu'une mole d'azote gazeux à 101,3 kPa réagit avec trois moles d'hydrogène gazeux à 101,3 kPa pour produire deux moles de $NH_3$ gazeux à 101,3 kPa.

Il est important de comprendre qu'on ne peut pas mesurer directement la variation d'énergie libre standard d'une réaction. Par exemple, on peut mesurer le transfert de chaleur dans un calorimètre pour déterminer la valeur de $\Delta H°$, mais on ne peut pas mesurer $\Delta G°$ de cette façon. On *n'a pas* obtenu la valeur de $\Delta G°$ pour la synthèse de l'ammoniac (*voir l'équation 7.1*) en mélangeant 1 mol $N_2$ et 3 mol $H_2$ dans un ballon, puis en mesurant la variation d'énergie libre après la formation de 2 mol $NH_3$. D'abord, si l'on mélange 1 mol $N_2$ et 3 mol $H_2$ dans un ballon, le système tendra à atteindre l'équilibre plutôt qu'à ne donner que des produits. De plus, il n'existe pas d'instrument qui mesure l'énergie libre. Cependant, même si l'on ne peut pas mesurer directement $\Delta G°$ pour une réaction donnée, on peut en calculer la valeur à partir des autres grandeurs mesurées; on aborde ce point plus loin dans la section.

Pourquoi est-ce utile de connaître la valeur de $\Delta G°$ pour une réaction ? Comme on le précisera plus loin dans le chapitre, le fait de connaître les valeurs de $\Delta G°$ pour plusieurs réactions permet de comparer les tendances relatives qu'ont ces réactions à se produire. Plus la valeur de $\Delta G°$ est négative, plus la position d'équilibre de la réaction se déplace vers la droite. Pour faire cette comparaison, il faut alors utiliser les énergies libres à l'état standard, car l'énergie libre varie avec la pression et la concentration.

Par conséquent, pour obtenir une comparaison exacte entre ces tendances, il faut comparer toutes les réactions dans les mêmes conditions de pression et de concentration. Plus loin, dans le présent chapitre, on abordera de nouveau l'importance de $\Delta G°$.

La valeur de $\Delta G°$ ne dit rien de la vitesse d'une réaction; elle n'indique que la position d'équilibre finale.

Il existe plusieurs façons de calculer $\Delta G°$. L'une des méthodes courantes fait appel à l'équation:

$$\Delta G° = \Delta H° - T\Delta S°$$

applicable lorsqu'une réaction a lieu à une température constante. Par exemple, pour la réaction

$$C(s) + O_2(g) \longrightarrow CO_2(g)$$

les valeurs de $\Delta H°$ et $\Delta S°$ sont respectivement de $-393{,}5$ kJ et de 3,05 J/K. On peut calculer $\Delta G°$ à 298 K de la façon suivante:

$$\begin{aligned}\Delta G° &= \Delta H° - T\Delta S°\\ &= -\,3{,}935 \times 10^5 \text{ J} - (298 \text{ K})(3{,}05 \text{ J/K})\\ &= -\,3{,}944 \times 10^5 \text{ J}\\ &= -\,394{,}4 \text{ kJ (par mole de } CO_2)\end{aligned}$$

Exemple 7.9

## Calcul de $\Delta H°$, de $\Delta S°$ et de $\Delta G°$

Si la réaction

$$2SO_2(g) + O_2(g) \longrightarrow 2SO_3(g)$$

a lieu à 25 °C et à une pression de 101,3 kPa, calculez $\Delta H°$, $\Delta S°$ et $\Delta G°$ à l'aide des données suivantes.

| Substance | $H_f°$ (kJ/mol) | $S°$ (J/K · mol) |
|---|---|---|
| $SO_2(g)$ | −297 | 248 |
| $SO_3(g)$ | −396 | 257 |
| $O_2(g)$ | 0 | 205 |

### *Solution*

On peut calculer la valeur de $\Delta H°$ en remplaçant l'enthalpie de formation par ses valeurs dans l'équation suivante:

$$\Delta H° = \Sigma n_p \Delta H°_{f\,(produits)} - \Sigma n_r \Delta H°_{f\,(réactifs)}$$

Alors:

$$\begin{aligned}\Delta H° &= 2\Delta H°_{f\,(SO_3(g))} - 2\Delta H°_{f\,(SO_2(g))} - \Delta H°_{f\,(O_2(g))}\\ &= 2\text{ mol}(-396\text{ kJ/mol}) - 2\text{ mol}(-297\text{ kJ/mol}) - 0\\ &= -792\text{ kJ} + 594\text{ kJ}\\ &= -198\text{ kJ}\end{aligned}$$

On peut calculer la valeur de $\Delta S°$ en remplaçant l'entropie standard par ses valeurs dans l'équation suivante:

$$\Delta S° = \Sigma n_p S°_{produits} - \Sigma n_r S°_{réactifs}$$

Alors:

$$\begin{aligned}\Delta S° &= 2S°_{SO_3(g)} - 2S°_{SO_2(g)} - S°_{O_2(g)}\\ &= 2\text{ mol}(257\text{ J/K}\cdot\text{mol}) - 2\text{ mol}(248\text{ J/K}\cdot\text{mol}) - 1\text{ mol}(205\text{ J/K}\cdot\text{mol})\\ &= 514\text{ J/K} - 496\text{ J/K} - 205\text{ J/K}\\ &= -187\text{ J/K}\end{aligned}$$

On pouvait s'attendre à ce que $\Delta S°$ soit négative, étant donné que trois molécules de réactifs gazeux sont transformées en deux molécules de produits gazeux.

On peut à présent calculer la valeur de $\Delta G°$ à l'aide de l'équation suivante:

$$\begin{aligned}\Delta G° &= \Delta H° - T\Delta S°\\ &= -198\text{ kJ} - (298\text{ K})\left(-187\frac{\text{J}}{\text{K}}\right)\left(\frac{1\text{ kJ}}{1000\text{ J}}\right)\\ &= -198\text{ kJ} + 55{,}7\text{ kJ} = -142\text{ kJ}\end{aligned}$$

***Voir les exercices 7.39 à 7.41***

Une deuxième méthode de calcul de la $\Delta G°$ pour une réaction donnée exploite le fait que, comme l'enthalpie, *l'énergie libre est une fonction d'état*. On peut donc, pour calculer $\Delta G$, recourir à des méthodes semblables à celles utilisées pour trouver $\Delta H$, c'est-à-dire faire appel à la loi de Hess.

Pour illustrer cette deuxième façon de calculer la variation d'énergie libre, cherchons la valeur de $\Delta G°$ pour la réaction suivante:

$$2CO(g) + O_2(g) \longrightarrow 2CO_2(g) \qquad (7.2)$$

à partir des données suivantes :

$$2CH_4(g) + 3O_2(g) \longrightarrow 2CO(g) + 4H_2O(g) \qquad \Delta G° = -1088 \text{ kJ} \qquad (7.3)$$

$$CH_4(g) + 2O_2(g) \longrightarrow CO_2(g) + 2H_2O(g) \qquad \Delta G° = -801 \text{ kJ} \qquad (7.4)$$

On remarque que, dans l'équation 7.2, $CO(g)$ est un réactif, alors que, dans l'équation 7.3, c'est un produit. Il faut donc inverser cette dernière équation. Quand on inverse une réaction, il faut changer le signe de $\Delta G°$. Dans l'équation 7.4, $CO_2(g)$ est un produit, comme dans l'équation 7.2, sauf qu'il n'y a formation que d'une molécule de $CO_2$. Par conséquent, on doit multiplier l'équation 7.4 par 2, ce qui signifie qu'on doit aussi multiplier par 2 la valeur de $\Delta G°$ de cette équation. L'énergie libre est une propriété extensive, puisqu'elle est déterminée par deux autres propriétés extensives, *H* et *S*.

Équation 7.3 inversée

$$2CO(g) + 4H_2O(g) \longrightarrow 2CH_4(g) + 3O_2(g) \qquad \Delta G° = -(-1088 \text{ kJ})$$

2 × l'équation 7.4

$$2CH_4(g) + 4O_2(g) \longrightarrow 2CO_2(g) + 4H_2O(g) \qquad \Delta G° = 2(-801 \text{ kJ})$$

$$2CO(g) + O_2(g) \longrightarrow 2CO_2(g) \qquad \Delta G° = -(-1088 \text{ kJ}) + 2(-801 \text{ kJ}) = -514 \text{ kJ}$$

Ce qui précède montre qu'on peut calculer les valeurs de $\Delta G$ pour une réaction donnée de la même façon qu'on calcule les valeurs de $\Delta H$.

## Exemple 7.10 Calcul de $\Delta G°$ I

À partir des données suivantes (à 25 °C)

$$C_{diamant}(s) + O_2(g) \longrightarrow CO_2(g) \qquad \Delta G° = -397 \text{ kJ} \qquad (7.5)$$

$$C_{graphite}(s) + O_2(g) \longrightarrow CO_2(g) \qquad \Delta G° = -394 \text{ kJ} \qquad (7.6)$$

calculez $\Delta G°$ pour la réaction :

$$C_{diamant}(s) \longrightarrow C_{graphite}(s)$$

Graphite

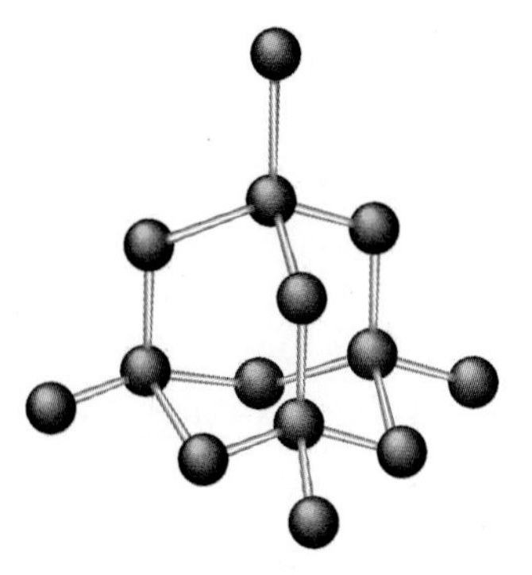

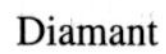

Diamant

### *Solution*

On inverse l'équation 7.6 pour que le graphite devienne un produit, puis on additionne l'équation ainsi formée à l'équation 7.5 :

$$C_{diamant}(s) + O_2(g) \longrightarrow CO_2(g) \qquad \Delta G° = -397 \text{ kJ}$$

Équation 7.6 inversée

$$CO_2(g) \longrightarrow C_{graphite}(s) + O_2(g) \qquad \Delta G° = -(-394 \text{ kJ})$$

$$C_{diamant}(s) \longrightarrow C_{graphite}(s) \qquad \Delta G° = -397 \text{ kJ} + 394 \text{ kJ} = -3 \text{ kJ}$$

Puisque, pour ce processus, $\Delta G°$ est négative, le diamant devrait être spontanément transformé en graphite, à 25 °C et à 101,3 kPa. La réaction est cependant tellement lente, dans ces conditions, qu'on ne peut pas l'observer. C'est là un autre exemple d'une réaction régie par la cinétique, et non par la thermodynamique. On peut dire que le diamant est cinétiquement stable comparativement au graphite, bien qu'il soit thermodynamiquement instable.

**Voir l'exercice 7.45**

L'exemple 7.10 permet de constater que le processus

$$C_{diamant}(s) \longrightarrow C_{graphite}(s)$$

est spontané mais très lent à 25 °C et à 101,3 kPa. On peut faire en sorte que le processus inverse ait lieu, à une température et une pression élevées. La structure du diamant est plus compacte que celle du graphite ; par conséquent, le diamant est plus dense. Si l'on exerce une très forte pression, c'est, du point de vue thermodynamique, la formation du diamant qui est favorisée. Si, en plus, on recourt à une température élevée dans le but d'accélérer suffisamment le processus pour qu'il soit réalisable, on peut transformer le graphite en diamant. Pour ce faire, les conditions habituelles sont des températures supérieures à 1000 °C et des pressions d'environ $10^7$ kPa. C'est d'ailleurs de cette façon qu'on fabrique près de la moitié de tous les diamants industriels.

Une troisième façon de calculer la variation d'énergie libre d'une réaction fait appel aux énergies libres standards de formation. L'**énergie libre standard de formation** ($\Delta G_f^\circ$) d'une substance est *la variation d'énergie libre associée à la formation d'une mole de cette substance à partir de ses éléments constituants quand tous les réactifs et les produits sont présents dans leur état standard.* Dans le cas de la formation du glucose, $C_6H_{12}O_6$, la réaction appropriée est la suivante :

L'état standard d'un élément est son état le plus stable à 25 °C et à 101,3 kPa (1 atm).

$$6C(s) + 6H_2(g) + 3O_2(g) \longrightarrow C_6H_{12}O_6(s)$$

L'énergie libre standard associée à ce processus est appelée énergie libre de formation du glucose. Les valeurs de l'énergie libre standard de formation permettent de calculer $\Delta G^\circ$ pour une réaction chimique donnée à l'aide de l'équation :

$$\Delta G^\circ = \Sigma n_p \Delta G^\circ_{f\,(produits)} - \Sigma n_r \Delta G^\circ_{f\,(réactifs)}$$

L'annexe 4 présente les valeurs de $\Delta G_f^\circ$ de nombreuses substances courantes. On remarque que, comme pour l'enthalpie de formation, *l'énergie libre standard de formation d'un élément dans son état standard est nulle.*

De plus, les nombres de moles de chaque réactif ($n_r$) et de chaque produit ($n_p$) doivent servir au calcul de $\Delta G^\circ$ pour une réaction donnée.

*Exemple 7.11*

## Calcul de $\Delta G^\circ$ II

Le méthanol est un combustible à haut indice d'octane qu'on utilise dans les moteurs à haute performance dont sont équipées les voitures de course. Calculez $\Delta G^\circ$ pour la réaction

$$2CH_3OH(g) + 3O_2(g) \longrightarrow 2CO_2(g) + 4H_2O(g)$$

sachant que les énergies libres de formation sont les suivantes.

| Substance | $\Delta G_f^\circ$ (kJ/mol) |
|---|---|
| $CH_3OH(g)$ | −163 |
| $O_2(g)$ | 0 |
| $CO_2(g)$ | −394 |
| $H_2O(g)$ | −229 |

### *Solution*

On utilise l'équation :

$$\begin{aligned}\Delta G^\circ &= \Sigma n_p \Delta G^\circ_{f\,(produits)} - \Sigma n_r \Delta G^\circ_{f\,(réactifs)}\\ &= 2\Delta G^\circ_{f\,(CO_2(g))} + 4\Delta G^\circ_{f\,(H_2O(g))} - 3\Delta G^\circ_{f\,(O_2(g))} - 2\Delta G^\circ_{f\,(CH_3OH(g))}\\ &= 2\text{ mol}(-394\text{ kJ/mol}) + 4\text{ mol}(-229\text{ kJ/mol}) - 3(0)\\ &\quad -2\text{ mol}(-163\text{ kJ/mol})\\ &= -1378\text{ kJ}\end{aligned}$$

La grande valeur et le signe négatif de $\Delta G^\circ$ indiquent que cette réaction est grandement favorisée d'un point de vue thermodynamique.

***Voir les exercices 7.46 et 7.47***

**Exemple 7.12**

### Énergie libre et spontanéité II

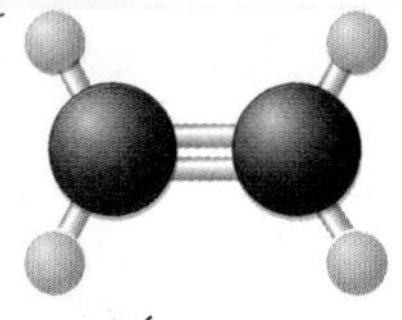

Éthylène

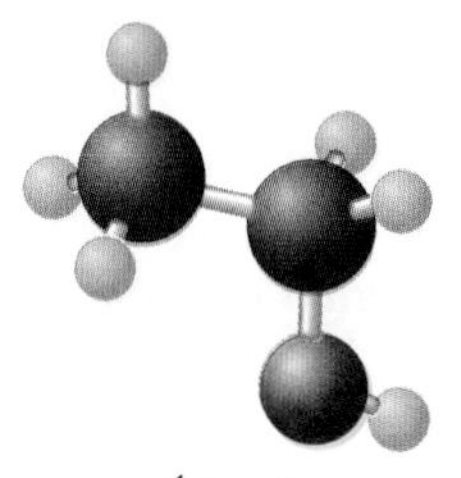

Éthanol

Un ingénieur chimiste veut savoir si l'on peut synthétiser de l'éthanol, $C_2H_5OH$, en faisant réagir de l'eau avec de l'éthylène, $C_2H_4$, conformément à l'équation suivante :

$$C_2H_4(g) + H_2O(l) \longrightarrow C_2H_5OH(l)$$

Cette réaction est-elle spontanée dans des conditions standards ?

***Solution***

Pour déterminer si cette réaction est spontanée dans des conditions standards, il faut d'abord déterminer $\Delta G°$ pour la réaction. Pour ce faire, on peut utiliser les valeurs des énergies libres standards de formation à 25 °C (*voir l'annexe 4*) :

$$\Delta G^\circ_{f\,(C_2H_5OH(l))} = -175 \text{ kJ/mol}$$
$$\Delta G^\circ_{f\,(H_2O(l))} = -237 \text{ kJ/mol}$$
$$\Delta G^\circ_{f\,(C_2H_4(g))} = 68 \text{ kJ/mol}$$

Alors

$$\Delta G° = \Delta G^\circ_{f\,(C_2H_5OH(l))} - \Delta G^\circ_{f\,(H_2O(l))} - \Delta G^\circ_{f\,(C_2H_4(g))}$$
$$= -175 \text{ kJ} - (-237 \text{ kJ}) - 68 \text{ kJ}$$
$$= -6 \text{ kJ}$$

Le processus est donc spontané dans des conditions standards, à 25 °C.

**Voir l'exercice 7.48**

Même si la réaction présentée dans l'exemple 7.12 est spontanée, il faut en étudier d'autres caractéristiques afin de déterminer si le processus est réalisable. Ainsi, l'ingénieur chimiste doit connaître la cinétique de la réaction pour déterminer si elle est suffisamment rapide pour être utile. Si tel n'est pas le cas, il doit rechercher quel catalyseur pourrait en faire augmenter la vitesse. Au cours de ces recherches, l'ingénieur doit se rappeler que $\Delta G°$ varie en fonction de la température :

$$\Delta G° = \Delta H° - T\Delta S°$$

Si la réaction doit avoir lieu à hautes températures pour que sa vitesse lui confère une certaine faisabilité, il doit calculer de nouveau $\Delta G°$ à cette température, en utilisant les valeurs de $\Delta H°$ et de $\Delta S°$ pour cette réaction.

## 7.7 Influence de la pression sur l'énergie libre

On a vu que, à une température et à une pression constantes, un système se déplaçait spontanément dans la direction qui favorisait une diminution de son énergie libre. C'est la raison pour laquelle les réactions ont lieu tant qu'elles n'ont pas atteint l'équilibre. On le verra plus loin dans cette section, *la position d'équilibre d'une réaction donnée est la position pour laquelle la valeur de son énergie libre est la plus faible.* L'énergie libre d'une réaction varie au fur et à mesure que la réaction a lieu, étant donné qu'elle varie en fonction de la pression d'un gaz ou de la concentration des espèces en solution. On ne traitera ici que de l'influence de la pression sur l'énergie libre d'un gaz idéal (on pourrait de la même façon étudier l'influence de la concentration).

Pour bien comprendre comment l'énergie libre varie en fonction de la pression, il faut savoir de quelle manière la pression modifie les fonctions thermodynamiques qui déterminent l'énergie libre, c'est-à-dire l'enthalpie et l'entropie (se rappeler que $G = H - TS$). Pour un gaz idéal, l'enthalpie ne varie pas en fonction de la pression. Par contre, l'entropie varie effectivement en fonction de la pression, étant donné qu'elle dépend du volume. Considérons une mole d'un gaz idéal, à une température donnée. Dans un volume de 10,0 L, les molécules de gaz ont davantage de possibilités d'arrangements que dans un volume de 1,0 L ; l'entropie de position est donc supérieure dans un plus grand volume. En résumé, à une température donnée, pour une mole de gaz idéal :

$$S_{\text{grand volume}} > S_{\text{faible volume}}$$

ou, puisque la pression et le volume sont inversement proportionnels :

$$S_{\text{faible pression}} > S_{\text{haute pression}}$$

Cela prouve qualitativement que l'entropie et, par conséquent, l'énergie libre d'un gaz idéal varient en fonction de la pression de celui-ci. On pourrait aussi démontrer, en utilisant une méthode beaucoup plus détaillée, que :

$$G = G^{\circ} + RT\ln\left(\frac{P(\text{atm})}{1{,}00\ \text{atm}}\right) \quad (7.7)$$

ou

$$G = G^{\circ} + RT\ln\left(\frac{P(\text{kPa})}{(101{,}3\ \text{kPa})}\right) \quad (7.8)$$

où $G^{\circ}$ est l'énergie libre d'un gaz à une pression de 1,00 atm (101,3 kPa), $G$, l'énergie libre d'un gaz à une pression $P$ (atm ou kPa), $R$, la constante molaire des gaz et $T$, la température (K).

Rappel : pression atmosphérique normale = 1,00 atm = 101,3 kPa.

Les rapports $P$(atm)/1,00 atm et $P$(kPa)/101,3 kPa permettent d'obtenir un nombre sans unités ; de la sorte, on peut calculer le logarithme (techniquement parlant, en effet, on ne peut calculer le logarithme d'une valeur affectée d'une unité). L'équation 7.7 étant un peu plus facile à utiliser que l'équation 7.8, on lui donnera la préférence dans la suite de ce chapitre, sous la forme simplifiée suivante :

$$G = G^{\circ} + RT\ln(P)$$

Pour ce faire on devra exceptionnellement exprimer les pressions en atmosphères et non en kPa.

Pour étudier l'influence de la pression sur la variation de l'énergie libre d'une réaction, utilisons la réaction de synthèse de l'ammoniac :

$$N_2(g) + 3H_2(g) \longrightarrow 2NH_3(g)$$

En général, $\Delta G = \Sigma n_p G_{\text{produits}} - \Sigma n_r G_{\text{réactifs}}$

Pour cette réaction $\Delta G = 2G_{NH_3} - G_{N_2} - 3G_{H_2}$

Pour une révision des logarithmes, voir l'annexe A1.2.

où

$$G_{NH_3} = G^{\circ}_{NH_3} + RT\ln(P_{NH_3})$$
$$G_{N_2} = G^{\circ}_{N_2} + RT\ln(P_{N_2})$$
$$G_{H_2} = G^{\circ}_{H_2} + RT\ln(P_{H_2})$$

En remplaçant les termes par leurs valeurs dans l'équation relative à cette réaction, on obtient :

$$\begin{aligned}\Delta G &= 2[G^{\circ}_{NH_3} + RT\ln(P_{NH_3})] - [G^{\circ}_{N_2} + RT\ln(P_{N_2})] - 3[G^{\circ}_{H_2} + RT\ln(P_{H_2})] \\ &= 2G^{\circ}_{NH_3} - G^{\circ}_{N_2} - 3G^{\circ}_{H_2} + 2RT\ln(P_{NH_3}) - RT\ln(P_{N_2}) - 3RT\ln(P_{H_2}) \\ &= \underbrace{(2G^{\circ}_{NH_3} - G^{\circ}_{N_2} - 3G^{\circ}_{H_2})}_{\Delta G^{\circ}\ \text{réaction}} + RT[2\ln(P_{NH_3}) - \ln(P_{N_2}) - 3\ln(P_{H_2})]\end{aligned}$$

Le premier terme entre parenthèses est égal à $\Delta G^{\circ}$ pour cette réaction. Par conséquent, on a :

$$\Delta G = \Delta G^{\circ}_{\text{réaction}} + RT[2\ln(P_{NH_3}) - \ln(P_{N_2}) - 3\ln(P_{H_2})]$$

et puisque

$$2\ln(P_{NH_3}) = \ln(P_{NH_3}{}^2)$$
$$-\ln(P_{N_2}) = \ln\left(\frac{1}{P_{N_2}}\right)$$
$$-3\ln(P_{H_2}) = \ln\left(\frac{1}{P_{H_2}{}^3}\right)$$

l'équation devient :

$$\Delta G = \Delta G^{\circ} + RT\ln\left(\frac{P_{NH_3}{}^2}{(P_{N_2})(P_{H_2}{}^3)}\right)$$

Or, le terme $$\frac{P_{NH_3}^{\ 2}}{(P_{N_2})(P_{H_2}^{\ 3})}$$

est le quotient réactionnel, $Q$ (*voir la section 4.5*). Par conséquent, on a :

$$\Delta G = \Delta G° + RT \ln(Q)$$

où $Q$ est le quotient réactionnel de la réaction considérée (déterminé à partir de la loi d'action de masse), $T$, la température (K), $R$, la constante molaire des gaz (8,315 J/K · mol), $\Delta G°$ la variation de l'énergie libre de la réaction quand tous les réactifs et les produits sont soumis à une pression de 1,00 atm, et $\Delta G$, la variation de l'énergie libre de la réaction qui a lieu aux pressions spécifiées des produits et des réactifs.

## Exemple 7.13 Calcul de $\Delta G$ III

Une des méthodes qu'on utilise pour synthétiser le méthanol, $CH_3OH$, consiste à faire réagir du monoxyde de carbone gazeux avec de l'hydrogène gazeux :

$$CO(g) + 2H_2(g) \longrightarrow CH_3OH(l)$$

Calculez $\Delta G$, à 25 °C, pour la synthèse du méthanol liquide, lorsque les pressions du monoxyde de carbone et de l'hydrogène gazeux sont respectivement de 5,0 atm et de 3,0 atm.

***Solution***

Pour calculer $\Delta G$ pour ce processus, on utilise l'équation :

$$\Delta G = \Delta G° + RT \ln(Q)$$

On doit d'abord calculer $\Delta G°$ à partir des énergies libres standards de formation (*voir l'annexe 4*). Puisque :

$$\Delta G°_{f\,(CH_3OH(l))} = -166 \text{ kJ}$$
$$\Delta G°_{f\,(H_2(g))} = 0$$
$$\Delta G°_{f\,(CO(g))} = -137 \text{ kJ}$$

Alors, $$\Delta G° = -166 \text{ kJ} - (-137 \text{ kJ}) - 0 = -29 \text{ kJ} = -2{,}9 \times 10^4 \text{ J}$$

À noter qu'il s'agit de la valeur de $\Delta G°$ pour la réaction de synthèse de 1 mol de $CH_3OH$ à partir de 1 mol de CO et de 2 mol de $H_2$. On pourrait appeler cela la valeur de $\Delta G°$ pour une mole de la réaction. Par conséquent, il est préférable d'exprimer la valeur de $\Delta G°$ sous la forme suivante : $-2{,}9 \times 10^4$ J/mol de réaction.

On peut à présent calculer $\Delta G$ à partir des valeurs suivantes :

Remarquez qu'ici $\Delta G$ est définie par « une mole de réaction », c'est-à-dire pour 1 mol de $CO(g)$ qui réagit avec 2 mol $H_2(g)$ pour former 1 mol de $CH_3OH(l)$. Ainsi, $\Delta G$, $\Delta G°$ et $RT \ln(Q)$ ont tous les unités J/mol de réaction. Dans ce cas, les unités de $R$ sont J/K · mol de réaction, bien qu'elles ne soient pas écrites de cette façon.

$$\Delta G° = -2{,}9 \times 10^4 \text{ J/mol réaction}$$
$$R = 8{,}315 \text{ J/K} \cdot \text{mol}$$
$$T = 273 + 25 = 298 \text{ K}$$
$$Q = \frac{1}{(P_{CO})(P_{H_2}^{\ 2})} = \frac{1}{(5{,}0)(3{,}0)^2} = 2{,}2 \times 10^{-2}$$

On remarque que la concentration du méthanol liquide pur n'exerce aucune influence sur le calcul de $Q$. Alors :

$$\begin{aligned}\Delta G &= \Delta G° + RT \ln(Q)\\ &= (-2{,}9 \times 10^4 \text{ J/mol réaction}) + (8{,}3145 \text{ J/K} \cdot \text{mol réaction})\\ &\quad (298 \text{ K}) \ln(2{,}2 \times 10^{-2})\\ &= (-2{,}9 \times 10^4 \text{ J/mol réaction}) - (9{,}4 \times 10^3 \text{ J/mol réaction})\\ &= -3{,}8 \times 10^4 \text{ J/mol réaction}\\ &= -38 \text{ kJ/mol réaction}\end{aligned}$$

On remarque que $\Delta G$ est significativement plus négative que $\Delta G°$, ce qui signifie que la réaction est davantage spontanée quand les pressions des réactifs sont supérieures à 1,00 atm. On pouvait d'ailleurs prévoir ce résultat à l'aide du principe de Le Chatelier.

***Voir les exercices 7.49 et 7.50***

## Signification de $\Delta G$ pour une réaction chimique

Dans la présente section, on a appris à calculer la valeur de $\Delta G$ pour des réactions qui se produisent dans différentes conditions. Ainsi, dans l'exemple 7.13, les calculs révèlent que la formation de $CH_3OH(l)$ à partir de $CO(g)$ à 5,0 atm et de $H_2(g)$ à 3,0 atm est spontanée. Que signifie ce résultat ? Cela signifie-t-il que, si on mélange 1,0 mol de $CO(g)$ et 2,0 mol de $H_2(g)$ à des pressions respectives de 5,0 atm et 3,0 atm, il y aura formation de 1 mol de $CH_3OH(l)$ dans le ballon ? La réponse est négative. Cela peut surprendre, étant donné ce qui vient d'être dit. Il est vrai que l'énergie libre de 1,0 mol de $CH_3OH(l)$ est plus basse que celle de 1,0 mol de $CO(g)$ à 5,0 atm ajoutée à 2,0 mol de $H_2(g)$ à 3,0 atm. Cependant, quand du $CO(g)$ et du $H_2(g)$ sont mélangés dans de telles conditions, il y a *une énergie libre encore plus basse pour ce système que celle de 1,0 mol de* $CH_3OH$ (l). Pour des raisons dont on parlera à la prochaine section, *le système peut avoir un niveau d'énergie libre plus bas en atteignant l'équilibre, en ne complétant pas la réaction.* À l'équilibre, il restera alors une certaine quantité de $CO(g)$ et de $H_2(g)$ dans le ballon. Donc, même si 1,0 mol de $CH_3OH(l)$ pur a une énergie libre inférieure à celle de 1,0 mol $CO(g)$ et de 2,0 mol $H_2(g)$ respectivement à 5,0 atm et 3,0 atm, la réaction stoppera avant la formation de 1,0 mol de $CH_3OH(l)$. Ce phénomène se produit parce que le mélange à l'équilibre de $CH_3OH(l)$, de $CO(g)$ et de $H_2(g)$ possède le plus bas niveau d'énergie que le système peut avoir.

Un exemple mécanique permettra d'illustrer cette notion. Soit des balles qui descendent les deux pentes illustrées à la figure 7.7. Notez que, dans les deux cas, l'énergie potentielle du point *B* est inférieure à celle du point *A*.

Dans la figure 7.7 **a)**, la balle roulera jusqu'au point *B*. Ce schéma représente un changement de phase. Par exemple, à 25 °C, la glace se convertit spontanément en eau liquide parce que l'énergie libre de cette dernière est plus basse. Dans ce cas, l'eau liquide représente la seule solution. Il n'y a pas de substance intermédiaire dont l'énergie libre est plus basse.

La situation est différente dans le cas d'un système où il y a réaction chimique (*voir la figure 7.7* **b)**). Dans la figure 7.7 **b)**, la balle ne se rendra pas au point *B* parce que, au point *C*, l'énergie potentielle est moins élevée. Comme la balle de cet exemple, un système chimique recherche l'énergie libre *la plus basse* possible, qui, pour des raisons qui seront abordées plus loin, correspond à la position d'équilibre.

Ainsi, bien que la valeur de $\Delta G$ pour un système réactionnel donné indique lesquels des produits ou des réactifs sont favorisés dans des conditions données, elle n'indique pas si le système donnera des produits purs (si $\Delta G$ est négative) ou s'il ne contiendra que des réactifs purs (si $\Delta G$ est positive). Le système atteindra plutôt spontanément la position d'équilibre, c'est-à-dire le plus bas niveau d'énergie libre possible. Dans la prochaine section, on verra que la valeur de $\Delta G°$ pour une réaction donnée permet de prédire où se situe ce plus bas niveau.

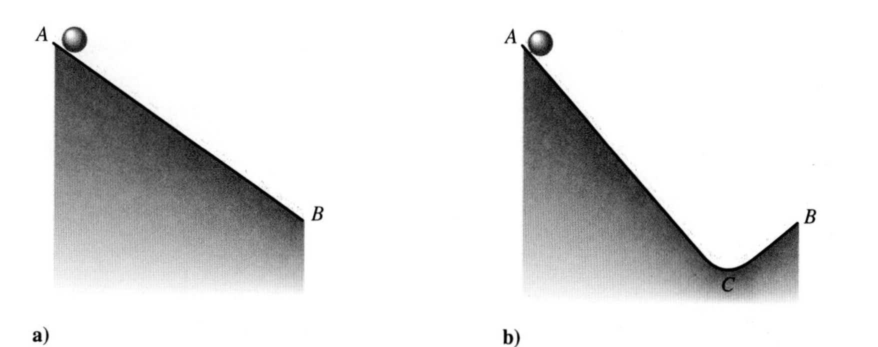


**FIGURE 7.7**
Représentations schématiques de la descente de balles sur deux types de pentes.

## 7.8 Énergie libre et équilibre

Après leur mélange, les composants d'une réaction chimique donnée se déplacent, rapidement ou lentement – selon la cinétique du processus –, vers une position d'équilibre. On a déjà montré que l'équilibre correspondait à la position pour laquelle la vitesse de la réaction directe était égale à celle de la réaction inverse (*voir le chapitre 4*). Dans ce chapitre, on va considérer l'**équilibre d'un point de vue thermodynamique**, c'est-à-dire montrer que *l'équilibre est atteint lorsque l'énergie libre d'une réaction atteint sa valeur la plus basse*. Les deux phrases précédentes décrivent le même état d'équilibre, condition essentielle pour que les théories cinétique et thermodynamique soient toutes deux valides.

Pour bien comprendre la relation qui existe entre l'énergie libre et l'équilibre, considérons la réaction hypothétique suivante (on introduit initialement dans un récipient, à une pression de 2,00 atm, 1,0 mol de A gazeux):

$$A(g) \rightleftharpoons B(g)$$

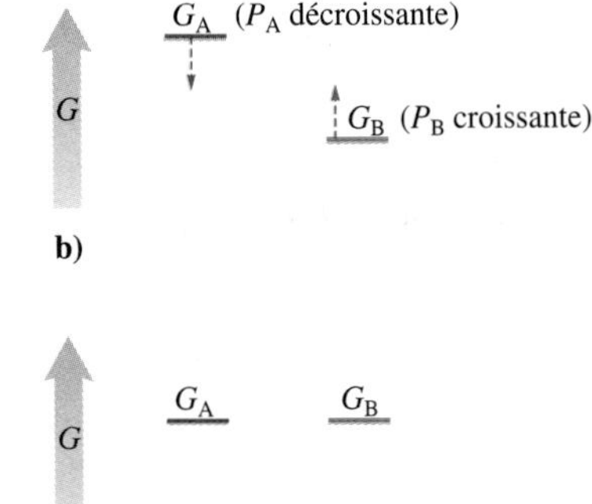


**FIGURE 7.8**
**a)** Les énergies libres initiales de A et B. **b)** Au fur et à mesure que A(*g*) se transforme en B(*g*), l'énergie libre de A diminue et celle de B augmente. **c)** Finalement, les pressions de A et de B atteignent des valeurs telles que $G_A = G_B$; c'est la position d'équilibre.

La figure 7.8 **a)** illustre les énergies libres de A et de B. Au fur et à mesure que A réagit pour produire B, l'énergie libre totale du système varie.

$$\text{Énergie libre de A} = G_A = G_A^\circ + RT\ln(P_A)$$
$$\text{Énergie libre de B} = G_B = G_B^\circ + RT\ln(P_B)$$
$$\text{Énergie libre totale du système} = G = G_A + G_B$$

Pendant que A est transformé en B, $G_A$ diminue, étant donné que $P_A$ diminue (*voir la figure 7.8* ***b***). Par contre, $G_B$ augmente, puisque $P_B$ augmente. La réaction se déplace donc vers la droite tant et aussi longtemps que l'énergie libre du système diminue (tant que $G_B$ est inférieure à $G_A$). À un moment donné, les pressions de A et de B atteignent respectivement les valeurs $P^e{}_A$ et $P^e{}_B$, pour lesquelles $G_A = G_B$. *Le système a atteint l'équilibre* (*voir la figure 7.8* ***c***). Puisque l'énergie libre de A à la pression $P^e{}_A$ et celle de B à la pression $P^e{}_B$ sont les mêmes ($G_A = G_B$), la valeur de $\Delta G$ est nulle pour la réaction au cours de laquelle A, à la pression $P^e{}_A$, est transformé en B, à la pression $P^e{}_B$. *Le système a atteint un niveau d'énergie libre minimal.* Il n'existe plus aucune force agissante qui puisse transformer A en B ou B en A ; le système demeure par conséquent dans cette position (les pressions de A et de B demeurent constantes).

Supposons que le graphique de la figure 7.9 **a)** illustre la variation de l'énergie libre en fonction de la fraction molaire de A pour l'expérience décrite ci-dessus. On constate que l'énergie libre atteint une valeur minimale quand 75 % de A est transformé en B. À ce moment, la valeur de la pression de A vaut 25 % de celle de la pression initiale, soit :

$$(0{,}25)(2{,}0 \text{ atm}) = 0{,}50 \text{ atm}$$

La pression de B est :

$$(0{,}75)(2{,}0 \text{ atm}) = 1{,}5 \text{ atm}$$

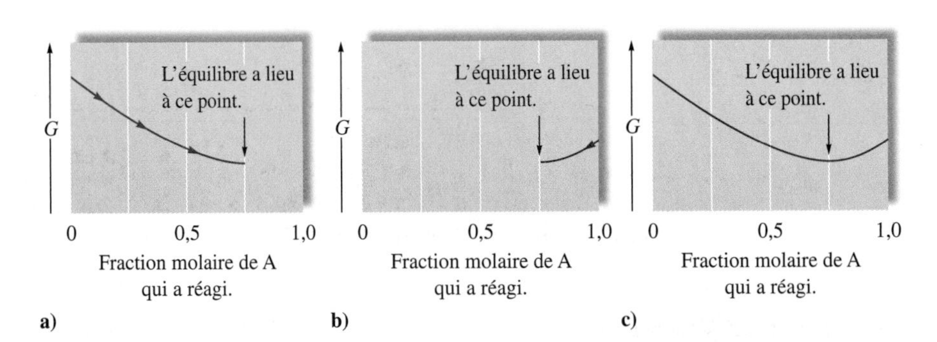


**FIGURE 7.9**
**a)** La variation d'énergie libre pour atteindre l'équilibre à partir de 1,0 mol de A(*g*), à $P_A = 2{,}0$ atm. **b)** La variation d'énergie libre pour atteindre l'équilibre à partir de 1,0 mol de B(*g*), à $P_B = 2{,}0$ atm. **c)** La courbe de variation d'énergie libre pour $A(g) \rightleftharpoons B(g)$ dans un système contenant 1,0 mol (A plus B), à $P_{totale} = 2{,}0$ atm. Chaque point de la courbe correspond à l'énergie libre totale du système pour un mélange donné de A et B.

Puisque la position d'équilibre est atteinte, on peut utiliser les pressions d'équilibre pour calculer la valeur de $K$ pour la réaction au cours de laquelle A est transformé en B à cette température :

$$K = \frac{P_B^e}{P_A^e} = \frac{1{,}5 \text{ atm}}{0{,}50 \text{ atm}} = 3{,}0$$

Dans le cas de la réaction $A(g) \rightleftharpoons B(g)$, la pression reste constante durant la réaction, puisque le nombre de molécules gazeuses reste constant.

On obtiendrait exactement le même point d'équilibre si l'on introduisait 1,0 mol de B($g$) pur dans le ballon à une pression de 2,0 atm. Dans ce cas, B se transformerait en A jusqu'à ce que l'équilibre soit atteint ($G_B = G_A$). La figure 7.9 **b)** illustre ce fait.

La courbe d'énergie libre globale de ce système est illustrée à la figure 7.9 **c)**. Notez que tout mélange de A($g$) et de B($g$) contenant 1,0 mol (A plus B) à une pression totale de 2,0 atm réagira jusqu'à ce que le bas de la courbe soit atteint.

En résumé, quand des substances participent à une réaction chimique, la réaction progresse jusqu'à atteindre une valeur minimale de l'énergie libre (équilibre), valeur qui correspond à une situation pour laquelle $G_{\text{produits}} = G_{\text{réactifs}}$ ; c'est-à-dire que :

$$G_{\text{produits}} = G_{\text{réactifs}} \quad \text{ou} \quad \Delta G = G_{\text{produits}} - G_{\text{réactifs}} = 0$$

On peut établir une relation quantitative entre l'énergie libre et la valeur de la constante d'équilibre. On sait en effet que :

$$\Delta G = \Delta G° + RT\ln(Q)$$

et que, à l'équilibre, $\Delta G = 0$ et $Q = K$

Ainsi, $\Delta G = 0 = \Delta G° + RT\ln(K)$

soit $\Delta G° = -RT\ln(K)$

Il est essentiel de bien comprendre les caractéristiques suivantes de cette très importante équation.

*Cas 1 :* $\Delta G° = 0$. Lorsque, pour une réaction donnée, $\Delta G° = 0$, les valeurs de l'énergie libre des réactifs et des produits sont égales quand tous les composants sont présents dans leur état standard (1,00 atm pour les gaz). Le système est à l'équilibre quand tous les réactifs et tous les produits sont soumis à une pression de 1,00 atm, ce qui signifie que $K = 1$.

*Cas 2 :* $\Delta G° < 0$. Dans ce cas, la valeur de $\Delta G°$ ($G°_{\text{produits}} - G°_{\text{réactifs}}$) est négative, ce qui signifie que :

$$G°_{\text{produits}} < G°_{\text{réactifs}}$$

Dans un ballon où tous les réactifs et tous les produits sont soumis à une pression de 1,00 atm, le système *n'est pas* à l'équilibre. Puisque $G°_{\text{produits}}$ est inférieure à $G°_{\text{réactifs}}$, le système se déplacera vers la droite pour atteindre l'équilibre. Dans ce cas, la valeur de $K$ sera *supérieure à 1*, puisque la pression des produits à l'équilibre sera supérieure à 1,00 atm et que la pression des réactifs à l'équilibre sera inférieure à 1,00 atm.

*Cas 3 :* $\Delta G° > 0$. Puisque la valeur de $\Delta G°$ ($G°_{\text{produits}} - G°_{\text{réactifs}}$) est positive :

$$(G°_{\text{produits}} < G°_{\text{réactifs}})$$

Dans un ballon où tous les réactifs et tous les produits sont soumis à une pression de 1,00 atm, le système *n'est pas* à l'équilibre. Dans ce cas, le système se déplacera vers la gauche (vers les réactifs dont l'énergie libre est plus faible) pour atteindre l'équilibre. La valeur de $K$ sera *inférieure à 1*, puisque, à l'équilibre, la pression des réactifs sera supérieure à 1,00 atm et que la pression des produits sera inférieure à 1,00 atm.

**TABLEAU 7.6 Relations qualitatives entre la variation d'énergie libre standard et la constante d'équilibre pour une réaction donnée**

| $\Delta G°$ | $K$ |
|---|---|
| $\Delta G° = 0$ | $K = 1$ |
| $\Delta G° < 0$ | $K > 1$ |
| $\Delta G° > 0$ | $K < 1$ |

Le tableau 7.6 regroupe ces possibilités. On peut calculer la valeur de $K$ pour une réaction donnée à l'aide de l'équation

$$\Delta G° = -RT\ln(K)$$

comme le montrent les exemples 7.14 et 7.15.

## Exemple 7.14 Énergie libre et équilibre I

Considérons la réaction de synthèse de l'ammoniac

$$N_2(g) + 3H_2(g) \rightleftharpoons 2NH_3(g)$$

pour laquelle $\Delta G° = -33{,}3$ kJ par mole de $N_2$ transformée, à 25 °C. Pour chacun des mélanges de réactifs et de produits ci-dessous, à 25 °C, prédisez la direction vers laquelle le système se déplacera pour atteindre l'équilibre.

**a)** $P_{NH_3} = 1{,}00$ atm, $P_{N_2} = 1{,}47$ atm, $P_{H_2} = 1{,}00 \times 10^{-2}$ atm

**b)** $P_{NH_3} = 1{,}00$ atm, $P_{N_2} = 1{,}00$ atm, $P_{H_2} = 1{,}00$ atm

### *Solution*

**a)** On peut prédire le sens du déplacement d'une réaction pour atteindre l'équilibre en calculant la valeur de $\Delta G$ à l'aide de l'équation

Les unités de $\Delta G$, de $\Delta G°$ et de $RT\ln(Q)$ concernent toutes l'équation équilibrée, où les quantités sont exprimées en moles. On peut dire que les unités sont des joules par « mole de réaction », bien qu'on n'utilise que l'expression « par mole » dans le cas de $R$ (comme d'habitude).

$$\Delta G = \Delta G° + RT\ln(Q)$$

où

$$Q = \frac{P_{NH_3}{}^2}{(P_{N_2})(P_{H_2}{}^3)} = \frac{(1{,}00)^2}{(1{,}47)(1{,}00 \times 10^{-2})^3} = 6{,}80 \times 10^5$$

$$T = 25 + 273 = 298 \text{ K}$$

$$R = 8{,}3145 \text{ J/K} \cdot \text{mol}$$

et

$$\Delta G° = -33{,}3 \text{ kJ/mol} = -3{,}33 \times 10^4 \text{ J/mol}$$

Alors,

$$\Delta G = (-3{,}33 \times 10^4 \text{ J/mol}) + (8{,}3145 \text{ J/K} \cdot \text{mol})(298 \text{ K}) \ln(6{,}8 \times 10^5)$$
$$= (-3{,}33 \times 10^4 \text{ J/mol}) + (3{,}33 \times 10^4 \text{ J/mol}) = 0$$

Puisque $\Delta G = 0$, les énergies libres des réactifs et des produits sont les mêmes à ces pressions partielles. Le système étant déjà à l'équilibre, il n'y aura aucun déplacement.

**b)** Les pressions partielles données ici sont toutes de 1,00 atm, ce qui signifie que le système est dans un état standard. En d'autres termes :

$$\Delta G = \Delta G° + RT\ln(Q) = \Delta G° + RT\ln\frac{(1{,}00)^2}{(1{,}00)(1{,}00)^3}$$

$$= \Delta G° + RT\ln(1{,}00) = \Delta G° + 0 = \Delta G°$$

Pour cette réaction, à 25 °C :

$$\Delta G° = -33{,}3 \text{ kJ/mol}$$

La valeur négative de $\Delta G°$ signifie que l'énergie libre des produits dans leur état standard ($P = 1{,}00$ atm) est inférieure à celle des réactifs. Par conséquent, le système se déplacera vers la droite pour atteindre l'équilibre ($K > 1$).

***Voir l'exercice 7.51***

## Exemple 7.15 Énergie libre et équilibre II

La réaction globale de l'oxydation du fer (formation de rouille) est :

$$4Fe(s) + 3O_2(g) \rightleftharpoons 2Fe_2O_3(s)$$

En utilisant les données ci-dessous, calculez la constante d'équilibre de cette réaction, à 25 °C.

| Substance | $\Delta H_f^\circ$ (kJ/mol) | $S^\circ$ (J/K · mol) |
|---|---|---|
| $Fe_2O_3(s)$ | −826 | 90 |
| $Fe(s)$ | 0 | 27 |
| $O_2(g)$ | 0 | 205 |

***Solution***

On calcule $K$ pour cette réaction en utilisant l'équation :

$$\Delta G^\circ = -RT\ln(K)$$

On doit d'abord calculer $\Delta G^\circ$ à l'aide de l'équation :

$$\Delta G^\circ = \Delta H^\circ - T\Delta S^\circ$$

où

$$\begin{aligned}\Delta H^\circ &= 2\Delta H^\circ_{f\,(Fe_2O_3(s))} - 3\Delta H^\circ_{f\,(O_2(g))} - 4\Delta H^\circ_{f\,(Fe(s))}\\ &= 2\text{ mol}(-826\text{ kJ/mol}) - 0 - 0\\ &= -1652\text{ kJ} = -1{,}652 \times 10^6\text{ J}\\ \Delta S^\circ &= 2S^\circ_{Fe_2O_3} - 3S^\circ_{O_2} - 4S^\circ_{Fe}\\ &= 2\text{ mol}(90\text{ J/K}\cdot\text{mol}) - 3\text{ mol}(205\text{ J/K}\cdot\text{mol}) - 4\text{ mol}(27\text{ J/K}\cdot\text{mol})\\ &= -543\text{ J/K}\end{aligned}$$

et

$$T = 273 + 25 = 298\text{ K}$$

Alors,

$$\begin{aligned}\Delta G^\circ &= \Delta H^\circ - T\Delta S^\circ = (-1{,}652 \times 10^6\text{ J}) - (298\text{ K})(-543\text{ J/K})\\ &= -1{,}490 \times 10^6\text{ J}\end{aligned}$$

et

$$\Delta G^\circ = -RT\ln(K) = -1{,}490 \times 10^6\text{ J} = -(8{,}3145\text{ J/K}\cdot\text{mol})(298\text{ K})\ln(K)$$

Ainsi,

$$\ln(K) = \frac{1{,}490 \times 10^6}{2{,}48 \times 10^3} = 601$$

et

$$K = e^{601}$$

La formation de rouille sur l'acier dénudé est un processus spontané.

C'est une constante d'équilibre très élevée. D'un point de vue thermodynamique, la formation de rouille est un processus très favorisé.

***Voir l'exercice 7.53***

## Influence de la température sur $K$

Au chapitre 4, on a utilisé le principe de Le Chatelier pour prédire qualitativement la variation de la valeur de $K$ en fonction de la température. Maintenant, on peut la décrire quantitativement grâce à l'équation suivante :

$$\Delta G^\circ = -RT\ln(K) = \Delta H^\circ - T\Delta S^\circ$$

On peut réarranger cette équation pour obtenir :

$$\ln(K) = -\frac{\Delta H^\circ}{RT} + \frac{\Delta S^\circ}{R} = -\frac{\Delta H^\circ}{R}\left(\frac{1}{T}\right) + \frac{\Delta S^\circ}{R}$$

Notez qu'il s'agit d'une équation linéaire de forme $y = mx + b$, où $y = \ln(K)$ ; $m = -\Delta H^\circ/R$ = pente ; $x = 1/T$ ; et $b = \Delta S^\circ/R$ = ordonnée à l'origine. Cela signifie que, si les valeurs de $K$ pour une réaction donnée sont déterminées à différentes températures, la courbe correspondant à $\ln(K)$ en fonction de $1/T$ sera linéaire, sa pente sera équivalente à $-\Delta H°/R$ et son ordonnée à l'origine, à $\Delta S°/R$. On considère ici que $\Delta H°$ et $\Delta S°$ sont toutes deux indépendantes de la température dans l'écart en question. Cette supposition est une assez bonne approximation pour un écart de température relativement petit.

## 7.9 Énergie libre et travail

On peut expliquer l'intérêt des êtres humains pour des processus physiques et chimiques par leur désir d'utiliser ces réactions pour qu'elles effectuent du travail à leur place, et ce, de la façon la plus efficace et la plus économique possible. On a déjà vu que, à une température et à une pression constantes, le signe qui affectait la variation de l'énergie libre indiquait si un processus donné était spontané ou non. Cette information est très utile, car elle permet d'éviter qu'on consacre des efforts inutiles à étudier un processus qui n'a aucune tendance naturelle à se produire. Il se peut, par exemple, qu'une réaction chimique favorable du point de vue de la thermodynamique n'ait pas lieu de façon significative à cause de sa lenteur. Dans ce cas, il est raisonnable de rechercher un catalyseur qui accélère la réaction. Par contre, si la réaction ne peut pas avoir lieu à cause de ses caractéristiques thermodynamiques, la recherche d'un catalyseur constitue une perte de temps.

En plus de fournir des données qualitatives (permettre de déterminer si un processus est spontané ou non), la variation de l'énergie libre est importante sur le plan quantitatif, car elle indique la quantité de travail qu'un processus donné peut produire. En fait, *la plus grande quantité possible de travail utile qu'un processus peut produire à une pression et à une température constantes est égale à la variation de l'énergie libre* :

$$W_{max} = \Delta G$$

Cette relation permet d'expliquer pourquoi on a nommé cette fonction énergie *libre*. Dans certaines conditions, la variation de l'énergie libre d'un processus spontané représente l'énergie qui est *libre d'effectuer un travail utile*. Par ailleurs, dans le cas d'un processus non spontané, la valeur de $\Delta G$ révèle la quantité de travail minimale qu'il *faut effectuer* pour que le processus ait lieu.

Lorsqu'on connaît la valeur de $\Delta G$ d'un processus, on peut déterminer si son efficacité avoisine les 100 %. Par exemple, quand un moteur d'automobile consomme de l'essence, le travail produit ne représente qu'environ 20 % du travail maximal possible.

Pour des raisons qu'on n'aborde que très brièvement dans ce livre, la quantité de travail qu'on peut obtenir d'un processus spontané est *toujours* inférieure à la quantité de travail maximal possible.

Pour mieux comprendre cette notion, considérons le courant électrique qui traverse le démarreur d'une automobile, courant produit par une réaction chimique dans la batterie. On peut calculer $\Delta G$ pour cette réaction et déterminer ainsi quelle quantité d'énergie est générée pour effectuer un travail. Peut-on utiliser la totalité de cette énergie pour effectuer un travail ? Non, étant donné que le courant qui parcourt les fils produit de la chaleur par frottement ; plus la quantité de courant est importante, plus la chaleur produite l'est aussi. Cette chaleur constitue une perte d'énergie, puisqu'on ne peut pas l'utiliser pour faire fonctionner le démarreur. On peut réduire cette perte d'énergie en faisant circuler un courant de faible intensité dans le démarreur. Cependant, pour éliminer complètement la production de chaleur par frottement, il faudrait qu'aucun courant ne circule dans les fils ; dans ce cas, le moteur ne pourrait pas effectuer du travail, puisque aucun courant ne passerait. Tel est le dilemme auquel la nature confronte l'être humain. Si l'on veut utiliser un processus pour effectuer un travail, il faut accepter qu'il y ait une certaine perte d'énergie ; en général, plus le processus est rapide, plus la perte d'énergie est importante.

*Tenter d'obtenir le travail maximal possible d'un processus spontané relève de l'utopie. Dans toute réaction, il y a perte d'énergie.* Si l'on pouvait décharger la batterie très lentement en lui faisant produire un courant infiniment faible, on pourrait obtenir le maximum de travail utile. Par ailleurs, si l'on pouvait recharger la batterie à l'aide d'un courant infiniment faible, on utiliserait la même quantité d'énergie que celle fournie par la décharge

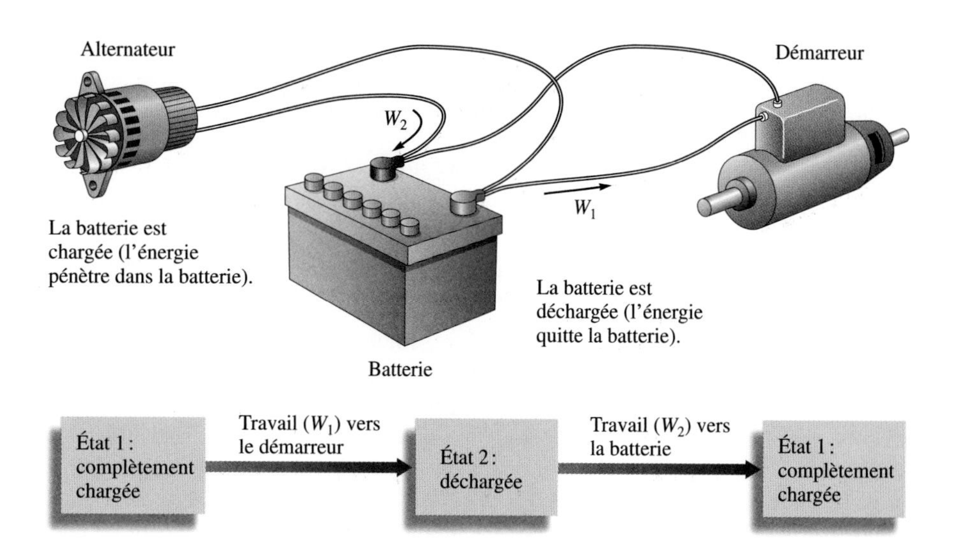


**FIGURE 7.10**
Une batterie peut effectuer un travail en alimentant en courant un démarreur. On peut la recharger en l'alimentant de force en courant. Si les courants utilisés dans ces deux processus sont infiniment faibles, $W_1 = W_2$, c'est là un processus réversible. Mais si les courants sont d'une certaine importance, comme c'est le cas en réalité, $W_2 > W_1$, c'est alors un processus irréversible (l'Univers est différent après ce processus cyclique). Tous les processus réels sont en fait irréversibles.

décrite ci-dessus pour ramener la batterie à son état initial. Après un tel cycle, l'Univers (c'est-à-dire le système et le milieu extérieur) serait identique à ce qu'il était avant le processus cyclique. C'est ce qu'on appelle un **processus réversible** (*voir la figure 7.10*).

Cependant, lorsqu'on utilise la batterie pour faire fonctionner le démarreur et qu'on la recharge ensuite en utilisant un courant d'une *valeur déterminée*, comme c'est effectivement le cas, il faut, pour la recharger, fournir toujours une quantité de travail *supérieure* à celle qu'on retire quand elle se décharge. Cela signifie que, même si la batterie (le système) est revenue à son état initial, le milieu extérieur, lui, n'est pas revenu à son état initial, car il a dû fournir une quantité nette de travail pour que la batterie accomplisse son cycle. *L'Univers n'est plus le même* après ce processus cyclique ; c'est ce qu'on appelle un **processus irréversible**. *Tous les processus réels sont irréversibles.*

En général, chaque fois qu'un processus cyclique réel a lieu dans un système, le milieu extérieur est moins apte à effectuer un travail et il contient davantage d'énergie thermique. En d'autres termes, *dans tout processus cyclique réel, le travail est transformé en chaleur dans le milieu extérieur, et l'entropie de l'Univers augmente*. C'est là une autre façon d'exprimer la deuxième loi de la thermodynamique.

Ainsi, grâce à la thermodynamique, on peut déterminer la valeur du travail potentiel qu'on peut obtenir d'un processus, et on sait aussi qu'on ne peut pas bénéficier de la totalité de ce travail. Henry Bent, un spécialiste de la thermodynamique, a exprimé à sa façon les deux premières lois de la thermodynamique.

Première loi : Au mieux, on ne perd rien.

Deuxième loi : On n'y gagne jamais.

Quand l'énergie est utilisée pour faire un travail, elle devient moins organisée et moins concentrée, donc moins facilement utilisable.

Les concepts présentés dans cette section sont applicables à la crise de l'énergie qui, fort probablement, va aller en s'aggravant au cours des 25 prochaines années. Ce n'est certes pas une crise de fourniture d'énergie, puisque, selon la première loi de la thermodynamique, l'Univers contient une quantité constante d'énergie. C'est plutôt un problème de disponibilité de l'énergie *utilisable. Au fur et à mesure qu'on utilise de l'énergie, on en diminue l'« utilisabilité »*. Par exemple, quand l'essence réagit avec l'oxygène dans une réaction de combustion, l'énergie potentielle est transformée en chaleur. Ainsi, l'énergie concentrée dans les liaisons des molécules d'essence et des molécules d'oxygène est finalement dispersée, sous forme d'énergie thermique, dans le milieu extérieur, où il est beaucoup plus difficile de la récupérer pour en obtenir à nouveau du travail utile. C'est là l'une des façons d'augmenter l'entropie de l'Univers : l'énergie concentrée est dispersée, elle devient plus désordonnée, donc moins utilisable. Ainsi, le point crucial de la crise énergétique, c'est qu'on consomme trop rapidement l'énergie concentrée dans les combustibles fossiles. Il ne faudra ainsi que quelques centaines d'années pour qu'on utilise complètement l'énergie solaire que la nature a mis des millions d'années à concentrer dans ces combustibles. Par conséquent, il faut utiliser ces sources d'énergie le plus intelligemment possible.

## Mots clés

première loi de la thermodynamique

*Section 7.1*
processus spontané
entropie
probabilité de position

*Section 7.2*
deuxième loi de la thermodynamique

*Section 7.4*
énergie libre

*Section 7.5*
troisième loi de la thermodynamique

*Section 7.6*
variation de l'énergie libre standard
énergie libre standard de formation

*Section 7.8*
équilibre d'un point de vue de la thermodynamique

*Section 7.9*
processus réversible
processus irréversible

## Synthèse

**Première loi de la thermodynamique**

- Selon cette loi, la quantité d'énergie présente dans l'Univers est constante.
- Elle permet de dresser un bilan des changements de forme de l'énergie.
- Elle ne fournit aucune indication sur la raison pour laquelle un certain processus a lieu dans une direction donnée.

**Deuxième loi de la thermodynamique**

- Selon cette loi, tout processus spontané est accompagné d'une augmentation de l'entropie de l'Univers.
- L'entropie, $S$, est une fonction thermodynamique qui permet de décrire le nombre d'arrangements (positions ou niveaux d'énergie, ou les deux) que peut prendre un système dans un état donné.
  - La nature recherche spontanément les états les plus probables.
  - En utilisant l'entropie, la thermodynamique permet de prédire dans quelle direction un processus aura lieu spontanément :

$$\Delta S_{univ} = \Delta S_{syst} + \Delta S_{ext}$$

  - Pour un processus spontané, $\Delta S_{univ}$ doit être positive.
  - Pour un processus qui a lieu à une température et à une pression constantes :
    - $\Delta S_{syst}$ dépend surtout de la variation d'entropie de position.
    - Pour une réaction chimique, $\Delta S_{syst}$ dépend de la variation du nombre de molécules gazeuses.
    - $\Delta S_{ext}$ dépend du transfert de chaleur :

$$\Delta S_{ext} = -\frac{\Delta H}{T}$$

    $\Delta S_{ext}$ est positive pour un processus exothermique ($\Delta H$ est négative). Étant donné que $\Delta S_{ext}$ est inversement proportionnelle à $T$, l'exothermicité en tant que force agissante devient plus importante à basse température.
- La thermodynamique ne permet pas de prédire la vitesse à laquelle un système changera spontanément ; les principes de la cinétique sont nécessaires pour le faire.

**Troisième loi de la thermodynamique**

- Selon cette loi, l'entropie d'un cristal parfait à 0 K est nulle.

**Énergie libre (*G*)**

- L'énergie libre est une fonction d'état :

$$G = H - TS$$

- Un processus qui a lieu à une température et à une pression constantes est spontané dans la direction pour laquelle il y a diminution de l'énergie libre ($\Delta G < 0$).
- Pour une réaction chimique, la variation d'énergie libre standard, $\Delta G°$, est la variation d'énergie libre qui a lieu, si les réactifs dans leur état standard sont transformés en produits dans leur état standard.
- On peut calculer la variation d'énergie libre pour une réaction à partir des énergies libres standards de formation, $\Delta G_f°$, des réactifs et des produits :

$$\Delta G° = \Sigma n_p \Delta G°_{f\,(produits)} - \Sigma n_r \Delta G°_{f\,(réactifs)}$$

- L'énergie libre dépend de la température et de la pression :

$$G = G° + RT\ln(P)$$

  - À partir de cette équation, on peut établir la relation entre $\Delta G°$ pour une réaction et la valeur de sa constante d'équilibre $K$ :

$$\Delta G° = -RT\ln(K)$$

- Quand $\Delta G^\circ = 0$, $K = 1$
- Quand $\Delta G^\circ < 0$, $K > 1$
- Quand $\Delta G^\circ > 0$, $K < 1$

- La quantité maximale de travail qu'on peut obtenir d'un processus à une température et à une pression constantes est égale à la variation de l'énergie libre :

$$W_{max} = \Delta G$$

- Dans tout processus réel, $W < W_{max}$
- Quand on utilise l'énergie pour effectuer un travail, l'énergie totale présente dans l'Univers demeure constante, mais elle devient moins utilisable.
  - L'énergie concentrée est dispersée dans l'Univers sous forme d'énergie thermique.

## QUESTIONS DE RÉVISION

1. Définissez les expressions suivantes :
   **a)** processus spontané ;
   **b)** entropie ;
   **c)** probabilité de position ;
   **d)** système ;
   **e)** milieu extérieur ;
   **f)** Univers.
2. Quelle est la deuxième loi de la thermodynamique ? Pour tout processus, il y a quatre combinaisons possibles de signes pour $\Delta S_{sys}$ et $\Delta S_{ext}$. Quelle(s) combinaison(s) de signes donne(nt) toujours un processus spontané ? Quelle(s) combinaison(s) de signes donne(nt) toujours un processus non spontané ? Quelle(s) combinaison(s) de signes peuvent ou ne peuvent pas donner un processus spontané ?
3. Qu'est-ce qui détermine $\Delta S_{ext}$ pour un processus ? Pour calculer $\Delta S_{ext}$ à pression et à température constantes, on utilise l'équation suivante : $\Delta S_{ext} = -\Delta H/T$. Pourquoi y a-t-il un signe négatif dans l'équation, et pourquoi $\Delta S_{ext}$ est-elle inversement proportionnelle à la température ?
4. La variation d'énergie libre, $\Delta G$, pour un processus à température et à pression constantes est reliée à $\Delta S_{univ}$ et indique la spontanéité du processus. Quelle est la relation entre $\Delta G$ et $\Delta S_{univ}$ ? Quand un processus est-il spontané ? non spontané ? à l'équilibre ? $\Delta G$ est un terme composé de $\Delta H$, $T$ et $\Delta S$. Quelle est l'équation de $\Delta G$ ? Donnez les quatre combinaisons de signes pour $\Delta H$ et $\Delta S$. Quelles températures sont nécessaires pour que chaque combinaison de signes donne un processus spontané ? Si $\Delta G$ est positive, qu'est-ce que cela indique au sujet du processus inverse ? Comment l'équation $\Delta G = \Delta H - T\Delta S$ se simplifie-t-elle quand le changement de phase solide à liquide s'effectue à la température de fusion ou quand le changement de phase liquide à gaz s'effectue à la température d'ébullition ? Quel est le signe de $\Delta G$ pour un changement de phase solide à liquide à des températures supérieures au point de congélation ? Quel est le signe de $\Delta G$ pour un changement de phase liquide à gaz à des températures inférieures au point d'ébullition ?
5. Quelle est la troisième loi de la thermodynamique ? Que sont les valeurs d'entropie standard, $S^\circ$, et comment ces valeurs de $S^\circ$ (*voir l'annexe 4*) sont-elles utilisées pour calculer $\Delta S^\circ$ pour une réaction ? Comment peut-on utiliser la loi de Hess pour calculer $\Delta S^\circ$ pour une réaction ? Qu'est-ce que le symbole du degré (°) indique ?

   La prédiction du signe de $\Delta S^\circ$ pour une réaction est une habileté importante à maîtriser. Pour une réaction en phase gazeuse, sur quoi faut-il se concentrer pour prédire le signe de $\Delta S^\circ$ ? Pour un changement de phase, sur quoi faut-il se concentrer pour prédire le signe de $\Delta S^\circ$ ? Autrement dit, quelle est la relation entre $S^\circ_{solide}$, $S^\circ_{liquide}$ et $S^\circ_{gaz}$ ? Lorsqu'un soluté se dissout dans l'eau, quel est habituellement le signe de $\Delta S^\circ$ pour ce processus ?

6. Qu'est-ce que la variation de l'énergie libre standard, $\Delta G°$, pour une réaction ? Qu'est-ce que l'énergie libre standard de formation, $\Delta G_f°$, pour une substance ? Comment utilise-t-on les valeurs de $\Delta G_f°$ pour calculer $\Delta G°_{réaction}$ ? Comment peut-on utiliser la loi de Hess pour calculer $\Delta G°_{réaction}$ ? Comment utiliser les valeurs de $\Delta H°$ et $\Delta S°$ pour calculer $\Delta G°_{réaction}$ ? Des trois grandeurs $\Delta H°$, $\Delta S°$ ou $\Delta G°$, laquelle dépend le plus de la température ? Lorsqu'on calcule $\Delta G°$ à des températures autres que 25 °C, de quelles hypothèses faut-il généralement tenir compte au sujet de $\Delta H°$ et $\Delta S°$ ?
7. Si l'on calcule la valeur de $\Delta G°$ pour une réaction en utilisant les valeurs de $\Delta G_f°$ présentées à l'annexe 4 et qu'on obtient une valeur négative, peut-on affirmer que la réaction est toujours spontanée ? Oui ou non, pourquoi ? Les variations d'énergie libre dépendent également de la concentration. Pour les gaz, quelle est la relation entre $G$ et la pression du gaz ? Quelles sont les pressions standards pour les gaz et les concentrations standards pour les solutés ? Comment calculer $\Delta G$ pour une réaction dans des conditions non standards ? L'équation permettant de déterminer $\Delta G$ dans des conditions non standards comporte le terme $Q$. Qu'est-ce que $Q$ ? Une réaction est spontanée pourvu que $\Delta G$ soit négative ; autrement dit, les réactions ont toujours lieu pourvu que les produits possèdent une énergie libre inférieure à celle des réactifs. Qu'y a-t-il de spécial au sujet de l'équilibre ? Pourquoi les réactions ne s'éloignent-elles pas de l'équilibre ?
8. Soit l'équation $\Delta G = \Delta G° + RT\ln(Q)$. Quelle est la valeur de $\Delta G$ pour une réaction à l'équilibre ? À l'équilibre, à quoi $Q$ est-il égal ? À l'équilibre, l'équation précédente se réduit à $\Delta G° = -RT\ln(K)$. Quand $\Delta G° > 0$, qu'est-ce que cela indique au sujet de $K$ ? Quand $\Delta G° < 0$, qu'est-ce que cela indique au sujet de $K$ ? Quand $\Delta G° = 0$, qu'est-ce que cela indique au sujet de $K$ ? $\Delta G$ prédit la spontanéité d'une réaction, alors que $\Delta G°$ prédit la position d'équilibre. Expliquez ce que signifie cet énoncé. Dans quelles conditions peut-on utiliser $\Delta G°$ pour déterminer la spontanéité d'une réaction ?
9. Même si $\Delta G$ est négative, la réaction peut ne pas se produire. Expliquez les interrelations entre la thermodynamique et la cinétique d'une réaction. Une température élevée favorise d'un point de vue cinétique une réaction donnée, mais elle peut lui être défavorable d'un point de vue thermodynamique. Expliquez.
10. Traitez de la relation entre $W_{max}$ et l'importance de la variation d'énergie libre d'une réaction, d'une part, et son signe, d'autre part. Traitez aussi de $W_{max}$ pour les processus réels.

# Questions et exercices

## Questions à discuter en classe

Ces questions sont conçues pour être abordées en petits groupes. Par des discussions et des enseignements mutuels, elles permettent d'exprimer la compréhension des concepts.

1. Pour le processus $A(l) \longrightarrow A(g)$, quelle direction est favorisée par le désordre d'énergie ? le désordre de position ? Expliquez vos réponses. Pour favoriser le processus tel qu'il est écrit, faut-il augmenter ou diminuer la température du système ? Expliquez.
2. Dans le cas d'un liquide, laquelle des grandeurs devrait être la plus élevée : $\Delta S_{\text{fusion}}$ ou $\Delta S_{\text{évaporation}}$ ? Pourquoi ?
3. Le gaz $A_2$ réagit avec le gaz $B_2$ pour former le gaz AB, à température constante. L'énergie de liaison de AB est beaucoup plus élevée que celle de chaque réactif. Que peut-on dire à propos des signes de $\Delta H$, de $\Delta S_{\text{ext}}$ et de $\Delta S$ ? Comment l'énergie potentielle varie-t-elle durant ce processus ? Comment l'énergie cinétique aléatoire varie-t-elle durant ce processus ?
4. Quels types d'expériences peut-on effectuer pour déterminer si une réaction est spontanée ? La spontanéité est-elle liée à la position d'équilibre finale d'une réaction ? Expliquez.
5. Une personne vous dit : « La relation entre l'énergie libre $G$ et la pression $P$ s'exprime par l'équation suivante : $G = G° + RT\ln(P)$. La grandeur $G$ est aussi liée à la constante d'équilibre $K$, car, lorsque $G_{\text{produits}} = G_{\text{réactifs}}$, le système est à l'équilibre. Par conséquent, il doit être vrai que le système est à l'équilibre quand toutes les pressions sont égales. » Êtes-vous d'accord avec cette personne ? Expliquez.
6. Quelqu'un se souvient que $\Delta G°$ est liée à $RT\ln(K)$, sans toutefois pouvoir dire s'il s'agit de $RT\ln(K)$ ou de $-RT\ln(K)$. Sachant ce que $\Delta G°$ et $K$ signifient, comment cette personne peut-elle en arriver à trouver le bon signe ?

Une question ou un exercice précédés d'un numéro en bleu indiquent que la réponse se trouve à la fin de ce livre.

## Questions

7. La synthèse du glucose à partir de $CO_2$ et de $H_2O$, ainsi que la synthèse des protéines à partir d'acides aminés, sont deux processus non spontanés dans des conditions standards. Malgré tout, ces deux processus sont nécessaires à la vie. À la lumière de la deuxième loi de la thermodynamique, expliquez pourquoi et comment la vie est possible.
8. Quand un produit toxique ou une substance potentiellement toxique contamine l'environnement, par exemple s'il y a un déversement d'un produit chimique ou l'utilisation d'insecticides, ce produit ou cette substance tend à être dispersé. Est-ce que cela est compatible avec la deuxième loi de la thermodynamique ? En se basant sur cette deuxième loi, déterminez laquelle des deux opérations suivantes nécessite le moins de travail : nettoyer l'environnement après la contamination ou essayer d'éviter la contamination ? Expliquez.
9. C'est par la photosynthèse qu'une plante verte synthétise le glucose :

$$6CO_2(g) + 6H_2O(l) \longrightarrow C_6H_{12}O_6(s) + 6O_2(g)$$

Les animaux utilisent le glucose comme source d'énergie :

$$C_6H_{12}O_6(s) + 6O_2(g) \longrightarrow 6CO_2(g) + 6H_2O(l)$$

En supposant que ces deux processus sont aussi importants l'un que l'autre et qu'ils font partie d'un processus cyclique, déterminez quelle propriété thermodynamique a une valeur non nulle.

10. L'ADN humain contient presque deux fois plus d'informations qu'il n'en faut pour coder toutes les substances produites dans l'organisme. De même, les données numériques envoyées par *Voyager II* contiennent un bit répétitif pour chaque deux bits d'information. Le télescope Hubble transmet trois bits redondants pour chaque bit d'information. Comment l'entropie est-elle reliée à la transmission de l'information ? À quoi sert cette redondance d'information dans l'ADN et dans les communications spatiales ?
11. L'entropie a été décrite comme la « flèche du temps ». Donnez une interprétation de cette conception de l'entropie.
12. Un mélange d'hydrogène et de chlore gazeux ne réagit que lorsqu'il est exposé à la lumière ultraviolette produite par une bande de magnésium. La réaction suivante se produit alors très rapidement :

$$H_2(g) + Cl_2(g) \longrightarrow 2HCl(g)$$

Expliquez ce phénomène.

13. $\Delta S_{\text{ext}}$ est parfois appelé le terme du « désordre de l'énergie ». Expliquez cette expression.
14. Selon la troisième loi de la thermodynamique, l'entropie d'un cristal parfait à 0 K est nulle. À l'annexe 4, les ions $F^-(aq)$, $OH^-(aq)$ et $S^{2-}(aq)$ ont tous des valeurs d'entropie standard négatives. Comment les valeurs de $S°$ peuvent-elles être inférieures à zéro ?
15. L'entropie est le facteur déterminant qui permet d'affirmer que HF est un acide faible et non un acide fort, comme les autres halogénures d'hydrogène. Qu'arrive-t-il quand HF se dissocie dans l'eau, en comparaison des autres halogénures d'hydrogène ?
16. Énumérez trois méthodes différentes de calculer la variation d'énergie libre standard, $\Delta G°$, pour une réaction à 25 °C ? Comment peut-on estimer $\Delta G°$ à des températures différentes de 25 °C ? Quelles suppositions faut-il faire ?
17. Quelle information peut-on obtenir à partir de $\Delta G$ pour une réaction ? Peut-on obtenir la même information à partir de $\Delta G°$, la variation d'énergie libre standard ? $\Delta G°$ permet la détermination de la constante d'équilibre $K$ pour une réaction. Comment ? Comment peut-on évaluer la valeur de $K$ à des températures différentes de 25 °C pour une réaction ? Comment peut-on évaluer la température si $K = 1$ pour une réaction ? Les réactions ont-elles toutes une température spécifique si $K = 1$ ?

## Exercices

Dans la présente section, les exercices similaires sont regroupés.

### Spontanéité, entropie et deuxième loi de la thermodynamique : énergie libre

18. Quelles situations, parmi les suivantes, sont spontanées ?
    **a)** Le sel de table qu'on dissout dans l'eau.
    **b)** Une solution qui devient uniformément colorée après l'addition de quelques gouttes de colorant.
    **c)** Le fer qui rouille.
    **d)** Le ménage de la chambre.

**19.** Soit les niveaux d'énergie suivants, chacun pouvant contenir deux objets :

$E = 2$ kJ ____
$E = 1$ kJ ____
$E = 0$ kJ XX

Représentez tous les arrangements possibles des deux particules identiques, représentées par X, pour les trois niveaux d'énergie. Quelle énergie totale risque-t-on de rencontrer le plus souvent ? Supposez qu'on ne peut pas distinguer les particules l'une de l'autre.

**20.** Refaites l'exercice 19 avec deux particules A et B, qu'on peut distinguer l'une de l'autre.

**21.** Dans chacun des cas suivants, choisissez le composé dont l'entropie de position est la plus élevée.
**a)** 1 mol de $H_2$ (à TPN) ou 1 mol de $H_2$ (à 100 °C et 0,5 atm).
**b)** 1 mol de $N_2$ (à TPN) ou 1 mol de $N_2$ (à 100 K et 2,0 atm).
**c)** 1 mol de $H_2O(s)$ (à 0 °C) ou 1 mol de $H_2O(l)$ (à 20 °C).

**22.** Dans quel cas y aura-t-il augmentation d'entropie d'un système ?
**a)** Fusion d'un solide.
**b)** Sublimation.
**c)** Congélation.
**d)** Mélange.
**e)** Séparation.
**f)** Ébullition.

**23.** Prédisez le signe de la valeur de $\Delta S_{ext}$ pour les processus suivants.
**a)** $H_2O(l) \longrightarrow H_2O(g)$
**b)** $CO_2(g) \longrightarrow CO_2(s)$

**24.** Calculez la valeur de $\Delta S_{ext}$, à 25 °C et à 1 atm, pour les réactions suivantes.
**a)** $2NiS(s) + 3O_2(g) \longrightarrow 2SO_2(g) + 2NiO(s)$ $\Delta H° = -890$ kJ
**b)** $XeF_6(g) \longrightarrow XeF_4(s) + F_2(g)$ $\Delta H° = 43$ kJ

**25.** Découvrez quelles variations sont spontanées à $P$ et à $T$ constantes si les valeurs de $\Delta H$ et de $\Delta S$ sont les suivantes.
**a)** $\Delta H = +25$ kJ, $\Delta S = +5{,}0$ J/K, $T = 300$ K
**b)** $\Delta H = +25$ kJ, $\Delta S = +100$ J/K, $T = 300$ K
**c)** $\Delta H = -10$ kJ, $\Delta S = +5{,}0$ J/K, $T = 298$ K
**d)** $\Delta H = -10$ kJ, $\Delta S = -40$ J/K, $T = 200$ K

**26.** À quelles températures les processus suivants sont-ils spontanés ?
**a)** $\Delta H = -25$ kJ et $\Delta S = -5{,}0$ J/K
**b)** $\Delta H = +25$ kJ et $\Delta S = +5{,}0$ J/K
**c)** $\Delta H = +25$ kJ et $\Delta S = -5{,}0$ J/K
**d)** $\Delta H = -25$ kJ et $\Delta S = +5{,}0$ J/K

**27.** L'éthanethiol ($C_2H_5SH$ ; aussi appelé éthylmercaptan) est ajouté de façon courante au gaz naturel pour donner aux fuites de gaz l'odeur « d'œufs pourris ». Le point d'ébullition de l'éthanethiol est de 35 °C et sa chaleur de vaporisation est de 27,5 kJ/mol. Quelle est l'entropie de vaporisation pour cette substance ?

**28.** Pour l'ammoniac ($NH_3$) l'enthalpie de fusion est de 5,65 kJ/mol et l'entropie de fusion est de 28,9 kJ/mol.
**a)** Est-ce que $NH_3(s)$ fondra spontanément à 200 K ?
**b)** Quel est le point de fusion approximatif de l'ammoniac ?

**29.** L'enthalpie de vaporisation de l'éthanol est de 38,7 kJ/mol à son point d'ébullition (78 °C). Déterminez $\Delta S_{sys}$, $\Delta S_{ext}$ et $\Delta S_{univ}$, quand 1,00 mol d'éthanol est vaporisée à 78 °C et à 1,00 atm.

## Réactions chimiques : variations d'entropie et énergie libre

**30.** Prédisez le signe de $\Delta S°$ pour chacune des variations suivantes.
**a)**

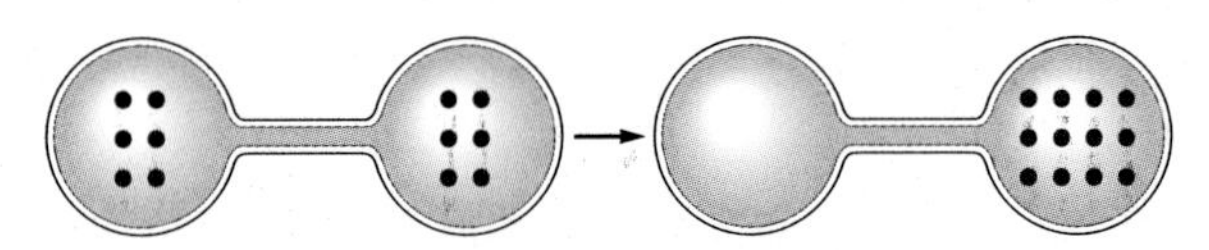

**b)** $AgCl(s) \longrightarrow Ag^+(aq) + Cl^-(aq)$
**c)** $2H_2(g) + O_2(g) \longrightarrow 2H_2O(l)$
**d)** $H_2O(l) \longrightarrow H_2O(g)$

**31.** Dans chaque paire ci-dessous, indiquez le produit dont la valeur de $S$ est la plus grande.
**a)** Glucose, $C_6H_{12}O_6$, ou saccharose, $C_{12}H_{22}O_{11}$
**b)** $H_2O$ à 0 K ou $H_2O$ à 0 °C
**c)** $H_2O(l)$ à 25 °C ou $H_2S(g)$ à 25 °C

**32.** Pour chacune des réactions suivantes, prédisez le signe de $\Delta S°$, puis calculez sa valeur.
**a)** $H_2(g) + \frac{1}{2}O_2(g) \longrightarrow H_2O(g)$
**b)** $3O_2(g) \longrightarrow 2O_3(g)$
**c)** $N_2(g) + O_2(g) \longrightarrow 2NO(g)$

**33.** Pour chacune des réactions suivantes, prédisez le signe de $\Delta S°$, puis calculez sa valeur.
**a)** $H_2(g) + \frac{1}{2}O_2(g) \longrightarrow H_2O(l)$
**b)** $N_2(g) + 3H_2(g) \longrightarrow 2NH_3(g)$
**c)** $HCl(g) \longrightarrow H^+(aq) + Cl^-(aq)$

**34.** Pour la réaction

$$2Al(s) + 3Br_2(l) \longrightarrow 2AlBr_3(s)$$

la valeur de $\Delta S°$ est de $-144$ J/K. Utilisez cette valeur et les données de l'annexe 4 pour calculer la valeur de $S°$ pour le bromure d'aluminium solide.

**35.** Il est assez courant que la structure d'un solide se modifie à une température inférieure à son point de fusion. Par exemple, à des températures supérieures à 95 °C, le soufre subit un changement de phase : il passe d'une structure cristalline orthorhombique à la forme monoclinique. Quel doit être le signe de la variation d'entropie relative à ce changement de phase ? En considérant que la valeur de $\Delta H$ pour ce changement de phase est de 0,30 kJ/mol, quelle est $\Delta S$ pour ce changement ?

**36.** Quand la plupart des enzymes sont chauffées, elles perdent leur pouvoir catalytique. Le processus

$$\text{Enzyme originale} \longrightarrow \text{Nouvelle forme}$$

qui se produit alors est endothermique et spontané. Laquelle des structures, de l'enzyme originale ou de sa nouvelle forme, est la plus ordonnée ? Expliquez.

**37.** Soit la réaction

$$H_2(g) \longrightarrow 2H(g)$$

**a)** Quels sont les signes de $\Delta H$ et de $\Delta S$ ?
**b)** La réaction est-elle plus spontanée à haute température qu'à basse température ?

**38.** Dans l'industrie, on utilise la réaction suivante pour synthétiser le cyanure d'hydrogène :

$$2NH_3(g) + 3O_2(g) + 2CH_4(g) \xrightarrow[\text{Pt-Rh}]{1000\ °C} 2HCN(g) + 6H_2O(g)$$

Est-ce sur la base de considérations thermodynamiques ou cinétiques qu'on recourt à une si haute température ?

39. À partir des données de l'annexe 4, calculez $\Delta H°$, $\Delta S°$ et $\Delta G°$ pour chacune des réactions suivantes.
**a)** $CH_4(g) + 2O_2(g) \longrightarrow CO_2(g) + 2H_2O(g)$
**b)** $6CO_2(g) + 6H_2O(l) \longrightarrow C_6H_{12}O_6(s) + 6O_2(g)$
Glucose
**c)** $P_4O_{10}(s) + 6H_2O(l) \longrightarrow 4H_3PO_4(s)$
**d)** $HCl(g) + NH_3(g) \longrightarrow NH_4Cl(s)$

**40.** La décomposition du dichromate d'ammonium $[(NH_4)_2Cr_2O_7]$ est une démonstration qui porte le nom de « volcan » à cause de ses projections incandescentes. La réaction met en jeu la décomposition du dichromate d'ammonium en azote gazeux, en vapeur d'eau et en oxyde de chrome(III) solide. En vous servant des données de l'annexe 4, et en sachant que $\Delta H_f° = -23$ kJ/mol et $\Delta S° = 114$ J/K · mol pour $(NH_4)_2Cr_2O_7$, calculez $\Delta G°$ pour la réaction du « volcan » et calculez $\Delta G_f°$ pour le dichromate d'ammonium.

41. Pour la réaction suivante, à 298 K,

$$2NO_2(g) \rightleftharpoons N_2O_4(g)$$

les valeurs de $\Delta H°$ et de $\Delta S°$ sont respectivement de $-58{,}03$ kJ/mol et $-176{,}6$ J/K · mol. Quelle est la valeur de $\Delta G°$ à 298 K ? Si l'on considère que $\Delta H°$ et $\Delta S°$ ne dépendent pas de la température, à quelle température $\Delta G° = 0$ ? La valeur de $\Delta G°$ est-elle négative, au-dessous ou au-dessus de cette température ?

**42.** À 100 °C et à 1,00 atm, $\Delta H° = 40{,}6$ kJ/mol pour la vaporisation de l'eau. Estimez $\Delta G°$ pour la vaporisation de l'eau à 90 °C et à 110 °C. Supposez que $\Delta H°$ et $\Delta S°$ à 100 °C et à 1,00 atm ne dépendent pas de la température.

43. En utilisant les données de l'annexe 4, calculez $\Delta H°$, $\Delta S°$ et $\Delta G°$ pour les réactions suivantes qui produisent de l'acide acétique :

$$CH_4(g) + CO_2(g) \longrightarrow CH_3\overset{\overset{\displaystyle O}{\|}}{C}{-}OH(l)$$

$$CH_3OH(g) + CO(g) \longrightarrow CH_3\overset{\overset{\displaystyle O}{\|}}{C}{-}OH(l)$$

Laquelle de ces réactions est-il préférable de choisir pour produire commercialement de l'acide acétique ($CH_3COOH$) dans des conditions standards ? Quelles conditions de température sont préférables pour cette réaction ? Considérez que $\Delta H°$ et $\Delta S°$ ne dépendent pas de la température.

**44.** Voici deux réactions qui représentent la synthèse de l'éthanol :

$$C_2H_4(g) + H_2O(g) \longrightarrow CH_3CH_2OH(l)$$
$$C_2H_6(g) + H_2O(g) \longrightarrow CH_3CH_2OH(l) + H_2(g)$$

Indiquez laquelle de ces réactions est la plus spontanée d'un point de vue thermodynamique. Expliquez pourquoi.

45. Soit les données suivantes :

$$2H_2(g) + C(s) \longrightarrow CH_4(g) \qquad \Delta G° = -51 \text{ kJ}$$
$$2H_2(g) + O_2(g) \longrightarrow 2H_2O(l) \qquad \Delta G° = -474 \text{ kJ}$$
$$C(s) + O_2(g) \longrightarrow CO_2(g) \qquad \Delta G° = -394 \text{ kJ}$$

Calculez $\Delta G°$ pour $CH_4(g) + 2O_2(g) \longrightarrow CO_2(g) + 2H_2O(l)$

**46.** Pour la réaction

$$SF_4(g) + F_2(g) \longrightarrow SF_6(g)$$

la valeur de $\Delta G°$ est de $-374$ kJ. Utilisez cette valeur et les données de l'annexe 4 pour calculer la valeur de $\Delta G_f°$ pour $SF_4(g)$.

47. En supposant des conditions standards, la réaction suivante peut-elle avoir lieu à la température ambiante ?

$$3Cl_2(g) + 2CH_4(g) \longrightarrow CH_3Cl(g) + CH_2Cl_2(g) + 3HCl(g)$$

$\Delta G°(CH_4) = -50{,}72$ kJ/mol $\quad \Delta G°(CH_3Cl) = -57{,}37$ kJ/mol
$\Delta G°(CH_2Cl_2) = -68{,}85$ kJ/mol $\Delta G°(HCl) = -95{,}30$ kJ/mol

**48.** Soit la réaction

$$2POCl_3(g) \longrightarrow 2PCl_3(g) + O_2(g)$$

**a)** Calculez $\Delta G°$ pour cette réaction. Les valeurs de $\Delta G_f°$ pour $POCl_3(g)$ et $PCl_3(g)$ sont $-502$ kJ/mol et $-270$ kJ/mol, respectivement.
**b)** Cette réaction est-elle spontanée dans des conditions standards, à 298 K ?
**c)** La valeur de $\Delta S°$ pour cette réaction est de 179 J/K. Indiquez à quelles températures cette réaction est spontanée dans des conditions standards ? Supposez que $\Delta H°$ et $\Delta S°$ ne dépendent pas de la température.

## Énergie libre, pression et équilibre

49. Calculez $\Delta G$ pour la réaction

$$NO(g) + O_3(g) \longrightarrow NO_2(g) + O_2(g)$$

qui a lieu dans les conditions suivantes :

$T = 298$ K
$P_{NO} = 1{,}00 \times 10^{-6}$ atm, $P_{O_3} = 2{,}00 \times 10^{-6}$ atm
$P_{NO_2} = 1{,}00 \times 10^{-7}$ atm, $P_{O_2} = 1{,}00 \times 10^{-3}$ atm

**50.** Calculez $\Delta G$ pour la réaction :

$$2H_2S(g) + SO_2(g) \longrightarrow 3S(s) + 2H_2O(g)$$

qui a lieu dans les conditions suivantes :

$T = 25$ °C
$P_{H_2S} = 1{,}0 \times 10^{-4}$ atm
$P_{SO_2} = 1{,}0 \times 10^{-2}$ atm
$P_{H_2O} = 3{,}0 \times 10^{-2}$ atm

51. Soit la réaction

$$2NO_2(g) \rightleftharpoons N_2O_4(g)$$

Pour chacun des mélanges suivants de réactifs et de produits à 25 °C, prédisez la direction dans laquelle la réaction se déplacera pour atteindre l'équilibre.
**a)** $P_{NO_2} = P_{N_2O_4} = 1{,}0$ atm
**b)** $P_{NO_2} = 0{,}21$ atm, $P_{N_2O_4} = 0{,}50$ atm
**c)** $P_{NO_2} = 0{,}29$ atm, $P_{N_2O_4} = 1{,}6$ atm

**52.** Soit la réaction suivante à 25,0 °C :

$$2NO_2(g) \rightleftharpoons N_2O_4(g)$$

Les valeurs de $\Delta H°$ et $\Delta S°$ sont $-58{,}03$ kJ/mol et $-176{,}6$ J/K · mol, respectivement. Calculez la valeur de $K$ à 25 °C. En supposant que $\Delta H°$ et $\Delta S°$ ne dépendent pas de la température, estimez la valeur de $K$ à 100,0 °C.

53. Soit la réaction

$$H_2(g) + Cl_2(g) \longrightarrow 2HCl(g)$$

**a)** À partir des données de l'annexe 4, calculez $\Delta H°$, $\Delta S°$, $\Delta G°$ et $K$ (à 298 K).

**b)** Si $H_2(g)$, $Cl_2(g)$ et $HCl(g)$ se trouvent dans un ballon et que la pression de chacun est de 1 atm, indiquez la direction que prendra la réaction pour atteindre l'équilibre, à 25 °C.

**54.** Calculez $\Delta G°$ pour $H_2O(g) + \frac{1}{2}O_2(g) \rightleftharpoons H_2O_2(g)$ à 600 K, en utilisant les données suivantes:

$$H_2(g) + O_2(g) \rightleftharpoons H_2O_2(g) \quad K = 2{,}3 \times 10^6 \text{ à } 600 \text{ K}$$
$$2H_2(g) + O_2(g) \rightleftharpoons 2H_2O(g) \quad K = 1{,}8 \times 10^{37} \text{ à } 600 \text{ K}$$

**55.** Pour produire industriellement de l'acide nitrique, on utilise le procédé Ostwald, qui comporte trois étapes:

$$4NH_3(g) + 5O_2(g) \xrightarrow[825\ °C]{Pt} 4NO(g) + 6H_2O(g)$$
$$2NO(g) + O_2(g) \longrightarrow 2NO_2(g)$$
$$3NO_2(g) + H_2O(l) \longrightarrow 2HNO_3(l) + NO(g)$$

**a)** Calculez $\Delta H°$, $\Delta S°$, $\Delta G°$ et $K$ (à 298 K) pour chacune de ces trois étapes (*voir l'annexe 4*).
**b)** Calculez la constante d'équilibre pour la première étape, à 825 °C, considérant que $\Delta H°$ et $\Delta S°$ ne dépendent pas de la température.
**c)** Dites pourquoi la température est élevée dans la première étape.

**56.** Soit la réaction suivante à 298 K:

$$2SO_2(g) + O_2(g) \longrightarrow 2SO_3(g)$$

Un mélange à l'équilibre contient $O_2(g)$ et $SO_3(g)$ à des pressions partielles de 0,50 atm et de 2,0 atm, respectivement. À partir des données de l'annexe 4, déterminez la pression partielle de $SO_2$ à l'équilibre dans le mélange. En supposant des conditions standards, cette réaction sera-t-elle favorisée à haute ou à basse température?

**57.** En utilisant la relation

$$\ln(K) = \frac{-\Delta H°}{RT} + \frac{\Delta S°}{R}$$

montrez que, pour un système à l'équilibre, une réaction endothermique se déplace vers la droite lorsqu'on augmente la température.

## Exercices supplémentaires

**58.** À l'aide de l'annexe 4 et des données suivantes, déterminez $S°$ pour $Fe(CO)_5(g)$.

$$Fe(s) + 5CO(g) \longrightarrow Fe(CO)_5(g) \quad \Delta S° = ?$$
$$Fe(CO)_5(l) \longrightarrow Fe(CO)_5(g) \quad \Delta S° = 107 \text{ J/K}$$
$$Fe(s) + 5CO(g) \longrightarrow Fe(CO)_5(l) \quad \Delta S° = -677 \text{ J/K}$$

**59.** On verse de l'eau dans un calorimètre fabriqué à partir d'une tasse de café. Quand on ajoute 1,0 g d'un solide ionique, la température de la solution augmente de 21,5 °C à 24,2 °C lorsque le solide se dissout. Pour le processus de dissolution, quels sont les signes pour $\Delta S_{sys}$, $\Delta S_{ext}$ et $\Delta S_{univ}$?

**60.** Soit le système suivant à l'équilibre, à 25 °C:

$$PCl_3(g) + Cl_2(g) \rightleftharpoons PCl_5(g) \quad \Delta G° = -92{,}50 \text{ kJ}$$

Qu'arrive-t-il au rapport entre la pression partielle de $PCl_5$ et celle de $PCl_3$ si la température s'élève? Donnez une explication complète.

**61.** Calculez la variation d'entropie pour la vaporisation du méthane liquide et de l'hexane liquide à partir des données suivantes.

| | Point d'ébullition (1 atm) | $\Delta H_{vap}$ |
|---|---|---|
| Méthane | 112 K | 8,20 kJ/mol |
| Hexane | 342 K | 28,9 kJ/mol |

Comparez le volume molaire du méthane gazeux à 112 K avec celui de l'hexane gazeux à 342 K. Comment les différences de volumes molaires influent-elles sur les valeurs de $\Delta S_{vap}$ pour ces liquides?

**62.** En le refroidissant à 1 atm, on peut geler $O_2(l)$ à 54,5 K pour former le solide I. À plus basse température, le solide I subit un réarrangement pour former le solide II de structure cristalline différente. Les mesures thermiques montrent que $\Delta H$ pour la transition de phase I → II est de −743,1 J/mol, et que $\Delta S$ pour la même transition est de −17,0 J/K · mol. À quelle température les solides I et II sont-ils à l'équilibre?

**63.** Soit la réaction suivante:

$$H_2O(g) + Cl_2O(g) \rightleftharpoons 2HOCl(g) \quad K_{298} = 0{,}090$$

Pour $Cl_2O(g)$:

$$\Delta G_f° = 97{,}9 \text{ kJ/mol}$$
$$\Delta H_f° = 80{,}3 \text{ kJ/mol}$$
$$S° = 266{,}1 \text{ J/K} \cdot \text{mol}$$

**a)** Calculez $\Delta G°$ pour cette réaction en utilisant la relation $\Delta G° = -RT\ln(K)$.
**b)** Utilisez les valeurs des énergies de liaison suivantes: O—H = 467 kJ/mol, O—Cl = 203 kJ/mol pour estimer $\Delta H°$ pour cette réaction.
**c)** Utilisez les résultats obtenus en **a)** et en **b)** pour calculer $\Delta S°$ pour cette réaction.
**d)** Évaluez $\Delta H_f°$ et $\Delta S°$ pour $HOCl(g)$. (Supposez que ces valeurs ne figurent pas dans les tables.)
**e)** Calculez la valeur de $K$ à 500 K.
**f)** Calculez $\Delta G$ à 25 °C quand $P_{H_2O} = 2{,}4$ kPa, $P_{Cl_2O} = 0{,}27$ kPa et $P_{HOCl} = 1{,}3 \times 10^{-2}$ kPa.

**64.** Le monoxyde de carbone est toxique parce qu'il se lie beaucoup plus fortement au fer de l'hémoglobine (Hgb) que ne le fait $O_2$. Considérez les réactions suivantes et les approximations des variations des énergies libres standards suivantes:

$$Hgb + O_2 \longrightarrow HgbO_2 \quad \Delta G° = -70 \text{ kJ}$$
$$Hgb + CO \longrightarrow HgbCO \quad \Delta G° = -80 \text{ kJ}$$

À partir de ces données, estimez la valeur de la constante d'équilibre à 25 °C pour la réaction suivante:

$$HgbO_2 + CO \rightleftharpoons HgbCO + O_2$$

**65.** À partir des données suivantes, calculez la valeur de $K_{ps}$ pour $Ba(NO_3)_2$, un des nitrates courants les *moins* solubles.

| Espèce | $\Delta G_f°$ |
|---|---|
| $Ba^{2+}(aq)$ | −561 kJ/mol |
| $NO_3^-(aq)$ | −109 kJ/mol |
| $Ba(NO_3)_2(s)$ | −797 kJ/mol |

**66.** Dans ce chapitre, on a montré que :

$$\Delta G = \Delta G^\circ + RT\ln(Q)$$

pour les réactions gazeuses où *Q est exprimé en unités de pression.* On peut aussi utiliser des unités de mol/L pour exprimer le quotient réactionnel *Q*. Si tel est le cas, calculez $\Delta G$ pour la réaction :

$$H_2O(l) \rightleftharpoons H^+(aq) + OH^-(aq)$$

qui a lieu dans les conditions suivantes, à 25 °C :

**a)** $[H^+] = [OH^-] = 1{,}00 \times 10^{-7}$ mol/L
**b)** $[H^+] = 1{,}00 \times 10^{-5}$ mol/L, $[OH^-] = 1{,}00 \times 10^{-9}$ mol/L
**c)** $[H^+] = [OH^-] = 1{,}00 \times 10^{-10}$ mol/L
**d)** $[H^+] = 10{,}0$ mol/L, $[OH^-] = 1{,}00 \times 10^{-7}$ mol/L
**e)** $[H^+] = 1{,}00$ mol/L, $[OH^-] = 1{,}00$ mol/L

$\Delta G^\circ = 79{,}9$ kJ pour cette réaction. Selon les valeurs de $\Delta G$ obtenues, déterminez dans quelle direction le système se déplace pour atteindre l'équilibre dans chacune des cinq conditions ci-dessus. Est-ce que ces résultats sont compatibles avec le principe de Le Chatelier ?

67. Dans les cellules, de nombreuses réactions biochimiques nécessitent des concentrations relativement importantes de potassium, $K^+$. La concentration de $K^+$ dans les cellules musculaires est de l'ordre de 0,15 mol/L. La concentration de $K^+$ dans le plasma est d'environ 0,005 mol/L. Cette forte concentration intracellulaire est maintenue grâce au pompage des ions $K^+$ du plasma. Quel travail est nécessaire pour que 1,0 mol de $K^+$ soit transportée du sang vers l'intérieur des cellules musculaires, à 37 °C, température normale du corps ? Lorsque les cellules reçoivent 1,0 mol de $K^+$, est-il nécessaire que d'autres ions soient transportés ? Expliquez pourquoi.

**68.** Les cellules utilisent l'hydrolyse de l'adénosine triphosphate (ATP) comme source d'énergie. On peut écrire symboliquement cette réaction de la manière suivante :

$$ATP(aq) + H_2O(l) \longrightarrow ADP(aq) + H_2PO_4^-(aq)$$

où ADP représente l'adénosine diphosphate. Pour cette réaction, $\Delta G^\circ = -30{,}5$ kJ/mol.

**a)** Calculez *K* à 25 °C.
**b)** Si toute l'énergie fournie par le métabolisme du glucose

$$C_6H_{12}O_6(s) + 6O_2(g) \longrightarrow 6CO_2(g) + 6H_2O(l)$$

est emmagasinée dans l'ATP, calculez le nombre de molécules d'ATP produites par molécule de glucose métabolisée.

69. Une des réactions biochimiques à se produire chez l'être humain est la suivante :

$$HO_2CCH_2CH_2\underset{\displaystyle NH_2}{\underset{|}{C}}HCO_2H(aq) + NH_3(aq) \rightleftharpoons$$

Acide glutamique

$$H_2N\overset{\displaystyle O}{\overset{\|}{C}}CH_2CH_2\underset{\displaystyle NH_2}{\underset{|}{C}}HCO_2H(aq) + H_2O(l)$$

Glutamine

Pour cette réaction, $\Delta G^\circ = 14$ kJ, à 25 °C.

**a)** Calculez *K* pour cette réaction, à 25 °C.
**b)** Dans une cellule vivante, cette réaction est couplée à l'hydrolyse de l'ATP (*voir l'exercice 68*). Calculez $\Delta G^\circ$ et *K*, à 25 °C, pour la réaction suivante :

$$\text{acide glutamique}(aq) + ATP(aq) + NH_3(aq) \rightleftharpoons \text{glutamine}(aq) + ADP(aq) + H_2PO_4^-(aq)$$

**70.** Soit les réactions

$$Ni^{2+}(aq) + 6NH_3(aq) \longrightarrow Ni(NH_3)_6^{2+}(aq) \quad (1)$$
$$Ni^{2+}(aq) + 3en(aq) \longrightarrow Ni(en)_3^{2+}(aq) \quad (2)$$

où

$$en = H_2N{-}CH_2{-}CH_2{-}NH_2$$

Les valeurs de $\Delta H$ pour les deux réactions sont très semblables, pourtant $K_{\text{réaction }2} > K_{\text{réaction }1}$. Expliquez.

71. Soit la réaction

$$Fe_2O_3(s) + 3H_2(g) \longrightarrow 2Fe(s) + 3H_2O(g)$$

Si l'on considère que $\Delta H^\circ$ et $\Delta S^\circ$ ne dépendent pas de la température, calculez la température à laquelle $K = 1{,}00$ pour cette réaction.

## Problèmes défis

**72.** À partir des données de l'annexe 4, calculez $\Delta H^\circ$, $\Delta G^\circ$ et *K* (à 298 K) pour la production de l'ozone à partir de l'oxygène :

$$3O_2(g) \rightleftharpoons 2O_3(g)$$

À 30 km au-dessus de la surface terrestre, la température est d'environ 230 K et la pression partielle de l'oxygène est d'environ $1{,}0 \times 10^{-3}$ atm. Estimez la pression partielle de l'ozone en équilibre avec l'oxygène à 30 km au-dessus de la surface terrestre. Est-il logique de supposer que l'équilibre entre l'oxygène et l'ozone soit maintenu dans ces conditions ? Expliquez.

73. On peut calculer l'entropie à l'aide d'une équation proposée par Ludwig Boltzmann :

$$S = k\ln(W)$$

où $k = 1{,}38 \times 10^{-23}$ J/K, et *W* est le nombre de moyens par lesquels un état particulier peut être obtenu. (Cette équation est gravée sur la tombe de Boltzmann.) Calculez *S* pour les trois arrangements des particules du tableau 7.1.

**74. a)** En utilisant le graphique de la variation de l'énergie libre en fonction de la progression de la réaction (pour une réaction simple en une seule étape), montrez que, à l'équilibre, $K = k_{dir}/k_{inv}$, où $k_{dir}$ et $k_{inv}$ sont respectivement les constantes de vitesse pour les réactions directe et inverse. *Élément de réponse :* Utilisez la relation $\Delta G^\circ = -RT\ln(K)$ et l'équation d'Arrhenius ($k = Ae^{-E_a/RT}$) pour exprimer $k_{dir}$ et $k_{inv}$.

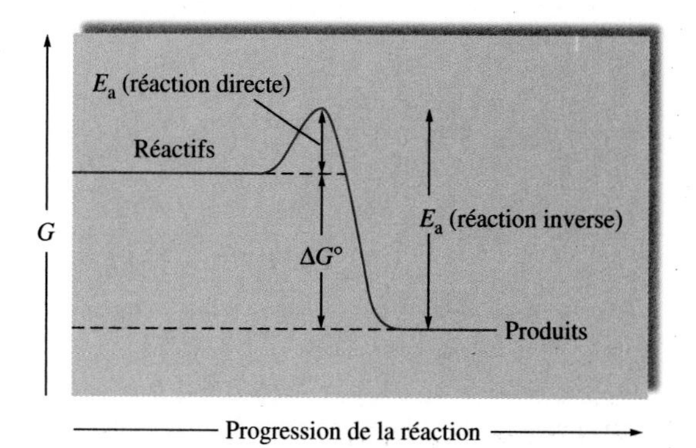

**b)** Pourquoi l'affirmation suivante est-elle fausse ? Un catalyseur peut augmenter la vitesse de la réaction directe, mais pas celle de la réaction inverse.

75. Soit la réaction suivante :

$$H_2(g) + Br_2(g) \rightleftharpoons 2HBr(g)$$

où $\Delta H° = -103,8$ kJ/mol. On mélange un nombre égal de moles de $H_2(g)$ à 1,00 atm et de $Br_2(g)$ à 1,00 atm dans un ballon de 1,00 L, à 25 °C ; on laisse l'équilibre s'établir. Puis, grâce à un appareil très sensible, on compte les molécules $H_2$ présentes à l'équilibre : il y en a $1,10 \times 10^{13}$. Pour cette réaction, calculez les valeurs de $K$, de $\Delta G°$ et de $\Delta S°$.

**76.** Soit le système suivant :

$$A(g) \longrightarrow B(g)$$

à 25 °C.

**a)** Si l'on considère que $G°_A = 8996$ J/mol et $G°_B = 11\ 718$ J/mol, calculez la valeur de la constante d'équilibre pour cette réaction.

**b)** Calculez les pressions à l'équilibre si l'on mélange 1,00 mol de A(*g*) à 1,00 atm et 1,00 mol de B(*g*) à 1,00 atm, à 25 °C.

**c)** Démontrez, calculs à l'appui, que $\Delta G = 0$ à l'équilibre.

77. La constante d'équilibre pour une certaine réaction augmente par un facteur de 10,0 quand la température passe de 300,0 K à 350,0 K. Calculez la variation de l'enthalpie standard pour cette réaction (considérez que $\Delta H°$ est indépendante de la température). *Indice :* Utilisez l'équation de l'exercice 57.

**78.** Si l'on utilise un courant d'air chaud pour sécher du carbonate d'argent hydraté, il faut que l'air ait une certaine concentration de dioxyde de carbone pour prévenir la décomposition du carbonate d'argent selon la réaction suivante :

$$Ag_2CO_3(s) \rightleftharpoons Ag_2O(s) + CO_2(g)$$

La valeur de $\Delta H°$ pour cette réaction est de 79,14 kJ/mol, pour des températures allant de 25 °C à 125 °C. Sachant que la pression partielle du dioxyde de carbone à l'équilibre avec le carbonate d'argent solide pur est $6,23 \times 10^{-3}$ torr, à 25 °C, calculez la pression partielle de $CO_2$ nécessaire pour prévenir la décomposition du $Ag_2CO_3$, à 110 °C. *Indice :* Utilisez l'équation de l'exercice 57.

79. Le tétrachlorure de carbone ($CCl_4$) et le benzène ($C_6H_6$) forment des solutions idéales. Soit une solution équimolaire de $CCl_4$ et de $C_6H_6$ à 25 °C. La vapeur au-dessus de la solution est recueillie et condensée. À partir des données suivantes, déterminez la composition en fraction molaire de la vapeur condensée.

| Substance | $\Delta G°_f$ |
|---|---|
| $C_6H_6(l)$ | 124,50 kJ/mol |
| $C_6H_6(g)$ | 129,66 kJ/mol |
| $CCl_4(l)$ | −65,21 kJ/mol |
| $CCl_4(g)$ | −60,59 kJ/mol |

**80.** On dissout un soluté non électrolyte (masse molaire = 142 g/mol) dans 150 mL d'un solvant (masse volumique = 0,879 g/cm³). Le point d'ébullition augmente alors jusqu'à 355,4 K. Quelle masse de soluté a été dissoute dans le solvant ? Pour le solvant, l'enthalpie de vaporisation est de 33,90 kJ/mol, l'entropie de vaporisation est de 95,95 J/K · mol et la constante ébullioscopique est de 2,5 K · kg/mol.

81. Un échantillon de 1,00 L d'eau chaude (90,0 °C) est laissé dans un récipient ouvert à la température ambiante de 25,0 °C. L'eau finit par refroidir à 25,0 °C, alors que la température ambiante demeure inchangée. Calculez $\Delta S_{ext}$ pour ce processus. Supposez que la masse volumique de l'eau soit de 1,00 g/cm³ dans cette gamme de températures, et que la capacité calorifique de l'eau soit également constante dans cette gamme de températures et égale à 75,4 J/K · mol.

**82.** Soit un acide faible, HX. Si une solution 0,10 mol/L de HX a un pH de 5,83, quelle est la valeur de $\Delta G°$ pour la réaction de dissociation de l'acide à 25 °C ?

83. On ajoute du chlorure de sodium à de l'eau (à 25 °C) jusqu'à ce que la solution soit saturée. Calculez la concentration de $Cl^-$ dans cette solution.

| Espèce | $\Delta G°$ (kJ/mol) |
|---|---|
| NaCl(*s*) | −384 |
| $Na^+(aq)$ | −262 |
| $Cl^-(aq)$ | −131 |

## Problèmes d'intégration

Ces problèmes requièrent l'intégration d'une multitude de concepts pour trouver la solution.

**84.** Pour l'équilibre

$$A(g) + 2B(g) \rightleftharpoons C(s)$$

les concentrations initiales sont [A] = [B] = [C] = 0,100 atm. Une fois l'équilibre atteint, on trouve que [C] = 0,040 atm. Quelle est la valeur de $\Delta G°$ pour cette réaction à 25 °C ?

85. Quel est le pH d'une solution 0,125 mol/L d'une base faible B, si $\Delta H° = -28,0$ kJ et $\Delta S° = -175$ J/K pour la réaction à l'équilibre suivante à 25 °C ?

$$B(aq) + H_2O(l) \rightleftharpoons BH^+(aq) + OH^-(aq)$$

## Problème de synthèse

Ce problème fait appel à plusieurs concepts et techniques de résolution de problèmes. Il peut être utilisé pour faciliter l'acquisition des habiletés nécessaires à la résolution de problèmes.

**86.** Le nickel impur, raffiné par fusion de minerais sulfurés dans un fourneau à air forcé, peut, grâce au procédé de Mond, être converti en métal, dont la pureté se situe entre 99,90 % et 99,99 %. La principale réaction en jeu dans le procédé de Mond est la suivante :

$$Ni(s) + 4CO(g) \rightleftharpoons Ni(CO)_4(g)$$

**a)** Sans consulter les tableaux de l'annexe 4, prédisez le signe de $\Delta S°$ pour cette réaction. Expliquez.

**b)** La spontanéité de cette réaction dépend de la température. Prédisez le signe de $\Delta S_{ext}$ pour cette réaction. Expliquez.

**c)** Pour $Ni(CO)_4(g)$, $\Delta H°_f = -607$ kJ/mol et $S° = 417$ J/K · mol, à 298 K. À partir de ces valeurs et des données de l'annexe 4, calculez $\Delta H°$ et $\Delta S°$ pour cette réaction.

**d)** Calculez la température à laquelle $\Delta G° = 0$ ($K = 1$) pour cette réaction, considérez que $\Delta H°$ et $\Delta S°$ ne dépendent pas de la température.

**e)** La première étape du procédé de Mond met en jeu l'équilibrage du nickel impur avec le $CO(g)$ et le $Ni(CO)_4(g)$, à environ 50 °C. Le but de cette étape est de faire passer le maximum de nickel en phase gazeuse. Calculez la constante d'équilibre pour cette réaction, à 50 °C.

**f)** À la deuxième étape du procédé de Mond, le $Ni(CO)_4$ gazeux est retiré et chauffé à 227 °C. Le but de cette étape est de décomposer le carbonyle (réaction inverse de celle qui est mentionnée ci-dessus) et ainsi obtenir le plus possible de nickel pur. Calculez la constante d'équilibre pour la réaction donnée ci-dessus, à 227 °C.

**g)** Dites pourquoi la température doit être augmentée à la deuxième étape du procédé de Mond.

**h)** Le procédé de Mond repose sur la volatilité du $Ni(CO)_4$. Seules les pressions et les températures auxquelles le $Ni(CO)_4$ est gazeux sont alors utiles. Une variante récente du procédé de Mond consiste à effectuer la première étape à une pression élevée et à une température de 152 °C. Évaluez la pression maximale du $Ni(CO)_4(g)$ qui peut être atteinte avant que le gaz se liquéfie à 152 °C. Le point d'ébullition du $Ni(CO)_4$ est de 42 °C, et son enthalpie de vaporisation est de 29,0 kJ/mol. [*Indice :* Le changement de phase et l'expression de la position d'équilibre correspondante sont :

$$Ni(CO)_4(l) \rightleftharpoons Ni(CO)_4(g) \qquad K_p = P_{Ni(CO)_4}$$

Le $Ni(CO)_4(g)$ se liquéfie quand la pression de $Ni(CO)_4$ est supérieure à la valeur de $K_p$.]

# 8 Électrochimie

## Contenu

*Une pièce de 5 cents à moitié recouverte de cuivre par électroplacage.*

L'étude de l'électrochimie constitue une partie importante d'un cours de chimie des solutions, puisque c'est le domaine qui a le plus d'applications dans la vie de tous les jours. Chaque fois qu'on fait démarrer une voiture, qu'on utilise une calculatrice, qu'on consulte une montre numérique ou qu'on écoute la radio sur la plage, on recourt à des réactions électrochimiques. On a parfois l'impression que notre société fonctionne presque uniquement à piles. Il est vrai que l'existence de petites piles fiables et la technologie des puces ont permis la création de petites calculatrices, de magnétophones et d'horloges, qui constituent autant d'objets qu'on tient aujourd'hui pour acquis.

L'électrochimie est également importante pour d'autres raisons moins évidentes. La corrosion du fer, par exemple, qui a de lourdes conséquences sur le plan économique, est un processus électrochimique. On utilise des procédés électrolytiques pour préparer de nombreux produits industriels importants, tels l'aluminium, le chlore et l'hydroxyde de sodium. En chimie analytique, les techniques électrochimiques font appel à des électrodes spécifiques d'une molécule ou d'un ion donné, tels que $H^+$ (pH-mètre), $F^-$, $Cl^-$, etc. On a recours à ces méthodes de plus en plus importantes pour détecter les polluants présents à l'état de traces dans les eaux naturelles ou les petites quantités de produits chimiques qui, dans le sang humain, peuvent signaler la présence d'une maladie particulière.

On définit l'**électrochimie** comme l'*étude de la transformation de l'énergie chimique en énergie électrique et vice versa*. Elle concerne particulièrement deux processus qui font intervenir des réactions d'oxydoréduction : la production d'un courant électrique à partir d'une réaction chimique et le processus inverse, l'utilisation d'un courant électrique pour produire une réaction chimique.

## 8.1 Piles électrochimiques

Comme on l'a vu en détail à la section 1.9, une **réaction d'oxydoréduction** (**rédox**) repose sur un transfert d'électrons d'un **agent réducteur** à un **agent oxydant**. Rappelons qu'une **oxydation** consiste en une *perte d'électrons* (une augmentation du nombre d'oxydation) et une **réduction**, en un *gain d'électrons* (une diminution du nombre d'oxydation).

Pour comprendre comment on peut utiliser une réaction rédox pour produire du courant, considérons la réaction entre $MnO_4^-$ et $Fe^{2+}$ :

$$8H^+(aq) + MnO_4^-(aq) + 5Fe^{2+}(aq) \longrightarrow Mn^{2+}(aq) + 5Fe^{3+}(aq) + 4H_2O(l)$$

Dans cette réaction, $Fe^{2+}$ est oxydé et $MnO_4^-$, réduit ; les électrons passent de $Fe^{2+}$ (l'agent réducteur) à $MnO_4^-$ (l'agent oxydant).

L'équilibrage des demi-réactions est traité à la section 1.10.

Il est fort pratique de scinder une réaction rédox en deux **demi-réactions**, une réaction d'oxydation et une réaction de réduction. Pour la réaction ci-dessus, les deux demi-réactions sont :

$$\text{Réduction : } 8H^+ + MnO_4^- + 5e^- \longrightarrow Mn^{2+} + 4H_2O$$

$$\text{Oxydation : } 5(Fe^{2+} \longrightarrow Fe^{3+} + e^-)$$

Si l'on multiplie par cinq la deuxième demi-réaction, c'est que, chaque fois que la première réaction a lieu, la seconde doit avoir lieu cinq fois. Quant à la réaction globale équilibrée, c'est la somme des deux demi-réactions.

Quand la réaction entre $MnO_4^-$ et $Fe^{2+}$ a lieu en solution, il y a transfert direct des électrons entre les réactifs qui entrent en collision. On ne tire alors aucun travail utile de l'énergie chimique libérée par cette réaction, cette énergie est plutôt libérée sous forme de chaleur. Comment peut-on, dans ce cas, utiliser cette énergie ? La solution consiste à séparer physiquement l'agent oxydant de l'agent réducteur, ce qui oblige les électrons à emprunter un fil conducteur pour aller d'un compartiment à l'autre. On peut alors acheminer le courant produit par le déplacement des électrons dans un appareil, comme un moteur électrique, et en tirer un travail utile.

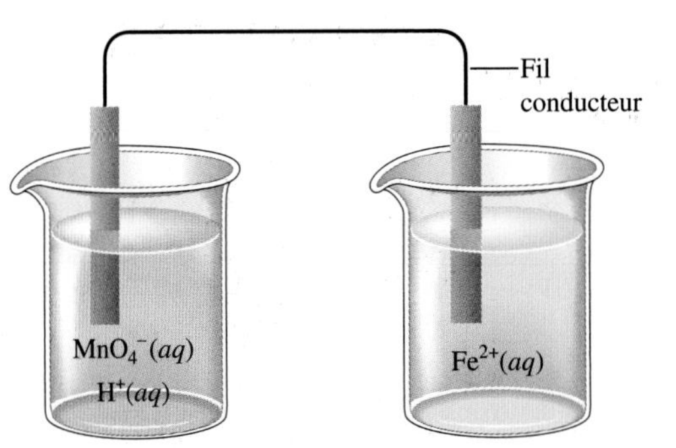


**FIGURE 8.1**
Représentation schématique d'une méthode qui permet de séparer les ions réducteurs des ions oxydants au cours d'une réaction rédox. (Les solutions contiennent également des ions complémentaires destinés à équilibrer les charges.)

Considérons par exemple le système illustré à la figure 8.1. Selon le raisonnement ci-dessus, les électrons devraient emprunter le fil conducteur pour passer du compartiment de $Fe^{2+}$ au compartiment de $MnO_4^-$. Or, tel qu'il est illustré, l'appareil ne permet pas le passage des électrons. Pourquoi ? Une observation soignée révèle que, lorsqu'on connecte les fils des deux compartiments, le courant circule un instant puis s'arrête. Il s'arrête à cause de l'accumulation de charges dans les deux compartiments. En effet, si les électrons passaient du compartiment de droite à celui de gauche, il y aurait dans ce dernier accumulation de charges négatives et, dans celui de droite, accumulation de charges positives. La réalisation d'une telle séparation de charges nécessitant une grande quantité d'énergie, les électrons ne peuvent pas circuler.

On peut cependant résoudre ce problème d'une façon très simple : on garde les solutions en communication (sans pour autant leur permettre de se mélanger), de sorte que les ions peuvent se déplacer et maintenir égale à zéro la charge nette dans chaque compartiment. Pour ce faire, on utilise un **pont électrolytique** (un tube en U rempli d'une solution d'électrolytes) ou un **disque poreux** placé dans un tube qui relie les deux compartiments (*voir la figure 8.2*). Chacun de ces dispositifs permet aux ions de se déplacer sans pour autant laisser les deux solutions se mélanger de façon importante. Une fois qu'on a ainsi obtenu le déplacement des ions, le circuit est complet. Les électrons circulent dans le fil conducteur (ils passent de l'agent réducteur à l'agent oxydant), et les ions circulent par le pont électrolytique ou par le disque poreux, ce qui permet de maintenir la charge nette égale à zéro.

Dans une pile électrochimique, c'est une réaction rédox spontanée qui produit le courant utilisé pour effectuer un travail.

C'est là l'essentiel d'une **pile électrochimique** (ou galvanique, ou voltaïque), *un dispositif dans lequel l'énergie chimique est transformée en énergie électrique*. On appelle le procédé inverse *électrolyse* (*voir la section 8.7*).

L'oxydation a lieu à l'anode et la réduction, à la cathode.

Dans une pile électrochimique, la réaction (transfert d'électrons) a lieu à la surface de l'électrode. L'électrode où a lieu l'*oxydation* est appelée **anode** et celle où a lieu la *réduction*, **cathode** (*voir la figure 8.3*).

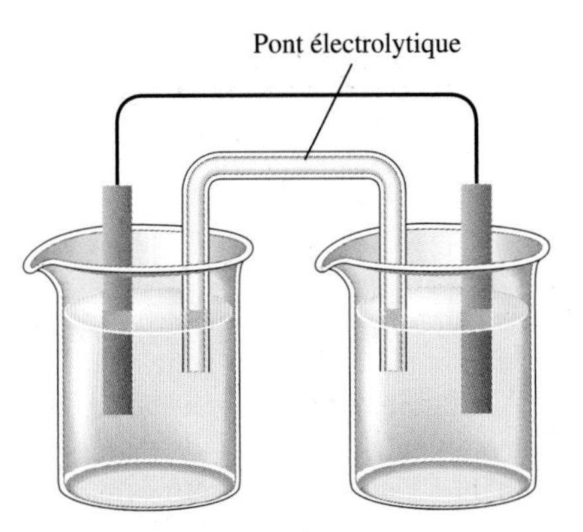


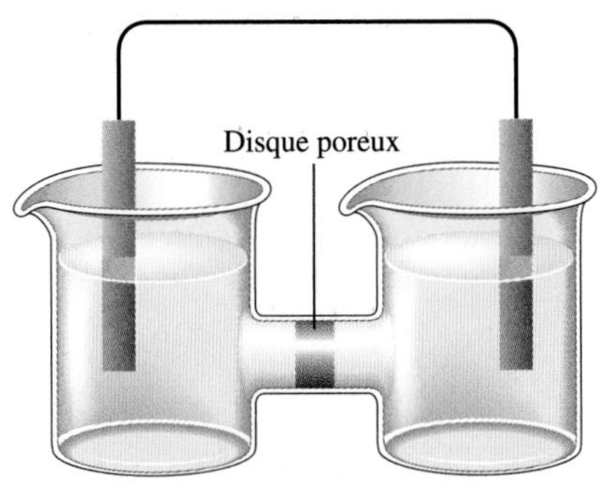


**FIGURE 8.2**
Une pile électrochimique comporte : **a)** soit un pont électrolytique, **b)** soit un disque poreux. Un pont électrolytique est constitué d'un gel imprégné d'un électrolyte fort. Un disque poreux possède de minuscules trous qui laissent passer les ions.

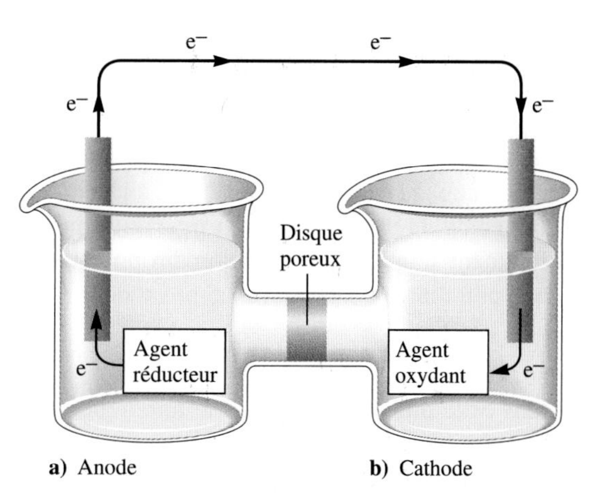


**FIGURE 8.3**
Dans un procédé électrochimique, le déplacement des électrons a lieu à la surface de l'électrode. **a)** Les espèces en solution cèdent des électrons à l'anode ; elles sont donc l'agent réducteur. **b)** Les espèces en solution acceptent des électrons de la cathode ; elles sont donc l'agent oxydant.

## Force électromotrice

Une pile électrochimique consiste en un agent oxydant placé dans un compartiment et capable d'attirer, grâce à un fil conducteur, les électrons d'un agent réducteur placé dans un autre compartiment. La force qui déplace les électrons est appelée **force électromotrice** (fem ; symbole $\mathscr{E}_{\text{pile}}$), dont l'unité, le **volt** (V), est définie comme un travail de 1 joule par coulomb de charge transférée.

Un volt équivaut à un travail de 1 joule pour un coulomb de charge transférée : 1 V = 1 J/C.

Comment peut-on mesurer une force électromotrice ? On peut utiliser un **voltmètre** rudimentaire, dans lequel le courant passe dans une résistance connue. Cependant, étant donné que le passage d'un courant dans un conducteur produit de la chaleur par friction, il y a une perte de l'énergie utile de la pile. Avec un voltmètre traditionnel, on obtient donc une mesure du potentiel inférieure à la valeur maximale de la force électromotrice. Pour pallier ce problème, il faut par conséquent déterminer le potentiel quand la pile ne débite aucun courant, c'est-à-dire quand il n'y a aucune perte d'énergie. Pour ce faire, on utilisait auparavant un dispositif à voltage variable (alimenté par une source extérieure) qui *s'opposait* à la force électromotrice de la pile. L'opération consistait à régler le voltage de cet instrument, appelé **potentiomètre**, pour qu'aucun courant ne parcourt le circuit. La force électromotrice ainsi déterminée était alors égale en valeur absolue, mais de signe opposé, au voltage du potentiomètre. On pouvait de la sorte déterminer la force électromotrice *maximale*, étant donné qu'aucune énergie n'avait été dissipée sous forme de chaleur dans le fil. Il existe de nos jours, grâce à l'amélioration des techniques électroniques, des *voltmètres numériques* qui n'utilisent qu'une quantité infime de courant (*voir la figure 8.4*). Ces instruments ont d'ailleurs remplacé, dans les laboratoires modernes, les anciens potentiomètres, car ils sont beaucoup plus faciles à utiliser.

**FIGURE 8.4**
Les voltmètres numériques ne consomment qu'une quantité négligeable de courant et sont faciles à utiliser.

## 8.2 Potentiels standards d'électrode

Toute réaction qui a lieu dans une pile électrochimique est une réaction d'oxydoréduction qu'on peut scinder en deux demi-réactions. Il serait fort pratique de pouvoir assigner un potentiel à *chaque* demi-réaction; ainsi, si l'on construisait une pile à l'aide d'une paire donnée de demi-réactions, on pourrait connaître la force électromotrice de la pile en effectuant simplement l'addition des potentiels des demi-piles. Par exemple, le potentiel de la pile illustrée à la figure 8.5 **a)** est de 0,76 V, et la réaction de la pile[1] est:

On désigne parfois ces piles par le terme *pile galvanique* en l'honneur de Luigi Galvani (1737-1798), un scientifique italien à qui l'on attribue la découverte de l'électricité, ou encore par le terme *pile voltaïque* d'après Alessandro Volta (1745-1827), un autre Italien, qui le premier a construit des piles de ce genre aux alentours de 1800.

$$2H^+(aq) + Zn(s) \longrightarrow Zn^{2+}(aq) + H_2(g)$$

Dans cette pile, le compartiment anodique renferme une électrode en zinc plongée dans une solution aqueuse contenant des ions $Zn^{2+}$ et $SO_4^{2-}$. La réaction à l'anode est la demi-réaction d'oxydation suivante:

$$Zn \longrightarrow Zn^{2+} + 2e^-$$

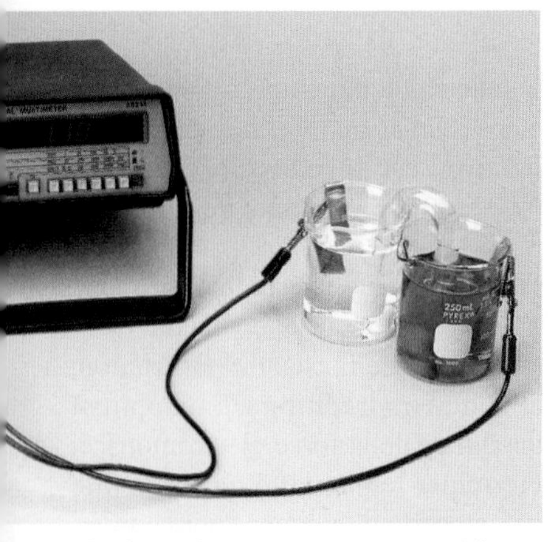

Pile électrochimique ayant un potentiel de 1,10 V.

L'électrode de zinc, en produisant des ions $Zn^{2+}$ qui passent en solution, perd des électrons, lesquels parcourent le fil conducteur. Pour le moment, on suppose que tous les composants de la pile sont présents dans leur état standard, c'est-à-dire que, dans le compartiment anodique, la solution contient 1 mol/L d'ions $Zn^{2+}$. La réaction cathodique de cette pile est:

$$2H^+ + 2e^- \longrightarrow H_2$$

La cathode est une électrode de platine (élément utilisé parce que c'est un conducteur chimiquement inerte) plongée dans une solution d'ions $H^+$ 1 mol/L, et sous laquelle barbote de l'hydrogène gazeux à une pression de 101,3 kPa. Une telle électrode est appelée **électrode standard d'hydrogène** (*voir la figure 8.5* **b)**).

On peut mesurer le potentiel *total* de cette pile (0,76 V), mais il est impossible de mesurer le potentiel des processus qui ont lieu à chacune des électrodes. Par conséquent, si l'on veut connaître les potentiels des demi-réactions (demi-piles), on doit diviser arbitrairement le potentiel total de la pile. Si, à la réaction:

$$2H^+ + 2e^- \longrightarrow H_2$$

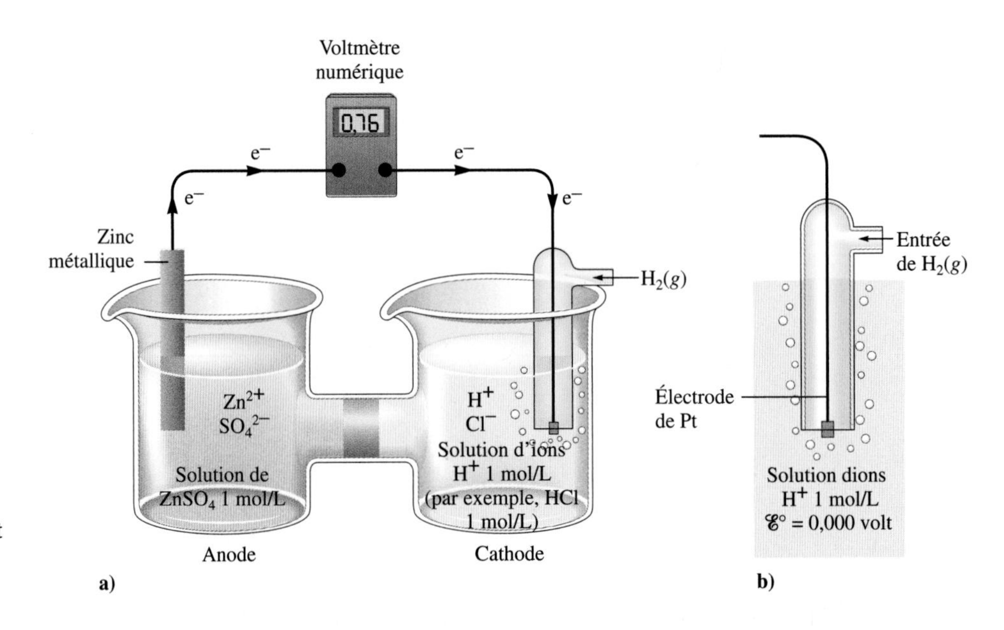


**FIGURE 8.5**
**a) Pile électrochimique dans laquelle ont lieu les réactions $Zn \rightarrow Zn^{2+} + 2e^-$ (à l'anode) et $2H^+ + 2e^- \rightarrow H_2$ (à la cathode); son potentiel est de 0,76 V. b) Électrode standard d'hydrogène dans laquelle du $H_2(g)$, à 101,3 kPa, barbote sous une électrode de platine plongée dans une solution d'ions $H^+$ 1 mol/L. On assigne arbitrairement une valeur exacte de zéro volt au processus qui a lieu à cette électrode (en supposant un comportement idéal).**

1. Dans ce livre, nous respecterons la convention selon laquelle l'état physique des réactifs et des produits n'apparaissent que dans la réaction rédox globale, jamais dans les demi-réactions.

où $[H^+] = 1$ mol/L et $P_{H_2} = 101{,}3$ kPa

on assigne un potentiel de 0 V, alors la réaction :

$$Zn \longrightarrow Zn^{2+} + 2e^-$$

a un potentiel de 0,76 V, puisque :

$$\underset{0{,}76\ V}{\mathscr{E}^\circ_{pile}} = \underset{0\ V}{\mathscr{E}^\circ_{H^+ \to H_2}} + \underset{0{,}76\ V}{\mathscr{E}^\circ_{Zn \to Zn^{2+}}}$$

où l'exposant ° indique qu'il s'agit de *conditions standards*. En fait, en assignant la valeur zéro au potentiel standard de la demi-réaction $2H^+ + 2e^- \rightarrow H_2$, on peut assigner des valeurs à toutes les autres demi-réactions.

Le potentiel de la pile illustrée à la figure 8.6 est, par exemple, de 1,10 V. La réaction de la pile :

$$Zn(s) + Cu^{2+}(aq) \longrightarrow Zn^{2+}(aq) + Cu(s)$$

peut être scindée en deux demi-réactions :

$$\text{Anode : } Zn \longrightarrow Zn^{2+} + 2e^-$$
$$\text{Cathode : } Cu^{2+} + 2e^- \longrightarrow Cu$$

Alors :

$$\mathscr{E}^\circ_{pile} = \mathscr{E}^\circ_{Zn \to Zn^{2+}} + \mathscr{E}^\circ_{Cu^{2+} \to Cu}$$

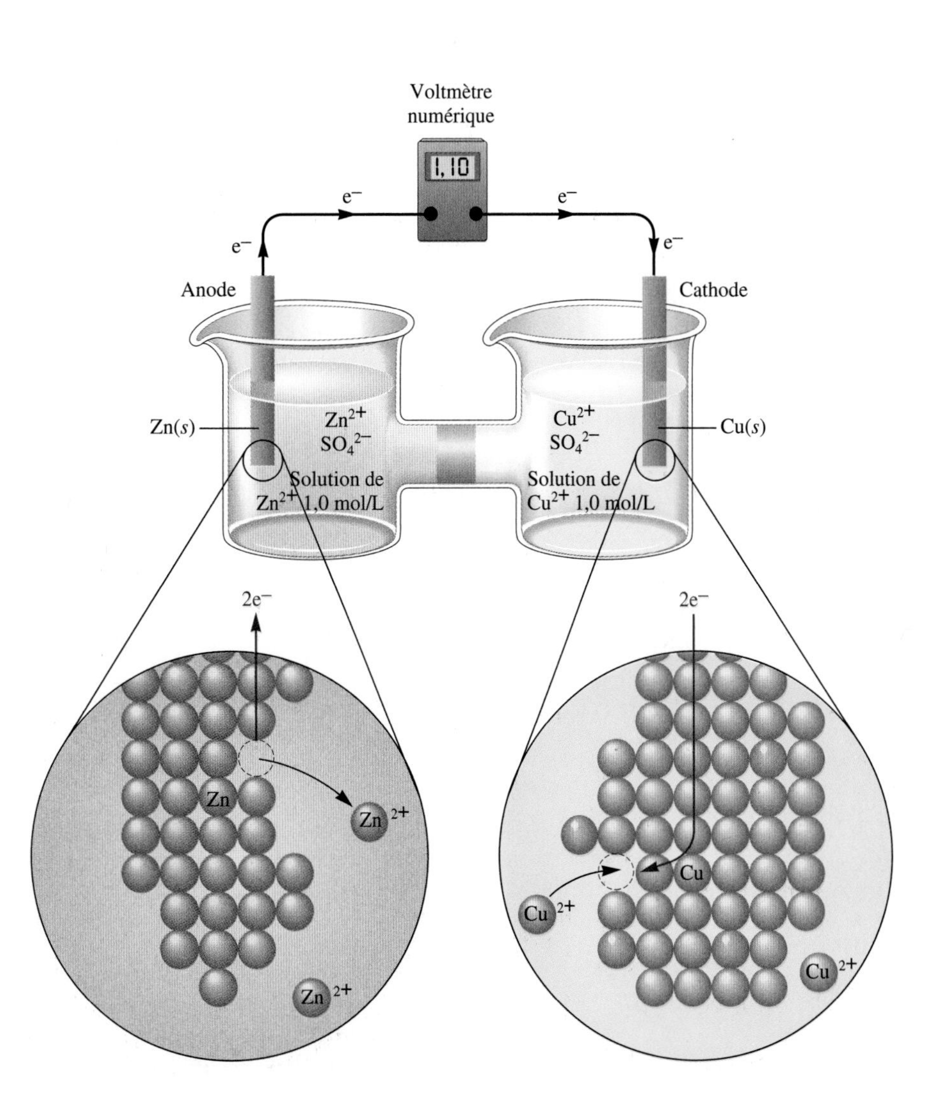


**FIGURE 8.6**
Pile électrochimique dans laquelle la demi-réaction à l'anode est $Zn \rightarrow Zn^{2+} + 2e^-$ et la demi-réaction à la cathode $Cu^{2+} + 2e^- \rightarrow Cu$ ($\mathscr{E}^\circ_{pile} = 1{,}10$ V).

Puisque, précédemment, on a assigné la valeur de 0,76 V à $\mathscr{E}^\circ_{Zn \rightarrow Zn^{2+}}$, la valeur de $\mathscr{E}^\circ_{Cu^{2+} \rightarrow Cu}$ doit être de 0,34 V, étant donné que :

$$1{,}10\ V = 0{,}76\ V + 0{,}34\ V$$

Le potentiel de l'électrode standard d'hydrogène est le potentiel de référence pour tous les potentiels de demi-réactions.

Tous les scientifiques sans exception adhèrent à cette convention selon laquelle on détermine les potentiels des demi-réactions en fonction de la valeur zéro assignée au processus $2H^+ + 2e^- \rightarrow H_2$, dans des conditions standards et compte tenu d'un comportement idéal. Avant de pouvoir utiliser ces valeurs pour calculer les forces électromotrices des piles, il faut comprendre plusieurs autres caractéristiques fondamentales des potentiels des demi-piles.

Par convention, on exprime toujours le potentiel d'une demi-réaction sous la forme d'une réaction de *réduction*. Par exemple,

$$2H^+ + 2e^- \longrightarrow H_2$$
$$Cu^{2+} + 2e^- \longrightarrow Cu$$
$$Zn^{2+} + 2e^- \longrightarrow Zn$$

Dans les tables, on présente toutes les demi-réactions sous forme de réactions de réduction.

Les valeurs de $\mathscr{E}^\circ$ correspondant à ces demi-réactions, où toutes les concentrations des solutés sont de 1 mol/L et toutes les pressions des gaz de 101,3 kPa, sont appelées **potentiels standards d'électrode**. Le tableau 8.1 présente les valeurs des potentiels standards d'électrode des demi-réactions les plus courantes.

La combinaison de deux demi-réactions dans le but d'obtenir une réaction d'oxydoréduction équilibrée nécessite deux opérations.

1. L'une des demi-réactions de réduction doit être inversée (puisque, dans une réaction rédox, une des substances est oxydée et l'autre, réduite). La demi-réaction ayant le potentiel positif le plus élevé se produira telle qu'elle est écrite (sous forme de

**TABLEAU 8.1 Potentiels standards d'électrode (de réduction) à 25 °C (298 K) pour de nombreuses demi-réactions courantes**

| Demi-réaction | $\mathscr{E}^\circ$ (V) | Demi-réaction | $\mathscr{E}^\circ$ (V) |
|---|---|---|---|
| $F_2 + 2e^- \rightarrow 2F^-$ | 2,87 | $O_2 + 2H_2O + 4e^- \rightarrow 4OH^-$ | 0,40 |
| $Ag^{2+} + e^- \rightarrow Ag^+$ | 1,99 | $Cu^{2+} + 2e^- \rightarrow Cu$ | 0,34 |
| $Co^{3-} + e^- \rightarrow Co^{2+}$ | 1,82 | $Hg_2Cl_2 + 2e^- \rightarrow 2Hg + 2Cl^-$ | 0,34 |
| $H_2O_2 + 2H^+ + 2e^- \rightarrow 2H_2O$ | 1,78 | $AgCl + e^- \rightarrow Ag + Cl^-$ | 0,22 |
| $Ce^{4+} + e^- \rightarrow Ce^{3+}$ | 1,70 | $SO_4^{2-} + 4H^+ + 2e^- \rightarrow H_2SO_3 + H_2O$ | 0,20 |
| $PbO_2 + 4H^+ + SO_4^{2-} + 2e^- \rightarrow PbSO_4 + 2H_2O$ | 1,69 | $Cu^{2+} + e^- \rightarrow Cu^+$ | 0,16 |
| $MnO_4^- + 4H^+ + 3e^- \rightarrow MnO_2 + 2H_2O$ | 1,68 | $2H^+ + 2e^- \rightarrow H_2$ | 0,00 |
| $2e^- + 2H^+ + IO_4^- \rightarrow IO_3^- + H_2O$ | 1,60 | $Fe^{3+} + 3e^- \rightarrow Fe$ | −0,036 |
| $MnO_4^- + 8H^+ + 5e^- \rightarrow Mn^{2+} + 4H_2O$ | 1,51 | $Pb^{2+} + 2e^- \rightarrow Pb$ | −0,13 |
| $Au^{3+} + 3e^- \rightarrow Au$ | 1,50 | $Sn^{2+} + 2e^- \rightarrow Sn$ | −0,14 |
| $PbO_2 + 4H^+ + 2e^- \rightarrow Pb^{2+} + 2H_2O$ | 1,46 | $Ni^{2+} + 2e^- \rightarrow Ni$ | −0,23 |
| $Cl_2 + 2e^- \rightarrow 2Cl^-$ | 1,36 | $PbSO_4 + 2e^- \rightarrow Pb + SO_4^{2-}$ | −0,35 |
| $Cr_2O_7^{2-} + 14H^+ + 6e^- \rightarrow 2Cr^{3+} + 7H_2O$ | 1,33 | $Cd^{2+} + 2e^- \rightarrow Cd$ | −0,40 |
| $O_2 + 4H^+ + 4e^- \rightarrow 2H_2O$ | 1,23 | $Fe^{2+} + 2e^- \rightarrow Fe$ | −0,44 |
| $MnO_2 + 4H^+ + 2e^- \rightarrow Mn^{2+} + 2H_2O$ | 1,21 | $Cr^{3+} + e^- \rightarrow Cr^{2+}$ | −0,50 |
| $IO_3^- + 6H^+ + 5e^- \rightarrow \frac{1}{2}I_2 + 3H_2O$ | 1,20 | $Cr^{3+} + 3e^- \rightarrow Cr$ | −0,73 |
| $Br_2 + 2e^- \rightarrow 2Br^-$ | 1,09 | $Zn^{2+} + 2e^- \rightarrow Zn$ | −0,76 |
| $VO_2^+ + 2H^+ + e^- \rightarrow VO^{2+} + H_2O$ | 1,00 | $2H_2O + 2e^- \rightarrow H_2 + 2OH^-$ | −0,83 |
| $AuCl_4^- + 3e^- \rightarrow Au + 4Cl^-$ | 0,99 | $Mn^{2+} + 2e^- \rightarrow Mn$ | −1,18 |
| $NO_3^- + 4H^+ + 3e^- \rightarrow NO + 2H_2O$ | 0,96 | $Al^{3+} + 3e^- \rightarrow Al$ | −1,66 |
| $ClO_2 + e^- \rightarrow ClO_2^-$ | 0,954 | $H_2 + 2e^- \rightarrow 2H^-$ | −2,23 |
| $2Hg^{2+} + 2e^- \rightarrow Hg_2^{2+}$ | 0,91 | $Mg^{2+} + 2e^- \rightarrow Mg$ | −2,37 |
| $Ag^+ + e^- \rightarrow Ag$ | 0,80 | $La^{3+} + 3e^- \rightarrow La$ | −2,37 |
| $Hg_2^{2+} + 2e^- \rightarrow 2Hg$ | 0,80 | $Na^+ + e^- \rightarrow Na$ | −2,71 |
| $Fe^{3+} + e^- \rightarrow Fe^{2+}$ | 0,77 | $Ca^{2+} + 2e^- \rightarrow Ca$ | −2,76 |
| $O_2 + 2H^+ + 2e^- \rightarrow H_2O_2$ | 0,68 | $Ba^{2+} + 2e^- \rightarrow Ba$ | −2,90 |
| $MnO_4^- + e^- \rightarrow MnO_4^{2-}$ | 0,56 | $K^+ + e^- \rightarrow K$ | −2,92 |
| $I_2 + 2e^- \rightarrow 2I^-$ | 0,54 | $Li^+ + e^- \rightarrow Li$ | −3,05 |
| $Cu^+ + e^- \rightarrow Cu$ | 0,52 | | |

Quand on inverse une demi-réaction, on inverse également le signe de $\mathscr{E}°$.

réduction) et l'autre demi-réaction sera forcée d'avoir lieu inversée (sous forme de réaction d'oxydation). Le potentiel net de la pile est la *différence* entre les deux. Puisque le processus de réduction se produit à la cathode et le processus d'oxydation a lieu à l'anode, on peut écrire :

$$\mathscr{E}°_{pile} = \mathscr{E}° \text{ (cathode)} - \mathscr{E}° \text{ (anode)}$$

Comme soustraire signifie « changer de signe et additionner », dans les exemples présentés dans cette section, on change le signe de la réaction d'oxydation (anode) quand on l'inverse et on l'additionne à la réaction de réduction (cathode).

Quand on multiplie une réaction par un nombre entier, $\mathscr{E}°$ ne varie pas.

2. Puisque la perte d'électrons doit être égale au gain d'électrons, il faut multiplier les demi-réactions par un facteur destiné à équilibrer les réactions. Signalons cependant que *la valeur de* $\mathscr{E}°$ *ne varie pas* lorsqu'on multiplie une demi-réaction par un nombre entier. En effet, puisque le potentiel standard d'électrode est une *propriété intensive* (c'est-à-dire qui ne dépend pas du nombre de fois où elle a lieu), on *ne* le multiplie *pas* par le nombre entier utilisé pour équilibrer la réaction de la pile.

   Considérons une pile électrochimique dans laquelle a lieu la réaction rédox suivante :

$$Fe^{3+}(aq) + Cu(s) \longrightarrow Cu^{2+}(aq) + Fe^{2+}(aq)$$

Les demi-réactions appropriées sont :

$$Fe^{3+} + e^- \longrightarrow Fe^{2+} \qquad \mathscr{E}° = 0{,}77 \text{ V} \qquad (1)$$

$$Cu^{2+} + 2e^- \longrightarrow Cu \qquad \mathscr{E}° = 0{,}34 \text{ V} \qquad (2)$$

Pour équilibrer la réaction de cette pile et calculer la force électromotrice standard, il faut inverser la réaction (2) ; ainsi :

$$Cu \longrightarrow Cu^{2+} + 2e^- \qquad -\mathscr{E}° = -0{,}34 \text{ V}$$

On remarque que le signe de la valeur de $\mathscr{E}°$ change. Puisque chaque atome de cuivre libère deux électrons et que chaque atome de $Fe^{3+}$ ne peut en accepter qu'un seul, il faut multiplier la réaction (1) par 2 :

$$2Fe^{3+} + 2e^- \longrightarrow 2Fe^{2+} \qquad \mathscr{E}° = 0{,}77 \text{ V}$$

Ici, la valeur de $\mathscr{E}°$ est restée la même.

On obtient la réaction équilibrée de la pile en additionnant les demi-réactions modifiées appropriées :

$$2Fe^{3+} + 2e^- \longrightarrow 2Fe^{2+} \qquad \mathscr{E} \text{ (cathode)} = 0{,}77 \text{ V}$$

$$Cu \longrightarrow Cu^{2+} + 2e^- \qquad -\mathscr{E} \text{ (anode)} = -0{,}34 \text{ V}$$

Réaction de la pile : $Cu(s) + 2Fe^{3+}(aq) \longrightarrow Cu^{2+}(aq) + 2Fe^{2+}(aq)$

$$\mathscr{E}°_{pile} = \mathscr{E}°\text{(cathode)} - \mathscr{E}°\text{(anode)} = 0{,}77 \text{ V} - 0{,}34 \text{ V} = 0{,}43 \text{ V}$$

## Exemple 8.1 Piles électrochimiques

**a)** Soit une pile électrochimique dans laquelle a lieu la réaction suivante :

$$Al^{3+}(aq) + Mg(s) \longrightarrow Al(s) + Mg^{2+}(aq)$$

Les demi-réactions sont :

$$Al^{3+} + 3e^- \longrightarrow Al \qquad \mathscr{E}° = -1{,}66 \text{ V} \qquad (1)$$

$$Mg^{2+} + 2e^- \longrightarrow Mg \qquad \mathscr{E}° = -2{,}37 \text{ V} \qquad (2)$$

Écrivez la réaction équilibrée de cette pile et calculez $\mathscr{E}°_{pile}$.

**b)** Soit une pile électrochimique dans laquelle a lieu la réaction suivante :

$$MnO_4^-(aq) + H^+(aq) + ClO_3^-(aq) \longrightarrow ClO_4^-(aq) + Mn^{2+}(aq) + H_2O(l)$$

Les demi-réactions sont :

$$MnO_4^- + 5e^- + 8H^+ \longrightarrow Mn^{2+} + 4H_2O \qquad \mathscr{E}° = 1{,}51\ V \qquad (1)$$
$$ClO_4^- + 2H^+ + 2e^- \longrightarrow ClO_3^- + H_2O \qquad \mathscr{E}° = 1{,}19\ V \qquad (2)$$

Écrivez la réaction équilibrée de cette pile et calculez $\mathscr{E}°_{pile}$.

***Solution***

**a)** On doit inverser la demi-réaction dans laquelle intervient le magnésium :

$$Mg \longrightarrow Mg^{2+} + 2e^- \qquad -\mathscr{E}°\ (anode) = -(-2{,}37\ V) = 2{,}37\ V$$

Puisque, dans les deux demi-réactions, les nombres d'électrons ne sont pas identiques, il faut multiplier chacune d'elles par un nombre entier :

$$2(Al^{3+} + 3e^- \longrightarrow Al) \qquad \mathscr{E}°\ (cathode) = -1{,}66\ V$$
$$3(Mg \longrightarrow Mg^{2+} + 2e^-) \qquad -\mathscr{E}°\ (anode) = 2{,}37\ V$$
$$2Al^{3+}(aq) + 3Mg(s) \longrightarrow 2Al(s) + 3Mg^{2+}(aq) \qquad \mathscr{E}°_{pile} = \mathscr{E}°\ (cathode) - \mathscr{E}°\ (anode) = -1{,}66\ V + 2{,}37\ V = 0{,}71\ V$$

**b)** On doit inverser la demi-réaction (2) et multiplier les deux demi-réactions par des nombres entiers pour rendre égaux les nombres d'électrons :

$$2(MnO_4^- + 5e^- + 8H^+ \longrightarrow Mn^{2+} + 4H_2O) \qquad \mathscr{E}°(cathode) = 1{,}51\ V$$
$$5(ClO_3^- + H_2O \longrightarrow ClO_4^- + 2H^+ + 2e^-) \qquad -\mathscr{E}°(anode) = -1{,}19\ V$$
$$2MnO_4^-(aq) + 6H^+(aq) + 5ClO_3^-(aq) \longrightarrow 2Mn^{2+}(aq) + 3H_2O(l) + 5ClO_4^-(aq) \qquad \mathscr{E}°_{pile} = \mathscr{E}°(cathode) - \mathscr{E}°(anode) = 1{,}51\ V - 1{,}19\ V = 0{,}32\ V$$

***Voir les exercices 8.27 et 8.28***

## Représentation schématique d'une pile

Pour décrire les piles électrochimiques, on utilise une représentation schématique : le compartiment anodique se trouve à gauche et le compartiment cathodique, à droite. Ces deux compartiments sont séparés par une ligne double verticale (qui représente le pont électrolytique ou le disque poreux). Par exemple, la représentation schématique de la pile décrite dans l'exemple 8.1 **a)** est la suivante :

$$Mg(s)|Mg^{2+}(aq)||Al^{3+}(aq)|Al(s)$$

Dans cette représentation, une ligne verticale représente un changement de phase. Par exemple, dans le cas présent, une ligne verticale apparaît entre le Mg solide et l'ion $Mg^{2+}$ en solution aqueuse ; il en est de même entre le Al solide et l'ion $Al^{3+}$ en solution aqueuse. Notez également que la substance qui constitue l'anode se trouve à l'extrême gauche ; celle qui constitue la cathode, à l'extrême droite.

Dans le cas de la pile décrite dans l'exemple 8.1 **b)**, toutes les composantes qui participent à la réaction d'oxydoréduction sont des ions. Puisque aucun de ces ions dissous ne peut servir d'électrode, il faut la présence d'un conducteur non réactif (inerte). Le platine remplit habituellement cette tâche. Par conséquent, la représentation schématique de la pile nommée ci-dessus est la suivante :

$$Pt(s)|ClO_3^-(aq), ClO_4^-(aq)||(MnO_4^-(aq), Mn^{2+}(aq)|Pt(s)$$

## Description complète d'une pile électrochimique

Il faut maintenant apprendre à décrire une pile électrochimique dans sa totalité, à partir de ses seules demi-réactions. Une telle description comprend : la réaction de la pile, la force électromotrice, l'organisation physique de la pile et la direction du déplacement des électrons. Considérons une pile électrochimique dans laquelle ont lieu les demi-réactions suivantes :

$$Fe^{2+} + 2e^- \longrightarrow Fe \qquad \mathscr{E}° = -0{,}44\ V$$
$$MnO_4^- + 5e^- + 8H^+ \longrightarrow Mn^{2+} + 4H_2O \qquad \mathscr{E}° = 1{,}51\ V$$

Dans une pile électrochimique fonctionnelle, une de ces demi-réactions doit être inversée. Mais laquelle ?

Une pile électrochimique fonctionne toujours spontanément dans la direction qui donne une valeur positive à $\mathscr{E}_{pile}$.

Pour répondre à cette question, il faut prendre en considération le signe du potentiel d'une pile fonctionnelle : *une pile fonctionne toujours spontanément dans la direction qui produit un potentiel positif.* Dans le cas ci-dessus, il est évident que c'est la demi-réaction dans laquelle intervient le fer qui doit être inversée, car c'est à cette condition que la somme des potentiels sera positive :

$$Fe \longrightarrow Fe^{2+} + 2e^- \qquad -\mathscr{E}° = 0{,}44\ V \quad \text{Réaction à l'anode}$$
$$MnO_4^- + 5e^- + 8H^+ \longrightarrow Mn^{2+} + 4H_2O \qquad \mathscr{E}° = 1{,}51\ V \quad \text{Réaction à la cathode}$$

où $\qquad \mathscr{E}°_{pile} = \mathscr{E}°(\text{cathode}) - \mathscr{E}°(\text{anode}) = 1{,}51\ V + 0{,}44\ V = 1{,}95\ V$

La réaction équilibrée de la pile est donc la suivante :

$$5(Fe \longrightarrow Fe^{2+} + 2e^-)$$
$$2(MnO_4^- + 5e^- + 8H^+ \longrightarrow Mn^{2+} + 4H_2O)$$
$$\overline{2MnO_4^-(aq) + 5Fe(s) + 16H^+(aq) \longrightarrow 5Fe^{2+}(aq) + 2Mn^{2+}(aq) + 8H_2O(l)}$$

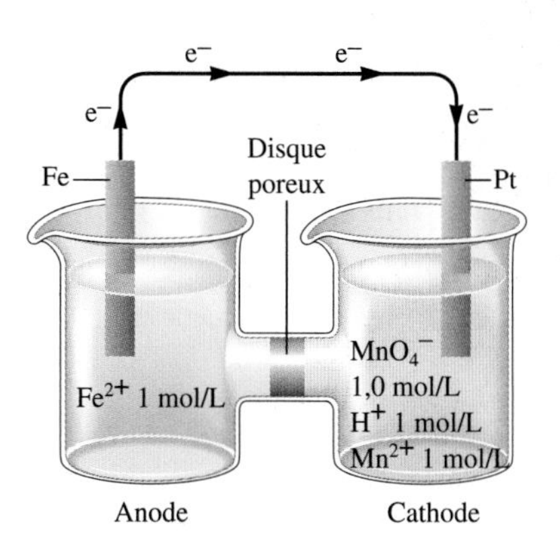


**FIGURE 8.7**
**Représentation schématique d'une pile électrochimique dans laquelle ont lieu les demi-réactions suivantes :**

$$Fe \longrightarrow Fe^{2+} + 2e^-$$
$$MnO_4^- + 5e^- + 8H^+ \longrightarrow Mn^{2+} + 4H_2O$$

Considérons à présent l'organisation physique de cette pile (*voir la figure 8.7*). Dans le compartiment de gauche, les composants actifs présents dans leur état standard sont le fer métallique, Fe, et les ions $Fe^{2+}$ à une concentration de 1 mol/L. La nature de l'anion présent (probablement $NO_3^-$ ou $SO_4^{2-}$) dépend du sel de fer utilisé. Dans ce compartiment, l'anion ne participe pas à la réaction ; il sert uniquement à équilibrer les charges. La demi-réaction qui a lieu à cette électrode est :

$$Fe \longrightarrow Fe^{2+} + 2e^-$$

Puisque c'est une réaction d'oxydation, ce compartiment est donc le compartiment anodique. L'électrode est constituée de fer pur.

Dans le compartiment de droite, les composants actifs présents dans leur état standard (c'est-à-dire 1,0 mol/L) sont les ions $MnO_4^-$, $H^+$ et $Mn^{2+}$. On y trouve aussi des ions non réactifs (souvent appelés *ions complémentaires*) qui équilibrent les charges. La demi-réaction dans ce compartiment est :

$$MnO_4^- + 5e^- + 8H^+ \longrightarrow Mn^{2+} + 4H_2O$$

C'est une réaction de réduction ; ce compartiment est donc le compartiment cathodique. Puisque ni l'ion $MnO_4^-$ ni l'ion $Mn^{2+}$ ne peuvent servir d'électrodes, on doit donc utiliser un conducteur non réactif ; on choisit habituellement le platine.

L'étape suivante consiste à déterminer la direction du déplacement des électrons. Dans le compartiment de gauche, la demi-réaction consiste en l'oxydation du fer :

$$Fe \longrightarrow Fe^{2+} + 2e^-$$

Dans le compartiment de droite, la demi-réaction est la réduction de l'ion $MnO_4^-$ :

$$MnO_4^- + 5e^- + 8H^+ \longrightarrow Mn^{2+} + 4H_2O$$

Dans cette pile, les électrons circulent donc de Fe à $MnO_4^-$, soit de l'anode vers la cathode ; c'est toujours le cas. La représentation schématique de cette pile est la suivante :

$$Fe(s)|Fe^{2+}(aq)||MnO_4^-(aq), Mn^{2+}(aq)|Pt(s)$$

Pour décrire complètement une pile électrochimique, on doit recourir à quatre éléments essentiels :

- Le potentiel de la pile (toujours positif dans le cas d'une pile électrochimique où $\mathscr{E}°_{pile} = \mathscr{E}°\ (\text{cathode}) - \mathscr{E}°\ (\text{anode})$) et la réaction équilibrée de la pile.

- La direction du déplacement des électrons, qu'on obtient en examinant les demi-réactions et en choisissant la direction qui donne une valeur positive à $\mathscr{E}^\circ_{\text{pile}}$.
- L'identification de l'anode et de la cathode.
- La nature de chaque électrode et des ions présents dans chaque compartiment. La présence d'un conducteur chimiquement inerte s'impose si aucune des substances qui participent à une demi-réaction n'est un solide conducteur.

## Exemple 8.2 Description d'une pile électrochimique

Décrire complètement la pile électrochimique dans laquelle ont lieu les deux demi-réactions suivantes, dans les conditions standards :

$$Ag^+ + e^- \longrightarrow Ag \qquad \mathscr{E}^\circ = 0{,}80\ \text{V} \qquad (1)$$
$$Fe^{3+} + e^- \longrightarrow Fe^{2+} \qquad \mathscr{E}^\circ = 0{,}77\ \text{V} \qquad (2)$$

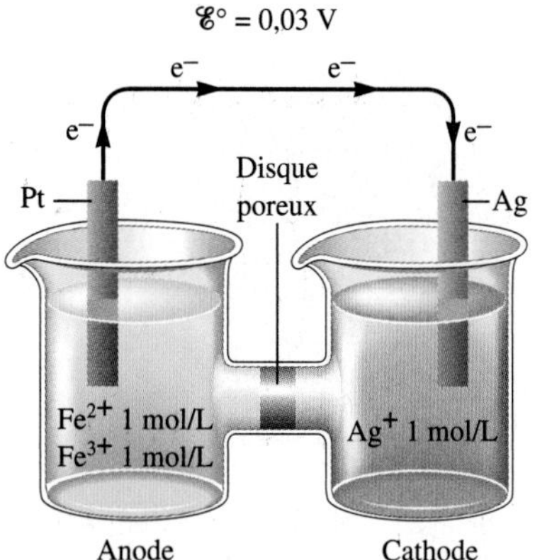


**FIGURE 8.8**
Représentation schématique d'une pile électrochimique dans laquelle ont lieu les demi-réactions suivantes :

$$Ag^+ + e^- \longrightarrow Ag$$
$$Fe^{2+} \longrightarrow Fe^{3+} + e^-$$

***Solution***

**Point 1** Puisque la valeur de $\mathscr{E}^\circ_{\text{pile}}$ doit être positive, il faut inverser la réaction (2) :

$$Ag^+ + e^- \longrightarrow Ag \qquad \mathscr{E}^\circ\ (\text{cathode}) = 0{,}80\ \text{V}$$
$$Fe^{2+} \longrightarrow Fe^{3+} + e^- \qquad -\mathscr{E}^\circ\ (\text{anode}) = -0{,}77\ \text{V}$$

Réaction globale de la pile : $Ag^+(aq) + Fe^{2+}(aq) \longrightarrow Fe^{3+}(aq) + Ag(s) \qquad \mathscr{E}^\circ_{\text{pile}} = 0{,}03\ \text{V}$

**Point 2** Puisque, dans cette réaction, les ions $Ag^+$ acceptent les électrons et que les ions $Fe^{2+}$ les cèdent, les électrons se déplacent du compartiment qui contient les ions $Fe^{2+}$ vers le compartiment qui contient les ions $Ag^+$.

**Point 3** L'oxydation ayant lieu dans le compartiment qui contient les ions $Fe^{2+}$ (les électrons passent de $Fe^{2+}$ à $Ag^+$), ce compartiment contient l'anode. La réduction ayant lieu dans le compartiment qui contient les ions $Ag^+$, ce compartiment contient la cathode.

**Point 4** Dans le compartiment $Ag/Ag^+$, l'électrode sera une tige d'argent ; dans le compartiment $Fe^{2+}/Fe^{3+}$, on devra utiliser un conducteur inerte comme le platine. Chaque compartiment contient les ions complémentaires appropriés. Le croquis schématique de cette pile est présenté à la figure 8.8.

La représentation schématique de cette pile est la suivante :

$$Pt(s)|Fe^{2+}(aq), Fe^{3+}(aq)||Ag^+(aq)|Ag(s)$$

***Voir les exercices 8.29 et 8.30***

# 8.3 Potentiel d'une pile, travail électrique et énergie libre

Utilisation d'une perceuse, alimentée par une pile, pour insérer une vis.

Jusqu'à présent, on a traité des piles électrochimiques d'un point de vue très pratique, sans trop se préoccuper des fondements théoriques. On va donc maintenant étudier les liens qui existent entre la thermodynamique et l'électrochimie.

Le travail qui peut être accompli quand les électrons parcourent un conducteur métallique dépend de la force agissante thermodynamique qui s'exerce sur ces électrons. Cette force agissante est la *différence de potentiel* (exprimée en volts) entre deux points du circuit (le volt représente un travail de 1 joule par coulomb de charge transférée) :

$$\text{Potentiel (V)} = \frac{\text{travail (J)}}{\text{charge (C)}}$$

Ainsi, quand on transfère une charge de 1 coulomb entre deux points d'un circuit, entre lesquels la différence de potentiel est 1 volt, il y a production ou consommation (selon la direction considérée) d'un travail de 1 joule.

Dans ce livre, *on considère toujours le travail du point de vue du système*. Par conséquent, le travail qui quitte le système est toujours affecté du signe négatif. Quand une pile produit un courant, son potentiel est positif ; ce courant peut servir à effectuer un travail, par exemple, à actionner un moteur. Le potentiel de la pile, $\mathscr{E}$, et le travail, $W$, sont de signes opposés :

$$\mathscr{E} = \frac{-W}{q} \begin{array}{l} \leftarrow \text{Travail} \\ \leftarrow \text{Charge} \end{array}$$

D'où

$$-W = q\mathscr{E}$$

On réalise, à l'examen de cette équation, que le travail est maximal quand le potentiel de la pile l'est également :

$$-W_{max} = q\mathscr{E}_{max} \quad \text{ou} \quad W_{max} = -q\mathscr{E}_{max}$$

On n'obtient jamais le travail maximal possible lorsqu'il y a passage de courant.

Il y a cependant un problème. Pour obtenir un travail électrique, le courant doit circuler. Or, quand le courant circule, une partie de l'énergie est inévitablement dissipée sous forme de chaleur, à cause du frottement. On ne peut donc pas obtenir le maximum de travail, ce qui est conforme au principe général abordé à la section 7.9 : *dans tout processus réel spontané, il y a toujours une perte d'énergie – le travail effectivement réalisé est toujours inférieur au travail théorique maximal.* Cela est dû au fait que l'entropie de l'Univers doit augmenter dans tout processus spontané. On a vu que le seul processus duquel on pouvait obtenir le maximum de travail était un processus réversible hypothétique (*voir la section 7.9*). Dans ce cas-ci, ce serait une pile électrochimique débitant un courant infiniment faible, ce qui exigerait un temps infiniment long pour effectuer un travail. Même si l'on ne peut jamais obtenir le maximum de travail d'une pile électrochimique, on peut néanmoins mesurer ce travail. Quand on recourt à un potentiomètre ou à un voltmètre numérique très efficace pour mesurer le potentiel d'une pile, le courant utilisé est négligeable. Si tel est le cas, la perte d'énergie est également négligeable, et le potentiel mesuré est effectivement le potentiel maximal.

Même si l'on ne peut jamais obtenir le maximum de travail de la réaction d'une pile, la valeur de ce travail permet de déterminer l'efficacité de tout processus réel basé sur la réaction de la pile. Supposons, par exemple, que le potentiel maximal d'une pile électrochimique (quand elle ne débite aucun courant) soit de 2,50 V. Dans une expérience donnée, 1,33 mol d'électrons passent dans la pile quand le potentiel moyen effectif est de 2,10 V. Le travail effectivement réalisé est donc :

$$W = -q\mathscr{E}$$

où $\mathscr{E}$ représente la différence de potentiel à laquelle le courant a été débité (2,10 V ou 2,10 J/C) et $q$, la quantité de charge transférée (en coulombs). On appelle **faraday** la charge d'une mole d'électrons, charge dont la valeur est de 96 485 C.

Par conséquent, on obtient $q$ en multipliant le nombre de moles d'électrons par la constante de Faraday :

$$q = nF = 1{,}33 \text{ mol e}^- \times 96\,485 \text{ C/mol e}^-$$

Dans l'expérience réalisée ci-dessus, le travail effectué est donc :

$$\begin{aligned} W &= -q\mathscr{E} = -(1{,}33 \text{ mol e}^- \times 96\,485 \text{ C/mol e}^-) \times (2{,}10 \text{ J/C}) \\ &= -2{,}69 \times 10^5 \text{ J} \end{aligned}$$

Pour calculer le travail maximal possible, on procède de la même façon, sauf qu'on utilise le potentiel maximal :

$$\begin{aligned} W_{max} &= -q\mathscr{E} \\ &= -\left(1{,}33 \text{ mol e}^- \times 96\,485 \frac{\text{C}}{\text{mol e}^-}\right)\left(2{,}50 \frac{\text{J}}{\text{C}}\right) \\ &= -3{,}21 \times 10^5 \text{ J} \end{aligned}$$

L'efficacité de cette pile est donc :

$$\frac{W}{W_{max}} \times 100\ \% = \frac{-2{,}69 \times 10^5 \text{ J}}{-3{,}21 \times 10^5 \text{ J}} \times 100\ \% = 83{,}8\ \%$$

Michael Faraday (1791-1867) donnant une conférence au Royal Institution devant le prince Albert et d'autres gens (1855). On a appelé la charge d'une mole d'électrons « faraday » en l'honneur de Michael Faraday, un Anglais qui fut peut-être le plus grand expérimentateur du XIX^e siècle. On lui doit, entre autres, l'invention du moteur électrique et du générateur, ainsi que l'élaboration des principes de l'électrolyse.

On veut ensuite établir une relation entre le potentiel d'une pile électrochimique et l'énergie libre. On a vu que, pour un processus qui a lieu à une température et à une pression constantes, la variation de l'énergie libre était égale au travail utile maximal qu'on pouvait obtenir d'un processus (*voir la section 7.9*):

$$W_{max} = \Delta G$$

Pour une pile électrochimique $W_{max} = -q\mathscr{E}_{max} = \Delta G$

Or, puisque $q = nF$

on a: $\Delta G = -q\mathscr{E}_{max} = -nF\mathscr{E}_{max}$

À partir de maintenant, on n'indiquera plus l'indice maximal à $\mathscr{E}_{max}$. Tout potentiel donné dans ce volume sera donc le potentiel maximal, sauf indication contraire.

Ainsi, $\Delta G = -nF\mathscr{E}$

et, dans des conditions standards,

$$\Delta G° = -nF\mathscr{E}°$$

Selon cette dernière équation, *la valeur du potentiel maximal de la pile est directement en fonction de la différence entre les énergies libres des réactifs et des produits de la pile.* Cette relation est importante, car elle fournit un moyen expérimental de déterminer $\Delta G$ pour une réaction. Elle montre aussi qu'une pile électrochimique fonctionne toujours dans la direction qui donne une valeur positive à $\mathscr{E}_{pile}$ ; une valeur positive de $\mathscr{E}_{pile}$ correspond à une valeur négative de $\Delta G$, une condition nécessaire pour qu'un phénomène soit spontané.

## Exemple 8.3 Calcul de $\Delta G°$ pour la réaction d'une pile

À partir des données du tableau 8.1, calculez $\Delta G°$ pour la réaction:

$$Cu^{2+}(aq) + Fe(s) \longrightarrow Cu(s) + Fe^{2+}(aq)$$

Est-ce une réaction spontanée?

### Solution

Les demi-réactions sont:

$$\begin{array}{lr} Cu^{2+} + 2e^- \longrightarrow Cu & \mathscr{E}° \text{ (cathode)} = 0{,}34 \text{ V} \\ Fe \longrightarrow Fe^{2+} + 2e^- & -\mathscr{E}° \text{ (anode)} = 0{,}44 \text{ V} \\ \hline Cu^{2+} + Fe \longrightarrow Fe^{2+} + Cu & \mathscr{E}°_{pile} = 0{,}78 \text{ V} \end{array}$$

On peut calculer $\Delta G°$ à l'aide de l'équation:

$$\Delta G° = -nF\mathscr{E}°$$

Puisque, dans cette réaction, il y a transfert de deux électrons, il faut 2 moles d'électrons par mole de réactifs et de produits. On a donc:

$$n = 2 \text{ mol e}^-, \quad F = 96\,485 \text{ C/mol e}^- \quad \text{et} \quad \mathscr{E}° = 0{,}78 \text{ V} = 0{,}78 \text{ J/C}$$

Par conséquent:

$$\Delta G° = -(2 \text{ mol e}^-)\left(96\,485 \frac{\text{C}}{\text{mol e}^-}\right)\left(0{,}78 \frac{\text{J}}{\text{C}}\right)$$

$$= -1{,}5 \times 10^5 \text{ J}$$

Il s'agit là d'un processus spontané, comme l'indiquent d'ailleurs le signe négatif de $\Delta G°$ et le signe positif de $\mathscr{E}°_{pile}$.

C'est la réaction qu'on utilise dans l'industrie pour que les ions cuivre contenus dans la solution obtenue après la dissolution du minerai se déposent sous la forme de métal.

**Voir les exercices 8.35 et 8.36**

Exemple 8.4

## Prédiction de la spontanéité

À partir des données du tableau 8.1, dites si l'on peut dissoudre de l'or dans une solution de $HNO_3$ 1 mol/L et obtenir une solution d'ions $Au^{3+}$ 1 mol/L.

***Solution***

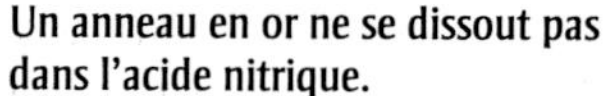

Un anneau en or ne se dissout pas dans l'acide nitrique.

La demi-réaction dans laquelle $HNO_3$ joue le rôle d'oxydant est :

$$NO_3^- + 4H^+ + 3e^- \longrightarrow NO + 2H_2O \qquad \mathscr{E}° \text{(cathode)} = 0{,}96 \text{ V}$$

La demi-réaction d'oxydation qui permet d'exprimer la transformation de l'or solide en ions $Au^{3+}$ est :

$$Au \longrightarrow Au^{3+} + 3e^- \qquad -\mathscr{E}°\text{(anode)} = -1{,}50 \text{ V}$$

La somme de ces deux demi-réactions donne la réaction dont il est question ici :

$$Au(s) + NO_3^-(aq) + 4H^+(aq) \longrightarrow Au^{3+}(aq) + NO(g) + 2H_2O(l)$$

et $$\mathscr{E}°_{\text{pile}} = \mathscr{E}° \text{(cathode)} - \mathscr{E}° \text{(anode)} = 0{,}96 \text{ V} - 1{,}50 \text{ V} = -0{,}54 \text{ V}$$

Puisque la valeur de $\mathscr{E}°$ est négative, le processus n'aura pas lieu dans les conditions standards. L'or n'est pas dissous dans une solution de $HNO_3$ 1 mol/L ; on n'obtient donc pas une solution d'ions $Au^{3+}$. Il faut en fait utiliser un mélange (1:3 en volume) d'acide nitrique et d'acide chlorhydrique concentrés, mélange appelé *eau régale*, pour dissoudre l'or.

***Voir les exercices 8.35 et 8.36***

# 8.4 Influence de la concentration sur le potentiel d'une pile

Jusqu'à présent, on a décrit des piles fonctionnant dans des conditions standards. Dans cette section, on étudie l'influence des concentrations des électrolytes sur le potentiel d'une pile. Dans des conditions standards (quand toutes les concentrations sont de 1 mol/L), le potentiel de la pile dans laquelle a lieu la réaction suivante :

$$Cu(s) + 2Ce^{4+}(aq) \longrightarrow Cu^{2+}(aq) + 2Ce^{3+}(aq)$$

est de 1,36 V. Quel serait son potentiel si $[Ce^{4+}]$ était supérieure à 1,0 mol/L ? Sur le plan qualitatif, on peut répondre à cette question en se basant sur le principe de Le Chatelier. Une augmentation de la concentration des ions $Ce^{4+}$ favorise la réaction directe et, par conséquent, fait augmenter la force motrice exercée sur les électrons. Le potentiel s'accroîtra donc. L'augmentation de la concentration d'un des produits $Cu^{2+}$ ou $Ce^{3+}$ aura par contre l'effet inverse : elle entraînera une diminution du potentiel.

L'exemple 8.5 illustre ces influences.

Exemple 8.5

## Effets de la concentration sur $\mathscr{E}$

Dites si la valeur de $\mathscr{E}_{\text{pile}}$ d'une pile dans laquelle a lieu la réaction :

$$2Al(s) + 3Mn^{2+}(aq) \longrightarrow 2Al^{3+}(aq) + 3Mn(s) \qquad \mathscr{E}°_{\text{pile}} = 0{,}48 \text{ V}$$

est supérieure ou inférieure à la valeur de $\mathscr{E}°_{\text{pile}}$ dans les conditions suivantes.

**a)** $[Al^{3+}] = 2{,}0$ mol/L, $[Mn^{2+}] = 1{,}0$ mol/L
**b)** $[Al^{3+}] = 1{,}0$ mol/L, $[Mn^{2+}] = 3{,}0$ mol/L

***Solution***

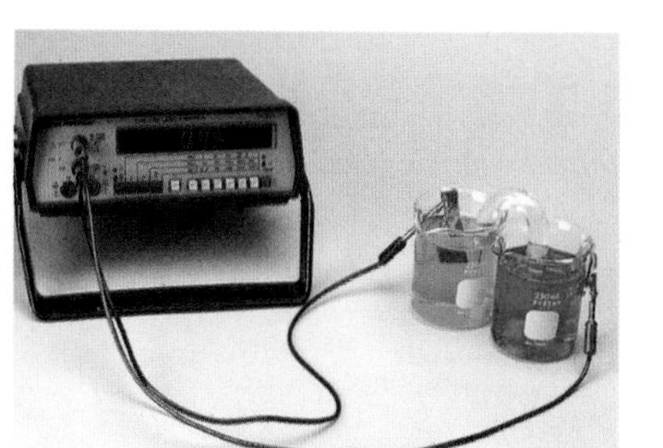

Une pile de concentration contenant $Cu^{2+}$ 1,0 mol/L, à droite, et $Cu^{2+}$ 0,010 mol/L, à gauche.

**a)** On a augmenté la concentration d'un des produits pour obtenir une valeur supérieure à 1,0 mol/L. Cette augmentation s'oppose à la réaction de la pile et, par conséquent, la valeur de $\mathscr{E}_{\text{pile}}$ sera inférieure à celle de $\mathscr{E}°_{\text{pile}}$ ($\mathscr{E}_{\text{pile}} < 0{,}48$ V).

**b)** On a augmenté la concentration d'un des réactifs pour obtenir une valeur supérieure à 1,0 mol/L ; par conséquent, la valeur de $\mathscr{E}_{\text{pile}}$ sera supérieure à celle de $\mathscr{E}°_{\text{pile}}$ ($\mathscr{E}_{\text{pile}} > 0{,}48$ V).

***Voir l'exercice 8.48***

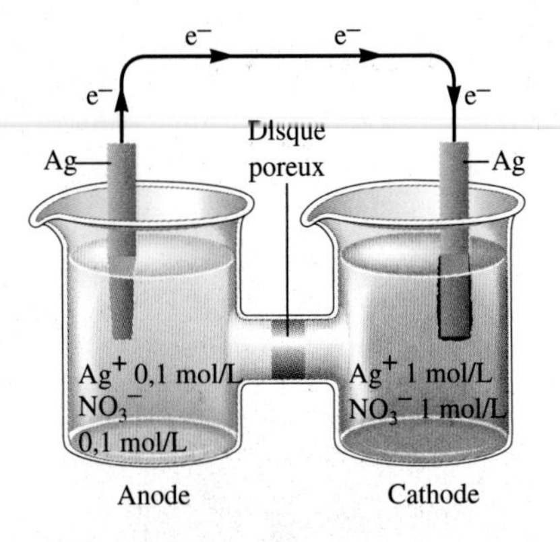


**FIGURE 8.9**
Pile de concentration qui contient, dans les deux compartiments, une électrode d'argent et une solution de nitrate d'argent. Puisqu'il y a 1 mol/L d'ions $Ag^+$ dans le compartiment de droite et seulement 0,1 mol/L dans le compartiment de gauche, une force pousse les électrons de gauche à droite. Dans le compartiment de droite, les ions argent se déposent sur l'électrode sous forme d'argent solide, ce qui fait diminuer la concentration des ions $Ag^+$ dans ce compartiment. À gauche, l'électrode d'argent est dissoute; il y a donc augmentation de la concentration des ions $Ag^+$ en solution.

## Piles de concentration

Puisque le potentiel d'une pile varie en fonction de la concentration des électrolytes, on peut construire des piles électrochimiques dont les deux compartiments contiennent les mêmes sels, mais à des concentrations différentes. Par exemple, dans la pile illustrée à la figure 8.9, les deux compartiments renferment des solutions de $AgNO_3$ à des concentrations différentes. Considérons le potentiel de cette pile et la direction du déplacement des électrons. Pour les deux compartiments, la demi-réaction appropriée est:

$$Ag^+ + e^- \longrightarrow Ag \qquad \mathscr{E}° = 0{,}80\ V$$

Si, dans les deux compartiments de la pile, la concentration des ions $Ag^+$ est de 1 mol/L:

$$\mathscr{E}°_{pile} = 0{,}80\ V - 0{,}80\ V = 0\ V$$

Dans cette pile, cependant, les concentrations des ions $Ag^+$ dans les deux compartiments sont de 1 mol/L et de 0,1 mol/L. À cause de ces concentrations différentes, les potentiels des demi-piles ne seront pas identiques ; le potentiel de la pile sera donc positif. Dans quelle direction, cependant, les électrons se déplaceront-ils ? La façon la plus simple de répondre à cette question repose sur le fait que la nature cherche à rendre égales les concentrations des ions $Ag^+$ dans les deux compartiments. Pour ce faire, il doit y avoir un transfert d'électrons du compartiment qui contient 0,1 mol/L de $Ag^+$ à celui qui en contient 1 mol/L (de gauche à droite dans la figure 8.9). Ce transfert d'électrons a pour effet de faire augmenter la concentration d'ions $Ag^+$ dans le compartiment de droite et de la faire diminuer, en formant Ag, dans celui de gauche.

Une pile dont les deux compartiments contiennent les mêmes composants, mais à des concentrations différentes, est appelée **pile de concentration**. Le seul facteur responsable du potentiel est, dans ce cas, la différence entre les concentrations. Dans ces types de piles, les voltages sont bas.

*Exemple 8.6*

### Piles de concentration

Déterminez dans quelle direction se déplacent les électrons et où sont situées l'anode et la cathode dans la pile illustrée à la figure 8.10.

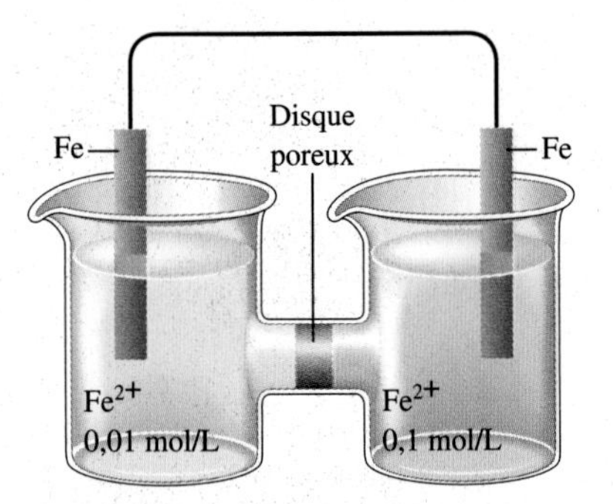


**FIGURE 8.10**
Pile de concentration qui contient, dans chaque compartiment, une électrode de fer et une solution d'ions $Fe^{2+}$, mais à des concentrations différentes.

***Solution***

Les concentrations des ions $Fe^{2+}$ s'égaliseront dans les compartiments par déplacement des électrons du compartiment de gauche vers le compartiment de droite. Il y aura donc production de $Fe^{2+}$ dans le compartiment de gauche et dépôt de fer sur l'électrode du compartiment de droite. Puisque les électrons se déplacent de gauche à droite, l'oxydation a lieu dans le compartiment de gauche (anode) et la réduction, dans le compartiment de droite (cathode).

***Voir l'exercice 8.49***

## Équation de Nernst

L'influence de la concentration sur le potentiel d'une pile découle directement de son influence sur l'énergie libre. On a déjà vu (*au chapitre 7*) que l'équation

$$\Delta G = \Delta G° + RT\ln(Q)$$

où Q est le quotient réactionnel, permettait d'évaluer l'influence de la concentration sur $\Delta G$. Puisque, $\Delta G = -nF\mathscr{E}$ et $\Delta G° = -nF\mathscr{E}°$, l'équation devient:

$$-nF\mathscr{E} = -nF\mathscr{E}° + RT\ln(Q)$$

En divisant chaque membre de cette équation par $-nF$, on obtient:

$$\mathscr{E} = \mathscr{E}° - \frac{RT}{nF}\ln(Q) \tag{8.1}$$

W. H. Nernst est l'un des chercheurs qui ont élaboré la théorie de l'électrochimie; le premier, il formula la troisième loi de la thermodynamique. Il obtint le prix Nobel de chimie en 1920.

L'équation 8.1, qui permet d'exprimer la relation qui existe entre le potentiel d'une pile et les concentrations de ses constituants, est appelée communément **équation de Nernst** (du nom du chimiste allemand Walther Hermann Nernst, 1864 –1941).

On exprime souvent l'équation de Nernst sous une forme qui est valide à 25 °C:

$$\mathscr{E}_{pile} = \mathscr{E}^{\circ}_{pile} - \frac{0{,}0592}{n}\log(Q)$$

En utilisant cette relation, on peut calculer le potentiel d'une pile dans laquelle quelques-uns des composants, ou tous, ne sont pas présents dans des conditions standards.

Par exemple, pour une pile électrochimique dans laquelle a lieu la réaction

$$2Al(s) + 3Mn^{2+}(aq) \longrightarrow 2Al^{3+}(aq) + 3Mn(s)$$

la valeur de $\mathscr{E}^{\circ}$ est de 0,48 V. Cependant, si

$$[Mn^{2+}] = 0{,}50 \text{ mol/L} \quad \text{et} \quad [Al^{3+}] = 1{,}50 \text{ mol/L}$$

on peut calculer le potentiel de la pile, à 25 °C, pour ces concentrations, en utilisant l'équation de Nernst:

$$\mathscr{E}_{pile} = \mathscr{E}^{\circ}_{pile} - \frac{0{,}0592}{n}\log(Q)$$

On sait que

$$\mathscr{E}^{\circ}_{pile} = 0{,}48 \text{ V}$$

et que

$$Q = \frac{[Al^{3+}]^2}{[Mn^{2+}]^3} = \frac{(1{,}50)^2}{(0{,}50)^3} = 18$$

Puisque les demi-réactions sont:

$$\text{Oxydation: } 2Al \longrightarrow 2Al^{3+} + 6e^-$$
$$\text{Réduction: } 3Mn^{2+} + 6e^- \longrightarrow 3Mn$$

on sait que

$$n = 6$$

Par conséquent:

$$\mathscr{E}_{pile} = 0{,}48 - \frac{0{,}0592}{6}\log(18)$$

$$= 0{,}48 - \frac{0{,}0592}{6}(1{,}26) = 0{,}48 - 0{,}01 = 0{,}47 \text{ V}$$

On remarque que le voltage de la pile diminue légèrement du fait que les composants ne sont pas présents dans leur état standard. Cette diminution était prévisible, selon le principe de Le Chatelier (*voir l'exemple 8.5*). Puisque, dans ce cas, la concentration du réactif est inférieure à 1,0 mol/L et celle du produit, supérieure à 1,0 mol/L, la valeur de $\mathscr{E}_{pile}$ est inférieure à celle de $\mathscr{E}^{\circ}_{pile}$.

Le potentiel qu'on calcule à l'aide de l'équation de Nernst est le potentiel maximal établi avant toute production de courant. Au fur et à mesure que la pile se décharge et que le courant passe de l'anode à la cathode, les concentrations varient; par conséquent, la valeur de $\mathscr{E}_{pile}$ varie aussi. En fait, *la pile débite spontanément du courant tant que sa réaction n'a pas atteint l'équilibre*. À ce point:

$$Q = K \text{ (constante d'équilibre)} \quad \text{et} \quad \mathscr{E}_{pile} = 0$$

On dit qu'une pile est « à plat » quand sa réaction a atteint l'équilibre et que plus aucune force motrice d'origine chimique ne pousse les électrons à parcourir le conducteur. En d'autres termes, *à l'équilibre, les composants des deux compartiments de la pile ont la même énergie libre*, et $\Delta G = 0$ pour la réaction qui a atteint l'équilibre. La pile ne peut donc plus fournir aucun travail.

## Exemple 8.7 Équation de Nernst

Décrivez la pile dans laquelle les deux demi-réactions suivantes ont lieu :

$$VO_2^+ + 2H^+ + e^- \longrightarrow VO^{2+} + H_2O \qquad \mathscr{E}° = 1{,}00\ V \qquad (1)$$

$$Zn^{2+} + 2e^- \longrightarrow Zn \qquad \mathscr{E}° = -0{,}76\ V \qquad (2)$$

où

$T = 25\ °C$

$[VO_2^+] = 2{,}0\ mol/L$

$[H^+] = 0{,}50\ mol/L$

$[VO^{2+}] = 1{,}0 \times 10^{-2}\ mol/L$

$[Zn^{2+}] = 1{,}0 \times 10^{-1}\ mol/L$

### Solution

On obtient la réaction équilibrée de la pile en inversant la réaction (2) et en multipliant la réaction (1) par 2 :

2 × réaction (1) $\quad 2VO_2^+ + 4H^+ + 2e^- \longrightarrow 2VO^{2+} + 2H_2O \qquad \mathscr{E}°\ (cathode) = 1{,}00\ V$

Réaction (2) inversée $\quad Zn \longrightarrow Zn^{2+} + 2e^- \qquad -\mathscr{E}°\ (anode) = 0{,}76\ V$

Réaction globale de la pile : $2VO_2^+(aq) + 4H^+(aq) + Zn(s) \longrightarrow 2VO^{2+}(aq) + 2H_2O(l) + Zn^{2+}(aq) \qquad \mathscr{E}° = 1{,}76\ V$

Puisque aucune des concentrations des composants de la pile n'est égale à 1 mol/L, il faut, pour calculer le potentiel de cette pile, utiliser l'équation de Nernst, où $n = 2$ (étant donné qu'il y a transfert de deux électrons). À 25 °C, on peut utiliser l'équation :

$$\mathscr{E} = \mathscr{E}°_{pile} - \frac{0{,}0592}{n}\log(Q)$$

$$= 1{,}76 - \frac{0{,}0592}{2}\log\left(\frac{[Zn^{2+}][VO^{2+}]^2}{[VO_2^+]^2[H^+]^4}\right)$$

$$= 1{,}76 - \frac{0{,}0592}{2}\log\left(\frac{(1{,}0 \times 10^{-1})(1{,}0 \times 10^{-2})^2}{(2{,}0)^2(0{,}50)^4}\right)$$

$$= 1{,}76 - \frac{0{,}0592}{2}\log(4 \times 10^{-5}) = 1{,}76 + 0{,}13 = 1{,}89\ V$$

La figure 8.11 illustre schématiquement cette pile.

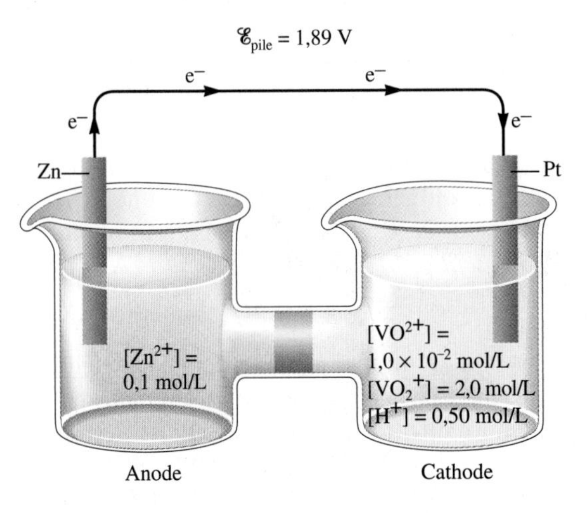


**FIGURE 8.11**
**Représentation schématique de la pile décrite dans l'exemple 8.7.**

***Voir les exercices 8.51 et 8.52***

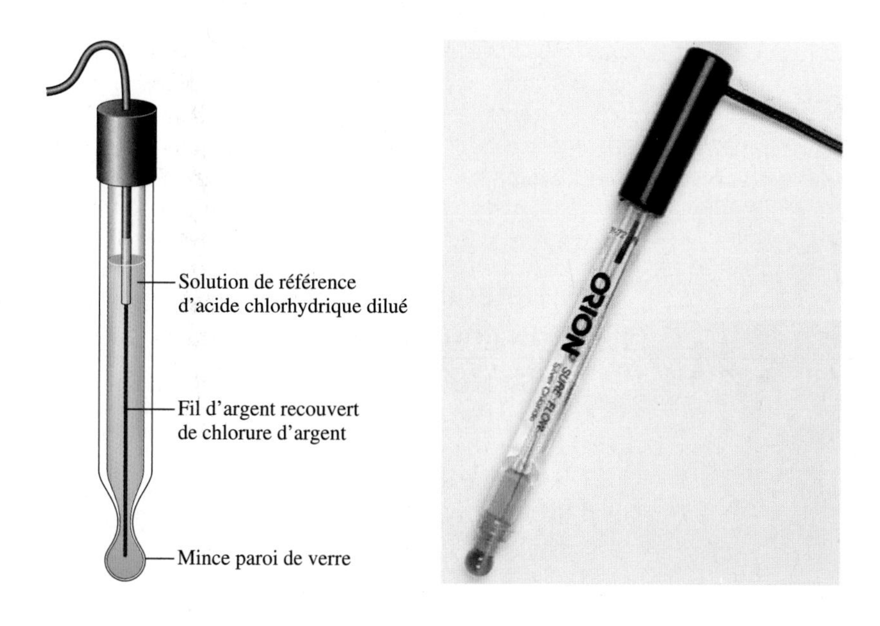


**FIGURE 8.12**
Une électrode de verre contient une solution d'acide chlorhydrique dilué qui sert de référence et qui est en contact avec une mince membrane de verre dans laquelle on a incorporé un fil d'argent recouvert de chlorure d'argent. Quand on plonge cette électrode dans une solution contenant des ions $H^+$, c'est la différence entre les $[H^+]$ des deux solutions qui détermine le potentiel de l'électrode. On peut ainsi mesurer le pH de la solution analysée.

## Électrodes ioniques spécifiques

Puisque le potentiel d'une pile varie en fonction des concentrations des réactifs et des produits qui participent à la réaction, on peut bien souvent déterminer la concentration d'un ion particulier en mesurant des potentiels. Le pH-mètre (*voir la figure 5.4*), par exemple, est un instrument qu'on utilise couramment pour mesurer des potentiels. Un pH-mètre comprend trois éléments : une électrode standard de potentiel connu ; une **électrode de verre**, dont le potentiel varie en fonction de la concentration des ions $H^+$ de la solution dans laquelle on la plonge ; un potentiomètre qui enregistre la différence de potentiel entre les deux électrodes. Le potentiomètre convertit automatiquement l'information recueillie et affiche directement la valeur du pH de la solution ainsi analysée.

L'électrode de verre contient une solution de référence d'acide chlorhydrique dilué, solution qui est en contact avec une mince membrane de verre (*voir la figure 8.12*). Le potentiel électrique de l'électrode de verre varie en fonction de la différence de $[H^+]$ entre la solution de référence et la solution dans laquelle on la plonge. Le potentiel électrique varie donc en fonction du pH de la solution analysée.

Les électrodes sensibles à la concentration d'un ion donné sont appelées **électrodes ioniques spécifiques** (l'électrode de verre utilisée pour mesurer le pH en est un exemple). En modifiant la composition du verre, on peut rendre les électrodes de verre sensibles à des ions tels que $Na^+$, $K^+$ ou $NH_4^+$. On peut aussi utiliser ce type d'électrode pour mesurer d'autres ions en remplaçant par un cristal approprié la membrane de verre. Par exemple, pour mesurer $[F^-]$, on peut utiliser une électrode comportant un cristal de fluorure de lanthane, $LaF_3$. Pour mesurer $[Ag^+]$ et $[S^{2-}]$, on peut utiliser du sulfure d'argent solide, $Ag_2S$. Le tableau 8.2 présente une liste partielle des ions qu'on peut détecter à l'aide d'électrodes ioniques spécifiques.

**TABLEAU 8.2 Quelques ions dont on peut déterminer la concentration à l'aide d'électrodes ioniques spécifiques**

| Cations | Anions |
|---|---|
| $H^+$ | $Br^-$ |
| $Cd^{2+}$ | $Cl^-$ |
| $Ca^{2+}$ | $CN^-$ |
| $Cu^{2+}$ | $F^-$ |
| $K^+$ | $NO_3^-$ |
| $Ag^+$ | $S^{2-}$ |
| $Na^+$ | |

## Calcul de la constante d'équilibre d'une réaction rédox

La relation quantitative entre $\mathscr{E}°$ et $\Delta G°$ permet de calculer la constante d'équilibre d'une réaction rédox. Dans une pile à l'équilibre ;

$$\mathscr{E}_{\text{pile}} = 0 \quad \text{et} \quad Q = K$$

En utilisant ces valeurs dans l'équation de Nernst valide à 25 °C, on obtient :

$$\mathscr{E} = \mathscr{E}°_{\text{pile}} - \frac{0{,}0592}{n}\log(Q)$$

d'où $$0 = \mathscr{E}° - \frac{0{,}0592}{n}\log(K)$$

soit $$\log(K) = \frac{n\mathscr{E}°}{0{,}0592} \quad \text{à 25 °C}$$

### Exemple 8.8 Détermination de la constante d'équilibre à partir du potentiel d'une pile

Pour la réaction d'oxydoréduction suivante :

$$S_4O_6^{2-}(aq) + Cr^{2+}(aq) \longrightarrow Cr^{3+}(aq) + S_2O_3^{2-}(aq)$$

les demi-réactions sont :

$$S_4O_6^{2-} + 2e^- \longrightarrow 2S_2O_3^{2-} \qquad \mathscr{E}° = 0{,}17 \text{ V} \qquad (1)$$

$$Cr^{3+} + e^- \longrightarrow Cr^{2+} \qquad \mathscr{E}° = -0{,}50 \text{ V} \qquad (2)$$

Équilibrez la réaction rédox et calculez la valeur de $\mathscr{E}°$ et celle de $K$ (à 25 °C).

***Solution***

Pour obtenir la réaction équilibrée, il faut inverser la réaction (2) et la multiplier par 2 :

| | | |
|---|---|---|
| Réaction (1) | $S_4O_6^{2-} + 2e^- \longrightarrow 2S_2O_3^{2-}$ | $\mathscr{E}°$ (cathode) = 0,17 V |
| 2 × réaction (2) inversée | $2(Cr^{2+} \longrightarrow Cr^{3+} + e^-)$ | $-\mathscr{E}°$ (anode) = −(−0,50) V |
| Réaction globale de la pile : | $2Cr^{2+}(aq) + S_4O_6^{2-}(aq) \longrightarrow 2Cr^{3+}(aq) + 2S_2O_3^{2-}(aq)$ | $\mathscr{E}°$ = 0,67 V |

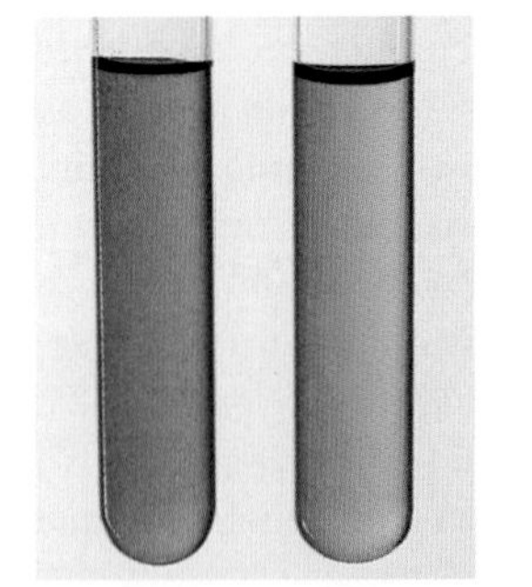

La solution bleue contient des ions $Cr^{2+}$ ; la solution verte, des ions $Cr^{3+}$.

Dans cette réaction, chaque fois que 2 moles de $Cr^{2+}$ réagissent avec 1 mole de $S_4O_6^{2-}$ pour produire 2 moles de $Cr^{3+}$ et 2 moles de $S_2O_3^{2-}$, il y a transfert de 2 moles d'électrons. Par conséquent, $n = 2$. Alors :

$$\log(K) = \frac{n\mathscr{E}°}{0{,}0592} = \frac{2(0{,}67)}{0{,}0592} = 22{,}6$$

On peut trouver la valeur de $K$ en calculant l'antilogarithme de 22,6 :

$$K = 10^{22{,}6} = 4 \times 10^{22}$$

La valeur très élevée de cette constante d'équilibre est normale pour une réaction rédox.

***Voir les exercices 8.58, 8.61 et 8.62***

## 8.5 Accumulateurs

Un **accumulateur** est un appareil qui emmagasine de l'énergie électrique sous forme chimique pour la restituer, à volonté, sous forme de courant. Les principaux accumulateurs d'utilisation courante sont : la batterie au plomb, la pile sèche et la pile à combustible. Une **batterie** est un *accumulateur constitué de plusieurs piles électrochimiques placées en série* ; ainsi, les potentiels de chaque pile s'additionnent pour donner le potentiel de l'accumulateur. Les accumulateurs produisent du courant continu ; ils constituent, dans notre société, une source de puissance portative. Dans cette section, on étudie les types d'accumulateurs les plus courants. À la fin de ce chapitre, on décrira quelques nouveaux accumulateurs qu'on met actuellement au point.

### Batterie au plomb

Après 1915, année au cours de laquelle on a commencé à utiliser les démarreurs automatiques dans les automobiles, la **batterie au plomb** a joué un rôle déterminant dans le fait que l'automobile soit devenue un moyen de transport effectivement utilisable.

IMPACT

## Piles imprimées

Dans un proche avenir, quand vous irez choisir un disque compact chez votre disquaire, il se peut qu'en le touchant, l'emballage se mette à jouer une des chansons du disque. Ou encore, votre regard pourrait être attiré par un produit dans un magasin parce que l'emballage se met à briller lorsque vous passez devant l'étalage. Bientôt, ces effets pourront être réalité grâce à l'invention d'une pile ultramince, flexible, imprimée sur l'emballage. Cette pile a été mise au point par Power Paper Ltd., une compagnie fondée par Baruch Levanon et plusieurs collègues.

La pile développée par Power Paper consiste en cinq couches de zinc (anode) et de dioxyde de manganèse (cathode), dont l'épaisseur est seulement de 0,5 millimètre. Elle peut être imprimée sur du papier au moyen d'une presse à imprimer normale et ne semble pas présenter de risque pour l'environnement.

La nouvelle pile a été brevetée par International Paper Company, qui a l'intention de l'utiliser pour intégrer de la lumière, du son et d'autres effets spéciaux aux emballages, afin d'attirer l'attention de clients potentiels. Dans un an ou deux, on verra peut-être sur les tablettes des emballages qui parlent, chantent ou deviennent lumineux.

**Boîtier de CD comportant une pile ultramince qui peut être « imprimée » comme de l'encre sur les emballages.**

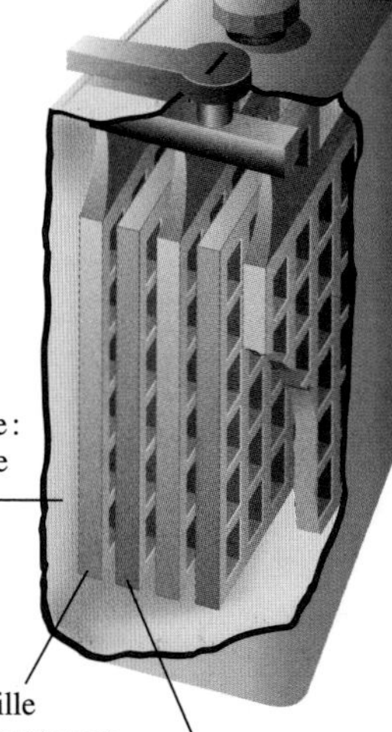


**FIGURE 8.13**
**Une des six cellules d'une batterie au plomb. Les électrodes sont composées d'une grille de plomb dont les alvéoles contiennent une pâte de matière réactive : du plomb spongieux, à l'anode, et du dioxyde de plomb, à la cathode. L'électrolyte est une solution d'acide sulfurique à 38 %.**

Ce type d'accumulateur peut fonctionner pendant plusieurs années dans des conditions de températures extrêmes (de −35 à +40 °C) et sur les routes les moins carrossables.

Dans cet accumulateur, l'anode est en plomb et la cathode, en plomb recouvert de dioxyde de plomb. Les électrodes baignent dans une solution d'acide sulfurique. Les réactions aux électrodes sont :

À l'anode : $$Pb + HSO_4^- \longrightarrow PbSO_4 + H^+ + 2e^-$$

À la cathode : $$PbO_2 + HSO_4^- + 3H^+ + 2e^- \longrightarrow PbSO_4 + 2H_2O$$

Réaction de la pile : $$Pb(s) + PbO_2(s) + 2H^+(aq) + 2HSO_4^-(aq) \longrightarrow 2PbSO_4(s) + 2H_2O(l)$$

L'accumulateur au plomb d'une automobile comporte six piles placées en série. Chaque pile contient plusieurs électrodes en forme de grilles et produit approximativement 2 V, ce qui confère à la batterie un potentiel d'environ 12 V (*voir la figure 8.13*). En examinant la réaction qui a lieu dans la pile, on constate que l'acide sulfurique disparaît au fur et à mesure que la batterie se décharge, ce qui a pour effet de faire diminuer la masse volumique de la solution d'électrolyte (sa valeur initiale est d'environ 1,28 g/mL dans une batterie complètement chargée). On peut donc évaluer l'état de la batterie en utilisant un hydromètre, qui permet de déterminer la masse volumique de la solution d'acide sulfurique. Le sulfate de plomb solide formé au cours de la réaction de la pile pendant la décharge de celle-ci adhère aux plaques des électrodes ; on peut par conséquent recharger la batterie en faisant circuler un courant dans la direction opposée, ce qui entraîne la réaction inverse. Dans une automobile, on utilise un alternateur actionné par le moteur pour recharger continuellement la batterie.

On peut faire démarrer une automobile dont la batterie est déchargée en utilisant des câbles volants qu'on relie à la batterie d'une automobile dont le moteur est en marche. Cette opération est toutefois dangereuse, étant donné que le courant entraîne l'électrolyse de l'eau dans la batterie déchargée ; il y a alors production d'hydrogène et d'oxygène (*voir la section 8.7*). Par la suite, lorsqu'on débranche les câbles volants après avoir fait

IMPACT

## Thermophotovoltaïque : conversion de la chaleur en électricité

Une pile solaire convertit l'énergie du Soleil en courant électrique. Ces dispositifs servent à alimenter des calculatrices, des enseignes lumineuses dans des régions rurales, des voitures expérimentales et un nombre croissant d'autres appareils. Mais que se passe-t-il pendant la nuit ou par une journée nuageuse ? Généralement, les sources d'alimentation photovoltaïques emploient une pile comme source d'énergie de réserve lorsque l'intensité lumineuse est faible.

Il existe actuellement une technologie naissante, appelée *thermophotovoltaïque* (TPV), qui utilise la chaleur comme source d'énergie à la place du soleil. Ces dispositifs peuvent fonctionner sans pile la nuit ou pendant une journée nuageuse. Bien que les dispositifs TPV peuvent utiliser de nombreuses sources différentes de chaleur, les exemples présentement en développement ont recours à un brûleur au gaz propane. Pour débiter un courant électrique, la chaleur radiante du brûleur est utilisée afin d'exciter un « radiateur », un instrument qui émet un rayonnement infrarouge (IR) quand on le chauffe. La radiation infrarouge émise frappe ensuite un « convertisseur », qui est un semi-conducteur contenant des jonctions p–n. Le rayonnement infrarouge excite les électrons de la bande de valence et les fait passer dans la bande de conduction du semi-conducteur, de sorte que les électrons peuvent créer un courant. Le diagramme illustre le schéma d'un générateur thermophotovoltaïque.

La technologie TPV a récemment connu des progrès parce que les chercheurs ont découvert la possibilité d'utiliser des radiateurs tel le carbure de silicium, qui peut fonctionner à des températures relativement basses (environ 1000 °C), avec des convertisseurs à semi-conducteurs des groupes d'éléments 3 à 5, tels l'antimoniure de gallium (GaSb) ou l'arséniure de gallium (GaAs). Pendant que les travaux de développement se poursuivent sur de nombreux fronts, un premier produit TPV est mis en marché par JX Crystals d'Issaquah, dans l'État de Washington. Ce produit, appelé Midnight Sun (Soleil de minuit), est un générateur TPV alimenté au propane pouvant produire 30 watts d'électricité ; il est destiné à servir sur les bateaux pour recharger les batteries qui alimentent l'équipement de navigation et d'autres instruments essentiels. Bien que le générateur TPV de 3000 $ soit plus cher que le générateur classique au diesel, le Midnight Sun est silencieux et plus fiable parce qu'il ne renferme pas de pièces mobiles.

Quoique la technologie TPV n'en soit encore qu'à ses débuts, elle présente déjà de nombreuses applications possibles. L'utilisation de la chaleur provenant des déchets

démarrer l'automobile en panne, il y a formation d'un arc électrique qui peut enflammer le mélange de gaz formés. Si cela se produit, la batterie peut exploser et projeter de l'acide sulfurique corrosif. On peut toutefois éviter ce danger en branchant le câble de prise de terre volant à une partie du moteur éloignée de la batterie : tout arc serait alors inoffensif.

Dans les batteries traditionnelles, on doit ajouter périodiquement de l'eau, car l'électrolyse qui accompagne le processus de charge de la batterie fait baisser le niveau de l'eau. Les nouvelles batteries possèdent cependant des électrodes faites d'un alliage de calcium et de plomb, ce qui empêche l'électrolyse de l'eau. On peut par conséquent sceller ces batteries, puisque le niveau de l'eau y reste constant.

Il est d'ailleurs étonnant que, depuis les quelque 85 ans qu'on utilise des batteries au plomb, on n'ait pas trouvé de meilleurs systèmes. En effet, même si une batterie au plomb fournit un excellent service, sa vie utile ne dépasse guère trois à cinq ans. Théoriquement, on pourrait recharger une batterie un nombre infini de fois. Or, ce n'est pas le cas, car une batterie finit par faire défaut à cause des dommages imputables aux chocs de la route et aux réactions chimiques secondaires qui ont lieu.

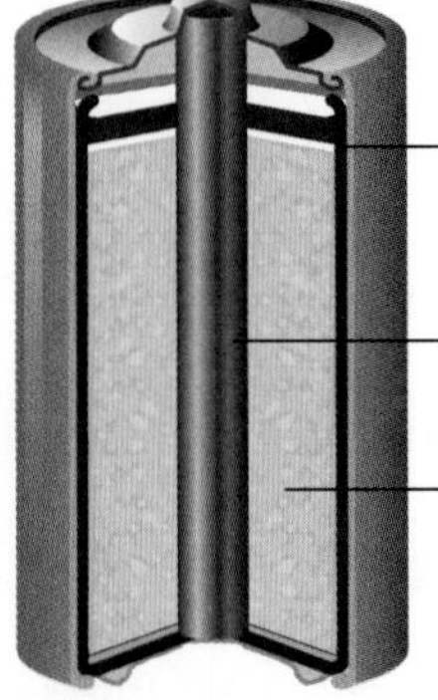


**FIGURE 8.14**
Pile sèche classique.

### Piles sèches

Les calculatrices, les montres électroniques, les récepteurs de radio et les magnétophones portatifs sont tous alimentés par de petites piles sèches très efficaces. C'est à Georges Leclanché (1839-1882), un chimiste français, qu'on doit l'invention de la **pile sèche**, il y a plus de 100 ans. Dans sa *version acide*, la pile sèche comporte un boîtier intérieur en zinc qui joue le rôle d'anode et un bâton de graphite entouré d'une pâte humide de $MnO_2$ solide et de $NH_4Cl$ solide, qui joue le rôle de cathode (*voir la figure 8.14*).

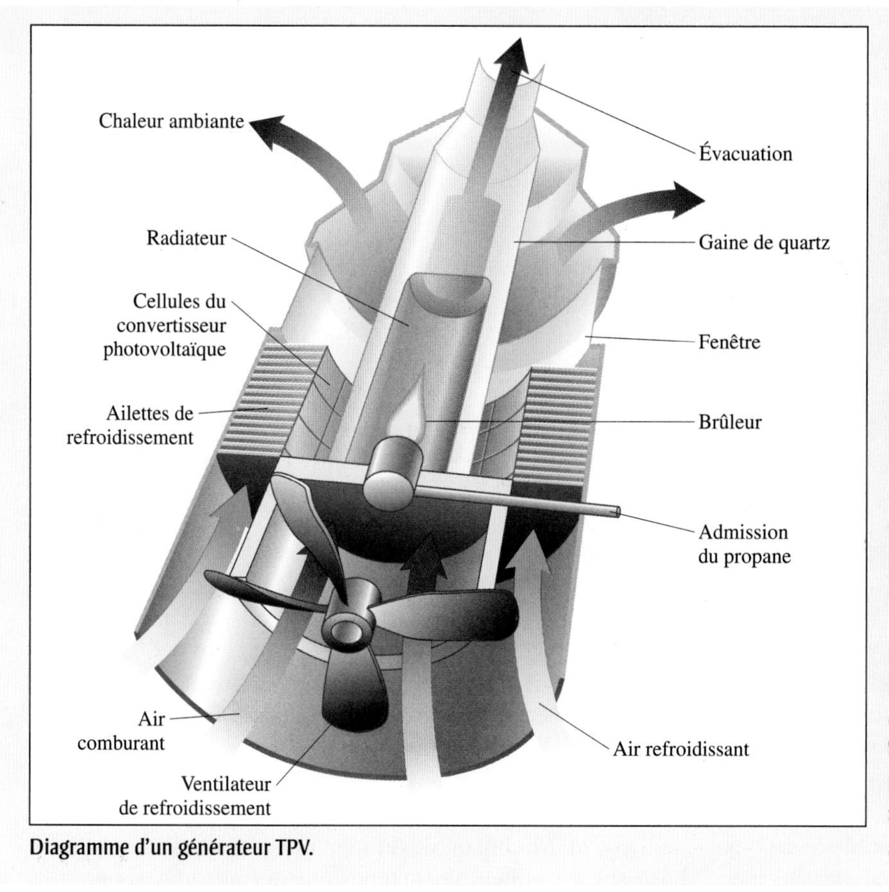


**Diagramme d'un générateur TPV.**

industriels – générée par la fabrication du verre et de l'acier, et par d'autres industries – pourrait créer un énorme marché pour la technologie TPV. Comme les deux tiers de l'énergie utilisée dans la fabrication du verre, par exemple, aboutissent en chaleur perdue, si une quantité importante de cette chaleur gaspillée pouvait être utilisée dans la production d'électricité, les répercussions économiques seraient immenses.

La technologie TPV trouve une autre application prometteuse dans les véhicules à source d'énergie hybride. Par exemple, une automobile électrique expérimentale construite à l'Université Western Washington utilise un générateur TPV de 10 kW, qui sert de supplément aux batteries utilisées comme source d'énergie principale.

Des projections indiquent que les ventes de dispositifs TPV pourraient s'élever à 500 millions de dollars, principalement en substituant des générateurs TPV aux petits générateurs diesels utilisés sur les bateaux et par les militaires sur le terrain. Il semble que cette technologie soit destinée à un grand avenir.

Les réactions des demi-piles sont complexes ; on peut cependant les résumer de la façon suivante.

$$\text{À l'anode :} \quad Zn \longrightarrow Zn^{2+} + 2e^-$$
$$\text{À la cathode :} \quad 2NH_4^+ + 2MnO_2 + 2e^- \longrightarrow Mn_2O_3 + 2NH_3 + H_2O$$

Le potentiel de cette pile est d'environ 1,5 V.

Dans la *version alcaline* de cette pile, on a remplacé le $NH_4Cl$ solide par du KOH ou du NaOH. Dans ce cas, on peut résumer les demi-réactions de la façon suivante :

$$\text{À l'anode :} \quad Zn + 2OH^- \longrightarrow ZnO + H_2O + 2e^-$$
$$\text{À la cathode :} \quad 2MnO_2 + H_2O + 2e^- \longrightarrow Mn_2O_3 + 2OH^-$$

Les piles alcalines durent plus longtemps que les piles acides parce que l'anode de zinc est moins sujette à la corrosion en milieu basique qu'en milieu acide.

Il existe d'autres types de piles sèches. Ainsi, dans la *pile à l'argent*, l'anode est en Zn et la cathode utilise $Ag_2O$ comme agent oxydant dans un milieu basique. Dans la *pile au mercure*, qui alimente souvent les calculatrices, l'anode est en Zn et la cathode utilise le HgO comme agent oxydant dans un milieu basique (*voir la figure 8.15*). Un autre type de pile sèche très important est la *pile au nickel–cadmium*, dans laquelle les réactions aux électrodes sont :

$$\text{À l'anode :} \quad Cd + 2OH^- \longrightarrow Cd(OH)_2 + 2e^-$$
$$\text{À la cathode :} \quad NiO_2 + 2H_2O + 2e^- \longrightarrow Ni(OH)_2 + 2OH^-$$

**Les piles de montres électroniques sont évidemment très petites.**

Dans cette pile, comme dans la batterie au plomb, les produits de la réaction adhèrent aux électrodes. On peut donc recharger une pile au nickel–cadmium un grand nombre de fois.

# IMPACT

## Piles à combustible pour automobiles

Votre prochaine voiture pourrait être propulsée par une pile à combustible. Les piles à combustible, qui n'étaient abordables jusqu'à récemment que pour la NASA, sont maintenant prêtes à devenir des groupes de propulsion pratiques dans les automobiles. De nombreux fabricants d'automobiles font l'essai de véhicules qui devraient être bientôt offerts sur le marché : toutes ces voitures sont propulsées par des piles à combustible hydrogène–oxygène (*voir la figure 8.16*).

**Rassemblement de plusieurs automobiles à piles à combustible, au Los Angeles Memorial Coliseum.**

L'un des types les plus courants de piles à combustible pour les automobiles utilise une membrane à échange de protons (MEP). Lorsque $H_2$ libère des électrons à l'anode, des ions $H^+$ se forment, puis se déplacent à travers la membrane vers la cathode, où ils se combinent avec $O_2$ et des électrons pour former de l'eau. Cette pile génère une puissance d'environ 0,7 V. Pour atteindre le niveau de puissance désirée, plusieurs piles sont branchées en série. Des piles à combustible de ce type ont fait leur apparition dans plusieurs prototypes de véhicules, comme le Xterra FCV de Nissan, le Focus FCV de Ford et la Mercedes-Benz NECAR 5 de DaimlerChrysler (voir la photo).

Reste à savoir si les piles à combustible dans ces automobiles seront alimentées par $H_2$ stocké à bord ou par $H_2$ produit selon les besoins à partir d'essence ou de méthanol. Ces derniers systèmes comportent un reformeur incorporé, qui utilise des catalyseurs servant à produire $H_2$ à partir d'autres combustibles. Le stockage à bord de l'hydrogène pourrait s'effectuer dans un réservoir sous haute pression (environ 352 kg/cm$^2$) ou à l'aide d'un solide composé d'un hydrure métallique. Energy Conversion Devices (ECD) de Troy, au Michigan, développe un système de stockage basé sur un alliage de magnésium qui absorbe $H_2$ pour former un hydrure de magnésium. Il est possible de libérer le $H_2$ gazeux de ce solide par chauffage à 300 °C. D'après ECD, l'alliage peut être complètement chargé de $H_2$ en cinq minutes, atteignant une masse volumique d'hydrogène de 103 g/L. Cette masse volumique se compare à 71 g/L pour l'hydrogène liquide et à 31 g/L pour l'hydrogène gazeux à 352 kg/cm$^2$ (psi). ECD prétend que son système de stockage fournit assez de $H_2$ pour déplacer une voiture munie d'une pile à combustible sur une distance d'environ 485 km.

Manifestement, les voitures équipées de piles à combustible apparaissent à l'horizon, à court terme.

## Piles à combustible

Une **pile à combustible** est une *pile électrochimique dans laquelle il y a un apport continu de réactifs*. Pour illustrer le fonctionnement d'une telle pile, considérons la réaction d'oxydoréduction du méthane par l'oxygène (réaction exothermique) :

$$CH_4(g) + 2O_2(g) \longrightarrow CO_2(g) + 2H_2O(g) + \text{énergie}$$

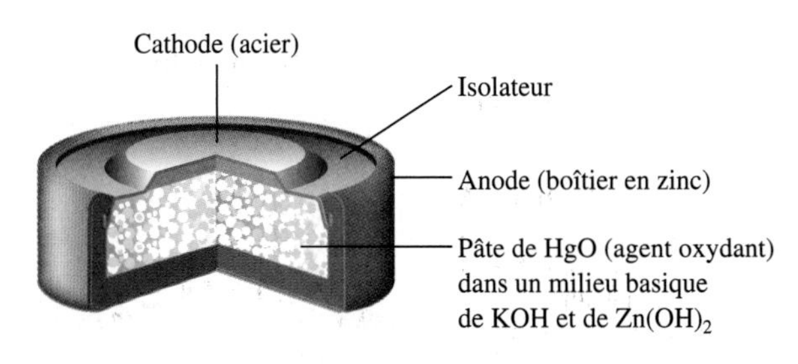


**FIGURE 8.15**
Pile au mercure utilisée dans les petites calculatrices.

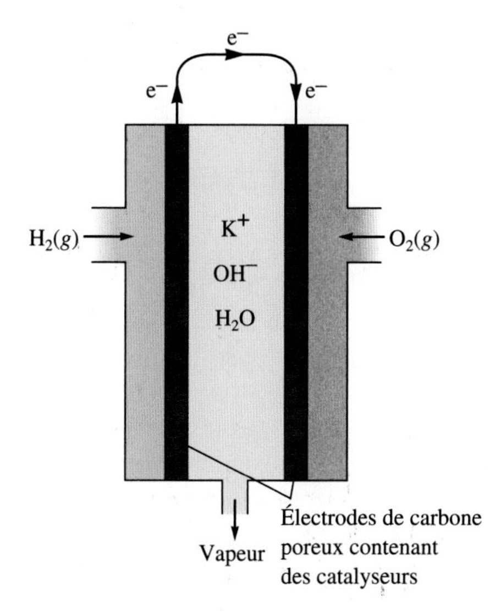


**FIGURE 8.16**
**Représentation schématique d'une pile à combustible hydrogène–oxygène.**

En général, on utilise l'énergie libérée par cette réaction pour chauffer les maisons ou pour faire fonctionner des moteurs. Dans une pile à combustible basée sur cette réaction, on utilise l'énergie libérée pour produire un courant électrique. Les électrons passent ainsi de l'agent réducteur, $CH_4$, à l'agent oxydant, $O_2$, en empruntant un fil conducteur.

Grâce au programme spatial américain, on a financé les recherches destinées à mettre au point des piles à combustible. Les missions *Apollo* ont utilisé par exemple une pile à combustible basée sur la réaction de l'oxygène avec l'hydrogène (pour former de l'eau):

$$2H_2(g) + O_2(g) \longrightarrow 2H_2O(l)$$

La figure 8.16 illustre de façon schématique une telle pile à combustible. Les réactions des demi-piles sont:

$$\text{À l'anode:} \quad 2H_2 + 4OH^- \longrightarrow 4H_2O + 4e^-$$
$$\text{À la cathode:} \quad 4e^- + O_2 + 2H_2O \longrightarrow 4OH^-$$

On a ainsi mis au point, pour les véhicules spatiaux, une pile qui pesait environ 250 kg. Toutefois, ce type de pile, pas plus d'ailleurs que tout autre type de pile à combustible, est effectivement inutilisable comme source portative de courant. C'est pourquoi les recherches actuelles concernant la puissance électrochimique portative portent plutôt sur la mise au point d'accumulateurs rechargeables dont le rapport puissance/poids soit élevé.

Les piles à combustible sont cependant utilisables comme sources de courant non portatives. Par exemple, dans la ville de New York, une centrale électrique est équipée de piles à combustible hydrogène–oxygène qu'on peut rapidement utiliser en cas de demande accrue d'électricité. On produit l'hydrogène nécessaire à ces piles en réalisant la décomposition du méthane contenu dans le gaz naturel. Il existe également une centrale de ce type en fonction à Tokyo.

## 8.6 Corrosion

On peut considérer que la **corrosion** est le processus spontané inverse de la séparation d'un métal de son minerai, c'est-à-dire le retour du métal aux formes plus stables sous lesquelles il existe dans la nature. Qui dit corrosion dit oxydation d'un métal. Or, puisqu'un métal corrodé perd souvent son apparence et son intégrité structurale, ce processus spontané a des conséquences économiques importantes. Chaque année, par exemple, environ un cinquième de la production mondiale de fer et d'acier est destiné à remplacer le métal corrodé.

Certains métaux, tels le cuivre, l'or, l'argent et le platine, sont relativement difficiles à oxyder. On les appelle des *métaux nobles*.

Les métaux se corrodent parce qu'ils s'oxydent facilement. On constate, à l'examen du tableau 8.1, que, à l'exception de l'or, tous les métaux couramment utilisés à des fins décoratives ou structurales ont des potentiels standards moins positifs que celui de l'oxygène gazeux. Quand on inverse n'importe laquelle des demi-réactions présentées dans ce tableau (pour exprimer l'oxydation du métal) et qu'on l'additionne à la demi-réaction de réduction de l'oxygène, on obtient une valeur de $\mathscr{E}°$ positive. L'oxydation de la plupart des métaux par l'oxygène est donc un phénomène spontané (la valeur du potentiel n'indique toutefois rien en ce qui concerne la vitesse à laquelle a lieu le processus).

Compte tenu de l'importante différence de potentiel qui existe entre l'oxygène et la plupart des métaux, il est surprenant que le problème de la corrosion n'interdise pas l'utilisation de métaux dans l'air. C'est que la plupart des métaux se couvrent d'une mince couche d'oxyde qui prévient l'oxydation plus poussée des atomes internes. Le métal qui illustre le mieux ce phénomène est sans aucun doute l'aluminium qui, avec un potentiel standard de $-1,7$ V, devrait s'oxyder très facilement. Selon les paramètres thermodynamiques apparents de cette réaction, un avion en aluminium pourrait se dissoudre au cours d'un orage. Le fait qu'on puisse utiliser un métal aussi réactif comme matériau de structure est dû à la formation d'une mince couche adhérente d'oxyde d'aluminium, $Al_2O_3$ (qu'il serait d'ailleurs plus approprié de représenter par $Al_2(OH)_6$), qui arrête la progression de la corrosion. Le potentiel de l'aluminium ainsi recouvert d'une couche d'oxyde est de 0,6 V, ce qui constitue un potentiel comparable à celui d'un métal noble.

La corrosion du fer peut aussi former une couche protectrice d'oxyde. Cette protection n'est cependant pas infaillible; en effet, lorsqu'elle est exposée à l'oxygène dans

## IMPACT

## La peinture qui stoppe la rouille – complètement

La peinture est traditionnellement la méthode la plus économique pour protéger l'acier contre la corrosion. Cependant, comme les gens du Québec le savent, elle n'empêche pas indéfiniment les voitures de rouiller. En effet, des failles finissent toujours par apparaître dans la peinture permettant ainsi à la rouille de faire ses ravages.

Cependant, cette situation pourrait bientôt changer. Les chimistes du Glidden Research Center, en Ohio, ont créé une peinture appelée Rustmaster Pro qui a donné de si bons résultats dans la prévention de la rouille lors des analyses initiales que les scientifiques ont peine à le croire. L'acier couvert de cette nouvelle peinture ne présentait aucun signe de rouille après une exposition de 10 000 h à de l'eau salée maintenue à 38 °C.

Cette peinture est constituée d'un polymère à base d'eau dont la formule prévient la corrosion de deux manières. Premièrement, la couche de polymère qui sèche à l'air forme une barrière impénétrable à l'oxygène et à la vapeur d'eau. Deuxièmement, les substances chimiques contenues dans la peinture réagissent avec la surface de l'acier pour produire une couche située entre le métal et la couche de polymère. Cette couche intermédiaire est un sel complexe, appelé pyro-aurite, formé de cations de la forme $[M_{1-x}Z_x(OH)_2]^{x+}$, où M est un ion 2+ ($Mg^{2+}$, $Fe^{2+}$, $Zn^{2+}$, $Co^{2+}$ ou $Ni^{2+}$), Z est un ion 3+ ($Al^{3+}$, $Fe^{3+}$, $Mn^{3+}$, $Co^{3+}$ ou $Ni^{3+}$) et $x$ est un nombre entre 0 et 1. Les anions de la pyro-aurite sont normalement $CO_3^{2-}$, $Cl^-$ ou $SO_4^{2-}$.

L'efficacité de cette peinture tient à la présence de la couche intermédiaire de pyro-aurite. Puisque la corrosion de l'acier implique un mécanisme électrochimique, il faut, pour que la rouille apparaisse, que les ions migrent entre les zones anodique et cathodique à la surface de l'acier. Comme la couche de pyro-aurite se forme à l'intérieur de la couche voisine de polymère, elle prévient ce mouvement des ions. En fait, cette couche prévient la corrosion, tout comme le retrait du pont électrolytique empêche la circulation des ions dans une pile électrochimique.

Non seulement la peinture Rustmaster Pro combat-elle de façon extraordinaire la corrosion, mais elle libère en séchant une quantité inhabituellement petite de solvants volatils : 0,05 kg par 4 L de peinture au lieu de 1 kg à 5 kg dans le cas d'une peinture courante. Cette peinture annonce peut-être une nouvelle ère dans la prévention de la corrosion.

de l'air humide, cette couche tend à s'écailler ; de nouvelles surfaces apparaissent alors, qui peuvent à leur tour être corrodées.

Les produits de la corrosion des métaux nobles, tels le cuivre et l'argent, sont complexes ; ce sont eux qui, par ailleurs, favorisent leur utilisation comme matériaux décoratifs. Dans des conditions atmosphériques normales, la corrosion du cuivre forme une couche de carbonate de cuivre verdâtre, appelée *patine*. Quand l'argent ternit, il y a formation de minces couches de sulfure d'argent, $Ag_2S$, qui donnent à l'argenterie une apparence plus riche. L'or, quant à lui, avec un potentiel positif de 1,50 V – une valeur beaucoup plus élevée que celle du potentiel de l'oxygène (1,23 V) –, ne s'oxyde pas à l'air.

### Corrosion du fer

Étant donné que l'acier est le principal matériau de structure utilisé pour la construction des ponts, des édifices et des automobiles, il est extrêmement important d'en contrôler la corrosion et, pour ce faire, de bien comprendre le mécanisme de cette dernière. En effet, au lieu de constituer un processus d'oxydation direct, comme on pourrait s'y attendre, la corrosion du fer est une réaction électrochimique (*voir la figure 8.17*).

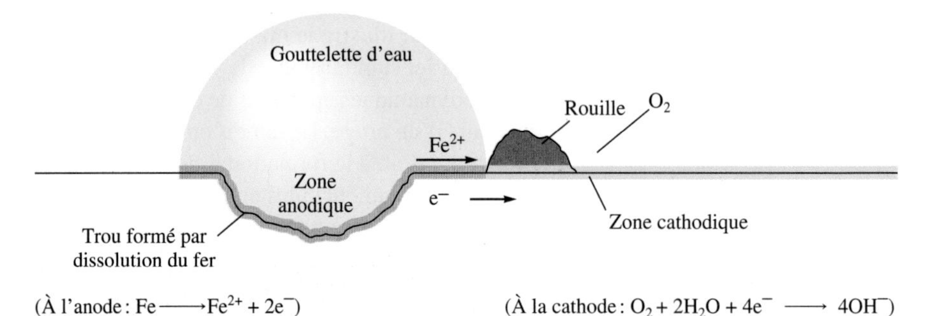


**FIGURE 8.17**
Corrosion électrochimique du fer.

La surface de l'acier n'est pas uniforme, étant donné que sa composition chimique n'est pas parfaitement homogène. De plus, à la suite de divers efforts physiques apparaissent dans le métal des zones de concentration de contraintes. Ce manque d'homogénéité entraîne donc l'apparition de zones où le fer est plus facilement oxydé (*zones anodiques*) et d'autres où il l'est moins (*zones cathodiques*). Dans les zones anodiques, chaque atome de fer cède deux électrons pour produire un ion $Fe^{2+}$ :

$$Fe \longrightarrow Fe^{2+} + 2e^-$$

Les électrons ainsi libérés circulent dans l'acier, comme ils le feraient dans le fil conducteur d'une pile électrochimique, pour rejoindre la zone cathodique, où ils réagissent avec l'oxygène :

$$O_2 + 2H_2O + 4e^- \longrightarrow 4OH^-$$

Les ions $Fe^{2+}$ formés dans les zones anodiques se déplacent vers les zones cathodiques en empruntant l'humidité présente à la surface de l'acier, de la même manière que les ions empruntent le pont électrolytique dans une pile électrochimique. Dans les zones cathodiques, les ions $Fe^{2+}$ réagissent avec l'oxygène pour produire la rouille, un oxyde de fer(III) hydraté de composition variable :

$$4Fe^{2+}(aq) + O_2(g) + (4 + 2n)H_2O(l) \longrightarrow \underbrace{2Fe_2O_3 \cdot nH_2O(s)}_{\text{Rouille}} + 8H^+(aq)$$

À cause de la migration des ions et des électrons, la rouille se forme souvent à des endroits éloignés de ceux où le fer est dissous (formation d'un trou dans l'acier). La couleur de la rouille dépend du degré d'hydratation de l'oxyde de fer ; elle varie ainsi du noir au jaune, en passant par la couleur familière brun rougeâtre.

Le caractère électrochimique de la formation de la rouille explique l'importance de l'humidité dans le processus de corrosion. L'humidité doit être présente, puisqu'elle joue ici un rôle analogue à celui du pont électrolytique entre les zones anodiques et les zones cathodiques. L'acier ne rouille pas au contact de l'air sec ; c'est ce qui explique que les carrosseries des automobiles durent beaucoup plus longtemps dans les régions arides que dans les régions humides. Le sel accélère aussi la formation de rouille ; ce phénomène est d'ailleurs trop bien connu des propriétaires de véhicules qui habitent les régions froides, où l'on utilise du sel pour faire fondre la glace et la neige qui s'accumulent sur les routes. La formation de la rouille est alors beaucoup plus importante, puisque les sels dissous dans l'humidité présente à la surface de l'acier augmentent la conductibilité de la solution aqueuse qui s'y forme et, par conséquent, accélèrent le processus électrochimique de la corrosion. De plus, les ions chlorures forment des ions complexes très stables avec $Fe^{3+}$ ; ce facteur favorise la dissolution du fer, ce qui accélère davantage encore la corrosion. C'est d'ailleurs le même phénomène qui a lieu au bord de la mer et qui affecte aussi bien les automobiles que les coques métalliques des bateaux.

## Prévention de la corrosion

La prévention de la corrosion constitue un moyen important de conserver les ressources naturelles énergétiques et minérales. La principale mesure de protection est l'application d'un recouvrement, le plus souvent une peinture ou un placage métallique, qui isole le métal de l'oxygène ou de l'humidité. Ainsi, on utilise souvent le chrome et l'étain pour recouvrir l'acier, car ils forment, en s'oxydant, un recouvrement durable et efficace. Le zinc, par ailleurs, qu'on utilise aussi pour recouvrir l'acier (procédé appelé **galvanisation**), ne forme pas de recouvrement d'oxyde.

Puisque c'est un meilleur réducteur que le fer, comme le montrent les potentiels des demi-réactions d'oxydation :

$$Fe \longrightarrow Fe^{2+} + 2e^- \qquad -\mathscr{E}° = 0{,}44 \text{ V}$$
$$Zn \longrightarrow Zn^{2+} + 2e^- \qquad -\mathscr{E}° = 0{,}76 \text{ V}$$

tout phénomène d'oxydation dissoudra le zinc, non le fer. Rappelons que c'est la réaction dont le potentiel standard est le plus positif qui a, d'un point de vue thermodynamique, la plus grande tendance à avoir lieu. Par conséquent, le zinc joue le rôle d'anode « sacrificielle » pour l'acier : l'oxydation du zinc empêche celle du fer.

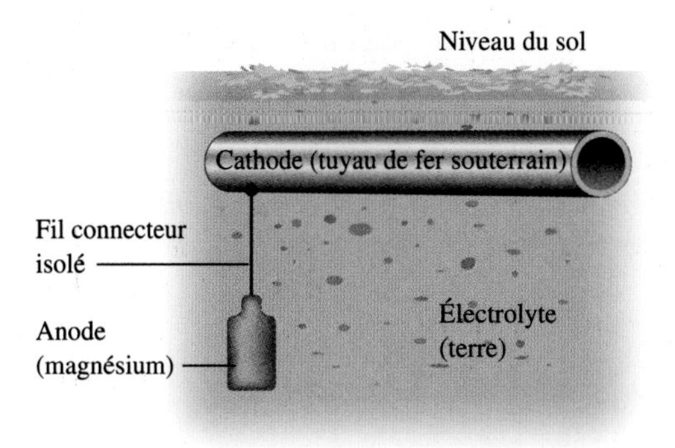


**FIGURE 8.18**
**Protection cathodique d'une canalisation souterraine.**

On a aussi recours à des alliages pour prévenir la corrosion. L'*acier inoxydable*, par exemple, contient du chrome et du nickel, deux métaux dont les couches d'oxyde confèrent à l'acier un potentiel standard dont la valeur avoisine celle du potentiel des métaux nobles. De plus, on est en train de mettre au point une nouvelle technologie qui permet de fabriquer des alliages de surface. C'est que, au lieu de former un alliage de métal comme l'acier inoxydable, dont la composition est uniforme, on peut bombarder d'ions une feuille d'acier au carbone, moins coûteuse, pour produire à sa surface une mince couche d'acier inoxydable (ou de tout autre alliage). Pour ce faire, on forme, à des températures élevées, un « plasma » ou « gaz ionique » d'ions de l'alliage qu'on dirige ensuite sur le métal.

Pour protéger les réservoirs et les canalisations souterraines, on a très souvent recours à la méthode dite de **protection cathodique** : on relie par un fil la canalisation ou le réservoir qu'on veut protéger (*voir la figure 8.18*) à une pièce faite d'un métal réducteur, tel le magnésium. Étant donné que le magnésium est un meilleur agent réducteur que le fer, c'est lui, et non le fer, qui fournira les électrons, ce qui empêchera l'oxydation du fer. Par ailleurs, puisque l'anode de magnésium se dissout au fur et à mesure que l'oxydation a lieu, il faut la remplacer périodiquement. Les coques des navires sont protégées de la même manière : on leur fixe des barres de titane. Dans l'eau salée, ces dernières agissent comme des anodes ; ce sont elles qui sont oxydées au lieu des coques en acier (la cathode).

# 8.7 Électrolyse

Dans une cellule électrolytique, l'énergie électrique provoque une réaction chimique qui, autrement, n'aurait pas lieu spontanément.

Dans une pile électrochimique, il y a production d'un courant quand une réaction d'oxydoréduction a lieu spontanément. Dans une **cellule électrolytique**, qui ressemble étrangement à une pile électrochimique, on utilise l'énergie électrique pour provoquer une réaction chimique. Dans ce procédé, appelé **électrolyse**, *on fait passer un courant dans une cellule pour obtenir une réaction chimique dont le potentiel standard est négatif.* En d'autres termes, le travail électrique favorise l'apparition d'une réaction chimique qui, sans cela, ne serait pas spontanée. L'électrolyse est d'une grande importance pratique : on y recourt, par exemple, pour recharger les batteries, pour produire de l'aluminium et pour chromer des objets.

Pour connaître la différence entre une pile électrochimique et une cellule électrolytique, voir la figure 8.19 **a)** qui illustre une pile fonctionnant spontanément pour produire 1,10 V. Dans cette pile électrochimique, la réaction à l'anode est la suivante :

$$Zn \longrightarrow Zn^{2+} + 2e^-$$

et la réaction à la cathode est la suivante :

$$Cu^{2+} + 2e^- \longrightarrow Cu$$

Dans la figure 8.19 **b)**, une source de courant extérieure fait circuler les électrons dans la cellule dans la direction *opposée* à celle qu'ils ont en **a)**. Pour ce faire, il faut un potentiel extérieur supérieur à 1,10 V pour s'opposer au potentiel naturel de la cellule. Cet appareil est appelé *cellule électrolytique*. Notez que, les électrons circulant en direction opposée

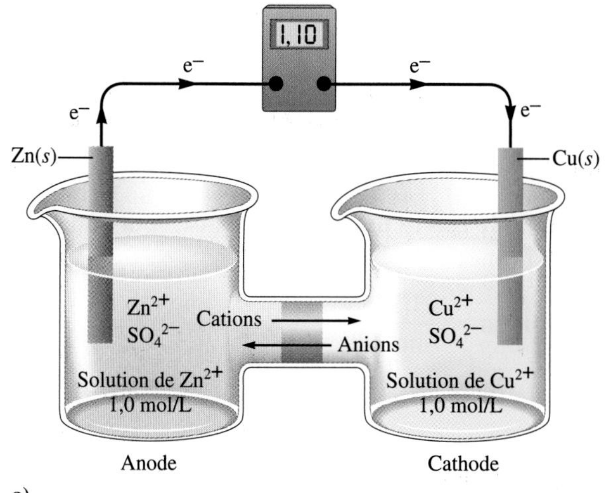


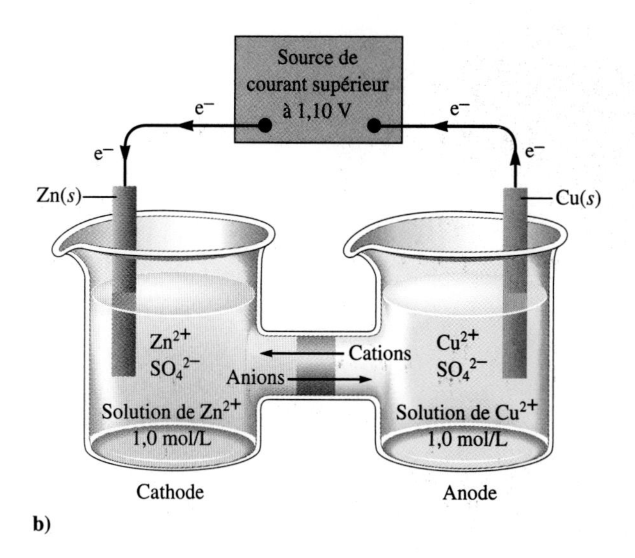


**FIGURE 8.19**

**a)** Pile électrochimique standard dans laquelle a lieu la réaction spontanée suivante :

$$Zn + Cu^{2+} \longrightarrow Zn^{2+} + Cu$$

**b)** Cellule électrolytique standard. Une source de courant extérieure provoque la réaction

$$Cu + Zn^{2+} \longrightarrow Cu^{2+} + Zn$$

dans les deux cas, l'anode et la cathode s'y trouvent inversées. La circulation des ions dans le pont électrolytique est également opposée dans les deux cellules.

Considérons d'abord les caractéristiques stœchiométriques des processus électrolytiques, c'est-à-dire *l'importance de la modification chimique qui a lieu quand il y a passage d'un courant donné pendant un temps donné.* Supposons qu'on veuille déterminer la masse de cuivre qui se dépose (placage) quand on fait circuler un courant de 10,0 A (un **ampère**, symbole A, est *une charge de 1 coulomb par seconde*), pendant 30,0 min, dans une solution d'ions $Cu^{2+}$. (Le *placage* est une opération par laquelle un métal neutre se dépose sur l'électrode, à cause de la réduction des ions métalliques présents dans la solution.) Dans ce cas, chaque ion $Cu^{2-}$ a besoin de deux électrons pour devenir un atome de cuivre :

1 A = 1 C/S

$$Cu^{2-}(aq) + 2e^- \longrightarrow Cu(s)$$

Ce processus de réduction a donc lieu à la cathode d'une cellule électrolytique.

Pour résoudre un tel problème de stœchiométrie, il faut franchir les étapes suivantes :

| Courant et temps | $\xrightarrow{1}$ | Charge (coulombs) | $\xrightarrow{2}$ | Moles d'électrons | $\xrightarrow{3}$ | Moles de cuivre | $\xrightarrow{4}$ | Masse de cuivre |
|---|---|---|---|---|---|---|---|---|

1 **Puisqu'un ampère est une charge de un coulomb par seconde, on multiplie la valeur du courant par le temps (en secondes) pour déterminer le nombre total de coulombs qui ont pénétré dans la solution d'ions $Cu^{2+}$ à la cathode :**

$$\text{Charge (coulombs)} = \text{courant} \times \text{temps} = \frac{C}{s} \times s$$
$$= 10{,}0\frac{C}{s} \times 30{,}0\ \text{min} \times 60{,}0\frac{s}{\text{min}}$$
$$= 1{,}80 \times 10^4\ C$$

2 **Puisqu'une mole d'électrons transporte une charge de 1 faraday (96 485 C), on peut calculer le nombre de moles d'électrons nécessaires pour transporter $1{,}80 \times 10^4$ C :**

$$1{,}80 \times 10^4\ C \times \frac{1\ \text{mol}\ e^-}{96\ 485\ C} = 1{,}87 \times 10^{-1}\ \text{mol}\ e^-$$

**Ainsi, 0,187 mol d'électrons ont circulé dans la solution de $Cu^{2+}$.**

**3 Pour devenir un atome de cuivre, chaque ion $Cu^{2+}$ a besoin de 2 électrons. Par conséquent, pour chaque mole d'électrons libérée, il y a production d'une demi-mole de cuivre :**

$$1{,}87 \times 10^{-1}\ \text{mol e}^- \times \frac{1\ \text{mol Cu}}{2\ \text{mol e}^-} = 9{,}35 \times 10^{-2}\ \text{mol Cu}$$

**4 Connaissant le nombre de moles de cuivre déposées sur la cathode, on peut calculer la masse de cuivre ainsi formé :**

$$9{,}35 \times 10^{-2}\ \text{mol Cu} \times \frac{63{,}546\ \text{g}}{\text{mol Cu}} = 5{,}94\ \text{g Cu}$$

*Exemple 8.9*

## Électroplacage

L'exemple 8.9 ne décrit que la demi-cellule en question. Il doit aussi y avoir une anode où a lieu l'oxydation.

Pendant combien de temps faut-il faire passer un courant de 5,00 A dans une solution d'ions $Ag^+$ pour qu'il y ait formation d'un dépôt de 10,5 g d'argent ?

***Solution***

Dans ce cas, on doit utiliser à rebours les étapes décrites précédemment :

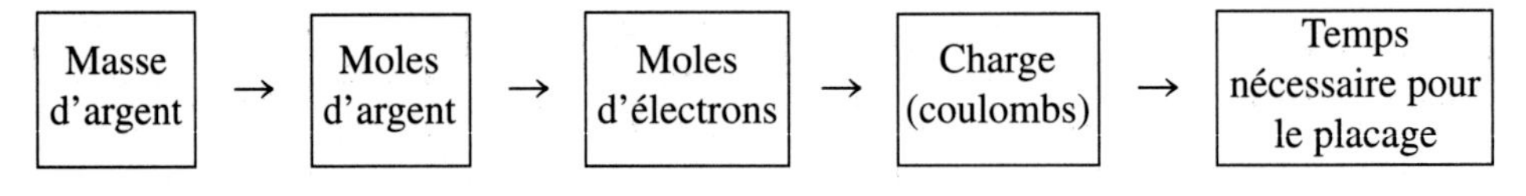


Calculons d'abord le nombre de moles d'argent :

$$10{,}5\ \text{g Ag} \times \frac{1\ \text{mol Ag}}{107{,}868\ \text{g Ag}} = 9{,}73 \times 10^{-2}\ \text{mol Ag}$$

Pour devenir un atome, chaque ion $Ag^+$ a besoin d'un électron :

$$Ag^+ + e^- \longrightarrow Ag$$

Il faut donc fournir $9{,}73 \times 10^{-2}$ mol d'électrons ; la charge transportée par ces électrons est par conséquent de :

$$9{,}73 \times 10^{-2}\ \text{mol e}^- \times \frac{96\,485\ \text{C}}{\text{mol e}^-} = 9{,}39 \times 10^3\ \text{C}$$

Le courant de 5,00 A (5,00 C/s) doit donc fournir $9{,}39 \times 10^3$ C. Alors :

$$\left(5{,}00\ \frac{\text{C}}{\text{s}}\right) \times (\text{temps, en s}) = 9{,}39 \times 10^3\,\text{C}$$

d'où

$$\text{temps} = \frac{9{,}39 \times 10^3}{5{,}00}\ \text{s} = 1{,}88 \times 10^3\ \text{s} = 31{,}3\ \text{min}$$

***Voir les exercices 8.69 à 8.72***

## Électrolyse de l'eau

On a vu que l'hydrogène et l'oxygène se combinaient spontanément pour produire de l'eau et que la diminution de l'énergie libre qui accompagnait cette réaction pouvait servir à alimenter une pile à combustible (utilisée pour produire de l'électricité). On peut, grâce à l'électrolyse, obtenir le processus inverse (processus non spontané, cela va de soi) :

| | | |
|---|---|---|
| À l'anode : | $2H_2O \longrightarrow O_2 + 4H^+ + 4e^-$ | $-\mathscr{E}° = -1{,}23$ V |
| À la cathode : | $4H_2O + 4e^- \longrightarrow 2H_2 + 4OH^-$ | $\mathscr{E}° = -0{,}83$ V |
| Réaction globale : | $6H_2O \longrightarrow 2H_2 + O_2 + \underbrace{4(H^+ + OH^-)}_{4H_2O}$ | $\mathscr{E}° = -2{,}06$ V |

soit

$$2H_2O \longrightarrow 2H_2 + O_2$$

Rappelons que, pour les potentiels donnés ci-dessus, la concentration des ions $H^+$ dans le compartiment anodique est de 1 mol/L, et celle des ions $OH^-$ dans le compartiment cathodique également de 1 mol/L. Puisque, dans l'eau pure, $[H^+] = [OH^-] = 10^{-7}$ mol/L, le potentiel du processus global n'est que de $-1{,}23$ V.

En pratique, cependant, lorsqu'on plonge dans l'eau pure des électrodes de platine reliées à une pile de 6 V, on n'observe aucune réaction; l'eau pure contient en effet si peu d'ions que seul un très faible courant peut circuler. Par contre, lorsqu'on ajoute une petite quantité d'un sel soluble, on voit immédiatement apparaître des bulles d'hydrogène et d'oxygène (*voir la figure 8.20*).

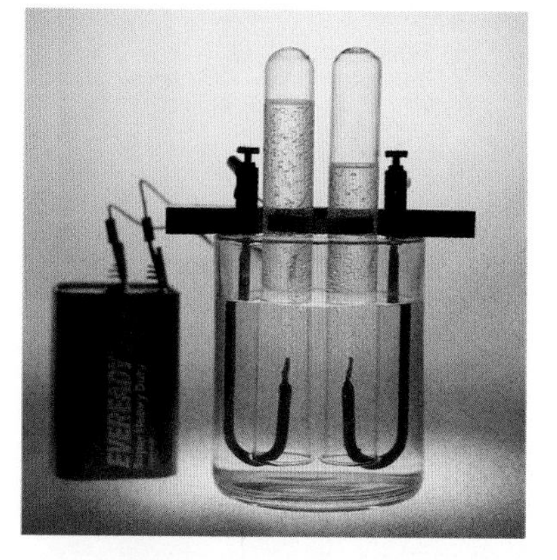


**FIGURE 8.20**
**L'électrolyse de l'eau produit de l'hydrogène à la cathode (à droite) et de l'oxygène à l'anode (à gauche).**

## Électrolyse d'un mélange d'ions

Supposons que, dans une cellule électrolytique, la solution contienne des ions $Cu^{2+}$, $Ag^+$ et $Zn^{2+}$. Si, initialement, le potentiel est très faible et qu'on l'augmente graduellement, dans quel ordre les métaux se déposeront-ils sur la cathode ? On peut répondre à cette question en examinant les potentiels standards de chacun de ces ions :

$$Ag^+ + e^- \longrightarrow Ag \qquad \mathscr{E}° = 0{,}80\ V$$
$$Cu^{2+} + 2e^- \longrightarrow Cu \qquad \mathscr{E}° = 0{,}34\ V$$
$$Zn^{2+} + 2e^- \longrightarrow Zn \qquad \mathscr{E}° = -0{,}76\ V$$

Rappelons que plus la valeur de $\mathscr{E}°$ est *positive*, plus la réaction a tendance à avoir lieu dans la direction indiquée. Des trois réactions ci-dessus, c'est la réduction de $Ag^+$ qui a lieu le plus facilement ; l'ordre décroissant du pouvoir oxydant est donc le suivant :

$$Ag^+ > Cu^{2+} > Zn^{2+}$$

Par conséquent, c'est l'argent qui se dépose en premier ; au fur et à mesure que le potentiel augmente, le cuivre se dépose et, finalement, le zinc.

*Exemple 8.10*

## Échelle des pouvoirs oxydants

Une solution acide contient des ions $Ce^{4+}$, $VO_2{}^+$ et $Fe^{3+}$. En utilisant les valeurs de $\mathscr{E}°$ données dans le tableau 8.1, classez les ions selon l'ordre décroissant de leur pouvoir oxydant et dites lequel sera réduit à la cathode d'une cellule électrolytique, au plus faible voltage.

***Solution***

Les demi-réactions et les valeurs de $\mathscr{E}°$ sont :

$$Ce^{4+} + e^- \longrightarrow Ce^{3+} \qquad \mathscr{E}° = 1{,}70\ V$$
$$VO_2{}^+ + 2H^+ + e^- \longrightarrow VO^{2+} + H_2O \qquad \mathscr{E}° = 1{,}00\ V$$
$$Fe^{3+} + e^- \longrightarrow Fe^{2+} \qquad \mathscr{E}° = 0{,}77\ V$$

L'ordre décroissant de leur pouvoir oxydant est donc :

$$Ce^{4+} > VO_2{}^+ > Fe^{3+}$$

C'est l'ion $Ce^{4+}$ qui nécessite le plus faible voltage pour être réduit à la cathode d'une cellule électrolytique.

***Voir l'exercice 8.78***

Le principe décrit ci-dessus est très utile ; toutefois, son application n'est pas aisée. Par exemple, en ce qui concerne l'électrolyse d'une solution aqueuse de chlorure de sodium, on devrait pouvoir utiliser les valeurs de $\mathscr{E}°$ pour prédire quels seront les produits de la réaction. Parmi les principales espèces en solution ($Na^+$, $Cl^-$ et $H_2O$), seules $Cl^-$ et

## IMPACT

### Chimie des trésors submergés

Quand le galion *Atocha* se brisa sur un récif au cours d'un ouragan en 1622, il faisait route vers l'Espagne avec, à son bord, environ 47 tonnes de cuivre, d'or et d'argent provenant du Nouveau Monde. La plus grande partie du trésor était constituée de lingots et de pièces d'argent rangés dans des caisses de bois. Quand le chasseur de trésors Mel Fisher récupéra l'argent en 1985, la corrosion et la fixation d'espèces avaient transformé ce métal brillant en quelque chose qui ressemblait à du corail. Redonner son apparence initiale à l'argent nécessitait alors une connaissance des transformations chimiques qui se sont produites durant les 350 années d'immersion. Le présent ouvrage a déjà abordé la plupart de ces réactions chimiques.

Au fur et à mesure que les caisses de bois qui contenaient l'argent se dégradaient, l'apport en oxygène diminuait, d'où la croissance de certaines bactéries qui utilisent l'ion sulfate plutôt que l'oxygène comme agent oxydant pour produire de l'énergie. Au fur et à mesure que ces bactéries consommaient les ions sulfates, elles libéraient du sulfure d'hydrogène gazeux qui réagissait avec l'argent pour former du sulfure d'argent noir :

$$2Ag(s) + H_2S(aq) \longrightarrow Ag_2S(s) + H_2(g)$$

Avec les années, l'argent se couvrit donc d'une mince couche de corrosion qui y adhérait fortement et qui, heureusement, le protégea d'une transformation totale en sulfate d'argent.

Pièces d'argent et chopes récupérées de l'épave de l'*Atocha*.

$H_2O$ peuvent être facilement oxydées. Les demi-réactions (exprimées comme des processus d'oxydation) sont :

$$2Cl^- \longrightarrow Cl_2 + 2e^- \qquad -\mathscr{E}° = -1{,}36\ V$$
$$2H_2O \longrightarrow O_2 + 4H^+ + 4e^- \qquad -\mathscr{E}° = -1{,}23\ V$$

Puisque c'est l'eau dont le potentiel est le plus positif, on devrait s'attendre à obtenir de l'oxygène à l'anode, étant donné qu'il est plus facile du point de vue de la thermodynamique d'oxyder $H_2O$ que $Cl^-$. Or, ce n'est pas ce qui a lieu : quand on augmente le potentiel dans la cellule électrolytique, c'est l'ion $Cl^-$ qui est d'abord oxydé. Il faut fournir un potentiel beaucoup plus élevé que prévu (appelé *surtension*) pour oxyder l'eau. S'il y a d'abord production de $Cl_2$, c'est qu'il faut fournir une surtension plus forte pour produire $O_2$ que pour produire $Cl_2$.

Les causes de la surtension sont très complexes. Fondamentalement, on peut expliquer ce phénomène par le fait que les électrons ont de la difficulté à passer des ions en solution aux atomes de l'électrode en empruntant l'interface électrode–solution. À cause de ce phénomène, il faut être prudent quand on veut utiliser les valeurs de $\mathscr{E}°$ pour prédire l'ordre réel d'oxydation ou de réduction des espèces présentes dans une cellule électrolytique.

La formation de dioxyde de carbone fut une autre transformation causée par la décomposition du bois. Cela déplaça vers la droite la position d'équilibre qui existait dans l'eau de mer

$$CO_2(aq) + H_2O(l) \rightleftharpoons HCO_3^-(aq) + H^+(aq)$$

ce qui produisit une plus grande concentration de $HCO_3^-$. À son tour, le $HCO_3^-$ réagissait avec les ions $Ca^{2+}$ présents dans l'eau de mer pour former du carbonate de calcium :

$$Ca^{2+}(aq) + HCO_3^-(aq) \rightleftharpoons CaCO_3(s) + H^+(aq)$$

Le carbonate de calcium est la principale composante du calcaire. Par conséquent, les pièces et les lingots d'argent corrodés s'incrustèrent dans du calcaire.

On a alors dû s'occuper et du calcaire et de la corrosion. Puisque le $CaCO_3$ contient l'ion basique $CO_3^{2-}$, l'acide dissout le calcaire :

$$2H^+(aq) + CaCO_3(s) \longrightarrow Ca^{2+}(aq) + CO_2(g) + H_2O(l)$$

Le trempage de la masse des pièces dans un bain acide tamponné pendant plusieurs heures permit de libérer les pièces et de révéler la présence de $Ag_2S$ noir à leur surface. On ne pouvait pas utiliser un abrasif pour enlever cette corrosion ; cela aurait pu endommager les détails gravés sur les pièces (aspect ayant beaucoup de valeur pour les historiens ou les collectionneurs) et éroder une partie de l'argent. On a plutôt renversé le processus de corrosion par réduction électrolytique. Pour ce faire, on a connecté les pièces à la cathode d'une cellule électrolytique dans une solution diluée d'hydroxyde de sodium (*voir la figure ci-contre*).

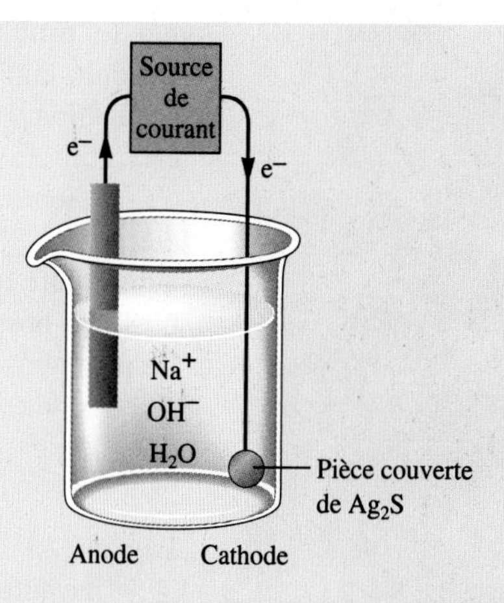


Avec la circulation des électrons, les ions $Ag^+$ présents dans le sulfure d'argent sont réduits en argent métallique :

$$Ag_2S + 2e^- \longrightarrow Ag + S^{2-}$$

Comme sous-produit, il y a formation de bulles d'hydrogène, provenant de la réduction de l'eau, à la surface des pièces :

$$2H_2O + 2e^- \longrightarrow H_2(g) + 2OH^-$$

L'agitation causée par les bulles détachait les flocons de sulfures métalliques, ce qui aidait à nettoyer les pièces.

Grâce à ces procédés, il a été possible de redonner à ce trésor presque l'aspect qu'il avait au moment où l'*Atocha* parcourait les mers.

# 8.8 Procédés électrolytiques commerciaux

La capacité des métaux de céder des électrons et de former ainsi des ions caractérise la chimie des métaux. Parce que les métaux sont, typiquement, de bons agents réducteurs, on trouve la plupart d'entre eux dans la nature sous forme de *minerai* (un mélange de composés ioniques renfermant souvent des oxydes, des sulfures et des anions silicates). Les métaux nobles, tels l'or, l'argent et le platine, sont plus difficiles à oxyder ; par conséquent, on les trouve souvent à l'état pur.

## Production de l'aluminium

L'*aluminium* est un des éléments naturels les plus abondants sur la Terre ; il occupe le troisième rang, après l'oxygène et le silicium. Étant donné que c'est un métal très réactif, on le trouve dans la nature sous forme d'oxyde, dans un minerai appelé *bauxite* (découvert en 1821 sur le territoire *des Baux*, en France, d'où son nom). La production de l'aluminium à partir de son minerai s'est avérée beaucoup plus difficile que la préparation de la plupart des autres minéraux. Déjà, en 1782, Lavoisier disait de l'aluminium que c'était un métal « dont l'affinité pour l'oxygène est si forte qu'elle ne peut être contrée par aucun agent réducteur connu ». L'aluminium à l'état pur demeura donc inconnu jusqu'en 1854, année de la découverte d'un processus permettant de produire de l'aluminium en le déplaçant par du sodium. L'aluminium était cependant demeuré un produit rare et, par conséquent, très coûteux. On dit même que Napoléon III réservait,

**FIGURE 8.21**
Charles Martin Hall (1863-1914) était étudiant à l'Oberlin College (Ohio) quand il s'intéressa pour la première fois à l'aluminium. L'un de ses professeurs avait dit que quiconque réussirait à produire de l'aluminium à peu de frais ferait fortune; Hall décida donc de tenter sa chance. Âgé de 21 ans seulement, il travailla dans une baraque en bois, près de chez lui, avec, pour tout équipement, des poêles en fonte comme contenants, une forge comme source de chaleur et des piles électrochimiques construites avec des récipients à fruits. C'est à l'aide de ces piles électrochimiques plutôt rudimentaires que Hall découvrit qu'il pouvait produire de l'aluminium en faisant passer un courant à travers un mélange fondu de $Al_2O_3/Na_3AlF_6$. Coïncidence curieuse, le Français Paul Héroult, né et mort les mêmes années que Hall, fit la même découverte à peu près à la même époque.

pour ses invités de marque, ses fourchettes et cuillères en aluminium, alors que les autres devaient se contenter d'ustensiles en or et en argent.

Le problème fut résolu quand, en 1886, Charles M. Hall, aux États-Unis, et Paul Héroult, en France, découvrirent presque simultanément un procédé électrolytique de production de l'aluminium (*voir la figure 8.21*). Le facteur clé du *procédé Hall-Héroult* est l'utilisation de la cryolite fondue, $Na_3AlF_6$, comme solvant de l'oxyde d'aluminium.

L'électrolyse ne peut avoir lieu que si les électrons peuvent se déplacer vers les électrodes. Pour assurer cette mobilité des ions, la méthode la plus courante consiste à dissoudre la substance à électrolyser dans l'eau. Or, dans le cas de l'aluminium, cela n'est pas possible, puisque l'eau est plus facilement réduite que $Al^{3+}$, comme le montrent les potentiels standards suivants :

$$Al^{3+} + 3e^- \longrightarrow Al \qquad \mathscr{E}° = -1,66 \text{ V}$$
$$2H_2O + 2e^- \longrightarrow H_2 + 2OH^- \qquad \mathscr{E}° = -0,83 \text{ V}$$

Les ions $Al^{3+}$ ne peuvent donc pas se déposer sous forme d'aluminium.

Une autre façon d'assurer la mobilité des ions, c'est de faire fondre le sel. Or, le point de fusion de $Al_2O_3$ est beaucoup trop élevé (2050 °C) pour que l'électrolyse de l'oxyde fondu constitue une méthode pratique. Par contre, le point de fusion d'un mélange de $Al_2O_3$ et de $Na_3AlF_6$ est de 1000 °C ; on peut donc utiliser ce mélange fondu pour produire de l'aluminium par électrolyse. À la suite de cette découverte de Hall et de Héroult, le prix de l'aluminium a chuté (*voir le tableau 8.3*) et on a pu envisager son utilisation commerciale.

La bauxite n'est pas de l'oxyde d'aluminium pur (appelé *alumine*) ; elle contient aussi des oxydes de fer, de silicium, de titane et de nombreux autres silicates. Pour obtenir de l'alumine hydratée pure, $Al_2O_3 \cdot nH_2O$, on traite la bauxite à l'aide d'hydroxyde de sodium. Puisqu'elle est amphotère, l'alumine peut être dissoute dans une solution basique :

$$Al_2O_3(s) + 2OH^-(aq) \longrightarrow 2AlO_2^-(aq) + H_2O(l)$$

Quant aux autres oxydes métalliques, basiques, ils demeurent sous forme solide. L'alumine passe en solution sous forme d'ions aluminates, $AlO_2^-$, qu'on sépare des autres oxydes. On acidifie la solution à l'aide de gaz carbonique, ce qui provoque une nouvelle précipitation de l'alumine hydratée :

$$2CO_2(g) + 2AlO_2^-(aq) + (n+1)H_2O(l) \longrightarrow 2HCO_3^-(aq) + Al_2O_3 \cdot nH_2O(s)$$

On fait ensuite fondre un mélange d'alumine purifiée et de cryolite, puis on réduit l'ion aluminium en aluminium dans une cuve électrolytique (*voir la figure 8.22*). Étant donné que la solution d'électrolytes comporte de nombreux ions contenant de l'aluminium, les phénomènes chimiques qui y ont lieu ne sont pas encore parfaitement élucidés ; on croit toutefois que l'alumine réagit avec l'anion de la cryolite de la manière suivante :

$$Al_2O_3 + 4AlF_6^{3-} \longrightarrow 3Al_2OF_6^{2-} + 6F^-$$

et que les réactions aux électrodes sont :

À l'anode : $AlF_6^{3-} + 3e^- \longrightarrow Al + 6F^-$

À la cathode : $2Al_2OF_6^{2-} + 12F^- + C \longrightarrow 4AlF_6^{3-} + CO_2 + 4e^-$

La réaction globale dans la cuve pourrait donc être la suivante :

$$2Al_2O_3 + 3C \longrightarrow 4Al + 3CO_2$$

Grâce à ce procédé électrolytique, on obtient de l'aluminium pur à 99,5 %. Pour qu'on puisse l'utiliser comme matériau de structure, l'aluminium doit être combiné à des métaux tels que le zinc (alliage utilisé dans la construction de remorques et d'avions) ou le manganèse (alliage utilisé dans la fabrication d'ustensiles de cuisine, de réservoirs et de panneaux de signalisation sur les autoroutes). Aux États-Unis, la production d'aluminium consomme environ 5 % de la totalité de l'énergie électrique qu'on y produit.

**TABLEAU 8.3 Variation du prix de l'aluminium depuis plus d'un siècle**

| Année | Prix de l'aluminium ($/lb)* |
|---|---|
| 1855 | 100 000 |
| 1885 | 100 |
| 1890 | 2 |
| 1895 | 0,50 |
| 1970 | 0,30 |
| 1980 | 0,80 |
| 1990 | 0,74 |

* Remarquez la brusque chute des prix après la découverte du procédé Hall-Héroult (1 lb = 0,45 kg).

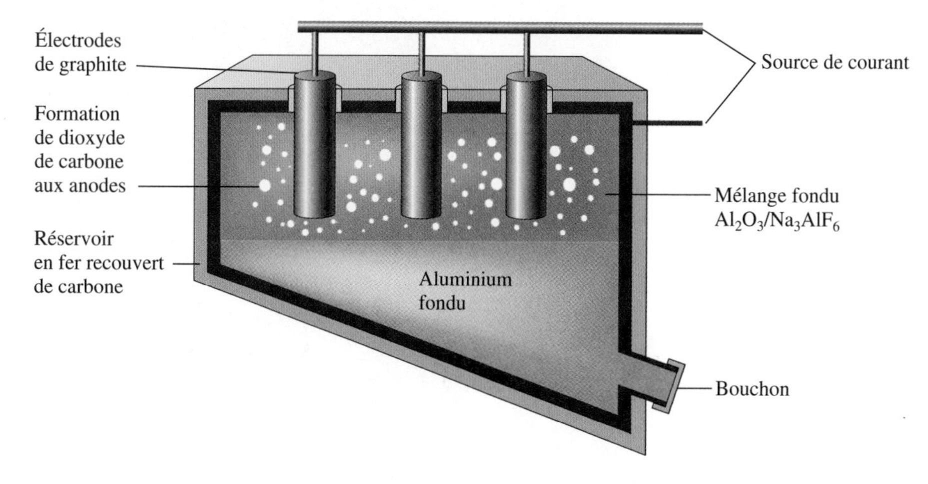


**FIGURE 8.22**
Représentation schématique d'une cellule électrolytique utilisée pour produire l'aluminium selon le procédé Hall–Héroult. Étant donné que la masse volumique de l'aluminium fondu est supérieure à celle du mélange d'alumine et de cryolite fondues, l'aluminium fondu se dépose au fond de la cuve, d'où on le retire périodiquement. Les électrodes de graphite disparaissant graduellement, il faut les remplacer de temps à autre. La cellule utilise un courant de près de 250 000 A.

## Raffinage électrolytique des métaux

La purification des métaux constitue une autre application importante de l'électrolyse. Par exemple, à partir de cuivre impur, obtenu par réduction de minerai de cuivre, on prépare de grandes plaques qui jouent le rôle d'anodes dans les cuves électrolytiques. L'électrolyte est une solution aqueuse de sulfate de cuivre et les cathodes, de minces feuilles de cuivre ultrapur (*voir la figure 8.23*). À l'anode, la principale réaction est

$$Cu \longrightarrow Cu^{2+} + 2e^-$$

On peut aussi oxyder ainsi d'autres métaux, tels le fer et le zinc :

$$Zn \longrightarrow Zn^{2+} + 2e^-$$
$$Fe \longrightarrow Fe^{2+} + 2e^-$$

**FIGURE 8.23**
On fait glisser des feuilles de cuivre ultrapur (cathode) entre des plaques de cuivre impur (anode) dans une cuve contenant une solution aqueuse de sulfate de cuivre, $CuSO_4$. Il faut environ 4 semaines pour que les anodes soient dissoutes et que le cuivre se dépose sur les cathodes.

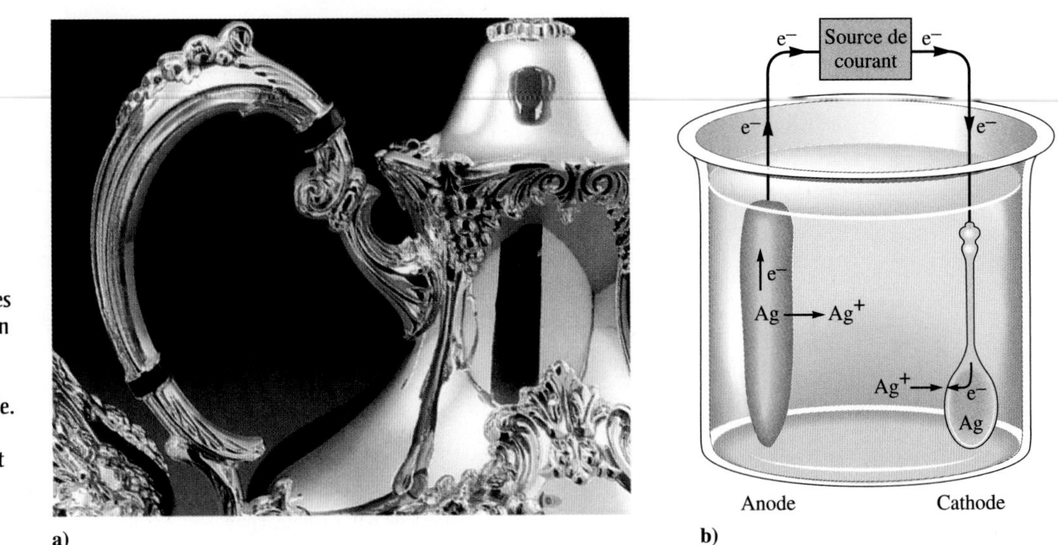


**FIGURE 8.24**
**a)** Une théière plaquée argent. On utilise souvent le placage d'argent pour embellir et protéger la coutellerie et les autres ustensiles d'un service de table. **b)** Illustration du placage d'une cuillère. L'article à plaquer joue le rôle de cathode et une barre d'argent, celui d'anode. L'argent se dépose sur la cathode : $Ag^+ + e^- \rightarrow Ag$. Notez que le pont électrolytique n'est pas nécessaire dans ce cas parce que les ions $Ag^+$ sont présents aux deux électrodes.

Aux voltages utilisés, les impuretés des métaux nobles ne sont pas oxydées à l'anode ; elles s'accumulent au fond de la cuve pour former un dépôt dont on peut extraire l'argent, l'or et le platine.

Les ions $Cu^{2+}$ présents dans la solution se déposent sur la cathode :

$$Cu^{2+} + 2e^- \longrightarrow Cu$$

Ainsi, la pureté du cuivre atteint 99,95 %.

## Placage de métaux

On peut protéger les métaux qui se corrodent facilement en les recouvrant d'une mince couche de métal qui résiste à la corrosion. Les boîtes de conserve en fer-blanc (il s'agit en fait de fer recouvert d'une mince couche d'étain) et les pare-chocs d'automobiles recouverts de chrome en sont des exemples.

On peut plaquer un objet telle la théière de la figure 8.24 en l'utilisant comme cathode dans un réservoir contenant les ions du métal à plaquer ($Ag^+$). La solution utilisée pour le placage contient en outre des ligands qui forment des complexes avec l'ion argent. En abaissant ainsi la concentration des ions $Ag^+$, on peut obtenir une couche d'argent uniforme et lisse.

## Électrolyse du chlorure de sodium

L'addition d'un soluté non volatil fait baisser le point de fusion du solvant. Ici, le solvant est du NaCl fondu.

C'est par l'électrolyse du chlorure de sodium fondu qu'on prépare principalement le sodium. Étant donné que le point de fusion du NaCl solide est plutôt élevé (801 °C), on mélange habituellement ce dernier à du $CaCl_2$ dans le but d'abaisser le point de fusion à environ 600 °C. On effectue ensuite l'électrolyse dans une **cellule Downs** (*voir la figure 8.25*), où les réactions suivantes ont lieu :

$$\text{À l'anode :} \quad 2Cl^- \longrightarrow Cl_2 + 2e^-$$
$$\text{À la cathode :} \quad Na^+ + e^- \longrightarrow Na$$

À la température qui règne dans une cellule Downs, le sodium est liquide. On le fait donc couler, puis on le refroidit avant de le mouler en bloc. À cause de la forte réactivité

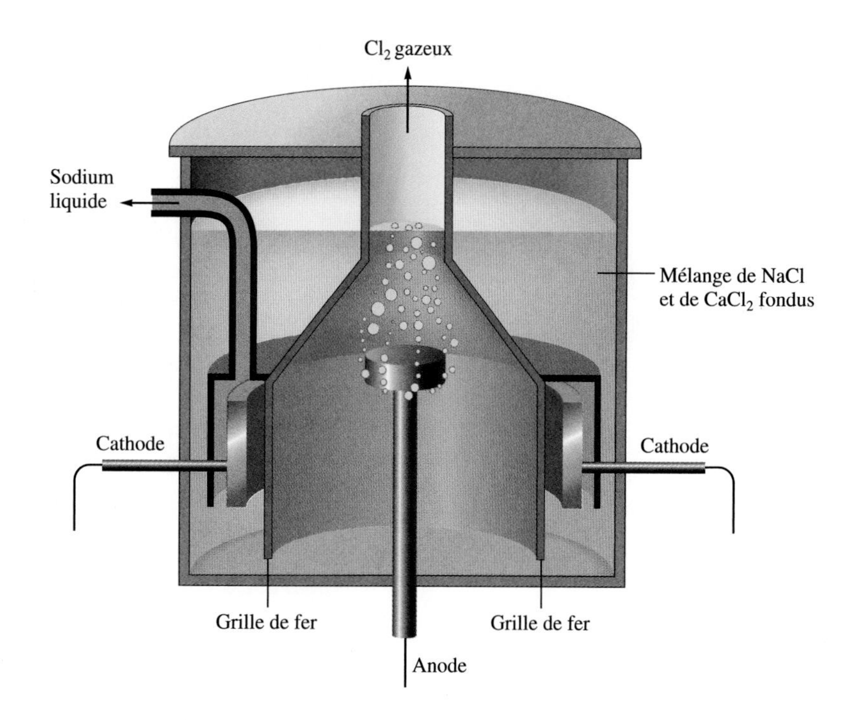


**FIGURE 8.25**
Cellule Downs utilisée pour l'électrolyse du chlorure de sodium fondu. La cellule est conçue de façon que le sodium et le chlore produits n'entrent pas en contact l'un avec l'autre pour reformer du NaCl.

du sodium, on doit le conserver dans un solvant inerte, telle l'huile minérale, pour prévenir son oxydation.

L'électrolyse du chlorure de sodium en solution aqueuse (saumure) est un procédé industriel important qui permet de produire du chlore et de l'hydroxyde de sodium. En fait, aux États-Unis, c'est le procédé industriel qui consomme le plus d'énergie, après celui utilisé pour la production de l'aluminium. Dans les conditions standards, il n'y a aucune production de sodium avec ce procédé, puisque $H_2O$ est plus facilement réduit que les ions $Na^+$. Les potentiels standards suivants le prouvent :

$$Na^+ + e^- \longrightarrow Na \qquad \mathscr{E}° = -2{,}71\ V$$
$$2H_2O + 2e^- \longrightarrow H_2 + 2OH^- \qquad \mathscr{E}° = -0{,}83\ V$$

À la cathode, c'est de l'hydrogène, non du sodium, qui est produit.

Pour les raisons déjà données à la section 8.7, à l'anode, il y a production de chlore gazeux. L'électrolyse de la saumure produit donc de l'hydrogène et du chlore :

$$\text{À l'anode :} \qquad 2Cl^- \longrightarrow Cl_2 + 2e^-$$
$$\text{À la cathode :} \qquad 2H_2O + 2e^- \longrightarrow H_2 + 2OH^-$$

et laisse en solution du NaCl et du NaOH dissous.

Pour éviter que l'hydroxyde de sodium ne soit contaminé par le NaCl, on peut utiliser, pour effectuer l'électrolyse de la saumure, une **cellule à cathode de mercure** (*voir la figure 8.26*). Dans ce type de cellule, le mercure joue le rôle de cathode ; étant donné que la surtension du gaz hydrogène est beaucoup plus élevée avec une électrode de mercure, il y a réduction de $Na^+$, non de $H_2O$. Le sodium ainsi produit est dissous dans le mercure, ce qui forme un amalgame qu'une pompe achemine vers un décomposeur, où le sodium dissous réagit avec l'eau pour produire de l'hydrogène :

$$2Na(s) + 2H_2O(l) \longrightarrow 2Na^+(aq) + 2OH^-(aq) + H_2(g)$$

On peut, à partir de la solution aqueuse, récupérer du NaOH solide relativement pur ; le mercure régénéré, quant à lui, retourne à la cellule électrolytique. Ce procédé, connu sous le nom de **procédé chlore–alcali**, était la principale méthode de fabrication du chlore et de l'hydroxyde de sodium aux États-Unis durant de nombreuses années. Cependant, à cause de problèmes environnementaux associés aux cellules à cathode de mercure, cette méthode a largement fait place à d'autres techniques.

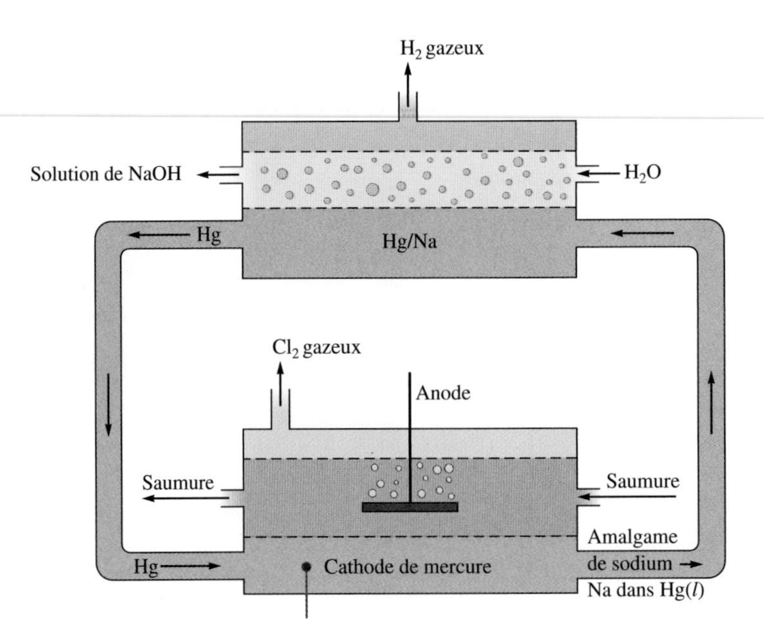


**FIGURE 8.26**
Cellule électrolytique à cathode de mercure utilisée pour la production du chlore et de l'hydroxyde de sodium. Étant donné qu'il faut une importante surtension pour produire de l'hydrogène à l'électrode de mercure, ce sont les ions $Na^+$ qui y sont réduits, non l'eau. Le sodium ainsi formé se dissout dans le mercure liquide, puis il est acheminé dans un décomposeur, où il réagit avec l'eau.

Aux États-Unis, presque 75 % de la production de $Cl_2$ et de NaOH est maintenant effectuée dans des cellules à diaphragme. Dans ce type de cellule, la cathode et l'anode sont séparées par un diaphragme qui permet le passage des molécules $H_2O$, des ions $Na^+$ et, en quantité limitée, des ions $Cl^-$. Ce diaphragme ne laisse pas passer les ions $OH^-$. Par conséquent, le $H_2$ et les ions $OH^-$ formés à la cathode restent séparés du $Cl_2$ formé à l'anode. L'inconvénient majeur de ce procédé est que l'effluent aqueux pompé du compartiment de la cathode contient un mélange d'hydroxyde de sodium et de chlorure de sodium n'ayant pas réagi, qui doivent être séparés si l'on veut de l'hydroxyde de sodium pur comme produit.

Ces 30 dernières années, un nouveau procédé a vu le jour dans l'industrie ; ce procédé emploie une membrane qui sépare les compartiments de l'anode et de la cathode dans une cellule électrolytique à saumure. Cette membrane est plus efficace que le diaphragme parce qu'elle est imperméable aux anions ; seuls les cations peuvent la traverser. Puisque ni $Cl^-$ ni $OH^-$ ne peuvent traverser la membrane qui sépare les deux compartiments, il n'y a pas de contamination du NaOH formé à la cathode par le NaCl. Bien que cette technique n'en soit qu'à ses débuts aux États-Unis, elle constitue la principale méthode de production de $Cl_2$ et de NaOH au Japon.

## Mots clés

électrochimie

*Section 8.1*
réaction d'oxydoréduction (rédox)
agent réducteur
agent oxydant
oxydation
réduction
demi-réactions
pont électrolytique
disque poreux
pile électrochimique
anode
cathode
potentiel (force électromotrice)
volt
voltmètre
potentiomètre

*Section 8.2*
électrode standard d'hydrogène
potentiel standard d'électrode

*Section 8.3*
Faraday

*Section 8.4*
pile de concentration
équation de Nernst
électrode de verre
électrode ionique spécifique

*Section 8.5*
accumulateur
batterie
batterie au plomb
pile sèche
pile à combustible

*Section 8.6*
corrosion
galvanisation
protection cathodique

*Section 8.7*
cellule électrolytique
électrolyse
ampère

*Section 8.8*
cellule Downs
cellule à cathode de mercure
procédé chlore–alcali

# Synthèse

### Électrochimie

- Étude de la transformation de l'énergie chimique en énergie électrique, et vice versa.
- Transformation qui a lieu au cours d'une réaction d'oxydoréduction.
- Pile électrochimique : l'énergie chimique est transformée en énergie électrique en séparant l'agent oxydant de l'agent réducteur, et en forçant les électrons à emprunter un fil conducteur.
- Cellule électrolytique : l'énergie électrique est utilisée pour provoquer une réaction chimique.

### Pile électrochimique

- Anode : l'électrode où a lieu l'oxydation.
- Cathode : l'électrode où a lieu la réduction.
- La force qui agit sur les électrons est appelée force électromotrice, $\mathscr{E}_{\text{pile}}$.
  - On exprime le potentiel électrique en volts (V), le volt étant un travail de 1 joule par charge de 1 coulomb :

$$\mathscr{E}(\text{V}) = \frac{-\text{travail (J)}}{\text{charge (C)}} = \frac{-W}{q}$$

  - On peut utiliser un système de demi-réactions appelées potentiels standards de réduction pour calculer les potentiels de différentes piles.
    - On assigne arbitrairement un potentiel de 0 V à la demi-réaction $2H^+ + e^- \longrightarrow H_2$.

### Énergie libre et travail

- Le travail maximal qu'une pile peut effectuer est :

$$-W_{\text{max}} = q\mathscr{E}_{\text{max}}$$

  où $\mathscr{E}_{\text{max}}$ représente le potentiel de la pile en l'absence de tout courant.
- Le travail réellement effectué par une pile est toujours inférieur au travail maximal possible, étant donné qu'une partie de l'énergie est dissipée sous forme de chaleur quand le courant parcourt un fil.
- Si un processus a lieu à une température et à une pression constantes, la variation de l'énergie libre est égale au travail utile maximal qu'on peut obtenir de ce processus :

$$\Delta G = W_{\text{max}} = -q\mathscr{E}_{\text{max}} = -nF\mathscr{E}$$

  où $F$ est la constante de Faraday (96 485 C/mol) et $n$, le nombre de moles d'électrons transférés au cours de la réaction.

### Pile de concentration

- Pile électrochimique dont les deux compartiments contiennent les mêmes éléments, mais à des concentrations différentes.
- Le déplacement des électrons a lieu dans la direction qui tend à rendre égales ces concentrations.

### Équation de Nernst

- Exprime la relation qui existe entre le potentiel de la pile et les concentrations de ses composants :

$$\mathscr{E} = \mathscr{E}_0 - \frac{0{,}0592}{n}\log(Q) \qquad \text{à } 25\ ^\circ\text{C}$$

- À l'équilibre, dans une pile, $\mathscr{E} = 0$ et $Q = K$.

**Accumulateurs**

- Une batterie est une pile électrochimique ou un groupe de piles branchées en série, qui produit du courant continu.
- Batterie au plomb
  - Anode : plomb.
  - Cathode : plomb recouvert de $PbO_2$.
  - Électrolyte : $H_2SO_4(aq)$.
- Pile sèche
  - Contient une pâte humide à la place d'électrolytes liquides.
  - Anode : généralement du Zn.
  - Cathode : tige de carbone en contact avec un agent oxydant (qui varie selon l'application).

**Piles à combustible**

- Piles électrochimiques dans lesquelles l'apport des réactifs est continu.
- Dans la pile à combustible $H_2/O_2$, l'hydrogène réagit avec l'oxygène pour produire de l'eau.

**Corrosion**

- Phénomène d'oxydation des métaux, qui sont transformés principalement en oxydes et en sulfures.
- Sur certains métaux, comme l'aluminium et le chrome, il y a formation d'une mince couche protectrice d'oxyde qui empêche la corrosion de se poursuivre.
- La corrosion du fer est un processus électrochimique qui forme la rouille.
  - Les ions $Fe^{2+}$ formés dans les zones anodiques se déplacent, dans l'humidité présente à la surface du métal, vers les zones cathodiques où ils réagissent avec l'oxygène de l'air.
  - On peut prévenir la corrosion du fer en le recouvrant d'une couche de peinture ou d'une couche de métal (chrome, étain ou zinc), en en faisant un alliage ou en recourant à la protection cathodique.

**Électrolyse**

- Utilisée pour déposer une mince couche de métal sur l'acier.
- Utilisée pour produire des métaux purs tels l'aluminium et le cuivre.

## QUESTIONS DE RÉVISION

1. Qu'est-ce que l'électrochimie ? Qu'est-ce qu'une réaction d'oxydoréduction ? Expliquez la différence entre une pile électrochimique et une cellule électrolytique.
2. Les piles électrochimiques exploitent les réactions spontanées d'oxydoréduction, afin de produire un travail en débitant un courant. Pour ce faire, elles dirigent le flux d'électrons de l'espèce oxydée vers l'espèce réduite. Comment conçoit-on une pile électrochimique ? Qu'y a-t-il dans le compartiment cathodique ? dans le compartiment anodique ? À quoi servent les électrodes ? Dans quelle direction les électrons circulent-ils toujours dans le fil conducteur qui relie les deux électrodes dans la pile électrochimique ? Pourquoi faut-il utiliser un pont électrolytique ou un disque poreux dans une pile électrochimique ? Dans quelle direction les cations circulent-ils dans le pont électrolytique ? Dans quelle direction les anions circulent-ils ? Qu'est-ce que le potentiel d'une pile et qu'est-ce qu'un volt ?
3. Le tableau 8.1 dresse la liste des demi-réactions courantes accompagnées des potentiels standards de réduction associés à chaque demi-réaction. Ces potentiels standards d'électrode sont tous déterminés par rapport à une certaine référence. Quelle est cette référence (point zéro) ? Si $\mathscr{E}°$ est positif pour une réaction, qu'est-ce que cela signifie ? Si $\mathscr{E}°$ est négatif pour une réaction, qu'est-ce que cela signifie ? Quelle espèce dans le tableau 8.1 est le plus facilement réduite ? le moins facilement réduite ? Les réactions inverses des demi-réactions du tableau 8.1 sont des demi-réactions d'oxydation. Comment

les potentiels standards d'oxydation sont-ils déterminés ? Dans le tableau 8.1, quelle espèce est le meilleur agent réducteur ? le moins bon agent réducteur ?

Pour déterminer le potentiel standard d'une pile pour une réaction d'oxydoréduction, le potentiel standard de réduction est additionné au potentiel standard d'oxydation. Que peut-on affirmer au sujet de cette somme, si la pile doit être spontanée (produit une pile électrochimique) ? Les potentiels standards de réduction et d'oxydation sont intensifs. Qu'est-ce que cela signifie ? Résumez comment on utilise la représentation schématique pour décrire les piles électrochimiques.

**4.** Considérez l'équation $\Delta G^\circ = -nF\mathscr{E}^\circ$. Que représentent les quatre termes dans cette équation ? Pourquoi un signe négatif apparaît-il dans l'équation ? Qu'est-ce l'indice supérieur indique ?

**5.** L'équation de Nernst permet de déterminer le potentiel pour une pile électrochimique dans des conditions non standards. Écrivez l'équation de Nernst. Quelles sont les conditions non standards ? Que désignent les symboles $\mathscr{E}$, $\mathscr{E}^\circ$, $n$ et $Q$ dans l'équation de Nernst ? À quoi se réduit l'équation de Nernst quand une réaction d'oxydoréduction est à l'équilibre ? Quels sont les signes de $\Delta G^\circ$ et de $\mathscr{E}^\circ$ quand $K < 1$ ? Quand $K > 1$ ? Quand $K = 1$ ? Expliquez l'énoncé suivant : $\mathscr{E}$ détermine la spontanéité, alors que $\mathscr{E}^\circ$ détermine la position d'équilibre. Dans quelles conditions peut-on utiliser $\mathscr{E}^\circ$ pour prédire la spontanéité ?

**6.** Qu'est-ce qu'une pile de concentration ? Qu'est-ce que $\mathscr{E}^\circ$ dans une pile de concentration ? Quelle est la force motrice dans une pile de concentration qui lui permet de produire un voltage ? À l'anode, est-ce la solution de concentration ionique la plus faible ou la plus élevée qui est présente ? Lorsque la concentration ionique à l'anode diminue ou que la concentration ionique à la cathode augmente, dans les deux cas, il en résulte des potentiels de pile plus élevés. Pourquoi ? Les piles de concentration sont couramment utilisées pour calculer la valeur des constantes d'équilibre de diverses réactions. Par exemple, la pile de concentration à l'argent, illustrée à la figure 8.9, peut être utilisée pour déterminer la valeur de $K_{ps}$ pour $AgCl(s)$. Pour ce faire, on ajoute NaCl au compartiment anodique jusqu'à ce qu'il ne se forme plus de précipité. La concentration de $[Cl^-]$ en solution est alors déterminée d'une certaine façon. Qu'arrive-t-il à $\mathscr{E}_{pile}$ quand on ajoute NaCl au compartiment anodique ? Pour calculer la valeur de $K_{ps}$, il faut calculer $[Ag^+]$. Étant donné la valeur de $\mathscr{E}_{pile}$, comment détermine-t-on $[Ag^+]$ à l'anode ?

**7.** Les batteries sont des piles électrochimiques. Qu'arrive-t-il à $\mathscr{E}_{pile}$ au fur et à mesure qu'une batterie se décharge ? Une batterie représente-t-elle un système à l'équilibre ? Expliquez. Qu'arrive-t-il à $\mathscr{E}_{pile}$ quand une batterie atteint l'équilibre ? Quelle est la ressemblance entre une batterie et une pile à combustible ? En quoi sont-elles différentes ? Le Programme spatial des États-Unis utilise des piles à combustible hydrogène–oxygène comme source d'énergie pour ses vaisseaux spatiaux. Qu'est-ce qu'une pile à combustible hydrogène–oxygène ?

**8.** Les réactions d'oxydoréduction spontanées ne produisent pas toutes des résultats formidables ; la corrosion est un exemple de processus d'oxydoréduction spontané qui a des effets négatifs. Qu'arrive-t-il quand un métal tel le fer subit la corrosion ? Qu'est-ce qui doit être présent pour que la corrosion se produise ? Comment l'humidité et les sels augmentent-ils la gravité de la corrosion ? Expliquez comment les moyens suivants protègent les métaux de la corrosion :

**a)** peinture ;
**b)** revêtement d'oxydes résistants ;
**c)** galvanisation ;
**d)** métal « sacrificiel » ;
**e)** alliage ;
**f)** protection cathodique.

**9.** Qu'est-ce qui caractérise une cellule électrolytique ? Qu'est-ce qu'un ampère ? Quand on multiplie le courant appliqué à une cellule électrolytique par le temps en secondes, quelle quantité détermine-t-on ? Comment cette quantité est-elle convertie en moles d'électrons requises ? Comment les moles d'électrons requises sont-elles converties en moles de métal plaqué ? Que signifie placage ? Comment peut-on prédire les demi-réactions à la cathode et à l'anode dans une cellule électrolytique ? Pourquoi l'électrolyse de sels fondus est-elle plus facile à prédire, du point de vue de ce qui se passe à l'anode et à la cathode, que l'électrolyse des sels dissous dans l'eau ? Qu'est-ce que la surtension ?

**10.** L'électrolyse a de nombreuses applications industrielles importantes. Quelles sont quelques-unes de ces applications ? L'électrolyse du NaCl fondu est le principal procédé de fabrication du sodium métallique. Cependant, l'électrolyse du NaCl en solution aqueuse ne produit pas de sodium métallique dans des circonstances normales. Pourquoi ? Qu'est-ce que la purification d'un métal par électrolyse ?

# Questions et exercices

## Questions à discuter en classe

Ces questions sont conçues pour être abordées en petits groupes. Par des discussions et des enseignements mutuels, elles permettent d'exprimer la compréhension des concepts.

**1.** Dessinez une pile électrochimique et expliquez-en le fonctionnement. Voyez les figures 8.1 et 8.2 ; expliquez ce qui se passe dans chaque contenant et dites pourquoi la pile de la figure 8.2 « fonctionne » tandis que celle de la figure 8.1 ne fonctionne pas.

**2.** Dites comment choisir les électrodes et les solutions utilisées dans la fabrication d'une pile électrochimique.

**3.** On veut plaquer de nickel une pièce de métal plongée dans une solution de nitrate de nickel. Devrait-on utiliser du cuivre ou du zinc ? Expliquez.

**4.** On peut dissoudre une pièce de un cent en cuivre dans de l'acide nitrique mais non dans de l'acide chlorhydrique. À l'aide des potentiels de réduction donnés dans le livre, expliquez ce phénomène. Nommez les produits de la réaction.

Les nouvelles pièces de un cent sont constituées d'un mélange de zinc et de cuivre. Dites ce qui arrive au zinc contenu dans cette pièce de monnaie quand celle-ci est plongée dans de l'acide nitrique ; dans de l'acide chlorhydrique. Appuyez vos explications sur les données du livre et incluez-y les équations équilibrées des réactions.

**5.** Dessinez une pile qui forme du fer à partir du fer(II) tout en transformant le chrome en chrome(III). Calculez-en la tension, indiquez dans quelle direction circulent les électrons, identifiez l'anode et la cathode, et équilibrez l'équation globale de la pile.

**6.** Laquelle des espèces suivantes est le meilleur agent réducteur : $F_2$, $H_2$, Na, $Na^+$, $F^-$ ? Expliquez. Classez autant d'espèces que possible par ordre décroissant de leur pouvoir oxydant. Pourquoi ne peut-on pas les classer toutes ? Selon le tableau 8.1, quelle est l'espèce qui est le meilleur agent oxydant ? Quel est le meilleur agent réducteur ? Expliquez.

**7.** Si le métal A est un meilleur agent réducteur que le métal B, que peut-on dire de $A^+$ et de $B^+$ ? Expliquez.

**8.** Expliquez les relations qui existent entre : $\Delta G$ et $W$ ; potentiel d'une pile et $W$ ; potentiel d'une pile et $\Delta G$ ; potentiel d'une pile et $Q$. En utilisant ces relations, expliquez comment fabriquer une pile dans laquelle les deux électrodes sont du même métal et les deux solutions contiennent le même composé, mais à des concentrations différentes. Expliquez pourquoi une telle pile fonctionne spontanément.

**9.** Expliquez pourquoi les potentiels des piles ne sont pas multipliés par les coefficients de l'équation d'oxydoréduction équilibrée. (Pour ce faire, utilisez la relation entre $\Delta G$ et le potentiel de la pile.)

**10.** Quelle est la différence entre $\mathscr{E}$ et $\mathscr{E}°$ ? Quand $\mathscr{E}$ est-il égal à zéro ? Quand $\mathscr{E}°$ est-il égal à zéro ? (Considérez le cas d'une pile électrochimique et celui d'une pile de concentration.)

**11.** Soit la pile électrochimique suivante :

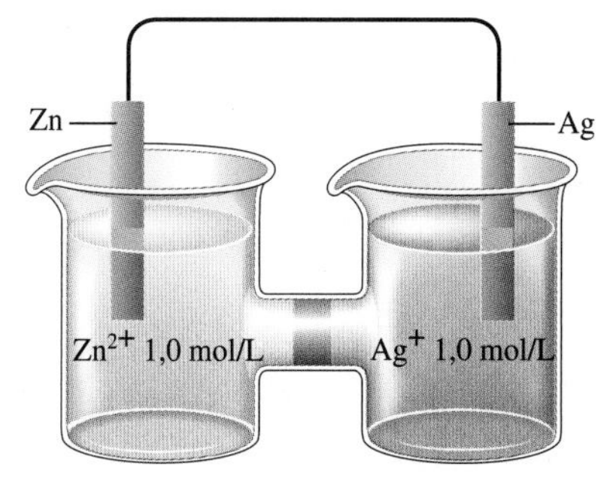


Qu'arrive-t-il à $\mathscr{E}$ si l'on augmente la concentration de $Zn^{2+}$ ? Si l'on augmente la concentration de $Ag^+$ ? Qu'arrive-t-il à $\mathscr{E}°$ dans ces deux cas ?

**12.** Voyez le potentiel de réduction de $Fe^{3+}$ en $Fe^{2+}$ ; celui de $Fe^{2+}$ en Fe et, finalement, celui de $Fe^{3+}$ en Fe. On note que la somme des deux premiers n'équivaut pas au troisième. Pourquoi pas ? Comment peut-on utiliser les deux premiers potentiels pour calculer le troisième ?

Une question ou un exercice précédés d'un numéro en bleu indiquent que la réponse se trouve à la fin de ce livre.

## Révision des réactions d'oxydoréduction

Si vous avez de la difficulté avec les exercices suivants, révisez les sections 1.9 et 1.10.

13. Définissez *oxydation* et *réduction* en termes de variation du nombre d'oxydation et de perte ou de gain d'électrons.

**14.** Attribuez des nombres d'oxydation à tous les atomes des espèces suivantes.

| | | |
|---|---|---|
| **a)** $HNO_3$ | **e)** $MgSO_4$ | **i)** $Na_2C_2O_4$ |
| **b)** $CuCl_2$ | **f)** Ag | **j)** $CO_2$ |
| **c)** $O_2$ | **g)** $PbSO_4$ | **k)** $(NH_4)_2Ce(SO_4)_3$ |
| **d)** $H_2O_2$ | **h)** $PbO_2$ | **l)** $Cr_2O_3$ |

15. Dites quelles équations représentent des réactions d'oxydoréduction ; indiquez-y l'agent oxydant, l'agent réducteur, les espèces oxydées et les espèces réduites.

**a)** $CH_4(g) + H_2O(g) \rightarrow CO(g) + 3H_2(g)$
**b)** $2AgNO_3(aq) + Cu(s) \rightarrow Cu(NO_3)_2(aq) + 2Ag(s)$
**c)** $Zn(s) + 2HCl(aq) \rightarrow ZnCl_2(aq) + H_2(g)$
**d)** $2H^+(aq) + 2CrO_4^{2-}(aq) \rightarrow Cr_2O_7^{2-}(aq) + H_2O(l)$

**16.** Équilibrez chacune des équations suivantes à l'aide de la méthode des demi-réactions en tenant compte des conditions acide-base indiquées.

**a)** $Cr(s) + NO_3^-(aq) \rightarrow Cr^{3+}(aq) + NO(g)$ (acide)
**b)** $Al(s) + MnO_4^-(aq) \rightarrow Al^{3+}(aq) + Mn^{2+}(aq)$ (acide)
**c)** $CH_3OH(aq) + Ce^{4+}(aq) \rightarrow CO_2(aq) + Ce^{3+}(aq)$ (acide)
**d)** $PO_3^{3-}(aq) + MnO_4^-(aq) \rightarrow PO_4^{3-}(aq) + MnO_2(s)$ (base)
**e)** $Mg(s) + OCl^-(aq) \rightarrow Mg(OH)_2(s) + Cl^-(aq)$ (base)
**f)** $H_2CO(aq) + Ag(NH_3)_2^+(aq) \rightarrow HCO_3^-(aq) + Ag(s) + NH_3(aq)$ (base)

## Questions

17. Quand on ajoute du magnésium métallique dans un bécher de $HCl(aq)$, il se produit un gaz. Sachant que le magnésium est oxydé et que l'hydrogène est réduit, écrivez l'équation équilibrée pour la réaction. Combien d'électrons sont transférés dans l'équation équilibrée ? Quelle quantité de travail utile peut-on obtenir quand le Mg est ajouté directement dans le bécher de HCl ? Comment peut-on exploiter cette réaction pour effectuer un travail utile ?

**18.** Comment peut-on construire une pile électrochimique à partir de deux substances, chacune ayant un potentiel standard de réduction négatif ?

19. La variation d'énergie libre pour une réaction, $\Delta G$, est une propriété extensive. Qu'est-ce qu'une propriété extensive ? Curieusement, on peut calculer $\Delta G$ pour la réaction à partir du potentiel d'une pile, $\mathscr{E}$. C'est étonnant parce que $\mathscr{E}$ est une propriété intensive. Comment peut-on calculer la propriété extensive $\Delta G$ à partir de la propriété intensive $\mathscr{E}$ ?

**20.** Qu'y a-t-il de faux dans l'énoncé suivant : La meilleure pile de concentration est constituée de la substance ayant le potentiel standard de réduction le plus positif ? Quelle est la force motrice qui permet à une pile de concentration de produire un voltage élevé ?

21. Lorsqu'on utilise une batterie d'appoint pour faire démarrer une auto dont la batterie est « à plat », le fil de masse doit être fixé à une partie du bloc moteur loin de la batterie. Pourquoi ?

**22.** En théorie, la plupart des métaux devraient facilement se corroder à l'air. Pourquoi ? Un groupe de métaux appelés métaux nobles sont relativement difficiles à corroder à l'air. Parmi eux, on compte l'or, le platine et l'argent. Reportez-vous au tableau 8.1 pour trouver une raison possible pour laquelle les métaux nobles sont relativement difficiles à corroder.

23. Considérez l'électrolyse du sel fondu d'un métal quelconque. Quelle information devez-vous connaître pour calculer la masse de métal déposée dans la cellule électrolytique ?

**24.** Bien que l'aluminium soit un des éléments les plus abondants sur Terre, la production de Al pur s'est avérée très difficile jusqu'à la fin des années 1800. À cette époque, grâce au procédé Hall–Héroult, la production de Al pur a été rendue assez facile. Pourquoi Al pur était-il si difficile à produire et quelle a été la découverte primordiale sous-jacente au procédé Hall–Héroult ?

## Exercices

Dans la présente section, les exercices similaires sont regroupés.

### Piles électrochimiques, potentiels de pile, potentiels standards d'électrode et énergie libre

25. Représentez schématiquement les piles électrochimiques dans lesquelles ont lieu les réactions globales suivantes. Indiquez dans quelle direction les électrons se déplacent et identifiez l'anode et la cathode. Écrivez la réaction globale équilibrée. Supposez que toutes les concentrations sont de 1,0 mol/L et les pressions partielles de 101,3 kPa.
**a)** $Cr^{3+}(aq) + Cl_2(g) \rightleftharpoons Cr_2O_7^{2-}(aq) + Cl^-(aq)$
**b)** $Cu^{2+}(aq) + Mg(s) \rightleftharpoons Mg^{2+}(aq) + Cu(s)$

**26.** Représentez schématiquement les piles électrochimiques dans lesquelles ont lieu les réactions globales suivantes. Indiquez dans quelle direction les électrons se déplacent, dans quelle direction les ions se déplacent à partir du pont électrolytique et identifiez l'anode et la cathode. Écrivez la réaction globale équilibrée. Supposez que toutes les concentrations sont de 1,0 mol/L.
**a)** $IO_3^-(aq) + Fe^{2+}(aq) \rightleftharpoons Fe^{3+}(aq) + I_2(s)$
**b)** $Zn(s) + Ag^+(aq) \rightleftharpoons Zn^{2+}(aq) + Ag(s)$

27. Calculez la valeur de $\mathscr{E}°$ pour chacune des piles décrites à l'exercice 25.

**28.** Calculez la valeur de $\mathscr{E}°$ pour chacune des piles décrites à l'exercice 26.

29. Représentez schématiquement les piles électrochimiques dans lesquelles ont lieu les demi-réactions suivantes. Indiquez dans quelle direction les électrons se déplacent et identifiez l'anode et la cathode. Écrivez la réaction globale équilibrée et déterminez la valeur de $\mathscr{E}°$ pour chaque pile électrochimique. Supposez que toutes les concentrations sont de 1,0 mol/L et les pressions partielles, de 101,3 kPa.
**a)** $Cl_2 + 2e^- \rightarrow 2Cl^-$ $\quad \mathscr{E}° = 1,36$ V
$Br_2 + 2e^- \rightarrow 2Br^-$ $\quad \mathscr{E}° = 1,09$ V
**b)** $MnO_4^- + 8H^+ + 5e^- \rightarrow Mn^{2+} + 4H_2O$ $\quad \mathscr{E}° = 1,51$ V
$IO_4^- + 2H^+ + 2e^- \rightarrow IO_3^- + H_2O$ $\quad \mathscr{E}° = 1,60$ V

**30.** Représentez schématiquement les piles électrochimiques dans lesquelles ont lieu les demi-réactions suivantes. Indiquez dans quelle direction les électrons se déplacent, dans quelle direction les ions se déplacent dans le pont électrolytique et identifiez l'anode et la cathode. Écrivez la réaction globale équilibrée et déterminez la valeur de $\mathscr{E}°$ pour chaque pile électrochimique. Supposez que toutes les concentrations sont de 1,0 mol/L et les pressions partielles de 101,3 kPa.
**a)** $Al^{3+} + 3e^- \rightarrow Al$ $\quad \mathscr{E}° = -1,66$ V
$Ni^{2+} + 2e^- \rightarrow Ni$ $\quad \mathscr{E}° = -0,23$ V
**b)** $Co^{3+} + e^- \rightarrow Co^{2+}$ $\quad \mathscr{E}° = 1,82$ V
$Fe^{3+} + e^- \rightarrow Fe^{2+}$ $\quad \mathscr{E}° = 0,77$ V

31. Écrivez la représentation schématique standard de chaque pile des exercices 25 et 29.

**32.** Écrivez la représentation schématique standard de chaque pile des exercices 26 et 30.

33. Soit les piles électrochimiques suivantes :

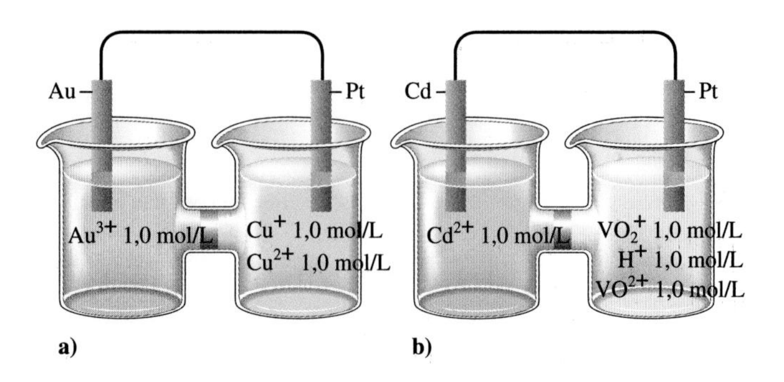


Écrivez la réaction équilibrée et déterminez $\mathscr{E}°$ pour chaque pile électrochimique. Les potentiels standards de réduction se trouvent au tableau 8.1.

**34.** Calculez les valeurs de $\mathscr{E}°$ pour les piles suivantes. Dites si les réactions telles qu'elles sont écrites (dans des conditions standards) sont spontanées ou non. Équilibrez les réactions. Les potentiels standards de réduction se trouvent au tableau 8.1.

**a)** $MnO_4^-(aq) + I^-(aq) \rightleftharpoons I_2(aq) + Mn^{2+}(aq)$
**b)** $MnO_4^-(aq) + F^-(aq) \rightleftharpoons F_2(g) + Mn^{2+}(aq)$

35. Le dioxyde de chlore ($ClO_2$), produit par la réaction suivante :

$$2NaClO_2(aq) + Cl_2(g) \longrightarrow 2ClO_2(g) + 2NaCl(aq)$$

sert de désinfectant dans le traitement des eaux usées. À l'aide des données du tableau 8.1, calculez $\mathscr{E}°$ et $\Delta G°$, à 25 °C, pour la production de $ClO_2$.

**36.** Pour déterminer la teneur en manganèse de l'acier, on transforme le manganèse en ions permanganate. On dissout d'abord l'acier dans de l'acide nitrique pour obtenir des ions $Mn^{2+}$. Ces ions sont ensuite oxydés en ions $MnO_4^-$, très colorés, par des ions periodates, $IO_4^-$, en milieu acide.
**a)** Complétez et équilibrez l'équation qui décrit chacune des réactions mentionnées.
**b)** Calculez les valeurs de $\mathscr{E}°$, de $\Delta G°$ et de $K$, à 25 °C, pour chaque réaction.

37. Calculez la quantité maximale de travail pouvant être obtenue des piles électrochimiques de l'exercice 33 dans des conditions standards.

**38.** Calculez la valeur de $\mathscr{E}°$ pour la réaction suivante :

$$CH_3OH(l) + \frac{3}{2}O_2(g) \longrightarrow CO_2(g) + 2H_2O(l)$$

en utilisant les valeurs de $\Delta G_f°$ données à l'annexe 4.

39. Utilisez les potentiels standards de réduction pour estimer $\Delta G_f°$ pour $Fe^{2+}(aq)$ et $Fe^{3+}(aq)$. ($\Delta G_f°$ pour $e^- = 0$)

**40.** En utilisant les données du tableau 8.1, placez les produits suivants selon l'ordre croissant de leur pouvoir oxydant (tous dans des conditions standards) :

$$MnO_4^-, \quad Cl_2, \quad Cr_2O_7^{2-}, \quad Mg^{2+}, \quad Fe^{2+}, \quad Fe^{3+}$$

41. En utilisant les données du tableau 8.1, placez les produits suivants selon l'ordre croissant de leur pouvoir réducteur (tous dans des conditions standards) :

$$Cr^{3+}, \quad H_2, \quad Zn, \quad Li, \quad F^-, \quad Fe^{2+}$$

**42.** En utilisant les données du tableau 8.1, répondez aux questions suivantes (les espèces sont toutes dans des conditions standards).
**a)** L'ion $H^+(aq)$ peut-il oxyder $Cu(s)$ en $Cu^{2+}(aq)$ ?
**b)** L'ion $H^+(aq)$ peut-il oxyder $Mg(s)$ ?
**c)** L'ion $Fe^{3+}(aq)$ peut-il oxyder $I^-(aq)$ ?
**d)** L'ion $Fe^{3+}(aq)$ peut-il oxyder $Br^-(aq)$ ?

43. Ne tenez compte que des espèces suivantes (dans des conditions standards)

$$Br^-, \quad Br_2, \quad H^+, \quad H_2, \quad La^{3+}, \quad Ca, \quad Cd$$

pour répondre aux questions suivantes. Expliquez vos réponses.
**a)** Quelle espèce est l'agent oxydant le plus fort ?
**b)** Quelle espèce est l'agent réducteur le plus fort ?
**c)** Quelles espèces peuvent être oxydées par $MnO_4^-$ en milieu acide ?
**d)** Quelles espèces peuvent être réduites par $Zn(s)$ ?

**44.** Utilisez le tableau des potentiels standards de réduction (*voir le tableau 8.1*) pour choisir un réactif capable d'effectuer chacune des oxydations suivantes (dans des conditions standards en milieu acide).
**a)** Oxydation de $Br^-$ en $Br_2$, mais non celle de $Cl^-$ en $Cl_2$.
**b)** Oxydation de Mn en $Mn^{2+}$, mais non celle de Ni en $Ni^{2+}$.

45. Utilisez le tableau des potentiels standards de réduction (*voir le tableau 8.1*) pour choisir un réactif capable d'effectuer chacune des réductions suivantes (dans des conditions standards en milieu acide).
**a)** Réduction de $Fe^{3+}$ en $Fe^{2+}$, mais non celle de $Fe^{2+}$ en Fe.
**b)** Réduction de $Ag^+$ en Ag, mais non celle de $O_2$ en $H_2O_2$.

**46.** L'hydrazine est plutôt toxique. En utilisant les demi-réactions illustrées ci-dessous, expliquez pourquoi un javellisant domestique (une solution très alcaline d'hypochlorite de sodium) ne doit pas être mélangé à l'ammoniaque domestique ou aux nettoyants pour vitres qui contiennent de l'ammoniac.

$$ClO^- + H_2O + 2e^- \longrightarrow 2OH^- + Cl^- \qquad \mathscr{E}° = 0{,}90\ V$$
$$N_2H_4 + 2H_2O + 2e^- \longrightarrow 2NH_3 + 2OH^- \qquad \mathscr{E}° = -0{,}10\ V$$

47. Le composé de formule $TlI_3$ est un solide noir. Étant donné les potentiels standards de réduction suivants,

$$Tl^{3+} + 2e^- \longrightarrow Tl^+ \qquad \mathscr{E}° = 1{,}25\ V$$
$$I_3^- + 2e^- \longrightarrow 3I^- \qquad \mathscr{E}° = 0{,}55\ V$$

ce composé s'appelle-t-il iodure de thallium(III) ou triiodure de thallium(I) ?

## Équation de Nernst

**48.** Il se produit les demi-réactions suivantes dans une pile électrochimique, à 25 °C :

$$Ag^+ + e^- \longrightarrow Ag$$
$$H_2O_2 + 2H^+ + 2e^- \longrightarrow 2H_2O$$

Prédisez si $\mathscr{E}_{pile}$ est supérieure ou inférieure à $\mathscr{E}°_{pile}$ dans les cas suivants :
**a)** $[Ag^+] = 1{,}0$ mol/L, $[H_2O_2] = 2{,}0$ mol/L, $[H^+] = 2{,}0$ mol/L
**b)** $[Ag^+] = 2{,}0$ mol/L, $[H_2O_2] = 1{,}0$ mol/L, $[H^+] = 1{,}0 \times 10^{-7}$ mol/L

49. Voyez la pile de concentration à la figure 8.10. Si la concentration de $Fe^{2+}$ dans le compartiment de droite passe de 0,1 mol/L à $1 \times 10^{-7}$ mol/L, prédisez dans quelle direction circuleront les électrons et indiquez les compartiments de l'anode et de la cathode.

**50.** Soit la pile de concentration suivante. Calculez le potentiel de cette pile quand la concentration des ions $Ag^+$ dans le bécher de droite est de :
**a)** 1,0 mol/L ;
**b)** 2,0 mol/L ;
**c)** 0,10 mol/L ;
**d)** $4{,}0 \times 10^{-5}$ mol/L.
**e)** Calculez le potentiel quand la concentration des ions $Ag^+$ est de 0,10 mol/L dans les deux solutions.

Dans chaque cas, identifiez la cathode, l'anode et la direction dans laquelle les électrons se déplacent.

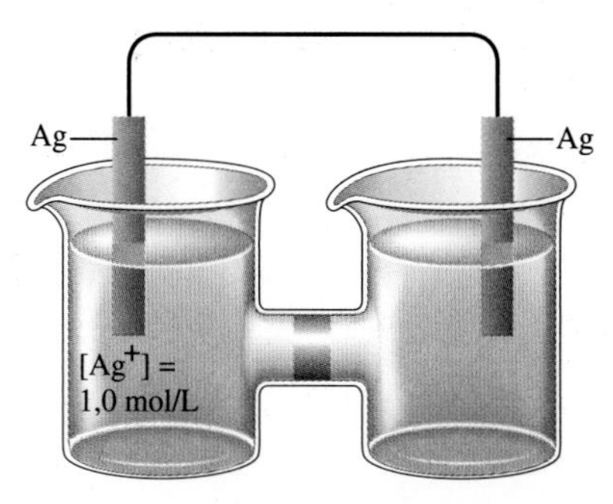

51. La réaction globale qui a lieu dans un accumulateur au plomb est la suivante :

$$Pb(s) + PbO_2(s) + 2H^+(aq) + 2HSO_4^-(aq) \longrightarrow 2PbSO_4(s) + 2H_2O(l)$$

Calculez $\mathscr{E}$, à 25 °C, pour cet accumulateur quand $[H_2SO_4] =$ 4,5 mol/L, c'est-à-dire que $[H^+] = [HSO_4^-] = 4{,}5$ mol/L. À 25 °C, $\mathscr{E}° = 2{,}04$ V pour l'accumulateur au plomb.

52. Soit la pile suivante :

$$Zn|Zn^{2+}(1{,}00 \text{ mol/L})||Cu^{2+}(1{,}00 \text{ mol/L})|Cu$$

Calculez le potentiel de cette pile après qu'elle a fonctionné assez longtemps pour que $[Zn^{2+}]$ ait varié de 0,20 mol/L. (Supposez que $T = 25$ °C.)

53. Une pile électrochimique est composée d'une électrode standard d'hydrogène et d'une électrode de cuivre.
   a) Quel est le potentiel de cette pile si l'électrode de cuivre est plongée dans une solution pour laquelle $Cu^{2+} = 2{,}5 \times 10^{-8}$ mol/L ?
   b) L'électrode de cuivre est plongée dans une solution de $Cu^{2+}$ de concentration inconnue. On mesure un potentiel de 0,195 V. Quelle est $[Cu^{2+}]$ ? (Supposez que $Cu^{2+}$ est réduit.)

54. Une pile électrochimique est constituée d'une électrode à hydrogène standard et d'une électrode de cuivre. Si l'électrode de cuivre est plongée dans une solution de NaOH 0,1 mol/L saturée de $Cu(OH)_2$, quel est le potentiel de la solution ? Pour le $Cu(OH)_2$, la valeur de $K_{ps}$ est de $1{,}6 \times 10^{-19}$.

55. Une pile électrochimique est constituée d'une électrode de nickel métallique plongée dans une solution de $[Ni^{2+}] =$ 1,0 mol/L, séparée par un disque poreux d'une électrode d'aluminium métallique plongée dans une solution de $[Al^{3+}] =$ 1,0 mol/L. On ajoute de l'hydroxyde de sodium dans le compartiment de l'aluminium, ce qui provoque la précipitation de $Al(OH)_3(s)$. Une fois la précipitation de $Al(OH)_3$ terminée, la concentration de $OH^-$ est $1{,}0 \times 10^{-4}$ mol/L, et le potentiel mesuré de la pile est de 1,82 V. Calculez la valeur de $K_{ps}$ pour $Al(OH)_3$.

$$Al(OH)_3(s) \rightleftharpoons Al^{3+}(aq) + 3OH^-(aq) \qquad K_{ps} = ?$$

56. Soit une pile de concentration dont les deux électrodes sont composées d'un métal M. La solution A dans un compartiment de la pile contient $M^{2+}$ 1,0 mol/L. Le volume de la solution B dans l'autre compartiment est de 1,00 L. Au début de l'expérience, on dissout 0,0100 mol de $M(NO_3)_2$ et 0,0100 mol de $Na_2SO_4$ dans la solution B (ne tenez pas compte des changements de volume), où a lieu la réaction

$$M^{2+}(aq) + SO_4^{2-}(aq) \rightleftharpoons MSO_4(s)$$

Pour cette réaction, l'équilibre est rapidement atteint, après quoi le potentiel mesuré de la pile est de +0,44 V à 25 °C. Supposez que le processus

$$M^{2+} + 2e^- \longrightarrow M$$

a un potentiel de réduction standard de −0,31 V, et qu'aucun autre processus d'oxydoréduction ne se produit dans la pile. Calculez la valeur de $K_{ps}$ pour $MSO_4(s)$ à 25 °C.

57. La cathode d'une pile de concentration est constituée d'une électrode d'argent dans une solution de $Ag^+$ 0,10 mol/L. L'anode est également constituée d'une électrode d'argent dans une solution de $Ag^+(aq)$, de $S_2O_3^{2-}$ 0,050 mol/L et de $Ag(S_2O_3)_2^{3-}$ $1{,}0 \times 10^{-3}$ mol/L. La lecture du voltage est de 0,76 V.
   a) Calculez la concentration de $Ag^+$ à la cathode.
   b) Déterminez la valeur de la constante d'équilibre pour la formation de $Ag(S_2O_3)_2^{3-}$.

$$Ag^+(aq) + 2S_2O_3^{2-}(aq) \rightleftharpoons Ag(S_2O_3)_2^{3-}(aq) \qquad K = ?$$

58. Calculez $\Delta G°$ et $K$ à 25 °C pour les réactions des exercices 25 et 29.

59. Un excès de fer finement divisé est mélangé à une solution qui contient des ions $Cu^{2+}$, puis on laisse le système atteindre l'équilibre. On filtre ensuite les matériaux solides, puis on plonge des électrodes de cuivre solide et de fer solide dans la solution restante. Quelle est la valeur du rapport $[Fe^{2+}]/[Cu^{2+}]$ à 25 °C ?

60. Soit la réaction suivante :

$$Ni^{2+}(aq) + Sn(s) \longrightarrow Ni(s) + Sn^{2+}(aq)$$

Déterminez le rapport minimal de $[Sn^{2+}]/[Ni^{2+}]$ nécessaire pour que cette réaction soit spontanée, telle qu'elle est écrite.

61. Dans les conditions standards, quelle réaction a lieu, si réaction il y a, quand on effectue chacune des opérations suivantes ?
   a) On ajoute des cristaux de $I_2$ à une solution de NaCl.
   b) On fait barboter du $Cl_2$ gazeux dans une solution de NaI.
   c) On place un fil d'argent dans une solution de $CuCl_2$.
   d) On laisse une solution de $FeSO_4$ à l'air.
   e) Pour les réactions qui se produisent, écrivez une équation équilibrée et calculez $\mathscr{E}°$, $\Delta G°$ et $K$ à 25 °C.

62. Une réaction de dismutation met en jeu une substance qui agit à la fois comme agent oxydant et agent réducteur, ce qui se traduit par des degrés d'oxydation élevé et faible pour le même élément dans les produits. Lesquelles des réactions de dismutation suivantes sont spontanées dans des conditions standards ? Quelles sont les valeurs de $\Delta G°$ et de $K$, à 25 °C, pour les réactions qui sont spontanées dans des conditions standards ?
   a) $2Cu^+(aq) \rightarrow Cu^{2+}(aq) + Cu(s)$
   b) $3Fe^{2+}(aq) \rightarrow 2Fe^{3+}(aq) + Fe(s)$
   c) $HClO_2(aq) \rightarrow ClO_3^-(aq) + HClO(aq)$ (non équilibrée)

Utilisez les demi-réactions suivantes :

$$ClO_3^- + 3H^+ + 2e^- \longrightarrow HClO_2 + H_2O \qquad \mathscr{E}° = 1{,}21 \text{ V}$$
$$HClO_2 + 2H^+ + 2e^- \longrightarrow HClO + H_2O \qquad \mathscr{E}° = 1{,}65 \text{ V}$$

63. Soit la pile électrochimique dans laquelle ont lieu les demi-réactions suivantes :

$$Au^{3+} + 3e^- \longrightarrow Au \qquad \mathscr{E}° = 1{,}50 \text{ V}$$
$$Tl^+ + e^- \longrightarrow Tl \qquad \mathscr{E}° = -0{,}34 \text{ V}$$

   a) Déterminez la réaction globale de la pile et calculez $\mathscr{E}°_{pile}$.
   b) Calculez $\Delta G°$ et $K$ pour la réaction de la pile, à 25 °C.
   c) Calculez $\mathscr{E}_{pile}$, à 25 °C, quand $[Au^{3+}] = 1{,}0 \times 10^{-2}$ mol/L et $[Tl^+] = 1{,}0 \times 10^{-4}$ mol/L.

64. Soit la pile électrochimique suivante à 25 °C :

$$Pt|Cr^{2+}(0{,}30 \text{ mol/L}), Cr^{3+}(2{,}0 \text{ mol/L})||Co^{2+}(0{,}20 \text{ mol/L})|Co$$

La réaction globale et la valeur de la constante d'équilibre sont :

$$2Cr^{2+}(aq) + Co^{2+}(aq) \longrightarrow 2Cr^{3+}(aq) + Co(s) \qquad K = 2{,}79 \times 10^7$$

Calculez le potentiel, $\mathscr{E}$, pour cette pile électrochimique, et $\Delta G$ pour la réaction de la pile dans ces conditions.

65. Calculez $K_{ps}$ pour le sulfure de fer(II) à l'aide des données suivantes :

$$FeS(s) + 2e^- \longrightarrow Fe(s) + S^{2-}(aq) \qquad \mathscr{E}° = -1,01 \text{ V}$$
$$Fe^{2+}(aq) + 2e^- \longrightarrow Fe(s) \qquad \mathscr{E}° = -0,44 \text{ V}$$

**66.** Pour la demi-réaction suivante, $\mathscr{E}° = -2,07$ V :

$$AlF_6^{3-} + 3e^- \longrightarrow Al + 6F^-$$

En utilisant les données du tableau 8.1, calculez la constante d'équilibre à 25 °C pour la réaction

$$Al^{3+}(aq) + 6F^-(aq) \rightleftharpoons AlF_6^{3-}(aq) \qquad K = ?$$

67. Calculez la valeur de la constante d'équilibre pour la réaction du zinc métallique dans une solution de nitrate d'argent à 25 °C.

**68.** Le produit de solubilité de CuI(*s*) est $1,1 \times 10^{-12}$. Calculez la valeur de $\mathscr{E}°$ pour la demi-réaction suivante :

$$CuI + e^- \longrightarrow Cu + I^-$$

## Électrolyse

69. Si l'on utilise un courant de 100,0 A, combien de temps faut-il pour qu'il y ait formation d'un dépôt de :
**a)** 1,0 kg de Al à partir d'une solution aqueuse de $Al^{3+}$ ?
**b)** 1,0 g de Ni à partir d'une solution aqueuse de $Ni^{2+}$ ?
**c)** 5,0 moles de Ag à partir d'une solution aqueuse de $Ag^+$ ?

**70.** L'électrolyse de $BiO^+$ produit du bismuth pur. Combien de temps faut-il pour produire 10,0 g de Bi, par électrolyse d'une solution de $BiO^+$ en utilisant un courant de 25,0 A ?

71. Quelle masse de chacune des substances suivantes peut-on produire en une heure avec un courant de 15 A ?
**a)** Co à partir d'une solution de $Co^{2+}$.
**b)** Hf à partir d'une solution aqueuse de $Hf^{4+}$.
**c)** $I_2$ à partir d'une solution aqueuse de KI.
**d)** Cr à partir de $CrO_3$ fondu.

**72.** On produit commercialement de l'aluminium par électrolyse de $Al_2O_3$ en présence d'un sel fondu. Si l'usine a une capacité continue de 1,00 million d'ampères, quelle masse d'aluminium peut-on produire en 2 heures ?

73. On électrolyse un métal inconnu M. Il faut 74,1 s à un courant de 2,00 amp pour qu'il y ait dépôt de 0,107 g du métal contenu dans une solution de $M(NO_3)_3$. Quelle est la nature du métal ?

**74.** Quel est le volume de $F_2$ gazeux produit à 25 °C et à 1,00 atm, si on électrolyse du KF fondu à l'aide d'un courant de 10,0 A pendant 2 heures ? Quelle est la masse de potassium métallique produite ? À quelle électrode se produit chacune des réactions ?

75. La compagnie *Monsanto* utilise un des rares procédés industriels qui fasse appel à l'électrochimie pour réaliser la synthèse de composés organiques. Il s'agit du 1,4-dicyanobutane. La réaction de réduction est la suivante :

$$2CH_2{=}CHCN + 2H^+ + 2e^- \longrightarrow NC{-}(CH_2)_4{-}CN$$

Le $NC{-}(CH_2)_4{-}CN$ est ensuite réduit chimiquement par l'hydrogène en $H_2N{-}(CH_2)_6{-}NH_2$, produit qui entre dans la fabrication du nylon. Quel courant faut-il faire passer pour produire 150 kg de $NC{-}(CH_2)_4{-}CN$ par heure ?

**76.** Il a fallu 2,30 min à un courant de 2,00 A pour plaquer tout l'argent contenu dans 0,250 L d'une solution contenant des ions $Ag^+$. Quelle était la concentration originale en $Ag^+$ de la solution ?

77. On utilise un courant de 4,00 A pour l'électrolyse d'une solution contenant des ions $Pt^{4+}$. Combien de temps faudra-t-il pour plaquer 99 % du platine contenu dans 0,50 L d'une solution de $Pt^{4+}$ 0,010 mol/L ?

**78.** Une solution à 25 °C contient $Cd^{2+}$ 1,0 mol/L, $Ag^+$ 1,0 mol/L, $Au^{3+}$ 1,0 mol/L et $Ni^{2+}$ 1,0 mol/L dans le compartiment de la cathode d'une cellule électrolytique. Prédisez l'ordre dans lequel les métaux se déposeront au fur et à mesure qu'on augmente graduellement le voltage.

79. Soit les demi-réactions suivantes :

$$IrCl_6^{3-} + 3e^- \longrightarrow Ir + 6Cl^- \qquad \mathscr{E}° = 0,77 \text{ V}$$
$$PtCl_4^{2-} + 2e^- \longrightarrow Pt + 4Cl^- \qquad \mathscr{E}° = 0,73 \text{ V}$$
$$PdCl_4^{2-} + 2e^- \longrightarrow Pd + 4Cl^- \qquad \mathscr{E}° = 0,62 \text{ V}$$

Une solution d'acide chlorhydrique contient du platine, du palladium et de l'iridium sous forme d'ions complexes chlorés. La solution a une concentration constante de 1,0 mol/L d'ions chlorure et de 0,020 mol/L de chacun des ions complexes. Est-il possible de séparer les trois métaux de cette solution par électrolyse ? (Supposez que 99 % d'un métal doit être déposé avant qu'un autre métal commence à se déposer à son tour.)

**80.** Quelles réactions ont lieu à la cathode et à l'anode quand on procède à l'électrolyse de chacune des solutions suivantes ?
**a)** Du KF fondu.
**b)** Du $CuCl_2$ fondu.
**c)** Du $MgI_2$ fondu.

# Exercices supplémentaires

81. On utilise souvent comme électrode de référence une électrode au calomel. Cette électrode est composée de mercure en contact avec une solution saturée de calomel, $Hg_2Cl_2$. La solution d'électrolyte est une solution saturée de KCl. La valeur de $\mathscr{E}_{\text{électrode}}$ est de +0,242 V par rapport à l'électrode standard d'hydrogène. Quel potentiel mesure-t-on dans chacune des piles suivantes si elle possède une électrode au calomel et, dans la demi-pile, les composants mentionnés dans des conditions standards ? Indiquez, dans chaque cas, si l'électrode au calomel joue le rôle de la cathode ou celui de l'anode. (*Voir le tableau 8.1 pour les potentiels standards*)
**a)** $Cu^{2+} + 2e^- \longrightarrow Cu$
**b)** $Fe^{3+} + e^- \longrightarrow Fe^{2+}$
**c)** $AgCl + e^- \longrightarrow Ag + Cl^-$
**d)** $Al^{3+} + 3e^- \longrightarrow Al$
**e)** $Ni^{2+} + 2e^- \longrightarrow Ni$

**82.** Soit les demi-réactions suivantes :

$$Pt^{2+} + 2e^- \longrightarrow Pt \qquad \mathscr{E}° = 1,188 \text{ V}$$
$$PtCl_4^{2-} + 2e^- \longrightarrow Pt + 4Cl^- \qquad \mathscr{E}° = 0,755 \text{ V}$$
$$NO_3^- + 4H^+ + 3e^- \longrightarrow NO + 2H_2O \qquad \mathscr{E}° = 0,96 \text{ V}$$

Pourquoi le platine est-il dissous dans l'eau régale, un mélange d'acides nitrique et chlorhydrique concentrés, et non dans l'acide nitrique concentré ni dans l'acide chlorhydrique concentré ?

83. Soit la pile électrochimique standard dans laquelle ont lieu les demi-réactions suivantes :

$$Cu^{2+} + 2e^- \longrightarrow Cu$$
$$Ag^+ + e^- \longrightarrow Ag$$

Les électrodes de cette pile sont Ag(*s*) et Cu(*s*). Est-ce que le potentiel de la pile augmente, diminue ou demeure le même lorsque les modifications suivantes se produisent dans la pile standard ?

**a)** On ajoute $CuSO_4(s)$ au compartiment de la demi-pile de cuivre. (Considérez que le volume reste constant.)
**b)** On ajoute $NH_3(aq)$ au compartiment de la demi-pile de cuivre. *Indice :* $Cu^{2+}$ réagit avec $NH_3$ pour former $Cu(NH_3)_4{}^{2+}(aq)$.
**c)** On ajoute NaCl(*s*) au compartiment de la demi-pile d'argent. *Indice :* $Ag^+$ réagit avec $Cl^-$ pour former AgCl(*s*).
**d)** On ajoute de l'eau aux deux compartiments des demi-piles, jusqu'à ce que le volume des deux solutions soit doublé.
**e)** L'électrode d'argent est remplacée par une électrode de platine.

$$Pt^{2+} + 2e^- \longrightarrow Pt \qquad \mathscr{E}° = 1{,}19\ V$$

**84.** Une pile électrochimique est construite de façon que la réaction globale de la pile soit :

$$2Al^{3+}(aq) + 3M(s) \longrightarrow 3M^{2+}(aq) + 2Al(s)$$

où M est un métal inconnu. Si $\Delta G° = -411$ kJ pour la réaction globale de la pile, quelle est la nature du métal utilisé pour construire la pile standard ?

85. On peut facilement faire disparaître le sulfure d'argent noir présent sur l'argenterie en faisant chauffer l'ustensile en argent dans une solution de carbonate de sodium, dans un récipient en aluminium. La réaction est la suivante :

$$3Ag_2S(s) + 2Al(s) \rightleftharpoons 6Ag(s) + 3S^{2-}(aq) + 2Al^{3+}(aq)$$

**a)** En utilisant les données de l'annexe 4, calculez $\Delta G°$, $K$ et $\mathscr{E}°$ pour la réaction ci-dessus, à 25 °C. (Pour $Al^{3+}(aq)$, $\Delta G_f° = -480$ kJ/mol.)
**b)** Calculez la valeur du potentiel standard de réduction pour la démi-réaction suivante :

$$2e^- + Ag_2S(s) \longrightarrow 2Ag(s) + S^{2-}(aq)$$

**86.** En 1973, on a découvert le cuirassé *USS Monitor* qui a fait naufrage près de Cape Hatteras, en Caroline du Nord [le *Monitor* et le *CSS Virginia* (anciennement le *USS Merrimack*) s'y sont affrontés dans la première bataille opposant des cuirassés]. En 1987, on a fait des études pour savoir si l'on pouvait le renflouer. On a écrit, dans la revue *Time* (22 juin 1987), que les scientifiques étudiaient la possibilité de fixer des anodes sacrificielles de zinc à la coque du *Monitor* qui se corrode rapidement. Dites comment le fait de fixer du zinc à la coque protégerait celle-ci de la corrosion ultérieure.

87. Quand on plonge une feuille d'aluminium dans de l'acide chlorhydrique, il ne se passe rien durant les quelque 30 premières secondes. Ensuite, il y a apparition de bouillonnements violents et dissolution de la feuille d'aluminium. Expliquez ce phénomène.

**88.** Dites quel(s) énoncé(s) est (sont) vrai(s). Corrigez les énoncés faux.

**a)** La corrosion est un exemple de processus électrolytique.
**b)** La corrosion de l'acier implique la réduction du fer associée à l'oxydation de l'oxygène.
**c)** L'acier rouille plus facilement dans les États secs (arides) du sud-ouest des États-Unis que dans les États humides du Midwest.
**d)** L'application de sel sur les routes possède l'avantage d'empêcher la corrosion de l'acier.
**e)** La clé de la protection cathodique est de relier par un fil un métal, plus facilement oxydé que le fer, à la surface d'acier qu'il faut protéger.

89. Un avocat du Bureau des brevets vous consulte pour déterminer quel intérêt peut présenter une demande de brevet relative à l'invention d'une pile électrochimique aqueuse à un seul compartiment, et d'un potentiel de 12 V. Dites ce que vous en pensez.

**90.** La réaction globale de la pile à combustible hydrogène–oxygène et la valeur de la constante d'équilibre sont les suivantes, à 298 K :

$$2H_2(g) + O_2(g) \longrightarrow 2H_2O(l) \qquad K = 1{,}28 \times 10^{83}$$

**a)** Calculez $\mathscr{E}°$ et $\Delta G°$, à 298 K, pour la réaction de la pile à combustible.
**b)** Prédisez les signes de $\Delta H°$ et $\Delta S°$ pour la réaction de la pile à combustible.
**c)** Au fur et à mesure que la température augmente, est-ce que la quantité maximale de travail obtenue de la réaction de la pile augmente, diminue ou demeure la même ? Expliquez.

91. Quel est le maximum de travail pouvant être obtenu d'une pile à combustible hydrogène–oxygène qui produit, dans des conditions standards, 1,00 kg d'eau, à 25 °C ? Pourquoi dit-on qu'il s'agit du maximum de travail que l'on peut obtenir ? Dans la production d'électricité, quels avantages et inconvénients présentent les piles à combustible par rapport aux réactions de combustion correspondantes ?

**92.** La réaction globale et le potentiel standard d'électrode à 25 °C pour la pile alcaline rechargeable au nickel-cadmium sont :

$$Cd(s) + NiO_2(s) + 2H_2O(l) \longrightarrow Ni(OH)_2(s) + Cd(OH)_2(s) \qquad \mathscr{E}° = 1{,}10\ V$$

Pour chaque mole de Cd consommée dans la pile, quel est le maximum de travail utile que l'on peut obtenir dans des conditions standards ?

93. Une pile à combustible expérimentale a été conçue pour utiliser le monoxyde de carbone comme combustible. La réaction globale est :

$$2CO(g) + O_2(g) \longrightarrow 2CO_2(g)$$

Les deux demi-réactions sont :

$$CO + O^{2-} \longrightarrow CO_2 + 2e^-$$
$$O_2 + 4e^- \longrightarrow 2O^{2-}$$

Les deux demi-réactions ont lieu dans des compartiments séparés reliés par un mélange solide de $CeO_2$ et de $Gd_2O_3$. Les ions oxyde peuvent se déplacer dans ce solide à température élevée (environ 800 °C). La $\Delta G$ pour la réaction globale à 800 °C dans certaines conditions de concentration est de –380 kJ. Calculez le potentiel de cette pile dans les mêmes conditions de température et de concentration.

**94.** Dans une pile à combustible dans laquelle l'éthanol réagit avec l'oxygène, il se produit la réaction nette suivante :

$$C_2H_5OH(l) + 3O_2(g) \longrightarrow 2CO_2(g) + 3H_2O(l)$$

Le maximum de travail que l'on peut obtenir de 1,00 mol d'alcool est de $1{,}32 \times 10^3$ kJ. Quelle tension théorique maximale peut atteindre cette pile, à 25 °C ?

95. On peut produire de l'or en effectuant l'électrolyse d'une solution aqueuse de $Au(CN)_2{}^-$ contenant un excès de $CN^-$.

Aux électrodes, il y a formation d'or métallique et d'oxygène gazeux. Quelle est la quantité (en moles) de $O_2$ ainsi produite, au cours de la production de 1,00 mol d'or ?

**96.** Dans l'électrolyse d'une solution de chlorure de sodium, quel volume de $H_2(g)$ est produit dans la même période de temps qu'il faut pour produire 257 L de $Cl_2(g)$, les deux volumes étant mesurés à 50 °C et à 2,50 atm ?

97. Une solution aqueuse d'un sel inconnu de ruthénium est électrolysée par un courant de 2,50 A pendant 50 min. Si 2,618 g de Ru sont produits à la cathode, quelle est la charge portée par les ions ruthénium dans la solution ?

**98.** Dans le procédé Hall–Héroult, il faut fournir 15 kWh (kilowattheures) d'énergie électrique pour obtenir 1,0 kg d'aluminium à partir de l'oxyde d'aluminium. Comparez cette valeur à la quantité d'énergie nécessaire pour faire fondre 1,0 kg d'aluminium. Pourquoi est-ce rentable de recycler les canettes en aluminium ? (L'enthalpie de fusion de l'aluminium est de 10,7 kJ/mol ; 1 W = 1 J/s.)

## Problèmes défis

99. À partir des deux équations suivantes

$$\Delta G° = -nF\mathscr{E}° \quad \text{et} \quad \Delta G° = \Delta H° - T\Delta S°$$

exprimez la variation de $\mathscr{E}°$ en fonction de la température. Décrivez comment on peut déterminer graphiquement les valeurs de $\Delta H°$ et de $\Delta S°$ à partir de celles de $\mathscr{E}°$ obtenues à différentes températures. Quelles propriétés doit-on rechercher lorsqu'on veut mettre au point une demi-pile de référence dont le potentiel soit relativement stable en fonction de la température ?

**100.** La réaction globale d'une batterie au plomb est :

$$Pb(s) + PbO_2(s) + 2H^+(aq) + 2HSO_4^-(aq) \longrightarrow 2PbSO_4(s) + 2H_2O(l)$$

**a)** Pour la réaction de cette batterie, $\Delta H° = -315{,}9$ kJ et $\Delta S° = 263{,}5$ J/K. Calculez la valeur de $\mathscr{E}$ à −20 °C. Considérez que $\Delta H°$ et $\Delta S°$ ne dépendent pas de la température.
**b)** Calculez $\mathscr{E}$ à −20 °C quand $[H^+] = [HSO_4^-] = 4{,}5$ mol/L.
**c)** Soit les réponses de l'exercice 51. Pourquoi les batteries se retrouvent-elles à plat plus souvent durant les journées froides que durant les journées chaudes ?

101. Soit la pile électrochimique suivante :

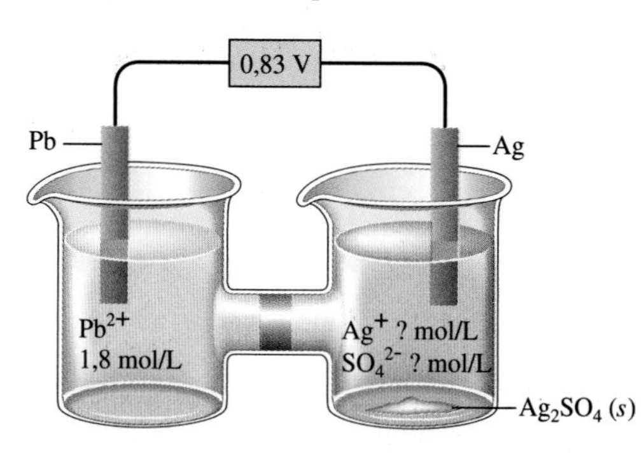


Calculez la valeur de $K_{ps}$ pour $Ag_2SO_4(s)$. On remarque que pour obtenir les ions argent dans le bon compartiment (le compartiment de la cathode), on a ajouté un excès de $Ag_2SO_4$ solide et une partie du sel s'est dissous.

**102.** Soit la pile zinc–cuivre suivante, à 25 °C :

$$Zn|Zn^{2+}(0{,}10 \text{ mol/L})||Cu^{2+}(2{,}50 \text{ mol/L})|Cu$$

La masse de chaque électrode est de 200 g.

**a)** Calculez le potentiel de cette pile au début de son utilisation.
**b)** Calculez le potentiel de cette pile après qu'elle a fourni un courant de 10,0 A durant 10,0 h. (Supposez que chaque demi-pile contient 1,00 L de solution.)
**c)** Calculez la masse de chaque électrode après 10,0 h.
**d)** Calculez pendant combien de temps cette pile peut fournir un courant de 10,0 A avant de s'épuiser totalement.

103. Soit une pile électrochimique dans laquelle ont lieu les demi-réactions suivantes :

$$Fe^{2+} + 2e^- \longrightarrow Fe(s) \qquad \mathscr{E}° = -0{,}440 \text{ V}$$
$$2H^+ + 2e^- \longrightarrow H_2(g) \qquad \mathscr{E}° = 0{,}000 \text{ V}$$

dans laquelle le compartiment du fer contient une électrode de fer et $[Fe^{2+}] = 1{,}00 \times 10^{-3}$ mol/L et le compartiment de l'hydrogène contient une électrode de platine, $P_{H_2} = 1{,}00$ atm, et un acide faible, HA, à une concentration initiale de 1,00 mol/L. Si le potentiel de la pile est de 0,333 V à 25 °C, calculez la valeur de $K_a$ pour l'acide faible HA.

**104.** Soit une pile dans laquelle ont lieu les demi-réactions suivantes :

$$Au^{3+} + 3e^- \longrightarrow Au \qquad \mathscr{E}° = 1{,}50 \text{ V}$$
$$Fe^{3+} + e^- \longrightarrow Fe^{2+} \qquad \mathscr{E}° = 0{,}77 \text{ V}$$

**a)** Dessinez cette pile dans des conditions standards ; indiquez l'anode, la cathode, la direction dans laquelle circulent les électrons et les concentrations.
**b)** Quand on ajoute assez de NaCl(*s*) au compartiment qui contient l'or pour que $[Cl^-] = 0{,}10$ mol/L, le potentiel de la pile est de 0,31 V. Considérez que $Au^{3+}$ est réduit et que la réaction dans le compartiment qui contient l'or est la suivante :

$$Au^{3+}(aq) + 4Cl^-(aq) \rightleftharpoons AuCl_4^-(aq)$$

Calculez la valeur de $K$ pour cette réaction, à 25 °C.

105. Le zirconium est l'un des rares métaux à conserver son intégrité structurale lorsqu'il est exposé aux radiations. C'est pourquoi les barres de combustible dans la plupart des réacteurs nucléaires sont fabriquées en zirconium. Répondez aux questions suivantes sur les propriétés oxydoréductrices du zirconium basées sur la demi-réaction

$$ZrO_2 \cdot H_2O + H_2O + 4e^- \longrightarrow Zr + 4OH^- \qquad \mathscr{E}° = -2{,}36 \text{ V}$$

**a)** Le zirconium métallique est-il capable de réduire l'eau pour former l'hydrogène gazeux dans les conditions standards ?
**b)** Écrivez une équation équilibrée pour la réduction de l'eau par le zirconium métallique.
**c)** Calculez $\mathscr{E}°$, $\Delta G°$ et $K$ pour la réduction de l'eau par le zirconium métallique.
**d)** La réduction de l'eau par le zirconium s'est produite au cours de l'accident de Three Mile Island, en Pennsylvanie, en 1979. L'hydrogène produit a été évacué avec succès et aucune explosion chimique ne s'est produite. Si $1{,}00 \times 10^3$ kg de Zr réagissent, quelle masse de $H_2$ est produite ? Quel volume de $H_2$ est produit à 1,0 atm et à 1000 °C ?
**e)** À Tchernobyl, en URSS, en 1986, de l'hydrogène gazeux a été produit par la réaction de vapeur surchauffée avec le cœur en graphite du réacteur :

$$C(s) + H_2O(g) \longrightarrow CO(g) + H_2(g)$$

Une explosion chimique faisant intervenir de l'hydrogène gazeux s'est produite à Tchernobyl. À la lumière de ce fait, croyez-vous que la décision d'évacuer l'hydrogène et les autres gaz radioactifs dans l'atmosphère à Three Mile Island était une bonne décision ? Expliquez.

**106.** Soit une pile électrochimique dans laquelle ont lieu les demi-réactions suivantes :

$$Ag^+ + e^- \longrightarrow Ag(s) \qquad \mathscr{E}° = 0{,}80\ V$$
$$Cu^{2+} + 2e^- \longrightarrow Cu(s) \qquad \mathscr{E}° = 0{,}34\ V$$

Dans cette pile, le compartiment de l'argent contient une électrode d'argent et $AgCl(s)$ en excès ($K_{ps} = 1{,}6 \times 10^{-10}$), et le compartiment du cuivre contient une électrode de cuivre et $[Cu^{2+}] = 2{,}0$ mol/L.

**a)** Calculez le potentiel de cette pile à 25 °C.
**b)** En supposant qu'il y a 1,0 L de $Cu^{2+}$ 2,0 mol/L dans le compartiment du cuivre, calculez le nombre de moles de $NH_3$ qu'il faut ajouter pour que le potentiel de la pile atteigne 0,52 V à 25 °C. (Considérez que le volume reste constant lors de l'addition de $NH_3$.)

$$Cu^{2+}(aq) + 4NH_3(aq) \rightleftharpoons Cu(NH_3)_4{}^{2+}(aq) \qquad K = 1{,}0 \times 10^{13}$$

**107.** Étant donné les deux potentiels standards de réduction suivants,

$$M^{3+} + 3e^- \longrightarrow M \qquad \mathscr{E}° = -0{,}10\ V$$
$$M^{2+} + 2e^- \longrightarrow M \qquad \mathscr{E}° = -0{,}50\ V$$

calculez le potentiel standard de réduction de la demi-réaction

$$M^{3+} + e^- \longrightarrow M^{2+}$$

(*Indice :* il faut utiliser la propriété extensive $\Delta G°$ pour déterminer le potentiel standard de réduction.)

**108.** Une pile électrochimique est constituée d'un morceau de nickel, de $Ni^{2+}(aq)$ 1,0 mol/L, d'un morceau d'argent et de $Ag^+(aq)$ 1,0 mol/L. Calculez les concentrations de $Ag^+(aq)$ et de $Ni^{2+}(aq)$ une fois que la pile est « à plat ».

**109.** Un chimiste veut déterminer la concentration de $CrO_4{}^{2-}$ par une méthode électrochimique. Il construit une pile constituée d'une électrode au calomel (*voir l'exercice 81*) et d'un fil d'argent recouvert de $Ag_2CrO_4$. La valeur de $\mathscr{E}°$ pour la demi-réaction suivante est de +0,446 V par rapport à l'électrode standard d'hydrogène :

$$Ag_2CrO_4 + 2e^- \longrightarrow 2Ag + CrO_4{}^{2-}$$

**a)** Calculez $\mathscr{E}_{pile}$ et $\Delta G$ à 25 °C pour la réaction de la pile quand $[CrO_4{}^{2-}] = 1{,}00$ mol/L.
**b)** Écrivez l'équation de Nernst pour la pile. Supposez que les concentrations de l'électrode au calomel sont constantes.
**c)** Si le fil d'argent recouvert est placé dans une solution (à 25 °C) dans laquelle $[CrO_4{}^{2-}] = 1{,}00 \times 10^{-5}$ mol/L, quel est le potentiel de la pile prévu ?
**d)** Le potentiel mesuré de la pile à 25 °C est de 0,504 V, lorsque le fil recouvert est plongé dans une solution dont $[CrO_4{}^{2-}]$ est inconnue. Quelle est la $[CrO_4{}^{2-}]$ pour cette solution ?
**e)** En utilisant les données de ce problème et du tableau 8.1, calculez le produit de solubilité, $K_{ps}$, pour $Ag_2CrO_4$.

**110.** Une pile de concentration est constituée d'électrodes de cuivre et de $[Cu^{2+}] = 1{,}00$ mol/L (côté droit), et $1{,}0 \times 10^{-4}$ mol/L (côté gauche).

**a)** Calculez le potentiel de cette pile à 25 °C.
**b)** Les ions $Cu^{2+}$ réagissent avec $NH_3$ pour former $Cu(NH_3)_4{}^{2+}$ où les constantes de formation séquentielles sont $K_1 = 1{,}0 \times 10^3$, $K_2 = 1{,}0 \times 10^4$, $K_3 = 1{,}0 \times 10^3$ et $K_4 = 1{,}0 \times 10^3$. Calculez le nouveau potentiel de la pile après l'addition de suffisamment de $NH_3$ dans le compartiment de gauche pour que $[NH_3] = 2{,}0$ mol/L à l'équilibre.

**111.** Lorsque le cuivre réagit avec l'acide nitrique, il y a émission d'un mélange de $NO(g)$ et de $NO_2(g)$. Le rapport des volumes des deux gaz produits dépend de la concentration de l'acide nitrique selon l'équilibre

$$2H^+(aq) + 2NO_3{}^-(aq) + NO(g) \rightleftharpoons 3NO_2(g) + H_2O(l)$$

Soit les potentiels standards de réduction suivants à 25 °C :

$$3e^- + 4H^+(aq) + NO_3{}^-(aq) \longrightarrow NO(g) + 2H_2O(l) \qquad \mathscr{E}° = 0{,}957\ V$$

$$e^- + 2H^+(aq) + NO_3{}^-(aq) \longrightarrow NO_2(g) + 2H_2O(l) \qquad \mathscr{E}° = 0{,}775\ V$$

**a)** Calculez la constante d'équilibre pour la réaction ci-dessus.
**b)** Quelle concentration d'acide nitrique produira un mélange de NO et de $NO_2$ comportant seulement 0,20 % de $NO_2$ (en moles) à 25 °C et à 1,00 atm ? Supposez qu'aucun autre gaz n'est présent et que la variation de la concentration de l'acide peut être négligée.

## Problèmes d'intégration

Ces problèmes requièrent l'intégration d'une multitude de concepts pour trouver la solution.

**112.** On a déterminé les potentiels standards de réduction suivants pour la chimie de l'indium en milieu aqueux :

$$In^{3+}(aq) + 2e^- \longrightarrow In^+(aq) \qquad \mathscr{E}° = -0{,}444\ V$$
$$In^+(aq) + e^- \longrightarrow In(s) \qquad \mathscr{E}° = -0{,}126\ V$$

**a)** Quelle est la constante d'équilibre pour la réaction de dismutation illustrée ci-dessous, dans laquelle une même espèce est oxydée et réduite ?

$$3In^+(aq) \longrightarrow 2In(s) + In^{3+}(aq)$$

**b)** Quelle est la $\Delta G_f°$ pour $In^+(aq)$, si $\Delta G_f° = -97{,}9$ kJ/mol pour $In^{3+}(aq)$ ?

**113.** On construit une pile électrochimique en utilisant la réaction équilibrée suivante :

$$M^{a+}(aq) + N(s) \longrightarrow N^{2+}(aq) + M(s)$$

Les potentiels standards de réduction sont les suivants :

$$M^{a+} + ae^- \longrightarrow M \qquad \mathscr{E}° = +0{,}400\ V$$
$$N^{2+} + 2e^- \longrightarrow N \qquad \mathscr{E}° = +0{,}240\ V$$

La pile contient $N^{2+}$ 0,10 mol/L et produit un voltage de 0,180 V. Si la concentration de $M^{a+}$ est telle que la valeur du quotient réactionnel $Q$ est $9{,}32 \times 10^{-3}$, calculez $[M^{a+}]$. Calculez $W_{max}$ pour cette pile électrochimique.

**114.** Trois piles électrochimiques sont branchées en série de façon à ce que la même quantité de courant électrique traverse les trois piles. Dans la première pile, 1,15 g de chrome métallique se dépose dans une solution de nitrate de chrome(III). Dans la deuxième pile, 3,15 g d'osmium se dépose dans une solution composée de $Os^{n+}$ et d'ions nitrate. Quel est le nom du sel ? Dans la troisième pile, la charge électrique qui traverse une solution contenant des ions $X^{2+}$ provoque le dépôt de 2,11 g de X métallique. Quelle est la configuration électronique de X ?

## Problèmes de synthèse

Ces problèmes font appel à plusieurs concepts et techniques de résolution de problèmes. Ils peuvent être utilisés pour faciliter l'acquisition des habiletés nécessaires à la résolution de problèmes.

**115.** Soit une pile électrochimique dans laquelle ont lieu les demi-réactions suivantes :

$$Cu^{2+}(aq) + 2e^- \longrightarrow Cu(s) \qquad \mathscr{E}° = 0,34\ V$$
$$V^{2+}(aq) + 2e^- \longrightarrow V(s) \qquad \mathscr{E}° = -1,20\ V$$

Dans cette pile, le compartiment du cuivre contient une électrode de cuivre et $[Cu^{2+}] = 1,00$ mol /L, et le compartiment du vanadium contient une électrode de vanadium et $V^{2+}$ à une concentration inconnue. On titre le compartiment contenant le vanadium (1,00 L de solution) avec $H_2EDTA^{2-}$ 0,0800 mol/L, ce qui donne la réaction

$$H_2EDTA^{2-}(aq) + V^{2+}(aq) \rightleftharpoons VEDTA^{2-}(aq) + 2H^+(aq) \qquad K = ?$$

On mesure en continu le potentiel de la pile pour déterminer le point stœchiométrique pour le processus ; ce dernier survient à un volume de 500,0 mL de solution de $H_2EDTA^{2-}$ additionné. Au point stœchiométrique, on observe que $\mathscr{E}_{pile}$ est de 1,98 V. La solution a été tamponnée à un pH de 10,00.

**a)** Calculez $\mathscr{E}_{pile}$ avant l'exécution du titrage.

**b)** Calculez la valeur de la constante d'équilibre, $K$, pour la réaction de titrage.

**c)** Calculez $\mathscr{E}_{pile}$ au demi-point de neutralisation.

**116.** Le tableau ci-dessous fournit la liste des potentiels de piles pour 10 piles électrochimiques possibles constituées des métaux A, B, C, D et E, et de leurs ions 2+ respectifs en solution 1,00 mol/L. En utilisant les données du tableau, construisez un tableau des potentiels standards de réduction semblable au tableau 8.1 du manuel. Attribuez un potentiel de réduction de 0,00 V à la demi-réaction qui se situe au milieu de la série. Vous devriez obtenir deux tableaux différents. Expliquez pourquoi et dites ce que vous pourriez faire pour déterminer quel tableau est correct.

| | A(*s*) dans $A^{2+}(aq)$ | B(*s*) dans $B^{2+}(aq)$ | C(*s*) dans $C^{2+}(aq)$ | D(*s*) dans $D^{2+}(aq)$ |
|---|---|---|---|---|
| E(*s*) dans $E^{2+}(aq)$ | 0,28 V | 0,81 V | 0,13 V | 1,00 V |
| D(*s*) dans $D^{2+}(aq)$ | 0,72 V | 0,19 V | 1,13 V | — |
| C(*s*) dans $C^{2+}(aq)$ | 0,41 V | 0,94 V | — | — |
| B(*s*) dans $B^{2+}(aq)$ | 0,53 V | — | — | — |

# Annexes

## Annexe 1 Opérations mathématiques

### A1.1 Notation scientifique

En sciences, les mesures mettent souvent en jeu des nombres très grands ou très petits. Pour exprimer ces nombres, il est commode d'utiliser des puissances 10. Par exemple, le nombre 1 300 000 peut s'écrire $1{,}3 \times 10^6$, ce qui signifie que le nombre 1,3 est multiplié par 10 à six reprises, ou

$$1{,}3 \times 10^6 = 1{,}3 \times \underbrace{10 \times 10 \times 10 \times 10 \times 10 \times 10}_{10^6\,=\,1\text{ million}}$$

Notez que chaque multiplication par 10 signifie qu'il faut déplacer la virgule décimale d'une position vers la droite :

$$\begin{aligned} 1{,}3 \times 10 &= 13, \\ 13 \times 10 &= 130, \\ 130 \times 10 &= 1300, \\ &\vdots \end{aligned}$$

Ainsi, la façon la plus simple d'interpréter la notation $1{,}3 \times 10^6$, c'est de dire qu'il faut déplacer six fois vers la droite la virgule décimale dans le nombre 1,3.

$$1{,}3 \times 10^6 = 1\,\underbrace{3\,0\,0\,0\,0\,0}_{1\,2\,3\,4\,5\,6} = 1\,300\,000$$

Dans cette forme de notation, le nombre 1985 peut s'écrire $1{,}985 \times 10^3$. Notez que, selon la convention habituelle, le nombre multiplié par la puissance 10 doit se situer entre 1 et 10. Ainsi, pour obtenir le nombre 1,985, qui se trouve entre 1 et 10, il a fallu déplacer la virgule décimale de trois positions vers la gauche. Pour compenser ce déplacement, il faut multiplier ce nombre par $10^3$, ce qui signifie que, pour obtenir le nombre en question, il faut partir de 1,985 et déplacer la virgule décimale de trois positions vers la droite, c'est-à-dire :

$$1{,}985 \times 10^3 = 1\,\underbrace{9\,8\,5}_{1\,2\,3}\,,$$

Voici d'autres exemples :

| Nombre | Notation scientifique |
|---|---|
| 5,6 | $5{,}6 \times 10^0$ ou $5{,}6 \times 1$ |
| 39 | $3{,}9 \times 10^1$ |
| 943 | $9{,}43 \times 10^2$ |
| 1126 | $1{,}126 \times 10^3$ |

Jusqu'ici, nous n'avons vu que des nombres supérieurs à 1. Cependant, comment représenter un nombre tel 0,0034 en notation scientifique ? On commence par représenter un nombre situé entre 1 et 10, et on le *divise* par la puissance 10 appropriée :

$$0{,}0034 = \frac{3{,}4}{10 \times 10 \times 10} = \frac{3{,}4}{10^3} = 3{,}4 \times 10^{-3}$$

Lorsqu'on divise un nombre par 10, on déplace la virgule décimale d'une position vers la gauche. Le nombre

$$0{,}00000014$$

7 6 5 4 3 2 1

peut donc s'écrire ainsi : $1{,}4 \times 10^{-7}$.

En résumé, il est possible d'écrire tout nombre sous la forme :

$$N \times 10^{\pm n}$$

où $N$ est situé entre 1 et 10, et où l'exposant $n$ est un nombre entier. Si le signe devant $n$ est positif, on déplace la virgule décimale, présente dans $N$, de $n$ positions vers la droite. Si le signe de $n$ est négatif, on déplace la virgule décimale de $n$ positions vers la gauche.

## Multiplication et division

Pour multiplier deux nombres exprimés en notation scientifique, on multiplie les deux nombres initiaux et on additionne les exposants de 10.

$$(M \times 10^m)(N \times 10^n) = (MN) \times 10^{m+n}$$

Par exemple (à deux chiffres significatifs, comme l'exige l'équation),

$$(3{,}2 \times 10^4)(2{,}8 \times 10^3) = 9{,}0 \times 10^7$$

Lorsque la multiplication des deux nombres initiaux donne un résultat supérieur à 10, on déplace la virgule décimale d'une position vers la gauche et on additionne 1 à l'exposant de 10 :

$$(5{,}8 \times 10^2)(4{,}3 \times 10^8) = 24{,}9 \times 10^{10}$$

$$= 2{,}49 \times 10^{11}$$

$$= 2{,}5 \times 10^{11} \quad \text{(deux chiffres significatifs)}$$

Pour diviser deux nombres exprimés en notation scientifique, on divise normalement les deux nombres initiaux et on soustrait l'exposant du diviseur de celui du dividende. Par exemple,

$$\frac{4{,}8 \times 10^8}{\underbrace{2{,}1 \times 10^3}_{\text{Diviseur}}} = \frac{4{,}8}{2{,}1} \times 10^{(8-3)} = 2{,}3 \times 10^5$$

Dans le résultat de la division, si le nombre initial est inférieur à 1, on déplace la virgule décimale d'une position vers la droite et on soustrait 1 de l'exposant de 10. Par exemple,

$$\frac{6{,}4 \times 10^3}{8{,}3 \times 10^5} = \frac{6{,}4}{8{,}3} \times 10^{(3-5)} = 0{,}77 \times 10^{-2}$$

$$= 7{,}7 \times 10^{-3}$$

## Addition et soustraction

Pour qu'il soit possible d'additionner ou de soustraire des nombres exprimés en notation scientifique, les exposants doivent être identiques. Par exemple, pour additionner $1{,}31 \times 10^5$ et $4{,}2 \times 10^4$, on doit récrire l'un des deux nombres pour que les exposants soient égaux. On peut exprimer le nombre $1{,}31 \times 10^5$ ainsi : $13{,}1 \times 10^4$, car on peut compenser le déplacement de la virgule d'une position vers la droite en soustrayant 1 de l'exposant. Il est maintenant possible d'additionner les nombres.

$$\begin{array}{r} 13{,}1 \times 10^4 \\ +\ 4{,}2 \times 10^4 \\ \hline 17{,}3 \times 10^4 \end{array}$$

En notation scientifique juste, le résultat s'exprime ainsi : $1{,}73 \times 10^5$.

Pour effectuer une addition ou une soustraction avec des nombres exprimés en notation scientifique, il faut additionner ou soustraire seulement les nombres initiaux. L'exposant du résultat demeure le même que celui des nombres additionnés ou soustraits. Pour soustraire $1{,}8 \times 10^2$ de $8{,}99 \times 10^3$, on écrit :

$$\begin{array}{r} 8{,}99 \times 10^3 \\ -\ 0{,}18 \times 10^3 \\ \hline 8{,}81 \times 10^3 \end{array}$$

## Puissances et racines

Lorsqu'on élève à une certaine puissance un nombre exprimé en notation scientifique, on élève le nombre initial à la puissance appropriée et on multiplie l'exposant de 10 par la puissance.

$$(N \times 10^n)^m = N^m \times 10^{m \cdot n}$$

Par exemple,*

$$\begin{aligned} (7{,}5 \times 10^2)^3 &= 7{,}5^3 \times 10^{3 \cdot 2} \\ &= 422 \times 10^6 \\ &= 4{,}22 \times 10^8 \\ &= 4{,}2 \times 10^8 \quad \text{(deux chiffres significatifs)} \end{aligned}$$

Lorsqu'on extrait la racine d'un nombre exprimé en notation scientifique, on extrait la racine du nombre initial et on divise l'exposant de 10 par le nombre qui représente la racine.

$$\sqrt{N \times 10^n} = (n \times 10^n)^{1/2} = \sqrt{N} \times 10^{n/2}$$

Par exemple,

$$\begin{aligned} (2{,}9 \times 10^6)^{1/2} &= \sqrt{2{,}9} \times 10^{6/2} \\ &= 1{,}7 \times 10^3 \end{aligned}$$

Étant donné que l'exposant du résultat doit être un nombre entier, il faut parfois changer la forme du nombre pour que l'exposant divisé par la racine donne un nombre entier. Par exemple,

$$\begin{aligned} \sqrt{1{,}9 \times 10^3} = (1{,}9 \times 10^3)^{1/2} &= (0{,}19 \times 10^4)^{1/2} \\ &= \sqrt{0{,}19} \times 10^2 \\ &= 0{,}44 \times 10^2 \\ &= 4{,}4 \times 10^1 \end{aligned}$$

Dans le cas présent, on a déplacé la virgule décimale d'une position vers la gauche et on a ajouté 1 à l'exposant 3 pour que $\frac{n}{2}$ soit un nombre entier.

On utilise la même méthode pour les racines autres que les racines carrées. Par exemple,

$$\begin{aligned} \sqrt[3]{6{,}9 \times 10^5} = (6{,}9 \times 10^5)^{1/3} &= (0{,}69 \times 10^6)^{1/3} \\ &= \sqrt[3]{0{,}69} \times 10^2 \\ &= 0{,}88 \times 10^2 \\ &= 8{,}8 \times 10^1 \end{aligned}$$

et

$$\begin{aligned} \sqrt[3]{4{,}6 \times 10^{10}} = (4{,}6 \times 10^{10})^{1/3} &= (46 \times 10^9)^{1/3} \\ &= \sqrt[3]{46} \times 10^3 \\ &= 3{,}6 \times 10^3 \end{aligned}$$

* Consultez le guide d'utilisation de votre calculatrice pour savoir comment extraire la racine carrée d'un nombre et élever un nombre à une puissance.

## A1.2 Logarithmes

Un logarithme est un exposant. Tout nombre $N$ peut être exprimé de la manière suivante :

$$N = 10^x$$

Par exemple,

$$1000 = 10^3$$
$$100 = 10^2$$
$$10 = 10^1$$
$$1 = 10^0$$

Le logarithme décimal, ou à base 10, d'un nombre est la puissance à laquelle il faudrait élever 10 pour obtenir ce nombre. Ainsi, puisque $1000 = 10^3$,

$$\log 1000 = 3$$

De même,

$$\log 100 = 2$$
$$\log 10 = 1$$
$$\log 1 = 0$$

Dans le cas d'un nombre situé entre 10 et 100, l'exposant de 10 se situera entre 1 et 2. Par exemple, $65 = 10^{1,8129}$, c'est-à-dire $\log 65 = 1,8129$. Dans le cas d'un nombre situé entre 100 et 1000, l'exposant de 10 se situera entre 2 et 3. Par exemple, $650 = 10^{2,8129}$ et $\log 650 = 2,8129$.

Un nombre $N$ supérieur à 0 et inférieur à 1 peut être exprimé de la manière suivante :

$$N = 10^{-x} = \frac{1}{10x}$$

Par exemple,

$$0,001 = \frac{1}{1000} = \frac{1}{10^3} = 10^{-3}$$

$$0,01 = \frac{1}{100} = \frac{1}{10^2} = 10^{-2}$$

$$0,1 = \frac{1}{10} = \frac{1}{10^1} = 10^{-1}$$

Donc,

$$\log 0,001 = -3$$
$$\log 0,01 = -2$$
$$\log 0,1 = -1$$

Bien qu'on trouve souvent les logarithmes décimaux dans des tableaux, la méthode la plus facile de les obtenir est l'utilisation d'une calculatrice électronique. Pour la plupart des calculatrices, on doit d'abord entrer le nombre, puis appuyer sur la touche (LOG). Le logarithme du nombre s'affiche alors*. Quelques exemples sont donnés à la page 408. Nous vous suggérons de les reproduire à l'aide de votre calculatrice afin de vous assurer que vous utilisez la bonne méthode pour trouver le logarithme décimal.

| Nombre | Logarithme décimal |
|---|---|
| 36 | 1,56 |
| 1849 | 3,2669 |
| 0,156 | −0,807 |
| $1,68 \times 10^{-5}$ | −4,775 |

Notez que, dans un logarithme décimal, le nombre de chiffres après la virgule décimale est égal au nombre de chiffres significatifs du nombre initial.

* Consultez le guide d'utilisation de votre calculatrice afin de connaître la séquence nécessaire pour obtenir un logarithme.

Puisque les logarithmes sont simplement des exposants, on doit les manipuler en respectant la règle des exposants. Par exemple, si $A = 10^x$ et $B = 10^y$, le produit sera :

$$A \cdot B = 10^x \cdot 10^y = 10^{x+y}$$

et

$$\log AB = x + y = \log A + \log B$$

Dans le cas de la division, on a :

$$\frac{A}{B} = \frac{10^x}{10^y} = 10^{x-y}$$

et

$$\log \frac{A}{B} = x - y = \log A - \log B$$

Dans le cas d'un nombre élevé à une puissance, on a :

$$A^n = (10^x)^n = 10^{nx}$$

et

$$\log A^n = nx = n \log A$$

Il s'ensuit que :

$$\log \frac{1}{A^n} = \log A^{-n} = -n \log A$$

ou, pour $n = 1$,

$$\log \frac{1}{A} = -\log A$$

Pour déterminer le nombre représenté par un logarithme décimal donné, il faut élever le nombre à une puissance. Par exemple, si le logarithme est 2,673, alors $N = 10^{2,673}$. Pour désigner le procédé pour élever un nombre à une puissance, on dit aussi prendre l'antilogarithme ou le logarithme inverse. Il existe habituellement une ou deux façons d'effectuer cette opération à l'aide d'une calculatrice. Pour la plupart des calculatrices, il faut d'abord entrer le logarithme, puis appuyer successivement sur les touches (INV) et (LOG). Par exemple, pour déterminer $N = 10^{2,673}$, on entre 2,673, puis on appuie sur les touches (INV) et (LOG). Le nombre 471 s'affichera à l'écran ; donc, $N = 471$. Sur certaines calculatrices, on trouve la touche ($10^x$). Dans ce cas, on doit d'abord entrer le logarithme, puis appuyer sur la touche ($10^x$). Ici encore, la calculatrice affichera le nombre 471.

Les logarithmes naturels, un autre type de logarithmes, sont basés sur le nombre 2,7183 qui est exprimé par $e$. Dans ce cas, on représente un nombre tel $N = e^x = 2{,}7183^x$. Par exemple,

$$N = 7{,}15 = e^x$$
$$\ln 7{,}15 = x = 1{,}967$$

Pour trouver le logarithme naturel d'un nombre à l'aide d'une calculatrice, on entre d'abord le nombre, puis on appuie sur la touche (ln). À l'aide de la liste suivante, vérifiez si vous utilisez la bonne méthode pour trouver les logarithmes naturels.

| **Nombre ($e^x$)** | **Log ($x$) naturel** |
|---|---|
| 784 | 6,664 |
| $1{,}61 \times 10^3$ | 7,384 |
| $1{,}00 \times 10^{-7}$ | −16,118 |
| 1,00 | 0 |

Pour déterminer le nombre représenté par un logarithme naturel donné, il faut élever la base $e$ (2,7183) à une puissance. Sur plusieurs calculatrices, cette opération s'effectue à l'aide de la touche ($e^x$) (on entre le logarithme naturel, avec le bon signe, puis on appuie sur la touche ($e^x$)). L'autre méthode couramment utilisée pour élever la base $e$ à une puissance consiste à entrer le logarithme naturel, puis à appuyer successivement sur les touches (INV) et (ln). Les exemples suivants vous aideront à vérifier votre méthode.

| ln $N(x)$ | $N(e^x)$ |
|---|---|
| 3,256 | 25,9 |
| −5,169 | $5{,}69 \times 10^{-3}$ |
| 13,112 | $4{,}95 \times 10^{5}$ |

Puisque les logarithmes naturels ne sont que des exposants, on les utilise en respectant les règles mathématiques données précédemment pour les logarithmes communs.

## A1.3 Représentation graphique des fonctions

Pour interpréter les résultats d'une expérience scientifique, il est souvent utile de construire un graphique. Si c'est possible, la représentation graphique de la fonction doit prendre la forme d'une droite. On peut représenter l'équation d'une droite (équation linéaire) sous la forme générale suivante :

$$y = mx + b$$

où $y$ représente la *variable dépendante*, $x$, la *variable indépendante*, $m$, la *pente*, et $b$, l'*ordonnée à l'origine*.

Pour illustrer les caractéristiques d'une équation linéaire, nous avons représenté la fonction $y = 3x + 4$ dans la figure A.1. Dans cette équation $m = 3$ et $b = 4$. Notez que l'ordonnée à l'origine est la valeur de $y$ quand $x = 0$. Dans le cas présent, sa valeur est 4, comme l'indique l'équation ($b = 4$).

La pente d'une droite est le rapport de la variation de $y$ à la variation de $x$.

$$m = \text{pente} = \frac{\Delta y}{\Delta x}$$

Dans l'équation $y = 3x + 4$, $y$ varie trois fois plus vite que $x$ (puisque $x$ a un coefficient 3). Dans ce cas, la pente est donc égale à 3. On peut le vérifier à l'aide du graphique. Si l'on observe le triangle illustré à la figure A.1,

$$\Delta y = 34 - 10 = 24 \quad \text{et} \quad \Delta x = 10 - 2 = 8$$

Donc,

$$\text{Pente} = \frac{\Delta y}{\Delta x} = \frac{24}{8} = 3$$

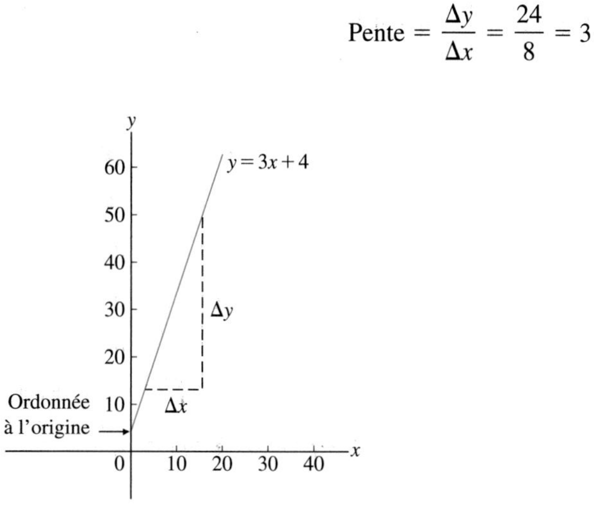


**FIGURE A.1**
Graphique de l'équation linéaire $y = 3x + 4$.

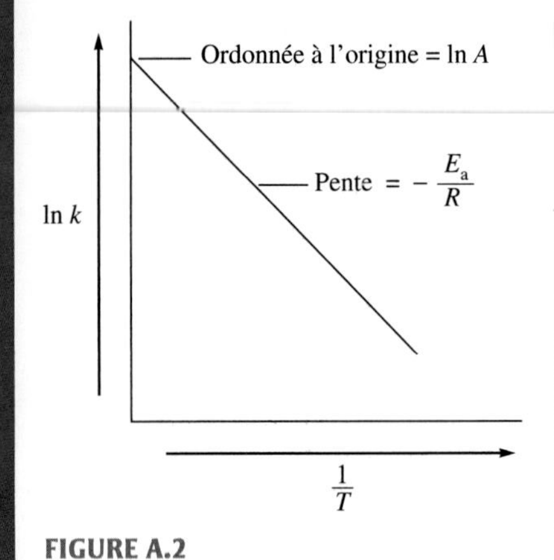


**FIGURE A.2**
**Graphique de ln *k* en fonction de 1/*T*.**

**TABLEAU A.1 Quelques équations linéaires utiles sous la forme standard**

| Équation ($y = mx + b$) | Ce qui est représenté par ($y$ en fonction de $x$) | Pente ($m$) | Ordonnée à l'origine ($b$) | Section dans le manuel |
|---|---|---|---|---|
| $[A] = -kt + [A]_0$ | $[A]$ en fonction de $t$ | $-k$ | $[A]_0$ | 3,4 (manuel *Chimie des solutions*) |
| $\ln[A] = -kt + \ln[A]_0$ | $\ln[A]$ en fonction de $t$ | $-k$ | $\ln[A]_0$ | 3,4 (manuel *Chimie des solutions*) |
| $\frac{1}{[A]} = kt + \frac{1}{[A]_0}$ | $\frac{1}{[A]}$ en fonction de $t$ | $k$ | $\frac{1}{[A]_0}$ | 3,4 (manuel *Chimie des solutions*) |
| $\ln P_{vap} = \frac{\Delta H_{vap}}{R}\left(\frac{1}{T}\right) + C$ | $\ln P_{vap}$ en fonction de $\frac{1}{T}$ | $-\frac{\Delta H_{vap}}{R}$ | $C$ | 8.8 (manuel *Chimie générale*) |

L'exemple présenté précédemment illustre une méthode générale pour déterminer la pente d'une droite à l'aide de sa représentation graphique. Il suffit de tracer un triangle ayant un côté parallèle à l'axe des $y$ et un autre côté parallèle à l'axe des $x$, comme le montre la figure A.1. On détermine ensuite les longueurs des côtés pour obtenir $\Delta y$ et $\Delta x$ respectivement, puis on calcule le rapport $\Delta y/\Delta x$.

Parfois, en effectuant des réarrangements ou des manipulations mathématiques, il est possible de donner la forme $y = mx + b$ à une équation qui n'est pas exprimée sous la forme standard. L'équation $k = Ae^{-E_a/RT}$ décrite à la section 3.7 (voir le manuel *Chimie des solutions*) en est un exemple. Dans cette équation, $A$, $E_a$ et $R$ sont des constantes, $k$ est la variable dépendante et $1/T$ est la variable indépendante. Il est possible de modifier cette équation pour lui donner la forme standard en prenant le logarithme naturel des deux côtés,

$$\ln k = \ln Ae^{-E_a/RT} = \ln A + \ln e^{-E_a/RT} = \ln A - \frac{E_a}{RT}$$

Notez que le logarithme d'un produit est la somme des logarithmes des termes individuels et que le logarithme naturel de $e^{-E_a/RT}$ est simplement l'exposant $-E_a/RT$. Donc, sous sa forme standard, l'équation $k = Ae^{-E_a/RT}$ s'écrit :

$$\underbrace{\ln k}_{y} = \underbrace{-\frac{E_a}{R}}_{m}\underbrace{\left(\frac{1}{T}\right)}_{x} + \underbrace{\ln A}_{b}$$

La représentation graphique de ln $k$ en fonction de $1/T$ (*voir la figure A.2*) donne une droite dont la pente est $-E_a/R$ et l'ordonnée à l'origine est ln $A$.

D'autres équations linéaires utiles en chimie sont présentées sous la forme standard dans le tableau A.1.

## A1.4 Résolution d'équations quadratiques

Une équation quadratique, polynôme dans lequel la puissance la plus élevée de $x$ est 2, peut être exprimée ainsi :

$$ax^2 + bx + c = 0$$

Pour déterminer les deux valeurs de $x$ qui satisfont à une équation quadratique, on peut utiliser la formule quadratique :

$$x = \frac{-b \pm \sqrt{b^2 - 4ac}}{2a}$$

où $a$, $b$ et $c$ sont respectivement le coefficient de $x^2$, le coefficient de $x$ et la constante. Par exemple, quand on détermine $[H^+]$ dans une solution d'acide acétique $1{,}0 \times 10^{-4}$ $M$, on obtient l'expression suivante :

$$1{,}8 \times 10^{-5} = \frac{x^2}{1{,}0 \times 10^{-4} - x}$$

ce qui donne

$$x^2 + (1{,}8 \times 10^{-5})x - 1{,}8 \times 10^{-9} = 0$$

où $a = 1$, $b = 1{,}8 \times 10^{-5}$ et $c = -1{,}8 \times 10^{-9}$. Si l'on utilise la formule quadratique, on obtient :

$$x = \frac{-b \pm \sqrt{b^2 - 4ac}}{2a}$$

$$= \frac{-1{,}8 \times 10^{-5} \pm \sqrt{3{,}24 \times 10^{-10} - (4)(1)(-1{,}8 \times 10^{-9})}}{2(1)}$$

$$= \frac{-1{,}8 \times 10^{-5} \pm \sqrt{3{,}24 \times 10^{-10} + 7{,}2 \times 10^{-9}}}{2}$$

$$= \frac{-1{,}8 \times 10^{-5} \pm \sqrt{7{,}5 \times 10^{-9}}}{2}$$

$$= \frac{-1{,}8 \times 10^{-5} \pm 8{,}7 \times 10^{-5}}{2}$$

Donc,

$$x = \frac{6{,}9 \times 10^{-5}}{2} = 3{,}5 \times 10^{-5}$$

et

$$x = \frac{-10{,}5 \times 10^{-5}}{2} = 5{,}2 \times 10^{-5}$$

Notez qu'il y a deux racines, comme c'est toujours le cas pour un polynôme de puissance 2. Dans le cas présent, $x$ représente une concentration de $H^+$(*voir la section 5.3, manuel « Chimie des solution »*). La racine positive est donc la solution du problème puisqu'une concentration ne peut pas être exprimée par un nombre négatif.

Une autre façon de résoudre une équation quadratique consiste à utiliser la méthode systématique par essais et erreurs en effectuant des approximations successives. On choisit une valeur par laquelle on remplace tous les $x$, ou $x^2$, dans l'équation, sauf un. Par exemple, dans l'équation :

$$x^2 + (1{,}8 \times 10^{-5})x - 1{,}8 \times 10^{-9} = 0$$

on peut essayer $x = 2 \times 10^{-5}$. Si l'on remplace $x$ par cette valeur dans l'équation, on obtient :

$$x^2 + (1{,}8 \times 10^{-5})(2 \times 10^{-5}) - 1{,}8 \times 10^{-9} = 0$$

ou

$$x^2 = 1{,}8 \times 10^{-9} - 3{,}6 \times 10^{-10} = 1{,}4 \times 10^{-9}$$

Donc,

$$x = 3{,}7 \times 10^{-5}$$

Notez que la valeur attribuée à $x(2 \times 10^{-5})$ n'est pas la même que la valeur de $x$ qui a été calculée $(3{,}7 \times 10^{-5})$ après avoir intégré cette valeur dans l'équation. Cela signifie que $x = 2 \times 10^{-5}$ n'est pas la bonne réponse et qu'il faut faire un autre essai. Prenons la valeur calculée $(3{,}7 \times 10^{-5})$ pour le prochain essai :

$$x^2 + (1{,}8 \times 10^{-5})(3{,}7 \times 10^{-5}) - 1{,}8 \times 10^{-9} = 0$$
$$x^2 = 1{,}8 \times 10^{-9} - 6{,}7 \times 10^{-10} = 1{,}1 \times 10^{-9}$$

Donc,

$$x = 3,3 \times 10^{-5}$$

Comparons encore les deux valeurs de $x$.

$$\text{Valeur choisie : } x = 3,7 \times 10^{-5}.$$
$$\text{Valeur calculée : } x = 3,3 \times 10^{-5}.$$

Ces valeurs sont mutuellement plus proches que ne l'étaient les précédentes, mais elles ne le sont pas encore suffisamment. Essayons maintenant la valeur $3,3 \times 10^{-5}$ :

$$x^2 + (1,8 \times 10^{-5})(3,3 \times 10^{-5}) - 1,8 \times 10^{-9} = 0$$
$$x^2 = 1,8 \times 10^{-9} - 5,9 \times 10^{-10} = 1,2 \times 10^{-9}$$

Donc,

$$x = 3,5 \times 10^{-5}$$

Comparons encore les valeurs de $x$.

$$\text{Valeur choisie : } x = 3,3 \times 10^{-5}.$$
$$\text{Valeur calculée : } x = 3,5 \times 10^{-5}.$$

Essayons maintenant $x = 3,5 \times 10^{-5}$.

$$x^2 + (1,8 \times 10^{-5})(3,5 \times 10^{-5}) - 1,8 \times 10^{-9} = 0$$
$$x^2 = 1,8 \times 10^{-9} - 6,3 \times 10^{-10} = 1,2 \times 10^{-9}$$

Donc,

$$x = 3,5 \times 10^{-5}$$

Cette fois, la valeur attribuée à $x$ et la valeur calculée sont égales. Nous avons donc trouvé la bonne réponse. Notez qu'elle correspond à l'une des racines obtenues par la formule quadratique dans la première méthode utilisée précédemment.

Pour illustrer la méthode des approximations successives, résolvons le problème présenté dans l'exemple 5.17 (*voir le manuel « Chimie des solutions »*) en utilisant cette méthode. En déterminant $[H^+]$ pour $H_2SO_4$ 0,010 $M$, on obtient l'expression suivante :

$$1,2 \times 10^{-2} = \frac{x(0,010 + x)}{0,010 - x}$$

qu'on peut réarranger pour obtenir :

$$x = (1,2 \times 10^{-2})\left(\frac{0,010 - x}{0,010 + x}\right)$$

Après avoir choisi une valeur pour $x$, nous l'insérerons dans le membre de droite de l'équation, puis nous calculerons la valeur de $x$. Nous savons qu'il faut choisir une valeur inférieure à 0,010 parce qu'une valeur plus grande donnerait une valeur négative à $x$ et que, par conséquent, les approximations et les valeurs calculées ne pourraient jamais correspondre. Essayons d'abord $x = 0,005$.

Les résultats des approximations successives sont donnés dans le tableau suivant.

| Essai | Valeur attribuée à $x$ | Valeur calculée |
|---|---|---|
| 1 | 0,0050 | 0,0040 |
| 2 | 0,0040 | 0,0051 |
| 3 | 0,00450 | 0,00455 |
| 4 | 0,00452 | 0,00453 |

Notez que la première approximation était proche de la valeur réelle et qu'il y a eu une oscillation entre 0,004 et 0,005 dans les approximations et les valeurs calculées. Au troisième essai, on a choisi la moyenne de ces valeurs, ce qui a rapidement mené à la bonne valeur (0,0045 avec le nombre de chiffres significatifs approprié). Notez également qu'il est utile de tenir compte des chiffres supplémentaires jusqu'à ce que la bonne réponse soit obtenue. Il est alors possible d'arrondir cette valeur au nombre de chiffres significatifs approprié.

La méthode des approximations successives est particulièrement utile pour résoudre les polynômes où $x$ est élevé à une puissance égale ou supérieure à 3. La méthode est la même que celle utilisée pour les équations quadratiques : on remplace tous les $x$ dans l'équation, sauf un, par une valeur choisie, puis on résout $x$. On continue de la même façon jusqu'à ce que la valeur choisie et la valeur calculée correspondent.

## A1.5 Incertitude dans les mesures

Comme toutes les sciences physiques, la chimie est basée sur des résultats de mesures. Or, toute mesure comporte un certain degré d'incertitude. Donc, si l'on utilise des résultats de mesures pour tirer une conclusion, on doit pouvoir estimer le degré de cette incertitude.

Par exemple, la spécification qui indique qu'un comprimé vendu dans le commerce contient 500 mg d'acétaminophène (analgésique actif dans les comprimés de Tylenol) signifie que chacun des comprimés du lot peut contenir de 450 mg à 550 mg d'acétaminophène. Supposez qu'une analyse chimique donne les résultats suivants pour un lot de comprimés d'acétaminophène : 428 mg, 479 mg, 442 mg et 435 mg. Comment peut-on utiliser ces résultats pour déterminer si le lot de comprimés correspond à la spécification ? Bien que les détails de la méthode qui permet de tirer de telles conclusions des données mesurées dépassent le cadre du présent manuel, nous en examinerons quelques aspects. Nous nous attarderons ici aux types d'incertitudes expérimentales, à l'expression des résultats expérimentaux et à une méthode simplifiée pour estimer une incertitude expérimentale quand le résultat final comprend plusieurs types de mesures.

### Types d'erreurs expérimentales

Il existe deux types d'incertitudes (erreurs) expérimentales. On leur donne différents noms :

$$\text{Précision} \longleftrightarrow \text{erreur aléatoire} \equiv \text{erreur indéterminée}$$
$$\text{Exactitude} \longleftrightarrow \text{erreur systématique} \equiv \text{erreur déterminée}$$

La différence entre ces deux types d'erreurs est bien illustrée à la figure 1.7 du chapitre 1 (*voir le manuel « Chimie générale »*) où l'on tente d'atteindre une cible.

L'erreur aléatoire est associée à toutes les mesures prises. Pour déterminer le dernier chiffre significatif d'une mesure, on doit toujours effectuer une estimation. Par exemple, on interpole des valeurs entre les marques d'un mètre de bois, d'une burette ou d'une balance. La précision des mesures répétées (du même type) reflète la taille de l'erreur aléatoire. La précision se rapporte à la reproductibilité des mesures effectuées.

L'exactitude d'une mesure renvoie à la différence entre celle-ci et la valeur réelle. Un résultat inexact est causé par un défaut (erreur systématique) dans la mesure : la présence d'une substance qui interfère, la mauvaise calibration d'un instrument, une erreur de manipulation, etc. Dans le cadre d'une analyse chimique, l'objectif est d'éliminer les erreurs systématiques, mais les erreurs aléatoires ne peuvent qu'être réduites au minimum. En pratique, on effectue presque toujours une expérience pour déterminer une valeur inconnue (on ne connaît pas la valeur réelle, on tente de la déterminer en effectuant l'expérience). On utilise alors la précision de plusieurs mesures répétées pour évaluer l'exactitude du résultat. On exprime les résultats des expériences répétées sous forme de moyenne (que l'on assume être proche de la valeur réelle) accompagnée d'une limite d'erreurs qui donne une certaine indication sur la proximité de la valeur moyenne par rapport à la valeur réelle. La limite d'erreurs représente l'incertitude du résultat expérimental.

### Expression des résultats expérimentaux

Si l'on effectue plusieurs mesures, par exemple pour l'analyse de l'acétaminophène dans les comprimés d'analgésique, les résultats devraient exprimer deux choses : la moyenne des mesures et le degré d'incertitude.

Il existe deux façons pratiques d'exprimer une moyenne : la moyenne et la médiane. La moyenne ($\bar{x}$) est la moyenne arithmétique des résultats, ou

$$\text{Moyenne} = \bar{x} = \sum_{i=1}^{n} \frac{x_i}{n} = \frac{x_1 + x_2 + \ldots + x_n}{n}$$

où $\Sigma$ signifie la somme des valeurs. La moyenne est égale à la somme de toutes les valeurs mesurées divisée par le nombre de mesures effectuées. Dans le cas des résultats relatifs à l'acétaminophène déjà donnés, la moyenne est :

$$\bar{x} = \frac{428 + 479 + 442 + 435}{4} = 446 \text{ mg}$$

La médiane est la valeur centrale de tous les résultats. La moitié des résultats est supérieure à la médiane et l'autre moitié est inférieure. Dans le cas des résultats tels que 465 mg, 485 mg et 492 mg, la médiane est de 485. Quand le nombre de résultats est pair, la médiane est la moyenne des deux résultats du centre. Dans le cas des résultats relatifs à l'acétaminophène, la médiane est :

$$\frac{442 + 435}{2} = 438 \text{ mg}$$

L'utilisation de la médiane comporte plusieurs avantages. Dans le cas d'un petit nombre de mesures, une valeur peut grandement influer sur la moyenne. Prenons par exemple les résultats relatifs à l'acétaminophène : 428 mg, 479 mg, 442 mg et 435 mg. La moyenne est de 446, ce qui est supérieur à trois des quatre masses. La médiane est de 438 mg, ce qui est proche des trois valeurs qui sont relativement près les unes des autres.

En plus d'exprimer la valeur moyenne d'un ensemble de résultats, il faut en exprimer l'incertitude. Il s'agit habituellement d'exprimer la précision de la mesure effectuée ou l'étendue observée des mesures. L'étendue d'un ensemble de mesures est déterminée par la plus petite valeur et la valeur la plus élevée. Dans le cas des résultats d'analyse de l'acétaminophène, l'étendue est de 428 mg à 479 mg. Ainsi, on peut exprimer les résultats en indiquant que la véritable valeur se situe entre 428 mg et 479 mg. On peut donc dire que la quantité d'acétaminophène contenue dans chaque comprimé est de 446 ± 33 mg, où la limite d'erreurs est choisie pour exprimer l'étendue observée (approximativement).

La façon la plus courante d'indiquer la précision est l'écart type, $s$, qui est donné par la formule suivante dans le cas d'un petit nombre de résultats :

$$s = \left[ \frac{\sum_{i=1}^{n} (x_i - \bar{x})^2}{n-1} \right]^{\frac{1}{2}}$$

où $x_i$ est un résultat individuel, $\bar{x}$ est la moyenne (ou la médiane) et $n$ est le nombre total de mesures. Dans le cas de l'acétaminophène, on a :

$$s = \left[ \frac{(428 - 446)^2 + (479 - 446)^2 + (442 - 446)^2 + (435 - 446)^2}{4 - 1} \right]^{1/2} = 23$$

Ainsi, on peut dire que la quantité d'acétaminophène contenue dans un comprimé type du lot est de 446 mg avec un écart type d'échantillon de 23 mg. Statistiquement, cela signifie que toute mesure additionnelle a une probabilité de 68 % (68 chances sur 100) de se trouver entre 423 mg (446 − 23) et 469 mg (446 + 23). Donc, l'écart type mesure la précision d'un type donné de détermination.

L'écart type permet de décrire la précision d'un type donné de mesure à l'aide d'un ensemble de résultats répétés. Cependant, il est également utile de pouvoir estimer la précision d'une technique qui met en jeu plusieurs mesures en combinant la précision de chacune des étapes effectuées. Autrement dit, on veut répondre à la question suivante : De quelle façon les incertitudes se propagent-elles lorsqu'on combine les résultats de plusieurs types de mesures ? Il existe de nombreuses façons de gérer la propagation de l'incertitude. Nous ne décrirons ici qu'une seule méthode.

## Méthode simplifiée pour estimer l'incertitude expérimentale

Pour illustrer cette méthode, nous déterminerons la masse volumique d'un solide de forme irrégulière. Pour ce faire, nous prenons trois mesures. Premièrement, nous mesurons la masse de l'objet sur une balance. Deuxièmement, nous déterminons le volume du solide. La méthode la plus facile consiste à verser un liquide dans un cylindre gradué et à noter le volume. Troisièmement, nous plongeons le solide dans le liquide et nous notons le nouveau volume. La différence des volumes mesurés correspond au volume du solide. Nous pouvons alors calculer la masse volumique du solide à l'aide de l'équation :

$$D = \frac{M}{V_2 - V_1}$$

où $M$ est la masse du solide, $V_1$ est le volume initial du liquide dans le cylindre gradué et $V_2$ est le volume combiné du liquide et du solide. Supposons que nous obtenions les résultats suivants :

$$M = 23{,}06 \text{ g}$$
$$V_1 = 10{,}4 \text{ mL}$$
$$V_2 = 13{,}5 \text{ mL}$$

La masse volumique calculée est :

$$\frac{23{,}06 \text{ g}}{13{,}5 \text{ mL} - 10{,}4 \text{ mL}} = 7{,}44 \text{ g/mL}$$

Supposons maintenant que la précision de la balance soit de ±0,02 g et que les mesures du volume soient précises à ±0,05 mL. Comment pouvons-nous estimer l'incertitude de la masse volumique ? Nous pouvons le faire en tenant compte du pire cas, c'est-à-dire en tenant compte des incertitudes les plus grandes dans toutes les mesures. Nous connaîtrons ainsi les combinaisons de mesures qui donnent les résultats les plus élevés et les plus bas possible (la plus grande étendue). Puisque la masse volumique est la masse divisée par le volume, la plus grande valeur de la masse volumique est celle que nous obtenons avec la plus grande masse possible et le plus petit volume possible.

Plus grande masse possible = 23,06 + ,02

$$D_{\text{max}} = \frac{23{,}08}{13{,}45 - 10{,}45} = 7{,}69 \text{ g/mL}$$

Plus petite valeur possible de $V_2$ — Plus grande valeur possible de $V_1$

La plus petite masse volumique possible est :

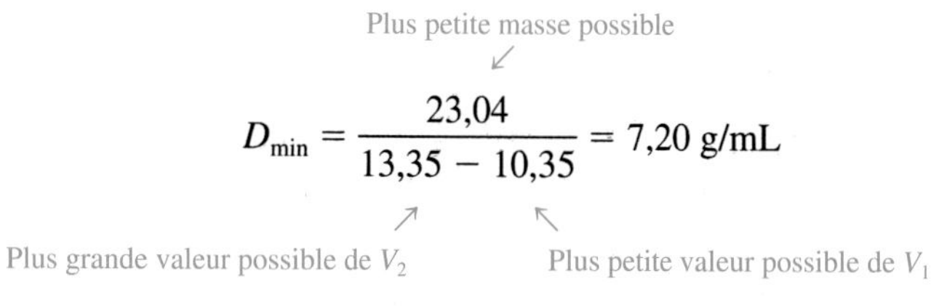


$$D_{\text{min}} = \frac{23{,}04}{13{,}35 - 10{,}35} = 7{,}20 \text{ g/mL}$$

Ainsi, l'étendue calculée est de 7,20 à 7,69 ; la moyenne de ces valeurs est de 7,44. La limite d'erreurs est le nombre qui donne les valeurs supérieure et inférieure de l'étendue lorsqu'on l'additionne à la moyenne ou qu'on la soustrait. Par conséquent, on peut exprimer la masse volumique de la manière suivante : 7,44 ± 0,25 g/mL, qui est la valeur moyenne plus ou moins la quantité qui donne l'étendue calculée en supposant les plus grandes incertitudes.

L'analyse de la propagation des incertitudes est utile pour tirer des conclusions qualitatives de l'analyse des mesures. Par exemple, supposez qu'on obtienne les résultats donnés plus haut pour la masse volumique d'un alliage inconnu et qu'on veuille savoir s'il s'agit d'un des alliages suivants :

Alliage A : $D = 7{,}58$ g/mL
Alliage B : $D = 7{,}42$ g/mL
Alliage C : $D = 8{,}56$ g/mL

On peut aisément conclure qu'il ne s'agit pas de l'alliage C. Cependant, les masses volumiques des alliages A et B se trouvent toutes deux à l'intérieur de l'incertitude inhérente à notre méthode. Pour déterminer la bonne valeur, il faut augmenter la précision de la mesure : le choix évident est d'augmenter la précision de la mesure du volume.

La méthode du pire cas est très utile pour estimer les incertitudes lorsque les résultats de plusieurs mesures sont combinés dans le calcul d'un résultat. On suppose l'incertitude maximale de chaque mesure et on calcule les résultats minimal et maximal possibles. Ces valeurs extrêmes décrivent l'étendue et, par conséquent, la limite d'erreurs.

## Annexe 2 Modèle moléculaire de cinétique quantitative

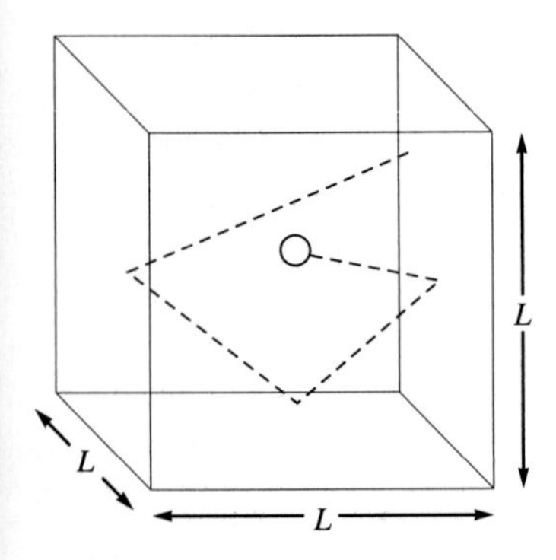

**FIGURE A.3**
**Une particule d'un gaz parfait dans un cube *aux arêtes d'une longueur L*. Dans un déplacement aléatoire en ligne droite, la particule fait des collisions élastiques avec les parois du cube.**

Nous avons vu que le modèle moléculaire cinétique explique bien les propriétés d'un gaz parfait. La présente annexe montrera avec certains détails comment les postulats du modèle moléculaire cinétique mènent à une équation qui correspond à l'équation des gaz parfaits obtenue expérimentalement.

Il faut se rappeler que les particules d'un gaz parfait n'ont pas de volume, qu'elles n'exercent aucune attraction entre elles et qu'elles produisent une pression sur leur contenant en heurtant ses parois.

Supposons que $n$ moles d'un gaz parfait se trouvent dans un contenant cubique dont chacune des arêtes est de longueur L. Chaque particule a une masse $m$ et, dans un déplacement aléatoire rapide en ligne droite, elle entre en collision avec les parois du contenant, comme dans la figure A.3. Les collisions sont élastiques : il n'y a aucune perte d'énergie cinétique. On veut calculer la force qu'exercent les particules gazeuses sur les parois en les heurtant et, puisque la pression est la force par unité de surface, on veut obtenir une expression pour la pression du gaz.

Avant de pouvoir dériver l'expression pour la pression d'un gaz, il faut d'abord décrire certaines caractéristiques de la vélocité. Chaque particule du gaz possède une vélocité particulière $u$ qui peut se décomposer en $u_x$, en $u_y$ et en $u_z$ (*voir la figure A.4, page 455*). À partir de $u_x$ et de $u_y$, et en utilisant le théorème de Pythagore, on peut déterminer $u_{xy}$ (*voir la figure A.4 c, page 417*).

$$u_{xy}^2 = u_x^2 + u_y^2$$

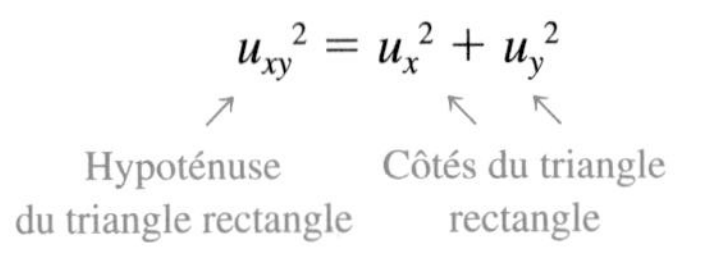


Ensuite, en construisant un autre triangle comme dans la figure A.4 c), on obtient :

$$u^2 = u_{xy}^2 + u_z^2$$

ou

$$u^2 = u_x^2 + u_y^2 + u_z^2$$

Imaginons maintenant la façon dont se déplace une particule de gaz « moyenne ». Par exemple, à quelle fréquence cette particule heurte-t-elle les deux parois de la boîte qui sont perpendiculaires à l'axe des $x$ ? Il est important de savoir que seule la composante $x$ de la vélocité influe sur les impacts de la particule sur ces deux parois, comme le montre la figure A.5 a). Plus la composante $x$ est élevée, plus la particule voyage rapidement entre ces deux parois et plus les collisions par unité de temps sont nombreuses. Rappelez-vous que la pression exercée par le gaz est causée par ces collisions.

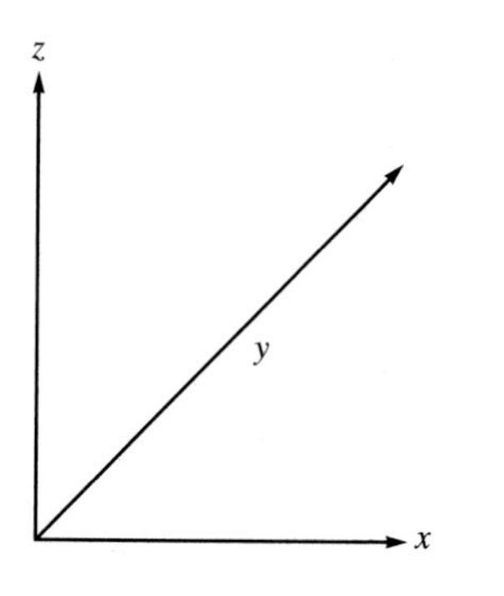


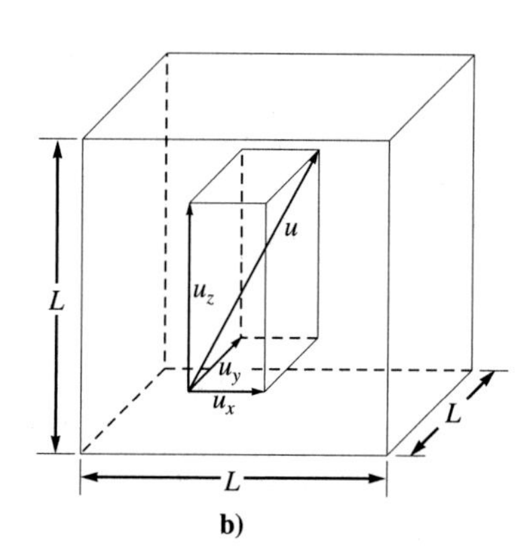


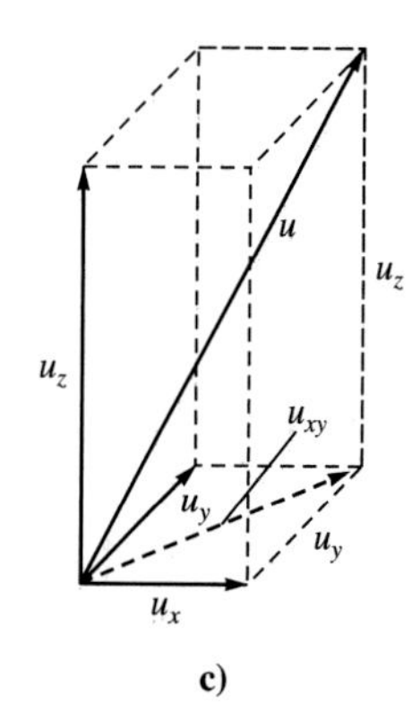


**FIGURE A.4**
**a)** Les axes du tableau cartésien

**b)** La vélocité $u$ d'une particule gazeuse peut être décomposée en trois composantes mutuellement perpendiculaires: $u_x$, $u_y$ et $u_z$. On peut la représenter par un solide régulier où les arêtes sont $u_x$, $u_y$ et $u_z$, et la diagonale, $u$.

**c)** Dans le plan $xy$,

$$u_x^2 + u_y^2 = u_{xy}^2$$

selon le théorème de Pythagore. Puisque $u_{xy}$ et $u_z$ sont également perpendiculaires,

$$u^2 = u_{xy}^2 + u_z^2 = u_x^2 + u_y^2 + u_z^2$$

La fréquence des collisions (collisions par unité de temps) avec les deux parois perpendiculaires à l'axe des $x$ est donnée par:

$$(\text{Fréquence des collisions})_x = \frac{\text{vélocité dans la direction } x}{\text{distance entre les parois}}$$

$$= \frac{u_x}{L}$$

Il faut aussi connaître la force d'une collision. La force se définit par la masse multipliée par l'accélération (variation de la vélocité par unité de temps):

$$F = ma = m\left(\frac{\Delta u}{\Delta t}\right)$$

où $F$ représente la force, $a$, l'accélération, $\Delta u$, une variation dans la vélocité, et $\Delta t$, une période de temps donnée.

Comme on suppose que la particule possède une masse constante, on peut écrire:

$$F = \frac{m\Delta u}{\Delta t} = \frac{\Delta(mu)}{\Delta t}$$

La quantité $mu$ est la quantité de mouvement de la particule (la quantité de mouvement est le produit de la masse et de la vélocité) et l'expression $F = \Delta(mu)/\Delta t$ implique que la force est la variation de la quantité de mouvement par unité de temps. Lorsqu'une particule heurte une paroi perpendiculaire à l'axe des $x$, comme le montre la figure A.5 b), une collision élastique se solde par une *inversion exacte* de la composante $x$ de sa vélocité. Cela veut dire que le signe ou la direction de $u_x$ s'inverse lorsque la particule heurte l'une des deux parois perpendiculaires à l'axe des $x$. Par conséquent, la quantité de mouvement finale est la négative, ou l'opposé, de la quantité de mouvement initiale. Il ne faut pas oublier qu'une collision élastique signifie qu'il n'y a aucune variation dans la grandeur de la vélocité. La variation de la quantité de mouvement dans la direction $x$ est donc:

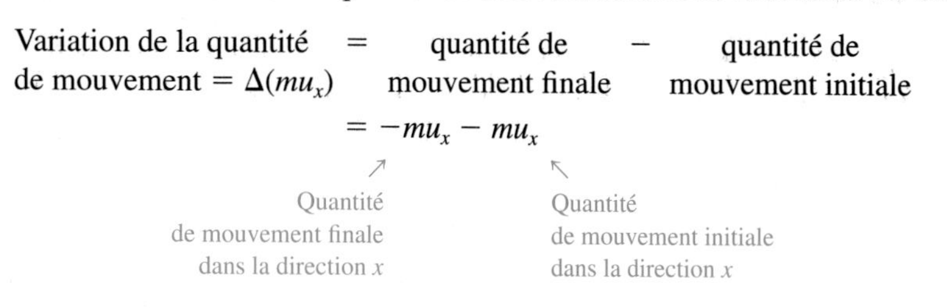

$$\text{Variation de la quantité de mouvement} = \Delta(mu_x) = \text{quantité de mouvement finale} - \text{quantité de mouvement initiale}$$

$$= -mu_x - mu_x$$

Quantité de mouvement finale dans la direction $x$ — Quantité de mouvement initiale dans la direction $x$

$$= -2mu_x$$

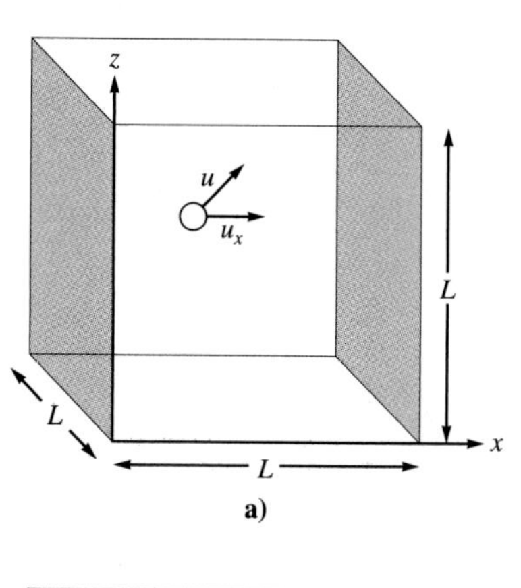


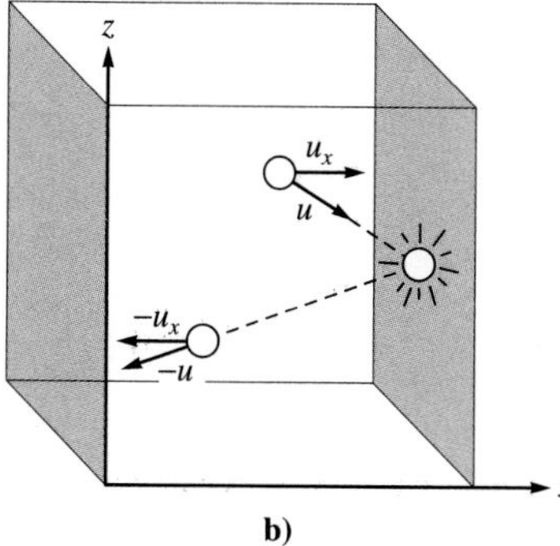


**FIGURE A.5**
**a)** Seule la composante $x$ de la vélocité de la particule gazeuse a une incidence sur la fréquence des collisions avec les parois ombrées, soit les parois perpendiculaires à l'axe des $x$.
**b)** Dans le cas d'une collision élastique, il y a une inversion exacte de la composante $x$ de la vélocité et de la vélocité totale. La variation de la quantité de mouvement (finale – initiale) est alors:

$$-mu_x - mu_x = -2mu_x$$

Cependant, c'est la force exercée par la particule de gaz sur les parois de la boîte qui nous intéresse. Puisque nous savons que chaque action produit une réaction égale, mais opposée, la variation de la quantité de mouvement par rapport à la paroi lors de la collision est $-(-2mu_x)$ ou $2mu_x$.

Il faut se rappeler que, puisque la force est la variation de la quantité de mouvement,

$$\text{Force}_x = \frac{\Delta(mu_x)}{\Delta t}$$

pour les parois perpendiculaires à l'axe des $x$.

On peut obtenir cette expression en multipliant la variation de la quantité de mouvement à chaque collision par le nombre de collisions par unité de temps.

$$\text{Force}_x = (2mu_x)\left(\frac{u_x}{L}\right) = \text{variation de la quantité de mouvement par unité de temps}$$

↗ Variation de la quantité de mouvement à chaque collision

↖ Collisions par unité de temps

Ainsi,

$$\text{Force}_x = \frac{2mu_x^{2}}{L}$$

Jusqu'ici, nous avons tenu compte seulement des deux parois perpendiculaires à l'axe des $x$. Nous pouvons supposer que la force exercée sur les deux parois perpendiculaires à l'axe des $y$ est donnée par :

$$\text{Force}_y = \frac{2mu_y^{2}}{L}$$

et que la force exercée sur les deux parois perpendiculaires à l'axe des $z$ est donnée par :

$$\text{Force}_z = \frac{2mu_x^{2}}{L}$$

Puisque nous avons démontré que

$$u^2 = u_x^{2} + u_y^{2} + u_z^{2}$$

la force totale exercée sur la boîte est :

$$\begin{aligned}\text{Force}_{\text{TOTALE}} &= \text{force}_x + \text{force}_y + \text{force}_z \\ &= \frac{2mu_x^{2}}{L} + \frac{2mu_y^{2}}{L} + \frac{2mu_z^{2}}{L} \\ &= \frac{2m}{L}(u_x^{2} + u_y^{2} + u_z^{2}) = \frac{2m}{L}(u^2)\end{aligned}$$

Comme nous voulons maintenant connaître la force moyenne, nous utilisons la moyenne du carré de la vélocité $(\overline{u^2})$ pour obtenir :

$$\overline{\text{Force}}_{\text{TOTALE}} = \frac{2m}{L}(\overline{u^2})$$

Ensuite, il faut calculer la pression (force par unité de surface).

$$\text{Pression exercée par une particule « moyenne »} = \frac{\overline{\text{Force}}_{\text{TOTALE}}}{\text{surface}_{\text{TOTALE}}} = \frac{\frac{2m\overline{u^2}}{L}}{6L^2} = \frac{m\overline{u^2}}{3L^3}$$

↗ Les six faces du cube

↖ Aire de chaque face

Puisque le volume $V$ du cube est égal à $L^3$, on peut écrire :

$$\text{Pression} = P = \frac{m\overline{u^2}}{3V}$$

Jusqu'ici, nous avons tenu compte de la pression exercée sur les parois par une seule particule « moyenne ». Bien sûr, nous voulons déterminer la pression causée par l'échantillon de gaz complet. Le nombre de particules contenues dans un échantillon de gaz donné peut s'exprimer de la manière suivante :

$$\text{Nombre de particules gazeuses} = nN_A$$

où $n$ est le nombre de moles et $N_A$, le nombre d'Avogadro.

La pression totale exercée sur la boîte par $n$ moles d'un gaz est donc :

$$P = nN_A\frac{m\overline{u^2}}{3V}$$

On veut ensuite exprimer la pression selon l'énergie cinétique des molécules gazeuses. L'énergie cinétique (énergie générée par le mouvement) est donnée par l'équation $\frac{1}{2}mu^2$, où $m$ est la masse et $u$, la vélocité. Puisqu'on utilise la moyenne de la vélocité élevée au carré ($\overline{u^2}$) et puisque $m\overline{u^2} = 2(\frac{1}{2}m\overline{u^2})$, on a :

$$P = \left(\frac{2}{3}\right)\frac{nN_A(\frac{1}{2}m\overline{u^2})}{V}$$

ou

$$\frac{PV}{n} = \left(\frac{2}{3}\right)N_A(\tfrac{1}{2}m\overline{u^2})$$

Selon les postulats du modèle moléculaire de la cinétique, on a pu dériver une équation qui a la même forme que l'équation des gaz parfaits.

$$\frac{PV}{n} = RT$$

Cette correspondance entre l'expérience et la théorie confirme l'hypothèse formulée dans le modèle moléculaire de la cinétique sur le comportement des particules gazeuses, du moins dans le cas limité d'un gaz parfait.

## Annexe 3 Analyse spectrale

Bien qu'on utilise encore couramment les analyses volumétrique et gravimétrique, c'est à la spectroscopie qu'on fait le plus souvent appel pour l'analyse chimique de nos jours. La spectroscopie est l'étude du rayonnement électromagnétique émis ou absorbé par une substance chimique donnée. Puisque la quantité de rayonnement absorbée ou émise peut être liée à la quantité de substances absorbantes ou émettrices présente, cette technique peut servir à l'analyse quantitative. Il existe de nombreuses techniques spectroscopiques, car le rayonnement électromagnétique couvre un large spectre d'énergie qui comprend les rayons X, l'ultraviolet, l'infrarouge, la lumière visible et les micro-ondes, pour ne nommer que quelques-unes de ses formes familières. Nous étudierons ici une seule technique, basée sur l'absorption de la lumière visible.

Si un liquide est coloré, c'est parce qu'une de ses composantes absorbe la lumière visible. Dans une solution, plus la substance qui absorbe la lumière est concentrée, plus la lumière est absorbée et plus la couleur de la solution est intense.

La quantité de lumière absorbée par une substance peut se mesurer à l'aide d'un spectrophotomètre, illustré à la figure A.6. Cet instrument est constitué d'une source qui émet toutes les longueurs d'onde de la lumière visible (longueurs d'onde de ~400 à 700 nm) ; d'un monochromateur, qui isole une longueur d'onde donnée de la lumière ; d'un porte-éprouvette pour la solution à mesurer et d'un détecteur, qui compare l'intensité

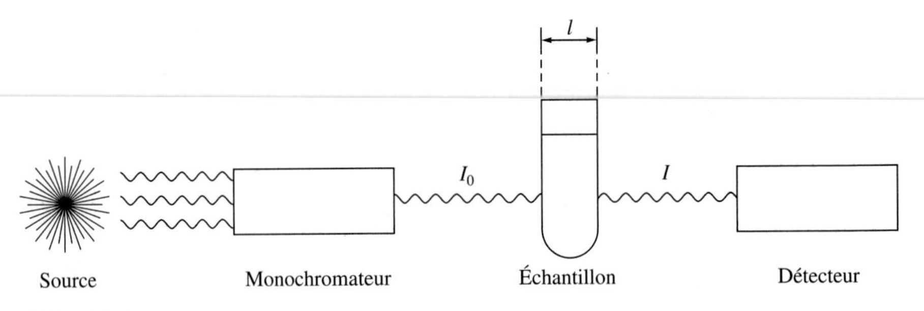


**FIGURE A.6**
Schéma d'un spectrophotomètre simple. La source émet toutes les longueurs d'onde de la lumière visible, qui sont dispersées au moyen d'un prisme ou d'un réseau, puis dirigées, une longueur d'onde à la fois, sur l'échantillon. Le détecteur compare l'intensité de la lumière incidente ($I_0$) avec l'intensité de la lumière après son passage à travers l'échantillon ($I$).

de la lumière incidente $I_0$ avec l'intensité de la lumière après son passage à travers l'échantillon $I$. Le rapport $I/I_0$, appelé le facteur de *transmission*, est une mesure de la fraction de lumière qui traverse l'échantillon. La quantité de lumière absorbée est donnée par l'*absorbance* $A$, où

$$A = -\log \frac{I}{I_0}$$

L'absorbance peut être exprimée par la loi de Beer-Lambert :

$$A = \epsilon l c$$

où $\epsilon$ est l'absorptivité molaire ou le coefficient d'absorption molaire (en L/mol · cm), $l$ est la distance parcourue par la lumière dans la solution (en cm) et $c$ est la concentration de la substance absorbante (en mol/L). La loi de Beer-Lambert est la notion qui sert de base à l'utilisation de la spectroscopie dans l'analyse quantitative. Si $\epsilon$ et $l$ ont des valeurs connues, la mesure de $A$ pour une solution permet de calculer la concentration de la substance absorbante dans la solution.

Supposez une solution rose contenant une concentration inconnue d'ions $Co^{2+}(aq)$. On place un échantillon de cette solution dans un spectrophotomètre, puis on mesure l'absorbance à une longueur d'onde où l'on sait que $\epsilon$ est 12 L/mol · cm pour $Co^{2+}(aq)$. On constate que l'absorbance $A$ est de 0,60. La largeur de l'éprouvette est de 1,0 cm. On veut déterminer la concentration de $Co^{2+}(aq)$ dans la solution. Il est possible de résoudre ce problème par une application simple de la loi de Beer-Lambert :

$$A = \epsilon l c$$

où

$$A = 0{,}60$$

$$\epsilon = \frac{12\ \text{L}}{\text{mol} \cdot \text{cm}}$$

$$l = \text{parcours de la lumière} = 1{,}0\ \text{cm}$$

Si l'on résout la concentration, on obtient :

$$c = \frac{A}{\epsilon l} = \frac{0{,}60}{\left(12\ \frac{\text{L}}{\text{mol} \cdot \text{cm}}\right)(1{,}0\ \text{cm})} = 5{,}0 \times 10^{-2}\ \text{mol/L}$$

Pour déterminer la concentration inconnue d'une substance absorbante à partir de l'absorbance mesurée, il faut connaître le produit $\epsilon l$, puisque

$$c = \frac{A}{\epsilon l}$$

On peut obtenir le produit $\epsilon l$ en mesurant l'absorbance d'une solution de concentration connue, étant donné que

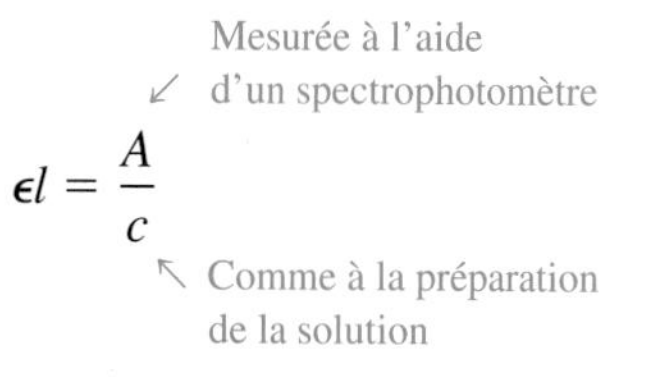


$$\epsilon l = \frac{A}{c}$$

Cependant, il est possible d'obtenir une valeur plus exacte du produit $\epsilon l$ en représentant graphiquement $A$ en fonction de $c$ pour un ensemble de solutions. Notez que l'équation $A = \epsilon lc$ donne une droite ayant une pente $\epsilon l$ lorsqu'on représente $A$ en fonction de $c$ dans un graphique.

Prenons, par exemple, l'analyse spectroscopique type suivante. On doit analyser un échantillon d'acier provenant d'une bicyclette pour en déterminer le contenu en manganèse. La méthode consiste à peser un échantillon de l'acier, à le dissoudre dans un acide fort et à traiter la solution qui en résulte avec un agent oxydant très puissant pour transformer tout le manganèse présent en ions permanganate ($MnO_4^-$). Ensuite, au moyen de la spectroscopie, on détermine la concentration des ions $MnO_4^-$ de couleur violet intense présents dans la solution. Pour ce faire, il faut toutefois déterminer la valeur de $\epsilon l$ pour $MnO_4^-$ à une longueur d'onde appropriée. On a mesuré les valeurs de l'absorbance pour quatre solutions ayant des concentrations connues de $MnO_4^-$ et on a obtenu les données suivantes :

| Solution | Concentration de $MnO_4^-$ (mol/L) | Absorbance |
|---|---|---|
| 1 | $7{,}00 \times 10^{-5}$ | 0,175 |
| 2 | $1{,}00 \times 10^{-4}$ | 0,250 |
| 3 | $2{,}00 \times 10^{-4}$ | 0,500 |
| 4 | $3{,}50 \times 10^{-4}$ | 0,875 |

La figure A.7 représente un graphique de l'absorbance en fonction de la concentration pour des solutions de concentrations connues. La pente de cette droite (variation de $A$/variation de $c$) est $2{,}48 \times 10^3$ L/mol. Cette quantité représente le produit $\epsilon l$.

On a dissous un échantillon d'acier ayant une masse de 0,1523 g et on a transformé la quantité inconnue de manganèse en ions $MnO_4^-$. On y a ensuite ajouté de l'eau pour obtenir une solution ayant un volume final de 100,0 mL. On a placé une partie de cette solution dans le spectrophotomètre et on a obtenu une absorbance de 0,780. À l'aide de ces données, on veut calculer le pourcentage de manganèse présent dans l'acier. Les

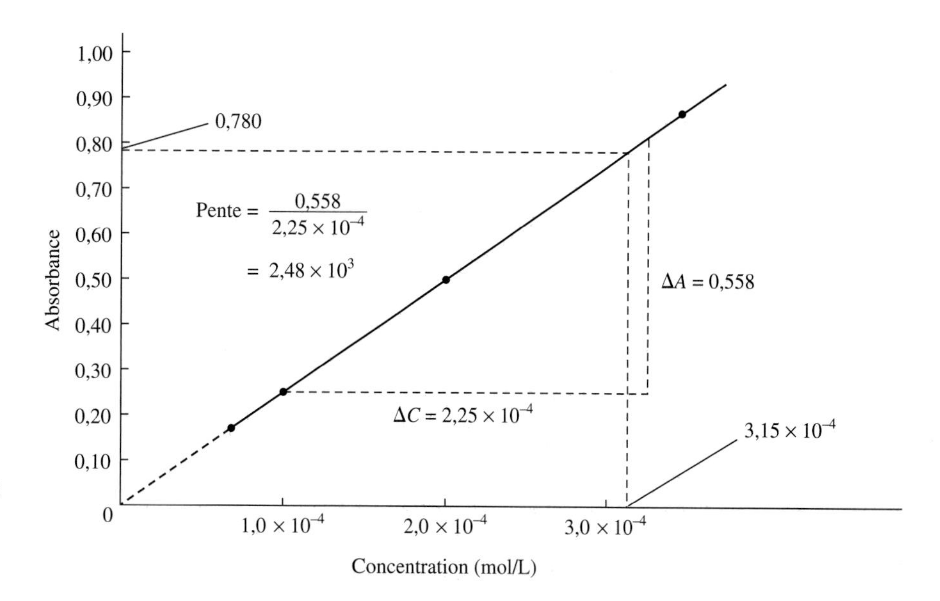


**FIGURE A.7**
Un graphique de l'absorbance en fonction de la concentration de $MnO_4^-$ dans un ensemble de solutions ayant des concentrations connues.

ions $MnO_4^-$ provenant du manganèse contenu dans l'échantillon d'acier dissous affichent une absorbance de 0,780. À l'aide de la loi de Beer-Lambert, on calcule la concentration de $MnO_4^-$ dans cette solution.

$$c = \frac{A}{\epsilon l} = \frac{0{,}780}{2{,}48 \times 10^{-3}\ \text{L/mol}} \times 3{,}15 \times 10^{-4}\ \text{mol/L}$$

Il existe un moyen plus direct de déterminer la valeur de $c$. Dans un graphique semblable à celui de la figure A.7 (souvent dénommé un graphique de la loi de Beer-Lambert), on peut déterminer la concentration qui correspond à $A = 0{,}780$. Cette interpolation est illustrée par des lignes en pointillé sur le graphique. Selon cette méthode, $c = 3{,}15 \times 10^{-4}$ mol/L, ce qui correspond à la valeur obtenue plus haut.

Rappelez-vous qu'on a dissous l'échantillon d'acier initial de 0,1523 g, qu'on a transformé le manganèse en permanganate et qu'on a ajusté le volume pour obtenir 100,0 mL de solution. On sait maintenant que la quantité de $[MnO_4^-]$ dans cette solution est $3{,}15 \times 10^{-4}\,M$. À l'aide de cette concentration, on peut calculer le nombre total de moles de $MnO_4^-$ contenues dans cette solution.

$$\text{Moles de } MnO_4^- = 100{,}0\ \text{mL} \times \frac{1\ \text{L}}{1000\ \text{mL}} \times 3{,}15 \times 10^{-4}\ \frac{\text{mol}}{\text{L}}$$

$$= 3{,}15 \times 10^{-5}\ \text{mol}$$

Puisque chaque mole de manganèse contenue dans l'échantillon d'acier initial donne une mole de $MnO_4^-$,

$$1\ \text{mol de Mn} \xrightarrow{\text{Oxydation}} 1\ \text{mol de } MnO_4^-$$

l'échantillon d'acier initial devrait contenir $3{,}15 \times 10^{-5}$ moles de manganèse. La masse de manganèse contenu dans l'échantillon est :

$$3{,}15 \times 10^{-5}\ \text{mol de Mn} \times \frac{54{,}938\ \text{g de Mn}}{1\ \text{mol de Mn}} = 1{,}73 \times 10^{-3}\ \text{g de Mn}$$

Puisque l'échantillon d'acier pesait 0,1523 g, la quantité de manganèse qu'il contenait était :

$$\frac{1{,}73 \times 10^{-3}\ \text{g de Mn}}{1{,}523 \times 10^{-1}\ \text{g d'échantillon}} \times 100 = 1{,}14\ \%$$

Cet exemple illustre une utilisation type de la spectroscopie dans l'analyse quantitative. Voici les étapes habituellement suivies :

1. Préparer une courbe d'étalonnage (un graphique de la loi de Beer-Lambert) en mesurant les valeurs de l'absorbance pour un ensemble de solutions ayant des concentrations connues.
2. Mesurer l'absorbance de la solution de concentration inconnue.
3. Utiliser la courbe d'étalonnage pour déterminer la concentration inconnue.

# Annexe 4 Choix de paramètres thermodynamiques

Note : Les valeurs sont précises à ±1.

| Substance et état | $\Delta H_f^\circ$ (kJ/mol) | $\Delta G_f^\circ$ (kJ/mol) | $S^\circ$ (J/K · mol) |
|---|---|---|---|
| Aluminium | | | |
| $Al(s)$ | 0 | 0 | 28 |
| $Al_2O_3(s)$ | −1676 | −1582 | 51 |
| $Al(OH)_3(s)$ | −1277 | | |
| $AlCl_3(s)$ | −704 | −629 | 111 |
| Baryum | | | |
| $Ba(s)$ | 0 | 0 | 67 |
| $BaCO_3(s)$ | −1219 | −1139 | 112 |
| $BaO(s)$ | −582 | −552 | 70 |
| $Ba(OH)_2(s)$ | −946 | | |
| $BaSO_4(s)$ | −1465 | −1353 | 132 |
| Béryllium | | | |
| $Be(s)$ | 0 | 0 | 10 |
| $BeO(s)$ | −599 | −569 | 14 |
| $Be(OH)_2(s)$ | −904 | −815 | 47 |
| Brome | | | |
| $Br_2(l)$ | 0 | 0 | 152 |
| $Br_2(g)$ | 31 | 3 | 245 |
| $Br_2(aq)$ | −3 | 4 | 130 |
| $Br^-(aq)$ | −121 | −104 | 82 |
| $HBr(g)$ | −36 | −53 | 199 |
| Cadmium | | | |
| $Cd(s)$ | 0 | 0 | 52 |
| $CdO(s)$ | −258 | −228 | 55 |
| $Cd(OH)_2(s)$ | −561 | −474 | 96 |
| $CdS(s)$ | −162 | −156 | 65 |
| $CdSO_4(s)$ | −935 | −823 | 123 |
| Calcium | | | |
| $Ca(s)$ | 0 | 0 | 41 |
| $CaC_2(s)$ | −63 | −68 | 70 |
| $CaCO_3(s)$ | −1207 | −1129 | 93 |
| $CaO(s)$ | −635 | −604 | 40 |
| $Ca(OH)_2(s)$ | −987 | −899 | 83 |
| $Ca_3(PO_4)_2(s)$ | −4126 | −3890 | 241 |
| $CaSO_4(s)$ | −1433 | −1320 | 107 |
| $CaSiO_3(s)$ | −1630 | −1550 | 84 |
| Carbone | | | |
| $C(s)$ (graphite) | 0 | 0 | 6 |
| $C(s)$ (diamant) | 2 | 3 | 2 |
| $CO(g)$ | −110,5 | −137 | 198 |
| $CO_2(g)$ | −393,5 | −394 | 214 |
| $CH_4(g)$ | −75 | −51 | 186 |
| $CH_3OH(g)$ | −201 | −163 | 240 |
| $CH_3OH(l)$ | −239 | −166 | 127 |
| $H_2CO(g)$ | −116 | −110 | 219 |
| $HCOOH(g)$ | −363 | −351 | 249 |
| $HCN(g)$ | 135,1 | 125 | 202 |
| $C_2H_2(g)$ | 227 | 209 | 201 |
| $C_2H_4(g)$ | 52 | 68 | 219 |
| $CH_3CHO(g)$ | −166 | −129 | 250 |
| $C_2H_5OH(l)$ | −278 | −175 | 161 |
| $C_2H_6(g)$ | −84,7 | −32,9 | 229,5 |
| $C_3H_6(g)$ | 20,9 | 62,7 | 266,9 |
| $C_3H_8(g)$ | −104 | −24 | 270 |
| $C_2H_4O(g)$ (oxyde d'éthylène) | −53 | −13 | 242 |
| $CH_2{=}CHCN(g)$ | 185,0 | 195,4 | 274 |
| $CH_3COOH(l)$ | −484 | −389 | 160 |
| $C_6H_{12}O_6(s)$ | −1275 | −911 | 212 |
| $CCl_4$ | −135 | −65 | 216 |
| Chlore | | | |
| $Cl_2(g)$ | 0 | 0 | 223 |
| $Cl_2(aq)$ | −23 | 7 | 121 |
| $Cl^-(aq)$ | −167 | −131 | 57 |
| $HCl(g)$ | −92 | −95 | 187 |
| Chrome | | | |
| $Cr(s)$ | 0 | 0 | 24 |
| $Cr_2O_3(s)$ | −1128 | −1047 | 81 |
| $CrO_3(s)$ | −579 | −502 | 72 |
| Cuivre | | | |
| $Cu(s)$ | 0 | 0 | 33 |
| $CuCO_3(s)$ | −595 | −518 | 88 |
| $Cu_2O(s)$ | −170 | −148 | 93 |
| $CuO(s)$ | −156 | −128 | 43 |
| $Cu(OH)_2(s)$ | −450 | −372 | 108 |
| $CuS(s)$ | −49 | −49 | 67 |
| Fluor | | | |
| $F_2(g)$ | 0 | 0 | 203 |
| $F^-(aq)$ | −333 | −279 | −14 |
| $HF(g)$ | −271 | −273 | 174 |
| Hydrogène | | | |
| $H_2(g)$ | 0 | 0 | 131 |
| $H(g)$ | 217 | 203 | 115 |
| $H^+(aq)$ | 0 | 0 | 0 |
| $OH^-(aq)$ | −230 | −157 | −11 |
| $H_2O(l)$ | −286 | −237 | 70 |
| $H_2O(g)$ | −242 | −229 | 189 |
| Iode | | | |
| $I_2(s)$ | 0 | 0 | 116 |
| $I_2(g)$ | 62 | 19 | 261 |
| $I_2(aq)$ | 23 | 16 | 137 |
| $I^-(aq)$ | −55 | −52 | 106 |
| Fer | | | |
| $Fe(s)$ | 0 | 0 | 27 |
| $Fe_3C(s)$ | 21 | 15 | 108 |
| $Fe_{0,95}O(s)$ (wustite) | −264 | −240 | 59 |
| $FeO$ | −272 | −255 | 61 |
| $Fe_3O_4(s)$ (magnétite) | −1117 | −1013 | 146 |
| $Fe_2O_3(s)$ (hématite) | −826 | −740 | 90 |
| $FeS(s)$ | −95 | −97 | 67 |
| $FeS_2(s)$ | −178 | −166 | 53 |
| $FeSO_4(s)$ | −929 | −825 | 121 |

(*page suivante*)

**Annexe 4 (*suite*)**

| Substance et état | $\Delta H_f^\circ$ (kJ/mol) | $\Delta G_f^\circ$ (kJ/mol) | $S^\circ$ (J/K · mol) |
|---|---|---|---|
| Plomb | | | |
| $Pb(s)$ | 0 | 0 | 65 |
| $PbO_2(s)$ | −277 | −217 | 69 |
| $PbS(s)$ | −100 | −99 | 91 |
| $PbSO_4(s)$ | −920 | −813 | 149 |
| Magnésium | | | |
| $Mg(s)$ | 0 | 0 | 33 |
| $MgCO_3(s)$ | −1113 | −1029 | 66 |
| $MgO(s)$ | −602 | −569 | 27 |
| $Mg(OH)_2(s)$ | −925 | −834 | 64 |
| Manganèse | | | |
| $Mn(s)$ | 0 | 0 | 32 |
| $MnO(s)$ | −385 | −363 | 60 |
| $Mn_3O_4(s)$ | −1387 | −1280 | 149 |
| $Mn_2O_3(s)$ | −971 | −893 | 110 |
| $MnO_2(s)$ | −521 | −466 | 53 |
| $MnO_4^-(aq)$ | −543 | −449 | 190 |
| Mercure | | | |
| $Hg(l)$ | 0 | 0 | 76 |
| $Hg_2Cl_2(s)$ | −265 | −211 | 196 |
| $HgCl_2(s)$ | −230 | −184 | 144 |
| $HgO(s)$ | −90 | −59 | 70 |
| $HgS(s)$ | −58 | −49 | 78 |
| Nickel | | | |
| $Ni(s)$ | 0 | 0 | 30 |
| $NiCl_2(s)$ | −316 | −272 | 107 |
| $NiO(s)$ | −241 | −213 | 38 |
| $Ni(OH)_2(s)$ | −538 | −453 | 79 |
| $NiS(s)$ | −93 | −90 | 53 |
| Azote | | | |
| $N_2(g)$ | 0 | 0 | 192 |
| $NH_3(g)$ | −46 | −17 | 193 |
| $NH_3(aq)$ | −80 | −27 | 111 |
| $NH_4^+(aq)$ | −132 | −79 | 113 |
| $NO(g)$ | 90 | 87 | 211 |
| $NO_2(g)$ | 34 | 52 | 240 |
| $N_2O(g)$ | 82 | 104 | 220 |
| $N_2O_4(g)$ | 10 | 98 | 304 |
| $N_2O_4(l)$ | −20 | 97 | 209 |
| $N_2O_5(s)$ | −42 | 134 | 178 |
| $N_2H_4(l)$ | 51 | 149 | 121 |
| $N_2H_3CH_3(l)$ | 54 | 180 | 166 |
| $HNO_3(aq)$ | −207 | −111 | 146 |
| $HNO_3(l)$ | −174 | −81 | 156 |
| $NH_4ClO_4(s)$ | −295 | −89 | 186 |
| $NH_4Cl(s)$ | −314 | −203 | 96 |
| Oxygène | | | |
| $O_2(g)$ | 0 | 0 | 205 |
| $O(g)$ | 249 | 232 | 161 |
| $O_3(g)$ | 143 | 163 | 239 |
| Phosphore | | | |
| $P(s)$ (blanc) | 0 | 0 | 41 |
| $P(s)$ (rouge) | −18 | −12 | 23 |
| $P(s)$ (noir) | −39 | −33 | 23 |
| Phosphore (*suite*) | | | |
| $P_4(g)$ | 59 | 24 | 280 |
| $PF_5(g)$ | −1578 | −1509 | 296 |
| $PH_3(g)$ | 5 | 13 | 210 |
| $H_3PO_4(s)$ | −1279 | −1119 | 110 |
| $H_3PO_4(l)$ | −1267 | — | — |
| $H_3PO_4(aq)$ | −1288 | −1143 | 158 |
| $P_4O_{10}(s)$ | −2984 | −2698 | 229 |
| Potassium | | | |
| $K(s)$ | 0 | 0 | 64 |
| $KCl(s)$ | −436 | −408 | 83 |
| $KClO_3(s)$ | −391 | −290 | 143 |
| $KClO_4(s)$ | −433 | −304 | 151 |
| $K_2O(s)$ | −361 | −322 | 98 |
| $K_2O_2(s)$ | −496 | −430 | 113 |
| $KO_2(s)$ | −283 | −238 | 117 |
| $KOH(s)$ | −425 | −379 | 79 |
| $KOH(aq)$ | −481 | −440 | 9,20 |
| Silicium | | | |
| $SiO_2(s)$ (quartz) | −911 | −856 | 42 |
| $SiCl_4(l)$ | −687 | −620 | 240 |
| Argent | | | |
| $Ag(s)$ | 0 | 0 | 43 |
| $Ag^+(aq)$ | 105 | 77 | 73 |
| $AgBr(s)$ | −100 | −97 | 107 |
| $AgCN(s)$ | 146 | 164 | 84 |
| $AgCl(s)$ | −127 | −110 | 96 |
| $Ag_2CrO_4(s)$ | −712 | −622 | 217 |
| $AgI(s)$ | −62 | −66 | 115 |
| $Ag_2O(s)$ | −31 | −11 | 122 |
| $Ag_2S(s)$ | −32 | −40 | 146 |
| Sodium | | | |
| $Na(s)$ | 0 | 0 | 51 |
| $Na^+(aq)$ | −240 | −262 | 59 |
| $NaBr(s)$ | −360 | −347 | 84 |
| $Na_2CO_3(s)$ | −1131 | −1048 | 136 |
| $NaHCO_3(s)$ | −948 | −852 | 102 |
| $NaCl(s)$ | −411 | −384 | 72 |
| $NaH(s)$ | −56 | −33 | 40 |
| $NaI(s)$ | −288 | −282 | 91 |
| $NaNO_2(s)$ | −359 | | |
| $NaNO_3(s)$ | −467 | −366 | 116 |
| $Na_2O(s)$ | −416 | −377 | 73 |
| $Na_2O_2(s)$ | −515 | −451 | 95 |
| $NaOH(s)$ | −427 | −381 | 64 |
| $NaOH(aq)$ | −470 | −419 | 50 |
| Soufre | | | |
| $S(s)$ (orthorhombique) | 0 | 0 | 32 |
| $S(s)$ (monoclinique) | 0,3 | 0,1 | 33 |
| $S^{2-}(aq)$ | 33 | 86 | −15 |
| $S_8(g)$ | 102 | 50 | 431 |
| $SF_6(g)$ | −1209 | −1105 | 292 |
| $H_2S(g)$ | −21 | −34 | 206 |
| $SO_2(g)$ | −297 | −300 | 248 |

(*page suivante*)

**Annexe 4 (*suite*)**

| Substance et état | $\Delta H_f^\circ$ (kJ/mol) | $\Delta G_f^\circ$ (kJ/mol) | $S^\circ$ (J/K · mol) |
|---|---|---|---|
| Soufre (*suite*) | | | |
| $SO_3(g)$ | −396 | −371 | 257 |
| $SO_4^{2-}(aq)$ | −909 | −745 | 20 |
| $H_2SO_4(l)$ | −814 | −690 | 157 |
| $H_2SO_4(aq)$ | −909 | −745 | 20 |
| Étain | | | |
| $Sn(s)$ (blanc) | 0 | 0 | 52 |
| $Sn(s)$ (gris) | −2 | 0,1 | 44 |
| $SnO(s)$ | −285 | −257 | 56 |
| $SnO_2(s)$ | −581 | −520 | 52 |
| $Sn(OH)_2(s)$ | −561 | −492 | 155 |
| Titane | | | |
| $TiCl_4(g)$ | −763 | −727 | 355 |
| $TiO_2(s)$ | −945 | −890 | 50 |
| Uranium | | | |
| $U(s)$ | 0 | 0 | 50 |
| $UF_6(s)$ | −2137 | −2008 | 228 |
| Uranium (*suite*) | | | |
| $UF_6(g)$ | −2113 | −2029 | 380 |
| $UO_2(s)$ | −1084 | −1029 | 78 |
| $U_3O_8(s)$ | −3575 | −3393 | 282 |
| $UO_3(s)$ | −1230 | −1150 | 99 |
| Xénon | | | |
| $Xe(g)$ | 0 | 0 | 170 |
| $XeF_2(g)$ | −108 | −48 | 254 |
| $XeF_4(s)$ | −251 | −121 | 146 |
| $XeF_6(g)$ | −294 | | |
| $XeO_3(s)$ | 402 | | |
| Zinc | | | |
| $Zn(s)$ | 0 | 0 | 42 |
| $ZnO(s)$ | −348 | −318 | 44 |
| $Zn(OH)_2(s)$ | −642 | | |
| $ZnS(s)$ (wurtzite) | −193 | | |
| $ZnS(s)$ (blende) | −206 | −201 | 58 |
| $ZnSO_4(s)$ | −983 | −874 | 120 |

# Annexe 5 Constantes d'équilibre et potentiels de réduction

## A5.1 Valeurs de $K_a$ pour certains acides monoprotiques

| Nom | Formule | Valeur de $K_a$ |
|---|---|---|
| Ion hydrogénosulfate | $HSO_4^-$ | $1,2 \times 10^{-2}$ |
| Acide chloreux | $HClO_2$ | $1,2 \times 10^{-2}$ |
| Acide monochloracétique | $HC_2H_2ClO_2$ | $1,35 \times 10^{-3}$ |
| Acide fluorhydrique | $HF$ | $7,2 \times 10^{-4}$ |
| Acide nitreux | $HNO_2$ | $4,0 \times 10^{-4}$ |
| Acide formique | $HCO_2H$ | $1,8 \times 10^{-4}$ |
| Acide lactique | $HC_3H_5O_3$ | $1,38 \times 10^{-4}$ |
| Acide benzoïque | $HC_7H_5O_2$ | $6,4 \times 10^{-5}$ |
| Acide acétique | $HC_2H_3O_2$ | $1,8 \times 10^{-5}$ |
| Ion aluminium(III) hydraté | $[Al(H_2O)_6]^{3+}$ | $1,4 \times 10^{-5}$ |
| Acide propanoïque | $HC_3H_5O_2$ | $1,3 \times 10^{-5}$ |
| Acide hypochloreux | $HOCl$ | $3,5 \times 10^{-8}$ |
| Acide hypobromeux | $HOBr$ | $2 \times 10^{-9}$ |
| Acide cyanhydrique | $HCN$ | $6,2 \times 10^{-10}$ |
| Acide borique | $H_3BO_3$ | $5,8 \times 10^{-10}$ |
| Ion ammonium | $NH_4^+$ | $5,6 \times 10^{-10}$ |
| Phénol | $HOC_6H_5$ | $1,6 \times 10^{-10}$ |
| Acide hypo-iodeux | $HOI$ | $2 \times 10^{-11}$ |

## A5.2 Constantes de dissociation successives pour plusieurs acides polyprotiques courants

| Nom | Formule | $K_{a_1}$ | $K_{a_2}$ | $K_{a_3}$ |
|---|---|---|---|---|
| Acide phosphorique | $H_3PO_4$ | $7{,}5 \times 10^{-3}$ | $6{,}2 \times 10^{-8}$ | $4{,}8 \times 10^{-13}$ |
| Acide arsénique | $H_3AsO_4$ | $5 \times 10^{-3}$ | $8 \times 10^{-8}$ | $6 \times 10^{-10}$ |
| Acide carbonique | $H_2CO_3$ | $4{,}3 \times 10^{-7}$ | $5{,}6 \times 10^{-11}$ | |
| Acide sulfurique | $H_2SO_4$ | Élevée | $1{,}2 \times 10^{-2}$ | |
| Acide sulfureux | $H_2SO_3$ | $1{,}5 \times 10^{-2}$ | $1{,}0 \times 10^{-7}$ | |
| Acide hydrosulfurique | $H_2S$ | $1{,}0 \times 10^{-7}$ | $\sim 10^{-19}$ | |
| Acide oxalique | $H_2C_2O_4$ | $6{,}5 \times 10^{-2}$ | $6{,}1 \times 10^{-5}$ | |
| Acide ascorbique (vitamine C) | $H_2C_6H_6O_6$ | $7{,}9 \times 10^{-5}$ | $1{,}6 \times 10^{-12}$ | |
| Acide citrique | $H_3C_6H_5O_7$ | $8{,}4 \times 10^{-4}$ | $1{,}8 \times 10^{-5}$ | $4{,}0 \times 10^{-6}$ |

## A5.3 Valeurs de $K_b$ pour certaines bases faibles courantes

| Nom | Formule | Acide conjugué | $K_b$ |
|---|---|---|---|
| Ammoniaque | $NH_3$ | $NH_4^+$ | $1{,}8 \times 10^{-5}$ |
| Méthylamine | $CH_3NH_2$ | $CH_3NH_3^+$ | $4{,}38 \times 10^{-4}$ |
| Éthylamine | $C_2H_5NH_2$ | $C_2H_5NH_3^+$ | $5{,}6 \times 10^{-4}$ |
| Diéthylamine | $(C_2H_5)_2NH$ | $(C_2H_5)_2NH_2^+$ | $1{,}3 \times 10^{-3}$ |
| Triéthylamine | $(C_2H_5)_3N$ | $(C_2H_5)_3NH^+$ | $4{,}0 \times 10^{-4}$ |
| Hydroxylamine | $HONH_2$ | $HONH_3^+$ | $1{,}1 \times 10^{-8}$ |
| Hydrazine | $H_2NNH_2$ | $H_2NNH_3^+$ | $3{,}0 \times 10^{-6}$ |
| Aniline | $C_6H_5NH_2$ | $C_6H_5NH_3^+$ | $3{,}8 \times 10^{-10}$ |
| Pyridine | $C_5H_5N$ | $C_5H_5NH^+$ | $1{,}7 \times 10^{-9}$ |

## A5.4 Valeurs de $K_{sp}$ à 25 °C pour des solides ioniques courants

| Solide ionique | $K_{sp}$ (à 25 °C) |
|---|---|
| Fluorures | |
| $BaF_2$ | $2,4 \times 10^{-5}$ |
| $MgF_2$ | $6,4 \times 10^{-9}$ |
| $PbF_2$ | $4 \times 10^{-8}$ |
| $SrF_2$ | $7,9 \times 10^{-10}$ |
| $CaF_2$ | $4,0 \times 10^{-11}$ |
| Chlorures | |
| $PbCl_2$ | $1,6 \times 10^{-5}$ |
| $AgCl$ | $1,6 \times 10^{-10}$ |
| $Hg_2Cl_2$* | $1,1 \times 10^{-18}$ |
| Bromures | |
| $PbBr_2$ | $4,6 \times 10^{-6}$ |
| $AgBr$ | $5,0 \times 10^{-13}$ |
| $Hg_2Br_2$* | $1,3 \times 10^{-22}$ |
| Iodures | |
| $PbI_2$ | $1,4 \times 10^{-8}$ |
| $AgI$ | $1,5 \times 10^{-16}$ |
| $Hg_2I_2$* | $4,5 \times 10^{-29}$ |
| Sulfates | |
| $CaSO_4$ | $6,1 \times 10^{-5}$ |
| $Ag_2SO_4$ | $1,2 \times 10^{-5}$ |
| $SrSO_4$ | $3,2 \times 10^{-7}$ |
| $PbSO_4$ | $1,3 \times 10^{-8}$ |
| $BaSO_4$ | $1,5 \times 10^{-9}$ |
| Chromates | |
| $SrCrO_4$ | $3,6 \times 10^{-5}$ |
| $Hg_2CrO_4$* | $2 \times 10^{-9}$ |
| $BaCrO_4$ | $8,5 \times 10^{-11}$ |
| $Ag_2CrO_4$ | $9,0 \times 10^{-12}$ |
| $PbCrO_4$ | $2 \times 10^{-16}$ |
| Carbonates | |
| $NiCO_3$ | $1,4 \times 10^{-7}$ |
| $CaCO_3$ | $8,7 \times 10^{-9}$ |
| $BaCO_3$ | $1,6 \times 10^{-9}$ |
| $SrCO_3$ | $7 \times 10^{-10}$ |
| $CuCO_3$ | $2,5 \times 10^{-10}$ |
| $ZnCO_3$ | $2 \times 10^{-10}$ |
| $MnCO_3$ | $8,8 \times 10^{-11}$ |
| $FeCO_3$ | $2,1 \times 10^{-11}$ |
| $Ag_2CO_3$ | $8,1 \times 10^{-12}$ |
| $CdCO_3$ | $5,2 \times 10^{-12}$ |
| $PbCO_3$ | $1,5 \times 10^{-15}$ |
| $MgCO_3$ | $1 \times 10^{-5}$ |
| $Hg_2CO_3$* | $9,0 \times 10^{-15}$ |
| Hydroxydes | |
| $Ba(OH)_2$ | $5,0 \times 10^{-3}$ |
| $Sr(OH)_2$ | $3,2 \times 10^{-4}$ |
| $Ca(OH)_2$ | $1,3 \times 10^{-6}$ |
| $AgOH$ | $2,0 \times 10^{-8}$ |
| $Mg(OH)_2$ | $8,9 \times 10^{-12}$ |
| $Mn(OH)_2$ | $2 \times 10^{-13}$ |
| $Cd(OH)_2$ | $5,9 \times 10^{-15}$ |
| $Pb(OH)_2$ | $1,2 \times 10^{-15}$ |
| $Fe(OH)_2$ | $1,8 \times 10^{-15}$ |
| $Co(OH)_2$ | $2,5 \times 10^{-16}$ |
| $Ni(OH)_2$ | $1,6 \times 10^{-16}$ |
| $Zn(OH)_2$ | $4,5 \times 10^{-17}$ |
| $Cu(OH)_2$ | $1,6 \times 10^{-19}$ |
| $Hg(OH)_2$ | $3 \times 10^{-26}$ |
| $Sn(OH)_2$ | $3 \times 10^{-27}$ |
| $Cr(OH)_3$ | $6,7 \times 10^{-31}$ |
| $Al(OH)_3$ | $2 \times 10^{-32}$ |
| $Fe(OH)_3$ | $4 \times 10^{-38}$ |
| $Co(OH)_3$ | $2,5 \times 10^{-43}$ |
| Sulfures | |
| $MnS$ | $2,3 \times 10^{-13}$ |
| $FeS$ | $3,7 \times 10^{-19}$ |
| $NiS$ | $3 \times 10^{-21}$ |
| $CoS$ | $5 \times 10^{-22}$ |
| $ZnS$ | $2,5 \times 10^{-22}$ |
| $SnS$ | $1 \times 10^{-26}$ |
| $CdS$ | $1,0 \times 10^{-28}$ |
| $PbS$ | $7 \times 10^{-29}$ |
| $CuS$ | $8,5 \times 10^{-45}$ |
| $Ag_2S$ | $1,6 \times 10^{-49}$ |
| $HgS$ | $1,6 \times 10^{-54}$ |
| Phosphates | |
| $Ag_3PO_4$ | $1,8 \times 10^{-18}$ |
| $Sr_3(PO_4)_2$ | $1 \times 10^{-31}$ |
| $Ca_3(PO_4)_2$ | $1,3 \times 10^{-32}$ |
| $Ba_3(PO_4)_2$ | $6 \times 10^{-39}$ |
| $Pb_3(PO_4)_2$ | $1 \times 10^{-54}$ |

* Contient des ions $Hg_2^{2+}$. $K_{sp} = [Hg_2^{2+}][X^-]^2$ pour les sels $Hg_2X_2$.

## A5.5 Potentiels de réductions standards à 25 °C (298 K) pour plusieurs demi-réactions courantes

| Demi-réaction | $\mathscr{E}^\circ$ (V) |
|---|---|
| $F_2 + 2e^- \rightarrow 2F^-$ | 2,87 |
| $Ag^{2+} + e^- \rightarrow Ag^+$ | 1,99 |
| $Co^{3+} + e^- \rightarrow Co^{2+}$ | 1,82 |
| $H_2O_2 + 2H^+ + 2e^- \rightarrow 2H_2O$ | 1,78 |
| $Ce^{4+} + e^- \rightarrow Ce^{3+}$ | 1,70 |
| $PbO_2 + 4H^+ + SO_4^{2-} + 2e^- \rightarrow PbSO_4 + 2H_2O$ | 1,69 |
| $MnO_4^- + 4H^+ + 3e^- \rightarrow MnO_2 + 2H_2O$ | 1,68 |
| $2e^- + 2H^+ + IO_4^- \rightarrow IO_3^- + H_2O$ | 1,60 |
| $MnO_4^- + 8H^+ + 5e^- \rightarrow Mn^{2+} + 4H_2O$ | 1,51 |
| $Au^{3+} + 3e^- \rightarrow Au$ | 1,50 |
| $PbO_2 + 4H^+ + 2e^- \rightarrow Pb^{2+} + 2H_2O$ | 1,46 |
| $Cl_2 + 2e^- \rightarrow 2Cl^-$ | 1,36 |
| $Cr_2O_7^{2-} + 14H^+ + 6e^- \rightarrow 2Cr^{3+} + 7H_2O$ | 1,33 |
| $O_2 + 4H^+ + 4e^- \rightarrow 2H_2O$ | 1,23 |
| $MnO_2 + 4H^+ + 2e^- \rightarrow Mn^{2+} + 2H_2O$ | 1,21 |
| $IO_3^- + 6H^+ + 5e^- \rightarrow \frac{1}{2}I_2 + 3H_2O$ | 1,20 |
| $Br_2 + 2e^- \rightarrow 2Br^-$ | 1,09 |
| $VO_2^+ + 2H^+ + e^- \rightarrow VO^{2+} + H_2O$ | 1,00 |
| $AuCl_4^- + 3e^- \rightarrow Au + 4Cl^-$ | 0,99 |
| $NO_3^- + 4H^+ + 3e^- \rightarrow NO + 2H_2O$ | 0,96 |
| $ClO_2 + e^- \rightarrow ClO_2^-$ | 0,954 |
| $2Hg^{2+} + 2e^- \rightarrow Hg_2^{2+}$ | 0,91 |
| $Ag^+ + e^- \rightarrow Ag$ | 0,80 |
| $Hg_2^{2+} + 2e^- \rightarrow 2Hg$ | 0,80 |
| $Fe^{3+} + e^- \rightarrow Fe^{2+}$ | 0,77 |
| $O_2 + 2H^+ + 2e^- \rightarrow H_2O_2$ | 0,68 |
| $MnO_4^- + e^- \rightarrow MnO_4^{2-}$ | 0,56 |
| $I_2 + 2e^- \rightarrow 2I^-$ | 0,54 |
| $Cu^+ + e^- \rightarrow Cu$ | 0,52 |
| $O_2 + 2H_2O + 4e^- \rightarrow 4OH^-$ | 0,40 |
| $Cu^{2+} + 2e^- \rightarrow Cu$ | 0,34 |
| $Hg_2Cl_2 + 2e^- \rightarrow 2Hg + 2Cl^-$ | 0,34 |
| $AgCl + e^- \rightarrow Ag + Cl^-$ | 0,22 |
| $SO_4^{2-} + 4H^+ + 2e^- \rightarrow H_2SO_3 + H_2O$ | 0,20 |
| $Cu^{2+} + e^- \rightarrow Cu^+$ | 0,16 |
| $2H^+ + 2e^- \rightarrow H_2$ | 0,00 |
| $Fe^{3+} + 3e^- \rightarrow Fe$ | −0,036 |
| $Pb^{2+} + 2e^- \rightarrow Pb$ | −0,13 |
| $Sn^{2+} + 2e^- \rightarrow Sn$ | −0,14 |
| $Ni^{2+} + 2e^- \rightarrow Ni$ | −0,23 |
| $PbSO_4 + 2e^- \rightarrow Pb + SO_4^{2-}$ | −0,35 |
| $Cd^{2+} + 2e^- \rightarrow Cd$ | −0,40 |
| $Fe^{2+} + 2e^- \rightarrow Fe$ | −0,44 |
| $Cr^{3+} + e^- \rightarrow Cr^{2+}$ | −0,50 |
| $Cr^{3+} + 3e^- \rightarrow Cr$ | −0,73 |
| $Zn^{2+} + 2e^- \rightarrow Zn$ | −0,76 |
| $2H_2O + 2e^- \rightarrow H_2 + 2OH^-$ | −0,83 |
| $Mn^{2+} + 2e^- \rightarrow Mn$ | −1,18 |
| $Al^{3+} + 3e^- \rightarrow Al$ | −1,66 |
| $H_2 + 2e^- \rightarrow 2H^-$ | −2,23 |
| $Mg^{2+} + 2e^- \rightarrow Mg$ | −2,37 |
| $La^{3+} + 3e^- \rightarrow La$ | −2,37 |
| $Na^+ + e^- \rightarrow Na$ | −2,71 |
| $Ca^{2+} + 2e^- \rightarrow Ca$ | −2,76 |
| $Ba^{2+} + 2e^- \rightarrow Ba$ | −2,90 |
| $K^+ + e^- \rightarrow K$ | −2,92 |
| $Li^+ + e^- \rightarrow Li$ | −3,05 |

# Glossaire

**Accumulateur** Appareil emmagasinant de l'énergie électrique sous forme chimique, pour la restituer, à volonté, sous forme de courant électrique. (8.5)

**Acide** Substance qui, en milieu aqueux, libère des ions hydrogène ; donneur de protons. (1.2)

**Acide conjugué** Espèce formée quand un proton est ajouté à une base. (5.1)

**Acide de Lewis** Accepteur de doublets d'électrons. (4.5, 5.11)

**Acide faible** Acide qui n'est que faiblement dissocié en milieu aqueux. (1.2, 5.2)

**Acide fort** Acide qui est complètement dissocié pour produire un ion $H^+$ et une base conjuguée. (1.2, 5.2)

**Acide organique** Acide possédant un squelette carboné et portant un groupement carboxyle. (5.2)

**Adsorption** Rétention d'une substance à la surface d'une autre. (3.8)

**Agent oxydant (accepteur d'électrons)** Réactif qui accepte des électrons provenant d'un autre réactif et dont le nombre d'oxydation d'un de ses atomes diminue. (8.1)

**Agent réducteur (donneur d'électrons)** Réactif qui cède des électrons à une autre substance et dont le nombre d'oxydation d'un de ses atomes augmente. (8.1)

**Amine** Base organique obtenue par substitution d'un ou de plusieurs atomes d'hydrogène de l'ammoniac par des groupements organiques. (5.6)

**Ampère** Unité de courant électrique égale à une charge de 1 coulomb par seconde. (8.7)

**Analyse volumétrique** Titrage d'une solution par une autre. (1.8)

**Anode** Dans une pile électrochimique, électrode où a lieu la réaction d'oxydation. (8.1)

**Auto-ionisation** Transfert d'un proton d'une molécule à une autre de même nature. (5.2)

**Base** Substance qui, en milieu aqueux, libère des ions hydroxyde ; accepteur de protons. (1.2)

**Base conjuguée** Ce qui reste d'une molécule d'acide après le départ du proton. (5.1)

**Base de Lewis** Donneur de doublets d'électrons. (5.11)

**Base faible** Base qui, en milieu aqueux, ne produit que peu d'ions hydroxyde. (1.2, 5.6)

**Base forte** Hydroxyde métallique qui est complètement dissocié dans l'eau. (1.2, 5.6)

**Batterie** Groupe de piles électrochimiques placées en série. (8.5)

**Batterie au plomb** Batterie (utilisée dans les automobiles) dans laquelle l'anode est en plomb et la cathode, en plomb recouvert de dioxyde de plomb, l'électrolyte étant une solution d'acide sulfurique. (8.5)

**Catalyseur** Substance qui accélère une réaction sans pour autant être modifiée. (3.8)

**Cathode** Dans une pile électrochimique, électrode où a lieu la réaction de réduction. (6.1)

**Cellule Downs** Cellule utilisée pour l'électrolyse du chlorure de sodium fondu. (8.8)

**Cellule électrolytique** Cellule qui utilise l'énergie électrique pour provoquer un changement chimique qui n'aurait pas lieu spontanément. (8.7)

**Chaleur d'hydratation** Variation d'enthalpie associée à l'incorporation de molécules de gaz ou d'ions dans l'eau ; somme de l'énergie nécessaire à l'expansion du solvant et de l'énergie libérée lorsqu'il y a interaction solvant-soluté. (2.2)

**Chaleur de dissolution** Variation d'enthalpie associée à la dissolution d'un soluté dans un solvant ; somme de l'énergie nécessaire à l'expansion du solvant et du soluté, et de l'énergie libérée lorsque les interactions solvant-soluté ont lieu. (2.2)

**Cinétique chimique** Partie de la chimie qui traite des vitesses des réactions. (3.1)

**Colloïde (suspension colloïdale)** Suspension de particules dans un milieu de dispersion. (2.8)

**Complexe activé (état de transition)** Arrangement des atomes lorsque la molécule possède l'énergie potentielle (sommet de la barrière énergétique) nécessaire pour passer de l'état de réactif à celui de produit. (3.7)

**Concentration molaire volumique** Nombre de moles de soluté par litre de solution. (1.3, 2.1)

**Conductibilité électrique** Capacité de conduire le courant électrique. (1.2)

**Constante cryoscopique molale** Constante caractéristique d'un solvant donné, qui exprime la variation du point de congélation en fonction de la molalité de la solution ; utilisée pour déterminer les masses molaires. (2.5)

**Constante d'acidité ($K_a$)** Constante d'équilibre de la réaction de dissociation du proton d'un acide par une molécule $H_2O$, réaction qui forme la base conjuguée et $H_3O^+$. (5.1)

**Constante d'équilibre** Valeur obtenue quand on remplace, dans l'expression de la constante d'équilibre, les concentrations des différentes espèces par leurs concentrations à l'équilibre. (4.2)

**Constante de dissociation d'une base ($K_b$)** Constante d'équilibre de la réaction d'une base avec l'eau, réaction qui produit l'acide conjugué et l'ion hydroxyde. (5.6)

**Constante de dissociation de l'eau ($K_{eau}$)** Constante d'équilibre de la réaction d'auto-ionisation de l'eau ; à 25 °C, $K_{eau} = 1,0 \times 10^{-14}$. (5.2)

**Constante de Faraday** Constante représentant la charge de 1 mole d'électrons et qui équivaut à 96 485 coulombs. (8.3)

**Constante de formation (constante de stabilité)** Constante d'équilibre caractérisant, dans la formation d'un ion complexe, chaque étape qui consiste en l'addition d'une molécule de ligand à un ion métallique ou à un ion complexe en milieu aqueux. (6.6, 6.8)

**Constante de vitesse** Constante de proportionnalité dans l'équation qui associe la vitesse de la réaction à la concentration des réactifs. (3.2)

**Constante ébullioscopique molale** Constante caractéristique d'un solvant donné, qui exprime la variation du point d'ébullition en fonction de la molalité de la solution ; utilisée pour déterminer les masses molaires. (2.5)

**Corrosion** Procédé par lequel les métaux sont oxydés au contact de l'air. (8.6)

**Couple acide-base conjuguée** Deux espèces reliées entre elles par le transfert d'un seul proton. (5.1)

**Courbe de titrage** Graphique de la variation du pH d'une solution à analyser en fonction de la quantité de titrant ajouté. (6.4)

**Demi-réactions** Chacune des deux parties d'une réaction d'oxydoréduction, l'une représentant l'oxydation et l'autre, la réduction. (8.1)

**Dessalement**. Élimination des sels que contient une solution aqueuse. (2.6)

**Deuxième loi de la thermodynamique** Dans tout processus spontané, il y a toujours augmentation de l'entropie dans l'Univers. (7.2)

**Dialyse** Phénomène au cours duquel une membrane semi-perméable laisse passer des molécules de solvant, de petites molécules de soluté et des ions. (2.6)

**Dilution** Procédé par lequel on ajoute du solvant afin de faire diminuer la concentration d'un soluté dans une solution. (1.3)

**Disque poreux** Dans une pile électrochimique, disque placé dans un tube reliant les deux compartiments et qui permet aux ions de se déplacer sans que pour autant les solutions se mélangent de façon importante. (8.1)

**Échelle de pH** Échelle logarithmique à base dix, correspondant à $-\log [H^+]$ ; c'est une façon pratique de représenter l'acidité d'une solution. (5.3)

**Effet d'ion commun** Déplacement de la position d'équilibre à la suite de l'addition d'un ion qui participe déjà à la réaction en équilibre. (6.1)

**Effet Tyndall** Dispersion de la lumière par des particules en suspension. (2.8)

**Électrochimie** Étude de la transformation de l'énergie chimique en énergie électrique, et vice versa. (8)

**Électrode de verre**. Électrode utilisée pour déterminer le pH à partir de la différence de potentiel enregistrée quand on la plonge dans une solution aqueuse contenant des ions $H^+$. (8.4)

**Électrode ionique spécifique** Électrode sensible à la concentration d'un ion particulier en solution. (8.4)

**Électrode standard d'hydrogène** Conducteur en platine plongé dans une solution d'ions $H^+$ 1 mol/L, et sous lequel barbote de l'hydrogène à une pression de 101,3 kPa. (8.2)

**Électrolyse** Procédé par lequel on fait passer un courant dans une cellule pour provoquer une réaction chimique qui, autrement, ne serait pas spontanée. (8.7)

**Électrolyte** Substance qui, une fois dissoute dans l'eau, permet le passage du courant électrique. (1.2)

**Électrolyte faible** Substance qui, une fois dissoute dans l'eau, ne permet que faiblement le passage du courant électrique. (1.2)

**Électrolyte fort** Substance qui, une fois dissoute dans l'eau, permet le passage du courant électrique de façon très efficace. (1.2)

**Énergie d'activation** Seuil d'énergie à dépasser pour qu'une réaction chimique ait lieu. (3.8, 8.7)

**Énergie libre** Fonction thermodynamique égale à la différence entre l'enthalpie ($H$) et le produit de l'entropie ($S$) par la température ($T$), exprimée en kelvins : $G = H - TS$. Dans certaines conditions, la variation de l'énergie libre, pour un processus donné, est égale à l'énergie disponible pour effectuer un travail utile. (7.4, 7.9)

**Énergie libre standard de formation** Variation de l'énergie libre qui accompagne la formation d'une mole de substance à partir de ses éléments constituants, quand tous les réactifs et les produits sont présents dans leur état standard. (7.6)

**Entropie** Fonction thermodynamique qui mesure le désordre. (7.1)

**Enzyme** Grosse molécule, habituellement de nature protéique, qui catalyse des réactions biologiques. (3.8)

**Équation d'Arrhenius** $k = Ae^{-E_a/RT}$, équation qui représente la constante de vitesse, où $A$ est le produit de la fréquence des collisions par le facteur stérique et $e^{-E_a/RT}$, la proportion des collisions qui possèdent l'énergie suffisante pour que la réaction ait lieu. (3.7)

**Équation de Henderson-Hasselbalch** Équation qui exprime la variation du pH d'un système acide-base conjuguée en fonction des concentrations de l'acide et de la base : $pH = pK_a + \log [base]/[acide]$. (6.2)

**Équation de Nernst** Équation qui exprime la variation du potentiel d'une pile électrochimique en fonction des concentrations des composants de la pile :

$$\mathscr{E} = \mathscr{E}° - \frac{0{,}0592}{n}\log (Q), \text{ à } 25\ °C. \qquad (8.4)$$

**Équation de vitesse différentielle** Équation qui exprime la variation de la vitesse d'une réaction en fonction de la concentration des réactifs ; souvent appelée équation des réactifs ; souvent appelée équation de vitesse. (3.2)

**Équation de vitesse intégrée** Équation qui exprime la variation de la concentration d'un réactif en fonction du temps. (3.2)

**Équation ionique complète** Équation représentant, sous forme d'ions, toutes les substances qui sont des électrolytes forts. (1.6)

**Équation ionique nette** Équation d'une réaction qui a lieu en solution, dans laquelle les électrolytes forts sont représentés sous forme d'ions, et ne comportant que les composants qui interviennent directement dans la réaction chimique. (1.6)

**Équation moléculaire** Équation d'une réaction qui a lieu en solution et dans laquelle les réactifs et les produits sont présentés sous forme non dissociée, qu'il s'agisse d'électrolytes forts ou d'électrolytes faibles. (1.6)

**Équilibre (définition thermodynamique)** Position pour laquelle l'énergie libre d'un système réactionnel a la plus petite valeur possible. (7.8)

**Équilibre chimique** Système réactionnel dynamique dans lequel la concentration des réactifs et des produits ne varie pas en fonction du temps. (4)

**Équilibre hétérogène** Équilibre dans lequel interviennent des réactifs ou des produits qui ne sont pas tous présents dans la même phase. (4.4)

**Équilibre homogène** Système à l'équilibre dans lequel tous les réactifs et tous les produits sont présents dans la même phase. (4.4)

**Espèces importantes** Composants présents en grande quantité dans une solution. (5.4)

**Étape bimoléculaire** Réaction dans laquelle intervient la collision de deux molécules. (3.4)

**Étape déterminante (limitante)** Étape la plus lente d'un mécanisme réactionnel ; c'est celle qui impose sa vitesse à la réaction globale. (3.4)

**Étape élémentaire** Réaction dont on peut exprimer la vitesse à partir de sa molécularité. (3.6)

**Étape monomoléculaire** Réaction dans laquelle n'intervient qu'une seule molécule. (3.6)

**Étape trimoléculaire** Réaction dans laquelle intervient la collision simultanée de trois molécules. (3.6)

**Expression de la constante d'équilibre** Expression (basée sur la loi d'action de masse) obtenue en multipliant les concentrations des produits et en divisant le résultat par le produit des concentrations des réactifs, chaque concentration étant affectée d'un exposant égal à son coefficient dans l'équation équilibrée. (4.2)

**Facteur de van't Hoff** Rapport entre le nombre de particules en solution et le nombre de moles de soluté dissous. (2.7)

**Facteur stérique** Facteur (toujours inférieur à 1) qui représente la proportion des collisions possédant l'orientation nécessaire pour que la réaction chimique ait lieu. (3.7)

**Floculation** Rassemblement des particules d'une suspension colloïdale par agrégation et sédimentation. (2.8)

**Force électromotrice (fem)** *Voir* Potentiel d'une pile.

**Formation de paires d'ions** Phénomène qui a lieu en solution quand des ions de charges opposées s'agrègent et se comportent comme une particule unique. (2.7)

**Galvanisation** Procédé par lequel on recouvre d'une couche de zinc une pièce d'acier dont on veut prévenir la corrosion. (8.6)

**Groupement carboxyle** Le groupement —COOH qui caractérise les acides organiques. (5.2)

**Hydratation** Interaction des particules de soluté avec les molécules d'eau. (1.1)

**Indicateur coloré** Substance chimique pouvant changer de couleur et qu'on utilise pour déterminer le point de virage d'un titrage. (1.8)

**Indicateur coloré acide-base** Substance dont le changement de couleur indique la neutralisation complète d'un acide par une base, au cours d'un titrage. (6.5)

**Intermédiaire** Espèce chimique qui n'est ni un réactif ni un produit, mais qui est produite et utilisée dans une suite de réactions. (3.6)

**Ion complexe** Espèce chargée comportant un ion métallique entouré de ligands. (6.3)

**Ion hydronium** Ion $H_3O^+$ ; proton hydraté. (5.1)

**Ions inertes** Ions présents en solution mais ne participant pas directement à la réaction. (1.6)

**Loi d'action de masse** Description générale de l'équilibre ; cette loi détermine l'expression de la constante d'équilibre. (4.2)

**Loi de Henry** La quantité de gaz dissous dans une solution est directement proportionnelle à la pression de ce gaz au-dessus de la solution. (2.3)

**Loi de Raoult** La pression de vapeur d'une solution est directement proportionnelle à la fraction molaire du solvant utilisé. (2.4)

**Mécanisme réactionnel** Suite d'étapes élémentaires qui décrivent une réaction chimique. (3.4)

**Membrane semi-perméable** Membrane qui laisse passer les molécules du solvant, mais non celles du soluté. (2.6)

**Molalité** Nombre de moles de soluté par kilogramme de solvant dans la solution. (2.1)

**Molécularité** Nombre d'espèces qui doivent entrer en collision pour qu'une réaction représentée par une étape élémentaire dans un mécanisme réactionnel ait lieu. (3.6)

**Molécule polaire** Molécule qui possède un moment dipolaire permanent. (1.1)

**Monoacide** Acide qui ne possède qu'un proton acide. (5.2)

**Nombres d'oxydation** Concept qui permet de suivre le déplacement des électrons dans une réaction d'oxydoréduction, conformément à certaines règles. (1.9)

**Non-électrolyte** Substance qui, une fois dissoute dans l'eau, ne permet pas le passage du courant électrique. (1.2)

**Normalité** Nombre d'équivalents d'une substance dissoute par litre de solution. (2.1)

**Ordre de la réaction** Exposant, positif ou négatif, et déterminé expérimentalement, qui affecte la concentration d'un réactif dans une équation de vitesse. (3.2)

**Orientations moléculaires (cinétique)** Orientation des molécules au cours d'une réaction ; quelques-unes seulement entraînent une réaction. (3.7)

**Osmose** Passage d'un solvant à travers une membrane semi-perméable. (2.6)

**Osmose inverse** Phénomène qui a lieu quand une pression extérieure exercée sur la solution entraîne un déplacement net des molécules de solvant à travers la membrane semi-perméable, du compartiment solution vers le compartiment solvant. (2.6)

**Oxacide** Acide dans lequel le proton acide est lié à un atome d'oxygène. (5.2)

**Oxydation** Augmentation du nombre d'oxydation (cession d'électrons). (8.1)

**Oxyde acide** Oxyde covalent qui, après dissolution dans l'eau, produit une solution acide. (5.4)

**Oxyde basique** Oxyde ionique qui, après dissolution dans l'eau, produit une solution basique. (5.4)

**Pile à combustible** Pile électrochimique alimentée de façon continue en réactifs. (8.5)

**Pile de concentration** Pile électrochimique dont les deux compartiments contiennent les mêmes composants, mais à des concentrations différentes. (8.4)

**Pile électrochimique** Dispositif dans lequel l'énergie chimique libérée par une réaction d'oxydoréduction spontanée est transformée en énergie électrique qu'on utilise pour effectuer un travail. (8.1)

**Pile sèche** Pile courante utilisée dans les calculatrices, les montres, les récepteurs de radio et les magnétophones portatifs. (8.5)

**Point d'équivalence (point stœchiométrique)** Dans un titrage, point qui correspond à l'addition d'une quantité de titrant suffisante pour neutraliser complètement la substance à titrer. (4.8, 6.3)

**Point de virage** Dans un titrage, point qui correspond au changement de couleur de l'indicateur. (1.8, 6.4)

**Pollution thermique** Appauvrissement en oxygène de l'eau des lacs et des rivières à la suite de l'utilisation de l'eau à des fins industrielles de refroidissement et de son rejet dans le même plan d'eau à une température supérieure à la température initiale. (2.3)

**Polyacide** Acide qui comporte plus d'un proton acide ; il est dissocié par étapes, cédant ses protons un à un. (5.1, 5.7)

**Pont électrolytique** Tube renfermant un électrolyte qui relie les deux compartiments d'une pile électrochimique et permettant aux ions de passer sans qu'il y ait mélange important des solutions. (8.1)

**Position d'équilibre** Ensemble particulier de concentration à l'équilibre. (4.2)

**Potentiel d'une pile (force électromotrice)** Dans une pile électrochimique, force qui fait déplacer les électrons d'un agent réducteur placé dans un compartiment vers l'agent oxydant placé dans l'autre. (8.1)

**Potentiel standard d'électrode** Potentiel d'une demi-réaction, dans les conditions standards, mesuré par rapport à l'électrode standard d'hydrogène. (8.2)

**Pourcentage de dissociation** Rapport entre la quantité d'une substance dissociée à l'équilibre et la concentration initiale de cette même substance en solution, multiplié par 100 %. (5.5)

**Pourcentage massique** Pourcentage par masse d'un composant d'un mélange. (2.1)

**Pouvoir tampon** Capacité d'une solution tampon d'absorber des protons ou des ions hydroxyde sans que son pH varie de façon significative ; le pH varie en fonction de $[HA]$ et de $[A^-]$ dans la solution. (6.2)

**Précipitation sélective** Méthode de séparation des ions métalliques d'une solution aqueuse par utilisation d'un réactif dont l'anion forme un précipité avec un ou quelques-uns des ions de la solution. (4.6, 6.7)

**Pression osmotique ($\pi$)** Pression qu'il faut exercer sur une solution pour arrêter l'osmose : $\pi = cRT$. (2.6)

**Principe de Le Chatelier** Quand une action extérieure modifie un état d'équilibre mobile, le système réagit spontanément pour s'opposer à cette action extérieure. (4.7)

**Probabilité de position** Type de probabilité qui dépend du nombre d'arrangements dans l'espace susceptibles de produire un état particulier. (7.1)

**Procédé chaux-soude** Procédé d'adoucissement de l'eau par addition de chaux et de carbonate de sodium (soude) qui font précipiter les ions calcium et magnésium. (5.6)

**Procédé chlore-alcali** Méthode de fabrication du chlore et de l'hydroxyde de sodium par électrolyse de la saumure dans une cellule à cathode de mercure. (8.8)

**Processus irréversible** Tout processus réel ; quand un système passe de l'état 1 à l'état 2, puis à l'état 1, en empruntant n'importe quelle voie possible, l'Univers est différent de ce qu'il était avant que le processus cyclique ait lieu. (7.9)

**Processus réversible** Processus cyclique empruntant une voie hypothétique qui laisse l'Univers dans le même état qu'il était avant que le processus ait lieu ; aucun processus réel n'est réversible. (7.9)

**Processus spontané** Processus qui se produit sans intervention extérieure. (7.1)

**Produit de solubilité (constante de solubilité du produit)** Constante de la réaction d'équilibre qui décrit la dissolution d'un solide ionique dans l'eau. (6.6)

**Propriétés colligatives** Propriétés d'une solution qui ne dépendent que du nombre, et non de la nature, des particules de soluté. (2.5)

**Protection cathodique** Méthode qui consiste à relier un métal réactif, tel le magnésium, à de l'acier, de façon à protéger ce dernier contre la corrosion. (8.7)

**Quotient réactionnel** Quotient obtenu en utilisant, dans la loi d'action de masse, les concentrations initiales au lieu des concentrations à l'équilibre. (4.5)

**Réaction d'oxydoréduction (rédox)** Réaction au cours de laquelle il y a transfert d'un ou plusieurs électrons. (8.1)

**Réaction de neutralisation** Réaction acide-base. (1.8)

**Réaction de précipitation** Réaction au cours de laquelle il y a formation d'une substance insoluble qui se sépare de la solution. (1.5)

**Réduction** Diminution du nombre d'oxydation (acceptation d'électrons). (8.1)

**Sel** Composé ionique. (5.2)

**Solubilité** Quantité d'une substance pouvant être dissoute dans un volume donné d'un solvant à une température donnée. (1.1)

**Soluté** Substance pouvant être dissoute dans un liquide pour former une solution. (1.2)

**Solution aqueuse** Solution dans laquelle l'eau est le milieu de dissolution ou solvant. (1)

**Solution étalon** Solution dont la concentration est connue avec précision. (1.3)

**Solution idéale** Solution dont la pression de vapeur est directement proportionnelle à la fraction molaire du solvant utilisé. (1.4)

**Solution tampon** Solution qui s'oppose à une variation de pH après l'addition de protons ou d'ions hydroxyde. (6.2)

**Solutions isotoniques** Solutions dont les pressions osmotiques sont identiques. (2.6)

**Solvant** Milieu de dissolution d'une solution. (1.2)

**Substance amphotère** Substance qui se comporte soit comme un acide, soit comme une base. (5.2)

**Temps de demi-réaction** Temps nécessaire pour que la concentration initiale d'un réactif diminue de moitié.(3.4)

**Théorie d'Arrhenius** Théorie selon laquelle, en solution aqueuse, un acide produit des ions hydrogène, alors qu'une base produit des ions hydroxyde. (5.1)

**Théorie de Brønsted-Lowry** Théorie selon laquelle un acide est un donneur de protons et une base, un accepteur de protons. (5.1)

**Théorie des collisions** Théorie selon laquelle les molécules doivent entrer en collision pour réagir et qui tient compte des vitesses expérimentales des réactions. (3.7)

**Titrage** Technique qui permet d'analyser une substance à l'aide d'une autre. (4.8)

**Troisième loi de la thermodynamique** L'entropie d'un cristal parfait à 0 K est nulle. (7.5)

**Variation de l'énergie libre standard** Variation de l'énergie libre qui a lieu quand les réactifs dans leur état standard sont transformés en produits dans leur état standard. (7.6)

**Vitesse de réaction** Variation de la concentration d'un réactif ou d'un produit par unité de temps. (3.1)

**Volt** Unité de potentiel électrique; travail de 1 joule par charge de 1 coulomb. (8.1)

**Voltmètre** Instrument qui permet de mesurer les potentiels des piles en faisant passer le courant électrique débité par la pile à travers une résistance donnée. (8.1)

# Réponses aux exercices choisis

## Chapitre 1

**7.** Bromures solubles : NaBr, KBr et $NH_4Br$ (et d'autres) ; bromures insolubles : AgBr, $PbBr_2$ et $Hg_2Br_2$ ; sulfates solubles : $Na_2SO_4$, $K_2SO_4$ et $(NH_4)_2SO_4$ (et d'autres) ; sulfates insolubles : $BaSO_4$, $CaSO_4$ et $PbSO_4$ ; hydroxydes solubles : NaOH, KOH et $Ca(OH)_2$ ; hydroxydes insolubles : $Al(OH)_3$, $Fe(OH)_3$ et $Cu(OH)_2$ ; phosphates solubles : $Na_3PO_4$, $K_3PO_4$ et $(NH_4)_3PO_4$ ; phosphates insolubles : $Ag_3PO_4$, $Ca_3(PO_4)_2$ et $FePO_4$ ; plomb (insolubles) : $PbCl_2$, $PbBr_2$, $PbI_2$, $Pb(OH)_2$, $PbSO_4$ et PbS (et d'autres) ; (soluble) : $Pb(NO_3)$. **9. a)** L'espèce réduite est l'élément qui gagne des électrons. L'agent réducteur permet à la réduction de se produire en étant lui-même oxydé. L'agent réducteur réfère généralement à la formule entière du composé ou de l'ion qui contient l'élément oxydé ; **b)** L'espèce oxydée est l'élément qui perd des électrons. L'agent oxydant permet à l'oxydation de se produire en étant lui-même réduit. L'agent oxydant réfère généralement à la formule entière du composé ou de l'ion qui contient l'élément réduit ; **c)** Pour les composés ioniques binaires simples, la charge réelle portée par les ions est l'état d'oxydation. Pour les composés covalents, les états d'oxydation différents de zéro sont des charges imaginaires que les éléments auraient s'ils étaient unis par des liaisons ioniques (en supposant que la liaison se trouve entre deux non-métaux différents). Les états d'oxydation différents de zéro pour les éléments dans des composés covalents ne sont pas des charges réelles. **11.** $MgSO_4(s) \rightarrow Mg^{2+}(aq) + SO_4^{2-}(aq)$ ; $NH_4NO_3(s) \rightarrow NH_4^+(aq) + NO_3^-(aq)$. **13. a)** $c_{Ca^{2+}} = 0{,}15$ mol/L ; $c_{Cl^-} = 0{,}30$ mol/L ; **b)** $c_{Al^{3+}} = 0{,}26$ mol/L ; $c_{NO_3^-} = 0{,}78$ mol/L ; **c)** $c_{K^+} = 0{,}50$ mol/L ; $c_{Cr_2O_7^{2-}} = 0{,}25$ mol/L ; **d)** $c_{Al^{3+}} = 4{,}0 \times 10^{-3}$ mol/L ; $c_{SO_4^{2-}} = 6{,}0 \times 10^{-3}$. **15.** 4,00 g. **17. a)** Placez 20,0 g de NaOH dans un ballon jaugé de 2 L ; ajoutez de l'eau pour dissoudre le NaOH et remplissez le ballon avec de l'eau jusqu'à la marque de jauge, en mélangeant plusieurs fois au cours de la préparation ; **b)** Placez 500,0 mL de la solution-mère de NaOH 1,99 mol/L dans un ballon jaugé de 2 L ; remplir le ballon avec de l'eau jusqu'à la marque de jauge, en mélangeant plusieurs fois au cours de la préparation ; **c)** méthode semblable à la préparation de la solution en a, mais en utilisant 38,8 g de $K_2CrO_4$ ; **d)** méthode semblable à la préparation de la solution en b, mais en utilisant 114 mL de la solution-mère de $K_2CrO_4$ 1,75 mol/L. **19.** $c_{NH_4^+} = 0{,}272$ mol/L ; $c_{SO_4^{2-}} = 0{,}136$ mol/L. **21.** Nitrate d'aluminium, chlorure de magnésium et sulfate de rubidium sont solubles. **23. a)** Aucune réaction, puisque tous les produits possibles sont des sels solubles ; **b)** $2Al(NO_3)_2(aq) + 3Ba(OH)_2(aq) \rightarrow 2Al(OH)_3(s) + 3Ba(NO_3)_2(aq)$ ; $2Al^{3+}(aq) + 6NO_3^-(aq) + 3Ba^{2+}(aq) + 6OH^-(aq) \rightarrow 2Al(OH)_3(s) + 3Ba^{2+}(aq) + 6NO_3^-(aq)$ ; $Al^{3+}(aq) + 3OH^-(aq) \rightarrow Al(OH)_3(s)$ ; **c)** $CaCl_2(aq) + Na_2SO_4(aq) \rightarrow CaSO_4(s) + 2NaCl(aq)$ ; $Ca^{2+}(aq) + 2Cl^-(aq) + 2Na^+(aq) + SO_4^{2-}(aq) \rightarrow CaSO_4(s) + 2Na^+(aq) + 2Cl^-(aq)$ ; $Ca^{2+}(aq) + SO_4^{2-}(aq) \rightarrow CaSO_4(s)$ ; **d)** $K_2S(aq) + Ni(NO_3)_2(aq) \rightarrow 2KNO_3(aq) + NiS(s)$ ; $2K^+(aq) + S^{2-}(aq) + Ni^{2+}(aq) + 2NO_3^-(aq) \rightarrow 2K^+(aq) + 2NO_3^-(aq) + NiS(s)$ ; $Ni^{2+}(aq) + S^{2-}(aq) \rightarrow NiS(s)$. **25. a)** $Fe(NO_3)_3(aq) + 3NaOH(aq) \rightarrow Fe(OH)_3(s) + 3NaNO_3(aq)$ ; **b)** $Hg_2(NO_3)_2(aq) + 2NaCl(aq) \rightarrow Hg_2Cl_2(s) + 2NaNO_3(aq)$ ; **c)** $Pb(NO_3)_2(aq) + Na_2SO_4(aq) \rightarrow PbSO_4(s) + 2NaNO_3(aq)$. **27.** Il n'y a pas de $Hg_2^{2+}$ ni de $Ba^{2+}$ ; précipité : $Mn(OH)_2$ ; seul ion présent : $Mn^{2+}$. **29.** 2,33 g. **31. a)** $Na^+$, $NO_3$, Cl et $Ag^+$ ; **b)** $Ag^+(aq) + Cl(aq) \rightarrow AgCl(s)$ ; **c)** 17,4 % NaCl. **33. a)** $KOH(aq) + HNO_3(aq) \rightarrow H_2O(l) + KNO_3(aq)$ ; $K^+(aq) + OH^-(aq) + H^+(aq) + NO_3^-(aq) \rightarrow H_2O(l) + K^+(aq) + NO_3^-(aq)$ ; $OH^-(aq) + H^+(aq) \rightarrow H_2O(l)$ ; **b)** $Ba(OH)_2(aq) + 2HCl(aq) \rightarrow 2H_2O(l) + BaCl_2(aq)$ ; $Ba^{2+}(aq) + 2OH^-(aq) + 2H^+(aq) + 2Cl^-(aq) \rightarrow Ba^{2+}(aq) + 2Cl^-(aq) + 2H_2O(l)$ ; $OH^-(aq) + H^+(aq) \rightarrow H_2O(l)$ **c)** $3HClO_4(aq) + Fe(OH)_3(s) \rightarrow 3H_2O(l) + Fe(ClO_4)_3(aq)$ ; $3H^+(aq) + 3ClO_4^-(aq) + Fe(OH)_3(s) \rightarrow 3H_2O(l) + Fe^{3+}(aq) + 3ClO_4^-(aq)$ ; $3H^+(aq) + Fe(OH)_3(s) \rightarrow 3H_2O(l) + Fe^{3+}(aq)$. **35.** $c_{OH^-} = 2{,}0 \times 10^{-2}$ mol $OH^-$/L en excès. **37.** 0,102 mol/L HCl. **39. a)** K, +1 ; O, −2 ; Mn, +7 ; **b)** Ni, +4 ; O, 22 ; **c)** Fe, +2 ; **d)** H, +1 ; O, −2 ; N, −3 ; P, +5 ; **e)** P, +3 ; O, −2 ; **f)** O, −2 ; Fe, $+\frac{8}{3}$ ; **g)** O, −2 ; F, −1 ; Xe, +6 ; **h)** S, +4 ; F, −1 ; **i)** C, +2 ; O, −2 ; **j)** Na, +1 ; O, −2 ; C, +3.

**41.**

| Rédox | Oxydant | Réducteur | Substance oxydée | Substance réduite |
|---|---|---|---|---|
| **a)** Oui | $O_2$ | $CH_4$ | $CH_4$ (C) | $O_2$ (O) |
| **b)** Oui | HCl | Zn | Zn | HCl (H) |
| **c)** Oui | — | — | — | — |
| **d)** Oui | $O_3$ | NO | NO (N) | $O_3$ (O) |
| **e)** Oui | $H_2O_2$ | $H_2O_2$ | $H_2O_2$ (O) | $H_2O_2$ (O) |
| **f)** Oui | CuCl | CuCl | CuCl (Cu) | CuCl (Cu) |

**43. a)** $2H_2O + Al + MnO_4^- \rightarrow Al(OH)_4^- + MnO_2$ ; **b)** $2OH^- + Cl_2 \rightarrow Cl^- + ClO^- + H_2O$ **c)** $OH^- + H_2O + NO_2^- + 2Al \rightarrow NH_3 + 2AlO_2^-$. **45.** $Au(s) + 4Cl^-(aq) + 4H^+(aq) + NO_3^-(aq) \rightarrow AuCl_4^-(aq) + NO(g) + 2H_2O(l)$. **47.** 173 mL. **49.** Baryum, Ba. **51.** 2,00 mol/L. **53.** $C_6H_8O_6$. **55. a)** $2Al(s) + 6HCl(aq) \rightarrow 2AlCl_3(aq) + 3H_2(g)$ ; hydrogène réduit, Al oxydé ; **b)** $CH_4(g) + 4S(s) \rightarrow CS_2(l) + 2H_2S(g)$ ; S réduit, C oxydé ; **c)** $C_3H_8(g) + 5O_2(g) \rightarrow 3CO_2(g) + 4H_2O(l)$ ; O réduit, C oxydé ; **d)** $Cu(s) + 2Ag^+(aq) \rightarrow 2Ag(s) + Cu^{2+}(aq)$ ; Ag réduit, Cu oxydé. **57. a)** 24,8 % Co ; 29,7 % Cl ; 5,09 % H ; 40,4 % O ; **b)** $CoCl_2 \cdot 6H_2O$ ; **c)** $CoCl_2 \cdot 6H_2O(aq) + 2AgNO_3(aq) \rightarrow 2AgCl(s) + Co(NO_3)_2(aq) + 6H_2O(l)$ ; $CoCl_2 \cdot 6H_2O(aq) + 2NaOH(aq) \rightarrow Co(OH)_2(s) + 2NaCl(aq) + 6H_2O(l)$ ; $4Co(OH)_2(s) + O_2(g) \rightarrow 2Co_2O_3(s) + 4\ H_2O(l)$. **59.** KCl 77,1 % et KBr 22,9 %. **61.** 4,90 mol/L. **63.** Y : 2,06 mL/min et Z : 4,20 mL/min. **65. a)** $MgO(s) + 2HCl(aq) \rightarrow MgCl_2(aq) + H_2O(l)$ ; $Mg(OH)_2(s) + 2HCl(aq) \rightarrow MgCl_2(aq) + 2H_2O(l)$ ; $Al(OH)_3(s) + 3HCl(aq) \rightarrow AlCl_3(aq) + 3H_2O(l)$ ; **b)** MgO. **67.** 3 hydrogènes acides. **69. a)** $C_{18}H_{15}B$ ; **b)** $C_{18}H_{15}B$. **71.** 0,261 g de minerai ; $MnO_4^-$ comporte le métal de transition qui a le degré d'oxydation le plus élevé. **73.** Patrick : $TiSO_4$ ; Christian : $Na_2SO_4$ ; Paul : $Ga_2(SO_4)_3$. Selon les manuels de référence, le sulfate de sodium est un cristal blanc de forme orthorhombique, alors que le sulfate de gallium est une poudre blanche. Le sulfate de titane se présente sous forme de poudre verte, mais sa formule est $Ti_2(SO_4)_3$. Comme il a la même formule que le sulfate de gallium, sa masse molaire calculée devrait se situer autour de 443 g/mol. Cependant, la masse molaire de $Ti_2(SO_4)_3$ est 383,97 g/mol. Il est donc peu plausible que le sel soit le sulfate de titane. Pour distinguer entre $Na_2SO_4$ et $Ga_2(SO_4)_3$, on peut dissoudre le sel dans l'eau et ajouter NaOH. $Ga^{3+}$ forme un précipité avec l'hydroxyde, alors que $Na_2SO_4$ ne le fait pas. Les manuels de référence confirment que l'hydroxyde de gallium est insoluble dans l'eau.

## Chapitre 2

**9.** 0,365 mol/L. **11.** 4,5 mol/L. **13.** Au fur et à mesure que la température augmente, les molécules de gaz acquièrent une énergie cinétique moyenne plus grande. Une plus grande proportion des molécules de gaz en solution aura une énergie cinétique plus grande que les forces d'attraction entre les molécules de gaz et les molécules de solvant. Un plus grand nombre de molécules de gaz s'échapperont dans la phase vapeur et la solubilité du gaz diminuera. **15.** Puisque le soluté est moins volatil que l'eau, on s'attend à ce qu'il y ait un transfert net de molécules d'eau dans le bécher droit plus important que le transfert net de molécules de soluté dans le bécher gauche. Il s'ensuit qu'il y aura un volume de solution plus grand dans le bécher droit lorsque l'équilibre sera atteint, c.-à-d. lorsque la concentration des solutés sera identique dans chaque bécher. **17.** Non, car pour une solution idéale, $\Delta H = 0$. **19.** La normalité est le nombre d'équivalents par litre de solution. Pour un acide ou une base, un équivalent est la masse de l'acide ou de la base qui peut fournir 1 mol de protons (si c'est un acide) ou accepter 1 mol de protons (si c'est une base). Lorsque le nombre d'équivalents est égal au nombre de moles de soluté, alors à normalité = la concentration molaire volumique. C'est vrai pour les acides qui ne possèdent qu'un seul proton acide et pour les bases qui n'acceptent qu'un seul proton par unité de formule. Lorsque équivalents ≠ moles de soluté, alors la normalité ≠ de la concentration molaire volumique. **21.** Seul l'énoncé b est vrai. Lorsqu'on ajoute un soluté à l'eau, la pression de vapeur de la solution à 0 °C est inférieure à la pression de vapeur du solide, et le résultat net est que la glace présente se transforme en liquide afin d'égaliser les pressions de vapeur (ce qui ne peut pas se produire à 0 °C). Il faut une température plus basse pour égaliser la pression de vapeur de l'eau et celle de la glace, d'où l'abaissement du point de congélation. Pour l'énoncé a, la pression de vapeur d'une solution est directement reliée à la fraction molaire du solvant (pas du soluté) par la loi de Raoult. Pour l'énoncé c, les propriétés colligatives dépendent du nombre de particules de soluté présentes et non de la nature du soluté. Pour l'énoncé d, le point d'ébullition de l'eau augmente parce que le soluté (sucre) diminue la pression de vapeur de l'eau; une température plus élevée est nécessaire pour que la pression de vapeur de la solution soit égale à la pression externe, afin que l'ébullition se produise. **23.** Les solutions isotoniques sont celles qui ont des pressions osmotiques identiques. Crénelure et hémolyse désignent des phénomènes qui se produisent lorsque les globules rouges du sang baignent dans des solutions dont les pressions osmotiques ne sont pas égales à celle de l'intérieur de la cellule. Lorsqu'un globule rouge est dans une solution qui a une pression osmotique supérieure à celle de la cellule, la cellule se contracte parce qu'il y a un net transfert d'eau qui sort de la cellule. C'est la crénelure. L'hémolyse a lieu lorsqu'un globule rouge baigne dans une solution qui a une pression osmotique inférieure à celle de l'intérieur de la cellule. La cellule se rompt alors parce qu'il y a un net transfert d'eau qui entre dans le globule rouge. **25.** $\rho = 1{,}06\ g/cm^3$; $\chi_{H_3PO_4} = 0{,}0180$; $\chi_{H_2O} = 0{,}9820$; $c = 0{,}981$ mol/L; $m = 1{,}02$ mol/kg. **27.** HCl: 12 mol/L, 17 mol/kg, 0,23; $HNO_3$: 16 mol/L, 37 mol/kg, 0,39; $H_2SO_4$; 18 mol/L, 200 mol/kg, 0,76; $CH_3COOH$: 17 mol/L, 2000 mol/kg, 0,96; $NH_3$: 15 mol/L, 23 mol/kg, 0,29. **29.** 10,1 % en masse; $m = 2{,}45$ mol/kg. **31.** $\chi_{acétone} = 0{,}0441$; $c = 0{,}746$ mol/L. **33. a)** $\Delta H_{hydr} = 796$ kJ; **b)** $OH^-$. **35.** L'énergie de dissolution d'un solide ionique dans l'eau peut être représentée par l'addition de deux autres énergies, l'énergie de réseau qui correspond à la séparation du composé ionique en ions gazeux (énergie très positive, processus défavorable) et l'énergie d'hydratation des ions gazeux par des molécules d'eau (valeur très négative, processus favorable). Ces deux processus tendant à s'annuler, la chaleur de dissolution d'un solide ionique est soit faiblement négative, soit faiblement positive, et la variation de température est donc minime. **37.** La capacité de faire des liaisons hydrogène, la capacité de se scinder en ions et la polarité. **a)** $CH_3CH_2OH$; **b)** $CHCl_3$; **c)** $CH_3CH_2OH$. **39.** Au fur et à mesure que la chaîne hydrocarbonée s'allonge, la solubilité dans l'eau diminue parce que cette chaîne non polaire ne peut interagir avec les molécules d'eau polaires. **41.** $k = 1{,}04 \times 10^{-3}$ mol/L · atm; $c = 1{,}14 \times 10^{-3}$ mol/L. **43.** $3{,}0 \times 10^2$ g/mol. **45. a)** 290 torr; **b)** 0,69. **47.** $\chi_{toluène} = 0{,}77$; $\chi_{benzène} = 0{,}23$. **49.** La solution d. **51. a)** La pression de vapeur d'une solution idéale à n'importe quelle fraction molaire de $H_2O$ se situerait entre celle du propanol pur et celle de l'eau pure (entre 74,0 torr et 71,9 torr). Les pressions de vapeur des solutions ne se situent pas entre ces limites, donc l'eau et le propanol ne forment pas des solutions idéales; **b)** À partir des données, les pressions de vapeur des diverses solutions sont supérieures à celle de la solution idéale (déviation positive à la loi de Raoult). Cela se produit lorsque les forces intermoléculaires dans la solution sont plus faibles que les forces intermoléculaires dans le solvant pur et le soluté pur. Cela donne naissance à des valeurs de $\Delta H_{diss}$ endothermiques (positives); **c)** À $\chi_{H_2O} = 0{,}54$, la pression de vapeur est la plus élevée en comparaison des autres solutions. Étant donné qu'une solution bout lorsque sa pression de vapeur est égale à la pression externe, la solution dont $\chi_{H_2O} = 0{,}54$ devrait avoir le point d'ébullition normal le plus bas; cette solution aura une pression de vapeur égale à 1 atm à une température plus faible que les autres solutions. **53.** 498 g/mol. **55.** $T_c = -19{,}9$ °C; $T_{éb} = 105{,}5$ °C. **57.** 776 g/mol. **59. a)** $\Delta T_c = 2{,}1 \times 10^{-5}$ °C; $\pi = 28$ Pa; **b)** Un changement de $2{,}1 \times 10^{-5}$ °C est difficile à mesurer. Un changement de 28 Pa est plus facile à mesurer avec précision. Il est donc préférable de déterminer la masse molaire de grosses molécules à l'aide de la pression osmotique. **61.** 0,327 mol/L. **63. a)** $Na_3PO_4$ 0,010 *m* et KCl 0,020 *m*; **b)** HF 0,020 *m*; **c)** $CaBr_2$ 0,020 *m*. **65. a)** $T_c = -13$ °C; **b)** $T_c = -4{,}7$ °C. **67.** $i = 2{,}63$; $i = 2{,}60$ et $i = 2{,}57$. **69. a)** $\Delta H_{diss} = 26{,}6$ kJ/mol; **b)** $\Delta H = -657$ kJ/mol. **71. a)** L'eau bout lorsque la pression de vapeur est égale à la pression atmosphérique au-dessus de l'eau. Dans une casserole ouverte $P_{atm} \approx 1{,}0$ atm. Dans une marmite à pression, $P_{int} > 1{,}0$ atm, et l'eau bout à une température plus élevée. Plus la température de cuisson est élevée, plus la cuisson est rapide; **b)** Le sel se dissout dans l'eau et forme une solution dont le point de fusion est plus bas que celui de l'eau pure ($\Delta T_f = K_f m$). Cela se produit dans l'eau à la surface de la glace. Si la température n'est pas trop froide, la glace fond; **c)** Lorsque l'eau gèle à partir d'une solution, elle gèle sous forme d'eau pure, ce qui laisse une solution de sel plus concentrée; **d)** Le point triple est supérieur à 1 atm de sorte que $CO_2(g)$ est la phase stable à 1 atm et à la température ambiante. $CO_2(l)$ ne peut pas exister à la pression atmosphérique normale. Par conséquent, la glace sèche sublime au lieu de bouillir. Dans un extincteur, $P > 1$ atm et $CO_2(l)$ peuvent exister. Lorsque $CO_2$ sort d'un extincteur, $CO_2(g)$ se forme comme prévu selon le diagramme de phase; **e)** L'ajout d'un soluté à un solvant augmente le point d'ébullition et diminue le point de congélation du solvant. Par conséquent, le solvant est liquide sur une plus grande gamme de températures quand un soluté y est dissous. **73.** 30 m. **75.** Le système tend à équilibrer les concentrations. **a)** L'eau passe dans le compartiment de gauche: le niveau de liquide monte dans la branche de gauche et baisse dans la branche de droite; **b)** Les ions $Na^+$ et $Cl^-$ peuvent traverser la membrane: après un certain temps, la concentration devient la même dans les deux compartiments, et les niveaux demeurent égaux. **77. a)** $T_{éb} = 100{,}77$ °C; **b)** $P_{eau} = 23{,}1$ mm Hg; **c)** on suppose un comportement idéal lors de la formation de la solution et on suppose que $i = 1$ (il n'y a pas formation d'ions).

**79.** $30\ \%: \chi_A = \dfrac{0{,}30y}{0{,}70x - 0{,}30y}$ et $\chi_B = 1{,}00 - \chi_A$;

$50\ \%: \chi_A = \dfrac{y}{x - y}$ et $\chi_B = 1{,}00 - \dfrac{y}{x - y}$;

$80\ \%: \chi_A = \dfrac{0{,}80y}{0{,}20x + 0{,}80y}$ et $\chi_B = 1{,}00 - \chi_A$;

$30\ \%\ \chi_A{}^V = \dfrac{0{,}30x}{0{,}30x + 0{,}70y}$ et $\chi_B{}^V = 1{,}00 - \dfrac{0{,}30x}{0{,}30x + 0{,}70y}$;

$50\ \%;\ \chi_A{}^V = \dfrac{x}{x + y}$ et $\chi_B{}^V = 1{,}00\ \chi_A{}^V$;

$80\ \%;\ \chi_A{}^V = \dfrac{0{,}80x}{0{,}80x + 0{,}20y}$ et $\chi_B{}^V = 1{,}00\ \chi_A{}^V$.

**81.** 72,7 % et 27,3 de NaCl (en masse); $\chi_{saccharose} = 0{,}32$. **83.** $\chi_{pentane} = 0{,}050$. **85.** Naphtalène: 44 % et anthracène: 56 % (en masse). **87.** $T_c = -0{,}20$ °C; $T_{éb} = 100{,}056$ °C. **89. a)** 46 L; **b)** Non, car cet appareil ne peut purifier par osmose inverse que des solutions contenant moins de 0,32 mol de particules par litre de solution. Or, la concentration en particules de l'eau de mer ≈ 1,20 mol ions/L. **91.** $i = 3{,}00$; $CdCl_2$. **93. a)** $NO_3^-$; **b)** Eu; **c)** $Eu(NO_3)_3 \cdot 6H_2O$.

## Chapitre 3

**9.** Étape monomoléculaire: réaction dans laquelle n'intervient qu'une seule molécule. Étape bimoléculaire: réaction dans laquelle intervient la collision de deux molécules. La probabilité qu'il y ait collision simultanée de trois molécules possédant l'énergie et l'orientation appropriées est excessivement faible. **11.** Tous ces choix influent sur la vitesse de réaction, mais seuls b et c influent sur la vitesse en changeant la valeur de *k*. Selon l'équation d'Arrhenius, la valeur de *k* dépend de la température et de l'énergie d'activation : $k = Ae^{-E_a/RT}$. Or, un catalyseur change la valeur de $E_a$. **13.** La vitesse moyenne diminue avec le temps, parce que la réaction inverse se produit à une fréquence plus élevée au fur et à mesure que la concentration des produits augmente. Au départ, à défaut de produits, la vitesse de la réaction directe est à un maximum ; mais au fur et à mesure que le temps passe, la vitesse diminue de plus en plus étant donné que les produits sont reconvertis en réactifs. La seule vitesse qui est constante, c'est la vitesse initiale. Au temps $t \approx 0$, la quantité de produits est négligeable et la vitesse de la réaction ne dépend que de la vitesse de la réaction directe. **15.** $\frac{1}{2}$ ; vitesse diminue d'un facteur $\frac{1}{2}$. **17.** La collision doit mettre en jeu suffisamment d'énergie pour que la réaction ait lieu, c.-à-d. que l'énergie de la collision doit être égale ou supérieure à l'énergie d'activation. L'orientation relative des réactifs lors de la collision doit permettre la formation des liaisons nouvelles nécessaires à la formation des produits. **19.** $P_4$ : $6{,}0 \times 10^{-4}$ mol/L · s ; $H_2$ : $3{,}6 \times 10^{-3}$ mol/L · s. **21. a)** vitesse moyenne de décomposition de $H_2O_2 = 2{,}31 \times 10^{-5}$ mol/L · s et vitesse de production de $O_2 = 1{,}16 \times 10^{-5}$ mol/L · s ; **b)** $1{,}16 \times 10^{-5}$ mol/L · s et $5{,}80 \times 10^{-6}$ mol/L · s. **23. a)** mol/L · s ; **b)** mol/L · s ; **c)** $s^{-1}$ ; **d)** L/mol · s ; **e)** $L^2/mol^2$ · s. **25. a)** vitesse = $k[NO]^2[Cl_2]$ ; **b)** $1{,}8 \times 10^2$ $L^2/mol^2$ · min. **27. a)** vitesse = $k[NOCl]^2$ ; **b)** $6{,}6 \times 10^{-29}$ $cm^3$/molécules · s ; **c)** $4{,}0 \times 10^{-8}$ L/mol · s. **29.** vitesse = $k[H_2O_2]$ ; $\ln[H_2O_2] = -kt + \ln[H_2O_2]_0$ ; $k = 8{,}3 \times 10^{-4}$ $s^{-1}$ ; 0,037 mol/L. **31.** vitesse = $k[NO_2]^2$ ; $\frac{1}{[NO_2]} = kt + \frac{1}{[NO_2]_0}$ ; $k = 2{,}08 \times 10^{-4}$ L/mol · s ; 0,131 mol/L. **33.** vitesse = $k = 1{,}7 \times 10^4$ atm/s ; $P_{C_2H_5OH} = -kt + 250$ torr (1 atm/760 torr) $= -kt + 0{,}329$ atm ; à 900 s, $P_{C_2H_5OH} = 130$ torr. **35. a)** [A] = 0,01 mol/L ; **b)** 1s, 2s, 4s. **37.** 62 jours. **39.** $t_{1/2} = 12{,}5$ s. **41. a)** $k = 1{,}3 \times 10^{-2}$ $L^2/mol^2$ · s ; **b)** $t_{1/2} = 5{,}8$ s ; **c)** $[A] = 2{,}1 \times 10^{-3}$ mol/L ; $[C]_{restant} = 2{,}0$ mol/L. **43.** Selon la question 11, la loi de vitesse de cette réaction est $v = k[NO_2]^2[H_2]$. Or, la loi de vitesse est déterminée par l'étape lente du mécanisme, ce qui signifie que pour être acceptable, un mécanisme doit impliquer 2 molécules NO et 1 molécule $H_2$ comme réactifs. Le mécanisme III est donc le seul acceptable. **45.** $v$ = vitesse de l'étape lente = $k[NO_2]^2$ ; $NO_2 + CO \rightarrow NO + CO_2$.

**47. a)**

**b)**

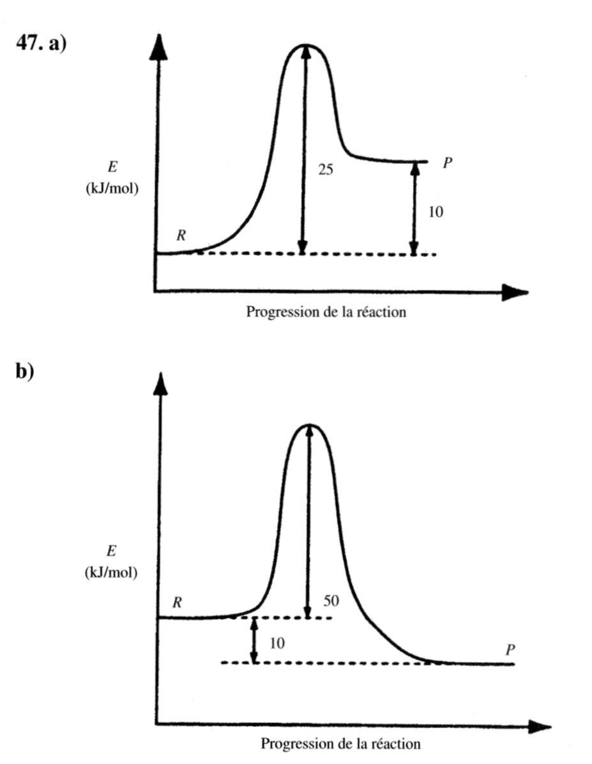


**c)**

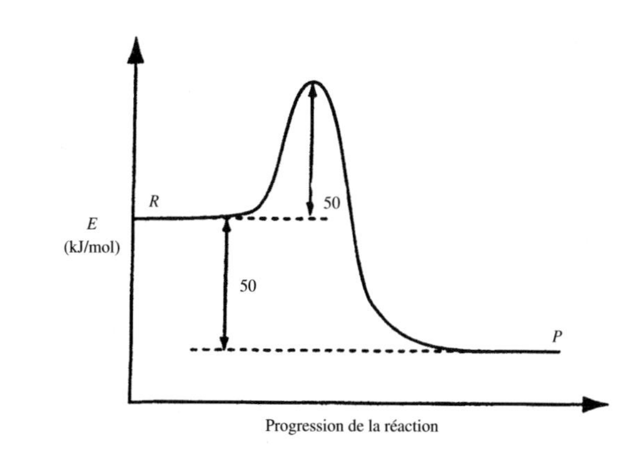


**49.** Lorsque $E_{ad} > E_{ai}$, $\Delta E$ est positive. Lorsque $\Delta E$ est négative, c'est que $E_{ad} < E_{ai}$. **51. a)** $E_a = 91{,}5$ kJ/mol ; **b)** $A = 3{,}54 \times 10^{14}$ $s^{-1}$ ; $k = 3{,}24 \times 10^{-2}$ $s^{-1}$. **53.** $E_a = 53$ kJ/mol. **55.** Le carbone ne peut pas former la cinquième liaison nécessaire pour l'état de transition en raison de sa petite taille atomique, et parce qu'il ne possède pas d'orbitales *d* de faible énergie disponibles pour agrandir l'octet. **57.** L'énergie d'activation de la réaction catalysée par Cl est plus petite que celle de la réaction catalysée par NO. Cl est un meilleur catalyseur. **59. a)** La surface de tungstène (W) représente le meilleur catalyseur, son $E_a$ étant la plus faible ; **b)** $10^{30}$ fois plus rapide ; **c)** selon la loi de vitesse, $H_2$ diminue la vitesse de réaction. Pour que cette réaction ait lieu, les molécules $NH_3$ doivent être absorbées à la surface du catalyseur. Si le catalyseur adsorbe aussi les molécules $H_2$, il reste moins de place pour l'adsorption des molécules $NH_3$. Voilà pourquoi la vitesse de réaction diminue lorsque $[H_2]$ augmente. **61.** $\Delta T_{cat} = 3{,}15 \times 10^{-8}$ année ≈ 1 seconde. **63. a)** $0{,}168$ $h^{-1} = 4{,}67 \times 10^{-5}$ $s^{-1}$ ; **b)** 4,13 h ; **c)** 0,0347 (3,47 %).

**65.**

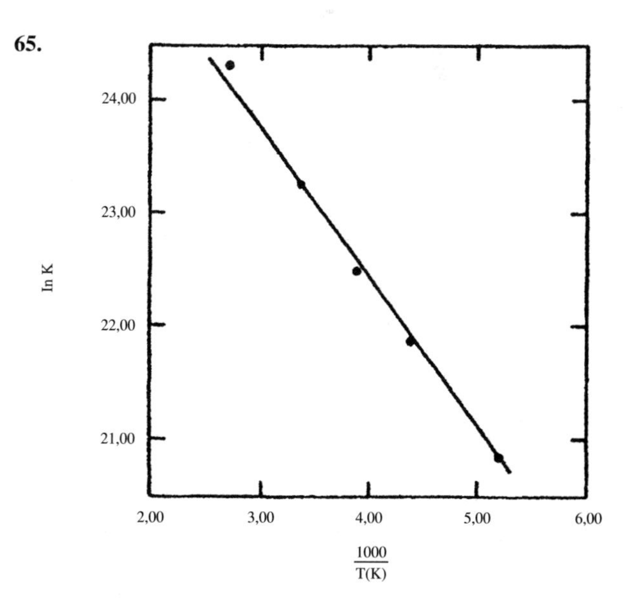


$E_a = 11{,}9$ kJ/mol. **67.** $E_{a,cat} = 29{,}8$ kJ/mol. **69.** 10 s. **71. a)** $[A_2] = 1{,}6 \times 10^{-3}$ mol/L ; **b)** $k_2 = 2{,}19$ L/mol · s ; **c)** $t_{1/2} = 4{,}00 \times 10^2$ s.

**73.**

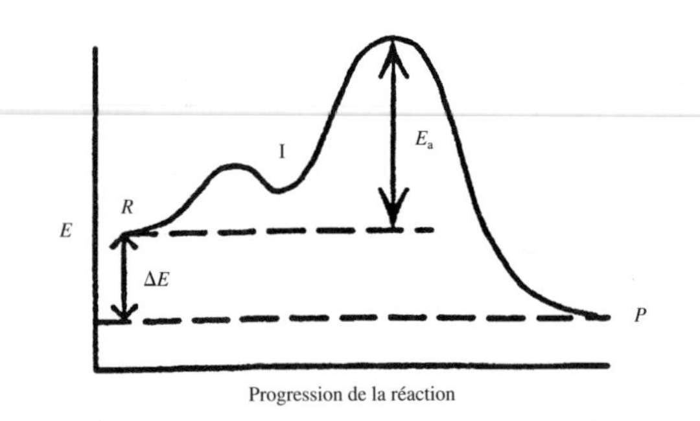


**a)** à **d)** Voir le diagramme; **e)** Puisque la barrière d'énergie de la deuxième étape est plus élevée que celle de la première, son énergie d'activation est plus importante et cette étape est la plus lente, c'est-à-dire l'étape déterminante. **75. a)** vitesse $= k[H_2][NO]^2$; **b)** $k = 1{,}7 \times 10^{-4}$ L²/mol² · s; **c)** $[H_2] = 6{,}0 \times 10^{-3}$ mol/L. **77.** $k = 2{,}20 \times 10^{-5}\,s^{-1}$; $5{,}99 \times 10^{21}$ molécules $SO_2Cl_2$. **79.** $k = 1{,}3 \times 10^{-5}\,s^{-1}$; 112 torr.

## Chapitre 4

**9.** Non. L'équilibre étant un processus dynamique, les réactions directe et inverse vont distribuer les atomes $^{14}C$ entre les espèces CO et $CO_2$. **11.** 4 molécules $H_2O$, 2 molécules CO, 4 molécules $H_2$ et 4 molécules $CO_2$ sont présentes à l'équilibre. **13.** Les réactions ont des expressions de $K$ différentes; pour la première réaction $K = K_P$ (étant donné que $\Delta n = 0$), et pour la deuxième réaction, $K \neq K_P$ (étant donné que $\Delta n \neq 0$). Une variation de volume du contenant n'aura aucun effet sur l'équilibre pour la réaction 1, alors qu'une variation de volume aura un effet sur l'équilibre pour la réaction 2. **15.** Seul l'énoncé e est vrai. L'addition d'un catalyseur n'a aucun effet sur la position d'équilibre; la réaction ne fait qu'atteindre l'équilibre plus rapidement. L'énoncé a est faux pour les réactifs qui sont solides ou liquides (l'ajout de solide ou de liquide n'a aucun effet sur la position d'équilibre). L'énoncé b est toujours faux. Si la température demeure constante, alors la valeur de $K$ est constante. L'énoncé c est faux pour les réactions exothermiques où une augmentation de température diminue la valeur de $K$. Pour l'énoncé d, seules les réactions qui ont plus de réactifs gazeux que de produits gazeux se déplacent vers la gauche sous l'influence d'une augmentation du volume du contenant. Si le nombre de moles est égal ou s'il y a plus de moles de produits gazeux que de réactifs gazeux, la réaction ne se déplacera pas vers la gauche avec une augmentation de volume.

**17. a)** $K = \dfrac{[NO_2][O_2]}{[NO][O_3]}$; **b)** $K = \dfrac{[O_2][O]}{[O_3]}$; **c)** $K = \dfrac{[ClO][O_2]}{[Cl][O_3]}$;

**d)** $K = \dfrac{[O_2]^3}{[O_3]^2}$. **19. a)** $K_P = 5{,}3 \times 10^{-3}$; **b)** $K_P = 2{,}9 \times 10^{-5}$; **c)** $K_P = 190$.

**21.** $K = 3{,}2 \times 10^{11}$. **23.** $K = 6{,}3 \times 10^{-13}$. **25.** $K_P = 4{,}6 \times 10^3$.

**27. a)** $K = \dfrac{[H_2O]}{[NH_3]^2[CO_2]}$; $K_P = \dfrac{P_{H_2O}}{P^2_{NH_3} \times P_{CO_2}}$;

**b)** $K = [N_2][Br_2]^3$; $K_P = P_{N_2} \times P^{-3}_{Br_2}$; **c)** $K = [O_2]^3$; $K_P = P^{-3}_{O_2}$;

**d)** $K = \dfrac{[H_2O]}{[H_2]}$; $K_P = \dfrac{P_{H_2O}}{P_{H_2} \times P_{CO_2}}$. **29.** $K = 8{,}0 \times 10^9$. **31. a)** $Q > K$, la réaction se déplace vers la gauche pour produire plus de réactifs afin d'atteindre l'équilibre; **b)** $Q = 2{,}4 \times 10^3 = K$, à l'équilibre; **c)** $Q = 1{,}1 \times 10^3 < K$; la réaction se déplace vers la droite pour atteindre l'équilibre. **33. a)** Diminue. **b)** Demeure la même. **c)** Demeure la même. **d)** Augmente. **35.** $[O_2] = 0{,}080$ mol/L. **37.** $K = 3{,}4$. **39.** $K = 1{,}7$. **41.** $P_{H_2} = 0{,}50$ atm. **43.** $[H_2] = [I_2] = 0{,}25$ mol/L; $[HI] = 2{,}50$ mol/L. **45.** $P_{SO_2} = 38{,}1$ kPa; $P_{O_2} = 44{,}4$ kPa; $P_{SO_3} = 12{,}6$ kPa. **47. a)** $[NO] = 0{,}032$ mol/L; $[Cl_2] = 0{,}016$ mol/L; $[NOCl] = 1{,}0$ mol/L; **b)** $[NO] = [NOCl] = 1{,}0$ mol/L; $[Cl_2] = 1{,}6 \times 10^{-5}$ mol/L; **c)** $[NO] = 8{,}0 \times 10^{-3}$ mol/L; $[Cl_2] = 1{,}0$ mol/L; $[NOCl] = 2{,}0$ mol/L. **49.** $P_{COCl_2} = 1{,}0$ atm; $P_{CO} = P_{Cl_2} = 8{,}2 \times 10^{-5}$. **51.** $K_P = 4{,}97 \times 10^4$. **53. a)** Déplacement vers la gauche, puisque le nombre de particules gazeuses y est plus élevé que pour les produits; **b)** déplacement vers les produits, puisque le nombre de particules gazeuses y est très élevé; **c)** aucun déplacement; **d)** déplacement vers la droite; **e)** déplacement vers la droite. **55. a)** Le système se déplace vers la gauche, la quantité de $SO_3$ augmente; **b)** le système se déplace vers la gauche, car il cherche à diminuer le nombre de moles présentes; la quantité de $SO_3$ augmente; **c)** Les pressions partielles des composés ne sont pas modifiées, l'équilibre n'est pas déplacé, la quantité de $SO_3$ ne change pas; **d)** la réaction est endothermique, elle sera déplacée vers la gauche et la quantité de $SO_3$ augmentera; **e)** le système se déplace vers la droite, la quantité de $SO_3$ diminue. **57.** Les valeurs de $K$ diminuant lorsque $T$ augmente, la réaction est exothermique. **59. a)** $2 \times 10^3$ molécules NO/cm³; **b)** la quantité réelle de NO dans l'atmosphère est beaucoup plus élevée que prévu, parce que les réactions directe ($N_2 + O_2 \rightarrow 2NO$) et inverse ($2NO \rightarrow N_2 + O_2$) sont extrêmement lentes en raison de la stabilité des molécules impliquées. L'énergie d'activation étant très grande, le NO produit à haute température par les éclairs et les moteurs d'automobiles s'accumule et ne se transforme presque pas en $N_2$ et en $O_2$. **61. a)** 1,16 atm; **b)** 0,10 atm; **c)** 2,22 atm; **d)** 91,4 %. **63.** $[HF] = 0{,}450$ mol/L; $[H_2] = [F_2] = 0{,}0251$ mol/L. **65. a)** Cette réaction étant exothermique, une augmentation de température diminue la valeur de $K$ et, par conséquent, la quantité de $NH_3$ produite à l'équilibre. Cependant, la molécule $N_2$ étant très stable, la synthèse de $NH_3$ se fait très lentement à basse température. C'est donc pour augmenter la vitesse de réaction et atteindre l'équilibre plus rapidement qu'on augmente la température; **b)** si on enlève $NH_3(g)$, cela déplace l'équilibre vers la droite pour produire plus de $NH_3$; **c)** le catalyseur ne change pas la position de l'équilibre. Son rôle est d'augmenter la vitesse de la réaction pour lui permettre d'atteindre plus rapidement l'équilibre; **d)** une augmentation de pression force la réaction à se déplacer vers le côté présentant le plus petit nombre de particules, c'est-à-dire celui de $NH_3$, ce qui en favorise le rendement. **67.** $K = 6{,}74 \times 10^{-6}$. **69. a)** $K = 1{,}35$; **b)** $P_{NO} = 5{,}60$ kPa; $P_{Br_2} = 18$ kPa; $P_{NOBr} = 24{,}8$ kPa. **71.** $P_{P_4} = 0{,}73$ atm; $P_{P_2} = 0{,}270$ atm; fraction dissociée = 0,16 ou 16 %. **73.** $P_{CO_2} = P_{H_2O} = 0{,}50$ atm; $Na_2CO_3 = 1{,}6$ g; $NaHCO_3 = 7{,}5$ g; $V = 3{,}9$ L. **75.** $K_P = 0{,}218$. **77.** $K_P = 9{,}17 \times 10^{-3}$. **79.** 192 g $NH_4HS$; $P_{H_2S} = 1{,}3$ atm. **81.** $C_{10}H_8$; $9{,}19 \times 10^{-2}$ %.

## Chapitre 5

**17.** 10,78 = 4 CS; 6,78 = 3 CS; 0,79 = 2 CS. $[H^+]$ calculées à partir de ces valeurs ne devraient avoir que 2 CS. **19.** $K_a \times K_b = K_{eau}$; $-\log(K_a \times K_b) = -\log K_{eau}$; $pK_a + pK_b = 14{,}00$ (à 25 °C). **21.** $H_2CO_3$ est un acide faible dont $K_{a_1} = 4{,}3 \times 10^{-7}$ et $K_{a_2} = 5{,}6 \times 10^{-11}$. Étant donné que $K_{a_1} \ll 1$, $[H^+] < 0{,}10$ mol/L; seulement un petit pourcentage de $H_2CO_3$ se dissocie en $HCO_3$ et $H^+$. C'est donc l'énoncé a qui décrit le mieux la solution $H_2CO_3$ 0,10 mol/L. $H_2SO_4$ est un acide fort et un très bon acide faible ($K_{a_1} \gg 1$ et $K_{a_2} = 1{,}2 \times 10^{-2}$). Toute la solution de $H_2SO_4$ 0,10 mol/L se dissocie en $H^+$ 0,10 mol/L et en $HSO_4$ 0,10 mol/L. Toutefois, comme $HSO_4^-$ est un bon acide faible à cause de sa valeur de $K_a$ relativement élevée, une partie de $HSO_4^-$ 0,10 mol/L se dissocie en davantage de $H^+$ et en $SO_4^{2-}$. Par conséquent $[H^+]$ sera plus élevée que 0,10 mol/L, mais n'atteindra pas 0,20 étant donné que seulement une partie du $HSO_4^-$ se dissocie. L'énoncé c décrit le mieux la solution de $H_2SO_4$ 0,10 mol/L. **23. a)** Le soufre réagit avec l'oxygène pour produire $SO_2$ et $SO_3$. Ces oxydes de soufre réagissent tous les deux avec l'eau pour produire $H_2SO_3$ et $H_2SO_4$, respectivement. La pluie acide résulte des émissions de soufre qui ne sont pas contrôlées; **b)** CaO réagit avec l'eau pour produire $Ca(OH)_2$, une base forte. Un jardinier mélange de la chaux (CaO) dans le sol afin d'élever le pH du sol. En fait, ajouter de la chaux vive a pour effet d'additionner $Ca(OH)_2$.

**25.**

| Acide | Base | Base conjuguée de l'acide | Acide conjugué de la base |
|---|---|---|---|
| **a)** HF | $H_2O$ | $F^-$ | $H_3O^+$ |
| **b)** $H_2SO_4$ | $H_2O$ | $HSO_4^-$ | $H_3O^+$ |
| **c)** $HSO_4^-$ | $H_2O$ | $SO_4^{2-}$ | $H_3O^+$ |

**27.** Le bécher à gauche représente un acide fort en solution ; l'acide, HA, est dissocié à 100 % en ions $H^+$ et $A^-$. Le bécher à droite représente un acide faible en solution ; seulement une petite partie de l'acide, HB, se dissocie en ions, de sorte que l'acide existe surtout sous forme de molécules non dissociées HB dans l'eau. **a)** $HNO_2$, bécher acide faible ; **b)** $HNO_3$, bécher acide fort ; **c)** HCl, bécher acide fort ; **d)** HF, bécher acide faible ; $CH_3COOH$, bécher acide faible. **29.** $NH_3 > OCl^- > H_2O > NO_3^-$. **31. a)** $H_2O$ ; **b)** $ClO_2^-$ ; **c)** $CN^-$. **33. a)** pH = 12,9, basique ; **b)** pH = 3,9, acide ; **c)** pH = 7, neutre ; **d)** basique. **35. a)** $[H^+] = 1{,}71 \times 10^{-7}$ mol/L = $[OH^-]$ ; **b)** pH = 6,767 ; **c)** pH = 12,54. **37. a)** $[H^+] = 3{,}9 \times 10^{-8}$ mol/L ; $[OH^-] = 2{,}6 \times 10^{-7}$ mol/L ; **b)** $[H^+] = 5 \times 10^{-16}$ mol/L ; $[OH^-] = 20$ mol/L ; **c)** $[H^+] = 10$ mol/L ; $[OH^-] = 1 \times 10^{-15}$ mol/L ; **d)** $[H^+] = 6 \times 10^{-4}$ mol/L ; $[OH^-] = 2 \times 10^{-11}$ mol/L ; **e)** $[H^+] = 1 \times 10^{-9}$ mol/L ; $[OH^-] = 1 \times 10^{-5}$ mol/L ; **f)** $[H^+] = 4 \times 10^{-5}$ mol/L ; $[OH^-] = 3 \times 10^{-10}$ mol/L. **39.** pH = 8,26 ; $[H^+] = 5{,}5 \times 10^{-9}$ ; $[OH^-] = 1{,}8 \times 10^{-6}$. **41.** $[H^+] = 0{,}088$ mol/L, $[OH^-] = 1{,}1 \times 10^{-13}$ mol/L, $[Cl^-] = 0{,}013$ mol/L, $[NO_3^-] = 0{,}075$ mol/L. **43.** Ajouter 4,2 mL de HCl 12 mol/L à suffisamment d'eau pour obtenir 1600 mL de solution. La solution résultante aura une $[H^+] = 3{,}2 \times 10^{-4}$ et un pH de 1,50. **45. a)** $HNO_2$ et $H_2O$, 2,00 ; **b)** $CH_3COOH$ et $H_2O$, 2,68. **47.** $1{,}1 \times 10^{-3}$ mol/L, 2,96, 1,1 %. **49.** 1,96. **51.** pH = 1,57 ; $[C_6H_5O^-] = 5{,}9 \times 10^{-9}$. **53. a)** 0,059 % ; **b)** $7{,}9 \times 10^{-3}$ % ; **c)** 100 % ; **d)** Pour des concentrations initiales égales, plus un acide est fort (plus sa $K_a$ est élevée), plus son % de dissociation est grand. **55.** $3{,}5 \times 10^{-4}$. **57.** 0,16.

**59. a)** $NH_3(aq) + H_2O(l) \rightleftharpoons NH_4^+(aq) + OH^-(aq)$

$$K_b = \frac{[NH_4^+][OH^-]}{[NH_3]};$$

**b)** $C_5H_5N(aq) + H_2O(l) \rightleftharpoons C_5H_5NH^+(aq) + OH^-(aq)$

$$K_b = \frac{[C_5H_5NH^+][OH^-]}{[C_5H_5N]}.$$

**61.** $HNO_3 > NH_4^+ > CH_3NH_3^+ > H_2O$. **63. a)** $HNO_3$ ; **b)** $NH_4^+$ ; **c)** $NH_4^+$. **65. a)** $[OH^-] = 8{,}0 \times 10^4$ mol/L ; pOH = 3,10 ; pH = 10,90 ; **b)** $[OH^-] = 0{,}45$ mol/L ; pOH = 0,35 ; pH = 13,65 ; **c)** $[OH^-] = 3{,}750$ mol/L ; pOH = −0,5740 ; pH = 14,5740. **67.** 0,16 g. **69.** $NH_3$ et $H_2O$, $1{,}6 \times 10^{-3}$ mol/L, 11,20. **71. a)** $[OH^-] = 8{,}7 \times 10^{-6}$ mol/L, $[H^+] = 1{,}1 \times 10^{-9}$, pH = 8,96 ; **b)** $[OH^-] = 1{,}8 \times 10^{-5}$ mol/L, $[H^+] = 5{,}6 \times 10^{-10}$, pH = 9,25. **73.** $1{,}3 \times 10^{-2}$ %. **75.** 7,5 g. **77. a)** 1,62 ; **b)** 3,68. **79.** −0,30. **81.** $HCl > NH_4Cl > KCl > KCN > KOH$. **83.** $OCl^-$. **85.** $[HN_3] = [OH^-] = 2{,}3 \times 10^{-6}$ mol/L, $[Na^+] = 0{,}010$ mol/L, $[N_3^-] = 0{,}010$ mol/L, $[H^+] = 4{,}3 \times 10^{-9}$ mol/L. **87. a)** 5,82 ; **b)** 10,95. **89.** $CH_3NH_3Cl$. **91.** 3,00. **93. a)** $HBrO < HBrO_2 < HBrO_3$ ; l'acidité augmente avec le nombre d'oxygène ; **b)** $HIO_2 < HBrO_2 < HClO_2$ ; la force de l'acide est directement proportionnelle à l'électronégativité de l'atome central ; **c)** $HBrO_3 < HClO_3$ ; même raisonnement qu'en b ; **d)** $H_2SO_3 < H_2SO_4$ ; même raisonnement qu'en a. **95. a)** $H_2O < H_2S < H_2Se$ ; la force de l'acide augmente en fonction inverse de l'énergie de liaison ; **b)** $CH_3COOH < FCH_2COOH < F_2CHCOOH < F_3CCOOH$ ; la force de l'acide augmente en fonction du nombre d'atomes électronégatifs voisins ; **c)** $NH_4^+ < HONH_3^+$ ; même raisonnement qu'en b ; **d)** $NH_4^+ < PH_4^+$ ; même raisonnement qu'en a. **97. a)** Basique ; $CaO(s) + H_2O(l) \rightarrow Ca(OH)_2(aq)$ ; **b)** Acide ; $SO_2(g) + H_2O(l) \rightarrow H_2SO_3(aq)$ ; **c)** Acide ; $Cl_2O(g) + H_2O(l) \rightarrow 2\ HOCl(aq)$. **99. a)** acide : $I_2$, base : $I^-$ ; **b)** acide : $Zn(OH)_2$, base : $OH^-$ ; **c)** acide : $Fe^{3+}$, base : $SCN^-$. **101.** $Zn(OH)_2(s) + 2H^+(aq) \rightarrow Zn^{2+}(aq) + 2H_2O(l)$ ($Zn(OH)_2$ = base de Lewis) ; $Zn(OH)_2(s) + 2OH^-(aq) \rightarrow Zn(OH)_4^{2-}(aq)$ ($Zn(OH)_2$ = acide de Lewis).

**103.** Structures de Lewis :

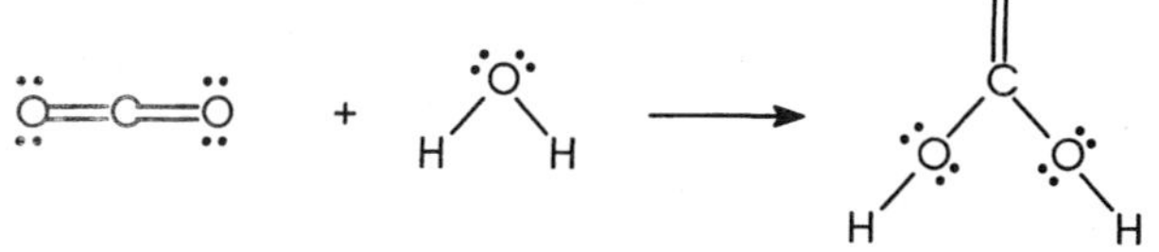

La base de Lewis $H_2O$ cède un doublet d'électrons au carbone de l'acide de Lewis $CO_2$, puis un proton $H^+$ est déplacé pour former l'acide $H_2CO_3$. **105.** Les paires des parties a, c et d sont des couples acide-base conjugués. À la partie b, $HSO_4^-$ est la base conjuguée de $H_2SO_4$. De plus, $HSO_4^-$ est l'acide conjugué de $SO_4^{2-}$. **107.** $NH_4Cl$. **109.** pH = 4,00 ; $[S^{2-}] = 1{,}0 \times 10^{-19}$ mol/L. **111.** 1,64. **113.** 2,35. **115. a)** HI < HF < NaI < NaF ; **b)** $HBr < NH_4Br < KBr < NH_3$ ; **c)** $HNO_3 < HF < NH_4NO_3 < NaNO_3 < KF < NH_3 < NaOH$. **117.** $[CO_3^{2-}] = 5{,}6 \times 10^{-11}$ mol/L ; $8{,}5 \times 10^{-5}$ % ; lorsqu'on ajoute de l'acide à $NaHCO_3$, il se produit la réaction $H^+ + HCO_3^- \rightarrow H_2CO_3 \rightarrow H_2O + CO_2(g)$, lorsque la solubilité de $CO_2$ est dépassée, des bulles de $CO_2$ se forment. **119. a)** $H_2SO_3$ ; **b)** $HClO_3$ ; **c)** $H_3PO_3$ ; NaOH et KOH. Ces acides sont des composés covalents ; quand on les dissout dans l'eau, la liaison covalente entre O et H se brise pour former des ions $H^+$. NaOH et KOH sont des solides ioniques formés d'ions $OH^-$ basiques et d'ions $Na^+$ ou $K^+$. **121.** 7,20. **123.** 7,4 ; quand on ajoute un acide à l'eau, le pH ne peut être basique. On doit tenir compte de l'auto-ionisation de l'eau. **125.** 0,022 mol/L. **127.** $2{,}5 \times 10^{-3}$. **129.** $PO_4^{3-}$, $K_b = 0{,}021$ ; $HPO_4^{2-}$, $K_b = 1{,}6 \times 10^{-7}$ ; $H_2PO_4^-$, $K_b = 1{,}3 \times 10^{-12}$ ; $PO_4^{3-}$ est la base la plus forte. **131. a)** Basique ; **b)** acide ; **c)** basique ; **d)** acide ; **e)** acide. **133.** $1{,}0 \times 10^{-3}$. **135.** $5{,}4 \times 10^{-4}$. **137.** 3,36. **139. a)** HCl et $NaNO_2$, pH = 2,20 ; **b)** $(C_2H_5)_3NHCl$ et KOI, pH = 10,6 ; **c)** $(C_2H_5)_3NHCl$ et $NaNO_2$ étant donné que $K_a = K_b$.

## Chapitre 6

**13.** Lorsqu'un acide se dissocie ou lorsqu'un sel se dissout, il se forme des ions. On observe un effet d'ion commun quand un des ions produits dans un équilibre donné provient d'une source extérieure. Dans le cas d'un acide faible qui se dissocie en sa base conjuguée et en $H^+$, l'ion commun serait la base conjuguée ; elle provient de la dissolution d'un sel soluble de la base conjuguée ajoutée à la solution acide. La présence de la base conjuguée d'une source extérieure déplace l'équilibre vers la gauche de sorte que moins d'acide se dissocie. Dans le cas d'un sel qui se dissout en ses ions respectifs, un ion commun serait l'un des ions du sel provenant d'une source extérieure. Quand un ion commun est présent, l'équilibre du produit de solubilité se déplace vers la gauche ce qui a pour effet de diminuer la quantité de sel qui se dissocie en ses ions. **15.** Plus il y a d'acide faible et de sa base conjuguée dans la solution, plus il y aura d'ions $H^+$ ou $OH^-$ qui seront absorbés par le tampon, sans changement notable du pH. Lorsque les concentrations de l'acide faible et de la base conjuguée sont égales, (de sorte que pH = p$K_a$), le système tampon est aussi efficace pour absorber soit $H^+$, soit $OH^-$. **17.** Les trois points importants à mettre en évidence dans le graphique sont le pH initial, le pH au point de demi-neutralisation et le pH au point d'équivalence. Pour toutes les bases faibles titrées, pH = p$K_a$ au point de demi-neutralisation (50,0 mL de HCl ajouté) parce que [base faible] = [acide conjugué] à ce point. Ici, la base faible dont $K_b = 10^{-5}$ a un pH = 9,0 au point de demi-neutralisation et la base faible dont $K_b = 10^{-10}$ a un pH = 4,0 au point de demi-neutralisation. Pour le pH initial, la base forte a le pH le plus élevé (le plus basique), alors que la base la plus faible a le pH le plus bas (le moins basique). Au point d'équivalence (100,0 mL de HCl ajouté), le titrage de la base forte a un pH = 7,0. Les bases faibles titrées ont des pH acides parce que les acides conjugués des bases faibles titrées sont les principales espèces présentes. La base la plus faible a l'acide conjugué le plus fort de sorte que son pH sera le plus faible (le plus acide) au point d'équivalence.

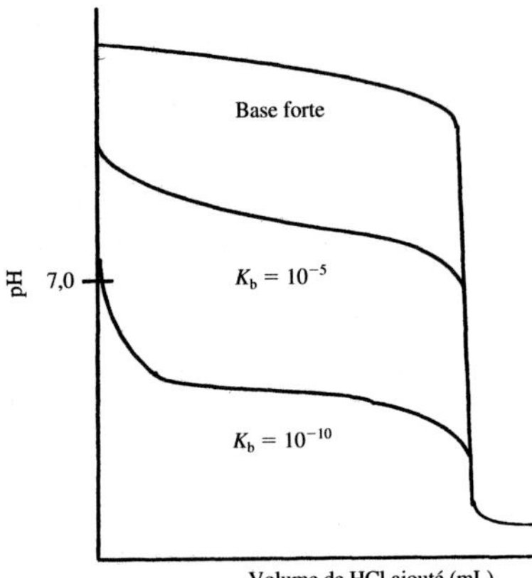


**19. i.** C'est le cas d'un sel qui se dissocie en deux ions. Exemples: AgCl, $SrSO_4$, $BaCrO_4$ et $ZnCO_3$; **ii.** Cas d'un sel qui se dissocie en trois ions, soit deux cations et un anion ou un cation et deux anions. Exemples: $SrF_2$, $Hg_2I_2$ et $Ag_2SO_4$; **iii.** Cas d'un sel qui se dissocie en quatre ions, soit trois cations et un anion ($Ag_3PO_4$), soit un cation et trois anions (si on fait exception des hydroxydes, il n'y a aucun exemple de ce type au tableau 6.4); **iv.** Cas d'un sel qui se dissocie en cinq ions, soit trois cations et deux anions [$Sr_3(PO_4)_3$], soit deux cations et trois anions (aucun exemple de ce type de sel dans le tableau 6.4). **21.** Quand on ajoute un acide fort ou une base faible au mélange bicarbonate/carbonate, l'acide fort ou la base forte sont neutralisés. La réaction est complète, ce qui entraîne le remplacement de l'acide fort ou de la base forte par un acide faible ou une base faible, formant ainsi une nouvelle solution tampon. Les réactions sont: $H^+(aq) + CO_3^{2-}(aq) \rightarrow HCO_3^-(aq)$; $OH^-(aq) + HCO_3^-(aq) \rightarrow CO_3^{2-}(aq) + H_2O(l)$. **23.** Pour 23a, % dissociation = 1,1 %; pour 23d, % dissociation = 0,013 %. C'est la présence de la base conjuguée $CH_3CH_2COO^-$ qui restreint la dissociation de $CH_3CH_2COOH$ dans 23d, par effet d'ion commun. **25. a)** 4,29; **b)** 12,30; **c)** 12,30; **d)** 5,07. **27.** 3,40. **29.** 4,36. **31. a)** 7,97; **b)** 8,73; les deux solutions ont le même pH initial (8,77), mais elles diffèrent par leur pouvoir tampon. Étant donné sa concentration plus élevée, la solution b résiste mieux aux variations de pH. **33.** 15 g. **35. a)** 0,19; **b)** 0,59; **c)** 1,0; **d)** 1,9. **37.** HOCl; on peut préparer le tampon de plusieurs façons, par exemple en ajustant [HOCl] à 1,00 mol/L et [$OCl^-$] à 0,35 mol/L. **39.** Solution d. **41. a)** 1,0 mol; **b)** 0,30 mol; **c)** 1,3 mol. **43. a)** $V_{base}$ ~22 mL; **b)** zone tampon de ~1 mL base à ~21 mL base; tampon maximum de ~5 mL à ~17 mL base. Le point de demi-neutralisation (~11 mL) correspond au meilleur pouvoir tampon; **c)** ~11 mL base; **d)** $V_{base}$ = 0; **e)** ~22 mL base (point stœchiométrique); **f)** Tout point après le point stœchiométrique, comme $V_{base}$ ~22 mL. **45. a)** 0,699; **b)** 0,854; **c)** 1,301; **d)** 7,00; **e)** 12,15. **47. a)** 2,72; **b)** 4,26; **c)** 4,74; **d)** 5,22; **e)** 8,79; **f)** 12,15. **49. a)** 4,19, 8,45; **b)** 10,74, 5,96; **c)** 0,89, 7,00. **51.** $2,1 \times 10^{-6}$. **53. a)** Jaune; **b)** 8,0; **c)** bleu. **55.** Phénolphtaléine. **57.** Pour l'exercice 45, le rouge de phénol serait un bon indicateur. Pour l'exercice 47, la phénolphtaléine serait un bon indicateur. **59.** Le pH se situe entre 5 et 8. **61. a)** $AgCH_3COO(s) \rightleftharpoons Ag^+(aq) + CH_3COO^-(aq)$; $K_{ps} = [Ag^+][CH_3COO^-]$; **b)** $Al(OH)_3(s) \rightleftharpoons Al^{3+}(aq) + 3OH^-(aq)$; $K_{ps} = [Al^{3+}][OH^-]^3$; **c)** $Ca_3(PO_4)_2(s) \rightleftharpoons 3Ca^{2+}(aq) + 2PO_4^{3-}(aq)$; $K_{ps} = [Ca^{2+}]^3[PO_4^{3-}]^2$. **63.** $3,5 \times 10^{-10}$. **65.** $3,30 \times 10^{-43}$. **67.** $2 \times 10^{-11}$ mol/L. **69. a)** $4 \times 10^{-17}$ mol/L; **b)** $4 \times 10^{-11}$ mol/L; **c)** $4 \times 10^{-29}$ mol/L. **71.** $3,5 \times 10^{-10}$. **73.** 10,1.

**75.** Oui; $Q = 1,9 \times 10^{-4} > K_{ps}$. **77.** [$K^+$] = 0,160 mol/L, [$C_2O_4^{2-}$] = $3,3 \times 10^{-7}$ mol/L, [$Ba^{2+}$] = 0,0700 mol/L, [$Br^-$] = 0,300 mol/L. **79.** [$Ag^+$] > $5,6 \times 10^{-5}$ mol/L.

**81. a)**

$$\begin{array}{llr} Co^{2+} + NH_3 & \rightleftharpoons CoNH_3^{2+} & K_1 \\ CoNH_3^{2+} + NH_3 & \rightleftharpoons Co(NH_3)_2^{2+} & K_2 \\ Co(NH_3)_2^{2+} + NH_3 & \rightleftharpoons Co(NH_3)_3^{2+} & K_3 \\ Co(NH_3)_3^{2+} + NH_3 & \rightleftharpoons Co(NH_3)_4^{2+} & K_4 \\ Co(NH_3)_4^{2+} + NH_3 & \rightleftharpoons Co(NH_3)_5^{2+} & K_5 \\ Co(NH_3)_5^{2+} + NH_3 & \rightleftharpoons Co(NH_3)_6^{2+} & K_6 \\ \hline Co^{2+} + 6\,NH_3 & \rightleftharpoons Co(NH_3)_6^{2+} & K_f = K_1K_2K_3K_4K_5K_6. \end{array}$$

**b)**

$$\begin{array}{llr} Ag^+ + NH_3 & \rightleftharpoons AgNH_3^+ & K_1 \\ AgNH_3^+ + NH_3 & \rightleftharpoons Ag(NH_3)_2^+ & K_2 \\ \hline Ag^+ + 2NH_3 & \rightleftharpoons Ag(NH_3)_2^+ & K_f = K_1K_2. \end{array}$$

**83.** $6,6 \times 10^{-5}$. **85.** $Hg^{2+}(aq) + 2I^-(aq) \rightarrow HgI_2(s)$ (précipité orange); $HgI_2(s) + 2I^-(aq) \rightarrow HgI_4^{2-}(aq)$ (ion complexe soluble). **87.** $3,3 \times 10^{-32}$ mol/L. **89. a)** $1,2 \times 10^{-8}$ mol/L; **b)** $1,5 \times 10^{-4}$ mol/L; **c)** La présence de $NH_3$ augmente la solubilité de AgI. Le $NH_3$ ajouté élimine $Ag^+$ de la solution en formant l'ion complexe $Ag(NH_3)_2^+$. À mesure que $Ag^+$ est enlevé, plus de AgI se dissout pour rétablir la concentration de $Ag^+$. **91. a)** $1,1 \times 10^{-3}$ mol/L; **b)** $9,1 \times 10^{-3}$ mol/L. **93.** Avec $NH_3$, la dissolution a lieu selon l'équation $Cu(OH)_2(s) + 4NH_3 \rightleftharpoons Cu(NH_3)_4^{2+} + 2OH^-$. Avec $HNO_3$, il y a neutralisation des ions $OH^-$ : $Cu(OH)_2(s) + 2H^+ \rightarrow Cu^{2+} + 2H_2O$. Tous les sels dont l'anion est une base deviennent plus solubles en solution acide. $AgCH_3COO(s)$ peut lui aussi être dissous par $NH_3$: $AgCH_3COO(s) + 2NH_3 \rightleftharpoons Ag(NH_3)_2^+ + CH_3COO^-$, et par $H^+$: $AgCH_3COO(s) + H^+ \rightarrow Ag^+ + CH_3COOH$. Pour sa part, AgCl(*s*) ne sera soluble que dans $NH_3$, car l'ion $Cl^-$ n'est pas basique et ne peut donc réagir avec $HNO_3$. **95. a)** 4,19; **b)** 4,37; **c)** 4,37; **d)** Les réponses b et c sont les mêmes. Les deux équilibres impliquent les mêmes espèces. **97.** 850 mL de $CH_3COOH$ 1,00 mol/L et 150 mL de $NaCH_3COO$ 1,00 mol/L. **99. a)** environ 8; **b)** 0,083 à pH = 7,00 et 8,3 à pH = 9,00; **c)** 8,076 et 7,95. **101. a)** Comme tous les acides ont la même concentration initiale, la courbe de pH avec le pH le plus élevé à 0 mL de NaOH ajouté correspond au titrage de l'acide le plus faible. C'est la courbe f; **b)** La courbe de pH avec le pH le plus bas à 0 mL de NaOH ajouté correspond au titrage de l'acide le plus fort. C'est la courbe a. Le meilleur point à examiner pour distinguer le titrage d'un acide fort du titrage d'un acide faible (si les concentrations initiales ne sont pas connues) est le pH au point d'équivalence. Si le pH = 7,00, l'acide titré est un acide fort; si le pH est supérieur à 7,00, l'acide titré est un acide faible; **c)** La courbe de pH qui représente le titrage d'un acide avec $K_a = 1,0 \times 10^{-6}$, aura un pH = $-\log(1 \times 10^{-6})$ = 6,0 au point de demi-neutralisation. La courbe d a un pH ~6,0 à 25 mL de NaOH ajouté, de sorte que l'acide titré dans cette courbe de pH (courbe d) a une $K_a$ ~$1 \times 10^{-6}$. **103.** 180 g/mol; $3,3 \times 10^{-4}$; on suppose que l'acide acétylsalicylique est un monoacide faible. **105.** 65 mL. **107.** 0,210 mol/L. **109. a)** $1,6 \times 10^{-6}$; **b)** 0,056 mol/L. **111.** $2,7 \times 10^{-5}$ mol/L; la solubilité de l'hydroxyapatite est plus grande en solution acide parce que les anions $OH^-$ et $PO_4^{3-}$ réagissent avec $H^+$. $6 \times 10^{-8}$ mol/L; les ions fluorure de l'eau fluorée convertissent l'hydroxyapatite en fluorapatite moins soluble et donc moins sujette à la carie. **113.** 49 mL. **115.** 3,9 L. **117. a)** 200,0 mL; **b) i.** $H_2A$, $H_2O$; **ii.** $H_2A$, $HA^-$, $H_2O$, $Na^+$; **iii.** $HA^-$, $H_2O$, $Na^+$; **iv.** $HA^-$, $A^{2-}$, $H_2O$, $Na^+$; **v.** $A^{2-}$, $H_2O$, $Na^+$; **vi.** $A^{2-}$, $H_2O$, $Na^+$ $OH^-$; **c)** $K_{a_1} = 1 \times 10^{-4}$; $K_{a_2} = 1 \times 10^{-8}$. **119.** pH ≈ 5,0; $K_a \approx 1 \times 10^{-10}$. **121.** $5,6 \times 10^{-5}$. **123.** $5,08 \times 10^{-17}$. **125.** $s = 5,8 \times 10^{-27}$ mol/L. **127.** 90 g/mol; $K_{a_2} = 5,0 \times 10^{-5}$.

## Chapitre 7

**7.** Les organismes vivants ont besoin d'une source extérieure d'énergie pour effectuer ces processus. Les plantes vertes utilisent l'énergie solaire pour produire du glucose à partir de dioxyde de carbone et de l'eau par photosynthèse. Dans le corps humain, l'énergie libérée par le métabolisme du glucose aide à la synthèse des protéines. Pour tous les processus combinés, $\Delta S_{univ}$ doit être supérieure à zéro (2e loi). **9.** $\Delta S_{univ}$. **11.** Au fur et à mesure que s'effectue un processus, $\Delta S_{univ}$ augmente ; $\Delta S_{univ}$ ne peut pas diminuer. Le temps, telle $\Delta S_{univ}$, s'écoule dans une direction. **13.** $\Delta S_{ext} = \Delta H/T$ ; $\Delta S_{ext}$ est déterminée par la chaleur ($\Delta H$) qui entre ou sort d'un système. Si la chaleur est acheminée vers le milieu extérieur, les mouvements au hasard du milieu augmentent et l'entropie du milieu augmente. L'opposé est vrai lorsque la chaleur passe du milieu extérieur vers le système (une réaction endothermique). Bien que la force motrice décrite ici résulte réellement de la variation d'entropie du milieu, elle est souvent décrite en termes d'énergie. La nature tend vers l'énergie la plus faible possible. **15.** $\Delta G° = -RT\ln K = \Delta H° - T\Delta S°$ ; $HX(aq) \rightleftharpoons H^+(aq) + X^-(aq)$ $K_a$ réaction ; la valeur de $K_a$ pour HF est inférieure à un, alors que pour les autres halogénures d'hydrogène, $K_a > 1$. En termes de $\Delta G°$, HF doit avoir un $\Delta G°_{réaction}$ positive, alors que les autres acides ont une $\Delta G°_{réaction} < 0$. La raison pour laquelle $K_a$ change de signe quand on compare HF à HCl, à HBr et à HI, c'est l'entropie. $\Delta S$ pour la dissociation de HF est très élevée et négative. Il y a un degré élevé d'ordre quand les molécules d'eau s'associent (liaison hydrogène) avec les petits ions $F^-$. L'entropie d'hydratation s'oppose fortement à la dissociation de HF dans l'eau, au point de dépasser l'énergie d'hydratation favorable, ce qui rend HF un acide faible. **17.** Le signe de $\Delta G$ nous permet de savoir si une réaction est spontanée ou non, quelles que soient les concentrations (à $T$ et à $P$ constantes). Lorsque $\Delta G < 0$, la grandeur nous indique quelle quantité de travail peut, en théorie, être tirée de la réaction. Lorsque $\Delta G > 0$, sa grandeur nous indique la quantité minimale de travail qui doit être fournie pour que la réaction ait lieu. $\Delta G°$ nous donne la même information seulement quand la concentration de tous les réactifs et produits sont dans des conditions standard (1 atm pour les gaz, 1 mol/L pour les solutés). $\Delta G° = -RT\ln K$ : à partir de cette équation, on peut calculer $K$ pour une réaction si $\Delta G°$ est connue à cette température. Pour déterminer $K$ à une température différente de 25 °C, il faut connaître $\Delta G°$ à cette température. On suppose que $\Delta H°$ et $\Delta S°$ ne dépendent pas de la température, et on utilise l'équation $\Delta G° = \Delta H° - T\Delta S°$ pour évaluer $\Delta G°$ à différentes températures. Pour $K = 1$, on veut $\Delta G° = 0$, ce qui a lieu quand $\Delta H° = T\Delta S°$. Encore une fois, on suppose que $\Delta H°$ et $\Delta S°$ ne dépendent pas de la température, puis on détermine $T\ (= \Delta H°/\Delta S°)$. À cette température, $K = 1$ parce que $\Delta G° = 0$. Cela ne fonctionne que pour les réactions où les signes de $\Delta H°$ et de $\Delta S°$ sont les mêmes (soit tous les deux positifs, soit négatifs). **19.** Représentation des arrangements possibles :

| | | | | | | |
|---|---|---|---|---|---|---|
| 2 kJ | — | — | x | — | x | xx |
| 1 kJ | — | x | — | xx | x | — |
| 0 kJ | xx | x | x | — | — | — |
| $E_{totale}$ = | 0 kJ | 1 kJ | 2 kJ | 2 kJ | 3 kJ | 4 kJ |

L'énergie la plus probable est 2 kJ. **21. a)** $H_2$ à 100 °C et 0,5 atm ; **b)** $N_2$ à TPN ; **c)** $H_2O(l)$. **23. a)** Négative ; **b)** Positive. **25.** $\Delta G < 0$ pour b, c, d. **27.** 89,3 J/K · mol. **29.** $\Delta S_{univ} = 0$ ; $\Delta S_{ext} = -110$ J/K · mol ; $\Delta S_{sys} = 110$ J/K · mol. **31. a)** $C_{12}H_{22}O_{11}$ ; **b)** $H_2O$ à 0 °C ; **c)** $H_2S(g)$. **33. a)** −164 J/K ; **b)** −199 J/K ; **c)** −130 J/K. **35.** Positive ; $\Delta S =$ 0,82 J/K · mol. **37. a)** $\Delta H$ et $\Delta S$ toutes deux positives ; **b)** À haute température. **39. a)** $\Delta H° = -803$ kJ, $\Delta S° = -4$ J/K, $\Delta G° = 2802$ kJ ; **b)** $\Delta H° = -802$ kJ, $\Delta S° = -262$ J/K, $\Delta G° = 2880$ kJ ; **c)** $\Delta H° = -416$ kJ, $\Delta S° = -209$ J/K, $\Delta G° = -354$ kJ ; **d)** $\Delta H° = -176$ kJ, $\Delta S° = -284$ J/K, $\Delta G° = -91$ kJ. **41.** $\Delta G° = 5{,}4$ kJ ; 328,6 K ; négative en dessous de 328,6 K. **43.** $CH_4(g) + CO_2(g) \rightarrow CH_3COOH(l)$, $\Delta H° = 216$ kJ, $\Delta S° = 2240$ J/K, $\Delta G° = 56$ kJ ; $CH_3OH(g) + CO(g) \rightarrow CH_3COOH(l)$, $\Delta H° = -173$ kJ, $\Delta S° = -278$ J/K, $\Delta G° = -90$ kJ ; la deuxième réaction est préférable ; on devrait la faire à des températures inférieures à 622 K. **45.** −817 kJ. **47.** Oui. **49.** −188 kJ. **51. a)** vers la droite ; **b)** aucun déplacement, la réaction est à l'équilibre ; **c)** vers la gauche. **53. a)** $\Delta H° = -184$ kJ, $\Delta S° = 20$ J/K, $\Delta G° = -190$ kJ, $K = 2{,}01 \times 10^{33}$ ; **b)** vers la droite. **55. a)** 1re étape : $\Delta H° = -980$ kJ, $\Delta S° = 181$ J/K, $\Delta G° = -958$ kJ et $K = 386$ ; 2e étape : $\Delta H° = -112$ kJ, $\Delta S° = -147$ J/K, $\Delta G° = -70$ kJ et $K = 1{,}4 \times 10^{12}$ ; 3e étape : $\Delta H° = -74$ kJ, $\Delta S° = -267$ J/K, $\Delta G° = 6$ kJ et $K = 9{,}1 \times 10^{-2}$ ; **b)** $4{,}589 \times 10^{52}$ ; **c)** pour l'étape 1, $\Delta H° < 0$, $\Delta S° > 0$ ; $\Delta G + \Delta H - T\Delta S$ sera négative quelle que soit la température. La réaction est toujours spontanée et il n'y a pas de raison thermodynamique pour augmenter la température. Toutefois, la vitesse de réaction sera plus grande à température élevée. **57.** Le graphique de $\ln K$ en fonction de $1/T$ donne une droite. Pour un processus endothermique, la pente est négative (pente $= -\Delta H°/R$) ($y = mx + b$). En augmentant la température de $T_1$ à $T_2$ ($1/T_2 < 1/T_1$), on voit que $\ln K$, et donc $K$, augmente. Si $K$ augmente, c'est qu'une plus grande quantité de réactifs est transformée en produits, donc que la réaction se déplace vers la droite.

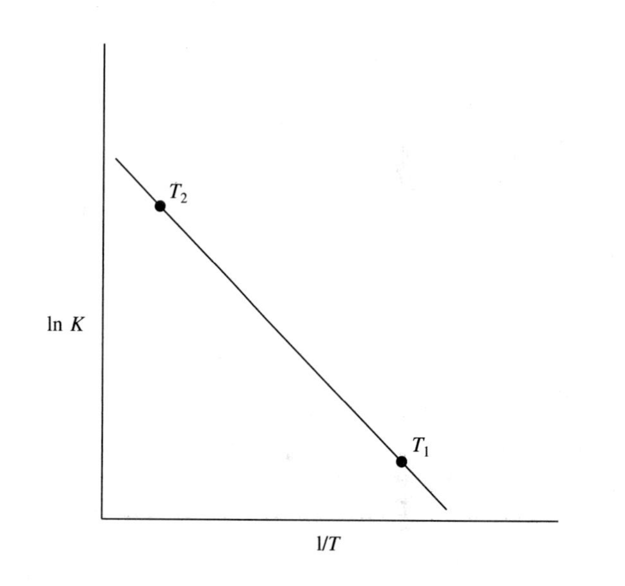


**59.** Lorsqu'un solide ionique se dissout, on s'attend à une augmentation du désordre du système, de sorte que $\Delta S_{syst}$ est positive. Puisque la température augmente au fur et à mesure que le solide se dissout, c'est un processus exothermique et $\Delta S_{ext}$ est positive ($\Delta S_{ext} = -\Delta H/T$). Comme le solide s'est dissous, le processus de dissolution est spontané, de sorte que $\Delta S_{univ}$ est positive. **61.** $\Delta S$ (méthane) = 73,2 J/K · mol ; $\Delta S$(hexane) = 84,5 J/K · mol ; $V_{mét} = 9{,}19$ L et $V_{hex} = 28{,}1$ L ; l'hexane a le plus grand volume molaire au point d'ébullition, de sorte que l'hexane devra avoir l'entropie la plus élevée. Au fur et à mesure que le volume de gaz augmente, le désordre de position augmente. **63. a)** $\Delta G° =$ 6,0 kJ/mol ; **b)** $\Delta H \approx \Delta H \approx 0$ ; **c)** $\Delta S° = -20$ J/K ; **d)** $\Delta H_f° = -81$ kJ/mol et $S° = 218$ J/K · mol ; **e)** $K = 0{,}090$ ; **f)** $\Delta G = -14$ kJ/mol. **65.** $7{,}0 \times 10^{-4}$. **67.** $W = 8{,}8$ kJ/mol ; d'autres ions doivent être transportés, soit des anions vers l'intérieur de la cellule, soit des cations vers l'extérieur, pour maintenir l'électroneutralité de la cellule. **69. a)** $K = 3{,}5 \times 10^{-3}$ **b)** $\Delta G° = 217$ kJ, $K = 9{,}5 \times 10^2$. **71.** 725 K. **73.** Arrangement I et V : $S = 0$ ; arrangement II et IV : $S = 1{,}91 \times 10^{-23}$ J/K ; arrangement III : $S = 2{,}47 \times 10^{-23}$ J/K. **75.** $K = 2{,}00 \times 10^{19}$ ; $\Delta G° = -1{,}10 \times 10^5$ J/mol ; $\Delta S° = 20$ J/K · mol. **77.** $\Delta H° = 40{,}2$ kJ/mol. **79.** $\chi_{C_6H_6}$(vapeur) = 0,446 ; $\chi_{CCl_4}$ (vapeur) = 0,554. **81.** 912 J/K. **83.** $[Cl^-] = 6$ mol/L. **85.** 11,445.

## Chapitre 8

**13.** Oxydation : augmentation du nombre d'oxydation, perte d'électrons. Réduction : diminution du nombre d'oxydation, gain d'électrons. **15.** Les réactions a, b et c sont des réactions d'oxydoréduction.

| | Agent oxydant | Agent réducteur | Espèce oxydée | Espèce réduite |
|---|---|---|---|---|
| **a)** | $H_2O$ | $CH_4$ | $CH_4$(C) | $H_2O$(H) |
| **b)** | $AgNO_3$ | Cu | Cu | $AgNO_3$(Ag) |
| **c)** | HCl | Zn | Zn | HCl(H) |

**17.** Le magnésium est un métal alcalino-terreux ; Mg s'oxyde en $Mg^{2+}$. L'état d'oxydation de l'hydrogène dans HCl est +1. Pour être réduit, l'état d'oxydation de H doit diminuer. Le choix évident pour l'hydrogène produit est $H_2(g)$, où l'hydrogène a un état d'oxydation de zéro. L'équation équilibrée est $Mg(s) + 2HCl(aq) \rightarrow MgCl_2(aq) + H_2(g)$. Étant donné qu'il y a deux atomes H dans l'équation équilibrée, les atomes H gagnent au total deux électrons. Par conséquent, deux électrons sont transférés dans l'équation équilibrée. Lorsque les électrons sont transférés directement de Mg à $H^+$, aucun travail n'est produit. Afin de pouvoir exploiter cette réaction pour effectuer un travail utile, on doit faire passer le courant d'électrons dans un fil conducteur. On peut y arriver en construisant une pile électrochimique qui sépare la réaction de réduction de la réaction d'oxydation, afin de faire passer le courant d'électrons dans un fil conducteur pour produire un voltage. **19.** Une propriété extensive dépend directement de la quantité de substance. L'équation qui relie $\Delta G$ à $E$ est $\Delta G = nFE$. C'est le terme $n$ qui convertit la propriété intensive $E$ en propriété extensive $\Delta G$. C'est avec le terme $n$ qui est le nombre de moles d'électrons transférés dans l'équation équilibrée que $\Delta G$ est associée. **21.** Quand on utilise une batterie d'appoint pour faire démarrer une auto, le danger est la possibilité que l'électrolyse de $H_2O(l)$ ait lieu. Lorsque $H_2O(l)$ est électrolysée, les produits forment un mélange gazeux explosif de $H_2(g)$ et de $O_2(g)$. Une étincelle produite durant le démarrage peut enflammer $H_2(g)$ et $O_2(g)$. Fixer le fil de masse loin de la batterie diminue le risque d'une étincelle près de la batterie où $H_2(g)$ et $O_2(g)$ peuvent s'accumuler. **23.** Il faut connaître la nature du métal afin de savoir quelle masse molaire utiliser. Il faut connaître l'état d'oxydation de l'ion métallique dans le sel, de façon à pouvoir déterminer le nombre de moles d'électrons transférés. Enfin, il faut connaître la quantité de courant et le temps pendant lequel le courant passe dans la cellule électrolytique. **25.** Voir la figure 8.3 pour la structure typique d'une pile électrochimique. Le compartiment de l'anode contient les composés et les ions participant à la demi-réaction d'oxydation, et celui de la cathode, ceux de la demi-réaction de réduction. Les électrons vont de l'anode à la cathode ; les cations se déplacent vers la cathode et les anions, vers l'anode. **a)** Pour obtenir la réaction fournie, il faut qu'il y ait réduction de $Cl_2$ en $Cl^-$, et oxydation de $Cr^{3+}$ en $Cr_2O_7^{2-}$ ; $7H_2O(l) + 2Cr^{3+}(aq) + 3Cl_2(g) \rightarrow Cr_2O_7^{2-}(aq) + 6Cl^-(aq) + 14H^+(aq)$ ; cathode : électrode de Pt, solution de $Cl^-$ dans laquelle on fait barboter $Cl_2$(g) ; anode : électrode de Pt, solution contenant $Cr^{3+}$, $H^+$ et $Cr_2O_7^{2-}$ ; **b)** $Cu^{2+}(aq) + Mg(s) \rightarrow Cu(s) + Mg^{2+}(aq)$ ; cathode : électrode de Cu, solution de $Cu^{2+}$ ; anode : électrode de Mg, solution de $Mg^{2+}$. **27.** **a)** $\mathscr{E}^\circ_{pile} = 0{,}03$ V ; **b)** $\mathscr{E}^\circ_{pile} = 2{,}71$ V. **29.** Voir l'exercice 25 pour la description générique d'une pile aux conditions standard. **a)** $Cl_2(g) + 2Br^-(aq) \rightarrow Br_2(aq) + 2Cl^-(aq)$ $\mathscr{E}^\circ = 0{,}27$ V ; cathode : électrode de Pt, $Cl_2$ qui barbote dans une solution contenant $Cl^-$ ; anode : électrode de Pt, solution $Br_2$, $Br^-$ ; **b)** $3H_2O(l) + 5IO_4^-(aq) + 2Mn^{2+}(aq) \rightleftharpoons 5IO_3^-(aq) + 2MnO_4^-(aq) + 6H^+(aq)$ $\mathscr{E}^\circ = 0{,}09$ V ; cathode : électrode de Pt, $IO_4^-$, $IO_3^-$, milieu acide ; anode : électrode de Pt, $Mn^{2+}$, $MnO_4^-$, milieu acide. **31.** 25a. Pt|$Cr^{3+}$ (1,0 mol/L), $H^+$ (1,0 mol/L), $Cr_2O_7^{2-}$ (1,0 mol/L)||$Cl_2$ (101,3 kPa)|($Cl^-$ (1,0 mol/L)|(Pt ; 25b. Mg|$Mg^{2+}$ (1,0 mol/L)||$Cu^{2+}$ (1,0 mol/L)|Cu ; 29a. Pt|$Br^-$ (1,0 mol/L), $Br_2$ (1,0 mol/L)||$Cl_2$ (101,3 kPa)|$Cl^-$ (1,0 mol/L)|Pt ; 29b. Pt|$Mn^{2+}$ (1,0 mol/L), $MnO_4^-$ (1,0 mol/L), $H^+$ (1,0 mol/L)||$IO_4^-$ (1,0 mol/L), $IO_3^-$ (1,0 mol/L), $H^+$ (1,0 mol/L)|Pt. **33.** **a)** $Au^{3+}(aq) + 3Cu^+(aq) \rightarrow Au(s) + 3Cu^{2+}(aq)$ $\mathscr{E}^\circ_{pile} = 1{,}34$ V ; **b)** $2VO_2^+(aq) + 4H^+(aq) + Cd(s) \rightarrow 2VO^{2+}(aq) + 2H_2O(l) + Cd^{2+}(aq)$ $\mathscr{E}^\circ_{pile} = 1{,}40$ V. **35.** $\mathscr{E}^\circ = 0{,}41$ V ; $\Delta G^\circ = -79$ kJ. **37.** 33a. $W_{max} = -388$ kJ ; 33b. $W_{max} = -270$ kJ. **39.** Pour $Fe^{3+}$, $\Delta G^\circ_f =$ 11 kJ/mol. **41.** $F^- < Cr^{3+} < Fe^{2+} < H_2 < Zn < Li$. **43.** **a)** $Br_2$ est le meilleur oxydant (plus grande $\mathscr{E}^\circ$) ; **b)** Ca est le meilleur réducteur (plus grande $-\mathscr{E}^\circ$) ; **c)** $MnO_4^- + 8H^+ + 5e^- \rightarrow Mn^{2+} + 4H_2O$ ; $\mathscr{E}^\circ = 1{,}51$ V ; le permanganate peut oxyder $Br^-$, $H_2$, Cd, La et Ca aux conditions standard. Quand $MnO_4^-$ est couplé avec des réactifs, $\mathscr{E}^\circ$ est positive ; **d)** $Zn \rightarrow Zn^{2+} + 2e$ ; $-\mathscr{E}^\circ = 0{,}76$ V ; le zinc peut réduire $Br_2$, $H^+$ et $Cd^{+2}$ puisque $\mathscr{E}^\circ_{pile} > 0$. **45.** **a)** Pour réduire $Fe^{3+}$, mais non $Fe^{2+}$, le réducteur doit avoir un potentiel standard d'oxydation ($\mathscr{E}^\circ_{ox} = -\mathscr{E}^\circ$) entre −0,77 V et 0,44 V. Les réducteurs sont à droite dans les équations du tableau 8.1. Ceux qui conviendraient pour cette tâche sont donc $H_2O_2$, $MnO_4^{2-}$, $I^-$, Cu, $OH^-$, Hg + $Cl^-$, Ag + $Cl^-$, $H_2SO_3$, $Cu^+$, $H_2$, Fe, Pb, Sn, Ni, Pb + $SO_4^{2-}$ et Cd ; **b)** pour réduire $Ag^+$ en Ag ($\mathscr{E}^\circ = 0{,}80$ V), mais non $O_2$ en $H_2O_2$ ($\mathscr{E}^\circ = 0{,}68$ V) ; aux conditions standard, seul $Fe^{2+}$ conviendrait selon le tableau 8.1. **47.** En solution, $Tl^{3+}$ peut oxyder $I^-$ en $I_3^-$. Par conséquent, on s'attend à ce que ce soit le triiodure de thallium(I). **49.** Les concentrations de $Fe^{2+}$ sont maintenant de 0,01 mol/L et de $1 \times 10^{-7}$ mol/L dans les deux compartiments. La tendance pour cette pile sera d'égaliser les $[Fe^{2+}]$ dans les compartiments. Cela se fera si le compartiment avec $Fe^{2+}$ $1 \times 10^{-7}$ mol/L devient l'anode ($Fe \rightarrow Fe^{2+} + 2e^-$) et l'autre, la cathode ($Fe^{2+} + 2e^- \rightarrow Fe$). Le flux d'électrons partira donc du compartiment de droite ($Fe^{2+}$ $1 \times 10^{-7}$ mol/L) vers le compartiment de gauche. **51.** 2,12 V. **53.** **a)** 0,23 V ; **b)** $1{,}2 \times 10^{-5}$ mol/L. **55.** $1{,}6 \times 10^{-32}$. **57.** **a)** $1{,}4 \times 10^{-14}$ mol/L ; **b)** $2{,}9 \times 10^{13}$. **59.** $2{,}5 \times 10^{26}$. **61.** **a)** Aucune réaction ; **b)** $Cl_2(g) + 2I^-(aq) \rightarrow I_2(s) + 2Cl^-(aq)$, $\mathscr{E}^\circ = 0{,}82$ V ; $\Delta G^\circ = -160$ kJ ; $K = 5{,}6 \times 10^{27}$ ; **c)** aucune réaction ; **d)** $4Fe^{2+}(aq) + 4H^+(aq) + O_2(g) \rightarrow 4Fe^{3+}(aq) + 2H_2O(l)$ ; $\mathscr{E}^\circ = 0{,}46$ V ; $\Delta G^\circ = -180$ kJ ; $K = 1{,}3 \times 10^{31}$. **63.** **a)** $Au^{3+}(aq) + 3Tl(s) \rightarrow Au(s) + 3Tl^+(aq)$ ; $\mathscr{E}^\circ = 1{,}84$ V ; **b)** $\Delta G^\circ = -533$ kJ ; $K = 2{,}52 \times 10^{93}$ ; **c)** $\mathscr{E}^\circ_{pile} = 2{,}04$ V. **65.** $5{,}1 \times 10^{-20}$. **67.** $6{,}19 \times 10^{52}$. **69.** **a)** 30 h ; **b)** 33 s ; **c)** 1,3 h. **71.** **a)** 16 g ; **b)** 25 g ; **c)** 71 g ; **d)** 4,9 g. **73.** Bi. **75.** $7{,}44 \times 10^4$ A. **77.** 480 s. **79.** Oui, puisque la gamme de potentiels pour précipiter chaque métal ne se superpose pas, il serait possible de séparer les trois métaux. Le potentiel exact qu'il faut appliquer dépend de la réaction d'oxydation. L'ordre dans lequel les métaux précipitent est : Ir($s$) en premier, suivi de Pt($s$) et enfin Pd($s$), au fur et à mesure que le potentiel est graduellement augmenté. **81.** **a)** 0,10 V ; calomel = anode ; **b)** 0,53 V ; calomel = anode ; **c)** 0,02 V ; calomel = cathode ; **d)** 1,90 V ; calomel = cathode ; **e)** 0,47 V ; calomel = cathode. **83.** **a)** diminue ; **b)** augmente ; **c)** diminue ; **d)** demeure le même. **85.** **a)** $\Delta G^\circ = -582$ kJ ; $K = 3{,}45 \times 10^{102}$ et $\mathscr{E}^\circ = 1{,}01$ V ; **b)** −0,65 V. **87.** L'aluminium exposé à $O_2$ forme un oxyde ($Al_2O_3$) qui adhère très bien à la surface du métal et empêche l'oxydation de se poursuivre pour les atomes Al qui ne sont pas en surface. Quand on plonge l'aluminium dans HCl, HCl attaque d'abord cet oxyde : $Al_2O_3 + 6HCl \rightarrow AlCl_3 + 3H_2O$ ; puis les autres atomes Al sont alors mis en contact avec $H^+$ et facilement oxydés : $2Al + 6H^+ \rightarrow 2Al^{3+} + 3H_2(g)$. Bouillonnement = dégagement de $H_2$(g). **89.** La demande est impossible. L'agent oxydant le plus fort et l'agent réducteur le plus fort lorsqu'ils sont combinés donnent une valeur de $\mathscr{E}^\circ_{pile}$ d'environ 6 V. **91.** $W_{max} = -13\,200$ kJ ; la quantité de travail ne peut jamais dépasser la variation d'énergie libre. En fait, elle est toujours inférieure à $\Delta G$, parce qu'il se perd toujours de l'énergie dans un processus réel. Cependant, une pile à combustible convertit l'énergie chimique directement en électricité, ce qui est mieux que de mettre les réactifs en contact direct et d'exploiter la chaleur dégagée pour créer de l'électricité. Désavantage principal : les piles à combustible sont très coûteuses à fabriquer. **93.** 0,98 V.

**95.** 0,250 mol. **97.** +3. **99.** $\mathscr{E}^\circ = \dfrac{T\Delta S}{nF} - \dfrac{\Delta H^\circ}{nF}$ ; si on met en graphique $\mathscr{E}^\circ$ en fonction de $T$, cela devrait donner une droite de pente $\Delta S^\circ/nF$ et d'ordonnée à l'origine $-\Delta H/nF$. Une demi-pile de référence doit être simple et son potentiel doit varier aussi peu que possible en fonction de la concentration et de la température. **101.** $9{,}8 \times 10^{-6}$. **103.** $2{,}39 \times 10^{-7}$. **105. a)** Oui, la réduction de $H_2O$ en $H_2$ par Zr est spontanée dans les conditions standard parce que $\mathscr{E}^\circ_{pile} > 0$ ; **b)** $3H_2O(l) + Zr(s) \rightarrow 2H_2(g) + ZrO_2 \cdot H_2O(s)$ ; **c)** $\mathscr{E}^\circ = 1{,}53$ V ; $\Delta G^\circ = -590$ kJ et $K \approx 10^{104}$ ; **d)** $4{,}42 \times 10^4$ g $H_2$ et $2{,}3 \times 10$ L $H_2$ ; **e)** Probablement oui ; en évacuant $H_2$, moins de radioactivité dans l'ensemble a été libérée que si $H_2$ avait explosé à l'intérieur du réacteur (comme il est arrivé à Tchernobyl). Ni l'une, ni l'autre des possibilités n'est réjouissante, mais évacuer l'hydrogène radioactif est la possibilité la moins désagréable. **107.** 0,69 V. **109. a)** $\mathscr{E}_{pile} = 0{,}204$ V et $\Delta G = -39{,}4$ kJ ; **b)** $\mathscr{E}_{pile} = \mathscr{E}^\circ_{pile} - \frac{0{,}0591}{2}(\log[CrO_4^{\ 2-}])$ ; **c)** $\mathscr{E}_{pile} = 0{,}352$ V ; **d)** $7{,}05 \times 10^{-11}$ mol/L ; **e)** $1{,}4 \times 10^{-12}$. **111. a)** $5{,}77 \times 10^{-10}$ ; **b)** 1,9 mol/L $HNO_3$. **113.** $[M^{3+}] = 0{,}33$ mol/L ; $W_{max} = -104$ kJ. **115. a)** $\mathscr{E}_{pile} = 1{,}58$ V ; **b)** $K = 1{,}6 \times 10^{-8}$ ; **c)** $\mathscr{E}_{pile} = 1{,}59$ V.

# Crédits

**Couverture :** Blue water droplet : © Wes Thompson/Corbis. **Chapitre 1 :** p. 1 : Richard Megna/Fundamental Photographs ; p. 4 (toutes) : Ken O'Donoghue ; p. 6 : The Swedish Royal Academy of Sciences ; p. 9 : Sean Brady/American Color ; p. 10 : Ken O'Donoghue ; p. 12 : Courtoisie, Caliper Technologies Corporation ; p. 14 : Richard Megna/Fundamental Photographs ; p. 15 (toutes) : Steve Borick/American Color ; p. 16 : Sean Brady/American Color ; p. 17 (toutes) : © Houghton Mifflin Company ; p. 18 : Sean Brady/American Color ; p. 19 : Sean Brady/American Color ; p. 26 : Richard Megna/Fundamental Photographs ; p. 29 (a et d) : Sean Brady/American Color ; p. 29 (b et c) : Ken O'Donoghue ; p. 30 : Richard Megna/Fundamental Photographs ; p. 32 : Sean Brady/American Color ; p. 34 : Sean Brady/American Color ; p. 35 : C Squared Studios/PhotoDisc/PictureQuest ; p. 39 (toutes) : © Houghton Mifflin Company. **Chapitre 2 :** p. 52 : Charles Derby/Photo Researchers, Inc. ; p. 55 : Sean Brady/American Color ; p. 57 : Gracieuseté de E. Ink ; p. 59 : E.R. Degginger/Color Pic Inc. ; p. 61 (haut) : Frank Cox ; p. 61 (bas) : Sean Brady/ American Color ; p. 64 : Betz/Visuals Unlimited ; p. 65 : T. Orban/Sygma/ Corbis ; p. 68 : David Young-Wolfe/PhotoEdit ; p. 73 : Steve Borick/American Color ; p. 74 : Craig Newbauer/Peter Arnold, Inc. ; p. 75 : Leslie Zumdahl ; p. 78 : Megapress.ca/Mauritius ; p. 79 (toutes) : David M. Phillips/Visuals Unlimited ; p. 80 : Courtoisie, Southern California Electric ; p. 82 : Stephen Frisch ; p. 83 : Sean Brady/American Color ; p. 84 : Doug Allan/Animals, Animals. **Chapitre 3 :** p. 94 : Vandystadt/TIPS Images ; p. 96 (haut gauche) : Bob Daemmrich/Stock Boston ; p. 96 (haut droit) : Thomas H. Brakefield/The Stock Market/Corbis ; p. 96 (bas gauche) : Tom Stillo/Omni-Photo Communications Inc. ; p. 96 (bas droit) : E. Bordis/eStock Photo ; p. 99 (gauche) : Chad Ehlers/ Grant Heilman Photography ; p. 99 (droit) : Stephen L. Saks/Grant Heilman Photography ; p. 123 : Alvin E. Staffan/Photo Researchers, Inc. ; p. 126 : ShutterStock ; p. 129 : NASA/Goddard Space Flight Center ; p. 131 : Ken Eward/Photo Researchers, Inc. **Chapitre 4 :** p. 144 : Richard Megna/Fundamental Photographs ; p. 151 : Grant Heilman Photography ; p. 155 : Martin Bond/ SPL/Photo Researchers, Inc. ; p. 156 : Richard Megna/Fundamental Photographs ; p. 161 : NASA ; p. 173 (toutes) : Ken O'Donoghue ; p. 196 (haut) : Sean Brady/ American Color ; p. 184 (toutes) : Sean Brady/American Color. **Chapitre 5 :** p. 186 : Ed Reschke/Peter Arnold, Inc. ; p. 188 M. Rosevear ; p. 189 : Ken O'Donoghue ; p. 196 (haut) : Copyright Los Angeles Times Syndicate, photo de la Chemical Heritage Foundation ; p. 196 (bas) : Ken O'Donoghue ; p. 202 : Spencer Grant/PhotoEdit ; p. 206 : Ken O'Donoghue ; p. 207 : M. Rosevear ; p. 208 : Bob Daemmrich/Stock Boston ; p. 209 : M. Rosevear ; p. 213 : E.R. Degginger/Color Pic Inc. ; p. 217 : Steve Borick/American Color ; p. 213 : E.R. Degginger/Color Pic Inc. **Chapitre 6 :** p. 244 : Demetrio Carrasco/Stone/Getty Images ; p. 248 : Ken O'Donoghue ; p. 250 (toutes) : Ken O'Donoghue ; p. 260 : Steve Borick/American Color ; p. 275 (toutes) : Sean Brady/American Color ; p. 276 : Sean Brady/American Color ; p. 277 (toutes) : Ken O'Donoghue ; p. 278 : Steve Borick/American Color ; p. 281 : CNRI/Science Photo Library/Photo Researchers, Inc. ; p. 283 : Ken O'Donoghue ; p. 284 : Max A. Listgarten/ Visuals Unlimited ; p. 286 : Ken O'Donoghue ; p. 283 (toutes) : Ken O'Donoghue ; p. 294 : Sean Brady/American Color ; p. 296 : Steve Borick/American Color ; p. 298 (toutes) : Steve Borick/American Color. **Chapitre 7 :** p. 312 : Barry L. Runk/Grant Heilman Photography ; p. 315 (haut) : Kent & Donna Dennen/Photo Researchers, Inc. ; p. 315 (bas) : Sean Brady/American Color ; p. 321 : Tony Freeman/PhotoEdit ; p. 323 : Sean Brady/American Color ; p. 341 : Hank Morgan/Rainbow. **Chapitre 8 :** p. 354 : Jeff J. Daly/Visuals Unlimited ; p. 358 : Steve Borick/American Color ; p. 364 : Steve Borick/American Color ; p. 365 : Courtoisie, Royal Institution of Great Britain ; p. 367 (haut) : Sean Brady/ American Color ; p. 367 (bas) : Steve Borick/American Color ; p. 371 : Ken O'Donoghue ; p. 372 : Ken O'Donoghue ; p. 373 : AP Photo/Ed Bailey ; p. 375 : Paul Silverman/Fundamental Photographs ; p. 376 : AutoWeek/Crain Communications, Inc. ; p. 383 : Charles D. Winters/Photo Researchers, Inc. ; p. 384 : Courtoisie, Mel Fisher's Motivation, Inc. ; p. 386 : Courtoisie, Oberlin College Archives, Oberlin, Ohio ; p. 387 : Tom Hollyman/Photo Researchers, Inc. ; p. 388 : Bill Gallery/Stock Boston.

# Index

## F



## G



## H



## I



## L



## M

# Liste des tableaux

# *Principales constantes physiques**

| Constante | Symbole | Valeur** |
|---|---|---|
| charge élémentaire | $e$ | $1{,}602\ 177\ 3(5) \times 10^{-19}$ C |
| constante d'Avogadro | $N_A$ | $6{,}022\ 137(4) \times 10^{23}\ \mathrm{mol}^{-1}$ |
| constante de Boltzmann | $k$ | $1{,}380\ 66(1) \times 10^{-23}\ \mathrm{J \cdot K^{-1}}$ |
| constante de Faraday | $F$ | $96\ 485{,}31(3)\ \mathrm{C \cdot mol^{-1}}$ |
| constante de Planck | $h$ | $6{,}626\ 076(4) \times 10^{-34}\ \mathrm{J \cdot s}$ |
| constante molaire des gaz | $R$ | $8{,}314\ 51(7)\ \mathrm{kPa \cdot L \cdot K^{-1} \cdot mol^{-1}}$ |
| masse de l'électron | $m_e$ | $9{,}109\ 390(5) \times 10^{-31}$ kg |
| | | $5{,}485\ 80 \times 10^{-4}\ u$ |
| masse du neutron | $m_n$ | $1{,}674\ 923(1) \times 10^{-27}$ kg |
| | | $1{,}008\ 66\ u$ |
| masse du proton | $m_p$ | $1{,}672\ 623(1) \times 10^{-27}$ kg |
| | | $1{,}007\ 28\ u$ |
| unité de masse atomique | $u$ | $1{,}600\ 540(1) \times 10^{-27}$ kg |
| vitesse de la lumière (vide) | $c$ | $2{,}997\ 924\ 58 \times 10^{8}\ \mathrm{m \cdot s^{-1}}$ |

* Valeurs adaptées de *CODATA/NEWSLETTER*, octobre 1986, publication du Committee on Data for Science and Technology de l'International Council of Science and Technology.

** Le chiffre entre parenthèses indique l'incertitude sur le dernier chiffre de la valeur.

# Tableau périodique des éléments

Métaux alcalins (1/IA) — Métaux alcalino-terreux (2/IIA) — Métaux de transition (3/IIIA à 12/IIB) — Halogènes (17/VIIB) — Gaz rares (18/VIIIB) — Autres métaux ← → Non métalliques

| 1/IA | 2/IIA | 3/IIIA | 4/IVA | 5/VA | 6/VIA | 7/VIIA | 8/VIIIA | 9/IXA | 10/XA | 11/IB | 12/IIB | 13/IIIB | 14/IVB | 15/VB | 16/VIB | 17/VIIB | 18/VIIIB |
|---|---|---|---|---|---|---|---|---|---|---|---|---|---|---|---|---|---|
| 1<br>**H**<br>1,008 | | | | | | | | | | | | | | | | | 2<br>**He**<br>4,003 |
| 3<br>**Li**<br>6,941 | 4<br>**Be**<br>9,012 | | | | | | | | | | | 5<br>**B**<br>10,81 | 6<br>**C**<br>12,01 | 7<br>**N**<br>14,01 | 8<br>**O**<br>16,00 | 9<br>**F**<br>19,00 | 10<br>**Ne**<br>20,18 |
| 11<br>**Na**<br>22,99 | 12<br>**Mg**<br>24,31 | | | | | | | | | | | 13<br>**Al**<br>26,98 | 14<br>**Si**<br>28,09 | 15<br>**P**<br>30,97 | 16<br>**S**<br>32,07 | 17<br>**Cl**<br>35,45 | 18<br>**Ar**<br>39,95 |
| 19<br>**K**<br>39,10 | 20<br>**Ca**<br>40,08 | 21<br>**Sc**<br>44,96 | 22<br>**Ti**<br>47,88 | 23<br>**V**<br>50,94 | 24<br>**Cr**<br>52,00 | 25<br>**Mn**<br>54,94 | 26<br>**Fe**<br>55,85 | 27<br>**Co**<br>58,93 | 28<br>**Ni**<br>58,69 | 29<br>**Cu**<br>63,55 | 30<br>**Zn**<br>65,38 | 31<br>**Ga**<br>69,72 | 32<br>**Ge**<br>72,59 | 33<br>**As**<br>74,92 | 34<br>**Se**<br>78,96 | 35<br>**Br**<br>79,90 | 36<br>**Kr**<br>83,80 |
| 37<br>**Rb**<br>85,47 | 38<br>**Sr**<br>87,62 | 39<br>**Y**<br>88,91 | 40<br>**Zr**<br>91,22 | 41<br>**Nb**<br>92,91 | 42<br>**Mo**<br>95,94 | 43<br>**Tc**<br>(98) | 44<br>**Ru**<br>101,1 | 45<br>**Rh**<br>102,9 | 46<br>**Pd**<br>106,4 | 47<br>**Ag**<br>107,9 | 48<br>**Cd**<br>112,4 | 49<br>**In**<br>114,8 | 50<br>**Sn**<br>118,7 | 51<br>**Sb**<br>121,8 | 52<br>**Te**<br>127,6 | 53<br>**I**<br>126,9 | 54<br>**Xe**<br>131,3 |
| 55<br>**Cs**<br>132,9 | 56<br>**Ba**<br>137,3 | 57<br>**La***<br>138,9 | 72<br>**Hf**<br>178,5 | 73<br>**Ta**<br>180,9 | 74<br>**W**<br>183,9 | 75<br>**Re**<br>186,2 | 76<br>**Os**<br>190,2 | 77<br>**Ir**<br>192,2 | 78<br>**Pt**<br>195,1 | 79<br>**Au**<br>197,0 | 80<br>**Hg**<br>200,6 | 81<br>**Tl**<br>204,4 | 82<br>**Pb**<br>207,2 | 83<br>**Bi**<br>209,0 | 84<br>**Po**<br>(209) | 85<br>**At**<br>(210) | 86<br>**Rn**<br>(222) |
| 87<br>**Fr**<br>(223) | 88<br>**Ra**<br>226 | 89<br>**Ac**†<br>(227) | 104<br>**Rf**<br>(261) | 105<br>**Db**<br>(262) | 106<br>**Sg**<br>(263) | 107<br>**Bh**<br>(264) | 108<br>**Hs**<br>(265) | 109<br>**Mt**<br>(268) | 110<br>**Ds**<br>(271) | 111<br>**Rg**<br>(272) | 112<br>**Uub** | 113<br>**Uut** | 114<br>**Uuq** | 115<br>**Uup** | | | |

| | | | | | | | | | | | | | | |
|---|---|---|---|---|---|---|---|---|---|---|---|---|---|---|
| *Lanthanides | 58<br>**Ce**<br>140,1 | 59<br>**Pr**<br>140,9 | 60<br>**Nd**<br>144,2 | 61<br>**Pm**<br>(145) | 62<br>**Sm**<br>150,4 | 63<br>**Eu**<br>152,0 | 64<br>**Gd**<br>157,3 | 65<br>**Tb**<br>158,9 | 66<br>**Dy**<br>162,5 | 67<br>**Ho**<br>164,9 | 68<br>**Er**<br>167,3 | 69<br>**Tm**<br>168,9 | 70<br>**Yb**<br>173,0 | 71<br>**Lu**<br>175,0 |
| †Actinides | 90<br>**Th**<br>232,0 | 91<br>**Pa**<br>(231) | 92<br>**U**<br>238,0 | 93<br>**Np**<br>(237) | 94<br>**Pu**<br>(244) | 95<br>**Am**<br>(243) | 96<br>**Cm**<br>(247) | 97<br>**Bk**<br>(247) | 98<br>**Cf**<br>(251) | 99<br>**Es**<br>(252) | 100<br>**Fm**<br>(257) | 101<br>**Md**<br>(258) | 102<br>**No**<br>(259) | 103<br>**Lr**<br>(260) |

La désignation des groupes d'éléments par les chiffres 1 à 18 a été recommandée par l'Union internationale de chimie pure et appliquée (UICPA).

# Tableau des masses atomiques*

| Élément | Symbole | Numéro atomique | Masse molaire | Élément | Symbole | Numéro atomique | Masse molaire | Élément | Symbole | Numéro atomique | Masse molaire |
|---|---|---|---|---|---|---|---|---|---|---|---|
| actinium | Ac | 89 | (227)† | francium | Fr | 87 | (223) | plutonium | Pu | 94 | (244) |
| aluminium | Al | 13 | 26,98 | gadolinium | Gd | 64 | 157,3 | polonium | Po | 84 | (209) |
| américium | Am | 95 | (243) | gallium | Ga | 31 | 69,72 | potassium | K | 19 | 39,10 |
| antimoine | Sb | 51 | 121,8 | germanium | Ge | 32 | 72,59 | praséodyme | Pr | 59 | 140,9 |
| argent | Ag | 47 | 107,9 | hafnium | Hf | 72 | 178,5 | prométhéum | Pm | 61 | (145) |
| argon | Ar | 18 | 39,95 | hassium | Hs | 108 | (265) | protactinium | Pa | 91 | (231) |
| arsenic | As | 33 | 74,92 | hélium | He | 2 | 4,003 | radium | Ra | 88 | 226 |
| astate | At | 85 | (210) | holmium | Ho | 67 | 164,9 | radon | Rn | 86 | (222) |
| azote | N | 7 | 14,01 | hydrogène | H | 1 | 1,008 | rhénium | Re | 75 | 186,2 |
| baryum | Ba | 56 | 137,3 | indium | In | 49 | 114,8 | rhodium | Rh | 45 | 102,9 |
| berkélium | Bk | 97 | (247) | iode | I | 53 | 126,9 | rubidium | Rb | 37 | 85,47 |
| beryllium | Be | 4 | 9,012 | iridium | Ir | 77 | 192,2 | ruthénium | Ru | 44 | 101,1 |
| bismuth | Bi | 83 | 209,0 | krypton | Kr | 36 | 83,80 | samarium | Sm | 62 | 150,4 |
| bore | B | 5 | 10,81 | lanthane | La | 57 | 138,9 | scandium | Sc | 21 | 44,96 |
| bohrium | Bh | 107 | (264) | lawrencium | Lr | 103 | (260) | seaborgium | Sg | 106 | (263) |
| brome | Br | 35 | 79,90 | lithium | Li | 3 | 6,941 | sélénium | Se | 34 | 78,96 |
| cadmium | Cd | 48 | 112,4 | lutécium | Lu | 71 | 175,0 | silicium | Si | 14 | 28,09 |
| calcium | Ca | 20 | 40,08 | magnésium | Mg | 12 | 24,31 | sodium | Na | 11 | 22,99 |
| californium | Cf | 98 | (251) | manganèse | Mn | 25 | 54,94 | soufre | S | 16 | 32,06 |
| carbone | C | 6 | 12,01 | meitnerium | Mt | 109 | (266) | strontium | Sr | 38 | 87,62 |
| cérium | Ce | 58 | 140,1 | mendélévium | Md | 101 | (258) | tantale | Ta | 73 | 180,9 |
| césium | Cs | 55 | 132,9 | mercure | Hg | 80 | 200,6 | technétium | Tc | 43 | (98) |
| chlore | Cl | 17 | 35,45 | molybdène | Mo | 42 | 95,94 | tellure | Te | 52 | 127,6 |
| chrome | Cr | 24 | 52,00 | néodyme | Nd | 60 | 144,2 | terbium | Tb | 65 | 158,9 |
| cobalt | Co | 27 | 58,93 | néon | Ne | 10 | 20,18 | thallium | Tl | 81 | 204,4 |
| cuivre | Cu | 29 | 63,55 | neptunium | Np | 93 | (237) | thorium | Th | 90 | 232,0 |
| curium | Cm | 96 | (247) | nickel | Ni | 28 | 58,69 | thulium | Tm | 69 | 168,9 |
| dubnium | Db | 105 | (262) | niobium | Nb | 41 | 92,91 | titane | Ti | 22 | 47,88 |
| dysprosium | Dy | 66 | 162,5 | nobélium | No | 102 | (259) | tungstène | W | 74 | 183,9 |
| einsteinium | Es | 99 | (252) | or | Au | 79 | 197,0 | uranium | U | 92 | 238,0 |
| erbium | Er | 68 | 167,3 | osmium | Os | 76 | 190,2 | vanadium | V | 23 | 50,94 |
| étain | Sn | 50 | 118,7 | oxygène | O | 8 | 16,00 | xénon | Xe | 54 | 131,3 |
| europium | Eu | 63 | 152,0 | palladium | Pd | 46 | 106,4 | ytterbium | Yb | 70 | 173,0 |
| fer | Fe | 26 | 55,85 | phosphore | P | 15 | 30,97 | yttrium | Y | 39 | 88,91 |
| fermium | Fm | 100 | (257) | platine | Pt | 78 | 195,1 | zinc | Zn | 30 | 65,38 |
| fluor | F | 9 | 19,00 | plomb | Pb | 82 | 207,2 | zirconium | Zr | 40 | 91,22 |

* Les valeurs fournies contiennent quatre chiffres significatifs.

† Une valeur entre parenthèse désigne la masse de l'isotope le plus stable.

# Unités SI et facteurs de conversion

## Longueur

*Unité SI : mètre (m)*

1 mètre = 1,0936 verge
1 centimètre = 0,39370 pouce
1 pouce = 2,54 centimètres (exactement)
1 kilomètre = 0,62137 mille
1 mille = 5280 pieds
= 1,6093 kilomètre
1 angstrom = $10^{-10}$ mètres
= 100 picomètres

## Masse

*Unité SI : kilogramme (kg)*

1 kilogramme = 1000 grammes
= 2,2046 livres
1 livre = 453,59 grammes
= 0,45359 kilogramme
= 16 onces
1 tonne anglaise = 2000 livres
= 907,185 kilogrammes
1 tonne métrique = 1000 kilogrammes
= 2204,6 livres
1 unité de masse atomique = $1{,}66056 \times 10^{-27}$ kilogrammes

## Volume

*Unité SI : mètre cube ($m^3$)*

1 litre = $10^{-3}$ $m^3$
= 1 $dm^3$
= 1,0567 pinte
1 gallon = 4 pintes
= 8 chopines
= 3,7854 litres
1 pinte = 32 onces liquides
= 0,94633 litre

## Température

*Unité SI : kelvin (K)*

0 K = −273,15 °C
= −459,67 °F
K = $T_C + 273{,}15$

$$T_C = \frac{5}{9}(T_F - 32)$$

$$T_F = \frac{9}{5}(T_C) + 32$$

## Énergie

*Unité SI : joule (J)*

1 joule = 1 kg · $m^2/s^2$
= 0,23901 calorie
= $9{,}4781 \times 10^{-4}$ btu (*British thermal unit*)
1 calorie = 4,184 joules
= $3{,}965 \times 10^{-3}$ btu
1 btu = 1055,06 joules
= 252,2 calories

## Pression

*Unité SI : pascal (Pa)*

1 pascal = 1 $N/m^2$
= 1 kg/m · $s^2$
1 atmosphère = 101,325 kilopascals
= 760 torr (mm Hg)
= 14,70 livres par pouce carré
1 bar = $10^5$ pascals